類比CMOS積體電路設計 第二版

Design of Analog CMOS Integrated Circuits, 2 e

Behzad Razavi

University of California, Los Angeles

李泰成

國立台灣大學電機工程學系

審校

翁展翔

編譯

國家圖書館出版品預行編目資料

類比 CMOS 積體電路設計 / Behzad Razavi 著；翁展翔 編譯.
-- 三版. -- 臺北市：麥格羅希爾, 2017.06
　　面；　公分. -- (電子／電機叢書；EE037)
譯自：Design of analog CMOS integrated circuits, 2nd ed.
ISBN 978-986-341-319-6(平裝)

1. CST: 積體電路

448.62　　　　　　　　　　　　　　　　　106008321

電子 / 電機叢書　EE037

類比 CMOS 積體電路設計 第二版

作　　　者	Behzad Razavi
審　　　校	李泰成
編　譯　者	翁展翔
教科書編輯	李協芳
特 約 編 輯	吳育燐
企 劃 編 輯	陳佩狄
業 務 經 理	李永傑
出　版　者	美商麥格羅希爾國際股份有限公司台灣分公司
地　　　址	台北市 104105 中山區南京東路三段 168 號 15 樓之 2
讀 者 服 務	E-mail: mietw.mhe@mheducation.com 客服專線：00801-136996
總經銷(臺灣)	臺灣東華書局股份有限公司
地　　　址	100004 台北市中正區重慶南路一段 147 號 4 樓 TEL: (02) 2311-4027　　FAX: (02) 2311-6615 劃撥帳號：00064813 網址：www.tunghua.com.tw 讀者服務：service@tunghua.com.tw
出 版 日 期	2025 年 9 月（二版六刷）

Traditional Chinese abridged edition copyright © 2017 by McGraw-Hill International Enterprises LLC Taiwan Branch
Original title: Design of Analog CMOS Integrated Circuits, 2e　ISBN: 978-0-07-252493-2
Original title copyright © 2017 by McGraw Hill LLC
All rights reserved.

ISBN：978-986-341-319-6

※著作權所有，侵害必究。如有缺頁破損、裝訂錯誤，請寄回退換

尊重智慧財產權！

本著作受銷售地著作權法令暨國際著作權公約之保護，如有非法重製行為，將依法追究一切相關法律責任。

推薦序

經過十五年的醞釀，本書在 Behzad Razavi 的精心撰寫下，以更豐富的內容呈現。本書之中文譯本於於最早於 2002 年首度發行，由台灣大學電機系教授李峻霣翻譯及劉深淵教授審閱，再歷經本人於 2005 年對部份內容修正，至今已十多年的時間。在本書原文再改版後，麥格羅‧希爾出版社就積極邀請本人再對第二版內容審閱，希望把最新的內容更精確完整的呈現。

本人於 2001 年於 Behzad Razavi 教授的指導下於 UCLA 畢業，而在臺大電機系也用本原文書教授類比電路設計，雖本人已在臺大任教十六年，但 Razavi 教授在研究及教學上持續對我有很大影響。因此，本人也希望此中譯本能對類比電路有興趣的學界及業界人士有更進一步的幫助。

過去這幾年隨製程的進步，元件的特性也日新月異，各種新式的應用、更寬的頻寬、更低的功率都需有賴更好的類比電路技術來達成。而本書包括即有的基本類比電路，在新的元件於類比電路設計考量上也有深入探討，並與傳統元件的設計做比較。除此之外，也加入新的設計元素，如低電壓的設計考量。這近十多年所發展出的設計技術也都收錄於本書。

最後感謝麥格羅‧希爾的工作團隊努力，使此新版的中文譯本有最好的內容及美工呈現。

李泰成
國立台灣大學電機工程學系
2017 年 5 月

二版前言

當初本書在提案時，出版社問了我兩個問題：（1）類比電路設計在未來數位世界中的需求為何？及（2）出版一本只有介紹 CMOS 的書是明智的選擇嗎？這兩個問題都出現了關鍵字「類比」及「CMOS」。

所幸本書獲得學生、授課老師及工程師的熱烈回響，目前已有世界上百所大學採用，也已翻譯成五種語言，引用多達 6,500 次。

儘管許多類比設計的基礎自本書一版問世後都沒有改變，但我們有需要出版第二版，來介紹 CMOS 製程的演進、新的分析及設計方法，因此會更仔細說明講解某些章節。二版內容提供各位：

- 更強調現代 CMOS 製程，新增第 11 章介紹奈米製程及運算放大器的設計方式
- 廣泛使用波德方法來理解回授
- 學習 FinFET 元件
- 補充強調奈米設計的重點
- 針對偏壓技術的新章節
- 低電壓帶隙電路
- 超過 100 個新範例

有些授課老師問我們，為什麼要從平方根元件開始談？因為（1）平方根元件提供一個直觀切入點及在容許電壓振幅下分析放大器時，是相當有用的；（2）在 16 nm 製程或更先進製程中的 FinFET 通道長度非常短，會出現接近平方根的特性

這本書會提供授課老師相關習題解答及投影片，可以在 www.mhhe.com/razavi 教學網站中下載。

一版前言

在過去二十年，CMOS 製程快速接納了類比積體電路，其提供低價、高效能的解決方案並逐漸成為市場主流。當矽雙極體和 III-V 元件仍有其應用的範圍，只有 CMOS 製程演變成一個適合現今複雜混合信號系統發展的製程，當通道長度微縮至 0.05um，未來二十年的 CMOS 製程仍持續是電路設計的重點。

類比電路設計已跟著製程一起演變。原本僅靠數十個電晶體處理又小、連續時間信號的高壓且高功耗類比電路已逐漸由內建數千個元件來處理大信號、離散信號的低壓且低功耗系統所取代。許多十幾年前的類比技術已被淘汰，都是因為無法在低電壓運作。

本書著重類比 CMOS 積體電路的設計與分析，並且也強調基本範例，適合大專院校學生和實習工程師熟悉現今產業狀況。因為類比設計需要直覺和精確，每個概念會先用一個直覺觀點來解釋並接著謹慎分析。其目的在於要培養學習者扎實的基礎，各位能藉由直覺分析電路方法而學到如何應用於電路中，且瞭解在每次近似中會產生的誤差程度。透過額外的改進，各位也能將此方法用於雙極體電路中。

本書內容經過學界與產業專家的建議，而會以四個原則來呈現：(1) 會解釋為什麼各位需要知道此概念；(2) 站在各位的角度來推測第一次閱讀本書內容時，可能遇到的困難與疑問；(3) 也會假設自己如同第一次接觸此領域的初學者，嘗試與其一起成長、經歷相同的過程；(4) 用簡單的語言從「核心」概念著手，並逐漸進階至最終的定論。最後一點對於電路課程特別重要，因為這可以讓各位去觀察架構的演進及學習到分析和合成的方法。

本書共有 16 章，內容和順序都是仔細挑選過，可供自學及一學期的課程使用。本書合乎邏輯的流程，只在一開始介紹 MOS 元件物理概念，更進階的特性和製造細節留責放在後面的章節中。也許有些專家眼中看來，本書可能過於簡化，但依照個人經驗 (a) 初學者在研讀電路前，通常無法吸收高階元件效應及製造的製程，那是因為他們無法看出這之間的相關性；(b) 如果透過適當範例解說，甚至簡單證明，就能夠瞭解基本電路的特性；(c) 學習者在接觸過相當程度的電路設計和分析後，再來研讀進階元件現象及處理步驟，就會更得心應手。

每章節後面的習題是用來幫助各位更進一步瞭解內容和補充額外實際的電路設計考量，並提供習題解答給授課老師。

目次

第1章 類比設計導論 1
- 1.1 為何是類比 ……………………… 1
  - 1.1.1 信號感測及處理 ……………… 1
  - 1.1.2 數位信號轉成類比信號 ……… 2
  - 1.1.3 類比電路設計的需求大增 …… 3
  - 1.1.4 類比電路設計的挑戰 ………… 4
- 1.2 為什麼積體化？ ………………… 4
- 1.3 為什麼是CMOS？ ……………… 5

第2章 基本MOS元件物理 7
- 2.1 一般考量 ………………………… 7
  - 2.1.1 MOSFET為開關時 …………… 7
  - 2.1.2 MOSFET結構 ………………… 8
  - 2.1.3 MOS符號 ……………………… 10
- 2.2 MOS I/V特性圖 ………………… 10
  - 2.2.1 臨界電壓 ……………………… 11
  - 2.2.2 I/V特性圖之推導 ……………… 12
  - 2.2.3 MOS轉導 ……………………… 19
- 2.3 二階效應 ………………………… 21
- 2.4 MOS元件模型 …………………… 28
  - 2.4.1 MOS元件設計 ………………… 28
  - 2.4.2 MOS元件電容 ………………… 29
  - 2.4.3 MOS小信號模型 ……………… 32
  - 2.4.4 MOS SPICE模型 ……………… 36
  - 2.4.5 NMOS與PMOS元件 ………… 37
  - 2.4.6 長通道與短通道元件 ………… 38
- 2.5 附錄A：FinFET ………………… 38
- 2.6 附錄B：MOS元件作為電容器之特性 …… 39
- ‖習題‖ ……………………………… 40

第3章 單級放大器 47
- 3.1 應用 ……………………………… 47
- 3.2 一般考量 ………………………… 48
- 3.3 共源極組態 ……………………… 49
  - 3.3.1 負載電阻之共源極組態 ……… 49
  - 3.3.2 負載二極體之共源極組態 …… 55
  - 3.3.3 負載電流源之共源極組態 …… 61
  - 3.3.4 使用主動負載的共源極組態 … 63
  - 3.3.5 負載三極管之共源極組態 …… 64
  - 3.3.6 源極退化之共源極組態 ……… 65
- 3.4 源極隨偶器 ……………………… 72
- 3.5 共閘極組態 ……………………… 80
- 3.6 疊接組態 ………………………… 87
  - 3.6.1 折疊疊接組態 ………………… 96
- 3.7 元件模型的選擇 ………………… 99
- ‖習題‖ ……………………………… 99

第4章 差動放大器 107
- 4.1 單端運作和差動運作 …………… 107
- 4.2 基本差動對 ……………………… 110
  - 4.2.1 定性分析 ……………………… 111
  - 4.2.2 定量分析 ……………………… 114
  - 4.2.3 源極退化差動對 ……………… 125
- 4.3 共模響應 ………………………… 127
- 4.4 負載MOS之差動對 ……………… 133
- 4.5 吉伯特細胞電路 ………………… 136
- ‖習題‖ ……………………………… 139

第5章 電流鏡和偏壓技術 145
- 5.1 基本電流鏡 ……………………… 145
- 5.2 疊接電流鏡 ……………………… 150
- 5.3 主動電流鏡 ……………………… 158
  - 5.3.1 大信號分析 …………………… 161
  - 5.3.2 小信號分析 …………………… 164
  - 5.3.3 共模特性 ……………………… 168
  - 5.3.4 五電晶體OTA的其他特性 …… 172

5.4 偏壓技巧 ………………………………… 173
　5.4.1 共源偏壓 …………………………… 173
　5.4.2 共閘極偏壓 ………………………… 177
　5.4.3 源極跟隨器偏壓 …………………… 178
　5.4.4 差動對偏壓 ………………………… 179
▌習題▌ ……………………………………… 180

第 6 章　放大器之頻率響應　185

6.1 一般考量 ………………………………… 185
　6.1.1 米勒效應 …………………………… 186
　6.1.2 節點與集點間的關聯性 …………… 191
6.2 共源極組態 ……………………………… 193
6.3 源極隨偶器 ……………………………… 201
6.4 共閘極組態 ……………………………… 207
6.5 疊接組態 ………………………………… 210
6.6 差動對 …………………………………… 212
　6.6.1 具有被動負載的差動對 …………… 212
　6.6.2 使用主動負載的差動對 …………… 215
6.7 增益頻寬設計的取捨 …………………… 217
　6.7.1 單極點電路 ………………………… 218
　6.7.2 多極點電路 ………………………… 219
6.8 附錄A：米勒定律的雙重性 …………… 220
▌習題▌ ……………………………………… 222

第 7 章　雜訊　227

7.1 雜訊的統計特性 ………………………… 227
　7.1.1 雜訊頻譜 …………………………… 229
　7.1.2 振幅分布 …………………………… 232
　7.1.3 相關與非相關雜訊源 ……………… 233
　7.1.4 信號雜訊比 ………………………… 234
　7.1.5 雜訊分析過程 ……………………… 235
7.2 雜訊種類 ………………………………… 236
　7.2.1 熱雜訊 ……………………………… 236
　7.2.2 閃爍雜訊 …………………………… 242
7.3 電路中雜訊的表示法 …………………… 245
7.4 單級放大器中的雜訊 …………………… 253
　7.4.1 共源極組態 ………………………… 254
　7.4.2 共閘極組態 ………………………… 259
　7.4.3 源極隨偶器 ………………………… 263
　7.4.4 疊接組態 …………………………… 264

7.5 電流鏡中的雜訊 ………………………… 264
7.6 差動對中的雜訊 ………………………… 266
7.7 雜訊功率取捨 …………………………… 273
7.8 雜訊頻寬 ………………………………… 274
7.9 輸入雜訊積分問題 ……………………… 275
7.10 附錄A：雜訊計算問題 ………………… 275
▌習題▌ ……………………………………… 277

第 8 章　回授　283

8.1 一般考量 ………………………………… 283
　8.1.1 回授電路特性 ……………………… 284
　8.1.2 放大器種類 ………………………… 291
　8.1.3 量測與回傳機制 …………………… 293
8.2 回授組態 ………………………………… 295
　8.2.1 電壓－電壓回授 …………………… 296
　8.2.2 電流－電壓回授 …………………… 301
　8.2.3 電壓－電壓回授 …………………… 303
　8.2.4 電流－電流回授 …………………… 307
8.3 針對雜訊的負載效應 …………………… 308
8.4 回授分析的困難 ………………………… 309
8.5 負載效應 ………………………………… 312
　8.5.1 雙埠網路模型 ……………………… 312
　8.5.2 電壓－電壓回授電路的負載 ……… 313
　8.5.3 電流－電壓回授的負載 …………… 317
　8.5.4 電壓－電流回授電路的負載 ……… 319
　8.5.5 電流－電流回授電路的負載 ……… 322
　8.5.6 負載效應總結 ……………………… 324
8.6 波德方法的其他詮釋 …………………… 324
▌習題▌ ……………………………………… 328

第 9 章　運算放大器　333

9.1 一般考量 ………………………………… 333
　9.9.1 效能參數 …………………………… 333
9.2 單級運算放大器 ………………………… 338
　9.2.1 基本架構 …………………………… 338
　9.2.2 設計程序 …………………………… 342
　9.2.3 線性調整 …………………………… 343
　9.2.4 摺疊疊接運算放大器 ……………… 345
　9.2.5 摺疊疊接特性 ……………………… 348
　9.2.6 設計流程 …………………………… 348

9.3	雙級運算放大器	350
	9.3.1 設計流程	352
9.4	增益提升	353
	9.4.1 基本概念	353
	9.4.2 電路實現	358
	9.4.3 頻率響應	360
9.5	比較	363
9.6	輸出振幅計算	363
9.7	共模回授	364
	9.7.1 基本概念	364
	9.7.2 共模量測技術	367
	9.7.3 共模回授技術	370
	9.7.4 雙級放大器的共模回授	376
9.8	輸入範圍限制	379
9.9	迴轉率	380
9.10	高迴轉率運算放大器	387
	9.10.1 單級運算放大器	387
	9.10.2 雙級運算放大器	390
9.11	供應電源的排斥現象	391
9.12	運算放大器的雜訊	393
習題		396

第 10 章　穩定度與頻率補償　401

10.1	一般考量	401
10.2	多極點系統	405
10.3	相位安全邊限	407
10.4	基本頻率補償	410
10.5	雙級運算放大器的補償	417
10.6	雙級運算放大器的迴轉現象	424
10.7	其他補償方法	427
習題		431

第 11 章　奈米設計研究　435

11.1	電晶體設計考量	435
11.2	深次微米效應	436
11.3	轉導的調整	439
11.4	電晶體設計	441
	11.4.1 已知I_D和$V_{DS,min}$的設計	443
	11.4.2 已知g_m和I_D的設計	446
	11.4.3 已知g_m和$V_{DS,min}$的設計	447
	11.4.4 已知g_m的設計	447
	11.4.5 選取通道長度	448
11.5	運算放大器設計範例	448
	11.5.1 伸縮運算放大器	449
	11.5.2 雙級運算放大器	462
11.6	高速放大器	470
	11.6.1 一般考量	471
	11.6.2 運算放大器設計	476
	11.6.3 閉路小信號表現	476
	11.6.4 運算放大器調整	478
	11.6.5 大信號特性	480
11.7	結論	482
習題		483

第 12 章　帶差參考電路　485

12.1	一般考量	485
12.2	與供應電源無關之偏壓	485
12.3	與溫度無關的參考電路	489
	12.3.1 負TC電壓	489
	12.3.2 正TC電壓	490
	12.3.3 帶差參考電路	491
12.4	PTAT電流生成	499
12.5	常數Gm偏壓	500
12.6	速度和雜訊問題	502
12.7	低電壓帶差參考	505
12.8	案例研究	509
習題		512

第 13 章　交換電容式電路　515

13.1	一般考量	515
13.2	採樣開關	519
	13.2.1 以MOSFET作為開關	519
	13.2.2 速度考量	524
	13.2.3 精確度考量	526
	13.2.4 電荷注入抵消	530
13.3	交換電容式放大器	532
	13.3.1 單增益採樣器／緩衝器	532
	13.3.2 非反向放大器	539
	13.3.3 精確的兩倍電路	544
13.4	交換電容式積分器	545

13.5	交換電容式共模回授	548
習題		549

第 14 章　非線性和不匹配現象　553

14.1	非線性特性	553
	14.1.1 一般考量	553
	14.1.2 差動電路之非線性現象	556
	14.1.3 負回授對非線性的影響	558
	14.1.4 電容非線性	560
	14.1.5 取樣電路的非線性	562
	14.1.6 線性技巧	563
14.2	不匹配	569
	14.2.1 不匹配效應	571
	14.2.2 偏移抵消	576
	14.2.3 藉由抵消偏移來減少雜訊	580
	14.2.4 CMRR的另一個定義	582
習題		583

第 15 章　振盪器　585

15.1	一般考量	585
15.2	環形振盪器	587
15.3	LC振盪器	596
	15.3.1 基本概念	596
	15.3.2 交錯耦合振盪器	599
	15.3.3 考畢茲振盪器	601
	15.3.4 單埠振盪器	604
15.4	電壓控制振盪器	608
	15.4.1 環形振盪器中的調諧	611
	15.4.2 LC振盪器中的調諧	620
15.5	VCO的數學模型	623
習題		627

第 16 章　鎖相迴路　629

16.1	簡單PLL	629
	16.1.1 相位檢測器	629
	16.1.2 基本PLL組態	631
	16.1.3 簡單PLL的動態現象	638
16.2	電荷幫浦PLL	644
	16.2.1 達到鎖定的問題	644
	16.2.2 相位／頻率偵測器	645
	16.2.3 電荷幫浦	648
	16.2.4 基本電荷幫浦PLL	649
16.3	PLL的非理想效應	655
	16.3.1 PFD/CP非理想特性	655
	16.3.2 PLL的抖動	659
16.4	延遲鎖定迴路	661
16.5	應用	663
	16.5.1 頻率放大和合成	663
	16.5.2 偏移減少	665
	16.5.3 抖動減少	666
習題		667

專有名詞索引 669

第 1 章　類比設計導論

1.1 為何是類比

我們周遭有許多的「數位」產品：數位相機，數位電視，數位通訊（手機和 wifi），網路……等，即便如此，為什麼我們仍然對類比電路感興趣呢？類比電路不是已經過時了嗎？10 年後還會有類比電路工程師嗎？

50 年前已有人討論過這些類似問題，但大部分都是不懂或是對類比電路不感興趣的人提的。在本章節，我們會學到類比電路仍然重要、且有挑戰，未來數十年仍會繼續留存。

1.1.1 信號感測及處理

許多電子系統展現了兩個主要功能：系統感測（接收）信號從中處理和萃取資訊。手機就是接受並處理一個射頻信號，然後提供聲音或數據資訊。同樣地，數位相機感測從物體各部分發出的光線強度，將接受結果處理後呈現出影像。

我們會直觀認為，複雜的信號處理任務比較適合以數位呈現。事實上，我們可能會希望能直接將類比信號數位化以避免任何類比式處理，圖 1.1 呈現了一個範例：射頻（RF）信號被天線接收以後，會透過**類比數位轉換器**（ADC）轉成數位信號，然後就可以完全進行數位化處理，這樣的情況是否會會讓類比電路與 RF 工程師失業？

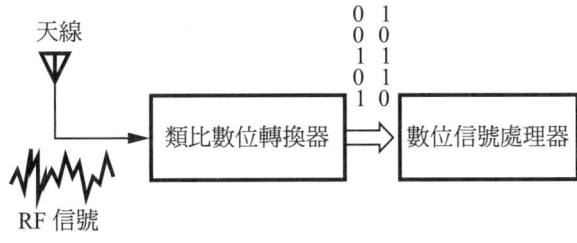

圖 1.1　能將射頻信號數位化的接收機

當然不會。答案很明確地是否定的，要將微小的射頻信號數位化一個 ADC 要將微小的射頻信號數位化，必須要消耗大於現今使用在會比手機中的接收機電路，消耗更大的功率。再者，即使很認真地考慮使用這個方法真要這麼做，只有類比設計工程師可以設計出這樣一個 ADC。這個範例提供的主要傳達出來的關鍵資訊是在說明，感測介面仍然需要一個高效能的類比電路。

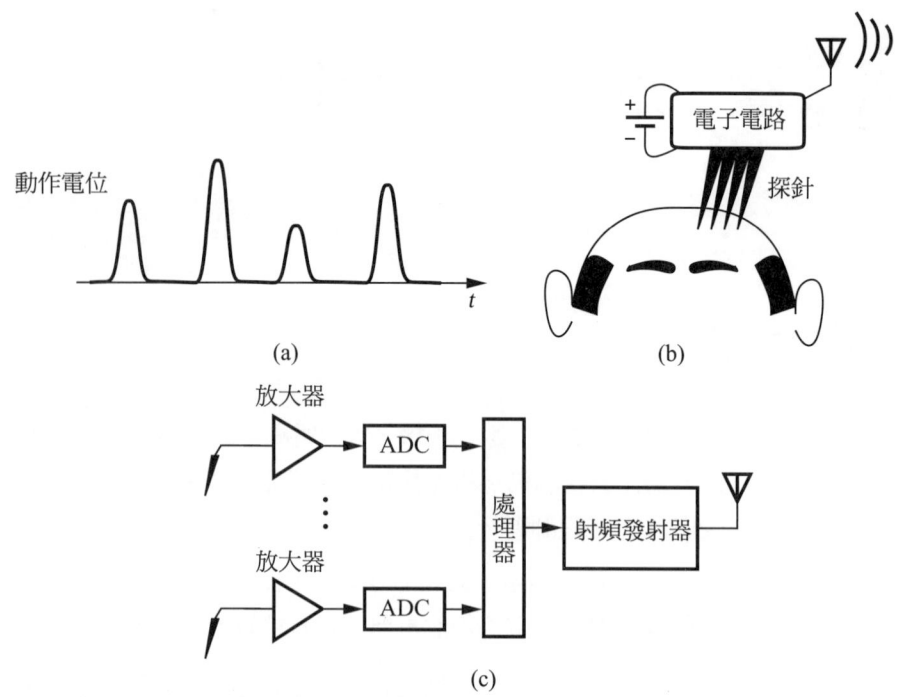

圖 1.2　(a) 由神經活動所產生的電壓波型、(b) 透過探針去量測動作電位，且 (c) 並且處理和傳送這個信號

另一個關於感測電路的有趣範例是腦波信號。每當你腦中的神經元一有活動時就會產生電脈波信號，大小約為數毫伏電壓，並且持續幾百微秒〔圖 1.2(a)〕。為了要監控腦波的活動，一個神經元活動紀錄系統可能需要數十個探針（電及碳棒極）〔圖 1.2(b)〕，每次個負責偵測一連串凸脈波信號，這些信號是。接著，由碳棒探針產生的信號需要被放大、數位化以及經過無線傳輸，使其得以自由移動。在此環境下的信號感測、處理以及傳送所消耗的功號必須要很低，因為：(1) 使小型電池可能使用幾天或是幾週，(2) 使晶片溫度的上升幅度可以最小化，以免傷害電路。在圖 1.2(C) 所展示的功能中，放大器、ADC 及射頻發射器都是電路，會消耗了大部分的功率。

1.1.2 數位信號轉成類比信號

類比電路也可處理非類比信號，如果數位信號太小或是太失真，導致數位電路無法正確的判讀，此時類比電路就可以發揮所長。舉例來說，考慮一條連接兩台筆電之間，每秒負責傳輸數百兆位元資料的 USB 線。如圖 1.3 所示，電腦 1 透過 0 和 1 的序列，傳送資料到纜線上。

不幸地，纜線的頻寬有限，會衰減高頻信號，將失真的信號傳送到筆電 2。此時在，電腦中的傳輸接收介面必須感測和處理信號。感測信號需要透過一個稱為等化器 (equalizer) 的類比電路校正失真的信號校正。例如，當電纜線衰減了高頻信號，我們可能需要可以放大這些被衰減的高頻信號的等化器，如圖 1.3 所示 $1/|H|$ 的概念轉移方程式。

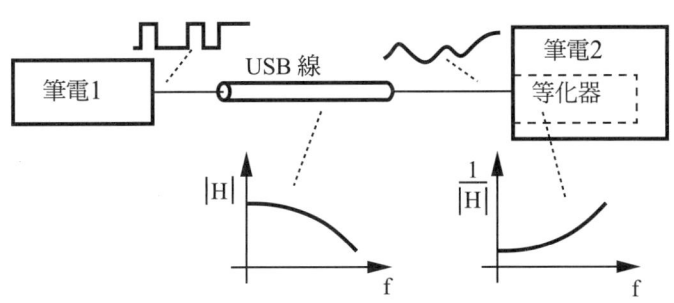

圖 1.3　USB 線中對高頻衰減的等化補償

各位可能好奇圖 1.3 中等化器的功能是否能使用數位電路。也就是說，我們是否可以直接將接收到的失真信號直接數位化，依 USB 線的頻寬限制進行數位校正，然後進行標準的 USB 信號處理？的確，這是可行的，前提是 ADC 所需的功耗和硬體複雜度必須要小於類比等化器。雖然類比電路工程師會在仔細分析後決定採用哪種方法，但是我們可以直觀地判定，當資料以高速傳輸時，例如速度達數十個千兆位／秒，類比等化器會比 ADC 有效率。

以上的範例展示了一個大的趨勢：在低速時，直接將信號直接數位化然後以數位處理達到所需要的功能較有效率，而在高速度，我們會將先以類比式處理所需的信號處理的功能。區分兩種處理方式的速度要依問題的本質而定。

1.1.3　類比電路設計的需求大增

儘管半導體科技日新月異，類比電路設計仍然持續面臨許多挑戰。圖 1.4 顯示近年來發表於國際固態電子會議中與類比電路相關的文獻數量。大部分都包含了類比設計，即便相較於數位電路，類比電路複雜度較低。一個 ADC 包含了數千顆電晶體，而一個微處理器則包含了百萬顆。

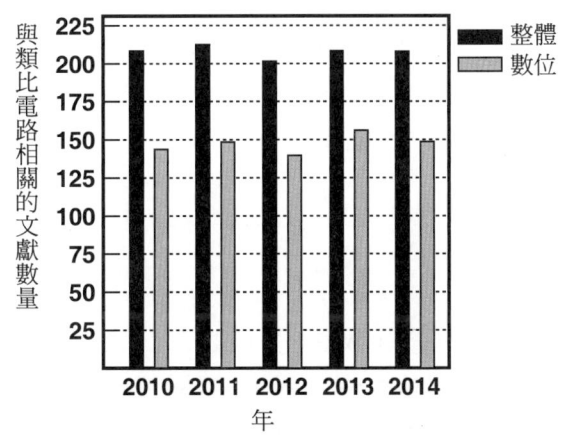

圖 1.4　近年來於 ISSCC 中發表與類比電路相關的文獻數量

1.1.4 類比電路設計的挑戰

現今的類比電路設計者需要處理有趣和困難的問題，本書會在介紹各元件及電路時以整體展示各式問題情況。不過在此之前，我們可以先有些初步認識。

電晶體的不理想性

由於定比之故，**金屬氧化物半導體**（metal oxide semiconductor, MOS）電晶體愈來愈快，但是卻犧牲了其「類比」特性。例如，電晶體可以提供的最大電壓增益隨著新世代**互補金屬氧化物半導體**（complimentary MOS, CMOS）技術不斷下降。再者，電晶體特性容易受到周遭環境的影響，像是電晶體大小，形狀及和晶片上其他元件的距離。

電源電壓下降

由於定比之故，CMOS 電路的電源電壓已從 1970 年代的 12 V，下降到今天的 0.9 V，使得許多電路配置無法繼續使用。我們持續尋找適合在低電壓運作的新配置。

功率消耗

半導體工業一直致力於低功耗設計，以便延長於可攜式電子產品的電池壽命，或降低大型積體電路系統熱能移除成本和對地球能源的消耗。MOS 的定比可直接降低數位電路的功耗，但是對類比電路的影響要複雜許多。

電路複雜度

今日類比電路可能包含了數萬顆電晶體，需要長時間和大量的模擬。現在的類比電路設計工程師必須熟練 SPICE 和像是 MATLAB 等更高階的模擬軟體。

PVT（製成、電壓、溫度）變異

許多元件和電路參數會隨著製程、操作電壓和環境溫度而不同。我們稱此為 PVT 效應，並且讓電路規格可在既定的 PVT 變異之下得以有效運作。舉例來說，操作電壓可能從 1 V 變成 0.95 V，溫度可能從 0° 變成 80°。在 CMOS 製程中，好的類比設計非常具有挑戰性，因為元件特性會隨著 PVT 大幅改變。

1.2 為什麼積體化？

1950 年代就出現在同一片基板上放置許多樣電子元件之構想，而這六十年來製作技術已由生產只包含少量元件簡單晶片，發展至能容納超過一兆個電晶體的快閃記憶體、超過數十億個元件的微處理器。像是 Gordon Moore（Intel 創辦人之一）在 1970 年代初期已預測，晶片上的電晶體數量每 18 個月便會倍增。同時，電晶體尺寸已由 1960 年的 25 微米縮至 2015 年的 12 奈米，讓積體電路技術發展更為快速。

主要由記憶體和微處理器市場所帶動成長的積體電路技術，也廣泛包含類比設計，提供外接元件幾乎無法達到的複雜度、速度和精準度。我們已不能再用單一模型來預測類比電路的特性和效能。

1.3 為什麼是 CMOS？

早在**雙載子電晶體**（bipolar transistor）發明以前，**金屬氧化物半導體場效應電晶體**（metal-oxide-silicon field-effect transistor, MOSFET）概念已由 J. E. Lilienfeld 於 1930 年代初申請專利。然而受限於製作技術，MOS 技術較晚成熟，在 1960 年代初只能生產 n 型電晶體。直到 1960 年代中，CMOS 元件（包含 n 型和 p 型電晶體）發明後，才開啟半導體工業革命。

CMOS 技術快速引起數位市場的注意：CMOS 閘極只有在切換時消耗功率、且僅需少數元件，這和競爭對手雙載子電晶體或是砷化鎵（GaAs）相反。不久後 MOS 元件的尺寸比其他型式電晶體更容易縮小。

下一步顯然是將 CMOS 技術應用在上類比電路設計上，因為低製作成本及可能在同一個晶片上置入類比以及數位電路，改善整體效能且降低封裝成本，而讓此技術具吸引力。但因為 MOSFET 的速度比雙載子電晶體慢且有更多雜訊，故應用有限。

而 CMOS 技術又是如何稱霸類比市場？最主要在於元件尺寸縮小能增加 MOSFET 的速度，而 MOS 電晶體本身的速度已比過去六十年增加幾個數量級以上，而能超越雙載子電晶體（縱使後者尺寸也縮小，但其步調不快）。

相較於雙載子電晶體，另外一個使用 MOS 元件關鍵的好處就是 MOS 可以在比較低的電壓操作。在現今技術中，CMOS 電路的操作電壓約 1 V，但雙載子電晶體的操作電壓約 2 V，低電壓代表著複雜的積體電路可以有比較低的功率消耗。

第 2 章　基本MOS元件物理

我們在學習積體電路設計時，可以採用兩個重要的方法：(1) 從量子力學開始，並了解固態物理、半導體元件物理、元件模型，最後則是電路設計；(2) 把每個半導體元件視為一個黑盒子，並以端點電壓和電流表示特性，因此不太要注意該元件內部運作便能設計電路。經驗告訴我們沒有一種方法是最好的，第一種方法中，各位無法了解所有用於設計電路的物理機制之關聯性；而在第二種方法中，讀者經常被黑盒子的內容所迷惑。

在當今 IC 產業中，徹底了解半導體元件是很重要的——尤其類比設計比數位設計更需要這些知識。因電晶體在類比設計中不被視為簡單開關，且許多元件的二階效應直接影響效能。此外，每當新 IC 技術改變元件時，這些效應會更為顯著。由於設計者必須常決定可以忽略某特定電路中某效應，故深入了解元件運作是相當有價值的。

在本章中，我們以基本層面來看 MOSFET 的物理特性，包含了對基本類比設計最基本的了解。最後的目的是能公式化其各元件運作過程，以發展出電路模型，但這必須對基本設計原則有深入的了解（見第 3 章至第 14 章的類比電路）。

再討論如**基板效應**（body effect）、**通道長度調變**（channel-length modulation）和**次臨界傳導**（subthreshold conduction）等二階效應；然後再定義 MOSFET 的**寄生電容**，導出小信號模型和簡單 SPICE 模型。在此假設讀者已熟悉如**摻雜**（doping）、**移動率**（mobility）和 **pn 介面**（*pn* junction）等基本概念都很熟悉。

2.1 一般考量

2.1.1 MOSFET 為開關時

我們在討論 MOSFET 實際運作前，先考慮一個簡化的元件模型，以培養了解電晶體該有的樣子及其中何種面向的特性為重要。

圖 2.1 呈現一個 *n* 型 MOSFET 記號，其中有三個端點：**閘極**（gate, G）、**源極**（source, S）和**汲極**（drain, D）。因為元件是對稱的，故後兩者可互換。當此 MOSFET 為開關時，若閘極電壓 V_G 為「高」電壓時，電晶體會「連接」源極與汲極；而若 V_G 為「低」電壓時，電晶體則會隔絕源極與汲極。

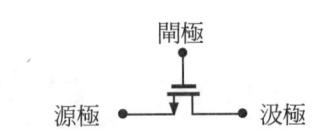

圖 2.1　MOS 元件的簡單示意圖

即使如圖 2.1 的簡單示意圖，我們還是必須回答幾個問題。在 V_G 值為多少時，此元件才會開啟？換句話說，「臨界」電壓值為何？當元件開啟（或關閉）時，源極與汲極間的電阻為何？而受端點電壓影響的電阻的情況又如何？我們是否能永遠用簡單線性電阻來建立源極和汲極間的路徑嗎？又是什麼因素限制了元件的速度呢？

儘管上述問題都出現在電路層次，唯有藉由分析電晶體結構和物理特性才能解答。

2.1.2 MOSFET 結構

圖 2.2 顯示了一個 n 型 MOS（NMOS）元件的簡化結構。此元件在 p 型**基板**（substrate）上製作，由兩塊摻雜濃度高的 n 型區域形成源極和汲極端，高摻雜濃度（傳導性佳）之多晶矽（polysilicon）[1] 作為閘極，及一層薄的二氧化矽（SiO_2）隔絕閘極和基板。元件於閘極氧化層下的基板區有效運作。注意，對於源極和汲極來說，結構是對稱的。

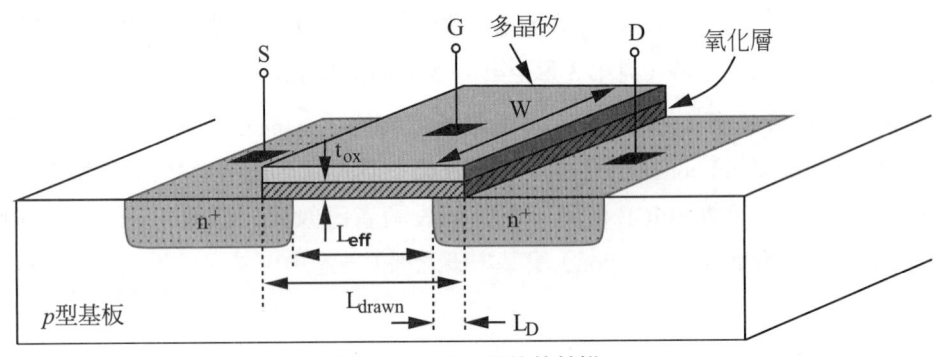

圖 2.2　MOS 元件的結構

沿著源極－汲極路徑間的閘極尺寸稱為長度（length）L，和長度垂直的部分稱為寬度（width）W。因為在製作源極／汲極界面的過程會發生**側擴散**（side-diffuse）現象，故汲極和源極間的實際長度比 L 稍微小一點。為了避免這個困擾，我們定義 $L_{eff} = L_{drawn} - 2L_D$，其中 L_{eff} 為等效長度，L_{drawn} 為全長[2]，而 L_D 為擴散長度。我們在後面會看到 L_{eff} 和閘氧化層厚度 t_{ox} 對 MOS 電路效能影響很大。因此，MOS 技術發展的一大目標便是使在這些尺寸不斷縮小的同時，元件的其他參數不會變差。在本書寫作之時，典型的 L_{eff} 約為 10 nm，t_{ox} 約為 15 埃。除非有特別提到，否則本書將以 L 代表等效長度。

---

1 多晶矽為無定形（非晶矽）的矽，而當閘極矽在氧化層上成長時，不會形成晶狀的矽。閘極原由金屬製作而成（因此MOS這個詞代表「金屬－氧化層－半導體」）且近來又重新開始使用金屬製作。
2 使用下標「drawn」是因為此為當我們在設計電晶體時所使用的尺寸（章節 2.4.1）。

如果 MOS 結構是對稱的，我們為何將一個 n 型區域稱為源極，而另一個稱為汲極呢？如果源極定義為提供電荷載子（在 NMOS 中為電子）的端點，而汲極定義為收集這些載子的端點，原因就很清楚了。因此，當三個端點電壓變化時，源極和汲極將會變換角色。

我們到目前暫時忽略了製作元件的基板部分。事實上，基板電壓大幅影響元件特性。也就是說，MOSFET 為一四端元件。因為典型的在 MOS 的典型運作下，源極／汲極界接面二極體必須為逆向偏壓，我們假設 NMOS 電晶體基板連接至系統中最負的供應電壓。舉例來說，如果電路在 0 至 1.2 V 間運作，$V_{sub,\,NMOS} = 0$。而實際的連接通常是透過一電阻 p^+ 區域提供，如圖 2.3 的元件側視圖所示。

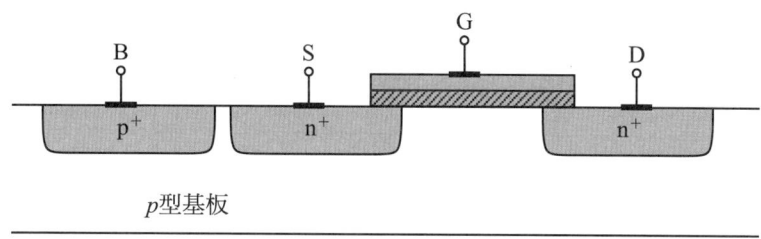

圖 2.3　基板連接

在 MOS 技術中，可使用 NMOS 或是 PMOS 元件電晶體都適用。簡單來看，反轉所有的摻雜（包括基板）可產生 PMOS 元件〔圖 2.4(a)〕，但實際上，NMOS 和 PMOS 元件必須在同一晶片（也就是同一基板）上製作。基於這個原因，一種元件型態能放置在稱為井（well）的局部基板上。PMOS 元件在目前的 CMOS 製程中，置入 n 型井中〔圖 2.4(b)〕。注意，n 型井必須連接至能使 PMOS 電晶體之源極／汲極界面二極體在任何情況下保持逆向偏壓之電源電壓。在大多數電路中，n 型井是連接至最高供應電壓。為了簡單起見，我們有時分別稱 NMOS 元件和 PMOS 元件為「NFET」和「PFET」。

圖 2.4(b) 顯示 NMOS 和 PMOS 電晶體間的一項有趣差別：當所有 NFET 使用了同一塊基板時，每個 PFET 可有其獨立的 n 型井。某些類比電路會利用 PFET 的這個種彈性。

奈米設計筆記

某些先進 CMOS 製程中有提供「深 n 型井」，指的是一個包含 NMOS 元件和 p 型基板的 n 型井。如下圖所示，此時 NMOS 電晶體基板已區域化，不須和其他 NMOS 電晶體的基板相連接。但是這樣的設計會消耗比較大的面積，因為「深 n 型井」的位置必須延伸到超過 p 型井一定的程度，同時與一般的 n 型井維持一定距離。

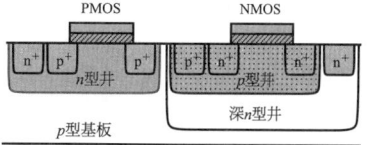

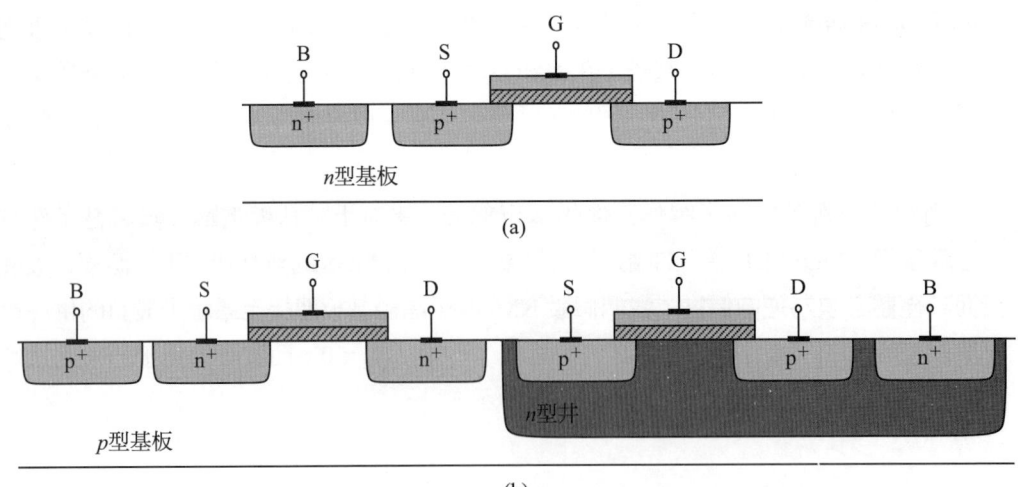

圖 2.4　(a) 簡單 PMOS 元件；(b) 在 n 型井中的 PMOS

2.1.3 MOS 符號

用來表示 NMOS 和 PMOS 電晶體的電路符號如圖 2.5 所示。圖 2.5(a) 中的符號包含了四個端點，用「B」而不是用「S」來表示基板，以避免和源極混淆。PMOS 元件的源極被放置於頂端以幫助視覺觀察，因為其電壓比閘極高。由於大部分電路中，NMOS 和 PMOS 元件之基板分別接地及 V_{DD}，圖中通常會忽略這些連接線〔圖 2.5(b)〕。在數位電路中，常用圖 2.5(c) 的「開關」符號來表示這二種形式的 MOS，但我們仍偏好使用圖 2.5(b) 中的符號，因為更容易區別源極（S）和汲極（D）間的視覺區別，有益了解電路運作。

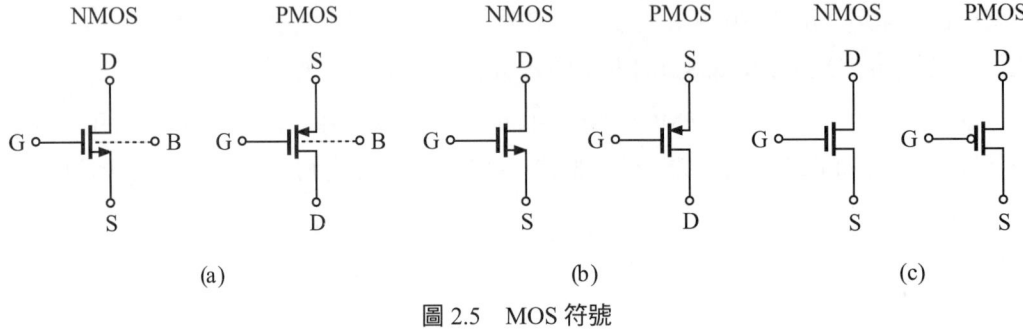

圖 2.5　MOS 符號

2.2 MOS I/V 特性圖

本節會分析 MOSFET 電荷產生和遷移為端點電壓的函數，旨在導出 I/V 特性的等式。

2.2.1 臨界電壓

圖 2.6(a) 中顯示連接至外加電壓之 NFET。當閘極電壓 V_G 由零開始增加時，會如何？因為由於當 V_G 逐漸增加時，閘極、介電質和基板會形成一電容，在 p 型基板之電洞將會從閘極區被排開，留下負離子和閘極電荷相對照。換句話說，**空乏區**（depletion region）會因而產生〔圖 2.6(b)〕。此時不會有電流，因為沒有電荷載子。

當 V_G 增加時，空乏區、氧化層與多晶矽間的界面電壓也同時會增加。此時結構就像兩個串聯的電容：閘極氧化層電容和空乏區電容〔圖 2.6(c)〕。當界面電壓差到達到一定值時，電子將由源極流至界面，最後流至汲極。而一個電荷載子「通道」會在閘極氧化層下方的源極和汲極間形成，電晶體也會被「開啟」。我們稱「反轉」（inverted）界面，而稱此通道為「反轉層」。此時的 V_G 值稱為「臨界電壓」V_{TH}。如果 V_G 持續增加，空乏區的電荷將保持幾乎不變，而通道電荷密度仍會持續增加，增加以提供源極至汲極更大的電流。

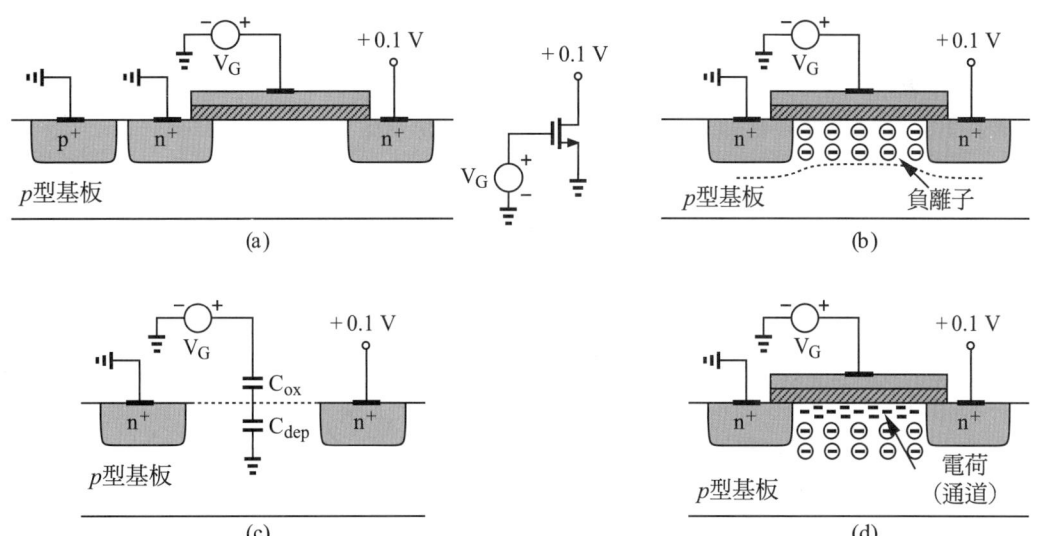

圖 2.6　(a) 閘電壓驅動之 MOSFET；(b) 空乏區之形成；(c) 初始的反轉層；(d) 反轉層形成

實際上，開啟現象為一閘極電壓的漸進函數，使得要明確地定義 V_{TH} 很困難。在半導體物理學中，NFET 的 V_{TH} 值通常定義為使介面的 n 型與 p 型基板一樣多時的閘極電壓。我們可以證明如下 [3]

$$V_{TH} = \Phi_{MS} + 2\Phi_F + \frac{Q_{dep}}{C_{ox}} \tag{2.1}$$

其中 Φ_{MS} 為多晶矽閘極和矽基板功函數的差，$\Phi_F = (kT/q)\ln(N_{sub}/n_i)$，$q$ 為電子電荷，N_{sub} 為基板摻雜濃度，Q_{dep} 為空乏區之電荷數量，C_{ox} 為單位面積之閘極氧化層電容。由

---

[3] 在氧化層的電荷捕捉效應（charge trapping）在此可忽略不計。

pn 界面理論，$Q_{dep} = \sqrt{4q\epsilon_{si}|\Phi_F|N_{sub}}$，其中 ϵ_{si} 代表矽的介電常數。由於 C_{ox} 在元件和電路計算中經常出現，因此最好能記住，當 t_{ox} 約等於 20 埃時，C_{ox} 大約等於 17.25 fF/μm^2。Cox 的值可和氧化層的厚度作成比例處理。

實際上，由上述方程式所得到的「原始」臨界電壓值可能不適用於電路設計中，例如 $V_{TH} = 0$，且當 $V_G \geq 0$ 時，元件並不會關閉。[4] 有鑒於此，在元件製程中，臨界電壓通常會透過在通道區摻雜來調整，也就是改變在氧化層界面附近的基板摻雜濃度。如圖 2.7 所示，如果生成一個薄的 p^+ 層，形成空乏區所需要的閘極電壓就得提高。

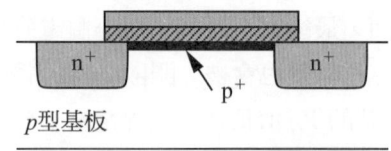

圖 2.7 摻入 p^+ 雜質子改變臨界電壓

上述定義並不直接適用於 V_{TH} 之量測。在圖 2.6(a)，只有汲極電流能顯示元件是在「開」或是「關」的狀態，因此無法顯示出 V_{GS} 值為多少時，界面為 n 型的量與基板為 p 型的量相同。因此，由 I/V 量測來計算 V_{TH} 並不會很清楚。我們在稍後會繼續討論。現在，我們先暫時假設當 $V_{GS} \geq V_{TH}$ 時，元件會瞬間開啟。

PMOS 元件中的開啟現象和 NFET 相似，所有極性皆相反。如圖 2.8 所示，如果閘極－源極之負向電壓夠大時，在氧化層和矽界面會形成一個由電洞組成的反轉層，提供源極和汲極間的傳導路徑。也就是說，PMOS 元件的臨界電壓通常為負。

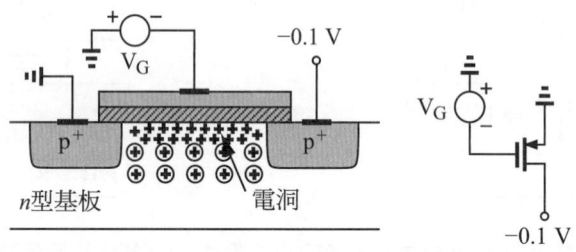

圖 2.8 在 PFET 中形成反轉層

2.2.2 I/V 特性圖之推導

為得到 MOSFET 之汲極電流和其端點電壓間的關係，我們做以下兩個觀察。

首先，圖 2.9(a) 顯示帶電流 I 的半導體柱。如果沿著電流方向之電荷密度為 Q_d（c/m），其電荷速度為 v（m/s），那麼

---

4 稱為「反轉模式」FET，用於舊的製成。具備正臨界電壓的 NFET 則稱為「增強型」元件。

$$I = Q_d \cdot v \tag{2.2}$$

為了了解原因,我們量測單位時間內通過一特定截面積之總電荷數。速度為 v 時,在 v 公尺長柱中的所有電荷須在一秒內通過截面積區域〔圖 2.9(b)〕。由於電荷密度為 Q_d,故在 v 公尺內的總電荷為 $Q_d \cdot v$。此輔助定理有助於在分析半導體元件分析。

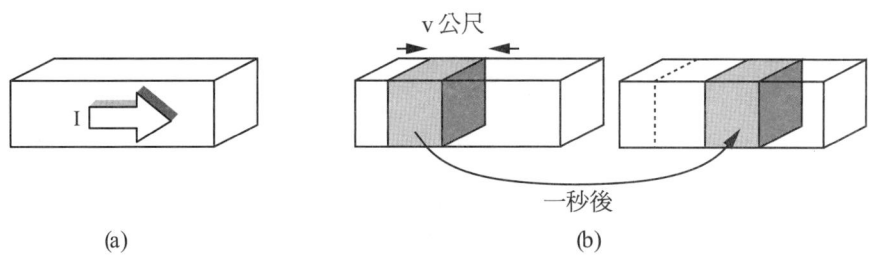

圖 2.9 (a) 攜帶電流 I 之半導體柱;(b) 電荷載子於一秒內的快照

再來,為了能使用上述的輔助定理,我們必須確定在 MOSFET 中移動電荷的密度。圖 2.10(a) 顯示一個汲極和源極都接地的 NEFT。此時,反轉層的電荷密度為何?由於我們假設反轉的發生點在 $V_{GS} = V_{TH}$,被閘極氧化層電容產生的反轉層電荷密度和與 ($V_{GS} - V_{TH}$) 成正比。當 $V_{GS} \geq V_{TH}$ 時,在閘極上的電荷必須能和通道中的電荷相對照,產生均勻通道電荷密度(沿著汲極到源極路徑單位長度的電荷)

$$Q_d = WC_{ox}(V_{GS} - V_{TH}) \tag{2.3}$$

其中 WC_{ox} 代表每單位長度之總電容。

現在假設,如圖 2.10(b) 所示,假設汲極電壓大於零。由於通道電壓在源極端為 0,至汲極端則變為 V_D,而閘極和通道間的電壓差則由 V_G 變為 $V_G - V_D$。因此在通道中某一點 x 其電荷密度可寫成

$$Q_d(x) = WC_{ox}[V_{GS} - V(x) - V_{TH}] \tag{2.4}$$

其中 $V(x)$ 為 x 點之通道電位。由 (2.2) 中,可知電流值為

$$I_D = -WC_{ox}[V_{GS} - V(x) - V_{TH}]v \tag{2.5}$$

其中插入負的符號是因為電荷載子為負電荷,而。v 代表通道內電子的速度。對半導體而言,$v = \mu E$,其中 μ 為電荷載子的移動率,E 為電場。注意,$E(x) = -dV/dx$,且其 μn 為電子遷移動率 μn,可得

$$I_D = WC_{ox}[V_{GS} - V(x) - V_{TH}]\mu_n \frac{dV(x)}{dx} \tag{2.6}$$

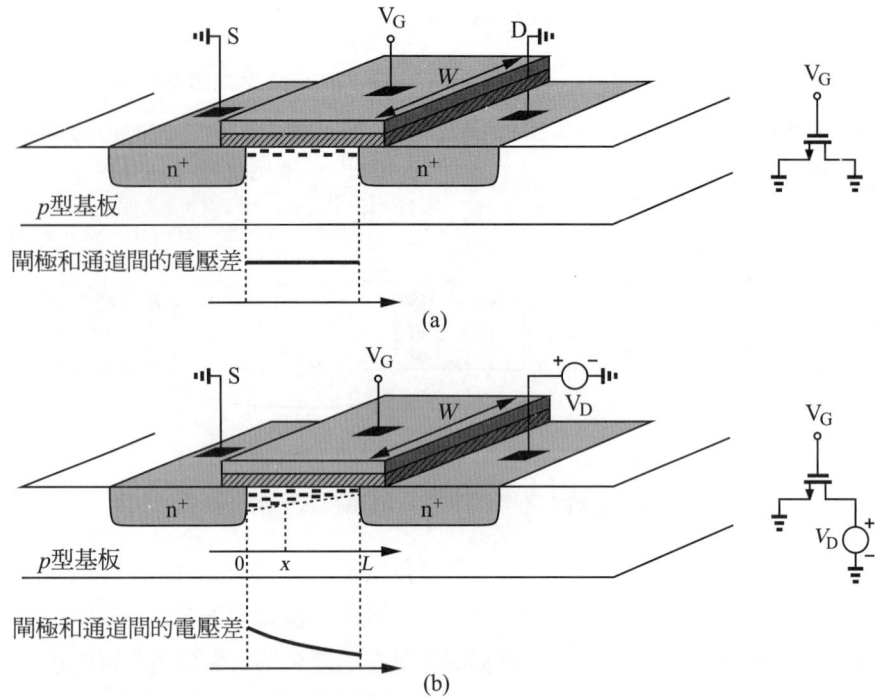

圖 2.10 (a) 源極和汲極電壓相同之通道電荷；(b) 源極和汲極電壓不同的通道電荷

邊界條件為 $V(0) = 0$，$V(L) = V_{DS}$。儘管從使等式中可以輕易求得 $V(x)$，但其實此處重要的參數為 I_D。在等式兩邊同時乘以 dx，並對其進行積分後可得到

$$\int_{x=0}^{L} I_D dx = \int_{V=0}^{V_{DS}} WC_{ox}\mu_n[V_{GS} - V(x) - V_{TH}]dV \tag{2.7}$$

因為 I_D 在通道中為常數：

$$I_D = \mu_n C_{ox} \frac{W}{L} \left[(V_{GS} - V_{TH})V_{DS} - \frac{1}{2}V_{DS}^2\right] \tag{2.8}$$

L 為等效通道長度。

圖 2.11 繪出在不同 V_{GS} 下，已知 (2.8) 拋物線圖，並顯示元件的電流容量將隨 V_{GS} 增加。計算 $\partial I_D/\partial V_{DS}$，各位能算出每一拋物線的峰值於 $V_{DS} = V_{GS} - V_{TH}$ 時，且其電流為

$$I_{D,max} = \frac{1}{2}\mu_n C_{ox} \frac{W}{L}(V_{GS} - V_{TH})^2 \tag{2.9}$$

我們稱 $V_{GS} - V_{TH}$ 為**過驅電壓**（overdrive voltage），稱 W/L 為**長寬比**（aspect ratio）。如果 $V_{DS} \leq V_{GS} - V_{TH}$，此時我們說稱元件操作於**三極管區**（triode region）。[5]

---

[5] 也稱為「線性區間」。

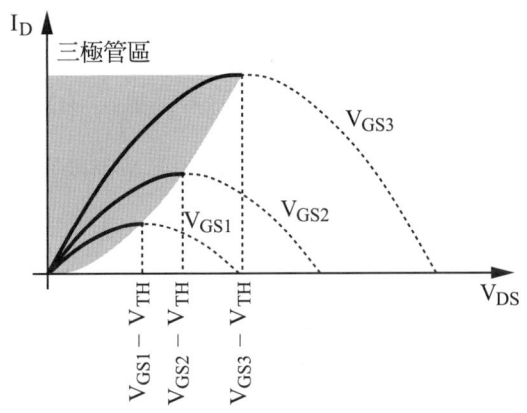

圖 2.11　汲極電流和汲極－源極電壓在三極管區之關係圖

(2.8) 和 (2.9) 可以作為 CMOS 設計的基礎，其中描述了 I_D 和製程常數 $\mu_n C_{ox}$、元件尺寸 W 和 L、及閘極和汲極相對於源極之電位株間的關係。注意，(2.7) 的積分式假設 μ_n 和 V_{TH} 與 x、閘極和汲極電壓無關。

如果在 (2.8) 中，$V_{DS} \ll 2(V_{GS} - V_{TH})$，我們得到

$$I_D \approx \mu_n C_{ox} \frac{W}{L}(V_{GS} - V_{TH})V_{DS} \tag{2.10}$$

也就是說，汲極電流為 V_{DS} 的線性函數。這關係從圖 2.11 對小 V_{DS} 值之特性圖中，可以很明顯地看出。如圖 2.12 所示，每條拋物線可以用一條直線近似，此線性關係暗示了從源極至汲極路徑可以用一個線性電阻表示：

$$R_{on} = \frac{1}{\mu_n C_{ox} \dfrac{W}{L}(V_{GS} - V_{TH})} \tag{2.11}$$

因此，一個 MOSFET 即可視為一電阻，其值受過驅電壓所控制〔只要 $V_{DS} \ll 2(V_{GS} - V_{TH})$〕。圖 2.13 顯示此概念。注意，與雙載子電晶體相較，即使沒有電流，MOS 元件仍可處於啟動狀態。當 $V_{DS} \ll 2(V_{GS} - V_{TH})$ 時，我們稱元件在深三極管區運作。

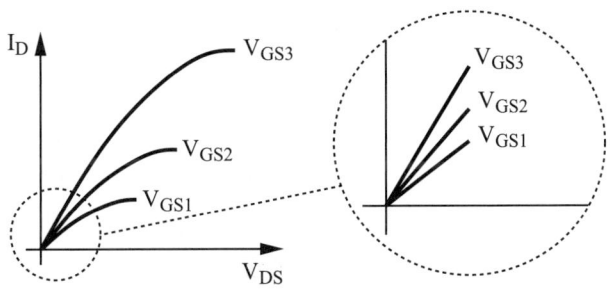

圖 2.12　深三極管區中之線性運作

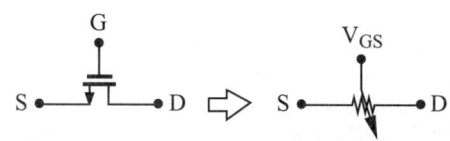

圖 2.13　作為一線性控制電阻之 MOSFET

範例 2.1

如圖 2.14(a) 所示，會出 M_1 之啟動電阻和 V_G 關係圖。假設 $\mu_n C_{ox} = 50\ \mu\text{A/V}^2$、$W/L = 10$、$V_{TH} = 0.3$ V。注意其汲極端為開路狀態。

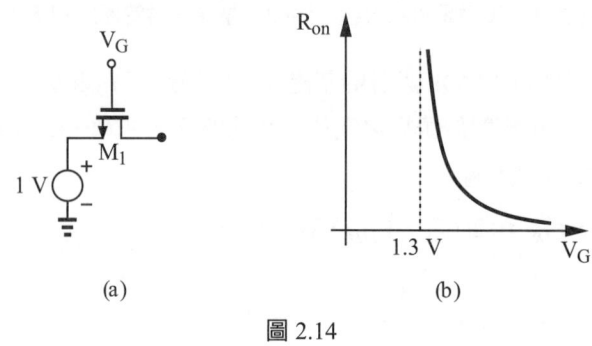

圖 2.14

解　由於汲極端是開路，$I_D = 0$ 且 $V_{DS} = 0$。因此，若元件為啟動，將於深三極管區運作。當 $V_G < 1\ \text{V} + V_{TH}$ 時，M_1 截斷且 $R_{on} = \infty$。當 $V_G > 1\ \text{V} + V_{TH}$ 時，我們得到

$$R_{on} = \frac{1}{50\ \mu\text{A/V}^2 \times 10(V_G - 1\ \text{V} - 0.3\ \text{V})} \tag{2.12}$$

此結果繪於圖 2.14(b) 中。

運用 MOSFETS 作為可控制電阻在類比電路中扮演一個很重要的角色。舉例來說，如果筆電系統進入節電模式，壓控電阻可用來調整筆電中時脈產生器的頻率。在 13 章中會討論到 MOSFETS 也可以作為開關。

如果圖 2.11 中，汲極－源級電壓超過 $(V_{GS} - V_{TH})$ 時，會發生何事？事實上，當 $V_{DS} > V_{GS} - V_{TH}$ 時，汲極電流不會依照拋物線特性。如圖 2.15 所示，I_D 幾乎維持不變，而會稱元件於**飽和區**（saturation region）[6] 運作。回想在 (2.4) 中，反轉層電荷密度和 $V_{GS} - V(x) - V_{TH}$ 成正比。因此，當 $V(x)$ 趨近於 $V_{GS} - V_{TH}$ 時，Q_d 會降為零。換句話說，如圖 2.16 所示，若 V_{DS} 略大於 $V_{GS} - V_{TH}$，反轉層會在 $x \leq L$ 處停止，而我們會稱通道被「截止」(pinched off)。隨著 V_{DS} 的增加，$Q_d(x) = 0$ 的發生點會往源極方向移動。因此在通道中的某一點，閘極和二氧化矽介面之電位差將不足以產生反轉層。

---

[6] 注意在雙載子和 MOS 元件在飽和區的差異。

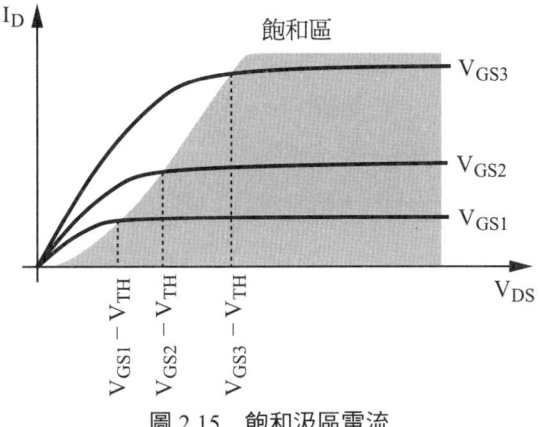

圖 2.15　飽和汲區電流

存在截止區時，元件如何導通電流？當電子靠近截止點時（$Q_d \rightarrow 0$），速度會急遽上升（$v = I/Qd$）。一旦通過截止點，電子僅要穿過靠近汲極的空乏區到達源極。

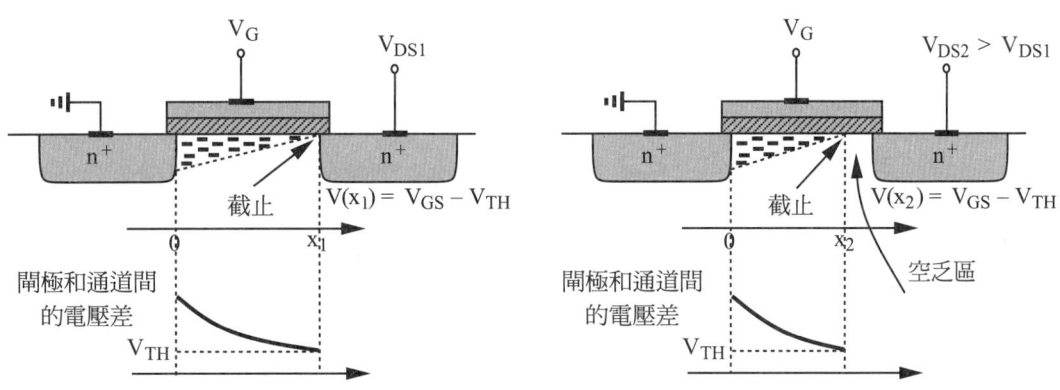

圖 2.16　截止效應

有了以上的觀察後，我們重新檢視飽和元件下的 (2.7)。由於 Q_d 為移動（mobile）電荷密度，在(2.7)左邊的積分須由 $x = 0$ 計算到 $x = L'$，其中 L' 為 Q_d 降至零之處（亦即圖2.16中 x_2），而 (2.7) 右邊則由 $V(x) = 0$ 計算至 $V(x) = V_{GS} - V_{TH}$。因此

$$I_D = \frac{1}{2}\mu_n C_{ox} \frac{W}{L'}(V_{GS} - V_{TH})^2 \tag{2.13}$$

顯示出如果 L' 維持近似 L 時，I_D 和 V_{DS} 二者相關性極低。我們稱元件超出「平方定律」。如果 I_D 是已知，則 V_{GS} 可以得到如下：

$$V_{GS} = \sqrt{\frac{2I_D}{\mu_n C_{ox} \frac{W}{L'}}} + V_{TH} \tag{2.14}$$

我們必須要強調，當電晶體要維持在飽和區時（在類比電路中很常見），汲極和源極電壓差須要等於或是大於過驅電壓。因此，有些書會提到 $V_{D,sat} = V_{GS} - V_{TH}$，其中 $V_{D,sat}$

指的是讓電晶體在飽和區運作的最小 V_{DS}。本書稍後會提及，如果在汲極或是閘極的信號擺幅太大，使得 V_{DS} 小於 $V_{GS} - V_{TH}$，會導致一些不樂見的效應。有鑑於此，選擇過驅電壓，或是 $V_{DS,sat}$，代表需要保留一些**餘裕**（headroom）給電路中的信號擺幅所使用；當設計的 $V_{DS,sat}$ 越大，信號擺幅可有的空間就越少。

(2.8)及(2.13)代表NMOS元件的大信號行為；例如，兩式可以用所給予的任意閘極、源極和汲極電壓來預測汲極電流（但只適用於元件為啟動時）。由於這些算式的非線性的特性讓分析更困難，我們時常訴諸於線性近似（「小信號」模型）來瞭解電路。在 2.4.3 節會再更詳細介紹。

對 PMOS 元件而言，(2.8) 和 (2.13) 可分別寫成

$$I_D = -\mu_p C_{ox} \frac{W}{L}\left[(V_{GS} - V_{TH})V_{DS} - \frac{1}{2}V_{DS}^2\right] \tag{2.15}$$

和

$$I_D = -\frac{1}{2}\mu_p C_{ox} \frac{W}{L'}(V_{GS} - V_{TH})^2 \tag{2.16}$$

負號的出現是因為我們假定 I_D 是由汲極流至源極，而電洞流的方向則相反。由於電洞移動率為電子的二分之一，故 PMOS 元件的電流驅動能力會較低。

假設 L 是定值，飽和 MOSFET 可作為連接汲極和源極之電流源（圖 2.17），為類比設計中重要的元件。注意，NMOS 電流源將電流送至接地端，而 PMOS 電流源由 V_{DD} 處汲取電流。換句話說，每個電流源只有一端是浮動的（要設計於電路中任意兩點間流動的電流源很困難）。

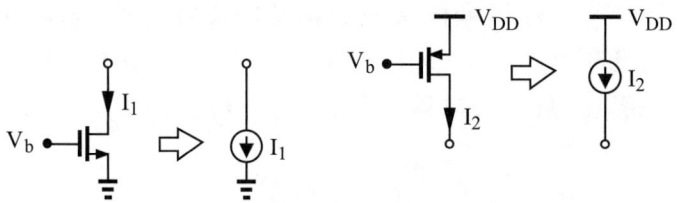

圖 2.17　作為電流源之飽和 MOSFET

範例 2.2

在 V_{DS}–V_{GS} 平面上，標示 NMOS 電晶體的操作區間。

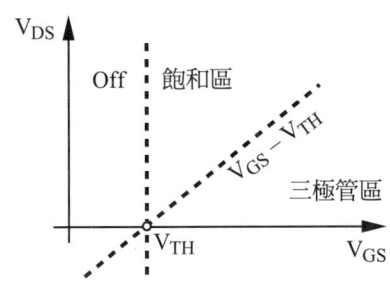

圖 2.18　V_{DS}-V_{GS} 平面顯示了操作區間

解　由於 V_{DS} 和 $V_{GS}-V_{TH}$ 的相對大小會決定電晶體的操作區間,我們將 $V_{GS}-V_{TH}$ 的線繪於平面上,如圖 2.18 所示。若 $V_{GS} > V_{TH}$,則在直線上方的區域代表飽和區,而在直線的下方區域則是三極管區。根據已知的 V_{DS},當 V_{GS} 一直增加,元件最終會離開飽和區。可容許電晶體在飽和區間運作的最小 V_{DS} 稱為 $V_{D,sat}$。記住,$V_{D,sat} = V_{GS} - V_{TH}$。

飽和區和三極管區的區別可能會令人混淆,尤其對於 PMOS 元件更是如此。直觀地來說,如果閘極和汲極電壓不足以產生一反轉層時,通道將會被截止,如圖 2.19 所示的概念。當 NFET 之 $V_G - V_D$ 低於 V_{TH} 時,截止現象將會出現。同樣地,如果 PFET 之 $V_G - V_D$ 不夠大時($<|V_{THP}|$),元件將被飽和。注意到此觀點不需知道源極電壓,這意味著我們必須是先知道哪個端點作為汲極端。相對於源極,在 NFET(PFET)中,汲極被定義為具有較高(低)電壓。

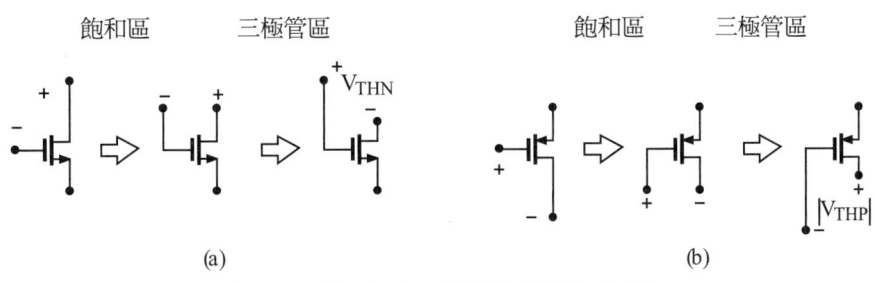

圖 2.19　飽和區和三極管區之概念示意圖

2.2.3 MOS 轉導

因為操作於飽和區之 MOSFET 對應其閘極−源極過驅電壓會產生一電流,我們可以定義一個指標,代表元件將電壓**轉換**成電流的能力。更明確地說,因為在信號處理過程中,我們將遭遇到電壓和電流的變化,故我們定義該指標為汲極電流變化除以閘極−源極電壓變化,我們稱為**轉導**(transconductance)並以 g_m 表示,其值為:

$$g_m = \left.\frac{\partial I_D}{\partial V_{GS}}\right|_{V_{DS}\text{ const.}} \tag{2.17}$$

$$= \mu_n C_{ox} \frac{W}{L}(V_{GS} - V_{TH}) \tag{2.18}$$

g_m 表示元件之靈敏度。g_m 高，代表 V_{GS} 的小變化將可使 I_D 產生大變化。g_m 的單位表示為 1/ 歐姆或是西門子（S）；例如 g_m = 1/100Ω = 0.01S。我們在類比設計中，有時會說 MOSFET 的運作如同「電壓／電流轉換器」來表示電晶體可將電壓變化轉換成電流變化。有趣的是，飽和區的 g_m 值和深三極管區 R_{on} 之倒數相同。

各位可以證明 g_m 也可寫成

$$g_m = \sqrt{2\mu_n C_{ox} \frac{W}{L} I_D} \tag{2.19}$$

$$= \frac{2I_D}{V_{GS} - V_{TH}} \tag{2.20}$$

如圖 2.20 所示，上述兩種表示法對於了解 g_m 特性非常有用，g_m 為其中一個參數之函數而其他參數保持固定。舉例來說，(2.18) 顯示，若 W/L 為常數時，g_m 會隨著過驅電壓而增加，而 (2.20) 則暗示若 I_D 為常數時，g_m 會隨著過驅電壓減少。

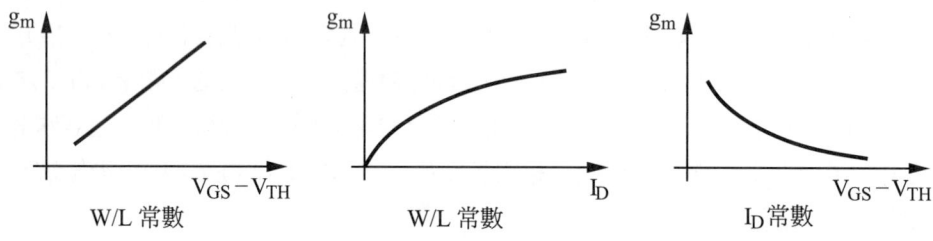

圖 2.20　MOS 轉導與驅動電壓及汲極電流之關係圖

I_D 和 $V_{GS} - V_{TH}$ 項次在上述 g_m 公式中為偏壓值。舉例來說，W/L = 5 μm/0.1 μm，偏壓電流 I_D = 0.5 mA 的電晶體可能存在轉導值 1/200Ω。若在此元件上外加一個輸入信號，則 I_D 和 $V_{GS} - V_{TH}$ 會與 g_m 都會改變。但在小訊號分析中，我們會假設信號振幅夠小，而可以忽略讓所有的影響變異。

(2.19) 暗示，如果我們將 W/L 增加並保持 I_D 為常數，轉導值可任意增加。這個結果是錯的，並會在 2.3 節中修正。

轉導的概念也可應用於操作在三極管區的元件，如下列範例所示。

範例 2.3

如圖 2.21 所示，繪出轉導和 V_{DS} 之關係圖。

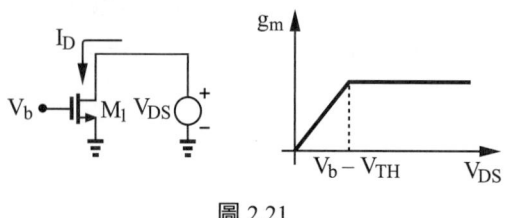

圖 2.21

解 當 V_{DS} 從無線大開始減少，了解 g_m 是較為簡單的，只要 $V_{DS} \geq V_b - V_{TH}$，M_1 位於飽和區，I_D 則幾乎為常數。從 (2.19) 得知 g_m 亦是如此。當 $V_{DS} < V_b - V_{TH}$ 時，M_1 進入三極管區，且：

$$g_m = \frac{\partial}{\partial V_{GS}} \left\{ \frac{1}{2}\mu_n C_{ox} \frac{W}{L} \left[2(V_{GS} - V_{TH})V_{DS} - V_{DS}^2 \right] \right\} \tag{2.21}$$

$$= \mu_n C_{ox} \frac{W}{L} V_{DS} \tag{2.22}$$

因此，如圖 2.21 所示，若元件轉導會落在進入三極管區域。我們為了要放大，通常會使用 MOSFET 的飽和區。

對 PFET 來說，在飽和區的轉導表示為 $g_m = -\mu_p C_{ox}(W/L)(V_{GS} - V_{TH}) = -2I_D/(V_{GS} - V_{TH}) = \sqrt{2\mu_p C_{ox}(W/L)I_D}$。

2.3 二階效應

直至目前，我們在分析 MOS 結構的分析時做了許多簡化的假設，其中有些在類比電路中並非不成立。本節會討論三個對電路的後續分析中非常重要的**二階效應**（second-order effect）。

基板效應

我們在圖 2.10 的分析中，假設了電晶體的基體和源極都接地。如果 NFET 的基體電壓小於源極電壓時（圖 2.22），會發生什麼情形？由於源極和汲極界面仍為逆向偏壓，我們認為元件仍會適當運作，但某些特性可能會改變。為了了解這個效應，假設 $V_S = V_D = 0$，且 V_G 略小於 V_{TH}，使得閘極下方形成空乏區，但尚未形成反轉層。當負向電壓 V_B 變大時，會吸引更多電洞至基板連結區，產生更多負電荷；如圖 2.23 所示，空乏區將更寬。也就如 (2.1)，臨界電壓為空乏區內總電荷之函數，因為在反轉層形成前，閘極電荷必須和 Q_d 電荷相對照。因此，當 V_B 降低且 Q_d 增加時，V_{TH} 亦會增加。此現象稱為**基板效應**（body effect）或是**反閘極效應**（backgate effect）。

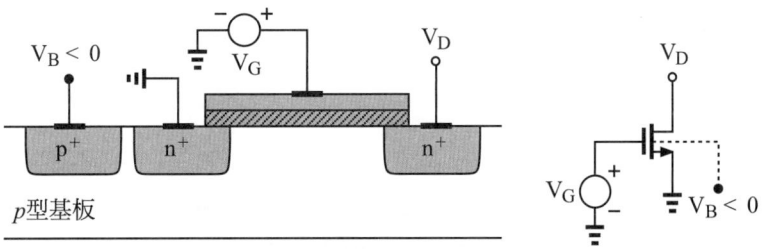

圖 2.22　負基體電壓之 NMOS 元件

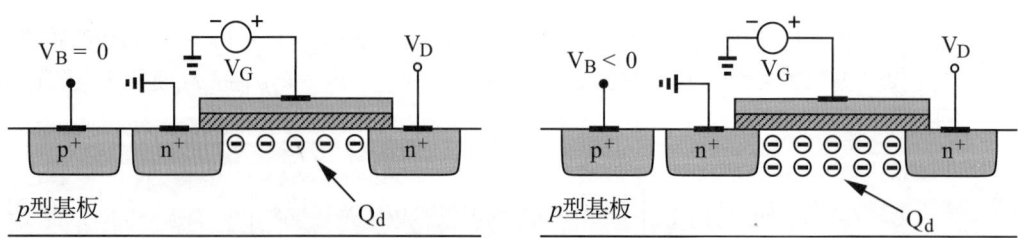

圖 2.23　隨基體電壓而變動之空乏區電荷

利用基體效應，我們可以證明

$$V_{TH} = V_{TH0} + \gamma \left(\sqrt{2\Phi_F + V_{SB}} - \sqrt{|2\Phi_F|} \right) \tag{2.23}$$

由 (2.1) 中已知 V_{TH0}，$\gamma = \sqrt{2q\epsilon_{si}N_{sub}}/C$ 代表基體效應的係數，而 VSB 為源極－基體電位差 [1]，γ 的數值一般都落於 0.3 至 0.4 $V^{1/2}$ 之間。

範例 2.4

如圖 2.24(a) 所示，繪出 V_X 從 $-\infty$ 到 0 之汲極電流圖。假設 $V_{TH}0 = 0.3$ V，$\gamma = 0.4\ V^{1/2}$，$2\Phi_F = 0.7V$。

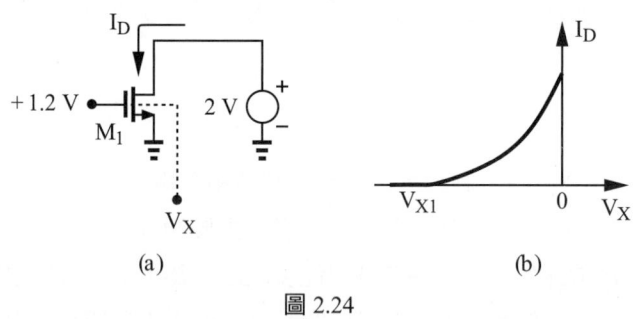

圖 2.24

解　如果負 V_X 值夠大時，M_1 臨界電壓將會超過 1.2 V，而元件為截斷狀態。也就是說

$$1.2\ V = 0.3 + 0.4 \left(\sqrt{0.7 - V_{X1}} - \sqrt{0.7} \right) \tag{2.24}$$

因此，$V_{X1} = -8.83$ V，當 $V_{X1} < V_X < 0$ 時，I_D 會依下式增加

$$I_D = \frac{1}{2}\mu_n C_{ox} \frac{W}{L} \left[V_{GS} - V_{TH0} - \gamma \left(\sqrt{2\Phi_F - V_X} - \sqrt{2\Phi_F} \right) \right]^2 \tag{2.25}$$

圖 2.24(b) 顯示了其特性。

若要凸顯基體效應，就不用改變基體電壓 V_{sub}：源極電壓隨 V_{sub} 變動時會發生同樣的現象。舉圖 2.24(a) 的電路為例，先忽略其基體效應。我們注意到當 V_{in} 變動時，由於汲極電流等於 I_1，V_{out} 將隨著輸入電壓一起變動。事實上我們可以寫成

$$I_1 = \frac{1}{2}\mu_n C_{ox}\frac{W}{L}(V_{in} - V_{out} - V_{TH})^2 \tag{2.26}$$

結論是,如果 I_1 為常數時,$V_{in} - V_{out}$ 亦為常數〔圖 2.25(b)〕。

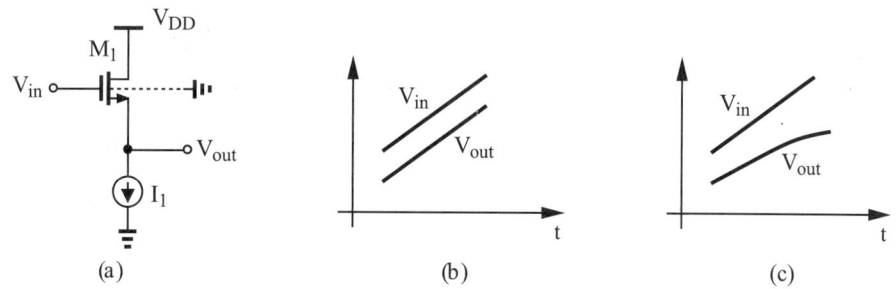

圖 2.25 (a) 源極-基體電壓隨輸入電壓改變之電路;(b) 無基體效應影響之輸入和輸出電壓;(c) 有基體效應之輸入和輸出電壓

現在假設基板接地,且基體效應很明顯。當正值的 V_{in} 和 V_{out} 變大時,源極和基板電位差會增加,使 V_{TH} 升高。(2.26) 意指,為了保持 I_D 為常數,$V_{in} - V_{out}$ 值必須增加〔圖 2.25(c)〕。

基體效應通常不受歡迎。如圖 2.25(a) 顯示的臨界電壓之變化常會使類比電路設計(甚至數位電路)更複雜。工程師會平衡 N_{sub} 和 C_{ox} 值以得到合理的 γ 值。

範例 2.5

(2.23) 指出,如果 V_{SB} 變成負值,V_{TH} 會減少,這正確嗎?

 答案是肯定的,如果一個 NMOS 的基板電壓比其源極電壓高,V_{TH} 會比 $V_{TH}0$ 還低。這個觀察在低電壓設計時很有用,因為電路的性能可能因高臨界電壓而降低;設計者可以給偏壓基體來降低 V_{TH}。不幸地,這對 NFET 行不通,因為 NFET 一般會共用基體,但此方法可用於個別的 PFET。

通道長度調變

在 2.2 節對於通道截止的分析中,我們注意到通道的實際長度會隨著閘極和汲極間的電位差降低而逐漸減少。換句話說,(2.13) 中,L' 其實是 V_{DS} 的函數。此效應稱為**通道長度調變**(channel-length modulation)。將 L' 寫成 $L' = L - \Delta L$,即 $1/L' \approx (1+\Delta L/L)/L$,並假設 $\Delta L/L$ 和 V_{DS} 間關係為一階效應,$\Delta L/L = \lambda V_{DS}$,在飽和區可得到

$$I_D \approx \frac{1}{2}\mu_n C_{ox}\frac{W}{L}(V_{GS} - V_{TH})^2(1 + \lambda V_{DS}) \tag{2.27}$$

其中 λ 為「通道長度調變係數」。如圖 2.26 所示,此現象導致了在 I_D/V_{DS} 特性圖中,飽

和區的斜率不為零,使得汲極和源極間會產生一非理想電流源。參數 λ 代表在已知 V_{DS} 增量下,長度的相對變化。因此,較長的通道的 λ 值比較小。

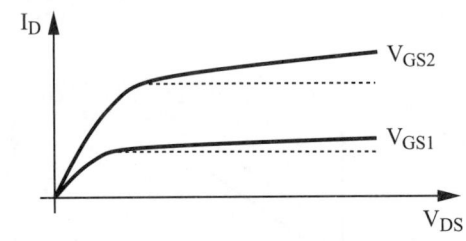

圖 2.26　通道長度調變導致飽和區內之有限的斜率

範例 2.6

三極管區也有通道長度調變?

解　沒有,通道在三極管區是從源極連續延展到汲極,並不會截止。因此,汲極電壓並不會調變通道長度。

當元件從三極管區進入飽和區時,各位可能在等式中會觀察到不連續的情況:

$$I_{D,tri} = \frac{1}{2}\mu_n C_{ox}\frac{W}{L}\left[2(V_{GS} - V_{TH})V_{DS} - V_{DS}^2\right] \tag{2.28}$$

$$I_{D,sat} = \frac{1}{2}\mu_n C_{ox}\frac{W}{L}(V_{GS} - V_{TH})^2(1 + \lambda V_{DS}) \tag{2.29}$$

式〈2.28〉會發生在三極管區的邊界,而式〈2.29〉會出現一個多餘項次 $1+\lambda V_{DS}$。此差異在更複雜的 MOSFET 模型中會被移除。

既然存在通道長度調變,就必須修正有些 g_m 之推論式。(2.18) 和 (2.19) 可以分別重新表示如下:

$$g_m = \mu_n C_{ox}\frac{W}{L}(V_{GS} - V_{TH})(1 + \lambda V_{DS}) \tag{2.30}$$

$$= \sqrt{2\mu_n C_{ox}(W/L)I_D(1 + \lambda V_{DS})} \tag{2.31}$$

而 (2.20) 仍然保持不變。

奈米設計筆記

奈米電晶體有很多非理想性且偏離平方律的情況。右圖顯示NFET的實際的I-V特性,其 $W/L = 5\,\mu m/40\,nm$、$V_{GS} = 0.3$ V...0.8 V。圖中也顯示相同尺寸元件的平方律曲線。儘管我們儘可能讓後者配合前者,兩種曲線仍有顯著差異。

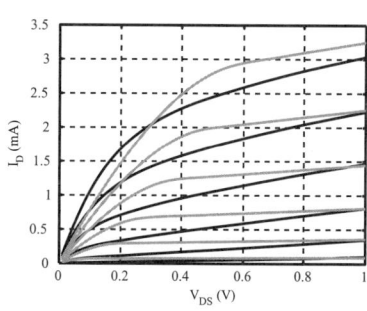

範例 2.7

在所有其他參數為維持常數狀況下,繪出 $L = L_1$ 及 $L = 2L_1$ 時,MOSFET 的 I_D/V_{DS} 特性圖。

解 寫出下式

$$I_{D,sat} = \frac{1}{2}\mu_n C_{ox}\frac{W}{L}(V_{GS} - V_{TH})^2(1 + \lambda V_{DS}) \tag{2.32}$$

且 $\lambda \propto 1/L$,我們注意到如果長度加倍時,I_D/V_{DS} 斜率將會變為四分之一。因為 $\partial I_D/\partial V_{DS} \propto \lambda/L \propto 1/L^2$(圖 2.27)〔前提是 $V_{GS} - V_{TH}$ 為常數〕。已知閘極-源極過驅電壓時,較大之 L 可以提供較理想的電流源,但會降低元件的電流容量,因此 W 可能必須等比增加。事實上,如果 W 增加一加倍以還原 I_D 的至原值,斜率也仍會倍增。換句話說,已知過驅電壓和所需的汲極電流,將長度 L 倍增能讓斜率減半。

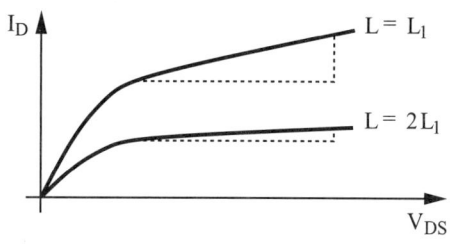

圖 2.27 通道長度加倍的影響

在短通道電晶體中,$\Delta L/L \propto V_{DS}$ 的線性近似式會較不精準,使在飽和區的 I_D/V_{DS} 特性圖之斜率在飽和區中為變動的斜率值。

I_D 和 V_{DS} 在飽和區中顯示,適當選擇之汲極-源極電壓可定義出MOSFET偏壓電流,容許我們可以自由選擇 $V_{GS} - V_{TH}$ 值。然而,源極-汲極電壓不會用來設定電流值,因為與 V_{DS} 之的相關性較低。也就是說,我們會視 $V_{GS} - V_{TH}$ 為定義電流的參數。V_{DS} 對 I_D 的效應常被認為是誤差,並會於第 5 章再討論。

次臨界傳導

在我們對 MOSFET 之分析中,假設當 V_G 小於 V_{TH} 時,元件將會瞬間關閉。實際上,當 $V_{GS} \approx V_{TH}$ 時,一個「弱」反轉層仍會存在,且一些電流亦會由汲極流回源極。即便當 $V_{GS} < V_{TH}$ 時,I_D 為有限值,但其會和 V_{GS} 有指數關係。而**次臨界傳導**(subthreshold conduction)的效應在 $V_{DS} > 100$ mV 時,可以寫成下式,

$$I_D = I_0 \exp \frac{V_{GS}}{\xi V_T} \tag{2.33}$$

其中 I_0 正比於 W/L,$\xi > 1$ 是一個非理想項次,且 $V_T = kT/q$。此時我們也稱元件於**弱反轉**(weak inversion)(類似當 $V_{GS} > V_{TH}$,我們說元件在強反轉區運作。)除了 ξ 以外,(2.33) 很像雙載子電晶體 I_C/V_{BE} 指數關係。此處的關鍵在於,當 V_{GS} 小於 V_{TH} 時,汲極電流以有限速率下降。在室溫及典型 ξ 值下,若欲 I_D 下降為十分之一,當 V_{GS} 必須減少大約 80 mV(圖 2.28)。例如,如果在製程中選定臨界電壓為 0.3 V 以允許低壓操作,當 V_{GS} 降為零時,汲極電流將只會減少 $10^{0.3 \text{ V}/80 \text{ mV}} = 10^{3.75} \approx 5.62 \times 10^3$。再例如,當 $V_{GS} = V_{TH}$ 時,如果電晶體消耗載電流為 1 μA,而總共有一億個這樣的元件。在號稱截斷時,這些元件其實會消耗 18 mA。次臨界傳導問題尤其在像是記憶體這樣的大型電路中尤其嚴重,次臨界傳導可能導致大量的功率消耗(或是類比資訊的失真)。

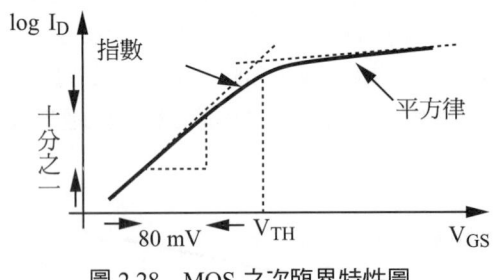

圖 2.28 MOS 之次臨界特性圖

如果 MOS 元件會在 $V_{GS} < V_{TH}$ 時導通,我們該如何定義臨界電壓?的確,定義方式眾說紛紜。一種方式就是在垂直的指數的刻度上,使用外差法找出弱反轉和強反轉的特性,並將兩者的交叉電壓定義為臨界電壓(圖 2.28)。

我們現在重新檢視 (2.19),以判定操作在次臨界區間 MOS 元件的互導。增加 W 但是保持 I_D 電流不變來有可能達到更大的轉導嗎?在同樣的偏壓電流下,有可能得到高於雙載子電晶體(I_C/V_T)的轉導嗎?(2.19) 源自平方律 $I_D = (1/2)\mu_n C_{ox}(W/L)(V_{GS} - V_{TH})^2$。然而,如果 W 增加但保持 I_D 保持不變,當 V_{GS} 趨近 V_{TH} 時,元件會進入次臨界導通區間,而讓轉導值可用 (2.33) 求得為 $g_m = I_D/(\xi V_T)$,顯示了 MOSFET 的轉導仍不及雙載子電晶體。

過驅電壓須為多少,我們才可以說電晶體從強反轉區進入弱反轉區?這個轉折點能視為轉導與相同汲極電流相等時的過驅電壓 $[(V_{GS} - V_{TH})_1]$。

$$\frac{I_D}{\xi V_T} = \frac{2I_D}{(V_{GS} - V_{TH})_1} \tag{2.34}$$

因此

$$(V_{GS} - V_{TH})_1 = 2\xi V_T \tag{2.35}$$

當 ξ ≈ 1.5 時，此電壓值大約 80 mV。

在次臨界操作時，I_D 對 V_{GS} 之指數相依性可顯示，在此區使用 MOS 元件，可得到高增益。然而，由於這種情況下只會出現在大元件寬度及或低汲極電流情況下，次臨界電路的速率會受到嚴重限制。

範例 2.8

某 MOSFET 的汲極「電流密度」(I_D/W) 非固定。檢視其狀態。

解 已知一個汲極電流和元件寬度，我們要如何求出操作區間？我們須同時考慮強反轉區和弱反轉區等式：

$$I_D = \frac{1}{2}\mu_n C_{ox} \frac{W}{L}(V_{GS} - V_{TH})^2 \tag{2.36}$$

$$I_D = \alpha \frac{W}{L} \exp\frac{V_{GS}}{\xi V_T} \tag{2.37}$$

其中忽略通道長度調變效應，且在 (2.33) 中，I_O 可表示成一個正比項次 α 乘上 W/L。如果元件在強反轉區，而我們持續減少 I_D，同時保持 W/L 是為常數，會發生什麼事？V_{GS} 電壓僅僅需要趨近 V_{TH} 電壓即可產生任意小的 $(V_{GS} - V_{TH})^2$ 值嗎？為什麼平方律在 V_{GS} 趨近於 V_{TH} 時並不適用？

為回答這些問題，我們回頭來看圖 2.28。圖中顯示，當電流大到一定程度時，才算是進入強反轉區。換句話說，已知偏壓電流和 W/L，我們必須同時從平方律和指數等式得到 V_{GS} 值，然後選用較低者：

$$V_{GS} = \sqrt{\frac{2I_D}{\mu_n C_{ox} W/L}} + V_{TH} \tag{2.38}$$

$$V_{GS} = \xi V_T \ln \frac{I_D}{\alpha W/L} \tag{2.39}$$

如果 I_D 保持常數，W 增加、V_{GS} 會降低，而元件會從強反轉區進入弱反轉區。

電壓限制

若 MOSFET 之端點電壓差超過某限制時，會面臨很多不樂見的效應。閘極氧化層

在高閘極－源極電壓下，會不可逆轉地崩潰並損害電晶體。而在短通道元件中，過大的汲極－源極電壓會使汲極區周圍的空乏區過寬，會與源極接觸，產生非常大的汲極電流〔此效應稱為**穿透效應**（punchthrough）〕。

2.4 MOS 元件模型

2.4.1 MOS 元件設計

在進行接下來的章節中前，我們要先了解 MOSFET 設計是有益的。在此我們僅描述一些簡單的觀點。

MOSFET 設計須視電路中所需元件之電子特性和製程技術的設計法則所決定。舉例來說，我們會依轉導或其他電路參數選定 W/L 值，而 L 之最小值會由製程決定。除了閘極外，也要適當定義源極和汲極區。

圖 2.29 顯示了為 MOSFET 的鳥瞰圖和上視圖。一般來說，閘極多晶矽層、源極、汲極端須連接至一低電阻和電容金屬導線（鋁線）。為了實現此目的，各區都需要開啟一個或多個「接觸窗口」（contact window），並以金屬填滿，連接至上層金屬導線。注意，閘極多晶矽層會延伸超過通道區以確保能清楚界定電晶體邊界。

源極和汲極界面對效能而言很重要。為減少源極和汲極之電容，每個接面之總面積也必須最小化。從圖 2.29 可看出，接面的一邊為寬度為 W，而另一邊必須大到足以容納接觸窗口，是由製程技術設定法則來決定。[7]

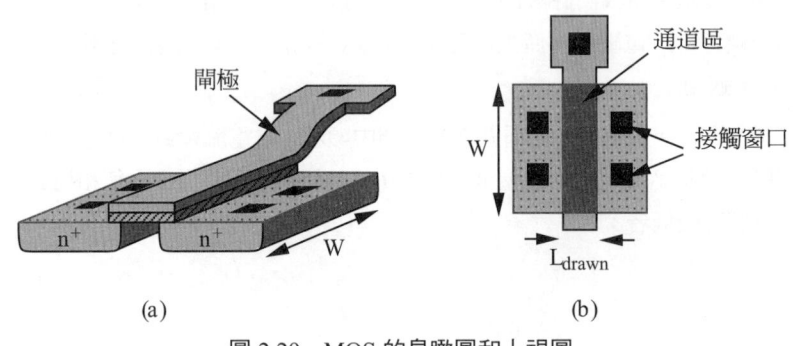

圖 2.29 MOS 的鳥瞰圖和上視圖

範例 2.9

繪出圖 2.30(a) 中電路設計圖。

---

[7] 此大小通常為最小允許通道長度的三至四倍。

圖 2.30

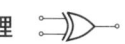

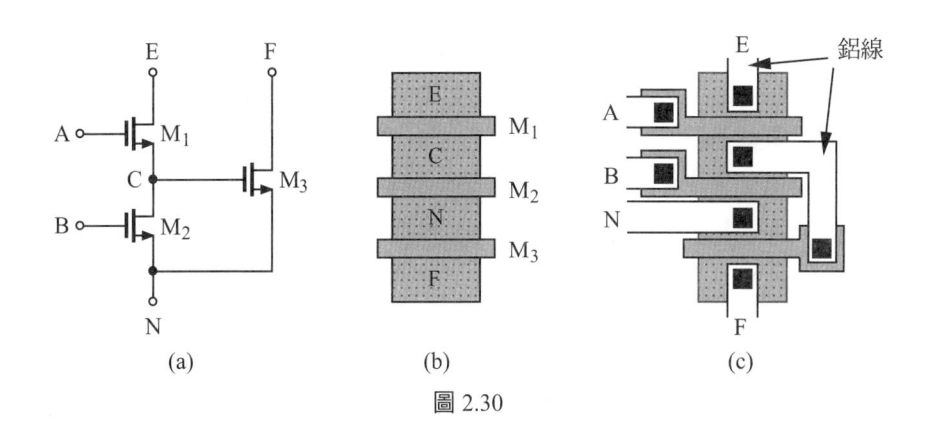

解 由於 M_1 和 M_2 在節點 C 同樣連結著源極／汲極接面，而 M_2 和 M_3 在節點 N 也是如此。我們推論三個電晶體能如圖 2.30(b) 設計。將其餘端點連接起來後，我們得到如圖 2.30(c)。注意，M_3 之閘極多晶矽層無法直接連至 M_1 之源極材料，因此需要靠金屬連接線。

2.4.2 MOS 元件電容

在前一節中導出之基本二次 I/V 關係，和針對基體效應與通道長度調變效應所進行的修正，提供了解對 CMOS 電路低頻特性的說明。然而，在許多類比電路中，元件電容也須納入考量以便能同時預測其高頻特性。

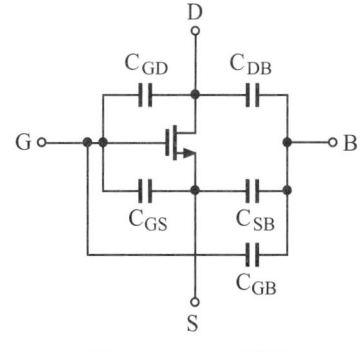

我們認為在 MOSFET 之四個端點中，任意二個端點間都有電容（圖 2.31）。[8] 此外，每個電容值都和電晶體的偏壓狀態有關。

圖 2.31 MOS 電容

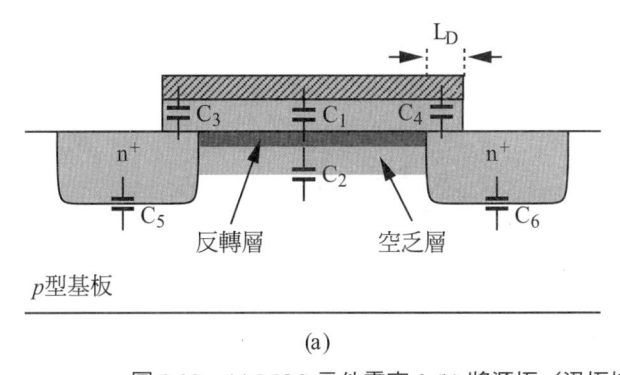

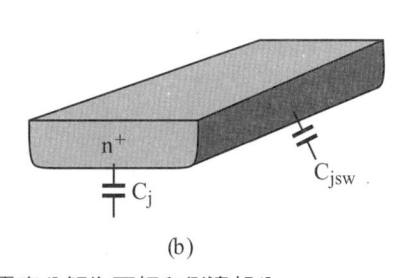

圖 2.32 (a) MOS 元件電容；(b) 將源極／汲極接面電容分解為下板和側邊部分

---

8 忽略在源極和汲極端點間的電容。

考慮圖 2.32(a) 之實體結構，我們可以確認下列事項：(1) 閘極和通道間的氧化電容為 $C_1 = WLC_{ox}$；(2) 通道和基板間之空乏區電容為 $C_2 = WL\sqrt{q\epsilon_{si}N_{sub}/(4\Phi_F)}$；(3) 閘極多晶矽層、源極和汲極重疊區域之電容為 C_3、C_4。由於邊緣電場的關係，C_3 和 C_4 不可寫成 WL_DC_{ox}，是須多重計算求得。每單位寬度的重疊電容以 C_{ov} 來表示，單位是 F/m（或 fF/μm）我們只要將 C_{ov} 乘以 W 即可求得閘極－源極與閘極－汲極重疊電容。(4) 源極／汲極區和基板間之接面電容。如圖 2.32(b) 所示，此電容常分為兩個部分：與接面下端相關之下底板電容 C_j 及與接面周圍相關的側壁電容 C_{jsw}。兩者須有所區別，因為對源極／汲極接面來說，不同電晶體的幾何形狀會產生有不同面積和周長，我們通常以每單位面積（F/m^2）和單位長度（F/m）來分別表示 C_j 和 C_{jsw}。注意，每個接面電容能呈現為 $C_j = C_{j0}/[1 + V_R/(\Phi_B)]^m$，其中 V_R 為跨越接面之逆向電壓，Φ_B 為接面內建電位，m 為次方值，其值為 0.3 至 0.4。

奈米設計筆記

新一代的 CMOS 技術中有「FinFET」的架構。不同於傳統「二維平面」元件，FinFET 延伸到第三個維度。如右圖所示，元件包含了 n^+ 牆（像鯊魚鰭一樣），及包覆 n^+ 牆的閘極。電晶體在鰭表面承載從源極到汲極的電流。由於在兩個垂直壁間的電場是受緊密限制，所以 FinFET 的通道長度調變效應和次臨界漏電較少。但是源極／汲極的接點視窗在哪裡？FinfeFETt 設計中還會有些什麼其他問題？本書稍後會進行討論。

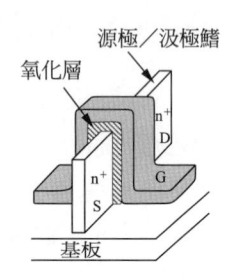

範例 2.10

計算圖 2.33 中兩種結構之源極和汲極接面電容。

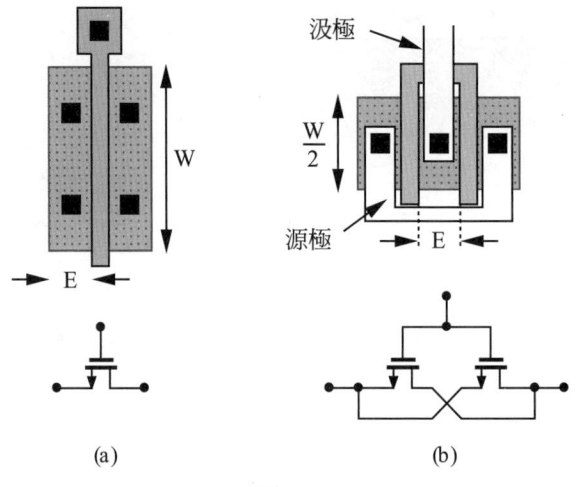

圖 2.33

解 我們可從圖 2.33(a) 中求得

$$C_{DB} = C_{SB} = WEC_j + 2(W + E)C_{jsw} \tag{2.40}$$

可從圖 2.33(b) 中

$$C_{DB} = \frac{W}{2}EC_j + 2\left(\frac{W}{2} + E\right)C_{jsw} \tag{2.41}$$

$$C_{SB} = 2\left[\frac{W}{2}EC_j + 2\left(\frac{W}{2} + E\right)C_{jsw}\right] \tag{2.42}$$

$$= WEC_j + 2(W + 2E)C_{jsw} \tag{2.43}$$

圖 2.33(b) 中**摺疊**（folded）結構之幾何形狀表現出的汲極接面電容比圖 2.33(a) 還小，雖然所提供的 W/L 時相同。

在上述計算中，我們已經假定源極或是汲極之總周長為 $2(W + E)$ 乘上 C_{jsw}。實際上，通道內部的側邊壁電容（閘極下方）可能會和其他三個側面電容不同。[9] 儘管如此，我們還是假定所有的四個側邊都有相同的單位電容 C_{jsw}。由此假設所造成的誤差能忽略不計，因為電路中的每個節點都連結至數個其他的元件電容。

現在我們來推導在不同操作區中，MOSFET 端點間的電容，如果元件為關閉截斷時，$C_{GD} = C_{GS} = C_{ov}W$，而閘極－基體電容是由閘極氧化層電容和空乏區電容串聯而成，亦即 $C_{GB} = (WLC_{ox})C_d/(WLC_{ox} + C_d)$，$L$ 為等效長度而 $C_d = WL\sqrt{q\epsilon_{si}N_{sub}/(4\Phi_F)}$。且 $\epsilon_{si} = \epsilon_{r,si} \times \epsilon_0 = 11.8 \times (8.85 \times 10^{-14})$ F/cm（法拉／公分），C_{SB} 和 C_{DB} 為源極和汲極相對於基板電壓之函數。

若元件操作於深三極管區時，亦即如果源極和汲極電壓相似時，那麼閘極－通道電容 WLC_{ox} 可被閘極－源極端與閘極－汲極端均分（圖 2.34）。這是因為閘極電壓變化 ΔV 量可以由源極和汲極端吸引到等量的電流荷，因此 $C_{GD} = C_{GS} = WLC_{ox}/2 + WC_{ov}$。

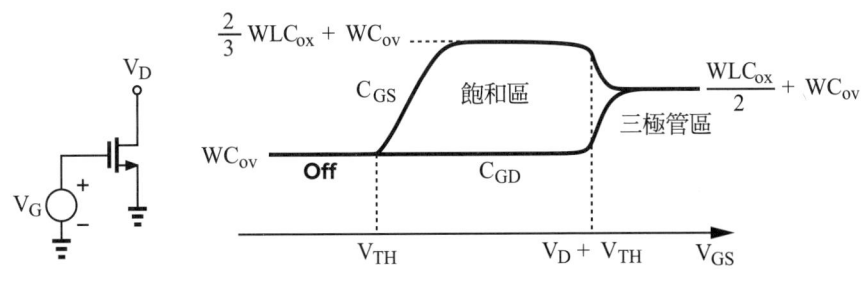

圖 2.34 閘極－源極和閘極－汲極電容與 V_{GS} 之關係圖

我們現在來看 C_{GD} 和 C_{GS}。MOSFET 在飽和區中時，會有一個大約等於 WC_{ov} 的閘極－汲極電容。對於 C_{GS}，我們知道在閘極和通道間的電位差會在源極的 V_{GS} 至截止點

---

[9] 這是因為其他邊的電容是被溝渠所圍繞。

V_{TH} 間，造成當從源極到汲極時，閘極氧化層會有一個不均勻的垂直電場。我們能證明這個架構的等效電容，不算閘極－源極之間的重疊電容的話，會等於 $(2/3)WLC_{ox}$ [1]。因此，$C_{GS} = 2WL_{eff}C_{ox}/3 + WC_{ov}$。$C_{GD}$ 和 C_{GS} 在不同區間之間的行為如圖 2.34 所示。注意，上述等式在無法在操作區域順利轉換，而會在模擬程式時造成收斂的問題。

閘極－基體電容在三極管區和飽和區會通常忽略，因為反轉層的作用就像是一個閘極和基板間的「屏障」。換句話說，如果閘極電壓改變，電荷會由源極和汲極提供，而非基板體。

範例 2.11

繪出 V_X 由 0 變至 3 V，圖 2.35 中 M_1 之電容圖，假設 $V_{TH} = 0.3$ 且 $\lambda = \gamma = 0$。

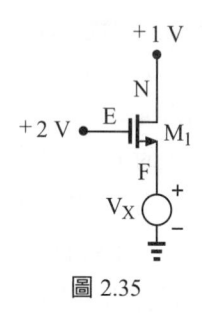

圖 2.35

解 為了避免混淆，我們將三個端點標上如圖 2.35 所示記號，並將基體標示為 B。當 $V_X \approx 0$ 時，M_1 位於三極管區，$C_{EN} \approx C_{EF} = (1/2)WLC_{ox} + WC_{ov}$，且 C_{FB} 為最大值。C_{NB} 和 V_X 無關。當 V_X 超過 1 V 時，源極和汲極的角色會互換〔圖 2.36(a)〕，而當 $V_X \geq 2\text{ V} - 0.3\text{ V}$ 時，M_1 會脫離三極管區。電容變化如圖 2.35(b) 和 (c) 所示。

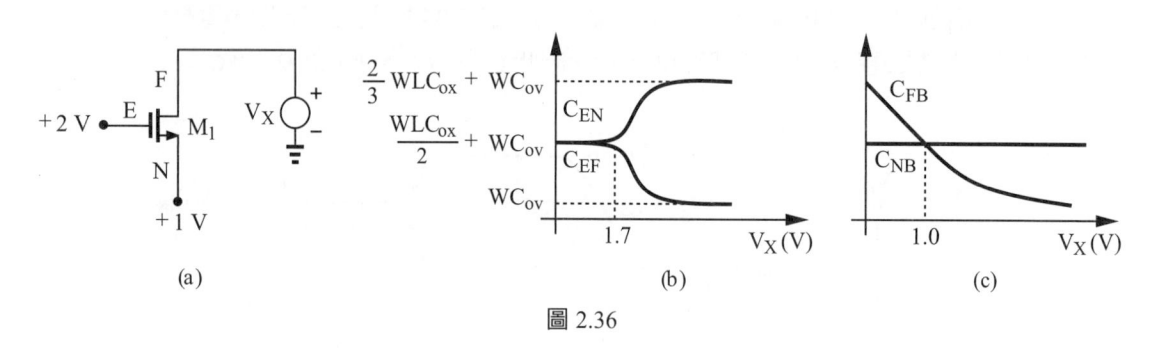

圖 2.36

2.4.3 MOS 小信號模型

(2.8) 和 (2.9) 所描述的二階效應特性與前面導出之電壓相依之電容形成了 MOSFET 大信號模型，這對分析信號會嚴重影響偏壓點的電路非常重要，特別是如果還要考慮非線性效應時。相反地，如果對偏壓點的擾動很小，類似在操作點附近大信號模型的小信

號模型，亦即可用來簡化計算過程。由於 MOSFET 在許多類比電路中都偏壓於飽和區，因此我們在此導出相對應的小信號模型。以用於開關的電晶體來看，(2.11) 已知之線性電阻和元件電容可作為近似的等效小信號模型。

我們在偏壓點產生一小增量電流，然後計算其他偏壓參數之相對增量，以導出小信號模型。更確切地說，我們 (1) 在元件各端點施以特定偏壓，(2) 逐漸增加兩點間的電位差，同時保持其他點的電壓不變，(3) 量測各點電流的變化量。如果兩點間的電壓差變動為 ΔV，並且量測部分支線的相對電流變化 ΔI，就可以用壓控電流源來建立效應的模型。

且讓我們改變閘極－源極電壓，$\Delta V = V_{GS}$，其中 V_{GS} 是小信號量。[10] 汲極電流會因此改變 $g_m V_{GS}$，可用一個連接汲極和源極的壓控電流源模型來表示，如圖 2.37(a)。閘極電流很小，就能忽略變動，因此不須特別呈現。這是理想 MOSFET 的小信號模型，常讓類比設計者用於電路中大部分元件的初步分析。

由於通道長度調變之故，汲極電流也會隨著汲極－源極電壓一起變化。此效應可用電壓相依電流源來表示〔圖 2.37(b)〕，但此電流源的值和跨壓成線性關係，故可等效為一線性電阻〔圖 2.37(c)〕。此汲極和源極間的電阻為

$$r_O = \frac{\partial V_{DS}}{\partial I_D} \tag{2.44}$$

$$= \frac{1}{\partial I_D / \partial V_{DS}} \tag{2.45}$$

$$= \frac{1}{\frac{1}{2}\mu_n C_{ox} \frac{W}{L}(V_{GS} - V_{TH})^2 \cdot \lambda} \tag{2.46}$$

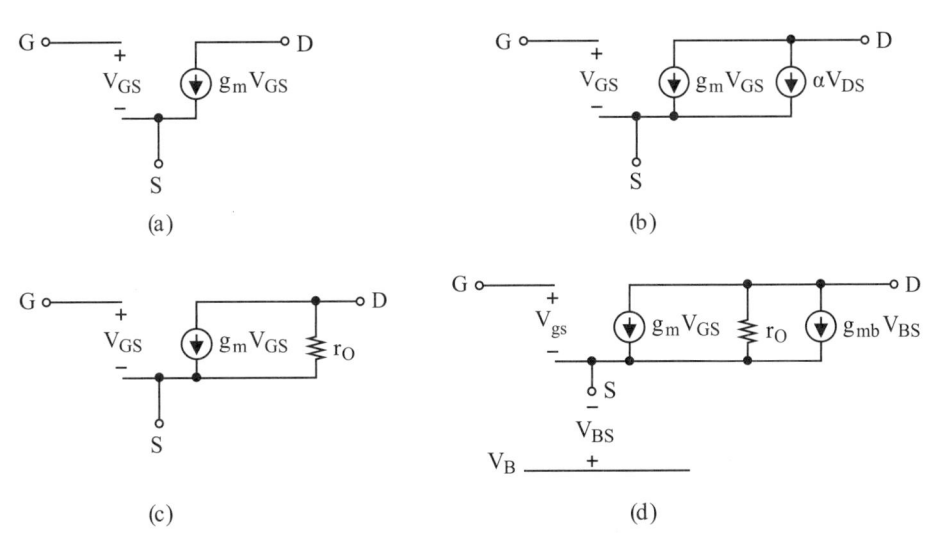

圖 2.37 (a) 基本 MOS 小信號模型；(b) 用一相關電流源表示長度調變效應；(c) 用一電阻來表示長度調變效應；(d) 用一相關電流源來表示基本效應

---

[10] 本書使用大寫來標示大信號或是小信號量，可從內文中清楚了解其差異。

$$\approx \frac{1+\lambda V_{DS}}{\lambda I_D} \tag{2.47}$$

$$\approx \frac{1}{\lambda I_D} \tag{2.48}$$

其中假設 $\lambda V_{DS} \ll 1$。在本書中可看到，輸出阻抗 r_O 影響了許多類比電路的效能。例如，r_O 會限制大部分放大器的最大電壓增益。

回想基體電壓對臨界電壓和過驅電壓的影響。如範例 2.3 所示，當電晶體其他的端點都為固定電壓時，汲極電流就是基體電壓的函數。也就是說，基體相當於第二個閘極。要用連結於汲極和源極間的電流源為此相依性建立模型〔圖 2.37(d)〕，我們將此值表示為 $g_{mb}V_{bs}$，其中 $g_{mb} = \partial I_D/\partial V_{BS}$。在飽和區時，$g_{mb}$ 可以表示如下

$$g_{mb} = \frac{\partial I_D}{\partial V_{BS}} \tag{2.49}$$

$$= \mu_n C_{ox} \frac{W}{L}(V_{GS} - V_{TH})\left(-\frac{\partial V_{TH}}{\partial V_{BS}}\right) \tag{2.50}$$

同時

$$\frac{\partial V_{TH}}{\partial V_{BS}} = -\frac{\partial V_{TH}}{\partial V_{SB}} \tag{2.51}$$

$$= -\frac{\gamma}{2}(2\Phi_F + V_{SB})^{-1/2} \tag{2.52}$$

因此，

$$g_{mb} = g_m \frac{\gamma}{2\sqrt{2\Phi_F + V_{SB}}} \tag{2.53}$$

$$= \eta g_m \tag{2.54}$$

其中 $\eta = g_{mb}/g_m$ 且通常約 0.25。不意外，g_{mb} 和 λ 成正比。(2.53) 同時顯示，當 V_{SB} 增加時，逐漸增加的基體效應變得比較不明顯。注意，$g_m V_{GS}$ 和 $g_{mb} V_{BS}$ 極性相同，亦即增加閘極電壓和提高基體電位的效應相同。

圖 2.37(d) 之模型適合大部分低頻小信號模型分析。事實上，由於材料（與接觸點）的電阻性，MOSFET 的每個端點都有一個有限電阻值，但適當的布局可將其最小化。例如，考慮圖 2.33 的兩種結構，於圖 2.38 中重複並加上閘極分散式電阻所示。我們注意到摺疊可將閘極電阻降低為四分之一。

(a) (b)

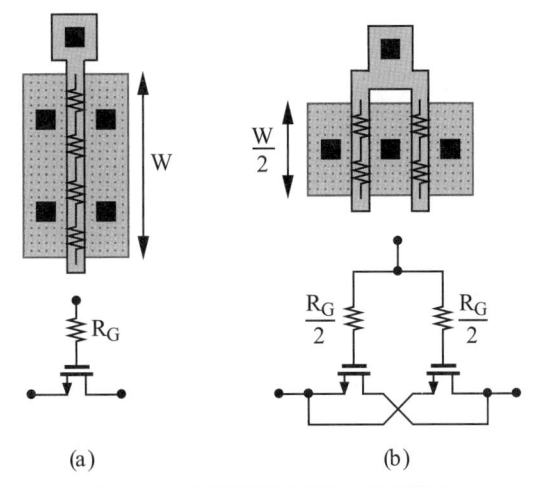

圖 2.38　利用摺疊來減少閘極電阻

如圖 2.39 所示，完整的小信號模型也包含元件電容。每個電容值都依據 2.4.2 節計算出來。各位可能會好奇，若每個電晶體必須以圖 2.39 的模型取代，該如何直觀地分析複雜電路？首先，我們要決定可正確代表每個電晶體作用的最簡單元件模型。第 3 章末會提供相關方法。

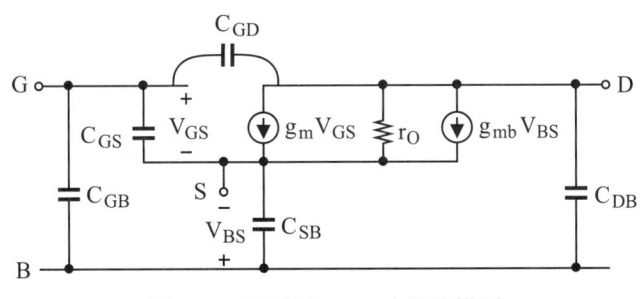

圖 2.39　完整的 MOS 小信號模型

範例 2.12

繪出圖 2.40 中，M_1 的 g_m 和 g_{mb} 與偏壓電流 I_1 之關係圖。

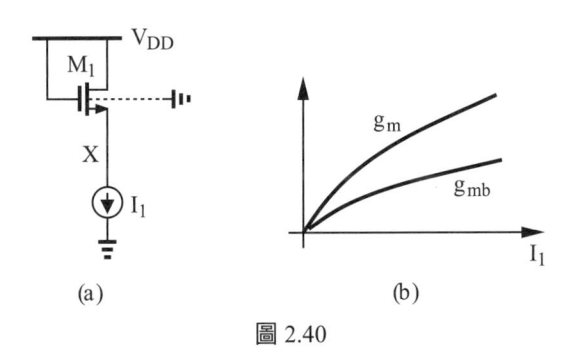

(a) (b)

圖 2.40

解 因為 $g_m = \sqrt{2\mu_n C_{ox}(W/L)I_D}$，我們得到 gm $\propto \sqrt{I_1}$，而 g_{mb} 對於 I_1 之相依性較不直接，當 I_1 增加時，V_X 和 V_{SB} 都會減少。

PMOS 小信號模型

建立小信號模型的目的是為了找出因為端點電壓差改變而導致的端點電流變異。因此不論是 PMOS 元件或 NMOS 元件，得到的模型完全一樣。例如，圖 2.41(a) 中，電壓源 V_1 有一微小變化，進而量測電流 I_D 的變化（M_1 維持在飽和區中）。假設 V_1 電位往正向增加，使得負電壓 V_{GS} 值變大。由於電晶體此時的過驅電壓更大，所乘載的電流也更大，因此負向 I_D 值變大（回想 I_D 在此圖中的方向是負的，因為實際上電洞是從源極流向汲極）。因此，負的 ΔV_{GS} 會導致負向電流 ΔI_D，相反地，正 ΔV_{GS} 會產生正向電流 ΔI_D，也就是 NMOS 的情況。

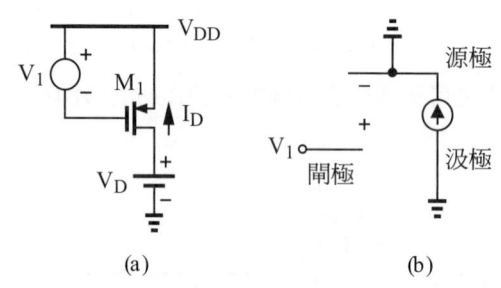

圖 2.41　(a)PMOS 元件的小信號測試，及 (b) 小信號模型

在我們的電路圖中，PMOS 元件的源極通常會放在頂端，汲極放在底端，因為前者是相較正的電壓。這個呈現方式可能會在繪製小信號模型時造成混淆。我們將上述電路繪製成等效小信號模型圖，假設沒有通道長度調變效應。如圖 2.41(b) 所示，這個模型顯示電壓相依電流源方向是向上，導致對電流流向錯誤的印象，以為 PMOS 電流的流向和 NMOS 相反。要記住，PMOS 和 NMOS 的小信號模型完全一樣。

除非特別聲明，在本書中我們假設所有 NFET 之基板都連至最小供應電壓（通常為接地端），而 PFET 連至最大正極供應電壓（通常為 V_{DD}）。

2.4.4　MOS SPICE 模型

為了代表電晶體在電路模擬中的特性，像是 SPICE 或 Cadence 這些模擬軟體需要每個元件的正確模型。在過去三十年來，MOS 模型已有很大的進展，並到達非常精確的層次，使我們可以顯示短通道元件中的高階效應。

本節介紹最簡單的 MOS SPICE 模型，稱為「第一層」，並依據 0.5 微米製程技術，提供模型中每個參數的典型數值。表 2.1 列出 NMOS 和 PMOS 元件模型的參數值。參數定義如下：

表 2.1 NMOS 和 PMOS 元件的第一層 SPICE 模型

```
NMOS Model
    LEVEL = 1       VTO = 0.7       GAMMA = 0.45    PHI = 0.9
    NSUB = 9e+14    LD = 0.08e-6    UO = 350        LAMBDA = 0.1
    TOX = 9e-9      PB = 0.9        CJ = 0.56e-3    CJSW = 0.35e-11
    MJ = 0.45       MJSW = 0.2      CGDO = 0.4e-9   JS = 1.0e-8
PMOS Model
    LEVEL = 1       VTO = -0.8      GAMMA = 0.4     PHI = 0.8
    NSUB = 5e+14    LD = 0.09e-6    UO = 100        LAMBDA = 0.2
    TOX = 9e-9      PB = 0.9        CJ = 0.94e-3    CJSW = 0.32e-11
    MJ = 0.5        MJSW = 0.3      CGDO = 0.3e-9   JS = 0.5e-8
```

VTO：V_{SB} 為 0 時的臨界電壓（單位：V）

GAMMA：基板效應係數（單位：$V^{1/2}$）

PHI：$2\Phi_F$（單位：V）

TOX：閘極氧化層厚度（單位：m）

NSUB：基板參雜濃度（單位：cm^{-3}）

LD：源極／汲極側擴散（單位：m）

UO：通道移動率（單位：$cm^2/V/s$）

LAMBDA：通道長度調變係數（單位：V^{-1}）

CJ：源極／汲極底板單位面積接面電容（單位：F/m^2）

CJSW：源極／汲極側邊單位長度接面電容（單位：F/m）

PB：源極／汲極接面內建電位（單位：V）

MJ：在 CJ 式中的指數（無單位）

MJSW：在 CJSW 式中的指數（無單位）

CGDO：閘極－汲極單位寬度重疊電容（單位：F/m）

CGSO：閘極－源極單位寬度重疊電容（單位：F/m）

JS：源極／汲極單位面積漏電流（單位：A/m^2）

2.4.5 NMOS 與 PMOS 元件

在大部分的 CMOS 技術中，PMOS 元件比 NMOS 電晶體差許多。例如，由於電洞移動率較低，$\mu_p C_{ox} \approx 0.5 \mu_n C_{ox}$，故過驅電流和轉導也較低。此外，對已知尺寸大小及偏壓電流，NMOS 電晶體的輸出電阻較高，可提供較理想電流源和較高增益的放大器。基於這些原因，我們盡可能傾向使用 NFET 而不用 PFET。[11]

---

11 當閃爍雜訊很嚴重時是一個例外的應用（第 7 章）。

2.4.6 長通道與短通道元件

本章用非常簡單的觀點來了解 MOSFET 的基本運作原則,大部分的處理都適用「長通道」元件,亦即通道長度至少都有幾微米長。但對短通道 MOSFET 來說,許多導出的關係式都必須重新檢視及修正。此外,模擬現代元件所需之 SPICE 模型比第一層模型要更複雜。例如,由表 2.1 元件參數推導出來的內在增益 $g_m r_O$,比實際數值要高出許多。

各位可能會好奇,如果簡化元件模型無法精確預測電路效能,為何我們還要從此開始呢?這此重點是,簡化模型可提供在類比設計中必要的直覺。本書會不斷要在直覺與精確之間做出妥協,而我們的方法是先建立直覺,再逐漸完整了解,進而達到高精確性。

2.5 附錄 A:FinFET

新的 CMOS 製程中已從二維架構的電晶體轉移到三維幾何架構的電晶體,稱為 FinFET。當通道長度低於大概 20 nm 時,這類型元件擁有更好的表現。事實上,FinFET 的電流/電壓曲線更趨近於平方律的表現,使得此簡單的大信號模型再次適用。

如圖 2.42(a) 所示,FinFET 包含了垂直的矽「鰭」(fin),鰭上沉積一介電層〈氧化層〉,然後於介電層上方製造一個多晶矽或是金屬閘極。受閘極電壓控制的電流會從鰭的一端流到另一端。上視圖類似於 MOSFET 的平面圖〔圖 2.42(b)〕。

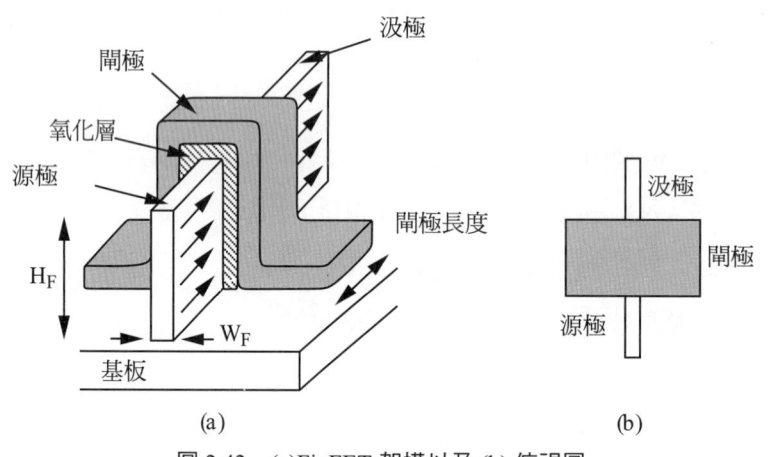

圖 2.42 (a)FinFET 架構以及 (b) 俯視圖

如圖 2.42(a) 所示,閘極長度可以很容易確認,但是寬度呢?我們注意到電流在鰭的三個平面上流動。因此,等效的通道寬度會等於鰭的寬度 W_F,與兩倍高度 H_F 的總和:$W = W_F + 2H_F$。一般來說,$W_F \approx 6$ 奈米時,$H_F \approx 50$ 奈米。

由於 H_F 無法由電路設計者控制,設計者似乎可以透過選取 W_F,使 $W_F + 2H_F$ 成為需要的電晶體寬度。然而,W_F 會影響元件的非理想性,例如源極和汲極之間的串聯電阻,

通道長度調變效應，次臨界導通等。有鑒於此，鰭的寬度也是固定的，而讓電晶體寬度呈現離散狀態。例如，如果 $W_F + 2H_F = 100$ 奈米，要得到具有更大寬度的電晶體，只能透過增加鰭的數量，而且須以寬度 100 奈米為漸進單位（圖 2.43），鰭與鰭之間的距離 S_F，也會明顯影響效能，因此通常是固定的。

由於 FinFET 的尺寸小，閘極和源極／汲極連結點必須遠離元件核心。圖 2.44 顯示了單鰭和雙鰭的詳細架構。

圖 2.43　具有多鰭的 FinFET

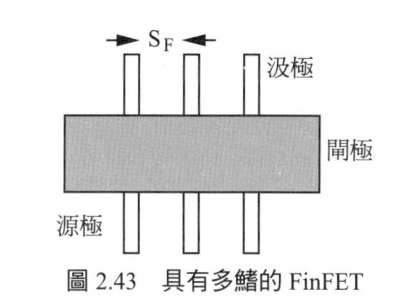

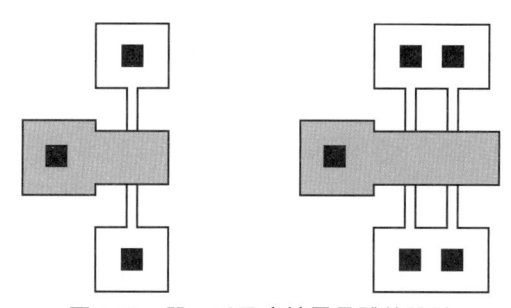

圖 2.44　單一以及多鰭電晶體的設計

2.6　附錄 B：MOS 元件作為電容器之特性

本章對 MOS 元件的討論限於基本層面。然而，需要特別提及 MOSFET 的特性。回頭看看，如果 NFET 的源極、汲極和基體同時接地，而調高閘極電壓，當 $V_{GS} \approx V_{TH}$ 時，反轉層會形成。我們也注意到當 $0 < V_{GS} < V_{TH}$ 時，元件於次臨界區運作。

現在來看圖 2.45 的 NFET。該電晶體可視為二端元件，因此其電容值可以依不同閘極電壓分別檢視。我們先從極負的閘極－源極電壓開始。閘極的負電為會吸引基板的電洞至氧化層界面。我們稱 MOSFET 於**累積區**（accumulation region）運作。此電晶體可視為單位面積電容值 C_{ox} 的電容，因為該電容的兩個「平行板」間隔為 t_{ox}。

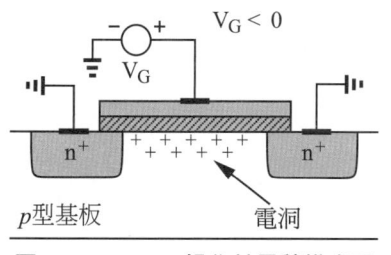

圖 2.45　NMOS 操作於累積模式下

當 V_{GS} 升高時，在介面的電動密度會下降，空乏區會在氧化層下方形成，且元件進

入弱反轉狀態。此時，總電容為串聯的 C_{ox} 和 C_{dep}。最後當 V_{GS} 超過 V_{TH} 時，氧化層－多晶矽層界面會產生一通道，而單位面積電容為 C_{ox}。其特性見圖 2.46。

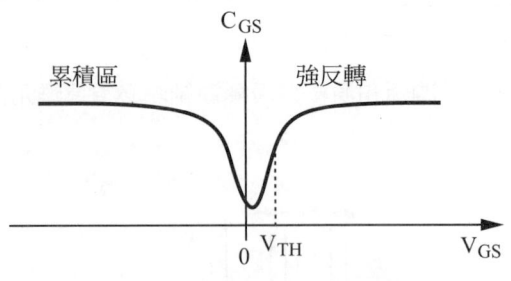

圖 2.46　NMOS 電容－電壓特性

習題

除非另外提到，下列習題會使用表 2.1 支元件資料，必要時會假設 $V_{DD} = 3$ V。

2.1　當 $W/L = 50/0.5$ 且 $|V_{GS}|$ 由 0 變至 3 V 時，繪出 NFET 和 PFET 汲極電流和 $|V_{GS}|$ 之關係圖。假設 $|V_{DS}| = 3$ V。

2.2　當 $W/L = 50/0.5$ 且 $|I_D| = 0.5$ mA 時，計算 NMOS 和 PMOS 元件之轉導和輸出阻抗值，並且計算內在增益 $g_m r_O$。

2.3　導出 $g_m r_O$，並以 I_D 和 W/L 來表示，繪出 $g_m r_O$ 和 I_D 之關係圖並以 L 為參數，注意 λ 1/L。

2.4　繪出 MOS 電晶體之 I_D vs. V_{GS} 圖形，(a) 以 V_{DS} 為參數；(b) 以 V_{BS} 為參數。並在圖上標出轉折點 (break point)。

2.5　繪出圖 2.47 中每個電路之 I_X 及電晶體轉導對於 V_X 之關係圖。V_X 由 0 變至 V_{DD}，在圖 2.47(a) 中 V_X 由 0 變至 1.5 V。

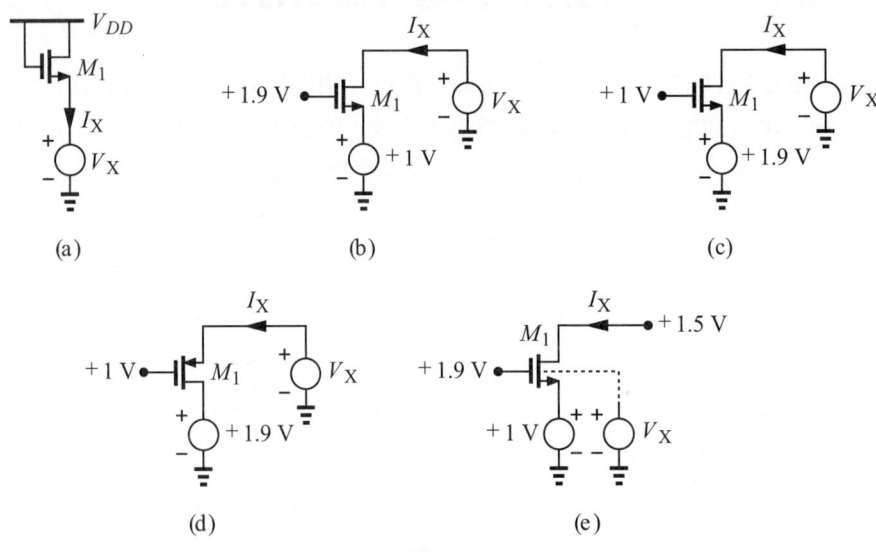

圖 2.47

2.6 繪出圖 2.48 中每個電路之 I_X 及電晶體轉導對於 V_X 之關係圖。V_X 由 0 至 V_{DD}。

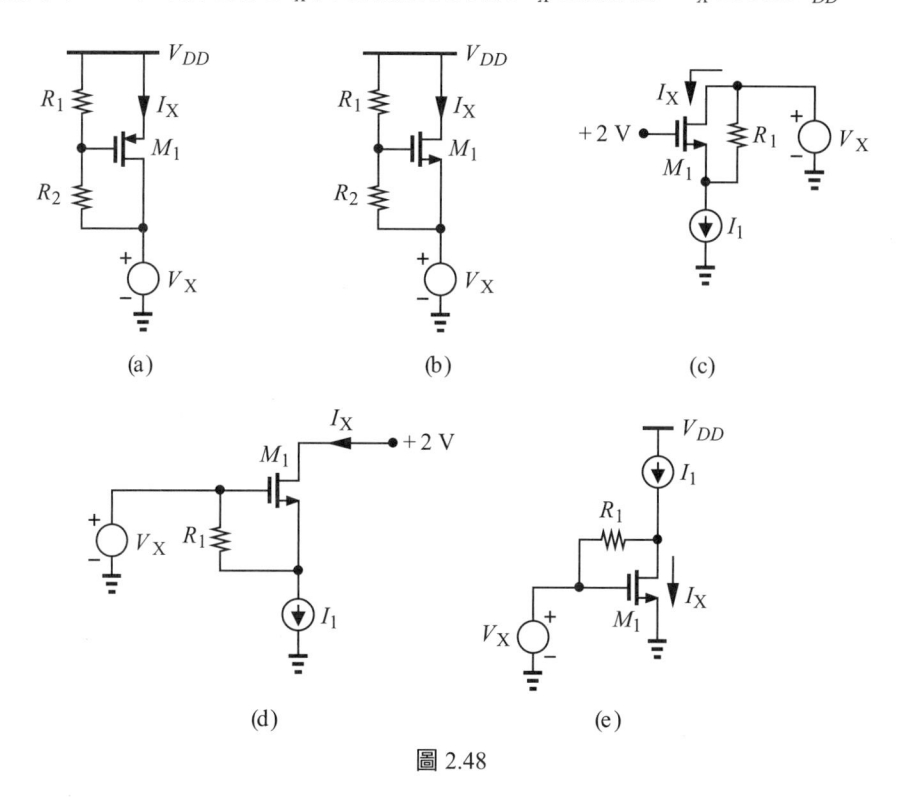

圖 2.48

2.7 繪出圖 2.49 中每個電路之 I_X 及電晶體轉導與 V_{in} 之關係圖。V_{in} 由 0 至 V_{DD}。

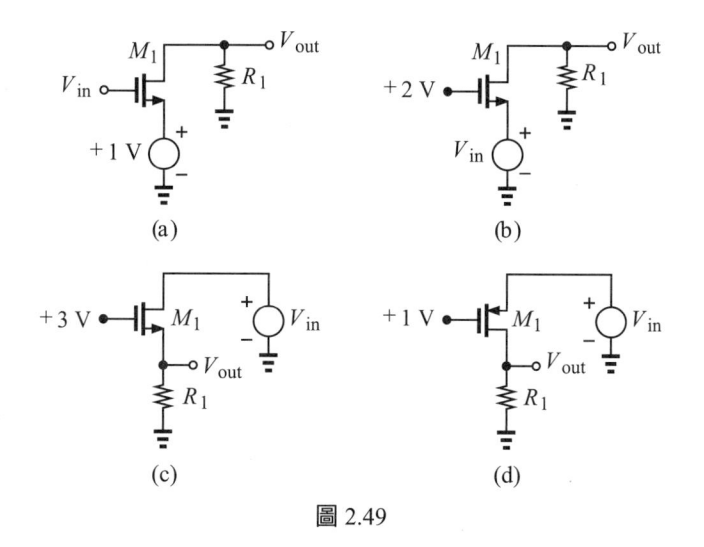

圖 2.49

2.8 繪出圖 2.50 中每個電路之 I_X 及電晶體轉導對於 V_{in} 之關係圖。V_{in} 由 0 至 V_{DD}。

圖 2.50

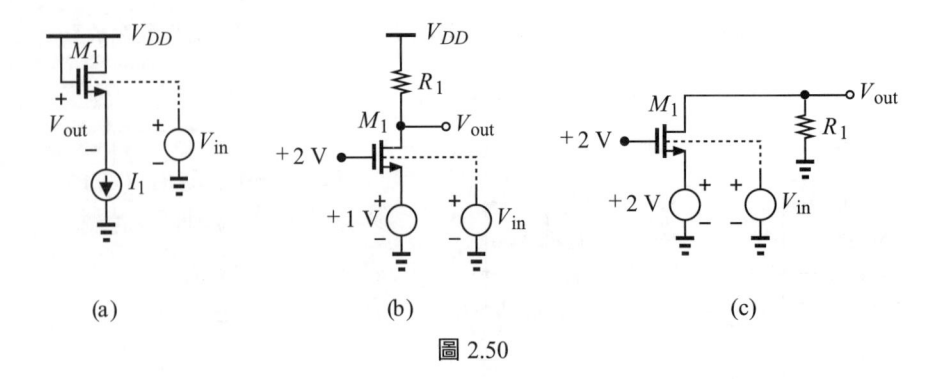

2.9 繪出圖 2.51 中每個電路之 V_X 及 I_X 對於時間的關係圖。C_1 之初始電壓為 3 V。假設 (e) 在 $t=0$，開關為開啟。

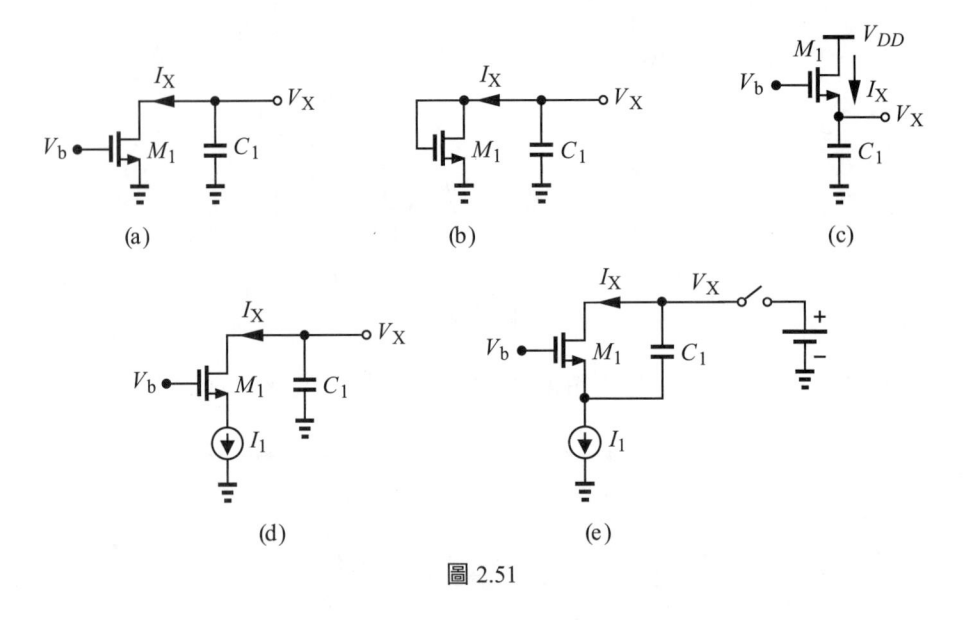

圖 2.51

2.10 繪出圖 2.52 中每個電路之 V_X 及 I_X 對於時間的關係圖。初始電壓如圖所示。

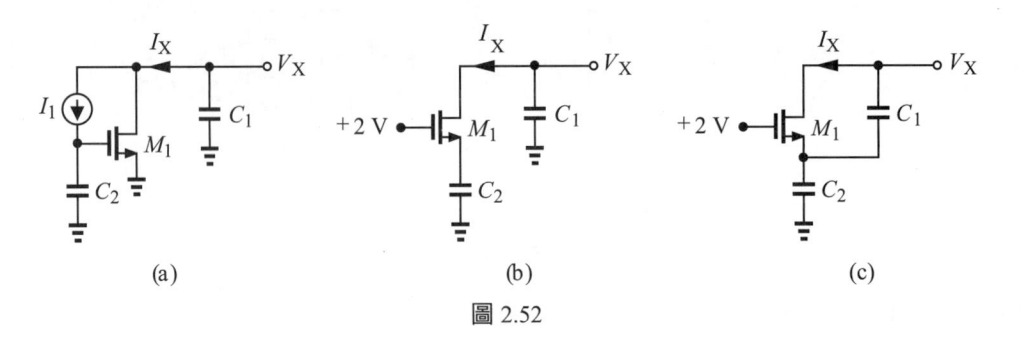

圖 2.52

2.11 繪出圖 2.53 中每個電路之 V_X 對於時間的關係圖，每個電容之初始電壓如圖所示。

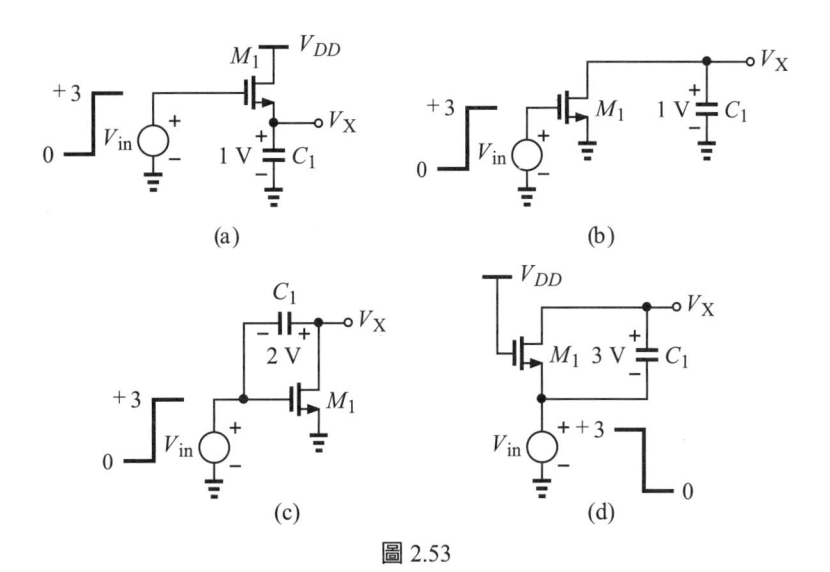

圖 2.53

2.12 繪出圖 2.54 中每個電路之 V_X 對於時間的關係圖，每個電容之初始電壓如圖所示。

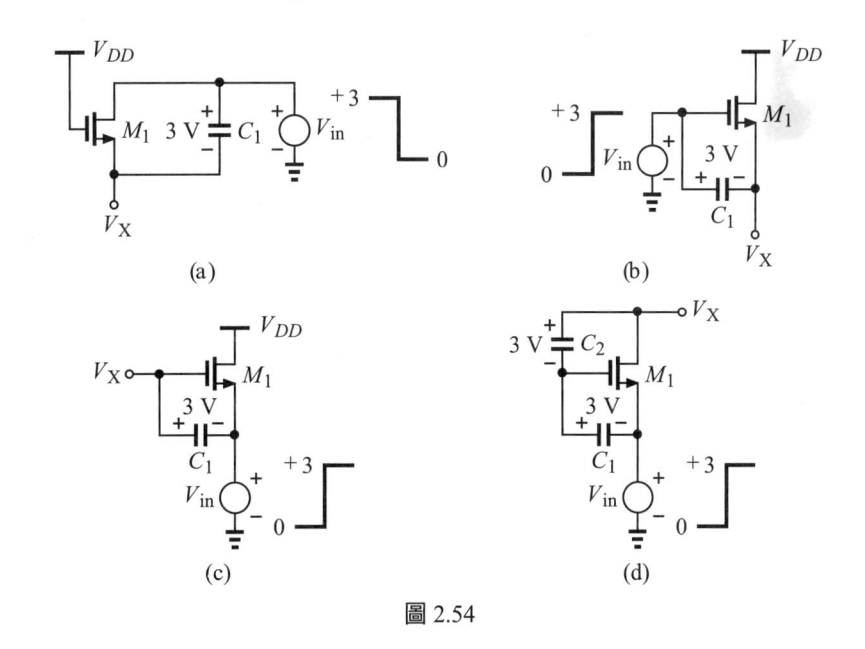

圖 2.54

2.13 MOSFET 之轉移頻率 (transit frequency) f_T 即定義為源極和汲極端接地時，小信號電流增益降為一的頻率。

(a) 證明

$$f_T = \frac{g_m}{2\pi(C_{GD} + C_{GS})} \tag{2.55}$$

注意 f_T 並不包含源極／汲極接面電容效應。

(b) 假設閘極電阻 R_G 非常重要，且元件由 n 個電晶體組成，每個電晶體之閘極電阻為 R_G/n。證明元件之 f_T 與 R_G 無關，且其值和上述值相同。

(c) 已知一偏壓電流，操作於飽和區之最小允許汲極－源極電壓只能藉由增加寬度和電晶體電容來減少，使用平方律特性，證明

$$f_T = \frac{\mu_n}{2\pi} \frac{V_{GS} - V_{TH}}{L^2} \tag{2.56}$$

此關係指出了當元件用於低供應電壓下運作時，速度是如何被限制的。

2.14 計算 MOS 元件操作於次臨界區之 f_T，並比較習題 2.13 之結果。

2.15 對一個飽和 NMOS 元件而言，$W = 50 \, \mu m$，$L = 0.5 \, \mu m$，計算所有的電容值。假設源極／汲極區最小尺寸（橫切方向）為 $1.5 \, \mu m$，且元件如圖 2.33(b) 一樣摺疊，如果汲極電流為 1 mA 時，f_T 為多少？

2.16 考慮圖 2.55 之結構，算出 I_D 為 V_{GS} 及 V_{DS} 的函數，並證明此結構為單一電晶體，其寬長比 $W/(2L)$，假設 $\lambda = \gamma = 0$。

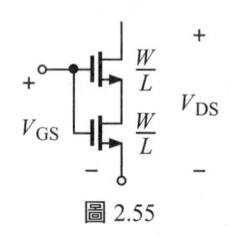

圖 2.55

2.17 對一於飽和區之 NMOS 元件，繪出 W/L 對於 $V_{GS} - V_{TH}$，如果(a)I_D 為常數；(b)g_m 為常數。

2.18 解釋為何圖 2.56 之結構中，即使電晶體在飽和區時仍不能做為電流源。

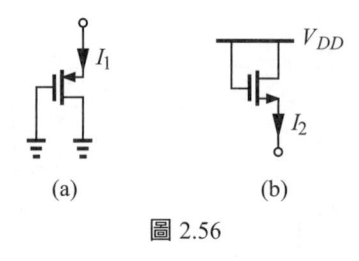

圖 2.56

2.19 考慮基板效應為「反閘極效應」，直觀解釋為何 γ 和 $\sqrt{N_{sub}}$ 成正比，而和 C_{ox} 成反比關係。

2.20 如圖 2.57 所示的環形 MOS 結構，說明元件如何運作並估計其等效寬長比。比較此結構的汲極接面電容和圖 2.32 中之汲極接面電容。

2.21 假設我們收到一個封裝的 NMOS 電晶體，其四個接腳並未標示記號，描述使用歐姆計來決定元件閘極、源極／汲極和基板端所需最少的直流量測步驟。

2.22 如果元件型態（NFET 或 PFET）未知時，重做習題 2.21。

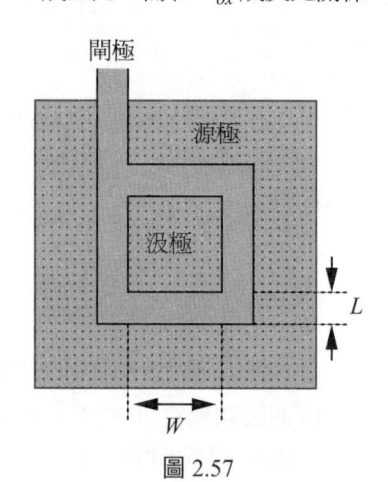

圖 2.57

2.23 對一個 NMOS 電晶體來說，臨界電壓為已知，但 $\mu_n C_{ox}$ 和 W/L 為未知，假設 $\lambda = \gamma = 0$。如果我們不能單獨量測 C_{ox}，有可能想出一套直流量測過程以決定 $\mu_n C_{ox}$ 和 W/L 值嗎？如果有兩個電晶體，其中一個的寬長比為另一個二倍時，結果又如何？

2.24 出圖 2.58 中每個結構之 I_X vs. V_X 圖形，並以 V_G 為參數，同時繪出等效轉導。假設 $\lambda = \gamma = 0$。

(a)   (b)

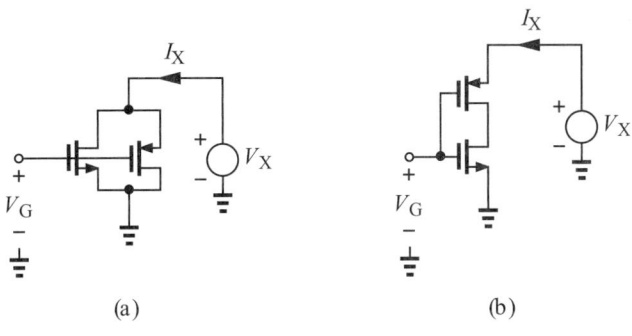

圖 2.58

2.25 一個 $I_D = 0.5$ mA 之 NMOS 電流源必須操作在汲極－源極電壓為 0.4 V 的狀態下，若所需最小阻抗為 20 kΩ 時，求出元件的長度與寬度。如果元件如圖 2.33 一樣摺疊且 $E = 3\ \mu m$ 時，計算其閘極－源極、閘極－汲極和汲極－基板電容值。

2.26 考慮圖 2.59 之電路，節點 X 之初始電壓為 V_{DD}，假設 $\lambda = \gamma = 0$ 並忽略其他電容效應，繪出 V_X 和 V_Y 對於時間的關係圖。如果 (a) V_{in} 為正的步級電壓，其大小為 $V_0 > V_{TH}$；(b) V_{in} 為負的步級電壓，其大小為 $V_0 = V_{TH}$。

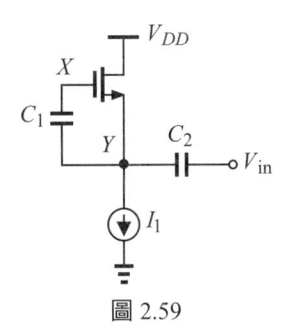

圖 2.59

2.27 一個操作於次臨界區之 NMOS 元件，其 ζ 為 1.5，V_{GS} 的變化為何會導致 I_D 變為十分之一？如果 $I_D = 10\ \mu A$，g_m 為多少？

2.28 考慮 $V_G = 1.5$ V，$V_S = 0$ 之 NMOS 元件，如果持續減少 V_D 至小於 0，或增加 V_{sub} 超過 0 時，結果會如何？

2.29 如圖 2.60 所示，說明如果當 V_G 上升時，截止點會發生什麼事情？

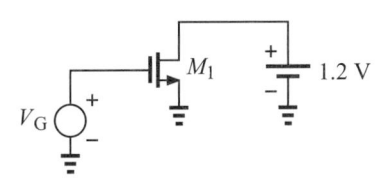

圖 2.60

2.30 如果圖 2.20 中，W/L 保持常數，繪製 I_D 對 $V_{GS} - V_{TH}$ 圖。另外當 I_D 保持常數，繪製 W/L 對 $V_{GS} - V_{TH}$ 圖。

2.31 圖 2.61 中是具平方律特性的 NMOS 元件，其中 W/L_{drwan} = 5 μm/40 nm，且 t_{ox} = 18 埃，此時，V_{GS} 為等距增加，估算 μ_n、V_{TH}、λ 以及 V_{GS} 的上升級距。

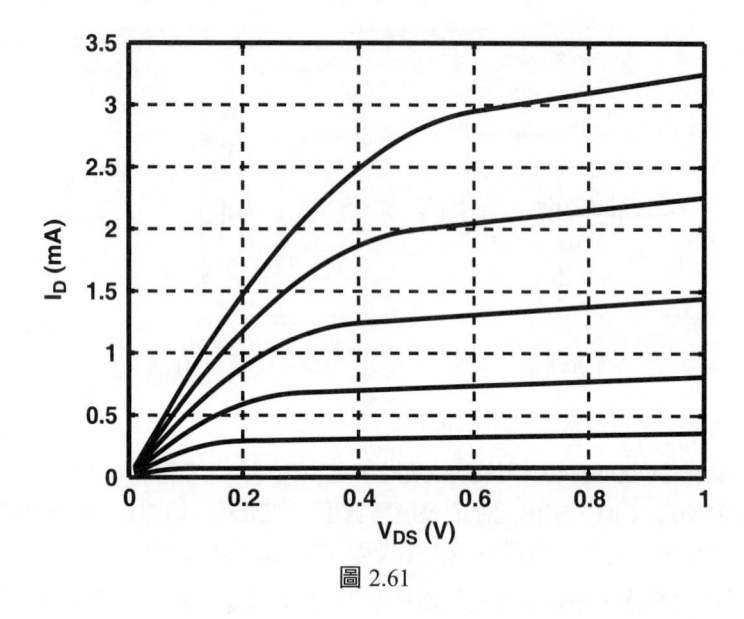

圖 2.61

第 3 章 單級放大器

放大在大部分類比（數位）電路中是重要的功能。我們會因為信號太小而無法驅動負載，而放大類比或數位信號、解決後續雜訊或提供數位電路之邏輯位階。放大功能在回授系統中也扮演重要的角色（另見第 8 章）。

本章會討論到 CMOS 單級放大器的低頻特性。我們藉由分析每個電路的大、小信號特性，建立有助於瞭解較複雜系統的直觀技巧和模型。而設計者的工作中，有個很重要的部分即是運用適當的近似法來建立複雜電路的簡單圖像。從中所得到的直觀技巧讓我們能不用透過冗長計算、只要觀察就能確切呈現大部分電路的特性。

本章運用基本觀念的簡單概述，說明四類放大器：共源極（common-source），共閘極（common-gate）組態、源極隨偶器（source follower）和疊接（cascode）組態。

3.1 應用

各位身上有放大器嗎？沒錯，相當有可能。因為各位所用的手機，筆電和數位相機都應用了各式放大器。手機中的接收機必須從天線偵測和放大所接收到的小信號，因此需要在接收前端一個**低雜訊放大器**（low-noise amplifier, LNA）（圖 3.1）。當信號在接收端電路間中傳遞時，信號須經過進一步額外的放大，才足以達到高電壓。因為除了小信號以外，天線也會接收到周圍其他使用者所發出來的強烈信號（干擾）。而這證明，上述要放大信號的方式是有困難的。各位的手機傳輸機也是用了放大器，來放大麥克風所產生的信號，然後最終將該信號傳送至天線。**功率放大器**（power amplifier, PA）在傳送信號的過程，會消耗大量的電池，也呈現出有趣的挑戰。

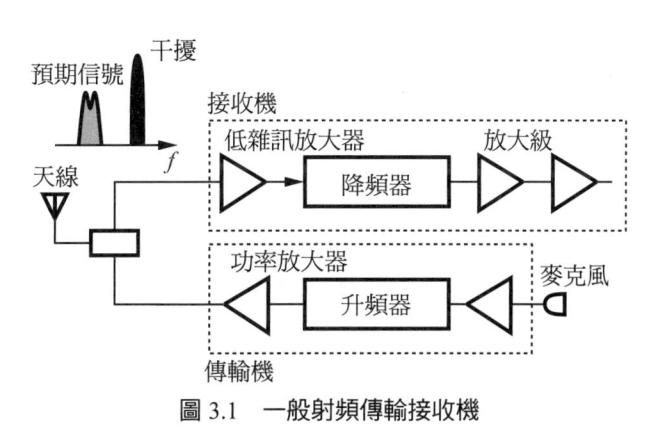

圖 3.1　一般射頻傳輸接收機

3.2 一般考量

理想的放大器產生一個自輸入信號 $x(t)$ 的線性複製而來的輸出 $y(t)$。

$$y(t) = \alpha_1 x(t) \tag{3.1}$$

其中 α_1 表示增益。因為輸出信號事實上乘載在一個偏壓點（直流操作點）α_0 上，我們能將完整的輸出信號寫成 $y(t) = \alpha_0 + \alpha_1 x(t)$。在此例子中，電路的輸入－輸出（大信號）特徵呈現一直線〔圖3.2(a)〕。但信號變大且電晶體偏壓點嚴重受到干擾，增益（特性的斜率）開始改變〔圖 3.2(b)〕。我們使用多項式來近似此非線性式。

$$y(t) = \alpha_0 + \alpha_1 x(t) + \alpha_2 x^2(t) + \cdots + \alpha_n x^n(t) \tag{3.2}$$

非線性放大器會目標信號失真，或信號間產生相互干擾信號。這些信號會與輸入信號共同存在。而我們會在第 14 章討論到「非線性」。

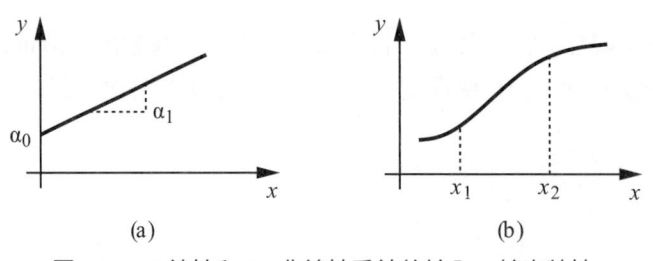

圖 3.2 (a) 線性和 (b) 非線性系統的輸入－輸出特性

放大器效能中哪個方面重要？除了增益和速度外，功率消耗、供應電壓、線性、雜訊或最大電壓振幅等參數也許很重要。此外，輸入和輸出阻抗形成了電路與前後級電路的交互作用。大部分參數實際上都會互相影響，因而讓電路設計變為多面向的最佳化問題。如圖 3.3「類比設計八邊形」，交互限制讓高效能放大器的設計更具挑戰，而這得要直觀和經驗才能達到可接受的程度。

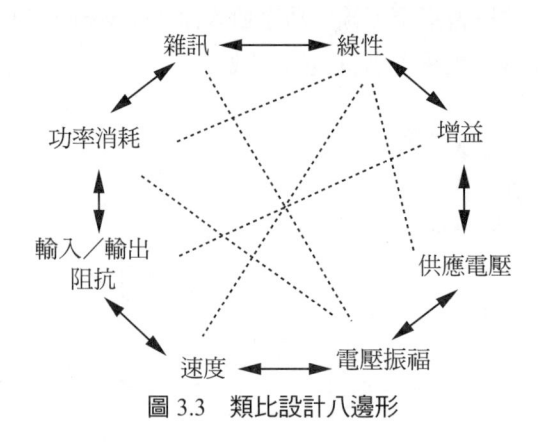

圖 3.3 類比設計八邊形

表 3.1 呈現本章會提到的放大器架構，其中共源放大器較為廣泛使用。而我們必須（1）建立適當的偏壓點，在靜態電流和電壓下，讓每個電晶體都能提供所需的轉導及輸出阻抗；（2）分析輸入和輸出信號可能造成偏壓點，小幅或是大幅偏移偏壓點時（分別使用小信號及大信號分析）的電路特性。本章會先處理後大信號分析，然後在第 5 章回到小信號分析上。

表 3.1 放大器分類

共源極組態	源極隨耦器	共閘極組態	疊接組態
負載電阻	電阻式偏壓	電阻式負載	伸縮式
負載二極體	電流源式偏壓	電流源式負載	折疊式
負載電流源			
主動負載			
源極退化負載			

3.3 共源極組態

3.3.1 負載電阻之共源極組態

藉由其轉導特性，MOSFET 把閘極－源極電壓轉換變化成小信號汲極電流，並且通過一電阻產生輸出電壓。如圖 3.4(a) 所示，**共源極**（common-source, CS）組態將執行此功能[1]。在此我們要來看看大、小信號的特性，注意電路的輸出阻抗值在低頻時非常高。

若輸入電壓從零開始增加，M_1 會關閉且 $V_{out} = V_{DD}$〔圖 3.4(b)〕。當 V_{in} 接近 V_{TH} 時，M_1 準備開啟並從 R_D 吸引電流而降低 V_{out}。無論 V_{DD} 和 R_D 的值，轉換器 M_1 會在飽和區內開啟，且得到

$$V_{out} = V_{DD} - R_D \frac{1}{2}\mu_n C_{ox} \frac{W}{L}(V_{in} - V_{TH})^2 \tag{3.3}$$

在此忽略通道長度調變效應。V_{in} 繼續增加時，V_{out} 會持續下降，電晶體會繼續在飽和區運作，直到 V_{in} 超過 V_{out}，達到 V_{TH} 以上時〔圖 3.4(b) 之 A 點〕。在此點時

$$V_{in1} - V_{TH} = V_{DD} - R_D \frac{1}{2}\mu_n C_{ox} \frac{W}{L}(V_{in1} - V_{TH})^2 \tag{3.4}$$

其中可由此計算出 $V_{in1}-V_{TH}$ 與 V_{out}。

---

[1] 辨識共源極組態的方法是閘極為輸入並且在汲極產生輸出。

$V_{in} > V_{in1}$ 時，M_1 位於三極管區：

$$V_{out} = V_{DD} - R_D \frac{1}{2}\mu_n C_{ox} \frac{W}{L}\left[2(V_{in} - V_{TH})V_{out} - V_{out}^2\right] \tag{3.5}$$

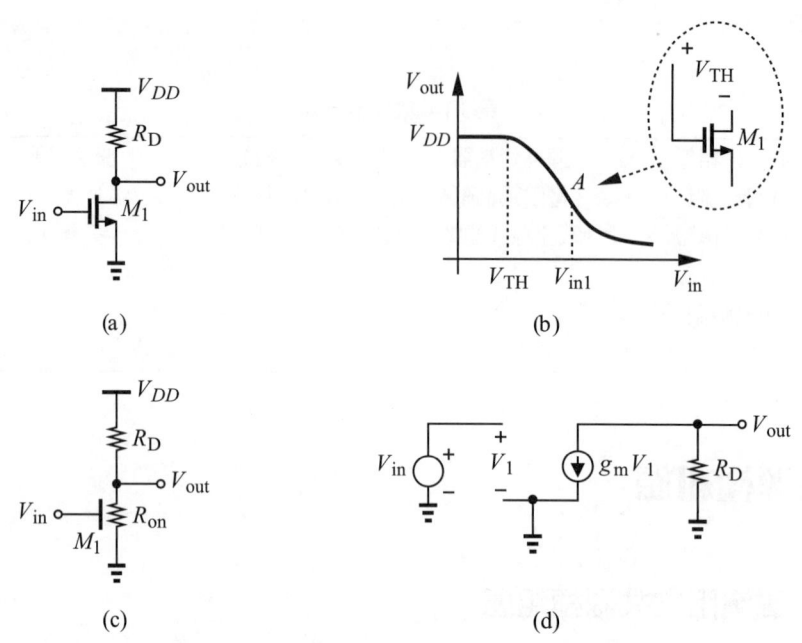

圖 3.4 (a) 共源極組態；(b) 輸入－輸出特性圖；(c) 深三極管區之等效電路；(d) 飽和區之小信號模型

若 V_{in} 高到足以驅動 M_1 進入深三極管區時，$V_{out} \ll 2(V_{in} - V_{TH})$。從圖 3.4(c) 的等效電路來看，

$$V_{out} = V_{DD} \frac{R_{on}}{R_{on} + R_D} \tag{3.6}$$

$$= \frac{V_{DD}}{1 + \mu_n C_{ox} \frac{W}{L} R_D(V_{in} - V_{TH})} \tag{3.7}$$

由於在三極管區中轉導會下降，我們通常會確認 $V_{out} > V_{in} - V_{TH}$，因此於圖 3.4(b) 中 A 點左側運作。使用 (3.3) 作為輸入－輸出特性圖，並視其斜率為小信號增益，我們可得：

$$A_v = \frac{\partial V_{out}}{\partial V_{in}} \tag{3.8}$$

$$= -R_D \mu_n C_{ox} \frac{W}{L}(V_{in} - V_{TH}) \tag{3.9}$$

$$= -g_m R_D \tag{3.10}$$

我們可直接觀察，由 M_1 將輸入電壓變化 ΔV_{in} 轉換為汲極電流變化 $g_m \Delta V_{in}$ 而推導出此結果，而其輸出電壓變化為 $-g_m R_D \Delta V_{in}$。圖 3.4(d) 之小信號模型將會產生同樣的結果。$V_{out} = -g_m V_1 R_D = -g_m V_{in} R_D$。注意如第 2 章提過的，圖中的 V_{in}，V_1 和 V_{out} 是小信號。

即使推導出小信號操作特性，若電路偵測到信號振幅很大時，$A_v = -g_m R_D$ 此式會預測出某些效應。以 $g_m = \mu_n C_{ox}(W/L)(V_{GS} - V_{TH})$ 來看，g_m 會隨輸入信號而變動。若信號大時，電路增益變化也很會很大。換句話說，若電路增益隨信號振幅變動很大時，電路會在大信號模式中運作。增益和信號位準的相依性會產生出通常為不必要的非線性現象（見第 14 章）。

在此的關鍵結果便是最小化非線性現象，增益等式須為信號相關參數（如 g_m）之弱函數。本章和第 14 章都會用範例來討論。

範例 3.1

以輸入電壓函數，繪出圖 3.4(a) 中 M_1 的汲極電流和轉導關係圖。

解 當 $V_{in} > V_{TH}$ 時，汲極電流變得顯著。若 $R_{on1} \ll R_D$〔圖 3.5(a)〕，汲極電流趨近 V_{DD}/R_D。由於飽和區中，$g_m = \mu_n C_{ox}(W/L)(V_{in} - V_{TH})$；$V_{in} > V_{TH}$ 時，轉導開始升高。而在三極管區時，$g_m = \mu_n C_{ox}(W/L)V_{DS}$；當 V_{in} 超過 V_{in1} 時〔圖 3.5(b)〕，轉導開始下降。從 (3.5)，各位可得到下式

$$A_v = \frac{\partial V_{out}}{\partial V_{in}} = \frac{-\mu_n C_{ox}(W/L)R_D V_{out}}{1 + \mu_n C_{ox}(W/L)R_D(V_{in} - V_{TH} - V_{out})} \tag{3.11}$$

當 $V_{out} = V_{in} - V_{TH}$（圖中 A 點）可以得到最大增益。

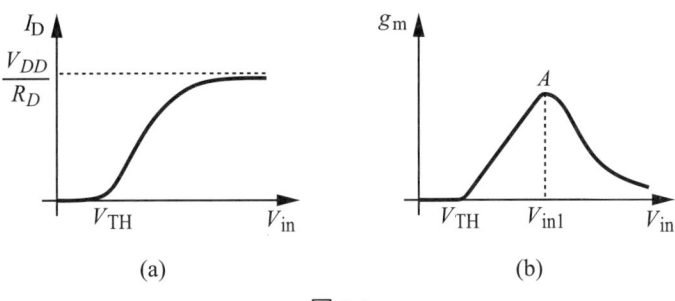

圖 3.5

奈米設計筆記

在使用奈比製成時，共源極的表現如何？圖中繪出模擬的輸入－輸出特性：$W/L = 2\ \mu m/40\ nm$，$R_D = 2\ k\Omega$，且 $V_{DD} = 1\ V$。在此我們觀察到電路在 0.4 V 到 0.6 V 區間，提供了約為 3 的增益。而輸出振幅則在 0.3 V–0.8 V 區間，此區間增益也不會明顯下降。

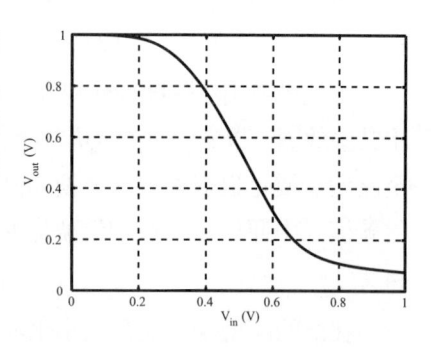

範例 3.2

一弦波 $V_{in} = V_1 \cos\omega_1 t + V_0$ 驅動共源極組態，其中 V_0 為偏壓值時，V_1 足以讓電晶體關閉並進入三極管區。繪出電晶體隨時間不同的 g_m。

解 首先繪出輸出電壓（圖 3.6），注意當 $V_{in} = V_1 + V_0$，V_{out} 為低，M_1 在三極管區，且假設 g_m 為最小值。當 V_{in} 下降，V_{out} 和 g_m 上升，M_1 在 $t = t_1$ 點進入飽和區（其中 $V_{in} - V_{out} = V_{TH}$）且 g_m 達到最大值（為什麼？），當 V_{in} 降到更低的值，I_D 和 g_m 也會隨之下降。$t = t_2$ 時，g_m 變成零。可以觀察到 (a) 雖然電壓增益接近等於 $-g_m R_D$，會隨 g_m 改變且 (b) 增益是週期改變。[2]

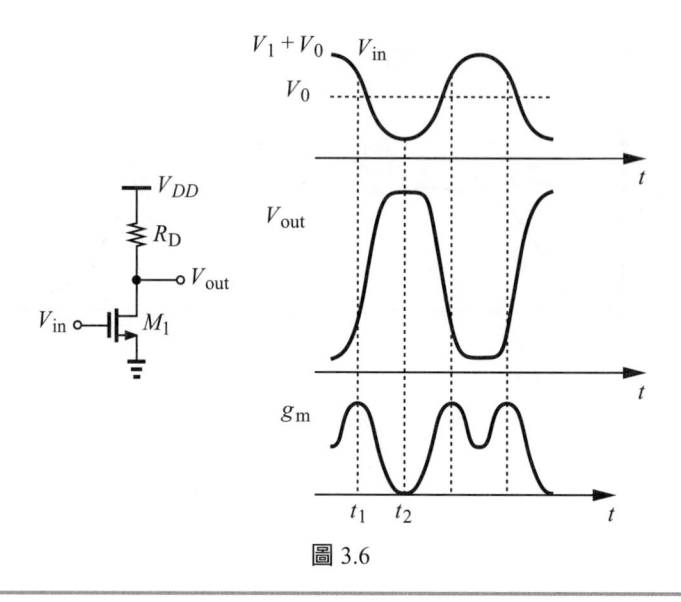

圖 3.6

我們如何將共源極之電壓增益最大化？將 (3.10) 寫成

---

[2] 我們在進階課程中，甚至能用傳立葉級數來表示 g_m。

$$A_v = -\sqrt{2\mu_n C_{ox} \frac{W}{L} I_D} \frac{V_{RD}}{I_D} \tag{3.12}$$

其中 V_{RD} 表示 R_D 之跨壓，可以得到

$$A_v = -\sqrt{2\mu_n C_{ox} \frac{W}{L}} \frac{V_{RD}}{\sqrt{I_D}} \tag{3.13}$$

若其他參數保持固定，可藉由增加 W/L 或 V_{RD}，或減少 I_D 來增加 A_V 之大小。由此式瞭解到其中的取捨是很重要的。較大尺寸的元件會產生較大的元件電容，而較高的 V_{RD} 則會限制電壓振幅的最大值。舉例來說，若 $V_{DD} - V_{RD} = V_{in} - V_{TH}$，$M_1$ 位於三極管區之邊界，只允許輸出端（和輸入端）非常小的振幅。若 V_{RD} 保持固定而減少 I_D，R_D 一定會增加讓輸出節點有較大的時間常數。換句話說，如類比設計的八邊形，電路呈現出在增益、頻寬和電壓振幅等因素間的取捨，而降低供應電壓會更緊縮這些取捨。

對大 R_D 來說，M_1 通道長度調變效應就很重要。調整 (3.3) 並納入此效應，

$$V_{out} = V_{DD} - R_D \frac{1}{2} \mu_n C_{ox} \frac{W}{L} (V_{in} - V_{TH})^2 (1 + \lambda V_{out}) \tag{3.14}$$

我們得到

$$\begin{aligned} \frac{\partial V_{out}}{\partial V_{in}} = &- R_D \mu_n C_{ox} \frac{W}{L} (V_{in} - V_{TH})(1 + \lambda V_{out}) \\ &- R_D \frac{1}{2} \mu_n C_{ox} \frac{W}{L} (V_{in} - V_{TH})^2 \lambda \frac{\partial V_{out}}{\partial V_{in}} \end{aligned} \tag{3.15}$$

發現到 $(1/2)\mu_n C_{ox}(W/L)(V_{in} - V_{TH})^2 \lambda = 1/r_O$，得到

$$A_v = -R_D g_m - \frac{R_D}{r_O} A_v \tag{3.16}$$

因此

$$A_v = -g_m \frac{r_O R_D}{r_O + R_D} \tag{3.17}$$

圖 3.7 的小信號模型以較少步驟達到同樣結果，也就是因為 $g_m V_1 (r_O \| R_D) = -V_{out}$，且 $V_1 = V_{in}$，所以 $V_{out}/V_{in} = -g_m(r_O \| R_D)$。

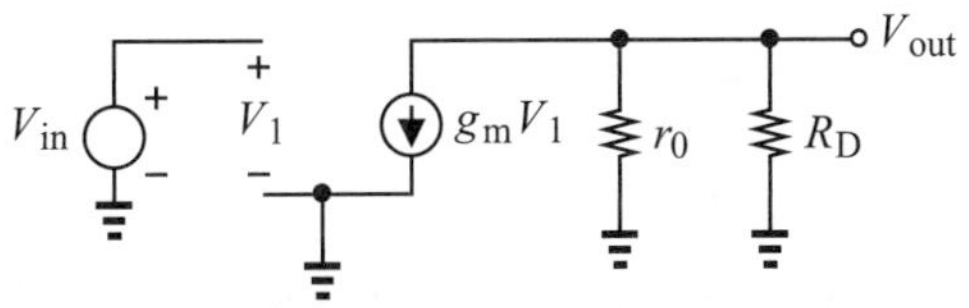

圖 3.7　包含電晶體輸出電阻的共源級組態之小信號模型

範例 3.3

假設圖 3.8 之 M_1 操作於飽和區,計算電路之小信號電壓增益。

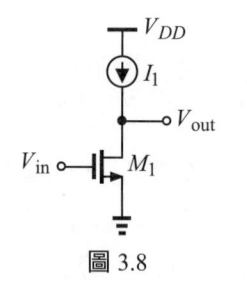

圖 3.8

解 因為 I_1 之阻抗為無限大（$R_D = \infty$），增益會為 M_1 之輸出電阻所限:

$$A_v = -g_m r_O \tag{3.18}$$

我們稱此電晶體為「內在增益」,此數值表示在使用單一元件時能達到之最大電壓增益。在現今 CMOS 製程中,短通道元件之 $g_m r_O$ 值約在 10 至 30 之間,因此我們常假定 $1/g_m \ll r_O$。

圖 3.8 中,**克希荷夫電流定律**（Kirchhoff's current law, KCL）讓 $I_{D1} = I_1$,若 I_1 為常數時,V_{in} 會如何改變 M_1 的電流呢?將 M_1 的總汲極電流寫成

$$I_{D1} = \frac{1}{2}\mu_n C_{ox}\frac{W}{L}(V_{in} - V_{TH})^2(1 + \lambda V_{out}) \tag{3.19}$$

$$= I_1 \tag{3.20}$$

我們注意到 V_{in} 出現於平方項,V_{out} 出現於線性項。當 V_{in} 增加時,V_{out} 須減少以使兩者乘積保持不變。儘管如此,我們會說「V_{in} 會隨 I_{D1} 增加」。而此僅說明了等式中的二次項部分。

在此重要的結論是,要讓電壓增益最大化,必須最大化（小信號部分）負載,問題是我們能將負載換成開路電路嗎?因為接地的 V_{DD} 仍要給 M_1 偏壓電流一個路徑。

範例 3.4

使用 MOSFET 的基板（背面閘極）為控制通道的端點。如圖 3.9 所示,若 $\lambda = 0$,計算增益。

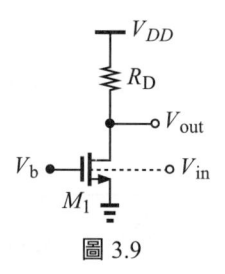

圖 3.9

解 第 2 章中提過的小信號 MOS 模型,回想汲極電流是 $g_{mb}V_{in}$,因此 $A_v = -g_{mb}R_D$。

奈米設計筆記

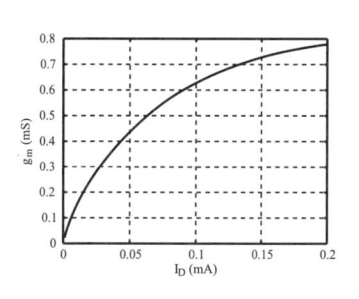

我們已知所需的增益和供應電壓,要怎麼設計一個共源極組態?當 W/L、I_D 和 R_D 是可控制的參數時,我們似乎有很大的設計彈性。一個好的起始點是選取一個小元件,W/L = 0.5 μm/40 nm,一個低偏壓電流 I_D = 50 μA,和一個大的負載去達到所需增益。為達此目的,我們根據不同電流 I_D,透過模擬畫出元件的轉導,得到 g_m = 0.45 mS。因此對一個電壓增益 10,R_D 值須達到 22.2 kΩ,若 λ = 0,這是可以接受的合理設計?答案根據不同應用,看是否可以接受。除了增益外,電路須符合一定程度的頻寬,雜訊和輸出振幅需求。

3.2.2 負載二極體之共源極組態

要在 CMOS 製程技術中製作嚴格控制的電阻或合理的實體結構往往很困難。因此圖 3.4(a) 中,以 MOS 電晶體取代 R_D 是較為理想的。

若閘極和汲極短路時〔圖 3.10(a)〕,MOSFET 可作為小信號電阻。和其雙載子電晶體一樣,我們稱此為「二極體」元件,而此組態呈現了類似二端電阻的小信號特性。因為閘極和汲極有相同電位,電晶體將一直保持在飽和區。使用圖 3.10(b) 的小信號等效電路來取得元件的阻抗值,可以寫成 $V_1 = V_X$ 且 $I_X = V_X/r_O + g_m V_X$。也就是說二極體之阻抗為 $V_X/I_X = (1/g_m) \| r_O \approx 1/g_m$。如果基體效應存在,我們可使用圖 3.11 的電路,以 $V_1 = -V_X$,$V_{bs} = -V_X$ 來呈現,且

$$(g_m + g_{mb})V_X + \frac{V_X}{r_O} = I_X \tag{3.21}$$

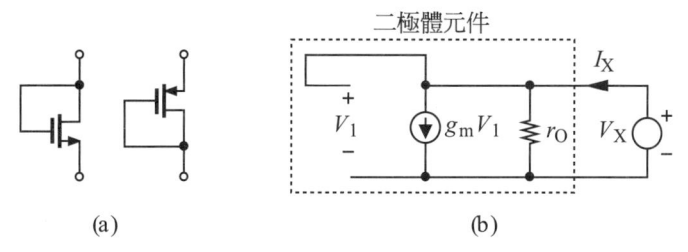

圖 3.10 (a) 二極體 NMOS 和 PMOS 元件;(b) 小信號等效電路

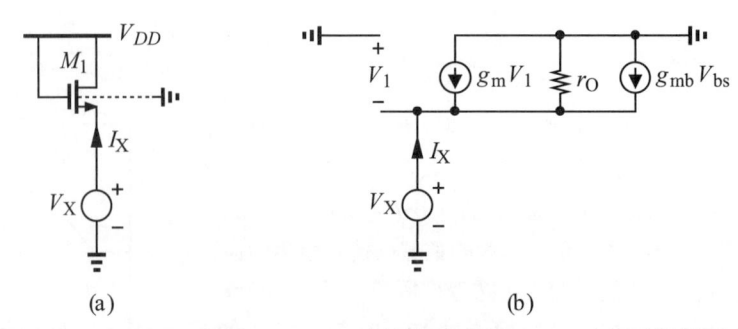

圖 3.11 (a) 測量二極體 MOSFET 等效電阻的配置；(b) 小信號等效電路

並呈現出

$$\frac{V_X}{I_X} = \frac{1}{g_m + g_{mb} + r_O^{-1}} \tag{3.22}$$

$$= \frac{1}{g_m + g_{mb}} \| r_O \tag{3.23}$$

$$\approx \frac{1}{g_m + g_{mb}} \tag{3.24}$$

一般會以 $V_X/I_X = (1/g_m)\|r_O\|(1/g_{mb})$ 來呈現。有趣的是，把基體效應納入考慮時，M_1 源極的阻抗較小。而此效應的解釋就留待給各位自行證明。

以大訊號觀點來看，若將電流當作輸入信號且 V_{GS} 或是 $V_{GS} - V_{TH}$ 為輸出，二極體會像是「平方根」運算元（為什麼？），稍後會討論到此觀點。

範例 3.5

如圖 3.12(a) 的電路，我們在某些電路中會從源極來看阻抗 R_X。若 $\lambda = 0$，則 R_X 的值為何？

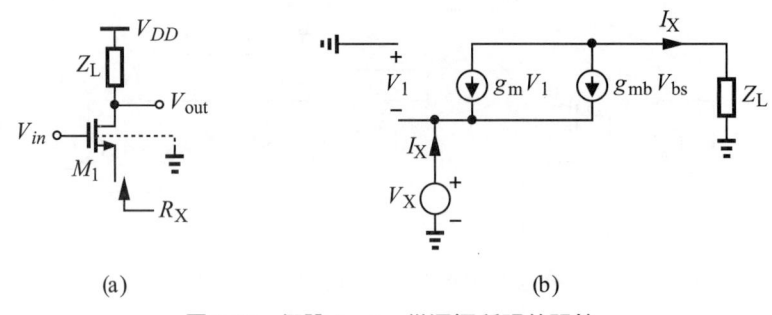

圖 3.12 假設 $\lambda = 0$，從源極所視的阻抗

解 我們為求出 R_X 值，將所有阻抗值設為零，畫出小信號模型，然後加入一個如圖 3.12(b) 所示的測試電壓。因為 $V_1 = -V_X$ 且 $V_{bs} = -V_X$，可得到

$$(g_m + g_{mb})V_X = I_X \tag{3.25}$$

且

$$\frac{V_X}{I_X} = \frac{1}{g_m + g_{mb}} \tag{3.26}$$

此結果並不令人意外：圖 3.12(a) 中的架構和圖 3.11(a) 中的架構相似，除圖 3.12(b) 中 M_1 的汲極端並非交流接地外。若 $\lambda = 0$，此差異並沒有太大影響。若 $\lambda = \gamma = 0$，有時候我們會說「從 MOSFET 的源極所視的阻抗是 $1/g_m$」。

我們現在來看負載二極體之共源極組態（圖 3.13）。忽略通道長度調變效應，以(3.24)來置換 (3.10) 的負載阻抗，產生出

$$A_v = -g_{m1} \frac{1}{g_{m2} + g_{mb2}} \tag{3.27}$$

$$= -\frac{g_{m1}}{g_{m2}} \frac{1}{1 + \eta} \tag{3.28}$$

其中 $\eta = g_{mb2}/g_{m2}$，以元件尺寸和電流來表示 g_{m1} 和 g_{m2}，可得

$$A_v = -\frac{\sqrt{2\mu_n C_{ox}(W/L)_1 I_{D1}}}{\sqrt{2\mu_n C_{ox}(W/L)_2 I_{D2}}} \frac{1}{1 + \eta} \tag{3.29}$$

因為 $I_{D1} = I_{D2}$，

$$A_v = -\sqrt{\frac{(W/L)_1}{(W/L)_2}} \frac{1}{1 + \eta} \tag{3.30}$$

此式顯示出一有趣特性：若忽略掉 η 隨輸出電壓而改變的量，增益將和偏壓電流及電壓無關（只要 M_1 位於飽和區）。也就是說，當輸入、輸出信號位準改變時，增益相對維持常數，即顯示出輸入－輸出特性的線性關係。

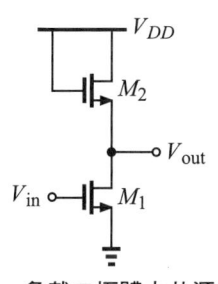

圖 3.13　負載二極體之共源極組態

電路的線性特性能以大信號分析來確認。我們為簡化電路分析，在此忽略通道長度調變效應，可得如圖 3.13

$$\frac{1}{2}\mu_n C_{ox}\left(\frac{W}{L}\right)_1 (V_{in} - V_{TH1})^2 = \frac{1}{2}\mu_n C_{ox}\left(\frac{W}{L}\right)_2 (V_{DD} - V_{out} - V_{TH2})^2 \quad (3.31)$$

因此

$$\sqrt{\left(\frac{W}{L}\right)_1}(V_{in} - V_{TH1}) = \sqrt{\left(\frac{W}{L}\right)_2}(V_{DD} - V_{out} - V_{TH2}) \quad (3.32)$$

因此若 V_{TH2} 隨 V_{out} 的變化很小時，電路會呈現線性的輸入－輸出特性。重點在於，M_1 的平方（從輸入電壓到其汲極電流）與 M_2 的平方根函數是 $f^{-1}(f(x)) = x$。

小信號增益可同時在兩邊對 V_{in} 進行微分：

$$\sqrt{\left(\frac{W}{L}\right)_1} = \sqrt{\left(\frac{W}{L}\right)_2}\left(-\frac{\partial V_{out}}{\partial V_{in}} - \frac{\partial V_{TH2}}{\partial V_{in}}\right) \quad (3.33)$$

其中並應用連鎖律：

$$\frac{\partial V_{out}}{\partial V_{in}} = -\sqrt{\frac{(W/L)_1}{(W/L)_2}}\frac{1}{1+\eta} \quad (3.34)$$

而理解電路整體的大信號特性對我們是有所助益的。首先考慮圖 3.14(a) 的電路：若 I_1 降至零時，V_{out} 的最終值為何？當 I_1 減少時，M_2 的過趨電壓亦會減少。因此若 I_1 很小，則 $V_{GS2} \approx V_{TH2}$，$V_{out} \approx V_{DD} - V_{TH2}$。實際上，若 I_D 趨近於零時，M_2 的次臨界傳導會讓 V_{out} 趨近於 V_{DD}，但是在低電位準情況下，輸出端之有限電容會減緩 $V_{DD} - V_{TH}$ 至 V_{DD} 的電壓變化。此結果顯示在圖 3.14(b) 之時域波形。基於此原因，在經常切換的電路中，當 I_1 值降到很低時，我們假設 V_{out} 值仍保持在 $V_{DD} - V_{TH2}$ 附近。

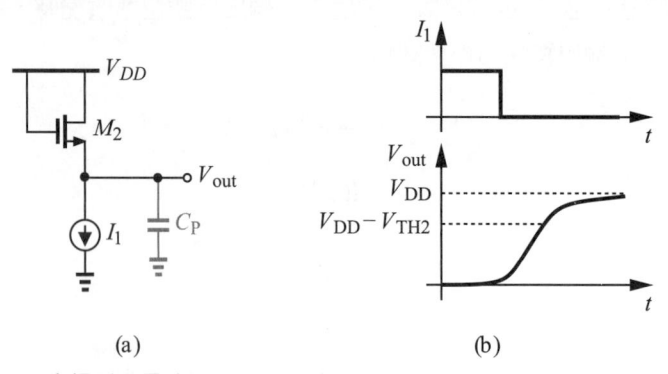

圖 3.14 (a) 以步級偏壓電流運作的二極體元件；(b) 源極電壓變化與時間的關係圖。

現在我們回頭看圖 3.13。圖 3.15 為圖 3.13 與 V_{in} 的關係圖，若 $V_{in} < V_{TH1}$ 時，輸出電壓值等於 $V_{DD} - V_{TH2}$。而當 $V_{in} > V_{TH1}$ 時，(3.32) 仍有效且 V_{out} 為一近似直線。當 V_{in} 超過 $V_{out} + V_{TH1}$ 時（超過 A 點），M_1 進入三極管區，其特性也變成非線性。

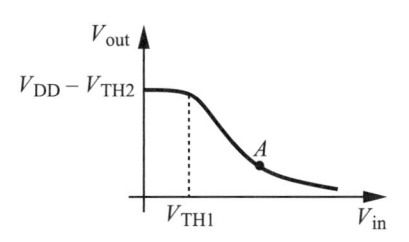

圖 3.15　負載二極體之共源極組態的輸入－輸出特性

圖 3.13 的二極體元件可用一個 PMOS 來運作。如圖 3.16 所示，電路的基體效應可忽略不計，並提供一小信號電壓增益為

$$A_v = -\sqrt{\frac{\mu_n (W/L)_1}{\mu_p (W/L)_2}} \tag{3.35}$$

其中通道長度調變效應可忽略不計。

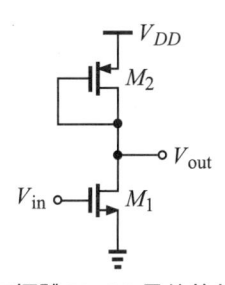

圖 3.16　二極體 PMOS 元件的共源極組態

(3.30) 和 (3.35) 呈現出負載二極體之共源極組態增益為元件尺寸大小之弱函數。例如，為使增益達到 5，$\mu_n(W/L)_1/[\mu_p(W/L)_2] = 25$，也就是 $\mu_n \approx 2\mu_p$，其 $(W/L)_1 \approx 12.5(W/L)_2$。感覺上，高增益得要一個「強」的輸入元件和「弱」的負載元件。除了電晶體不成比例的長、寬外（很大的輸入或負載電容），高增益會產生另一個重要的限制，即允許電壓振幅的減少。更明確地說，因為圖 3.16 中，$I_{D1} = |I_{D2}|$，

$$\mu_n \left(\frac{W}{L}\right)_1 (V_{GS1} - V_{TH1})^2 = \mu_p \left(\frac{W}{L}\right)_2 (V_{GS2} - V_{TH2})^2 \tag{3.36}$$

若 $\lambda = 0$，表示

$$\frac{|V_{GS2} - V_{TH2}|}{V_{GS1} - V_{TH1}} = A_v \tag{3.37}$$

上述所提到 M_2 的過趨電壓為 M_1 的 5 倍。例如當 $V_{GS} - V_{TH1} = 100$ mV 而 $|V_{TH}| = 0.3$ V 時，可得 $|V_{GS2}| = 0.8$ V，嚴重限制輸出振幅。這也是類比設計八邊形中所推論出之另一個互相影響的例子。注意使用負載二極體時，振幅會被所需的過趨電壓和臨界電壓所限制。也就是說，在過趨電壓很小下，輸出電壓仍不能超過 $V_{DD} - |V_{TH}|$。

在此會出現一個有趣的矛盾：若以 $g_m = \mu C_{ox}(W/L)|V_{GS} - V_{TH}|$ 呈現。已知電路的電壓增益

$$|A_v| = \frac{g_{m1}}{g_{m2}} \tag{3.38}$$

$$= \frac{\mu_n C_{ox}(W/L)_1(V_{GS1} - V_{TH1})}{\mu_p C_{ox}(W/L)_2|V_{GS2} - V_{TH2}|} \tag{3.39}$$

(3.39) 呈現出 A_v 與 $|V_{GS2} - V_{TH2}|$ 成反比，並留待各位自行計算 (3.37) 和 (3.39)。

奈米設計筆記

我們使用 40 奈米製程來設計與模擬一個 PMOS 二極體負載的共源極組態。選取 NMOS 元件為 $W/L = 5\ \mu m/40\ nm$，PMOS 元件的 $W/L = 1\ \mu m/40\ nm$。大信號的電流－電壓特徵曲線如圖所示。由此圖觀察到，電路提供了一個約 1.5 的小信號增益，輸入的線性範圍約介於 0.4 V 到 0.5 V(在此直流交換模擬中，當輸入電晶體關閉時，V_{out} 電壓可達 V_{DD})。

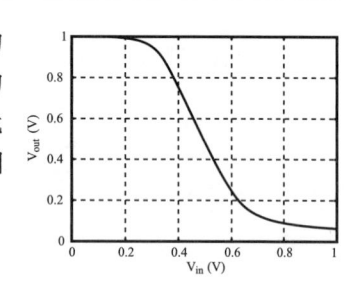

範例 3.6

如圖 3.17 中的電路，M_1 偏壓於飽和區，汲極電流為 I_1。若電流源 $I_S = 0.75I_1$ 加入電路中，要如何修正 (3.37) 以符合上述情況。

圖 3.17

解 因為 $|I_{D2}| = I_1/4$，我們得到

$$A_v = -\frac{g_{m1}}{g_{m2}} \tag{3.40}$$

$$= -\sqrt{\frac{4\mu_n(W/L)_1}{\mu_p(W/L)_2}} \tag{3.41}$$

此外，

$$\mu_n \left(\frac{W}{L}\right)_1 (V_{GS1} - V_{TH1})^2 = 4\mu_p \left(\frac{W}{L}\right)_2 (V_{GS2} - V_{TH2})^2 \tag{3.42}$$

而產生

$$\frac{|V_{GS2} - V_{TH2}|}{V_{GS1} - V_{TH1}} = \frac{A_v}{4} \tag{3.43}$$

因此當增益為 5 時，M_2 的過趨電壓只要為 M_1 的 1.25 倍。或對於已知過趨電壓來說，此電路增益將為圖 3.16 組態的 4 倍。直觀地說，這是因為對已知的 $|V_{GS} - V_{TH2}|$，若電流減少為四分之一，$(W/L)_2$ 須和電流等比減少且 $\sqrt{2\mu_p C_{ox}(W/L)_2 I_{D2}}$ 也和 $(W/L)_2$ 等比減少。

範例 3.7

某學生嘗試將 (3.42) 的兩邊微分，計算範例 3.6 的電壓增益。此方法能得到正確結果嗎？為什麼？

解 因為 $V_{GS2} = V_{out} - V_{DD}$，微分後乘上 C_{ox} 可得

$$\mu_n C_{ox} \left(\frac{W}{L}\right)_1 (V_{in} - V_{TH1})^2 = 4\mu_p C_{ox} \left(\frac{W}{L}\right)_2 (V_{out} - V_{DD} - V_{TH2}) \frac{\partial V_{out}}{\partial V_{in}} \tag{3.44}$$

能得到 $\partial V_{out}/\partial V_{in} = -g_{m1}/(4g_{m2})$，此不正確結果是因為 (3.42) 只對單一 V_{in} 值是成立的。當 V_{in} 信號也會擾動，I_1 信號偏離 $4|I_{D2}|$ 時，所以不能以 (3.42) 微分來求增益。

現今 CMOS 製程中的通道長度調變效應是相當明顯的且重要的，電晶體特性已明顯偏移了平方律。因此，圖 3.13 中放大級增益須以下列方式表示：

$$A_v = -g_{m1} \left(\frac{1}{g_{m2}} \| r_{O1} \| r_{O2}\right) \tag{3.45}$$

3.3.3 負載電流源之共源極組態

在應用中，單級放大器中需要大電壓增益。而 $A_v = -g_m R_D$ 的關係顯示出了我們該增加共源極組態的負載阻抗。但若連接一電阻或二極體作為負載，增加負載電阻時，會限制輸出電壓振幅。

一個較實際的方法便是以不遵循歐姆定律的元件取代負載電阻（如一電流源）。範例 3.3 中已簡短提過，且圖 3.18 呈現出該電路其中兩個電晶體皆於飽和區中運作。因為在輸出節點看到的總阻抗為 $r_{O1} \| r_{O2}$，故增益為

$$A_v = -g_{m1}(r_{O1} \| r_{O2}) \tag{3.46}$$

關鍵在於輸出阻抗和 M_2 所需最小 $|V_{DS}|$ 間的關係要比電阻值和其跨壓間的相關性弱。前者無需符合歐姆定律，但後者則要。藉由增加 M_2 寬度，$|V_{DS2,min}| = |V_{GS2} - V_{TH2}|$ 能減少幾百毫伏特。若 r_{O2} 不夠大時，一方面可以保持固定過趨電壓的方式，然後增加 M_2 長、寬而得到較小的 λ 值。但此做法的缺點在於 M_2 輸出節點會產生一個大電容。

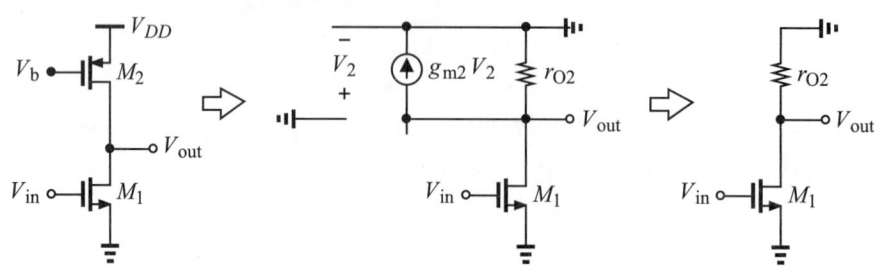

圖 3.18　電流源負載的共源級組態

我們應注意圖 3.18 中電路的輸出偏壓電壓並未明確定義。因此，組態只有在回授迴路強迫 V_{out} 為一定值時（第 8 章），才能達到穩定偏壓狀態。此電路的大信號分析就留給各位自行練習。

如第 2 章提過的，在已知汲極電流下之 MOSFET 輸出阻抗可藉由改變通道長度來變化，亦即對第一級來說，$\lambda \propto 1/L$，故 $r_O \propto L/I_D$。因為圖 3.18 的組態增益和 $r_{O1}||r_{O2}$ 成比例，故我們推論較長之電晶體會產生較高的電壓增益。

接著個別討論 M_1 和 M_2。若 L_1 被放大 α 倍（>1），W_1 可能被等比放大。因為在已知汲極電流情況下，$V_{GS1} - V_{TH1} \propto 1/\sqrt{(W/L)_1}$，亦即若 W_1 沒有變化且過趨電壓增加時，會限制輸出電壓振幅。同樣地，因為 $g_{m1} \propto \sqrt{(W/L)_1}$，僅放大 L_1 會讓 g_{m1} 下降。

在一些對上述議題並不重要的應用中，儘管 L_1 增加，W_1 仍可保持不變。因此電晶體的內在增益能以下列方式呈現

$$g_{m1}r_{O1} = \sqrt{2\left(\frac{W}{L}\right)_1 \mu_n C_{ox} I_D} \frac{1}{\lambda I_D} \tag{3.47}$$

並指出增益將隨 L 而增加，因為 λ 比 g_m 和 L 更相關。同樣地，注意當 I_D 增加時，$g_m r_O$ 會減少。

W_2 保持固定並增加 L_2 時，r_{O2} 和電壓增益會增加，而為了讓 M_2 保持在飽和區，得耗費更多的 $|V_{DS2,min}|$。

範例 3.8

比較共源極組態使用電阻負載和電流源負載的最大輸出電壓。

解　對於電阻負載〔圖 3.19(a)〕，最大輸出電壓接近 V_{DD}（當 V_{in} 低於 V_{TH1} 時）。最小值則是將 M_1 置於三極管區的邊界，$V_{in} - V_{TH1}$。

圖 3.19 在共源極組態的輸出振幅 (a) 電阻負載和 (b) 電流源負載

對於使用電流源負載﹝圖 3.19(b)﹞，最大輸出電壓是將 M_2 置於三極管區邊界，$V_{DD} - |V_{GS2} - V_{TH2}|$。因此，使用電流源負載的確只能提供較小的振幅，但若將 L_1 和 L_2 增加時，使用電流源負載卻能夠達較大的增益。

3.3.4 使用主動負載的共源極組態

在圖 3.19(b) 中放大器的架構，PMOS 元件是有固定電流的電流源。是否有可能將 M_2 當成放大器元件來使用？是的，我們能將輸入信號同時應用在 M_2 的閘極﹝圖 3.20(a)﹞，將 M_2 轉成「主動」負載。各位也許會意識到此架構有點像 CMOS 反向器。假設兩個電晶體都在飽和區且 V_{in} 上升了一個 ΔV_0，會發生兩件事情：(a) I_{D1} 增加，將 V_{out} 壓低，及 (b) M_2 注入較少電流至輸出點，讓 V_{out} 下降。兩個改變交互強化，能得到更大增益。等效電路如圖 3.20(b) 所示，兩個電晶體小信號並聯且重組成如圖 3.20(c) 所示的單一電路。能得到 $-(g_{m1} + g_{m2})V_{in}(r_{O1}\|r_{O2}) = V_{out}$，因此

$$A_v = -(g_{m1} + g_{m2})(r_{O1}\|r_{O2}) \tag{3.48}$$

相較於圖 3.19(b)，此電路存在相同的輸出阻抗，$r_{O1}\|r_{O2}$，但轉導值較大。此架構也稱為「互補式共源極組態」。

圖 3.20(a) 的放大器須要處理兩個關鍵問題。首先，兩個電晶體的偏壓電流是與「製程、電壓、溫度」（PVT）強相關的函數。實際上，因為 $V_{GS1} + |V_{GS2}| = V_{DD}$，$V_{DD}$ 的改變或臨界電壓都會直接轉變成汲極電流。

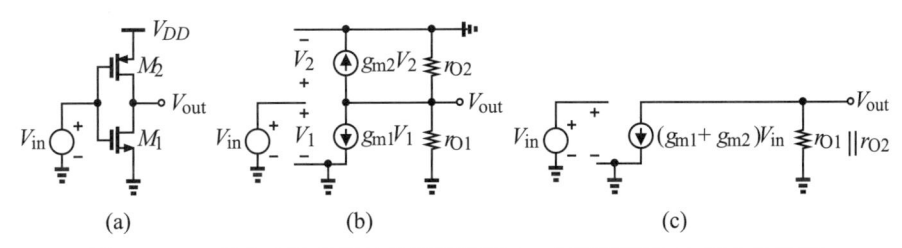

圖 3.20 (a) 具有主動負載的共源級組態 (b) 小信號模型 (c) 簡化的模型

第二，電路放大了供應電壓的變動（「供應電壓雜訊」）！要瞭解此問題，考慮圖 3.21 其中 V_B 是將 M_1 和 M_2 置於飽和區的偏壓電壓。我們在習題 3.31 中會證明 V_{DD} 到 V_{out} 的小

信號增益如下：

$$\frac{V_{out}}{V_{DD}} = \frac{g_{m2}r_{O2} + 1}{r_{O2} + r_{O1}} r_{O1} \tag{3.49}$$

$$= \left(g_{m2} + \frac{1}{r_{O2}}\right)(r_{O1} \| r_{O2}) \tag{3.50}$$

其值約為 A_v 的一半。此問題會在第 5 章繼續討論。

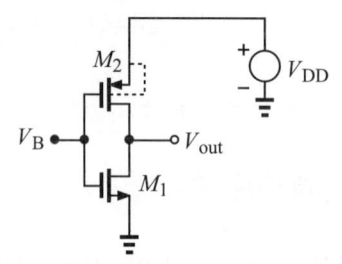

圖 3.21 探討使用主動負載共源極組態對供應電壓源變化之影響的組態

3.3.5 負載三極管之共源極組態

於三極管區運作的 MOS 元件就像電阻，可作為共源極組態的負載。如圖 3.22 所示，在此電路中 M_2 的閘極偏壓值很低，以確保所有輸出電壓振幅之負載電路都位於深三極管區。因為

$$R_{on2} = \frac{1}{\mu_p C_{ox}(W/L)_2(V_{DD} - V_b - |V_{THP}|)} \tag{3.51}$$

可以計算出電壓增益。

此電路的基本缺點乃源自於 R_{on2} 對 $\mu_p C_{ox}$、V_b 和 V_{THP} 之相依性。因為 $\mu_p C_{ox}$ 和 V_{THP} 隨著製程與溫度而變化，且產生精確值 V_b 所需的額外複雜度，故此電路不易使用。然而，負載三極管元件所使用之餘裕比二極體元件還低，因為圖 3.22 中，$V_{out,max} = V_{DD}$；圖 3.16 中，$V_{out,max} \approx V_{DD} - |V_{THP}|$。

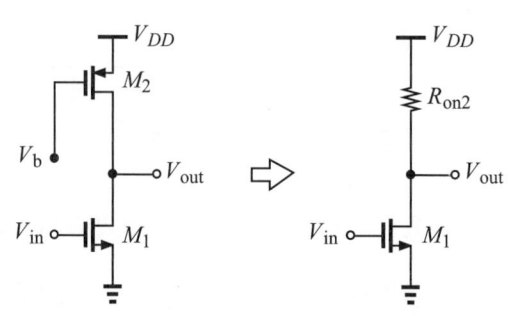

圖 3.22 負載三極管之共源極組態

上述五種共源極組態分析中，分別使用了電阻、電流源或較常廣泛使用的主動負載。

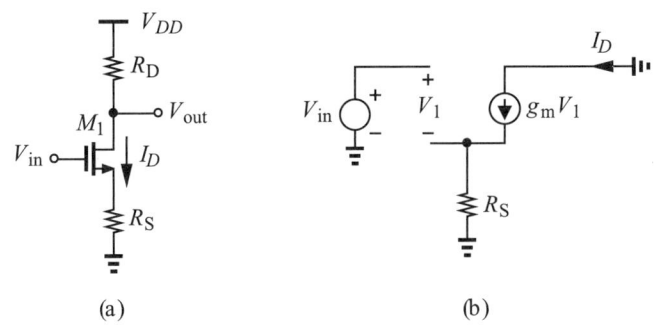

圖 3.23 使用源極退化之共源極組態

奈米設計筆記

使用最小通道長度，電流源負載的共源極組態能提供一個小增益。舉例來說，若 $(W/L)_{NMOS}$ = 5 μm/40 nm 且 $(W/L)_{PMOS}$ = 10 μm/40 nm，我們能得到如圖的輸入－輸出曲線，而最大增益是 2.5！若畫出斜率，也可以看到 V_{DD} = 1 V，有用的輸出電壓範圍約為 0.7 V。超過此範圍，增益會明顯下降。

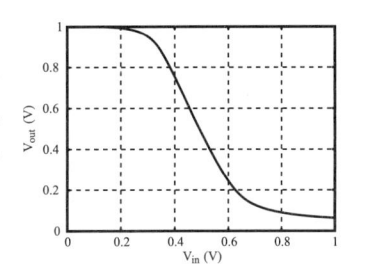

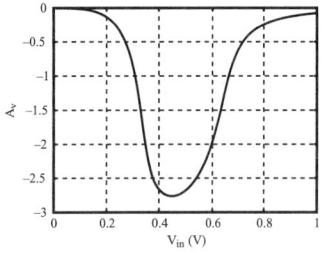

3.3.6 源極退化之共源極組態

在某些應用中，因為汲極電流的非線性相依性對過趨電壓產生多餘的非線性效應，以達成想要的「軟化」元件特性。在 3.3.2 節中，我們注意到負載二極體之共源極組態的線性特性，如此能「校正」非線性。但如圖 3.23(a) 所示，也可藉由「線性」電阻與源極端串聯來達成，如此讓輸入元件更具線性。在此忽略通道長度調變效應。當 V_{in} 增加時，I_D 亦會增加，而 R_S 的跨壓會上升。也就是部分的 V_{in} 電壓會出現在電阻兩端，而不會在閘極源極過趨電壓上，並讓 I_D 緩慢變化。從另一個觀點來看，我們想得到讓增益等式為 g_m 的弱函數，因為 $V_{out} = V_{DD} - I_D R_D$，電路的非線性源自 I_D 對 V_{in} 的非線性相關性。我們注意到 $\partial V_{out}/\partial V_{in} = -(\partial I_D/\partial V_{in})R_D$，並定義電路等效轉導為 $G_m = \partial I_D/\partial V_{in}$。[3] 現在假設 $I_D = f(V_{GS})$，可以下列方式表示

---

3 稍後會解釋在計算 G_m 時，輸出電壓須要維持常數。

$$G_m = \frac{\partial I_D}{\partial V_{in}} \tag{3.52}$$

$$= \frac{\partial f}{\partial V_{GS}} \frac{\partial V_{GS}}{\partial V_{in}} \tag{3.53}$$

因為 $V_{GS} = V_{in} - I_D R_S$，可得 $\partial V_{GS}/\partial V_{in} = 1 - R_S \partial I_D/\partial V_{in}$，並得出

$$G_m = \left(1 - R_S \frac{\partial I_D}{\partial V_{in}}\right) \frac{\partial f}{\partial V_{GS}} \tag{3.54}$$

但是 $\partial f/\partial V_{GS}$ 為 M_1 的轉導，且

$$G_m = \frac{g_m}{1 + g_m R_S} \tag{3.55}$$

小信號增益因此等於

$$A_v = -G_m R_D \tag{3.56}$$

$$= \frac{-g_m R_D}{1 + g_m R_S} \tag{3.57}$$

使用圖 3.23(b) 的小信號模型和 KVL，$V_{in} = V_1 + I_D R_S$ 及 $I_D = g_m V_1$，能得到相同結果。等式 (3.55) 顯示了 R_S 增加時，G_m 會變成 g_m 的弱函數，汲極電流亦是如此。事實上，當 $R_S \gg 1/g_m$，$G_m \approx 1/R_S$ 亦即 $\Delta I_D \approx \Delta V_{in}/R_S$。此顯示 V_{in} 大部分變化都出現在 R_S 的跨壓上。我們說汲極電流為輸入電壓的「線性化」函數。我們會在習題 3.30 中，從不同方面檢視此效應。線性化得到的增益較低（雜訊較高〔第 7 章〕）。

在接下來的計算中，考慮基體效應和通道長度調變效應對計算 G_m 來說非常有用。我們利用圖 3.24 的等效電路，能確認通過 R_S 的電流為 I_{out}，且由於 $V_{in} = V_1 + I_{out} R_S$。總計節點的電流能得到

$$I_{out} = g_m V_1 - g_{mb} V_X - \frac{I_{out} R_S}{r_O} \tag{3.58}$$

$$= g_m(V_{in} - I_{out} R_S) + g_{mb}(-I_{out} R_S) - \frac{I_{out} R_S}{r_O} \tag{3.59}$$

接著

$$G_m = \frac{I_{out}}{V_{in}} \tag{3.60}$$

$$= \frac{g_m r_O}{R_S + [1 + (g_m + g_{mb})R_S]r_O} \tag{3.61}$$

第 3 章　單級放大器　67

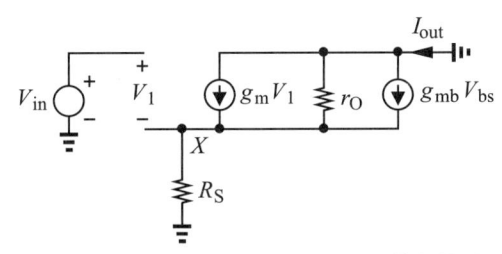

圖 3.24　退化共源極組態之小信號等效電路

接著來檢視 $R_S = 0$ 以及 $R_S \neq 0$ 時，共源極組態之大信號特性。如第 2 章推導中顯示 I_D 和 g_m 的變化如圖 3.25(a)。而 $R_S \neq 0$，其開啟特性和圖 3.25(a) 相似，因為在低電流位準 $1/g_m \gg R_S$，因此 $G_m \approx g_m$〔圖 3.25(b)〕。當過趨電壓和 g_m 增加時，(3.55) 中的退化效應 $1 + g_m R_S$，更為顯著。當 V_{in} 值較大時（若 M_1 仍處於飽和區中），I_D 為近似線性且 G_m 趨於 $1/R_S$。

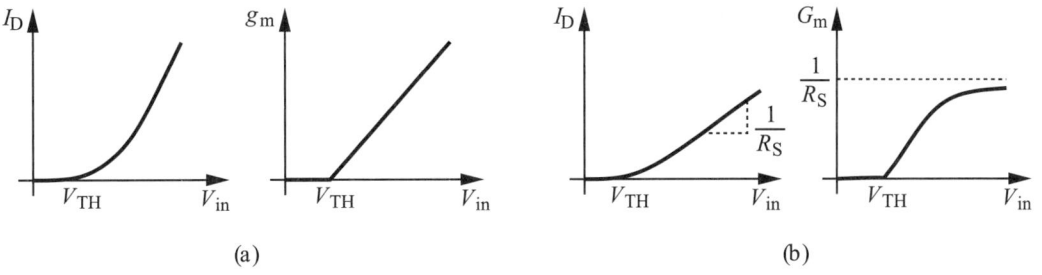

圖 3.25　共源極元件的汲極電流和轉導值，在源極 (a) 無退化；(b) 有退化現象時

範例 3.9

繪出圖 3.23 中的電路小信號電壓增益和輸入偏壓電壓之關係圖。

解　我們使用上述導出的 M_1 等效轉導和 R_S，可得到圖 3.26 之結果。當 V_{in} 略大於 V_{TH} 時，$1/g_m \gg R_S$，且 $A_v \approx -g_m R_D$。當 V_{in} 增加時，退化現象更顯著，且 $A_v = -g_m R_D/(1 + g_m R_S)$。而 V_{in} 值較大時，$G_m \approx 1/R_S$，且 $A_v = -R_D/R_S$。但若 $V_{in} > V_{out} + V_{TH}$，也就是 $R_D I_D > V_{TH} + V_{DD} - V_{in}$，$M_1$ 會進入三級管區且 A_v 會下降。

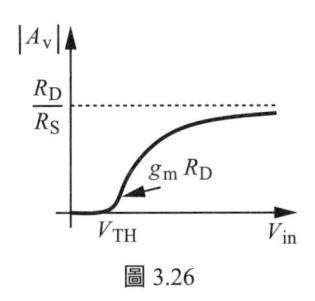

圖 3.26

(3.57) 也能以下列方式表現

$$A_v = -\frac{R_D}{\frac{1}{g_m} + R_S} \tag{3.62}$$

首先檢查 (3.62) 中的分母，此等式等於元件轉導之倒數和從源極接地的電阻串聯而成。我們稱該分母「在源極路徑上所視的電阻」，因為若如圖 3.27 所示，我們切斷接地 R_S 的下端點，並計算「往上看」的電阻（將輸入設為零），能得到 $R_S + 1/g_m$。

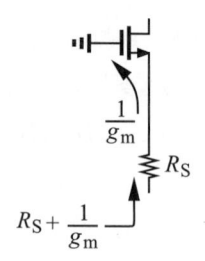

圖 3.27　從源極看入的阻抗

注意 (3.62) 之分子為汲極所視之電阻，我們將增益強度視為由汲極端所視之電阻除以源極路徑上所視之總電阻。此方法大大地簡化了複雜電路分析。

奈米設計筆記

奈米製程中共同的難題是若 V_{GS}，V_{DS} 或是 V_{DG} 的電壓值，超過一定可以承受電壓時，MOS 電晶體會受到「壓力」(stress)。例如，40 nm 技術中的電壓大多小於 1 V。而有趣的事，若供應電源 V_{DD} 大於電壓容許值，疊接架構能讓這些元件避免承受壓力。由下圖中可看到，當汲極電流減少且 V_{out} 接近 V_{DD} 時，M_1 會出現 $V_{DS} = V_{DD}$，但 M_2 只看到 $V_{DS} \approx V_D - V_{TH2}$。同樣地，$V_{DS3} < V_{DD}$（為什麼呢？）

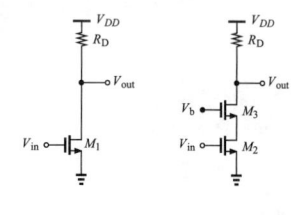

範例 3.10

假設 $\lambda = \gamma = 0$，計算圖 3.28(a) 電路之小信號增益。

解　注意 M_2 為一二極體元件，並簡化電路如圖 3.28(b)。使用上述規則可以下方式呈現：

$$A_v = -\frac{R_D}{\frac{1}{g_{m1}} + \frac{1}{g_{m2}}} \tag{3.63}$$

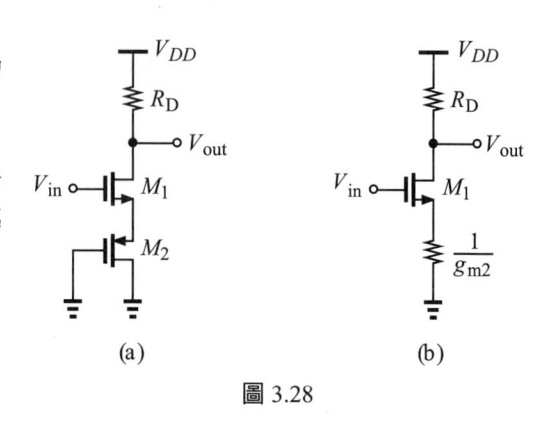

圖 3.28

輸出阻抗

另一源極退化的重要結果為組態輸出電阻值會增加。首先我們藉由圖 3.29 的等效電路來計算輸出電阻，其中排除負載電阻 R_D。注意我們將考慮基體效應，以得到一般結果。

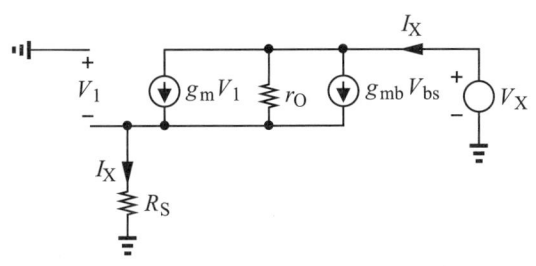

圖 3.29 計算退化共源極組態輸出電阻之等效電路

因為流經 R_S 之電流為 I_X，$V_1 = -I_X R_S$，且流經 r_O 之電流已知為 $I_X - (g_m + g_{mb})V_1 = I_X + (g_m + g_{mb})R_S I_X$。合計 r_O 和 R_S 的跨壓降低值，可得

$$r_O[I_X + (g_m + g_{mb})R_S I_X] + I_X R_S = V_X \tag{3.64}$$

顯示

$$R_{out} = [1 + (g_m + g_{mb})R_S]r_O + R_S \tag{3.65}$$

$$= [1 + (g_m + g_{mb})r_O]R_S + r_O \tag{3.66}$$

(3.65) 指出 r_O 被「提高」$1 + (g_m + g_{mb})R_S$ 倍數及加上了 R_S。從另一觀點來看，(3.66) 呈現出 R_S 被「提高」$1 + (g_m + g_{mb})r_O$（是接近電晶體內在增益的值）且加上 r_O。上述兩觀點都證明了，整體的輸出阻抗等於 R_{out} 和 R_D 並聯。若 $(g_m + g_{mb})r_O \gg 1$，可得

$$R_{out} \approx (g_m + g_{mb})r_O R_S + r_O \tag{3.67}$$

$$= [1 + (g_m + g_{mb})R_S]r_O \tag{3.68}$$

為更進一步瞭解，接著考慮圖 3.29 的電路於 $R_S = 0$ 和 $R_S > 0$ 的情況。若 $R_S = 0$，$g_m V_1 = g_{mb} V_{bs} = 0$ 且 $I_X = V_X/r_O$。另一方面，若 $R_S > 0$，能得到 $I_X R_S > 0$ 且 $V_1 < 0$，及負的 $g_m V_1$ 與 $g_{mb} V_{bs}$ 值。因此，由 V_X 提供的電流小於 V_X/r_O，因此輸出阻抗大於 r_O。

(3.65) 的關係也可藉由觀察而推導出。如圖 3.30(a) 所示，將一電壓用於輸出節點，並給予一變量 ΔV，測量輸出電流之變化。因為流經 R_S 之電流必定也改變了 ΔI（為什麼？），首先計算 R_S 的跨壓，最後繪出圖 3.30(b) 的電路。注意由 M_1 源極所視的電阻為 (3.24) 的 $1/(g_m + g_{mb})$，得到圖 3.30(c) 的等效電路。R_S 的跨壓為

$$\Delta V_{RS} = \Delta V \frac{\dfrac{1}{g_m + g_{mb}} \| R_S}{\dfrac{1}{g_m + g_{mb}} \| R_S + r_O} \tag{3.69}$$

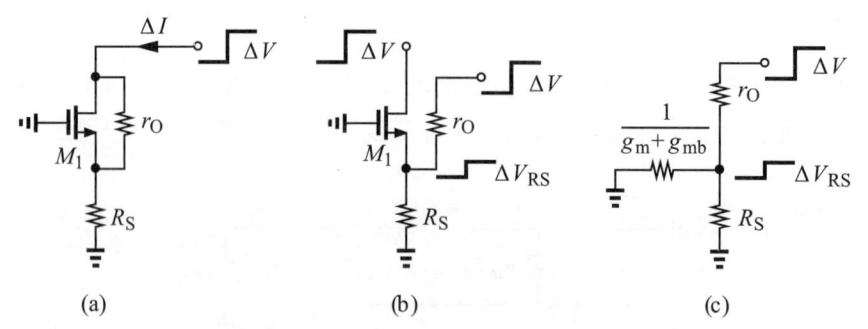

圖 3.30　(a) 對應外加汲極電壓的汲極電流變化；(b) 與 (a) 的等效電路；(c) 小信號模型

電流變化為

$$\Delta I = \frac{\Delta V_{RS}}{R_S} \tag{3.70}$$

$$= \Delta V \frac{1}{[1 + (g_m + g_{mb})]R_S r_O + R_S} \tag{3.71}$$

也就是

$$\frac{\Delta V}{\Delta I} = [1 + (g_m + g_{mb})R_S]r_O + R_S \tag{3.72}$$

我們利用前述結果，能計算在一般情況下的退化共源極組態之增益，並考慮基體效應和通道長度調變效應。在圖 3.31 的等效電路中，流經 R_S 和 R_D 的電流須皆為 $-V_{out}/R_D$。因此，相對於接地源極電壓等於 $-V_{out}R_S/R_D$，故 $V_1 = V_{in} + V_{out}R_S/R_D$。流經 r_O 的電流也能以下式表示：

$$I_{ro} = -\frac{V_{out}}{R_D} - (g_m V_1 + g_{mb} V_{bs}) \tag{3.73}$$

$$= -\frac{V_{out}}{R_D} - \left[g_m\left(V_{in} + V_{out}\frac{R_S}{R_D}\right) + g_{mb}V_{out}\frac{R_S}{R_D}\right] \tag{3.74}$$

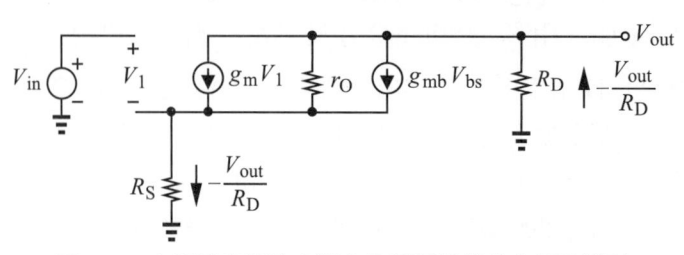

圖 3.31　有限輸出阻抗之退化共源極組態的小信號模型

因為 r_O 和 R_S 的跨壓結果必須為 V_{out}，故

$$V_{out} = I_{ro}r_O - \frac{V_{out}}{R_D}R_S \tag{3.75}$$

$$= -\frac{V_{out}}{R_D}r_O - \left[g_m\left(V_{in} + V_{out}\frac{R_S}{R_D}\right) + g_{mb}V_{out}\frac{R_S}{R_D}\right]r_O - V_{out}\frac{R_S}{R_D} \tag{3.76}$$

則顯示

$$\frac{V_{out}}{V_{in}} = \frac{-g_m r_O R_D}{R_D + R_S + r_O + (g_m + g_{mb})R_S r_O} \tag{3.77}$$

我們為更深入瞭解此結果，確認分母後三項，$R_S + r_O + (g_m + g_{mb})R_S r_O$，表示被電阻 R_S 退化之 MOS 元件的輸出電阻。如 (3.66) 所推導，能將 (3.71) 重新表示成

$$A_v = \frac{-g_m r_O R_D[R_S + r_O + (g_m + g_{mb})R_S r_O]}{R_D + R_S + r_O + (g_m + g_{mb})R_S r_O} \cdot \frac{1}{R_S + r_O + (g_m + g_{mb})R_S r_O} \tag{3.78}$$

$$= -\frac{g_m r_O}{R_S + r_O + (g_m + g_{mb})R_S r_O} \cdot \frac{R_D[R_S + r_O + (g_m + g_{mb})R_S r_O]}{R_D + R_S + r_O + (g_m + g_{mb})R_S r_O} \tag{3.79}$$

(3.79) 中的兩個因式代表電路的兩個重要參數。第一個和 (3.61) 的一樣，也就是退化 MOSFET 的等效轉導。第二個表示其為 R_D 和 $R_S + r_O + (g_m + g_{mb}) + R_S r_O$ 並聯電阻，也就是電路的總輸出電阻。

假設上述討論在某些電路中成立，藉由下列輔助定理來計算電壓增益也許比較容易。複習一下，一線性電路的輸出端能以**諾頓等效電路**（Norton equivalent）表示〔圖 3.32(a)〕。

輔助定理　電壓增益在線性電路中為 $-G_m R_{out}$，其中 G_m 表示當輸出端接地之電路轉導值。R_{out} 表示輸入電壓為零時，電路之輸出電阻〔圖 3.25(a)〕。

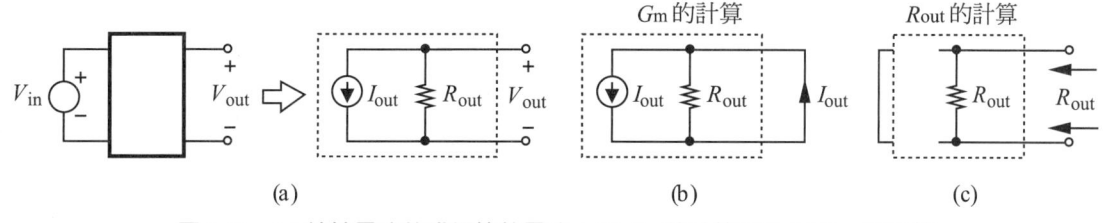

圖 3.32　(a) 線性電路的諾頓等效電路；(b) G_m 的計算以及 (c) R_{out} 的計算

利用圖 3.32(a) 的輸出端可證明此輔助定理等於 $-I_{out}R_{out}$，且透過測量輸出端之短路電流可求得 I_{out}。若定義 $G_m = I_{out}/V_{in}$，則可得 $V_{out} = -G_m V_{in} R_{out}$。若 G_m 和 R_{out} 能藉由觀察來找出時，則證明此輔助定理有用。

範例 3.11

計算圖 3.33 電路之電壓增益，假設 I_0 為一理想電流源。

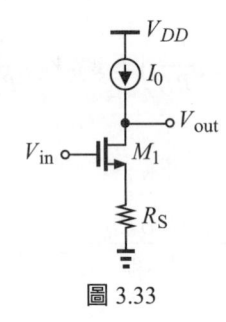

圖 3.33

解 已知此組態之轉導和輸出電阻分別為 (3.61) 和 (3.66)，因此

$$A_v = -\frac{g_m r_O}{R_S + [1 + (g_m + g_{mb})R_S]r_O}\{[1 + (g_m + g_{mb})r_O]R_S + r_O\} \quad (3.80)$$

$$= -g_m r_O \quad (3.81)$$

有趣的是，電壓增益等於電晶體內在增益且和 R_S 無關。這是因為若 I_0 為理想電流源時，流經 R_S 的電流無法改變，且 R_S 的小信號跨壓為零，亦即 R_S 本身為零。

3.4 源極隨偶器

我們對共源極組態的分析中顯示在某有限的供應電壓下，要達到高電壓增益，負載阻抗必須盡可能越大越好。若此組態驅動一低負載阻抗，為使信號在幾乎無耗損的情況下驅動負載，必須在放大器後放置「緩衝器」。**源極隨偶器**（source follower）〔也稱為**共源極組態**（common-drain stage）〕能作為電壓緩衝器。

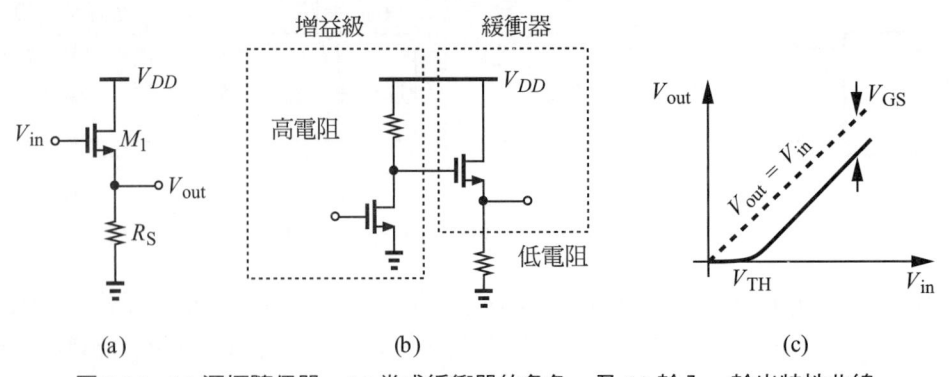

圖 3.34　(a) 源極隨偶器、(b) 當成緩衝器的角色，及 (c) 輸入－輸出特性曲線

圖 3.34(a) 中的源極隨偶器在閘極偵測信號並驅動其源極負載，讓源極電壓和閘極電壓相等。由大信號特性分析開始，當 $V_{in} < V_{TH}$，M_1 為關閉且 $V_{out} = 0$；當 V_{in} 超過 V_{TH} 時，M_1 將在飽和區中開啟（於一般 V_{DD} 值下），I_{D1} 則會流過 R_S〔圖 3.34(b)〕。當 V_{in} 持續增加時，V_{out} 會產生輸入電壓差為 V_{GS}。我們可以下列方式來呈現輸入－輸出特性：

$$\frac{1}{2}\mu_n C_{ox}\frac{W}{L}(V_{in} - V_{TH} - V_{out})^2 R_S = V_{out} \tag{3.82}$$

其中忽略通道長度調變效應。接著透過將 (3.82) 兩邊，對 V_{in} 微分而計算電路的小信號增益

$$\frac{1}{2}\mu_n C_{ox}\frac{W}{L}2(V_{in} - V_{TH} - V_{out})\left(1 - \frac{\partial V_{TH}}{\partial V_{in}} - \frac{\partial V_{out}}{\partial V_{in}}\right)R_S = \frac{\partial V_{out}}{\partial V_{in}} \tag{3.83}$$

因為 $\partial V_{TH}/\partial V_{in} = (\partial V_{TH}/\partial V_{SB})(\partial V_{SB}/\partial V_{in}) = \eta \partial V_{out}/\partial V_{in}$

$$\frac{\partial V_{out}}{\partial V_{in}} = \frac{\mu_n C_{ox}\dfrac{W}{L}(V_{in} - V_{TH} - V_{out})R_S}{1 + \mu_n C_{ox}\dfrac{W}{L}(V_{in} - V_{TH} - V_{out})R_S(1 + \eta)} \tag{3.84}$$

且注意

$$g_m = \mu_n C_{ox}\frac{W}{L}(V_{in} - V_{TH} - V_{out}) \tag{3.85}$$

結果，

$$A_v = \frac{g_m R_S}{1 + (g_m + g_{mb})R_S} \tag{3.86}$$

利用小信號等效電路，能更容易求得同樣結果。從圖 3.35 可得到 $V_{in} - V_1 = V_{out}$，$V_{bs} = -V_{out}$ 和 $g_m V_1 - g_{mb} V_{out} = V_{out}/R_S$，故 $V_{out}/V_{in} = g_m R_S[1 + (g_m + g_{mb})R_S]$。

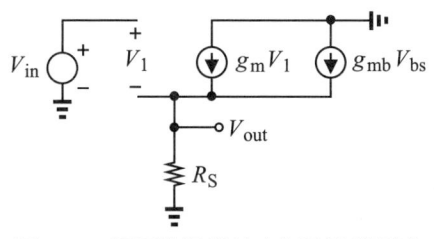

圖 3.35　源極隨偶器的小信號等效電路

74 類比CMOS積體電路設計

如圖 3.36 所示與 V_{in} 對比，當 $V_{in} \approx V_{TH}$ 時（也就是 $g_m \approx 0$），電壓由零開始並單調地增加。當汲極電流和 g_m 增加時，A_v 趨近於 $g_m/(g_m + g_{mb}) = 1 (1 + \eta)$，因為 η 本身隨著 V_{out} 緩慢地減少，A_v 最後將會變成一；但是對一般允許的源極－基板電壓來說，η 值大約比 0.2 大。

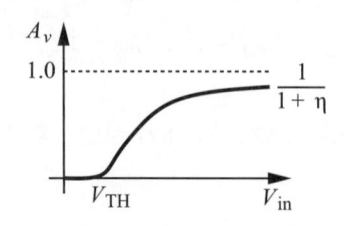

圖 3.36　源極隨偶器對輸入電壓的電壓增益

(3.86) 的重要結果為，若 $R_S = \infty$，源極隨偶器的電壓增益不等於一（除非如稍後會討論到排除基體效應）。注意如果 V_{in} 不超過 $V_{DD} + V_{TH}$ 時，圖 3.34(a) 的 M_1 仍然在飽和區。

圖 3.34(a) 的源極隨偶器中，M_1 的汲極電流和輸入直流位準呈高度相關。例如，若 V_{in} 由 0.7 V 變成 1 V，I_D 可能會增加 2 倍且 $V_{GS} - V_{TH}$ 增加為 $\sqrt{2}$ 倍。即使 V_{TH} 為相對常數，其所增加的 V_{GS} 也就是 V_{out} ($=V_{in} - V_{GS}$) 並非準確地依循 V_{in}，而產生非線性現象。為減少此問題，如圖 3.37(a) 所示能以電流源取代電阻。電流源以 NMOS 電晶體於飽和區運作來實現〔圖 3.37(b)〕。

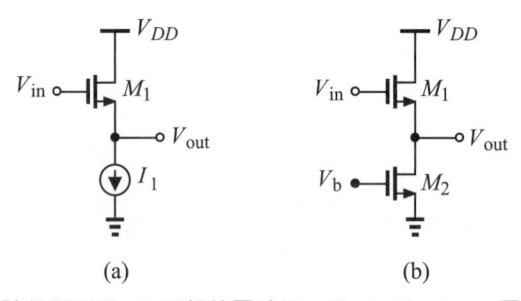

圖 3.37　源極隨偶器運用 (a) 理想的電流源，及 (b) 以 NMOS 電晶體為電流源

範例 3.12

假設圖 3.37(a) 的源極隨偶器中，$(W/L)_1 = 20/0.5$、$I_1 = 200\ \mu A$、$V_{TH0} = 0.6$ V、$2\Phi_F = 0.7$ V、$V_{DD} = 1.2$ V、$\mu_n C_{ox} = 50\ \mu A/V^2$，以及 $\gamma = 0.4\ V^{1/2}$。

(a) 以 $V_{in} = 1.2$ V 計算 V_{out}。

(b) 若 I_1 如圖 3.37(b) 的 M_2 來實現，找出讓 M_2 維持在飽和區的最小 $(W/L)_2$ 值。

解 (a) 因為 M_1 的臨界電壓和 V_{out} 有關，我們進行簡單的遞迴計算。注意

$$(V_{in} - V_{TH} - V_{out})^2 = \frac{2I_D}{\mu_n C_{ox} \left(\dfrac{W}{L}\right)_1} \tag{3.87}$$

我們先假設 $V_{TH} \approx 0.6$ V，能得出 $V_{out} = 0.153$ V。接著計算一新 V_{TH} 值為

$$V_{TH} = V_{TH0} + \gamma(\sqrt{2\Phi_F + V_{SB}} - \sqrt{2\Phi_F}) \tag{3.88}$$

$$= 0.635 \text{ V} \tag{3.89}$$

這顯示 V_{out} 比上述計算值少 35 mV，亦即 $V_{out} \approx 0.118$ V。

(b) 因為 M_2 的汲極源極電壓 0.118 V，元件只會在 $(V_{GS} - V_{TH})_2 \leq 0.118$ V 情況下飽和。當 $I_D = 200\ \mu A$，則 $(W/L)_2 \geq 287/0.5$。注意汲極界面和重疊電容將 M_2 至輸出節點。

範例 3.13

若 I_1 為理想狀態且 $\lambda = \gamma = 0$，直觀解釋為何圖 3.37(a) 中的源極隨偶器增益等於 1。

解 在此例子中，M_1 的汲極電流是常數，所以 V_{GS1} 也是常數。因為 $V_{out} = V_{in} - V_{GS1}$，我們觀察到 V_{in} 的改變必須等效地出現在 V_{out}，取而代之地，如圖 3.38 所示，我們可以說小信號汲極電流無法流過任何路徑，所以必須要等於 0，會得到 $V_1 = 0$ 以及 $V_{out} = V_{in}$。

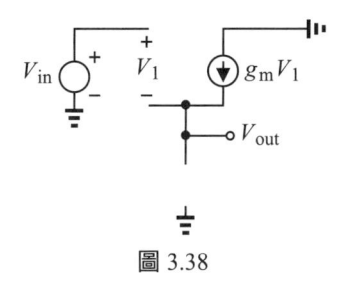

圖 3.38

我們為了要更瞭解源極隨偶器，接著計算圖 3.39(a) 中電路的小信號輸出阻抗並注意 $V_X = -V_{bs}$，能以下列方式表示

$$I_X - g_m V_X - g_{mb} V_X = 0 \tag{3.90}$$

能呈現

$$R_{out} = \frac{1}{g_m + g_{mb}} \tag{3.91}$$

此結果並不令人意外。圖 3.39(b) 的電路與圖 3.11(b) 的電路相似。有趣的是，基體效應降低源極隨偶器的輸出電阻。為瞭解此原因，假設在圖 3.39(c) 中，V_x 減少 ΔV，而汲極電流會增加。另一方面，考慮基體效應時，元件的臨界電壓也會降低。因此，在 $(V_{GS} - V_{TH})^2$ 中，第一項會增加、第二項則會減少，導致汲極電流變化較大、輸出阻抗較低。

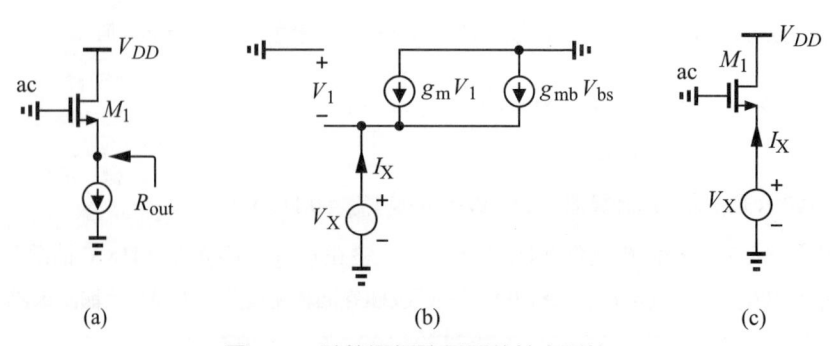

圖 3.39　計算源極隨偶器的輸出阻抗

此現象也可用圖 3.40(a) 的小信號模型來瞭解。電流源的大小 $g_{mb}V_{bs} = g_{mb}V_X$ 正比於其跨壓（因為電流源和電壓源並聯），此特性就是等於 $1/g_{mb}$ 的電阻，能得到如圖 3.40(b) 的小信號模型。等效電阻和輸出並聯，故降低總輸出電阻。因為若無 $1/g_{mb}$ 時，輸出電阻等於 $1/g_m$，我們能推論出

$$R_{out} = \frac{1}{g_m} \parallel \frac{1}{g_{mb}} \tag{3.92}$$

$$= \frac{1}{g_m + g_{mb}} \tag{3.93}$$

以一電阻建立只對源極隨偶器有效的 g_{mb} 效應模型，也有助解釋 (3.86) 顯示對 $R_S = \infty$ 來說，其電壓增益小於一。如圖 3.41 的戴維尼等效電路所示。

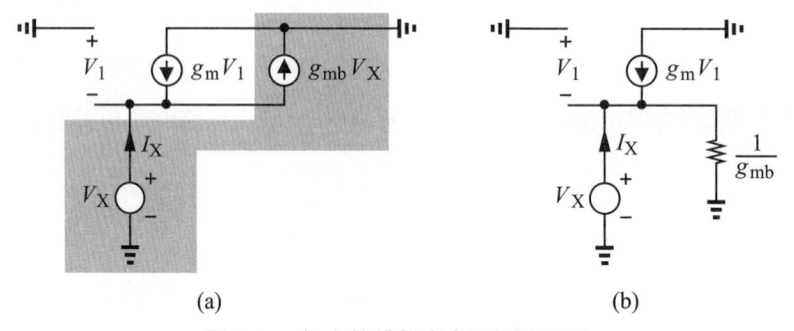

圖 3.40　包含基體效應之源極隨偶器

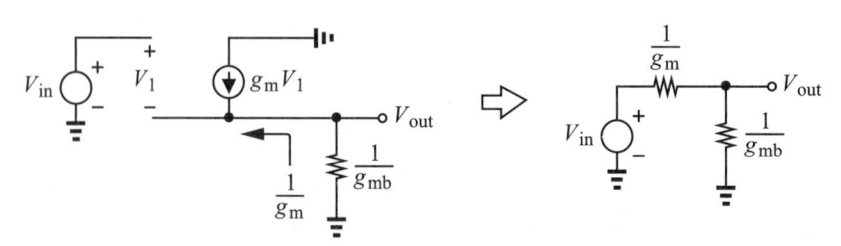

圖 3.41　以戴維尼等效電路表示內在源極隨偶器

第 3 章　單級放大器　　77

$$A_v = \frac{\dfrac{1}{g_{mb}}}{\dfrac{1}{g_m} + \dfrac{1}{g_{mb}}} \tag{3.94}$$

$$= \frac{g_m}{g_m + g_{mb}} \tag{3.95}$$

我們為了完整起見，也在 M_1 和 M_2 之有限通道長度調變效應下討論圖 3.42(a)。注意 $1/g_{mb}$、r_{O1}、r_{O2} 和 R_L 並聯，我們能簡化電路至如 3.42(c) 所示，其中 $R_{eq} = (1/g_{mb})\|r_{O1}\|r_{O2}\|R_L$，並得到

$$A_v = \frac{R_{eq}}{R_{eq} + \dfrac{1}{g_m}} \tag{3.96}$$

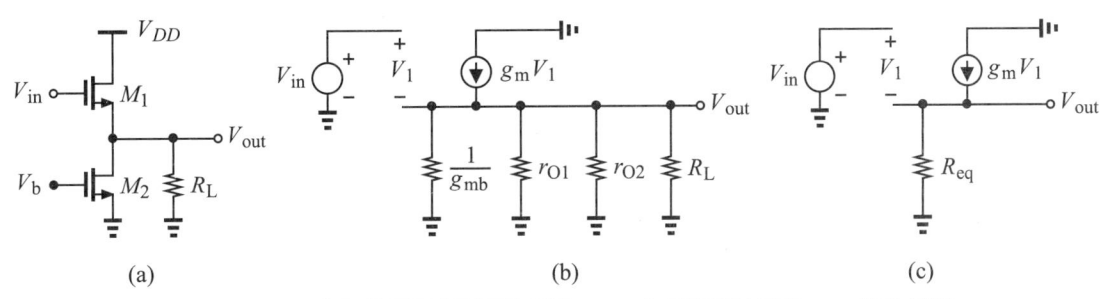

圖 3.42　(a) 驅動負載電阻之源極隨偶器；(b) 小信號等效電路；(c) 簡化模型

範例 3.14

計算圖 3.43 中電路的電壓增益。

解　從 M_2 源極看的阻抗（二極體元件）等於 $[1/(g_{m2} + g_{mb2})]\|r_{O2}$。阻抗和 $1/g_{mb1}$ 及 r_{O1} 並聯。因此，

$$A_v = \frac{\dfrac{1}{g_{m2} + g_{mb2}}\|r_{O2}\|r_{O1}\|\dfrac{1}{g_{mb1}}}{\dfrac{1}{g_{m2} + g_{mb2}}\|r_{O2}\|r_{O1}\|\dfrac{1}{g_{mb1}} + \dfrac{1}{g_{m1}}} \tag{3.97}$$

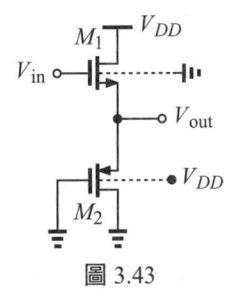

圖 3.43

源極隨偶器顯示了一高輸入阻抗和一低輸出阻抗，但會有兩個缺點：非線性特性及電壓餘裕的限制。接著仔細討論這兩個問題。

和圖 3.34(a) 有關，若源極隨偶器受理想電流源影響而產生偏壓時，由於 V_{TH} 對源極電壓之非線性相關性，而讓其輸入－輸出特性呈現出非線性。電晶體的 r_O 在次微米製程技術中隨 V_{DS} 改變，故造成電路之小信號增益多餘的變化（第 14 章）。基於此原因，一般的源極隨偶器會產生顯著的非線性現象。

若基板和源極相連時，基體效應所造成的非線性可消除。這通常只在 PFET 中才有可能實現，因為所有 NFET 的基板相同。圖 3.44 顯示了 PMOS 源極隨偶器運用兩個分離的 n 型井來消除 M_1 的基體效應。但 PFET 較低的移動率產生比 NMOS 更高的輸出阻抗。

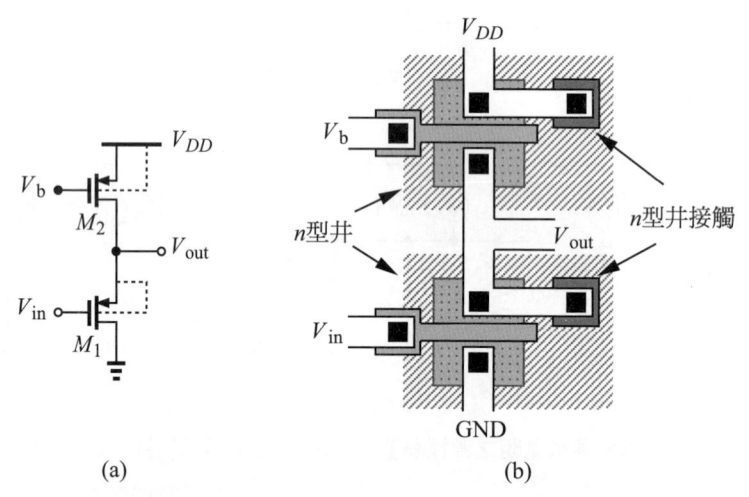

圖 3.44　(a) 沒有基體效應的 PMOS 源極隨偶器；(b) 相對應顯示分離 n 型井的格局

源極隨偶器也會將信號的直流準位偏移 V_{GS}，因此消耗電壓餘裕並限制電壓振幅。為瞭解這點，考慮圖 3.45 的範例中共源極組態和源極隨偶器的疊加組態。若無源極隨偶器時，V_X 的最小允許值為 $V_{GS1} - V_{TH1}$（M_1 位於飽和區）。另一方面，若考慮源極隨偶器時，V_X 須大於 $V_{GS2} + (V_{GS3} - V_{TH3})$、讓 M_3 為飽和。為比較 M_1 和 M_3 的過趨電壓，這意味節點 X 的容許振幅將顯著減少了 V_{GS2}。

當負載阻抗相當低時，比較源極隨偶器和共源極組態的增益也是非常有用的。實際例子為高頻狀態時驅動外在 50-Ω 的元件。

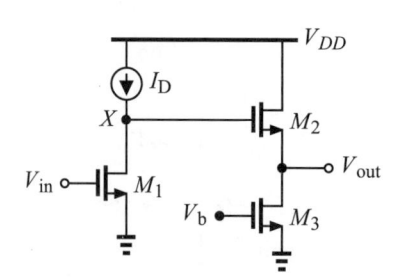

圖 3.45　源極隨偶器和共源極組態之疊加組態

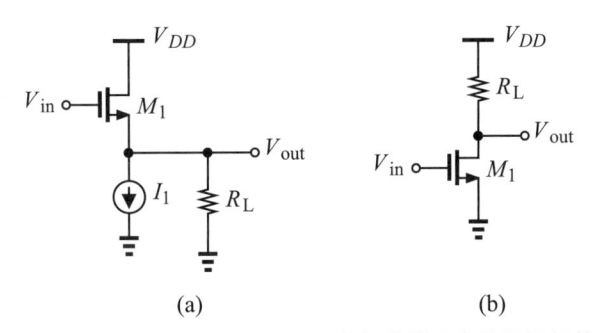

圖 3.46　(a) 源極隨偶器；(b) 驅動負載電阻之共源極組態

如圖 3.46(a) 所示，負載可被源極隨偶器驅動，且整體電壓增益為

$$\frac{V_{out}}{V_{in}}\Big|_{SF} \approx \frac{R_L}{R_L + 1/g_{m1}} \tag{3.98}$$

$$\approx \frac{g_{m1}R_L}{1 + g_{m1}R_L} \tag{3.99}$$

另一方面，圖 3.46(b) 中的負載能納入共源極組態的一部分，其增益為

$$\frac{V_{out}}{V_{in}}\Big|_{CS} \approx -g_{m1}R_L \tag{3.100}$$

兩者間最關鍵的差異為在已知的偏壓電流下，可達到之電壓增益值不同。例如，若 $1/g_{m1} \approx R_L$，則源極隨偶器顯示增益最多為 0.5，而共源極組態提供了接近一的增益。因此，源極隨偶器不是有效率的驅動電路。

源極隨偶器的缺點為基體效應產生的非線性、位準偏移所造成的電壓餘裕消耗，而限制組態的應用。源極隨偶器的應用即為接著範例會呈現的電壓位準偏移。

範例 3.15

(a) 圖 3.47(a) 的電路中，若 C_1 為頻率範圍內的交流短路，計算其電壓增益。讓 M_1 維持飽和狀態的最大直流輸入信號為何？

(b) 讓輸入直流位準趨近於 V_{DD}，修正的電路如圖 3.47(b)。為確保 M_1 維持飽和狀態，M_2 和 M_3 的閘極源極電壓的關係為何？

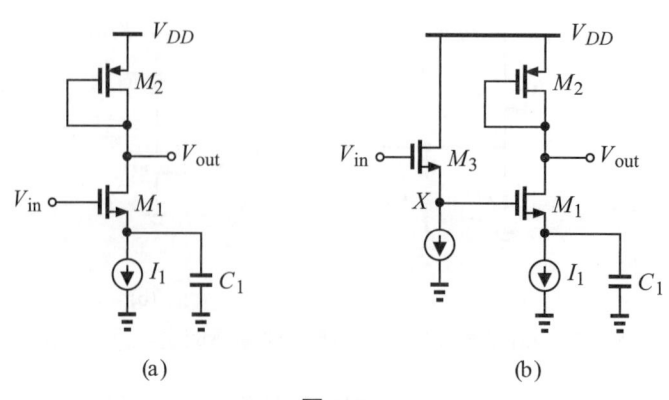

圖 3.47

解 (a) M_1 的源極是交流接地，增益可以下列方式表示

$$A_v = -g_{m1}[r_{O1} \| r_{O2} \| (1/g_{m2})] \quad (3.101)$$

因為 $V_{out} = V_{DD} - |V_{GS2}|$，$V_{in}$ 最大可容許的直流位準等於 $V_{DD} - |V_{GS2}| + V_{TH1}$。

(b) 若 $V_{in} = V_{DD}$，則 $V_X = V_{DD} - V_{GS3}$。當 $V_{in} = V_{DD}$，讓 M_1 在飽和區，我們須讓 $V_{DD} - V_{GS3} - V_{TH1} \leq V_{DD} - |V_{GS2}|$，因此 $V_{GS3} + V_{TH1} \geq |V_{GS2}|$。

第 7 章會進一步解釋，源極隨偶器會產生雜訊。基於此理由，圖 3.47(b) 的電路不適用於低雜訊的應用。

3.5 共閘極組態

在共源極放大器和源極隨偶器中，將輸入信號加至 MOSFET 的閘極，也容許信號加至源極。如圖 3.48(a) 所示，**共閘極**（common-gate, CG）組態在源極偵測一輸入信號且在汲極產生輸出信號。閘極連接至一直流電壓以建立適當操作情況。注意 M_1 流經輸入信號源的偏壓電流。另外如圖 3.48(b) 所示，M_1 也許會受固定電流源產生偏壓，將信號以電容耦合至電路中。

首先我們來看圖 3.48(a) 電路的大信號特性。為求簡化，假設 V_{in} 由一個很大的正值開始下降，且 $\lambda = 0$。當 $V_{in} \geq V_b - V_{TH}$，M_1 關閉且 $V_{out} = V_{DD}$，對較低的 V_{in} 來說，能以下方式呈現

$$I_D = \frac{1}{2}\mu_n C_{ox} \frac{W}{L}(V_b - V_{in} - V_{TH})^2 \quad (3.102)$$

若 M_1 在飽和區，當 V_{in} 減少，V_{out} 也會減少，最後會讓 M_1 進入三極管區，若

$$V_{DD} - \frac{1}{2}\mu_n C_{ox} \frac{W}{L}(V_b - V_{in} - V_{TH})^2 R_D = V_b - V_{TH} \quad (3.103)$$

圖 3.48　(a) 在輸入端直接耦合的共閘極組態；(b) 在輸入端以電容耦合的共閘極組態

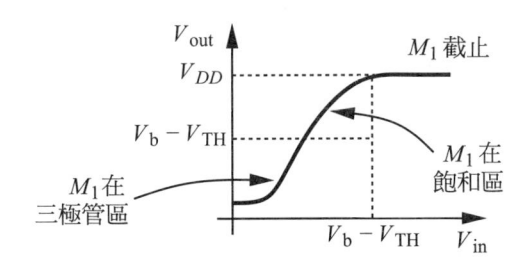

圖 3.49　共閘極組態之輸入－輸出特性

其輸入－輸出特性如圖 3.49 所示，當 V_{in} 減少，M_1 會進入三極管區。若 M_1 飽和時，能將輸出電壓表示成

$$V_{out} = V_{DD} - \frac{1}{2}\mu_n C_{ox} \frac{W}{L}(V_b - V_{in} - V_{TH})^2 R_D \tag{3.104}$$

得到小信號增益

$$\frac{\partial V_{out}}{\partial V_{in}} = -\mu_n C_{ox} \frac{W}{L}(V_b - V_{in} - V_{TH})\left(-1 - \frac{\partial V_{TH}}{\partial V_{in}}\right) R_D \tag{3.105}$$

因為 $\partial V_{TH}/\partial V_{in} = \partial V_{TH}/\partial V_{SB} = \eta$，可得到

$$\frac{\partial V_{out}}{\partial V_{in}} = \mu_n C_{ox} \frac{W}{L} R_D (V_b - V_{in} - V_{TH})(1 + \eta) \tag{3.106}$$

$$= g_m(1 + \eta) R_D \tag{3.107}$$

注意增益是正值。很有趣地，基體效應增加了組態的等效轉導。

對於已知的偏壓電流和電源電壓（亦即，已知功率消耗預算），我們要如何最大化共閘極組態的增益？我們可藉由加寬輸入原件來增加 g_m，來達到次臨界導通的操作 [$g_m \approx I_D/(\xi V_T)$]（為什麼？）或可以增加 R_D 且必然會在 R_D 上有直流壓降。我們須謹記在心，圖 3.48(b) 中 V_{out} 最小容許的位準等於 $V_{GS} - V_{TH} + V_{I1}$，其中 V_{I1} 是指 I_1 所需要的最小電壓。

範例 3.16

(a) 圖 3.48(a) 中的 M_1 是否有可能在 V_{in} 從 0 到 V_{DD} 的範圍內,保持在飽和區?

(b) M_1 是否有可能在 V_{in} 從 0 到 V_{DD} 的範圍內,都保持在三極管區?

解 (a) 是有可能。為保證,我們選取 $V_{DD} - R_D I_D > V_b - V_{TH}$,其中 I_D 是指當 $V_{in} = 0$ 時的汲極電流。

(b) 是有可能,若 $V_b > V_{DD} + V_{TH}$,當 $V_{in} = V_{DD} - V_{TH}$,M_1 會在三極管區邊界導通,且 V_{in} 下降時,更深入移動。當然,選取這樣的 V_b 既不實際也不需要。

電路的輸入阻抗也很重要,我們注意到對 $\lambda = 0$ 時,圖 3.48(a) 中的 M_1 源極所視之阻抗和圖 3.39 之 M_1 相同,皆為 $1/(g_m + g_{mb}) = 1/[g_m(1 + \eta)]$。因此,基體效應減少共閘極組態之輸入阻抗。而共閘極組態之低輸入阻抗在許多應用中被證實為非常有用。

範例 3.17

在圖 3.50 中,電晶體 M_1 偵測到 ΔV 並傳送一等比例電流至一 50-Ω 傳輸線。傳輸線的另一端連接一 50-Ω 電阻如圖 3.50(a),與一共閘極組態如圖 3.50(b)。假設 $\lambda = \gamma = 0$。

(a) 計算 V_{out}/V_{in} 在低頻時的兩種情況。

(b) 將節點 X 的波反射最小化之必要條件為何?

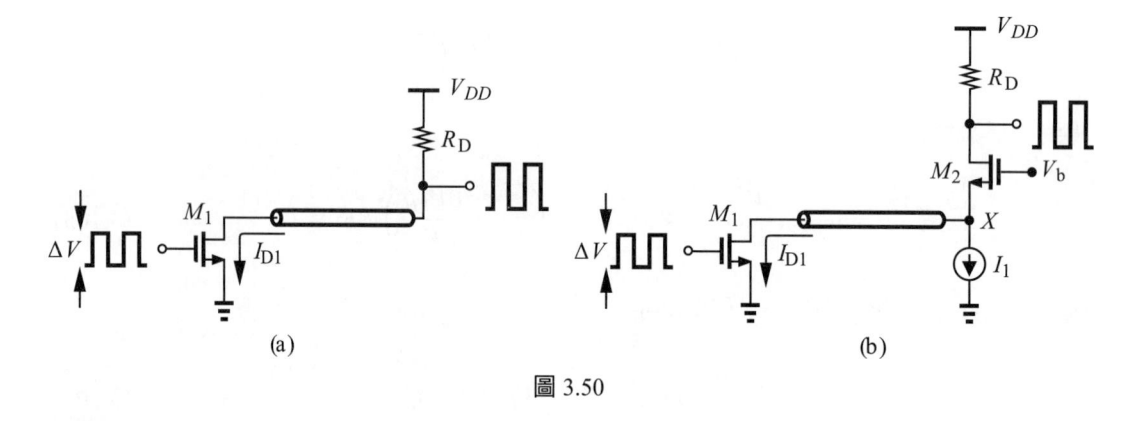

圖 3.50

解 (a) 當小信號加至 M_1 之閘極時,汲極電流會產生 $g_{m1} \Delta V_{X1}$ 變化。此電流由圖 3.50 (a) 的 R_D 和圖 3.50 (b) 的 M_2 流出,產生一輸出電壓振幅為 $-g_{m1} \Delta V_X R_D$。因此對兩種情形而言,$A_v = -g_{m1} R_D$。

(b) 為了最小化節點 X 的反射,M_2 源極所示的電阻須等於 50 Ω 且其電抗須小。因此,$1/(g_m + g_{mb}) = 50$ Ω,可適當控制元件大小和 M_2 之偏壓來確保此條件成立。為了將電晶體電容最小化,用一大偏壓電流的小元件是可取的方法(回想一下 $g_m = \sqrt{2\mu_n C_{ox}(W/L) I_D}$)。除了功率消耗較高外,此方法對 M_2 來說也需要較大之 V_{GS}。

此範例的關鍵為，兩者的整體電壓增益皆為 $-g_{m1}R_D$。若圖 3.50(b) 的節點 X 沒有反射時，R_D 值可能大於 50 Ω。因此，一共閘極電路能提供比圖 3.50(a) 較高的電壓增益。

現在以更一般情況來研究共閘極組態，並考慮電晶體的輸出阻抗與信號源的阻抗。如圖 3.51(a) 所示，電路可利用圖 3.51(b) 的等效電路來分析，注意流經 R_S 的電流等於 $-V_{out}/R_D$，我們能得到：

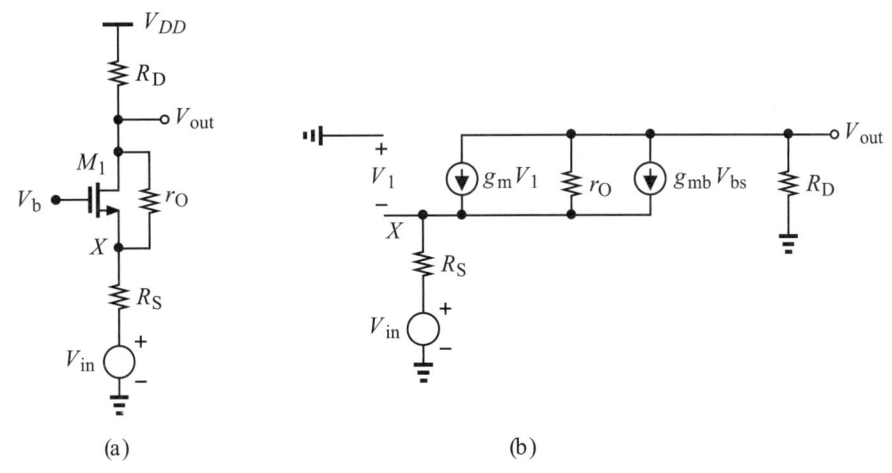

圖 3.51　(a) 具有有限輸出阻抗的共閘極組態；(b) 小信號等效電路

$$V_1 - \frac{V_{out}}{R_D}R_S + V_{in} = 0 \tag{3.108}$$

此外，因為流經 r_O 的電流等於 $-V_{out}/R_D - g_m V_1 - g_{mb} V_1$，可以得到

$$r_O\left(\frac{-V_{out}}{R_D} - g_m V_1 - g_{mb} V_1\right) - \frac{V_{out}}{R_D}R_S + V_{in} = V_{out} \tag{3.109}$$

利用 (3.108)、(3.109) 將 V_1 取代，可簡化為

$$r_O\left[\frac{-V_{out}}{R_D} - (g_m + g_{mb})\left(V_{out}\frac{R_S}{R_D} - V_{in}\right)\right] - \frac{V_{out}R_S}{R_D} + V_{in} = V \tag{3.110}$$

其結果為

$$\frac{V_{out}}{V_{in}} = \frac{(g_m + g_{mb})r_O + 1}{r_O + (g_m + g_{mb})r_O R_S + R_S + R_D}R_D \tag{3.111}$$

注意 (3.111) 和 (3.77) 的相似性。由於基體效應，共閘極組態的增益會較高。

範例 3.18

若 $\lambda \neq 0$ 且 $\gamma \neq 0$，計算圖 Fig. 3.52(a) 中電路的電壓增益。

解 我們首先找出 M_1 和 V_{in} 的戴維尼等效。如圖 3.52(b)，M_1 當成源極隨偶器運作，等效戴維尼電壓為

$$V_{in,eq} = \frac{r_{O1} \left\| \frac{1}{g_{mb1}} \right.}{r_{O1} \left\| \frac{1}{g_{mb1}} + \frac{1}{g_{m1}} \right.} V_{in} \tag{3.112}$$

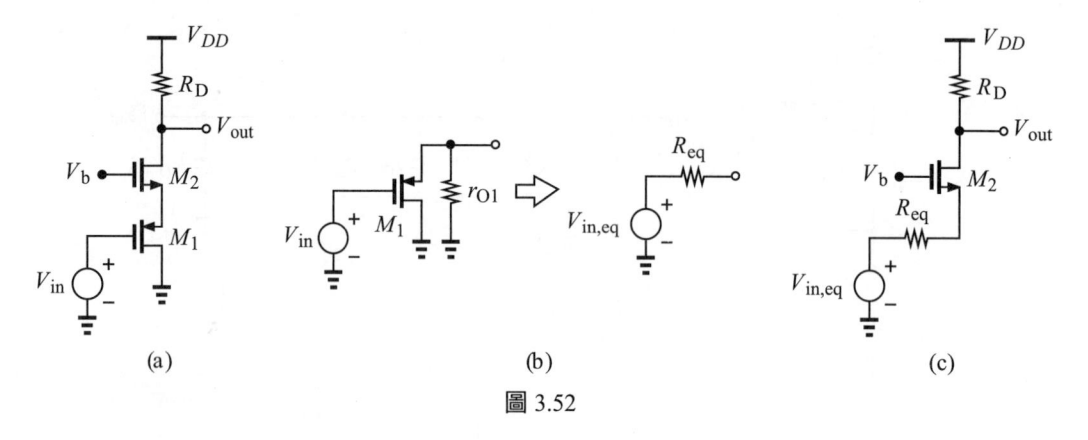

圖 3.52

其等效戴維尼電阻為

$$R_{eq} = r_{O1} \left\| \frac{1}{g_{mb1}} \right\| \frac{1}{g_{m1}} \tag{3.113}$$

重繪電路於圖 3.52(c)，我們用 (3.111) 來表示

$$\frac{V_{out}}{V_{in}} = \frac{(g_{m2} + g_{mb2})r_{O2} + 1}{r_{O2} + [1 + (g_{m2} + g_{mb2})r_{O2}]\left(r_{O1} \left\| \frac{1}{g_{mb1}} \right\| \frac{1}{g_{m1}}\right) + R_D} R_D \frac{r_{O1} \left\| \frac{1}{g_{mb1}} \right.}{r_{O1} \left\| \frac{1}{g_{mb1}} + \frac{1}{g_{m1}} \right.} \tag{3.114}$$

此範例顯示了電路能透過憑藉先前所得結果的觀察來分析，而不是盲目運用克希荷夫電壓定律（KVL）和克希荷夫電流定律（KCL）。

共閘極組態的輸入與輸出阻抗也是重點。我們為得到源極所視的阻抗〔圖 3.53(a)〕，使用圖 3.53(b) 的等效電路。因為 $V_1 = -V_X$ 且流經 r_O 的電流等於 $I_X + g_m V_1 + g_{mb} V_1 = I_X - (g_m + g_{mb})V_X$，我們將 r_O 與 R_D 的跨壓相加等於

$$R_D I_X + r_O[I_X - (g_m + g_{mb})V_X] = V_X \tag{3.115}$$

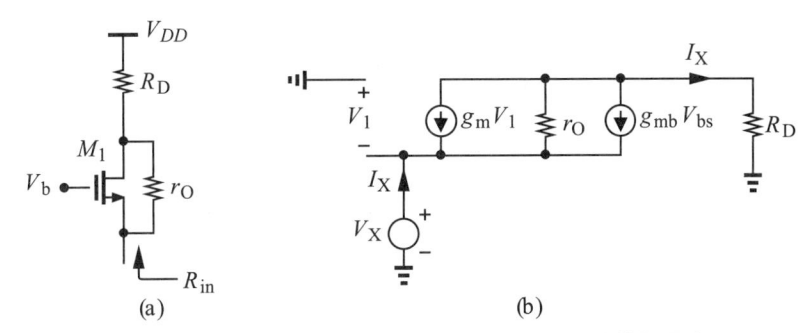

圖 3.53　(a) 共閘極組態的輸入阻抗；(b) 小信號等效電路

因此，

$$\frac{V_X}{I_X} = \frac{R_D + r_O}{1 + (g_m + g_{mb})r_O} \tag{3.116}$$

$$\approx \frac{R_D}{(g_m + g_{mb})r_O} + \frac{1}{g_m + g_{mb}} \tag{3.117}$$

若 $(g_m + g_{mb})r_O \gg 1$。此結果顯示了由源極看電路時，汲極阻抗值將除以 $(g_m + g_{mb})r_O$。此結果在短通道元件中特別重要，因為其低內在增益。(3.116) 中兩個特別情況值得研究。首先，假設 $R_D = 0$。則

$$\frac{V_X}{I_X} = \frac{r_O}{1 + (g_m + g_{mb})r_O} \tag{3.118}$$

$$= \frac{1}{\frac{1}{r_O} + g_m + g_{mb}} \tag{3.119}$$

其中由源極隨偶器源極所視的阻抗值為可預測的結果，因為若 $R_D = 0$，電路組態將和圖 3.39(a) 一樣。

第二，以理想電流源取代 R_D。(3.117) 預測輸入阻抗將趨近於無限大。令人驚訝的是，此結果可利用圖 3.54 來解釋。因為流經電晶體的總電流固定為 I_1，故源極電壓變化不會改變元件電流，因此 $I_X = 0$。換句話說，只有在連接至汲極的負載阻抗值很小時，共閘極組態的輸入阻抗才會相當低。

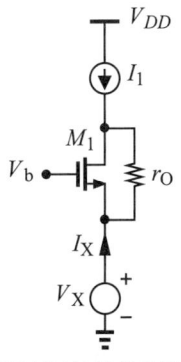

圖 3.54　使用理想電流源負載的共閘極組態之輸入阻抗

範例3.19

計算負載電流源的共閘極組態電壓增益〔圖 3.55(a)〕。

解 假設 (3.111) 的 R_D 趨近於無限大，我們得到

$$A_v = (g_m + g_{mb})r_O + 1 \tag{3.120}$$

有趣的是，增益和 R_S 無關。從先前的討論來看，我們發現若 $R_D \to \infty$，由 M_1 源極所視的阻抗亦會趨近於無限大，而結點 X 的小信號電壓為 V_{in}。因此我們可簡化電路如圖 3.55(b) 所示，即容易得到 (3.120) 的結果。

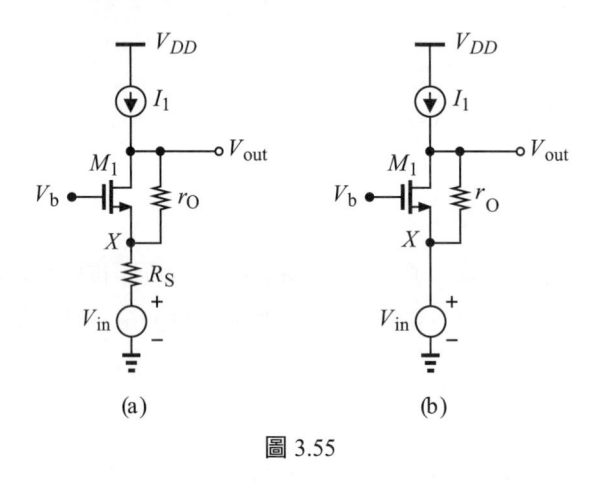

圖 3.55

我們分析衰減共源極組態及共閘極組態能提供有趣的觀察。如圖 3.56，我們大致上把電晶體將其源極電阻往上傳送及將其汲極電阻往下傳送（從適當點看入時）。

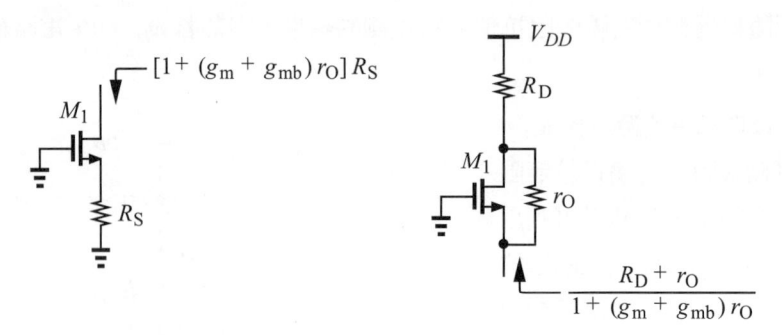

圖 3.56　藉由 MOSFET 的阻抗轉換

我們為了要計算共閘極輸出電阻，而利用圖 3.57 中的電路。我們注意到結果類似圖 3.29 中的結果，因此

$$R_{out} = \{[1 + (g_m + g_{mb})r_O]R_S + r_O\}\|R_D \tag{3.121}$$

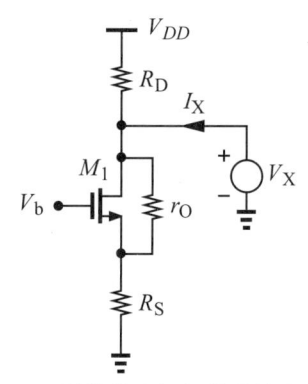

图 3.57 計算共閘極組態的輸出阻抗

範例 3.20

如範例 3.17 所示，共閘極組態的輸入信號可能為一電流而非電壓信號。如圖 3.58 所示，計算 V_{out}/I_{in} 和電路的輸出阻抗，若輸入電流源顯示其輸出電阻值為 R_P。

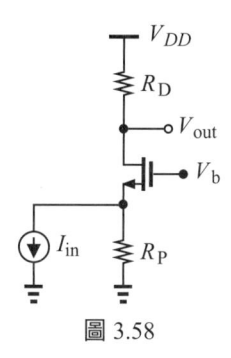

圖 3.58

解 我們為求出 V_{out}/I_{in}，利用戴維尼等效置換 I_{in} 和 R_P 並利用 (3.111) 表示

$$\frac{V_{out}}{I_{in}} = \frac{(g_m + g_{mb})r_O + 1}{r_O + (g_m + g_{mb})r_O R_P + R_P + R_D} R_D R_P \tag{3.122}$$

輸出阻抗僅等於

$$R_{out} = \{[1 + (g_m + g_{mb})r_O]R_P + r_O\} \| R_D \tag{3.123}$$

3.6 疊接組態

如範例 3.17 所提到的，一共閘極組態之輸入信號可能為電流信號。我們也知道在一共源極組態的電晶體會將電壓信號轉換為電流信號。將一共源及組態和一共閘極組態疊

加即為**疊接**（cascode）[4]組態，提供許多有用的特性。圖 3.59 顯示基本結構：M_1 產生與 V_{in} 成比例的小信號汲極電流，而 M_2 僅將此電流導入 R_D。我們稱 M_1 為輸入元件而 M_2 為疊接元件。注意在此範例中，M_1 和 M_2 的偏壓與信號電流相等。本節在描述此電路的特性時，許多疊接組態比簡單共源極組態的好處更為明顯。此電路也稱為**伸縮疊接**。

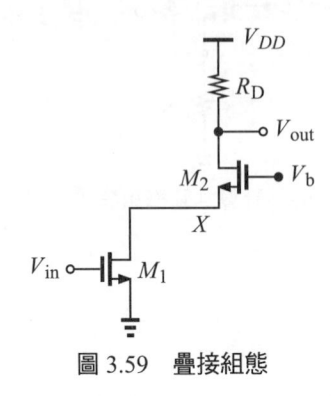

圖 3.59　疊接組態

在深入研究之前，對電路做定性探討是有建設性的。我們希望知道若 V_{in} 或 V_b 微幅改變時，會發生什麼事。假設兩個電晶體都在飽和區運作，且 $\lambda = \gamma = 0$。若 V_{in} 上升一個 ΔV，則 I_{D1} 會增加一個 $g_{m1}\Delta V$。此改變電流流經 X 點所看到阻抗的量，亦即 M_2 源極看到的阻抗等於 $1/g_{m2}$。因此，V_X 下降一個 $g_{m1}\Delta V \cdot (1/g_{m2})$ 的值〔圖 3.60(a)〕。正如簡單共源極組態，I_{D1} 的改變也會流經 R_D，在 V_{out} 產生一個 $g_{m1}\Delta V R_D$ 的壓降。

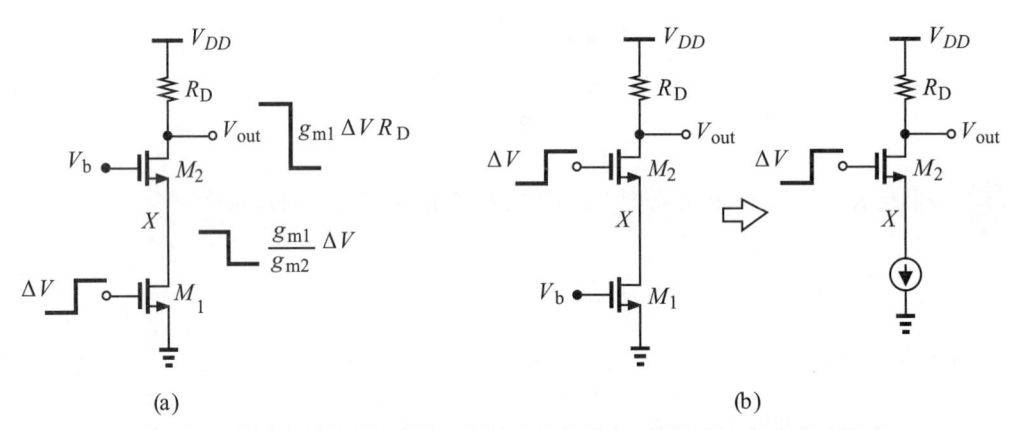

(a)　　　　　　　　　(b)

圖 3.60　疊接組態偵測一個在 (a) 輸入元件及 (b) 疊接元件之閘極的信號

現在，考慮固定 V_{in} 且 V_b 增加一個 ΔV。因為 V_{GS1} 是常數且 $r_{O1} = \infty$，我們簡化圖 3.60(b) 的電路圖。V_X 和 V_{out} 會如何改變？目前為止考慮點 X，因為 M_2 為源極隨偶器，偵測到閘極輸入 ΔV，且在 X 點產生輸入。使用 $\lambda = \gamma = 0$，無論 R_D 值為多少，隨偶器的小信號電壓增益等於 1（為什麼？），因此 V_X 提高了一個 ΔV 的值。另一方面，因為 I_{D2} 等於 I_{D1}，所以 V_{out} 並不會改變，因此保持常數。而此例子中，V_b 到 V_{out} 的電壓增益是零。

---

4 疊接為「疊加三極管」可能是真空管時代所發明的同義字。

接著來看疊接組態的偏壓條件，仍然假設 $\lambda = \gamma = 0$。因為 M_1 於飽和區運作，我們必須讓 $V_X \geq V_{in} - V_{TH1}$，若 M_1 和 M_2 兩者都在飽和區，M_2 為源極隨偶器且 V_X 是由 V_b: $V_X = V_b - V_{GS2}$ 所決定。因此 $V_b - V_{GS2} \geq V_{in} - V_{TH1}$，故 $V_b > V_{in} + V_{GS2} - V_{TH1}$（圖 3.61）。因為 M_2 於飽和區運作，$V_{out} \geq V_b - V_{TH2}$；也就是

$$V_{out} \geq V_{in} - V_{TH1} + V_{GS2} - V_{TH2} \tag{3.124}$$

$$= (V_{GS1} - V_{TH1}) + (V_{GS2} - V_{TH2}) \tag{3.125}$$

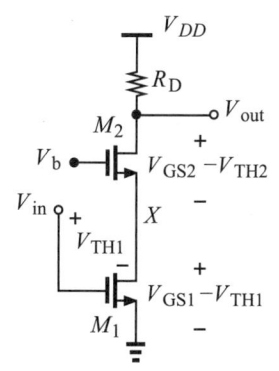

圖 3.61　在疊接組態中容許的電壓

若選定 V_b 值讓 M_1 位於飽和區的邊界。最後，讓兩個電晶體於飽和區運作的最小輸出位準等於 M_1 和 M_2 之過趨電壓和。換句話說，把 M_2 加至電路會讓輸出電壓振幅減少 M_2 的過趨電壓，也就是將 M_2「堆積」在 M_1 上端。

我們現在分析圖 3.59 的疊接組態之大信號特性，其 V_{in} 由零變至 V_{DD}。當 $V_{in} \leq V_{TH1}$ 時，M_1 和 M_2 關閉，$V_{out} = V_{DD}$，且 $V_X \approx V_b - V_{TH2}$（若忽略次臨界傳導）（圖 3.62）。當 V_{in} 超過 V_{TH1}，M_1 開始吸引電流且 V_{out} 下降。因為 I_{D2} 增加，V_{GS2} 也須增加，而讓 V_X 下降。當 V_{in} 夠大時，會產生兩個效應：(1) V_X 比 V_{in} 少 V_{TH1}，強迫 M_1 進入三極管區；(2) V_{out} 比 V_b 少 V_{TH2}，驅動 M_2 進入三極管區。根據元件尺寸大小、R_D 和 V_b 值，一個效應也許比另一效應還早發生。例如，若 V_b 相當低時，M_1 也許會先進入三極管區。注意若 M_2 進入深三極管區時，V_X 和 V_{out} 會幾乎相同。

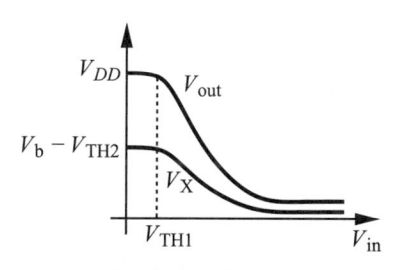

圖 3.62　疊接組態的輸入－輸出特性

接著考慮疊接組態之小信號特性，假定兩個電晶體於飽和區內運作。若 $\lambda = 0$，電壓增益將和共源極組態相同，因為由輸入元件所產生之汲極電流須流經疊接元件。如圖 3.63 的等效電路所示，此結果和 M_2 之轉導與基體效應無關。這也可以用 $A_v = -G_m R_{out}$ 來驗證。

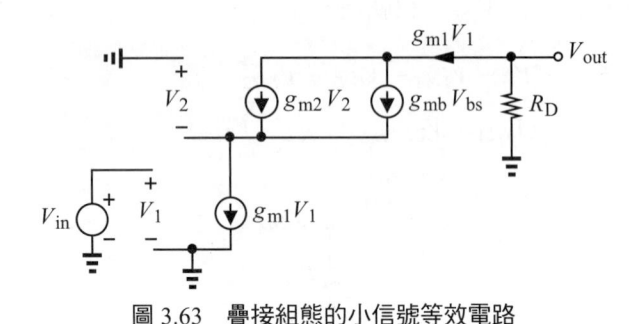

圖 3.63　疊接組態的小信號等效電路

範例 3.21

計算圖 3.64 中的電路之電壓增益，若 $\lambda = 0$。

解　M_1 汲極的小信號電流，$g_{m1}V_{in}$，分別流經 R_P 和 M_2 源極的阻抗 $1/(g_{m2} + g_{mb2})$。因此，流經 M_2 的電流為

$$I_{D2} = g_{m1}V_{in}\frac{(g_{m2} + g_{mb2})R_P}{1 + (g_{m2} + g_{mb2})R_P} \tag{3.126}$$

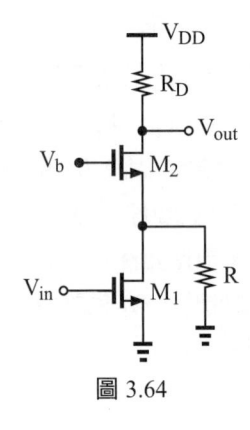

圖 3.64

電壓增益因此為

$$A_v = -\frac{g_{m1}(g_{m2} + g_{mb2})R_P R_D}{1 + (g_{m2} + g_{mb2})R_P} \tag{3.127}$$

輸出阻抗

疊接組態的一個重要特性為其高輸出阻抗。如圖 3.65 所示，為計算 R_{out}，電路可視為一共源極組態負載一退化電阻 r_{O1}，因此，由 (3.66)，

$$R_{out} = [1 + (g_{m2} + g_{mb2})r_{O2}]r_{O1} + r_{O2} \qquad (3.128)$$

假設 $g_m r_O \gg 1$，我們能得到 $R_{out} \approx (g_{m2} + g_{mb2})r_{O2}r_{O1}$，也就是說，$M_2$ 提高 M_1 阻抗 $(g_{m2} + g_{mb2})r_{O2}$ 倍。如圖 3.66 所示，疊接可延伸至三個或更多堆疊元件以達到更高的輸出阻抗，但需要多餘的電壓餘裕使此組態變得較無吸引力。舉例來說，三疊接組態之最小輸出電壓等於三個過趨電壓和。

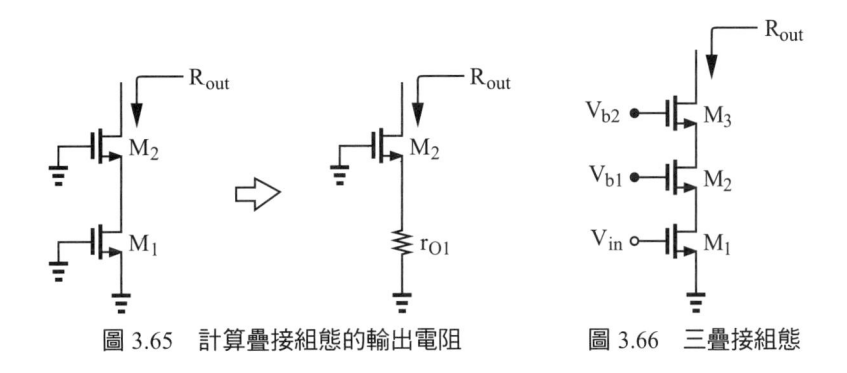

圖 3.65　計算疊接組態的輸出電阻　　圖 3.66　三疊接組態

奈米設計筆記

在有限的電壓餘裕，奈米疊接電流源特性只會稍微好於單一電晶體，圖中顯示了 NMOS 電流源在疊接前後的 I-V 特性曲線（分別是灰色和黑色曲線）。在此兩個元件都是 $W/L = 5\ \mu m/40\ nm$。我們觀察到，當 $V_X < 0.2$ V，疊接架構只有稍微高一些的輸出阻抗。

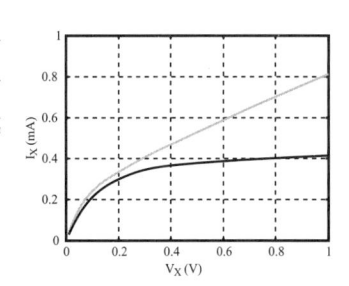

為利用高輸出阻抗，我們回頭看一下 3.3.3 節的輔助定理中，電壓增益可寫為 $-G_m R_{out}$。因為 G_m 是由電晶體的轉導而得，亦即圖 3.59 中的 M_1，故將與偏壓電流和元件電容互相牽制，藉由將 R_{out} 最大化以增加電壓增益是很理想的。故圖 3.67 所示為一實例，如果 M_1 和 M_2 都於飽和區中運作，則 $G_m \approx g_{m1}$ 且 $R_{out} \approx (g_{m2} + g_{mb2})r_{O2}r_{O1}$，使得 $A_v = (g_{m2} + g_{mb2})r_{O2}g_{m1}r_{O1}$。因此，最大電壓增益約等於電晶體內在增益的平方。

範例 3.22

計算圖 3.67 中精確的電壓增益。

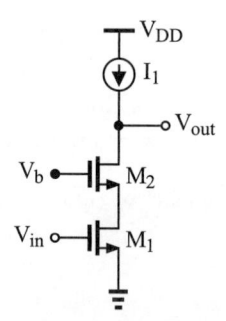

圖 3.67 有電流源負載的疊接組態

解 該組態的真實 G_m 值略小於 g_{m1}，因為 M_1 所產生之一部分小信號電流與 r_{O1} 並聯接地。如圖 3.68(a) 所示，我們將輸出點短路到交流接地且找出由 M_2 源極看入的阻抗等於 $[1/(g_{m2} + g_{mb2})] \| r_{O2}$，因此

$$I_{out} = g_{m1} V_{in} \frac{r_{O1}}{r_{O1} + \dfrac{1}{g_{m2} + g_{mb2}} \left\| r_{O2} \right.} \tag{3.129}$$

整體轉導值為

$$G_m = \frac{g_{m1} r_{O1} [r_{O2}(g_{m2} + g_{mb2}) + 1]}{r_{O1} r_{O2}(g_{m2} + g_{mb2}) + r_{O1} + r_{O2}} \tag{3.130}$$

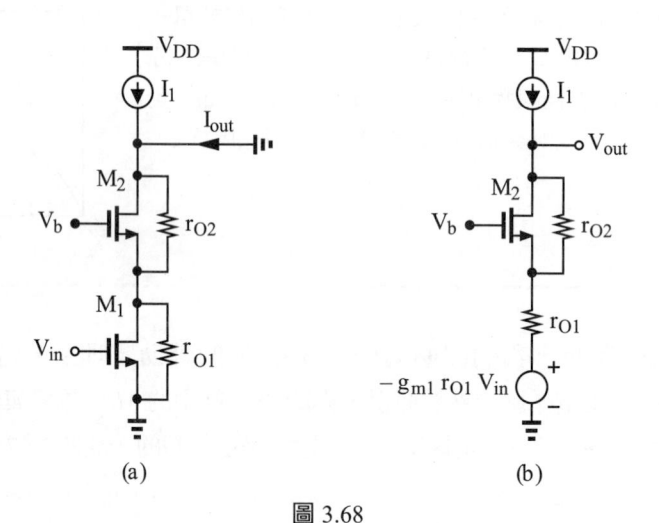

圖 3.68

因此電壓增益則為

$$|A_v| = G_m R_{out} \tag{3.131}$$

$$= g_{m1} r_{O1} [(g_{m2} + g_{mb2}) r_{O2} + 1] \tag{3.132}$$

如果我們假設 $G_m \approx g_{m1}$，則 $|A_v| \approx g_{m1}\{[1 + (g_{m2} + g_{mb2}) r_{O2}] r_{O1} + r_{O2}\}$。

另一個計算電壓增益的方法是利用戴維尼等效電路取代 V_{in} 和 M_1，簡化電路為一共閘極組態。如圖 3.68(b) 所示，此法和 (3.111) 一起是用，會得到與 (3.132) 相同的結果。

在已知偏壓電流的情況下（圖 3.69），比較「因疊接造成輸出抗阻的增加」與「增加輸入電晶體的長度」也非常有趣。舉例來說，假設共源極組態之輸入電晶體長度放大四倍而其寬度維持不變時，因為 $I_D = (1/2)\mu_n C_{ox}(W/L)(V_{GS}-V_{TH})^2$，故過趨電壓加倍而電晶體仍和疊接組態消耗相同的電壓餘裕。那就是說，圖 3.69(b) 與 3.69(c) 都會碰到相同的電壓振幅限制。

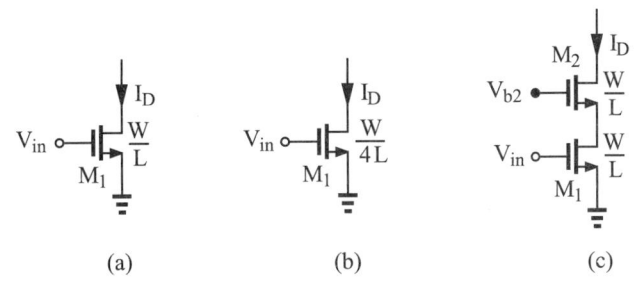

圖 3.69　藉由增加元件長度或是疊接來增加輸出阻抗

現在考慮每個例子中能達到的輸出阻抗，因為

$$g_m r_O = \sqrt{2\mu_n C_{ox}\frac{W}{L}I_D}\frac{1}{\lambda I_D} \tag{3.133}$$

且 $\lambda \propto 1/L$，將 L 放大四倍會使得 $g_m r_O$ 加倍，而疊接使其輸出阻抗約為 $g_m r_O^2$。注意圖 3.69(b) 中 M_1 的轉導為圖 3.69(c) 中的一半，會減損表現。換句話說，在已知電壓餘裕中，疊接組態提供較高的輸出阻抗。

疊接組態不需要像放大器一樣運作，而另一個普遍的應用為固定電流源。高輸出阻抗使其接近理想電流源，但要犧牲電壓餘裕。舉例來說，圖 3.67 的電流源 I_1 可利用一 PMOS 疊接來執行（圖 3.70），其阻抗值為 $[1 + (g_{m3} + g_{mb3})r_{O3}]r_{O4} + r_{O3}$。

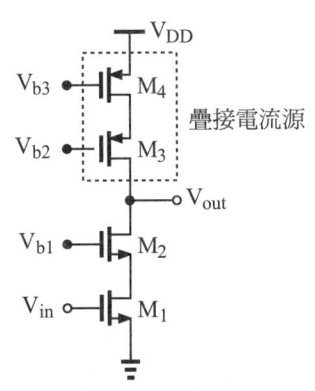

圖 3.70　PMOS 疊接負載的 NMOS 疊接放大器

我們藉助圖 3.32 中的輔助定理來計算電壓增益。在寫出 $G_m \approx g_{m1}$ 後，我們注意到 R_{out} 現在等於 NMOS 疊接輸出阻抗與 PMOS 疊接輸出阻抗的並聯。

$$R_{out} = \{[1 + (g_{m2} + g_{mb2})r_{O2}]r_{O1} + r_{O2}\} \| \{[1 + (g_{m3} + g_{mb3})r_{O3}]r_{O4} + r_{O3}\} \quad (3.134)$$

增益約為 $|A_v| \approx g_{m1}R_{out}$。對一般值而言，我們能將電壓增益近似為

$$|A_v| \approx g_{m1}[(g_{m2}r_{O2}r_{O1}) \| (g_{m3}r_{O3}r_{O4})] \quad (3.135)$$

範例 3.23

圖 3.70 中疊接放大器的輸出可以支援到多大的電壓擺幅？

解 回想一下圖 3.61，可以選擇足夠小的 V_{b1}，將 M_1 置於飽和區邊緣，$V_{b1} = V_{GS2} + (V_{GS1} - V_{TH1})$，讓最小值 V_{out} 可以達到 $(V_{GS2} - V_{TH2}) + (V_{GS1} - V_{TH1})$。同樣也可選擇足夠大的 V_{b2} 來把 M_4 偏壓於飽和區邊緣：$V_{b2} + |V_{GS3}| = V_{DD} - |V_{GS4} - V_{TH4}|$。此選擇能產生 $V_{DD} - |V_{GS4} - V_{TH4}| - |V_{GS3} - V_{TH3}|$ 的最大值 V_{out}。因此，總共可容許輸出電壓擺幅等於

$$V_{out,max} - V_{out,min} = V_{DD} - (V_{GS1} - V_{TH1}) - (V_{GS2} - V_{TH2}) - |V_{GS3} - V_{TH3}| - |V_{GS4} - V_{TH4}| \quad (3.136)$$

我們可粗略說輸出擺幅等於 V_{DD} 減去四個驅動電壓或 $4V_{D,sat}$。

我們必須請各位注意，因為兩個不相等的電流源高阻抗串連，而無法在圖 3.70 中明確界定出疊接放大器的輸出直流值（如果兩個不相等的理想電流源串連，會發生什麼事？）因為此原因，電路必須在負回授迴圈中偏壓。

窮人疊接

「極簡」的疊接電流源會省略疊接元件所需的偏壓電壓。如圖 3.71 所示，這個「窮人疊接」將 M_2 置於三極管區，因為 $V_{GS} > V_{TH1}$ 且 $V_{DS2} = V_{GS2} - V_{GS1} < V_{GS2} - V_{TH2}$。事實上，如果 M_1 和 M_2 有一樣的尺寸，可以證明這個架構等於有兩倍長的單一電晶體，而並非真的是疊接。

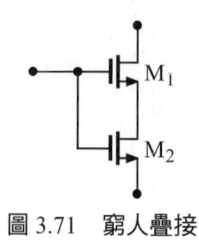

圖 3.71 窮人疊接

然而，電晶體在現代的 CMOS 製程中，能有不同的臨界電壓。如果 M_1 有足夠低的臨界電壓，能讓 M_2 於飽和區運作。舉例來說，如果 $V_{TH2} - V_{TH1} = 150$ mV 且 $V_{GS1} - V_{TH1} < 100$ mV，則 M_2 為飽和且電路能像真的疊接一樣運作。

屏蔽特性

回想一下圖 3.30 的高輸出阻抗是因為如果輸出節點電壓變化 ΔV，在疊接元件的源極變化比其小很多。就某種意義來說，疊接電晶體「屏蔽」了輸入元件，避免輸出端電壓產生變化。此屏蔽特性已證實在許多電路中非常有用。

範例 3.24

兩個相同的 NMOS 電晶體作為系統中的固定電流源〔圖 3.72(a)〕。然而，由於系統的內部電路特性，V_X 比 V_Y 高 ΔV。

(a) 若 $\lambda \neq 0$，計算 I_{D1} 與 I_{D2} 的差。

(b) 將疊接元件加入 M_1 與 M_2，並重作 (a) 小題。

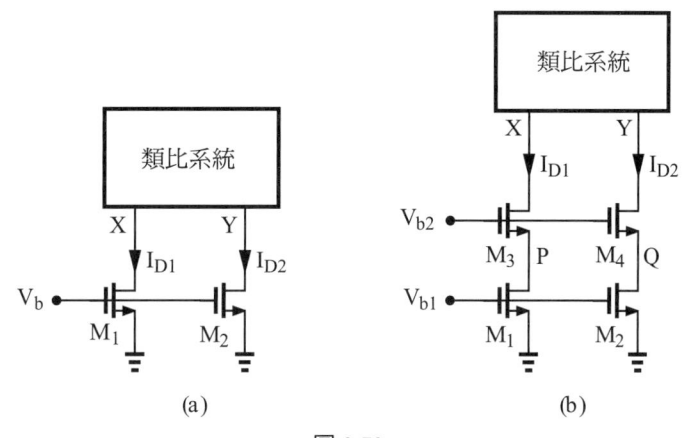

圖 3.72

解 (a) 我們得到

$$I_{D1} - I_{D2} = \frac{1}{2}\mu_n C_{ox} \frac{W}{L}(V_b - V_{TH})^2(\lambda V_{DS1} - \lambda V_{DS2}) \tag{3.137}$$

$$= \frac{1}{2}\mu_n C_{ox} \frac{W}{L}(V_b - V_{TH})^2(\lambda \Delta V) \tag{3.138}$$

(b) 如圖 3.72(b) 所示，疊接會減少 V_X 和 V_Y 對於 I_{D1} 與 I_{D2} 的效應。如圖 3.30 所示，且利用 (3.69)，V_X 和 V_Y 間的差 ΔV 轉換成 P 和 Q 間的差 ΔV_{PQ} 為

$$\Delta V_{PQ} = \Delta V \frac{r_{O1}}{[1 + (g_{m3} + g_{mb3})r_{O3}]r_{O1} + r_{O3}} \tag{3.139}$$

$$\approx \frac{\Delta V}{(g_{m3} + g_{mb3})r_{O3}} \tag{3.140}$$

因此

$$I_{D1} - I_{D2} = \frac{1}{2}\mu_n C_{ox} \frac{W}{L}(V_b - V_{TH})^2 \frac{\lambda \Delta V}{(g_{m3} + g_{mb3})r_{O3}} \tag{3.141}$$

換句話說，疊接可以將 I_{D1} 和 I_{D2} 間的不一致減少至 $(g_{m3} + g_{mb3})r_{O3}$ 的倍數。

如果疊接元件進入三極管區時，其屏蔽特性會消失。為瞭解其原因，接著考慮圖 3.73 的電路，假設 V_X 由一大的正值開始減少，當 V_X 若比 $V_{b2} - V_{TH2}$ 低，M_2 進入三極管區需要一個大於閘極−源極過趨電壓，支撐被 M_1 抽走的電流。我們能以下列方式呈現

$$I_{D2} = \frac{1}{2}\mu_n C_{ox}\left(\frac{W}{L}\right)_2 [2(V_{b2} - V_P - V_{TH2})(V_X - V_P) - (V_X - V_P)^2] \tag{3.142}$$

得到 V_X 降低的結論，V_P 也會下降，所以 I_{D2} 保持常數。換句話說，V_X 的變動比節點 P 的變化衰減還少。如果 V_X 降得夠低，V_P 會比 $V_{b1} - V_{TH1}$ 低，因而讓 M_1 進入三極管區。

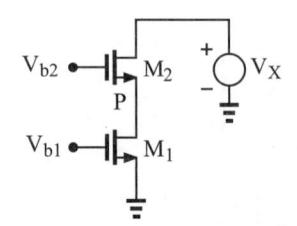

圖 3.73　疊接組態的輸出擺幅

3.6.1 折疊疊接組態

疊接組態背後的概念是將輸入電壓轉換為電流，並將結果應用於共閘極組態。然而，輸入元件和疊接元件不必為同型態。舉例來說，如圖 3.74(a) 所示，PMOS-NMOS 組合亦有相同功能。為了讓 M_1 和 M_2 偏壓，必須如圖 3.74(b) 增加電流源。注意到，$|I_{D1}|$ + $|I_{D2}|$ 等於 I_1，因此為常數。其小信號運作如下。如果 V_{in} 為正時，$|I_{D1}|$ 會減少，迫使 I_{D2} 增加，因此 V_{out} 會下降。電路之電壓增益與輸出阻抗可藉由計算圖 3.59 的 NMOS-NMOS 疊接組態而得。如圖 3.74(c) 為一 NMOS-PMOS 疊接組態。稍後會解釋這幾種阻態的優點與缺點。

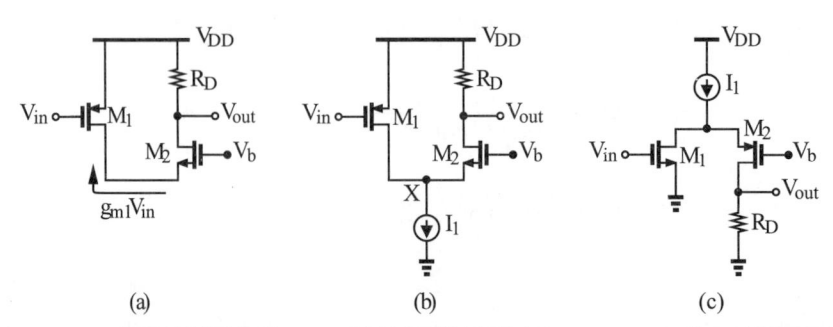

圖 3.74　(a) 簡單的折疊疊接；(b) 適當偏壓的折疊疊接；(c)NMOS 輸入的折疊疊接

我們稱 3.74(b) 與 (c) 架構為**摺疊疊接**（folded cascode）組態，因為小信號電流向上「摺疊」〔圖 3.74(b)〕或向下〔圖 3.74(c)〕。我們必須提到其差異之處，圖 3.70 中 M_1 的偏壓電流流經 M_2，亦即重複使用。其中圖 3.74(b) 中 M_1 和 M_2 的電流加總為 I_1。因此，此例中的總偏壓電流必須高於圖 3.70 的情況，如此才能達到相似的效能。

檢視摺疊疊接組態的大信號特性是很有意義的。假設圖 3.74(b) 中，V_{in} 從 V_{DD} 減少至 0。當 $V_{in} > V_{DD} - |V_{TH1}|$，$M_1$ 會關閉而 M_2 會帶走所有 I_1，[5] 產生 $V_{out} = V_{DD} - I_1 R_D$。當 $V_{in} < V_{DD} - |V_{TH1}|$，$M1$ 在飽和區中開啟，產生

$$I_{D2} = I_1 - \frac{1}{2}\mu_p C_{ox} \left(\frac{W}{L}\right)_1 (V_{DD} - V_{in} - |V_{TH1}|)^2 \tag{3.143}$$

當 V_{in} 下降，I_{D2} 更進一步減少，如果 $I_{D1} = I_1$，會更近一步減少到 0，這會發生在 $V_{in} = V_{in1}$。如果

$$\frac{1}{2}\mu_p C_{ox} \left(\frac{W}{L}\right)_1 (V_{DD} - V_{in1} - |V_{TH1}|)^2 = I_1 \tag{3.144}$$

因此

$$V_{in1} = V_{DD} - \sqrt{\frac{2I_1}{\mu_p C_{ox}(W/L)_1}} - |V_{TH1}| \tag{3.145}$$

如果 V_{in} 比此數值還低時，I_{D1} 將會比 I_1 還大且 M_1 進入三極管區使得 $I_{D1} = I_1$。此結果繪於 3.75，鼓勵讀者求出當 $|I_{D1}| = I_{D2}$ 時的輸入電壓。

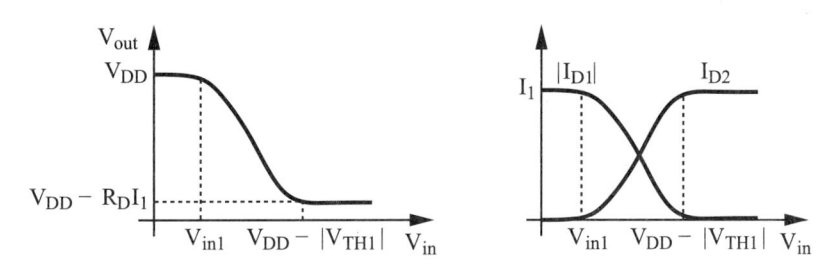

圖 3.75 摺疊疊接的大信號特性

V_X 在上述情況中會如何？當 I_{D2} 下降時，V_X 上升，而當 $I_{D2} = 0$ 時其值為 $V_b - V_{TH2}$。當 M_1 進入三極管區時，V_X 趨近於 V_{DD}。

---

5 如果 I_1 很大，M_2 可能會進入深三極管區，可能也會讓 I_1 進入三極管區。

奈米設計筆記

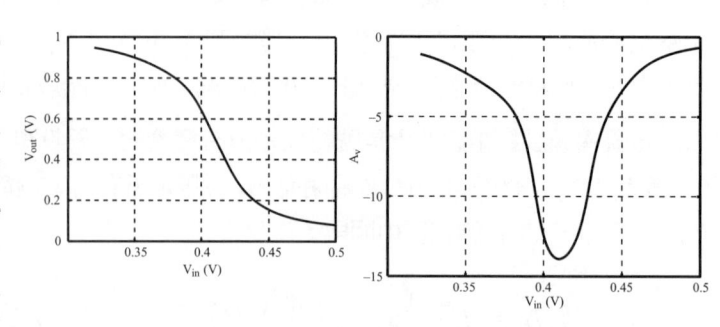

使用 $(W/L)_{NMOS}$ = 10 μm/40 nm、$(W/L)_{PMOS}$ = 20 μm/40 nm 及 I_D =0.3 mA 呈現一個疊接組態。此圖繪出電路的輸入－輸出特性曲線，顯示在極端 V_{out} 時的非線性。我們要如何將非線性量化？我們可以說輸出擺幅不可以造成大於 20% 小信號電壓增益的下降。繪出圖中的特性曲線微分，我們觀察到如果增益必須大於 10，單端峰對峰的可容許輸出擺幅約為 0.5 V。注意到增益相當低，如果需要較高的增益，就需要較長的 PMOS 元件。

範例 3.25

計算圖 3.76(a) 中摺疊疊接組態的輸出阻抗。其中 M_3 為一偏壓電流操作。

解 利用圖 3.76(b) 的簡化模型和 (3.66)，我們可以得到

$$R_{out} = [1 + (g_{m2} + g_{mb2})r_{O2}](r_{O1}\|r_{O3}) + r_{O2} \tag{3.146}$$

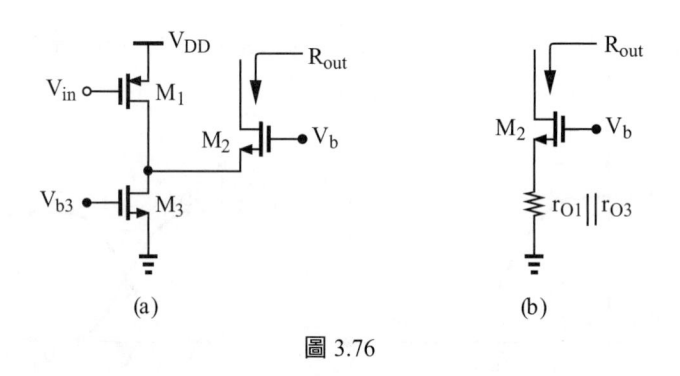

圖 3.76

因此，電路會有一個比沒有使用摺疊架構更低的輸出阻抗（稱為伸縮式架構）。

為了得到一高電壓增益，摺疊疊接組態負載可利用疊接組態來實現（圖 3.77），此結構將在第 9 章作更廣泛地討論。

經過本章的討論，我們嘗試增加電壓放大器的輸出電阻來得到高增益。這似乎讓電路速度更容易受到負載電容的影響。第 8 章會提到，如果放大器置於適當的回授迴路中，高輸出阻抗本身並不會產生嚴重的問題。

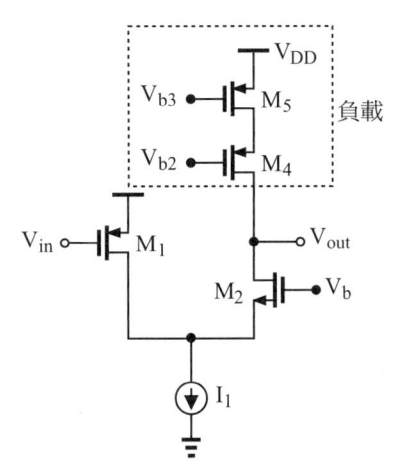

圖 3.77　使用疊接負載的摺疊疊接架構

3.7 元件模型的選擇

本章以推導出許多單極放大器特性的表示式。舉例來說，退化共源極組態之電壓增益可簡化為 $-R_D/(R_S + g_m^{-1})$ 或像 (3.77) 一樣複雜。我們該如何選擇正確的元件模型或表示式呢？

適當的選擇不一定都能很直接，而要靠練習、經驗和直覺才能得到的技巧。但我們能利用一般概念來選擇各式電晶體模型。首先，將電路細分成許多相似的阻態。接著，集中在各子電路，對所有電晶體使用最簡單的電晶體模型（對於飽和區運作的 FET 來說是單一電壓電流源）。若元件的汲極連接一高阻抗（也就是其他元件的汲極），將 r_O 納入模型中。就此而言，大部分電路的基本特性可藉由觀察而確認。第二，利用更正確的遞迴計算，就算元件的基體效應之源極或基板不是交流接地，同樣也能納入。

對偏壓計算而言，忽略通道長度調變效應和基體效應是適當的作法。雖然這會產生一些誤差，但能在瞭解基本特性後，於下一個遞迴步驟納入討論。

電路的模擬在現今類比設計中是很重要的，因為短通道 MOSFET 不能僅以人工計算來預測。不過，若設計者省略簡單且直觀的電路分析，會忽略到對電路的瞭解，而無法解釋模擬的結果。我們基於此理由，會認為「別讓電腦幫各位想」。有些人會說：「不要當一隻只會用 SPICE 的猴子」。

習題

除非另外提到，下列習題會使用表 2.1 的元件資料，必要時會假設 $V_{DD} = 3$ V。

3.1　對圖 3.13 的電路來說，計算其小信號電壓增益，如果 $(W/L)_1 = 50/0.5$，$(W/L)_2 = 10/0.5$，且 $I_{D1} = I_{D2} = 0.5$ mA。如果 M_2 以一二極體 PMOS 元件來實現（圖 3.16）時，其增益值為？

3.2 在圖 3.18 的電路中，假設當兩個元件皆位於飽和區時，其 $(W/L)_1 = 50/0.5$，$(W/L)_2 = 50/2$，且 $I_{D1} = I_{D2} = 0.5$ mA。

(a) 計算小信號電壓增益。

(b) 計算兩個元件於飽和區時最大輸出電壓振幅。

3.3 在圖 3.4(a) 的電路中，假設 $(W/L)_1 = 50/0.5$。

(a) 若 M_1 位於飽和區且 $I_D = 1$ mA，小信號增益為何？

(b) 輸入電壓多少時，M_1 會位於三極管區邊界？小信號增益為何？

(c) 輸入電壓多少時，會讓 M_1 進入三極管區 50 mV？小信號增益為何？

3.4 假設圖 3.4(a) 的共源極組態可提供 1V 至 2.5V 之輸出振幅，且 $(W/L)_1 = 50/0.5$，$R_D = 2\text{k}\Omega$、$\lambda = 0$。

(a) 計算 $V_{out} = 1$ V 和 $V_{out} = 2.5$ V 之輸入電壓值？

(b) 計算這兩種情況下 M_1 之汲極電流與轉導值？

(c) 當輸出電壓由 1 V 變為 2.5 V 時，小信號增益 $g_m R_D$ 的變化情況為何？

（小信號增益變化可視為非線性。）

3.5 計算於飽和區運作之 NMOS 與 PMOS 元件的內在增益，其 $(W/L)_1 = 50/0.5$ 且 $|I_D| = 0.5$ mA。若 $W/L = 100/1$，重複此計算。

3.6 假設一常數 L，繪出飽和元件內在增益與閘極－源極電壓之關係圖，若 (a) 汲極電流固定；(b) W 和 L 固定。

3.7 假設一常數 L，繪出飽和元件內在增益對 W/L 的關係圖，若 (a) 閘極－源極電壓固定；(b) 汲極電流固定。

3.8 某 $(W/L)_1 = 50/0.5$ 的 NMOS 電晶體偏壓於 $V_G = +1.2$ V 且 $V_S = 0$。汲極電壓由 0 變至 3 V。

(a) 假設基板電壓為零，繪出內在增益與 V_{DS} 的關係圖。

(b) 基板電壓為 -1 V 時，重做 (a)。

3.9 對於飽和區運作的 NMOS 元件來說，當基板電壓由 0 變至 $-\infty$ 且端點電壓保持固定時，繪出 g_m、r_O 和 $g_m r_O$ 圖形。

3.10 考慮圖 3.13 的電路，其中 $(W/L)_1 = 50/0.5$ 且 $(W/L)_2 = 10/0.5$。假設 $\lambda = \gamma = 0$

(a) 輸入電壓為多少時，M_1 將位於三極管區邊界？小信號增益值為何？

(b) 輸入電壓為多少時，讓 M_1 進入三極管區內 50 mV？小信號增益值為何？

3.11 若不忽略基體效應，重做習題 3.10。

3.12 在圖 3.17 的電路中，$(W/L)_1 = 20/0.5$，$I_1 = 1$ mA 且 $I_S = 0.75$ mA。假設 $\gamma = 0$。計算 $(W/L)_2$ 讓 M_1 位於三極管區邊界。在此小信號增益為何？

3.13 繪出圖 3.17 電路的小信號增益，當 I_S 由 0 變至 $0.75\,I_1$。假設 M_1 一直位於飽和區且忽略通道長度調變及基體效應。

3.14 圖 3.18 的電路之輸出電壓振幅為 2.2 V，其偏壓電流為 1 mA 且小信號電壓增益為 100。計算 M_1 和 M_2 的尺寸大小。

3.15 繪出圖 3.78 電路之 V_{out} 和 V_{in} 關係圖，當 V_{in} 由 0 變至 V_{DD}。並標示出其重要轉移點 (transition point)。

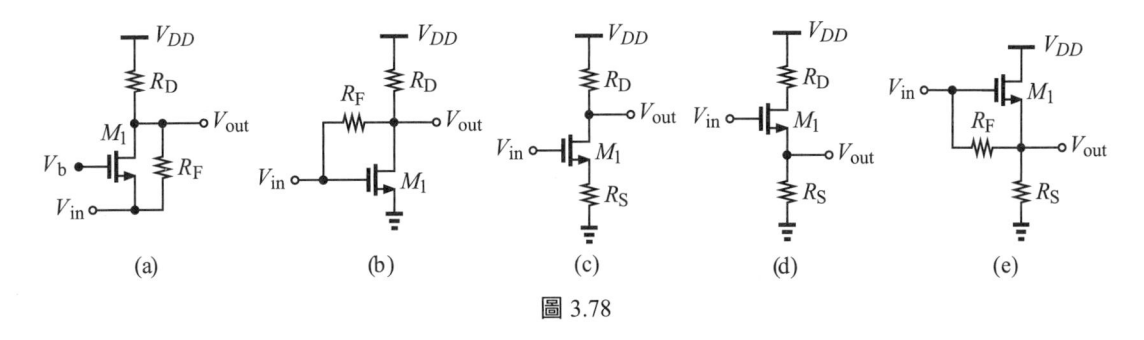

圖 3.78

3.16 繪出圖 3.79 電路的 V_{out} 和 V_{in} 關係圖，當 V_{in} 由 0 變為 V_{DD}。並標示出其重要的轉移點

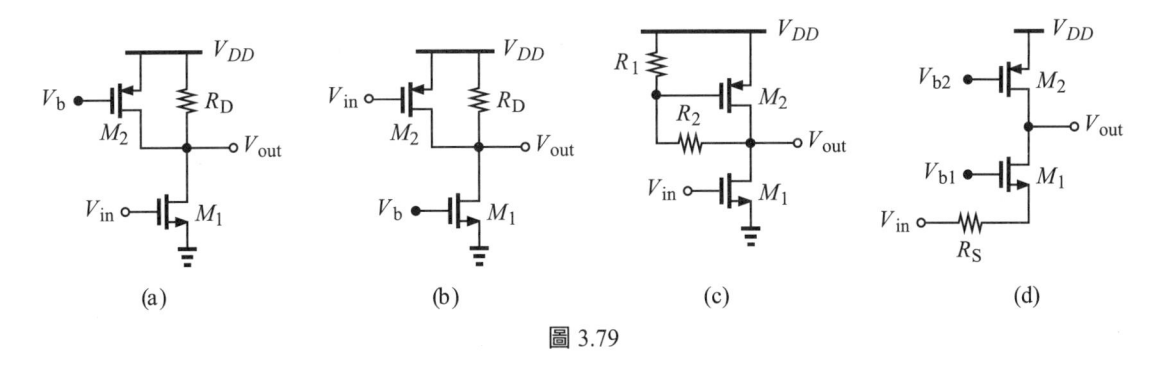

圖 3.79

3.17 繪出圖 3.80 電路的 V_{out} 和 V_{in} 關係圖，當 V_{in} 由 0 變為 V_{DD}。並標示出其重要轉移點。

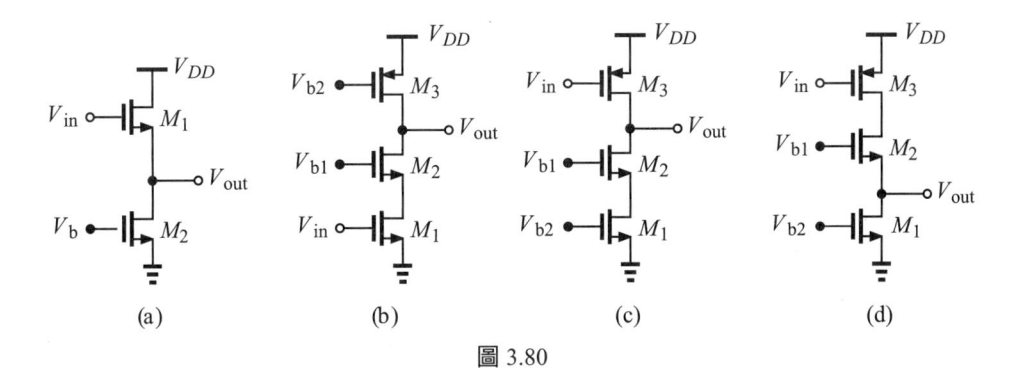

圖 3.80

3.18 繪出圖 3.81 電路的 I_X 和 V_X 關係圖，當 V_X 由 0 變為 V_{DD}。並標示出其重要轉移點。

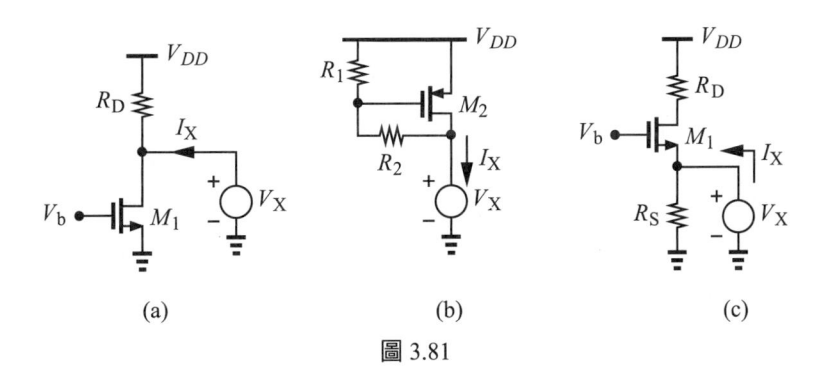

圖 3.81

3.19 繪出圖 3.82 電路的 I_X 和 V_X 關係圖，當 V_X 由 0 變為 V_{DD}。並標示出其重要轉移點。

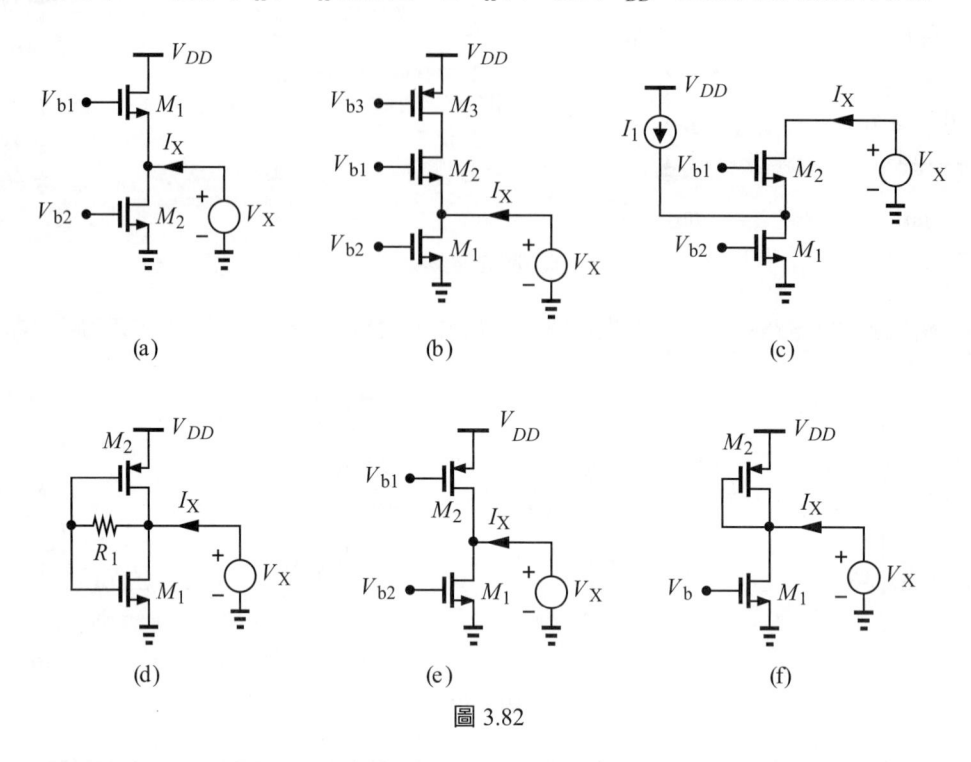

圖 3.82

3.20 假設所有 MOSFETs 皆在飽和區，計算圖 3.83（$\lambda \neq 0, \gamma = 0$）中各電路的小信號電壓增益。

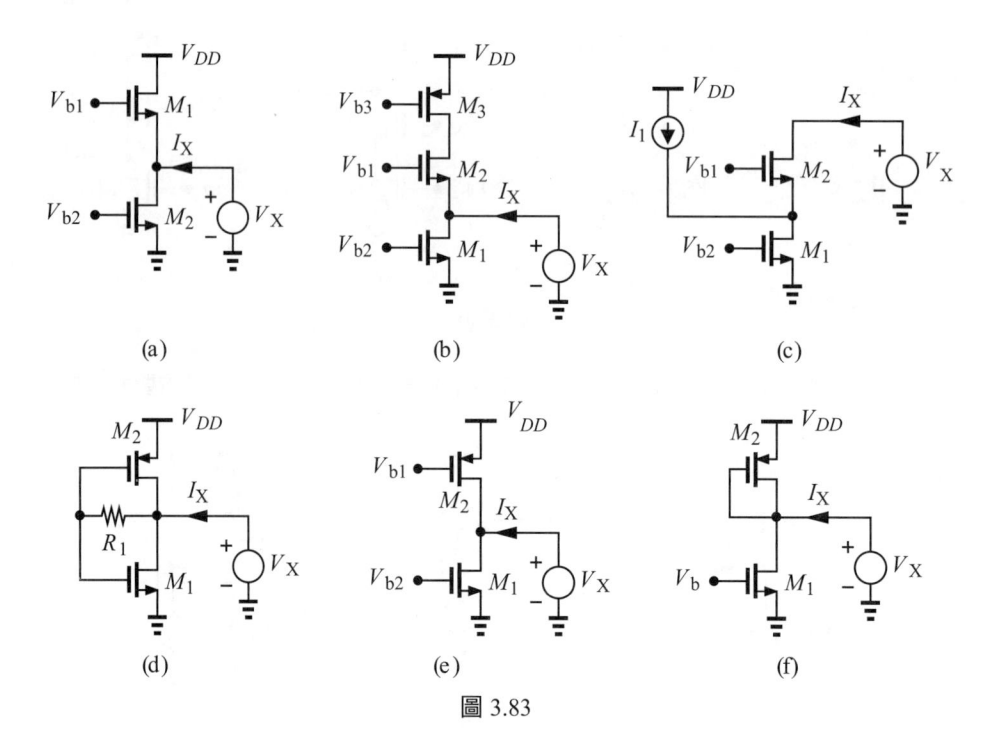

圖 3.83

3.21 假設所有 MOSFETs 皆在飽和區,計算圖 3.84($\lambda \neq 0, \gamma = 0$)中各電路的小信號電壓增益。

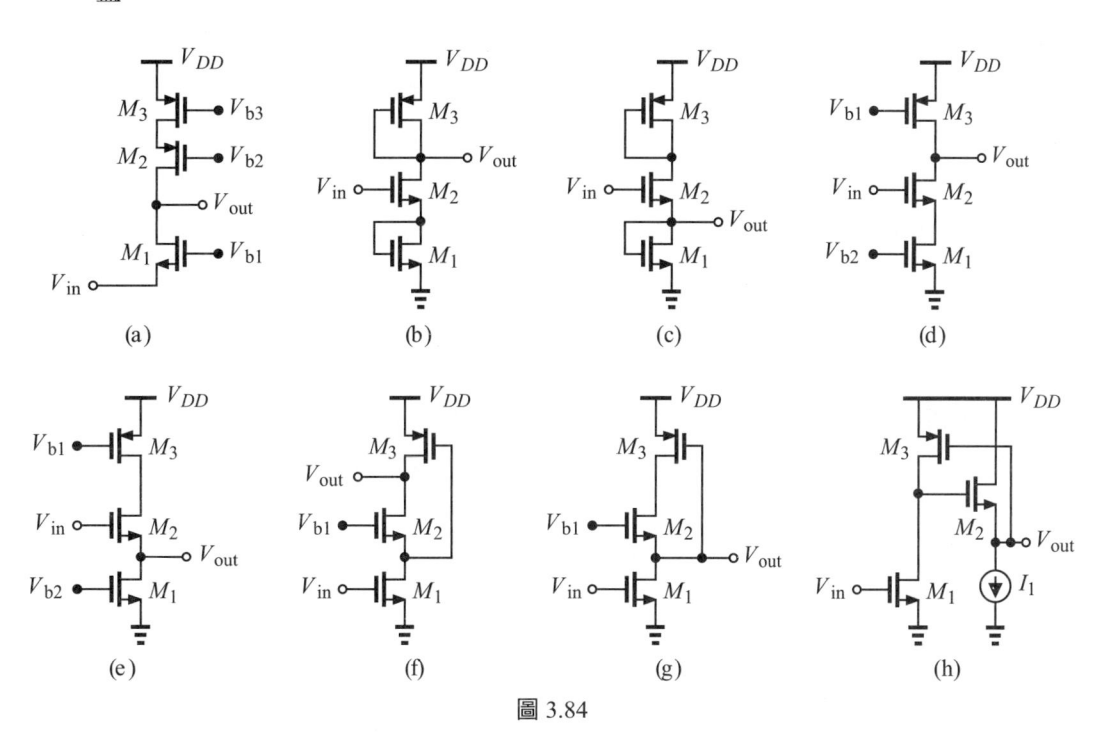

圖 3.84

3.22 繪出圖 3.85 各電路中 V_X 和 V_Y 對於時間的關係圖。C_1 之初始跨壓為 V_{DD}。

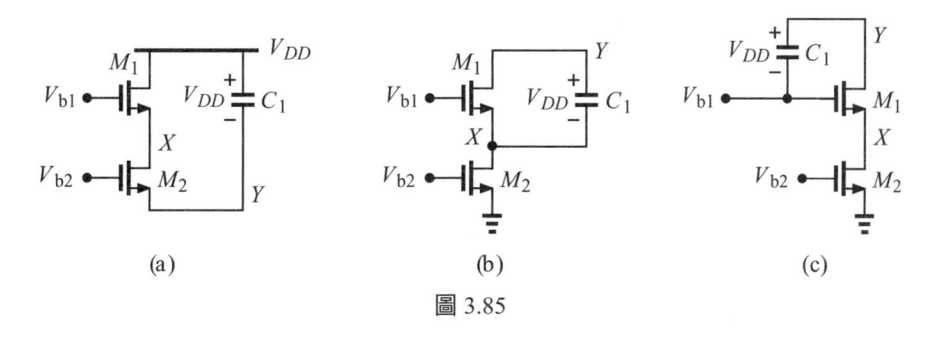

圖 3.85

3.23 在圖 3.59 之疊接組態中,假設 $(W/L)_1 = 50/0.5$,$(W/L)_2 = 10/0.5$,$I_{D1} = I_{D2} = 0.5$mA 且 $R_D = 1$ kΩ。

(a) 選擇 V_b 讓 M_1 離開三極管區 50 mV。

(b) 計算小信號電壓增益。

(c) 使用 (a) 的 V_b 值,計算輸出電壓振幅。當 V_{out} 下降時,哪個元件會先進入三極管區?

(d) 計算節點 X 之振幅,利用上述求得之最大輸出振幅。

3.24 考慮圖 3.23 之電路,$(W/L)_1 = 50/0.5$,$R_D = 2$ kΩ 且 $R_S = 200$Ω。

(a) 計算小信號電壓增益,如果 $I_D = 0.5$ mA。

(b) 假設 $\lambda = \gamma = 0$,計算輸入電壓讓 M_1 位於三極管區之邊界。增益值為何?

3.25 假設圖 3.22 的電路之電壓增益為 5。若 $(W/L)_1 = 20/0.5$，$I_{D1} = 0.5$ mA 且 $V_b = 0$
(a) 計算 M_2 之寬長比。
(b) 輸入電壓為多少時，會讓 M_1 進入三極管區？小信號增益值為何？
(c) 輸入電壓為多少時，會讓 M_2 進入三極管區？小信號增益值為何？

3.26 繪出圖 3.22 電路之小信號電壓增益，當 V_b 由 0 變為 V_{DD}。考慮：
(a) M_1 在 M_2 飽和前進入三極管區；(b) M_1 在 M_2 飽和後進入三極管區。

3.27 某源極隨耦器可做為位準偏移器。假設圖 3.37(b) 之電路用以偏移電壓位準 1 V，亦即 $V_{in} - V_{out} = 1$ V。
(a) 計算 M_1 和 M_2 的尺寸大小，若 $I_{D1} = I_{D2} = 0.5$ mA，$V_{GS2} - V_{GS1} = 0.5$ V 且 $\lambda = \gamma = 0$。
(b) 重做 (a)，若且 $V_{in} = 2.5$ V。讓 M_2 保持於飽和區之最小輸入電壓為何？

3.28 繪出圖 3.59 的疊接組態之小信號增益和 V_{out}/V_{in} 圖，當 V_b 由 0 變為 V_{DD}。假設 $\lambda = \gamma = 0$。

3.29 圖 3.70 之疊接組態用以提供一輸出振幅為 1.9 V 且偏壓電流為 0.5 mA。如果且 $(W/L)_{1-4} = W/L$，計算 V_{b1}、V_{b2} 和 W/L。若時，電壓增益為何？

3.30 考慮圖 3.23(a) 中 M_1 的閘極－源極電壓：$V_{GS} = V_{in} - I_D R_S$，求 ΔV_{GS} 對應 V_{in} 的改變量並證明 $g_m R_S$ 上升時，其值會下降。此趨勢如何呈現電路更具線性？

3.31 證明如圖 3.21 從 V_{DD} 到 V_{out} 的電壓增益為

$$\frac{V_{out}}{V_{in}} = \frac{g_{m2} r_{O2} + 1}{r_{O2} + r_{O1}} r_{O1} \tag{3.147}$$

3.32 在圖 3.86 中的電路，證明

$$\frac{V_{out1}}{V_{out2}} = \frac{-R_D}{R_S} \tag{3.148}$$

其中 V_{out1} 和 V_{out2} 是小信號量且 λ、$\gamma > 0$。

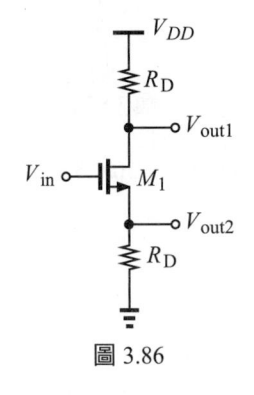

圖 3.86

3.33 圖 3.51(a) 的共閘極組態被設計為其輸入阻抗（由 X 點看入）和信號源的阻抗 R_S 一致，如果 $\lambda \cdot \gamma > 0$，證明

$$\frac{V_{out}}{V_{in}} = \frac{1 + (g_m + g_{mb})r_O}{2 + \left(1 + \dfrac{r_O}{R_D}\right)} \tag{3.149}$$

一併證明

$$\frac{V_{out}}{V_{in}} = \frac{R_D}{2R_S} \tag{3.150}$$

3.34 使用輔助定理 $A_v = -G_m R_{out}$ 計算源極隨耦器的電壓增益。假設電路驅動一個負載電阻 R_L 且 $\lambda \cdot \gamma > 0$。

3.35 使用輔助定理 $A_v = -G_m R_{out}$ 計算共閘極組態的電壓增益，假設源極電阻 R_S 且 $\lambda \cdot \gamma > 0$。

3.36 各位可以用圖 3.87 中每一個架構，但不使用其他電晶體（源極和汲極端可互換），各位能建立出多少放大器架構？。

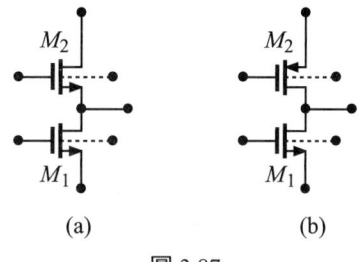

圖 3.87

第 4 章 差動放大器

回溯至真空管的時代，差動放大器可以說是最重要的電路發明之一，因為提供了許多有用的特性，而成為高效能類比及混合訊號電路的首選。

本章將討論 CMOS 差動放大器的分析與設計。以單端（single-ended）運作及差動運作的觀點來看，我們將說明基本的差動對並分析其大信號和小信號特性。再將介紹差動放大器的「共模排斥」觀念並予以公式化。然後研究負載二極體和電流源的差動放大器及差動疊接組態，最後，我們會講解**吉伯特細胞電路**（Gilbert cell，又稱乘法器）。

4.1 單端運作和差動運作

「單端」信號以相對固定電壓（通常為接地端）來量測〔圖 4.1(a)〕。量測而得的信號；差動信號為兩個有相等但方向相反電壓之節點，兩點間所量測而得的信號〔圖 4.1(b)〕。嚴格地來說，這兩個節點對於該電壓而言，其阻抗必須相等。圖 4.1 呈現兩種信號的概念，在差動信號中的平均電壓稱為**共模**（common mode, CM）電壓。將共模位準視為偏壓電壓值會相當有用，此值沒有信號。

在差動系統中的信號擺幅可能會令人疑惑。假設單端輸出如圖 4.1(b) 有峰值振幅 V_0，則單端峰對峰擺幅是 $2V_0$ 且差動峰對峰擺幅是 $4V_0$。舉例來說，如果在 X 點的電壓（對地而言）是 $V_0\cos\omega t + V_{CM}$ 且 Y 的電壓是 $-V_0\cos\omega t + V_{CM}$，則 $V_X - V_Y$ 的峰對峰擺幅（$= 2V_0\cos\omega t$）是 $4V_0$，所以供應電源為 1 V 的電路可以提供 1.6 V 差動輸出擺幅並不令人驚訝。

差動運作比單端信號好的一個重點在於其較不容易受「環境」雜訊影響。我們來看一下圖 4.2 中的例子：在電路中鄰接的兩條線路傳送一個小且靈敏的信號，及一個大時脈信號。由於線與線之間的耦合效應，在 L_2 線上信號的傳輸可能會破壞 L_1 線上的信號。現在如圖 4.2(b) 所示，假設這個靈敏信號可以分成兩個大小相等但方向相反的信號，如果時脈線放在這兩個信號中間時，其信號傳輸會受這兩差動信號所干擾，但因為相等反向的特性，讓時脈信號傳輸並不會改變。因為這兩個相位的共模電壓受到干擾，但不會破壞差動輸出。我們稱之此組態**排斥**（reject）共模雜訊。[1]

---

[1] 可以在敏感的線和時脈線之間放一個「屏蔽」金屬線。

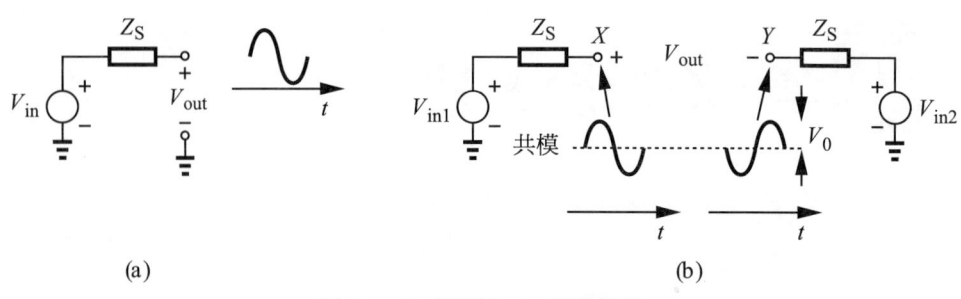

圖 4.1　(a) 單端和 (b) 差動信號

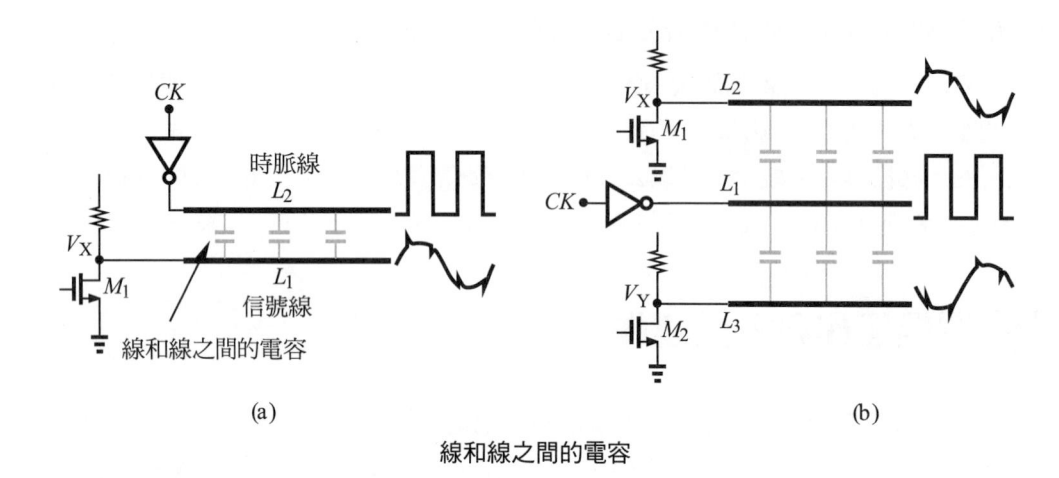

圖 4.2　(a) 耦合所帶來之信號破壞；(b) 藉由差動運作以減少耦合效應

另一個共模排斥的例子發生在有雜訊之供應電壓下。在圖 4.3(a) 中，如果 V_{DD} 變化 ΔV，則 V_{out}（大約改變相同的量，也就是說輸出電壓易受到 V_{DD} 所產生的雜訊之影響。現在來看圖 4.3(b)，如果電路為對稱，V_{DD} 雜訊會影響 V_X 和 V_Y 但不會影響 $V_X - V_Y = V_{out}$，因此，圖 4.3(b) 中的電路不容易受供應電壓雜訊影響。

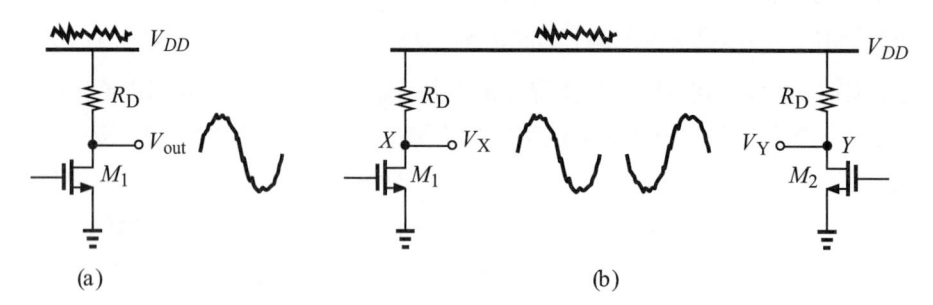

圖 4.3　供應電壓雜訊對 (a) 單端電路之效應、(b) 差動電路之效應

到目前為止，我們已看到運用差動電路對於敏感信號（受干擾）的重要性，同樣地，運用差動電路對於雜訊線路（干擾源）也非常有用。舉例來說，假設圖 4.2 的時脈信號分為兩個差動信號（圖 4.4）。由於完美的對稱性，從 CK 和 $\overline{CK}$ 耦合至信號線的成分會互相抵消。

第 4 章　差動放大器　　109

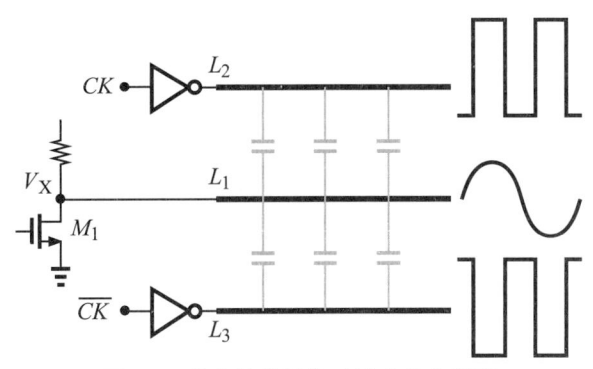

圖 4.4　藉由差動運作以減少耦合雜訊

範例 4.1

如果想改善整體受雜訊影響的情況，針對受差動信號「干擾」或是差動信號「干擾源」，我們是否可以選取差動相位？

解　可以。看一下圖 4.5(a)，其中受干擾的信號被干擾源圍繞。不巧地，在此例子中，因為 V_{out}^+ 和 V_{out}^- 是受到反向步階信號的干擾，所以 $V_{out}^+ - V_{out}^-$ 信號會被破壞。

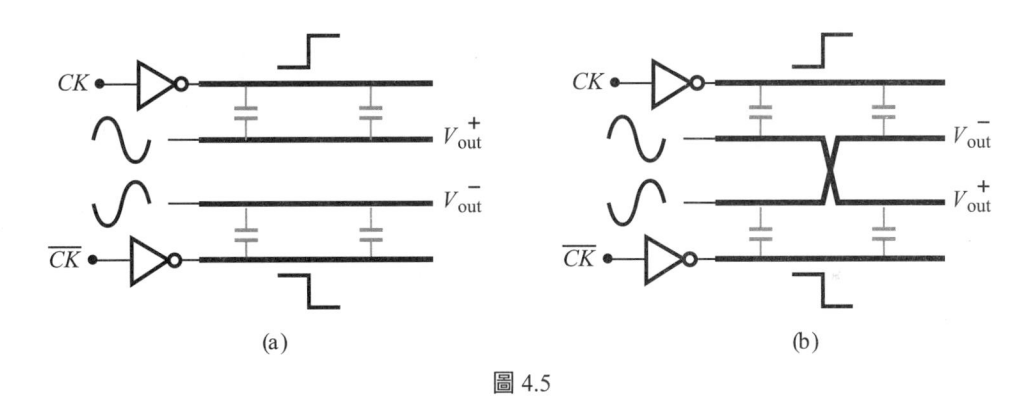

圖 4.5

現在，我們假設改變走線如圖 4.5(b)，其中 V_{out}^+（V_{out}^-）信號走線一半和 CK（$\overline{CK}$）相鄰，另一半和 $\overline{CK}$（CK）相鄰，從 CK 和 $\overline{CK}$ 耦合來的信號會相互抵消。很有趣地，V_{out}^+ 和 V_{out}^- 信號不受耦合干擾。此幾何稱為**雙絞線**（twisted pair）。

差動信號另一個有用的特性是能將電壓振幅最大化。舉例來說，圖 4.3 電路中的最大輸出電壓振幅為 $V_{DD} - (V_{GS} - V_{TH})$，而 $V_X - V_Y$ 的峰對峰值為 $2[V_{DD} - (V_{GS} - V_{TH})]$。差動電路比單端電路好的地方，在於其較簡單的偏壓條件及較高的線性特性（第 14 章）。

儘管差動電路所占面積似乎為單端電路的兩倍，但實際上這只是個小缺點。因此差動電路的許多優點顯然仍占優勢。

4.2 基本差動對

我們如何放大差動信號？依據前幾節的觀察推論，我們可以合併兩個相同的單端信號來處理這兩個相位信號〔圖 4.6(a)〕。如果差動信號 V_{in1} 和 V_{in2} 有一個共模位準，$V_{in,CM}$ 輸入閘極，輸出也會有差動且擺幅會以輸出共模位準 $V_{out,CM}$ 為中心上下擺動，此類電路的確提供了一些差動信號的好處。但如果 V_{in1} 和 V_{in2} 碰到大型共模干擾或是其共模直流位準並沒有明確的定義時，會發生何事呢？在輸入共模位準 $V_{in,CM}$ 有變化時，M_1 和 M_2 之偏壓電流也會改變，因此會改變元件的轉導及輸出共模位準。轉導的變化會產生小信號增益的變化。舉例來說，如圖 4.6(b)，如果輸入共模位準非常低時，事實上 V_{in1} 和 V_{in2} 的最小值會關閉 M_1 和 M_2，而嚴重截斷輸出端信號。因此，保持元件偏壓電流和輸入共模位準的低相關性是非常重要的。

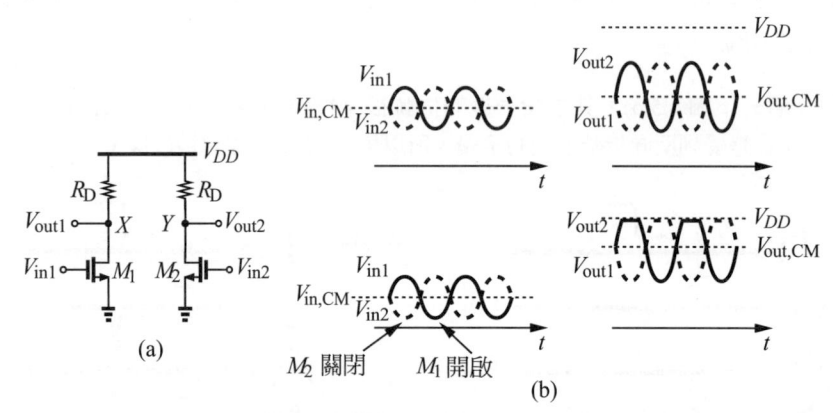

圖 4.6　(a) 簡單差動電路；(b) 對於輸入共模位準之靈敏度

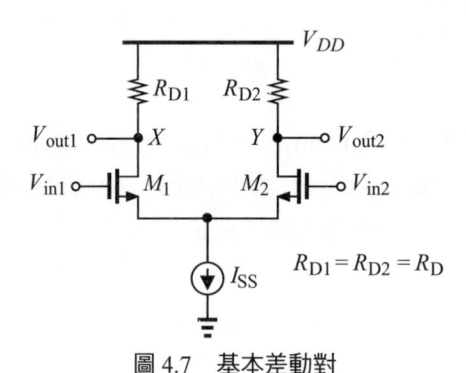

圖 4.7　基本差動對

可以一個簡單的修正方式來解決上述問題。如圖 4.7 所示，**差動對**[2] 利用電流源 I_{SS} 讓 $I_{D1} + I_{D2}$ 和 $V_{in,CM}$ 無關。因此，如果 $V_{in1} = V_{in2}$ 時，每個電晶體的偏壓電流等於 $I_{SS}/2$ 且其輸出共模位準為 $V_{DD} - R_D I_{SS}/2$。而對於差動信號和共模輸入變化來說，瞭解差動電路的大

---

[2] 也稱為源極耦合對或長尾對（"long-tailed" pair）。

信號特性是非常有意義的。在大信號研究中，我們會忽略通道長度調變效應與基體效應。

4.2.1 定性分析

假定圖 4.7，$V_{in1} - V_{in2}$ 從 $-\infty$ 變至 $+\infty$。如果 V_{in1} 比 V_{in2} 小很多時，會關閉 M_1，而 M_2 會開啟，且 $I_{D2} = I_{SS}$。因此 $V_{out1} = V_{DD}$ 且 $V_{out2} = V_{DD} - R_D I_{SS}$。當 V_{in1} 接近 V_{in2} 時，M_1 會逐漸開啟，並吸走 I_{SS} 流經 R_{D1} 的一部分電流，因此降低了 V_{out1}。因為 $I_{D1} + I_{D2} = I_{SS}$，所以 M_2 之汲極電流會減少而 V_{out2} 會增加。如圖 4.8(a) 所示，而當 V_{in1} 增加且超過 V_{in2} 時，M_1 的電流會比 M_2 大，且 V_{out1} 會比 V_{out2} 還低。當 $V_{in1} - V_{in2}$ 足夠大時，M_1 會「占去」所有的 I_{SS} 並關閉 M_2。所以 $V_{out1} = V_{DD} - R_D I_{SS}$ 而 $V_{out2} = V_{DD}$。圖 4.8 也呈現了 $V_{out1} - V_{out2}$ 和 $V_{in1} - V_{in2}$ 的關係圖。注意電路包含了三個差動量：$V_{in1} - V_{in2}$、$V_{out1} - V_{out2}$ 以及 $I_{D1} - I_{D2}$。

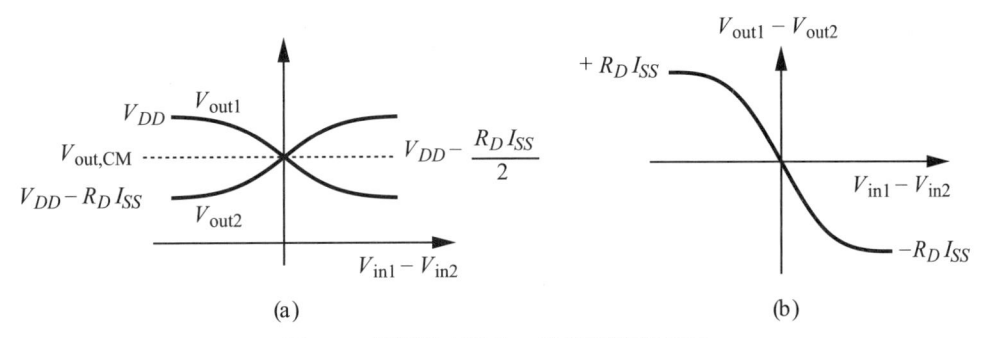

圖 4.8　差動對之輸入─輸出特性關係圖

前面的分析顯示了差動放大對二個重要的特性，第一，明確界定出輸出端的最大和最小位準（分別為 V_{DD} 和 $V_{DD} - R_D I_{SS}$）且和輸入的共模位準無關。第二，稍後會證明，當 $V_{in1} = V_{in2}$ 時，其小信號增益（$V_{out1} - V_{out2}$ 對 $V_{in1} - V_{in2}$ 關係圖之斜率）為最大值，並且當 $|V_{in1} - V_{in2}|$ 增加時，會逐漸變成零。換句話說，當輸入電壓振幅增加時，電路呈現更為非線性。以 $V_{in1} = V_{in2}$ 來說，我們稱此電路處於**平衡狀態**（equilibrium）。

現在來討論電路的**共模**特性。如同稍早所提到的尾電流源，其扮演的角色便是控制輸入共模位準變化對 M_1 和 M_2 運作和輸出位準的影響。這意味著 $V_{in,CM}$ 的值可以任意假設高或低嗎？為了回答此問題，我們設定 $V_{in1} = V_{in2} = V_{in,CM}$，且 $V_{in,CM}$ 由 0 變至 V_{DD}。圖 4.9(a) 顯示了這個電路組態，且以 NFET 來實現 ISS 電流源。注意因為此差動對為對稱的，故 $V_{out1} = V_{out2}$。

如果 $V_{in,CM} = 0$，會發生什麼情況呢？因為 M_1 和 M_2 之閘極電壓沒有比其源極電壓高，兩個元件都處於關閉狀態，且 $I_{D3} = 0$。因為 V_b 值夠大足以讓電晶體產生一反層，故 M_3 位於深三極管區。當 $I_{D1} = I_{D2} = 0$ 時，電路無法放大信號且 $V_{out1} = V_{out2} = V_{DD}$，且 $V_P = 0$。

現在假定 $V_{in,CM}$ 開始變大。如圖 4.9(b) 中以電阻作為 M_3 模型，如果 $V_{in,CM} \geq V_{TH}$，我們發現 M_1 和 M_2 會開啟。超過此臨界點時，I_{D1} 和 I_{D2} 會繼續增加且 V_P 亦同〔圖 4.9(c)〕。就某種意義來說，M_1 和 M_2 組成了一個源極隨耦器，使得 V_P 和 $V_{in,CM}$ 相等。以足夠的

$V_{in,CM}$ 值,且 M_3 的汲極-源極電壓超過 $V_{GS3} - V_{TH3}$ 時,能讓元件在飽和區運作。流經 M_1 和 M_2 的總電流仍保持固定不變。所以我們可以說在適當運作下,$V_{in,CM} \geq V_{GS1} + (V_{GS3} - V_{TH3})$。

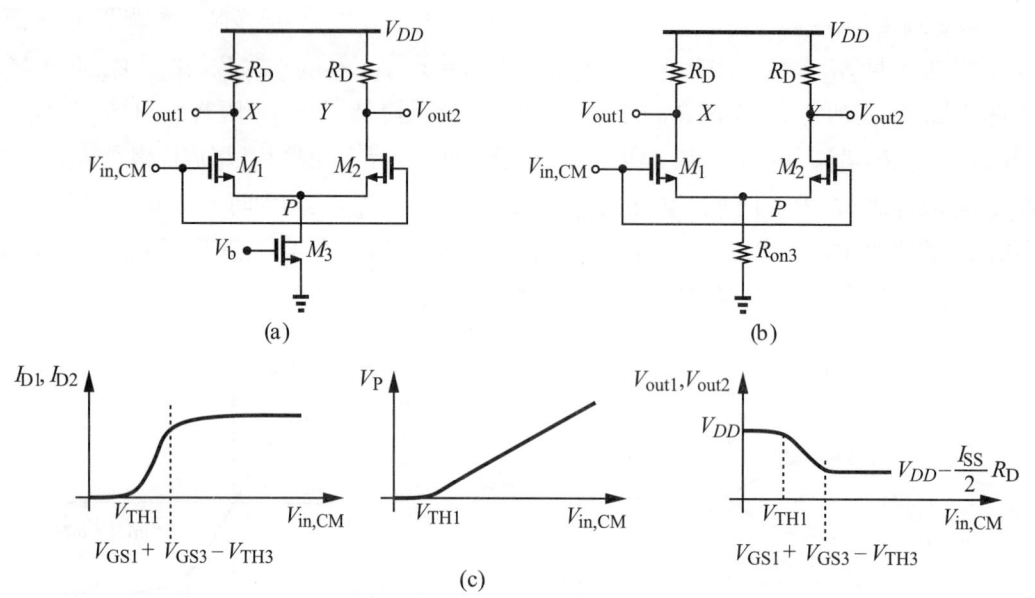

圖 4.9 (a) 感測出一輸入共模變化之差動對;(b) 如果 M_3 運作於深三極管區之等效電路;(c) 共模輸入-輸出特性關係圖

如果 $V_{in,CM}$ 持續增加時,會發生什麼事呢?因為 V_{out1} 和 V_{out2} 相對都保持不變,如果 $V_{in,CM} > V_{out1} + V_{TH} = V_{DD} - R_D I_{SS}/2 + V_{TH}$,我們預期 M_1 和 M_2 會進入三極管區。這會限制輸入共模位準的值。概括來說,能以下列不等式來形成 $V_{in,CM}$ 的容許範圍值:

$$V_{GS1} + (V_{GS3} - V_{TH3}) \leq V_{in,CM} \leq \min\left[V_{DD} - R_D \frac{I_{SS}}{2} + V_{TH}, V_{DD}\right] \tag{4.1}$$

超過上限,圖 4.9(c) 中的共模特性不會改變,但差動增益會下降。[3]

範例 4.2

畫出差動對的小信號增益與輸入共模位準的關係圖。

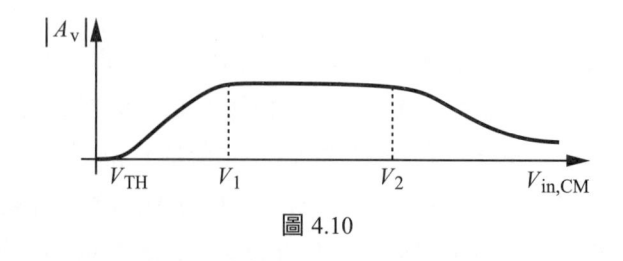

圖 4.10

---

[3] 此界線是假設有小的差動擺幅在輸入和輸出點,稍後會更清楚說明此定義。

解 如圖 4.10 所示,當 $V_{in,CM}$ 超過 V_{TH},增益會開始增加。在尾電流源進入飽和區時($V_{in,CM} = V_1$),增益仍維持為常數。最後,如果 $V_{in,CM}$ 持續增加使電晶體進入三極管區($V_{in,CM} = V_2$),增益開始下降。

利用我們對差動放大器的差動及共模特性的了解,現在我們可以回答另外一個重要問題:「差動對」的輸出電壓振幅可以多大,假設電路分別輸入位準 $V_{in,CM}$ 和輸出位準 $V_{out,CM}$ 偏壓,且 $V_{in,CM} < V_{out,CM}$。假設電壓增益高,也就是輸入擺幅遠小於輸出擺幅。如圖 4.11,當 M_1 和 M_2 位於飽和區時,每個輸出的最高值為 V_{DD},但是最低值大約是 $V_{in,CM} - V_{TH}$。換句話說,比較高的共模位準,容許輸出擺幅會比較小。因為此原因,希望能選取一個相對低的 $V_{in,CM}$,但當然不可低於 $V_{GS1} + (V_{GS3} - V_{TH3})$。此選擇提供了一個 $V_{DD} - (V_{GS1} - V_{TH1}) - (V_{GS3} - V_{TH3})$ 的單端峰對峰輸出擺幅(為什麼?)各位可以使用大約為 1 的增益,重複同樣的分析。

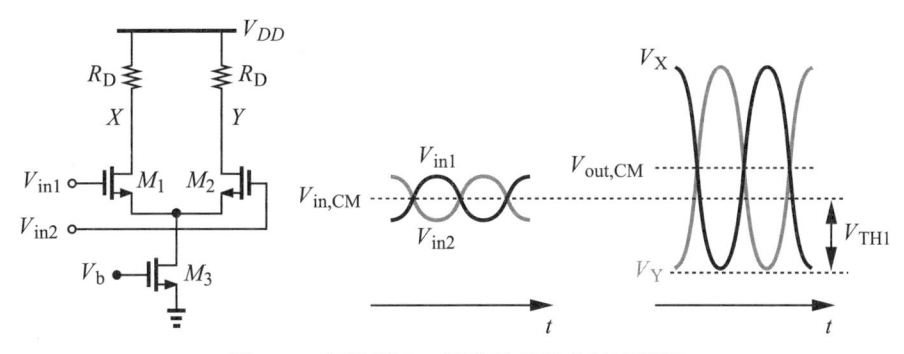

圖 4.11 差動對中,可容許的最大輸出擺幅

範例 4.3

比較差動對和共源級可以提供的最大輸出電壓擺幅。

解 回想第 3 章,一個共源級(負載電阻)容許輸出擺幅可達到 V_{DD} 減去一個驅動電壓($V_{DD} - V_{D,sat}$)。如上圖所示,藉由選取適當的輸入共模位準,差動對可以提供一個最大輸出擺幅,V_{DD} 減去兩個驅動電壓(單端)或是 $2V_{DD}$ 減去四個驅動電壓(差動)($2V_{DD} - 4V_{D,sat}$),差動輸出擺幅遠比單端輸出擺幅大。

奈米設計筆記

由於嚴重的通道長度調變效應及有限的供應電壓，奈米差動對的電壓增益很難超過 5。在此例子中，峰值輸入擺幅也會限制輸出擺幅。如下所示，對於峰值輸入振幅 V_0，最小容許輸出等於 $V_{in,CM} + V_0 - V_{TH}$。此問題在任何有負增益的電路都會發生。

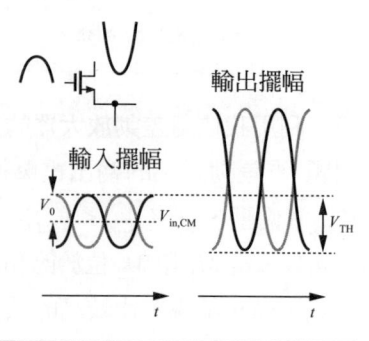

4.2.2 定量分析

本節會把 MOS 差動對的大信號和小信號特性量化。我們以大信號分析開始，產生如圖 4.8 中的表示式。

大信號特性

考慮如圖 4.12 的差動對，目標是去求出 $V_{in1} - V_{in2}$ 的函數 $V_{out1} - V_{out2}$。已知 $V_{out1} = V_{DD} - R_{D1}I_{D1}$ 及 $V_{out2} = V_{DD} - R_{D2}I_{D2}$，也就是說，如果 $R_{D1} = R_{D2} = R_D$，$V_{out1} - V_{out2} = R_{D2}I_{D2} - R_{D1}I_{D1} = R_D(I_{D2} - I_{D1})$。因此我們只要用 V_{in1} 和 V_{in2}，計算 I_{D1} 和 I_{D2}，假設電路是對稱的，M_1 和 M_2 在飽和區間，且 $\lambda = 0$。因為在點 P 的電壓等於 $V_{in1} - V_{GS1}$ 和 $V_{in2} - V_{GS2}$，所以

$$V_{in1} - V_{in2} = V_{GS1} - V_{GS2} \tag{4.2}$$

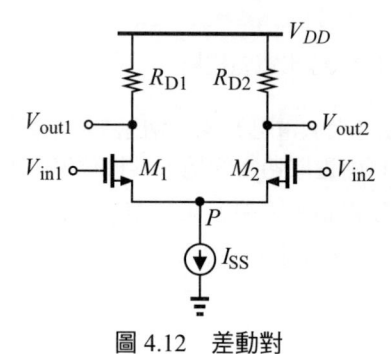

圖 4.12 差動對

對於一個平方律元件來說，我們得到

$$(V_{GS} - V_{TH})^2 = \frac{I_D}{\frac{1}{2}\mu_n C_{ox} \frac{W}{L}} \tag{4.3}$$

因此

$$V_{GS} = \sqrt{\frac{2I_D}{\mu_n C_{ox} \frac{W}{L}}} + V_{TH} \tag{4.4}$$

根據 (4.2) 和 (4.4) 可得到

$$V_{in1} - V_{in2} = \sqrt{\frac{2I_{D1}}{\mu_n C_{ox} \frac{W}{L}}} - \sqrt{\frac{2I_{D2}}{\mu_n C_{ox} \frac{W}{L}}} \tag{4.5}$$

我們希望計算差動輸出電流，$I_{D1} - I_{D2}$。將 (4.5) 兩邊同時平方且使用 $I_{D1} + I_{D2} = I_{SS}$，可以得到

$$(V_{in1} - V_{in2})^2 = \frac{2}{\mu_n C_{ox} \frac{W}{L}}(I_{SS} - 2\sqrt{I_{D1}I_{D2}}) \tag{4.6}$$

也就是

$$\frac{1}{2}\mu_n C_{ox} \frac{W}{L}(V_{in1} - V_{in2})^2 - I_{SS} = -2\sqrt{I_{D1}I_{D2}} \tag{4.7}$$

將兩邊平方且 $4I_{D1}I_{D2} = (I_{D1} + I_{D2})^2 - (I_{D1} - I_{D2})^2 = I_{SS}^2 - (I_{D1} - I_{D2})^2$，可以得到

$$(I_{D1} - I_{D2})^2 = -\frac{1}{4}\left(\mu_n C_{ox} \frac{W}{L}\right)^2 (V_{in1} - V_{in2})^4 + I_{SS}\mu_n C_{ox} \frac{W}{L}(V_{in1} - V_{in2})^2 \tag{4.8}$$

因此，

$$I_{D1} - I_{D2} = \frac{1}{2}\mu_n C_{ox} \frac{W}{L}(V_{in1} - V_{in2})\sqrt{\frac{4I_{SS}}{\mu_n C_{ox} \frac{W}{L}} - (V_{in1} - V_{in2})^2} \tag{4.9}$$

$$= \sqrt{\mu_n C_{ox} \frac{W}{L} I_{SS}}(V_{in1} - V_{in2})\sqrt{1 - \frac{\mu_n C_{ox}(W/L)}{4I_{SS}}(V_{in1} - V_{in2})^2} \tag{4.10}$$

我們可以說 M_1、M_2 和尾電流是一個電壓相依的電流源，根據上述的大信號特性，產生 $I_{D1} - I_{D2}$。如預期的，$I_{D1} - I_{D2}$ 是 $V_{in1} - V_{in2}$ 的奇函數，如果 $V_{in1} = V_{in2}$，$I_{D1} - I_{D2}$ 會等於零。當 $|V_{in1} - V_{in2}|$ 從零開始增加時，$|I_{D1} - I_{D2}|$ 也會增加，因為在平方根前的因子增加，要比平方根中的因子下降還快。[4]

---

[4] 很有趣地，雖然 I_{D1} 和 I_{D2} 是相對於其閘極-源極電壓的平方律，但是 $I_{D1} - I_{D2}$ 是 $V_{in1} - V_{in2}$ 的奇函數，這個效應在 14 章會提到。

進一步探討 (4.9) 之前，計算特性圖的斜率是很有意義的，亦即 M_1 和 M_2 的等效 G_m。分別以 ΔI_D 和 ΔV_{in} 表示差動信號 $I_{D1} - I_{D2}$ 和 $V_{in1} - V_{in2}$。

$$\frac{\partial \Delta I_D}{\partial \Delta V_{in}} = \frac{1}{2}\mu_n C_{ox} \frac{W}{L} \frac{\dfrac{4I_{SS}}{\mu_n C_{ox} W/L} - 2\Delta V_{in}^2}{\sqrt{\dfrac{4I_{SS}}{\mu_n C_{ox} W/L} - \Delta V_{in}^2}} \tag{4.11}$$

當 $\Delta V_{in} = 0$，G_m 是最大值（為什麼？）且等於 $\sqrt{\mu_n C_{ox}(W/L)I_{SS}}$。此外，因為 $V_{out1} - V_{out2} = R_D \Delta I = -R_D G_m \Delta V_{in}$，我們可以寫出電路在平衡狀態的小信號差動電壓增益。

$$|A_v| = \sqrt{\mu_n C_{ox} \frac{W}{L} I_{SS}} R_D \tag{4.12}$$

在這個條件下，因為每個電晶體流過 $I_{SS}/2$ 的偏壓電流，每個元件轉導特性中的因子 $\sqrt{\mu_m C_{ox}(W/L)I_{SS}}$ 都相同，也就是 $|A_v| = g_m R_D$。(4.11) 也指出 $\Delta V_{in} = \sqrt{2I_{SS}/(\mu_n C_{ox} W/L)}$，$G_m$ 會變成零。我們之後會看到，ΔV_{in} 的值在電路運作上扮演著一個重要的角色。

接著更仔細檢視 (4.9)，如果 $(V_{in1} - V_{in2})^2 \ll 4I_{SS}/[\mu_n C_{ox}(W/L)]$，然後

$$I_{D1} - I_{D2} = \sqrt{\mu_n C_{ox} \frac{W}{L} I_{SS}}(V_{in1} - V_{in2}) \tag{4.13}$$

可以得到和上述相同的 G_m 值。

但是如果用比較大的 $|V_{in1} - V_{in2}|$ 會如何？$V_{in} = \sqrt{4I_{SS}/(\mu_n C_{ox} W/L)}$ 時，可以發現在平方根中的項次會掉到零，且 I_D 會在兩個不同的 ΔV_{in} 等於零。這是在圖 4.8 中的分析沒有預測到的。無論如何，這個結論是不正確的。為了要了解為什麼，回頭看一下 (4.9) 中假設 M_1 和 M_2 都導通。實際上，當 ΔV_{in} 超過一個極限，其中一個電晶體會抽載所有的 I_{SS}，另一個電晶體則會關閉。[5] 也就是說，這時 $I_{D1} = I_{SS}$ 及 $V_{in1} = V_{GS1} - V_{TH}$，因為 M_2 已經關閉，而得到 ΔV_{in1}。如下式呈現：

$$\Delta V_{in1} = \sqrt{\frac{2I_{SS}}{\mu_n C_{ox} \dfrac{W}{L}}} \tag{4.14}$$

當 $\Delta V_{in} > \Delta V_{in1}$，$M_2$ 是關閉的，且 (4.9) 和 (4.10) 不成立。如上所示，當 $\Delta V_{in} = \Delta V_{in1}$，$G_m$ 會掉到零，如圖 4.13 呈現此特性。

---

5 我們忽略次臨界導通。

範例 4.4

當元件寬度和尾電流變化時，繪出差動對的輸入—輸出特性圖。

解 考慮圖 4.14(a) 所示的特性圖，當 W/L 增加時，ΔV_{in1} 減少，使得兩個元件同時開啟時輸入範圍變窄〔圖 4.14(b)〕。當 I_{SS} 增加時，輸入範圍與輸出電流振幅一起增加〔圖 4.14(c)〕。當 I_{SS} 增加或 W/L 減少時，直覺預期電路會更為線性。

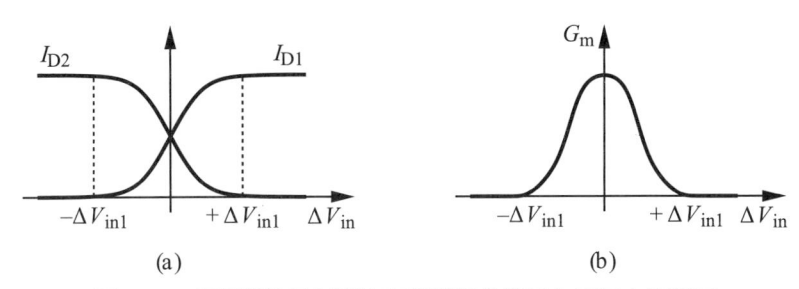

圖 4.13 差動對的汲極電流和轉導變化與輸入電壓之關係圖

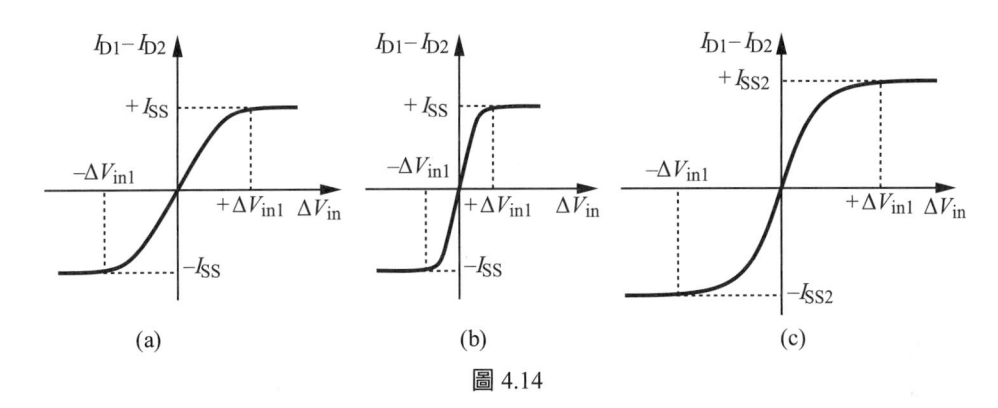

圖 4.14

由 (4.14) 所示已知 ΔV_{in1} 值事實上代表著電路能「處理」的最大差動輸入信號。ΔV_{in1} 與平衡狀態的 M_1 和 M_2 驅動電壓是有關聯的。以某零差動輸入信號來說，$I_{D1} = I_{D2} = I_{SS}/2$，而產生

$$(V_{GS} - V_{TH})_{1,2} = \sqrt{\frac{I_{SS}}{\mu_n C_{ox} \dfrac{W}{L}}} \tag{4.15}$$

因此，ΔV_{in} 等於 $\sqrt{2}$ 乘上平衡時的驅動電壓。觀點是增加 ΔV_{in1} 致使電路變得更加線性，且不可避免地也增加了 M_1 和 M_2 的驅動電壓。以已知的 I_{SS} 來說，僅需減少 W/L 值和電晶體的轉導即可完成，但會因為線性度而犧牲小信號增益。但我們可以增加 I_{SS}，而會消耗功率（如果 I_{SS} 增加，但因為餘裕的限制，而讓 $I_{SS}R_D$ 維持常數，增益會如何？）

奈米設計筆記

奈米差動對和「平衡時驅動電壓和將其中一邊關閉所需要的差動電壓」有相似的關係，下圖是使用 $W/L = 5\,\mu m/40\,nm$ 及 $I_{SS} = 0.25\,mA$ 的差動對之輸出電流，分別使用實際的模型（黑線）和平方律模型（灰線），如果我們界定當一個電晶體承載 90% 尾電流時為截止時，奈米設計顯示平衡狀態電壓和截止狀態電壓差大約 $\sqrt{2}$ 倍。

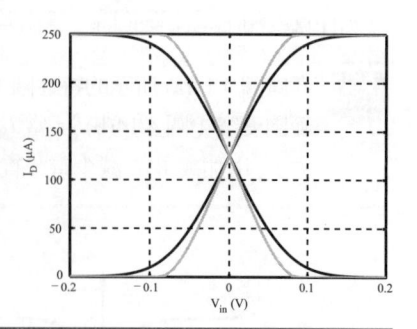

範例 4.5

因為製作上的缺陷，給差動對的差動信號有不相等的直流位準（圖 4.15）。如果峰值擺幅 V_0 是小且不平衡，V_{OS} 會等於 $V_{in1}/2 = (1/2)\sqrt{2I_{SS}/(\mu_n C_{ox} W/L)}$，繪出輸出電壓波形並決定小信號增益。

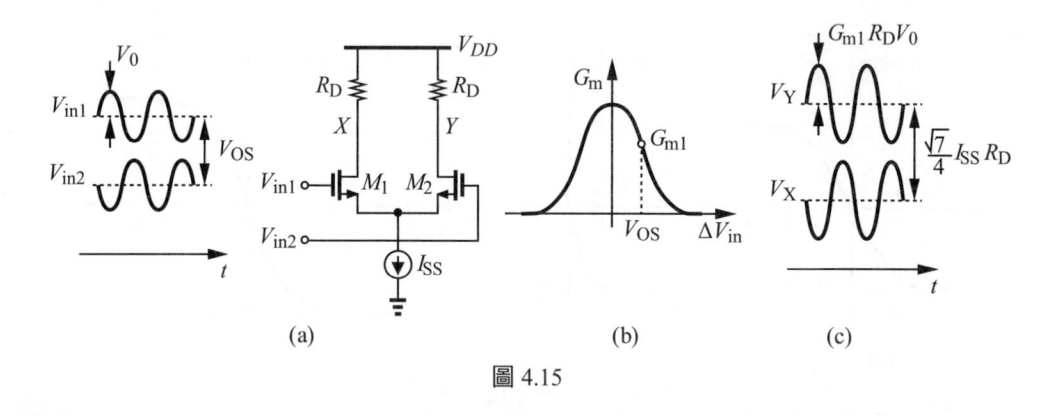

圖 4.15

解 讓我們先研讀只有直流輸入的電路，且直流有 V_{OS} 的差距，差動對感測到一個不平衡的信號 $V_{in1} - V_{in2} = V_{OS}$，且從 (4.10) 可以得到

$$I_{D1} - I_{D2} = \frac{\sqrt{7}}{4} I_{SS} \tag{4.16}$$

也就是說，$I_{D1} \approx 0.83 I_{SS}$、$I_{D2} \approx 0.17 I_{SS}$ 且 $V_X - V_Y = -(\sqrt{7}/4)$。

從圖 4.15(b)，我們了解到不平衡的偏壓點，會使得電晶體偏移最高的轉導，從 (4.11) 產生如下：

$$G_{m1} = \frac{3}{\sqrt{14}} \sqrt{\mu_n C_{ox} \frac{W}{L} I_{SS}} \tag{4.17}$$

這個值大約比平衡時少了 20%，輸出波形如圖 4.15(c)。

小信號分析

現在來看一下差動對的小信號特性。如圖 4.16 所示，我們應用小信號 V_{in1} 和 V_{in2}，並假設 M_1 和 M_2 位於飽和區。其差動電壓增益 $(V_{out1}-V_{out2})/(V_{in1}-V_{in2})$ 為和？回想一下 (4.12) 數值等於 $\sqrt{\mu_n C_{ox} I_{SS} W/L} R_D$。因為在平衡狀態附近，每個電晶體都帶約 $I_{SS}/2$ 的電流，此表示式可簡化為 $g_m R_D$，其中 g_m 代表 M_1 和 M_2 的轉導值。為利用小信號分析可以得到同樣的結果，我們使用兩個不同的方法，每個都提供了對電路運作的詳細觀察。我們假設 $R_{D1} = R_{D2} = R_D$。

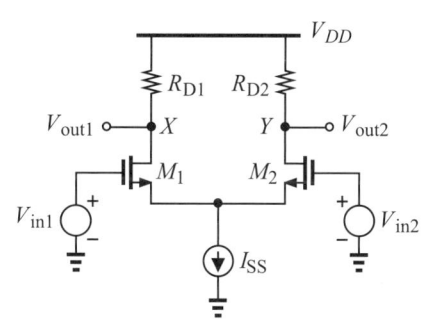

圖 4.16 輸入一小信號之差動對

方法一

圖 4.16 的電路由兩個獨立信號所驅動，因此輸出信號可利用重疊原理計算（本章節的電壓是小信號量）。

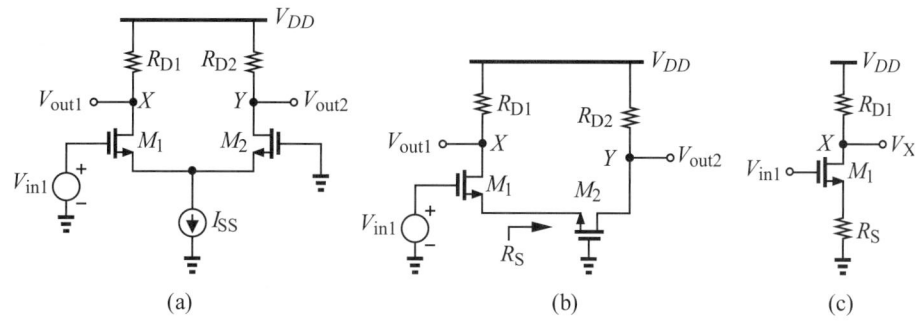

圖 4.17 (a) 感測一輸入信號之差動對；(b) 視 (a) 電路為 M2 退化的共源極組態；(c) (b) 的等效電路

假設 V_{in2} 為 0 並找出在節點 X 與 Y 之 V_{in1} 效應〔圖 4.17(a)〕。為求得 V_X，注意 M_1 形成一共源極組態，其退化電阻等於 M_2 源極所視之阻抗〔圖 4.17(b)〕。忽略通道長度調變和基板效應，我們得到 $R_S = 1/g_{m2}$〔圖 4.17(c)〕和

$$\frac{V_X}{V_{in1}} = \frac{-R_D}{\dfrac{1}{g_{m1}} + \dfrac{1}{g_{m2}}} \tag{4.18}$$

為計算 V_Y，我們注意到 M_1 驅動 M_2 作為一源極隨耦器，並利用戴維尼等校電路取代 V_{in1} 和 M_1（圖 4.18）：戴維尼電壓 $V_T = V_{in1}$ 和電阻 $R_T = 1/g_{m1}$。此處 M_2 為共閘極組態，其增益為

$$\frac{V_Y}{V_{in1}} = \frac{R_D}{\dfrac{1}{g_{m2}} + \dfrac{1}{g_{m1}}} \tag{4.19}$$

從 (4.18) 和 (4.19) 可知 V_{in1} 的整體電壓增益為

$$(V_X - V_Y)|_{\text{Due to } V_{in1}} = \frac{-2R_D}{\dfrac{1}{g_{m1}} + \dfrac{1}{g_{m2}}} V_{in1} \tag{4.20}$$

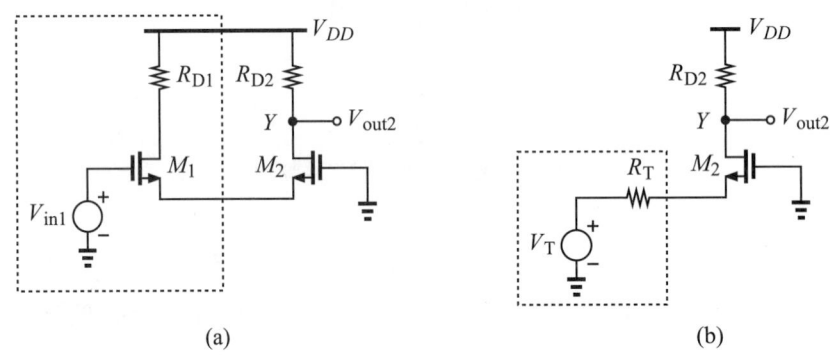

圖 4.18 利用戴維尼等效電路取代 M_1

其中當 $g_{m1} = g_{m2} = g_m$ 時，將簡化為

$$(V_X - V_Y)|_{\text{Due to } V_{in1}} = -g_m R_D V_{in1} \tag{4.21}$$

由於對稱之故，V_{in2} 在節點 X 與 Y 的影響等於 V_{in1} 在相同點的影響，除了極性的改變外：

$$(V_X - V_Y)|_{\text{Due to } V_{in2}} = g_m R_D V_{in2} \tag{4.22}$$

將 (4.21) 和 (4.22) 之兩邊相加以執行重疊原理，可以得到

$$\frac{(V_X - V_Y)_{tot}}{V_{in1} - V_{in2}} = -g_m R_D \tag{4.23}$$

不管輸入方式為何，比較 (4.21)、(4.22) 和 (4.23) 後呈現差動增益大小為 $g_m R_D$：在圖 4.17 和 4.18 中，僅在一邊輸入信號；而在圖 4.16 為兩來源間輸入差動信號。確認是否為單端輸出也很重要，亦即輸出端在節點 X 或 Y 和接地間感測信號，其增益值會減半。

範例 4.6

因為製造上的誤差，在圖 4.19 之電路中，M_2 為 M_1 的兩倍寬。如果 V_{in1} 和 V_{in2} 之偏壓值相同時，計算其小信號增益。

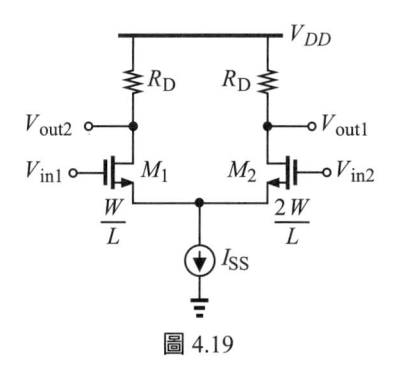

圖 4.19

解 如果 M_1 和 M_2 之閘極電壓相同時，則 $V_{GS1} = V_{GS2}$ 且 $I_{D2} = 2I_{D1} = 2I_{SS}/3$。因此 $g_{m1} = \sqrt{2\mu_n C_{ox}(W/L)I_{SS}/3}$ 且 $g_{m2} = \sqrt{2\mu_n C_{ox}(2W/L)(2I_{SS})/3}$，依照上述過程，各位可以證明

$$|A_v| = \frac{2R_D}{\dfrac{1}{g_{m1}} + \dfrac{1}{2g_{m1}}} \tag{4.24}$$

$$= \frac{4}{3}g_{m1}R_D \tag{4.25}$$

注意，已知 I_{SS} 值小於對稱差動對的增益〔(4.23)〕，因為 g_{m1} 比較小。各位可以看到圖 4.13 的特徵曲線被水平平移了，因此電路存在一個「位移」。我們會在第 14 章運用到此概念來線性化差動對。

差動對和共源極組態的增益如何比較呢？對已知的總偏壓電流來說，(4.23) 的 g_m 值偏壓於 I_{SS} 且尺寸是相同之單一電晶體的 $1/\sqrt{2}$ 倍。因此，總增益 g_m 也等比減少。

方法二

如果一全對稱差動對感測到一差動輸入信號（亦即兩個輸入信號對於平衡狀態而言，變化量相同但極性相反），則可利用**半電路**（half circuit）的觀念。首先我們來證明輔助定律。

輔助定理

考慮圖 4.20(a) 之對稱電路，其中 D_1 和 D_2 代表了任意三端點主動元件。假設 V_{in1} 和 V_{in2} 變化的程度有所差別，前者由 V_0 變化至 $V_0 + \Delta V_{in}$，後者由 V_0 變化至 $V_0 - \Delta V_{in}$〔圖 4.20(b)〕。如果電路保持線性，V_P 則不會變。假設 $\lambda = 0$。

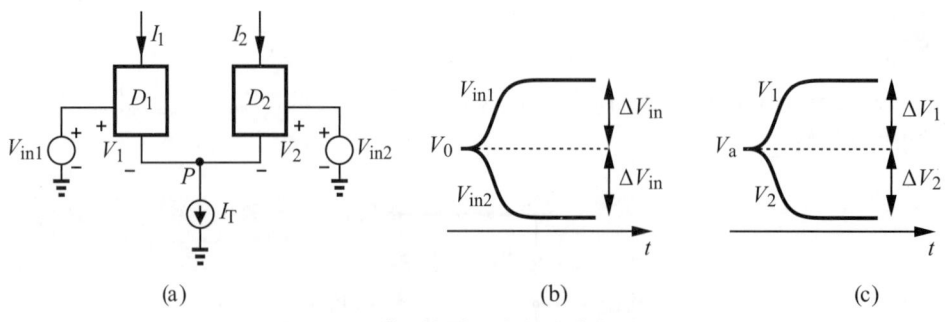

图 4.20 說明節點 P 為何為虛擬接地

證明

輔助定理證明可以訴諸於對稱性。只要維持線性，忽略不計 D_1 和 D_2 間的偏壓電流差可時，電路即為對稱。因此，V_P 無法「有利於」其中一端變化，而「忽略」另一端。

從另一個觀點來看，D_1 和 D_2 在節點 P 之影響可以用戴維尼等效電路來表示（圖 4.21）。如果 V_{T1} 和 V_{T2} 的變化相同但極性相反，且 R_{T1} 和 R_{T2} 相等，則 V_P 會保持常數。我們必須強調如果改變夠小到能假設 $R_{T1} = R_{T2}$（亦即 $1/g_{m1} = 1/g_{m2}$），[6] 此結論就會成立。此觀點指出即使尾電流源不是理想時，此定理仍有效。

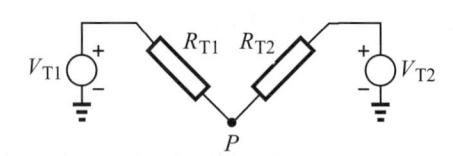

图 4.21 以戴維尼等效電路取代差動對的半電路

我們現在提供一個更正式的證明。我們假定 V_1 和 V_2 有一個相同平衡值 V_a，且變化分別為 ΔV_1 和 ΔV_2〔圖 4.20(c)〕。輸出電流變化分別為 $\Delta g_m V_1$ 和 $\Delta g_m V_2$。因為 $I_1 + I_2 = I_T$，可得 $g_m \Delta V_1 + g_m \Delta V_2 = 0$，亦即 $\Delta V_1 = -\Delta V_2$。我們也知道 $V_{in1} - V_1 = V_{in2} - V_2$，因此 $V_0 + \Delta V_{in} - (V_a + \Delta V_1) = V_0 - \Delta V_{in} - (V_a + \Delta V_2)$。所以我們可以得到 $2\Delta V_{in} = \Delta V_1 - \Delta V_2 = 2\Delta V_1$。換句話說，如果 V_{in1} 和 V_{in2} 分別變化 $+\Delta V_{in}$ 和 $-\Delta V_{in}$ 時，V_1 和 V_2 也會產生相同的變化量，亦即輸入端的差動變化就被 V_1 和 V_2「吸收」了。事實上，因為 $V_P = V_{in1} - V_1$，且 V_1 和 V_{in1} 的變化相同，故 V_P 不會改變。

上述的輔助定理大大簡化了差動放大器的小信號分析。如圖 4.22 所示，因為 V_P 並沒有改變，節點 P 可視為「交流接地」且電路可細分為兩個「半電路」。我們能寫成 $V_X/V_{in1} = -g_m R_D$ 和 $V_Y/(-V_{in1}) = -g_m R_D$，其中 V_{in1} 和 $-V_{in1}$ 代表每一邊的電壓變化。因此，$(V_X - V_Y)/(2V_{in1}) = -g_m R_D$。

---

[6] 推導出 V_P 的大信號特性且證明對小 $V_{in1} - V_{in2}$ 而言，V_P 維持不變是有可能的（另見第15章的計算）。

(a)　　　　　　　　　　　　　　　　(b)

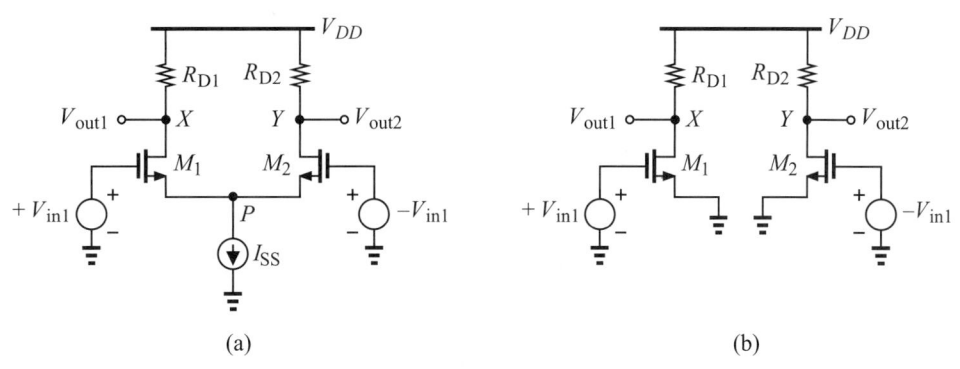

圖 4.22　半電路概念的應用

範例 4.7

計算圖 4.22(a) 之電路差動增益，如果 $\lambda \neq 0$。

解　如圖 4.23 所示，應用半電路觀念，我們可得到 $V_X/V_{in1} = -g_m(R_D\|r_{O1})$ 和 $V_Y/(-V_{in1}) = -g_m(R_D\|r_{O2})$，因此可得 $(V_X-V_Y)/(2V_{in1}) = -g_m(R_D\|r_O)$，其中 $r_O = r_{O1} = r_{O2}$。注意此處使用**方法一**需要很冗長的計算過程。

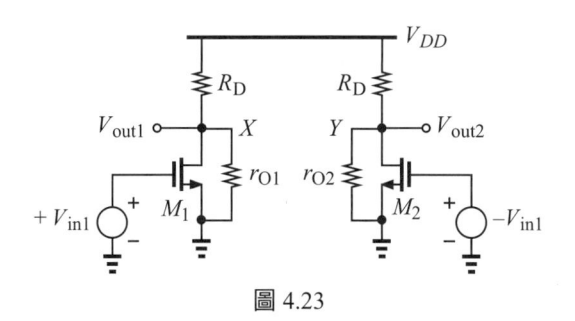

圖 4.23

半電路觀念提供了在全差動輸入時，分析對稱差動對的好用技巧。但如果兩個輸入並非全差動時會發生何事呢〔圖 4.24(a)〕？如圖 4.24(b) 和 (c) 所示，可視 V_{in1} 和 V_{in2} 這兩個輸入為

$$V_{in1} = \frac{V_{in1} - V_{in2}}{2} + \frac{V_{in1} + V_{in2}}{2} \tag{4.26}$$

$$V_{in2} = \frac{V_{in2} - V_{in1}}{2} + \frac{V_{in1} + V_{in2}}{2} \tag{4.27}$$

因為對兩個輸入來說，第二項都相等，我們可得如圖 4.24(d) 之等效電路，並確認此電路感測了一差動輸入和共模變化的結合。因此如圖 4.25 所示，將半電路觀念應用在差動模態運作時，可利用每種輸入的影響。4.3 節會提到共模分析。

(a)

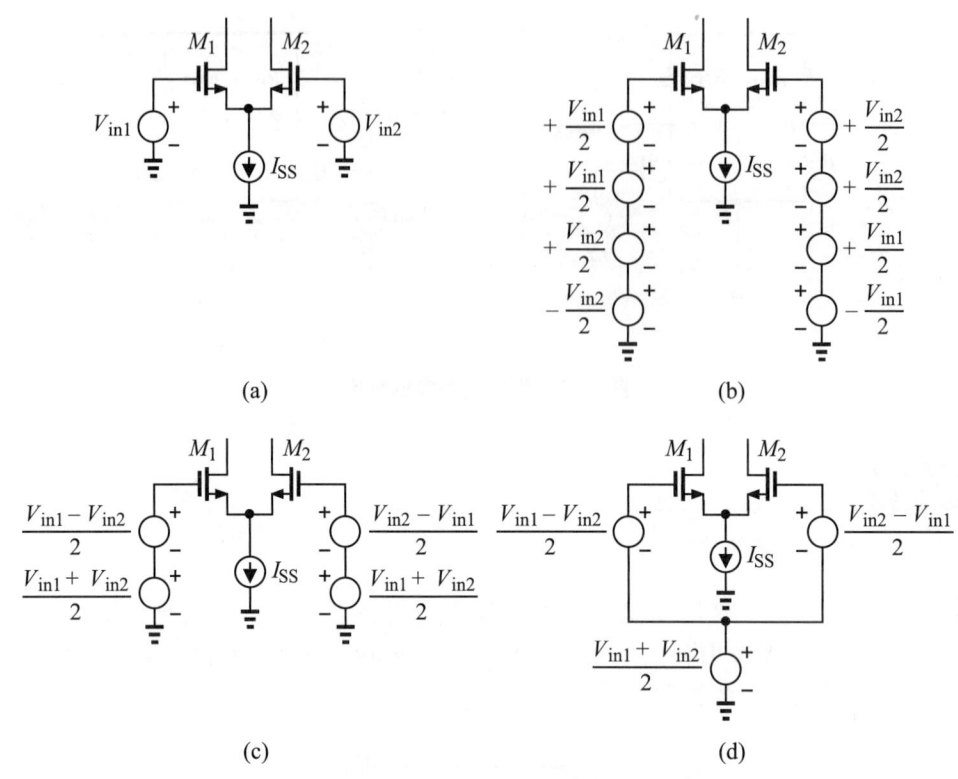

(b)

(c)

(d)

圖 4.24 任意輸入信號轉換為差動和共模信號成分

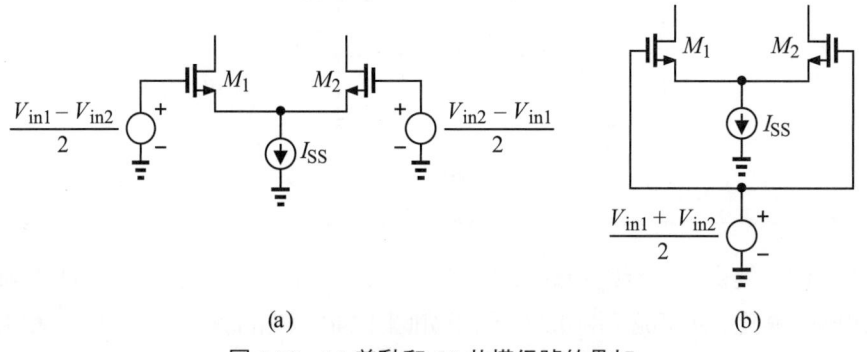

(a)

(b)

圖 4.25 (a) 差動和 (b) 共模信號的疊加

範例 4.8

在圖 4.22(a) 之電路中,如果 $V_{in1} \neq -V_{in2}$ 且 $\lambda \neq 0$,計算 V_X 和 V_Y。

解 以差動模態運作時,從圖 4.26(a) 中可得

$$V_X = -g_m(R_D \| r_{O1})\frac{V_{in1} - V_{in2}}{2} \tag{4.28}$$

$$V_Y = -g_m(R_D \| r_{O2})\frac{V_{in2} - V_{in1}}{2} \tag{4.29}$$

也就是說

$$V_X - V_Y = -g_m(R_D \| r_O)(V_{in1} - V_{in2}) \qquad (4.30)$$

和預期相同。

對共模運作來說，電路會變成如圖 4.26(b)。而當 $V_{in,CM}$ 改變時，V_X 和 V_Y 會變化多少？如果電路為全對稱且 I_{SS} 為理想電流源時，M_1 和 M_2 由 R_{D1} 和 R_{D2} 引入之電流等於 $I_{SS}/2$ 且和 $V_{in,CM}$ 無關。因此 V_X 和 V_Y 不會改變。有趣的是，電路僅放大了 V_{in1} 和 V_{in2} 之間的差，而消除了 $V_{in,CM}$ 的效應。

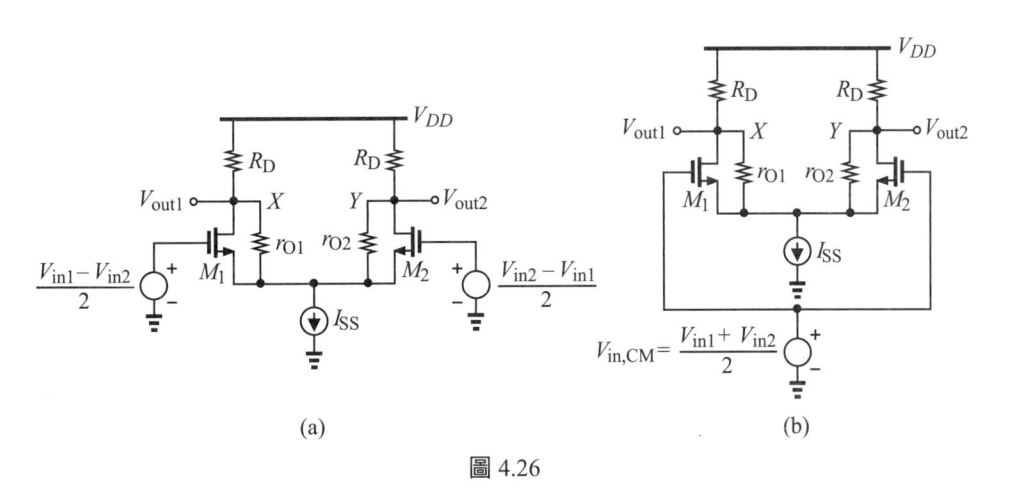

圖 4.26

4.2.3 源極退化差動對

使用簡單的共源極，差動對可以透過電阻退化技巧來改善線性度。如圖 4.27(a)，此架構可藉由 R_{S1} 和 R_{S2} 軟化 M_1 和 M_2 的非線性特性。這可以由圖 4.27(b) 的輸入輸出特徵曲線得知，其中因為退化，而其中一邊關閉的差動電壓將增加。

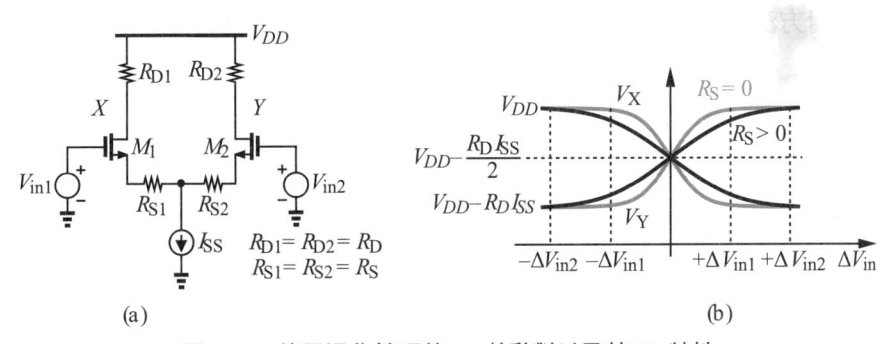

圖 4.27　使用退化技巧的 (a) 差動對以及其 (b) 特性

我們可以證明這點：假設 $V_{in1} - V_{in2} = \Delta V_{in2}$，$M_2$ 關閉且 $I_{D1} = I_{SS}$。可以得到 $V_{GS2} = V_{TH}$，因此

$$V_{in1} - V_{GS1} - R_S I_{SS} = V_{in2} - V_{TH} \qquad (4.31)$$

可以產生

$$V_{in1} - V_{in2} = V_{GS1} - V_{TH} + R_S I_{SS} \qquad (4.32)$$

$$= \sqrt{\frac{2I_{SS}}{\mu_n C_{ox} \dfrac{W}{L}}} + R_S I_{SS} \qquad (4.33)$$

我們知道在右手邊的第一項是 ΔV_{in1}（如果 $R_S = 0$，需要將 M_2 關閉的差動電壓）

$$\Delta V_{in2} - \Delta V_{in1} = R_S I_{SS} \qquad (4.34)$$

可以發現輸入的線性區間約擴增了 $\pm R_S I_{SS}$。

退化的的小信號電壓增益差動對可藉由半電路概念來了解。半電路是就算是退化式共源極組態，其增益為

$$|A_v| = \frac{R_D}{\dfrac{1}{g_m} + R_S} \qquad (4.35)$$

如果 $\lambda = \gamma = 0$。電路因此犧牲增益換取線性度，此結論也可以從圖 4.27(b) 的特性曲線觀察到。在此例子中，A_v 也不容易受到 g_m 變化的影響。

除了減少增益，圖 4.27(a) 中的退化式電阻也會消耗電壓餘裕。在平衡狀態，每個電阻會維持 $R_S I_{SS}/2$ 的電壓降，就像是尾電流源本身需要比較大的電壓餘裕。輸入共模位準因此必須要比此值高，且為 X 和 Y 點的最低值。換句話說，最大容許的差動輸出擺幅減少了 $R_S I_{SS}$。這個問題可以使用如圖 4.28 的方式來計算，將尾電流分為兩個，每個電流源都直接接到源極。在平衡狀態，沒有電流會流經退化式電阻，因此不會犧牲餘裕。[7] 其他線性化差動對方法會在第 14 章說明。

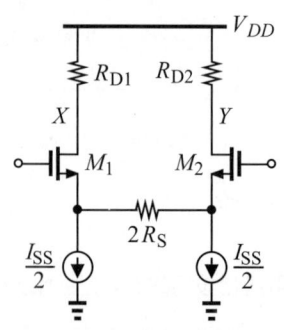

圖 4.28　有分離式尾電流源的退化式差動對

---

[7] 本書後面會再說明，本範例中的兩個尾電流源會造成差動雜訊和電壓偏移。

4.3 共模響應

差動對的重要特性為抑制共模擾動效應的能力。範例 4.8 呈現一個理想化的共模響應。實際上，此電路不會是全對稱且電流源也不會呈現一無限大輸出阻抗，所以一部分輸入共模變化會在輸出端出現。

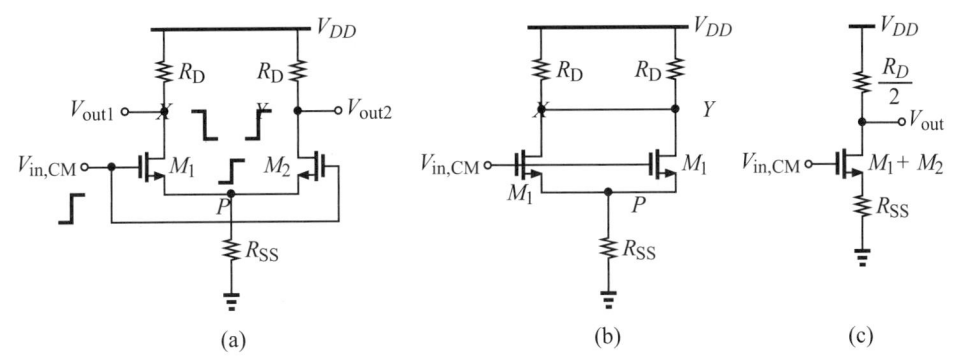

圖 4.29 (a) 感測共模輸入之差動對；(b) (a) 的簡化模式；(c) (b) 的等效電路

首先我們假設電路為對稱，但電流源之輸出阻抗 R_{SS} 為有限〔圖 4.29(a)〕。當 $V_{in,CM}$ 改變時，V_P 亦隨之變化，而增加了 M_1 和 M_2 之汲極電流，因此 V_X 和 V_Y 將會減少。由於對稱之故，V_X 和 V_Y 仍相同。如圖 4.29(b) 所示，可將這兩個節點短路。因為 M_1 和 M_2 互相「並聯」，其寬度和偏壓電流為 M_1 和 M_2 的兩倍，故其轉導值亦為兩倍。此電路之共模增益等於

$$A_{v,CM} = \frac{V_{out}}{V_{in,CM}} \tag{4.36}$$

$$= -\frac{R_D/2}{1/(2g_m) + R_{SS}} \tag{4.37}$$

其中 g_m 代表了每個 M_1 和 M_2 的轉導，且 $\lambda = \gamma = 0$。

此計算方法的特點在哪？在對稱電路中，輸入共模變化會干擾偏壓工作點，改變小信號增益且可能會限制輸出電壓振幅，我們能以範例來說明。

範例 4.9

圖 4.30 的電路使用電阻而不是用電流源來界定 1 mA 的尾電流。假設 $(W/L)_{1,2} = 25/0.5$、$\mu_n C_{ox} = 50\ \mu A/V^2$、$V_{TH} = 0.6\ V$、$\lambda = \gamma = 0$，及 $V_{DD} = 3\ V$。

(a) R_{SS} 維持於 0.5 V 之輸入共模信號為何？
(b) 計算差動增益為 5 的 R_D 值。
(c) 如果輸入共模位準比 (a) 中所求得的值高 50 mV，輸出端會如何？

圖 4.30

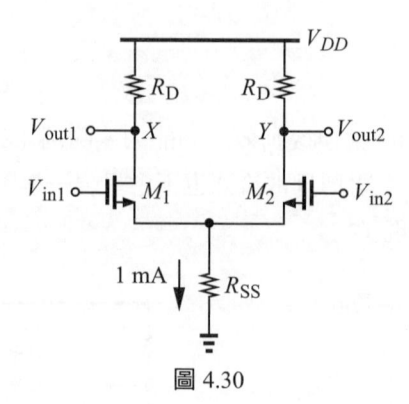

解 (a) 因為 $I_{D1} = I_{D2} = 0.5$ mA，可以得到

$$V_{GS1} = V_{GS2} = \sqrt{\frac{2I_{D1}}{\mu_n C_{ox} \frac{W}{L}}} + V_{TH} \tag{4.38}$$

$$= 1.23 \text{ V} \tag{4.39}$$

因此，$V_{in,CM} = V_{GS1} + 0.5$ V $= 1.73$ V。注意 $R_{SS} = 500$ Ω。

(b) 每個元件的轉導是 $g_m = \sqrt{2\mu_n C_{ox}(W/L)I_{D1}} = 1/(632$ Ω$)$，需要 $R_D = 3.16$ kΩ 來達到增益值 5。

注意，輸出偏壓位準等於 $V_{DD} - I_{D1}R_D = 1.42$ V。因為 $V_{in,CM} = 1.73$ V 且 $V_{TH} = 0.6$ V，電晶體距離三極管區 290 mV。

(c) 如果 $V_{in,CM}$ 增加 50 mV，圖 4.29(c) 的等效電路指出 V_X 和 V_Y 會降低

$$|\Delta V_{X,Y}| = \Delta V_{in,CM} \frac{R_D/2}{R_{SS} + 1/(2g_m)} \tag{4.40}$$

$$= 50 \text{ mV} \times 1.94 \tag{4.41}$$

$$= 96.8 \text{ mV} \tag{4.42}$$

如此，M_1 和 M_2 目前只距離三極管區 143 mV，因為共模位準增加了 50 mV 且輸出共模位準降低了 96.8 mV。

奈米設計筆記

因為在奈米製程中，尾電流源的低輸出阻抗，共模位準的改變會「傳遞」。下圖是兩個串疊差動對的輸出共模位準，當主要的輸出共模位準 $V_{in,CM}$ 增加，可以發現第一級電壓下降，第二級電壓上升。

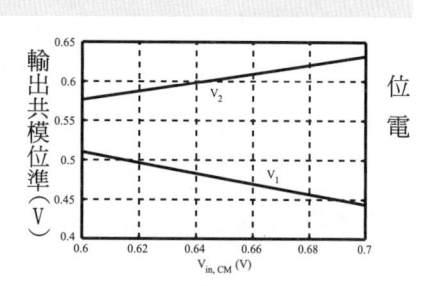

前面的討論指出**尾電流源**（tail current source）之有限輸出阻抗在對稱差動對中產生共模增益，但這通常為次要問題。比較麻煩的是由於 $V_{in,CM}$ 變化所產生之差動輸出變化，此效應是因為電路實際上並非完全對稱，亦即兩邊會出現製造過程中所產生的輕微**不匹配**狀況。舉例來說，圖 4.29(a) 中，R_{D1} 可能不會剛好等於 R_{D2}。

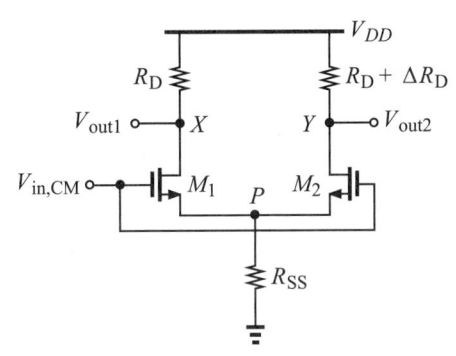

圖 4.31　在電阻不匹配下之共模響應

現在我們來看看如果電路為非對稱且尾電流源遇到有限輸出阻抗時，輸入共模變化的影響。假設如圖 4.31，$R_{D1} = R_D$ 且 $R_{D2} = R_D + \Delta R_D$，其中 ΔR_D 代表了不匹配的量，而電路則為對稱。假設 M_1 和 M_2 中，$\lambda = \gamma = 0$，當共模位準增加時，V_X 和 V_Y 會如何呢？我們知道 M_1 和 M_2 是源極隨耦器架構，而讓 V_P 增加

$$\Delta V_P = \frac{R_{SS}}{R_{SS} + \dfrac{1}{2g_m}} \Delta V_{in,CM} \tag{4.43}$$

因為 M_1 和 M_2 相同，I_{D1} 和 I_{D2} 會增加 $[g_m/(1 + 2g_m R_{SS})] \Delta V_{in,CM}$，但 V_X 和 V_Y 會改變不同的量：

$$\Delta V_X = -\Delta V_{in,CM} \frac{g_m}{1 + 2g_m R_{SS}} R_D \tag{4.44}$$

$$\Delta V_Y = -\Delta V_{in,CM} \frac{g_m}{1 + 2g_m R_{SS}} (R_D + \Delta R_D) \tag{4.45}$$

因此，輸入端之共模變化在輸出端導入差動成分。我們說此電路顯示了共模－差動轉換特性，這是個很重要的問題，因為差動對的輸入包含了差動信號和共模雜訊，因此電路之輸入共模變化會破壞放大器之差動信號。圖 4.32 即說明此效應。

總而言之，差動對的共模響應和尾電流源之輸出阻抗及電路的非對稱性有關，並顯示了兩種效應：輸出共模位準的變化（並無不匹配現象）和在輸出端之輸入共模變化轉換為差動成分。在類比電路中，後者的效應比前者更嚴重，基於此理由，共模響應通常與不匹配情況一起討論。

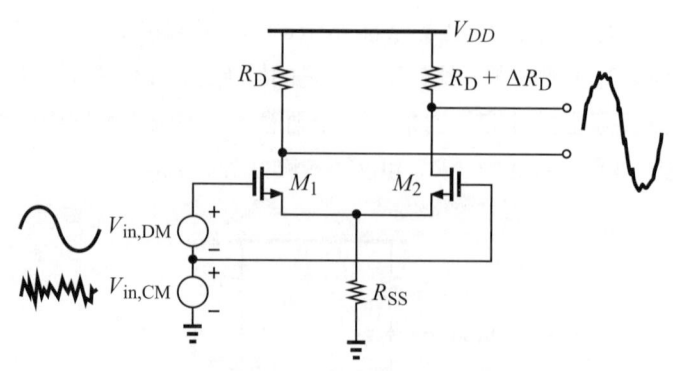

圖 4.32　由於電阻不匹配所產生之共模雜訊效應

共模－差動信號轉換有多重要？我們來觀察兩點。首先，當共模擾動之頻率增加時，和尾電流並聯之總電容引進了較大的尾電流變化。因此，甚至如果電流源之輸出電阻很高時，共模－差動信號轉換在高頻時亦非常重要。如圖 4.33 所示，此電容將由電流源本身的寄生電容（parasitic capacitance）和 M_1 和 M_2 之源極－基板介面電容所組成。第二，電路的非對稱性是源自負載電阻和輸入電晶體，一般來說後者較會產生不匹配情況。

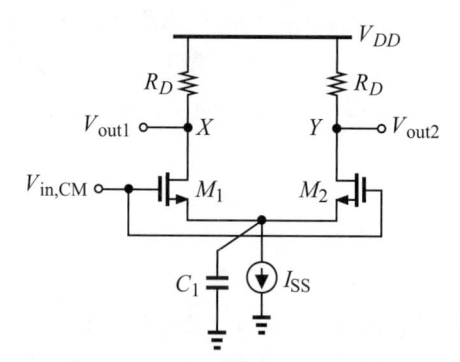

圖 4.33　有限尾電容之共模響應

我們來看圖 4.34(a) 中由於 M_1 和 M_2 間的不匹配所造成的非對稱性。由於元件大小和臨界電壓的不匹配，這兩個電晶體所攜帶之電流會稍微不同，其轉導值亦不同。為計算由 $V_{in,CM}$ 至 X 和 Y 的增益，我們使用圖 4.34(b) 之等效電路，寫成 $I_{D1} = g_{m1}(V_{in,CM} - V_P)$ 和 $I_{D2} = g_{m2}(V_{in,CM} - V_P)$，也就是說

$$(g_{m1} + g_{m2})(V_{in,CM} - V_P)R_{SS} = V_P \tag{4.46}$$

以及

$$V_P = \frac{(g_{m1} + g_{m2})R_{SS}}{(g_{m1} + g_{m2})R_{SS} + 1} V_{in,CM} \tag{4.47}$$

(a)　　　　　　　　　　　　　　(b)

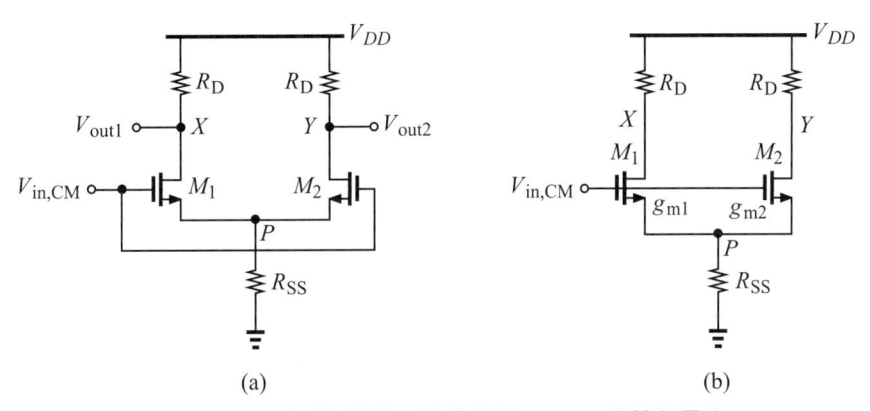

圖 4.34　(a) 感測共模輸入的差動對；(b) (a) 的等效電路

我們現在得到輸出電壓為

$$V_X = -g_{m1}(V_{in,CM} - V_P)R_D \tag{4.48}$$

$$= \frac{-g_{m1}}{(g_{m1} + g_{m2})R_{SS} + 1} R_D V_{in,CM} \tag{4.49}$$

和

$$V_Y = -g_{m2}(V_{in,CM} - V_P)R_D \tag{4.50}$$

$$= \frac{-g_{m2}}{(g_{m1} + g_{m2})R_{SS} + 1} R_D V_{in,CM} \tag{4.51}$$

已知輸出端的差動成分為

$$V_X - V_Y = -\frac{g_{m1} - g_{m2}}{(g_{m1} + g_{m2})R_{SS} + 1} R_D V_{in,CM} \tag{4.52}$$

換句話說，電路將會轉換輸入共模變化為一差動誤差，其改變因子為

$$A_{CM-DM} = -\frac{\Delta g_m R_D}{(g_{m1} + g_{m2})R_{SS} + 1} \tag{4.53}$$

其中 A_{CM-DM} 代表了共模－差動轉換且 $\Delta g_m = g_{m1} - g_{m2}$。

範例 4.10

兩個差動對如圖 4.35 疊加起來，電晶體 M_3 和 M_4 遇到 g_m 不匹配量為 Δg_m，在節點 P 的總寄生電容（parasitic capacitance）為 C_P，其他電路則對稱。有多少供應雜訊會在輸出端以差動成分出現？假設 $\lambda = \gamma = 0$。

圖 4.35

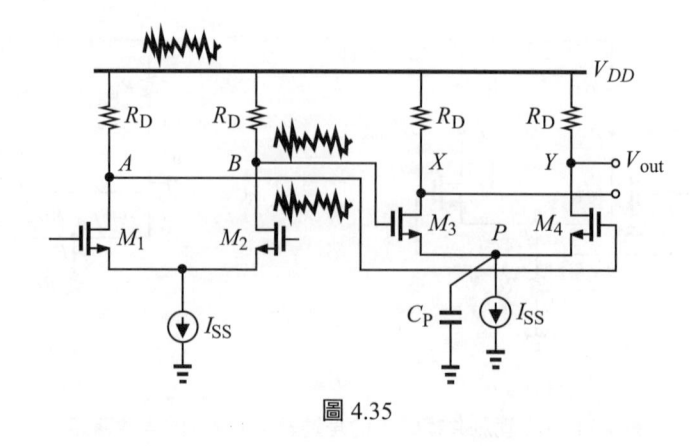

解 忽略節點 A 和 B，我們注意到供應雜訊在這兩個節點出現並無衰減，以 $1/(C_pS)$ 取代 (4.53) 中 R_{SS} 並考慮其大小，我們得到

$$|A_{CM-DM}| = \frac{\Delta g_m R_D}{\sqrt{1+(g_{m3}+g_{m4})^2 \left|\dfrac{1}{C_P\omega}\right|^2}} \tag{4.54}$$

關鍵在於當供應電壓雜訊頻率 ω 增加時，此效應也變得更為重要。

為了有意義的比較差動對電路，由共模變化所產生之差動成分，我們必須將所需的差動放大器信號成分正規化，並稱之為**共模排斥比**（common-mode rejection ratio, CMRR）：

$$\text{CMRR} = \left|\frac{A_{DM}}{A_{CM-DM}}\right| \tag{4.55}$$

如果只考慮 g_m 不匹配時，各位可由圖 4.17 的分析證明

$$|A_{DM}| = \frac{R_D}{2}\frac{g_{m1}+g_{m2}+4g_{m1}g_{m2}R_{SS}}{1+(g_{m1}+g_{m2})R_{SS}} \tag{4.56}$$

因此

$$\text{CMRR} = \frac{g_{m1}+g_{m2}+4g_{m1}g_{m2}R_{SS}}{2\Delta g_m} \tag{4.57}$$

$$\approx \frac{g_m}{\Delta g_m}(1+2g_m R_{SS}) \tag{4.58}$$

其中 g_m 代表了平均值；亦即 $g_m = (g_{m1}+g_{m2})/2$。實際上，所有的不匹配都必須考慮。注意 $2g_m R_{SS} \gg 1$，因此，$\text{CMRR} \approx 2g_m^2 R_{SS}/\Delta g_m$。

範例 4.11

根據前述，無限大的尾電流源輸出阻抗能保證無限共模排斥，此結論是否一定正確？

解 有趣的是，此結論並非一定成立。如果兩個電晶體存在基板效應的不匹配，即使尾電流阻抗是無限大，電路仍然會讓輸入共模信號改變成差動輸出成分。如圖 4.36，在 $V_{in,CM}$ 的改變在 P 點產生了 V_P 的改變，因此兩個電晶體都有 V_{BS} 的改變。如果 $g_{mb1} \neq g_{mb2}$，在 $I_D1(= g_{mb1}V_{BS1})$ 的改變並不會等於 I_{D2}，而會在輸出產生一個差動改變。

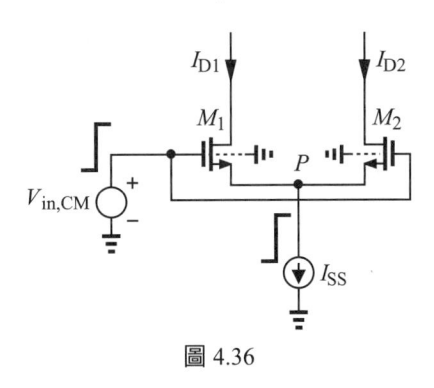

圖 4.36

4.4 負載 MOS 之差動對

我們不必使用線性電阻來作為差動對的負載。第 3 章所提到的共源極組態，差動對可運用二極體或電流鏡作為其負載（圖 4.37）。小信號差動增益可利用半電路來導出。以圖 4.37(a) 來說，

$$A_v = -g_{mN}\left(g_{mP}^{-1}\|r_{ON}\|r_{OP}\right) \tag{4.59}$$

$$\approx -\frac{g_{mN}}{g_{mP}} \tag{4.60}$$

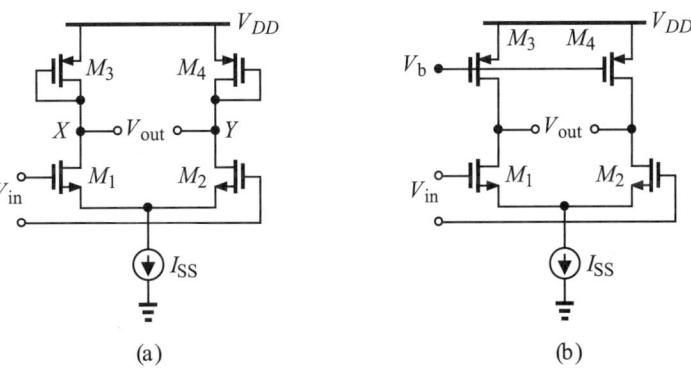

圖 4.37 (a) 負載二極體之差動對；(b) 負載電流源之差動對

其中下標 N 與 P 分別代表 NMOS 與 PMOS。以元件尺寸來表示 g_{mN} 和 g_{mP}，可得到

$$A_v \approx - \sqrt{\frac{\mu_n (W/L)_N}{\mu_p (W/L)_P}} \tag{4.61}$$

而從圖 4.37(b)，我們得到

$$A_v = -\, g_{mN}(r_{ON} \| r_{OP}) \tag{4.62}$$

範例 4.12

有可能將圖 4.37(b) 電路所需要的 V_b 電壓拿掉，如圖 4.38(a) 中 R_1 和 R_2（$= R_1$）相當地大。在沒有信號的狀態下，$V_X = V_Y = V_N = V_{DD} - |V_{GS3,4}|$，也就是說 M_3 和 M_4 是自偏壓。求出此架構的差動電壓增益。

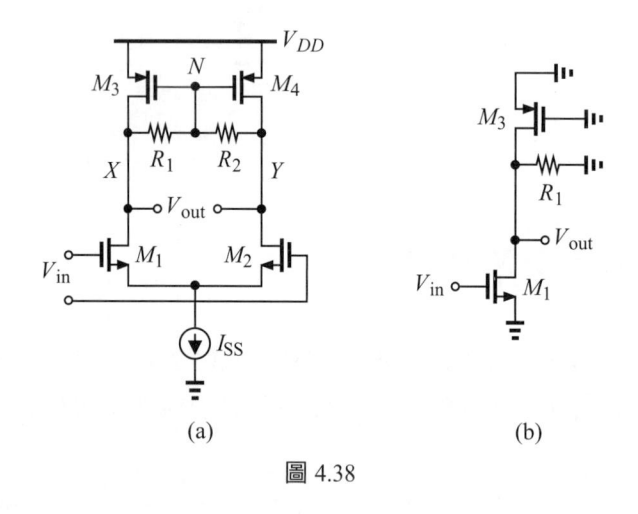

圖 4.38

解 針對差動輸出，V_N 並沒有改變（為什麼？）且可視為交流接地。如圖 4.38(b)，半電路可以得到

$$|A_v| = g_{m1}(r_{O1} \| R_1 \| r_{O3}) \tag{4.63}$$

如果電阻遠大於 $r_{O1} \| r_{O3}$，則電阻幾乎不會減少增益。

在圖 4.37(a) 之電路中，負載二極體會消耗電壓餘裕，因此會產生輸出電壓振幅、電壓增益和輸入共模範圍間的交互限制。回想一下 (3.37)，對已知偏壓電流和元件大小來說，電路增益和 PMOS 驅動電壓會同時縮放。為得到較高的增益，$(W/L)_P$ 須減少，而增加 $|V_{GSP} - V_{THP}|$，且降低在節點 X 與 Y 的共模位準。

為減低上述設計的困難度，輸入電晶體的部分偏壓電流可由 PMOS 電流源提供。如圖 4.39(a) 所示，即想藉由減少其電流而非其寬度比來降低負載元件的 g_m。舉例來說，如

果輔助電流源 M_5 和 M_6 帶了 80% 的 M_1 和 M_2 汲極電流,則流經 M_3 和 M_4 的電流減少為五分之一。對已知的 $|V_{GSP} - V_{THP}|$ 來說,此轉換會使得 M_3 和 M_4 的轉導降低為五分之一,因為元件的寬長比也等比降低。因此,差動增益大約為沒有負載PMOS電流源的五倍(如果 $\lambda = 0$)。

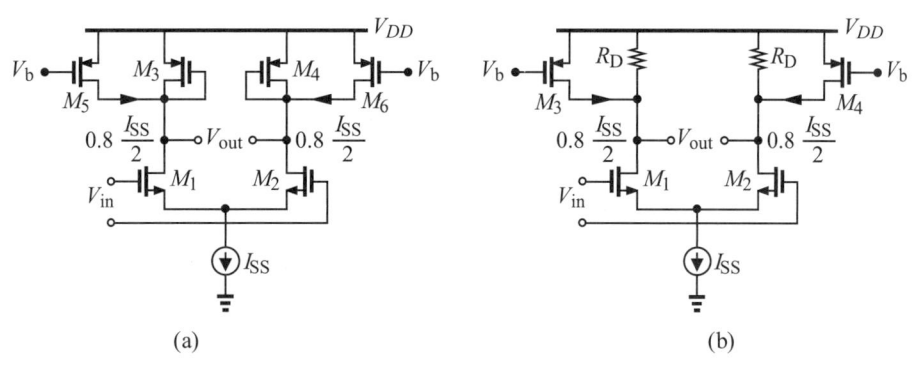

圖 4.39 加入一電流源以增加電壓增益 (a) 二負載二極體以及 (b) 負載電阻

因為二極體元件所消耗的電壓餘裕不可能比 V_{TH} 還少(如果忽略次臨界導通),圖 4.39(a) 的架構容許有限的輸出電壓擺幅。我們因此比較喜歡圖 4.39(b) 的替代架構,用電阻實現負載。在每個輸出點的最大電壓等於 $V_{DD} - |V_{GS3,4} - V_{TH3,4}|$ 而不是 $V_{DD} - |V_{TH3,4}|$。已知的共模位準以及 80% 的輔助電流,R_D 也許為 5 倍大,而產生如下的電壓增益。

$$|A_v| = g_{mN}(R_D \| r_{ON} \| r_{OP}) \tag{4.64}$$

如果 PMOS 元件夠長(且必須寬),且 $r_{OP} \gg r_{ON}$,則增益會受 $R_D \| r_{ON}$ 限制。如果 $R_D \to \infty$,圖 4.39(b) 的電路很接近圖 4.37(b) 中的電路架構,其中 PMOS 電流源提供了 M_1 和 M_2 所有的偏壓電流。

負載一電流源的差動對其小信號增益相當地低,在次奈米製程技術中為 5 至 10。我們如何增加電壓增益呢?利用第 3 章放大器的概念,我們利用疊接來增加 PMOS 和 NMOS 元件的輸出阻抗,實際上即產生了第 3 章所提疊接組態的差動模式。此結果如圖 4.40(a) 所示。為計算其增益,我們建立和圖 3.70 之疊加組態相似、如圖 4.40(b) 的半電路,因此

$$|A_v| \approx g_{m1}[(g_{m3}r_{O3}r_{O1}) \| (g_{m5}r_{O5}r_{O7})] \tag{4.65}$$

疊接會大幅增加差動增益,但也會耗費更多電壓餘裕。我們會在第 9 章討論此類電路。

最後要注意的是,我們應該知道高增益全差動放大器需要一個能界定輸出共模位準的方法。舉例來說,在圖 4.37(b),輸出共模位準並不明確,而圖 4.37(a) 中的負載二極體界定輸出共模位準為 $V_{DD} - V_{GSP}$。第 9 章會再討論此問題。

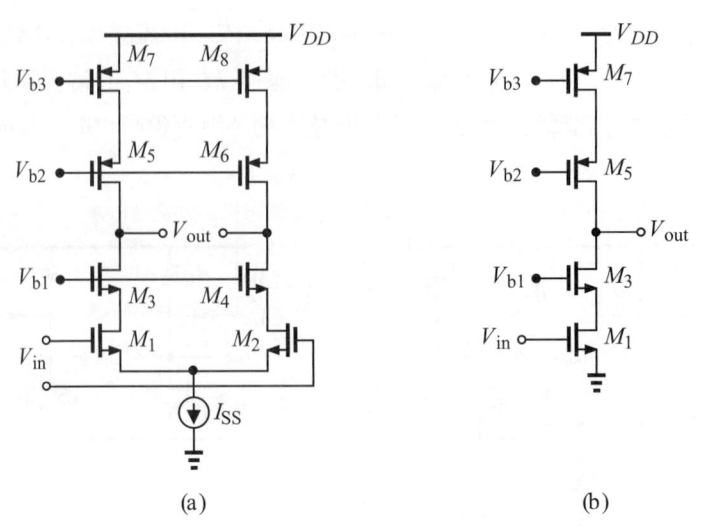

圖 4.40　(a) 串疊差動對；(b) (a) 中電路的半電路

4.5 吉伯特細胞電路

我們對於差動對的研究，顯示其運作之兩大重要觀點：(1) 電路的小信號增益為尾電流的函數；和 (2) 在差動對中的兩個電晶體提供了一個簡單的方法來控制尾電流至其中一個負載。我們藉由結合這兩個特性，可以發展出多種型態。

假設我們希望建立一差動對，其增益由一電壓控制其變化。這可利用圖 4.41(a) 的方法來完成，其中控制電壓界定了尾電流和增益。在此組態中，$A_v = V_{out}/V_{in}$ 由零（如果 $I_{D3} = 0$）變化至由電壓餘裕和元件大小所產生的最大值。此電路為一**可變增益放大器**（variable-gain amplifier, VGA）之簡單的例子。VGA 可應用於信號大小變化很大的系統中，因此其增益需要反向變化。

現在假設我們找尋一放大器，其增益可由負值連續變化為正值。考慮兩個將輸入信號反向放大之差動對〔圖 4.41(b)〕，我們得到 $V_{out1}/V_{in} = -g_m R_D$ 和 $V_{out2}/V_{in} = +g_m R_D$，其中 g_m 代表每個電晶體在平衡狀態的轉導。如果 I_1 和 I_2 變化方向相反時，$|V_{out1}/V_{in}|$ 和 $|V_{out2}/V_{in}|$ 變化方向亦相反。

但該如何將 V_{out1} 和 V_{out2} 結合為單一輸出呢？如圖 4.42(a) 所示，可將兩電壓相加而得 $V_{out} = V_{out1} + V_{out2} = A_1 V_{in} + A_2 V_{in}$，其中 A_1 和 A_2 分別受到 V_{cont1} 和 V_{cont2} 控制。實際的實現方法非常簡單：因為 $V_{out1} = R_D I_{D1} - R_D I_{D2}$ 和 $V_{out2} = R_D I_{D4} - R_D I_{D3}$，而得到 $V_{out1} + V_{out2} = R_D (I_{D1} + I_{D4}) - R_D (I_{D2} + I_{D3})$。因此，我們不將 V_{out1} 和 V_{out2} 相加，僅將對應的汲極端點短路與其電流加總，而產生輸出電壓〔圖 4.42(b)〕。注意，如果 $I_1 = 0$，則 $V_{out} = +g_m R_D$，且如果 $I_2 = 0$，則 $V_{out} = -g_m R_D$。當 $I_1 = I_2$ 時，增益降至為零。

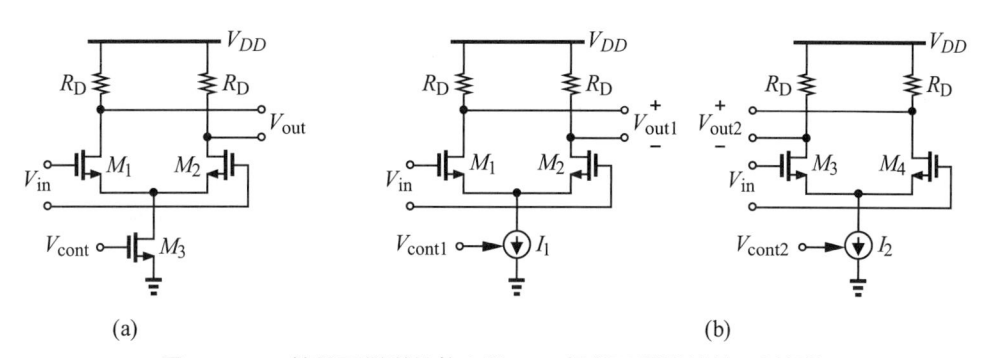

圖 4.41　(a) 簡單可變增益放大器；(b) 提供可變增益的二種組態

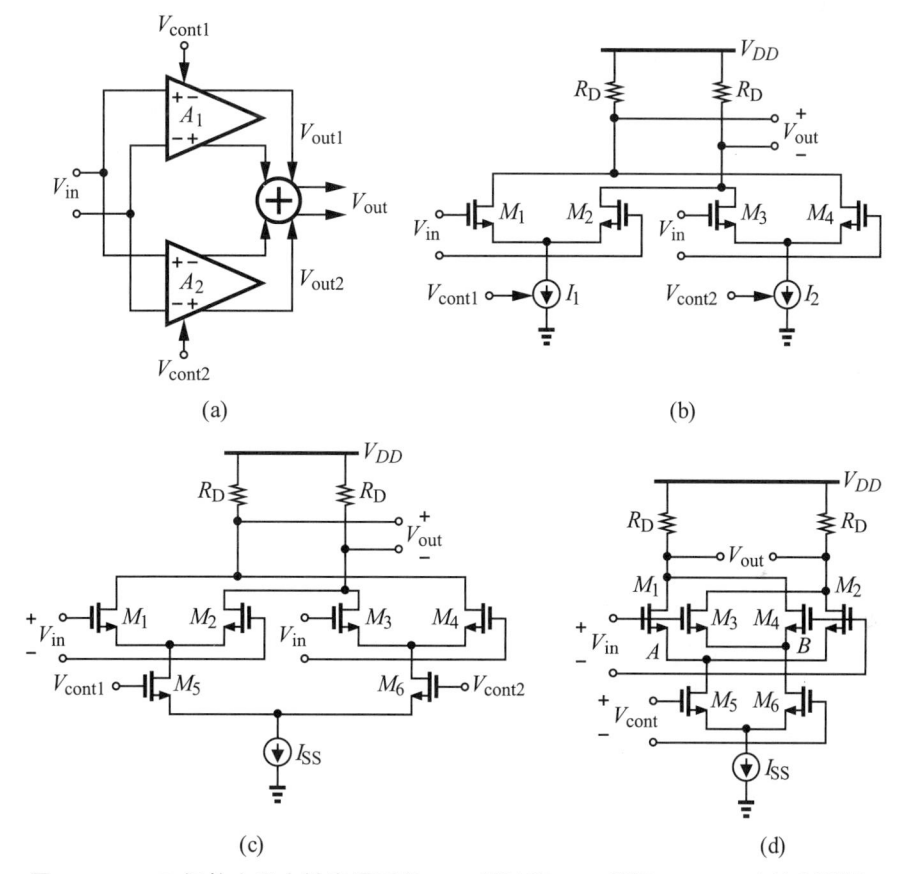

圖 4.42　(a) 二個放大器之輸出電壓和；(b) 電流和；(c) 利用 M5-M6 來控制增益；
(d) 吉伯特細胞電路

在圖 4.42(b) 之電路中，V_{cont1} 和 V_{cont2} 必須以不同方向來改變 I_1 和 I_2，使得放大器增益能持續往一方向變化。什麼樣的電路可以讓兩個電流改變成不同的方向呢？差動對提供了這樣一個特性，產生圖 4.42(c) 的組態。注意到對一大 $|V_{cont1} - V_{cont2}|$ 而言，導入其中一個尾電流上的差動對，且從 V_{in} 至 V_{out} 之增益到達最大的正值或負值。當 $V_{cont}1 = V_{cont}2$ 時，增益為零。為簡化之故，我們重新繪圖於圖 Fig. 4.42(d)，並稱此為**吉伯特細胞電路**，廣泛用於類比與通訊系統中。在一般設計中，M_1-M_4 相同而 M_5 和 M_6 相同。

範例 4.13

解釋為何吉伯特細胞電路可以作為一類比電壓相乘器。

解 因為電路增益為 $V_{cont} = V_{cont1} - V_{cont2}$ 的函數，我們得到 $V_{out} = V_{in} \cdot f(V_{cont})$。將 $f(V_{cont})$ 以泰勒展開式展開且只留下其一次項 αV_{cont}，我們得到 $V_{out} = \alpha V_{in} V_{cont}$。因此，電路可以放大電壓，此特性將伴隨著任意的電壓控制可變增益放大器。

利用一疊接組態，吉伯特細胞電路比簡單差動對消耗的電壓餘裕還大，這是因為 M_1-M_2 和 M_3-M_4 這兩個差動對「堆積」在控制差動對的上端。為了解這一點，假設一差動輸入 V_{in}，在圖 4.42(d) 中其共模位準為 $V_{CM,in}$。則 $V_A = V_B = V_{CM,in} - V_{GS1}$，其中 M_1-M_4 假設為相同的電晶體。以 M_5 和 M_6 於飽和區運作的情況來說，V_{cont} 和 $V_{CM,cont}$ 的共模位準必須讓 $V_{CM,cont} \leq V_{CM,in} - V_{GS1} + V_{TH5,6}$。因為 $V_{GS1} - V_{TH5,6}$ 約等於一個驅動電壓，故我們推論控制共模位準至少比輸入共模位準此數值還低。

為了得到吉伯特細胞電路組態，我們選擇改變每個流經尾電流的差動對增益，故將此控制電壓加至下面的差動對，而將輸入信號加至上面的差動對。有趣的是，將順序對調仍可得到 VGA。如圖 4.43(a) 所示，此概念是藉由 M_5 和 M_6 將輸入電壓轉換為電流，且透過 M_1-M_4 至輸出節點。如果，如圖 4.43(b) 所示，V_{cont} 為正值時，只有 M_1 和 M_3 開啟，且 $V_{out} = g_{m5,6} R_D V_{in}$。同樣地，如果 V_{cont} 為負值時〔圖 4.43(c)〕，只有 M_2 和 M_4 開啟，且 $V_{out} = -g_{m5,6} R_D V_{in}$。如果差動控制電壓為零，則 $V_{out} = 0$。輸入差動對可合併退化現象以提供線性電壓電流轉換。

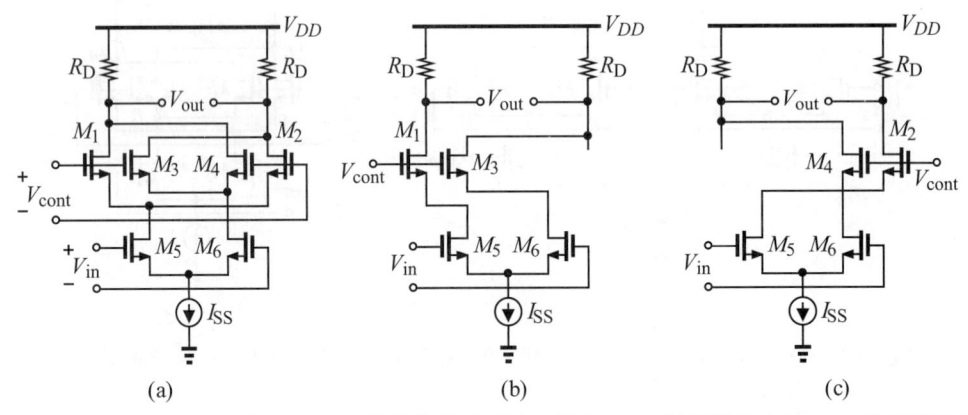

圖 4.43　(a) 吉伯特細胞電路利用下端之差動對感測輸入電壓；(b) 對非常大之正 V_{cont} 的信號路徑；(c) 對非常大之負 V_{cont} 的信號路徑

習題

除非另外提到，下列習題使用表 2.1 之元件資料，必要時假設 $V_{DD} = 3$ V。所有元件尺寸大小皆為等效值且以微米來表示。

4.1 假設在圖 4.2 中所有相鄰線間的總電容為 10 fF，而從 M_1 和 M_2 汲極接地之電容為 100 fF。

(a) 對時脈振幅 3 V 來說，圖 4.2(a) 之類比輸出的突波大小為何？

(b) 如果圖 4.2(b) 中 L_1 與 L_2 間的電容比 L_1 和 L_3 間的電容少 10%，對時脈振幅為 3 V 來說，其差動類比輸出的突波大小為何？

4.2 繪出圖 4.9(a) 所示電路之小信號差動電壓增益，如果 V_{DD} 由 0 變至 3 V。假設 $(W/L)_{1-3}$ = 50/0.5、$V_{in,CM} = 1.3$ V 且 $V_b = 1$ V。

4.3 利用 PMOS 電晶體來建立圖 4.9(c) 中差動對之特性圖。

4.4 在圖 4.11 之電路中，$(W/L)_{1,2} = 50/0.5$ 且 $I_{SS} = 0.5$ mA。

(a) 如果 $V_{in,CM} = 1.2$ V 時，其最大容許輸出電壓振幅為何？

(b) 在此情形下之電壓增益為何？

4.5 某差動對使用輸入 NMOS 元件，$W/L = 50/0.5$ 且尾電流為 1 mA。

(a) 每個電晶體之平衡驅動電壓為何？

(b) 如果 $V_{in1} - V_{in2} = 50$ mA 時，兩邊如何共享尾電流？

(c) 在此情形下的等效 G_m 為何？

(d) 當 $V_{in1} - V_{in2}$ 為多少時，會讓 G_m 減少 10%？減少 90%？

4.6 以 $W/L = 25/0.5$ 來重做習題 4.5，並比較其結果。

4.7 以尾電流為 2 mA 來重做習題 4.5，並比較其結果。

4.8 繪出圖 4.19 中 I_{D1} 和 I_{D2} 與 $V_{in1} - V_{in2}$ 之關係圖。這兩個電流相等時，$V_{in1} - V_{in2}$ 為何？

4.9 考慮圖 4.32 之電路，假設 $(W/L)_{1,2} = 50/0.5$ 且 $R_D = 2$ kΩ。假定 R_{SS} 代表 NMOS 電流源之輸出阻抗，$(W/L)_{SS} = 50/0.5$ 且汲極電流為 1 mA。輸入信號由 $V_{in,DM} = 10$ mV$_{pp}$ 和 $V_{in,CM} = 1.5$ V + $V_n(t)$ 組成，其中 $V_n(t)$ 代表峰對峰值為 100 mV 之雜訊。假設 $\Delta R/R = 0.5\%$。

(a) 計算輸出差動訊號雜訊比，也就是信號大小除以雜訊大小。

(b) 計算 CMRR。

4.10 重做習題 4.9，如果 $\Delta R = 0$，但 M_1 和 M_2 遇到 1 mV 臨界電壓不匹配的情況。

4.11 假設圖 4.37(a) 之差動對設計為 $(W/L)_{1,2} = 50/0.5$、$(W/L)_{3,4} = 10/0.5$，且 $I_{SS} = 0.5$ mA。利用 NMOS 元件的 $(W/L)_{SS} = 50/0.5$ 來實現 I_{SS}。

(a) 如果在輸入與輸出端之差動振幅很小時，其最小和最大之容許輸入共模位準為何？

(b) 以 $V_{in,CM} = 1.2$ V，繪出小信號差動電壓增益 V_{DD} 由 0 至 3 V 的關係圖。

4.12 在習題 4.11 中，假設 M_1 和 M_2 的臨界電壓不匹配為 1 mV，計算其 CMRR。

4.13 在習題 4.11 中，假設 $W_3 = 10$ μm，而 $W_4 = 11$ μm，計算其 CMRR。

4.14 對於圖 4.37(a) 與 (b) 之差動對來說，計算其差動電壓增益。如果 I_{SS} = 1 mA、$(W/L)_{1,2}$ = 50/0.5，且 $(W/L)_{3,4}$ = 50/1。如果 I_{SS} 需要至少 0.4V 之跨壓，其最小容許輸入共模位準為何？使用此共模位準值 $V_{in,CM}$，計算在每種情況下之最大輸出電壓振幅。

4.15 在圖 4.39(a) 的電路中，假設每個電晶體的 I_{SS} = 1 mA 且 W/L = 50/0.5。

(a) 求出其電壓增益。

(b) 計算讓 $I_{D5} = I_{D6} = 0.8(I_{SS}/2)$ 之 V_b 值。

(c) 如果 I_{SS} 需要一最小電壓 0.4 V，其最大差動輸出振幅為何？

4.16 假設圖 4.44 所示全部電路為對稱。若 (a) V_{in1} 和 V_{in2} 的差動由 0 變化至 V_{DD}，及 (b) V_{in1} 和 V_{in2} 相同且由 0 變化至 V_{DD}，繪出 V_{out}。

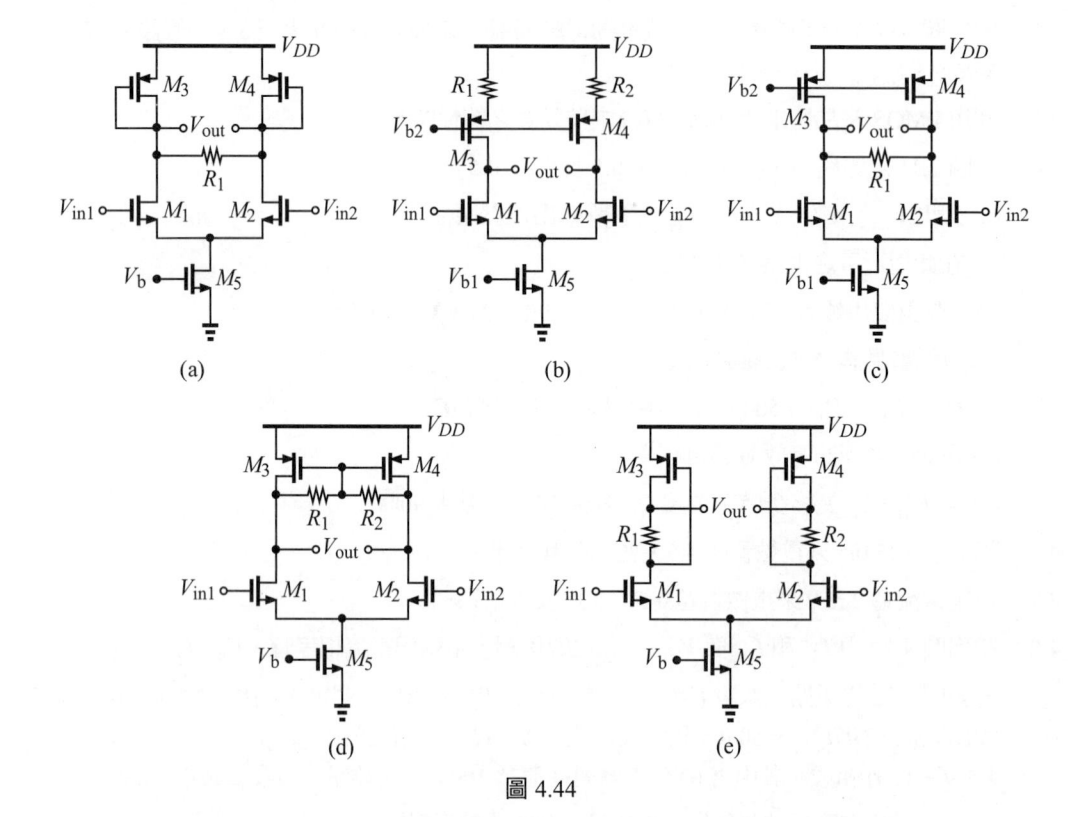

圖 4.44

4.17 假設圖 4.45 所示全部電路為對稱。若 (a) V_{in1} 和 V_{in2} 的差動由 0 變化至 V_{DD}，及 (b) V_{in1} 和 V_{in2} 相同且由 0 變化至 V_{DD}，繪出 V_{out}。

4.18 假設圖 4.44 和 4.45 中之電晶體皆於飽和區運作，且 $\lambda \neq 0$。計算每個電路的小信號電壓增益。

4.19 考慮圖 4.46 所示之電路。

(a) 繪出 V_{out} 圖形，當 V_{in1} 和 V_{in2} 的差動由 0 變化至 V_{DD}。

(b) 如果 $\lambda = 0$，得到一電壓增益表示式。如果 $W_{3,4} = 0.8W_{5,6}$ 時，其電壓增益為何？

圖 4.45

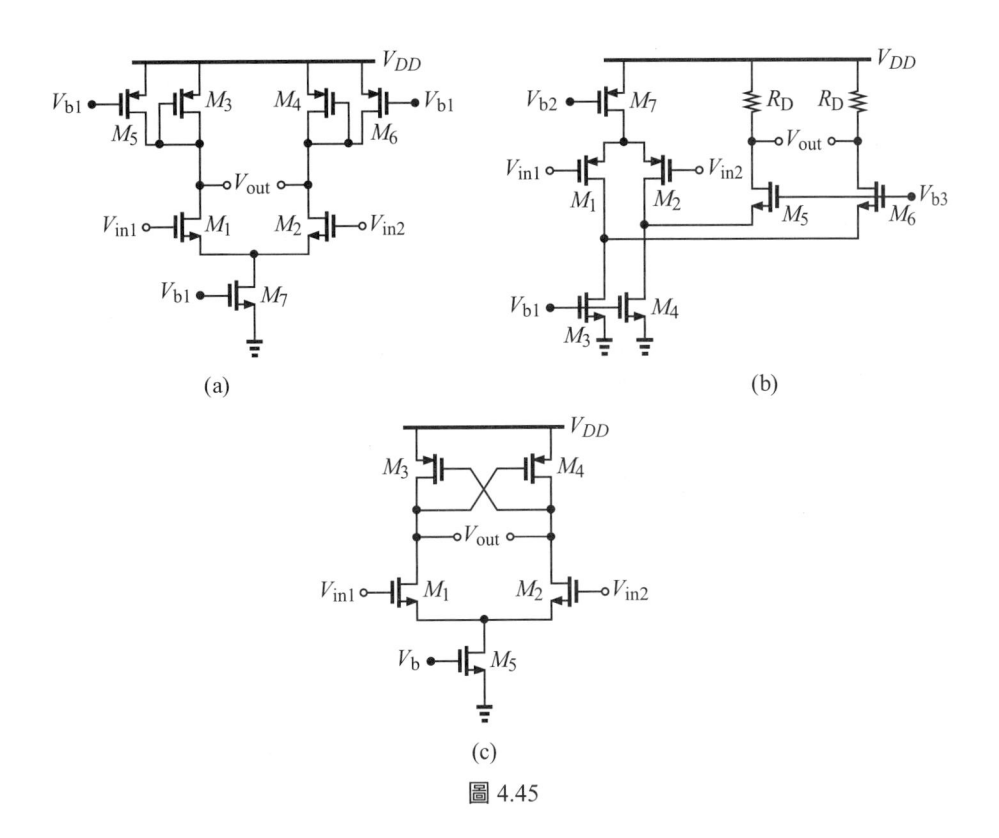

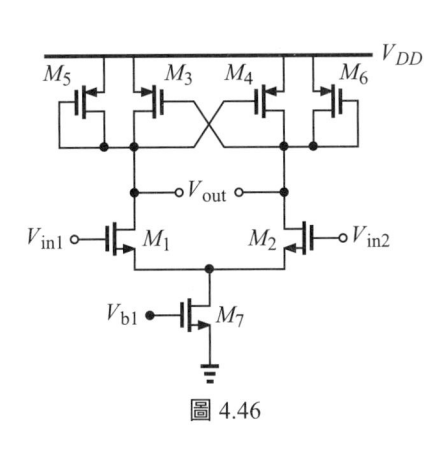

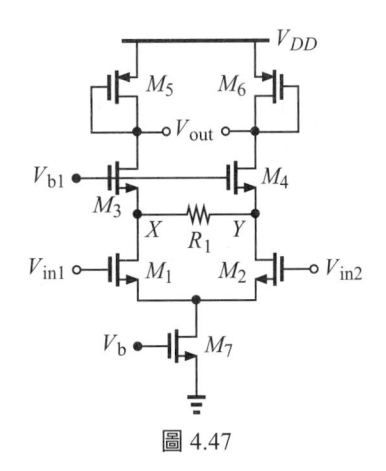

圖 4.46

圖 4.47

4.20 見圖 4.47 的電路，

(a) 繪出 V_{out}、V_X 和 V_Y 之圖形，當 V_{in1} 和 V_{in2} 的差動由 0 變化至 V_{DD}。

(b) 計算其小信號電壓增益。

4.21 假設圖 4.48 之電路無對稱性並使用其等效電路，如果 $\lambda = 0$ 而 $\gamma \neq 0$ 時，計算其小信號電壓增益 $(V_{out})/(V_{in1} - V_{in2})$。

4.22 由於製程上的瑕疵，圖 4.49 中 M_1 之汲極與源極間出現一個大寄生電阻。假設 $\lambda = \gamma = 0$，計算小信號增益、共模增益和 CMRR。

4.23 由於製程上的瑕疵，圖 4.50 中 M_1 和 M_4 之汲極間出現一個大寄生電阻。假設 $\lambda = \gamma = 0$，計算小信號增益、共模增益和 CMRR。

4.24 在圖 4.51 之電路中，所有電晶體有一 W/L 值為 50/0.5 且 M_3 和 M_4 於深三極管區運作，其開啟電阻為 2 kΩ。假設 $I_{D5} = 20\ \mu A$ 且 $\lambda = \gamma = 0$，計算輸入共模位準以產生該電阻。繪出 V_{in1} 和 V_{in2} 的差動由 0 變化至 V_{DD} 的 V_{out1} 和 V_{out2}。

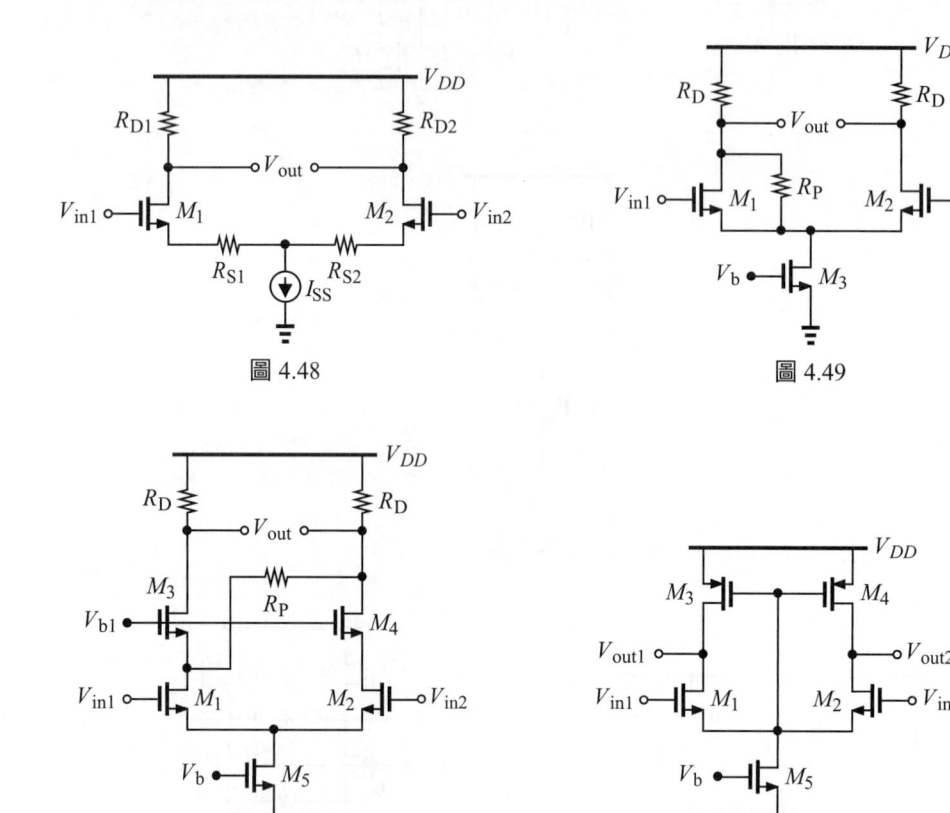

圖 4.48

圖 4.49

圖 4.50

圖 4.51

4.25 在圖 4.37(b) 之電路中，$(W/L)_{1-4} = 50/0.5$ 且 $I_{SS} = 1$ mA。

(a) 其小信號差動增益為和？

(b) 對於 $V_{in,CM} = 1.5$ V 而言，其最大容許輸出電壓振幅為何？

4.26 在圖 4.39 之電路中，假設 M_5 和 M_6 其臨界電壓不匹配為 ΔV，且 I_{SS} 有一輸出阻抗 R_{SS}，計算其 CMRR。

4.27 如果 (4.56) 中的 R_{SS} 變得很大，會發生什麼事？我們可以藉由分析差動對配合理想電流源及 $g_{m1} \neq g_{m2}$，得到相同的結果？

4.28 範例 4.5 中，如果小信號增益的減幅必須不超過 5%，直流不平衡的可容許範圍為多少？

4.29 在圖 4.20 的輔助定理，如果通道長度調變效應不可忽略。假設兩個源間接到兩個相同的負載電阻，直覺解釋為什麼輔助定理成立？

4.30 如果考慮元件的基板效應，圖 4.20 輔助定理仍然成立？

4.31 使用方法一來重做範例 4.7。

4.32 如果尾電流置換成電阻 R_T，證明圖 4.20 的輔助定理。

4.33 當 W/L 增加時，圖 4.13 會發生什麼事？使用 G_m 圖來求得面積且利用結果解釋，為什麼當 W/L 增加時，G_m 的峰值必定增加。

4.34 假設圖 4.52 中的 I_1 和 I_{SS} 都是理想的且 $\lambda \cdot \gamma > 0$，計算 V_{out1}/V_{in} 和 V_{out2}/V_{in}。

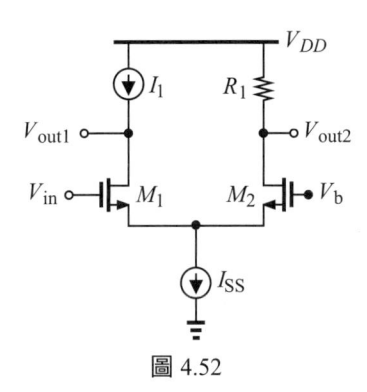

圖 4.52

4.35 在問題 4.11 中，假設 M_3 和 M_4 有 1 mV 的臨界電壓不匹配，計算 CMRR。

第 5 章 電流鏡和偏壓技術

第 3 章及第 4 章在單級及差動放大器的討論中，提到電流源的廣泛使用。電流源在此類電路中可作為不會消耗過多電壓餘裕的大電阻。我們也注意到於飽和區運作的 MOS 元件可作為電流源。

在類比設計中，電流源也有其他應用。舉例來說，有些數位類比轉換器（D/A）使用電流源陣列來產生與數位輸入信號等比之類比輸出信號。同時電流源與**電流鏡**（current mirror）相結合，能執行類比信號的功能。

本章主要討論電流鏡和偏壓電路的設計。我們先複習基本電流鏡，再來看疊接電流鏡，接著分析主動定電流鏡和敘述差動對使用負載的特性。最後，我們會介紹用於各種放大級的偏壓技巧。

5.1 基本電流鏡

圖 5.1 中呈現兩個電流源為有用的實證例子。回頭看一下第 2 章所提過的，輸出電阻、電容與電流源的電壓餘裕，和輸出電流的大小互相牽制。除此之外，電流源的供應電源、製程及溫度相依性、輸出雜訊電流與其他電流源匹配等特性也很重要。第 7 章和第 14 章會討論到雜訊和匹配的問題。

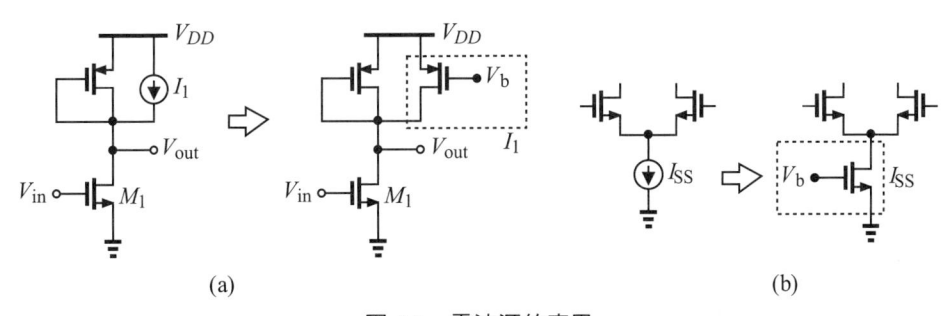

圖 5.1　電流源的應用

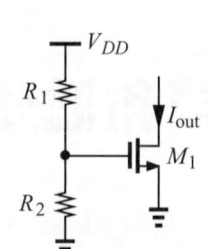

圖 5.2　透過電阻分壓定義電流

一個 MOSFET 應如何偏壓來作為穩定電流源？為深入瞭解此問題，我們先來看圖 5.2 的簡單電阻偏壓。假定 M_1 位於飽和區，我們可以寫成

$$I_{out} \approx \frac{1}{2}\mu_n C_{ox}\frac{W}{L}\left(\frac{R_2}{R_1+R_2}V_{DD} - V_{TH}\right)^2 \tag{5.1}$$

上式顯示了 I_{out} 對於供應電壓、製程及溫度之相關性，驅動電壓為 V_{DD} 與 V_{TH} 之函數。而臨界電壓在不同晶圓上可能在 50 mV 到 100 mV 之間產生變動。此外，μ_n 和 V_{TH} 都與溫度有關係，因此很難界定 I_{out}。當元件偏壓於較小的驅動電壓時，亦即電壓餘裕較少時且要在汲極提供比較大的電壓擺幅。一般的驅動電壓通常約為 200 mV，而一個 50 mV 的 V_{TH} 誤差會產生輸出電流 44% 的誤差。

縱使閘極電壓不是供應電壓的函數時，上述製程與溫度的相關性也是非常重要。換句話說，縱使要精確界定某一 MOSFET 的閘極－源極電壓時，也無法精確界定其汲極電流！基於此原因，我們會尋求其他能讓 MOS 電流源偏壓的方法。

在類比電路中，電流源是根據由參考點「複製」的電流來設計，並假定該精確電流源是存在的。儘管此方法可能需要如圖 5.3 呈現的無窮盡循環。用此相當複雜的電路（有時需要外加調整）來產生穩定參考電流 I_{REF}，然後在系統中複製出許多電流源。在此將學習複製的方法，並（根據「帶差參考電壓」技巧）在第 12 章談到參考產生電路。

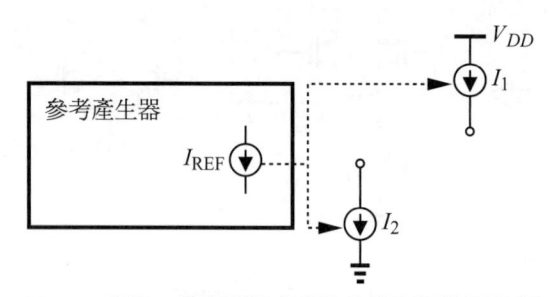

圖 5.3　利用一參考電流來產生許多不同的電流源

我們如何產生參考電流的複製成分呢？舉例來說，在圖 5.4 中，我們如何保證 $I_{out} = I_{REF}$ 呢？以一個 MOSFET 來看，如果 $I_D = f(V_{GS})$，其中 $f(\cdot)$ 代表 I_D 對於 V_{GS} 之函數關係，故 $V_{GS} = f^{-1}(I_D)$。也就是說，如果電晶體偏壓於 I_{REF} 時，會產生 $V_{GS} = f^{-1}(I_{REF})$〔圖 5.5(a)〕。因此，如果將此電壓應用於第兩個 MOSFET 的閘極和源極端時，其輸出電流 I_{out}

$= f[f^{-1}(I_{REF})] = I_{REF}$〔圖 5.5(b)〕。從另一個觀點來看，兩個具有相同閘極－源極電壓且於飽和區運作之相同 MOS 元件會帶相同的電流（如果 $\lambda = 0$）。

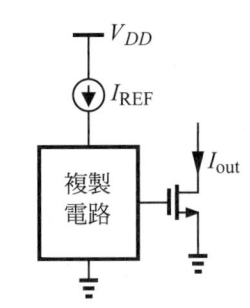

圖 5.4　電流複製之觀念示意圖

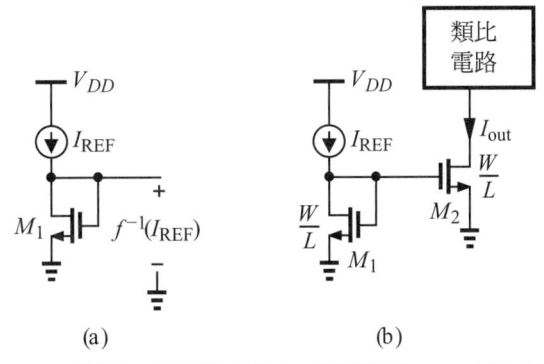

圖 5.5　(a) 提供一反函數之連接二極體元件；(b) 基本電流鏡

圖 5.5(b) 中由 M_1 和 M_2 組成的結構稱為「電流鏡」。一般來說，這些元件不需要相同。若忽略通道長度調變效應，可以寫成

$$I_{REF} = \frac{1}{2}\mu_n C_{ox} \left(\frac{W}{L}\right)_1 (V_{GS} - V_{TH})^2 \tag{5.2}$$

$$I_{out} = \frac{1}{2}\mu_n C_{ox} \left(\frac{W}{L}\right)_2 (V_{GS} - V_{TH})^2 \tag{5.3}$$

得到

$$I_{out} = \frac{(W/L)_2}{(W/L)_1} I_{REF} \tag{5.4}$$

此組態的關鍵特性在於容許精確電流複製，且排除了製程與溫度的相關性。從 I_{REF} 到 I_{out} 的轉換只包含元件「在一合理精確度內可控制」的尺寸比。

值得注意的是由 $V_{GS} = f^{-1}(I_{REF})$ 和 $f[f^{-1}(I_{REF})] = I_{REF}$，而界定出電壓和電流之間的因果關係。前者說明我們必須從 I_{REF} 產生 V_{GS}，亦即 I_{REF} 是因，V_{GS} 是果。只有一個 MOSFET 連接成二極體的架構並且承載了 I_{REF} 的電流時〔圖 5.5(b) 的 M_1〕，才可以產生這樣的功

能。後者則是指電晶體必須感測 $f^{-1}(I_{REF})$ (= V_{GS})，並產生 $f[f^{-1}(I_{REF})]$。在此例子中，V_{GS} 是因，輸出電流，$f[f^{-1}(I_{REF})]$ 是果〔圖 5.5(b) 中的 M_2〕。

藉由這些觀察，我們能了解為什麼如圖 5.6 的電路無法產生電流複製，因為 V_b 不是由 I_{REF} 所產生，因此 I_{out} 不會追蹤 I_{REF}。

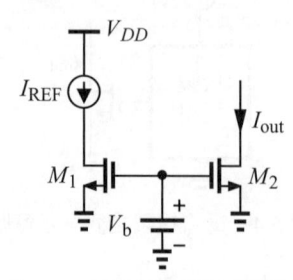

圖 5.6　無法複製電流的電路

範例 5.1

圖 5.7，如果所有電晶體都在飽和區運作，則 M_4 的汲極電流為何？

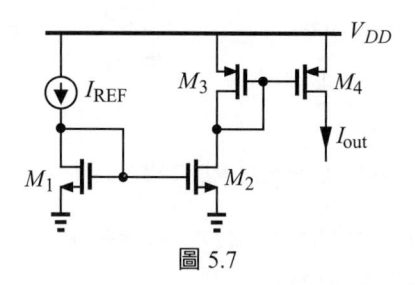

圖 5.7

解　我們知道 $I_{D2} = I_{REF}[(W/L)_2/(W/L)_1]$。且 $|I_{D3}| = |I_{D2}|$ 以及 $I_{D4} = I_{D3} \times [(W/L)_4/(W/L)_3]$。因此 $|I_{D4}| = \alpha\beta I_{REF}$，其中 $\alpha = (W/L)_2/(W/L)_1$ 和 $\beta = (W/L)_4/(W/L)_3$。α 和 β 的適當選擇能在 I_{D4} 與 I_{REF} 間形成大或小的比值。舉例來說，$\alpha = \beta = 5$ 時會放大 25 倍。同理 $\alpha = \beta = 0.2$ 可以用來生成一個明確界定的小電流。

我們也必須注意複製的電流也許不會如此「接近」原電流。因為上述例子中，M_1 和 M_2 之間會有隨機的「不匹配」，I_{D2} 會稍微偏移其標稱值（nominal value）。同樣，當 I_{D2} 複製成 I_{D4} 會累積額外的誤差。我們必須避免長電流鏡鏈。

電流鏡在類比電路中有廣泛的應用。圖 5.8 呈現一個典型的例子，其中一個差動對透過尾電流源的 NMOS 電流鏡與負載電流源的 PMOS 電流鏡，而產生偏壓。該元件尺寸會在 M_5 和 M_6 中產生一汲極電流 $0.4I_T$，因而降低 M_3 和 M_4 的汲極電流，故增益會提高。

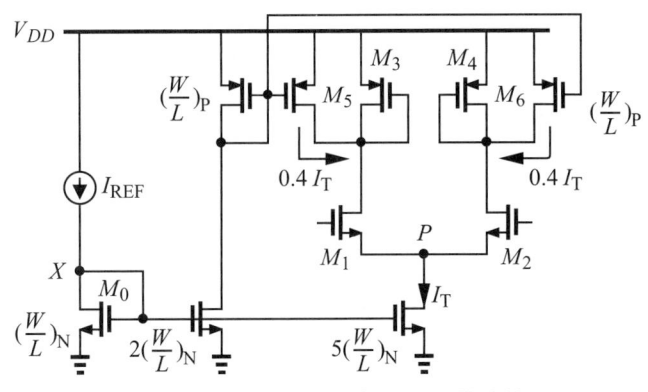

圖 5.8 用於偏壓差動放大器的電流鏡

調整大小問題

對於所有電晶體來說，電流鏡通常會使用相同長度來最小化源極與汲極（L_D）區域側邊擴散所造成的誤差。舉例來說，在圖 5.8 中所示，NMOS 的電流源必須和 M_0 的通道長度相同。這是因為如果 L_{drawn} 加倍時，$L_{eff} = L_{drawn} - 2L_D$ 不會加倍。此外，短通道元件的臨界電壓和通道長度間呈現相關。因此，電流比例僅能藉由調整電晶體寬度。

假設我們希望複製一個參考電流 I_{REF}，產生 $2I_{REF}$。我們使用寬度為 W_{REF} 的二極體參考電晶體且將電流源的寬度為 $2W_{REF}$。不幸地，直接調整寬度也會遇到問題。如圖 5.9(b)，因為閘極的「轉角」並沒有精確界定，如果寬度加倍，實際寬度並不會加倍。因此，我們偏好用一個「單位」電晶體並重複使用此方式來複製電流。

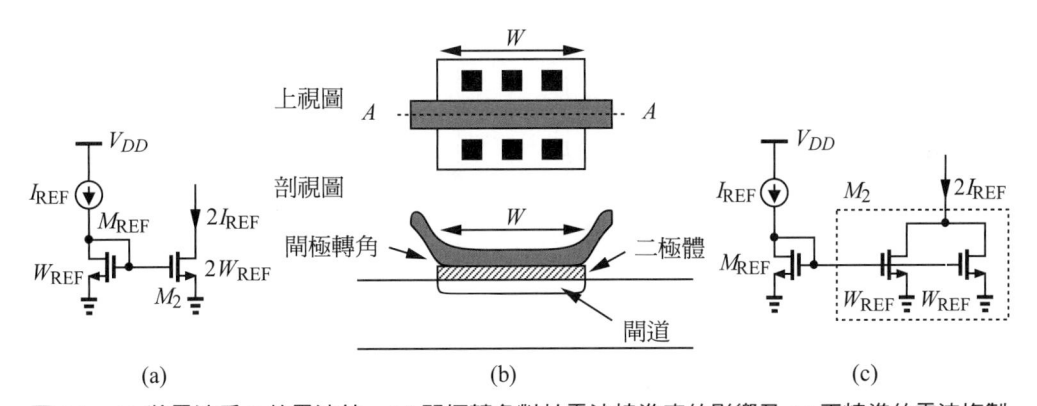

圖 5.9 (a) 將電流乘 2 的電流鏡，(b) 閘極轉角對於電流精準度的影響及 (c) 更精準的電流複製

但我們要如何透過 I_{REF} 產生一個 $I_{REF}/2$ 的電流？在此例中，二極體連接的元件本身必須包含兩個單元，每個單元帶 $I_{REF}/2$ 的電流。圖 5.10(a) 呈現 $2I_{REF}$ 和 $I_{REF}/2$ 產生的範例；每個單元都有寬度 W_0（並且有相同的長度）。

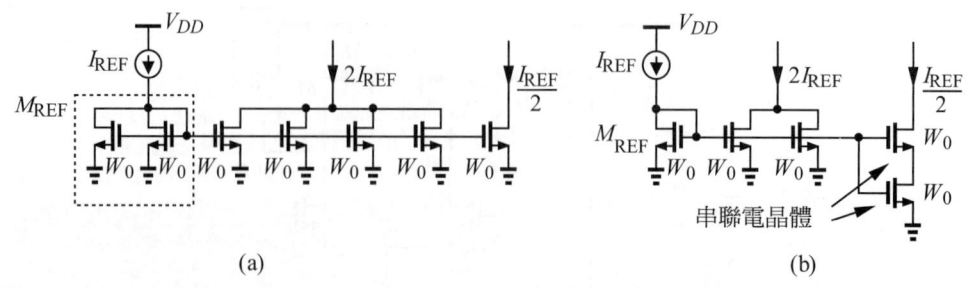

圖 5.10 透過 (a) 使用元件的一半寬度、(b) 使用串聯電晶體，將 I_{REF} 轉換成 $I_{REF}/2$ 的電流鏡技術

如果需要產生許多不同電流源時，上述方法就需要大量單位的電晶體。我們可以透過調整電晶體長度來減低複雜度，但並非直接的方式。為了要防止 L_D 所產生的誤差，舉例來說，我們可以串聯兩個電晶體，將電晶體等效長度加倍。如圖 5.10(b)，這個方法可以維持每個單位都有 $L_{drawn}-2L_D$ 的等效長度，產生等效長度為 $2(L_{drawn}-2L_D)$ 的複合元件，因此可以將電流減半。注意，此架構並不是疊接，因為下方的原件位在三極管區（為什麼？）。

我們也提到電流鏡同時需要處理信號。在圖 5.5(b) 中，舉例來說，如果 I_{REF} 增加了 ΔI，則 I_{out} 會增加 $\Delta I(W/L)_2/(W/L)_1$。也就是說，如果 $(W/L)_2/(W/L)_1 > 1$，電路會放大小信號（但是會消耗等比放大倍數的電流）。

範例 5.2

計算圖 5.11 中電路的小信號電壓增益。

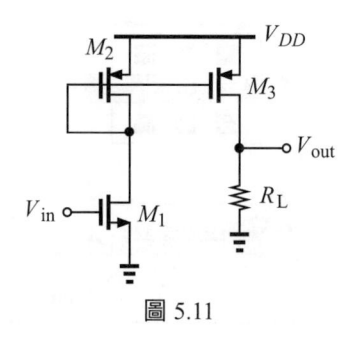

圖 5.11

解 M_1 的汲極電流等於 $g_{m1}V_{in}$。因為 $I_{D2} = I_{D1}$ 且 $I_{D3} = I_{D2}(W/L)_3/(W/L)_2$，$M_3$ 的小信號汲極電流等於 $g_{m1}V_{in}(W/L)_3/(W/L)_2$，可以產生 $g_{m1}R_L(W/L)_3/(W/L)_2$ 的電壓增益。

5.2 疊接電流鏡

目前為止，我們對於電流鏡的討論，忽略了通道長度調變效應。實際上，這個效應

會在複製電流時導致嚴重的誤差，尤其是利用最小長度電晶體來將其寬度和電流源之輸出電容最小化時。我們簡單對照圖 5.5(b)，可以寫成

$$I_{D1} = \frac{1}{2}\mu_n C_{ox} \left(\frac{W}{L}\right)_1 (V_{GS} - V_{TH})^2 (1 + \lambda V_{DS1}) \tag{5.5}$$

$$I_{D2} = \frac{1}{2}\mu_n C_{ox} \left(\frac{W}{L}\right)_2 (V_{GS} - V_{TH})^2 (1 + \lambda V_{DS2}) \tag{5.6}$$

因此

$$\frac{I_{D2}}{I_{D1}} = \frac{(W/L)_2}{(W/L)_1} \cdot \frac{1 + \lambda V_{DS2}}{1 + \lambda V_{DS1}} \tag{5.7}$$

儘管 $V_{DS1} = V_{GS1} = V_{GS2}$，因為 M_2 饋入之電路特性，V_{DS2} 可能不會等於 V_{GS2}。舉例來說，圖 5.8 中節點 P 之電位是由 M_1 和 M_2 之輸入共模位準和閘極－源極電壓來決定，且其可能不會等於 V_X。

為了要降低圖 5.5(b) 中的通道長度調變效應，我們可以 (1) 強制讓 V_{DS2} 等於 V_{DS1}，或 (2) 強制讓 V_{DS1} 等於 V_{DS2}。而這兩種方法會產生兩個不同的架構。

第一種方法

我們從第一個原則開始，希望保證圖 5.5(b) 中的 V_{DS2} 都是常數且等於 V_{DS1}。回頭看一下第 3 章，串疊元件能屏蔽電流源，因此減少電流源上的電壓變異。如圖 5.12(a)，雖然類比電路可能會讓 V_P 有大變化，但 V_Y 相對要保持常數。但是我們要如何保證 $V_{DS2} = V_{DS1}$？我們必須產生 V_b，因而 $V_b - V_{GS3} = V_{DS1} (= V_{GS1})$，亦即 $V_b = V_{GS3} + V_{GS1}$。換句話說，只要 $V_{GS0} + V_{GS1} = V_{GS3} + V_{GS1}$，$V_b$ 就能透過串聯兩個二極體元件〔圖 5.12(b)〕，因此 $V_{GS0} = V_{GS3}$。我們將圖 5.12(b) 的 V_b 產生器連接到圖 5.12(c) 的疊接電流源。即使存在基板效應，此架構仍然可達到精準的電流複製（為什麼？）。

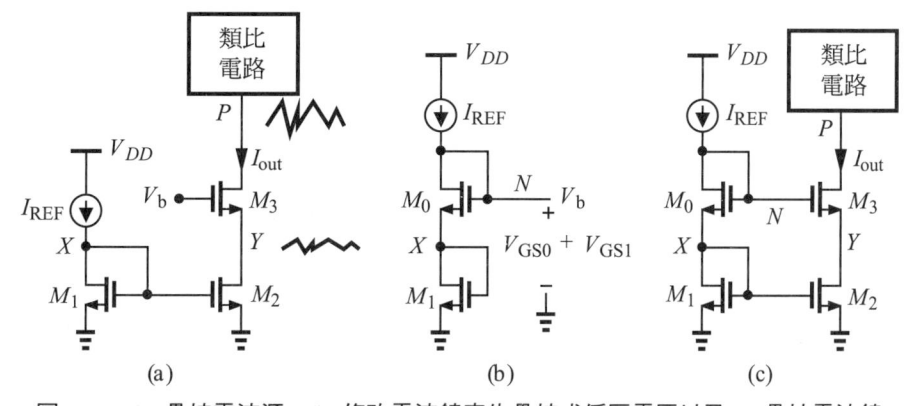

圖 5.12 (a) 疊接電流源、(b) 修改電流鏡產生疊接式偏壓電壓以及 (c) 疊接電流鏡

稍微要注意圖 5.12(c) 中調整的電晶體。如前所述，我們會選擇 $L_2 = L_1$ 並且調整 W_2（整數單位）相對於 W_1 來得到想要的 I_{REF} 倍數電流。同樣因為 V_{GS3} 等於 V_{GS0}，我們選擇 $L_3 = L_0$ 且根據 W_0 等倍調整成 W_3，亦即 $W_3/W_0 = W_2/W_1$。實際上，L_3 以及 L_0 都等於最小可容許值，來讓電晶體寬度能最小化，儘管在某些例子中 L_1 和 L_2 可能需要長一些。[1]

範例 5.3

圖 5.13 為 V_X 和 V_Y 對於 I_{REF} 的關係圖。如果電流源需要 0.5 V 產生 I_{REF}，I_{REF} 最大值是多少？

解 因為 M_2 和 M_3 對於 M_1 和 M_0 成適當比例，我們得到 $\sqrt{2I_{REF}/[\mu_n C_{ox}(W/L)_1]} + V_{TH1}$，並將此特性繪於圖 5.13(b) 中。

為了求出 I_{REF} 之最大值，我們注意

$$V_N = V_{GS0} + V_{GS1} \tag{5.8}$$

$$= \sqrt{\frac{2I_{REF}}{\mu_n C_{ox}}}\left[\sqrt{\left(\frac{L}{W}\right)_0} + \sqrt{\left(\frac{L}{W}\right)_1}\right] + V_{TH0} + V_{TH1} \tag{5.9}$$

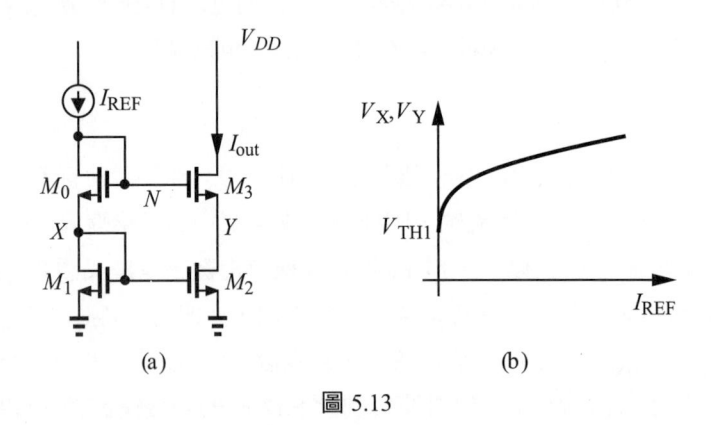

圖 5.13

所以

$$V_{DD} - \sqrt{\frac{2I_{REF}}{\mu_n C_{ox}}}\left[\sqrt{\left(\frac{L}{W}\right)_0} + \sqrt{\left(\frac{L}{W}\right)_1}\right] - V_{TH0} - V_{TH1} = 0.5\text{ V} \tag{5.10}$$

因此

$$I_{REF,max} = \frac{\mu_n C_{ox}}{2}\frac{(V_{DD} - 0.5\text{ V} - V_{TH0} - V_{TH1})^2}{(\sqrt{(L/W)_0} + \sqrt{(L/W)_1})^2} \tag{5.11}$$

---

1 為了要減少通道長度調變效應、不匹配、或是閃爍雜訊的情況。

儘管為高輸出阻抗及高精確值的電流源，圖 5.12(c) 組態仍占用了大量空間。為求簡便，我們忽略基板效應並假定所有電晶體都相同，而節點 P 之最小容許電壓值為

$$V_N - V_{TH} = V_{GS0} + V_{GS1} - V_{TH} \tag{5.12}$$

$$= (V_{GS0} - V_{TH}) + (V_{GS1} - V_{TH}) + V_{TH} \tag{5.13}$$

亦即兩個驅動電壓加上一個臨界電壓。如果 V_b 值能更隨意選擇時，此值與圖 5.12(a) 中的值相比較會如何呢？如圖 5.14(a) 所示，V_b 值非常低（$= V_{GS3} + V_{GS2} - V_{TH2}$），以至於 P 點之最小容許電壓值為兩個驅動電壓和。因此圖 5.12(c) 的疊接電流鏡會在電壓餘裕內「消耗」一個臨界電壓。這是因為 $V_{DS2} = V_{GS2}$，而當 M_2 維持在飽和區時，V_{DS2} 可以低至 $V_{GS2} - V_{TH}$。

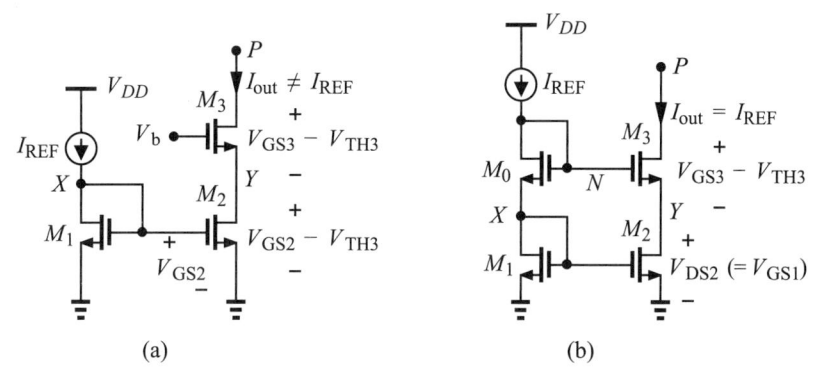

圖 5.14　(a) 最小範圍電壓之疊接電流源；(b) 一疊接電流鏡之電壓範圍

我們可以用圖 5.14 來摘要目前的重點。在圖 5.14(a) 中，選擇適當 V_b 以容許 V_P 之最低可能值，但因為 M_1 和 M_2 的汲極－源極電壓不同，輸出電流無法正確為 I_{REF}。在圖 5.14(b) 中可得到較高的精確度，但 P 點之最低位準將多出一個臨界電壓。

在解決這個問題之前，檢視疊接電流源之大信號特性是非常有助益的。

範例 5.4

圖 5.15(a) 假定所有電晶體都相同，繪出 I_X 和 V_B 對 V_X 之關係圖，且 V_X 由一個很大的值開始降低。

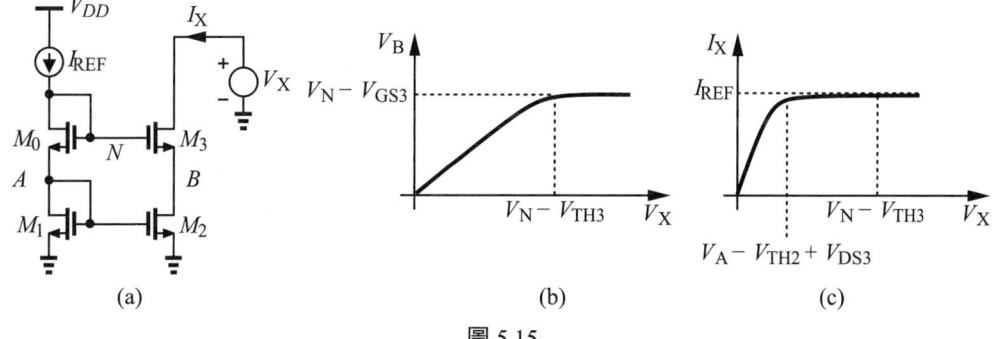

圖 5.15

解 對 $V_X \geq V_N - V_{TH}$ 而言，M_2 和 M_3 位於飽和區，$I_X = I_{REF}$ 和 $V_B = V_A$。當 V_X 降低時，哪一個電晶體會先進入三極管區，M_3 或 M_2？假設 M_2 比 M_3 先進入三極管區，為了讓此情況發生，V_{DS2} 必須降低且因為 V_{GS2} 為常數，故 I_{D2} 亦為常數。這意味著當 I_{D3} 減少時，V_{GS3} 會增加，這對於仍處於飽和區之 M_3 來說是不可能的，因此 M_3 會先進入三極管區。

當 V_X 下降至 $V_N - V_{TH}$ 之下時，為了要帶相同的電流而要有更大的閘極－源極驅動電壓，M_3 會進入三極管區。因此如圖 5.15(b) 所示，V_B 開始下降，而產生 I_{D2} 且 I_X 因此稍微減少。當 V_A 與 V_B 進一步減少時，最後 $V_B < V_A - V_{TH}$，M_2 會進入三極管區。在此時，I_{D2} 開始大幅減少。而 $V_A = 0$，$I_X = 0$，則 M_2 與 M_3 會在深三極管區運作。注意，V_X 下降至 $V_N - V_{TH}$ 之下時，因為 g_{m3} 退至三極管區而讓疊接電流源的輸出電阻快速下降。

第二種方法

為了避免 V_{TH} 占用了上述疊接電流源的電壓餘裕，我們強制讓 V_{DS1} 等於 V_{DS2}。為瞭解此原理，我們回到圖 5.14(a) 來看，發現到只有 $V_b = V_{GS3} + (V_{GS2} - V_{TH2})$，亦即當 V_{DS2} 大約等於一個驅動電壓時，才可以排除餘裕的消耗。我們要如何保證 $V_{DS1} = V_{DS2}$ (= $V_{GS2} - V_{TH2}$)？既然 M_1 是二極體元件，要讓 V_{DS1} 小於一個臨界電壓幾乎是不可能的。

要跳脫上述的困境，可以簡單地透過一個電阻來解決。也就是在 M_1 閘極和汲極之間建立一個電壓差，如圖 5.16(a) 選取 $R_1 I_{REF} \approx V_{TH1}$ 及 $V_b = V_{GS3} + (V_{GS1} - V_{TH1})$。目前，$V_{DS1} = V_{GS1} - R_1 I_{REF} \approx V_{GS1} - V_{TH1}$，也等於 $V_b - V_{GS3}$，因此就是 V_{DS2}。

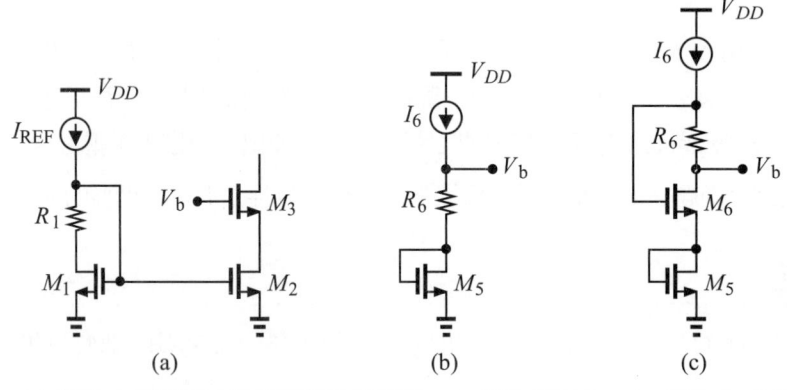

圖 5.16　(a) 使用 IR 壓降來改善電流鏡的精準度、(b) 產生電壓 V_b、(c) 產生 V_b 的替代方法

範例 5.5

圖 5.16(a) 中 M_1-R_1 的組合，是一個二極體元件？假設 $\lambda > 0$。

解 如圖 5.17 的小信號等效電路，可以將 R_1 上的壓降表示成 $I_X R_1$ 且透過 KCL 描述汲極端的電流：

$$\frac{V_X - I_X R_1}{r_O} + g_m V_X = I_X \tag{5.14}$$

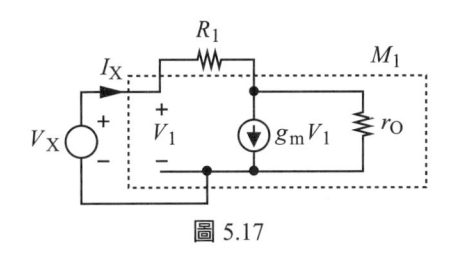

圖 5.17

可以得到

$$\frac{V_X}{I_X} = \frac{R_1 + r_O}{1 + g_m r_O} \tag{5.15}$$

若忽略通道長度調變效應，可簡化成 $1/g_m$（阻抗正好等於 $\gamma = 0$ 共閘極之源極端的阻抗，是否只是巧合？）。因此，從小信號的觀點來看，此組合很接近二極體元件。而從大信號觀點來看，如果 λ 很小，$V_{GS1} \approx \sqrt{2I_D/[\mu_n C_{ox}(W/L)]} + V_{TH}$，也就是接近二極體操作。

圖 5.16(a) 呈現兩個問題。首先，出現 PVT 變異時，R_1 和 V_{TH} 變化的方向不同，要保證 $R_1 I_{REF} \approx V_{TH1}$ 也許有困難。第二，要產生 $V_b = V_{GS3} + (V_{GS1} - V_{TH1})$ 並不容易。我們先討論第二個問題。我們找一個方法，將一個閘極－源極電壓加入驅動電壓。我們可以推測，必須要從一個二極體元件開始著手，並考慮圖 5.16(b) 中的支流，得到算式 $V_b = V_{GS5} + R_6 I_6$。我們可以選取 I_6 並且調整 M_5 的大小來保證 $V_{GS5} = V_{GS3}$。然而，很難讓 $R_6 I_6 = V_{GS1} - V_{TH1} = V_{GS1} - R_1 I_{REF}$ 轉換成 $R_6 I_6 + R_1 I_{REF} = V_{GS}$，因為 IR 壓降並不會「追蹤」MOS 的閘極－源極電壓。舉例來說，當 V_{GS} 上升時，電阻值可能會隨溫度下降。

圖 5.16(c) 是另一個範例，其中 M_5 產生 V_{GS}，加上 M_6 和 R_6 的驅動電壓。我們選取 I_6 和元件參數如下

$$V_{GS5} = V_{GS3} \tag{5.16}$$

$$V_{GS6} - R_6 I_6 = V_{GS1} - V_{TH1} \tag{5.17}$$

$$= V_{GS1} - R_1 I_{REF} \tag{5.18}$$

觀察以後發現，現在可能確保 V_{GS6} 和 V_{GS1} 之間會互相追蹤，而 $R_1 I_{REF}$ 和 $R_6 I_6$ 也會互相追蹤。舉例來說，我們可以簡單選取 $I_6 = I_{REF}$、$R_6 = R_1$ 和 $(W/L)_6 = (W/L)_1$。[2]

為了要避免上述的第一個問題，我們建立另一個電路架構來強制二極體元件的 V_{DS} 等於電流源電晶體的 V_{DS}。閘極和汲極電壓之間的位準偏移不必用電阻來產生。特別是，我們將疊接架構的輸出點連接其輸入〔圖 5.18(a)〕。在此例子中，$V_{DS1} = V_b - V_{GS0}$，且透過

---

[2] 電路可能產生小的追蹤誤差，因為 M_6 有基板效應但是 M_1 沒有（這是因為 M_3 有基板效應但是 M_5 沒有）。

選取 V_b 讓 M_1 位於飽和區邊緣。如圖 5.18(b) 所示，現在將這電流支流連接到疊接電流源，如果 $V_{GS0} = V_{GS3}$，則要強制讓 V_{DS1} 等於 V_{DS2}。這個稱之為「低電壓疊接」的架構比起圖 5.14(b) 中正常的架構，有更廣泛的應用。

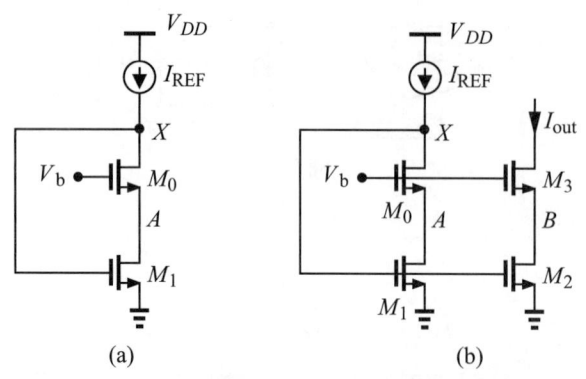

圖 5.18　操作於低電壓時的修正疊接電流鏡組態

現在我們必須回答兩個問題：首先，我們要如何選取圖 5.18(a) 中的 V_b，使 M_1 和 M_0 都位於飽和區？我們必須使 M_0 的 $V_b - V_{TH0} \leq V_X (= V_{GS1})$，使其位於飽和區，且使 M_1 的 $V_{GS1} - V_{TH1} \leq V_A (= V_b - V_{GS0})$，使 M_1 位於飽和區。因此，

$$V_{GS0} + (V_{GS1} - V_{TH1}) \leq V_b \leq V_{GS1} + V_{TH0} \tag{5.19}$$

如果 $V_{GS0} + (V_{GS1} - V_{TH1}) < V_{GS1} + V_{TH0}$，則會有解法。亦即如果 $V_{GS0} - V_{TH0} < V_{TH1}$。我們必須要調整 M_0 來保證其驅動電壓可以比 V_{TH1} 低很多。

第二個問題是如何產生 V_b。為了有最小的電壓餘裕消耗，$V_A = V_{GS1} - V_{TH1}$，因此 V_b 必須等於（或是略大於）$V_{GS0} + (V_{GS1} - V_{TH1})$。圖 5.19(a) 描繪了一個範例，其中 M_5 產生 $V_{GS5} \approx V_{GS0}$ 且 M_6 和 R_b 產生 $V_{DS6} = V_{GS6} - R_b I_1 \approx V_{GS1} - V_{TH1}$。這會產生一些不準確的狀況，因為 M_5 不受基板效應的影響而 M_0 有。$R_b I_1$ 的大小同樣並未受到精確地控制。

圖 5.19(b) 呈現出另一個較簡單的方法，即二極體電晶體 M_7 提供足夠的 V_{GS} 且 M_6 產生與所需驅動電壓相等的 V_{DS}。

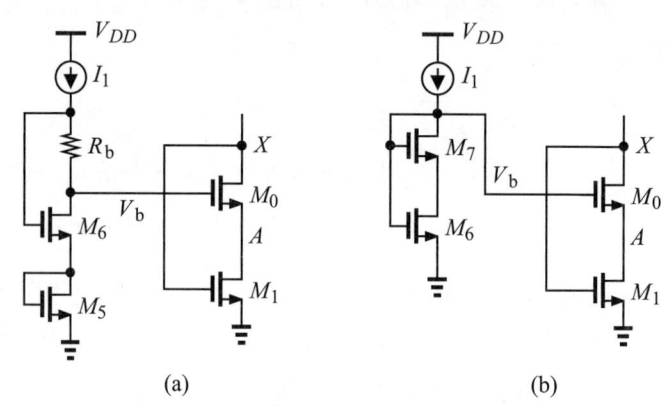

圖 5.19　產生疊接電流鏡需要的閘極電壓 V_b

範例 5.6

圖 5.20(a) 為一差動對及其偏壓網路。在此特別的設計中，電壓餘裕太小而無法使用疊接電流源。試想出一個能減少因為通道長度調變效應所產生誤差的方法。

第 5 章 電流鏡和偏壓技術　　157

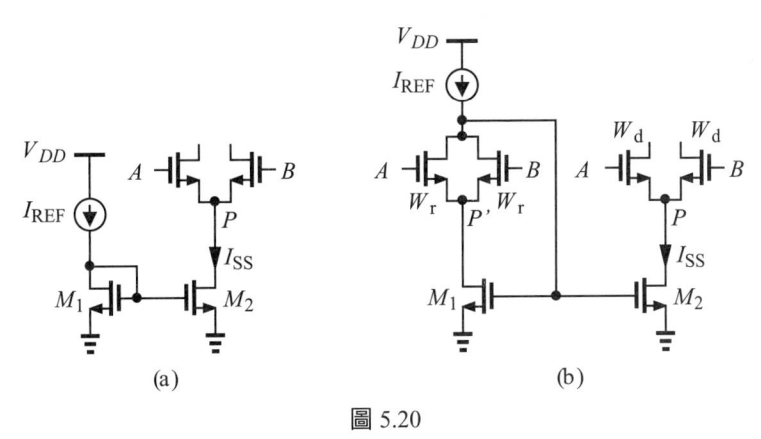

圖 5.20

解　因為受限於餘裕，所以無法讓 V_{DS2} 等於 V_{DS1}，我們設法使 V_{DS1} 等於 V_{DS2}。如圖 5.16(a) 所示，我們可以簡單安插一個電阻和 M_1 的汲極端串聯，並且將其電壓壓降選取為 $V_{DS1} = V_{DS2}$。然而，如果差動對之前的電路有變異，會讓 A 和 B 共模位準改變，則 $V_{DS1} \neq V_{DS2}$。因此我們必須強制讓 P 點的電壓達到 M_1 汲極電壓。如圖 5.20(b)，讓我們複製差動對並插入複製電路。現在，即使 A 和 B 點的共模位準改變，P' 和 P 點的電壓會追蹤。為了保證 $V_{P'} = V_P$，兩個差動對必須要使用相同的長度並根據 $W_r/W_d = I_{REF}/I_{SS}$ 調整差動對的寬度。當然，如果 A 和 B 點的共模位準過度上升，複製的電晶體可能會進入三極管區，而產生誤差。

範例 5.7

圖 5.21(a) 顯示一個有高輸出阻抗電流鏡的替代方法，研究此電路的小信號和大信號特性。

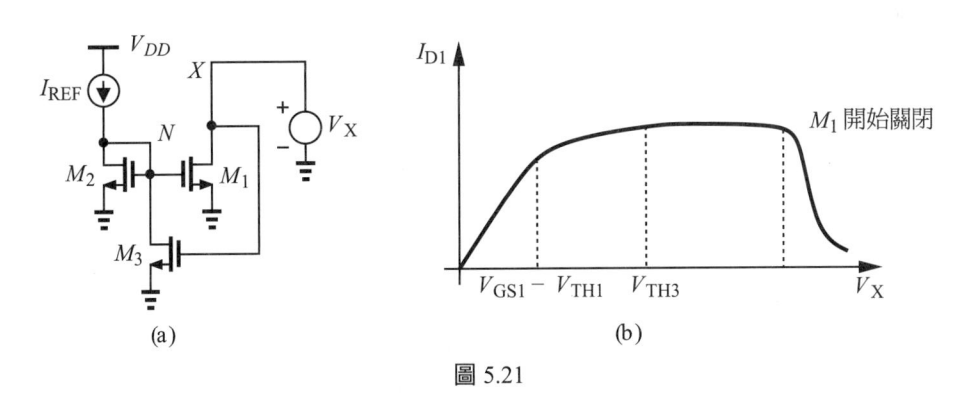

圖 5.21

解　在此電路中，M_3 可以透過感測 X 點的電壓，並調整 N 點電壓，來提升輸出阻抗。舉例來說，假設 V_X 上升了 ΔV 且使 I_{D1} 電流增加了 $\Delta V/r_{O1}$。電晶體 M_3 會從 N 點抽走一部分電流 $g_{m3} \Delta V$，使得 V_N 下降大約 $g_{m3} \Delta V/g_{m2}$ 及 I_{D1} 下降大約 $(g_{m3} \Delta V/g_{m2})g_{m1}$。換句話說，如果我們選取 $g_{m3}g_{m1}/g_{m2} \approx r_{O1}^{-1}$，則 I_{D1} 的淨改變量是很小的。

電路呈現了大信號有趣的特性。我們將 V_X 從 0 轉換到一個高的值，並檢視 I_{D1}。在 $V_X = 0$

時，M_1 於深三極管區，且不帶電，M_3 會關閉。當 V_X 開始上升，I_{D1} 也會等比上升至 $V_X = V_{GS1} - V_{TH1}$。超過此點時，I_{D1} 變化更劇烈〔圖 5.21(b)〕。如果 V_X 超過 V_{TH3}，M_3 打開且開始「調整」I_{D1}，而產生一個高輸出阻抗。但對一個足夠大的 V_X，M_3 會吸收所有的 I_{REF}，並將 M_1 關閉。

為了不使用串疊元件來提供高輸出阻抗，上述電路架構已經達到其電壓餘裕的極限，亦即 V_X 必須超過 V_{TH3}（$> V_{DS,sat}$）。

5.3 主動電流鏡

在前面提到且如圖 5.11 的電路所示，電流鏡也可以處理信號，即如「主動」元件一般運作。此情況在電流鏡中與差動對結合時，特別有用。本節將說明此類電路與其特性。如圖 5.22 電路所示，有時稱其為五電晶體**運算轉導放大器**（operational transconductance amplifier, OTA）。這個架構廣泛應用於許多類比和數位系統中，值得我們仔細研究。注意，此架構是單端輸出，因此電路有時用於將差動信號轉成單端輸出。在討論 OTA 之前，我們先來看一個簡單的被動負載。

被動負載的差動對

我們為了產生單端輸出，可以簡單忽略如圖 5.23(a) 中差動對其中一個輸出。在此，電流源在「被動」電流鏡的架構中作為其負載。此電路的小信號增益 $A_v = V_{out}/V_{in}$ 為何？我們使用兩個方法來計算 A_v，且為了方便起見，假設 $\gamma = 0$。由於不對稱，在此無法直接應用半電路架構。

奈米設計筆記

在奈米元件中，由於嚴重的通道長度調變效應，即使是疊接電流源也可能產生非常不匹配的情況。我們將元件的大小選取為 $W/L = 5\ \mu m/40\ nm$，如下列電路圖所示且 $I_{REF} = 0.25$ mA。當 V_X 從低變高時，我們觀察到 I_X 仍然有顯著的變化，即使 0.4 V $< V_X$ 時，所有電晶體都在飽和區。

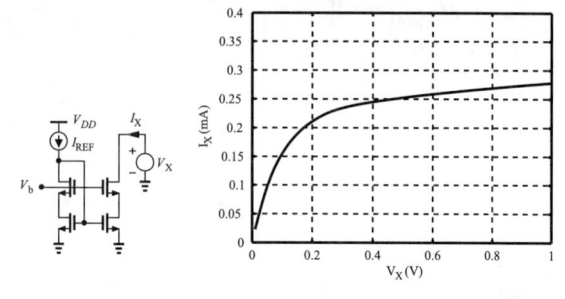

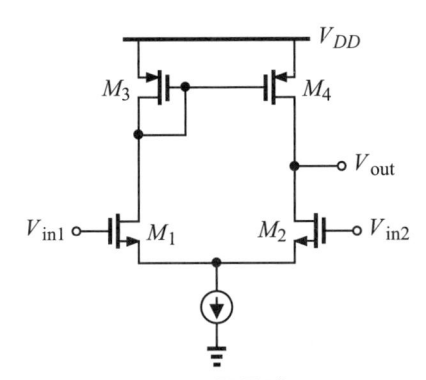

圖 5.22　五電晶體 OTA

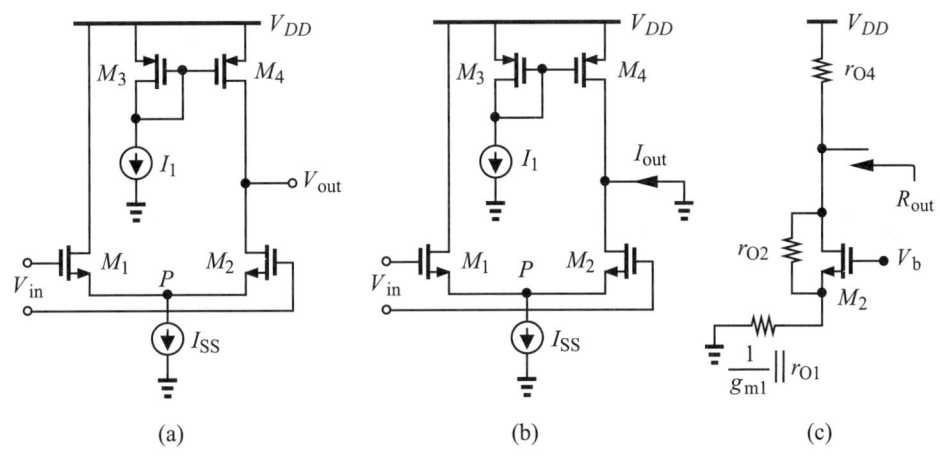

圖 5.23　(a) 負載一電流源之差動對；(b) 計算 G_m 之電路；(c) 計算 R_{out} 之電路

寫出 $|A_v| = G_m R_{out}$，我們必須計算短路電路的轉導 G_m，以及輸出阻抗 R_{out}。我們從圖 5.23(b) 確認 M_1 以及 M_2 的輸出短路到地時，是對稱的。因此，$G_m = I_{out}/V_{in} = (g_{m1}V_{in}/2)/V_{in} = g_{m1}/2$。如圖 5.23(c) 所示，為了計算 R_{out}，M_2 會受 M_1 之源極輸出阻抗 $1/g_{m1}$ 而退化，$R_{deg} = (1/g_{m1})\|r_{O1}$，因此其輸出阻抗為 $(1 + g_{m2}r_{O2})(1/g_{m1,2}) + r_{O2}$a $\approx 2r_{O2}$。可以得到 $R_{out} = (2r_{O2})\|r_{O4}$，以及

$$|A_v| = \frac{g_{m1}}{2}[(2r_{O2})\|r_{O4}] \tag{5.20}$$

有趣的是，如果 $r_{O4} \to \infty$，$A_v \to -g_{m1}r_{O2}$。

在第二個方法中，我們計算 V_P/V_{in} 和 V_{out}/V_P 且相乘以得到 V_{out}/V_{in}。藉由圖 5.24 並且將 M_1 視為一個源極跟隨器，可以得到算式

$$\frac{V_P}{V_{in}} = \frac{R_{eq}\|r_{O1}}{R_{eq}\|r_{O1} + \dfrac{1}{g_{m1}}} \tag{5.21}$$

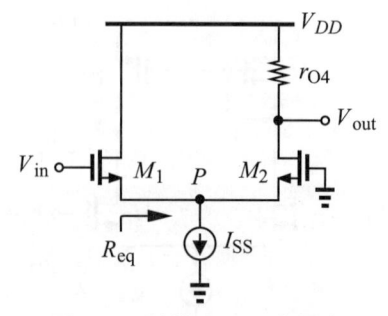

圖 5.24 計算 V_P/V_{in} 之電路

其中 R_{eq} 代表從 M_2 源極來看電阻。因為 M_2 的汲極一相當大的電阻 r_{O4}，故 R_{eq} 值必須由 (3.117) 來求得：

$$R_{eq} = \frac{r_{O2} + r_{O4}}{1 + g_{m2}r_{O2}} \tag{5.22}$$

顯示出

$$\frac{V_P}{V_{in}} = \frac{g_{m1}r_{O1}(r_{O2} + r_{O4})}{(1 + g_{m1}r_{O1})(r_{O2} + r_{O4}) + (1 + g_{m2}r_{O2})r_{O1}} \tag{5.23}$$

現在我們計算 V_{out}/V_P。從圖 5.25，

$$\frac{V_{out}}{V_P} = \frac{(1 + g_{m2}r_{O2})r_{O4}}{r_{O2} + r_{O4}} \tag{5.24}$$

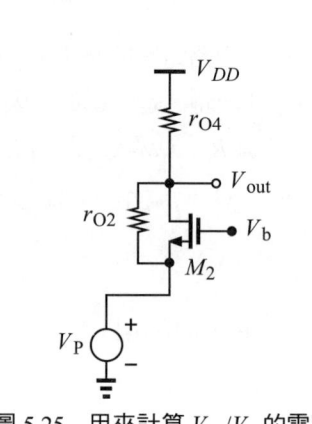

圖 5.25 用來計算 V_{out}/V_P 的電路

由 (5.23) 和 (5.24)，我們可以得到

$$\frac{V_{out}}{V_{in}} = \frac{g_{m2}r_{O2}r_{O4}}{2r_{O2} + r_{O4}} \tag{5.25}$$

$$= \frac{g_{m2}}{2}[(2r_{O2})\|r_{O4}] \tag{5.26}$$

主動負載的差動對

在圖 5.23(a) 的電路中，M_1 汲極之小信號電流被「浪費」了。如圖 5.26(a) 所示之概念，在輸出端利用適當極性電流是比較理想的。這可以藉由 5.26(b) 的五電晶體 OTA 來達成，其中 M_3 和 M_4 為相同的電晶體且當成一個主動電流鏡。

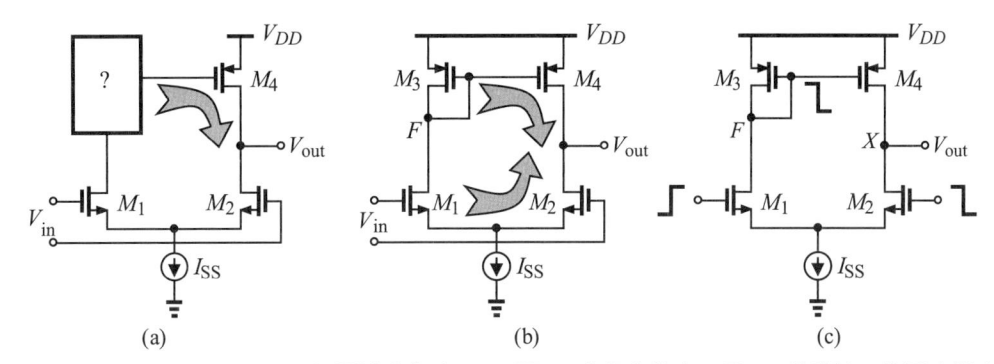

圖 5.26　(a) 結合 M_1 和 M_2 汲極電流之觀念；(b) 圖 (a) 中觀念的實現及 (c) 差動輸入的電路響應

為瞭解 M_3 是如何增加其增益，假設 M_1 和 M_2 的閘極電壓改變等量、但極性相反的電壓〔圖 5.26(c)〕。結果，I_{D1} 會增加，V_F 下降且 I_{D2} 會減少。因此，輸出電壓會透過兩個機制來增加：M_2 會從 X 點抽取較少的電流到地，且 M_4 會從 V_{DD} 到 X 點注入比較多的電流。相反地，圖 5.23(a) 中的電路，M_4 並無主動機制來改變 V_{out}，因為其閘極電壓是常數，五電晶體 OTA 也可稱為主動負載的差動對。

5.3.1 大信號分析

接著來看看五電晶體 OTA 的大信號特性。如圖 5.27(a)，我們使用 MOSFET 置換理想電流源。如果 V_{in1} 比 V_{in2} 小很多，M_1 會關閉，且 M_3 和 M_4 也會關閉。既然沒有電流可以從 V_{DD} 流出，M_2 和 M_5 都位於深三極管區，不帶電。因此，$V_{out} = 0$。[3] 當 V_{in1} 接近 V_{in2}，M_1 會打開，從 M_3 抽走一部分的 I_{D5}，然後 M_4 打開。輸出電壓會和 I_{D4} 和 I_{D2} 的差值有關，當 V_{in1} 和 V_{in} 之間有微小的差值，且 M_2 和 M_4 都在飽和區，即提供一個高增益〔圖 5.27(b)〕。當 V_{in1} 變得比 V_{in2} 大時，I_{D1}、$|I_{D3}|$ 和 $|I_{D4}|$ 會增加而 I_{D2} 會減少，讓 V_{out} 上升然後驅動 M_4 進入三極管區，如果 $V_{in1} - V_{in2}$ 夠大，M_2 關閉，M_4 不帶電並位於深三極管區，且 $V_{out} = V_{DD}$。注意如果 $V_{in1} > V_F + V_{TH}$，則 M_1 進入三極管區，且 V_{out} 信號和 V_{in1} 信號同相位，但和 V_{in2} 反相位。

電路的輸入共模電壓的選擇也很重要，為了讓 M_2 在飽和區，輸出電壓不可以低於 $V_{in,CM} - V_{TH}$。因此，為了讓輸出擺幅最大化，輸入共模位準必須盡可能低，最低為 $V_{GS1,2} + V_{DS5,min}$。此電路受限於共模位準達到輸出擺幅，是一個致命的缺點。

---

[3] 如果 V_{in1} 以相對接地大一個臨界電壓，M_5 可能會從 M_1 抽一個小電流，將 V_{out} 輕微抬升。

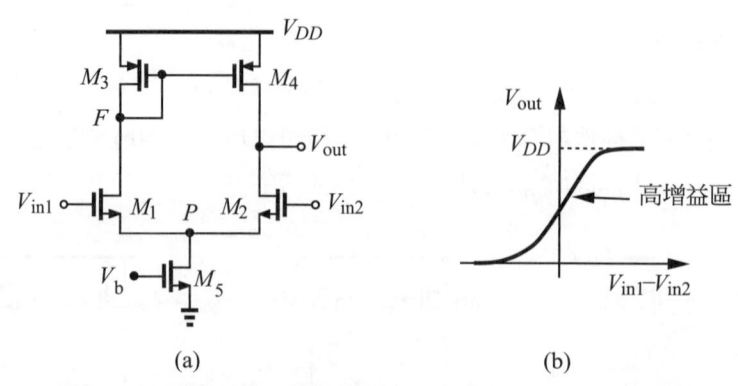

圖 5.27 (a) 具有主動電流鏡和真實電路電流源的差動對；(b) 大信號輸入輸出特性

當 $V_{in1} = V_{in2}$ 時，輸出電壓為何？如果完美對稱，$V_{out} = V_F = V_{DD} - |V_{GS3}|$。這可以用反證法證明，假設 $V_{out} < V_F$。接著，由於通道長度調變效應，M_1 必須承載比 M_2 更多電流（且 M_4 電流比 M_3 大），換句話說，流經 M_1 的總電流比 I_{SS} 的一半大，但是這也代表流經 M_3 的電流超過 $I_{SS}/2$，和 M_4 電流比 M_3 電流大的假設相矛盾。事實上，電路的不對稱可能會導致 V_{out} 有巨大的偏移，這會使得 M_2 或 M_4 進入三極管區。舉例來說，如果 M_2 的臨界電壓微小於 M_1 的臨界電壓，即使 $V_{in1} = V_{in2}$，比起 M_1，M_2 會乘載比較大的電流，造成 V_{out} 顯著的下降。因為這個原因，電路很少以開路架構來放大小信號。無論如何，作為將差動信號轉成單端信號的電路，開路 OTA 證明是實用的。如下範例所示。

範例 5.8

有些數位電路以差動（互補）信號操作並具有小於 V_{DD} 的電壓擺幅，舉例來說，單端信號擺幅可以達 $300\text{m}V_{pp}$。解釋一個五電晶體 OTA 如何將中等的差動信號擺幅轉成一個單端軌至軌信號。

解 考慮圖 5.28 的 OTA，其中 M_1 和 M_2 感測到擺幅等於 $V_2 - V_1 = 300$ mV。透過適當選取 $(W/L)_{1,2}$ 和 I_{SS}，我們可以保證這樣的擺幅會關閉某一邊的電晶體，舉例來說，如果 M_1 抽走了所有的 I_{SS}，則 M_2 會保持關閉，會使得 M_4 將 V_{out} 推到 V_{DD}。相反地，當 M_2 獨占 I_{SS}，M_1、M_2 和 M_4 會關閉，M_2 和 M_5 會保持零電流，且 $V_{out} = 0$。這種在 M_2 和 M_4 之間「推拉」式的動作會在輸出點產生軌到軌的擺幅。

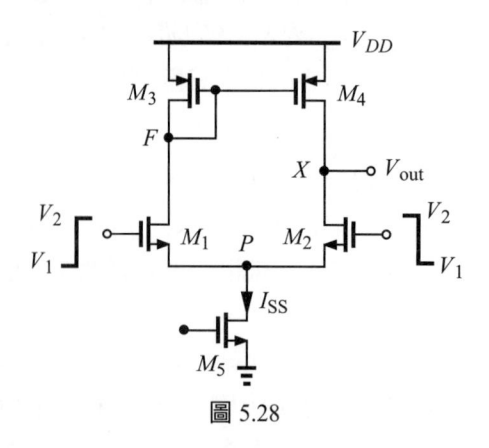

圖 5.28

事實上，如果 $V_1 > V_{TH1,2}$，V_{out} 並不會真的達到 V_{DD} 或是零，證明留待各位自行練習，（提示：如果 M_2 和 M_5 在深三極管區，則 V_P 接近零，可能會打開 M_1）因為這個原因，OTA 通常輸出會接著 CMOS 反向器來達到軌至軌擺幅。

範例 5.9

假設完美對稱，當 V_{DD} 從 3 V 變化到零時，繪出圖 5.29(a) 電路的輸出電壓，假設 V_{DD} = 3 V，每個元件都位於飽和區。

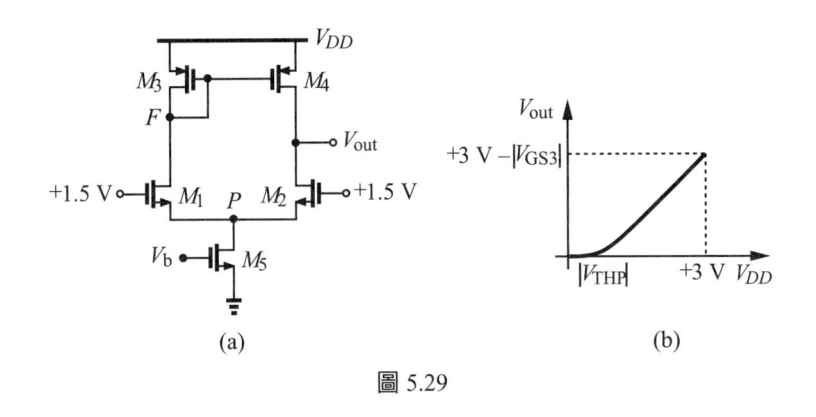

圖 5.29

解 因為 V_{DD} = 3 V，對稱需要 $V_{out} = V_F$。當 V_{DD} 下降，V_F 和 V_{out} 也會以趨近單位斜率下降〔圖 5.29(b)〕，當 V_F 和 V_{out} 降至 +1.5 V$-V_{THN}$，M_1 和 M_2 會進入飽和區，但如果 M_5 在飽和區，其汲極電流會是常數。當 V_{DD} 繼續下降且 V_F 和 V_{out} 會造成 V_{GS1} 和 V_{GS2} 增加，最終 M_5 會進入三極管區。因此，所有電晶體的偏壓電流都會下降，在 V_{out} 降低時，減緩下降速率。因為 $V_{DD} < |V_{THP}|$，可以得到 V_{out} = 0。

範例 5.10

假如使用五電晶體 OTA 來呈現運算放大器，繪出如圖 5.30(a) 單增益推動級的大信號輸入－輸出關係圖。

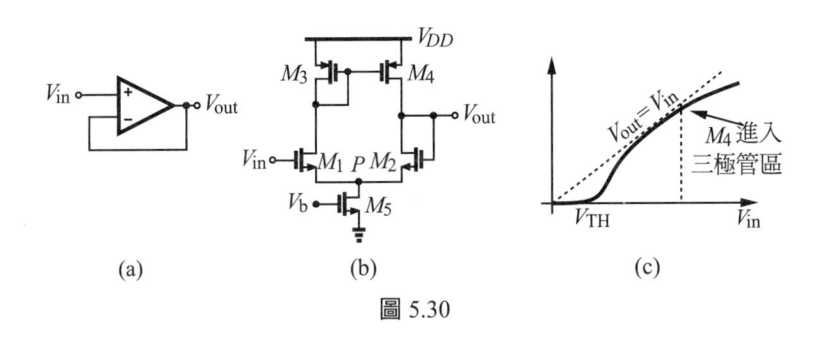

圖 5.30

解 繪出如圖 5.30(b) 的電路，從 $V_{in} = 0$ 開始，且 M_1、M_3 和 M_4 關閉，因此 M_5 的汲極電流為零且進入三極管區，且二極體 M_2 元件的 V_{GS} 仍然為零。[4] 所以我們得到 $V_{out} = V_P = 0$〔圖 5.30(c)〕。當 V_{in} 上升並且超過一個臨界電壓時，M_1 開始從 M_3 抽電流，啟動 M_4 且 M_2 也會開啟。因為 $I_{D3} \approx I_{D4}$，我們得到 $I_{D1} \approx I_{D2}$ 和 $V_{GS1} \approx V_{GS2}$。也就是說，$V_{out} \approx V_{in}$。單增益會隨著 V_{in} 增加持續保持，當 V_{in} 夠高時，會發生兩個現象：(a) 如果 $V_{in} > V_{DD} - |V_{GS3}| + V_{TH1}$，$M_1$ 進入三極管區，且 (b) 如果 $V_{out} > V_{DD} - |V_{GS4} - V_{TH4}|$，因而 $V_{in} > V_{DD} - |V_{GS4} - V_{TH4}|$，$M_4$ 進入三極管區。當 V_{TH1} 和 $|V_{TH4}|$ 值相當時，(a)(b) 中兩個值大概相等。而超過此點時，$|I_{D4}| < |I_{D3}|$（為什麼？），因此 $V_{GS1} > V_{GS2}$，產生 $V_{out} < V_{in}$。如果 $V_{in} = V_{DD}$，M_4 會乘小電流且 V_{out} 會導致可觀的誤差。

奈米設計筆記

在奈米科技中及有限的輸出範圍內，五電晶體 OTA 提供有限的增益。

以 V_{DD}=1 V，W/L= 5 μ/40 nm，尾電流為 0.25 mA、且輸入共模位準為 0.5 V 來看，我們可得到以下特性。當接至輸出端的 NMOS 或 PMOS 元件進入三極管區時，增益也呈現出陡降的情況。

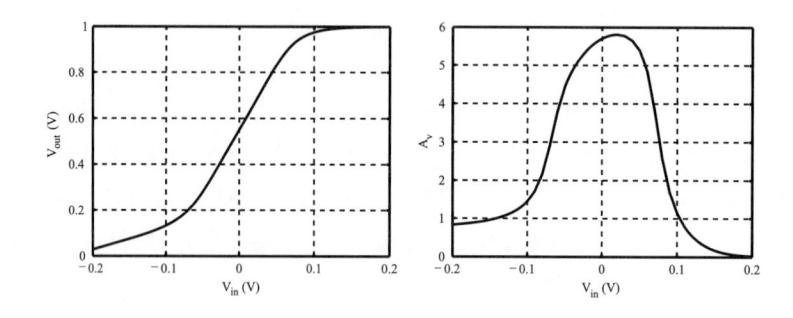

5.3.2 小信號分析

我們現在分析圖 5.27(a) 中電路之小信號特性，為求簡便，假設 $\gamma = 0$。我們能夠利用半電路來計算差動增益嗎？如圖 5.31 所示，輸入一小的差動信號，在節點 F 和 X 的電壓振幅會非常不同，這是因為二極體元件 M_3，其輸入端至節點 F 之電壓增益小於從輸入端至節點 Y 之電壓增益，所以 V_F 和 V_X 在節點 P 之效應（分別

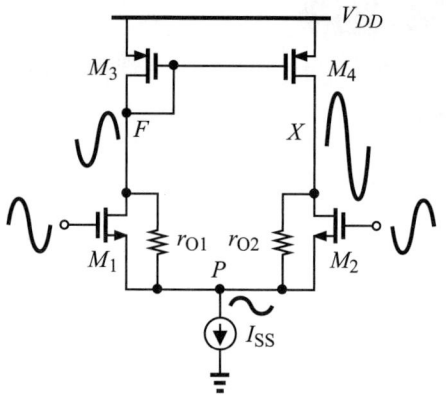

圖 5.31　具有主動電流鏡的差動對中不對稱的擺幅

---

[4] 為了建立輸入輸出特性曲線，我們假設輸入緩慢變化，因此次臨界電流有足夠的時間將 V_{GS} 電壓降為零。

經過 r_{O1} 和 r_{O2}）並不會互相抵消，故此節點不能視為一虛擬接地端。利用輔助定理 $|A_v| = G_m R_{out}$，我們首先利用一個近似分析來深入觀察並進行對增益精確的計算。

近似分析

為了計算 G_m，考慮圖 5.32(a)。此電路相當不對稱，但是因為在節點 F 看到的阻抗相當低，且振幅相當小，可忽略不計從節點 F 經過 r_{O1} 回流至節點 P 的電流。而節點 P 可視為一虛擬接地端〔圖 5.32(b)〕，因此，$I_{D1} = |I_{D3}| = |I_{D4}| = g_{m1,2}V_{in}/2$，且 $I_{D2} = -g_{m1,2}V_{in}/2$，使得 $I_{out} = -g_{m1,2}V_{in}$，故 $|G_m| = g_{m1,2}$。在此須注意藉由主動電流鏡運作，此增益值將為圖 5.23(b) 中電路之轉導的兩倍。

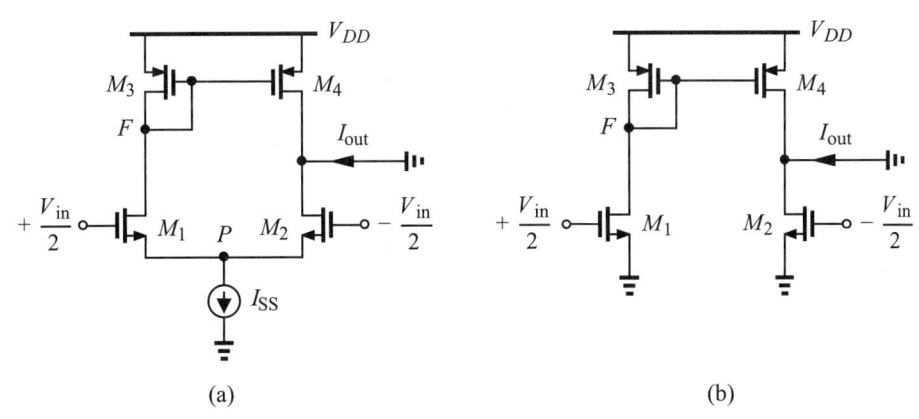

圖 5.32　(a) 計算 G_m 的電路；(b) 將 (a) 中電路的 P 點接地

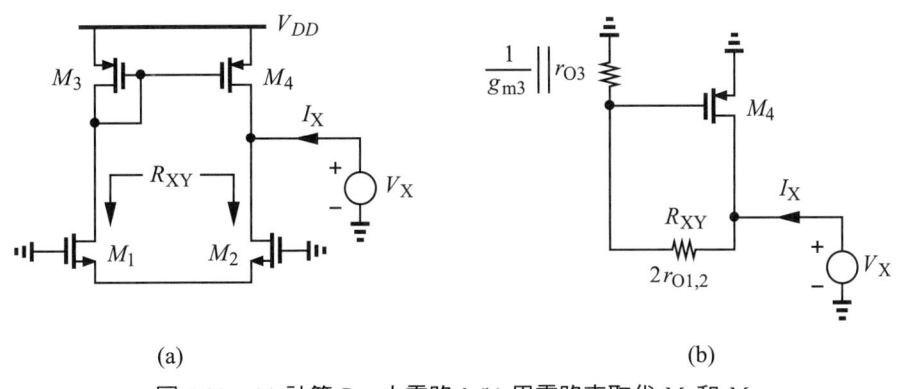

圖 5.33　(a) 計算 R_{out} 之電路；(b) 用電路來取代 M_1 和 M_2

計算 R_{out} 比較不直接，我們推測電路的輸出阻抗等於圖 5.23(c) 中電路之輸出阻抗，$(2r_{O2})||r_{O4}$。然而，實際上，主動電流鏡運作會產生一個不一樣的值，這是因為當電壓用至輸出端來量測 R_{out} 時，M_4 之閘極電壓不會保持固定。對於小信號來說，我們不必畫出完整的等效電路，而觀察到 I_{SS} 為開路〔圖 5.33(a)〕，任何流入 M_1 之電流會由 M_2 流出，且這兩個電晶體的角色可由電阻 $R_{XY} = 2r_{O1,2}$ 來表示〔圖 5.33(b)〕。因此從 V_X 端所抽取的電流 R_{XY} 會以均一增益，將 M_3 對映至 M_4 中。電流等於 $V_X/[2r_{O1,2} + (1/g_{m3})||r_{O3}]$。我們將

電流乘上 $(1/g_{m3})\|r_{O3}$ 得到 M_4 的閘極－源極電壓，然後將結果乘上 g_{m4}。可以得到

$$I_X = \frac{V_X}{2r_{O1,2} + \frac{1}{g_{m3}}\|r_{O3}} \left[1 + \left(\frac{1}{g_{m3}}\|r_{O3}\right)g_{m4}\right] + \frac{V_X}{r_{O4}} \tag{5.27}$$

因為 $2r_{O1,2} \gg (1/g_{m3})\|r_{O3}$，我們可得到

$$R_{out} \approx r_{O2}\|r_{O4} \tag{5.28}$$

總電壓增益為 $|A_v| = G_m R_{out} = g_{m1,2}(r_{O2}\|r_{O4})$，比圖 5.23(a) 中電路之增益略高。

精確的分析

我們必須計算 OTA 的 G_m 和 R_{out}。在未將 P 點接地，藉由圖 5.34 的等效電路求得 G_m。為求簡便，我們用下標 1 來標示 M_1 和 M_2，因為向下流經 $(1/g_{m3})\|r_{O3}$（之後以 r_d 表示）的電流為 $-V_4/r_d$，r_{O1} 維持一個跨壓等於 $(-V_4/r_d - g_{m1}V_1)r_{O1}$。將此電壓代入算式 $V_P = V_{in1} - V_1$，我們可得到

$$\left(-\frac{V_4}{r_d} - g_{m1}V_1\right)r_{O1} + V_{in1} - V_1 = V_4 \tag{5.29}$$

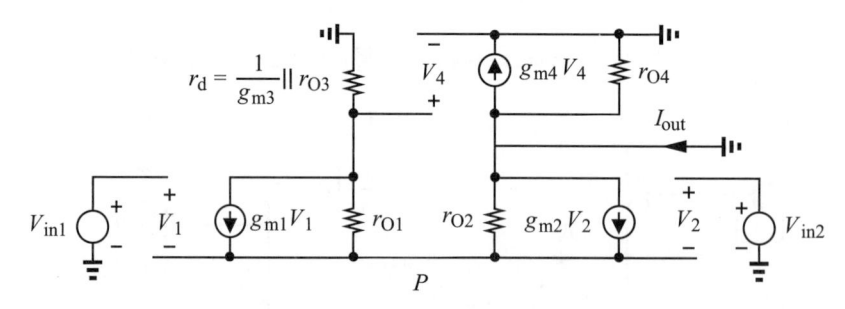

圖 5.34　五電晶體 OTA 的等效電路

我們也知道 $g_{m2}V_2$ 和流經 r_{O2} 的電流總合為 V_4/r_d（為什麼？）也就是

$$g_{m2}V_2 - \frac{V_{in2} - V_2}{r_{O2}} = \frac{V_4}{r_D} \tag{5.30}$$

透過這些算式我們可以用 V_4 來表示 V_1 和 V_2，並且有 $V_1 - V_2 = V_{in1} - V_{in2}$ 和 $I_{out} = g_{m4}V_4 + V_4/r_d$，我們可以得到

$$I_{out} = -g_{m1}r_{O1}\frac{g_{m4}r_d + 1}{r_d + 2r_{O1}}(V_{in1} - V_{in2}) \tag{5.31}$$

這表示

$$G_m = -g_{m1}r_{O1}\frac{g_{m4}r_d + 1}{r_d + 2r_{O1}} \tag{5.32}$$

下一步,我們計算 R_{out}。讓我們從 (5.27) 將輸出導納表示為

$$\frac{I_X}{V_X} = \frac{1 + g_{m4}r_d}{2r_{O1} + r_d} + \frac{1}{r_{O4}} \tag{5.33}$$

$$= \frac{(1 + g_{m4}r_d)r_{O4} + 2r_{O1} + r_d}{(2r_{O1} + r_d)r_{O4}} \tag{5.34}$$

因此

$$G_m R_{out} = -g_{m1}r_{O1}\frac{(g_{m4}r_d + 1)r_{O4}}{(g_{m4}r_d + 1)r_{O4} + 2r_{O1} + r_d} \tag{5.35}$$

因為 $r_d = r_{O3}/(1 + g_{m3}r_{O3})$,此式可簡化為

$$G_m R_{out} = -g_{m1}r_{O1}r_{O4}\frac{2g_{m3}r_{O3} + 1}{(2g_{m3}r_{O3} + 1)r_{O4} + 2r_{O1}(1 + g_{m3}r_{O3}) + r_{O3}} \tag{5.36}$$

$$= -\frac{g_{m1}r_{O1}r_{O4}}{r_{O1} + r_{O3}} \cdot \frac{2g_{m3}r_{O3} + 1}{2(g_{m3}r_{O3} + 1)} \tag{5.37}$$

我們因此可以導到一個簡單但是精確的增益表示式:

$$|A_v| = g_{m1}(r_{O1}\|r_{O4})\frac{2g_{m4}r_{O4} + 1}{2(g_{m4}r_{O4} + 1)} \tag{5.38}$$

我們可以將這個結果視為近似解 $g_{m1}(r_{O1}\|r_{O4})$,乘上一個小於 1 的「校正」項次。舉例來說,如果 $g_{m4}r_{O4} = 5$,可以得到 $|A_v| = 0.92 g_{m1}(r_{O1}\|r_{O4})$。

範例 5.11

藉由上述結果,若忽略不配適狀況,求出輸入共模位準改變的輸出反應。

解 為表示輸入共模位準改變,我們選擇圖 5.34 中的 $V_{in1} = V_{in2}$,從 (5.31) 中取得 $I_{out} = 0$。單端輸出電壓因此不受輸入共模位準改變的影響。

範例 5.12

計算圖 5.35 的電路中所呈現的小信號電壓。如何比較此電路與主動電流鏡之差動對的效能?

圖 5.35

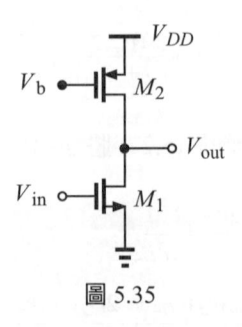

解 我們可得到 $A_v = g_{m1}(r_{O1}r_{O2})$，和上述推導值相似。在已知元件尺寸情況下，此電路需要偏壓電流之一半以達到與差動對同樣的增益。然而，差動運作的優點經常超過了高供應電壓的缺點。

上述對於增益的計算以及假設一理想的尾電流源，而實際上輸出阻抗往往會影響增益大小，但其之誤差相當地小。

餘裕問題 當二極體 PMOS 元件會消耗一定程度的電壓餘裕，五電晶體 OTA 不易於低電壓運作。為了進行修正，我們觀察此元件的閘極電壓不需等於其汲極電壓。如圖 5.36 所示，我們插入一個電阻和閘極串聯、且從中抽取一個固定電流，因此使得 V_G 低於 V_F 約 $R_1 I_1 \leq V_{TH3}$ 的電壓。透過此位準偏移器，輸入共模位準可以比較高，使得前一級和尾電流源的設計可以放寬。I_1 的值必須遠小於 $I_{SS}/2$，使得電路不對稱的兩邊所引起的效應可以忽略。各位可以計算自 I_1 而起的輸入位移電壓。

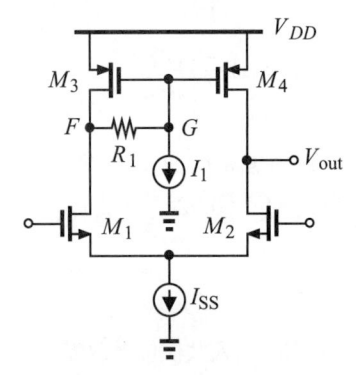

圖 5.36　使用位準偏移器改進 OTA 餘裕

5.3.3 共模特性

接著來看看主動電流鏡之差動對的共模特性。為方便起見，我們假設 $\gamma = 0$，而讓各位自行分析基板效應。我們目的在於預測尾電流源中有限輸出阻抗的結果。如圖 5.37 所示，輸入共模位準的變化會讓所有電晶體的偏壓電流改變，而在此要如何界定共模增益呢？第 4 章提過共模增益代表由輸入共模位準的變化影響所致之輸出信號的**惡化**（corruption）現象。第 3 章的電路量測出輸出信號的差動情況，因此共模增益以輸入共模變化所產生之輸出差動成分來表示。換句話說，圖 5.37 電路量測出相對於接地的輸出信號。因此，我們以輸入共模變化的單端輸出成分來表示共模增益：

$$A_{CM} = \frac{\Delta V_{out}}{\Delta V_{in,CM}} \tag{5.39}$$

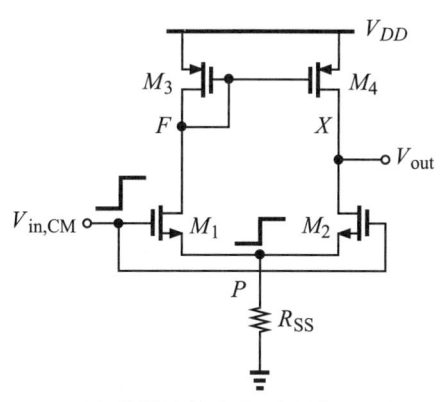

圖 5.37 以主動電流鏡來量測共模變化之差動對

我們要求出 A_{CM}，得觀察假如電路為對稱時，對於任何共模輸入位準而言，$V_{out} = V_F$。舉例來說，當 $V_{in,CM}$ 增加時，V_F 會下降，V_{out} 亦同。換句話說，可將節點 F 和 X 短路〔圖 5.38(a)〕，產生如圖 5.38(b) 的等效電路。在此 M_1 和 M_2 互相並聯，而 M_3 與 M_4 並聯。我們可得

$$A_{CM} \approx \frac{-\dfrac{1}{2g_{m3,4}} \left\| \dfrac{r_{O3,4}}{2}\right.}{\dfrac{1}{2g_{m1,2}} + R_{SS}} \tag{5.40}$$

$$= \frac{-1}{1 + 2g_{m1,2}R_{SS}} \frac{g_{m1,2}}{g_{m3,4}} \tag{5.41}$$

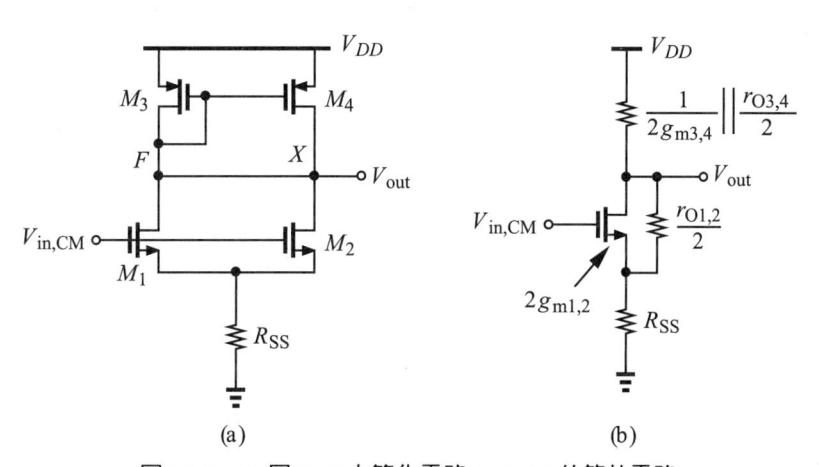

圖 5.38　(a) 圖 5.37 之簡化電路；(b) (a) 的等效電路

其中我們假定 $1/(2g_{m3,4}) \ll r_{O3,4}$，且忽略 $r_{O1,2}/2$ 之影像。已知 CMRR 值為

$$\text{CMRR} = \left| \frac{A_{DM}}{A_{CM}} \right| \tag{5.42}$$

$$= g_{m1,2}(r_{O1,2} \| r_{O3,4}) \frac{g_{m3,4}(1 + 2g_{m1,2}R_{SS})}{g_{m1,2}} \tag{5.43}$$

$$= (1 + 2g_{m1,2}R_{SS})g_{m3,4}(r_{O1,2} \| r_{O3,4}) \tag{5.44}$$

舉例來說，如果 $R_{SS} = r_O$ 且 $2g_{m1,2}r_O \gg 1$，可得到 CMRR 值約為 $(g_m r_O)^2$。

(5.41) 指出即使是在完美的對稱下，輸出信號仍會受共模輸入變化所影響。因為電容將尾電流源轉向而呈現較低阻抗，高頻共模雜訊會嚴重影響電路效能。

範例 5.13

圖 5.37 中電路之共模增益可以零（此錯誤論點）來表示。如圖 5.39(a) 所示，若 $V_{in,CM}$ 讓每個輸入電晶體的汲極電流改變了 ΔI，I_{D3} 和 I_{D4} 會改變相同的量。因此 M_4 似乎提供了 M_2 額外所需的電流，且其輸出電壓不必改變，亦即 $A_{CM} = 0$。解釋此證明中的錯誤。

解 假設 ΔI_{D4} 完全消除了 ΔI_{D2} 的效應是不正確的。考慮圖 5.39(b) 中之等效電路，因為

$$\Delta V_F = \Delta I_1 \left(\frac{1}{g_{m3}} \middle\| r_{O3} \right) \tag{5.45}$$

可以得到

$$|\Delta I_{D4}| = g_{m4} \Delta V_F \tag{5.46}$$

$$= g_{m4} \Delta I_1 \frac{r_{O3}}{1 + g_{m3} r_{O3}} \tag{5.47}$$

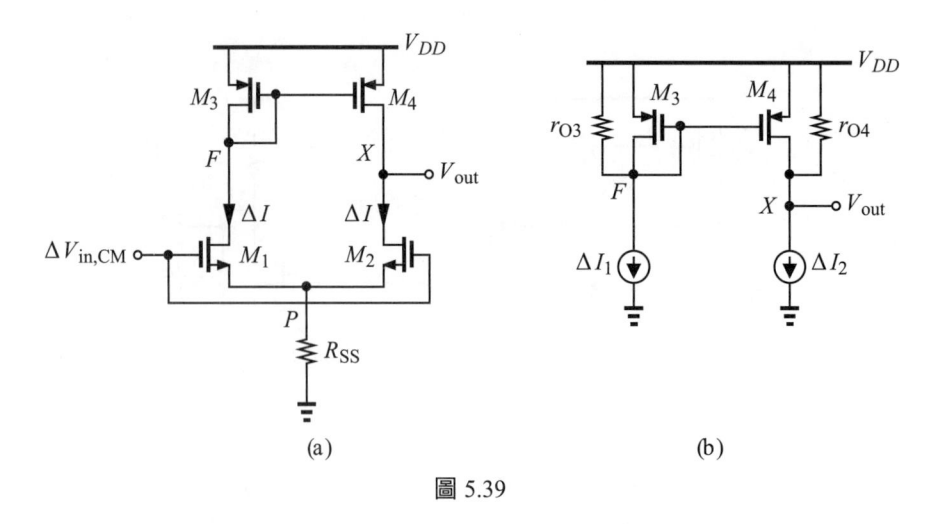

圖 5.39

此電流與 $\Delta I_2 (= \Delta I_1 = \Delta I)$ 會產生一個淨電流變化為

$$\Delta V_{out} = (\Delta I_1 g_{m4} \frac{r_{O3}}{1 + g_{m3}r_{O3}} - \Delta I_2)r_{O4} \tag{5.48}$$

$$= -\Delta I \frac{1}{g_{m3}r_{O3} + 1} r_{O4} \tag{5.49}$$

其值與節點 F 之電壓變化值相同。

不匹配效應

納入**不匹配**情況來計算共模增益是非常有意義的。舉例來說，我們考慮下述的情況，當輸入電晶體呈現稍為不同的轉導時〔圖 5.40(a)〕，V_{out} 和 $V_{in,CM}$ 之關係為何？因為在節點 F 與 X 的變化相對小，我們可以忽略 r_{O1} 和 r_{O2} 來計算 I_{D1} 和 I_{D2}。如圖 5.40(b)所示，節點 P 之電壓可藉由將 M_1 和 M_2 視為一個獨立電晶體（在一個源極隨耦器中）來求得，且其轉導值為 $g_{m1} + g_{m2}$，亦即

$$\Delta V_P = \Delta V_{in,CM} \frac{R_{SS}}{R_{SS} + \frac{1}{g_{m1} + g_{m2}}} \tag{5.50}$$

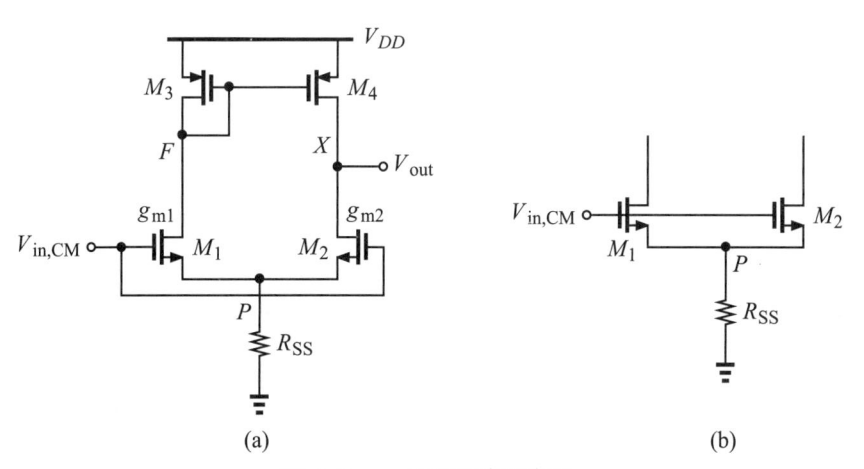

圖 5.40　g_m 不匹配之差動對

其中基板效應已忽略不計。而已知 M_1 和 M_2 汲極電流變化為

$$\Delta I_{D1} = g_{m1}(\Delta V_{in,CM} - \Delta V_P) \tag{5.51}$$

$$= \frac{\Delta V_{in,CM}}{R_{SS} + \frac{1}{g_{m1} + g_{m2}}} \frac{g_{m1}}{g_{m1} + g_{m2}} \tag{5.52}$$

$$\Delta I_{D2} = g_{m2}(\Delta V_{in,CM} - \Delta V_P) \tag{5.53}$$

$$= \frac{\Delta V_{in,CM}}{R_{SS} + \dfrac{1}{g_{m1}+g_{m2}}} \frac{g_{m2}}{g_{m1}+g_{m2}} \tag{5.54}$$

ΔI_{D1} 的變化乘上 $(1/g_{m3})\|r_{O3}$ 產生 $|\Delta I_{D4}| = g_{m4}[(1/g_{m3})r_{O3}]\Delta I_{D1}$。流經電路之輸出阻抗的電流值為此電流與 ΔI_{D2} 的差，因為我們忽略 r_{O1} 和 r_{O2} 的影響，故輸出阻抗為 r_{O4}：

$$\Delta V_{out} = \left[\frac{g_{m1}\Delta V_{in,CM}}{1+(g_{m1}+g_{m2})R_{SS}} \frac{r_{O3}}{r_{O3}+\dfrac{1}{g_{m3}}} - \frac{g_{m2}\Delta V_{in,CM}}{1+(g_{m1}+g_{m2})R_{SS}} \right] r_{O4} \tag{5.55}$$

$$= \frac{\Delta V_{in,CM}}{1+(g_{m1}+g_{m2})R_{SS}} \frac{(g_{m1}-g_{m2})r_{O3}-g_{m2}/g_{m3}}{r_{O3}+\dfrac{1}{g_{m3}}} r_{O4} \tag{5.56}$$

如果 $r_{O3} \gg 1/g_{m3}$，可得

$$\frac{\Delta V_{out}}{\Delta V_{in,CM}} \approx \frac{(g_{m1}-g_{m2})r_{O3}-g_{m2}/g_{m3}}{1+(g_{m1}+g_{m2})R_{SS}} \tag{5.57}$$

和 (5.41) 相比較，此結果分子多出了一項 $(g_{m1}-g_{m2})r_{O3}$，顯示了轉導不匹配對於共模增益的影響。

5.3.4 五電晶體 OTA 的其他特性

相對於第 4 章的全差動式架構，五電晶體 OTA 會遇到兩個問題。首先，即使是完美匹配的電晶體，電路仍存在有限的共模排斥比（CMRR）。如圖 5.41(a)，共模輸入的改變會直接破壞 OTA 的 V_{out}，但是這不會發生在全差動版本的差動輸出〔圖 5.41(b)〕。

第二，OTA 的電源排斥是較差的。要了解這點，讓我們將輸入接到一個固定電壓且將 V_{DD} 改變一個微小的量 ΔV_{DD}〔圖 5.42(a)〕。V_F 會改變多少？將 M_1 視為一個具有高輸出阻抗的固定電流源，我們了解到 V_{GS3} 必須要相對穩定。也就是說，$\Delta V_F \approx \Delta V_{DD}$，當電晶體對稱時，$V_{out}$ 也會改變 ΔV_{DD}。換句話說，從 V_{DD} 到 V_{OUT} 的增益大概會均一。

現在考慮全差動式的架構，如圖 5.42(b)，其中 PMOS 電流源是由一個電流鏡偏壓。相對應供應電源 V_{DD} 的改變時，V_X 和 V_Y 是有如何相對應的改變？因為對稱的好處，我們知道 V_{GS5} 以及 V_{GS3} 和 V_{GS4} 是常數，所以 V_X 和 V_Y 必須有等量的改變。我們因此將 X 和 Y 短路並將 M_3 和 M_4 合併、M_1 和 M_2 合併〔圖 5.42(c)〕。如果由 $M_1 + M_2$ 和 I_{SS} 組成的串疊電路之輸出阻抗很高，則 $\Delta V_X = \Delta V_Y \approx \Delta V_{DD}$（為什麼？）。在此情況，輸出電壓也會改變 ΔV_{DD}，但是輸出的差仍然是保持不變的。要注意這個電路需要共模回授（第 9 章）。

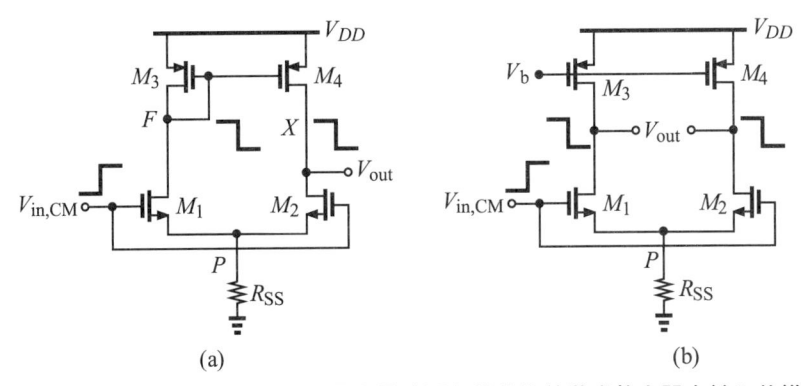

圖 5.41 (a) 五電晶體 OTA 以及 (b) 具有電流源負載的全差動式放大器之輸入共模響應

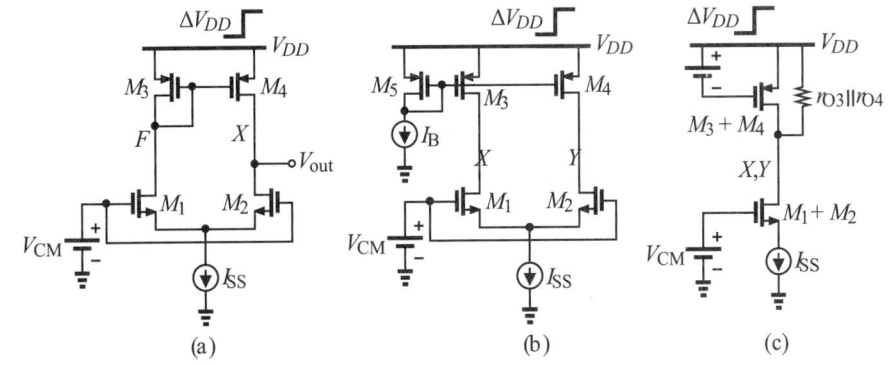

圖 5.42 (a) 有電源步階的 OTA、(b) 有電源步階的全差動式電路及 (c) (b) 的等效電路

5.4 偏壓技巧

目前所了解到的放大級電路必須要適當**偏壓**，在沒有輸入信號下，每個電晶體帶有需要的電流以及保持必須的電壓。當節點電壓決定餘裕和需要的電壓擺幅時，我們知道電流產生轉導及電晶體的輸出阻抗。本節要考慮 CMOS 電路的一些偏壓技巧。

5.4.1 共源偏壓

簡單的共源極

針對一個共源架構的電晶體，我們希望建立一個極汲電流和需要的 V_{GS} 及 V_{DS}。利用電晶體的 I/V 特性曲線，我們求出電晶體的大小及必須將閘極電壓接到適當的偏壓電壓〔圖 5.43(a)〕。但是我們要如何保證 V_B 不會「對抗」V_{in}？一個解法是將 V_{in} 透過電容耦合傳遞且對 V_B 建立一個高阻抗，如此一來 X 會和 V_B 有一樣的直流電壓且和 V_{in} 有相同的信號電壓〔圖 5.43(b)〕。注意，C_B 和 R_B 形成一個高通濾波器，我們選取低於最低的輸入頻率的 $1/(2\pi R_B C_B)$，在關注的頻率範圍內，從 V_{in} 到 V_X 的交流增益接近 1。

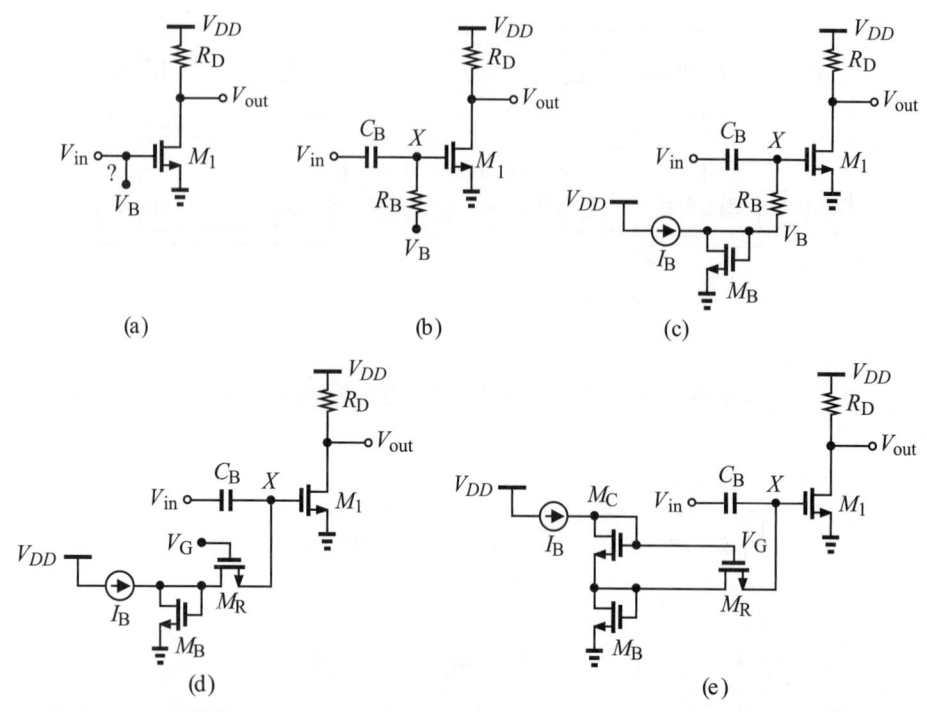

圖 5.43　使用 (a) V_B 對抗 V_{in}、(b) 交流耦合設定直流點 V_X 為 V_B、(c) 用電流鏡、(d) 用 M_R 實現大電阻以及 (e) 對 M_R 產生精確的 V_{GS} 的共源極偏壓

我們下幾個註解 (1) 圖 5.43(b) 中的節點 X 必須有一個直流路徑接到一個電壓；如果 R_B 被移除，X 會浮接形成沒有界定好的電壓。[5] (2) 如 5.1 小節所提過的，偏壓電壓 V_B 不能是常數；V_B 必須要透過二極體元件產生〔圖 5.43(c)〕。(3) 我們將 I_B 選取為 I_{D1} 的十分之一到五分之一之間，來最小化偏壓電路所消耗的功率。(4) 如果 V_{in} 有很低頻的信號，例如，音訊頻率範圍，電容和電阻可能會占用很大的晶片面積。(5) 電容會在信號路徑上產生寄生電容，衰減高頻表現；即使晶片面積不是很重要，電容值會受制於寄生效應。

在需要大的 $R_B C_B$ 乘積的應用中，可以將 R_B 用一個位於深三極管區且長和窄的 MOSFET 來實現，將這個電晶體偏壓在一個小的驅動電壓，因此最大化其開啟電阻〔圖 5.43(d)〕。但我們要如何保證 M_R 不會因為 PVT 變異而關閉？雖然小，但是 M_R 的驅動電壓仍必須要被好好控制，亦即 $V_G - V_B$ 必須要維持在 V_{TH} 附近。這個電壓差可以利用二極體元件來產生〔圖 5.43(e)〕。如果 $(W/L)_C$ 很大，$V_{GS,C} \approx V_{TH}$ 會產生一個高阻抗的 M_R。各位可利用長通道模型來證明在強反轉時，

$$R_{on,R} = \frac{(W/L)_C}{(W/L)_R} \frac{1}{g_{m,C}} \tag{5.58}$$

我們得到結論 $(W/L)_C$ 必須要最大化且 $(W/L)_R$ 必須最小化。我們會在習題 5.24 重新檢視次

---

5 事實上，M_1 的閘極漏電會將 X 放電到零電位。

臨界區間的電路。

有可能將輸入的耦合電容移除且從前一級提供偏壓點？圖 5.44 繪出一個範例，其中 $V_{DD} - R_{D2}I_{D2}$ 當作 M_1 閘極的偏壓點。主要的困難在於 M_1 的偏壓會受 M_2 偏壓所影響。舉例來說，如果 I_{D2} 隨著 PVT 變化，V_X 和 I_{D1} 也會變化。在此疊加架構中，因為無法區別這些效應和信號，PVT 變化會被放大。無論如何，如果每一級都是低增益，例如 2 或是 3，可以直接在兩級間使用耦合技術。對於多級或是比較高的增益，負回授就可能是必要的，特別是如果將負載電阻置換成電流源（第 8 章）。

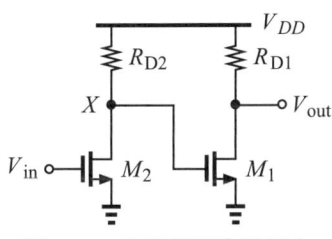

圖 5.44　在兩級間直接耦合

使用電流源負載的共源極

我們現在來看有電流負載的共源極〔圖 5.45(a)〕。之前的技術可用到 M_1 和 M_2，得到圖 5.45(b) 的電路。我們注意到 I_{D1} 和 I_{D2} 是從 I_{B1} 和 I_{B2} 複製而來。

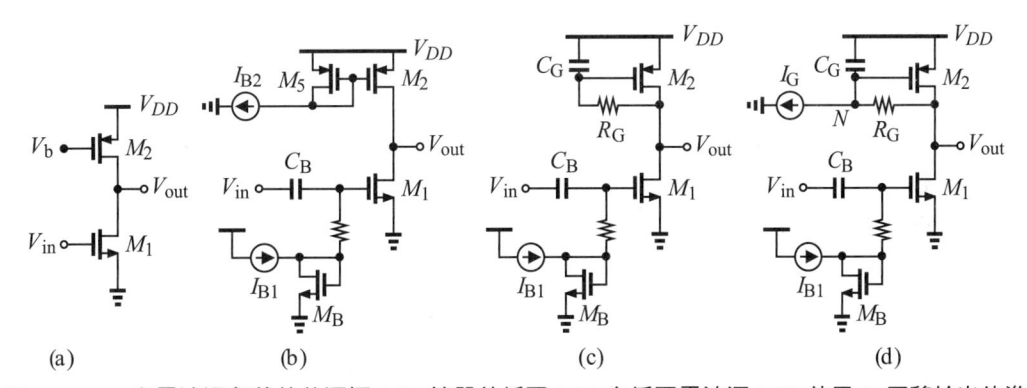

圖 5.45　(a) 有電流源負載的共源極；(b) 簡單的偏壓；(c) 自偏壓電流源；(d) 使用 I_G 平移輸出位準

有電流源負載的共源極也說明了類比設計中會遇到的一個狀況：兩個高阻抗的電流源 M_1 和 M_2 會相互對抗。也就是說，如果圖 5.45(b) 中的複製電流並不是完全相等，每個電晶體都想要達到各自的電流量（想像如果串聯兩個不同電流量的理想電流源，會發生什麼事？）舉例來說，如果 I_{D1} 偏向大於 $|I_{D2}|$，則 V_{out} 下降，可能會驅動 M_1 進入三極管區到 I_{D1} 等於 $|I_{D2}|$。為解決此問題，我們將電路改變成如圖 5.45(c)，其中 M_2 在直流條件下，以二極體元件運作，電流完全而受 M_1 限制。在高頻率時，C_G 會將 M_2 的閘極接地短路，產生一個小信號增益等於

$$A_v = -g_{m1}(r_{O1}\|r_{O2}\|R_G) \tag{5.59}$$

因此我們選擇 $R_G \gg r_{O1}\|r_{O2}$ 及選取 $1/(2\pi R_G C_G)$ 的值小於最低所關注的輸入頻段。

在上述的共源極（CS stage），M_2 會強制 V_{out} 的偏壓值和 $V_{DD} - |V_{GS2}|$ 一樣低。我們會從 R_G 抽取一個固定電流 I_G〔圖 5.45(d)〕，使得 V_N 仍然夠低而能提供 M_2 所需要的 V_{GS}，但是 $V_{out} = V_N + I_G R_G$ 比較高。選取 I_G 的值遠小於偏壓電流。

範例 5.14

比較圖 5.45(c) 和 (d) 中可容許的最大電壓擺幅。

解 圖 5.45(c) 中，V_{out} 從 $V_{DD} - |V_{GS2}|$ 開始，可以上升到 $V_{DD}-|V_{GS2}-V_{TH2}|$ 以及下降到 $V_{GS1}-V_{TH1}$。然而，如圖 5.46(a)，因為最低擺幅受限於 $V_{DD} - |V_{GS2}| - (V_{GS1}-V_{TH1})$，最高擺幅無法達到理論上的最大值。因此，可容許的峰對峰擺幅大概是 $2[V_{DD}-|V_{GS2}|-(V_{GS1}-V_{TH1})]$。

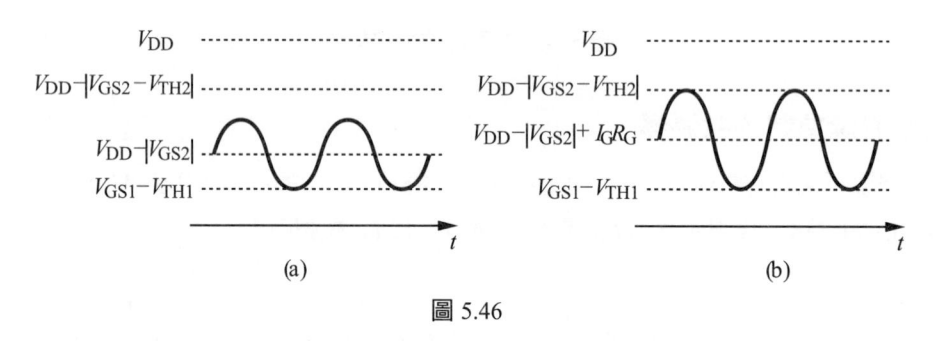

圖 5.46

另一方面，圖 5.45(d) 中的 $I_G R_G$ 可以平移操作點，將向下擺幅和向上擺幅調整為大概相等的值。從圖 5.46(b)，可得

$$V_{DD}-|V_{GS2}|+I_G R_G-(V_{GS1}-V_{TH1}) \approx V_{DD}-|V_{GS2}-V_{TH2}|-[V_{DD}-|V_{GS2}|+I_G R_G] \tag{5.60}$$

如果 NMOS 和 PMOS 驅動電壓大概相同，我們必須選取

$$I_G R_G \approx |V_{GS2}| - \frac{V_{DD}}{2} \tag{5.61}$$

使得在輸出峰對峰擺幅可以達到 $2[V_{DD}/2-(V_{GS1}-V_{TH1})]$。或者，可以選擇 $|V_{GS2}|=V_{DD}/2$ 且不使用 I_G。如第 7 章會提到的，當 M_2 的驅動電壓上升，產生的雜訊會比較少（當其偏壓電流保持常數），使得前者的架構會更具吸引性。

互補式共源極

接著來考慮使用主動電流源之共源極〔圖 5.47(a)〕偏壓的問題。如第 3 章所述，因為 $V_{GS1}+|V_{GS2}|=V_{DD}$，所以此架構需要考慮 PVT 相依性。這和圖 5.45(b) 中共源極類似的方法，M_1 和 M_2 會相互抗衡。

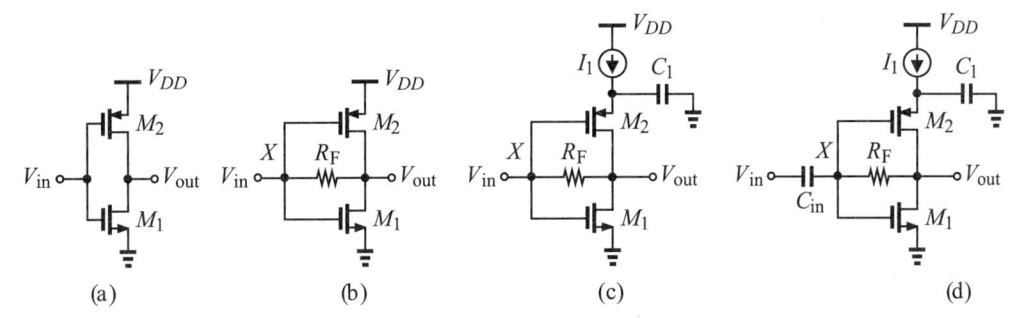

圖 5.47 (a) 互補式共源極、(b) 自偏壓架構、(c) 精確界定的偏壓電流及 (d) 在輸入使用交流耦合

第一步，考慮圖 5.47(b) 的架構，在汲極和閘極間連接一個大電阻。在沒有信號時，沒有電流會流經 R_F，所以 $V_{out} = V_X$；本質上，將每個電晶體設定成二極體元件且保證位於飽和區。兩個元件不會相互抗衡，舉例來說，M_1 傾向比較大的汲極電流，則 V_{out}，也就是 V_X 會下降，使得 $I_{D1} = |I_{D2}|$。

為了要精準界定偏壓電流，我們修正圖 5.47(c) 中的電路。在此，I_1 是 M_1 和 M_2 的汲極電流且 C_1 會在最低信號頻率（ω_{min}）形成短路。選取 C_1 的值讓 M_2 的衰減可以忽略：

$$\frac{1}{C_1\omega_{min}} \ll \frac{1}{g_{m2}} \tag{5.62}$$

值得一提的是，在這個例子中，I_1 會消耗額外的電壓餘裕。

既然在 X 點的偏壓必須要追蹤 V_{out}，輸入必須被電容耦合〔圖 5.47(d)〕。習題 5.25 中，我們會計算由 C_{in} 形成的高通濾波器、以及其他電路的轉角頻率，必須選取低於 ω_{min} 的頻率。當 C_{in}、R_F 和 C_1 足夠大時，放大器的電壓增益在關注的頻段中，仍然是 $(g_{m1} + g_{m2})(r_{O1}\|r_{O2})$。

5.4.2 共閘極偏壓

在一個共閘極中，當在源極端感測輸入時，電晶體必須要乘載一個偏壓電流。因此，源極無法直接接地，需要一個中間元件來導通直流信號，如電阻、電流源、或是電感。圖 5.48(a) 說明一個範例，其中 M_1 和 M_B 是一個電流鏡，I_{D1} 是 I_B 的數倍。透過適當複製 I_B，我們必須保證 $V_{GS1} = V_{GS,B}$。我們因此選取 $(W/L)_1/(W/L)_B$ 等於 I_{D1} 和 I_B 的比值（亦即 5～10 間的範圍），以及將 R_B/R_S 設成同比例，亦即 $R_B/R_S = I_{D1}/I_B$。

圖 5.48(a) 的電路會在低電壓設計時，會遇到困難。在有限的驅動阻抗，R_1（亦即前一級的輸出阻抗），信號會因為 R_S 而有額外的衰減。忽略通道長度調變效應，我們可以寫出從 V_{in} 到 V_X 的電壓增益如下

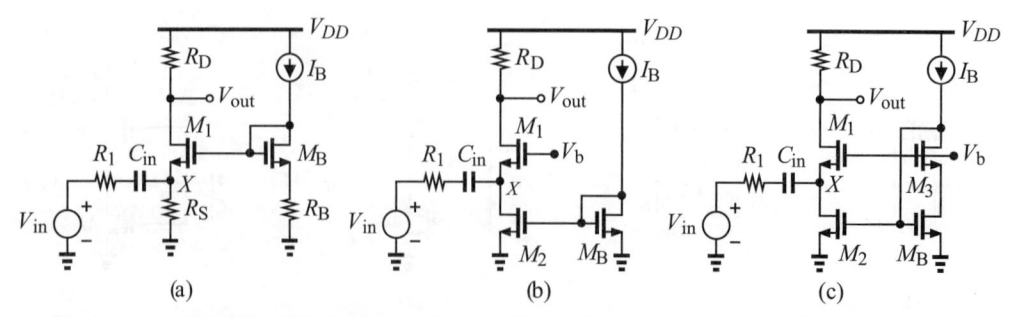

圖 5.48　(a) 從源極接地的電阻性路徑、(b) 電流源式偏壓、(c) 及低電壓電流鏡的共閘極

$$\frac{V_X}{V_{in}} = \frac{\dfrac{1}{g_{m1} + g_{mb1}} \| R_S}{\dfrac{1}{g_{m1} + g_{mb1}} \| R_S + R_1} \tag{5.63}$$

結論是 R_S 必須大過於 $1/(g_{m1} + g_{mb1})$，使得衰減可以最小化。然而，既然從 V_X 到 V_{out} 的增益要等於 $(g_{m1} + g_{mb1})R_D$，這代表 R_S 值必須要達到或甚至需要超過 R_D。因此，R_S 可能會有很大的直流壓降，限制 R_D 上的直流跨壓和電壓增益。

為了修正這個情況，我們使用電流源置換 R_S〔圖 5.48(b)〕。在此，M_2 有高阻抗但是不需要消耗大的 V_{DS}。從 I_B 複製電流，因為 $V_{DS2} < V_{DS,B}$。M_2 的汲極電流會因為通道長度調變效應而引發一些誤差，此問題會使人聯想到章節 5.2 中所研讀的疊接電流鏡，透過低電壓疊接架構解決通道長度調變效應的問題〔圖 5.48(c)〕。偏壓電壓 V_b，也如章節 5.2 的方式產生。

5.4.3 源極跟隨器偏壓

源極跟隨器通常是使用如圖 5.49(a) 的電流源來偏壓。如果因為通道長度調變效應，I_{D2} 和 I_B 之間存在不需要的不匹配效應，可以將一個電阻和 M_B 汲極串聯（章節 5.2）。因為是由 M_2 所界定，相較於共源極放大器，M_1 的偏壓電流就不容易受到其閘極電壓的影響，可以直接和前一級的電路相連接。在輸入會有很大的直流變化之應用中，可以使用電容耦合〔圖 5.49(b)〕。注意，M_1 的閘極電壓可以從 V_{DD} 開始，在電晶體進入三極管區前，向上擺動一個臨界電壓。

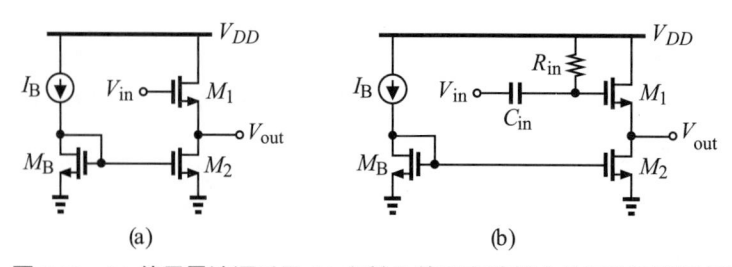

圖 5.49　(a) 使用電流源以及 (b) 在輸入使用交流耦合的源極跟隨器偏壓

範例 5.15

源極跟隨器可以當作是一個共源極的輸出緩衝極。瞭解此兩極之間，使用電容耦合以及不使用電容耦合的表現。

解 圖 5.50(a)，M_3 的最小汲極電壓是 $V_{GS1} + V_{DS2,min}$，使得 R_D 上容許少許的壓降。共源極電壓增益因此嚴重受限。而圖 5.50(b) 的電路，第一級的增益則可以單獨被最大化。

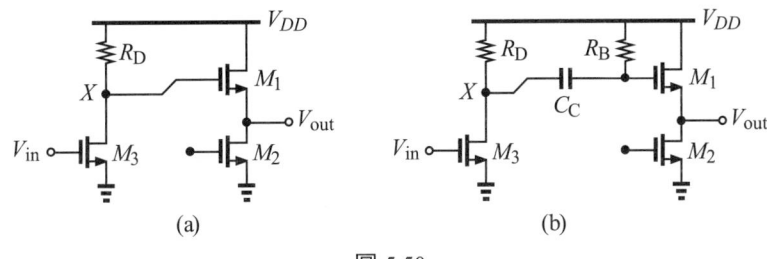

圖 5.50

5.4.4 差動對偏壓

除了尾電流源，也必須界定差動對的閘極電壓。為了最大化電壓增益或是輸出擺幅，如圖 5.51(a) 所示，我們選取最低的共模位準 $V_{GS1,2} + V_{DS3,min}$。這樣的選取可以讓 M_1 和 M_2 的汲極電壓低至 $(V_{GS1,2} - V_{TH1,2}) + V_{DS3,min}$（高於接地的兩個驅動電壓）且最大化 R_D。

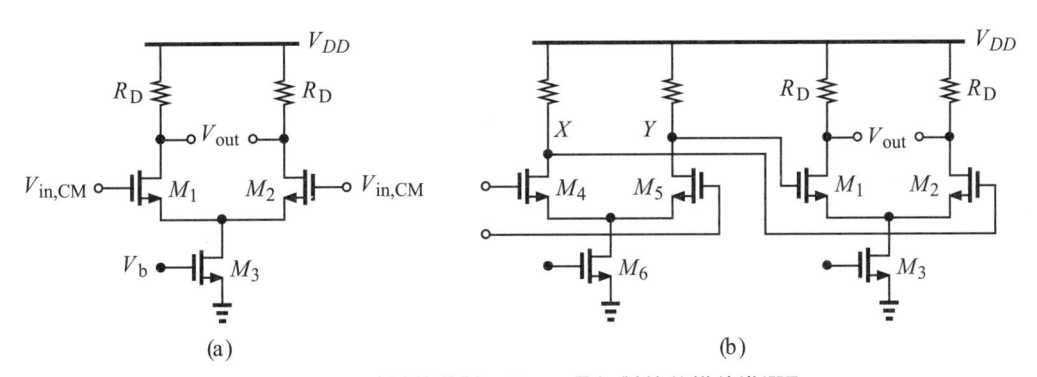

圖 5.51　(a) 針對差動對以及 (b) 疊加對的共模位準選取

因為圖 5.51(a) 中的 M_1 和 M_2 偏壓電流相對不受其閘極電壓影響，我們可以直接將閘極連接到前一級。然而，這個方法會限制整體的增益，如果選取 V_X 和 V_Y 的偏壓值為高於接地的兩個驅動電壓，以最大化第一級的增益，對於第二級來說，這是一個極低的共模位準。因為此原因，我們可能會在某些例子中使用電容耦合。

習題

除非特別提及，下列問題必要時使用表格 2.1 的元件資料及假設 $V_{DD} = 3$ V。所有元件尺寸為等校值且以微米為單位。

5.1 圖 5.2 中，假設 $(W/L)_1 = 50/0.5$、$\lambda = 0$、$I_{out} = 0.5$ mA 及 M_1 在飽和區運作。

　　(a) 求 R_2/R_1。

　　(b) 計算 I_{out} 對於 V_{out} 之靈敏度，在此定義靈敏度為 $\partial I_{out}/\partial V_{DD}$，並且對 I_{out} 做正規化。

　　(c) 如果 V_{TH} 變化 50 mV，I_{out} 將如何變化？

　　(d) 如果 μ_n 對於溫度的相關性能以 $\mu_n \propto T^{-3/2}$ 表示，但 V_{TH} 和溫度無關時，如果 T 由 300°K 變至 370°K 時，I_{out} 會改變多少？

　　(e) 如果 V_{DD} 變化 10%，V_{TH} 變化 50 mV，T 由 300°K 變至 370°K 時，I_{out} 最差的變化情況如何？

5.2 考慮圖 5.7，假設 I_{REF} 為一理想電流源，繪出 I_{out} 與 V_{DD} 的關係圖，其中 V_{DD} 從 0 變至 3 V。

5.3 在圖 5.8 之電路中，$(W/L)_N = 10/0.5$、$(W/L)_P = 10/0.5$ 且 $I_{REF} = 100$ μA。加至 M_1 和 M_2 閘極之輸入共模位準為 1.3 V。

　　(a) 假設 $\lambda = 0$，計算負載二極體之 PMOS 電晶體的汲極電壓和 V_P。

　　(b) 現在考慮通道長度調變效應來求出 I_T，更精確計算負載二極體之 PMOS 電晶體的汲極電流。

5.4 考慮圖 5.11，繪出 V_{out} 與 V_{DD} 之關係圖，其中 V_{DD} 由 0 至 3V。

5.5 考慮圖 5.12(a) 之電路，假設 $(W/L)_{1-3} = 40/0.5$、$I_{REF} = 0.3$ mA 且 $\gamma = 0$。

　　(a) 求出 $V_X = V_Y$ 時之 V_b 值。

　　(b) 如果 (a) 中所計算出的 V_b 值偏移了 100 mV 時，在 I_{out} 和 I_{REF} 間之不匹配為何？

　　(c) 如果以疊加電流元饋入一電路，且其 V_P 值變化 1 V 時，其 V_Y 值將如何變化？

5.6 圖 5.18(b) 的電路以下列參數設計：$(W/L)_{1,2} = 20/0.5$，$(W/L)_{3,0} = 60/0.5$，$I_{REF} = 100$ μA。

　　(a) 求出 V_X 和 V_b 可接受的範圍。

　　(b) 如果 M_3 汲極電壓比 V_X 高 1 V 時，計算 I_{out} 相對於 300 μA 之偏移量。

5.7 電路 5.23(a) 的電路以下列參數設計：$(W/L)_{1-4} = 50/0.5$、$I_{SS} = 2I_1 = 0.5$ mA。

　　(a) 計算其小信號增益。

　　(b) 如果輸入共模為準為 1.3 V，求出其最大輸出電壓振幅。

5.8 考慮圖 5.29(a) 之電路，其 $(W/L)_{1-5} = 50/0.5$，且 $I_{D5} = 0.5$ mA。

　　(a) 如果 $|V_{TH3}|$ 比 $|V_{TH4}|$ 少 1 mV 時，計算 V_{out} 相對於 V_F 之偏移量。

　　(b) 決定放大器之 CMRR。

5.9 繪出圖 5.52 中每個電路的 V_X 和 V_Y 對 V_{DD} 的關係圖。假設電路中每個電晶體都相同。

5.10 繪出圖 5.53 中每個電路的 V_X 和 V_Y 對 V_{DD} 的關係圖。假設電路中每個電晶體都相同。

5.11 繪出圖 5.54 中每個電路的 V_X 和 V_Y 對 V_1 之關係圖，且 $0 < V_1 < V_{DD}$。假設電路中每個電晶體都相同。

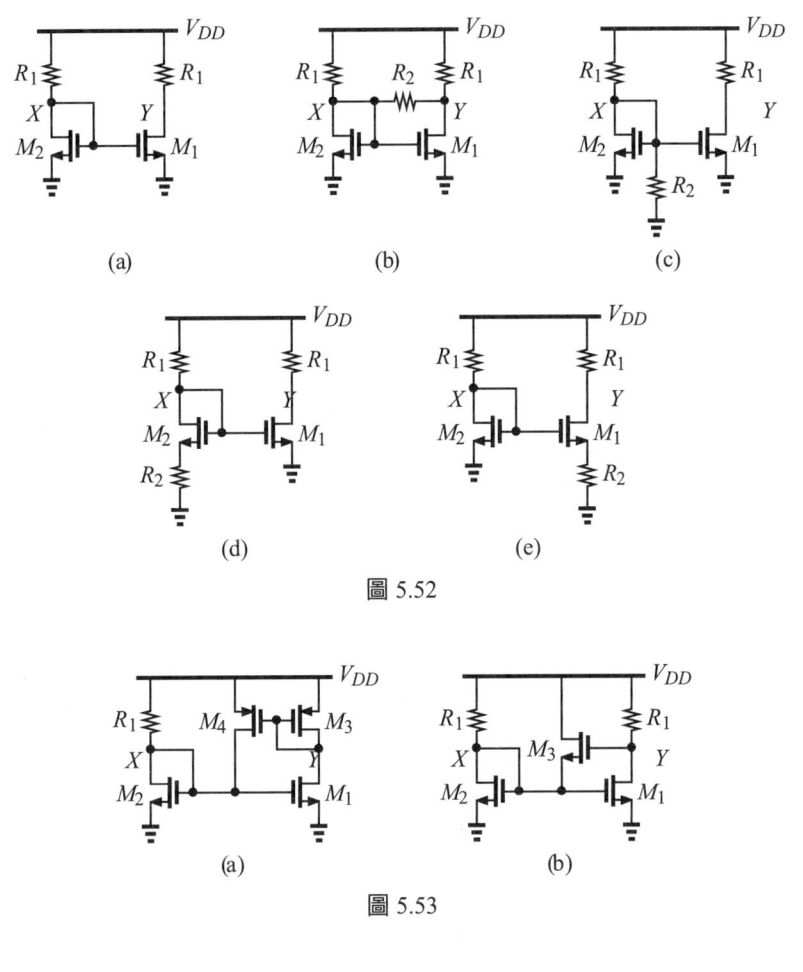

圖 5.52

圖 5.53

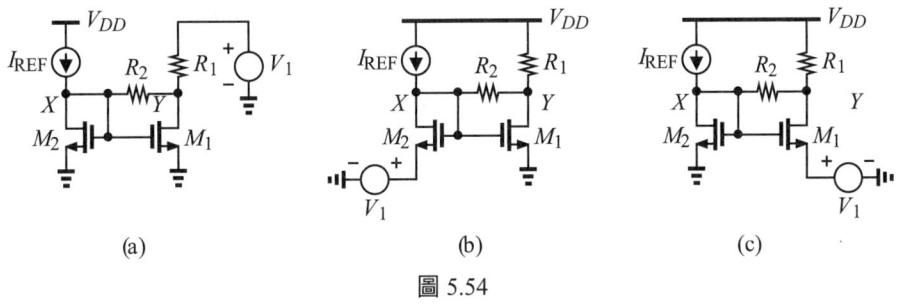

圖 5.54

5.12 繪出圖 5.55 中每個電路的 V_X 和 V_Y 對 V_1 之關係圖，且 $0 < V_1 < V_{DD}$。假設電路中每個電晶體都相同。

5.13 繪出圖 5.56 中每個電路的 V_X 和 V_Y 對於 I_{REF} 之關係圖。

5.14 對於圖 5.57 的每個電路來說，繪出 I_{out}、V_X、V_A 和 V_B 與 (a) I_{REF}；(b) V_b 的關係圖。

5.15 如圖 5.58 所示，一個使用寬電晶體極小偏壓電流之源極隨耦器，和 M_3 之閘極串聯將 M_2 偏壓於飽和區的邊界。假設 M_0–M_3 都相同，且 $\lambda \neq 0$，如果 (a) $\gamma = 0$，(b) $\gamma \neq 0$，計算 I_{out} 和 I_{REF} 間的不匹配。

5.16 繪出圖 5.59 中每個電路的 V_X 和 V_Y 對於時間的關係圖。假設電路中每個電晶體都相同。

圖 5.55

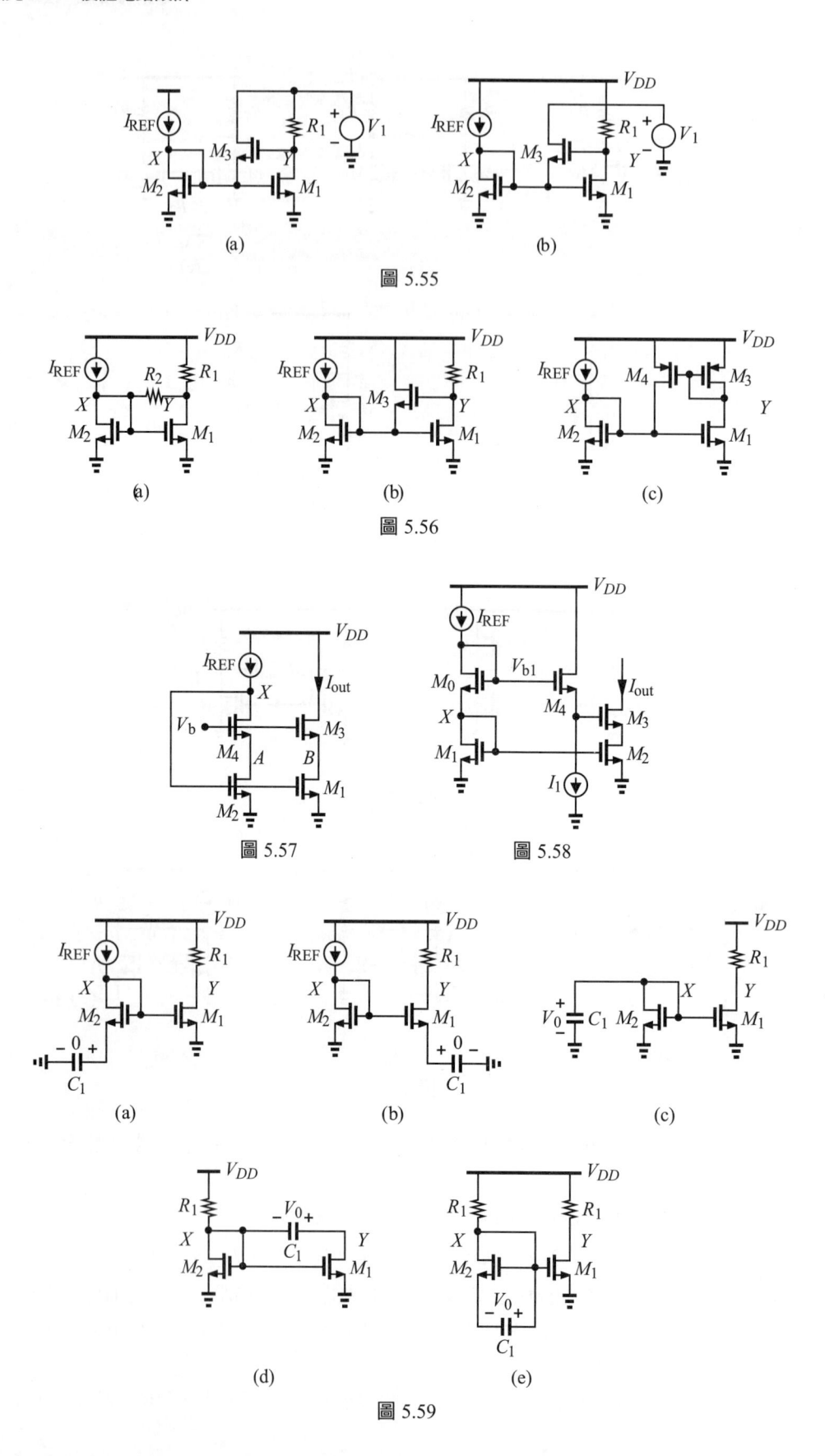

圖 5.56

圖 5.57

圖 5.58

圖 5.59

5.17 繪出圖 5.60 中每個電路的 V_X 和 V_Y 對時間的關係圖。假設電路中每個電晶體都相同。

5.18 繪出圖 5.61 中每個電路的 V_X 和 V_Y 對於時間的關係圖，假設在電路中每個電晶體都相同。

5.19 圖 5.62 之電路顯示了一個負輸入電感，計算電路之輸入阻抗並確認其電感成分。

5.20 由於製程上的缺陷，圖 5.63 中的電路出現一個大的寄生電阻 R_1。假設 $\lambda = 0$，計算每個電路的增益。

5.21 如記憶體在數位電路中，主動電流鏡負載之差動對可用來轉換一小的差動信號至大的單端振幅（圖 5.64）。在此應用中，輸出位準盡可能接近供應電壓，是較為理想的。相對於共模位準 $V_{in,CM}$，假設一個小的差動輸入振幅（亦即 $\Delta V = 0.1\ V$）在共模準位 $V_{in,CM}$ 附近，及用高增益電路說明 V_{min} 和 $V_{in,CM}$ 為何相關。

5.22 繪出 5.65 中每個電路的 V_X 和 V_Y 對於時間的關係圖，初始 C_1 之跨壓如圖所示。

5.23 如果在圖 5.66 中，ΔV 夠小讓所有電晶體維持在飽和區，求出時間常數與 V_{out} 的初始值與最終值。

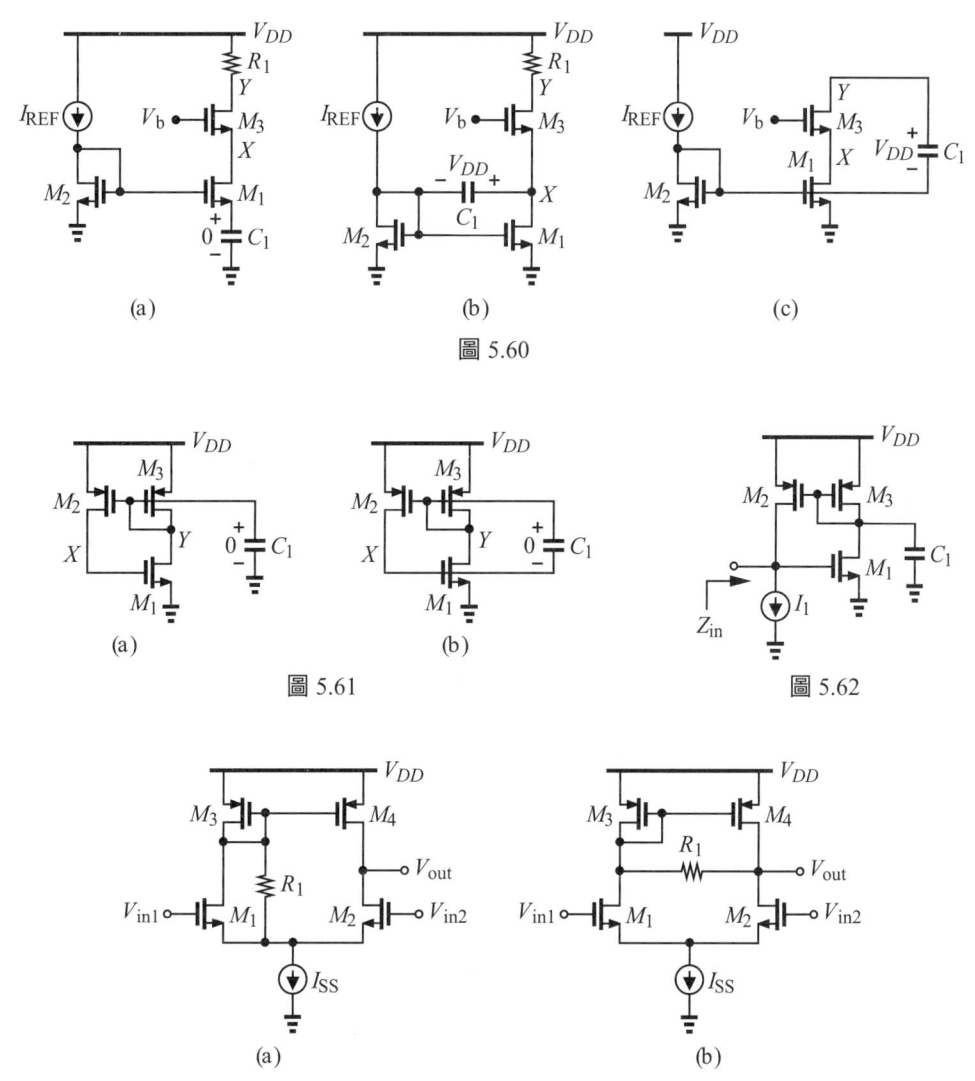

圖 5.60

圖 5.61

圖 5.62

圖 5.63

圖 5.64

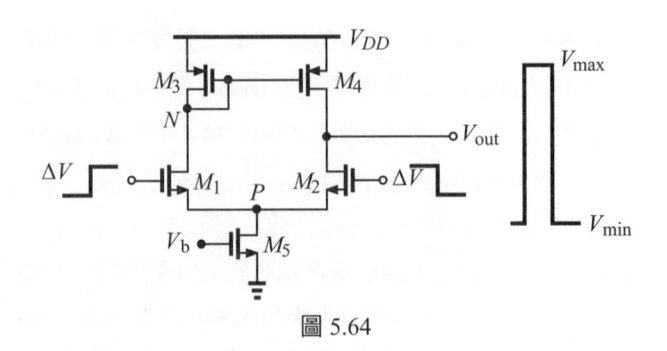

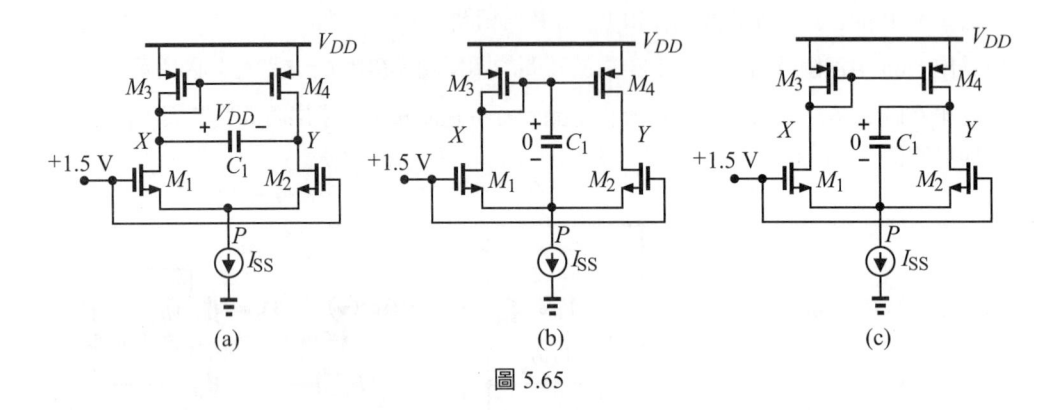

圖 5.65

5.24 因為元件於次臨界區間運作，我們運用

$$I_D = \mu C_d \frac{W}{L} V_T^2 \left(\exp \frac{V_{GS} - V_{TH}}{V_T} \right) \left(1 - \exp \frac{-V_{DS}}{V_T} \right) \tag{5.64}$$

(a) 如果元件是在深三極管區，$V_{DS} \ll V_T$。使用 $\exp(-\epsilon) \approx 1 - \epsilon$，求出開啟電阻。

(b) 如果元件在飽和區，$V_{DS} \gg V_T$。計算轉導。

(c) 利用以上結果，找出圖 5.43(d) 中 $g_{m,B}$ 和 $R_{on,R}$ 的關係。

5.25 從圖 5.47(d) 中 C_{in} 求出轉角頻率。為求簡便，假設 C_1 是短路。

5.26 求出圖 5.67 中電路的電源排斥能力。

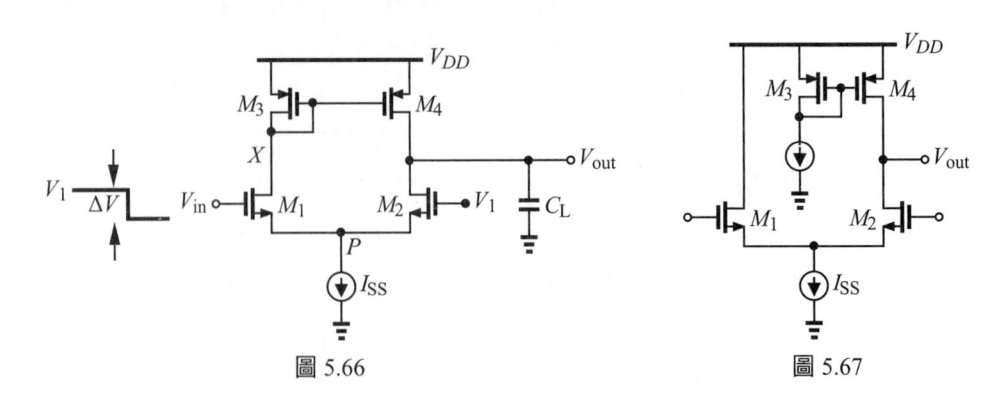

圖 5.66

圖 5.67

第 6 章 放大器之頻率響應

到目前為止我們對於簡單放大器的分析都集中在低頻特性，忽略元件與負載的電容效應。然而在大部分的類比電路中，運作速度和其他如增益、功率消耗及雜訊等參數相互限制。因此我們必須瞭解每個電路頻率響應的限制。

本章要來學習頻域單級差動放大器的頻率響應。在複習基本觀念後，我們會分析共源組態、共閘組態及源極隨耦器之高頻特性。最後，我們考慮主動電流鏡對於差動放大器之頻率響應的影響。

6.1 一般考量

回想一下 MOS 元件存在四個電容：C_{GS}、C_{GD}、C_{DB}，以及 C_{SB}。因為此原因，CMOS 電路的轉移函數很容易變得很複雜，需要用近似來簡化電路。本章節會介紹稱為米勒定理和相關點的極點等兩種近似。我們提醒各位兩個端點的阻抗 $Z = V/I$，其中 V 和 I 是元件的跨壓和流過元件的電流。舉例來說，對一個電容來說，阻抗是 $Z = 1/(Cs)$。如果我們將 s 置換成 $j\omega$，可得到電路的轉移函數之頻率響應，亦即如果我們假設一個弦波輸入為 $A \cos \omega t$。舉例來說，$H(j\omega) = (RCj\omega + 1)^{-1}$ 提供了一個簡單低通濾波器的大小和相位。

本節主要針對轉移函數的大小（使用 $s = j\omega$）。圖 6.1 顯示大小響應的範例。值得注意的是，即使精準的計算，有些轉移函數無法提供深入的見解。因此我們透過極端的狀況來研究各種特殊的例子，例如：如果負載電容很小或很大。

本章廣泛使用一些基本觀念且進行簡單的複習。(1) 複數 $a + jb$ 的大小是 $\sqrt{a^2 + b^2}$。(2) 零點和極點各別為分子和分母轉移函數的根。(3) 根據波得近似，當 ω 通過一極點頻率時，轉移函數大小的斜率會以 20 dB/dec 減少，當通過一個零點頻率時，會以 20 dB/dec 增加。

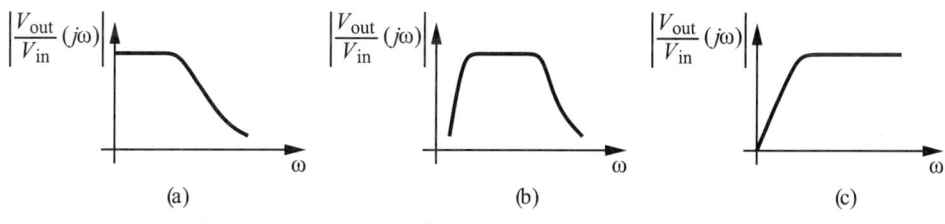

圖 6.1　(a) 低通、(b) 帶通以及 (c) 高通頻率響應的例子

6.1.1 米勒效應

在許多類比電路（數位）中一個重要的現象和**米勒效應**（Miller effect）有關，此效應為米勒所提出之理論。

米勒定律

如果圖 6.2(a) 之電路可轉換成圖 6.2(b) 之電路，則 $Z_1 = Z/(1 - A_v)$ 且 $Z_2 = Z/(1-A_v^{-1})$，其中 $A_v = V_Y/V_X$。

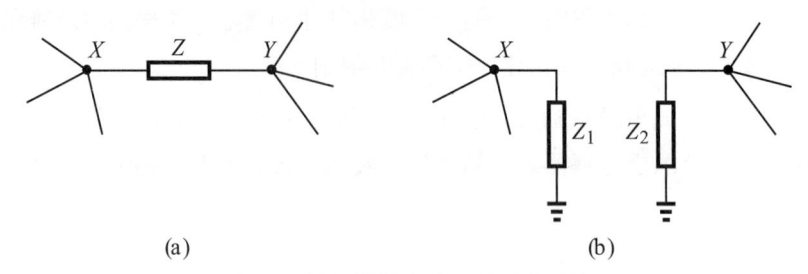

(a)　　　　　　　(b)

圖 6.2　將米勒效應應用於浮動阻抗

證明

從 X 流經 Z 至 Y 之電流為 $(V_X - V_Y)/Z$，若這兩個電路要相等時，此電流必須與流經 Z_1 之電流相同。因此

$$\frac{V_X - V_Y}{Z} = \frac{V_X}{Z_1} \tag{6.1}$$

也就是說，

$$Z_1 = \frac{Z}{1 - \dfrac{V_Y}{V_X}} \tag{6.2}$$

同樣地，

$$Z_2 = \frac{Z}{1 - \dfrac{V_X}{V_Y}} \tag{6.3}$$

這樣可以將一個「動」阻抗分成兩個「接地」的阻抗，在分析和設計中是很有用的。

範例 6.1

考慮圖 6.3(a) 之電路，其中電壓放大器為一理想放大器，除了負增益為 $-A$。計算電路的輸入電容值。

圖 6.3

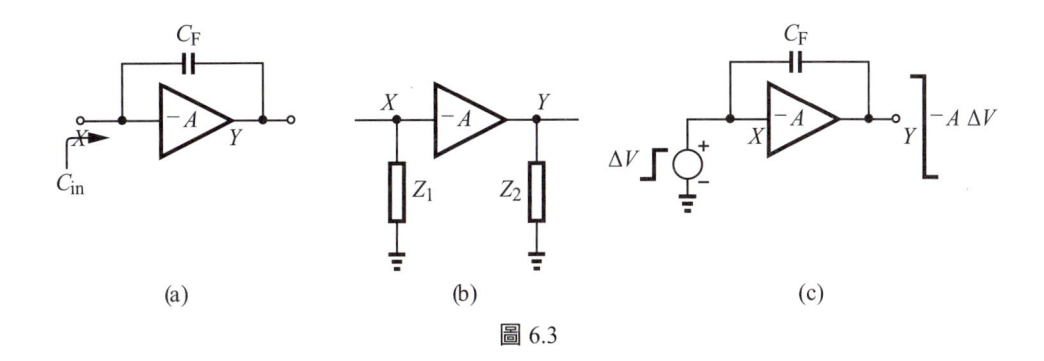

解 使用米勒定律將電路轉換為圖 6.3(b)，我們可得 $Z = 1/(C_F s)$ 且 $Z_1 = [1/C_F s]/(1 + A)$。那就是說，輸入電容值為 $C_F(1 + A)$。

為何 C_F 要乘上 $1 + A$？假設如圖 6.3(c) 所示，藉由輸入一步級電壓來測量其輸入電容，並計算其供應電源所提供之電荷。在節點 X 所加之步級電壓 ΔV 會產生節點 Y 之電壓變化 $-A\Delta V$，使得 C_F 跨壓的總變化量為 $(1 + A)\Delta V$。因此由 V_{in} 導入 C_F 之電荷為 $(1 + A)C_F \Delta V$ 且其等效輸入電容為 $(1 + A)C_F$。

範例 6.2

某學生需要一個大電容當濾波器且決定使用圖 6.4(a) 中的米勒乘積。解釋此方式會遇到的問題。

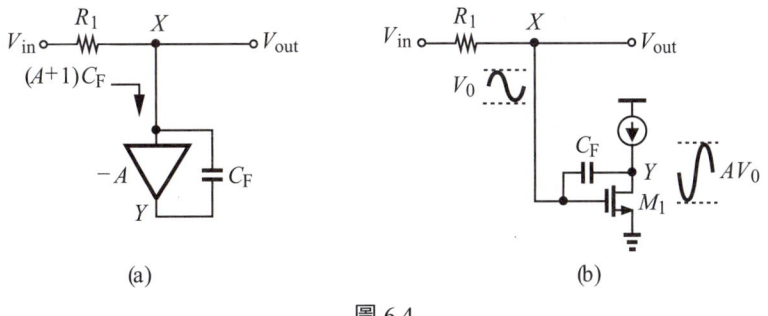

圖 6.4

解 問題和放大器相關，特別是輸出擺幅。如圖 6.4(b) 中所呈現的方式，如果在 X 點的電壓擺幅是 V_0，則 Y 點必須容許 AV_0 的擺幅且不讓放大器飽和。此外，V_{in} 的直流位準必須和放大器輸入相容。

如果我們事先知道圖 6.2(a) 的電路可轉換成圖 6.2(b)，那麼 (6.2) 和 (6.3) 就會成立，瞭解到這一點是很重要的。也就是說米勒定律不會明訂轉換必為有效，如果阻抗 Z 形成節點 X 與 Y 之唯一信號路徑時，此轉換通常為無效。如圖 6.5 所示，對一個簡單電阻分壓器來說，此定律給予了一個正確的輸入阻抗和不正確的增益值。雖然如此，米勒定律在阻抗 Z 和主要信號並聯的情況下仍為有用（圖 6.6）。

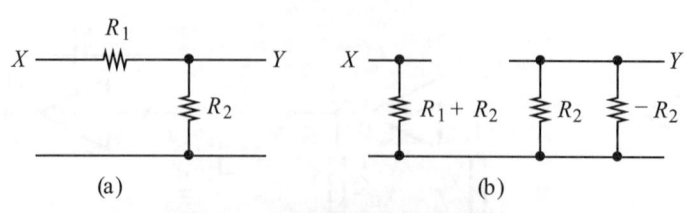

圖 6.5 米勒定律的不適當應用

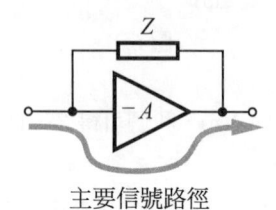

圖 6.6 典型有效應用米勒定律的例子

範例 6.3

計算圖 6.7(a) 中電路之輸入電阻值。

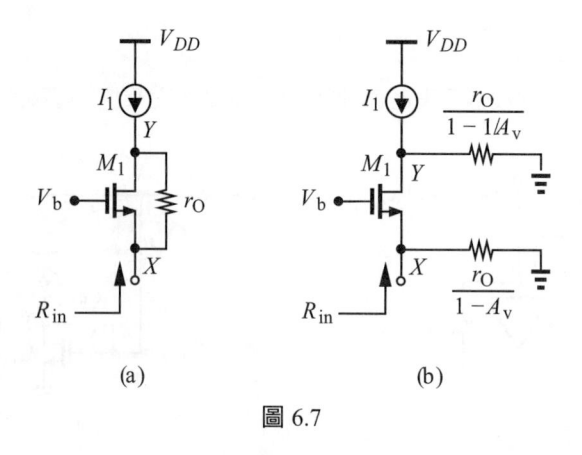

圖 6.7

解 各位可自行證明從結點 X 至 Y 之電壓增益為 $1 + (g_m + g_{mb})r_O$。如圖 6.7(b) 所示,輸入電阻由 $r_O(1 - A_v)$ 和 $1/(g_m + g_{mb})$ 並聯而成。因為 A_v 通常遠大於一,$r_O/(1 - A_v)$ 通常為負電阻,因此可得

$$R_{in} = \frac{r_O}{1 - [1 + (g_m + g_{mb})r_O]} \Big\| \frac{1}{g_m + g_{mb}} \tag{6.4}$$

$$= \frac{-1}{g_m + g_{mb}} \Big\| \frac{1}{g_m + g_{mb}} \tag{6.5}$$

$$= \infty \tag{6.6}$$

藉由直接計算的結果與第 3 章的結果相同(圖 3.54)。

嚴格來說，我們應該注意到 (6.2) 和 (6.3) 中 $A_v = V_Y/V_X$，必須在我們關注的頻率範圍中求得，而讓計算很複雜。為瞭解此觀點，我們回到範例 6.1 且假設一個有限輸出阻抗的放大器。如圖 6.8 所示，等效電路顯示在高頻時 $V_Y \neq -AV_X$，因此不能透過簡單將 C_F 乘上 $1 + A$ 來產生輸入電容。但在許多例子中，我們利用低頻值 V_Y/V_X 來理解電路特性，我們稱此方法為**米勒近似**。

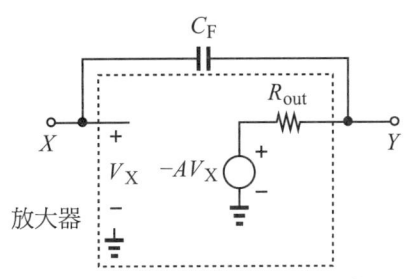

圖 6.8　等效電路顯示高頻時增益會改變

範例 6.4

運用（a）直接分析及（b）米勒近似，求出圖 6.9(a) 中電路的轉移函數。

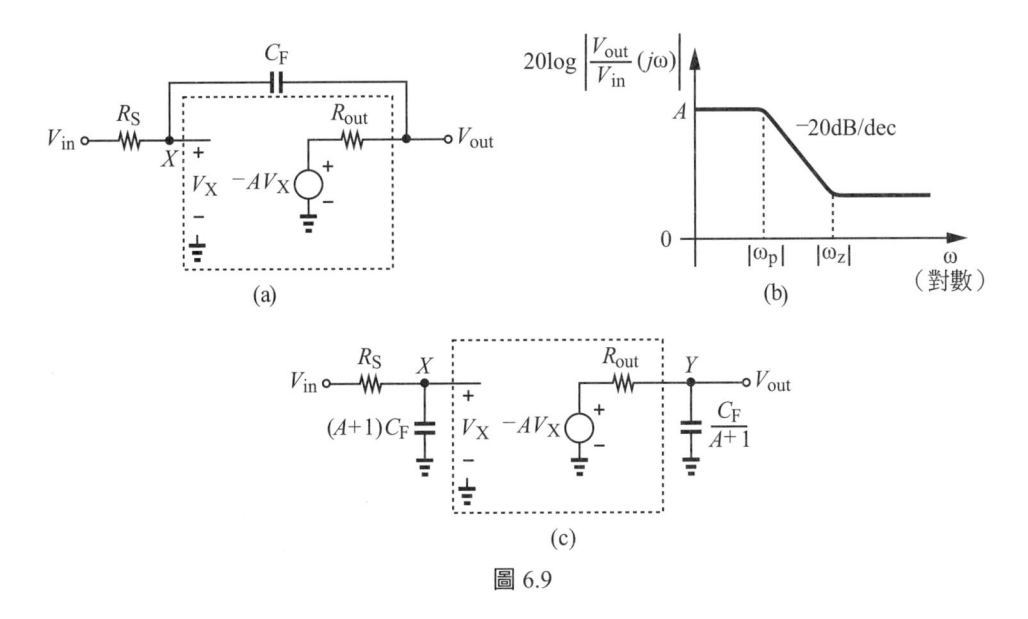

圖 6.9

解　(a) 流經 R_S 的電流是 $(V_{in} - V_X)/R_S$，在 R_{out} 產生一個跨壓 $(V_{in} - V_X)R_{out}/R_S$。可以表示成

$$\frac{V_{in} - V_X}{R_S} R_{out} - AV_X = V_{out} \tag{6.7}$$

我們也令流經 R_S 和 C_F 的電流相等：

$$\frac{V_{in} - V_X}{R_S} = (V_X - V_{out})C_F s \tag{6.8}$$

各位可以從第一個算式得到 V_X 且代入第二算式,得到

$$\frac{V_{out}}{V_{in}}(s) = \frac{R_{out}C_F s - A}{[(A+1)R_S + R_{out}]C_F s + 1} \tag{6.9}$$

電路會產生一個在 $\omega_z = A/(R_{out}C_F)$ 的零點和一個在 $\omega_p = -1/[(A+1)R_S C_F + R_{out}C_F]$ 的極點。圖 6.9(b) 繪出 $|\omega_p| < |\omega_z|$ 情況下的響應。

(b) 使用米勒近似,我們可以將 C_F 分成 $(1+A)C_F$ 的輸入點電容和 $C_F/(1+A^{-1})$ 的輸出點電容〔圖 6.9(c)〕。因為 $V_{out}/V_{in} = (V_X/V_{in})(V_{out}/V_X)$,我們可以將 R_S 和 $(1+A)C_F$ 視為電壓分壓器,將 V_X/V_{in} 表示如下:

$$\frac{V_X}{V_{in}} = \frac{\dfrac{1}{(1+A)C_F s}}{\dfrac{1}{(1+A)C_F s} + R_S} \tag{6.10}$$

$$= \frac{1}{(1+A)R_S C_F s + 1} \tag{6.11}$$

也可將 V_{out}/V_X 表示出來,將 V_X 放大 $-A$ 並將結果代入輸出電壓分壓器。

$$\frac{V_{out}}{V_X} = \frac{-A}{\dfrac{1}{1+A^{-1}}C_F R_{out} s + 1} \tag{6.12}$$

也就是

$$\frac{V_{out}}{V_{in}}(s) = \frac{-A}{[(1+A)R_S C_F s + 1]\left(\dfrac{1}{1+A^{-1}}C_F R_{out} s + 1\right)} \tag{6.13}$$

可惜米勒近似剔除電路的零點但預測兩個極點。除了此缺點,米勒近似可用於許多例子的直覺分析。[1]

如果應用在求得輸入輸出轉移函數時,米勒定律不可同時用來計算輸出阻抗。為導出此轉移函數,我們將一電壓應用至電路之輸入端,可得到圖 6.2(a) 之 V_Y/V_X 值。另一方面,我們為決定輸出阻抗,將一電壓源加至電路之輸出端以求得 V_X/V_Y,且其值不見得會等於 V_Y/V_X 之倒數。舉例來說,圖 6.7(b) 的電路呈現其輸出阻抗為

$$R_{out} = \frac{r_O}{1 - 1/A_v} \tag{6.14}$$

---

[1] 這些都可以透過將 C_F 乘上 $1+A(s)$ 來避免,其中 $A(s)$ 是真實從 V_X 到 V_{out} 的轉移函數,但代數會和 (a) 一樣冗長。

$$= \frac{r_O}{1 - [1 + (g_m + g_{mb})r_O]^{-1}} \quad (6.15)$$

$$= \frac{1}{g_m + g_{mb}} + r_O \quad (6.16)$$

而真實值為 r_O（如果節點 X 接地時）。

總結來說，米勒近似透過低頻增益將一個浮動阻抗分割，但會面臨一些限制：(1) 可能會使零點消失，(2) 可能會有額外的極點及 (3) 無法正確計算「輸出」阻抗。

6.1.2 節點與集點間的關聯性

考慮圖 6.10 所示之簡單疊接放大器。在此 A_1 和 A_2 為理想的電壓放大器，R_1 和 R_2 則代表了每一級之輸出電阻，C_{in} 和 C_N 代表了每一級的輸入電容，而 C_P 則代表負載電容。而整體**轉移函數**可寫成

$$\frac{V_{out}}{V_{in}}(s) = \frac{A_1}{1 + R_S C_{in} s} \cdot \frac{A_2}{1 + R_1 C_N s} \cdot \frac{1}{1 + R_2 C_P s} \quad (6.17)$$

此電路中有三個**極點**（pole），每個極點都由每個**節點**（node）所視相對接地之電阻值與電容值的乘積所組成。因此，我們可對每個節點算出對應之極點，亦即 $\omega_j = \tau_j^{-1}$，其中 τ_j 為從節點 j 所視相對於接地之電阻值與電容值的乘積。從此觀點來看，電路中的每個節點將構成轉移函數中的一個極點。

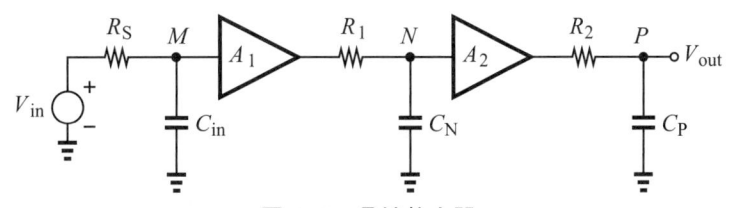

圖 6.10 疊接放大器

上述說明一般來說並非有效。舉例來說，如圖 6.11 所示，計算極點的位置是非常困難的，因為 R_3 和 C_3 在節點 X 與 Y 間產生交互作用。雖然如此，在許多電路中，每個極點與節點的關係提供了一個直覺計算轉移函數的方式：我們僅需將總等效電容值乘上總電阻值（兩者皆由節點接地），即可得到等效時間常數與極點頻率。

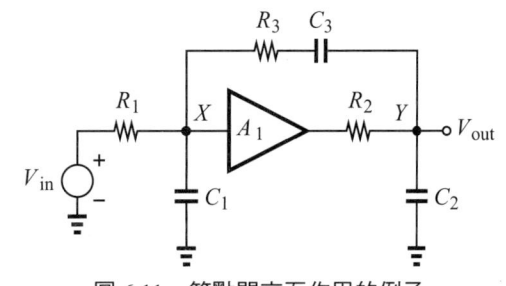

圖 6.11 節點間交互作用的例子

範例 6.5

忽略通道長度調變效應，計算圖 6.12(a) 中共閘極組態的轉移函數。

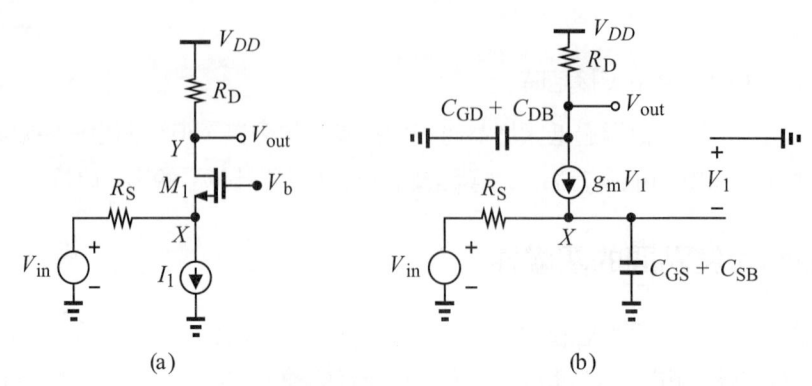

圖 6.12 負載寄生電容之共閘極組態

解 圖 6.12 (b) 電路中，M_1 產生電容與輸入及輸出端相連接地。在節點 X，$C_S = C_{GS} + C_{SB}$，其極點頻率為

$$\omega_{in} = \left[(C_{GS} + C_{SB}) \left(R_S \left\| \frac{1}{g_m + g_{mb}} \right. \right) \right]^{-1} \tag{6.18}$$

同樣在節點 Y，$C_D = C_{DG} + C_{DB}$，其極點頻率為

$$\omega_{out} = [(C_{DG} + C_{DB}) R_D]^{-1} \tag{6.19}$$

因此整體轉移函數為

$$\frac{V_{out}}{V_{in}}(s) = \frac{(g_m + g_{mb}) R_D}{1 + (g_m + g_{mb}) R_S} \cdot \frac{1}{\left(1 + \dfrac{s}{\omega_{in}}\right) \left(1 + \dfrac{s}{\omega_{out}}\right)} \tag{6.20}$$

其中第一個部分為電路之低頻增益。注意，如果沒有忽略 r_{O1}，輸入節點將與輸出節點產生交互作用，讓極點計算更加困難。

如範例 6.4 所觀察的，米勒近似將一個浮動阻抗轉成兩個接地的阻抗，讓我們可以使一個極點和每個點產生關聯。本章將這個技術應用於各種放大器架構，但是小心及避免誤用。值得謹記在心的是一個 MOS 電晶體的 f_T 約等於 $g_m/(2\pi C_{GS})$，目前的製程中則可以超過 300 GHz（但因為 $f_T \propto V_{GS} - V_{TH}$，當我們讓元件在較低電壓中運作，我們往往會降低其 f_T）。

奈米設計筆記

定義元件的小信號電流增益為一的頻率 f_T 為 MOSFET 的轉換頻率。頻率會隨驅動電壓增加，但是當垂直電場降低遷移率時，此頻率就不再增加。下圖是一 NMOS 元件的 f_T，元件大小是 $W/L = 5\ \mu m/40\ nm$ 且 $V_{DS} = 0.8$ V。

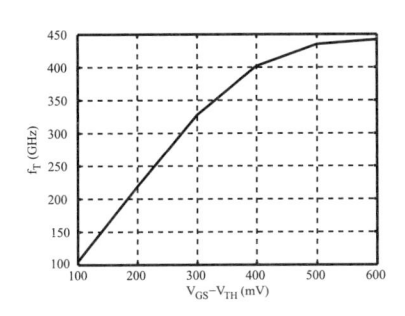

6.2 共源極組態

共源極組態顯示了一相當高的阻抗，並提供電壓增益且僅需要一很小電壓餘裕。因此在類比電路中的應用相當廣泛，且其頻率響應是我們關注的部分。

如圖 6.13(a) 所示為一有限輸出阻抗 R_S 的電壓源驅動之共源極組態。[2] 我們確認電路中所有的電容，注意 C_{GS} 和 C_{DB} 為接地電容，而 C_{GD} 則位於輸入和輸出之間。事實上，電路也驅動一個負載電容，此電容可以和 C_{DB} 合併。

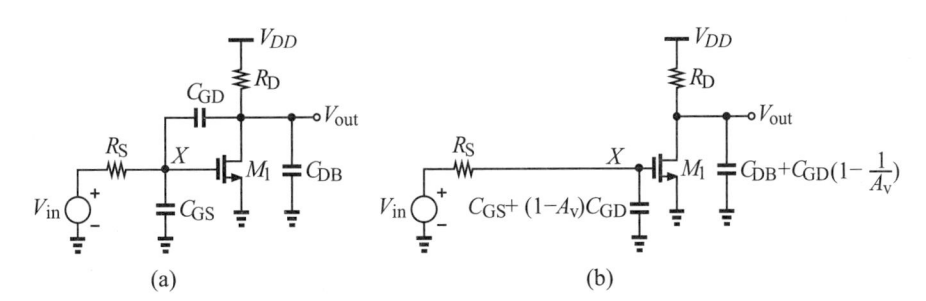

圖 6.13　(a) 共源極組態的高頻模型及 (b) 利用米勒近似簡化電路

米勒近似

假設 $\lambda = 0$ 且 M_1 保持在飽和區中，讓我們先以每個節點來計算其極點以得到轉移函數。從結點 X 所視相對於地之總電容為 C_{GS} 加上 C_{GD} 的米勒放大效應：$C_{GS} + (1 - A_v)$

---

2 注意，R_S 並不是故意加到電路中，而是用來模擬前一級的輸出阻抗。

C_{GD}，其中 $A_v = -g_m R_D$〔圖 6.13(b)〕，因此輸入極點大小為

$$\omega_{in} = \frac{1}{R_S[C_{GS} + (1 + g_m R_D)C_{GD}]} \tag{6.21}$$

在輸出節點所示相對於接地之總電容為 C_{DB} 加上 C_{GD} 之米勒放大效應，亦即 $C_{DB} + (1 - A_v^{-1})C_{GD} \approx C_{DB} + C_{GD}$（如果 $A_v \gg 1$）。因此，

$$\omega_{out} = \frac{1}{R_D(C_{DB} + C_{GD})} \tag{6.22}$$

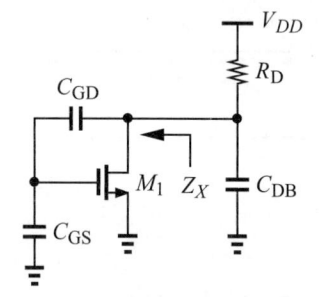

圖 6.14　計算輸出阻抗之模型

如果 R_S 相當大時，可得到另一個輸出極點的近似式。如圖 6.14 的簡化電路，R_S 效應可忽略不計，大家可證明

$$Z_X = \frac{1}{C_{eq}s} \left\| \left(\frac{C_{GD} + C_{GS}}{C_{GD}} \cdot \frac{1}{g_{m1}} \right) \right. \tag{6.23}$$

其中 $C_{eq} = C_{GD}C_{GS}/(C_{GD} + C_{GS})$。因此，輸出極點大概是等於

$$\omega_{out} = \frac{1}{\left[R_D \left\| \left(\frac{C_{GD} + C_{GS}}{C_{GD}} \cdot \frac{1}{g_{m1}} \right) \right. \right](C_{eq} + C_{DB})} \tag{6.24}$$

我們必須指出上述方程式中 ω_{in} 和 ω_{out} 的極性為正，因為我們最終會以 $(1 + s/\omega_{in})(1 + s/\omega_{out})$ 的形式，寫出轉移函數的分母，亦即分母在 $s = -\omega_{in}$ 和 $s = -\omega_{out}$ 時會消失。或者我們可以將 ω_{in} 和 ω_{out} 的值表示成一個負數並將分母寫成 $(1 - s/\omega_{in})(1 - s/\omega_{out})$。本書採用前者的標示方式，我們推測轉移函數是

$$\frac{V_{out}}{V_{in}}(s) = \frac{-g_m R_D}{\left(1 + \dfrac{s}{\omega_{in}} \right)\left(1 + \dfrac{s}{\omega_{out}} \right)} \tag{6.25}$$

注意，可以簡單地將 r_{O1} 和任何負載電容納入。

在此預測中主要的誤差是我們沒有考慮電路中零點的存在。另一個則是我們以 $-g_mR_D$ 來表示放大器之增益，但實際上增益值會隨著頻率變動（舉例來說，因為輸出節點的電容效應）。

直接分析

現在我們計算正確的轉移函數，並研究上述方法之有效性。使用圖 6.15 的等效電路，我們將每個節點的電流加總

$$\frac{V_X - V_{in}}{R_S} + V_X C_{GS} s + (V_X - V_{out}) C_{GD} s = 0 \tag{6.26}$$

$$(V_{out} - V_X) C_{GD} s + g_m V_X + V_{out} \left(\frac{1}{R_D} + C_{DB} s \right) = 0 \tag{6.27}$$

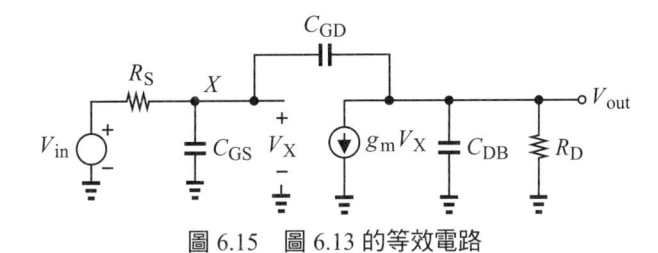

圖 6.15　圖 6.13 的等效電路

從 (6.27) 可以得到 V_X 為

$$V_X = - \frac{V_{out} \left(C_{GD} s + \frac{1}{R_D} + C_{DB} s \right)}{g_m - C_{GD} s} \tag{6.28}$$

將其代入 (6.26) 中，可以產生

$$-V_{out} \frac{[R_S^{-1} + (C_{GS} + C_{GD})s][R_D^{-1} + (C_{GD} + C_{DB})s]}{g_m - C_{GD} s} - V_{out} C_{GD} s = \frac{V_{in}}{R_S} \tag{6.29}$$

也就是說

$$\frac{V_{out}}{V_{in}}(s) = \frac{(C_{GD} s - g_m) R_D}{R_S R_D \xi s^2 + [R_S(1 + g_m R_D) C_{GD} + R_S C_{GS} + R_D(C_{GD} + C_{DB})]s + 1} \tag{6.30}$$

其中 $\xi = C_{GS} C_{GD} + C_{GS} C_{DB} + C_{GD} C_{DB}$。注意，即使電路包含了三個電容時，轉移函數仍為二階函數。這是因為電容將會形成「迴圈」，且在電路中僅容許兩個獨立的初始狀況，因此對於時間響應來說產生了一個二階微分方程式。

範例 6.6

某學生只考慮圖 6.13(a) 中的 C_{GD}，所以得到一個極點響應，推論電壓增益在極點頻率下降 3 dB（下降 $\sqrt{2}$ 倍），總結出一個比使用米勒效應，將 C_{GD} 乘上 $1 + g_m R_D$ $\sqrt{2}$ 以得到更好的近似。說明造成這個瑕疵的原因。

解 設定 C_{GS} 和 C_{DB} 為零，可以得到

$$\frac{V_{out}}{V_{in}}(s) = \frac{(C_{GD}s - g_m)R_D}{\dfrac{s}{\omega_0} + 1} \tag{6.31}$$

其中 $\omega_0 = R_S(1 + g_m R_D)C_{GD} + R_D C_{GD}$。注意，在精確的分析下，$C_{GD}$ 乘上 $1 + g_m R_D$，所以該學生論點的瑕疵在哪？圖 6.13(a) 的電壓增益在 ω_0 真的下降 $\sqrt{2}$，但此增益是指從 V_{in} 到 V_{out} 的增益，不是 C_{GD} 所看到的增益。大家可以將點 X 到 V_{out} 的轉移函數表示為

$$\frac{V_{out}}{V_X}(s) = \frac{(C_{GD}s - g_m)R_D}{R_D C_{GD} + 1} \tag{6.32}$$

觀察增益在高頻開始下降，也就是在 $1/(R_D C_{GD})$。因此，將 C_{GD} 乘上 $1 + g_m R_D$ 仍然是合理的。

特殊例子

如果經過明確的處理，(6.30) 顯示了一些有趣的觀點。儘管分母項相當複雜，如果我們假設 $|\omega_{p1}| \ll |\omega_{p2}|$，仍可產生 ω_{p1} 和 ω_{p2} 兩個極點的直覺呈現方式，將分母寫成

$$D = \left(\frac{s}{\omega_{p1}} + 1\right)\left(\frac{s}{\omega_{p2}} + 1\right) \tag{6.33}$$

$$= \frac{s^2}{\omega_{p1}\omega_{p2}} + \left(\frac{1}{\omega_{p1}} + \frac{1}{\omega_{p2}}\right)s + 1 \tag{6.34}$$

如果 ω_{p2} 離原點相當遠時，我們可確定 s 係數約等於 $1/\omega_{p1}$，從 (6.30) 中可得

$$\omega_{p1} = \frac{1}{R_S(1 + g_m R_D)C_{GD} + R_S C_{GS} + R_D(C_{GD} + C_{DB})} \tag{6.35}$$

如何與 (6.21) 中之「輸入」極點相比較呢？唯一的差別來自 $R_D(C_{GD} + C_{DB})$，在某些情況下，此項可以忽略不計。此處的關鍵在於利用與輸入節點相關之極點，可提供較方便的計算。我們也注意到藉由放大器之低頻增益讓 C_{GD} 的米勒放大效應在此情況下是相當正確的。當然，因為已知一組值，我們必須確認保證 $\omega_{p1} \ll \omega_{p2}$。

其他特殊例子也是很有趣的，我們會在問題 6.26 中考慮 $C_{GD} = 0$ 和在下列範例考慮 $RD = \infty$ 的例子。

範例 6.7

圖 6.16(a) 中的電路式特殊的例子，其中 $R_D \to \infty$。計算轉移函數（$\lambda = 0$）及解釋為什麼米勒效應在 C_{DB}（或是負載電容）增加時會消失。

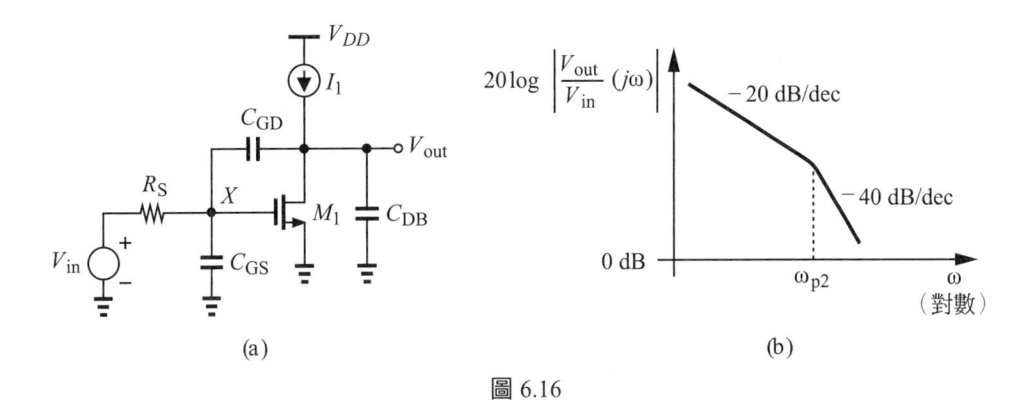

圖 6.16

解 利用 (6.30) 和讓 R_D 接近無限大，我們可以得到

$$\frac{V_{out}}{V_{in}}(s) = \frac{C_{GD}s - g_m}{R_S \xi s^2 + [g_m R_S C_{GD} + (C_{GD} + C_{DB})]s}$$

$$= \frac{C_{GD}s - g_m}{s[R_S(C_{GS}C_{GD} + C_{GS}C_{DB} + C_{GD}C_{DB})s + (g_m R_S + 1)C_{GD} + C_{DB}]} \quad (6.36)$$

一如預期，電路存在兩個極點：一個在原點，因為直流增益式為無限大〔圖 6.16(b)〕。其他極點的大小是

$$\omega_{p2} \approx \frac{(1 + g_m R_S)C_{GD} + C_{DB}}{R_S(C_{GD}C_{GS} + C_{GS}C_{DB} + C_{GD}C_{DB})} \quad (6.37)$$

對於一大 C_{DB} 或是負載電容，表示式可以簡化為

$$\omega_{p2} \approx \frac{1}{R_S(C_{GS} + C_{GD})} \quad (6.38)$$

表示 C_{GD} 不受米勒乘積的影響。這是因為對於一大 C_{DB}，即使在低頻，從 X 點到輸出點的電壓增益也會下降。因此，當頻率接近 $[R_S(C_{GS} + C_{GD})]^{-1}$，其等效增益相當小且 $C_{GD}(1 - A_v) \approx C_{GD}$。這是一個利用低頻增益之米勒效應而無法提供合理計算的例子。

利用 (6.30) 且運用「主極點近似」，我們可以估計圖 6.13(a) 中共源級的第二級極點。因為 s^2 的係數等於 $(\omega_{p1}\omega_{p2})^{-1}$，我們可以得到

$$\omega_{p2} = \frac{1}{\omega_{p1}} \cdot \frac{1}{R_S R_D (C_{GS}C_{GD} + C_{GS}C_{DB} + C_{GD}C_{DB})} \quad (6.39)$$

$$= \frac{R_S(1+g_mR_D)C_{GD}+R_SC_{GS}+R_D(C_{GD}+C_{DB})}{R_SR_D(C_{GS}C_{GD}+C_{GS}C_{DB}+C_{GD}C_{DB})} \tag{6.40}$$

只有在 $\omega_{p1} \ll \omega_{p2}$ 時，我們強調此結果才成立。

如果 $C_{GS} \gg (1+g_mR_D)C_{GD}+R_D(C_{GD}+C_{DB})/R_S$ 此特殊情況，則

$$\omega_{p2} \approx \frac{R_SC_{GS}}{R_SR_D(C_{GS}C_{GD}+C_{GS}C_{DB})} \tag{6.41}$$

$$= \frac{1}{R_D(C_{GD}+C_{DB})} \tag{6.42}$$

和 (6.22) 相同。因此，「輸出」極點方法只有在 C_{GS} 控制其頻率響應才有效。

(6.30) 顯示一零點為 $\omega_z=+g_m/C_{GD}$，此效應無法藉由 (6.25) 的簡單方法預測。此零點為輸入端經由 C_{GD} 直接耦合至輸出端所產生，並位於右半平面。如圖 6.17 所示，C_{GD} 在一非常高頻率情形下，提供一**饋通路徑**（feedthrough path）將信號由輸入端傳導至輸出端，並在頻率響應圖中產生一斜率小於 -40 dB/dec 之曲線。因為 $C_{GD} < C_{GS}$，所以 $g_m/C_{GD} > g_m/C_{GS}$，意指零點高於電晶體 f_T。但如第 10 章會介紹的，如果我們故意在閘極和汲極間加入一個電容，這個零點會落在較低頻率，產生其他設計上的困難。

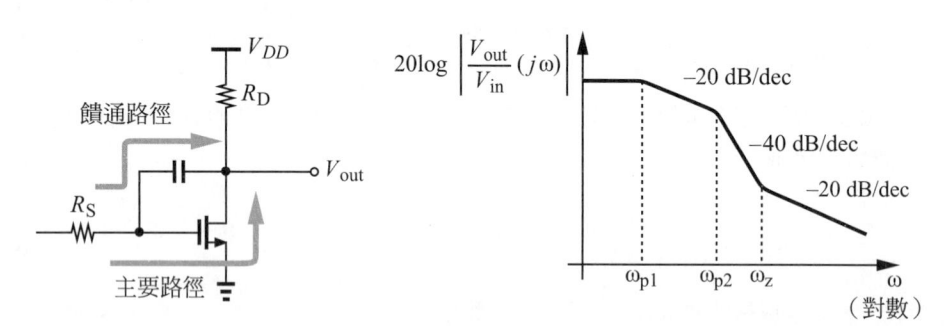

圖 6.17 經由 C_{GD} 之饋通路徑（對數－對數座標軸）

奈米設計筆記

第 2 章建立的高頻 MOS 模型不包含汲極－源極電容。實際上，金屬接點堆疊接觸源極和汲極接面形成兩個「行」，會形成汲極和源級間的電容。此效應已經在比較先進的 CMOS 製程中將考慮其中，因為通道長度越來越短，亦即行之間的距離變小且有能力堆疊出許多接點，亦即比較高的行。鼓勵各位分析在 C_G 極時，將 C_{DS} 納入。

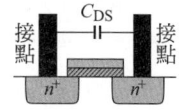

圖 6.18　計算在一共源極組態中的零點

零點 s_z 可藉由轉移函數 $V_{out}(s)/V_{in}(s)$ 降至 0 時，$s = s_z$ 來求得。對於一個有限的 V_{in} 而言，這意味著 $V_{out}(s_z) = 0$，因此輸出端在此頻率（可能為複數頻率）下與接地端短路，且無電流經過（圖 6.18）。因此流經 C_{GD} 與 M_1 之電流相等但方向相反：

$$V_1 C_{GD} s_z = g_m V_1 \tag{6.43}$$

也就是，$s_z = +g_m/C_{GD}$。[3]

範例 6.8

我們看到某放大器中的信號，在經過兩條路徑可能會在某個頻率互相抵消，在轉移函數中創造出一個零點（圖 6.19）。如果 $H_1(s)$ 和 $H_2(s)$ 是一階低通濾波器，這情況有可能發生嗎？

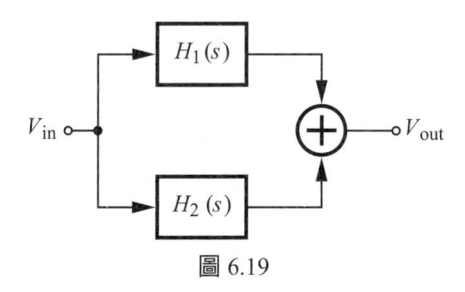

圖 6.19

解　用 $1/(1 + s/\omega_{p1})$ 模擬 $H_1(s)$ 以及 $A_2/(1 + s/\omega_{p2})$ 模擬 $H_2(s)$，我們可以得到

$$\frac{V_{out}}{V_{in}}(s) = \frac{\left(\dfrac{A_1}{\omega_{p2}} + \dfrac{A_2}{\omega_{p1}}\right)s + A_1 + A_2}{\left(1 + \dfrac{s}{\omega_{p1}}\right)\left(1 + \dfrac{s}{\omega_{p2}}\right)} \tag{6.44}$$

的確，整體轉移函數包含一個零點。

3　這個方法類似將轉移方程式表示為 $G_m Z_{out}$ 並找出 G_m 和 Z_{out} 的零點。

範例 6.9

求出圖 6.20(a) 中一個互補共源級的轉移函數。

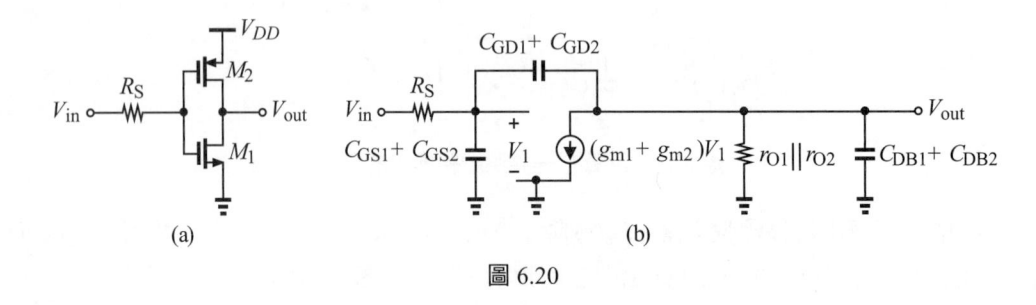

圖 6.20

解 因為在小信號模型中，M_1 和 M_2 相關的端點互相短路，我們可以合併兩個電晶體得到圖 6.20(b) 中等效電路。電路因此和上述簡單共源級電路，有相同的轉移函數。

在高速應用中，共源級組態之輸入阻抗也非常重要。利用一階近似法，我們從圖 6.21(a) 中可得到其一次近似式

$$Z_{in} = \frac{1}{[C_{GS} + (1 + g_m R_D)C_{GD}]s} \tag{6.45}$$

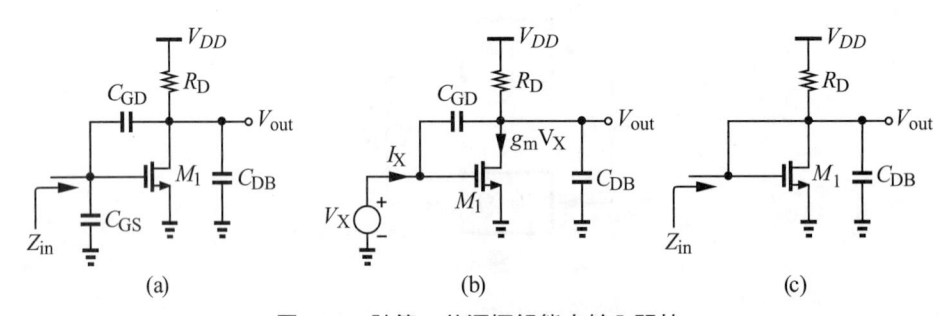

圖 6.21 計算一共源極組態之輸入阻抗

但是在高頻時必須考慮輸出節點的影響。此時忽略 C_{GS} 的影響，並利用圖 6.21(b) 的電路，我們在 $R_D \| (C_{DB}s)^{-1}$ 加入壓降和 C_{GD}，讓結果等於 V_X：

$$(I_X - g_m V_X)\frac{R_D}{1 + R_D C_{DB} s} + \frac{I_X}{C_{GD} s} = V_X \tag{6.46}$$

因此

$$\frac{V_X}{I_X} = \frac{1 + R_D(C_{GD} + C_{DB})s}{C_{GD}s(1 + g_m R_D + R_D C_{DB} s)} \tag{6.47}$$

實際輸入阻抗由 (6.47) 和 $1/(C_{GS}s)$ 並聯而成。

在特殊例子中，假設我們所關注的頻率內，$|R_D(C_{GD} + C_{DB})s| \ll 1$ 且 $|R_D C_{DB} s| \ll 1 + g_m R_D$。則 (6.47) 簡化成 $[(1 + g_m R_D)C_{GD} s]^{-1}$（如預期的），指出主要的輸入阻抗是電容性。但在較高頻率，(6.47) 包含了實數與虛數部分。事實上，如果 C_{GD} 很大時，可提供 M_1 閘極與汲極間一低阻抗路徑，產生圖 6.21(c) 的等效電路並推論 $1/g_{m1}$ 和 R_D 和輸入阻抗並聯出現。

範例 6.10

說明如果電路驅動一個大負載電容，(6.47) 會發生什麼事？

解 和 C_{DB} 合併，大負載電容會將分子簡化成 $R_D C_{DB} s$ 並將分母簡化成 $C_{GD} s(R_D C_{DB} s)$，得到 $V_X/I_X \approx 1/(C_{GD} s)$。此方法類似範例 6.7，大負載電容讓低頻增益變低，壓縮對 C_{GD} 的米勒乘積值。

6.3 源極隨偶器

源極隨偶器偶爾可用來當成**位準偏移器**（level shifter）或**緩衝器**（buffer）來使用，因其會影響整體的頻率響應。考慮圖 6.22(a) 之電路，其中 C_L 代表輸出所視相對接地之總電容，並包含了 C_{SB1}。在圖 6.22(a) 中，經過 C_{GS} 在節點 X 與 Y 間產生強烈的交互作用，在源極隨偶器中讓每個極點和節點難以產生相關。為簡化之故，忽略基板效應，且利用圖 6.22(b) 之等效電路，我們將輸出端之電流加總：

$$V_1 C_{GS} s + g_m V_1 = V_{out} C_L s \tag{6.48}$$

得到

$$V_1 = \frac{C_L s}{g_m + C_{GS} s} V_{out} \tag{6.49}$$

且 C_{GD} 上的跨壓是 $V_1 + V_{out}$ 且從 V_{in} 開始，我們將 R_S 上的跨壓加到 V_1 和 V_{out}：

$$V_{in} = R_S[V_1 C_{GS} s + (V_1 + V_{out}) C_{GD} s] + V_1 + V_{out} \tag{6.50}$$

將 V_1 代入 (6.49) 中，可以得到

$$\frac{V_{out}}{V_{in}}(s) = \frac{g_m + C_{GS} s}{R_S(C_{GS} C_L + C_{GS} C_{GD} + C_{GD} C_L)s^2 + (g_m R_S C_{GD} + C_L + C_{GS})s + g_m} \tag{6.51}$$

有趣的是，轉移函數在左半平面中有一零點（接近 f_T）。這是因為在高頻時由 C_{GS} 傳導之信號，和相同極性之內在電晶體所產生之信號相加所造成。接著我們來看看以下的特殊例子。

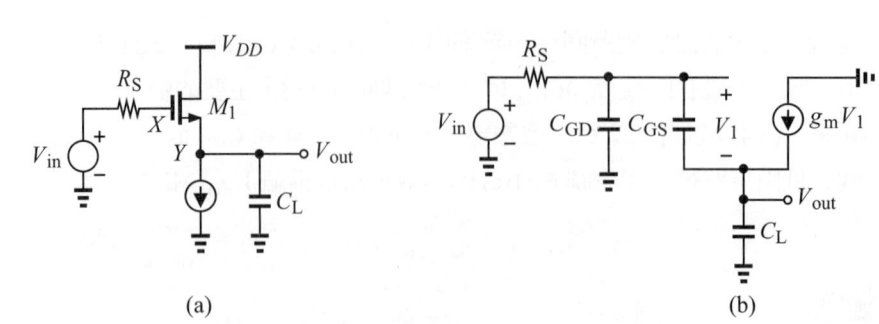

圖 6.22 (a) 源極隨耦器；(b) 高頻等效電路

奈米設計筆記

在描述 intrinsic MOSFET, the f_T 高估一般電路運作的速度。採取一個以電路為主的方法是，單獨負載一簡單共源級放大器的增益頻寬乘積。下圖為此放大器的頻率響應，若 W/L = 5 μm/40 nm，R_D = 5 kΩ，且偏壓電流為 130 μA，則會呈現增益頻寬乘積約為 34 GHz。

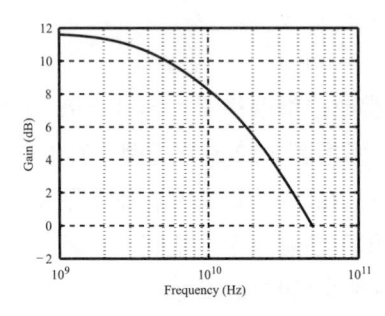

範例 6.11

如果 C_L = 0，檢視源極隨耦器的轉移函數。

解 我們可以得到

$$\frac{V_{out}}{V_{in}} = \frac{g_m + C_{GS}s}{R_S C_{GS} C_{GD} s^2 + (g_m R_S C_{GD} + C_{GS})s + g_m} \tag{6.52}$$

$$= \frac{g_m + C_{GS}s}{(1 + R_S C_{GD} s)(g_m + C_{GS} s)} \tag{6.53}$$

$$= \frac{1}{1 + R_S C_{GD} s} \tag{6.54}$$

電路現在輸入端有一個極點。為什麼 C_{GS} 消失了？這是因為沒有通道長度調變效應和基板效應，從閘極到源極的電壓增益等於一。因為在閘極有個電壓改變 ΔV 傳送到源極（圖 6.23），沒有電流流經 C_{GS}。結論，C_{GS} 既沒有形成零點也沒有極點。我們會稱 C_{GS} 受到源

極隨耦器**靴帶化**。以 λ 來說，γ > 0，輸出的改變小於 Δ V，在 C_{GS} 上會有些跨壓的改變。

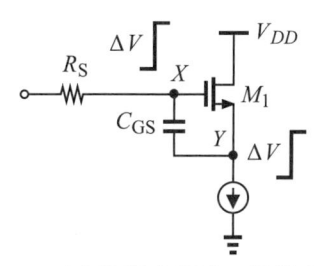

圖 6.23　在源極隨耦器中，靴帶式 C_{GS}

如果假設 (6.51) 的兩個極點相距很遠時，較低的極點大小為

$$\omega_{p1} \approx \frac{g_m}{g_m R_S C_{GD} + C_L + C_{GS}} \tag{6.55}$$

$$= \frac{1}{R_S C_{GD} + \dfrac{C_L + C_{GS}}{g_m}} \tag{6.56}$$

同樣地，如果 $R_S = 0$，則 $\omega_{p1} = g_m/(C_L + C_{GS})$。

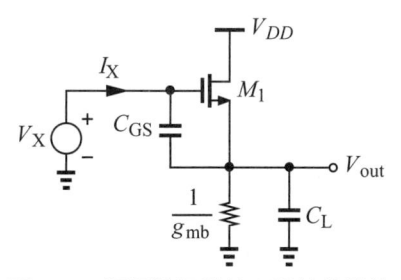

圖 6.24　源極隨耦器輸入阻抗的計算

現在來計算電路的輸入阻抗，注意 C_{GD} 僅與輸入端並聯且一開始可忽略不計。圖 6.24 的等效電路包含基板效應，但通道長度調變效應也可以 $(1/g_{mb})\|r_O$ 替換 $1/g_{mb}$。M_1 之小信號閘極－源極電壓等於 $I_X/(C_{GS}s)$，源極電流為 $g_m I_X/(C_{GS}s)$。我們由輸入端開始且將電壓加總，可得

$$V_X = \frac{I_X}{C_{GS}s} + \left(I_X + \frac{g_m I_X}{C_{GS}s}\right)\left(\frac{1}{g_{mb}} \middle\| \frac{1}{C_L s}\right) \tag{6.57}$$

也就是

$$Z_{in} = \frac{1}{C_{GS}s} + \left(1 + \frac{g_m}{C_{GS}s}\right)\frac{1}{g_{mb} + C_L s} \tag{6.58}$$

我們考慮一些特殊例子。首先，如果 $g_{mb} = 0$ 且 $C_L = 0$，則 $Z_{in} = \infty$，因為源極隨耦器將 C_{GS} 靴代化且沒有從輸入抽電流。第二，對於相對低的頻率，$g_{mb} \gg |C_L s|$ 且：

$$Z_{in} \approx \frac{1}{C_{GS}s}\left(1 + \frac{g_m}{g_{mb}}\right) + \frac{1}{g_{mb}} \tag{6.59}$$

顯示等效輸入電容等於 $C_{GS}g_{mb}/(g_m + g_{mb})$ 且遠小於 C_{GS}。換句話說，整體輸入電容等於 C_{GD} 加上一部分的 C_{GS}——因為靴帶化。

範例 6.12

當 $C_L = 0$，應用米勒效應於上述電路。

解 如圖 6.25 所示，從閘極到源極的低頻增益等於 $(1/g_{mb})/[(1/g_m) + (1/g_{mb})] = g_m/(g_m + g_{mb})$。輸入點 C_{GS} 的米勒乘積等於 $C_{GS}[1 - g_m/(g_m + g_{mb})] = C_{GS}g_{mb}/(g_m + g_{mb})$。

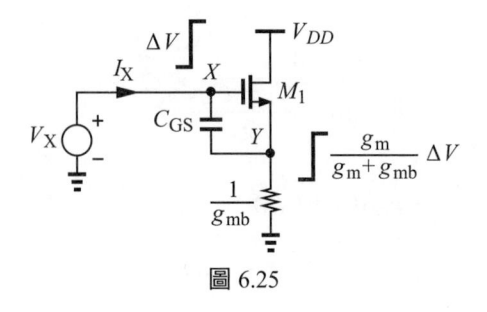

圖 6.25

在高頻時，$g_{mb} \ll |C_L s|$ 且

$$Z_{in} \approx \frac{1}{C_{GS}s} + \frac{1}{C_L s} + \frac{g_m}{C_{GS}C_L s^2} \tag{6.60}$$

對於一已知 $s = j\omega$，輸入阻抗由 C_{GS} 和 C_L 與負電阻 $-g_m/(C_{GS}C_L\omega^2)$（圖 6.26）串聯而成。負電阻特性可使用於震盪器（第 15 章）。謹記源極隨耦器驅動一個負載電容會存在一個負電阻，可能會造成不穩定。

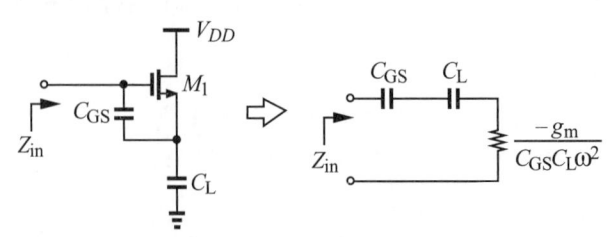

圖 6.26　從源極隨耦器輸入端所視的負阻抗

範例 6.13

忽略通道長度調變效應和基板效應，計算圖 6.27(a) 中電路的轉移函數。

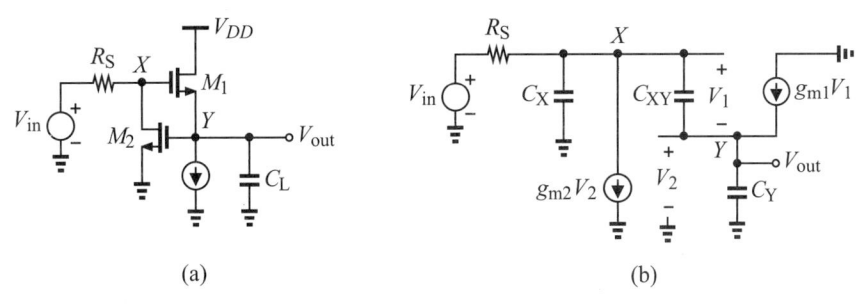

圖 6.27

解 首先確認電路中的所有電容。在節點 X，C_{GD1} 和 C_{DB2} 同時接地且 C_{GS1} 和 C_{GD2} 連接至節點 Y；在節點 Y，C_{SB1}、C_{GS2} 和 C_L 都接地。如同圖 6.22(b) 之源極隨耦器，此電路在迴路中有三個電容和一個二階轉移函數。使用圖 6.27(b) 之等效電路，其中 $C_X = C_{GD1} + C_{DB2}$，$C_{XY} = C_{GS1} + C_{GD2}$ 且 $C_Y = C_{SB1} + C_{GS2} + C_L$，我們可得 $V_1 C_{XY} s + g_{m1} V_1 = V_{out} C_Y s$，因此 $V_1 = V_{out} C_Y s / (C_{XY} s + g_{m1})$。同樣，因為 $V_2 = V_{out}$，將節點 X 之電流加總可得

$$(V_1 + V_{out}) C_X s + g_{m2} V_{out} + V_1 C_{XY} s = \frac{V_{in} - V_1 - V_{out}}{R_S} \quad (6.61)$$

將 V_1 取代並簡化其結果，我們可得到

$$\frac{V_{out}}{V_{in}}(s) = \frac{g_{m1} + C_{XY} s}{R_S \xi s^2 + [C_Y + g_{m1} R_S C_X + (1 + g_{m2} R_S) C_{XY}] s + g_{m1}(1 + g_{m2} R_S)} \quad (6.62)$$

其中 $\xi = C_X C_Y + C_X C_{XY} + C_Y C_{XY}$。一如預期，當 $g_{m2} = 0$，(6.62) 簡化成類似 (6.51) 的形式。

源極隨耦器之輸出阻抗也是我們關注的地方。在圖 6.22(a) 中，基板效應和 C_{SB} 僅會產生一個和輸出端並聯之阻抗。忽略此阻抗和 C_{GD}，我們注意到在圖 6.28(a) 之等效電路中，$V_1 C_{GS} s + g_m V_1 = -I_X$，同樣 $V_1 C_{GS} s R_S + V_1 = -V_X$。

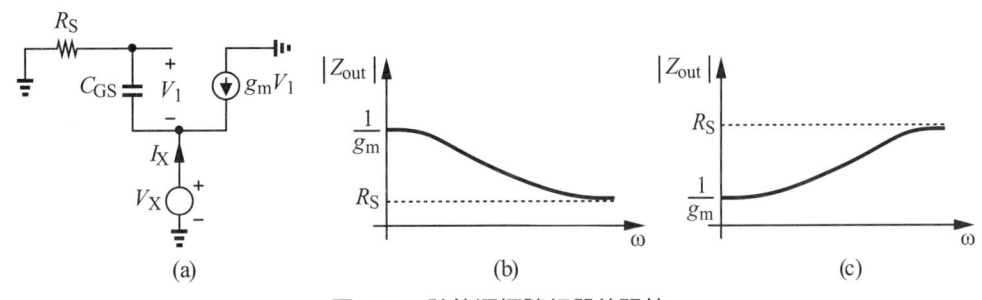

圖 6.28　計算源極隨耦器的阻抗

將這兩式相除可得

$$Z_{out} = \frac{V_X}{I_X} \qquad (6.63)$$

$$= \frac{R_S C_{GS} s + 1}{g_m + C_{GS} s} \qquad (6.64)$$

檢查此阻抗大小為頻率的函數非常有用的。在低頻時，一如預期，$Z_{out} \approx 1/g_m$；而在非常高頻時，$Z_{out} \approx R_S$（因為 C_{GS} 將閘極與源極互相短路）。因此我們可推測 $|Z_{out}|$ 將如圖 6.28(b) 或是 (c) 一樣變化。而哪個變化較為實際呢？如果當作緩衝器時，源極隨耦器必須降低輸出阻抗，亦即 $1/g_m < R_S$。基於此原因，圖 6.28(c) 所示之特性相比圖 6.28(b) 更常發生。

圖 6.28(c) 所示之特性顯示源極隨耦器一個重要的特質。因為輸入阻抗隨著頻率而增加，我們可假設其包含了電感元件。為確認此假設，我們以一階被動電路來表示 Z_{out}，注意 Z_{out} 在 $\omega = 0$ 時為 $1/g_m$，在 $\omega = \infty$ 時為 R_S。可假設此電路為圖 6.29 所示，因為 Z_1 在 $\omega = 0$ 時為 R_2，在 $\omega = \infty$ 時為 $R_1 + R_2$。換句話說，如果 $R_2 = 1/g_m$，$R_1 = R_S - 1/g_m$，且適當選定 L 時，$Z_1 = Z_{out}$。

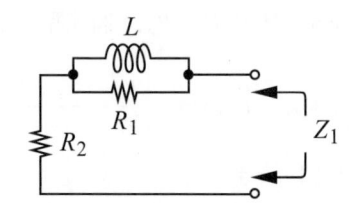

圖 6.29　一個源極隨耦器的等效輸出阻抗

為計算 L 值，我們可以圖 6.29 中的三個成分來表示 Z_1，並和上述計算之 Z_{out} 相等。另外，因為 R_2 為 Z_1 的一個串聯元件，我們可由 Z_{out} 中減去其值，已得到 R_1 與 L 並聯：

$$Z_{out} - \frac{1}{g_m} = \frac{C_{GS} s \left(R_S - \dfrac{1}{g_m} \right)}{g_m + C_{GS} s} \qquad (6.65)$$

將此結果反轉可得到此並聯電路之**導納**（admittance）

$$\frac{1}{Z_{out} - \dfrac{1}{g_m}} = \frac{1}{R_S - \dfrac{1}{g_m}} + \frac{1}{\dfrac{C_{GS} s}{g_m} \left(R_S - \dfrac{1}{g_m} \right)} \qquad (6.66)$$

我們可確認該式左邊的第一項為 R_1 之倒數，而第二項為阻抗 $(C_{GS}s/g_m)(R_S - 1/g_m)$ 之倒數，亦即為電感值為

$$L = \frac{C_{GS}}{g_m} \left(R_S - \frac{1}{g_m} \right) \qquad (6.67)$$

注意，C_{GS}/g_m 大約等於 $\omega_T = 2\pi f_T$。

範例 6.14

我們可以用源極隨耦器建立一個（雙端）電感？

解 可以。如圖 6.30(a) 所示，此電感稱為「主動電感」，提供一個 $(C_{GS2}/g_{m2})(R_S - 1/g_{m2})$ 的電感。但此電感並不理想，因為電感有一個並聯電阻，等於 $R_1 = R_S = 1/g_{m2}$ 且一個串聯電阻等於 $1/g_{m2}$。圖 6.30(b) 說明了一個主動電感的應用：電感可以消除部分高頻負載電容 C_L，因此可以增加頻寬。但 M_2（$= V_{GS2}$）會消耗電壓餘裕而限制增益，且我們的分析中忽略 C_{GD2}，因而會限制頻寬強化。

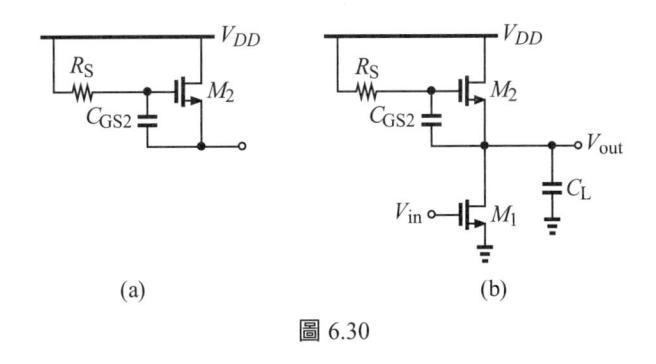

圖 6.30

6.4 共閘極組態

如範例 6.5 所提到的，在共閘極組態中如果通道長度調變效應忽略不計時，則會「隔離」輸入與輸出節點。對圖 6.31 之共閘極組態來說，範例 6.5 之計算可推測其轉移函數為

$$\frac{V_{out}}{V_{in}}(s) = \frac{(g_m + g_{mb})R_D}{1 + (g_m + g_{mb})R_S} \frac{1}{\left(1 + \dfrac{C_S}{g_m + g_{mb} + R_S^{-1}}s\right)(1 + R_D C_D s)} \tag{6.68}$$

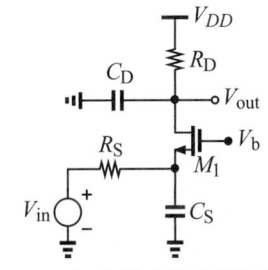

圖 6.31 在高頻時的共閘極組態

此電路的一個重要特性為，電容沒有米勒放大效應，因此可達到寬頻帶的需求。但注意到，其低輸入阻抗可負載前級電路。此外，因為我們將 R_D 之跨壓最大化以得到一

合理的增益,輸入信號直流位準必須相當低。因為此原因,共閘極組態有兩個主要的應用:在需要有低輸入阻抗的放大器(第 3 章)及疊接組態時。

若不能忽略通道長度調變效應,計算會相當複雜。回想一下第 3 章,如果 $\lambda \neq 0$,共閘極架構的輸入阻抗會和汲極負載相關。從 (3.117),我們可以將圖 6.31 中由 M_1 源極所視的阻抗表示為

$$Z_{in} \approx \frac{Z_L}{(g_m + g_{mb})r_O} + \frac{1}{g_m + g_{mb}} \tag{6.69}$$

其中 $Z_L = R_D \| [1/(C_D s)]$。因為 Z_{in} 和 Z_L 相關,很難將極點和輸入點相關聯。

範例 6.15

對於圖 6.32(a) 的共閘極組態,計算轉移函數及輸入阻抗 Z_{in}。解釋為什麼電容增加時,Z_{in} 會和 C_L 相關。

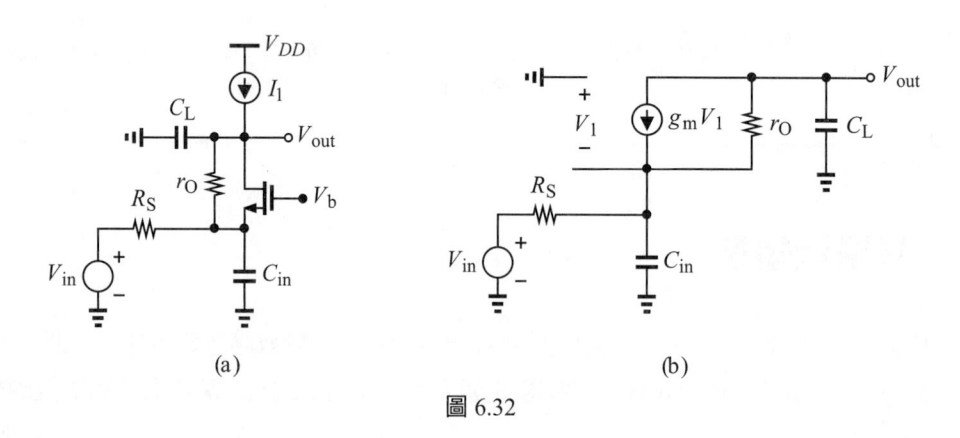

圖 6.32

解 我們使用圖 6.32(b) 之等效電路,可將流經 R_S 之電流寫成 $-V_{out}C_L s + V_1 C_{in} s$。注意,$R_S$ 之跨壓加上 V_{in} 必須等於 $-V_1$,可得

$$(-V_{out}C_L s + V_1 C_{in} s)R_S + V_{in} = -V_1 \tag{6.70}$$

也就是

$$V_1 = -\frac{-V_{out}C_L s R_S + V_{in}}{1 + C_{in} R_S s} \tag{6.71}$$

我們也觀察到 r_O 之跨壓減去 V_1 等於 V_{out}:

$$r_O(-V_{out}C_L s - g_m V_1) - V_1 = V_{out} \tag{6.72}$$

由 (6.71) 取代 V_1,我們得到轉移函數為:

$$\frac{V_{out}}{V_{in}}(s) = \frac{1 + g_m r_O}{r_O C_L C_{in} R_S s^2 + [r_O C_L + C_{in} R_S + (1 + g_m r_O)C_L R_S]s + 1} \tag{6.73}$$

各位可自行證明利用 $g_m + g_{mb}$ 來取代 g_m 即可包含基板效應。低頻增益如預期為 $1 + g_m r_O$。對 Z_{in} 而言，我們可以 $1/(C_L s)$ 取代 Z_L，使用 (6.69) 來得到

$$Z_{in} = \frac{1}{g_m + g_{mb}} + \frac{1}{C_L s} \cdot \frac{1}{(g_m + g_{mb})r_O} \tag{6.74}$$

我們注意到當 C_L 或 s 增加時，Z_{in} 會接近 $1/(g_m + g_{mb})$，而可將輸入極點定義為

$$\omega_{p,in} = \frac{1}{\left(R_S \middle\| \dfrac{1}{g_m + g_{mb}}\right) C_{in}} \tag{6.75}$$

為何 Z_{in} 在高頻時與 C_L 無關呢？這是因為 C_L 會降低電路增益，因此抑制了受米勒效應影響而產生經過 r_O 之負電阻（圖 6.7）。在此限制下，C_L 將輸出節點與接地端短路，且 r_O 對輸入阻抗的影響可忽略不計。

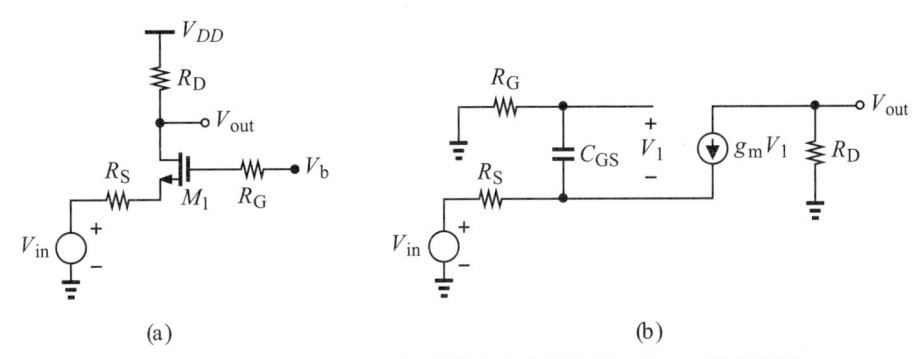

圖 6.33 (a) 具有和閘極串聯電阻之共閘極組態，及 (b) 等效電路

我們對於共閘極頻率響應的分析已經假設沒有阻抗和閘極串聯。事實上，偏壓網路提供閘極電壓一個有限的阻抗，因此改變頻率響應。如圖 6.33(a) 是一個用電阻 R_G 模擬偏壓電阻的例子。如果包含所有元件的電容，電路的轉換方程式是三階。為方便起見，我們只考慮 C_{GS}，從圖 6.33(b)[4] 中等效電路，我們有 $g_m V_1 = -V_{out}/R_D$，以及 $V_1 = -V_{out}/(g_m R_D)$。流經 R_S 的電流等於 $V_1 C_{GS} s + g_m V_1 = -(C_{GS} s + g_m) V_{out}/(g_m R_D)$，且流經 R_G 的電流等於 $V_1 C_{GS} s = -C_{GS} s V_{out}/(g_m R_D)$。在輸入網路寫出 KVL，可以得到

$$V_{in} - (C_{GS} + g_m)\frac{V_{out}}{g_m R_D}R_S + \frac{V_{out}}{g_m R_D} - C_{GS} s \frac{V_{out}}{g_m R_D} R_G = 0 \tag{6.76}$$

整理後

$$\frac{V_{out}}{V_{in}} = \frac{g_m R_D}{(R_G + R_S)C_{GS} s + 1 + g_m R_S} \tag{6.77}$$

---

4 可以忽略通道長度調變以及基板效應。

產生一個極點

$$\omega_p = \frac{1 + g_m R_S}{(R_G + R_S)C_{GS}} \tag{6.78}$$

因此，這個例子中，R_G 會直接加到 R_S，降低極點大小。

如果共閘極為一個相當大的源極阻抗所驅動，則電路的輸出阻抗會在高頻時變小。此效應在疊接電路中會有更詳細的描述。

6.5 疊接組態

如第 3 章所提過的，對於增加放大器的電壓增益與提供屏蔽效應之電流源輸出阻抗，已證明疊接組態是很有用的。然而，高輸出阻抗之高頻放大器的需求驅動疊接組態的發明（在真空管時代），並可視為共源極組態與共閘極組態之疊接電路，藉由抑制米勒效應提供後者速度和前者輸入阻抗。

接著來看一下圖 6.34，首先確認所有元件電容。在節點 A，C_{GS1} 接地，C_{GD1} 接至節點 X。在節點 X，C_{DB1}、C_{SB2} 和 C_{GS2} 接地。在節點 Y，C_{DB2}、C_{GD2} 和 C_L 接地。C_{GD1} 的米勒效應由 A 至 X 之增益來決定；對於低 R_D 而言（或忽略通道長度調變效應），我們使用此增益之低頻值近似式，其值為 $-g_{m1}/(g_{m2} + g_{mb2})$。因此如果 M_1 和 M_2 尺寸約略相同時，C_{GD1} 將乘以 2 而不如簡單共源極組態中乘上大電壓增益值。因此米勒效應在疊接放大器中的影響比共源極組態還小。與節點 A 相關之極點為

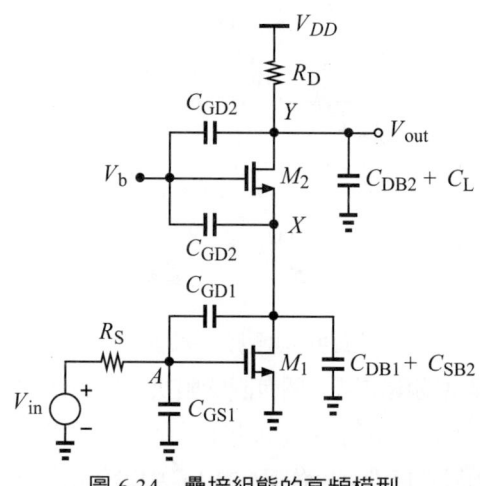

圖 6.34 疊接組態的高頻模型

$$\omega_{p,A} = \frac{1}{R_S \left[C_{GS1} + \left(1 + \dfrac{g_{m1}}{g_{m2} + g_{mb2}}\right) C_{GD1} \right]} \tag{6.79}$$

我們認為一極點與節點 X 相關。此節點之總電容約等於 $2C_{GD1} + C_{DB1} + C_{SB2} + C_{GS2}$，給予一極點為

$$\omega_{p,X} = \frac{g_{m2} + g_{mb2}}{2C_{GD1} + C_{DB1} + C_{SB2} + C_{GS2}} \tag{6.80}$$

這個極點和 $2\pi f_T \approx g_{m2}/C_{GS2}$ 比較起來如何？其他在分母的電容減低 $\omega_{p,X}$ 的大小至 $2\pi f_T/2$。最終輸出點有第三個極點：

$$\omega_{p,X} = \frac{g_{m2} + g_{mb2}}{2C_{GD1} + C_{DB1} + C_{SB2} + C_{GS2}} \tag{6.81}$$

在疊接電路中這三個極點的相對大小和實際設計參數有關，而極點 $\omega_{p,X}$ 一般被選於比另兩個極點距原點還遠的位置。

但如果圖 6.34 之 R_D 被電流源取代以得到較高之直流增益時，會發生什麼事呢？我們從第三章知道，如果 M_2 汲極之負載阻抗很大時，從節點 X 所視之阻抗將會很高，舉例來說，如果 R_D 本身為 PMOS 疊接電流源之輸出阻抗時，(3.117) 預測了節點 X 之極點可能會小於 $(g_{m2} + g_{mb2})/C_X$。有趣的是，可忽略此現象對於總轉移函數的影響，而範例可看得更清楚。

範例 6.16

考慮圖 6.35(a) 之疊接組態，其中負載電阻置換成理想電流源，忽略和 M_1 相關的電容，圖 6.35(b) 中利用諾頓等效電路表示 V_{in} 和 M_1，假設 $\gamma = 0$，計算轉移函數

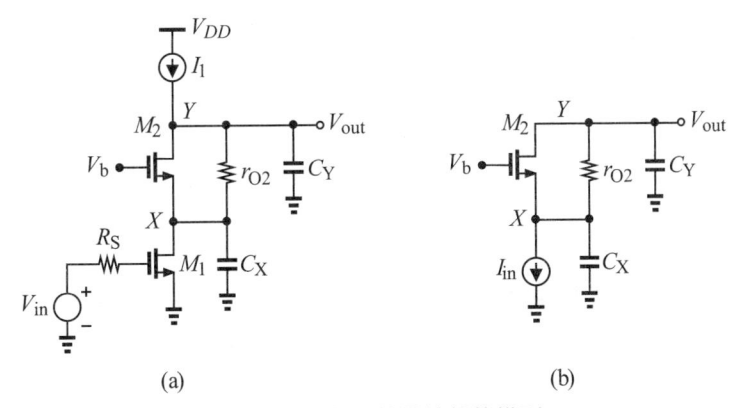

圖 6.35　簡化過的疊接組態模型

解　因為流經 C_X 的電流等於 $-V_{out}C_Ys - I_{in}$，我們可以得到 $V_X = -(V_{out}C_Ys + I_{in})/(C_Xs)$，以 M_2 的小信號汲極電流是 $-g_{m2}(-V_{out}C_Ys - I_{in})/(C_Xs)$。流經 r_{O2} 的電流是 $-V_{out}C_Ys - g_{m2}(V_{out}C_Ys + I_{in})/(C_Xs)$。注意，$V_x$ 加上 r_{O2} 之跨壓等於 V_{out}，可寫成

$$-r_{O2}\left[(V_{out}C_Ys + I_{in})\frac{g_{m2}}{C_Xs} + V_{out}C_Ys\right] - (V_{out}C_Ys + I_{in})\frac{1}{C_Xs} = V_{out} \tag{6.82}$$

也就是說

$$\frac{V_{out}}{I_{in}} = -\frac{g_{m2}r_{O2} + 1}{C_Xs} \cdot \frac{1}{1 + (1 + g_{m2}r_{O2})\dfrac{C_Y}{C_X} + C_Yr_{O2}s} \tag{6.83}$$

其中對 $g_{m2}r_{O2} \gg 1$ 和 $g_{m2}r_{O2}C_Y/C_X \gg 1$（亦即，$C_Y > C_X$），可簡化為

$$\frac{V_{out}}{I_{in}} \approx -\frac{g_{m2}}{C_X s} \frac{1}{\dfrac{C_Y}{C_X} g_{m2} + C_Y s} \tag{6.84}$$

因此

$$\frac{V_{out}}{V_{in}} = -\frac{g_{m1}g_{m2}}{C_Y C_X s} \frac{1}{g_{m2}/C_X + s} \tag{6.85}$$

在節點 X 之極點大小仍為 $g_{m2}C_X$，這是因為在高頻時（當我們接近此極點 g_{m2} 時），C_Y 將會並聯輸出節點，降低其增益且抑制 r_{O2} 的米勒效應。

如果一疊接結構為一電流源時，我們關注的是隨頻率輸出的阻抗變化，忽略圖 6.35(a) 之 C_{GD1} 和 C_Y，可得

$$Z_{out} = (1 + g_{m2}r_{O2})Z_X + r_{O2} \tag{6.86}$$

其中 $Z_X = r_{O1} \| (C_X s)^{-1}$。因此，$Z_{out}$ 包含了一極點於 $(r_{O1}C_X)^{-1}$，且在超過此頻率時，Z_{out} 將會降低。

6.6 差動對

由於差動對的多樣性和在類比系統中之廣泛運用，接著來說明差動及共模信號的頻率響應。

6.6.1 具有被動負載的差動對

考慮圖 6.36(a) 之簡單差動對，其差動半電路與共模等效電路分別如圖 6.36(b) 和 (c) 所示，對於差動信號來說，其響應與共源級組態相同，皆包含了 C_{GD} 之米勒放大成分。注意，因為 $+V_{in2}/2$ 和 $-V_{in2}/2$ 乘上相同的轉移函數，V_{out}/V_{in} 之極點數目等於每個路徑之極點數目（而不是兩個路徑之極點數目和）。

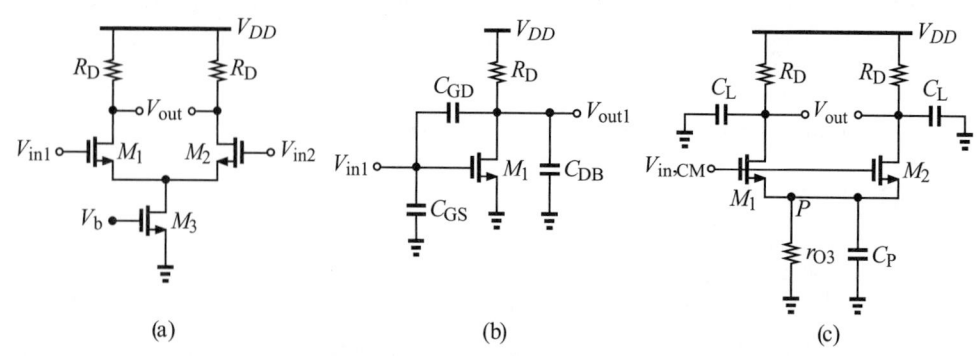

圖 6.36　(a) 差動對；(b) 等效半電路；(c) 共模輸入等效電路

對共模信號來說，圖 6.36(c) 中結點 P 的總電容決定高頻增益。如果 $M_1 - M_3$ 為寬電晶體時，由 C_{GD3}、C_{DB3}、C_{SB1} 和 C_{SB2} 所產生的總電容會變得非常大。舉例來說，限制電壓餘裕通常讓 W_3 變得很大，且對於 M_3 來說不需要讓大汲極－源極電壓在飽和區中。如果考慮 M_1 和 M_2 間之不匹配時，高頻共模增益可利用 (4.53) 來計算。將 r_{O3} 以 $r_{O3}\|[1/(C_Ps)]$ 取代，而 R_D 以 $R_D\|[1/(C_Ls)]$ 取代，其中 C_L 代表在每個輸出節點情況下的總電容。[5] 因此

$$A_{v,CM} = -\frac{\Delta g_m \left[R_D \left\| \left(\frac{1}{C_L s}\right)\right.\right]}{(g_{m1}+g_{m2})\left[r_{O3} \left\| \left(\frac{1}{C_P s}\right)\right.\right]+1} \tag{6.87}$$

結果顯示電路的共模排斥能力在高頻時會有明顯的衰減。事實上，根據第 4 章的共模排斥比如下

$$\text{CMRR} \approx \frac{g_m}{\Delta g_m}\left[1+2g_m\left(r_{O3}\|\frac{1}{C_Ps}\right)\right] \tag{6.88}$$

$$\approx \frac{g_m}{\Delta g_m}\frac{r_{O3}C_Ps+1+2g_mr_{O3}}{r_{O3}C_Ps+1} \tag{6.89}$$

其中 $g_m = (g_{m1}+g_{m2})/2$。我們觀察到轉移函數包含一個在 $(1+2g_{m3}r_{O3})/(r_{O3}C_P)$ 的零點以及在 $1/(r_{O3}C_P)$ 的極點。因為 $2g_{m3}r_{O3} \gg 1$，零點的大小比極點還要大且大約等於 $2g_{m3}/C_P$。共模互斥響應如圖 6.37。

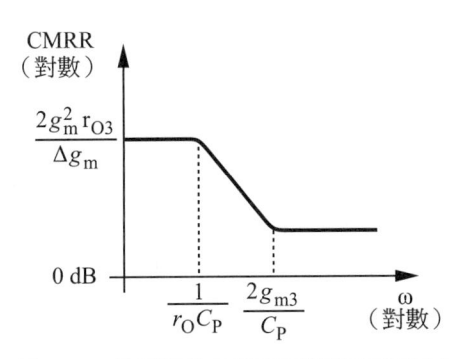

圖 6.37　差動對的共模互斥比對頻率作圖

如圖 6.38 所示，如果供應電壓包含了高頻雜訊和電路不匹配問題時，導致節點 P 之共模干擾會在輸出端產生差動雜訊。當頻率超過 $1/(2\pi r_{O3}C_P)$ 時，此效應會更明顯。

---

5 為求簡化，忽略通道長度調變效應，基板效應和其他電容。

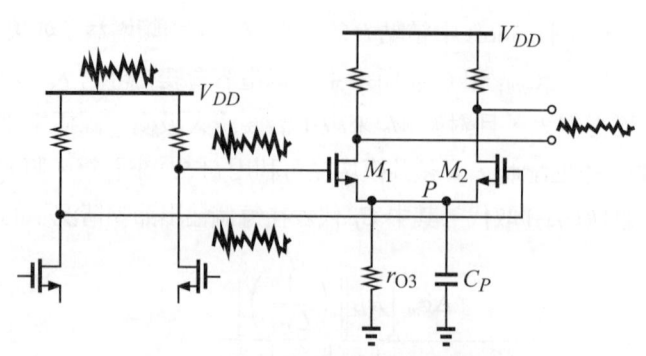

圖 6.38　差動對的高頻電壓雜訊效應

我們應強調在圖 6.36(a) 中，其電路在電壓餘裕與 CMRR 間之交互限制。為了最小化 M_3 所消耗的電壓餘裕，其寬度必須最大化而讓 M_1 和 M_2 源極有很大的電容，進而降低其高頻 CMRR 值。這個問題在低供應電壓時會變得更加嚴重。

現在我們來看負載高組抗之差動對的頻率響應。如圖 6.39(a) 所示為一完整的差動對。如圖 6.36 的組態，我們可分別就差動對及共模信號來分析電路。注意在此 C_L 包括了汲極接面電容與每個 PMOS 電晶體之閘極－源極疊接電容。同樣地，如圖 6.39(b) 所示，對差動輸出信號來說，C_{GD3} 和 C_{GD4} 在節點 G 傳導大小相同但方向相反之電流，使此節點成為一交流接地端（事實上，節點 G 仍然藉由一電容經由旁路接地）。

圖 6.39(c) 所示為差動半電路，M_1 和 M_3 之輸出阻抗分別如圖所示。此組態暗示如果以 $r_{O1}\|r_{O3}$ 取代 R_L 時，(6.30) 可用於此電路。事實上，這個相當高的電阻使輸出極點變為最重要的極點，且其值為 $[(r_{O1}\|r_{O3})C_L]^{-1}$。我們會在第 10 章再回來看此問題。此電路之共模特性和圖 6.36(c) 相似。

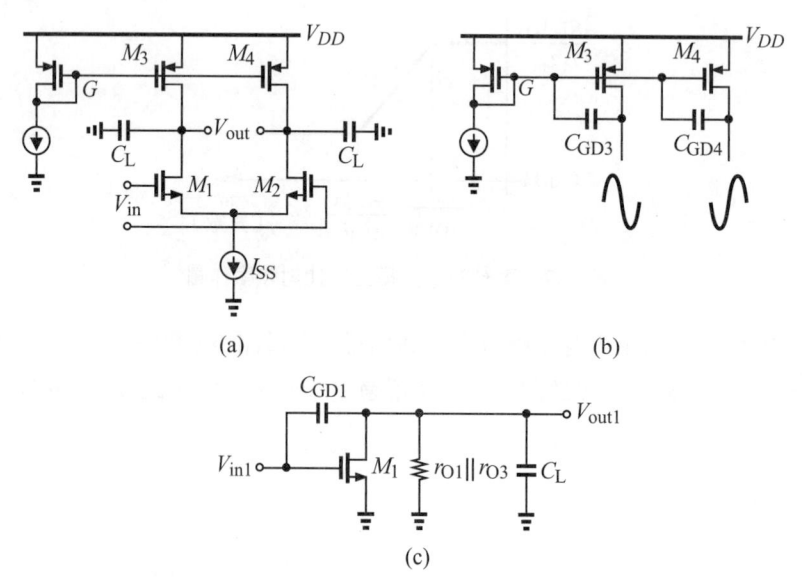

圖 6.39　(a) 負載電流源之差動對；(b) 節點 G 之差動振幅；(c) 半電路等效模型

6.6.2 使用主動負載的差動對

接著來看負載主動電流鏡之差動對（圖 6.40）。此電路有幾個極點呢？和圖 6.39(a) 全差動組態相反的是，此組態擁有兩個信號傳輸路徑且其轉移函數不同。組成 M_3 和 M_4 之路徑包含了節點 E 之極點，其已知近似值為 g_{m3}/C_E，其中 C_E 代表了結點 E 相對於接地的總電容。此電容由 C_{GS3}、C_{GS4}、C_{DB3} 和 C_{DB1}，及 C_{GD1} 和 C_{GD4} 的米勒效應所產生。縱使只考慮 C_{GS3} 和 C_{GS4} 時，PMOS 元件中 g_m 與 C_{GS} 間嚴重之互相限制會產生嚴重影響電路效能的極點。與節點 E 有關的極點稱之為**映射極點**（mirror pole）。注意，如圖 6.39(a) 電路，圖 6.40 所示的兩條線號路徑在輸出節點包含了一個極點。

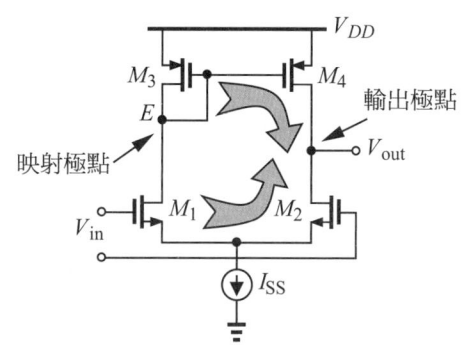

圖 6.40　負載主動電流鏡差動對的高頻特性

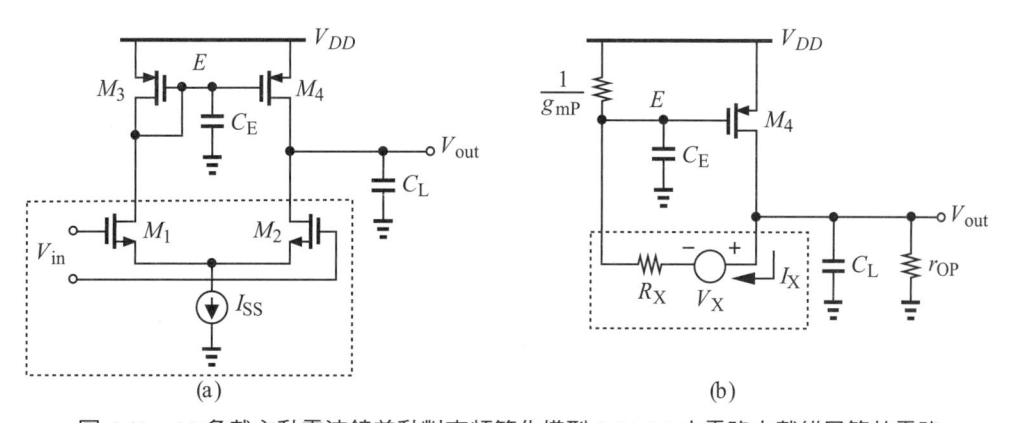

圖 6.41　(a) 負載主動電流鏡差動對高頻簡化模型；(b) (a) 中電路之戴維尼等效電路

為了計算負載主動電流鏡差動對的頻率響應，我們建立一個簡化模型。如圖 6.41(a)，其中所有的電容都忽略不計。我們利用戴維尼等效電路取代 V_{in}、M_1 和 M_2，可得到圖 6.41(b) 之電路，$V_X = g_{mN} r_{ON} V_{in}$ 且 $R_X = 2r_{ON}$，此處下標 P 和 N 分別代表 PMOS 和 NMOS 元件，且我們假設 $1/g_{mP} \ll r_{OP}$，在 E 點之小信號電壓為

$$V_E = (V_{out} - V_X)\frac{\dfrac{1}{C_E s + g_{mP}}}{\dfrac{1}{C_E s + g_{mP}} + R_X} \tag{6.90}$$

而 M_4 的小信號汲極電流為 $g_{m4}V_E$。注意 $-g_{m4}V_E - I_X = V_{out}(C_L s + r_{OP}^{-1})$，可得

$$\frac{V_{out}}{V_{in}} = \frac{g_{mN}r_{ON}(2g_{mP} + C_E s)r_{OP}}{2r_{OP}r_{ON}C_E C_L s^2 + [(2r_{ON} + r_{OP})C_E + r_{OP}(1 + 2g_{mP}r_{ON})C_L]s + 2g_{mP}(r_{ON} + r_{OP})} \tag{6.91}$$

因為映射極點比輸出極點高出甚多，我們可利用 (6.34) 寫出

$$\omega_{p1} \approx \frac{2g_{mP}(r_{ON} + r_{OP})}{(2r_{ON} + r_{OP})C_E + r_{OP}(1 + 2g_{mP}r_{ON})C_L} \tag{6.92}$$

忽略分母之第一項且假設 $2g_{mP}r_{ON} \gg 1$，可得

$$\omega_{p1} \approx \frac{1}{(r_{ON}\|r_{OP})C_L} \tag{6.93}$$

為預期結果。已知第二個極點為

$$\omega_{p2} \approx \frac{g_{mP}}{C_E} \tag{6.94}$$

也在預期之內。

(6.91) 顯示了一個有趣的現象，即位於左半平面的零點，其大小為 $2g_{mP}/C_E$。此零點的出現可藉由「緩慢路徑」(M_1、M_3 和 M_4) 與「快速路徑」(M_1 和 M_2) 並聯組成之電路來了解。我們分別以 $A_0/[(1 + s/w_{p1})(1 + s/w_{p2})]$ 和 $A_0/[(1 + s/w_{p1})]$ 表示，可得

$$\frac{V_{out}}{V_{in}} = \frac{A_0}{1 + s/\omega_{p1}}\left(\frac{1}{1 + s/\omega_{p2}} + 1\right) \tag{6.95}$$

$$= \frac{A_0(2 + s/\omega_{p2})}{(1 + s/\omega_{p1})(1 + s/\omega_{p2})} \tag{6.96}$$

那就是說系統在 $2w_{p2}$ 處有一零點產生，此零點可利用圖 6.18（習題 6.15）求得。

和圖 6.39(a) 和 6.40 之電路相比較，我們可推斷前者無映射極點，這是全差動電路勝過單端組態的另一個特點。

範例 6.17

並非所有的全差動電路都沒有映射極點。圖 6.42(a) 顯示了一個例子，其中電流鏡 M_3-M_5 和 M_4-M_6 將信號電流摺疊，計算低頻增益和轉移函數。

第 6 章　放大器之頻率響應　**217**

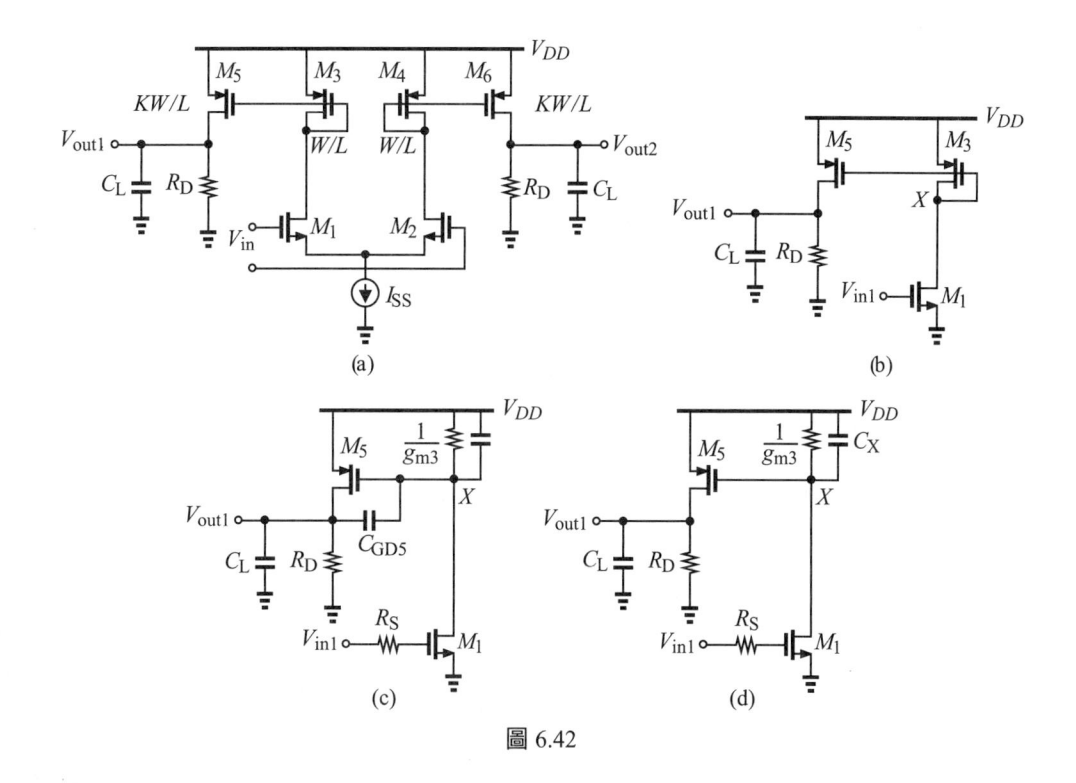

圖 6.42

解　忽略通道長度調變效應且使用圖 6.42(b) 之差動半電路，我們看到 M_5 之汲極電流為 M_3 之 K 倍，並產生一低頻電壓增益 $A_v = g_{m1}KR_D$。

我們為得到轉移函數，使用圖 6.42(c) 之等效電路，為求完整而加入源極電阻 R_S。而為簡化計算過程，我們假設 R_DC_L 相當小，讓 C_{GD5} 的米勒放大效應近似為 $C_{GD5}(1 + g_{m5}R_D)$。電路因此可簡化為 6.42(d) 中之電路，其中 $C_X \approx C_{GS3} + C_{GS5} + C_{DB3} + C_{GD5}(1 + g_{m5}R_D) + C_{DB1}$。整體轉移函數為 V_X/V_{in1} 乘上 V_{out1}/V_X。前者可由 (6.30) 中將 R_D 和 C_{DB} 分別以 $1/g_{m3}$ 和 C_X 取代求得，其中後者為

$$\frac{V_{out1}}{V_X}(s) = -g_{m5}R_D \frac{1}{1 + R_DC_Ls} \tag{6.97}$$

注意，此處我們忽略 C_{GD5} 所產生之零點。

6.7 增益頻寬設計的取捨

在許多應用中，我們希望可以最大化放大器的增益以及頻寬。舉例來說，光電通訊接收機所使用的放大器必須達到高增益且高頻寬。本節處理高速設計中增益頻寬設計上的取捨。如圖 6.43，我們來看 −3dB 頻寬 ω_{-3dB}，及**單增益頻寬** ω_u。

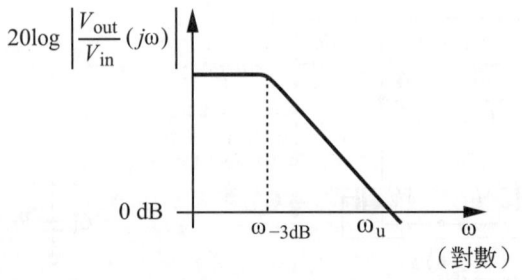

図 6.43　頻率響應顯示了 −3dB 以及單位增益頻寬

6.7.1 單極點電路

在某些電路中，輸出點的負載電容會產生一個極點，可以用單極點近似，也就是，我們可以說 −3dB 頻寬等於極點頻率。舉例來說，圖 6.44 的共源極組態有一個輸出極點 $\omega_p = [(r_{O1}\|r_{O2})C_L]^{-1}$，如果忽略其他的電容，注意低頻增等於 $|A_0| = g_{m1}(r_{O1}\|r_{O2})$，我們定義**增益頻寬乘積**（GBW）為

$$\text{GBW} = A_0 \omega_p \tag{6.98}$$

$$= g_{m1}(r_{O1}\|r_{O2}) \frac{1}{2\pi(r_{O1}\|r_{O2})C_L} \tag{6.99}$$

$$= \frac{g_{m1}}{2\pi C_L} \tag{6.100}$$

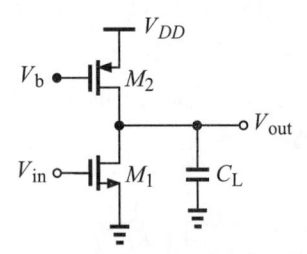

圖 6.44　具有單極點的共源極組態

舉例來說，如果 $g_{m1} = (100\ \Omega)^{-1}$ 且 $C_L = 50$ fF，則 GBW = 31.8 GHz。對於單極點系統，增益−頻寬乘積近似為單位−增益頻寬，可以寫成

$$\frac{A_0}{\sqrt{1 + (\frac{\omega_u}{\omega_p})^2}} = 1 \tag{6.101}$$

因此

$$\omega_u = \sqrt{A_0^2 - 1}\,\omega_p \qquad (6.102)$$

$$\approx A_0 \omega_p \qquad (6.103)$$

如果 $A_0^2 \gg 1$。

範例 6.18

疊接可以增加增益頻寬乘積?假設主極點是輸出極點。

解 不行,(6.100) 指出增益頻寬乘積和輸出阻抗是獨立的。更精確的,如果圖 6.44 利用疊接增加 K 倍輸出阻抗,則 $|A_0|$ ($= G_m R_{out}$) 增加 K 倍但 ω_p 下降 K 倍。產生一個固定的增益頻寬乘積。

6.7.2 多極點電路

可以透過疊接兩級或是更多級來增加增益頻寬乘積?考慮圖 6.45 放大器,其中為了簡單起見,我們假設兩級是獨立且忽略其他電容。我們讓極點相關聯,將轉移函數寫成 $(V_{out}/V_X)(V_X/V_{in})$:

$$\frac{V_{out}}{V_{in}} = \frac{A_0^2}{(1+\dfrac{s}{\omega_p})^2} \qquad (6.104)$$

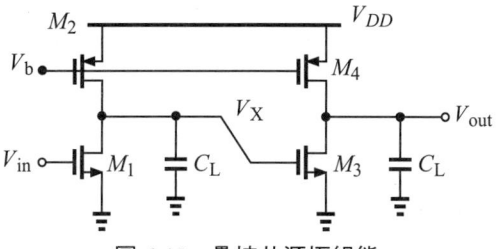

圖 6.45 疊接共源極組態

其中 $A_0 = g_{mN}(r_{ON}\|r_{OP})$ 且 $\omega_p = [(r_{ON}\|r_{OP})C_L]^{-1}$。為了得到 -3dB 頻寬,我們令 V_{out}/V_{in} 大小等於 $A_0^2/\sqrt{2}$:

$$\frac{A_0^2}{1+\dfrac{\omega_{-3dB}^2}{\omega_p^2}} = \frac{A_0^2}{\sqrt{2}} \qquad (6.105)$$

且

$$\omega_{-3dB} = \sqrt{\sqrt{2}-1}\,\omega_p \tag{6.106}$$

$$\approx 0.64\omega_p \tag{6.107}$$

增益頻寬乘積因此增加為

$$\text{GBW} = \sqrt{\sqrt{2}-1}\,A_0^2\omega_p \tag{6.108}$$

比 (6.103) 大了 $0.64A_0$ 倍。當然，功率消耗也倍增了。

如 (6.107) 所示，當增益頻寬乘積上升時，疊接降低了頻寬。事實上，在問題 6.25，針對 N 個獨立的電路級，可以得到

$$\omega_{-3dB} = \sqrt{\sqrt[N]{2}-1}\,\omega_p \tag{6.109}$$

可以觀察到當 N 增加時，頻寬穩定下降，另外一個疊接架構的缺點是會產生許多極點，如果將此電路放置在負迴受系統中，會導致系統不穩定（第 10 章）。

6.8 附錄 A：米勒定律的雙重性

在米勒定律中 (圖 6.2)，我們觀察到 $Z_1 + Z_2 = Z$。這並不是巧合，而且有一些有趣的暗示。重繪圖 6.2 如圖 6.46(a) 所示，我們推測因為在 Z_1 和 Z_2 間電路可能會接地，且如果沿著阻抗 Z 由 X 至 Y 時，其電位在某些時刻會降至零〔圖 6.46(b)〕。

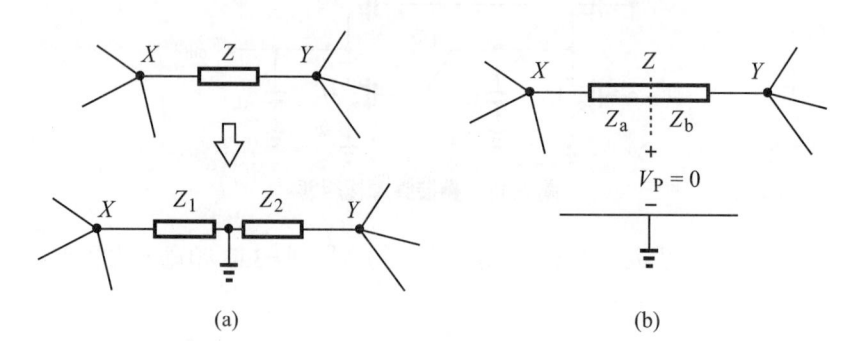

圖 6.46 利用米勒定律顯示沿著 Z 之局部零電位

的確，對於 $V_P = 0$ 而言，可得

$$\frac{Z_a}{Z_a + Z_b}(V_Y - V_X) + V_X = 0 \tag{6.110}$$

且因為 $Z_a + Z_b = Z$，

$$Z_a = \frac{Z}{1 - V_Y/V_X} \tag{6.111}$$

同樣

$$Z_b = \frac{Z}{1 - V_X/V_Y} \tag{6.112}$$

換句話說，$Z_1 (= Z_a)$ 和 $Z_2 (= Z_b)$ 為 Z 的分解，並提供一零點電位得中間節點。舉例來說，因為在圖 6.13 的共源極組態中，V_X 和 V_Y 的極性相反，故電壓在 C_{GD} 「內」某一點降為零。

上述觀察說明了圖 6.5 所示轉換的困難度。將圖 6.46(b) 中之電路繪於圖 6.47(a) 中，我們確認在節點 P 接地前此電路仍為有效的，因為流經 $R_1 + R_2$ 之電流必須等於流經 $-R_2$ 之電流。然而，如圖 6.47(b) 所示，節點 P 接地，而節點 X 與 Y 之間唯一電流路徑會消失。

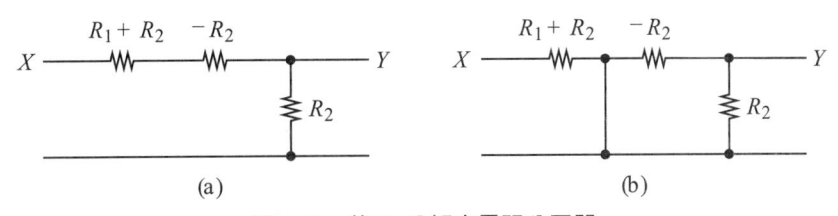

圖 6.47　將 R_1 分解之電阻分壓器

沿著浮動阻抗 Z 支流電位讓我們發展米勒定律的「雙重性」，亦即依電導和電流比例分解。假設 I_1 和 I_2 的兩個帶電迴圈同時占用電導 Y〔圖 6.48(a)〕。如果將 Y 適當平行分解為 Y_1 和 Y_2 時，流經這兩者的電流為零〔圖 6.48(b)〕，且會打斷該連結〔圖 6.35(c)〕。在圖 6.48(a) 中，Y 的跨壓為 $(I_1 - I_2)/Y$；圖 6.48(c) 中，Y_1 之跨壓為 I_1/Y_1。因為這兩個電路相同

$$\frac{I_1 - I_2}{Y} = \frac{I_1}{Y_1} \tag{6.113}$$

且

$$Y_1 = \frac{Y}{1 - I_2/I_1} \tag{6.114}$$

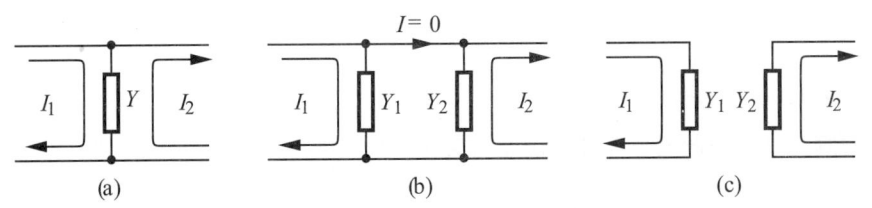

圖 6.48　(a) 共用電導 Y 之二個迴圈；(b) 將 Y 分解為 Y_1 和 Y_2 使得 $I = 0$；(c) 等效電路

注意此式的二元性且 $Z_1 = (1 - V_Y/V_X)Z$。可得

$$Y_2 = \frac{Y}{1 - I_1/I_2} \tag{6.115}$$

習題

除非另外提到，下列習題會使用表 2.1 的元件資料並在必要時假設 $V_{DD} = 3$ V。同樣，假設所有電晶體都位於飽和區，所有元件尺寸大小皆為等效值且單位以微米來表示。

6.1 在圖 6.3(c) 之電路中，假設放大器輸出電阻為一有限值 R_{out}。

(a) 解釋為何輸出值在下降之前會上升 ΔV。這只出了有一零點存在於轉移函數中。

(b) 求出轉移函數，且在不使用米勒定律情形下求出其步級響應。

6.2 重做習題 6.1，如果放大器輸出電阻為 R_{out} 且電路驅動一負載電容 C_L。

6.3 圖 6.13 的共源極組態為 $(W/L)_1 = 50/0.5$、$R_S = 1$ kΩ 且 $R_D = 2$ kΩ。如果 $I_{D1} = 1$ mA，求出電路的零點與極點。

6.4 考慮圖 6.16 的共源極組態，其中將一 PMOS 元件於飽和區運作中來達成 I_1。假設 $(W/L)1 = 50/0.5$、$I_{D1} = 1$ mA 且 $R_S = 1$ kΩ。

(a) 求出 PMOS 電晶體之長寬比讓其最大容許輸出位準為 2.6 V，其最大峰對峰振幅為何？

(b) 求出其極點和零點。

6.5 某運用 NFET 之源極隨耦器，$W/L = 50/0.5$，其偏壓電流 1 mA 為一源極阻抗 10 kΩ 所驅動。計算在輸出端情況下的等效電感。

6.6 忽略其他電容，計算圖 6.49 中每個電路之輸入阻抗。

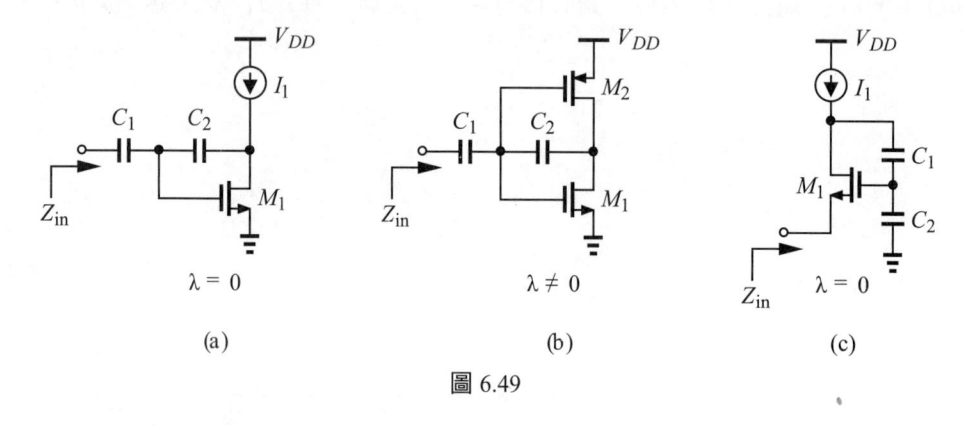

圖 6.49

6.7 估算圖 6.50 中每個電路的極點。

6.8 計算圖 6.51 中每個電路的輸入阻抗和轉移函數。

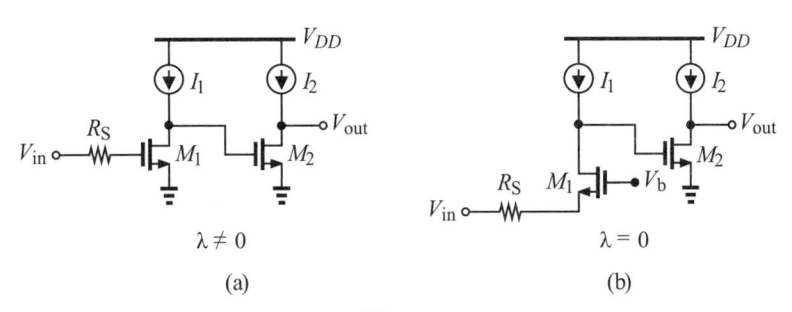

圖 6.50

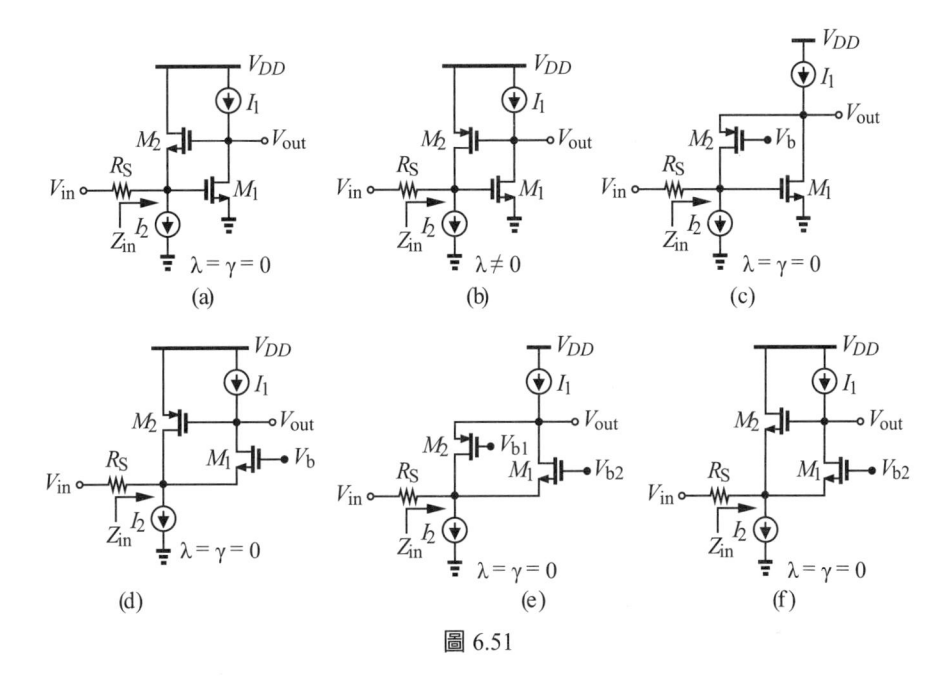

圖 6.51

6.9 計算圖 6.52 中每個電路在非常低頻及高頻下的增益。對 (a) 和 (b) 之電路來說，忽略所有電容，並假設 $\lambda = 0$ 且 $\gamma = 0$。

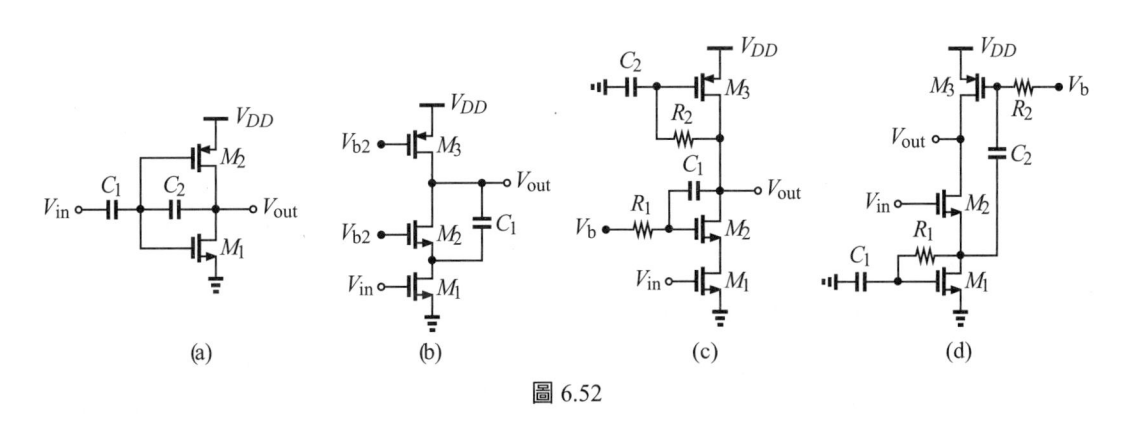

圖 6.52

6.10 計算圖 6.53 中每個電路在非常低頻及高頻的增益。忽略所有電容，並假設 $\lambda = 0$ 且 $\gamma = 0$。

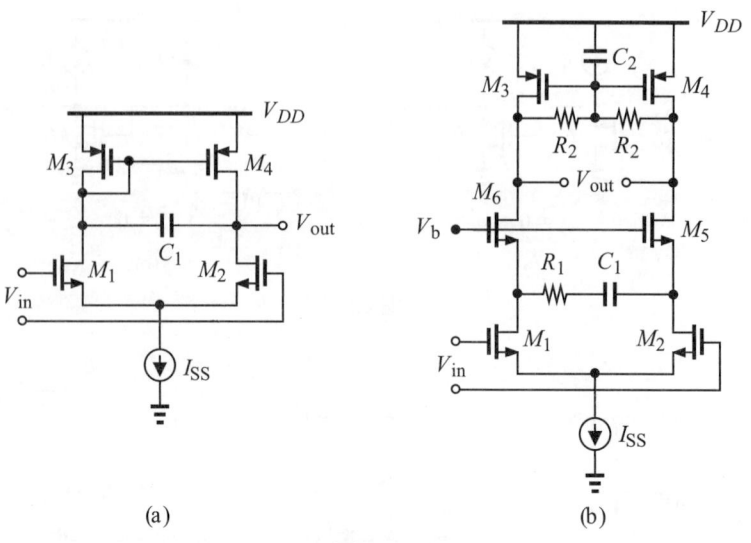

圖 6.53

6.11 考慮圖 6.54 中的疊接組態。在疊接組態的頻率響應分析中,我們假設 M_1 之閘極－汲極疊接電容將乘上 $g_{m1}/(g_{m2}+g_{mb2})$。但回想一下第 3 章中,M_2 汲極負載一高電阻,在 M_2 源極情況下的電阻相當地高,故推論了 C_{GD1} 具有較大之米勒放大因子。解釋如果 C_L 相當大時,為何 C_{GD1} 仍然要乘上 $1 + g_{m1}/(g_{m2}+g_{mb2})$。

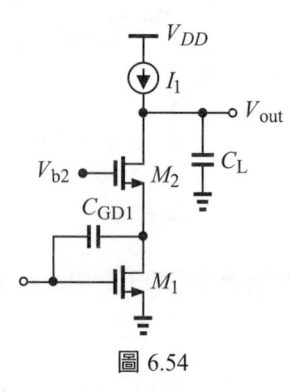

圖 6.54

6.12 忽略其他電容效應,計算圖 6.55 中之 Z_X,繪出 $|Z_X|$ 對於頻率之關係圖。

6.13 圖 6.31 的共閘極組態為 $(W/L)_1 = 50/0.5$,$I_{D1} = 1$ mA,$R_D = 2$ kΩ 且 $R_S = 1$ kΩ。假設 $\lambda = 0$,決定極點與低頻增益,比較此結果與習題 6.9 的情況。

6.14 假設圖 6.34 的疊接組態,一電阻 R_G 和 M_2 的閘極串聯,忽略其他電容。僅納入 C_{GS2},並假設 $\lambda = \gamma = 0$,決定其轉移函數。

6.15 將圖 6.18 之方法運用於圖 6.41(b) 中,求出轉移函數之零點。

6.16 圖 6.42(a) 的電路為 $(W/L)_{1,2} = 50/0.5$ 和 $(W/L)_{3,4} = 10/0.5$。若 $I_{SS} = 100$ μA,$K = 2$,$C_L = 0$,且以 $W/L = 50/0.5$ 的 NFET 為 R_D,估算電路的極點與零點,假設放大器為一理想電壓源所驅動。

圖 6.55

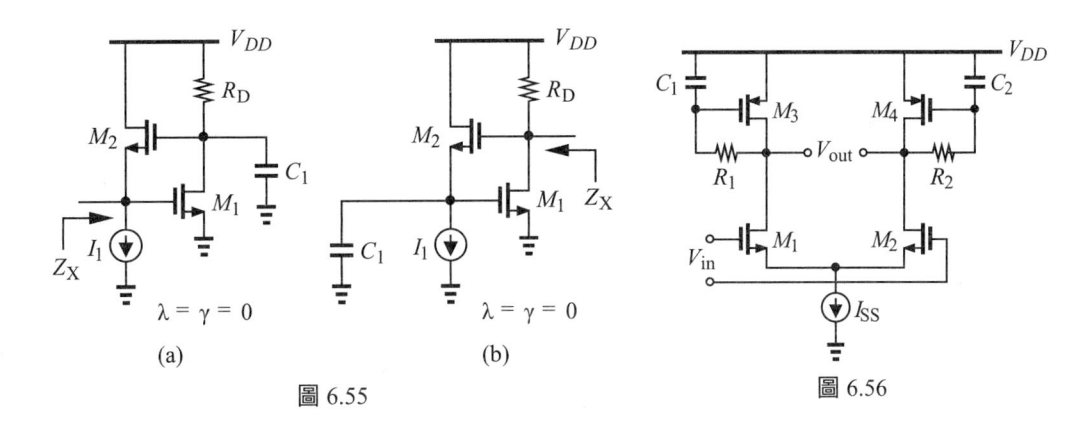

圖 6.56

6.17 受某理想電壓源驅動的差動對於增益降為均一的頻率運作時，其相位要偏移 135°。

(a) 解釋為何負載二極體元件或電流源之組態不符合此情況。

(b) 考慮圖 6.56 的電路，忽略其他電容，決定其轉移函數。解釋在何情況下，負載會顯現電感特性；此電路可以提供增益降為一時的 135° 相位偏移嗎？

6.18 重複範例 6.3，但是假設 I_1 為 R_1 所置換。

6.19 一個電阻性衰減共源極組態，用類似源級隨偶器的方法將 C_{GS} 靴帶化。估測這樣組態的輸入電容。

6.20 求在閘級串連一個電阻 R_G 的共閘級組態之轉移函數，包含 C_{GS} 和 C_{GD}，假設 $\lambda = \gamma = 0$。

6.21 求在閘級串連一個電阻 R_G 的共閘極組態之轉移函數，包含 C_{GD} 和 C_{DB}，假設 $\lambda = \gamma = 0$。

6.22 求出一個有電流源負載之差動對的轉移函數，假設每個輸入由一個串聯電阻所驅動。

第 7 章 雜訊

雜訊限制了電路在可接受程度下處理信號的最小信號位準。現代類比設計人員不斷在解決雜訊會影響電路功率消耗、速度與線性等問題。

本章會提到雜訊現象及對類比電路的影響,旨在充分瞭解問題,能讓後面章節中可自然將雜訊納入類比電路的考量中。雜訊顯然是複雜的主題,故先討論雜訊就能讓各位藉由許多範例更清楚雜訊的問題。

在頻域與時域對雜訊特性進行分析後,接著會討論**熱雜訊**和**閃爍雜訊**。然後,說明雜訊在電路中的表示方法。最後,會提到在單級和差動放大器中的雜訊效應,及與其他效能參數的取捨。

7.1 雜訊的統計特性

雜訊為一隨機過程。對於本書來說,這是指雜訊是無法預測的,即使已知過去數值。比較正弦產生器之輸出信號與從麥克風蒐集河水流聲的信號(圖 7.1)。雖然 $x_1(t)$ 在 $t = t_1$ 時的數值可藉由觀察到的波形來預測,但 $x_2(t)$ 在 $t = t_2$ 時則無法預測。此即為確定(deterministic)與隨機(random)現象間的主要差異。

如果無法預測雜訊在時域中的現值,我們該如何將雜訊加入電路分析呢?我們可藉由長時間觀察及量測雜訊來建立「統計模型」。儘管無法預測雜訊的瞬間值,我們可以透過統計模型來瞭解雜訊的其他重要特性,對於電路分析來說非常有用。

雜訊的那些特性可以預測?許多情況可以預測雜訊的平均功率。例如,蒐集河流聲波的麥克風接近河流時,訊號會顯示出較大值,也就是較高功率(圖 7.2)。如果隨機過程是如此隨機,各位可能會好奇是否連平均功率都無法預測。此情況的確存在,但幸好電路中大部分雜訊來源都有固定的平均功率。

平均功率的概念對我們的分析非常重要,所以必須精準定義。回想一下基本電路定律,已知由週期電壓 $v(t)$ 所傳送至負載電阻 R_L 之平均功率為

$$P_{av} = \frac{1}{T} \int_{-T/2}^{+T/2} \frac{v^2(t)}{R_L} dt \qquad (7.1)$$

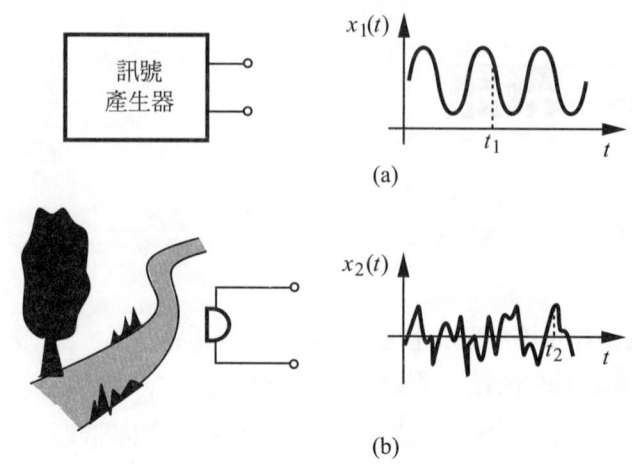

圖 7.1　(a) 訊號產生器與 (b) 河中聲波之輸出信號

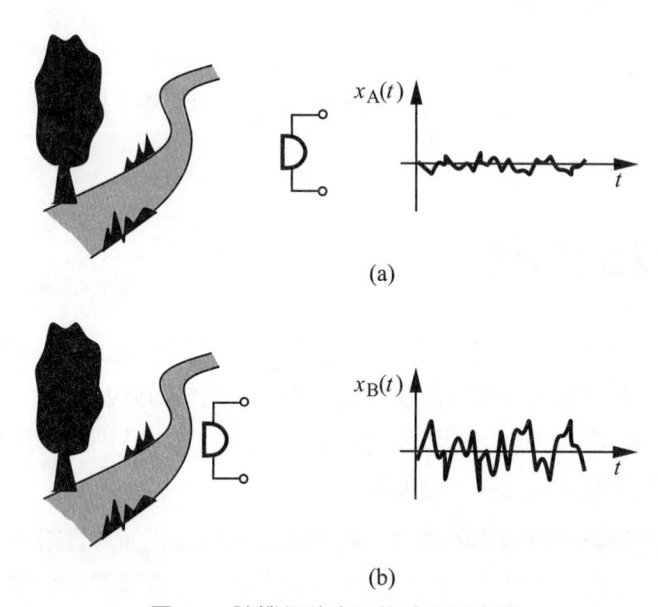

圖 7.2　隨機信號之平均功率示意圖

其中 T 代表週期。[1] 此數值的單位是瓦 (W) 可視為 $v(t)$ 在 R_L 產生之平均熱功率。

我們該如何定義隨機信號的 P_{av} 呢？在圖 7.2 中，如果麥克風驅動負載電阻，我們預期 $x_B(t)$ 會比 $x_A(t)$ 產生更多的熱。但由於信號為非週期性，必須要經過長時間量測：

$$P_{av} = \lim_{T \to \infty} \frac{1}{T} \int_{-T/2}^{+T/2} \frac{x^2(t)}{R_L} dt \tag{7.2}$$

其中 $x(t)$ 為電壓值。圖 7.3 顯示在 $x(t)$ 上的運作：每個信號都被平方，計算出長時間 T 下

---

[1] 更嚴格來說，$v^2(t)$ 應換成 $v(t) \cdot v^*(t)$，其中 $v^*(t)$ 為共軛複數波形。

的波形面積，而將 T 的面積正規化可得到平均功率。[2]

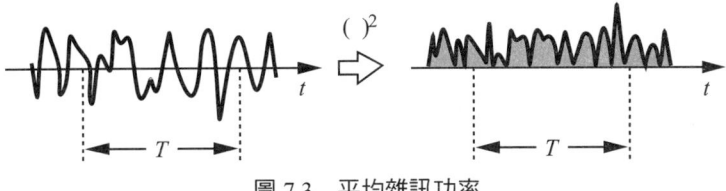

圖 7.3 平均雜訊功率

為簡化計算，我們將 P_{av} 定義為

$$P_{av} = \lim_{T \to \infty} \frac{1}{T} \int_{-T/2}^{+T/2} x^2(t)dt \tag{7.3}$$

其中 P_{av} 以 V^2 而不是以 W 來表示。也就是如果我們從 (7.3) 知道 P_{av}，實際傳入負載電阻 R_L 的功率就可以 P_{av}/R_L 來計算。與確定信號來類比，我們也可以定義雜訊的**均方根**（root-mean-square, rms）電壓為 $\sqrt{P_{av}}$，其中可由 (7.3) 得知 P_{av}。

7.1.1 雜訊頻譜

如果平均功率的觀念是以雜訊的**頻率內容**（frequency content）來定義時，結果會更多元。一群男人的聲音所包含的高頻成分較一群女人的聲音微弱，這可從各種雜訊的**頻譜**（spectrum）中看出。又可稱為**功率頻譜密度**（power spectral density, PSD），此頻譜顯示出信號在頻率時所帶的功率。更明確地說，雜訊波形 $x(t)$ 的 PSD〔或 $S_x(f)$〕為 $x(t)$ 在頻率 f 附近 1 Hz 頻寬的平均功率。也就如圖 7.4(a) 所示，我們將中心頻率 f_1、頻寬為 1 Hz 的**帶通濾波器**（bandpass filter）代入 $x(t)$，將輸出值平方，並計算長時間平均功率以得到 $S_x(f_1)$。使用不同中心頻率的帶通濾波器來重複此過程，我們可得到 $S_x(f)$ 之全部圖形〔圖 7.4(b)〕。[3] 一般來說，$S_x(f)$ 的量測單位是瓦特／赫茲。在 $S_x(f)$ 下的全部面積代表所有頻段中信號（或雜訊）攜帶的功率，亦即整體功率。

範例 7.1

(a) 繪出男聲和女聲的頻譜。兩者在時域上的波形有什麼不同？

(b) 估算 (7.3) 中聲音信號的平均時間 T。

---

[2] 嚴格地說，這個定義只有對「靜態」程序為有效。

[3] 在信號處理理論中，將 PSD 定義為雜訊之自相關（autocorrelation）函數之傅利葉轉換。這兩個定義在我們的例子中為等效。

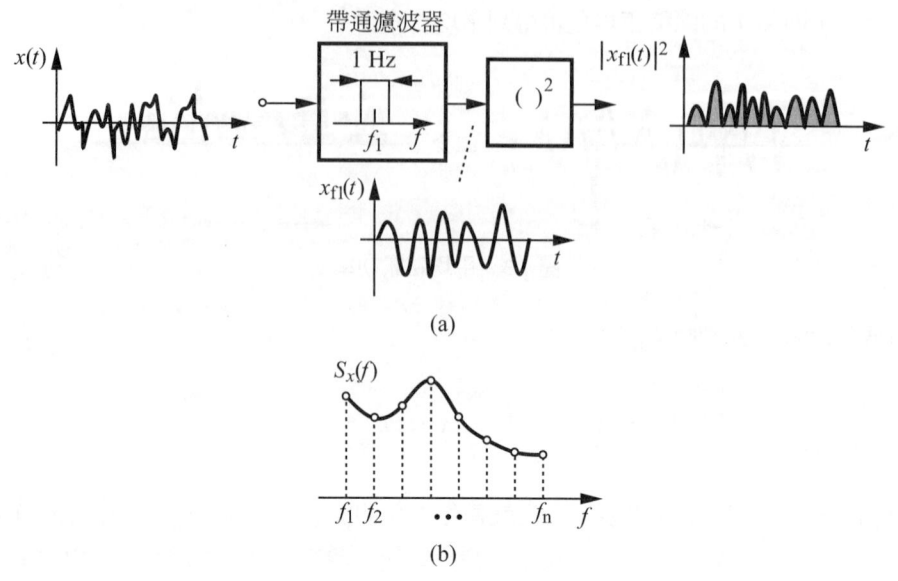

圖 7.4　雜訊頻譜的計算

解 (a) 人聲頻率的範圍從 20 Hz 到 20 kHz，因為女聲的高頻所占成分較多，我們預期兩類頻譜會有如圖 7.5(a)。在時域上，我們觀察到女聲的變化比較快〔圖 7.5(b)〕。

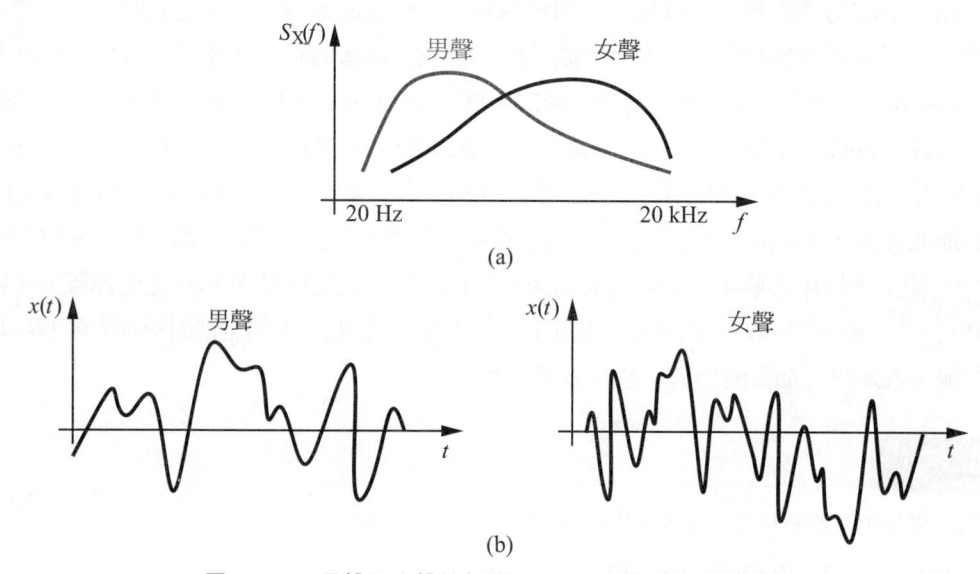

圖 7.5　(a) 男聲和女聲的頻譜，及 (b) 相對應的時域波形

(b) 平均時間必須夠長，才有足夠的最低頻率週期。也就是說，平均必須抓取到信號最低頻的動態。因此將 T 選取為 20 Hz 的 10 個週期，大概是 500 微秒。

類似 (7.3) 中對 P_{av} 的定義，把 R_L 從 $S_x(f)$ 中拿掉是很平常的。因此，由於圖 7.4(b) 中的每個值都是以 1 Hz 頻寬量測而得，$S_x(f)$ 是以 V^2/Hz 而不是以 W/Hz 來表示。也常取 $S_x(f)$ 平方根，並以 $V/\sqrt{Hz}$ 來表示。舉例來說，我們稱一個 100 MHz 的放大器輸入雜訊電

壓為 3 nV/$\sqrt{\text{Hz}}$，也就是在 100 MHz 時 1 Hz 頻寬的平均功率為 $(3 \times 10^{-9})^2$ V^2。

圖 7.6　白色頻譜

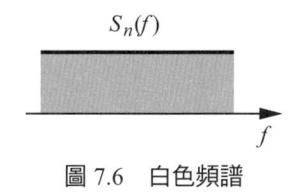

雜訊 PSD 的典型例子為**白色頻譜**（white spectrum），亦稱為**白色雜訊**（white noise）。如圖 7.6 所示，此類 PSD 在所有頻率的值都相同（與白光相似）。嚴格來說，白色雜訊並不存在，因為在功率頻譜密度下的總面積（亦即雜訊所帶的總功率）為無限大。但實際在關注頻帶中任何平坦雜訊的頻譜，通常都稱為白色雜訊。

PSD 在分析電路雜訊效應時是一個強而有力的工具，尤其和以下定理合併使用時。

定理

若將頻譜 $S_x(f)$ 的信號代入轉移函數為 $H(s)$ 的線性非時變系統，則已知其輸出頻譜為

$$S_Y(f) = S_x(f)|H(f)|^2 \tag{7.4}$$

其中 $H(f) = H(s = 2\pi j f)$。我們都能在提到「信號處理」或「通訊」相關議題的教科書中看到證明。

這多少與 $Y(s) = X(s)H(s)$ 類似，此定理符合我們直覺認為信號頻譜應由系統轉移函數「形成」（圖 7.7）。舉例來說，如圖 7.8 所示，由於一般電話頻譜約為 4 kHz，故會壓縮說話者的高頻。注意，因為頻寬有限，$x_{out}(t)$ 的變化會比 $x_{in}(t)$ 變化慢。頻寬的限制有時會讓人難以辨識來電者的聲音。

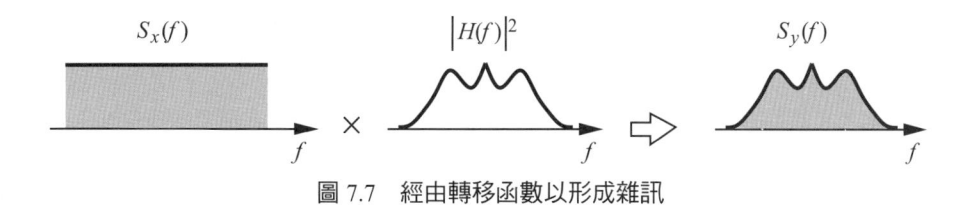

圖 7.7　經由轉移函數以形成雜訊

由於對於實數 $x(t)$ 而言，$S_x(f)$ 為 f 之偶函數。如圖 7.9 所示，頻率範圍 $[f_1\ f_2]$ 內 $x(t)$ 所帶的總功率為

$$P_{f1,f2} = \int_{-f_2}^{-f_1} S_x(f)df + \int_{+f_1}^{+f_2} S_x(f)df \tag{7.5}$$

$$= \int_{+f_1}^{+f_2} 2S_x(f)df \tag{7.6}$$

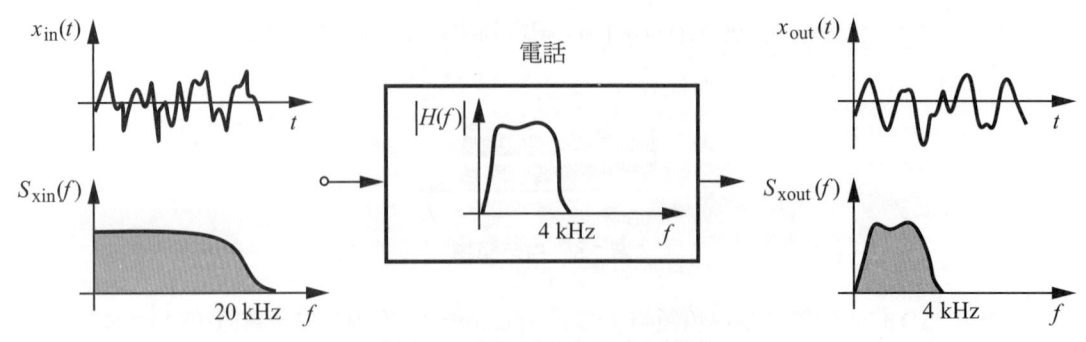

圖 7.8 由電話頻寬組成之頻譜

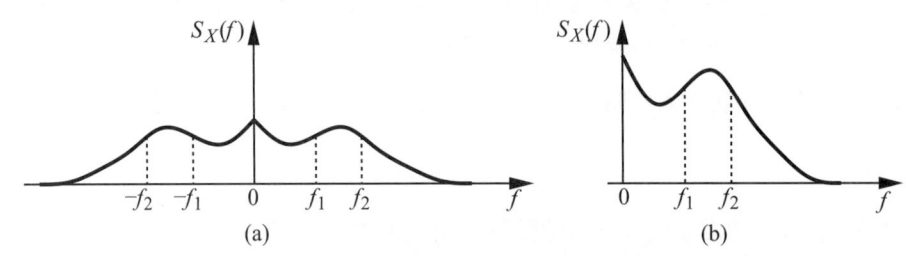

圖 7.9 (a) 雙邊和 (b) 單邊雜訊頻譜

事實上，(7.6) 的積分等同於利用功率計量測頻率範圍為 f_1 至 f_2 帶通濾波器的輸出功率值。也就是說，頻譜的負頻率部分會在垂直軸對摺，並加入其正頻率部分。我們稱圖 7.9(a) 為「雙邊」（two-side）頻譜，圖 7.9(b) 為「單邊」（one-side）頻譜。例如，圖 7.6 的雙邊白色頻譜有如圖 7.10 的單邊頻譜。

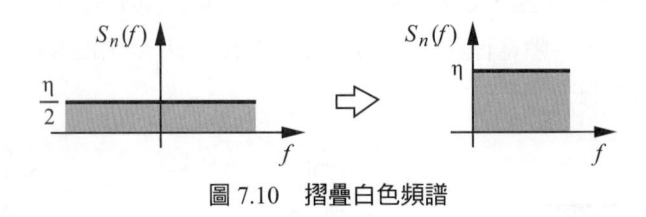

圖 7.10 摺疊白色頻譜

總而言之，頻譜顯示一小頻寬間每個頻率所帶的功率，及波形在時域中可能的變化速度。

7.1.2 振幅分布

如前述，雜訊的瞬間振幅通常無法預測。然而，長時間觀察雜訊波形後，我們可以畫出振幅「分布」（distribution）圖形，顯示各數值發生的頻率。又可稱為**機率密度函數**（probability density function, PDF），而將 $x(t)$ 的分布定義為

$$p_X(x)dx = x < X < x + dx \text{ 的機率} \tag{7.7}$$

其中 X 為某個時間內所量測到的 $x(t)$ 值。

如圖 7.11 所示，為了計算分布函數，我們將對許多點進行採樣（sample），建立不同的小寬度區域，選出採樣值落於兩個邊界間的小區域，並依總採樣數目正常化小區域。注意 PDF 並沒有提供 $x(t)$ 在時域中變化速度的資訊。例如，由小提琴所產生的聲波振幅分布可能和小鼓的相同，但是其頻率成分卻大大地不同。

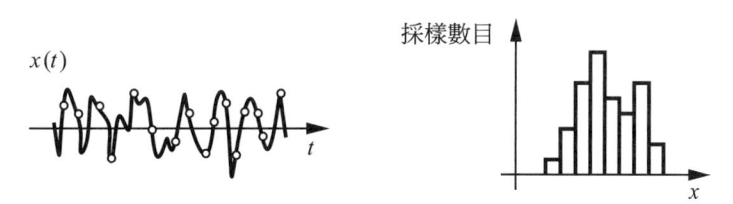

圖 7.11　雜訊的強度分布函數

高斯（Gaussian）分布函數（或稱正規函數）是 PDF 的重要範例。**中央極限定理**（central limit theorem）主張，如果將許多具有任意 PDF 之獨立隨機過程加總，總和的 PDF 將接近高斯分布。因此不意外，許多自然現象都呈現高斯統計。例如，某相當大量的電子隨機所呈現的電阻雜訊，為各自相對獨立，整體振幅符合高斯 PDF。

本書會大量運用雜訊頻譜和平均功率，而非振幅分布。然而，為了完整起見，我們可已將高斯 PDF 定義為

$$p_X(x) = \frac{1}{\sigma \sqrt{2\pi}} \exp \frac{-(x-m)^2}{2\sigma^2} \tag{7.8}$$

其中 σ 和 m 分別為分布函數的標準差與平均值。以高斯分布來看，σ 等於雜訊的均方根值。

7.1.3 相關與非相關雜訊源

在分析電路時，我們常需要將許多雜訊源的效應加總以得到總雜訊。雖然對於確定電壓和電流來說，我們僅用疊加（superposition），但對於處理隨機信號則會有些不同。因為我們實際關注的是最後的平均雜訊功率。我們將兩個雜訊波形加總並平均其功率：

$$P_{av} = \lim_{T \to \infty} \frac{1}{T} \int_{-T/2}^{+T/2} [x_1(t) + x_2(t)]^2 dt \tag{7.9}$$

$$= \lim_{T \to \infty} \frac{1}{T} \int_{-T/2}^{+T/2} x_1^2(t) dt + \lim_{T \to \infty} \frac{1}{T} \int_{-T/2}^{+T/2} x_2^2(t)$$
$$+ \lim_{T \to \infty} \frac{1}{T} \int_{-T/2}^{+T/2} 2 x_1(t) x_2(t) dt \tag{7.10}$$

$$= P_{av1} + P_{av2} + \lim_{T \to \infty} \frac{1}{T} \int_{-T/2}^{+T/2} 2 x_1(t) x_2(t) dt \tag{7.11}$$

其中 P_{av1} 和 P_{av2} 分別代表 $x_1(t)$ 和 $x_2(t)$ 之平均功率。我們將 (7.11) 之第三項稱為 $x_1(t)$ 和

$x_2(t)$ 間「相關」(correlation)，[4] 也就是指這兩個信號的相似程度。如果雜訊波形是由獨立元件產生，其通常為「非相關」(uncorrelated)，且 (7.11) 的積分會消失。例如，由電阻所產生的雜訊和電晶體所產生的雜訊並無相關。在此情況下，$P_{av} = P_{av1} + P_{av2}$。由此可見，疊加原則對非相關雜訊源之功率來說有效。疊加當然也適用於電阻與電流，但多數時候這對我們的幫助並不大。

我們可以將此現象視為球場中的觀眾。在比賽開始前，觀眾講話產生了許多非相關雜訊〔圖 7.12(a)〕。在比賽進行時，觀眾同時鼓掌（或尖叫），產生 (7.11) 第三項的高功率位準的相關雜訊〔圖 7.12(b)〕。

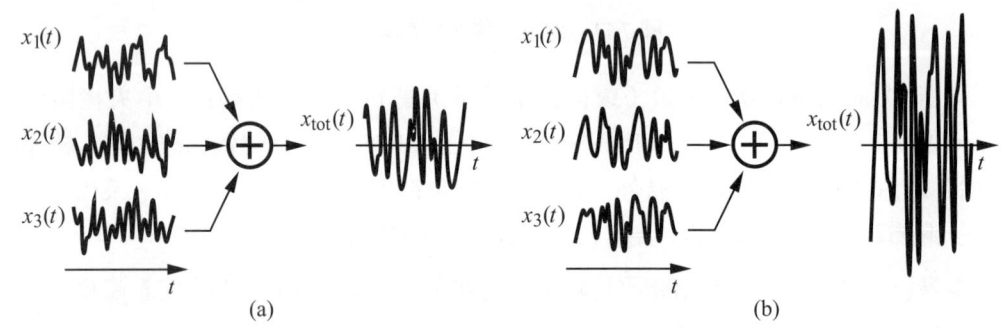

圖 7.12　(a) 非相關雜訊；(b) 球場中的相關雜訊

本書大部分例子的雜訊源是不相關的，但 7.3 節中會研究一個例外。

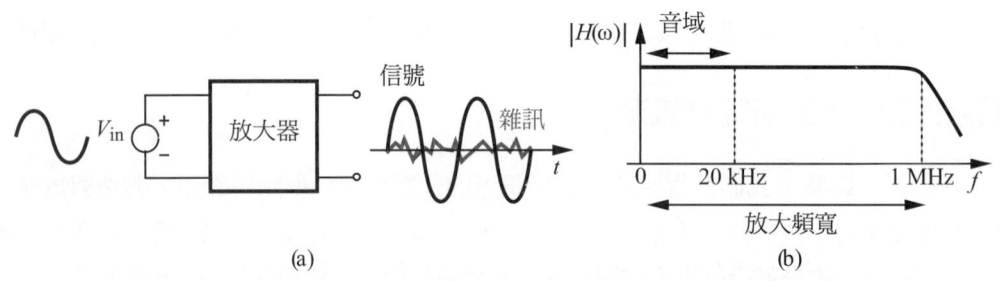

圖 7.13　(a) 電路所產生的輸出雜訊及 (b) 如果頻寬相當寬的額外雜訊

7.1.4 信號雜訊比

假設放大器接收到如圖 7.13 的一個正弦波。輸出包含了放大信號及由電路產生的雜訊。為了讓輸出信號容易辨識，其功率 P_{sig} 必須明顯比雜訊 P_{noise} 高許多。我們因此定義**信號雜訊比**（SNR）為

$$\text{SNR} = \frac{P_{sig}}{P_{noise}} \tag{7.12}$$

---

[4] 此僅適用於靜止信號。

舉例來說，聲音信號需要一個大約 20 dB 的最低 SNR（亦即 $P_{sig}/P_{noise} = 100$）。[5] 對一個峰值振幅為 A 的正弦信號，$P_{sig} = A^2/2$。但是 P_{noise} 該如何求得？雜訊的整體平均功率等於頻譜的總面積。

$$P_{noise} = \int_{-\infty}^{+\infty} S_{noise}(f)df \qquad (7.13)$$

這是否代表著如果 $S_{noise}(f)$ 延展頻率範圍很寬，P_{noise} 就可以很大呢？沒錯。例如，假設感測聲音信號時，上述放大器提供的頻寬為 1 MHz〔圖 7.13(b)〕。信號會被信號中的雜訊毀壞。因此，必須一定要限制電路頻寬的最小容許值，才能最小化積分雜訊功率。頻寬可以藉由放大器來縮減，或事後加上低通濾波器。

範例 7.2

某放大器產生單邊雜訊頻譜 $S_{noise}(f) = 5 \times 10^{-16}$ V^2/Hz。求在 1 MHz 頻寬中整體的輸出雜訊。

解 已知

$$P_{noise} = \int_{0}^{1\text{ MHz}} S_{noise}(f)df \qquad (7.14)$$

$$= 5 \times 10^{-10} \text{ V}^2 \qquad (7.15)$$

注意整體的積分雜訊是用 V^2 而不是用 V^2/Hz 量測。雜訊功率等於均方根電壓 $\sqrt{5 \times 10^{-10} \text{ V}^2} = 22.4\ \mu$V。

7.1.5 雜訊分析過程

運用先前章節的工具，我們現在可以歸納出分析電路雜訊的方法。電路中的雜訊源會破壞電路的輸出信號。因此，我們關心的是輸出雜訊。分析方法有下列四個步驟：

1. 確認雜訊源（如：電阻或是電晶體），並記下每個頻譜。
2. 找出每個雜訊源到輸出的轉換函數（如果雜訊源是一個確定的信號）。
3. 利用定理 $S_Y(f) = S_x(f)|H(f)|^2$ 計算每個雜訊源的輸出雜訊頻譜（輸入信號設定為零）。
4. 總和所有輸出頻譜，並特別注意相關及不相關雜訊源。

此計算過程可求得輸出雜訊頻譜，然後得從 $-\infty$ 積分到 $+\infty$ 以得到整體輸出雜訊。首先，我們必須有呈現每個電子元件的雜訊，下一個章節會提到表示的方法。

---

[5] 由於 P_{sig} 和 P_{noise} 是功率量，$20 \text{ dB} = 10\log(P_{sig}/P_{noise})$。

7.2 雜訊種類

積體電路所處理的類比信號被兩種不同雜訊干擾:「元件電子雜訊」和「環境雜訊」。後者是指電路透過供應電源或接地線或基板所碰到的隨機干擾,此節將集中討論元件電子雜訊。

7.2.1 熱雜訊

電阻熱雜訊

即使平均電流為零,導體中電子的隨機運動會引起導體跨壓之變動。因此,**熱雜訊**(thermal noise)的頻譜和絕對溫度成正比例。如圖 7.14 所示,電阻 R 之熱雜訊可用串連電壓源來建立模型,其單邊頻譜密度為

$$S_v(f) = 4kTR, \quad f \geq 0 \tag{7.16}$$

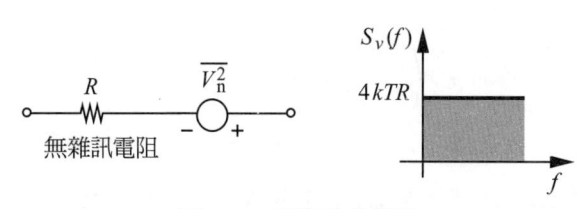

圖 7.14 電阻的熱雜訊

其中 $k = 1.38 \times 10^{-23}$ J/K 為**波茲曼常數**(Boltzmann constant)。注意,$S_v(f)$ 是以 V^2/Hz 來表示,因此也可寫成 $\overline{V_n^2} = 4kTR$,其中以上標表示平均值。[6] 已知雜訊「電壓」為 $4kTR$,即使此值實際上為雜訊電壓的平方值。例如,一個在 $T = 300$ K 之 $50-\Omega$ 電阻所展現的熱雜訊值為 8.28×10^{-19} V^2/Hz。要將此數值轉換為一較為熟悉之電壓值,取其平方根得到 0.91 nV/$\sqrt{\text{Hz}}$。赫茲取平方根可能看來非常奇怪,不過記住,0.91 nV/$\sqrt{\text{Hz}}$ 本身並沒有太大意義,只是指 1 Hz 的頻寬內熱雜訊功率為 $(0.91 \times 10^{-9})^2$ V^2。

$S_v(f) = 4kTR$ 顯示出熱雜訊為白色雜訊。實際上,$S_v(f)$ 達到 100 THz 時,仍是平坦的,在更高頻率時才會下降。對我們來說,白色頻譜確實很準確。

由於雜訊是隨機數值,在圖 7.14 所使用的電壓源極性並不重要。雖然如此,一旦選定極性,在整個電路分析過程中就得維持此極性,以確保結果的一致。

---

[6] 有些書以 $\overline{V_n^2} = 4kTR\Delta f$ 來強調 $4kTR$ 為每單位頻寬之雜訊功率。為求簡化,除非特別說明,我們假設 $\Delta f = 1$ Hz。換句話說,我們與 $S_v(f)$ 交互使用。

範例 7.3

考慮圖 7.15 之 RC 電路,計算其雜訊頻譜和 V_{out} 之總雜訊功率。

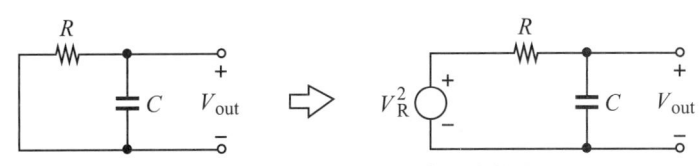

圖 7.15 低通濾波器所產生之雜訊

解 我們使用 7.1.5 節中的四個步驟。R 的雜訊頻譜是 $S_v(f) = 4kTR$,接著,將 R 的雜訊以一個串聯電壓源 V_R 來建立模型,我們計算 V_R 到 V_{out} 的轉換函數:

$$\frac{V_{out}}{V_R}(s) = \frac{1}{RCs+1} \tag{7.17}$$

從 7.1.1 節中的定理,我們可以得到

$$S_{out}(f) = S_v(f)\left|\frac{V_{out}}{V_R}(j\omega)\right|^2 \tag{7.18}$$

$$= 4kTR\frac{1}{4\pi^2 R^2 C^2 f^2 + 1} \tag{7.19}$$

因此,電阻的白色雜訊有低通特性(圖 7.16)。為計算輸出的總雜訊功率,可表示成

$$P_{n,out} = \int_0^\infty \frac{4kTR}{4\pi^2 R^2 C^2 f^2 + 1} df \tag{7.20}$$

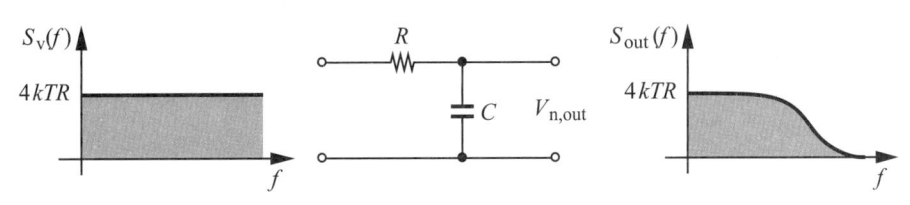

圖 7.16 低通濾波器所產生之雜訊頻譜

注意,必須對 f 積分而非 w(為什麼?)。由於

$$\int \frac{dx}{x^2+1} = \tan^{-1} x \tag{7.21}$$

積分結果可簡化為

$$P_{n,out} = \frac{2kT}{\pi C} \tan^{-1} u \Big|_{u=0}^{u=\infty} \tag{7.22}$$

$$= \frac{kT}{C} \tag{7.23}$$

注意,kT/C 的單位是 V^2。我們也可以將輸出量測到的均方根雜訊電壓視為 $\sqrt{kT/C}$。例

如，$T = 300$ K 時，使用 1 pF 電容的整體雜訊電壓等於 64.3 μV_{rms}。

(7.23) 意味著圖 7.15 電路輸出端總雜訊與 R 值無關。直覺來看，這是因為對於較大的 R 值而言，每單位頻寬的相關雜訊會增加，而電路的整體頻寬會減少。增加 C（如果 T 固定）會讓 kT/C 雜訊減少，這讓類比電路設計更為困難（第 13 章）。

電阻的熱雜訊也可用並聯電流源來表示（圖 7.17）。為了讓圖 7.14 和 7.17 的表示式相等，我們得到 $\overline{V_n^2}/R^2 = \overline{I_n^2}$，也就是說 $\overline{I_n^2} = 4kT/R$。注意，$\overline{I_n^2}$ 是以 A^2/Hz 來表示。依電路架構而定，有些模型的計算過程會更簡單。

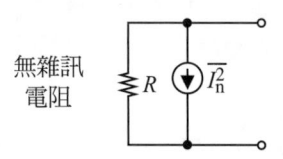

圖 7.17 以電流源來表示電阻熱雜訊

範例 7.4

計算兩個並聯電阻 R_1 和 R_2 的等效雜訊電壓〔圖 7.18(a)〕。

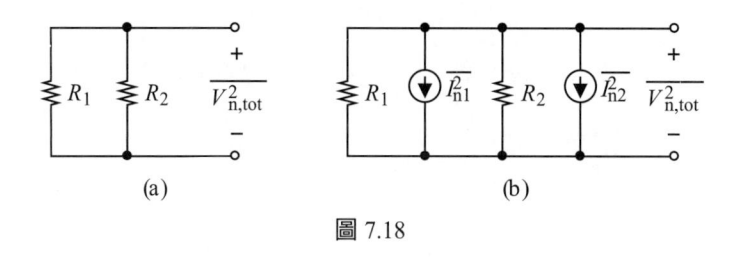

圖 7.18

解 如圖 7.18(b) 所示，每個電阻都顯示了等效雜訊電流，頻譜密度為 $4kT/R$。由於這兩個雜訊源互不相關，我們將其功率相加：

$$\overline{I_{n,tot}^2} = \overline{I_{n1}^2} + \overline{I_{n2}^2} \tag{7.24}$$

$$= 4kT \left(\frac{1}{R_1} + \frac{1}{R_2} \right) \tag{7.25}$$

因此，已知等效雜訊電壓為

$$\overline{V_{n,tot}^2} = \overline{I_{n,tot}^2}(R_1 \| R_2)^2 \tag{7.26}$$

$$= 4kT(R_1 \| R_2) \tag{7.27}$$

和直覺預期的相同。注意，我們用 1 Hz 頻寬為記號來表示。

熱雜訊（及一些其他雜訊）會受溫度 T 影響，代表類比電路在低溫運作下雜訊會較

少。我們也觀察到 MOS 元件中電荷載子移動率在低溫下會增加。[7] 儘管如此，所需之冷卻設備會限制低溫電路的實用性。

MOSFET

MOS 電晶體也有熱雜訊，主要是來自於通道。我們可以證明在飽和區運作的長通道 MOS 元件，通道雜訊模型可透過連接汲極與源極端的電流源來建立（圖 7.19），其頻譜密度為 [8]

$$\overline{I_n^2} = 4kT\gamma g_m \tag{7.28}$$

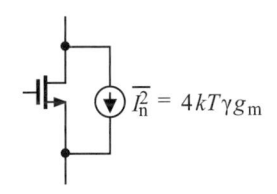

圖 7.19　MOSFET 之熱雜訊

對於長通道電晶體，可以推論係數 γ（不要和基板效應係數相互混淆！）為 2/3。但對次微米 MOSFET 來說，可能須以較大值來取代。也會依汲極－源極電壓而有些許變化。但我們原則上會假設 $\gamma \approx 1$。

範例 7.5

找出單一 MOSFET 可以產生之最大雜訊電壓。

解　如圖 7.20 所示，將電晶體輸出阻抗視為唯一負載時（亦即如果外加負載為理想電流源時），會產生最大輸出雜訊信號。輸出雜訊電壓頻譜為 $S_{out}(f) = S_{in}(f)|H(f)|^2$，亦即

$$\overline{V_n^2} = \overline{I_n^2} r_O^2 \tag{7.29}$$

$$= (4kT\gamma g_m) r_O^2 \tag{7.30}$$

接著觀察三點。首先，(7.30) 認為，如果互導下降，MOS 電晶體的雜訊電流會減少。例如，如果電晶體操作為定電流源，最好能將互導最小化。

第二，在電路輸出量測到的雜訊與輸入端點位置並不相關，因為計算輸出雜訊時，輸入設定為零。[9] 例如，圖 7.20 電路可能是一個共源極或是共閘極組態，但是輸出雜訊相同。

第三，輸出阻抗 r_O 並不會產生雜訊，因為並不是實際電阻。

---

[7] 在極低溫度下，移動率下降是因為「載子凍結」（carrier freezeout）效應。
[8] 實際之方程式為 $\overline{I_n^2} = 4kT\gamma g_{ds}$，其中 g_{ds} 為一汲極－源極電導，且 $V_{DS} = 0$，也就是對 R_{on}^{-1} 也相同。對長通道元件而言，當 V_{DS} 為零時，在飽和區之 g_{ds} 等於 g_m。
[9] 當然，如果輸入電壓或電流源會產生雜訊輸出阻抗時，必須小心解釋此陳述。

圖 7.20

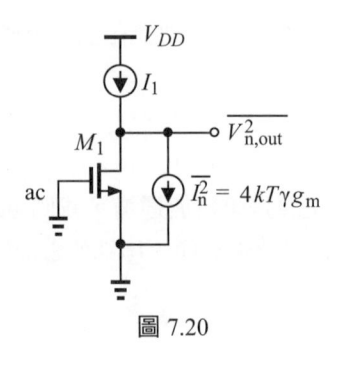

MOSFET 的歐姆部分也將造成熱雜訊。圖 7.21(a) 顯示，閘極、源極和汲極材料呈現出有限電阻，故會產生雜訊。對相當寬之電晶體來說，通常可忽略源極和汲極電阻不計，但閘極分散電阻會非常顯著。

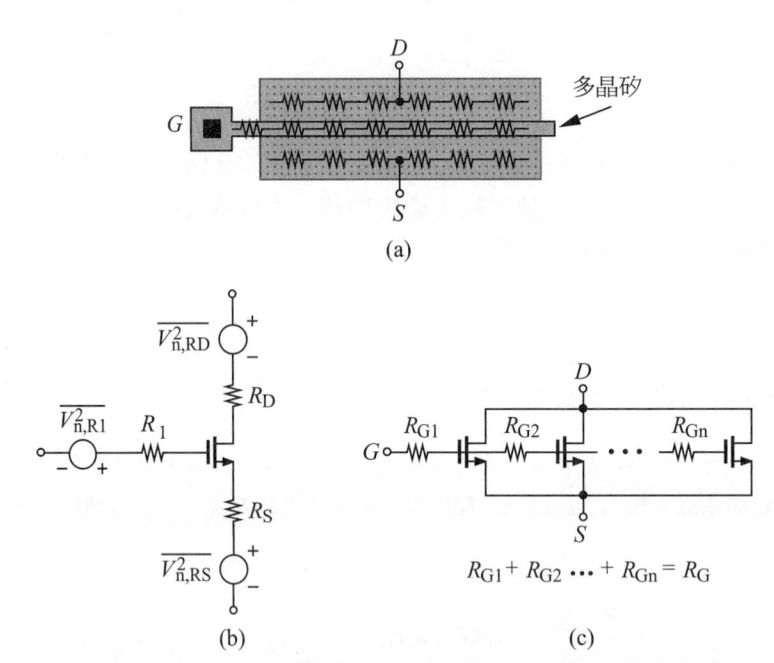

圖 7.21 (a) 顯示出 MOSFET 之熱電阻之布線設計圖；(b) 電路模型；(c) 閘極分散電路

圖 7.21(b) 的雜訊模型中，**集總電阻** R_1 代表閘極分散電阻。如圖 7.21(c) 顯示之整體電晶體，靠左邊的單位電晶體只會看見 R_G 產生的部分雜訊；而右邊會看見 R_G 產生之大部分雜訊。因此我們可預期雜訊模型的集總電阻小於 R_G。事實上，我們可證明 $R_1 = R_G/3$（習題 7.3），而閘極電阻所產生的雜訊為 $\overline{V_{nRG}^2} = 4kTR_G/3$。

儘管通道雜訊只受元件互導控制，適當的設計可降低 R_G 之效應。圖 7.22 顯示兩個範例。圖 7.22(a) 的閘極二端透過金屬線短路，因此將電晶體的分散電阻從 R_G 變成 $R_G/4$（為什麼？）。或者，電晶體可以摺疊〔圖 7.22(b)〕，讓每個「指狀」結構電阻為 $R_G/2$，而複合電晶體會產生總共 $R_G/4$ 的分散電阻。

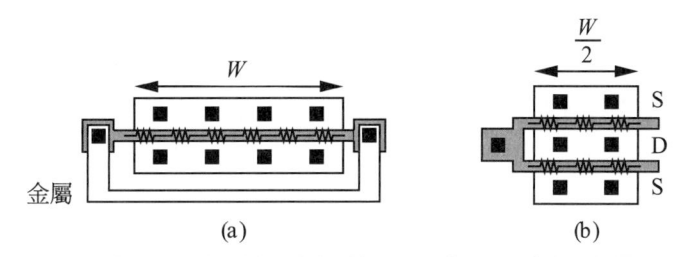

圖 7.22　藉由 (a) 增加對二端之接觸和 (b) 摺疊以減少閘極電阻。

奈米設計筆記

小面積的奈米元件會導致可觀的閃爍雜訊。下圖繪出 $W/L = 5~\mu m/40~nm$ 以及 $I_D = 250~\mu A$ 的 PMOS 和 NMOS 元件之閘極相關雜訊頻譜。我們觀察到 PMOS 元件雜訊較小，且 NMOS 閃爍雜訊角頻可高達數百萬赫茲。因此，要降低閃爍雜訊，一定要大幅增加電晶體面積。

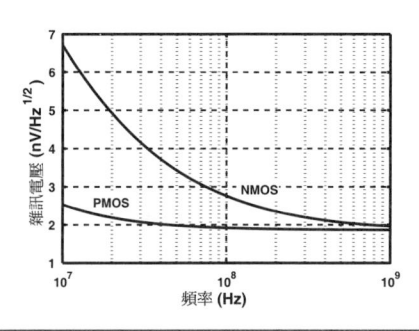

範例 7.6

寬度 W 的電晶體有一個閘極指狀結構，整體閘極電阻為 R_G〔圖 7.23(a)〕。我們現在重新配置元件成四個等效的指狀結構〔圖 7.23(b)〕。求出新架構下的總體閘極電阻熱雜訊。

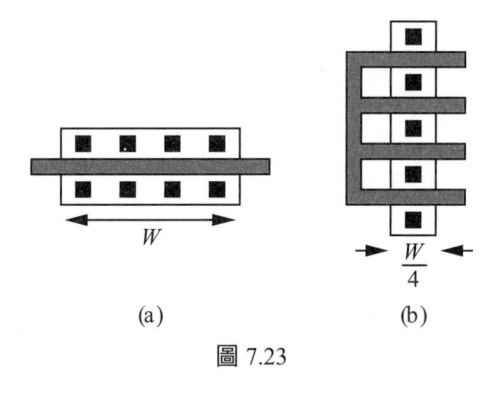

圖 7.23

解　寬度 $W/4$ 時，每個閘極指狀結構有 $R_G/4$ 的分散電阻，因此電阻的集總模型是 $R_G/12$。由於四個指狀結構是並聯，所以已知淨電阻是 $R_G/48$，產生的雜訊頻譜為：

$$\overline{V_{nRG}^2} = 4kT\frac{R_G}{48} \tag{7.31}$$

（一般來說，如果將閘極分解成 N 個並聯的指狀結構，分散電阻可降至 N^2 倍。）

範例 7.7

找出單一 MOSFET 閘極電阻可以產生之最大熱雜訊電壓。忽略元件電容。

解 如果總閘極分散電阻為 R_G，從圖 7.24 中得知，已知由 R_G 所產生之輸出雜訊為

$$\overline{V_{n,out}^2} = 4kT\frac{R_G}{3}(g_m r_O)^2 \tag{7.32}$$

在此要注意到，忽略閘極電阻雜訊，我們必須保證 (7.32) 遠小於 (7.30)，因此

$$\frac{R_G}{3} \ll \frac{\gamma}{g_m} \tag{7.33}$$

為確保此條件，要選取足夠的閘極指狀架構數目。

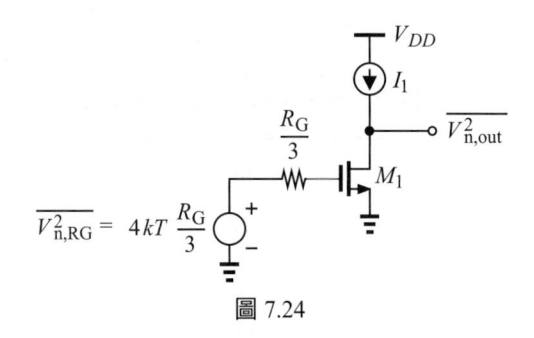

圖 7.24

7.2.2 閃爍雜訊

在 MOSFET 電晶體的閘極氧化層與矽基板間的界面出現一種有趣的現象。由於矽晶體會在此介面達到極限，因此會出現許多**不連接**（dangling）鍵結，產生多餘的能態（圖 7.25）。當電荷載子於介面移動時，有些會被隨機捕捉，然後被此能態釋放，使得汲極電流產生**閃爍雜訊**。除了捕捉外，有許多機制也被認為會產生閃爍雜訊。

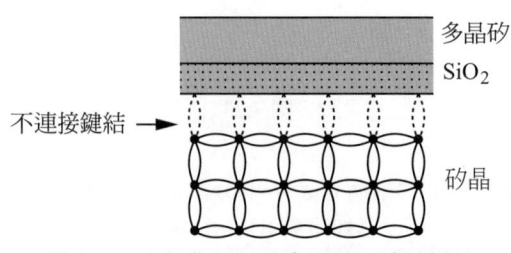

圖 7.25 在氧化層－矽介面的不連接鍵結

不同於熱雜訊，我們無法輕易預測閃爍雜訊的平均功率。依氧化層－矽介面的「平整」程度，閃爍雜訊可能差異甚大，也會隨著 CMOS 製程技術而有所不同。用和閘極串聯的電壓源較易於建立閃爍雜訊模型，已知其值約為

$$\overline{V_n^2} = \frac{K}{C_{ox}WL} \cdot \frac{1}{f} \tag{7.34}$$

其中 K 為製程相關常數，約為 10^{-25} V^2F 級左右。注意，我們用 1 Hz 頻寬為記號來表示。有趣的是，如圖 7.26 所示，雜訊頻譜密度與頻率成反比。例如，和不連接鍵結相關的捕捉和釋放現象在低頻時較常發生。因此，閃爍雜訊也稱為 $1/f$ 雜訊。注意，(7.34) 與偏壓電流或溫度無關，只是近似。實際上，閃爍雜訊等式更為複雜。

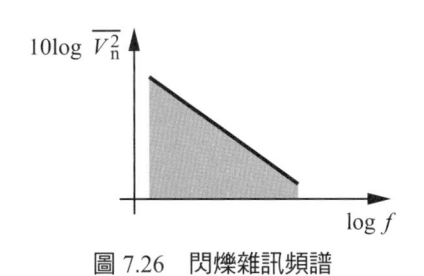

圖 7.26 閃爍雜訊頻譜

(7.34) 對 WL 呈反比，顯示若要降低 $1/f$ 雜訊，必須增加元件面積。因此，在低雜訊應用下，元件面積為數百平方微米並不足為奇（基本來說，雜訊功率犧牲閘極電容 WLC_{ox}）。一般來說，PMOS 元件之 $1/f$ 雜訊比 NMOS 小，因為前者是在「埋設通道」（buried channel）中攜帶電洞，亦即和氧化層－矽介面有段距離，所以捕捉與釋放載子的範圍較小。

範例 7.8

以某 NMOS 電流源，計算 1 kHz 到 1 MHz 的頻帶中汲極電流的總熱雜訊及 $1/f$ 雜訊。

解 已知每單位頻寬之熱雜訊電流為 $\overline{I_{n,th}^2} = 4kT\gamma g_m$。因此，指定頻帶之總熱雜訊為

$$\overline{I_{n,th,tot}^2} = 4kT\gamma g_m(10^6 - 10^3) \tag{7.35}$$

$$\approx 4kT\gamma g_m \times 10^6 \text{ A}^2 \tag{7.36}$$

在 $1/f$ 雜訊方面，將閘極雜訊電壓與元件轉導相乘可得每單位頻寬的汲極雜訊電流：

$$\overline{I_{n,1/f}^2} = \frac{K}{C_{ox}WL} \cdot \frac{1}{f} \cdot g_m^2 \tag{7.37}$$

總 $1/f$ 雜訊等於

$$\overline{I_{n,1/f,tot}^2} = \frac{Kg_m^2}{C_{ox}WL} \int_{1\text{ kHz}}^{1\text{ MHz}} \frac{df}{f} \tag{7.38}$$

$$= \frac{Kg_m^2}{C_{ox}WL}\ln 10^3 \tag{7.39}$$

$$= \frac{6.91Kg_m^2}{C_{ox}WL} \tag{7.40}$$

上述例子凸顯了一個有趣問題。如果頻帶限 f_L 為零而非 1 kHz 時，$\overline{I_{n,1/f,tot}^2}$ 會如何？(7.39) 會因此產生一個無限大的總雜訊。為避免此狀況，我們首先將 f_L 延伸至零，也就是關注任意緩慢的雜訊成分。雜訊成分在 0.01 Hz 時產生非常劇烈的變化約為 10 秒，而在 10^{-6} Hz 時約為一天。再者，無限大的閃爍雜訊功率僅意味著如果我們長時間觀察電路，非常緩慢的雜訊成分可能隨機出現非常大的功率。在變動頻率如此低時，雜訊就與熱偏移或元件老化有密不可分的關係。

上述情況導致下列結論。首先，由於多數應用中的信號並無極低頻成分，因此觀察時間不必很長。例如，聲音信號忽略低於 20 Hz，且如果一雜訊成分以低頻變動時，不會明顯破壞聲音信號。此外，閃爍雜訊功率對 f_L 的對數相依性容許選擇 f_L 時的些許誤差。例如，如果 (7.38) 的積分是從 100 Hz 開始而不是 1 kHz，(7.40) 的係數會從 6.91 上升到 9.21。

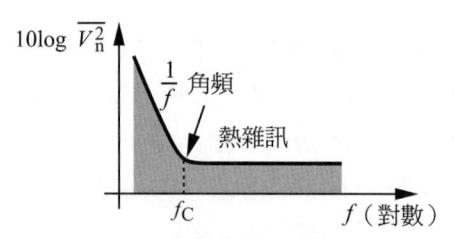

圖 7.27 閃爍雜訊角頻之概念

在某已知元件中，為量化 $1/f$ 雜訊對熱雜訊的重要性，我們在同一軸上繪出兩個頻譜密度（圖 7.27）。圖中的交點稱為 $1/f$ 雜訊為**角頻**（corner frequency），可做為受閃爍雜訊破壞頻帶的量測。在上述例子中，可求得輸出電流的 $1/f$ 雜訊角頻 f_C

$$4kT\gamma g_m = \frac{K}{C_{ox}WL}\cdot\frac{1}{f_C}\cdot g_m^2 \tag{7.41}$$

也就是

$$f_C = \frac{K}{\gamma C_{ox}WL}g_m\frac{1}{4kT} \tag{7.42}$$

此結果意指，f_C 通常和元件尺寸及偏壓電流有關。儘管如此，與 L 的相關性非常弱，且 $1/f$ 雜訊角頻幾乎固定不變，對次微米電晶體來說，約在 10 MHz 至 50 MHz 附近。

範例 7.9

對於 $100\,\mu m/0.5\,\mu m$ 且 $g_m = 1/(100\,\Omega)$ 的 MOS 元件來說，$1/f$ 雜訊角頻為 500 kHz。如果 $t_{ox} = 90\,\text{Å}$，此製程的閃爍雜訊係數 K 為多少？

解 已知 $t_{ox} = 90\,\text{Å}$，我們得到 $C_{ox} = 3.84\,\text{fF}/\mu m^2$。(7.42) 可寫成

$$500\,\text{kHz} = \frac{K}{3.84 \times 100 \times 0.5 \times 10^{-15}} \cdot \frac{1}{100} \cdot \frac{3}{8 \times 1.38 \times 10^{-23} \times 300} \tag{7.43}$$

也就是說，$K = 1.06 \times 10^{-25}\,\text{V}^2\text{F}$。

記住，典型的電晶體模型包含熱雜訊和閃爍雜訊，但是沒有閘極電阻雜訊。閘極電阻雜訊須靠設計者加入每個電晶體中。

7.3 電路中雜訊的表示法

輸出雜訊

考慮有一輸入端與輸出端的一般電路（圖 7.28）。我們該如何量化雜訊效應？最自然的方法便是將輸入設為零，計算在輸出端由不同電路中的雜訊源所產生的總雜訊。在實驗室及模擬測試的確也是這麼做。我們能藉由 7.1.5 小節的分析步驟找出輸出雜訊頻譜。

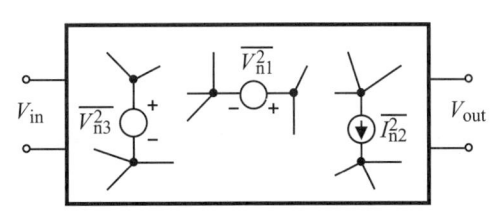

圖 7.28　電路中的雜訊源

範例 7.10

圖 7.29(a) 中共源極組態之總輸出雜訊電壓為何？假設 $\lambda = 0$。

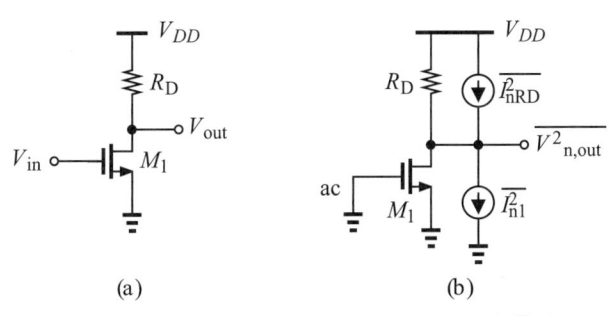

圖 7.29　(a) 共源極組態；(b) 包含雜訊源之電路

解 我們必須界定雜訊源，找出到輸出的轉移函數，將其頻譜乘上轉移函數大小值的平方，並將結果相加。我們利用兩個電流源 $\overline{I_{n,th}^2} = 4kT\gamma g_m$ 和 $\overline{I_{n,1/f}^2} = Kg_m^2/(C_{ox}WLf)$ 來建立 M_1 熱雜訊與閃爍雜訊的模型，也以電流源 $\overline{I_{n,RD}^2} = 4kT/R_D$ 來表示 R_D 之熱雜訊。由於這些電流會流經 R_D，每單位頻寬之輸出雜訊電壓等於

$$\overline{V_{n,out}^2} = \left(4kT\gamma g_m + \frac{K}{C_{ox}WL} \cdot \frac{1}{f} \cdot g_m^2 + \frac{4kT}{R_D}\right) R_D^2 \tag{7.44}$$

注意，雜訊機制以「功率」數值相加，因為彼此無相關性。由 (7.44) 所得的值代表在頻率 f 時，於 1 Hz 內的雜訊功率。整體的輸出雜訊功率可由積分獲得。

輸入相關雜訊

儘管直覺上不錯，但是**輸出相關雜訊**（output-referred noise）並無法公平比較不同電路間效能，因為效能和增益有關。例如，如圖 7.30 所示，如果一個共源極組態後面接著是電壓增益為 A_1 的無雜訊放大器，那麼輸出雜訊等於 (7.44) 乘上 A_1^2。若只考慮輸出雜訊，我們可能會推斷當 A_1 增加時，電路雜訊也會增加，但這並不正確，因為較大的 A_1 也會在輸出端提供等比例較高的信號位準。也就是說，輸出信號雜訊比不受 A_1 影響。

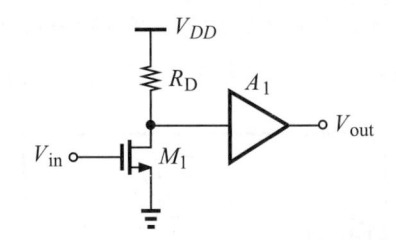

圖 7.30 將增益組態加至共源極組態

為了克服上述之困難，我們通常會標示電路之**輸入相關雜訊**（input-referred noise）。如圖 7.31 所示，此構想是以在輸入端的單一電壓源 $\overline{V_{n,in}^2}$ 來表示電路中所有雜訊的效應，讓圖 7.31(b) 的輸出雜訊等於圖 7.31(a) 的雜訊。如果電壓增益為 A_v，我們必須讓 $\overline{V_{n,out}^2} = A_v^2 \overline{V_{n,in}^2}$；也就是說，在此簡單情況下之輸入相關雜訊電壓等於輸出雜訊電壓除以增益值。

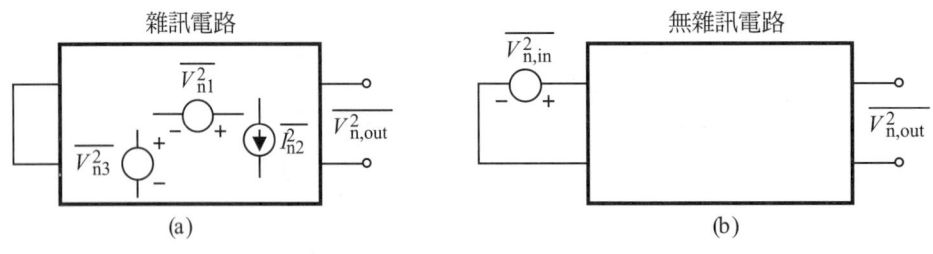

圖 7.31 求出輸入相關雜訊電壓

範例 7.11

對於圖 7.29 之電路，計算其輸入相關雜訊電壓。

解 已知

$$\overline{V_{n,in}^2} = \frac{\overline{V_{n,out}^2}}{A_V^2} \tag{7.45}$$

$$= \left(4kT\gamma g_m + \frac{K}{C_{ox}WL} \cdot \frac{1}{f} \cdot g_m^2 + \frac{4kT}{R_D}\right) R_D^2 \frac{1}{g_m^2 R_D^2} \tag{7.46}$$

$$= 4kT\frac{\gamma}{g_m} + \frac{K}{C_{ox}WL} \cdot \frac{1}{f} + \frac{4kT}{g_m^2 R_D} \tag{7.47}$$

注意，可視 (7.47) 中第一項為與閘極串聯電阻 $\gamma/(g_m)$ 所產生的熱雜訊。同樣，第三項對應電阻為 $(g_m^2 R_D)^{-1}$ 的雜訊。我們有時會稱一電路的**等效熱雜訊電阻**（equivalent thermal noise resistance）等於 R_T，也就是說電路的單位頻寬總輸入相關熱雜訊為 $4kTR_T$。

為什麼當 R_D 下降時，$\overline{V_{n,in}^2}$ 也會下降？這是因為當電路的電壓增益正比於 R_D 時，輸出雜訊電壓和 $\sqrt{R_D}$ 成正比。

我們到目前為止，觀察到兩點。首先，輸入相關雜訊和輸入信號在經過電路處理時都會因為增益而放大。因此，輸入相關雜訊顯示了輸入信號受電路雜訊破壞的程度，亦即在可接受的 SNR 情況下，電路能偵測到多小的輸入信號。基於此原因，輸入相關雜訊可在不同電路中比較。第二，輸入相關雜訊為一個無法在電路輸入端量測的假想數值。圖 7.31(a) 和 (b) 兩個電路在計算上為等效，但其實體電路仍為圖 7.31(a)。

在上述討論中，我們假定可藉由一個與輸入端串聯之單一電壓源來建立輸入相關雜訊模型。如果電路輸入阻抗為有限且受一有限源極阻抗驅動時，表示式通常不完整。為了瞭解其原因，讓我們先回到圖 7.29 的共源極組態。不管網路驅動閘極（亦即不管前一級組態）觀察 M_1 的輸出熱雜訊等於 $(4kT\gamma g_m)R_D^2$。將雜訊除以 $(g_m R_D)^2$，我們可以得到輸入相關的雜訊電壓 $4kT\gamma/g_m$——也和前一級組態無關。

現在考慮圖 7.32(a) 的共源級組態，其中以 C_{in} 代表輸入電容。M_1 的輸入相關雜訊仍是 $4kT\gamma/g_m$。假設將前一級用戴維尼等效電路建立模型，可得到一個輸出阻抗 R_1〔圖 7.32(b)〕。為計算雜訊，如圖 7.32(c) 簡化電路，我們找出 M_1 所造成的輸出雜訊，希望可得到 $4kT\gamma g_m R_D^2$。因為 R_1 和 $1/(C_{in}s)$ 之間的分壓，輸出雜訊變成：

$$\overline{V_{n,out}^2} = \overline{V_{n,in}^2} \left| \frac{1}{R_1 C_{in} j\omega + 1} \right|^2 (g_m R_D)^2 \tag{7.48}$$

$$= \frac{4kT\gamma g_m R_D^2}{R_1^2 C_{in}^2 \omega^2 + 1} \tag{7.49}$$

這個結果是不正確的，畢竟 M_1 的輸出雜訊不可能因為 R_1 增加而消失。

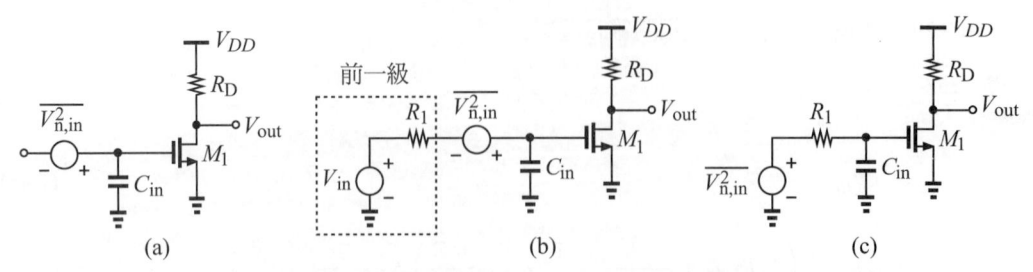

圖 7.32　(a) 包含輸入電容之共源極組態；(b) 負載－有限源極阻抗之共源極組態；(c) 單一雜訊源之影響

我們整理一下這個問題：如果電路為有限輸入阻抗時，僅以一電壓源建立輸入相關雜訊的模型意味著，輸出雜訊會在電壓源輸出阻抗變大時而消失，產生不正確的結果。為解決此問題，我們以一串連電壓源與一並聯電流源（圖 7.33）來建立輸入相關雜訊模型。如果前一級的輸出阻抗假設為無限大值時，會減少 $\overline{V_{n,in}^2}$ 的效應，雜訊電流源仍會流經一有限阻抗，並在輸入端產生雜訊。我們可以證明 $\overline{V_{n,in}^2}$ 和 $\overline{I_{n,in}^2}$ 為表示任意雙埠線性電路的必要條件。

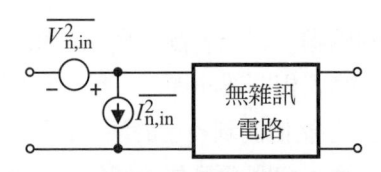

圖 7.33　以電壓源及電流源表示雜訊

我們該如何計算 $\overline{V_{n,in}^2}$ 和 $\overline{I_{n,in}^2}$？因為此模型對所有電壓／電流源輸出阻抗都有效，我們考慮兩種極端情況：阻抗為零或無限大時。如圖 7.34(a) 所示，如果電壓／電流源輸出阻抗為零，$\overline{I_{n,in}^2}$ 流經 $\overline{V_{n,in}^2}$ 且對輸出端並無影響。因此，此情況所量測到的輸出雜訊源自 $\overline{V_{n,in}^2}$。同樣，如果輸入端為開路〔圖 7.34(b)〕，$\overline{V_{n,in}^2}$ 並無作用且輸出雜訊僅來自 $\overline{I_{n,in}^2}$。並將此方法運用於圖 7.32 的電路。

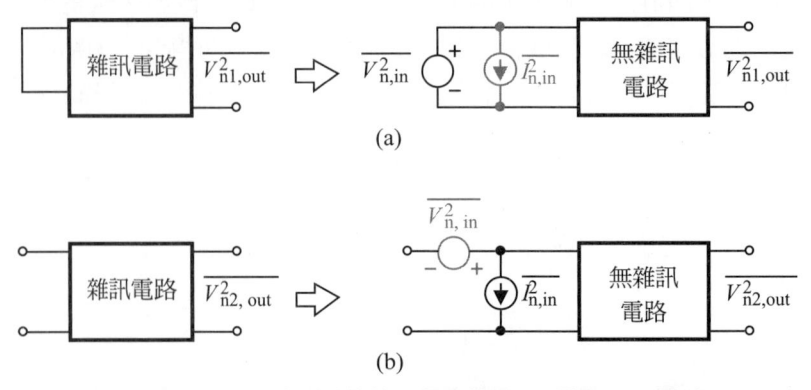

圖 7.34　以不同來源計算輸入相關雜訊 (a) 電壓；(b) 電流

範例 7.12

計算圖 7.32 的輸入相關雜訊電壓以及電流，只包含 M_1 和 R_D 的熱雜訊。

解 從 (7.47)，輸入相關雜訊電壓即為

$$\overline{V_{n,in}^2} = 4kT\frac{\gamma}{g_m} + \frac{4kT}{g_m^2 R_D} \tag{7.50}$$

如圖 7.35(a) 所示，如果輸入短路，電壓源會產生和實際電路相同的輸出雜訊。

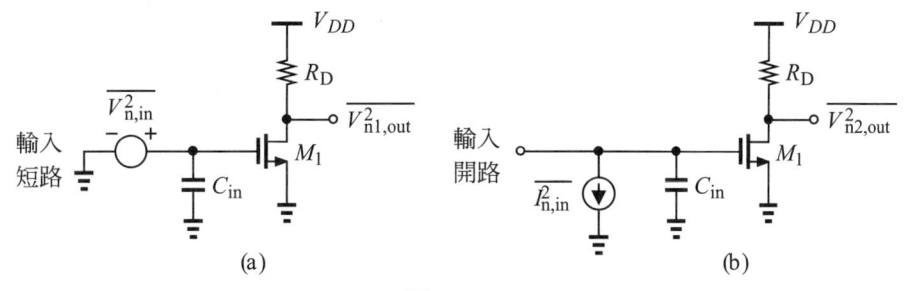

圖 7.35

為了得到輸入相關雜訊電流，我們將輸入開路並找出用 $\overline{I_{n,in}^2}$ 表示的輸出雜訊電流〔圖 7.35(b)〕。流經 C_{in} 的雜訊電流，產生如下輸出

$$\overline{V_{n2,out}^2} = \overline{I_{n,in}^2}\left(\frac{1}{C_{in}\omega}\right)^2 g_m^2 R_D^2 \tag{7.51}$$

根據圖 7.34(b)，當輸入開路時，此值必須等於有雜訊電路的輸出：

$$\overline{V_{n2,out}^2} = \left(4kT\gamma g_m + \frac{4kT}{R_D}\right)R_D^2 \tag{7.52}$$

從 (7.51) 和 (7.52)，可以得到

$$\overline{I_{n,in}^2} = (C_{in}\omega)^2 \frac{4kT}{g_m^2}\left(\gamma g_m + \frac{1}{R_D}\right) \tag{7.53}$$

如前所述，若輸入阻抗 Z_{in} 不是很高，輸入雜訊電流 $I_{n,in}$ 會很明顯。為了要判定是否能忽略 $I_{n,in}$，我們考慮圖 7.36 的情況，其中 Z_S 代表前一級電路的輸出阻抗。第二級在 X 點感測到的整體雜訊電壓等於

$$V_{n,X} = \frac{Z_{in}}{Z_{in} + Z_S}V_{n,in} + \frac{Z_{in}Z_S}{Z_{in} + Z_S}I_{n,in} \tag{7.54}$$

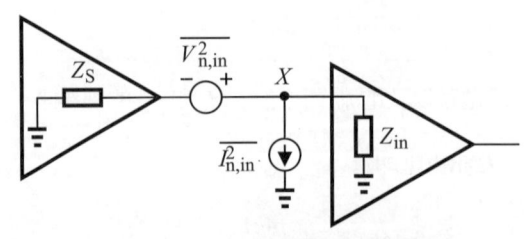

圖 7.36　輸入雜訊電流的效應

如果 $\overline{I_{n,in}^2}|Z_S|^2 \ll \overline{V_{n,in}^2}$，則可以忽略 $I_{n,in}$ 的效應。換句話說，歸根究柢，次為前一級的輸出阻抗——而不是 Z_{in}——即判定 $I_{n,in}$ 的重要性。我們可總結，能忽略輸入相關雜訊，若

$$|Z_S|^2 \ll \frac{\overline{V_{n,in}^2}}{\overline{I_{n,in}^2}} \tag{7.55}$$

使用輸入相關雜訊電壓和電流的困難點在於其彼此間可能是相關的。終究，$V_{n,in}$ 和 $I_{n,in}$ 可能包含相同雜訊源的效應。以圖 7.35 為例，如果 R_D 的雜訊電壓在某些時間點增加，則 $V_{n,in}$ 和 $I_{n,in}$ 也會跟著增加。因此，雜訊計算必須回到 (7.11)，並納入兩者的相關性。

如果同時使用電壓源與電流源表示輸入相關雜訊時，是否有可能「重複計算」輸入雜訊？我們利用圖 7.37 的電路為例，說明此情況並不會發生。為簡化之故，假設 Z_S 為無雜訊的任意源極阻抗，我們先計算在 M_1 閘極由 $\overline{V_{n,in}^2}$ 和 $\overline{I_{n,in}^2}$ 所產生的總雜訊電壓。此電壓不能由疊加功率得到，因為 $\overline{V_{n,in}^2}$ 和 $\overline{I_{n,in}^2}$ 是相關的。無論如何，疊加仍然可以用於電壓和電流，因為電路是線性且非時變。必須將 (7.50) 和 (7.53) 重寫為

$$V_{n,in} = V_{n,M1} + \frac{1}{g_m R_D} V_{n,RD} \tag{7.56}$$

$$I_{n,in} = C_{in} s V_{n,M1} + \frac{C_{in} s}{g_m R_D} V_{n,RD} \tag{7.57}$$

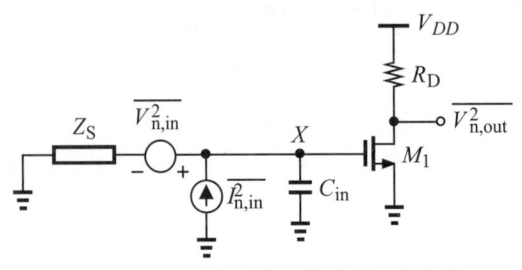

圖 7.37　為源級阻抗驅動的共源級組態

其中 $V_{n,M1}$ 代表 M_1 的閘極相關雜訊電壓，而 $V_{n,RD}$ 為 R_D 之雜訊電壓。我們看到 $V_{n,M1}$ 和 $V_{n,RD}$ 同時在 $V_{n,in}$ 和 $I_{n,in}$ 中出現，並且在兩者間產生強關聯。因此，計算必須使用電壓疊加，就如同 $V_{n,in}$ 和 $I_{n,in}$ 為確定值。

在圖 7.37 中的 X 點加入 $V_{n,in}$ 和 $I_{n,in}$，我們可以得到

$$V_{n,X} = V_{n,in} \frac{\dfrac{1}{C_{in}s}}{\dfrac{1}{C_{in}s} + Z_S} + I_{n,in} \frac{\dfrac{Z_S}{C_{in}s}}{\dfrac{1}{C_{in}s} + Z_S} \tag{7.58}$$

$$= \frac{V_{n,in} + I_{n,in}Z_S}{Z_S C_{in} s + 1} \tag{7.59}$$

將 (7.56) 和 (7.57) 中的 $V_{n,in}$ 和 $I_{n,in}$ 代換，我們可以得到

$$\begin{aligned}V_{n,X} &= \frac{1}{Z_S C_{in} s + 1}\left[V_{n,M1} + \frac{1}{g_m R_D}V_{n,RD} + C_{in} s Z_S\left(V_{n,M1} + \frac{1}{g_m R_D}V_{n,RD}\right)\right] \\ &= V_{n,M1} + \frac{1}{g_m R_D}V_{n,RD}\end{aligned} \tag{7.60}$$

注意，$V_{n,X}$ 和 Z_S 及 C_{in} 不相關。因此

$$\overline{V_{n,out}^2} = g_m^2 R_D^2 \overline{V_{n,X}^2} \tag{7.61}$$

$$= 4kT\left(\gamma g_m + \frac{1}{R_D}\right)R_D^2 \tag{7.62}$$

和 (7.52) 相同。因此，$V_{n,in}$ 和 $I_{n,in}$ 並不會「重複計算」雜訊。

另一個方法

有時，計算輸出的短路雜訊電流會比計算輸出開路雜訊電壓更簡單。將此電流乘上輸出阻抗會產生輸出雜訊電壓，或只要除以一個增益來得到輸入相關量。下述範例說明此方法。

範例 7.13

求圖 7.38(a) 中放大器的輸入相關雜訊電壓以及電流。假設 I_1 是無雜訊且 $\lambda = 0$。

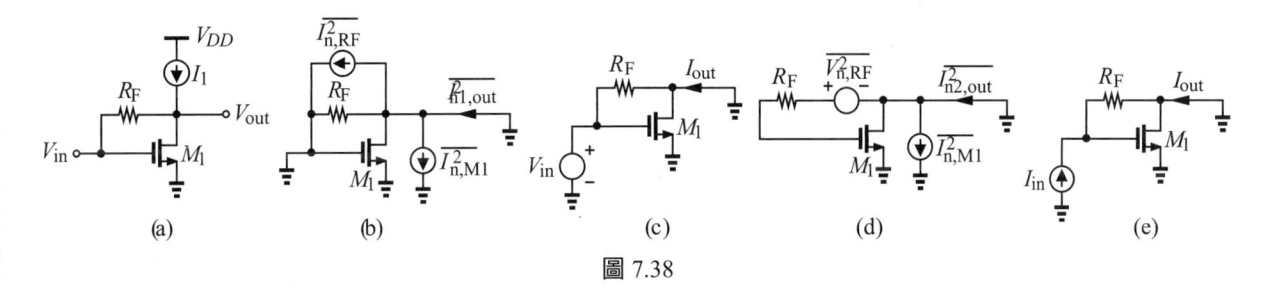

圖 7.38

解 為了計算輸入相關雜訊電壓，我們必須將輸入短路。在此例中，如圖 7.38(b) 我們也可以

將輸出埠短路，並找出因為 R_F 和 M_1 的輸出雜訊電流。因為 R_F 的兩個端點是交流短路，由 KVL 可以得到

$$\overline{I_{n1,out}^2} = \frac{4kT}{R_F} + 4kT\gamma g_m \tag{7.63}$$

當輸入短路時，電路的輸出阻抗就等於 R_F，得到

$$\overline{V_{n1,out}^2} = \left(\frac{4kT}{R_F} + 4kT\gamma g_m\right) R_F^2 \tag{7.64}$$

我們藉由將 (7.64) 除以一個電壓增益或將 (7.63) 除以一個轉導 G_m，計算輸入相關雜訊電壓，我們使用後者。如圖 7.38(c) 所述

$$G_m = \frac{I_{out}}{V_{in}} \tag{7.65}$$

$$= g_m - \frac{1}{R_F} \tag{7.66}$$

將 (7.63) 除以 G_m^2 可以得到

$$\overline{V_{n,in}^2} = \frac{\frac{4kT}{R_F} + 4kT\gamma g_m}{(g_m - \frac{1}{R_F})^2} \tag{7.67}$$

對於輸入相關雜訊電流，我們可以透過將左邊輸入開路〔圖 7.38(d)〕先計算輸出雜訊電流。因為 $V_{n,RF}$ 直接調變 M_1 閘極－源極電壓，產生汲極電流 $4kTR_Fg_m^2$，我們可得到

$$\overline{I_{n2,out}^2} = 4kTR_Fg_m^2 + 4kT\gamma g_m \tag{7.68}$$

接著，我們必須根據圖 7.38(c) 參數，求出電路的電流增益。注意 $V_{GS} = I_{in}R_F$，因此 $I_D = g_m I_{in} R_F$，我們可得到

$$I_{out} = g_m R_F I_{in} - I_{in} \tag{7.69}$$

$$= (g_m R_F - 1)I_{in} \tag{7.70}$$

將 (7.68) 除以電流增益的平方可得到

$$\overline{I_{n,in}^2} = \frac{4kTR_Fg_m^2 + 4kT\gamma g_m}{(g_m R_F - 1)^2} \tag{7.71}$$

各位可多利用輸出雜訊電壓來重複此類分析，而不是用雜訊電流。

上述電路說明輸出雜訊電壓在將輸入電路和開路時是不同的。各位可以自行證明，如果輸入開路，則

$$\overline{V_{n2,out}^2} = \frac{4kT\gamma}{g_m} + 4kTR_F \tag{7.72}$$

7.4 單級放大器中的雜訊

我們已經針對雜訊分析發展出基本數學工具及模型，現在要來看看單級放大器在低頻時的雜訊效應。在考慮特定架構前，我們先說明一個能簡化雜訊計算的輔助定理。

輔助定理

如果 $\overline{V_n^2} = \overline{I_n^2}/g_m^2$ 且電路被一有限阻抗驅動，圖 7.39(a) 和 (b) 之電路在低頻時相等。

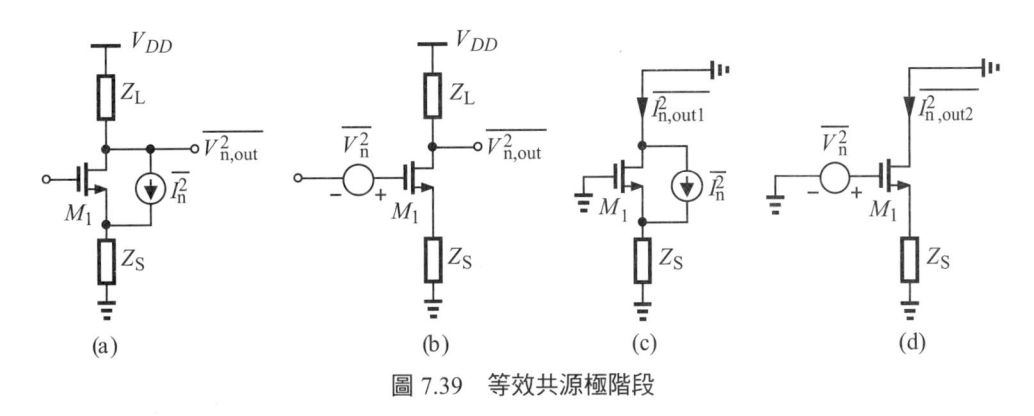

圖 7.39 等效共源極階段

證明

因為電路有相同的輸出阻抗，我們僅需檢查輸出短路電流〔圖 7.39(c) 和 (d)〕。我們可證明圖 7.39(c) 電路之已知輸出雜訊電流為（習題 7.4）

$$I_{n,out1} = \frac{I_n}{Z_S(g_m + g_{mb} + 1/r_O) + 1} \tag{7.73}$$

且圖 7.39(d) 中之電流為

$$I_{n,out2} = \frac{g_m V_n}{Z_S(g_m + g_{mb} + 1/r_O) + 1} \tag{7.74}$$

將 (7.73) 和 (7.74) 相等，我們可以得到 $V_n = I_n/g_m$，我們稱 V_n 是 M_1 的「閘極相關」雜訊。

此輔助定理認為，對於任意 Z_S 來說，雜訊源可由汲極－源極電流轉換至閘極串聯電壓。我們會在習題 7.29 重複閘極－源極電容架構的分析。

範例 7.14

使用戴維寧等效證明上述輔助定理。

解 我們建立圖 7.39(a) 和 (b) 中電路的戴維寧模型，但是不包含 Z_L，如圖 7.40(a) 和 (b) 所示。使用 $I_n = 0$ 和 $V_n = 0$，兩個架構是相等的，因此 $Z_{Thev1} = Z_{Thev2}$。我們因此需要找出在 V_{Thev1}

= V_{Thev2} 情況下的條件。

要得到戴維寧電壓,我們必須要將 Z_L 換成開路電路〔圖 7.40(c)〕。[10] 因為在兩個電路中,流經 Z_S 的電流皆為零,我們有 $V_{Thev1} = I_n r_O$ 和 $V_{Thev2} = g_m V_n r_O$,可以得到 $V_n = I_n/g_m$。

7.4.1 共源極組態

由範例 7.11,一個簡單的共源極組態,每單位頻寬的輸入相關雜訊為

$$\overline{V_{n,in}^2} = 4kT \left(\frac{\gamma}{g_m} + \frac{1}{g_m^2 R_D} \right) + \frac{K}{C_{ox}WL} \frac{1}{f} \tag{7.75}$$

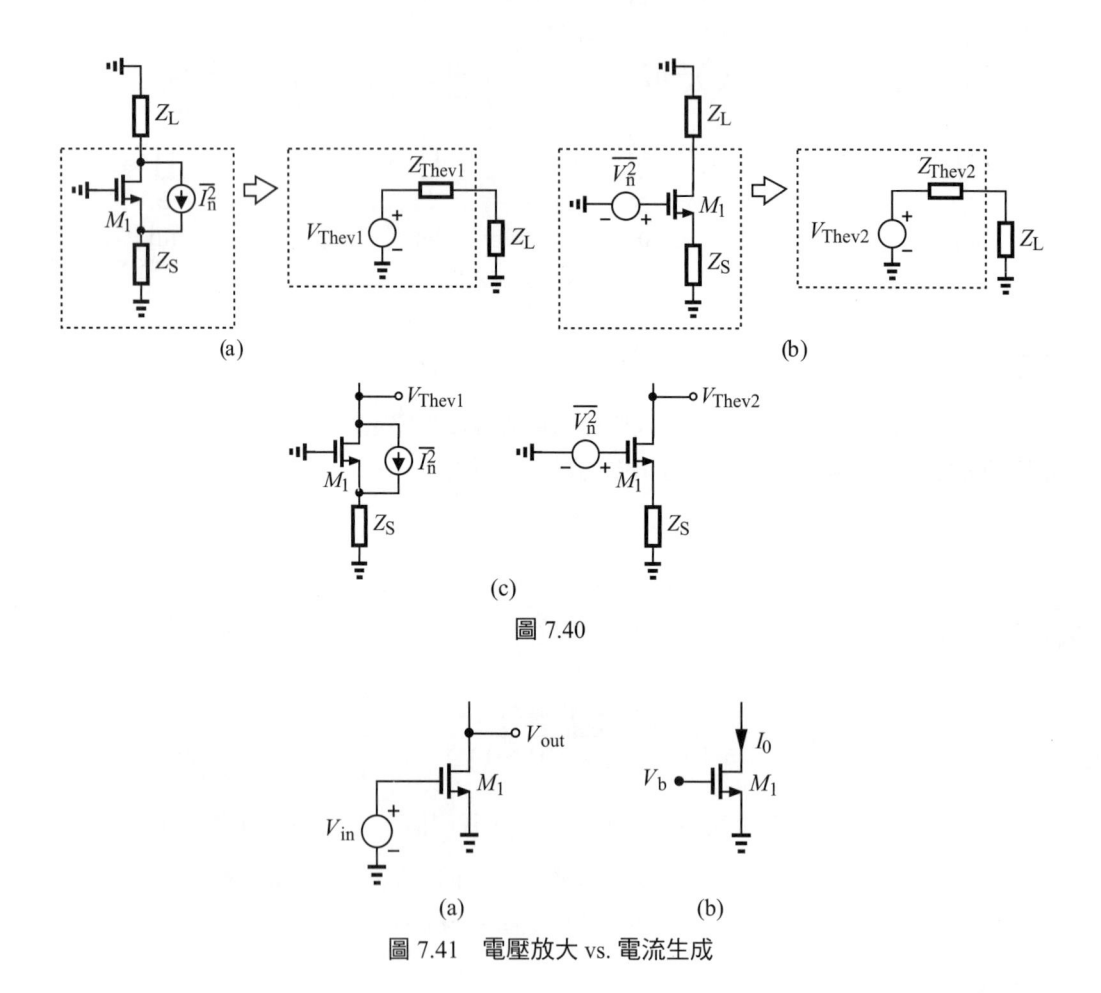

圖 7.40

圖 7.41 電壓放大 vs. 電流生成

從上述輔助定理,我們知道 $4kT\gamma/g_m$ 項次事實上把 M_1 之熱雜訊電流表示成與閘極串聯的電壓。

---

[10] 由外部負載斷開,來計算戴維寧電壓。

我們該如何減少輸入相關雜訊電壓呢？(7.75) 意指必須將 M_1 轉導最大化。因此如果電晶體要放大加至閘極的電壓信號時〔圖 7.41(a)〕，就必須將轉導最大化；而如果電晶體為電流源時〔圖 7.41(b)〕，則必須將轉導最小化。

範例 7.15

計算圖 7.42(a) 中放大器之輸入相關雜訊電壓，假設兩個電晶體都處於飽和區。並且，如果電路驅動一負載電容 C_L 時，求出其總輸出熱雜訊電壓。如果一大小為 V_m 之低頻正弦信號加至輸入端時，其輸出 SNR 為何？

解 以電流源來表示 M_1 和 M_2 之熱雜訊〔圖 7.42(b)〕，且注意到兩者並不相關，可寫成

$$\overline{V_{n,out}^2} = 4kT(\gamma g_{m1} + \gamma g_{m2})(r_{O1} \| r_{O2})^2 \tag{7.76}$$

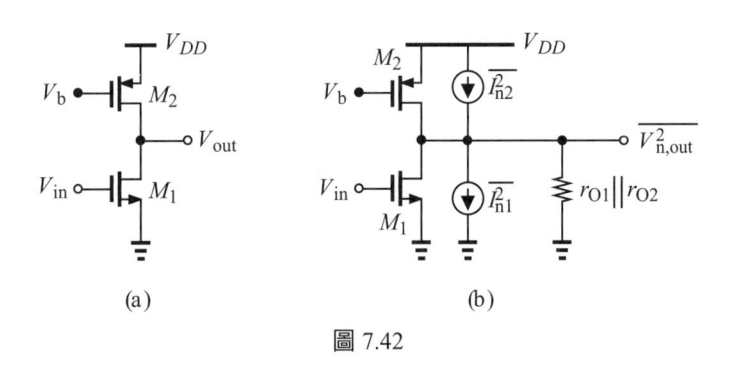

圖 7.42

（事實上，NMOS 和 PMOS 元件的 γ 可能不一樣）因為電壓增益等於 $g_{m1}(r_{O1} \| r_{O2})$，到 M_1 閘極的總電壓雜訊為

$$\overline{V_{n,in}^2} = 4kT(\gamma g_{m1} + \gamma g_{m2})\frac{1}{g_{m1}^2} \tag{7.77}$$

$$= 4kT\gamma \left(\frac{1}{g_{m1}} + \frac{g_{m2}}{g_{m1}^2}\right) \tag{7.78}$$

(7.78) 顯示 $\overline{V_{n,in}^2}$ 對 g_{m1} 和 g_{m2} 的相關性。因為 M_2 為電流源，故推斷須將 g_{m2} 最小化。[11]
各位可能會好奇為何圖 7.42 的 M_1 和 M_2 其顯示出不同雜訊效應。畢竟，如果兩個電晶體之雜訊電流流經 $r_{O1} \| r_{O2}$，為何必須將 g_{m1} 最大化而將 g_{m2} 最小化？這是因為當 g_{m1} 增加時，輸出雜訊電壓將和 $\sqrt{g_{m1}}$ 等比增加，而組態之電壓增益則和 g_{m1} 等比增加，故輸入相關雜訊電壓會下降。為計算總輸出雜訊，我們將 (7.76) 積分：

$$\overline{V_{n,out,tot}^2} = \int_0^\infty 4kT\gamma(g_{m1} + g_{m2})(r_{O1} \| r_{O2})^2 \frac{df}{1 + (r_{O1} \| r_{O2})^2 C_L^2 (2\pi f)^2} \tag{7.79}$$

---

11 一個元件或是電路將電壓轉成電流被稱為轉導或是 V/I 轉換器。

使用範例 7.3 的結果，我們得到

$$\overline{V_{n,out,tot}^2} = \gamma(g_{m1} + g_{m2})(r_{O1}\|r_{O2})\frac{kT}{C_L} \tag{7.80}$$

一個強度大小為 V_m 之正弦輸入信號產生了一個輸出信號大小為 $g_{m1}(r_{O1}\|r_{O2})V_m$。輸出 SNR 等於信號功率與雜訊功率的比率：

$$\text{SNR}_{out} = \left[\frac{g_{m1}(r_{O1}\|r_{O2})V_m}{\sqrt{2}}\right]^2 \cdot \frac{1}{\gamma(g_{m1}+g_{m2})(r_{O1}\|r_{O2})(kT/C_L)} \tag{7.81}$$

$$= \frac{C_L}{2\gamma kT} \cdot \frac{g_{m1}^2(r_{O1}\|r_{O2})}{g_{m1}+g_{m2}} V_m^2 \tag{7.82}$$

我們注意到為了將輸出 SNR 最大化，必須將 C_L 最大化，亦即頻寬須最小化。當然，頻寬也受輸出信號頻譜所限，此例即為要維持低雜訊，會讓寬頻電路的設計更為困難。

範例 7.16

確認圖 7.43 中互補式共源極組態的輸入相關熱雜訊電壓。

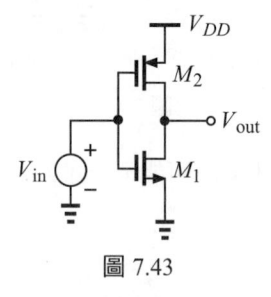

圖 7.43

解 當輸入信號設定為零，電路產生相同的輸出雜訊電壓，如圖 7.42(a) 所示，但是互補式組態提供較高的電壓增益 $(g_{m1}+g_{m2})(r_{O1}\|r_{O2})$。因此輸入相關雜訊電壓該寫成

$$\overline{V_{n,in}^2} = \frac{4kT\gamma}{g_{m1}+g_{m2}} \tag{7.83}$$

這是預期的結果，因為 M_1 和 M_2 是「並聯」操作，因此轉導是相加。為什麼此架構會出現比圖 7.42(a) 中電路低的輸入雜訊？在這兩例中，M_2 在輸出點注入雜訊，但這個元件在互補式組態中，如同轉導且放大輸入信號。

對於電阻負載的共源極組態，(7.75) 認為可藉由增加偏壓電流來降低熱雜訊。但因為已知電壓餘裕，故須減小 R_D，因此會導致雜訊的增加，為了要量化此取捨，我們將 g_m 表示為 $2I_D/(V_{GS}-V_{TH})$，並將輸入相關熱雜訊寫成

$$\overline{V_{n,in}^2} = 4kT\left[\frac{\gamma(V_{GS}-V_{TH})}{2I_D} + \frac{(V_{GS}-V_{TH})^2}{4I_D \cdot I_D R_D}\right] \tag{7.84}$$

上式即為如果 I_D 增加且 $I_D R_D$ 保持不變，且 $V_{GS} - V_{TH}$ 也不變，則 $V_{n,in}$ 會下降，亦即電晶體寬度會隨 I_D 等比增加。

範例 7.17

計算 1/f 的輸入相關雜訊及圖 7.44(a) 之共源極組態的熱雜訊，假設 M_1 和 M_2 位於飽和區。

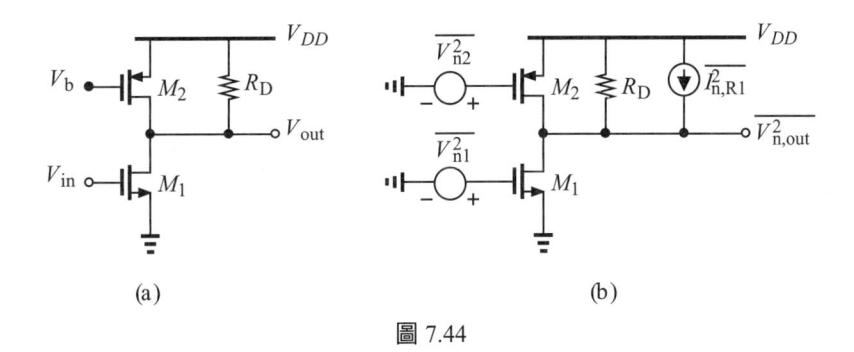

圖 7.44

解 我們以電壓源和其閘極串聯來建立電晶體的 1/f 和熱雜訊模型〔圖 7.44(b)〕。M_2 閘極的雜訊電壓在輸出端的增益為 $g_{m2}(R_D\|r_{O1}\|r_{O2})$。而對於主輸入端來說，此結果必須除以 $g_{m2}(R_D\|r_{O1}\|r_{O2})$。而 R_D 之雜訊電流必須乘上 $R_D\|r_{O1}\|r_{O2}$ 且除以 $g_{m1}(R_D\|r_{O1}\|r_{O2})$。因此，總輸入相關雜訊電壓為

$$\overline{V_{n,in}^2} = 4kT\gamma\left(\frac{g_{m2}}{g_{m1}^2} + \frac{1}{g_{m1}}\right) + \frac{1}{C_{ox}}\left[\frac{K_P g_{m2}^2}{(WL)_2 g_{m1}^2} + \frac{K_N}{(WL)_1}\right]\frac{1}{f} + \frac{4kT}{g_{m1}^2 R_D} \tag{7.85}$$

其中 K_P 和 K_N 分別代表 PMOS 和 NMOS 之閃爍雜訊係數。注意，如果 $R_D = \infty$ 或 $g_{m2} = 0$，電路可簡化成如圖 7.42(a) 或是 7.29(a)。而如果 R_D 上的直流跨壓固定，M_2 的偏壓電流要如何選取讓 $V_{n,in}$ 最小化？這問題留待各位在習題中練習。

我們要如何設計一共源極組態運作於低雜訊情況呢？對圖 7.41 的簡單組態之熱雜訊來說，我們必須藉由增加汲極電流或元件寬度來將 g_{m1} 最大化，儘管較寬之元件會導致較大輸入和輸出電容。較高的 I_D 會轉變為較大之功率消耗，並限制輸出電壓振幅。同時我們也可以增加 R_D，但必須得犧牲電壓餘裕限制與降速。

對於 1/f 雜訊，主要的方法是增加電晶體之面積。如果 WL 增加而 W/L 保持固定時，元件的轉導值與其熱雜訊不會改變，但電容會增加。這些觀察指出雜訊、功率消耗、電壓振幅與速度間的取捨。

範例 7.18

某學生寫出 MOS 元件汲極閃爍雜訊電流為 $K/(WLC_{ox}f)]g_m^2 = [K/(WLC_{ox}f)](\sqrt{2\mu_n C_{ox}(W/L)I_D})^2 = 2K\mu_n I_D/(L^2 f)$，得到結論是閃爍雜訊電流和 W 無關，解釋此論點的缺陷。

解 當 W 改變時，必須讓驅動電壓及 I_D 都固定（若允許 $V_{GS} - V_{TH}$ 改變，則汲極電壓餘裕也需要變）來進行合理的比較。因此，我們能將汲極閃爍雜訊電流表示為 $[K/(WLC_{ox}f)](4I_D^2)/(V_{GS}-V_{TH})^2$，雜訊電流會隨 WL 乘積值增加而減少。

範例 7.19

設計一個電阻負載共源極組態，輸入相關雜訊電壓是 $100\ \mu V_{rms}$，功率預算是 1 mW，頻寬是 1 GHz，且供應電壓是 1 V。忽略通道長度調變效應及閃爍雜訊，並假設頻寬會受負載電容限制。

解 如圖 7.45(a)，電路輸出所產生的雜訊被限制在 R_D 和 C_L 的頻寬內。從圖 7.45(b) 的雜訊模型，各位可以得到在虛線區塊內電路的戴維寧等效，得到輸出雜訊頻譜如：

$$\overline{V_{n,out}^2} = (\overline{V_{n,RD}^2} + R_D^2\overline{I_{n,M1}^2})\frac{1}{R_D^2 C_L^2 \omega^2 + 1} \tag{7.86}$$

$$= (4kTR_D + 4kT\gamma g_m R_D^2)\frac{1}{R_D^2 C_L^2 \omega^2 + 1} \tag{7.87}$$

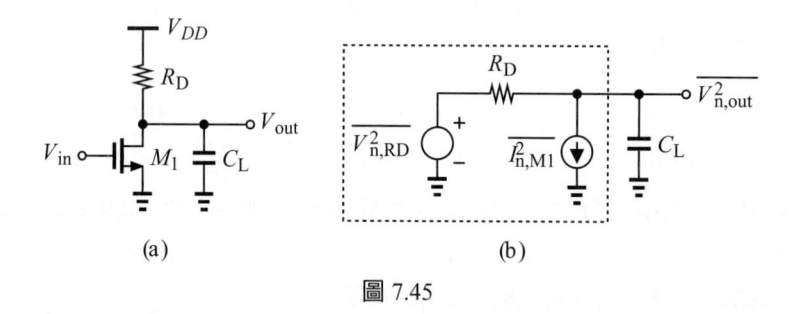

圖 7.45

因為我們知道 $4kTR_D/(R_D^2 C_L^2 \omega^2 + 1)$ 從 0 到 ∞ 的積分是 kT/C_L，可以得到電晶體雜訊如下：

$$\overline{V_{n,out}^2} = \frac{4kTR_D}{R_D^2 C_L^2 \omega^2 + 1} + \gamma g_m R_D \frac{4kTR_D}{R_D^2 C_L^2 \omega^2 + 1} \tag{7.88}$$

積分從 0 到 ∞ 可得到

$$\overline{V_{n,out,tot}^2} = \frac{kT}{C_L} + \gamma g_m R_D \frac{kT}{C_L} \tag{7.89}$$

$$= (1 + \gamma g_m R_D)\frac{kT}{C_L} \tag{7.90}$$

雜訊必須除以 $g_m^2 R_D^2$ 以後等於 $(100\ \mu V_{rms})^2$。我們也須注意在室溫時 $1/(2\pi R_D C_L) = 1$ GHz 和

$kT = 4.14 \times 10^{-21}$ J,可得到

$$\frac{1 + \gamma g_m R_D}{g_m^2 R_D} \cdot \frac{2\pi kT}{2\pi R_D C_L} = (100\ \mu V_{rms})^2 \tag{7.91}$$

因此

$$\frac{1}{g_m}\left(\frac{1}{g_m R_D} + \gamma\right) = 384\ \Omega \tag{7.92}$$

我們在 g_m 和 R_D 的選取上有一些彈性。如果 $g_m R_D = 3$ 和 $\gamma = 1$,則 $1/g_m = 288\ \Omega$ 且 $R_D = 864\ \Omega$。當汲極電流預算是 $1\ mW/V_{DD} = 1\ mA$ 時,可以選取 W/L 得到這樣的轉導。

上述的電壓增益及 R_D 和 g_m 的選取必須再次確認偏壓條件。因為 $R_D I_D = 864$ mV、$V_{DS,min} = 136$ mV,只留下不多的電壓餘裕。各位可以嘗試 $g_m R_D = 2$ 或是 4,來瞭解電壓餘裕的選取和增益的相關性。

7.4.2 共閘極組態

熱雜訊

考慮圖 7.46(a) 之共閘極組態,忽略通道長度調變,我們以兩個電流源來表示 M_1 的熱雜訊和 R_D〔7.46(b)〕。注意,由於電路的低輸入阻抗,即使是低頻仍不可忽略輸入相關電流。我們為了計算輸入相關電壓,將輸入端接地並讓圖 7.47(a) 和 (b) 電路的輸出雜訊相等:

$$\left(4kT\gamma g_m + \frac{4kT}{R_D}\right) R_D^2 = \overline{V_{n,in}^2}(g_m + g_{mb})^2 R_D^2 \tag{7.93}$$

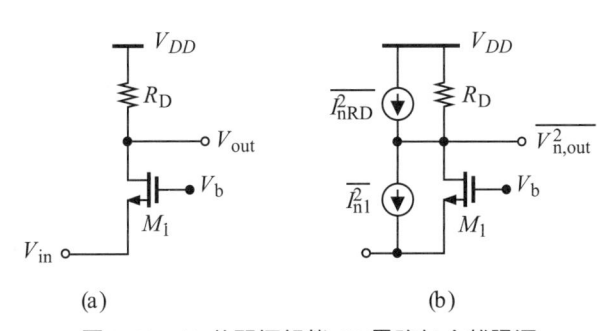

圖 7.46 (a) 共閘極組態 (b) 電路包含雜訊源

也就是

$$\overline{V_{n,in}^2} = \frac{4kT(\gamma g_m + 1/R_D)}{(g_m + g_{mb})^2} \tag{7.94}$$

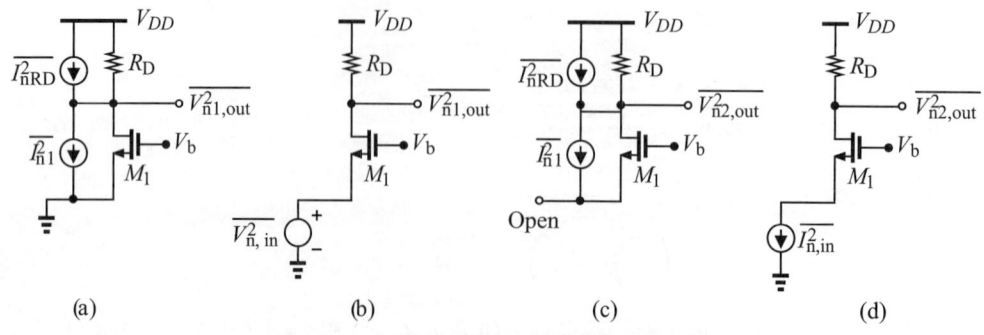

圖 7.47　共閘極組態的輸入相關雜訊計算

同樣將圖 7.47(c) 和 (d) 的電路輸出雜訊相等，可得到輸入相關雜訊電流。$\overline{I_{n1}^2}$ 對圖 7.47(c) 電路的影響為何？因為在 M_1 源極的電流和為零，$I_{n1} + I_{D1} = 0$。因此 I_{n1} 會產生一個與 M_1 相反向的電流，讓輸出端電流為零。圖 7.46(a) 的輸出雜訊電壓等於 $4k_T R_D$ 且 $\overline{I_{n,in}^2} R_D^2 = 4kTR_D$。那就是說，

$$\overline{I_{n,in}^2} = \frac{4kT}{R_D} \tag{7.95}$$

共閘極組態有個重要缺點：輸入端和負載所產生的雜訊電流直接相關。我們以 (7.95) 為例，會產生此效應是因為電路無法提供電流增益，這和共源極放大器相反。

因此我們忽略由共閘極組態的偏壓電流源造成的雜訊。圖 7.48 為一個簡單電流鏡結構，且 M_1 的偏壓電流為 I_1 的倍數。電容 C_0 和 M_0 所產生的雜訊並接地。我們注意到如果電路之輸入端接地時，M_2 汲極雜訊電流不會流經 R_D，故不會產生輸入相關雜訊電壓。另一方面，如果輸入為開路時，所有流經 M_1 和 R_D（在低頻時）的 $\overline{I_{n2}^2}$ 會產生一輸出雜訊為 $\overline{I_{n2}^2} R_D^2$，且輸入相關雜訊為 $\overline{I_{n2}^2}$。因此 M_2 之雜訊電流直接與輸入相關雜訊電流相加，使其能將 M_2 之轉導最小化。但對於已知的偏壓電流來說，這會轉換成 M_2 的汲極－源極電壓增加，因為 $g_{m2} = 2I_{D2}/(V_{GS2} - V_{TH2})$，需要一個高 V_b 值並限制輸出節點的電壓振幅。

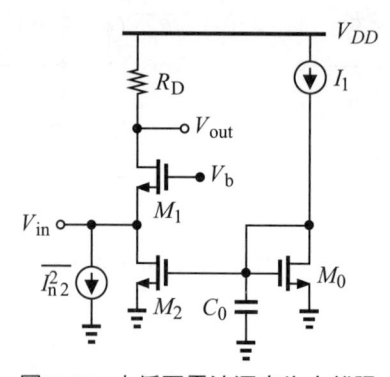

圖 7.48　由偏壓電流源產生之雜訊

範例 7.20

計算圖 7.49 電路輸入相關熱雜訊電壓和電流,假設所有電晶體都位於飽和區。

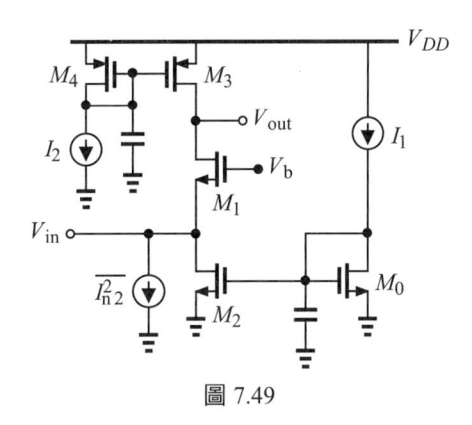

圖 7.49

解 為計算輸入相關雜訊電壓,我們將輸入端接地得到

$$\overline{V_{n1,out}^2} = 4kT\gamma(g_{m1} + g_{m3})(r_{O1}\|r_{O3})^2 \tag{7.96}$$

因此,輸入雜訊電壓 $V_{n,in}$,必須滿足下列關係式:

$$\overline{V_{n,in}^2}(g_{m1} + g_{mb1})^2(r_{O1}\|r_{O3})^2 = 4kT\gamma(g_{m1} + g_{m3})(r_{O1}\|r_{O3})^2 \tag{7.97}$$

其中從 V_{in} 到 V_{out} 的電壓增益近似為 $(g_{m1} + g_{mb1})(r_{O1}\|r_{O3})$,可得到

$$\overline{V_{n,in}^2} = 4kT\gamma\frac{(g_{m1} + g_{m3})}{(g_{m1} + g_{mb1})^2} \tag{7.98}$$

一如預期,雜訊和 g_{m3} 成比例。

為計算輸入相關雜訊電流,我們將輸入端開路且發現輸出雜訊電壓為 $\overline{I_{n3}^2}R_{out}^2$,其中 $R_{out} = r_{O3}\|[r_{O2} + (g_{m1} + g_{mb})r_{O1}r_{O2} + r_{O1}]$ 代表當輸入端開路時之輸出阻抗,各位可自行證明,為了要反映輸入電流 I_{in},電路會產生一個輸出電壓

$$V_{out} = \frac{(g_{m1} + g_{mb1})r_{O1} + 1}{r_{O1} + (g_{m1} + g_{mb1})r_{O1}r_{O2} + r_{O2} + r_{O3}}r_{O3}r_{O2}I_{in} \tag{7.99}$$

除以 $I_{n3}R_{out}$ 的增益,將 M_3 的相關雜訊至輸入,我們可得到

$$I_{n,in}|_{M3} = \frac{r_{O2} + (g_{m1} + g_{mb1})r_{O1}r_{O2} + r_{O1}}{r_{O2}[(g_{m1} + g_{mb1})r_{O1} + 1]}I_{n3} \tag{7.100}$$

簡化為

$$I_{n,in}|_{M3} \approx I_{n3} \tag{7.101}$$

$$\approx 4kT\gamma g_{m3} \tag{7.102}$$

如果任何的 $g_m r_O$ 乘積遠大於 1,因為 M_2 的電流雜訊可以直接加到輸入,我們可以得到

$$\overline{I_{n,in}^2} = 4kT\gamma(g_{m2} + g_{m3}) \qquad (7.103)$$

再者，雜訊和兩個電流源的轉導成正比。在上述的計算中，即使當輸入開路，使得流經 M_1 源極電流看到一個有限衰減（r_{O2}），我們忽略了 I_{n1} 的效應。我們可將這個雜訊運用在習題 7.31 的輸入且證明其仍然是可以忽略的。

閃爍雜訊

在一共閘極組態中 $1/f$ 雜訊之效應也是我們關注的地方。以一般情況來看，我們計算圖 7.49 電路之輸入相關 $1/f$ 雜訊電壓和電流。如圖 7.50 所示，每一個 $1/f$ 雜訊產生器都可以依與其對應之電晶體閘極串聯之電壓源建立其模型。注意 M_0 和 M_4 之 $1/f$ 雜訊可忽略不計，我們將在習題 7.10 來看一個較為實際的例子。

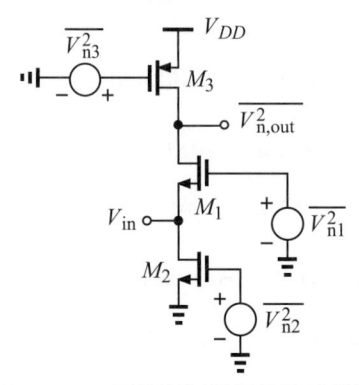

圖 7.50　一個共閘極組態的閃爍雜訊

當輸入端接地時，我們得到

$$\overline{V_{n1,out}^2} = \frac{1}{C_{ox}f}\left[\frac{g_{m1}^2 K_N}{(WL)_1} + \frac{g_{m3}^2 K_P}{(WL)_3}\right](r_{O1}\|r_{O3})^2 \qquad (7.104)$$

其中 K_N 與 K_P 分別代表 NMOS 與 PMOS 元件的閃爍雜訊係數。電壓近似為 $(g_{m1} + g_{mb1})(r_{O1}\|r_{O3})$，我們可得

$$\overline{V_{n,in}^2} = \frac{1}{C_{ox}f}\left[\frac{g_{m1}^2 K_N}{(WL)_1} + \frac{g_{m3}^2 K_P}{(WL)_3}\right]\frac{1}{(g_{m1} + g_{mb1})^2} \qquad (7.105)$$

當輸入端開路時，輸出電壓雜訊近似為

$$\overline{V_{n2,out}^2} = \frac{1}{C_{ox}f}\left[\frac{g_{m2}^2 K_N}{(WL)_2} + \frac{g_{m3}^2 K_P}{(WL)_3}\right]R_{out}^2 \qquad (7.106)$$

其中假設從 M_2 閘極到輸出的轉導是 g_{m2}，可以得到

$$\overline{I_{n,in}^2} = \frac{1}{C_{ox} f} \left[\frac{g_{m2}^2 K_N}{(WL)_2} + \frac{g_{m3}^2 K_P}{(WL)_3} \right] \tag{7.107}$$

(7.105) 和 (7.107) 描述了電路的 1/f 雜訊且必須分別加入 (7.98) 及 (7.103)，得到整體單位頻寬中的雜訊。

7.4.3 源極隨偶器

考慮圖 7.51(a) 之源極隨耦器，其中 M_2 為偏壓電流源。因為電路之輸入阻抗相當高，甚至在相當高的頻率下，若驅動輸出阻抗不是很大，輸入相關雜訊電流通常可以忽略不計。為計算輸入相關熱雜訊電壓，我們使用圖 7.51(b)，由 M_2 所產生之輸出雜訊為

$$\overline{V_{n,out}^2}\Big|_{M2} = \overline{I_{n2}^2} \left(\frac{1}{g_{m1}} \left\| \frac{1}{g_{mb1}} \right\| r_{O1} \| r_{O2} \right)^2 \tag{7.108}$$

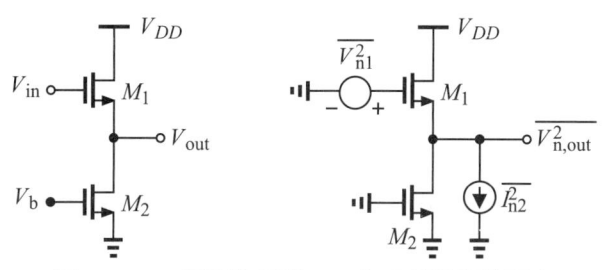

圖 7.51　(a) 源極隨耦器；(b) 包含雜訊源的電路

而第 3 章中

$$A_v = \frac{\frac{1}{g_{mb1}} \left\| r_{O1} \right\| r_{O2}}{\frac{1}{g_{mb1}} \left\| r_{O1} \right\| r_{O2} + \frac{1}{g_{m1}}} \tag{7.109}$$

因此，整體的輸入相關電壓雜訊是

$$\overline{V_{n,in}^2} = \overline{V_{n1}^2} + \frac{\overline{V_{n,out}^2}\Big|_{M2}}{A_v^2} \tag{7.110}$$

$$= 4kT\gamma \left(\frac{1}{g_{m1}} + \frac{g_{m2}}{g_{m1}^2} \right) \tag{7.111}$$

注意 (7.78) 和 (7.111) 間的相似性。

因為源極耦器將雜訊加至輸入信號，並提供一個小於一的電壓增益，因此我們通常避免在低雜訊放大器的情況。習題 7.11 會再提到源極隨耦器之 1/f 雜訊效能。

7.4.4 疊接組態

考慮圖 7.52(a) 之疊接組態。因為在低頻時，M_1 和 R_D 的雜訊電流會流過 R_D，這兩個元件所產生的雜訊會在共源極組態中被量化為：

$$\overline{V_{n,in}^2}|_{M1,RD} = 4kT\left(\frac{\gamma}{g_{m1}} + \frac{1}{g_{m1}^2 R_D}\right) \tag{7.112}$$

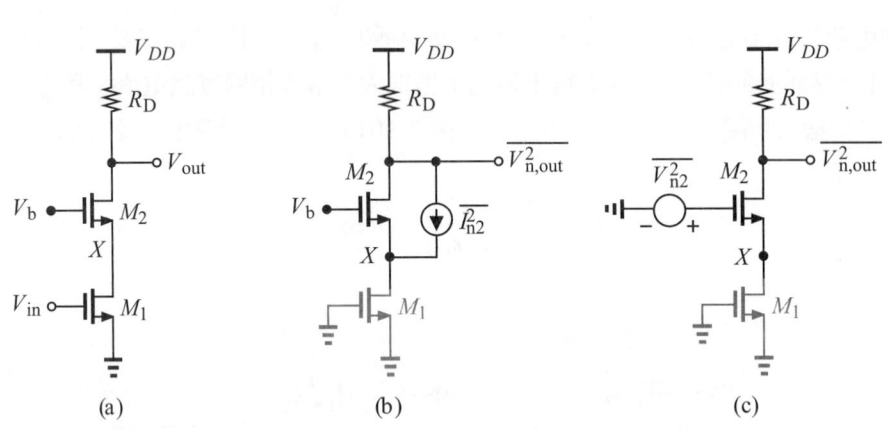

圖 7.52　(a) 疊接組態；(b) 以一電流源建立 M_2 之雜訊模型；(c) 以一電壓源建立 M_2 之雜訊模型

其中可忽略 M_1 之 $1/f$ 雜訊。而 M_2 的雜訊效應呢？以圖 7.52(b) 中之電路作為模型，到輸出端出現的極小雜訊，尤其是在低頻時。這是因為如果忽略 M_1 之通道長度調變效應時，則 $I_{n2} + I_{D2} = 0$，因此 M_2 不會影響 $V_{n,out}$。從另一個觀點來看，使用圖 7.39 的輔助定理來建立圖 7.52(c) 等效電路，我們注意到如果節點 X 的阻抗很大時，從 V_{n2} 至輸出端之電壓增益會相當小。另一方面，在高頻時，節點 X 之總電容 C_X，會產生一增益：

$$\frac{V_{n,out}}{V_{n2}} \approx \frac{-R_D}{1/g_{m2} + 1/(C_X s)} \tag{7.113}$$

並增加輸出雜訊。這個電容也會減少從主輸入端至輸出端之增益，藉著將 M_1 所產生之信號電流接地。所以，一個疊接組態的輸入相關雜訊會在高頻率時會顯著增加。

如果圖 7.52(c) 中的 R_D 很大，例如若為 PMOS 串疊負載的輸出阻抗，則從 V_{n2} 到 V_{out} 的增益可能不會太小。各位可以看到，如果 $R_D \approx g_m r_O^2$（串疊組態），則 V_{out}/V_n 還是很大，而讓 V_n 無關緊要。

7.5 電流鏡中的雜訊

電流鏡中元件所產生的雜訊可能會傳導至所關注的輸出信號。以圖 7.48 和 7.49 為例，除非使用非常大的旁路電容，否則二極體元件可能會產生大量的閃爍雜訊。此效應

可能會因為電流鏡中偏壓電流放大而更嚴重。

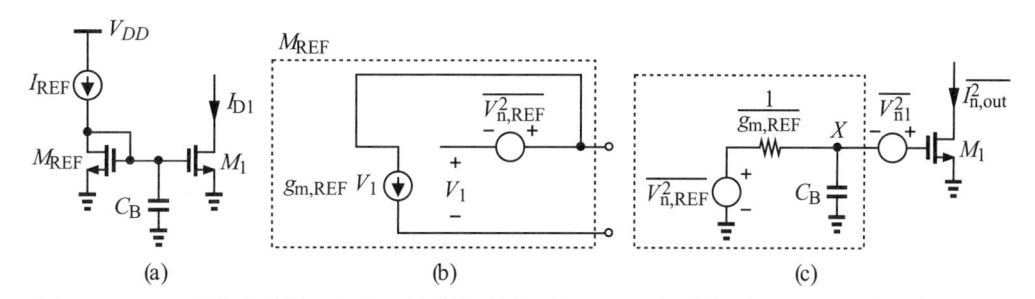

圖 7.53　(a) 用電容來控制二極體元件雜訊的電流鏡，(b) 小信號模型，以及 (c) 整體等效電路

為瞭解電流鏡閃爍雜訊難以處理的情況，接著來看圖7.53(a)的簡單架構，其中$(W/L)_1 = N(W/L)_{REF}$。乘積倍數 N 大概介於 5 到 10，可以最小化參考路徑的功率消耗。我們想求出 I_{D1} 中的閃爍雜訊。假設 $\lambda = 0$ 和 I_{REF} 沒有雜訊，但要注意（第 12 章會再說明），也許不能忽略參考（帶差）電流。我們首先建立 M_{REF} 的戴維寧等效和其閃爍雜訊 $V_{n,REF}$：如圖 7.53(b)，開路電路雜訊等於 $V_{n,REF}$，因為 V_1 必定等於 0（為什麼？）。注意，戴維寧電阻等於 $1/g_{m,REF}$，我們可以得到圖 7.53(c) 的電路，其中在 X 點的雜訊電壓和 V_{n1}（並無關聯性）及驅動 M_1 的閘極，而產生：

$$\overline{I_{n,out}^2} = \left(\frac{g_{m,REF}^2}{C_B^2 \omega^2 + g_{m,REF}^2} \overline{V_{n,REF}^2} + \overline{V_{n1}^2} \right) g_{m1}^2 \qquad (7.114)$$

因為 $(W/L)_1 = N(W/L)_{REF}$，且通常 $L_1 = L_{REF}$，我們可以觀察到 $\overline{V_{n,REF}^2} = N\overline{V_{n1}^2}$ 因為閃爍雜訊功率頻譜密度和通道面積 WL 成反比，因此可得

$$\overline{I_{n,out}^2} = \left(\frac{Ng_{m,REF}^2}{C_B^2 \omega^2 + g_{m,REF}^2} + 1 \right) g_{m1}^2 \overline{V_{n1}^2} \qquad (7.115)$$

如果要忽略二極體元件的雜訊，我們必須確認括弧中的第一項必須夠小

$$(N-1)g_{m,REF}^2 \ll C_B^2 \omega^2 \qquad (7.116)$$

因此

$$C_B^2 \gg \frac{(N-1)g_{m,REF}^2}{\omega^2} \qquad (7.117)$$

舉例來說，如果 $N = 5$、$g_{m,REF} \approx 1/(200\ \Omega)$，且最小頻率是 1 MHz，我們可得到 $C_B^2 \gg 2.533 \times 10^{-18}$ F。要達到 10 倍壓制 M_{REF} 雜訊的效果，電容值則要達到 5.03 nF！

為降低 M_{REF} 所產生的雜訊，同時避免大電容，我們可以在閘極和 C_B 間插入一個電阻，並將 (7.114) 改寫成：

$$\overline{I_{n,out}^2} = \left[\frac{g_{m,REF}^2}{(1+g_{m,REF}R_B)^2 C_B^2 \omega^2 + g_{m,REF}^2} (\overline{V_{n,REF}^2} + \overline{V_{n,RB}^2}) + \overline{V_{n1}^2} \right] g_{m1}^2 \tag{7.118}$$

串聯電阻可以將濾波器的截止頻率降低為 $[(1/g_{m1,REF} + R_B)C_B]^{-1}$，但也會產生雜訊。我們可在 $\overline{V_{n,RB}^2}$ 明顯倍增為 $\overline{V_{n,REF}^2}$ 前，以增加 R_B 值。

事實上，在 R_B 產生的熱雜訊與 M_{REF} 的閃爍雜訊相當時，R_B 值會變得很大。R_B 的上界因此受限於 R_B 和 C_B 之間的範圍。[12] 我們因此找一個電路組合能提供一個高阻抗且只有中等面積。幸好在第 5 章已提過此架構：如圖 7.54(b) 中，這個具備小但能控制驅動電壓的 MOS 元件 M_R 能符合我們的要求。如第 5 章提過的，可以選擇窄且長的 M_R、寬且短的 M_C。

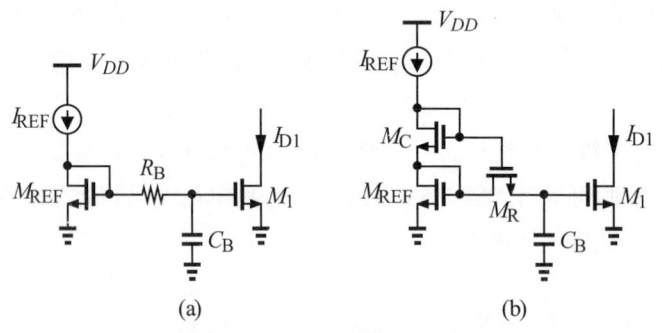

圖 7.54　(a) 使用一個電阻濾除二極體元件雜訊，且 (b) 使用 MOSFET 實現電阻

7.6 差動對中的雜訊

利用我們對基本放大器雜訊的了解，現在可以來看看差動對的雜訊特性。如圖 7.55(a) 所示，此差動對可視為一雙埠電路，故能建立如圖 7.55(b) 整體的雜訊模型。於低頻運作時，$\overline{I_{n,in}^2}$ 大小可忽略不計。

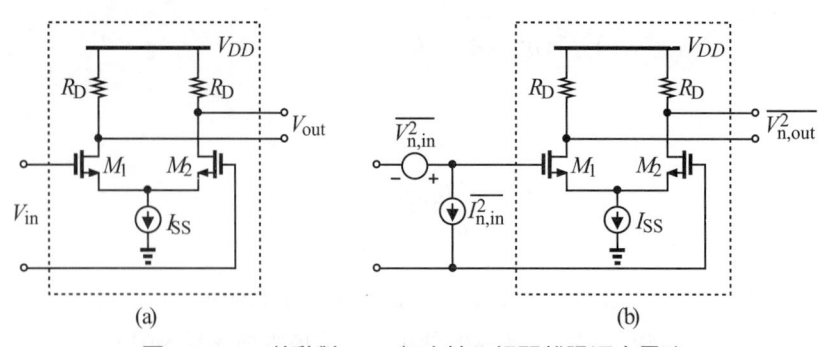

圖 7.55　(a) 差動對；(b) 包含輸入相關雜訊源之電路

---

12 且電晶體的閘極漏電流流經 R_B，如果電阻很大時，會引起可觀的直流誤差。

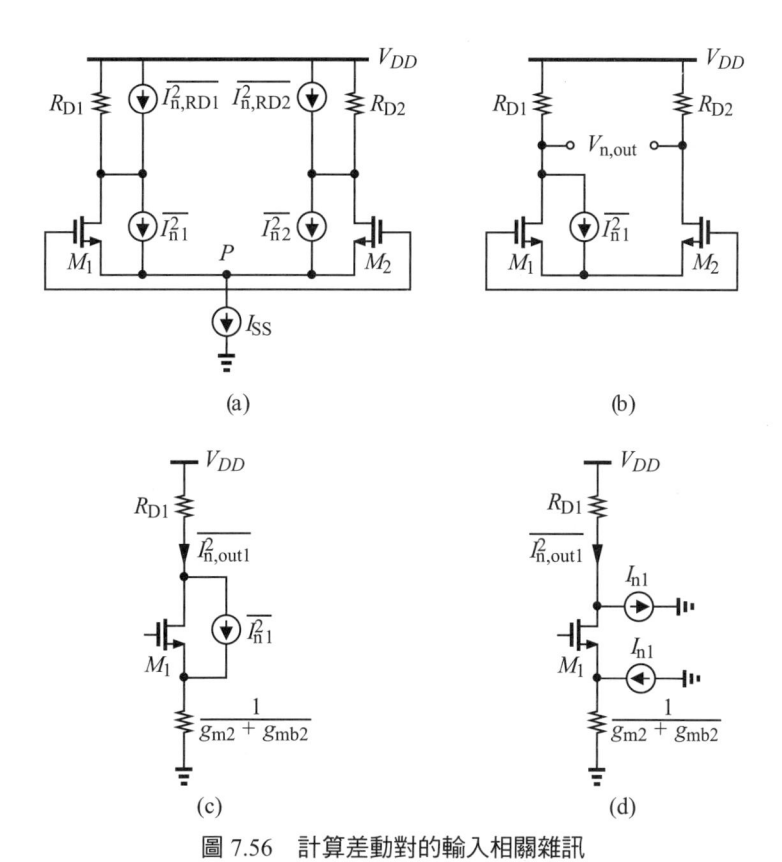

圖 7.56　計算差動對的輸入相關雜訊

為計算$\overline{V_{n,in}^2}$的熱雜訊，首先我們將輸入和輸出短路以得到總輸出雜訊〔圖 7.56(a)〕，注意因為電路中的雜訊互不相關，故將功率相加。因為 I_{n1} 和 I_{n2} 互不相關，並不能視節點 P 為一虛擬接地端，故很難使用半電路觀念。因此，我們直接導出各別雜訊源的效應。如圖 7.56(b) 所示，首先可藉由簡化圖 7.56(c) 電路來求得 I_{n1}。利用此圖並忽略通道長度調變效應，各位可證明 I_{n1} 有一半會流經 R_{D1}，另外一半會流經 M_2 和 R_{D2}〔如圖 7.56(d) 所示，我們可將 I_{n1} 分成兩個（相關）電流源並計算在輸出端的效應來證明〕。因此，由 M_1 產生的差動輸出雜訊等於

$$V_{n,out}|_{M1} = \frac{I_{n1}}{2}R_{D1} + \frac{I_{n1}}{2}R_{D2} \tag{7.119}$$

注意到這兩個雜訊電壓可直接相加，因為都由 I_{n1} 產生。如果 $R_{D1} = R_{D2} = R_D$，

$$\overline{V_{n,out}^2}\Big|_{M1} = \overline{I_{n1}^2}R_D^2 \tag{7.120}$$

同樣

$$\overline{V_{n,out}^2}\Big|_{M2} = \overline{I_{n2}^2}R_D^2 \tag{7.121}$$

產生

$$\overline{V_{n,out}^2}\Big|_{M1,M2} = \left(\overline{I_{n1}^2} + \overline{I_{n2}^2}\right) R_D^2 \tag{7.122}$$

考慮 R_{D1} 和 R_{D2} 的雜訊，會得到總輸出雜訊為

$$\overline{V_{n,out}^2} = \left(\overline{I_{n1}^2} + \overline{I_{n2}^2}\right) R_D^2 + 2(4kTR_D) \tag{7.123}$$

$$= 8kT\left(\gamma g_m R_D^2 + R_D\right) \tag{7.124}$$

將結果除以差動對增益的平方 $g_m^2 R_D^2$，可得到

$$\overline{V_{n,in}^2} = 8kT\left(\frac{\gamma}{g_m} + \frac{1}{g_m^2 R_D}\right) \tag{7.125}$$

這是共源極組態之輸入雜訊電壓平方的兩倍。

輸入相關雜訊電壓也可利用圖 7.39 的輔助定理來求得。如圖 7.57 所示，可以與 M_1 和 M_2 閘極串聯的電壓源建立雜訊模型，而 R_{D1} 和 R_{D2} 的雜訊要除以 $g_m^2 R_D^2$，結果如 (7.125)。如果電流源用一短路電路替換，各位可以重複這些計算。

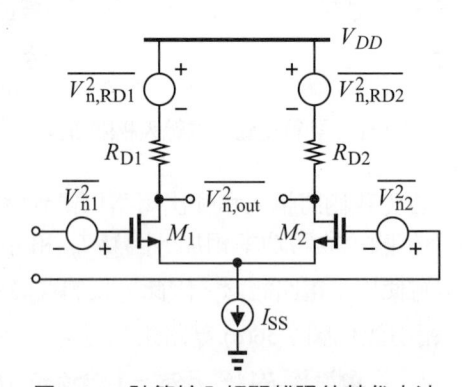

圖 7.57 計算輸入相關雜訊的替代方法

如 (7.75) 和 (7.125) 所示，比較差動對和共源極組態的雜訊情況是有用的。我們可以總結，如果每個電晶體都有轉導 g_m，則差動對的輸入相關雜訊電壓是共源極組態的 $\sqrt{2}$ 倍。這只是因為前者在信號路徑中比後者的元件數量多兩倍，如圖 7.57 所示之二個串聯電壓源（因為雜訊源互不相關，故功率可直接相加）。在每個元件轉導相同情況下，如果電晶體尺寸皆相同時，瞭解差動對消耗功率為共源極組態的兩倍，是很重要的。

圖 7.57 的雜訊模型同樣可說明電晶體之 $1/f$ 雜訊。將電壓源 $K/(C_{ox}WL)$ 和每個閘極串聯，可將 (7.125) 重寫為

$$\overline{V_{n,in,tot}^2} = 8kT\left(\frac{\gamma}{g_m} + \frac{1}{g_m^2 R_D}\right) + \frac{2K}{C_{ox}WL}\frac{1}{f} \tag{7.126}$$

這些推導指出一個全差動電路的輸入相關雜訊電壓之均方根等於其半電路等效的兩倍（因為後者在單一路徑使用了一樣多的元件），下列範例強化了這個論點。

範例 7.21

可以將一個使用電流源負載的差動對重置為一個大的「浮接」電阻。如圖 7.58(a)，以一個很小的電流將 M_1 和 M_2 偏壓，可在 A 點和 B 點間得到一個很高的阻抗，大約等於 $1/g_{m1} + 1/g_{m2}$。求出電阻相關的雜訊，忽略通道長度調變效應。

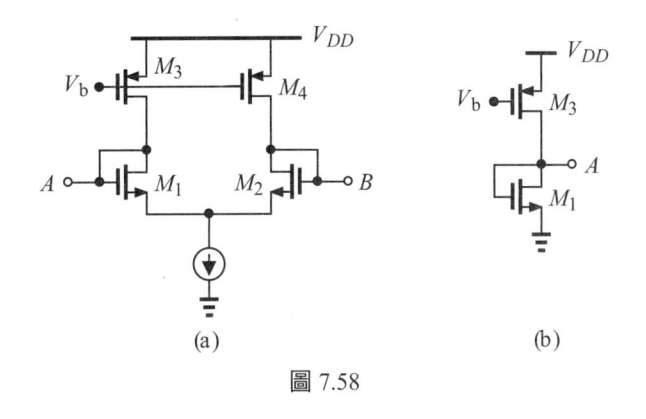

圖 7.58

解 將 A 和 B 視為輸出且將電路模擬成其戴維寧等效，我們必須求得這些點間的雜訊電壓。為達此目的，我們建立圖 7.58(b) 的半電路且寫下 A 點的雜訊電壓如

$$\overline{V_{n,A}^2} = (4kT\gamma g_{m1} + 4kT\gamma g_{m3})\frac{1}{g_{m1}^2} + \frac{K}{(WL)_1 C_{ox}}\frac{1}{f} + \frac{K}{(WL)_3 C_{ox}}\frac{1}{f}(\frac{g_{m3}}{g_{m1}})^2 \tag{7.127}$$

在 A 和 B 間量測的雜訊等於

$$\overline{V_{n,AB}^2} = 8kT\gamma(g_{m1} + g_{m3})\frac{1}{g_{m1}^2} + \frac{2K}{(WL)_1 C_{ox}}\frac{1}{f} + \frac{2K}{(WL)_3 C_{ox}}\frac{1}{f}(\frac{g_{m3}}{g_{m1}})^2 \tag{7.128}$$

我們知道此電阻比一個簡單等值的歐姆電阻的雜訊高（$\approx 2/(g_{m1})$），且此架構也比較不線性（為什麼？）

圖 7.55 的尾電流源會產生雜訊嗎？如果差動信號為零且電路為對稱時，在 I_{SS} 的雜訊會平均分配給 M_1 和 M_2，並在輸出端產生一共模雜訊電壓。另一方面，輸入一小差動信號 ΔV_{in} 時，我們得到

$$\Delta I_{D1} - \Delta I_{D2} = g_m \Delta V_{in} \tag{7.129}$$

$$= \sqrt{2\mu_n C_{ox}\frac{W}{L}\left(\frac{I_{SS} + I_n}{2}\right)} \Delta V_{in} \tag{7.130}$$

其中 I_n 代表 I_{SS} 的雜訊且 $I_n \ll I_{SS}$。基本上，雜訊會調變每個元件的轉導，可將 (7.130) 寫成

$$\Delta I_{D1} - \Delta I_{D2} \approx \sqrt{2\mu_n C_{ox} \frac{W}{L} \cdot \frac{I_{SS}}{2}} \left(1 + \frac{I_n}{2I_{SS}}\right) \Delta V_{in} \tag{7.131}$$

$$= g_{m0} \left(1 + \frac{I_n}{2I_{SS}}\right) \Delta V_{in} \tag{7.132}$$

其中 g_{m0} 為無雜訊電路的轉導值。(7.132) 推論當電路偏離平衡狀態時，I_n 並不會平均分配給 M_1 和 M_2，因此在輸出端產生了一差動雜訊，但是此效應通常可忽略不計。

範例 7.22

假設圖 7.59(a) 的元件於飽和區運作且電路為對稱，計算其輸入相關雜訊電壓。

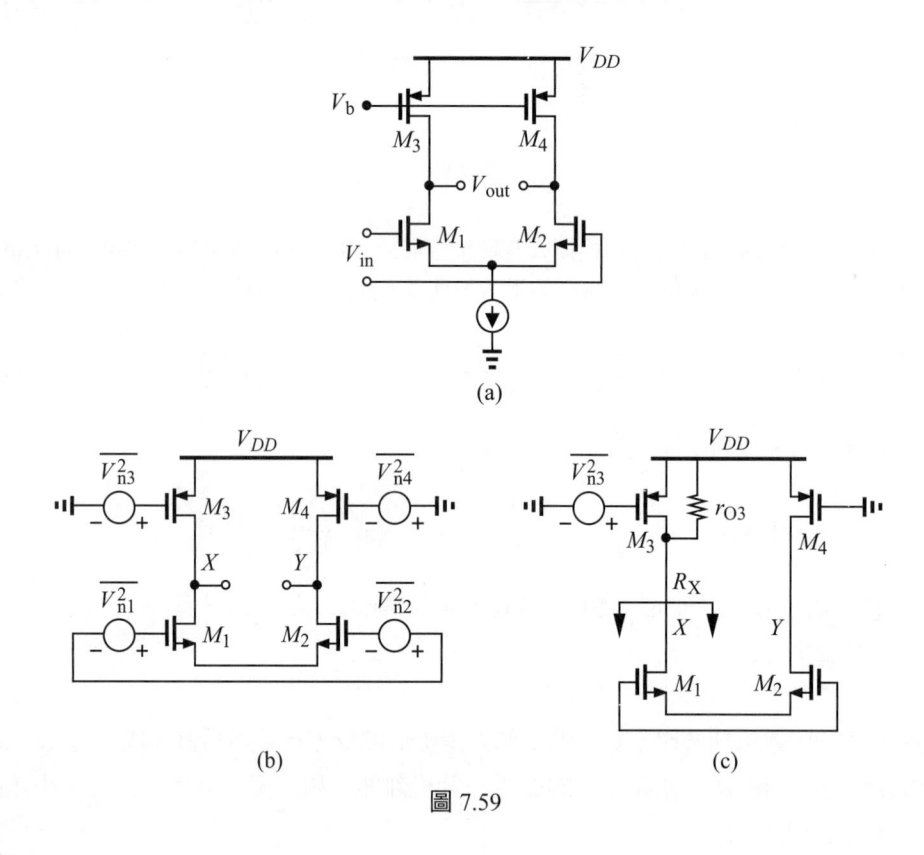

圖 7.59

解 因為我們可用和 M_1 與 M_2 輸入端串聯的電壓源，來建立其熱雜訊與 $1/f$ 雜訊的模型，故我們僅需要考慮 M_3 和 M_4 對輸入端的影響。計算由 M_3 所產生的輸出雜訊，M_3 的汲極雜訊電流可被 r_{O3} 與由 M_1 汲極所視的電阻均分〔圖 7.59(c)〕。從第 5 章得知，此電阻等於 $R_X = r_{O4} + 2r_{O1}$。分別以 I_{nA} 和 I_{nB} 表示流經 r_{O3} 和 R_X 的雜訊電流，可得

$$I_{nA} = g_{m3} V_{n3} \frac{r_{O4} + 2r_{O1}}{2r_{O4} + 2r_{O1}} \tag{7.133}$$

且

$$I_{nB} = g_{m3}V_{n3}\frac{r_{O3}}{2r_{O4}+2r_{O1}} \tag{7.134}$$

前者會在 X 點產生一個接地的雜訊電壓 $g_{m3}V_{n3}r_{O3}(r_{O4}+2r_{O1})/(2r_{O4}+2r_{O1})$，其中後者流經 M_1、M_2 以及 r_{O4}，在 Y 點產生一相對接地的電壓 $g_{m3}V_{n3}r_{O3}r_{O4}/(2r_{O4}+2r_{O1})$。因此由 M_3 所產生的總差動雜訊為

$$V_{nXY} = V_{nX} - V_{nY} \tag{7.135}$$

$$= g_{m3}V_{n3}\frac{r_{O3}r_{O1}}{r_{O3}+r_{O1}} \tag{7.136}$$

（各位能確認 V_{nX} 須減去 V_{nY}。）

(7.136) 顯示 r_{O1} 和 r_{O3} 並聯會增加 M_3 的雜訊電流已產生差動輸出電壓。這當然不會令人驚訝，因為如圖 7.60 所示，V_{n3} 在輸出端的效應可藉由將 V_{n3} 分為兩個加入 M_3 和 M_4 閘極差動成分，且利用半電路來分析。因為此計算和單一雜訊相關，我們可暫時忽略雜訊的隨機特性且將 V_{n3} 與電路視為確定線性元件。

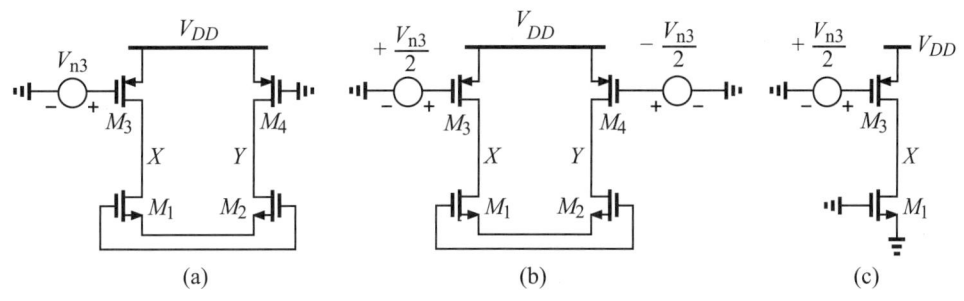

圖 7.60 計算負載電流源差動對的輸入相關雜訊

同樣將 (7.136) 運用至 M_4 並將其功率加總，可得

$$\overline{V_{n,out}^2}|_{M3,M4} = g_{m3}^2(r_{O1}\|r_{O3})^2\overline{V_{n3}^2} + g_{m4}^2(r_{O2}\|r_{O4})^2\overline{V_{n4}^2} \tag{7.137}$$

$$= 2g_{m3}^2(r_{O1}\|r_{O3})^2\overline{V_{n3}^2} \tag{7.138}$$

為計算輸入雜訊，我們將 (7.138) 除以 $g_{m1}^2(r_{O1}\|r_{O3})^2$，得到每單位頻寬之總輸入相關雜訊電壓為

$$\overline{V_{n,in}^2} = 2\overline{V_{n1}^2} + 2\frac{g_{m3}^2}{g_{m1}^2}\overline{V_{n3}^2} \tag{7.139}$$

其中替換 $\overline{V_{n1}^2}$ 和 $\overline{V_{n3}^2}$ 而可簡化為

$$\overline{V_{n,in}^2} = 8kT\gamma\left(\frac{1}{g_{m1}} + \frac{g_{m3}}{g_{m1}^2}\right) + \frac{2K_N}{C_{ox}(WL)_1 f} + \frac{2K_P}{C_{ox}(WL)_3 f}\frac{g_{m3}^2}{g_{m1}^2} \tag{7.140}$$

比較上述電路和使用主動負載的差動對（五電晶體 OTA）的輸入相關雜訊是有用的。我們可分析後者的熱雜訊並將閃爍雜訊的分析留給各位自行練習。因為少了完美對

稱，我們藉由先計算輸出短路雜訊電流（圖 7.61）找出電路的諾頓等效雜訊。此結果可以乘上輸出阻抗並除以增益，以得到輸出相關雜訊電壓。

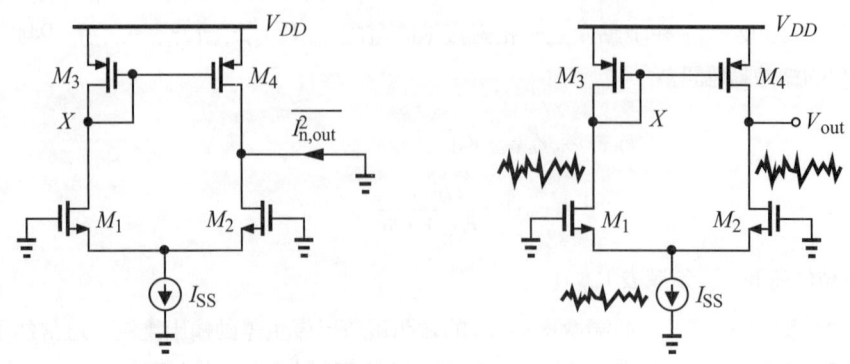

圖 7.61　OTA 輸出短路電路雜訊電流　　圖 7.62　在 OTA 中尾雜訊電流之效應

我們回想一下第 5 章中五電晶體運算放大器的轉導近似為 $g_{m1,2}$。因此，M_1 和 M_2 的輸出雜訊電流可得到為此轉導乘上 M_1 和 M_2 的閘極相關雜訊，亦即 $g_{m1,2}^2(4kT\gamma/g_{m1} + 4kT\gamma/g_{m2})$。

接著考慮 M_3 的雜訊電流 $4kT\gamma g_{m3}$。此電流主要是流經二極體阻抗 $1/g_{m3}$，在 M_4 閘極產生一個電壓，具有 $4kT\gamma/g_{m3}$ 的頻譜密度。當雜訊出現在 M_4 汲極時，此雜訊會乘上 g_{m4}^2，M_4 的雜訊電流本身也會直接流經輸出短路電路。因此

$$\overline{I_{n,out}^2} = 4kT\gamma(2g_{m1,2} + 2g_{m3,4}) \tag{7.141}$$

將雜訊乘上 $R_{out}^2 \approx (r_{O1,2}\|r_{O3,4})^2$ 並將結果除以 $A_v^2 = G_m^2 R_{out}^2$，我們可以得到整體輸入相關雜訊電壓為

$$\overline{V_{n,in}^2} = 8kT\gamma \left(\frac{1}{g_{m1,2}} + \frac{g_{m3,4}}{g_{m1,2}^2} \right) \tag{7.142}$$

此結果和全差動電路相同。

當 $V_{in1} = V_{in2}$，OTA 和全差動架構在尾電流產生的雜訊上出現一個有趣的差異。回想一下第 5 章，圖 7.62 中 OTA 的輸出電壓等於 V_X，如果 I_{SS} 抖動，V_X 和 V_{out} 也會抖動，因為尾電流 I_n 會被 M_1 和 M_2 均分，在 X 點的雜訊是 $\overline{I_n^2}/(4g_{m3}^2)$，就是在輸出的雜訊電壓（為什麼 I_n 會均分，即使在 M_2 源極的阻抗比從 M_1 源極的阻抗高？）。

我們也必須瞭解其他許多類比電路中的雜訊效應。舉例來說，回饋系統、運算放大器、帶差參考電路都這些有趣且重要的雜訊特性，我們會在其他章節討論這些主題。

7.7 雜訊功率取捨

在輸入相關熱雜訊的分析中，我們看到電晶體產生的雜訊「在信號路徑上」與轉導成反比。此相依性指出在雜訊和功率消耗上的取捨。

雜訊功率取捨事實上可類推至任何電路（只要忽略輸入雜訊電流）。為瞭解此觀點，我們從圖 7.63(a) 簡單的共源極組態開始：我們將 W/L 和 M_1 偏壓電流加倍且將負載電阻減半。無論電晶體的特性如何，這個轉換可以維持電壓增益和輸出擺幅，但我們注意到輸入相關熱雜訊和閃爍雜訊減半（因為電晶體的 g_m 和閘極面積加倍）。雜訊上減少 3dB，卻讓消耗功率倍增（及輸入電容）。

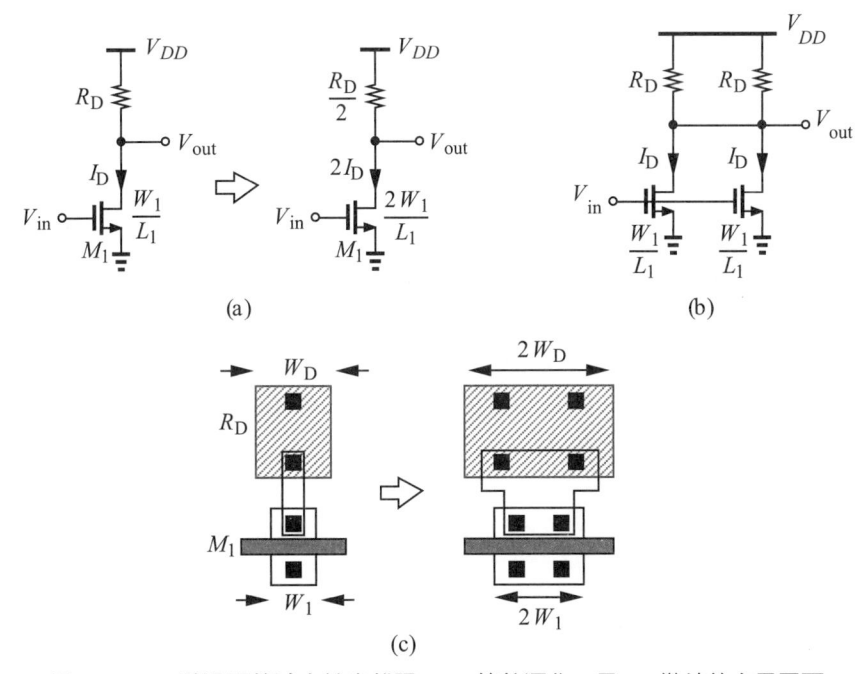

圖 7.63　(a) 透過調整減少輸出雜訊，(b) 等效運作，及 (c) 微縮的布局層面

也可視圖 7.63(a) 所描述的轉換**線性微縮**為原始電路並聯，如圖 7.63(b) 所示。此外，我們可以說電晶體的寬度及電阻加倍〔圖 7.63(c)〕。

一般而言，如果電路的兩個架構並聯，輸出雜訊會減半〔圖 7.64(a)〕。這可以透過將輸入設為零，並為每個電路建立一個戴維寧等效雜訊。因為 $V_{n1,out}$ 和 $V_{n2,out}$ 並不相關，我們可以用功率疊加寫成

$$\overline{V_{n,out}^2} = \frac{\overline{V_{n1,out}^2}}{4} + \frac{\overline{V_{n2,out}^2}}{4} \tag{7.143}$$

$$= \frac{\overline{V_{n1,out}^2}}{2} \tag{7.144}$$

因此，當保持電壓增益及輸出擺幅時，輸出雜訊大小和功率間彼此有取捨。注意，這也可以透過讓輸入開路，可以得到輸入相關雜訊電流 $\overline{I_{n,in}^2}$ 而加倍（為什麼？）。

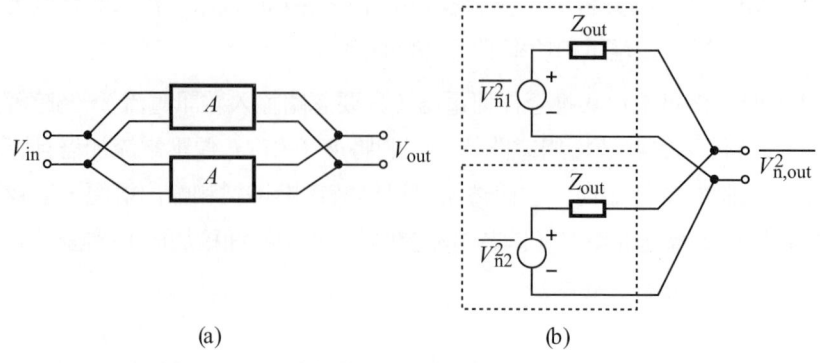

圖 7.64　(a) 降低雜訊的一般調整及 (b) 等效電路

我們必須注意雜訊頻譜最終必須積分整個電路頻寬。前者的線性調整是假設頻寬是透過應用求得，因此是常數。

7.8 雜訊頻寬

總雜訊利用落在電路頻寬中之頻率成分來破壞電路信號。考慮一多極點電路，其輸出雜訊頻譜如圖 7.65(a) 所示。因為不可忽略超過 ω_{p1} 的雜訊成分，總輸出雜訊必須計算頻譜密度的總面積：

$$\overline{V_{n,out,tot}^2} = \int_0^\infty \overline{V_{n,out}^2} df \tag{7.145}$$

然而如圖 7.65(b) 所示，有時僅以 $V_0^2 \cdot B_n$ 來表示雜訊是很有幫助的，其中選定 B_n 為

$$V_0^2 \cdot B_n = \int_0^\infty \overline{V_{n,out}^2} df \tag{7.146}$$

雜訊頻寬（noise bandwidth）B_n 讓在同樣低頻的雜訊 V_0^2，但不同高頻轉移函數電路的情況下進行公平比較。各位可證明一個單極點系統的雜訊頻寬為 $\pi/2$ 與極點頻率的乘積。

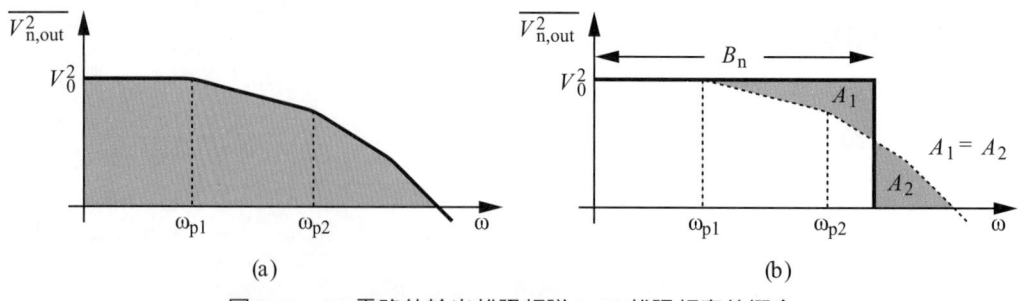

圖 7.65　(a) 電路的輸出雜訊頻譜；(b) 雜訊頻寬的概念

7.9 輸入雜訊積分問題

目前為止我們討論了雜訊，我們已經計算輸出雜訊頻譜及藉由積分計算總輸出雜訊電壓。有可能針對輸入相關雜訊做積分嗎？

考慮如圖 7.66 的共源極組態，其中假設 $\lambda = 0$ 及 M_1 只存在熱雜訊。為簡化起見，忽略 R_D 的雜訊。我們注意到，輸出雜訊頻譜等於 M_1 放大且被低通濾波過的雜訊，也是被積分過的頻譜（範例 7.19）。另一方面，輸入相關雜訊電壓等於 $\overline{V_{n,M1}^2}$，帶一個無限功率且無法在輸入進行積分。

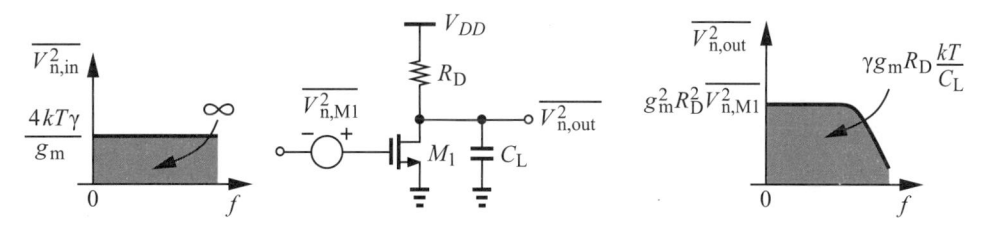

圖 7.66　將輸出雜訊轉換到輸入的困難

大部分的電路都會有上述這些問題，而形成輸出雜訊積分。此外，實際且可觀察的雜訊只會在輸出，而輸入相關雜訊仍然是假想的。然而，針對不同設計進行一個公平比較，我們可以將積分過的輸出雜訊除以電路的低頻（或中頻）增益。舉例來說，圖 7.66 的共源極組態的整體輸入相關雜訊等於

$$\overline{V_{n,in,tot}^2} = \gamma g_m R_D \frac{kT}{C_L} \cdot \frac{1}{g_m^2 R_D^2} \tag{7.147}$$

$$= \frac{\gamma}{g_m R_D} \frac{kT}{C_L} \tag{7.148}$$

如果忽略 R_D 的雜訊，各位可考慮通道長度調變效應和 R_D 的雜訊，重複此計算。

7.10 附錄 A：雜訊計算問題

如 7.1.3 節，輸入相關雜訊電壓及電流通常是相關且會讓雜訊計算複雜化。本附錄考慮替代方法來避免產生關聯。回想一下 (7.55)，若驅動電路之阻抗大小的平方和 $\overline{V_{n,in}^2}/\overline{I_{n,in}^2}$ 相當，就會產生輸入相關雜訊電流。

許多電路中的輸出雜訊電壓特性和驅動阻抗 Z_S 相同，會從 0 變成無窮大，亦即輸入埠會從短路變成開路。[13] 例如，具備可忽略的 C_{GD} 之共源極組態有此特性〔圖 7.67(a)〕：

---

[13] 在此排除 Z_S 的雜訊。

$$\overline{V_{n1,out}^2} = \overline{V_{n2,out}^2} = 4kT\gamma g_m R_D^2 + 4kTR_D \tag{7.149}$$

圖 7.67　(a) 將輸入短路或開路的共源極組態之輸出雜訊；(b) 輸入相關雜訊源的計算

從圖 7.67(b) 可以得到

$$\overline{V_{n1,out}^2} = \overline{V_{n,in}^2}|H(f)|^2 \tag{7.150}$$

其中 $H(s) = V_{out}/V_{in}$，且

$$\overline{V_{n2,out}^2} = \overline{I_{n,in}^2}|Z_{in}(f)|^2|H(f)|^2 \tag{7.151}$$

可以得到 $\overline{I_{n,in}^2} = \overline{V_{n,in}^2}/|Z_{in}(f)|^2$。因為 $Z_{in}(s)$ 的大小是確定的，而得到 $I_{n,in} = V_{n,in}/Z_{in}(s)$，因此兩個雜訊源有百分之百的相關性。為了要解釋 $V_{n,in}$ 及 $I_{n,in}$，我們必須進行類似圖 7.37 的冗長計算。

現在來考慮圖 7.68(a)，其中 Z_S 代表前一級的輸出阻抗。當 Z_S 改變時，我們假設可以忽略電路輸出雜訊的改變於 X 點的雜訊電壓等於

$$V_{n,X} = \frac{Z_{in}}{Z_{in} + Z_S} V_{n,in} + \frac{Z_{in} Z_S}{Z_{in} + Z_S} I_{n,in} \tag{7.152}$$

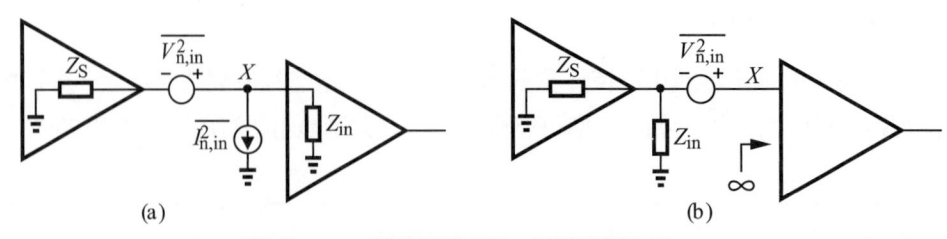

圖 7.68　(a) 疊接兩級及 (b) 透過轉換去除 $I_{n,in}$

替換上述的 $I_{n,in}$，可以得到

$$V_{n,X} = V_{n,in} \tag{7.153}$$

也就是在不同 Z_S 值時，$I_{n,in}$ 可簡單讓 $V_{n,X}$（相對接地）等於 $V_{n,in}$。此有趣的結果有助於簡化分析。

根據觀察，我們修正圖 7.68(b) 中的配置，其中前一級的負載是 Z_{in} 但沒有 $I_{n,in}$。在此，也可以得到 $V_{n,X} = V_{n,in}$。因此，在電路中的輸出雜訊電壓是輸入端點 $I_{n,in}$ 的弱函數，如果阻抗等於負載前一級的阻抗 Z_{in}，則可以去掉 $I_{n,in}$。

如果上述條件對 $V_{n,out}$ 是不成立的，我們也許能考慮前一級是電路的一部分，且視這兩級為一整體。例如，因此為了避免讓第二級的雜訊電壓和電流間的關係複雜化，可以將圖 7.69 的放大器模擬成有輸入相關雜訊源 $V_{n,in}$ 和 $I_{n,in}$ 的組態。

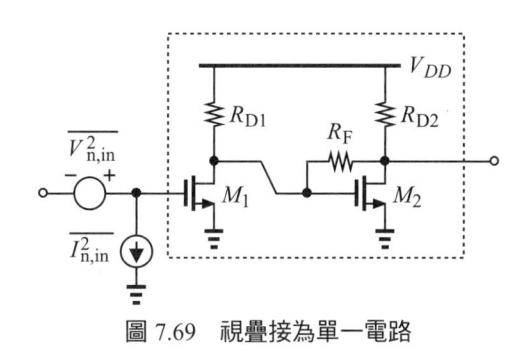

圖 7.69 視疊接為單一電路

習題

除非特別註明，下列習題使用表 2.1 的元件資料，必要時假設 $V_{DD} = 3$ V。同樣假定所有電晶體都位於飽和區。

7.1 一個共源極組態包含了 50 μm/0.5 μm NMOS 元件，偏壓於 $I_D = 1$ mA 且負載為 2 kΩ。在 100 MHz 頻寬中其輸入相關熱雜訊電壓為何？

7.2 考慮圖 7.42 的共源極組態，假設 $(W/L)_1 = 50/0.5$，$I_{D1} = I_{D2} = 0.1$ mA 且 $V_{DD} = 3$ V。如果 M_2 輸入相關雜訊電壓為 M_1 之五分之一時，放大器之最大輸出電壓振幅為何？

7.3 使用圖 7.21(c) 的分散模型並忽略通道熱雜訊，證明對於閘極雜訊計算來說，能以一 $R_G/3$ 之集總電阻來取代一個 R_G 的分散閘極電阻（提示：用一串聯電壓源來建立 R_{Gj} 模型，並計算總汲極雜訊電流，注意相關雜訊源）。

7.4 證明 7.39(c) 的輸出雜訊電流為 (7.73)。

7.5 計算圖 7.70 所示電路輸入閃爍雜訊電壓。

7.6 計算圖 7.71 每個電路的輸入相關熱雜訊電壓，假設 $\lambda = \gamma = 0$。

圖 7.70

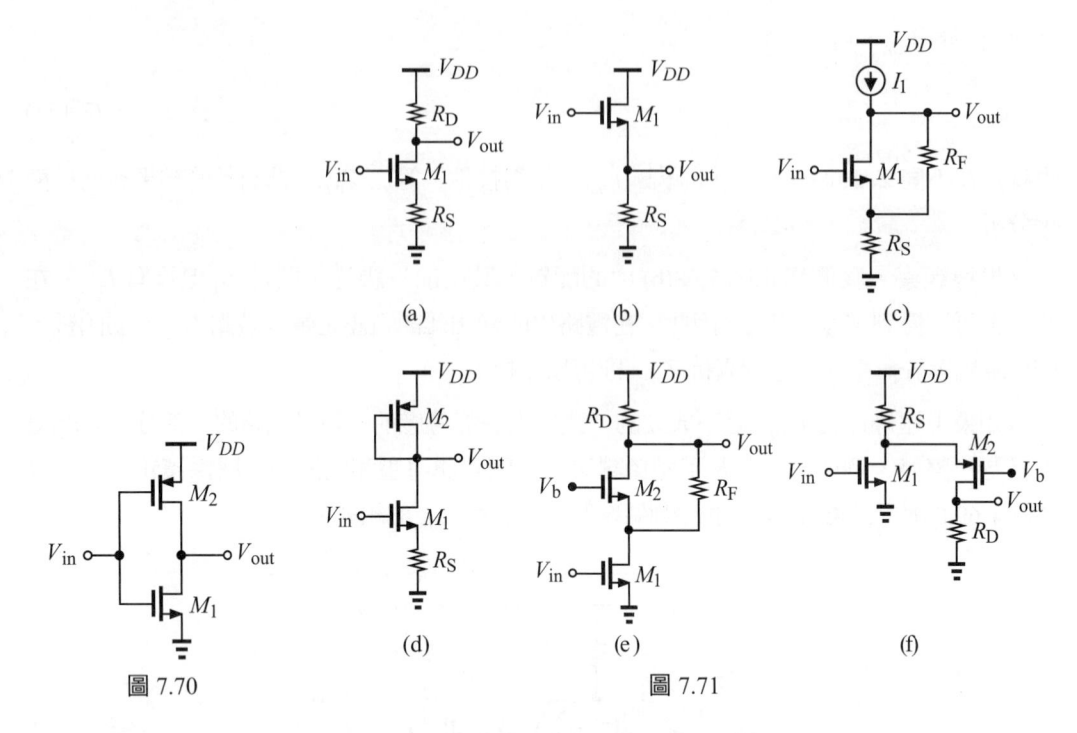

圖 7.71

7.7 計算圖 7.72 每個電路的輸入相關熱雜訊電壓，假設 $\lambda = \gamma = 0$。

7.8 計算圖 7.73 每個電路的輸入相關熱雜訊電壓和電流，假設 $\lambda = \gamma = 0$。

7.9 計算圖 7.74 每個電路的輸入相關熱雜訊電壓和電流，假設 $\lambda = \gamma = 0$。

7.10 計算圖 7.49 中，如果移走兩個電容時的輸入 $1/f$ 雜訊電壓和電流。

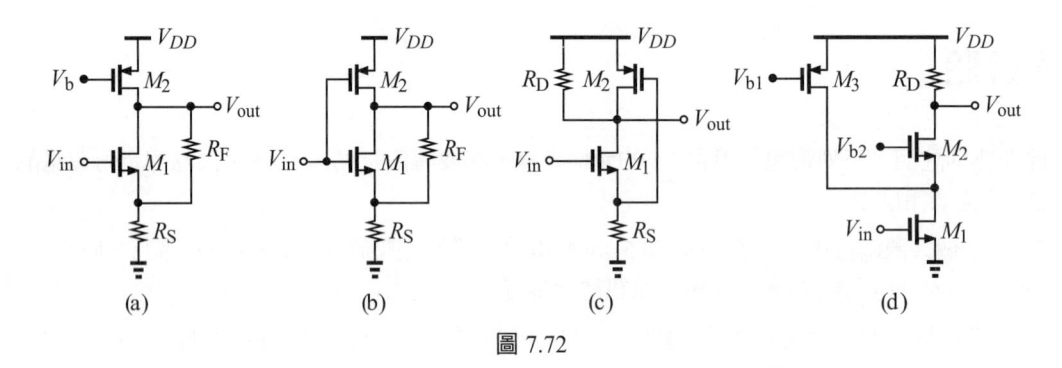

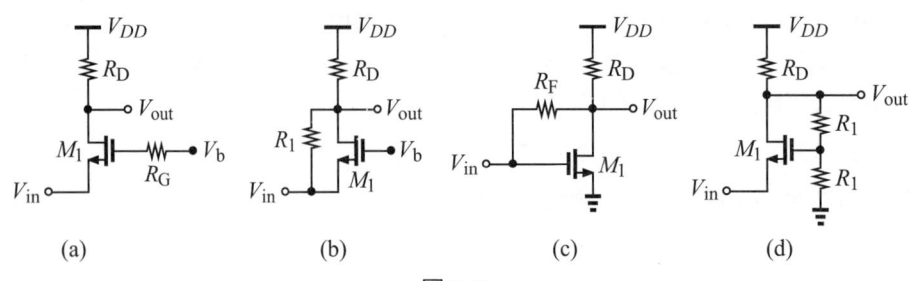

圖 7.72

圖 7.73

圖 7.74

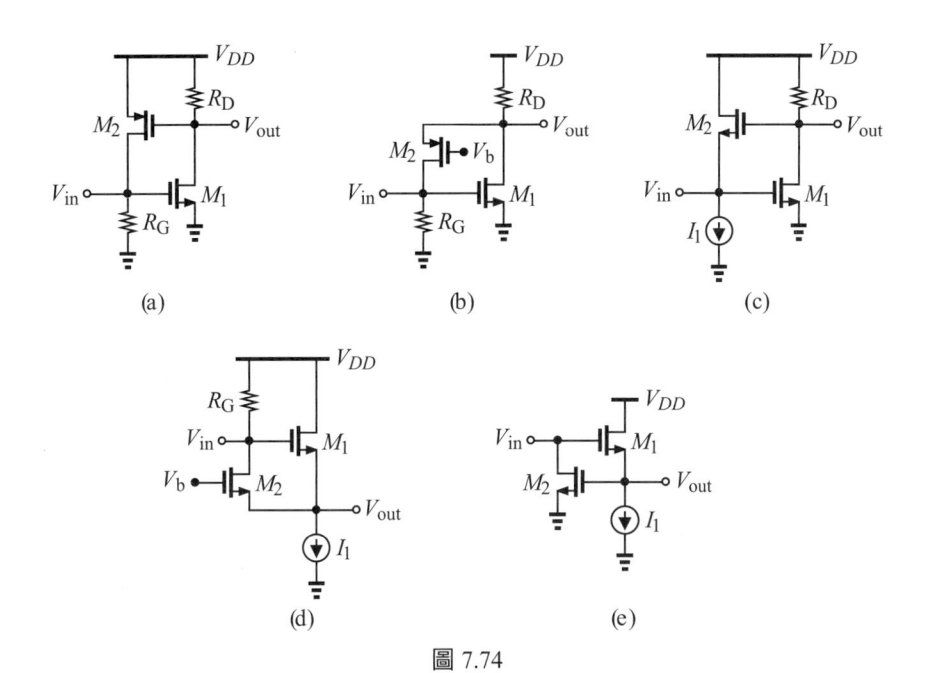

7.11 計算圖 7.51 中源極隨耦器的輸入 $1/f$ 雜訊電壓。

7.12 假設 $\lambda = \gamma = 0$，計算圖 7.75 中每個電路之輸入相關熱雜訊電壓。對 (a) 而言，假設 $g_{m3,4} = 0.5\, g_{m5,6}$。

7.13 考慮圖 7.76 中退化共源極組態。

(a) 計算其輸入相關雜訊電壓，如果 $\lambda = \gamma = 0$。

(b) 假設線性特性需求讓 R_S 的直流跨壓必等於 M_1 之驅動電壓。我們如何比較由 R_S 和 M_1 所產生的熱雜訊？

7.14 解釋為何米勒定律不能用來計算一浮動電阻之熱雜訊效應。

7.15 圖 7.20 之電路為 $(W/L)_1 = 50/0.5$ 及 $I_{D1} = 0.05$ mA。計算在 50 MHz 頻寬時，輸出端的總均方根熱雜訊電壓。

7.16 對圖 7.77 的電路來說，計算在一頻帶 $[f_L, f_H]$ 中總輸出熱雜訊與 $1/f$ 雜訊。假設 $\lambda \neq 0$ 並忽略其他電容。

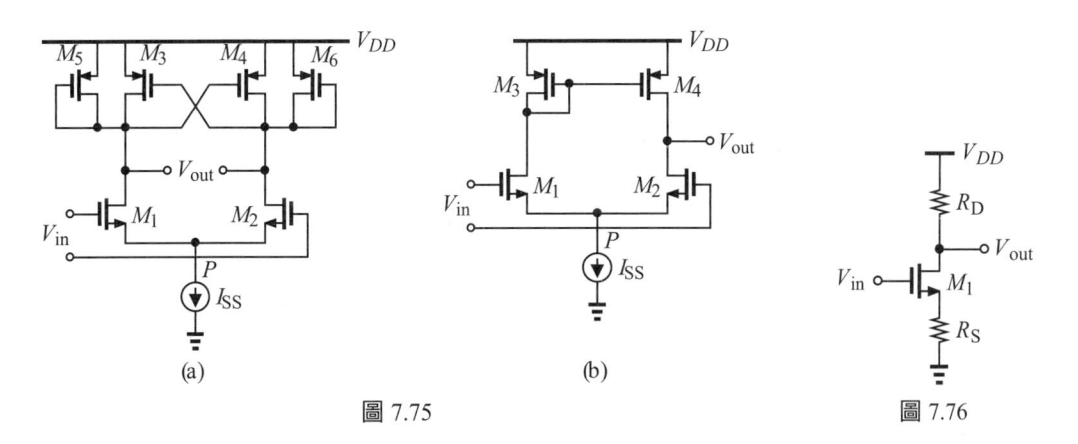

圖 7.75

圖 7.76

圖 7.77　　　　圖 7.78

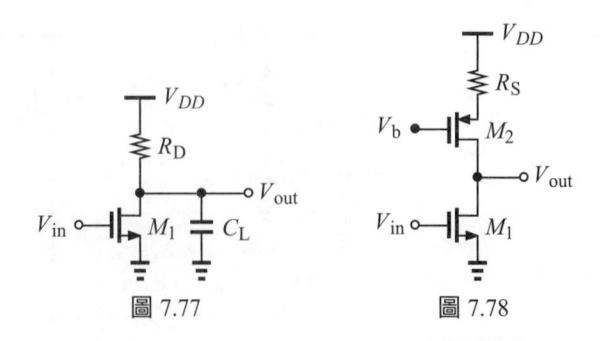

7.17 假設圖 7.42 的電路中，$(W/L)_{1,2} = 50/0.5$ 且 $I_{D1} = |I_{D2}| = 0.5$ mA，其輸入相關熱雜訊電壓為何？

7.18 將圖 7.42 之電路修正為圖 7.78 之電路。

　(a) 計算其輸入相關熱雜訊電壓。

　(b) 對已知之偏壓電流和輸出電壓振幅而言，將輸入熱雜訊最小化的 R_S 值為何？

7.19 一個共閘極組態包含了 $W/L = 50/0.5$，偏壓於 $I_D = 1$ mA 且負載為 1 kΩ。計算其輸入相關熱雜訊電壓和電流。

7.20 圖 7.48 之電路設計為 $(W/L)_1 = 50/0.5$ 及 $I_{D1} = I_{D2} = 0.05$ mA 且 $R_D = 1$ kΩ。

　(a) 求出 $(W/L)_2$ 讓 M_2 所產生輸入相關熱雜訊電流（非電流之平方）為 R_D 所產生的五分之一。

　(b) 計算 V_b 之最小值以代換 M_2 位於三極管區邊界。其最大容許輸出電壓振幅為何？

7.21 設計圖 7.48 之電路，使得其輸入相關熱雜訊電壓為 3 nV/$\sqrt{\text{Hz}}$ 且具有最大輸出振幅。假設 $I_{D1} = I_{D2} = 0.5$ mA。

7.22 考慮圖 7.49 之電路，若 $(W/L)_{1-3} = 50/0.5$，$I_{D1-3} = 0.5$ mA，決定其輸入相關熱雜訊電壓和電流。

7.23 圖 7.49 的電路設計為 $(W/L)_1 = 50/0.5$，$I_{D1-3} = 0.5$ mA。若要一輸入振幅為 2 V 時，藉著迭代法計算 M_2 和 M_3 之尺寸使其輸入相關熱雜訊電流為最小。

7.24 圖 7.51 的源極隨耦器提供了一個 100 Ω 輸出阻抗且偏壓電流為 0.1 mA。

　(a) 計算 $(W/L)_1$。

　(b) 求出由 M_2 產生、為 M_1 五分之一的輸入相關熱雜訊電壓（非電壓之平方）$(W/L)_2$。其最大輸出振幅為何？

7.25 圖 7.52(a) 的串疊組態呈現自 X 點接地的電容 C_X。忽略其他電容，求出輸入相關熱雜訊電壓。

7.26 求取如圖 7.79 中的電路之輸入相關熱雜訊及 $1/f$ 雜訊電壓，並比較計算結果。假設電路消耗相同的供應電流。

7.27 重複範例 7.13 的分析，但假設 $\lambda > 0$。

第 7 章 雜訊　281

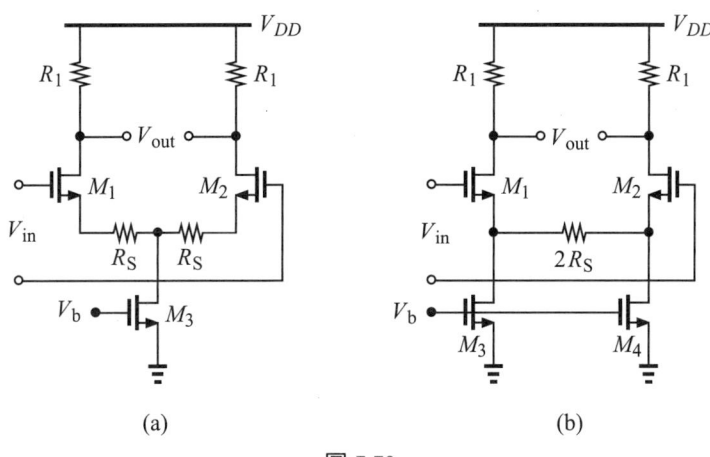

圖 7.79

7.28 假設圖 7.38(a) 中的電路為一個具有有限源極阻抗的電路驅動。如圖 7.80，假設 $\lambda = 0$，忽略 R_S 的雜訊。

(a) 求出電路的輸出雜訊電壓。

(b) 以圖 7.37 類似的分析方法，用 $V_{n,RF}$ 和 $V_{n,M1}$ 項次計算輸入相關雜訊電壓及電流。注意其相關性。

(c) 用電壓和電流（不是功率）重疊，以 (b) 中得到的 $V_{n,in}$ 和 $I_{n,in}$ 計算輸出雜訊電壓。用 $\overline{V_{n,RF}^2} = 4kTR_F$ 和 $\overline{I_{n,M1}^2} = 4kT\gamma g_m$ 的替代算式，得到的結果是否和 (a) 相同？

7.29 考慮圖 7.39(c) 和 (d) 中電路，但考慮 C_{GS} 和一個與閘極串聯的無雜訊阻抗 Z_1，得到 $I_{n,out1}$ 和 $I_{n,out2}$ 的表示式。輔助定理在此例中是否仍然成立？

7.30 包含 C_{GS} 和閘極串連的阻抗 Z_1，重複範例 7.14。輔助定理在此例中是否仍然成立？

7.31 藉由一個串聯的電壓源，模擬圖 7.49 中 M_1 的熱雜訊，假設輸入是開路。

(a) 求出輸出電壓（採用第 3 章中退化共源極組態的電壓增益）。

(b) 將此電壓回推到輸入電流並且比較 M_2 和 M_3 所貢獻的結果。

7.32 圖 7.81 顯示了受源極阻抗 R_S 驅動、無雜訊的放大器。如果可以把放大器模擬成一個低頻增益 A_0 和一個極點 w_0，求出 R_S 所造成的輸出整體積分雜訊。

7.33 考慮圖 7.82 中的熱雜訊，求出輸出雜訊頻譜及整體積分雜訊，假設 $\lambda > 0$。

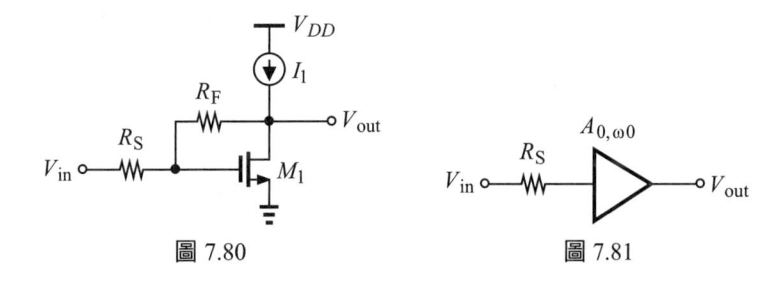

圖 7.80　　　　圖 7.81

圖 7.82

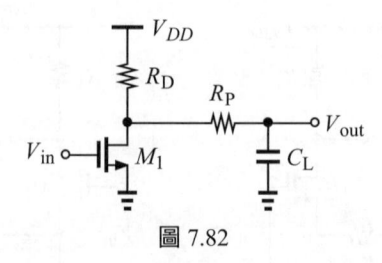

7.34 計算圖 7.83 中電路輸入相關熱雜訊及閃爍雜訊，其中輸出是 $I_{D3} - I_{D4}$。考慮兩個狀況：(a) 是理想電流源及 (b) 用 MOSFET 實現的電流源。忽略通道長度調變及基板效應。

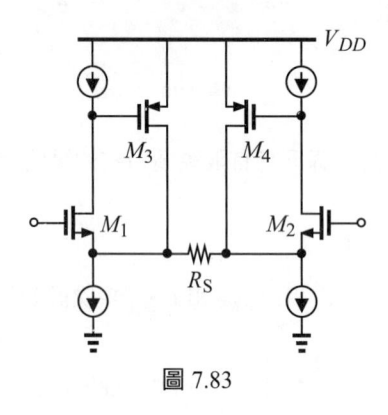

圖 7.83

第 8 章 回授

在 1927 年八月某個和煦的早上，Harold Black 搭渡船從紐約前至紐澤西的貝爾實驗室。Black 和其他研究者正在研究使用於長途電話網路之放大器的非線性問題，希望尋求實際的解決方法。正當他在渡船上看報紙時，腦中突然閃過一個想法，就馬上在報紙上畫了些圖，也成了日後在申請專利時的佐證。這個想法就是我們所熟知的「負回授放大器」。

回授是一種強大的技巧，在類比電路中能找到廣泛的應用。例如，負回授能進行高精確信號處理，而正回授則可建立震盪器。本章只考慮負回授且使用回授來表示。

我們要從回授電路的一般概念開始，描述回授的好處；再來我們說明四個回授組態及其特性；最後再來檢視回授放大器中負載效應。

8.1 一般考量

圖 8.1 顯示了一個負回授系統，其中 $H(s)$ 和 $G(s)$ 分別稱為**前授**（feedforward）和**回授**（feedback）網路。由於 $G(s)$ 的輸出為 $G(s)Y(s)$，$H(s)$ 的輸入則稱為「回授誤差」，表示為 $X(s) - G(s)Y(s)$。也就是說

$$Y(s) = H(s)[X(s) - G(s)Y(s)] \tag{8.1}$$

因此，

$$\frac{Y(s)}{X(s)} = \frac{H(s)}{1 + G(s)H(s)} \tag{8.2}$$

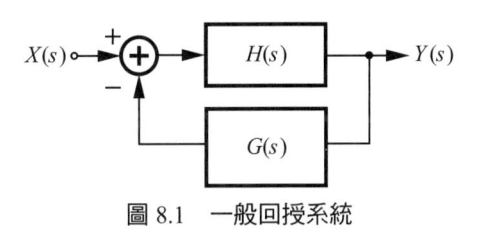

圖 8.1 一般回授系統

我們稱 $H(s)$ 為**開路**轉移函數，而 $Y(s)/X(s)$ 為**閉路**轉移函數。在本書大部分所討論的例子中，$H(s)$ 表示放大器，而 $G(s)$ 則為與頻率無關之數值。換句話說，會量測到一部分的輸

出信號並和輸入信號相比較，產生一誤差項。在設計良好的負回授系統中，誤差會最小化，而讓 G(s) 的輸出信號為輸入信號的「複製」，因此系統的輸出信號真實複製了輸入信號（圖 8.2）。我們也說 H(s) 的輸入為**虛接地**（virtual ground），因為此時的信號很小。在接下來的討論中，我們以與頻率無關的數值 β 來取代 G(s)，並稱其為**回授因子**（feedback factor）。

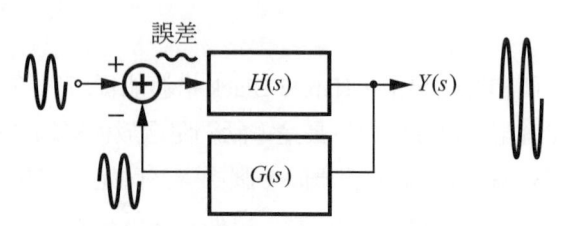

圖 8.2　回授網路輸出與輸入信號間的相似性

確認圖 8.1 中的回授系統的四個元素是非常有用的：(1) 前授放大器；(2) 量測輸出信號的方法；(3) 回授網路；(4) 產生回授誤差的方法。雖然這四種可能在某些情況不如負載退化電阻之簡單共源極組態如此明顯，但在每個回授系統中都存在。

8.1.1 回授電路特性

在進行回授電路分析之前，我們先用一些簡單的例子來說明負回授的好處。

增益鈍化

考慮圖 8.3(a) 的共源極組態，其中電壓增益為 $g_{m1}r_{O1}$。此電路一個嚴重的缺點便是其增益並不明確：g_{m1} 和 r_{O1} 都會隨著製程與溫度變化。現在假設如圖 8.3(b) 之電路組態，其中 M_1 之閘極偏壓藉由第 13 章的方法來設定。接著計算電路在極低頻且 C_2 不會負載輸出端時的總增益，亦即 $V_{out}/V_X = -g_{m1}r_{o1}$。因為 $(V_{out} - V_X)C_2 s = (V_X - V_{in})C_1 s$，可得到

$$\frac{V_{out}}{V_{in}} = -\frac{1}{\left(1 + \dfrac{1}{g_{m1}r_{O1}}\right)\dfrac{C_2}{C_1} + \dfrac{1}{g_{m1}r_{O1}}} \tag{8.3}$$

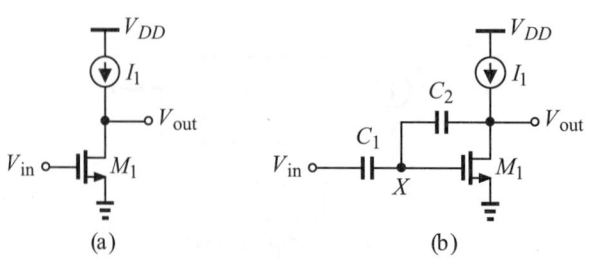

圖 8.3　(a) 簡單共源極組態；(b) 在 (a) 中加上回授電路

如果 $g_{m1}r_{O1}$ 夠大時，可忽略不計分母的 $1/(g_{m1}r_{O1})$ 項，產生

$$\frac{V_{out}}{V_{in}} = -\frac{C_1}{C_2} \tag{8.4}$$

和 $g_{m1}r_{O1}$ 比較，此增益值可以更精確地控制，因為是由兩個電容值比所決定。如果 C_1 和 C_2 以同樣的材料組成，製程與溫度的變化不會改變 C_1/C_2。

上述例子顯示了負回授形成**增益鈍化**，亦即閉路增益要比開路增益不容易受到元件參數的影響。我們也許可以說負回授讓增益「穩定」且因此「改善穩定性」。但這個命名方式也許會與頻率穩定性（見第 10 章）搞混，也就是通常因為負回授而「惡化」。圖 8.4 顯示較一般的情況，將增益鈍化量化為

$$\frac{Y}{X} = \frac{A}{1 + \beta A} \tag{8.5}$$

$$\approx \frac{1}{\beta}\left(1 - \frac{1}{\beta A}\right) \tag{8.6}$$

其中我們假設 $\beta A \gg 1$。我們注意到回授因子 β 的一階近似能求得閉路增益。更重要的是，即使開路增益以 A 倍增長（假設增加一倍）時，Y/X 只會稍微變動，因為 $1/(\beta A) \ll 1$。

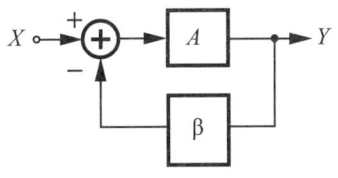

圖 8.4 簡單回授系統

稱為**迴路增益**（loop gain）的 βA 在回授系統中扮演重要角色。[1] 從 (8.6) 可看出，βA 越高時，Y/X 越不受 A 的變化影響。從另一個觀點來看，可藉由將 β 或 A 最大化以增加迴路增益。注意，當 β 增加時，閉路增益 $Y/X \approx 1/\beta$ 會減少，顯示出精確度與閉路增益間的取捨。換句話說，我們以一高增益放大器開始，運用回授來得到較不受影響的低閉路增益。在此另一個結論是回授網路的輸出為 $\beta Y = X \cdot \beta A/(1 + \beta A)$，當 βA 遠大於一時，輸出會接近 A。此結果和圖 8.2 所示相同。

迴路增益計算通常以下列步驟進行。如圖 8.5 所示，我們將主輸入設為零，並在某處打斷迴路「正確方向」的測試信號，沿著迴路信號可得到分隔點之增益，所導出之負轉移函數為迴路增益。注意迴路增益沒有單位，在圖 8.5 中，$V_t\beta(-1)A = V_F$，因此 $V_F/V_t = -\beta A$。同樣如圖 8.6 所示，對簡單回授電路而言，我們可以寫成 $V_X = V_t C_2/(C_1 + C_2)$ 及 [2]

$$V_t \frac{C_2}{C_1 + C_2}(-g_{m1}r_{O1}) = V_F \tag{8.7}$$

---

[1] 迴路增益 βA 與開路增益 A 不可混淆。
[2] 在此常見的錯誤：C_2 在很低頻時並沒有傳遞信號，因此 $V_X = 0$。這是因為 C_1 在低頻時也有很高的阻抗。

圖 8.5 迴路增益計算

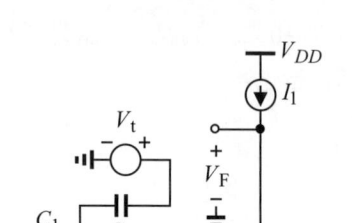

圖 8.6 計算簡單回授電路之迴路增益

也就是說

$$\frac{V_F}{V_t} = -\frac{C_2}{C_1 + C_2} g_{m1} r_{O1} \tag{8.8}$$

注意在輸出端負載 C_2 在此可忽略不計。此問題會再 8.5 節中討論。

範例 8.1

求出圖 8.7(a) 中共閘極組態的迴路增益。

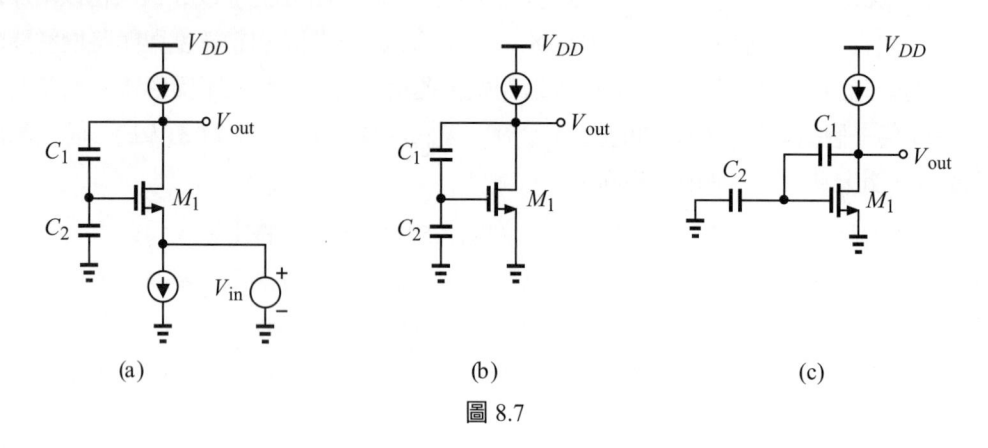

圖 8.7

解 為了計算迴路增益，我們首先設定輸入為零（交流），得到圖 8.7(b) 中的組態。將電路重繪如圖 8.7(c)，當 $V_{in} = 0$ 時，我們知道這和圖 8.3(b) 的共源極組態相同，所以迴路增益如 (8.8)。

在此的重點是，在計算迴路增益時，我們無法得知主要的輸入和輸出。因此，不同的電路可能有相同的迴路增益。

我們應該強調回授所造成的增益鈍化導致許多回授系統的特性。檢查 (8.6) 如果 βA 很大時，可忽略不計 A 的大變化對 Y/X 之影響。這些變化可能因為製成、溫度、頻率與負載等原因。舉例來說，如果 A 在高頻時下降，Y/X 變動會較小，而頻寬會增加。同樣如果因為放大器驅動一大負載讓 A 下降時，Y/X 不大會受影響。這些觀念稍後更清楚提到。

端點阻抗修正

我們接著以圖 8.8(a) 的電路為第二個例子，其中一電容性分壓器量測到一共閘極組態的輸出電壓，並將結果加至電流源 M_2 的閘極，因此會回傳一信號至輸入端。[3] 我們要計算在有無回授的情況下，其極低頻的輸入電阻。忽略通道長度調變效應及 C_1 所抽取的電流，並打斷圖 8.8(b) 的回授迴路，可得

$$R_{in,open} = \frac{1}{g_{m1} + g_{mb1}} \tag{8.9}$$

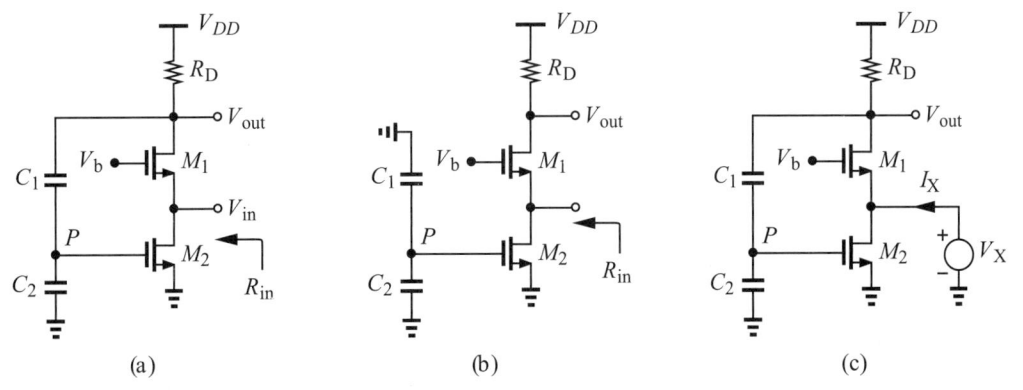

圖 8.8　(a) 使用回授之共閘極電路；(b) 開路電路；(c) 計算輸入電阻

對於閉路電路而言，如圖 8.8(c) 可寫成 $V_{out} = (g_{m1} + g_{mb1})V_X R_D$ 及

$$V_P = V_{out}\frac{C_1}{C_1 + C_2} \tag{8.10}$$

$$= (g_{m1} + g_{mb1})V_X R_D \frac{C_1}{C_1 + C_2} \tag{8.11}$$

因此，M_2 的小信號汲極電流等於 $g_{m2}(g_{m1} + g_{mb1})V_X R_D C_1/(C_1 + C_2)$。以適當的極性將此電流和 M_1 的汲極電流相加以產生 I_X：

---

3 沒有顯示 M_2 的偏壓網路。

$$I_X = (g_{m1} + g_{mb1})V_X + g_{m2}(g_{m1} + g_{mb1})\frac{C_1}{C_1 + C_2}R_D V_X \tag{8.12}$$

$$= (g_{m1} + g_{mb1})\left(1 + g_{m2}R_D\frac{C_1}{C_1 + C_2}\right)V_X \tag{8.13}$$

則

$$R_{in,closed} = V_X/I_X \tag{8.14}$$

$$= \frac{1}{g_{m1} + g_{mb1}}\frac{1}{1 + g_{m2}R_D\dfrac{C_1}{C_1 + C_2}} \tag{8.15}$$

我們推論此回授會使輸入電阻減少 $1 + g_{m2}R_D C_1/(C_1 + C_2)$。各位可證明 $g_{m2}R_D C_1/(C_1 + C_2)$ 為迴路增益。

現在以圖 8.9(a) 的電路為回授修正輸出阻抗的例子。在此，M_1、R_S 和 R_D 組成一共源極組態，而 C_1、C_2 和 M_2 來量測輸出電壓，[4] 最後將電流 $[C_1/(C_1 + C_2)]V_{out}g_{m2}$ 傳回給 M_1 的源極。各位可以證明此回授系統的確為負。為計算在極低頻之輸出電阻，我們將輸入設定為零〔圖 8.9(b)〕並且寫成

$$I_{D1} = V_X\frac{C_1}{C_1 + C_2}g_{m2}\frac{R_S}{R_S + \dfrac{1}{g_{m1} + g_{mb1}}} \tag{8.16}$$

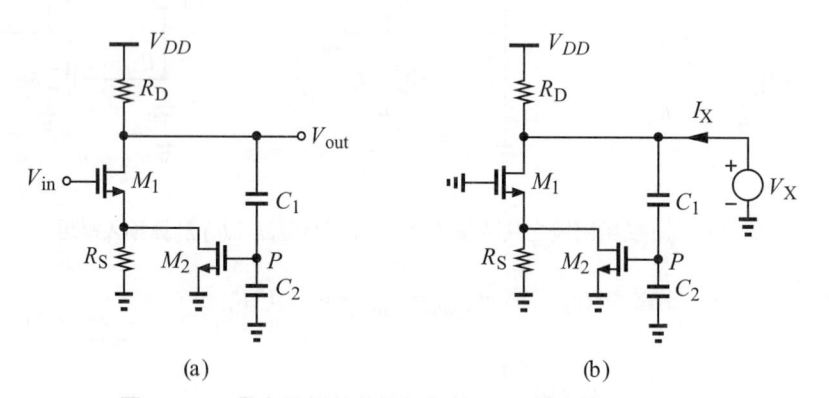

圖 8.9　(a) 具有回授的共源極組態；(b) 輸出電阻之計算

因為 $I_X = V_X/R_D + I_{D1}$，我們可以得到

$$\frac{V_X}{I_X} = \frac{R_D}{1 + \dfrac{g_{m2}R_S(g_{m1} + g_{mb1})R_D}{(g_{m1} + g_{mb1})R_S + 1}\dfrac{C_1}{C_1 + C_2}} \tag{8.17}$$

---

4 沒有呈現 M_2 的偏壓電路。

(8.17) 指出此種回授電路會減少輸出電阻，分母的確為迴路增益加一。

頻寬修正

下一個例子顯示負回授電路對頻寬的影響。假設前授放大器一單極點轉移函數：

$$A(s) = \frac{A_0}{1 + \dfrac{s}{\omega_0}} \tag{8.18}$$

其中 A_0 代表低頻增益且 w_0 為 3dB 頻寬。此閉路系統的轉移函數為何？從 (8.5) 可得到

$$\frac{Y}{X}(s) = \frac{\dfrac{A_0}{1 + \dfrac{s}{\omega_0}}}{1 + \beta \dfrac{A_0}{1 + \dfrac{s}{\omega_0}}} \tag{8.19}$$

$$= \frac{A_0}{1 + \beta A_0 + \dfrac{s}{\omega_0}} \tag{8.20}$$

$$= \frac{\dfrac{A_0}{1 + \beta A_0}}{1 + \dfrac{s}{(1 + \beta A_0)\omega_0}} \tag{8.21}$$

(8.21) 的分子為低頻閉路增益——如 (8.5) 所預測——而分母顯示了一極點於 $(1 + \beta A_0)\omega_0$。因此，3dB 頻寬將增加 $1 + \beta A_0$ 倍，雖然得耗費等比減少的增益（圖 8.10）。

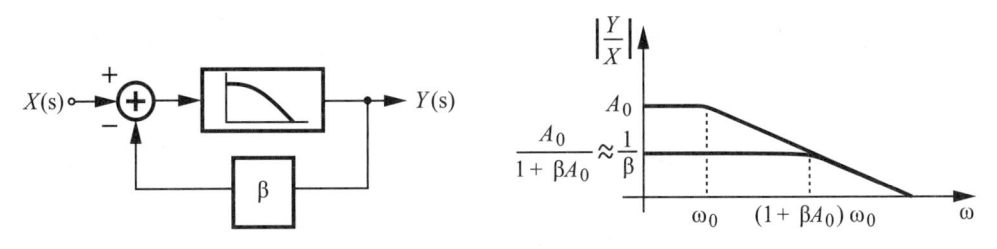

圖 8.10　因為回授所造成的頻寬修正

頻寬增加基本上是因為回授的增益鈍化特性。回想一下 (8.6)，如果 A 足夠大時，甚至如果 A 變化很大時，閉路增益大約等於 $1/\beta$。在圖 8.10 的例子中，A 將隨著頻率變化，而不隨製程或溫度改變，但負回授仍然會抑制此變動的效應。當然在高頻時，A 會下降讓 βA 和 1 差不多大，且閉路增益會降至比 $1/\beta$ 還低。

(8.21) 則為單極點系統的「增益－頻寬乘積」不會隨著回授而變化，而會讓各位好奇如果要得到高增益時，回授系統如何改善速度。假設我們需要放大 20 MHz 方波 100 倍及增加其最大頻寬，但開路增益只有為 100 而 3dB 頻寬為 10 MHz 的單極點放大器。

如果將輸入信號加至開路放大器時,其輸出響應如圖 8.11(a) 顯示出一個長的上升時間 (risetime) 與下降時間 (falltime),因為時間常數為 $1/(2\pi f_{3\text{-}dB}) \approx 16$ ns。

現在我們假設將回授系統加至放大器,使其增益與頻寬分別修正為 10 和 100MHz。將這兩個放大器放在一疊接組態中〔圖 8.11(b)〕,我們得到一增益為 100 的較快響應。當然,此疊接組態消耗了近兩倍的功率,但即使利用原始放大器且其消耗功率也加倍時,要達到此效能仍然相當困難。

非線性縮減

負回授在類比電路中一個非常重要的特性為抑制其非線性。非線性特就是偏離一條直線,亦即特性曲線的斜率改變(圖 8.12)。一個常見的範例就是差動對的輸入－輸出特性曲線。

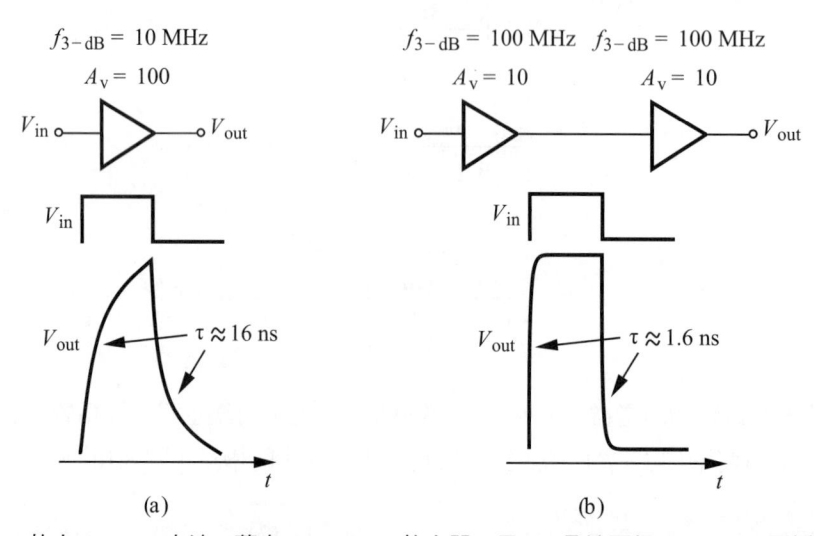

圖 8.11 放大 20 MHz 方波,藉由 (a)20 MHz 放大器;及 (b) 疊接兩個 100-MHz 回授放大器

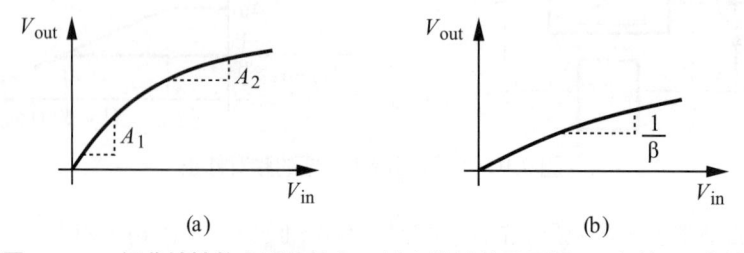

圖 8.12 一個非線性放大器的輸入－輸出特性使用回授 (a) 之前 (b) 之後

注意我們可以視斜率為小信號增益。我們預測即使一個開路放大器的增益如圖 8.12 從 A_1 變化到 A_2,閉路回授系統包含這樣一個放大器,得到的增益變化會較少,因此線性度較高。為了量化此效應,我們注意到,如圖 8.12 區間 1 和區間 2 的開路增益比會等於

$$r_{open} = \frac{A_2}{A_1} \tag{8.22}$$

舉例來說，$r_{open} = 0.9$ 意味著從區間 1 到區間 2，增益會掉 10%。假設 $A_2 = A_1 - A$，我們可以得到

$$r_{open} = 1 - \frac{\Delta A}{A_1} \tag{8.23}$$

接著將此放大器放在負回授迴圈中。以閉路增益比來看，可以得到

$$r_{closed} = \frac{\dfrac{A_2}{1+\beta A_2}}{\dfrac{A_1}{1+\beta A_1}} \tag{8.24}$$

$$= \frac{1 + \dfrac{1}{\beta A_1}}{1 + \dfrac{1}{\beta A_2}} \tag{8.25}$$

可以得到

$$r_{closed} \approx 1 - \frac{\dfrac{1}{\beta A_2} - \dfrac{1}{\beta A_1}}{1 + \dfrac{1}{\beta A_2}} \tag{8.26}$$

$$\approx 1 - \frac{A_1 - A_2}{1 + \beta A_2} \frac{1}{A_1} \tag{8.27}$$

$$\approx 1 - \frac{\Delta A}{1 + \beta A_2} \frac{1}{A_1} \tag{8.28}$$

比較 (8.23) 和 (8.28) 可得知，若閉路增益 $1 + \beta A_2$ 很大，後者的增益比更趨近於 1。

我們會在第 14 章更廣泛研究非線性和其在回授系統特性。

8.1.2 放大器種類

可將到目前為止所學到的放大器視為「電壓放大器」，因為會在輸入端量測到一電壓並在輸出端產生一電壓。然而，其他種類的放大器可用來量測或產生電流。如圖 8.13 所示，這四個組態有相當不同的特性：(1) 量測電壓的電路必須有高輸入阻抗（如伏特計），而量測電流的電路必須提供一低輸入阻抗（如電流計）；(2) 產生電壓的電路必須有一低輸出阻抗（如一電壓源），而產生電流的電路必須提供一高輸出阻抗（如一電流源）。注意轉阻或轉導[5]的放大器增益分別有其電阻或電導範圍。舉例來說，一個轉阻放大器可能擁

---

[5] 此為標準術語但非統一用法。我們可以用轉阻抗（transimpedance）和轉導納（transadmittance）或轉阻（transresistance）和轉導（transconductance）。

有一 2 kΩ 的增益，代表對 1 mA 的輸入電流會產生一 2 V 輸出電壓。我們同樣使用圖 8.13 的符號標記；舉例來說，若 I_{in} 流入放大器時，轉阻 $R_0 = V_{out}/I_{in}$。

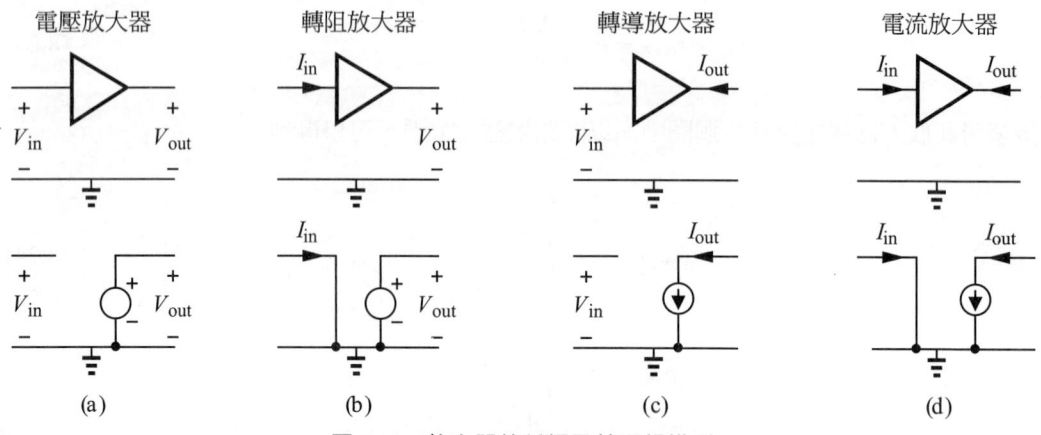

圖 8.13　放大器的種類及其理想模型

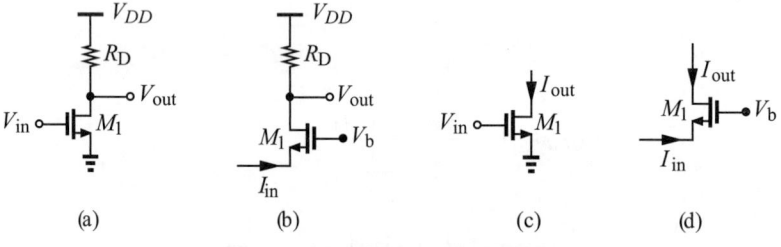

圖 8.14　四種放大器之簡單組態

圖 8.14 顯示出每個放大器的簡單例子。圖 8.14(a) 的共源極組態量測並產生電壓；而圖 8.14(b) 的共閘極電路為轉阻放大器，讓源極電流轉換為汲極電壓。圖 8.14(c) 的共源極電晶體為轉導放大器，產生對應於輸入電壓的輸出電流，最後圖 8.14(d) 的共閘極元件量測並產生電流。

圖 8.14 的電路在許多應用中可能無法提供適當效能。舉例來說，圖 8.14(a) 和 (b) 的電路會碰到高輸出阻抗。圖 8.15 顯示了改變其輸出阻抗或增加其增益的修正電路。

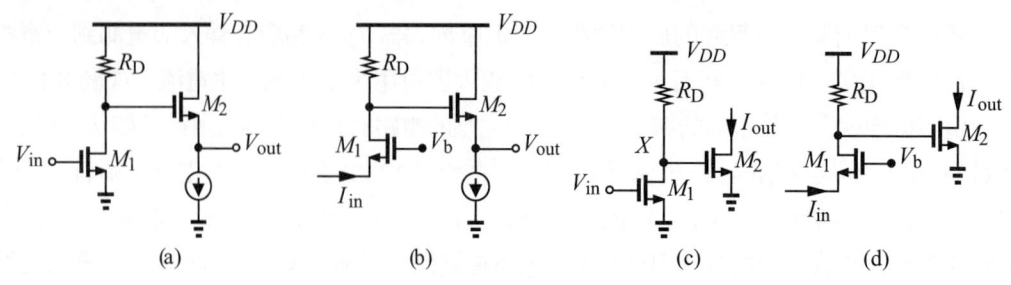

圖 8.15　改善效能後的四種放大器

範例 8.2

計算如圖 8.15(c) 轉導放大器的增益。

解 在此例子中，增益定義為 $G_m = I_{out}/V_{in}$。也就是說

$$G_m = \frac{V_X}{V_{in}} \cdot \frac{I_{out}}{V_X} \tag{8.29}$$

$$= -g_{m1}(r_{O1} \| R_D) \cdot g_{m2} \tag{8.30}$$

儘管大部分熟悉的放大器為電壓－電壓型態，其他三種組態仍有其應用。舉例來說，轉阻放大器為光纖接收器的積體元件，因為其必須量測由發光二極體產生之電流，並產生能由後續電路處理的電壓信號。

範例 8.3

針對非理想的放大器，重建圖 8.13 模型。

解 一個非理想電壓放大器從其輸入抽取電流且存在有限輸出阻抗，如圖 8.16(a) 所繪。

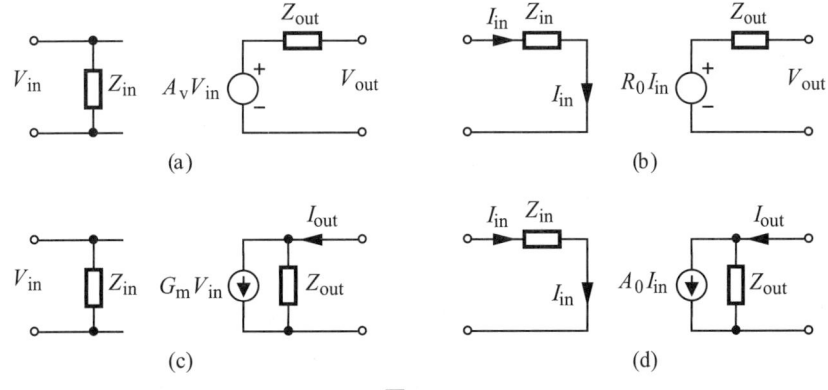

圖 8.16

一個非理想轉導放大器也許有有限輸入和輸出阻抗〔圖 8.16(b)〕，注意 Z_{in} 和圖 8.16(a) 輸入埠並聯，而和圖 8.16(b) 輸入埠串聯。這是為了確保在理想狀態中產生有意義的結果。如果在前者，Z_{in} 變成無窮大；在後者，Z_{in} 變成零，模型會簡化成圖 8.13。

鼓勵各位針對另外兩種放大器類型，確認圖 8.16(c) 和 (d) 中的模型。由於 C_{GD}，我們必須提到這些放大器也許會有從其輸出到輸入點的內部回授，但是目前為止我們忽略此效應。

8.1.3 量測與回傳機制

在一回授迴路中放置一電路量測其輸出信號，並將結果回傳給輸入端的**相加節點**（summing node）。當電壓或電流作為輸入和輸出信號時，我們可確認四種回授系統：電

壓－電壓，電壓－電流，電流－電流，電流－電壓，其中每種系統之第一項代表輸出端所量測的信號而第二項則為回傳給輸入端的信號種類。[6]

探討量測與總計電壓和電流的方法是非常有用的。為量測一電壓，我們將一伏特計和其對應端並聯〔圖 8.17(a)〕，理想上為無負載情形。當使用於回授系統中，此類量測（無論回授到輸入的量）亦稱為**並聯回授**（shunt feedback）。

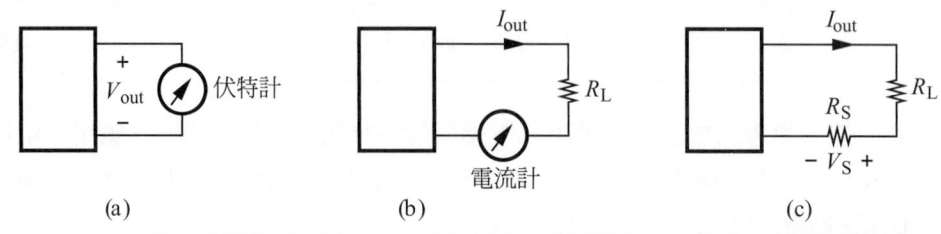

圖 8.17　(a) 使用伏特計量測電壓；(b) 使用電流計量測電流；(c) 使用一小電阻量測電流

為了量測一電流，一電流計將與信號串聯〔圖 8.17(b)〕，理想上其電阻為零。因此，這類量測也稱為**串聯回授**（series feedback）。實際上，一小電阻將取代電流計〔圖 8.17(c)〕，其電阻上的跨壓將作為輸出電流之量測。

將回授信號與輸入信號相加可以電壓或是電流形式進行。為了讓這兩個信號相加，如果兩者為電壓時，將其串聯；如果為電流時，則將其並聯（圖 8.18）。

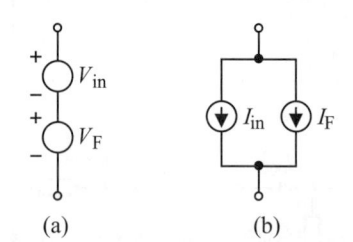

圖 8.18　(a) 電壓相加；(b) 電流相加

為表示圖 8.17 和 8.18 的方法，接著考慮一些實際的電路。電壓可利用一與節點並聯的電阻（或電容）分壓器來量測〔圖 8.19(a)〕並放置一個串聯電阻來量測電流和其跨壓〔圖 8.19(b) 和 (c)〕。要讓電壓相減，可利用差動對〔圖 8.19(d)〕。此外如圖 8.19(e) 和 (f)，可利用單一電晶體讓電壓相減，因為 I_{D1} 為 $V_{in} - V_F$ 的函數。電流的相減可利用圖 8.19(g) 或 (h) 的電路來完成。注意對電壓相減來說，將輸入和回授信號加至兩個不同節點，而電流相減則為加至同一節點。此觀察證明對確認回授系統的種類上非常有用。

儘管理想上並不影響開路放大器本身的操作，實際上必須要考慮到回授網路會導入負載效應，此問題會在 8.5 小節中討論。

---

[6] 針對此四類回授，不同研究會使用不同項次與用語。

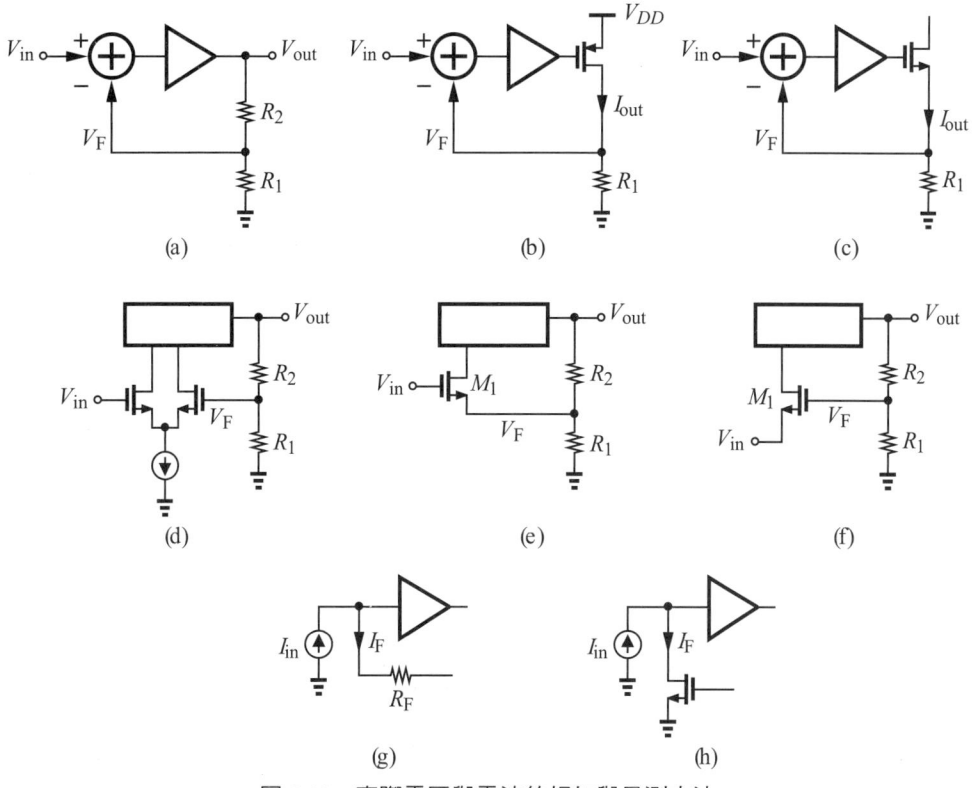

圖 8.19　實際電壓與電流的相加與量測方法

8.2 回授組態

本節會分別將四個放大器型態放置在回授迴圈中，來研究四個「典型」組態。如圖 8.20，X 和 Y 點可以是電流或電壓。可以稱主要放大器為「前授」放大器，我們會透過回授來改善放大器的效能。

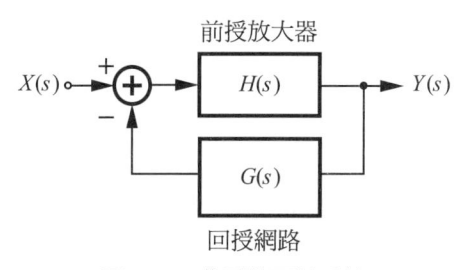

圖 8.20　典型的回授系統

我們必須注意有些回授電路和這四種典型組態並不一致。我們稍後會回頭討論此點。但從分析這些組態得到的直觀結論對類比電路設計是很重要的。舉例來說，我們可從中得知，其中一種回授降低輸出阻抗，另外一種則會提高輸出阻抗。

8.2.1 電壓－電壓回授

此組態對輸出電壓量測並以電壓回傳回授信號。[7] 依照圖 8.17 和 8.18 的概念，我們注意到回授電路與輸出端並聯與輸入端串聯（圖 8.21）。在此情況下，理想的回授電路呈現無限大輸入阻抗和零輸出阻抗，因為其量測了一電壓並產生了一個電壓。因此可以將此表示為 $V_F = \beta V_{out}$、$V_e = V_{in} - V_F$、$V_{out} = A_0(V_{in} - \beta V_{out})$，故

$$\frac{V_{out}}{V_{in}} = \frac{A_0}{1 + \beta A_0} \tag{8.31}$$

我們確認 βA_0 為迴路增益而總增益也減少 $1 + \beta A_0$ 倍，在此注意 A_0 和 β 皆為無單位數值。

我們利用一簡單電壓－電壓回授，假設運用一具有單端輸出的差動電壓放大器作為前授放大器，而電阻分壓器作為一回授網路〔圖 8.22(a)〕。分壓器量測到輸出電壓，並由此產生一部分的回授信號 V_F。依據圖 8.21 的方塊圖，我們將 V_F 與放大器之輸入端串聯來完成電壓的相減〔圖 8.22(b)〕。

圖 8.21　電壓－電壓回授電路

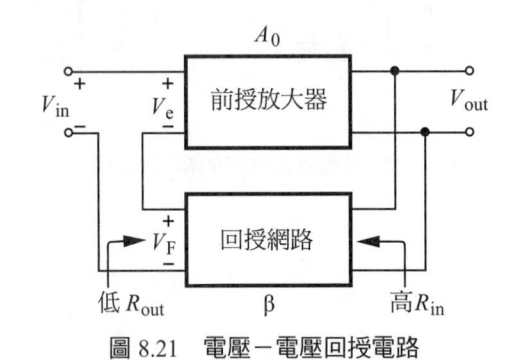

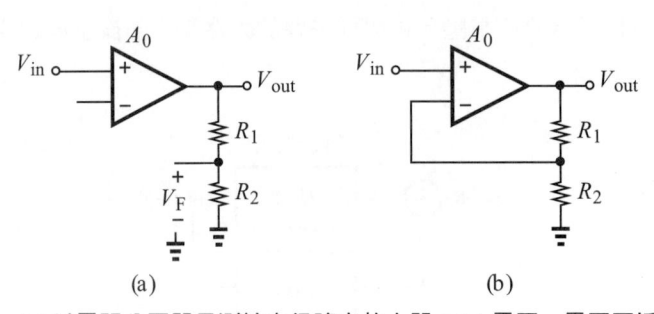

圖 8.22　(a) 以電阻分壓器量測輸出信號之放大器；(b) 電壓－電壓回授放大器

7　此又稱為「串並聯」回授，其中第一項為輸入連結而第二項為輸出連結。

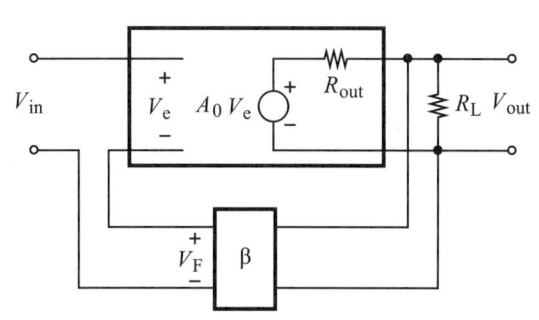

圖 8.23　電壓－電壓回授電路對輸出電阻的影響

電壓－電壓回授如何改變其輸入和輸出阻抗呢？首先考慮輸出阻抗。回想一下，一個嘗試讓輸出信號複製輸入信號的負回授系統。如圖 8.23 所示，現在假設我們負載一電阻 R_L 於輸出端，並漸漸減少其值。在開路組態中，輸出信號僅以 $R_L/(R_L+R_{out})$ 等比降低。而在回授系統中，儘管 R_L 值下降，V_{out} 仍約等於 V_{in} 乘上一個倍數。那就是說只要迴路增益遠高於一時，不論 R_L 值為多少，$V_{out}/V_{in} \approx 1/\beta$。從另外一觀點來看，雖然負載會變化，但因為電路穩定了輸出電壓大小，如電壓源一般，呈現低輸出阻抗的特性。基本上，這個特性是源自於回授的增益鈍化特性。

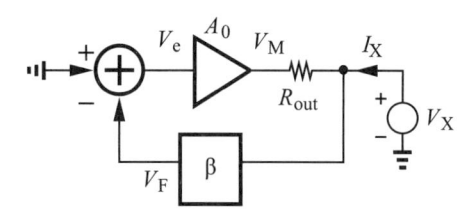

圖 8.24　計算電壓－電壓回授電路的輸出電阻

為正式證明電壓回授會降低輸出阻抗，接著考慮圖 8.24 的簡單模型，其中 R_{out} 代表前授放大器的輸出阻抗。將輸入值設為零，並在輸出端加一電壓，可寫成 $V_F = \beta V_X$、$V_e = -\beta V_X$、$V_M = -\beta A_0 V_X$，因此 $I_X = [V_X - (-\beta A_0 V_X)]/R_{out}$（若忽略從回授網路抽走的電流），可得到

$$\frac{V_X}{I_X} = \frac{R_{out}}{1+\beta A_0} \tag{8.32}$$

因此，輸出阻抗及增益會減少相同的倍數。舉例來說，圖 8.22(b) 電路中的輸出阻抗將減少 $1+A_0R_2/(R_1+R_2)$ 倍。

範例 8.4

圖 8.25(a) 為圖 8.22(b) 回授組態的實際運作電路，但其電阻以電容所取代（在此未列出 M_2 的偏壓電路）。計算放大器在極低頻時的閉路增益和輸出電阻值。

簡單運算放大器

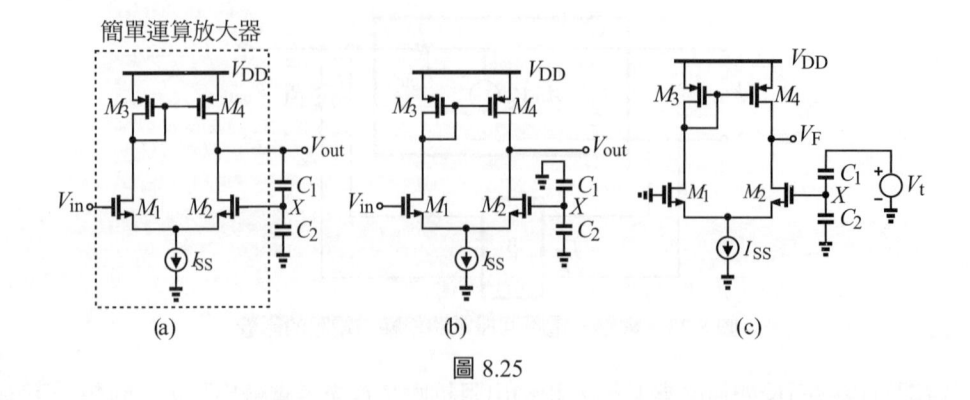

圖 8.25

解 在低頻時，C_1 和 C_2 負載於放大器可忽略不計。為得到開路電壓增益，我們打斷回授迴路如圖 8.25(b) 所示，將 C_1 之上板接地以確保零回授電壓。開路增益等於 $g_{m1}(r_{O2}\|r_{O4})$。

我們也必須計算迴路增益 β_{A0}。利用圖 8.25(c)，可得到

$$V_F = -V_t \frac{C_1}{C_1 + C_2} g_{m1}(r_{O2}\|r_{O4}) \tag{8.33}$$

也就是

$$\beta A_0 = \frac{C_1}{C_1 + C_2} g_{m1}(r_{O2}\|r_{O4}) \tag{8.34}$$

因此

$$A_{closed} = \frac{g_{m1}(r_{O2}\|r_{O4})}{1 + \dfrac{C_1}{C_1 + C_2} g_{m1}(r_{O2}\|r_{O4})} \tag{8.35}$$

一如預期，如果 $\beta A_0 \gg 1$，則 $A_{closed} \approx 1 + C_2/C_1$。

電路的開路輸出電阻等於 $r_{O2}\|r_{O4}$（第 5 章），故

$$R_{out,closed} = \frac{r_{O2}\|r_{O4}}{1 + \dfrac{C_1}{C_1 + C_2} g_{m1}(r_{O2}\|r_{O4})} \tag{8.36}$$

有趣的是，如果 $\beta A_0 \gg 1$，則

$$R_{out,closed} \approx \left(1 + \frac{C_2}{C_1}\right) \frac{1}{g_{m1}} \tag{8.37}$$

換句話說，甚至如果開路放大器遇到一高輸出電阻時，其閉路輸出電阻和 $r_{O2}\|r_{O4}$ 無關，只因為開路增益隨 $r_{O2}\|r_{O4}$ 一起變化。

範例 8.5

圖 8.26(a) 呈現一個使用運算放大器的反向放大器，且圖 8.26(b) 說明包含電容而不是電阻的回授網路，求後者在低頻的迴路增益以及輸出阻抗。

(a)   (b)

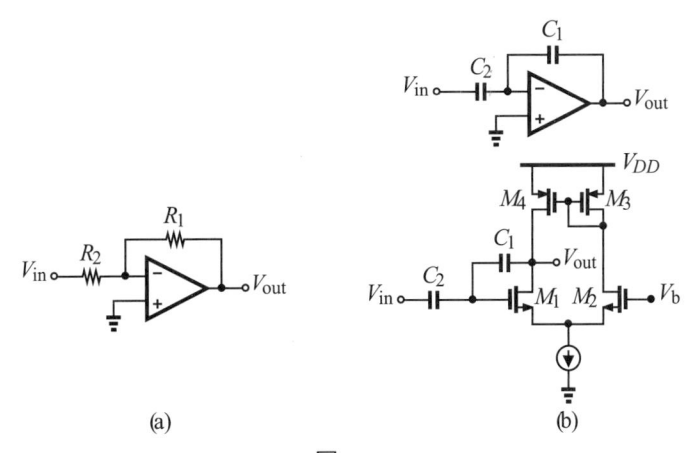

圖 8.26

解 當 V_{in} 設定為零，此電路變得和 8.25(a) 沒什麼不同，因此迴路增益可由 (8.34) 求得，而輸出阻抗可由 (8.36) 求得。

圖 8.25(a) 和圖 8.26(b) 的電路似乎相似，但提供了一個不同的閉路增益，分別約為 $1 + C_2/C_1$ 及 $-C_2/C_1$。因此對一個 4 倍的增益，在前者中為 $C_2/C_1 \approx 3$，而在後者中為 $C_2/C_1 \approx 4$。在此例子中，哪個組態的迴路增益較高？

電壓－電壓回授也改變了輸入阻抗。和圖 8.27 的組態相比較，我們注意到前授放大器的輸入阻抗承受圖 8.27(a) 中完整的輸入電壓，但圖 8.27(b) 只承受了一部分 V_{in}。因此被回授組態 R_{in} 吸入的電流比在開路系統中的少，故導致了回傳電壓至輸入端會增加輸入阻抗。

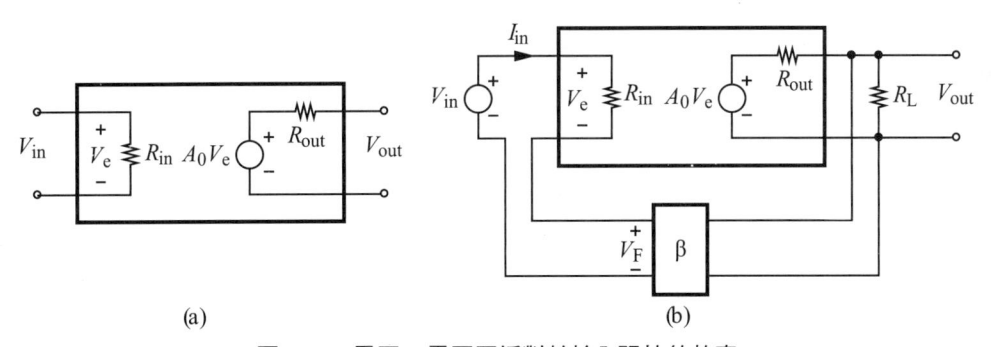

(a)   (b)

圖 8.27　電壓－電壓回授對於輸入阻抗的效應

以上觀察可利用圖 8.28 來進行分析驗證。因為 $V_e = I_X R_{in}$ 且 $V_F = \beta A_0 I_X R_{in}$，我們得到 $V_e = V_X - V_F = V_X - \beta A_0 I_X R_{in}$。因此，$I_X R_{in} = V_X - \beta A_0 I_X R_{in}$，且

$$\frac{V_X}{I_X} = R_{in}(1 + \beta A_0) \tag{8.38}$$

輸入阻抗因此增加了 $1 + \beta A_0$ 倍，讓電路更接近理想電壓放大器。

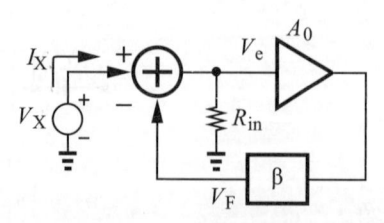

圖 8.28 計算電壓－電壓回授電路的輸入阻抗

範例 8.6

圖 8.29(a) 顯示了一個共閘極組態，並置於電壓－電壓回授組態中。注意到回授電壓與輸入電壓相加是藉由將前者加至閘極而後者加至源極。[8] 如果通道長度調變效應可忽略不計時，計算低頻時的輸入阻抗。

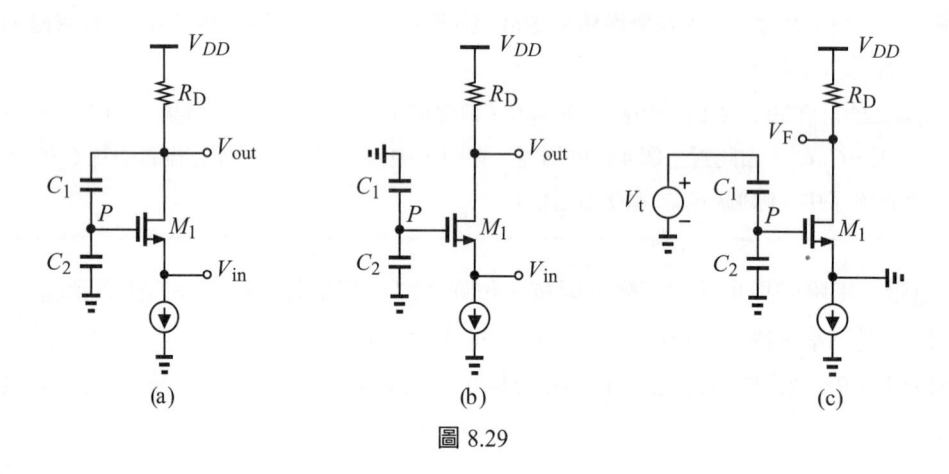

圖 8.29

解 如圖 8.29(b) 打斷此迴路，我們確認此開路輸入電阻為 $(g_{m1} + g_{mb1})^{-1}$。為求出迴路增益，我們將輸入設為零，並注入一測試信號於迴路〔圖 8.29(c)〕，可得到 $V_F/V_t = -g_{m1}R_D C_1/(C_1 + C_2)$。閉路輸入電阻等於

$$R_{in,closed} = \frac{1}{g_{m1} + g_{mb1}} \left(1 + \frac{C_1}{C_1 + C_2} g_{m1} R_D \right) \tag{8.39}$$

輸入阻抗的增加可解釋如下：假設輸入電壓減少 ΔV，造成輸出電壓短暫下降，因此 M_1 的閘極電壓下降，並降低 M_1 的閘極－源極電壓，且使 V_{GS1} 產生一小於 ΔV 的變化。這意思就是源極電流的改變量不高於 $(g_m + g_{mb})\Delta V$。相反地，若 M_1 的閘極連接至一固定電壓時，閘極－源極電壓會改變 ΔV，導致電流的大變化。

總括來說，電壓－電壓回授會降低輸出阻抗並增加輸入阻抗，故已證明高阻抗和低阻抗負載間的「緩衝」組態是有用的。

---

[8] 此電路和圖 8.25(a) 所示組態的右半部相似。

8.2.2 電流－電壓回授

在一些電路中，量測輸出電流以執行回授是較為理想且簡單的。事實上，電流是用一個與輸出端串聯的小電阻來量測，且使用此電阻跨壓為回授訊息。此電壓甚至可作為回傳訊號，直接由輸入端減去。

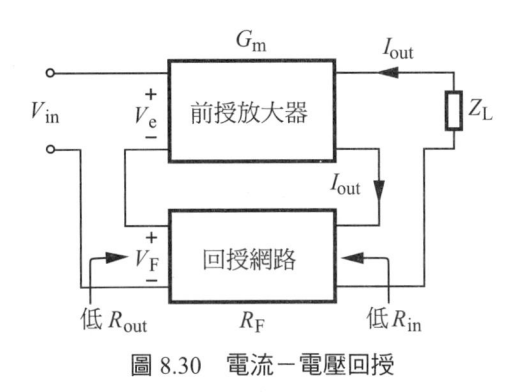

圖 8.30 電流－電壓回授

接著考慮如圖 8.30 的一般電流－電壓回授系統。[9] 由於回授電路量測到輸出電流並以電壓回應，其回授因子 β 的單位和電阻相同，且以 R_F 表示。很重要的是 G_m 必須要以一有限阻抗 Z_L 負載（端點連接），來確保其能產生輸出電流。如果 $Z_L = \infty$，則理想 G_m 組態可以支撐一個有限輸出電壓，我們寫出 $V_F = R_F I_{out}$、$V_e = V_{in} - R_F I_{out}$，因此 $I_{out} = G_m(V_{in} - R_F I_{out})$。可以得到

$$\frac{I_{out}}{V_{in}} = \frac{G_m}{1 + G_m R_F} \tag{8.40}$$

在此例中，一個理想的回授網路有零輸入和輸出阻抗。

確認 $G_m R_F$ 的確為迴路增益是非常有用的。如圖 8.31 所示，將輸入電壓設為零，然後打斷回授電路與輸出端的連接以切斷迴路，並在輸出端以短路取代（如果回授電路為理想時）。然後我們增加一測試信號 I_t，產生 $V_F = R_F I_t$，故 $I_{out} = -G_m R_F I_t$。因此使用回授電路時，迴路增益等於 $G_m R_F$，放大器的轉導會減少 $1 + G_m R_F$。

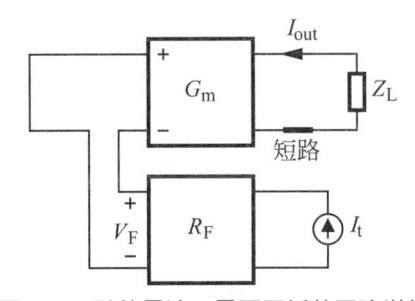

圖 8.31 計算電流－電壓回授的迴路增益

---

9 此組態稱為「串聯－串聯」回授。

假設回授網路的輸入阻抗為零是符合實際狀況的嗎?為什麼我們使用一個測試電流而不是測試電壓?此測試方式會影響迴路增益的計算嗎?這些問題稍後會討論。

量測回授系統的輸出電流會增加輸出阻抗,這是因為系統的輸出電流嘗試真實複製輸入信號(以一比例因子複製,如果輸入為一電壓信號時)。所以當負載變化時,系統仍傳送相同的電流波形,其本質上為一理想電流源故有高輸出阻抗。

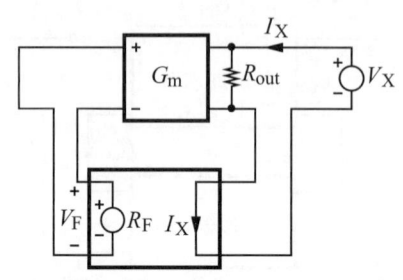

圖 8.32 計算一電流-電壓回授放大器之輸出電阻

為證明上述結果,接著來考慮圖 8.32 中的電流-電壓回受組態,其中 R_{out} 代表前授放大器的有限輸出阻抗。[10] 此回授電路產生一與 I_X 成比例的電壓 V_F:$V_F = R_F I_X$,且由 G_m 所產生的電流為 $-R_F I_X G_m$。所以 $-R_F I_X G_m = I_X - V_X/R_{out}$,產生

$$\frac{V_X}{I_X} = R_{out}(1 + G_m R_F) \tag{8.41}$$

輸出阻抗因此增加了 $1 + G_m R_F$ 的倍數。

範例 8.7

充電電池必須使用一固定電流源充電(而不是固定電壓)以避免毀損。因此電池充電器必須從理想參考電壓 V_{REF} 產生一固定電流。如圖 8.33(a),我們在輸出電流路徑插入一個電阻 r,將 r 上的跨壓傳到放大器 A_1,將 A_1 的輸出減去 V_{REF}。計算輸出電流和此電路的阻抗,假設 $|Z_L| \ll r_O$(M_1 的輸出阻抗)。

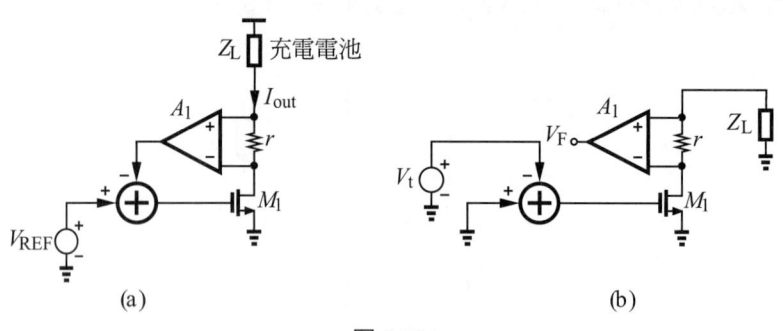

圖 8.33

---

[10] 注意,R_{out} 與輸出端並聯,因為理想轉阻放大器是以電壓相關電流源來建立。

解 以一高迴路增益來看，A_1 的輸出電壓約等於 V_{REF}，因此 $I_{out} = (V_{REF}/A_1)/r$。使用圖 8.33(b) 中的電路來求迴路增益，可得到

$$\frac{V_F}{V_t} \approx - g_m r A_1 \tag{8.42}$$

因此，Z_L 的開路輸出阻抗會乘上一個 $1 + g_m r A_1$ 的因子，得到

$$R_{out,closed} = (1 + g_m r A_1)(r_O + r) \tag{8.43}$$

我們發現 Z_L 被一更好的電流源驅動。

利用電壓－電壓回授，電流－電壓回授會讓輸入阻抗增加，其增加倍數為迴路增益加一。圖 8.34 顯示，$I_X R_{in} G_m = I_{out}$，因此 $V_e = V_X - G_m R_F I_X R_{in}$，且

$$\frac{V_X}{I_X} = R_{in}(1 + G_m R_F) \tag{8.44}$$

各位可自行證明迴路增益的確為 $G_m R_F$。

總而言之，電流－電壓回授增加了輸入及輸出阻抗，同時也減少了前授互導值。第 9 章會說明，高輸出阻抗對高增益運算放大器非常有用。

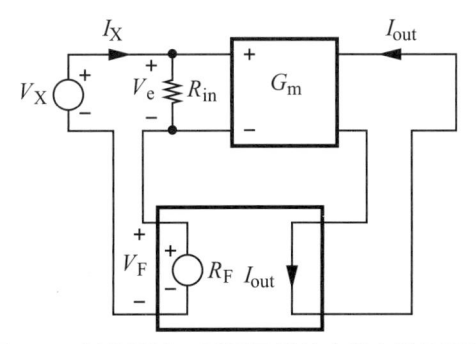

圖 8.34　計算電流－電壓回授放大器之輸入電阻

8.2.3 電壓－電流回授

在此類回授中，可量測到輸出電壓且一比例電流會回傳至輸入的總和點。[11] 注意，前授路徑包含一增益為 R_0 的轉阻放大器和一回授因子單位為其電導相同。

電壓－電流回授組態如圖 8.35 所示。量測一電壓並產生一電流信號，回授電路具備互導 g_{mF} 的特性，理論上其輸入及輸出阻抗為無限大。因為 $I_F = g_{mF} V_{out}$ 且 $I_e = I_{in} - I_F$，得到 $V_{out} = R_0 I_e = R_0 (I_{in} - g_{mF} V_{out})$。則

---

11 這個組態也稱為「並聯－並聯」回授。

$$\frac{V_{out}}{I_{in}} = \frac{R_0}{1 + g_{mF}R_0} \tag{8.45}$$

各位可自行證明 $g_{mF}R_0$ 的確為迴路增益，並推論此類回授電路會降低其跨阻，且其降低因子為迴路增益加一。

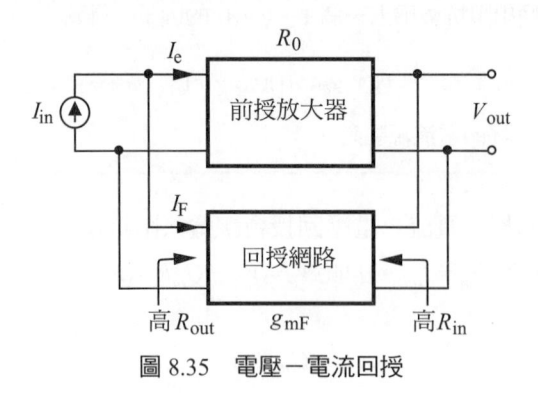

圖 8.35　電壓－電流回授

範例 8.8

計算圖 8.36(a) 中電路在相對低頻時的跨阻，V_{out}/I_{in} 假設 $\lambda = 0$（沒有顯示 M_1 的偏壓電流）。

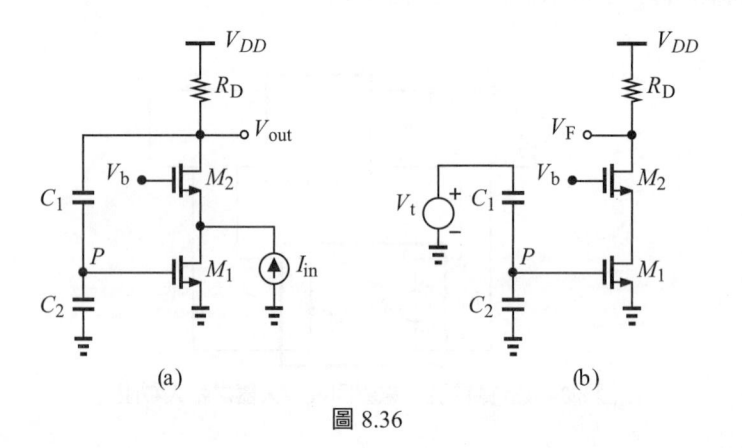

圖 8.36

解　在此電路中，電容分壓器 C_1-C_2 量測到輸出電壓，將此結果加至 M_1 的閘極並產生一由 I_{in} 所分出的電流，開路轉阻等於核心共閘極組態的電阻 R_D。迴路增益可藉由將 I_{in} 設為零並打斷輸出端的迴路來求得〔圖 8.36(b)〕：

$$-V_t \frac{C_1}{C_1 + C_2} g_{m1} R_D = V_F \tag{8.46}$$

因此，整體轉阻等於

$$R_{tot} = \frac{R_D}{1 + \dfrac{C_1}{C_1 + C_2} g_{m1} R_D} \tag{8.47}$$

範例 8.9

我們從前一個例子中可以知道

$$R_{in} = \frac{1}{g_{m2}} \frac{1}{1 + \dfrac{C_1}{C_1+C_2}g_{m1}R_D} \tag{8.48}$$

某學生重複此分析，但是使用由電壓源驅動的輸入，迴路增益等於零且輸入阻抗不會受回授迴路所影響。解釋此論點的缺陷。

解 考慮圖 8.37(a)。我們知道 R_{in} 受回授所影響，因為 M_1 產生一個和 V_{in} 有關的電流。另一方面，從圖 8.37(b) 可知，此例的迴路增益等於零。我們要如何整合這兩個觀點？

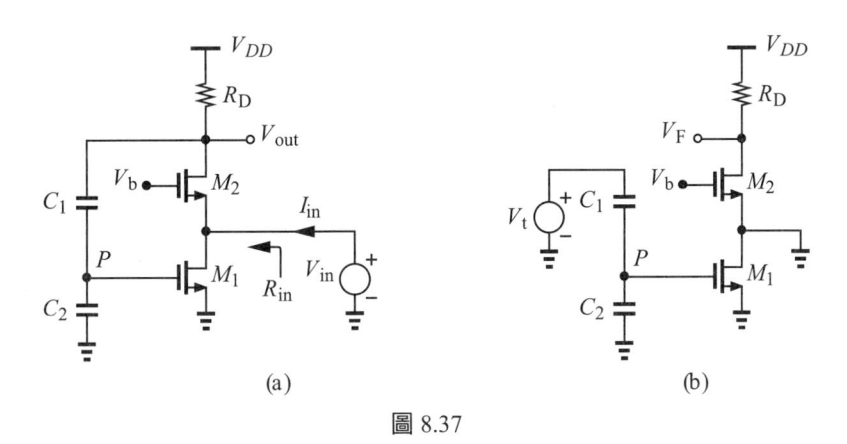

圖 8.37

我們必須回想一下回授到輸入的電流，假設電路為一電流源所驅動，亦即負回授系統的回授量與輸入信號單位要相同。換句話說，圖 8.37(a) 的電路並無法反映到回授系統，因為此系統回授電流是受電壓所驅動。我們因此無法透過將輸入電壓設定為零和打斷迴路來計算迴路增益。當然，輸入阻抗仍然由 (8.48) 求得。8.6.4 會再使用 Blackman 理論來探討此電路。

利用上述兩種回授電路的分析，我們推論電壓－電流回授會同時減少輸入與輸出阻抗。如圖 8.38(a) 所示且注意範例 8.3，與一輸入電阻 R_0 串聯。可寫成 $I_F = I_X - V_X/R_{in}$ 且 $(V_X/R_{in})R_0g_{mF} = I_F$。因此，

$$\frac{V_X}{I_X} = \frac{R_{in}}{1 + g_{mF}R_0} \tag{8.49}$$

同樣從圖 8.38(b) 中，我們得到 $I_F = V_X g_{mF}$、$I_e = -I_F$ 和 $V_M = -R_0 g_{mF} V_X$。忽略回授電路的輸入電流，可寫成 $I_X = (V_X - V_M)/R_{out} == (V_X + g_{mF} R_0 V_X)/R_{out}$ 和 $V_M = -R_0 g_{mF} V_X$。也就是

$$\frac{V_X}{I_X} = \frac{R_{out}}{1 + g_{mF}R_0} \tag{8.50}$$

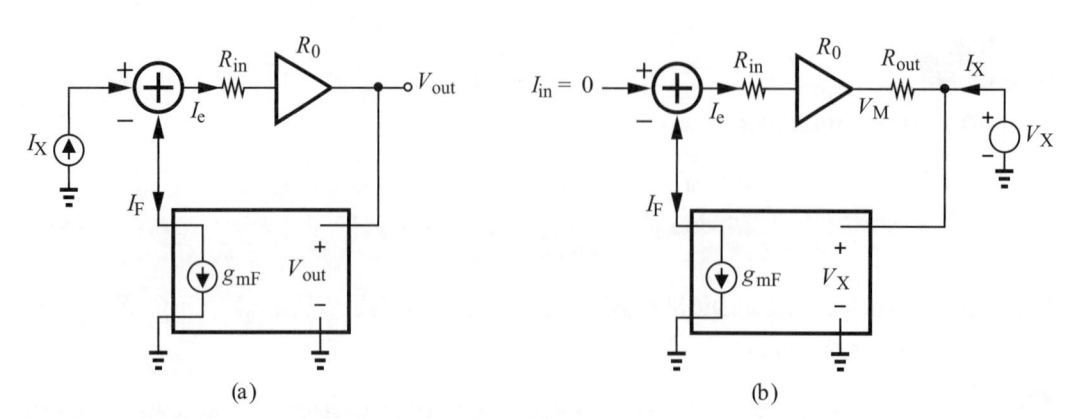

圖 8.38　計算電壓－電流回授放大器之 (a) 輸入阻抗；和 (b) 輸出阻抗

範例 8.10

計算圖 8.39(a) 電路的輸入及輸出阻抗。為簡化分析，假設 $R_F \gg R_D$。

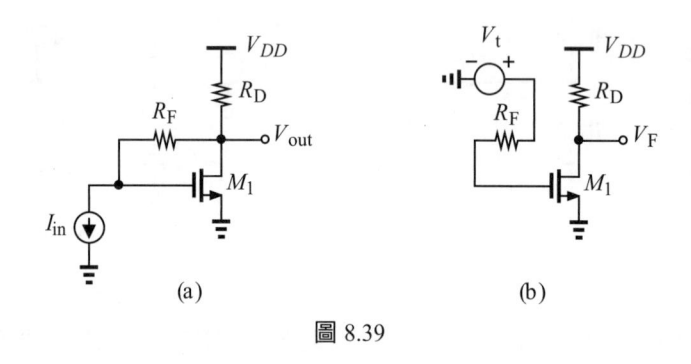

圖 8.39

解　在此電路中，R_F 量測到輸出電壓且回傳一電流至輸出端。打斷其迴路如圖 8.39(b)，我們計算其迴路增益為 $g_m R_D$。因此，將開路阻抗 R_F 除以 $1 + g_m R_D$：

$$R_{in,closed} = \frac{R_F}{1 + g_m R_D} \tag{8.51}$$

同樣，

$$R_{out,closed} = \frac{R_D}{1 + g_m R_D} \tag{8.52}$$

$$= \frac{1}{g_m} \| R_D \tag{8.53}$$

注意，$R_{out,closed}$ 事實上為二極體電晶體與 R_D 並聯的結果。

輸入阻抗的減少和米勒預測相符合，因為從閘極到汲極端的電壓增益約等於 $-g_m R_D$，回授電阻等效產生了在輸入端接地的阻抗 $R_F/(1 + g_m R_D)$。

具備低輸入阻抗的放大器之重要應用為光纖接收器，其中光線透過光纖接收並藉由反向偏壓之發光二極體轉換為電流。通常將此電流轉換為電壓後，再進一步經過放大及其他處理。如圖 8.40(a) 所示，此轉換可藉由一簡單電阻來實現，但必須犧牲其頻寬，因為二極體具有一相當大的接面電容。基於此理由，通常使用圖 8.40(b) 的回授電路，其中 R_1 置於電壓放大器 A 周圍以形成一「轉阻放大器」。此輸入阻抗為 $R_1/(1+A)$ 且輸出電壓約為 $-R_1 I_{D1}$。如果 A 本身是一個寬頻放大器，頻寬會因此從 $1/(2\pi R_1 C_{D1})$ 增加為 $(1+A)/(2\pi R_1 C_{D1})$。

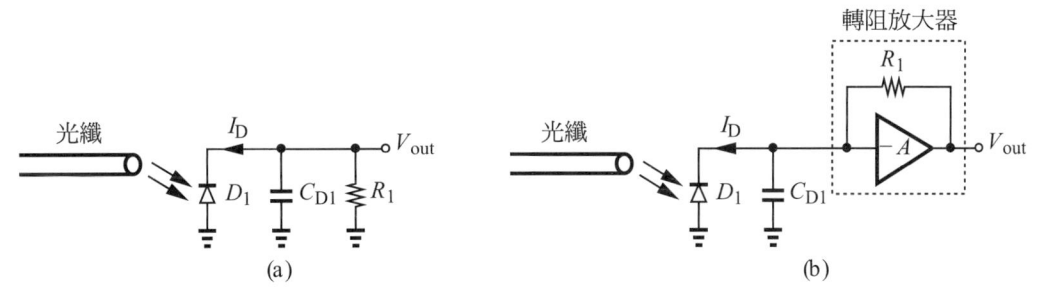

圖 8.40　藉由 (a) 電阻 R_1；和 (b) 轉阻放大器來量測由發光二極體產生之電流

8.2.4 電流－電流回授

圖 8.41 顯示了此種回授電路。[12] 在此回授組態中，前授放大器之特徵為其電流增益 A_I，與其電流比例 β 所產生的回授網路。和前面的分析討論相似，各位可輕易證明閉路電流增益為 $A_I/(1+\beta A_I)$，輸入阻抗除以 $1+\beta A_I$ 而輸出阻抗則乘以 $1+\beta A_I$。

圖 8.42 為電流－電流回授的例子，因為 M_2 的源極和汲極電流相等（在低頻時），將電阻 R_S 插入源極電路中以量測輸出電流。電阻 R_F 則扮演了與圖 8.39 中同樣的角色。

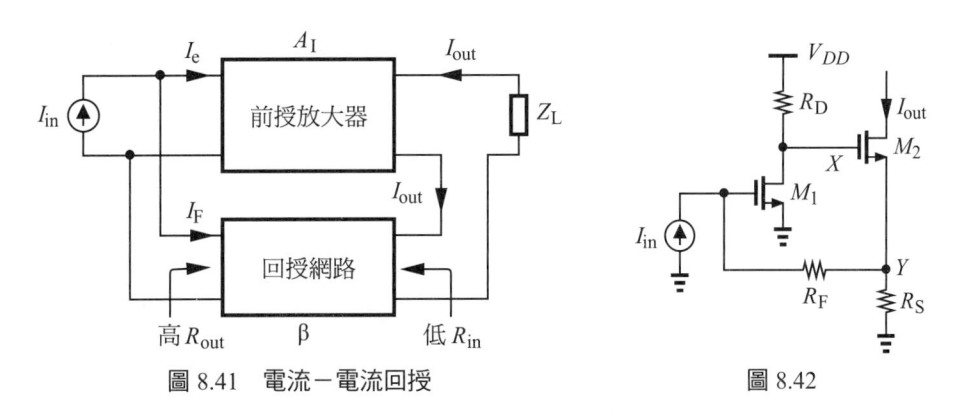

圖 8.41　電流－電流回授　　　圖 8.42

---

12 此組態也稱為「並聯－串聯」回授，其中一項是指輸入連接而第二項是指輸出連接。

8.3 針對雜訊的負載效應

回授並不會改善電路的雜訊效能。我們先考慮圖 8.43(a) 中一個簡單的例子，其中將開路電壓放大器 A_1 設定為只有一個輸入相關雜訊電壓及無雜訊的回授網路。我們可以得到 $(V_{in} - \beta V_{out} + V_n)A_1 = V_{out}$，因此

$$V_{out} = (V_{in} + V_n)\frac{A_1}{1 + \beta A_1} \tag{8.54}$$

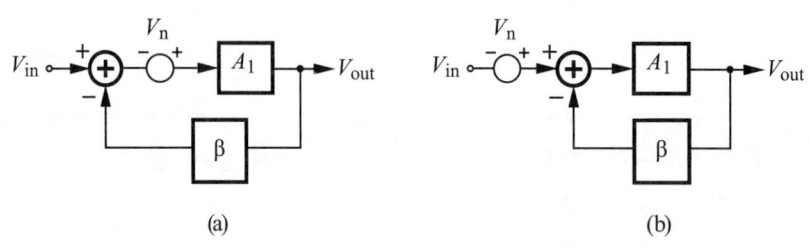

圖 8.43　包圍一個雜訊電路的回授

因此，電路可簡化為如圖 8.43(b)，顯示了整體電路的輸入相關雜訊仍等於 V_n。此分析可延伸到四種回授組態中。如果回授網路沒有產生雜訊，可以證明輸入相關雜訊電壓與電流仍相同。事實上，回授網路本身可能包含了電阻或電容，會減損整體雜訊。

很重要的是圖 8.43(a) 中，所量測的輸出和回授網路的量是相同的。這並不一定成立。舉例來說，在圖 8.44 中，輸出是 M_1 的汲極，其中回授網路量測 M_1 的源極電壓。在此例子中，即使回授網路無產生雜訊，閉路的輸入相關雜訊可能不等於開路的輸入相關雜訊。以圖 8.44 為例，為求簡便，只考慮 R_D 的雜訊 $V_{n,RD}$。各位可自行證明，如果 $\lambda = \gamma = 0$，閉路的電壓增益等於 $-A_1 g_m R_D/[1 + (1 + A_1)g_m R_S]$，因此 R_D 的輸入相關雜訊電壓等於

$$\left|V_{n,in,closed}\right| = \frac{|V_{n,RD}|}{A_1 R_D}\left[\frac{1}{g_m} + (1 + A_1)R_S\right] \tag{8.55}$$

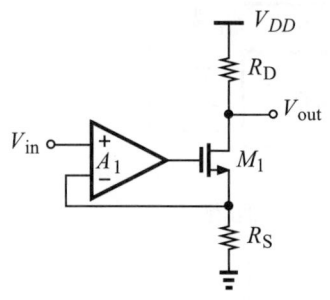

圖 8.44　使用回授網路量測源極電壓的無雜訊電路

對於開路電路來說，另一方面，輸入相關雜訊是

$$|V_{n,in,open}| = \frac{|V_{n,RD}|}{A_1 R_D} \left[\frac{1}{g_m} + R_S\right] \tag{8.56}$$

有趣的是，當 $A_1 \to \infty$，$|V_{n,in,closed}| \to |V_{n,RD}|R_S/R_D$ 且 $|V_{n,in,open}| \to 0$。

8.4 回授分析的困難

我們提到的回授系統已簡化假設，也許不會在所有電路中都成立。本節要說明在分析回授電路時的五大難題。

之前分析的方法如下步驟：(a) 打斷迴路並得到開路增益及輸入和輸出阻抗，(b) 求出迴路增益 βA_0，及從閉路參數求得開路參數且 (c) 利用迴路增益來研讀穩定度……等特性（第 10 章）。然而，此方法在某些電路可能會遇到問題。

第一個困難和打斷迴路相關，且來自前授放大器的回授網路所產生的「負載」效應。舉例來說，在圖 8.45(a) 中一個非反向放大器和如圖 8.45(b) 的簡單實現方式，回授路徑由 R_1 和 R_2 所組成，回授網路可能會從運算放大器抽取相當大的信號電流，降低開路增益。圖 8.45(c) 則為另一個例子，就是當 R_F 沒有很大時，在前授共源極組態中的開路增益就會降低，在兩個例子中，「輸出」負載是因為回授網路不理想的輸入阻抗。

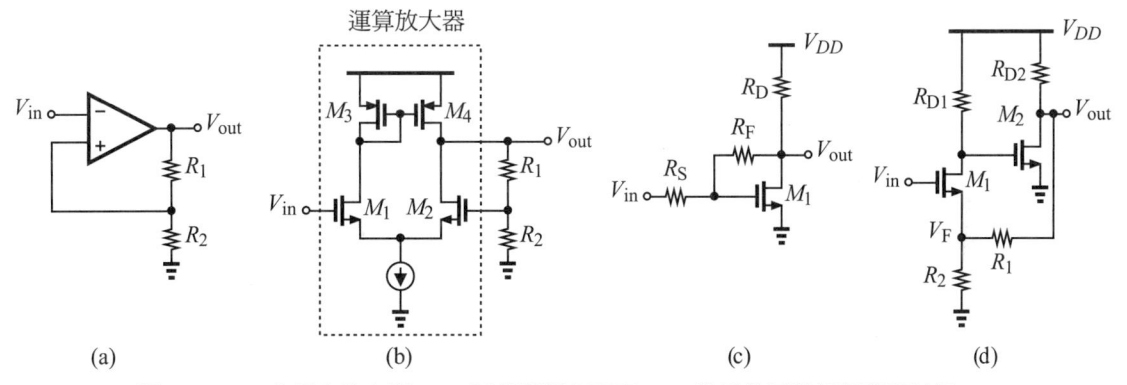

圖 8.45　(a) 非反向放大器、(b) 用差動對來實現、(c) 使用共源級組態實現以及 (d) 使用雙級放大器實現

另一個例子，考慮圖 8.45(d)，其中使用 R_1 和 R_2 量測出 V_{out} 並回授一個電壓到 M_1 的源極。因為回授網路的輸出阻抗可能不夠小，我們推測即使用開路前授放大器，M_1 會有明顯的衰減。此電路呈現因回授網路不理想的輸出阻抗而產生的「輸入負載」。

我們必須探討的一個很重要的負載問題：如何打斷迴路且適當納入輸出和輸入負載效應。

範例 8.11

可否打斷圖 8.45(d) 中 M_2 的閘極，但不考慮負載效應嗎？

解 如圖 8.46 所示，此嘗試可提供迴路增益但不需要考慮負載效應。然而，我們也會關注無法從此配置得到的「開路增益」與「開路輸入和輸出阻抗」。因此，我們必須建立一種將負載效應納入的開路系統。

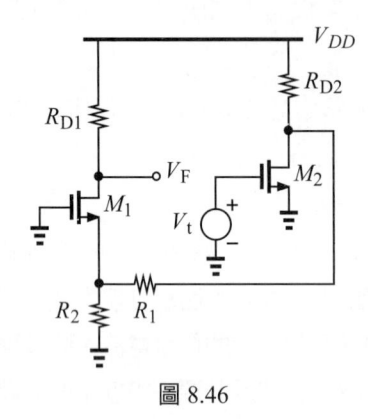

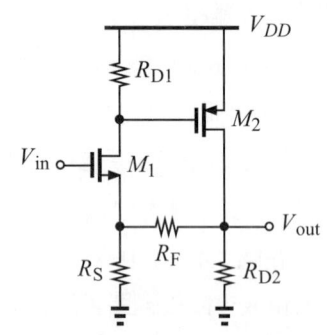

圖 8.46

圖 8.47　沒有明顯回授網路的回授電路

第二個困難是有些電路無法清楚區分前授放大器和回授網路。在圖 8.47 的二級網路中，我們不清楚 R_{D2} 到底屬於前授放大器還是回授網路。我們可能會選擇前者，並推論 M_2 需要一個負載作為電壓放大器，但這似乎有些武斷。

第三個回授分析的困難是，有些電路無法真正映射到前面章節所探討之四個組態中。舉例來說，一個簡單的衰減共源組態並不包含回授，因為源極阻抗會量測汲級電流，並將其轉換成電壓，並從輸入扣除〔圖 8.48(a)〕。但哪個回授組態代表此電路架構，我們無法立即得知，因為量測的電流量 I_{D1} 和關注的輸出 V_{out}〔圖 8.48(b)〕並不一樣。

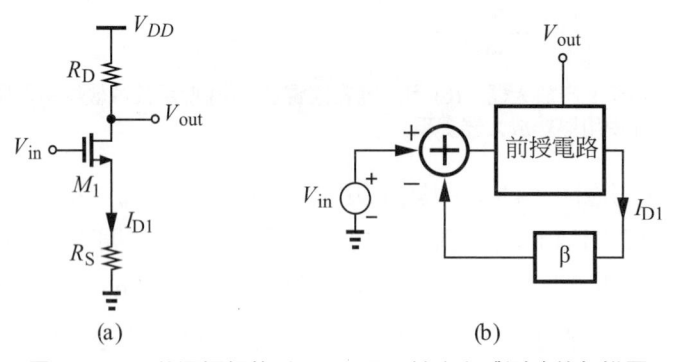

圖 8.48　(a) 共源極組態以及 (b) 顯示輸出和感測埠的架構圖

第四個困難是一般回授系統分析會假設單端組態，亦即信號在迴路中的傳遞只有單向。實際上，迴路可能包含雙向電路，讓信號能從輸出傳遞到輸入的路徑，並不是只透過回授來傳遞。以圖 8.47 為例，信號在高頻時會經由 C_{GD2} 從 M_2 的汲極滲漏到閘極。

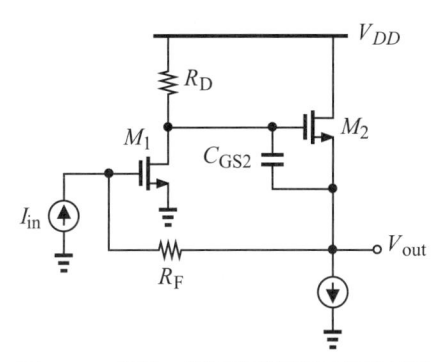

圖 8.49　超過一種回授機制的電路案例

第五個困難是在包含多重回授電路中（稱為「多迴圈」電路）。在圖 8.49 組態中，R_F 提供了環繞電路的回授及環繞 M_2 的 C_{GS2}，我們可以說源極隨偶器本身包含了衰減器及回授。我們必須要問必須打斷哪個迴圈及「迴路增益」在此例中精確的定義。表 8.1 總結了上述五個回授分析的困難。

表 8.1　回授分析的困難點

負載	模擬兩可的拆解	非典型組態	非單向迴路	多重回授機制

本節介紹回授電路分析的三個方法。表 8.2 包含負載效應時，第一個是使用雙埠模型來分析四個典型組態。

表 8.2　三個回授分析的方法

雙埠方法	波德方法	Middlebrook 的方法
1. 計算開路和閉路量及迴路增益 2. 包含負載效應 3. 忽略回授網路的前授路徑 4. 能遞迴用於多重回授機制 5. 不能用典型組態	1. 不打斷迴路來計算閉路量 2. 可以用於任何組態 3. 如果只有一個回授機制，可以提供迴路增益	1. 不打斷迴路來計算閉路量 2. 用於任何架構 3. 如果本地端及整體回授是可區分的，則可提供迴路增益 4. 非單向迴路可顯示反向迴路增益的效應

如果假設迴路是單向，此方法可以提供比直接分析電路更有效率的方法（不需要瞭解回授），亦即忽略通過回授網路的前授輸入信號，及因為前授放大器所傳遞的反向信號，其他兩個方法並未嘗試打斷迴路並產生閉路，但使用冗長的代數來分析。

8.5 負載效應

當我們必須打斷迴路來瞭解開路系統的特性,如計算開路增益及輸入輸出阻抗時,負載的效應就會很重要。為了考慮負載效應的恰當分析步驟,我們先複習雙埠網路模型。

8.5.1 雙埠網路模型

前面幾小節中簡化過的放大器及回授網路模型一般而言也許不夠,我們因此必須重新建立精確的雙埠模型。舉例來說,位於前授放大器周圍的回授網路可視為一雙埠電路以和產生電壓或電流。回想一下基本電路理論,一個雙埠線性(非時變)網路能以圖 8.50 中任意一模型所表示。圖 8.50(a)「Z 模型」的輸入和輸出阻抗與電流相依的電流源並聯;8.50(b)「Y 模型」的輸入和輸出導納與電壓相依的電流源並聯;8.50(c) 和 (d) **混合模型**(hybrid model)結合阻抗、導納、電壓源及電流源。每個模型都以兩等式來呈現。以 Z 模型來說,

$$V_1 = Z_{11}I_1 + Z_{12}I_2 \tag{8.57}$$

$$V_2 = Z_{21}I_1 + Z_{22}I_2 \tag{8.58}$$

每個 Z 參數都有一定程度的阻抗且可藉由將一端開路求得,也就是說 $I_2 = 0$ 時,$Z_{11} = V_1/I_1$。同樣對 Y 模型來說,

$$I_1 = Y_{11}V_1 + Y_{12}V_2 \tag{8.59}$$

$$I_2 = Y_{21}V_1 + Y_{22}V_2 \tag{8.60}$$

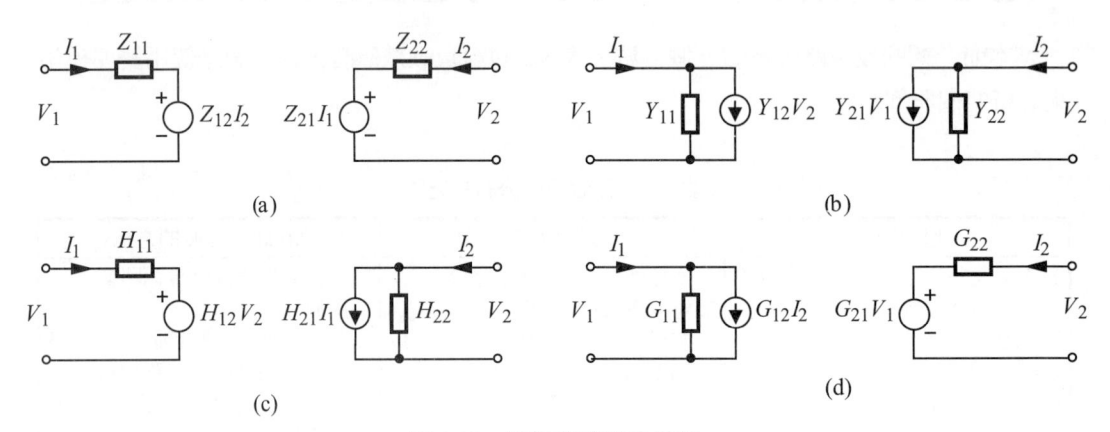

圖 8.50 線性雙埠網路模型

其中每個 Y 參數可將一端短路來計算,也就是當 $V_2 = 0$ 時,$Y_{11} = I_1/V_1$。以 H 模型來說,

$$V_1 = H_{11}I_1 + H_{12}V_2 \tag{8.61}$$

$$I_2 = H_{21}I_1 + H_{22}V_2 \tag{8.62}$$

而以 G 模型來說，

$$I_1 = G_{11}V_1 + G_{12}I_2 \tag{8.63}$$

$$V_2 = G_{21}V_1 + G_{22}I_2 \tag{8.64}$$

注意，舉例來說 Y_{11} 也許不等於 Z_{11} 的倒數，因為這兩者是在不同情況下所得：前者的輸出端為短路，但後者為開路。

針對前述的雙埠模型，比較使用簡化過放大器的雙埠模型是有幫助的。以範例 8.3 來看，其中電壓放大器模型相對於 Z 模型。我們觀察到 (1) 在前者沒有的項次 $Z_{12}I_2$ 出現在放大器內部回授，亦即由於 C_{GD} 而有回授路徑；(2) 如果 Z_{12} 是零，則 Z_{11} 等於 Z_{in}，使用輸出開路來計算輸入阻抗，且 (3)Z_{22} 並不需要等於 Z_{out}：前者是透過將輸入開路來計算而後者則是將輸入短路。

對我們而言，Z 模型中最重要的缺點就是輸出產生器，$Z_{21}I_1$ 是由輸入電流而不是輸入電壓所控制。對於將輸入用於閘極的 MOS 電路來說，若忽略輸入電容，此模型就無意義。H 模型也會遇到相同的問題。

有任何雙埠模型與直覺的電壓放大器一致？有的，G 模型很接近。如果忽略內部回授 $G_{12}I_2$，則 G_{11}（$= I_1/V_1$ 當 $I_2 = 0$）代表輸入阻抗的倒數，以及 G_{22}（$= V_2/I_2$ 當 $V_1 = 0$）是輸出阻抗。各位可自行嘗試代入其他三種放大器。

8.5.2 電壓－電壓回授電路的負載

如前所述，如果輸入電流非常小時（例如一個簡單的共源級組態），Z 和 H 模型不能夠表示電壓放大器。我們因此選擇 G 模型。[13] 如圖 8.51(a) 完整的等效電路，其中前授和回授網路參數分別以上標及下標表示，因為回授網路的輸入埠連接到前授放大器的輸出埠，而 g_{11} 和 $g_{12}I_{in}$ 連接到 V_{out}。

是有可能精確求解此電路，但我們忽略兩個量來簡化分析：放大器的內部回授 $G_{12}V_{out}$ 及透過回授網路 $G_{12}I_{in}$「前授」增長的輸入信號。換句話說，迴路是「單向的」。圖 8.51(b) 呈現使用直觀放大器（Z_{in}、Z_{out}、A_0）來標示等效電路。首先直接計算閉路電壓增益。我們瞭解到 g_{11} 是轉導而 g_{22} 是阻抗，即可針對輸入網路寫出 KVL 及對輸出點寫出 KCL：

$$V_{in} = V_e + g_{22}\frac{V_e}{Z_{in}} + g_{21}V_{out} \tag{8.65}$$

$$g_{11}V_{out} + \frac{V_{out} - A_0 V_e}{Z_{out}} = 0 \tag{8.66}$$

---

[13] 透過簡單的線性代數，Y 模型無法提供直觀的結果。

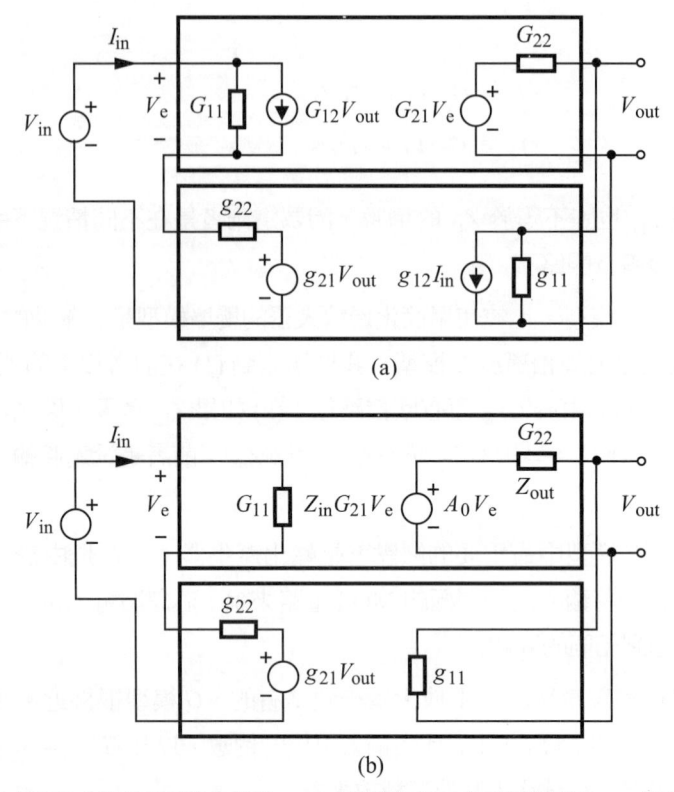

圖 8.51　電壓－電壓回授電路負載 (a) G 模型來表示之回授網路和 (b) 簡化 G 模型

從後者找出 V_e 並將結果代入前者，我們可得到

$$\frac{V_{out}}{V_{in}} = \frac{A_0}{(1 + \frac{g_{22}}{Z_{in}})(1 + g_{11}Z_{out}) + g_{21}A_0} \tag{8.67}$$

需要使用類似的形式表示閉路增益 $A_{v,open}/(1 + \beta A_{v,open})$。為此目的，我們將分子和分母除以 $(1 + g_{22}/Z_{in})(1 + g_{11}Z_{out})$：

$$\frac{V_{out}}{V_{in}} = \frac{\dfrac{A_0}{(1 + \dfrac{g_{22}}{Z_{in}})(1 + g_{11}Z_{out})}}{1 + g_{21}\dfrac{A_0}{(1 + \dfrac{g_{22}}{Z_{in}})(1 + g_{11}Z_{out})}} \tag{8.68}$$

因此可以寫出

$$A_{v,open} = \frac{A_0}{(1 + \dfrac{g_{22}}{Z_{in}})(1 + g_{11}Z_{out})} \tag{8.69}$$

$$\beta = g_{21} \tag{8.70}$$

來說明一下此結果。等效開路增益包含 A_0 因子，亦即原來的放大器電壓增益（在考慮回授前）。但此增益會受到 $1 + g_{22}/Z_{in}$ 及 $1 + g_{11}Z_{out}$ 這兩者而耗損。令人關注的是，我們可寫成 $1 + g_{22}/Z_{in} = (Z_{in} + g_{22})/Z_{in}$，會得到 A_0 乘 $Z_{in}/(Z_{in} + g_{22})$，也就是電壓分壓器。同樣的情況，$1 + g_{11}Z_{out} = (g_{11}^{-1} + Z_{out})/g_{11}^{-1}$ 是其他電壓分壓器的倒數。就如同圖 8.52 的負載前授放大器。注意此模型排除（通常不能忽略）$G_{12}V_{out}$ 及 $g_{12}I_{in}$ 兩個產生器。

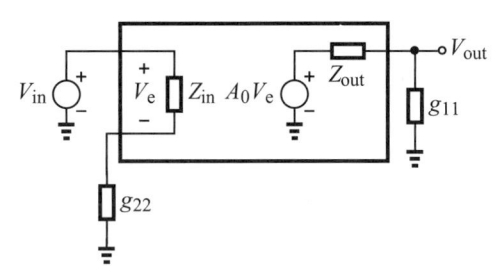

圖 8.52　在電壓－電壓回授電路中適當使用負載

各位可能會好奇，為什麼可以精確求出圖 8.51(a) 的閉路電路，但卻很難求出開路參數。這主要的關鍵在於如圖 8.52 讓我們快速且直觀地瞭解到，或許無法直接分析圖 8.51(a) 電路。更精確地說，我們從主要放大器的輸入來看，回授網路的有限輸入和輸出阻抗會各別減少輸出電壓及電壓。

很重要的是圖 8.50 中 g_{11} 和 g_{22} 的計算如下：

$$g_{11} = \left.\frac{I_1}{V_1}\right|_{I_2=0} \tag{8.71}$$

$$g_{22} = \left.\frac{V_2}{I_2}\right|_{V_1=0} \tag{8.72}$$

因此，如圖 8.53，可藉由讓回授網路輸出開路來求得 g_{11}，而 g_{22} 則是要將回授網路輸入短路。

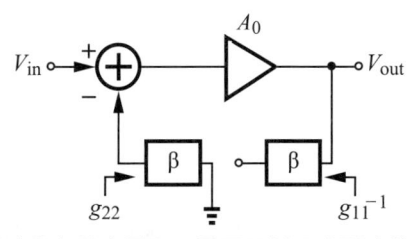

圖 8.53　將適當負載之電壓－電壓回授迴路開路的觀念示意圖

前面的分析中另一個重要的結果是迴路增益，亦即 (8.68) 分母的第二項為負載開路增益與 g_{21} 的乘積，因此不必將迴路增益分開計算。同樣，圖 8.52 的開路輸入及輸出阻抗可藉由 $1 + g_{21}A_{v,open}$ 求得閉路值。我們必須謹記在心，這個迴路增益忽略了 $G_{12}V_{out}$ 和 $g_{12}I_{in}$ 的效應。

範例 8.12

如圖 8.54(a) 中的電路，計算開路以及閉路增益，假設 $\lambda = \gamma = 0$。

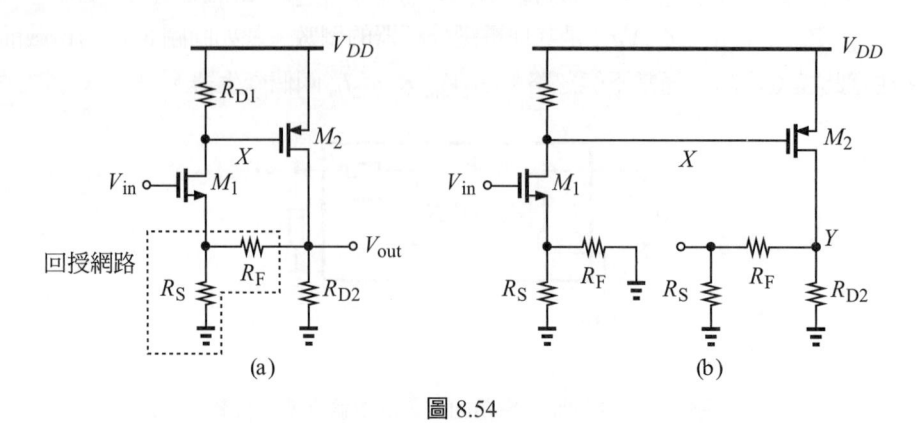

圖 8.54

解 此電路由兩個共源極組態組成，R_F 與 R_S 量測輸出電壓且將一部分回傳至 M_1 的源極。各位可自行證明此為負回授。依照圖 8.53 所示之程序，我們確認 R_F 和 R_S 當作回授網路且建立如圖 8.54(b) 的開路電路。注意在輸入網路中的負載效應可將 R_F 的右端點接地而得，而輸出網路的負載效應可將 R_F 的左端點開路而得。為方便起見，忽略通道長度調變效應和基板效應，我們發現 M_1 因回授網路而衰減且

$$A_{v,open} = \frac{V_Y}{V_{in}} = \frac{-R_{D1}}{R_F \| R_S + 1/g_{m1}} \{-g_{m2}[R_{D2}\|(R_F + R_S)]\} \tag{8.73}$$

為計算閉路增益，我們首先計算出迴路增益為 $g_{21}A_{v,open}$。回想一下 (8.64) 中，$g_{21} = V_2/V_1$ 且 $I_2 = 0$。對於由 R_F 和 R_S 所組成的電壓分壓器來說，$g_{21} = R_S/(R_F + R_S)$，閉路增益等於 $A_{v,closed} = A_{v,open}/(1 + g_{21}A_{v,open})$。

我們是否可以將 R_{D2} 包含在回授網路中而不是包含在前授放大器中嗎？可以，我們可以將有限的 r_O 視為 M_2，並視 R_{D2}、R_F 和 R_S 為回授網路。此結果和上面得到的結果略微不同。上述分析忽略前授放大器的內部回授（亦即：因為 C_{GD2} 的前授路徑）及將輸入信號從 M_1 的源極經 R_F 傳遞到輸出（此例中，電晶體 M_1 也為一源極隨偶器。）

範例 8.13

某學生想瞭解圖 8.51(b) 電路的近似，並決定使用 H 模型來表示前授放大器來得到精確的結果。完成此分析並解釋結果。

解 如圖 8.55 讓一簡單電壓串聯在輸入阻抗和輸出並聯，此呈現方式是很受人注目的。以 KVL 和 KCL 表示，可以得到

$$V_{in} = I_{in}H_{11} + H_{12}V_{out} + I_{in}g_{22} + g_{21}V_{out} \tag{8.74}$$

$$H_{22}V_{out} + H_{21}I_{in} + g_{11}V_{out} + g_{12}I_{in} = 0 \tag{8.75}$$

圖 8.55

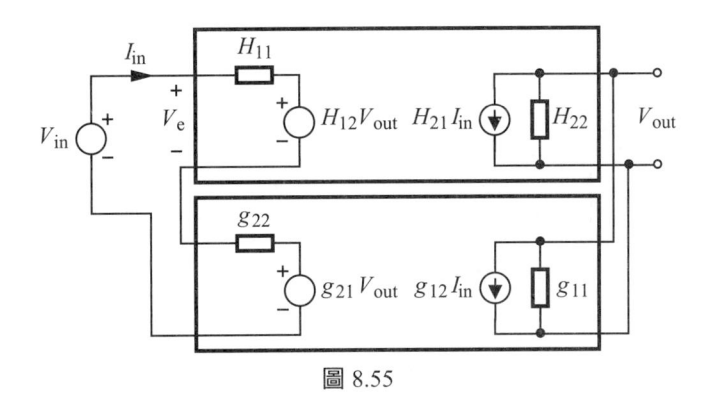

從後者找出 I_{in} 並替換前者，可得到

$$\frac{V_{out}}{V_{in}} = \frac{-\dfrac{H_{21} + g_{12}}{(H_{22} + g_{11})(H_{11} + g_{22})}}{1 - (H_{12} + g_{21})\dfrac{H_{21} + g_{12}}{(H_{22} + g_{11})(H_{11} + g_{22})}} \tag{8.76}$$

我們因此可以定義

$$A_{v,open} = -\frac{H_{21} + g_{12}}{(H_{22} + g_{11})(H_{11} + g_{22})} \tag{8.77}$$

$$\beta = H_{12} + g_{21} \tag{8.78}$$

如果假設 $g_{12} \ll H_{21}$ 及 $H_{12} \ll g_{21}$，則

$$A_{v,open} = \frac{-H_{21}}{(H_{22} + g_{11})(H_{11} + g_{22})} \tag{8.79}$$

$$\beta = g_{21} \tag{8.80}$$

衰減因子 $H_{22} + g_{11}$ 及 $H_{11} + g_{22}$ 可用 (8.69) 相同的方式表示。此方法因此精確表示簡化過的近似，也就是 $g_{12} \ll H_{21}$ 以及 $H_{12} \ll g_{21}$。不巧的是，對一個MOS的閘極輸入來說，H_{21}（電流增益）趨近無限大，會讓模型很難用。

8.5.3 電流－電壓回授的負載

此例以回授網路和輸出串聯量測電流。我們分別使用 Y 和 Z 模型來表示前授放大器（圖 8.56），並忽略產生器 $Y_{12}V_{out}$ 及 $z_{12}I_{in}$。我們想計算閉路增益 I_{out}/V_{in}，及判定開路參數如何用負載來求得。注意 $I_{in} = Y_{11}V_e$ 及 $I_2 = I_{in}$，可以兩個 KVL 來呈現：

$$V_{in} = V_e + Y_{11}V_e z_{22} + z_{21}I_{out} \tag{8.81}$$

$$-I_{out}z_{11} = \frac{I_{out} - Y_{21}V_e}{Y_{22}} \tag{8.82}$$

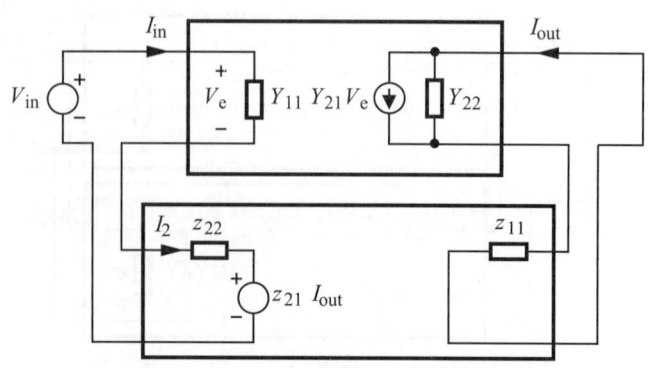

圖 8.56 有負載的電流－電壓回授電路

從後者找出 V_e 並代入前者，可得到

$$\frac{I_{out}}{V_{in}} = \frac{\dfrac{Y_{21}}{(1+z_{22}Y_{11})(1+z_{11}Y_{22})}}{1+z_{21}\dfrac{Y_{21}}{(1+z_{22}Y_{11})(1+z_{11}Y_{22})}} \tag{8.83}$$

我們因此可以將開路增益及回授因子表示為

$$G_{m,open} = \frac{Y_{21}}{(1+z_{22}Y_{11})(1+z_{11}Y_{22})} \tag{8.84}$$

$$\beta = z_{21} \tag{8.85}$$

注意 Y_{21} 是原始放大器的轉導增益 G_m。對輸入的電壓分壓和輸出的電流分流，兩個衰減因子分別是 $(1+z_{22}Y_{11})^{-1}$ 以及 $(1+z_{11}Y_{22})^{-1}$，可以建立如圖 8.57 中的負載開路前授放大器。因為 $I_1 = 0$ 時 $z_{22} = V_2/I_2$ 且當 $I_2 = 0$ 時 $z_{11} = V_1/I_1$，適當打斷回授，即可得到如圖 8.58 的概念圖。注意，開路增益等於 $z_{21}G_{m,open}$。

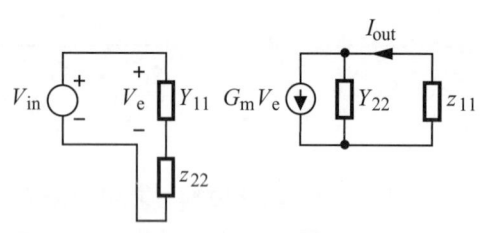

圖 8.57 負載適當回授網路的電流－電壓回授電路

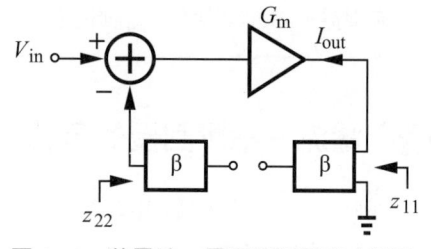

圖 8.58 將電流－電壓回授電路之迴路開路的觀念示意圖

範例 8.14

一 PMOS 電流源提供負載電流，亦即用於手機充電電池〔圖 8.59(a)〕。我們想利用負回授，讓此電流與 PVT 較不相關。如圖 8.59(b)，我們將輸出電流透過一小串聯電阻 r_M 變成電壓，透過放大

器將此電壓與參考電壓比較，並將結果回傳到 M_1 的閘極。求出輸出電流和負載看到的阻抗。

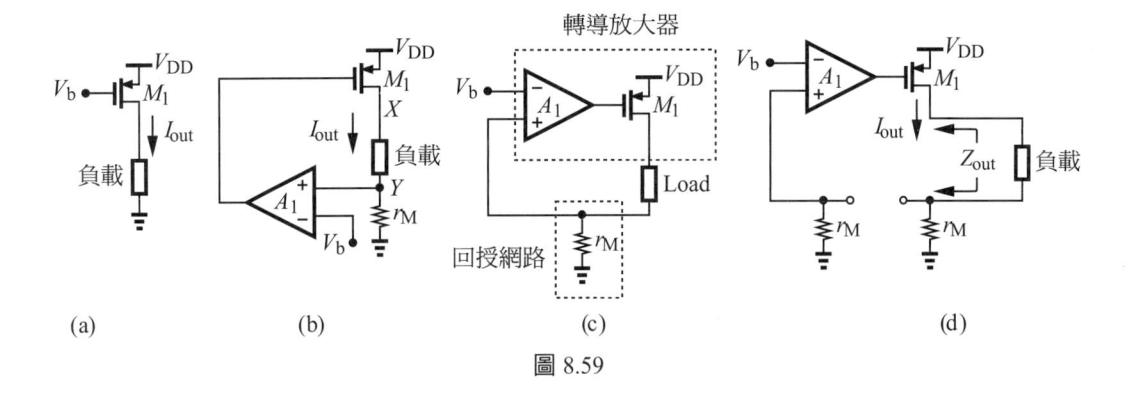

圖 8.59

解 如果迴路增益夠高，我們將 V_b 視為輸入電壓並瞭解 r_M 提供大約等於 V_b 的電壓。也就是說，$I_{out} \approx V_b/r_M$，但我們更精確分析此架構。重繪如圖 8.59(c) 的電路，我們確認 A_1 和 M_1 為前授轉導放大器、r_M 為回授網路。圖 8.58 呈現的過程可導出圖 8.59(d) 的開路組態，因此

$$G_{m,open} = \frac{I_{out}}{V_b} \tag{8.86}$$

$$\approx A_1 g_m \tag{8.87}$$

其中可忽略流經 r_O 的電流，回授因子 $\beta = z_{21} = r_M$。因此，可得到閉路輸出電流

$$I_{out} = \frac{A_1 g_m}{1 + A_1 g_m r_M} V_b \tag{8.88}$$

開路組態下，負載視為一個 $r_O + r_M$ 的阻抗。因為回授控制輸出電流，由負載所視的阻抗會提升一個 $1 + A_1 g_m r_M$ 的因子，得到 $Z_{out} = (1 + A_1 g_m r_M)(r_O + r_M)$。

此例子的重點是電流－電壓回授組態的輸出阻抗，須藉由打斷輸出電流路徑及量測兩點間的阻抗得到〔亦即圖 8.59(b) 中的 X 和 Y 點〕。上述計算中，由負載所視的阻抗事實上是藉由計算負載置換為電壓源和量測流經負載的電流所而得。

8.5.4 電壓－電流回授電路的負載

在此架構中，前授（互阻抗）放大器產生一個相對於輸入電流的輸出電壓且可以用 Z 模型來表示。我們可以量測出輸出電壓及回授正比的電流，回授網路可以將其表示為 Y 模型。等效電路如圖 8.60，其中忽略 Z_{12} 和 y_{12} 的負載。

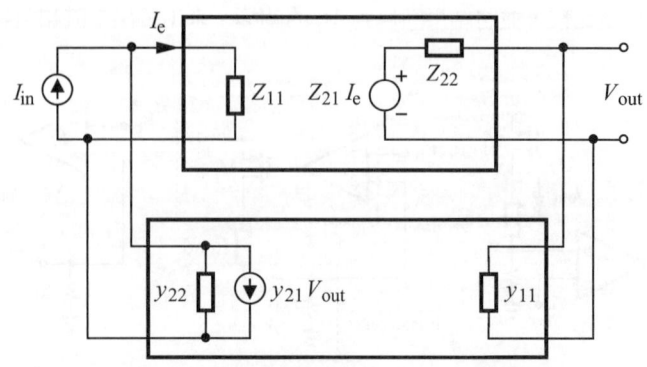

圖 8.60　考慮負載的電流－電流回授電路

在前例中，我們已下列兩式計算閉路增益 V_{out}/I_{in}，

$$I_{in} = I_e + I_e Z_{11} y_{22} + y_{21} V_{out} \tag{8.89}$$

$$y_{11} V_{out} + \frac{V_{out} - Z_{21} I_e}{Z_{22}} = 0 \tag{8.90}$$

消去 I_e，可得到

$$\frac{V_{out}}{I_{in}} = \frac{\dfrac{Z_{21}}{(1 + y_{22} Z_{11})(1 + y_{11} Z_{22})}}{1 + y_{21} \dfrac{Z_{21}}{(1 + y_{22} Z_{11})(1 + y_{11} Z_{22})}} \tag{8.91}$$

因此，等效開路增益及回授因子是

$$R_{0,open} = \frac{Z_{21}}{(1 + y_{22} Z_{11})(1 + y_{11} Z_{22})} \tag{8.92}$$

$$\beta = y_{21} \tag{8.93}$$

將 $R_{0,open}$ 中的衰減因子表示為輸入電流的分流及輸出電壓的分壓，我們可以得到如圖 8.61 的概念圖，迴路增益為 $y_{21} R_{0,open}$。

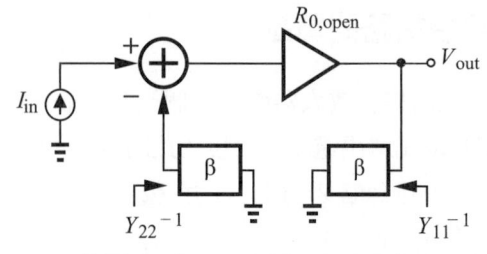

圖 8.61　將電壓－電流回授電路開路的觀念示意圖

範例 8.15

圖 8.62(a) 顯示了一個常用於光纖通訊系統的轉阻放大器組態。如果 $\lambda = 0$，計算電路的增益及輸入和輸出阻抗。

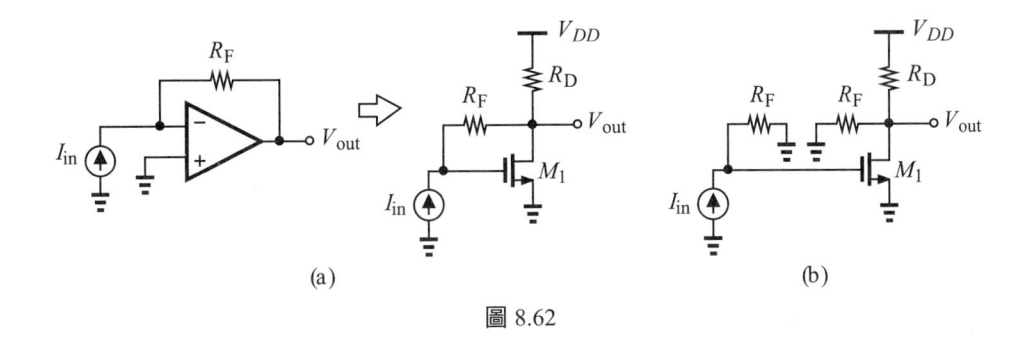

圖 8.62

解 我們可以將回授電阻 R_F 視為一個量測到輸出電壓，並將電壓轉電流，且將結果回傳輸入的網路。依圖 8.61，我們建立一個負載的開路放大器，如圖 8.62(b) 表示開路增益如下：

$$R_{0,open} = -R_F g_m (R_F \| R_D) \tag{8.94}$$

回授因子 y_{21}（$= I_2/V_1$、當 $V_2 = 0$）等於 $-1/R_F$。可得到閉路增益等於

$$\frac{V_{out}}{I_{in}} = \frac{-R_F g_m (R_F \| R_D)}{1 + g_m (R_F \| R_D)} \tag{8.95}$$

其中，如果 $g_m(R_F\|R_D) \gg 1$，會簡化成 $-R_F$，這是預期的結果（為什麼？）。閉路輸入阻抗是

$$R_{in} = \frac{R_F}{1 + g_m (R_F \| R_D)} \tag{8.96}$$

如果上述條件成立，結果近似等於 $(1 + R_F/R_D)(1/g_m)$。同樣，閉路輸出阻抗是

$$R_{out} = \frac{R_F \| R_D}{1 + g_m (R_F \| R_D)} \tag{8.97}$$

如果 $g_m(R_F\|R_D) \gg 1$，相當於 $1/g_m$。注意，如果 $\lambda > 0$，我們可以將前述所有等式中的 R_D 換成 $R_D\|r_O$。

此轉導放大器夠簡單，能讓我們直接求解，鼓勵各位可自行嘗試求解。我們輕而易舉地能發現兩個不一致之處。首先在 M_1 的閘極打斷迴路，產生一個迴路增益 $g_m R_D$ 而非 $g_m(R_D\|R_F)$。第二，閉路輸出阻抗〔將圖 8.62(a) 的 I_{in} 設定為零〕直接等於 $R_D\|(1/g_m) = R_D/(1 + g_m R_D)$。可以將上述的值表示成 $R_D/(1 + g_m R_D + R_D/R_F)$，有一個額外項次 R_D/R_F。而此誤差是因為模型中的近似特性所產生的。

範例 8.16

計算圖 8.63(a) 中電路的電壓增益。

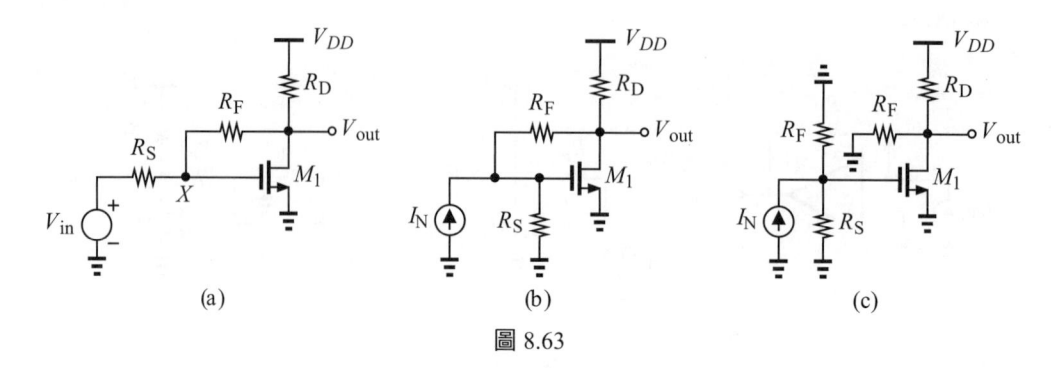

圖 8.63

解 在此電路中適用什麼形式的回授？電阻 R_F 量測到輸出電壓及回授一個正比電流到 X 點。因此，可以將回授視為一個電壓－電流形式。然而，圖 8.60(a) 的一般表示，輸入信號是電流量，而在此例中，輸入信號是電壓量。因為此原因，我們將 V_{in} 和 R_S 用諾頓等效取代〔圖 8.63(b)〕及視 R_S 為主要放大器的輸入阻抗。根據圖 8.61 打開迴路並忽略通道長度調變，我們可以由圖 8.63(c) 表示開路增益。

$$R_{0,open} = \left.\frac{V_{out}}{I_N}\right|_{open} \tag{8.98}$$

$$= -(R_S\|R_F)g_m(R_F\|R_D) \tag{8.99}$$

其中 $I_N = V_{in}/R_S$。我們也計算迴路增益如 $y_{21}R_{0,open}$。因此，圖 8.63(a) 的電路有個電壓增益為

$$\frac{V_{out}}{V_{in}} = \frac{1}{R_S} \cdot \frac{-(R_S\|R_F)g_m(R_F\|R_D)}{1+g_m(R_F\|R_D)R_S/(R_S+R_F)} \tag{8.100}$$

有趣的是，如果 R_F 被電容取代，此分析不會在轉移函數中產生零點，因為我們已經忽略回授網路的反向傳輸（從回授網路的輸入到其輸入）。電路輸入和輸出的阻抗也是值得計算。這可留待各位自行當作練習。也鼓勵各位將此解法用於圖 8.3(b) 的電路。

8.5.5 電流－電流回授電路的負載

此例的前授放大器產生輸出電流來反映輸入電流且可用 H 模型來表示，也可以用回授網路表示。圖 8.64 為忽略 H_{12} 和 h_{12} 產生器的等效電路。我們可以下列方式表示

$$I_{in} = I_e H_{11}h_{22} + h_{21}I_{out} + I_e \tag{8.101}$$

$$I_{out} = -I_{out}h_{11}H_{22} + H_{21}I_e \tag{8.102}$$

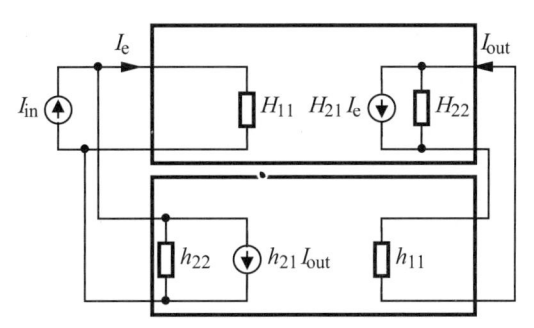

圖 8.64　電流－電流回授等效電路

因此

$$\frac{I_{out}}{I_{in}} = \frac{\dfrac{H_{21}}{(1+h_{22}H_{11})(1+h_{11}H_{22})}}{1 + h_{21}\dfrac{H_{21}}{(1+h_{22}H_{11})(1+h_{11}H_{22})}} \tag{8.103}$$

在之前的組態中，我們定義等效開路電流增益及回授因子為

$$A_{I,open} = \frac{H_{21}}{(1+h_{22}H_{11})(1+h_{11}H_{22})} \tag{8.104}$$

$$\beta = h_{21} \tag{8.105}$$

斷迴路的概念如圖 8.65，迴路增益等於 $h_{21}A_{I,open}$。

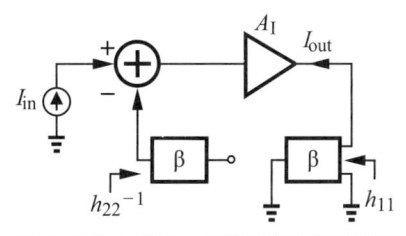

圖 8.65　包含負載之電流－電流回授電路的觀念示意圖

範例 8.17

計算圖 8.66(a) 中電路的開路及閉路增益。假設 $\lambda = \gamma = 0$。

解 在此電路中，R_S 和 R_F 量測輸出電流並將一部分回傳給輸入端。根據圖 8.65 打斷其迴路，可得圖 8.66(b) 之電路，可得

$$A_{I,open} = -(R_F + R_S)g_{m1}R_D\frac{1}{R_S \| R_F + 1/g_{m2}} \tag{8.106}$$

迴路增益為 $h_{21}A_{I,open}$，其中從 (8.62) 可以知道 $V_2 = 0$ 時，$h_{21} = I_2/I_1$。對於一個以 R_S 和 R_F 組成的回授網路來說，我們可得到 $h_{21} = -R_S/(R_S + R_F)$，閉路增益為 $A_{I,open}/(1 + h_{21}A_{I,open})$。

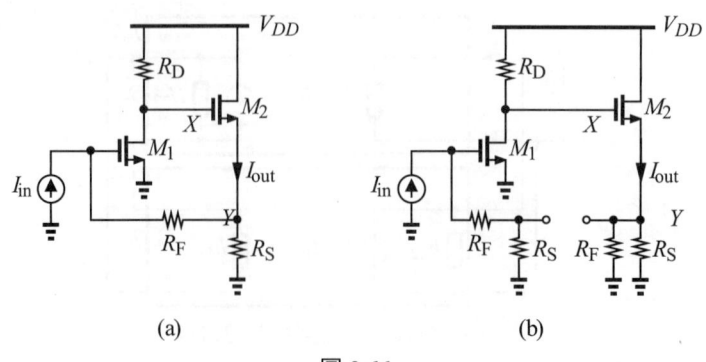

圖 8.66

8.5.6 負載效應總結

我們對於負載學習的結果如圖 8.67 總結，此分析有三步驟：(1) 以適當負載打斷其迴路並計算其開路增益 A_{OL}，開路輸入及輸出阻抗；(2) 求出回授因子 β 及迴路增益 βA_{OL}；(3) 以放大因子 $1 + \beta A_{OL}$ 計算閉路增益、輸入和輸出阻抗。注意到在定義 β 中的等式中，下標 1 和 2 分別代表回授網路的輸入及輸出埠。

本章敘述了兩種求得迴路增益的方法：(1) 如圖 8.5 所示，在迴路中任意打斷一點；(2) 如圖 8.67 所示，計算 A_{OL} 和 β。如表 8.1，這兩個方法求得的值稍微有些不同。

8.6 波德方法的其他詮釋

波德結果可以使用來產生提供新觀點的其他形式。

漸進線式增益形式

我們回到 $V_{out}/V_{in} = A + g_m BC/(1 - g_m D)$，並注意如果 $g_m = 0$ 則 $V_{out}/V_{in} = A$（關閉獨立電源）且如果 $g_m \to \infty$（相依電源很「強」），則 $V_{out}/V_{in} = A - BC/D$。我們分別藉由 H_0 和 H_∞ 來表示 V_{out}/V_{in} 的值和 $-g_m D$ 來表示 T。當 H_∞ 是「理想」增益時，考慮 H_0 是很有幫助的，亦即如果相依電源是無限強（或迴路增益無限大）。可以得到

$$\frac{V_{out}}{V_{in}} = H_0 + \frac{g_m BC}{1 + T} \tag{8.107}$$

$$= H_0 \frac{1+T}{1+T} + \frac{g_m BC}{1+T} \tag{8.108}$$

$$= \frac{H_0}{1+T} + \frac{T(H_0 + g_m BC/T)}{1+T} \tag{8.109}$$

因為 $H_0 + g_m BC/T = A - g_m BC/(g_m D) = A - BC/D = H_\infty$，我們可以得到

$$\frac{V_{out}}{V_{in}} = H_\infty \frac{T}{1+T} + H_0 \frac{1}{1+T} \tag{8.110}$$

「漸近線式增益等式」顯示了增益包含了一個理想值乘上 $T/(1+T)$ 及一個**饋通值**（feedthrough）乘上 $1/(1+T)$。如果我們從 $V_1 = CV_{in} + DI_1$ 和 $I_1 = g_m V_1$ 知道如果 $g_m \to \infty$（前提為 $V_{in} < \infty$），則 $V_1 = CV_{in}/(1-g_m D) \to 0$，計算會比較簡單。這與迴路增益很大時，該如何建立虛短路有關。

範例 8.18

使用漸近線式增益方法，計算如圖 8.67(a) 電路的電壓增益，假設 $\lambda = \gamma = 0$。

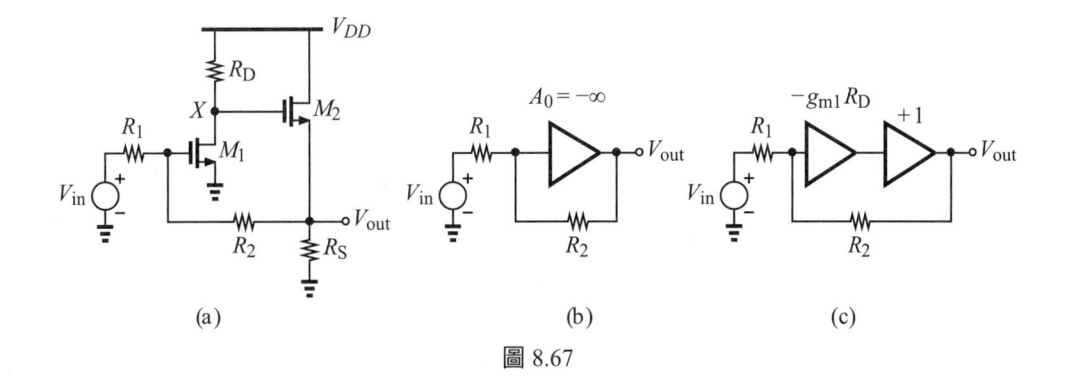

圖 8.67

解 假設 M_1 是一相依電源。如果 $g_{m1} = 0$，則 V_{in} 會通過 R_1 和 R_2，並在 M_2 源極發現到一個 $(1/g_{m2}) \| R_S$ 的阻抗。因此，

$$H_0 = \frac{(1/g_{m2}) \| R_S}{(1/g_{m2}) \| R_S + R_1 + R_2} \tag{8.111}$$

如果 $g_{m1} = \infty$，則 $V_{GS1} = 0$（類似虛短路），會產生一個流經 R_1 和 R_2 的電流 V_{in}/R_1。也就是

$$H_\infty = -\frac{R_2}{R_1} \tag{8.112}$$

因為 M_1 和 M_2 類似有限開路增益的運算放大器〔圖 8.67(b)〕，所以結果一如預期。為求出 M_1 的反射比，我們將 V_{in} 設定為零，將 M_1 的相依電源用一個獨立電源 I_1 取代，並且用 $-I_1 R_D$ 來表示 V_X。因為從 M_2 看到一個負載阻抗 $R_S \| (R_1 + R_2)$，我們可以得到 $V_{out} = -I_1 R_D [R_S \| (R_1 + R_2)] / [1/g_{m2} + R_S \| (R_1 + R_2)]$。$M_1$ 的電壓增益等於 $V_{out} R_1/(R_1 + R_2)$，可以得到

$$T_1 = g_{m1} R_D \frac{g_{m2} [R_S \| (R_1 + R_2)]}{1 + g_{m2} [R_S \| (R_1 + R_2)]} \frac{R_1}{R_1 + R_2} \tag{8.113}$$

我們必須取代 (8.110) 中的 H_∞、T 和 H_0 來得到閉路增益——留給各位一個艱難任務。此範例呈現出直接分析電路（不知道回授）可能在某些例子中反而比較簡單，這對此電路是成立的。

如果 M_2 是相依電源，重複先前的分析是有用的。以 $g_{m2} = 0$，只要根據下式來除以 V_{in}

$$H_0 = \frac{R_S}{R_S + R_1 + R_2} \tag{8.114}$$

對於 $g_{m2} = \infty$，我們可以得到 $V_{GS2} = 0$、$V_X = V_{out}$，和一個流經 M_1 的電流 $-V_{out}/R_D$。可以求得 $V_{GS1} = -V_{out}/(g_{m1}R_D)$ 和 $[V_{in} + V_{out}/(g_{m1}R_D)]/R_1 = [-V_{out}/(g_{m1}R_D) - V_{out}]/R_2$。因此可得

$$H_\infty = \frac{-g_{m1}R_2R_D}{R_1 + R_2 + g_{m1}R_1R_D} \tag{8.115}$$

如果我們將 M_2 視為一理想單增益緩衝（因為無限 g_m）並重繪電路如圖 8.67(c)。M_2 的反射比計算如下

$$T_2 = \frac{g_{m2}R_S(g_{m1}R_1R_D + R_1 + R_2)}{R_S + R_1 + R_2} \tag{8.116}$$

再者，必須將這些值代入 (8.110) 來計算閉路增益。

雙歸零方法

Blackman 阻抗理論會產生一個有趣的問題：我們可以使用類似 $A(1 + T_{sc})/(1 + T_{oc})$ 的形式，寫出電路的轉換函數？換句話說，我們可以類推此結果至「任意輸入取代 I_{in}」及「任意輸出取代 V_{in}」的例子中？為瞭解問題的基本原理，觀察 (1) T_{oc} 是 $I_{in} = 0$ 的反射比，亦即 T_{oc} 代表輸入設為零的反射比及 (2) T_{sc} 是 $V_{in} = 0$ 時的反射比，亦即 T_{sc} 代表輸出等於零的反射比。圖 8.68 示意這兩個量測設定的概念，當我們將輸入和輸出設為零時。我們可以些微改變標示，假定電路的轉移函數可以下列方式表示

$$\frac{V_{out}}{V_{in}} = A\frac{1 + T_{out,0}}{1 + T_{in,0}} \tag{8.117}$$

其中將相依電源設定為零時，$A = V_{out}/V_{in}$，且 $T_{out,0}$ 和 $T_{in,0}$ 分別代表 $V_{out} = 0$ 和 $V_{in} = 0$ 的反射比。

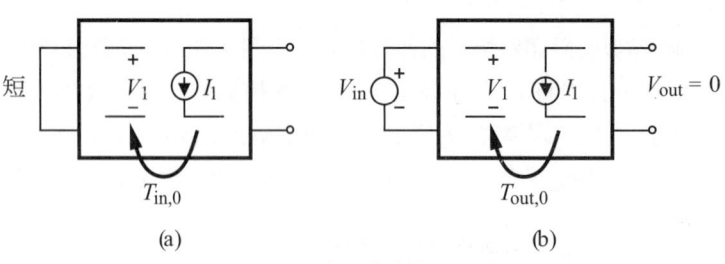

圖 8.68 $T_{in,0}$ 和 $T_{out,0}$ 的概念描述

(8.117) 的證明可從下列兩式著手

$$V_{out} = AV_{in} + BI_1 \tag{8.118}$$

$$V_1 = CV_{in} + DI_1 \tag{8.119}$$

我們知道若 $V_{in} = 0$，則 $V_1/I_1 = D$，且 $T_{in,0} = -g_m D$。另一方面，若 $V_{out} = 0$，則 $V_{in} = (-B/A)I_1$，因此 $V_1/I_1 = (AD - BC)/A$，亦即 $T_{out,0} = -g_m(AD - BC)/A$。結合這些結果可以得到 (8.117)。注意這些計算會除上 A，所以會假設 $A \neq 0$，接著會重新檢視此決定點。

(8.117) 提供了一個有趣的見解。$T_{out,0}$ 的量顯示，即使選取 V_{in} 和 I_1 得到 V_{out} 等於零，仍會有從 I_1 傳出的「內部」回授迴圈，而產生一有限量 V_1。換句話說，因為圖 8.1 一般系統中的回授網路 $G(s)$ 直接量測到輸出，所以不會有這樣的狀況。下列範例會呈現此點。

範例 8.19

求出圖 8.69(a) 中的 V_{out}/V_{in}，假設 $\lambda = \gamma = 0$。注意在此回授網路沒有量測到主要輸出。

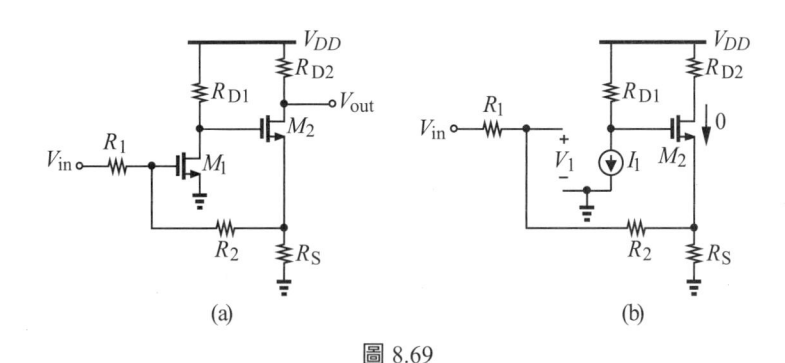

圖 8.69

解 若 M_1 是我們關注的相依電壓及 $g_{m1} = 0$，則在 M_2 源極的電壓等於 $V_{in}(R_S \| g_{m2}^{-1})/(R_S \| g_{m2}^{-1} + R_1 + R_2)$，產生

$$A = g_{m2} R_{D2} \frac{R_S \| g_{m2}^{-1}}{R_S \| g_{m2}^{-1} + R_1 + R_2} \tag{8.120}$$

為得到 $T_{out,0}$，我們選取 V_{in} 和 I_1 產生 $V_{out} = 0$，因此 $V_{GS2} = 0$ 和 $I_{D2} = 0$〔圖 8.94(b)〕。M_2 的源極電壓會等於 $-I_1 R_{D1}$，也等於 $V_{in} R_S/(R_1 + R_2 + R_S)$。同樣 $V_1 = V_{in}(R_2 + R_S)/(R_1 + R_2 + R_S)$ 且

$$T_{out,0} = -g_{m1} \frac{V_1}{I_1} \tag{8.121}$$

$$= g_{m1} R_{D1} \frac{R_2 + R_S}{R_S} \tag{8.122}$$

非零的 $T_{out,0}$ 是指 I_1 仍透過內部迴圈控制 V_1，即使 $V_{out} = 0$。當 $V_{in} = 0$ 的迴路增益是 (8.113)。如果 M_2 是我們關注的相依電源？則 $g_{m2} = 0$，而 $V_{out} = 0$，因此 $A = 0$。因為推導過程假設 $A \neq 0$，(8.117) 無法成立。雙歸零方法的缺點很容易出現在 CMOS 電路，即使是簡單的共源極組態衰減。

習題

除非另外提到，下列習題使用表 2.1 的元件資料並在需要時，假設 V_{DD} = 3 V。同樣假定所有電晶體都位於飽和區。

8.1 考慮圖 8.3(b) 的電路，假設 I_1 為理想且 $g_{m1}r_{O1}$ 不得超過 50。如果要得到一個增益誤差小於 5%，在此組態中能達到的最大閉路電壓增益為何？在此情況下其低頻閉路輸出阻抗值為何？

8.2 在圖 8.8(a) 的電路中，假設 $(W/L)_1$ = 50/0.5、$(W/L)_2$ = 100/0.5，R_D = 2 kΩ 且 $C_2 = C_1$。忽略通道長度調變效應和基板效應，決定 M_1 和 M_2 的偏壓電流讓低頻之輸入電阻為 50 Ω。

8.3 計算圖 8.9(a) 的電路在極低頻的輸出阻抗，若以一理想電流源取代 R_D。

8.4 考慮圖 8.11 的範例，假設我們必須得到最大頻寬且整體電壓增益為 500。我們必須在疊接電路中放置多少組態且各組態的增益為何？（提示：先找出具有 n 個相同疊接組態的 3dB 頻寬，並以每個組態的頻寬來表示。）

8.5 如果圖 8.22(b) 的放大器 A_0 顯示了一個輸出阻抗為 R_0，計算考慮負載效應時，其閉路電壓增益和輸出阻抗。

8.6 考慮圖 8.25(a) 的電路，假設 $(W/L)_{1,2}$ = 50/0.5，且假設 $(W/L)_{3,4}$ = 100/0.5。如果 I_{SS} = 1 mA 且增益誤差維持在 5% 以下時，其最大閉路電壓增益可達多少？

8.7 圖 8.42 之電路可做為一轉阻放大器，如果 I_{out} 流經一連接 V_{DD} 之電阻 R_{D2}，產生一輸出電壓。以一理想電流取代 R_S，且假設 $\lambda = \gamma = 0$，計算結果電路之轉阻。同樣計算每單位頻寬之輸入相關雜訊電流。

8.8 對圖 8.51(a) 之電路，計算考慮 $G_{12}I_2$ 時的閉路增益。證明如果在 $G_{12} \ll A_0 Z_{in}/Z_{out}$ 時，此項可忽略不計。

8.9 打斷節點 X 以計算圖 8.54 電路的迴路增益，為何此結果和 $G_{21}A_{v,open}$ 稍微不同呢？

8.10 使用回授技巧，計算圖 8.70 中每個電路的輸入及輸出阻抗和電壓增益。

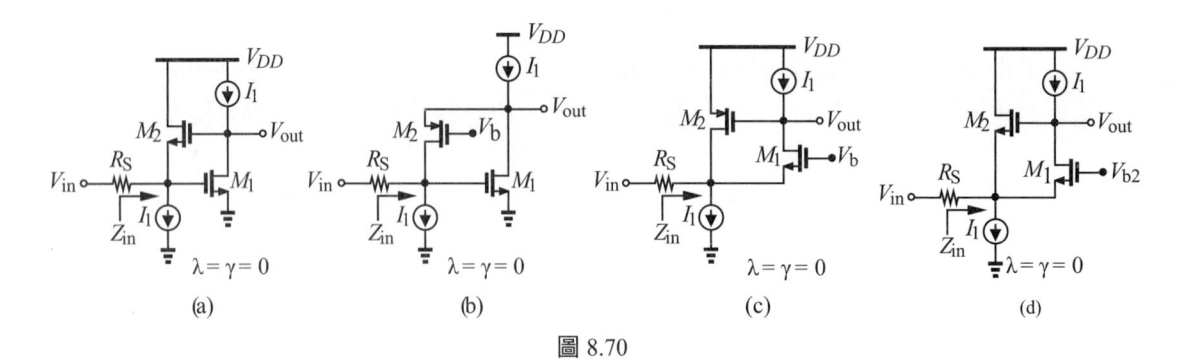

圖 8.70

8.11 使用回授技巧，計算圖 8.71 中每個電路的輸入及輸出阻抗。

8.12 考慮圖 8.54(a) 之電路，假設 $(W/L)_1 = (W/L)_2$ = 50/0.5、$\lambda = \gamma = 0$，且每個阻抗皆為 2 kΩ，如果 I_{D2} = 1 mA，M_1 之偏壓電流為何？V_{in} 於何時會產生此電流？並計算其整體電壓增益。

圖 8.71

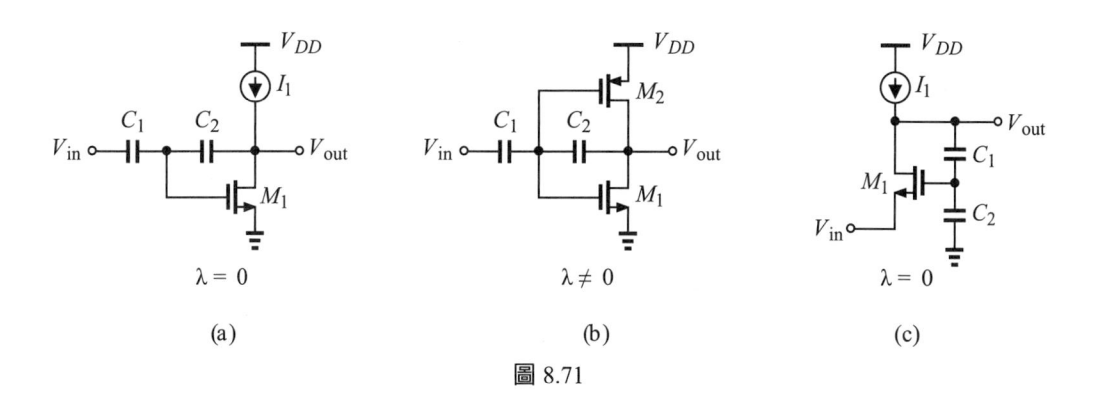

8.13 假設圖 8.22 中的放大器電路有一開路轉移函數為 $A_0/(1 + s/\omega_0)$ 和一輸出電阻 R_0。計算閉路輸出阻抗值且繪出其絕對值大小和頻率的關係圖,並解釋其特性。

8.14 計算圖 8.25(a) 電路在極低頻時的輸入相關雜訊電壓。

8.15 一負載電流源之差動對可以圖 8.72(a) 來表示,其中 $R_0 = r_{ON}||r_{OP}$ 且 r_{ON} 和 r_{OP} 分別代表 NMOS 和 PMOS 元件的輸出電阻。考慮圖 8.72(b) 之電路,其中 G_{m1} 和 G_{m2} 在負回授迴路中。

(a) 忽略所有其他電容,導出 Z_{in} 的表示式。繪出 $|Z_{in}|$ 和頻率的關係圖。

(b) 直觀解釋 (a) 所觀察到的特性。

(c) 計算輸入相關熱雜訊電壓和電流,並以每個 G_m 組態中的輸入相關雜訊電壓來表示。

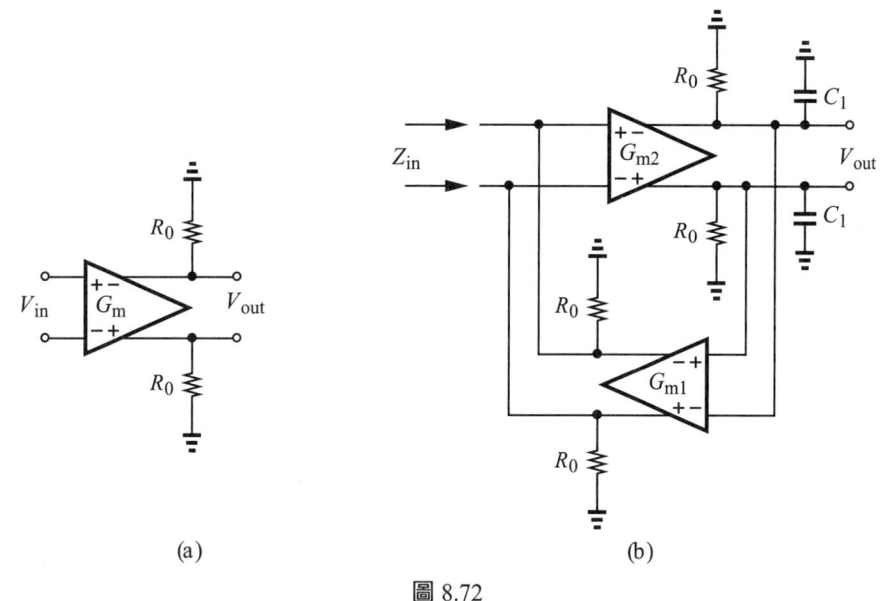

圖 8.72

8.16 在圖 8.73 電路中,$(W/L)_{1-3} = 50/0.5$,$I_{D1} = |I_{D2}| = |I_{D3}| = 0.5$ mA 且 $R_{S1} = R_F = R_{D2} = 3$ kΩ。

(a) 求出能建立上述電流的輸入偏壓電壓。

(b) 計算閉路電壓增益和輸出電阻。

8.17 圖 8.60 電路可修正為圖 8.74 電路，其中將源極隨耦器的 M_4 插入回授迴路中。注意 M_1 和 M_4 可視為一差動對。假設 $(W/L)_{1\text{-}4} = 50/0.5$，$I_D = 0.5$ mA，對所有電晶體來說，$R_{S1} = R_F = R_{D2} = 3$ kΩ，且 $V_{b2} = 1.5$ V。計算閉路電壓增益和輸出電阻，並和習題 8.16(b) 的結果相比較。

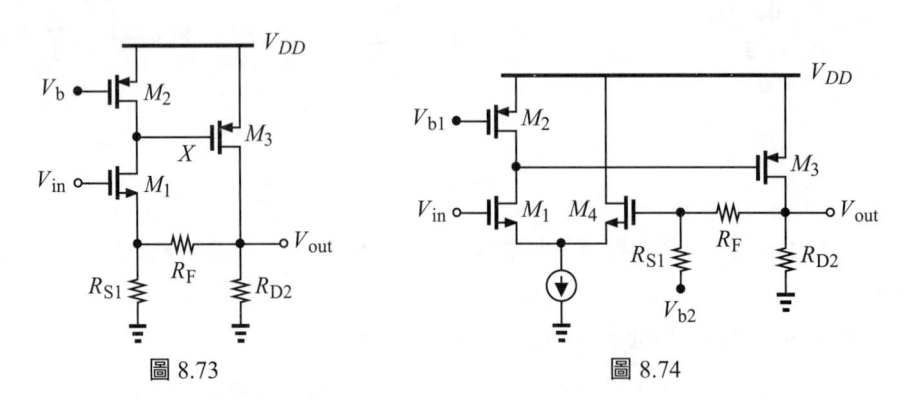

圖 8.73　　　　　圖 8.74

8.18 考慮圖 8.75 電路，其中 $(W/L)_{1\text{-}4} = 50/0.5$，$|I_{D1\text{-}4}| = 0.5$ mA 且 $R_2 = 3$ kΩ。

(a) 建立上述電流值 R_1 的範圍，使 M_2 在飽和區中，並計算 V_{in} 所對應的範圍。

(b) 計算 (a) 求得的範圍內閉路增益和 R_1 的輸出阻抗。

8.19 圖 8.76 電路假設所有電阻為 2 kΩ，且 $g_{m1} = g_{m2} = 1/(200\ \Omega)$，且 $\lambda = \gamma = 0$，計算其閉路增益和輸出阻抗。

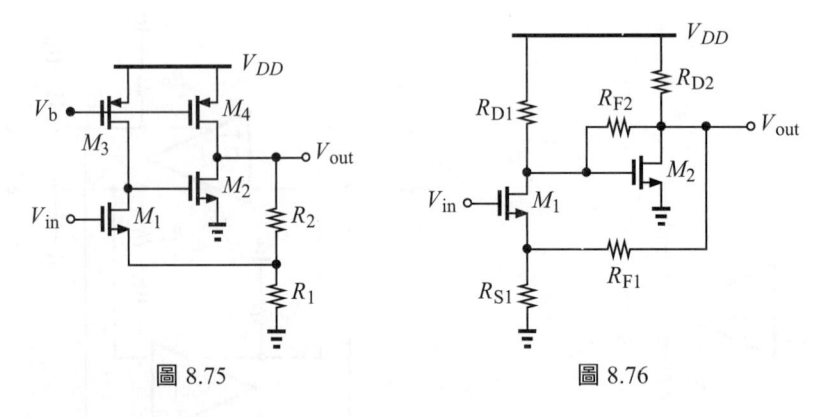

圖 8.75　　　　　圖 8.76

8.20 一 CMOS 反相器不論是否具有回授系統可做為一放大器（圖 8.77），假設 $(W/L)_{1,2} = 50/0.5$，$R_1 = 1$ kΩ，$R_2 = 10$ kΩ，且 V_{in} 和 V_{out} 之直流位準相同。

(a) 計算每個電路之電壓增益和輸出阻抗。

(b) 計算每個電路輸出對於供應電壓的靈敏度，亦即計算從 V_{DD} 至 V_{out} 之小信號增益。哪個電路較不靈敏？

8.21 計算圖 8.77 電路的輸入相關熱雜訊電壓。

8.22 圖 8.78 之電路使用一正回授以產生一負輸入電容。利用回授分析技巧，求出 Z_{in} 和確認其電容為負。假設 $\lambda = \gamma = 0$。

8.23 圖 8.79 假設 $\lambda = 0$，$g_{m1,2} = 1/(200\ \Omega)$，$R_{1\text{-}3} = 2\ \text{k}\Omega$，且 $C_1 = 100\ \text{pF}$。忽略其他電容，估計在極低頻與極高頻時的閉路電壓增益。

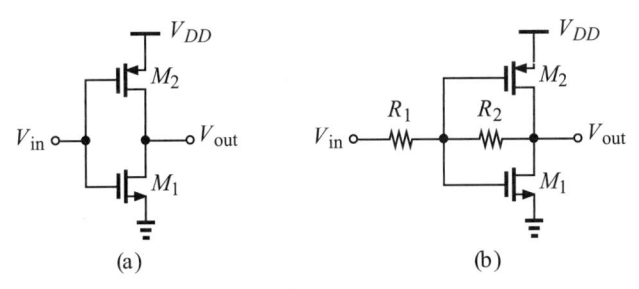

圖 8.77

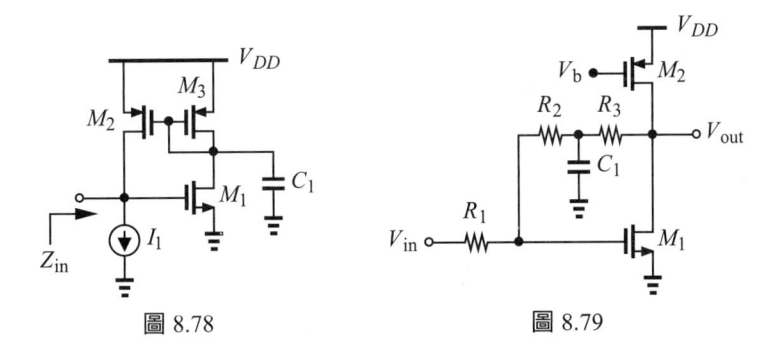

圖 8.78

圖 8.79

第 9 章 運算放大器

運算放大器為許多類比和混合信號系統中不可或缺的部分。不同複雜度的運算放大器用來產生直流偏壓、高速放大或濾波等功能。隨 CMOS 製程技術進展而減少供應電壓和電晶體通道長度，運算放大器的設計持續遇到極大的挑戰。

本章討論 CMOS 運算放大器的分析和設計。在複習效能參數後，我們會來談如伸縮（telescopic）和摺疊疊接（folded cascode）組態等簡單運算放大器。再來會提到雙級（two-stage）組態和增益提升（gain-boosting）組態，及共模回授的問題。最後，我們導入迴轉率（slew rate）的觀念並分析運算放大器中供應電壓的排斥效應和雜訊。建議各位在處理第 11 章會提到得更進階設計之前，先研讀此本章。

9.1 一般考量

我們廣義地將運算放大器定義為「高增益差動放大器」。以「高」來表示，意指對其應用來說，適當增益值的範圍為 10^1 至 10^5。因為通常會用運算放大器來實現回授系統，故開路增益乃是依據其閉路電路所需的精確度來選定。

三十年前，大部分運算放大器用於作為「通用」建構模組，以符合許多不同的應用需求。我們尋找一理想的運算放大器，也就是有高電壓增益（數十萬倍）、高輸入阻抗和低輸出阻抗的特性，但是必須犧牲其他效能參數（如速度、輸出電壓振幅和功率消耗）。

相反地，目前運算放大器設計隨著各參數相互取捨而進展，最終為了整體參數而需要多方面的妥協，而需要知道各參數足夠的值。舉例來說，如果速度相當重要而增益誤差不重要時，我們可以犧牲後者來滿足前者需求的電路組態。

9.1.1 效能參數

本節會討論到許多運算放大器設計參數，以瞭解為何且何時每個參數也許重要。為了進行這些討論，我們考慮如圖 9.1 所示的差動疊接電路，為一運算放大器設計。[1] 電壓 V_{b1}-V_{b3} 由第 5 章所討論過的電流鏡產生。

---

[1] 因為此種運算放大器有高輸出電阻，故有時稱為「運算轉導放大器」（OTA）。在此限制下，電路可以單一電壓相依電流原來表示，並稱為「Gm 級」。

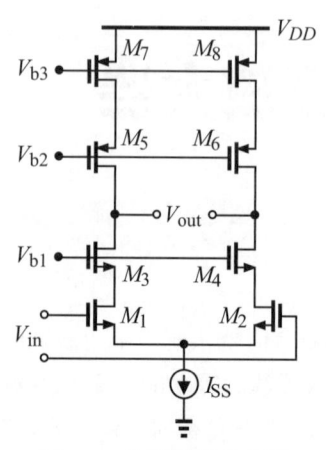

圖 9.1　疊接運算放大器

增益

運算放大器的開路增益會影響使用運算放大器時回授系統的精確度。如前所述，所需增益可能會依據不同應用而有四個數量級的改變。也會出現與速度和輸出電壓振幅間的取捨，因此有必要知道所需的最小增益。第 14 章會提到一個高開路增益可能也必須控制其非線性現象。

範例 9.1

圖 9.2 電路的增益為 10，亦即 $1 + R_1/R_2 = 10$。求 A_1 的最小值，其增益誤差為 1%。

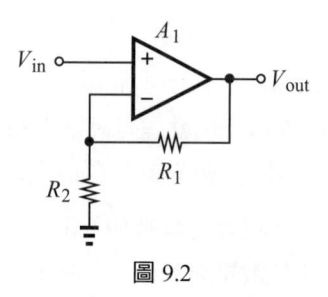

圖 9.2

解　從第 8 章中得到閉路增益為

$$\frac{V_{out}}{V_{in}} = \frac{A_1}{1 + \dfrac{R_2}{R_1 + R_2}A_1} \tag{9.1}$$

$$= \frac{R_1 + R_2}{R_2} \cdot \frac{A_1}{\dfrac{R_1 + R_2}{R_2} + A_1} \tag{9.2}$$

預測 $A_1 \gg 10$，可將 (9.2) 近似為

$$\frac{V_{out}}{V_{in}} \approx \left(1 + \frac{R_1}{R_2}\right)\left(1 - \frac{R_1 + R_2}{R_2}\frac{1}{A_1}\right) \tag{9.3}$$

$(R_1 + R_2)/(R_2A_1) = (1+ R_1/R_2)/A_1$ 代表相對增益誤差。為讓增益誤差小於 1%，必須讓 $A_1 >$ 1000。

將圖 9.2 負載開路和圖 9.3 電路比較是有用的。儘管利用一共源極組態能得到名目增益值 $g_mR_D = 10$，但要確保誤差小於 1% 是非常困難。電晶體移動率、閘極氧化層厚度與電阻值的變化一般來說會產生超過 20% 的誤差。

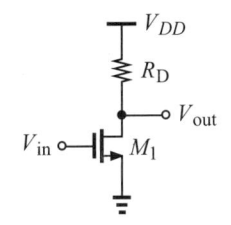

圖 9.3　簡單共源極組態

小信號頻寬

運算放大器的高頻特性在許多應用中扮演一關鍵角色。舉例來說，當運作頻率增加時，開路增益開始下降（圖 9.4）且在回授系統中產生較大的誤差。通常會將小信號頻寬定義為**單增益**（unity-gain）頻率 f_u，目前 CMOS 運算放大器中已超過幾個 GHz。3-dB 頻率 $f_{3\text{-dB}}$ 也可用來說明較簡單預測閉路頻率響應。

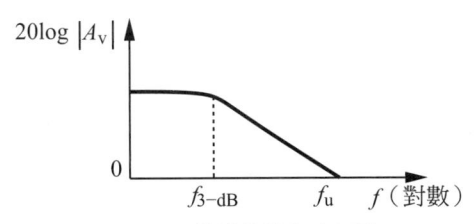

圖 9.4　增益將隨頻率下降

範例 9.2

圖 9.5 的電路假設運算放大器為一單極點電壓放大器。如果 V_{in} 為一小步級電壓，計算電壓達到最終值 1% 內所需時間。假如 $1 + R_1/R_2 \approx 10$ 且其穩定（settling）時間小於 5 ns 時，運算放大器必須提供的單增益頻寬為何？為簡化之故，假設低頻增益遠大於一。

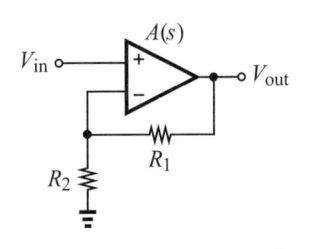

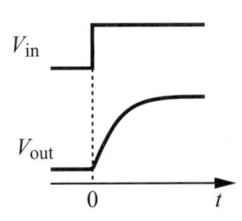

圖 9.5

解 因為

$$\left(V_{in} - V_{out}\frac{R_2}{R_1+R_2}\right)A(s) = V_{out} \tag{9.4}$$

可以得到

$$\frac{V_{out}}{V_{in}}(s) = \frac{A(s)}{1+\frac{R_2}{R_1+R_2}A(s)} \tag{9.5}$$

對單級點系統來說，$A(s) = A_0/(1+s/\omega_0)$，其中 ω_0 為 3 dB 頻寬且 $A_0\omega_0$ 為單增益頻寬。因此，

$$\frac{V_{out}}{V_{in}}(s) = \frac{A_0}{1+\frac{R_2}{R_1+R_2}A_0 + \frac{s}{\omega_0}} \tag{9.6}$$

$$= \frac{\dfrac{A_0}{1+\dfrac{R_2}{R_1+R_2}A_0}}{1+\dfrac{s}{\left(1+\dfrac{R_2}{R_1+R_2}A_0\right)\omega_0}} \tag{9.7}$$

顯示出閉路放大器也為單極點系統，而其時間常數為

$$\tau = \frac{1}{\left(1+\dfrac{R_2}{R_1+R_2}A_0\right)\omega_0} \tag{9.8}$$

確認 $R_2A_0/(R_1+R_2)$ 為低頻迴路增益且通常大於一，我們得到

$$\tau \approx \left(1+\frac{R_1}{R_2}\right)\frac{1}{A_0\omega_0} \tag{9.9}$$

當 $V_{in} = au(t)$ 時之輸出步級響應可表示為

$$V_{out}(t) \approx a\left(1+\frac{R_1}{R_2}\right)\left(1-\exp\frac{-t}{\tau}\right)u(t) \tag{9.10}$$

其最終值 $V_F \approx a(1+R_1/R_2)$。對 1% 的穩定時間來說，$V_{out} = 0.99V_F$，因此

$$1 - \exp\frac{-t_{1\%}}{\tau} = 0.99, \tag{9.11}$$

產生 $t_{1\%} = \tau \ln 100 \approx 4.6\tau$。對 1% 的 5 ns 穩定時間來說，$\tau \approx 1.09$ ns，且從 (9.9) 得知，$A_0\omega_0 \approx (1+R_1/R_2)/\tau = 9.21$ Grad/s（1.47 GHz）。

上述例子的關鍵點在於頻寬是由穩定時間正確度（亦即 $V_{out} = 0.99V_F$）及閉路增益 $(1+R_1/R_2)$ 所定。

範例 9.3

某學生錯將圖 9.5 中運算放大器的反向及非反向輸入交換，解釋電路會怎麼運作。

解 正回授會使電路不穩定。對於一個單極點運算放大器，我們可得到

$$\left(V_{out}\frac{R_2}{R_1+R_2} - V_{in}\right)\frac{A_0}{1+\dfrac{s}{\omega_0}} = V_{out} \tag{9.12}$$

因此

$$\frac{V_{out}}{V_{in}}(s) = \frac{\dfrac{A_0}{1-\dfrac{R_2}{R_1+R_2}A_0}}{1-\dfrac{s}{(1+\dfrac{R_2}{R_1+R_2}A_0)\omega_0}} \tag{9.13}$$

有趣的是，閉路放大器包含一右半平面極點，存在一個步階響應，隨時間以等比級數成長。

$$V_{out}(t) \approx a\left(1+\frac{R_1}{R_2}\right)\left(\exp\frac{t}{\tau} - 1\right)u(t) \tag{9.14}$$

此電壓會繼續增加到運算放大器輸出飽和。

大信號頻寬

在目前許多應用中，運算放大器必須處理大的瞬間信號。在此情況下，非線性現象讓我們很難僅利用小信號特性（如圖 9.4 所示的開路響應）來算出操作速度。舉例來說，假設圖 9.5 的回授電路納入一個實際運算放大器（亦即輸出阻抗值為有限時），並驅動一大負載電容。如果我們輸入 1 V 步級電壓，電路會如何反應？因為輸出電壓不能立即變化，故在時間 $t \geq 0$ 時，運算放大器所量測到的電壓差為 1 V。如此大的電壓差短暫驅動運算放大器進入非線性區（否則，一開路增益為 1000 的放大器會輸出 1000 V）。

大信號特性通常相當複雜，故 9.9 節會詳細說明模擬過程。

輸出振幅

大部分使用運算放大器的系統需要大電壓振幅來容納一大範圍的信號強度。舉例來說，感應管絃樂樂團演奏音樂的高品質麥克風可能產生一即時電壓，其變化超過四個數量級，故需要能處理大振幅的放大器和濾波器（且／或雜訊低）。

大輸出振幅全差動運算放大器的需求相當普遍。這與第 4 章中電路相似，此類運算放大器產生「互補」輸出信號，讓可用的振幅放大約兩倍。除此之外，第 3 章和第 4 章提過，及本章後面會說明最大輸出電壓振幅與元件大小、偏壓電流和速度間的取捨。達到大輸出振幅是目前運算放大器設計最基本的挑戰。

線性特性

開路運算放大器會遇到極嚴重的非線性現象。舉例來說，在圖 9.1 的電路中，輸入差動對 M_1–M_2 在汲極電流與輸入電壓間呈現非線性關係。第 14 章會解釋，非線性問題可利用兩種方法解決：使用全差動放大器來消除偶次諧波，且容許足夠的開路增益讓閉路回授系統有適當線性特性。要特別注意許多回授電路中的線性需求（而不是增益誤差）會左右開路增益的選擇。

雜訊與偏移

運算放大器的輸入雜訊與**偏移**（offset）影響在一合理品質下處理的最小信號位準。在一般運算放大器組態中，許多元件產生雜訊及偏移，故必須增加尺寸和偏壓電流。舉例來說，圖 9.1 的電路中，M_1–M_2 和 M_7–M_8 產生最多。

我們應該要確認雜訊和**輸出振幅**（output swing）間的取捨。以偏壓電流來說，將圖 9.1 的 M_7 和 M_8 驅動電壓降低，讓輸出端有較大振幅，其轉導會增加，汲極雜訊電流也會增加。

供應電源排斥

運算放大器常用於混合信號系統，有時也連接至有雜訊的數位供應線路。因此，出現供應雜訊（特別是雜訊頻率增加）時，運算放大器效能會相當重要。基於此理由，全差動組態較為理想。

9.2 單級運算放大器

9.2.1 基本架構

我們可以把第 4 章和第 5 章討論的差動放大器視為運算放大器。圖 9.6 顯示了單端輸出和差動輸出組態。這兩個電路的小信號低頻增益皆為 $g_{mN}(r_{ON}\|r_{OP})$，其中下標 N 和 P 分別代表 NMOS 和 PMOS。此值在奈米製程中很難超過 10，而頻寬通常由負載阻抗 C_L 來決定。注意圖 9.6(a) 的電路呈現了一映射極點（第 6 章），而圖 9.6(b) 則無。此即為利用這些組態的回授系統穩定度的最大差異（第 10 章）

圖 9.6 的電路遇到 M_1–M_4 所產生的雜訊，如第 7 章所示。有趣的是，所有運算放大器組態，至少有四個元件產生輸入雜訊：兩個輸入電晶體和兩個「負載」電晶體。

第 9 章　運算放大器　　339

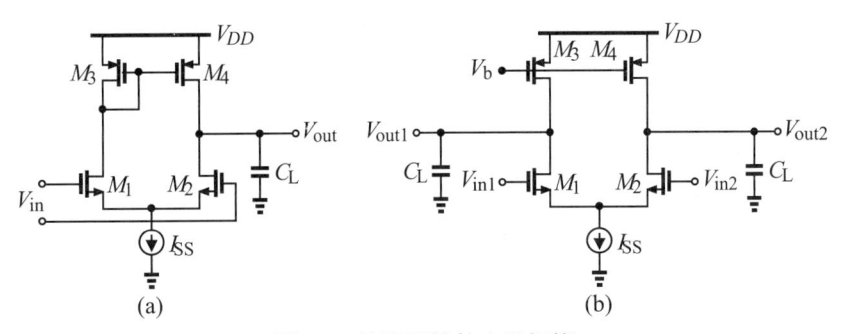

图 9.6　簡單運算放大器組態

範例 9.4

計算圖 9.7 單增益緩衝器的輸入共模電壓範圍和閉路輸出阻抗。

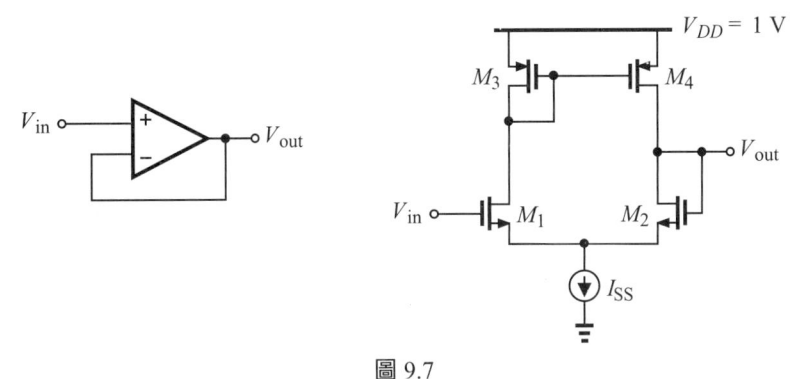

圖 9.7

解　最小容許輸入電壓為 $V_{ISS} + V_{GS1}$，其中 V_{ISS} 為電流源所需的跨壓。使 M_1 位於三極管區邊界的最大電壓為：$V_{in,max} = V_{DD} - |V_{GS3}| + V_{TH1}$。舉例來說，如果每個元件（包括電流源）的臨界電壓為 0.3 V 且驅動電壓為 0.1 V，則 $V_{in,min} = 0.1 + 0.1 + 0.3 = 0.5$ V 且 $V_{in,max} = 1 - (0.1 + 0.3) + 0.3 = 0.9$ V。因此，在 1 V 供應電壓下的輸入共模範圍為 0.4 V。

因為電路在輸出端使用電壓回授，故輸出阻抗等於開路值 $r_{OP}\|r_{ON}$ 除以迴路增益值 $1 + g_{mN}(r_{OP}\|r_{ON})$ 加一。換句話說，對大開路增益而言，閉路輸出阻抗大約為 $(r_{OP}\|r_{ON})/[g_{mN}(r_{OP}\|r_{ON})] = 1/g_{mN}$。

值得注意的是，閉路輸出阻抗和開路輸出阻抗相對不相關。此重要觀察能讓我們藉由增加開路輸出阻抗來設計高增益運算放大器，且達到一相當低閉路輸出阻抗。我們也發現到若驅動負載電荷 C_L，運算放大器會產生一近似閉路輸出極 g_{mN}/C_L。

為得到一高增益，可使用第 4 章和第 5 章的差動疊接組態。如圖 9.8(a) 和 (b) 所示分別為單端輸出和差動輸出產生電路，其增益數量級為 $g_{mN}[(g_{mN}r_{ON}^2)(g_{mP}r_{OP}^2)]$，但必須犧牲輸出振幅和額外極點。這些組態也稱為**伸縮**（telescopic）疊接運算放大器，有別於接下來要說明的另一個疊接運算放大器。此電路提供一單端輸出且在節點 X 有一映射極點，而產生穩定度問題（第 10 章）。

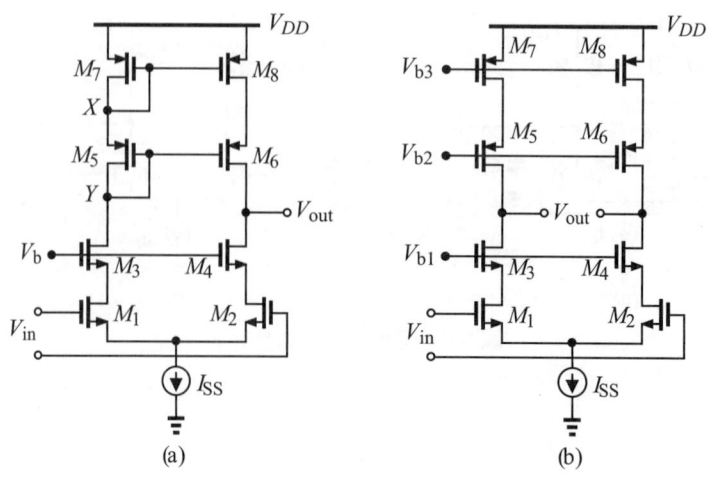

圖 9.8 疊接運算放大器

如第 4 章所計算的，伸縮運算放大器的輸出振幅相對受到限制。舉例來說，圖 9.8(b) 的全差動組態之輸出振幅為 $2[V_{DD} - (V_{OD1} + V_{OD3} + V_{ISS} + |V_{OD5}| + |V_{OD7}|)]$，其中 V_{ODj} 代表 M_j 的驅動電壓及 V_{ISS} 代表 I_{SS} 上最小跨壓。我們必須確認三個讓這個振幅大小能成立的條件：(1) 選擇夠低且使其等於 $V_{GS1} + V_{ISS}$ 的輸入共模電壓 $V_{in,CM}$，(2) 選取夠低的 V_{b1} 並使其等於 $V_{GS3} + (V_{in,CM} - V_{TH1})$，讓 M_1 位於飽和區邊界，且 (3) 選取夠高的 V_{b2} 且使其等於 $V_{DD} - |V_{OD7}| - ||V_{GS5}|$，讓 M_7 位於飽和區邊界。因此，必須緊密控制 $V_{in,CM}$（和 V_{b1} 及 V_{b2}）此嚴肅議題。

另一個伸縮疊接的缺點是將其輸入端短路的困難度，也就是說如圖 9.7 電路中放置一單增益緩衝器。為瞭解這問題，考慮圖 9.9 的單增益回授組態。在何情形下 M_2 和 M_4 會飽和呢？我們必須讓 $V_{out} \leq V_X + V_{TH2}$ 和 $V_{out} \geq V_b - |V_{TH4}|$。因為 $V_X = V_b - |V_{GS4}|$，$V_b - V_{TH4} \leq V_{out} \leq V_b - |V_{GS4}| + V_{TH2}$。如圖 9.9 所示，此電壓範圍為 $V_{max} - |V_{min}| = V_{TH4} - (V_{GS4} - |V_{TH2}|)$，藉由將 M_4 之驅動電壓最小化來得到最大值，但值永遠小於 V_{TH2}。

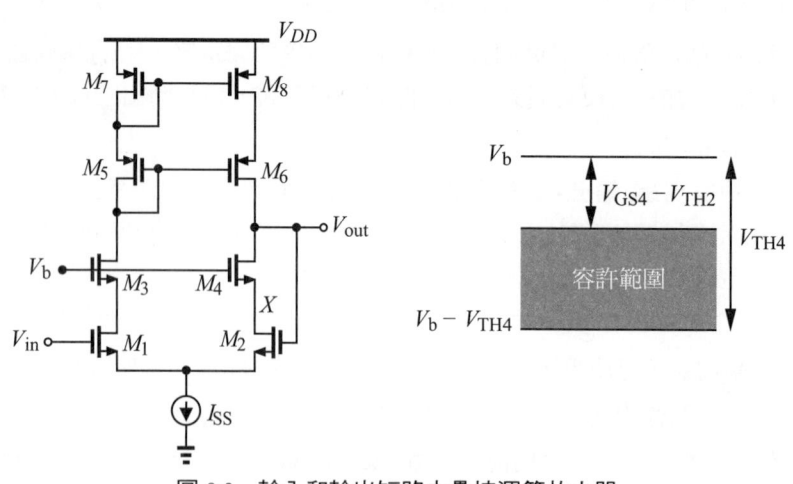

圖 9.9 輸入和輸出短路之疊接運算放大器

範例 9.5

解釋圖 9.9 的電路中每個電晶體運作的區域,當 V_{in} 由低於 $V_b - V_{TH4}$ 變大至 $V_b - V_{GS4} + V_{TH2}$。

解 因為運算放大器試圖強制 V_{out} 等於 V_{in},當 $V_{in} < V_b - V_{TH4}$ 時,我們得到 $V_{out} \approx V_{in}$ 且當其他電晶體位於飽和區時,M_4 在三極管區。在此情況下,運算放大器的開路增益會減少。

當 V_{in} 和 V_{out} 超過 $V_b - V_{TH4}$ 時,M_4 進入飽和區且開路增益到達一最大值。當 $V_b - V_{TH4} < V_{in} < V_b - (V_{GS4} - V_{TH2})$,$M_2$ 和 M_4 都呈現飽和且當 $V_{in} > V_b - (V_{GS4} - V_{TH2})$,$M_2$ 和 M_1 進入三極管區,讓增益值降低。

儘管疊接運算放大器很少當作單增益緩衝器,一些其他組態(如第 13 章的交換電容式電路),在圖 9.9 的部分運作區域需要將運算放大器之輸入和輸出短路。

範例 9.6

圖 9.10(a) 顯示使用伸縮運算放大器的閉路放大器,[2] 假設運算放大器有一個高開路增益,求出最大可容許輸出電壓振幅。

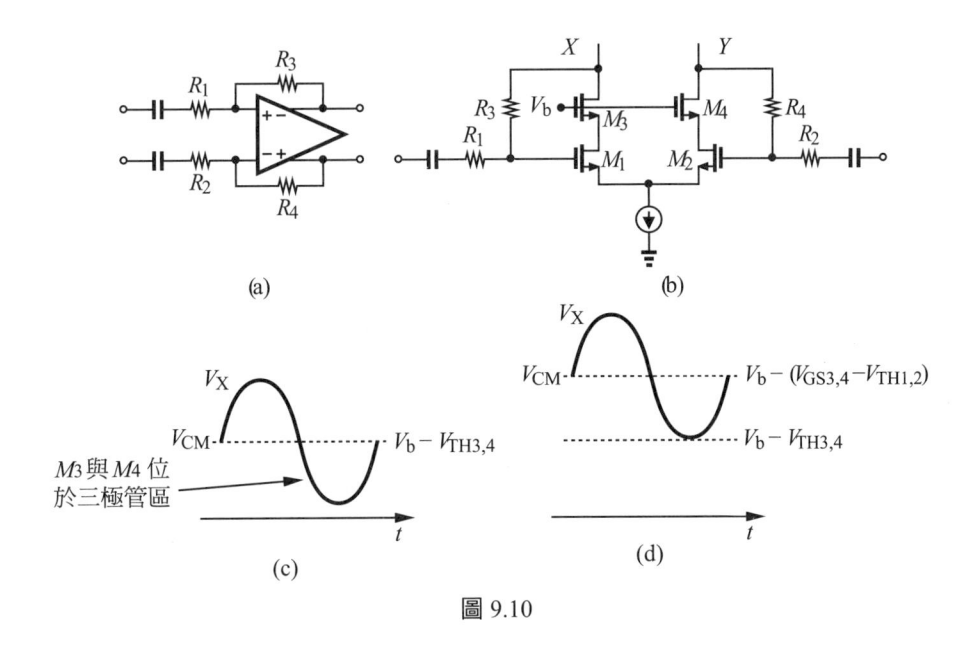

圖 9.10

解 繪出如圖 9.10(b) 的電路,注意其輸入和輸出共模位準相等(為什麼?)。回想一下前面的討論,M_3 和 M_4 汲極電壓受制於 $V_b - V_{TH3,4}$,讓 M_3 和 M_4 在飽和區且 $V_b - (V_{GS3,4} - V_{TH1,2})$ 讓 M_1 和 M_2 在飽和區。我們要如何設定共模輸出位準 V_{CM} 讓此範圍內的輸出振幅最大化?若 $V_{CM} = V_b - V_{TH3,4}$,則 M_3 和 M_4 位於三極管區邊緣且不容許任何向下振幅〔圖 9.10(c)〕。

---

[2] 輸入電容保證偏壓點不會被前一級所破壞。

另一方面，若選取 $V_{CM} = V_b - (V_{GS3,4} - V_{TH1,2})$，將 M_1 和 M_2 放在邊緣，則 V_X 或 V_Y 會降低至 $V_b - V_{TH3,4}$ 來讓 M_3 和 M_4 維持在飽和區〔圖 9.10(d)〕。

若選擇後者，V_X 和 V_Y 可以到多高呢？如果運算放大器的增益很大，可以忽略 M_1 和 M_2 的閘極振幅。因此，V_X 和 V_Y 能任意從 $V_{CM} = V_b - (V_{GS3,4} - V_{TH1,2})$ 往上抬升，而不會讓 M_1 和 M_2 進入三極管區（當然，PMOS 限制了向上振幅）。因此，對於不對稱的向上和向下振幅，電路容許 V_{CM} 附近 ± (1 臨界電壓 −1 驅動電壓) 的電壓偏移。

9.2.2 設計程序

關於此點，各位可能好奇我們到底該如何設計運算放大器。利用許多元件和效能參數，其起始點的位置及如何選定其數目也許並不清楚。的確，運算放大器的實際設計方法取決於該電路必須符合的規格有關。舉例來說，一高增益運算放大器的設計可能和一低雜訊運算放大器相當不同。雖然如此，在大部分情況下，如輸出電壓振幅和開路增益等一些效能參數是設計流程主要的考量。我們會廣泛使用 I_D、$V_{GS} - V_{TH}$、W/L、g_m 和 r_O 這五個參數來處理每個電晶體。

在設計運算放大器時（及許多其他電路），從**功率預算**（power budget）下手是很有用的，即使沒有任何功率限制。本節稍後會看到，此設計結果可能用於「調整」較低或較高的功率消耗。我們會在此先說明簡單設計，並在第 11 章討論奈米運算放大器。

範例 9.7

設計一全差動伸縮運算放大器，其規格如下：$V_{DD} = 3$，峰對峰差動輸出振幅 = 3 V，功率消耗 =10 mW，電壓增益 = 2000。假設 $\mu_n C_{ox} = 60\ \mu A/V^2$、$\mu_p C_{ox} = 30\ \mu A/V^2$、$\lambda_n = 0.1\ V^{-1}$、$\lambda_p = 0.2\ V^{-1}$（對等效通道長度為 0.5 μm 而言），$\gamma = 0$ 且 $V_{THN} = |VT_{HP}| = 0.7$ V。

解 圖 9.11 顯示運算放大器組態和界定 M_7–M_9 汲極電流的兩個電流鏡。我們先從功率預算開始，分配 3 mA 給 M_9，並維持 330 μA 給 M_{b1} 和 M_{b2}。因此，每個運算放大器的疊接分支帶 1.5 mA 電流。接著考慮所需之輸出振幅。節點 X 和 Y 必須有 1.5 V_{pp} 振幅，才不會讓 M_3–M_6 進入三極管區。使用 3-V 供應電壓時，M_9 和每個疊接分支可用電壓為 1.5 V，亦即 $|V_{OD7}| + |V_{OD5}| + V_{OD3} + V_{OD1} + V_{OD9} = 1.5$。

因為 M_9 帶最大電流，我們選定 $V_{OD9} \approx 0.5$ V，留下 1 V 給疊接組態中其他四個電晶體。此外，因為 M_5–M_8 的低移動率，我們分配

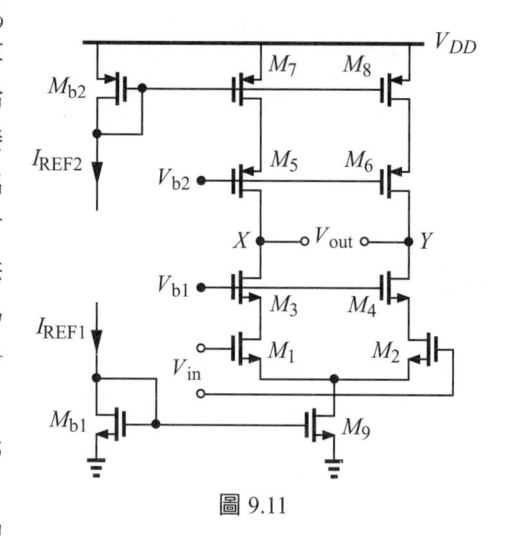

圖 9.11

每個電晶體約 300 mV 驅動電壓,並得到 $V_{OD1} + V_{OD3}$ 為 400 mV。一開始我們假設 $V_{OD1} = V_{OD3} = 200$ mV。

已知每個電晶體的偏壓電流和驅動電壓時,我們能輕易從 $I_D = (1/2)\mu C_{ox}(W/L)(V_{GS} - V_{TH})^2$ 求出長寬比。為了讓元件電容最小化,我們選擇每個電晶體的最小長度,得到一對應寬度。我們可得 $(W/L)_{1-4} = 1250$、$(W/L)_{5-8} = 1111$ 和 $(W/L)_9 = 400$。

各位可能認為上述的驅動電壓是任意選擇,會有較大的設計彈性空間。然而,我們必須強調每個驅動電壓都只有一個小範圍。舉例來說,我們在元件變得過大之前,只要改變數十毫伏的分配電壓。

此設計已滿足了振幅、功率消耗和供應電壓的規格。但增益呢?利用 $A_v \approx g_{m1}[(g_{m3}r_{O3}r_{O1})(g_{m5}r_{O5}r_{O7})]$,並假設所有電晶體通道長度皆已最小化,得到 $A_v = 1416$,比所需值還低。

為了增加增益,我們確認 $g_m r_O = \sqrt{2\mu C_{ox}(W/L)I_D}/(\lambda I_D)$。現在,回想一下 $\lambda \propto 1/L$,故 $g_m r_O \propto \sqrt{WL/I_D}$。因此我們可增加寬度、長度或減少電晶體的偏壓電流。實際上,速度和雜訊需求可能會決定偏壓電流,而只留下元件尺寸為變數。當然,每個電晶體的寬度至少必須和其長度一同縮放,以維持固定驅動電壓。

應該讓圖 9.11 電路中哪個電晶體較長?因為 M_1–M_4 出現在信號路徑上,將其電容值最小化是較為理想的。另一方面,PMOS 元件 M_5–M_8 不大會影響信號,所以可有較大尺寸。[3] 將每個電晶體的(等效)長度和寬度加倍,這事實上也讓 $g_m r_O$ 加倍,因為 g_m 為常數而 r_O 加倍。選定 $(W/L)_{5-8} = 2222\ \mu m/1.0\ \mu m$ 且 $\lambda p = 0.1\ V^{-1}$,我們得到 $A_v \approx 4000$。因此 PMOS 尺寸可能較小。注意 PMOS 電晶體的尺寸,我們可回頭看之前所分配的驅動電壓值,可能讓 M_9 驅動電壓減少 100 mV 至 200 mV,並分配較多電壓給 PMOS 元件。

在圖 9.11 之運算放大器中,必須選定輸入共模位準和偏壓電壓 V_{b1} 和 V_{b2} 以容許最大輸出振幅。最小容許輸入共模位準為 $V_{GS1} + V_{OD9} = V_{TH1} + V_{OD1} + V_{OD9} = 1.4$ V。V_{b1} 的最小值為 V_{b1},並讓 M_1–M_2 位於三極管區的邊界。同樣 $V_{b2,max} = V_{DD} - (|V_{GS5}| + |V_{OD7}|) = 1.7$ V。實際上,必須納入 V_{b1} 與 V_{b2} 值以容許製程變化。同樣也可以將基板效應所產生的臨界電壓考慮進來。最後,我們應該注意此運算放大器需要**共模回授**(common-mode feedback, CMFB)(另見 9.7 節)。

9.2.3 線性調整

如果功率規格不同,但其他規格都相同,我們要如何調整上述設計?假設我們讓功率消耗與每條偏壓電流都加倍。「線性調整」的重點在於將電路中所有電晶體的寬度都加倍,但固定長度。回頭來看先前提到的五個元件設計參數,我們注意到此例 (1) 將 I_D 加倍,(2) W/L 加倍,(3) V_{GS}-V_{TH} 一樣,所以容許電壓振幅也不變,(4) g_m 加倍,因為所有偏壓電流和寬度都加倍(如果將兩個相同的電晶體並聯),及 (5) r_O 減半(因為 g_m 加倍)。

---

[3] 這點會在第 10 章中說明。

因此，我們藉由線性調整電晶體寬度能簡單調整功率消耗，保持增益和電壓振幅不變。這個觀念會用於第 11 章來優化運算放大器效能。

範例 9.8

某工程師要將圖 9.7 的低功號運算放大器設計降低 10 倍，說明哪方面的規格可能會因此減少。

解 因為每個電晶體的 g_m 會減少 10 倍，因此會犧牲：(1) 運算放大器驅動電容負載的速度（亦即範例 9.4 中的輸出極點）會等比例下降，及 (2) 運算放大器的輸入相關雜訊電壓會增加 $\sqrt{10}$ 倍（見 9.12 節）。

在奈米製程中，運算放大器設計可使用上述的設計流程，但會較依賴模擬的元件特性。不幸地，低供應電壓會嚴重限制輸出振幅，讓伸縮架構較不受歡迎。我們會在第 11 章回來討論這點。

圖 9.11 伸縮架構中電壓 V_{b1} 和 V_{b2} 的閘極偏壓必須要有一定的準確度。舉例來說，如果 V_{b1} 低於設計值，則 M_1 和 M_2 會進入三極管區。如果 V_{b1} 固定也會發生相同狀況。但輸入共模位準值稍高於預期。為保證 V_{b1}「追蹤」共模位準，我們可以產生如圖 9.12(a) 的 V_{b1}。在此，小電流 I_1 會流經二極體元件 M_{b1}，產生 $V_{b1} = V_P + V_{GS,b1}$。因為 V_P 會追蹤輸入共模位準 ($V_P = V_{in,CM} - V_{GS1,2}$)，我們可得到

$$V_{b1} = V_{in,CM} - V_{GS1,2} + V_{GS,b1} \tag{9.15}$$

這必須等於 $V_{in,CM} - V_{TH1,2} + V_{GS3,4}$ 讓 M_1 和 M_2 在飽和區，則

$$V_{GS,b1} = (V_{GS1,2} - V_{TH1,2}) + V_{GS3,4} \tag{9.16}$$

也就是 M_{b1} 必須要夠「弱」來保持 V_{GS} 等於一個驅動電壓加上 M_3 和 M_4 閘極－源極電壓。這可藉由選取較窄且長的 M_{b1} 來達到。

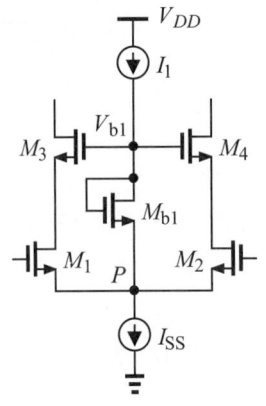

圖 9.12 疊接閘極電壓的產生

9.2.4 摺疊疊接運算放大器

為了要減少伸縮疊接運算放大器的缺點，如限制輸出振幅和將輸入和輸出短路的困難，可利用「摺疊疊接」運算放大器。如第 3 章和圖 9.13 所示，在 NMOS 或 PMOS 疊接放大器中，輸入元件被另一種類元件取代但仍將輸入電壓轉換為電流。在圖 9.13 的四個電路中，由 M_1 產生流經 M_2 而負載的小信號電流，產生輸出電壓為 $g_{m1}R_{out}V_{in}$。摺疊結構主要的好處在於其電壓位準的選擇性，因為不會讓疊接電晶體「堆積」於輸入元件的上端。我們稍後會回來討論。

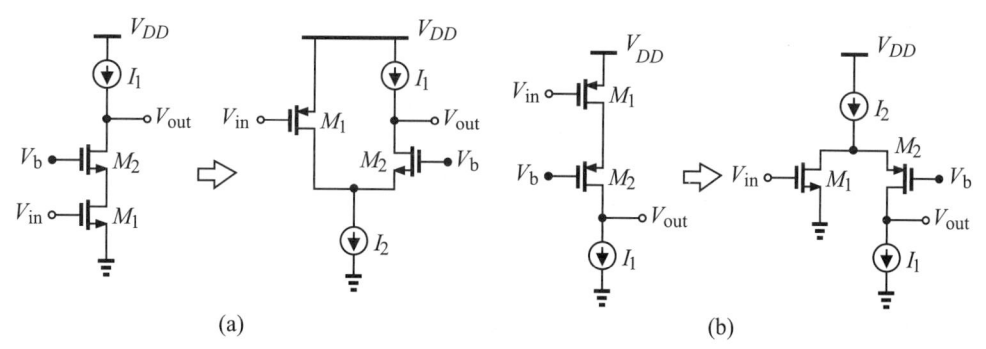

圖 9.13 摺疊疊接電路

圖 9.13 所示的摺疊概念可容易用在差動對和運算放大器中。如圖 9.14 所示，結果電路以 PMOS 元件取代 NMOS 差動對。注意這兩個電路間的兩個重要差異 (1) 圖 9.12(a) 的偏壓電流 I_{SS} 提供輸入電晶體和疊接元件的汲極電流，而圖 9.14(b) 的輸入對需要額外偏壓電流。換句話說，$I_{SS1} = I_{SS}/2 + I_{D3} = I_{SS}/2 + I_1$。因此，摺疊疊接組態一般消耗較高功率。(2) 圖 9.14(a) 的輸入共模位準不能超過 $V_{b1} - V_{GS3} + V_{TH1}$，而圖 9.14(b) 則不能低於 $V_{b1} - V_{GS3} - |V_{THP}|$。因此有可能設計後者，幾乎可忽略振幅的限制，將其輸入和輸出短路。此特性和圖 9.9 相反。在圖 9.14(b) 中，有可能將 M_1 和 M_2 的 n 型井連接至共同源極。我們會在第 14 章再討論這個問題。

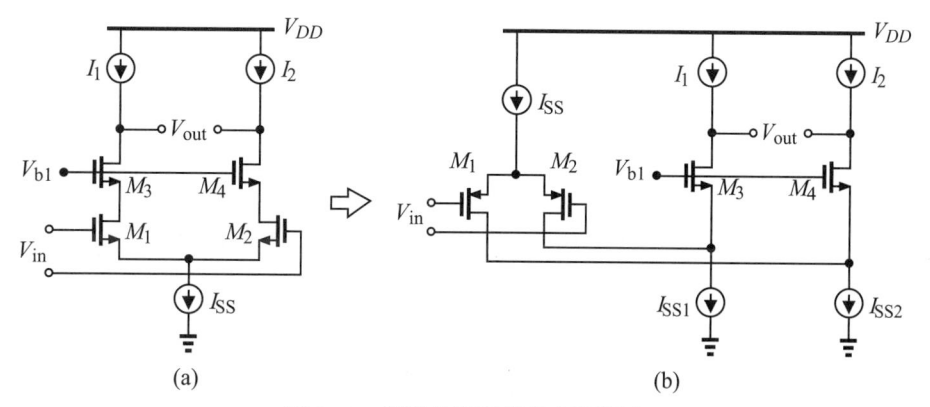

圖 9.14 摺疊疊接運算放大器組態

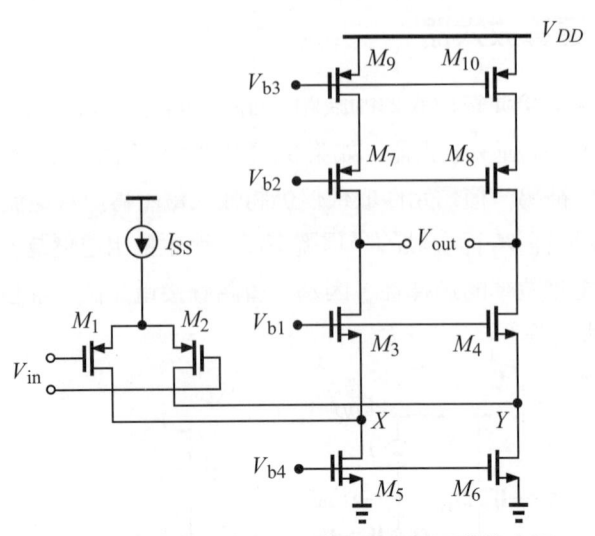

圖 9.15　負載疊接 PMOS 之摺疊疊接運算放大器

現在來計算圖 9.15 中摺疊疊接運算放大器的最大輸出電壓振幅，其中 M_5–M_{10} 取代圖 9.14(b) 的理想電流源。適當選擇 V_{b1} 和 V_{b2}，振幅的下限為 $V_{OD3} + V_{OD5}$，其上限為 $V_{DD} - (|V_{OD7}| + |V_{OD9}|)$。因此，每一邊的峰對峰振幅等於 $V_{DD} - (V_{OD3} + V_{OD5} + |V_{OD7}| + |V_{OD9}|)$。另一方面，圖 9.14(a) 伸縮疊接組態中，振幅小於尾電流的驅動電壓。但我們應該注意，如果將圖 9.15 中對節點 X 和 Y 產生的寄生電容最小化時，帶大電流的 M_5 和 M_6 可能需要一高驅動電壓。

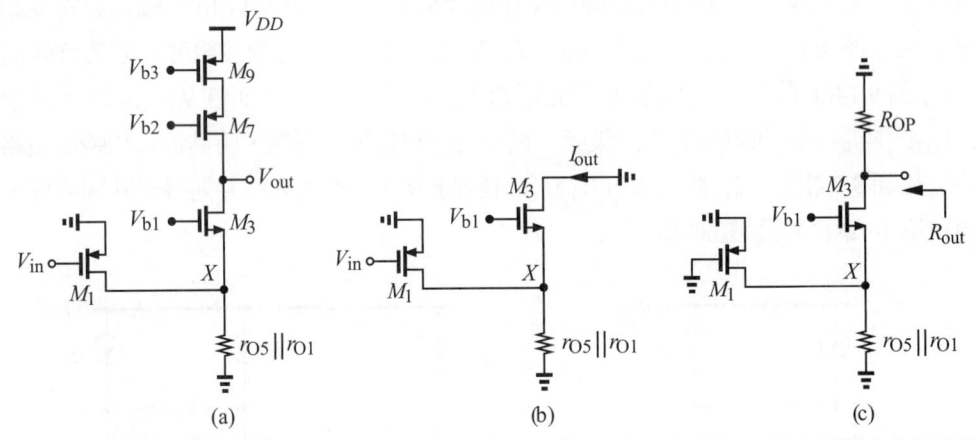

圖 9.16　(a) 摺疊疊接運算放大器之半電路；(b) 輸出端接地之等效電路；(c) 輸出端開路之等效電路

我們現在來求圖 9.15 中摺疊疊接運算放大器的小信號電壓增益。使用圖 9.16(a) 的半電路並寫出 $|A_v| = G_m R_{out}$，我們必須計算 g_m 和 R_{out}。如圖 9.16(b) 所示，輸出短路電流接近 M_1 的汲極電流，因為由 M_3 源極所視的阻抗為 $(g_{m3} + g_{mb3})^{-1} \| r_{O3}$，一般來說這低於 $r_{O1} \| r_{O5}$，因此 $G_m \approx g_{m1}$。為計算 R_{out}，我們使用圖 9.16(c) 且 $R_{OP} \approx (g_{m7} + g_{mb7}) r_{O7} r_{O9}$，可表示成 $R_{out} \approx R_{OP} \| [(g_{m3} + g_{mb3}) r_{O3} (r_{O1} \| r_{O5})]$。則

$$|A_v| \approx g_{m1}\{[(g_{m3} + g_{mb3})r_{O3}(r_{O1}\|r_{O5})]\|[(g_{m7} + g_{mb7})r_{O7}r_{O9}]\} \qquad (9.17)$$

各位可自行重複此計算,但是不要忽略圖 9.16(b) 中被 $r_{O5}\|r_{O1}$ 抽取的電流。

如何比較此數值和伸縮運算放大器?與元件大小和偏壓電流比較,PMOS 輸入差動對顯示出比此 NMOS 差動對還低的轉導。此外,r_{O1} 和 r_{O5} 並聯,而減少輸出阻抗值,因為 M_5 帶了輸入元件和疊接分支電流。因此,(9.17) 的增益通常比伸縮疊接組態低二至三倍。

值得注意**摺疊點**(folding point),亦即 M_3 和 M_4 的源極比在伸縮組態的疊接元件所對應的極點更接近原點。在圖 9.17(a) 中,C_{tot} 源自 C_{GS3}、C_{SB3}、C_{DB1} 和 C_{GD1}。而圖 9.17(b) 的 C_{tot} 額外產生 C_{GD5} 與 C_{DB5},通常是很大的元件,因為 M_5 必須夠寬才能在小驅動電壓下帶大電流。

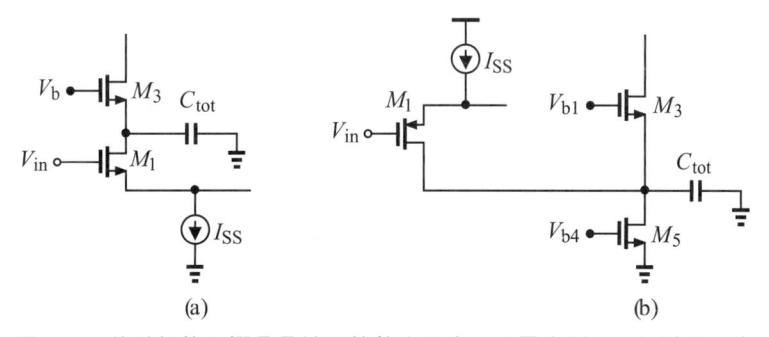

圖 9.17 伸縮組態和摺疊疊接運算放大器之元件電容對次要極點的影響

摺疊疊接運算放大器可使用 NMOS 輸入元件和 PMOS 疊接電晶體。如圖 9.18 所示,此電路很有可能提供比圖 9.15 運算放大器還高的增益,因為 NMOS 元件的移動率較高,但要犧牲降低摺疊點的極點。為了解其原因,注意節點 X 的極點為 $1/(g_{m3} + gm_{b3})$ 與此節點的總電容乘積。這兩個成分的值都相當大:M_3 有一低轉導而 M_5 產生了大電容,因為必須夠寬才能帶 M_1 和 M_3 的汲極電流。事實上,以偏壓電流來比較,圖 9.18 的 M_5–M_6 可能比圖 9.15 之 M_5–M_6 寬好幾倍。對閃爍雜訊的影響來說,PMOS 輸入運算放大器較為適合(見 9.12 節)

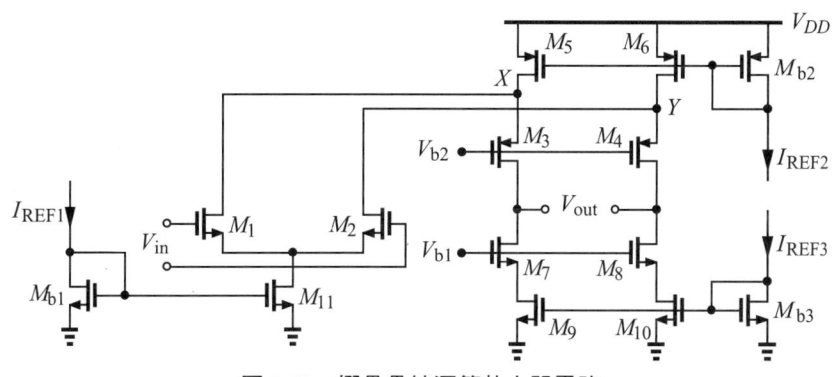

圖 9.18 摺疊疊接運算放大器電路

9.2.5 摺疊疊接特性

目前為止我們所提的摺疊疊接運算放大器的輸出電壓振幅比伸縮組態還稍高。此優點得犧牲較高功率消耗、較低電壓增益、較低極點頻率和 9.12 節會提到較大雜訊。雖如此，廣泛使用摺疊疊接運算放大器的主要兩個原因：(1) 可以選取輸入和輸出共模位準而不用限制輸出振幅及 (2) 比伸縮疊接架構還能達到較大的共模範圍。接著詳細敘述這三個特性。

考慮圖 9.19(a) 的閉路放大器，假設使用摺疊疊接運算放大器。我們可以繪出如圖 9.19(b) 或 9.19(c)，注意輸入和輸出共模位準相等。開路增益較高時，可以忽略 M_1 和 M_2 的閘極電壓振幅，V_x 和 V_y 可以達到接地或 V_{DD} 內兩個驅動電壓的振幅。這需要和圖 9.10 一起比較。

回授系統中的輸入和輸入共模位準不一定要相同，摺疊疊接架構容許的共模範圍比伸縮架構大。圖 9.18 中，舉例來說，$V_{in,CM}$ 必須超過 $V_{GS1,2} + (V_{GS11} - V_{TH11})$，但在 M_1 和 M_2 進入三極管區前可達到 $V_{b2} + |V_{GS3}| + V_{TH1,2}$。注意，上限可以超過 V_{DD}（為什麼？）。同樣，PMOS 輸入架構能讓共模位準低至零電位。

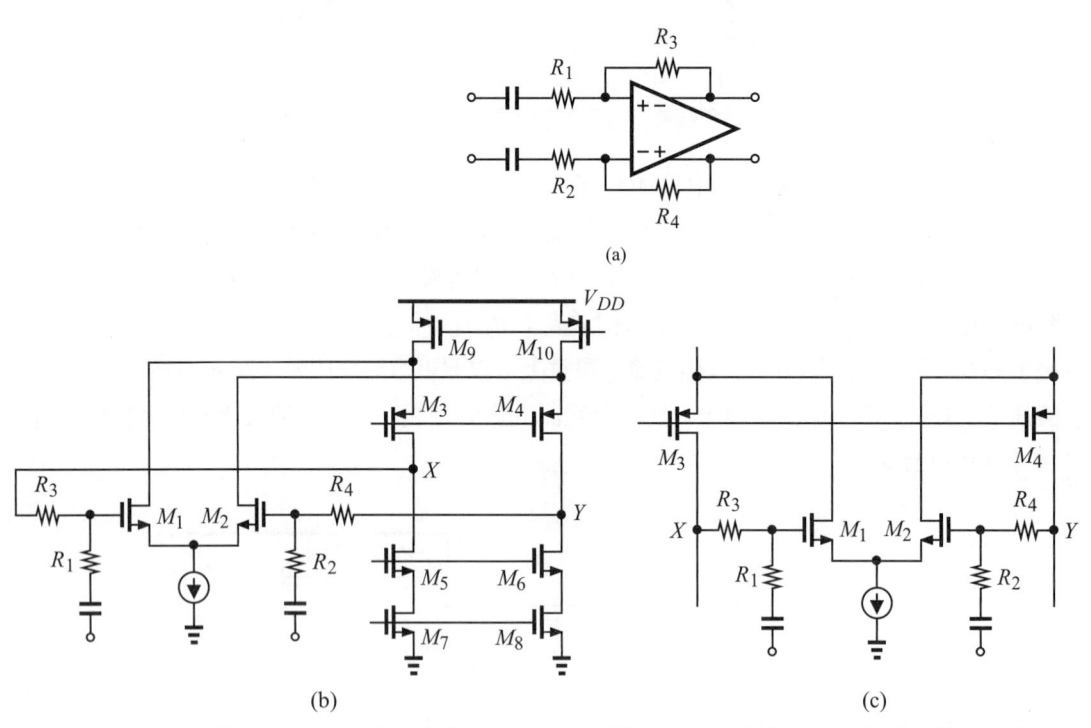

圖 9.19 (a) 回授放大器，(b) 用一個摺疊疊接放大器實現，及 (c) 其他可找出容許振幅的畫法

9.2.6 設計流程

接著來看摺疊疊接運算放大器設計，來加強前面的觀念。

範例 9.9

設計一個摺疊疊接運算放大器,其 NMOS 輸入對(圖 9.18)滿足下列規格:V_{DD}=3 V、差動輸出振幅 = 3 V、功率消耗 =10 mW、電壓增益 = 2000。使用範例 9.5 中的元件參數。

解 和前一個伸縮疊接組態的例子一樣,我們從功率和振幅規格來開始。分配 1.5 mA 電流給輸入對,1.5 mA 電流給兩個疊接分支,並將剩餘的 330 μA 電流給三個電流鏡。首先我們考慮每個疊接分支的元件。因為 M_5 和 M_6 必須帶 1.5 mA 電流,我們讓這些電晶體的驅動電壓為 500 mV,使其寬度保持為一合理值。我們分配 400 mV 給 M_3–M_4,分配 300 mV 給 M_7–M_{10}。因此,$(W/L)_{5,6}$ = 400、$(W/L)_{3,4}$ = 313、和 $(W/L)_{7-10}$ = 278。因為最小和最大輸出位準分別為 0.6 V 和 2.1 V,故最佳輸出共模位準 1.35 V。

M_1–M_2 最小的尺寸取決於最小輸入共模位準 $V_{GS1} + V_{OD11}$。舉例來說,如果輸入和輸出端相等時(圖 9.20),則 $V_{GS2} + V_{OD11}$ = 1.35 V。若一開始我們猜測 V_{OD11} = 0.4 V 時,可得到 V_{GS1} = 0.95 V,$V_{OD1,2}$ = 0.95 −0.7 = 0.25 V,則 $(W/L)_{1,2}$ = 400。M_1 和 M_2 最大尺寸取決於圖 9.18 中可容許的輸入電容和節點 X 和 Y 的電容。

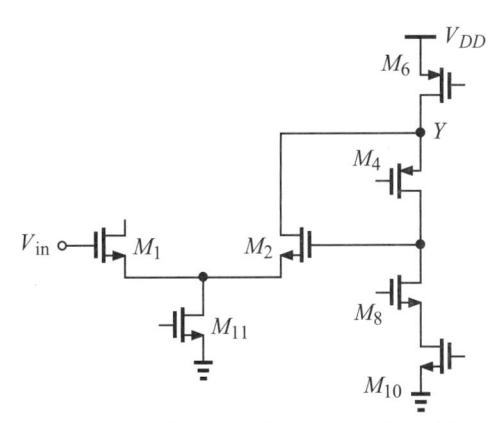

圖 9.20 輸入和輸出端短路之摺疊疊接運算放大器

現在我們計算小信號增益,利用 $g_m = 2I_D/(V_{GS}-V_{TH})$,我們得到 $g_{m1,2}$ = 0.006 A/V、$g_{m3,4}$ =0.0038 A/V 和 $g_{m7,8}$ = 0.05 A/V。當 L = 0.5 μm、$r_{O1,2} = r_{O7-10}$ = 13.3 kΩ 和 $r_{O3,4} = 2r_{O5,6}$ = 6.67 kΩ。結果則由 M_7(或 M_8)源極所視的阻抗為 8.8 MΩ;由於 M_3(或 M_4)的內在增益受限,由 M_3 汲極所視的阻抗為 66.5 kΩ。因此總增益限制在 400。

為增加增益,首先我們看到 $r_{O5,6}$ 比 $r_{O1,2}$ 低很多。因此,必須增加 M_5–M_6 的長度。同樣,M_1–M_2 的轉導相當低,固可增加其寬度來增加轉導值。最後,我們可能決定將 M_3 和 M_4 的內在增益加倍,藉由將其長度和寬度加倍,但是必須犧牲節點 X 和 Y 的電容值增加。我們將「如何選擇確實元件尺寸」留待各位自行練習。注意運算放大器必須納入共模回授(9.7 節)。

伸縮和摺疊疊接運算放大器可用來提供一單端輸出。以圖 9.21(a) 為例,其中 PMOS 疊接電流鏡將 M_3 和 M_4 的差動電流轉換為一單端輸出電壓。然而此情況,$V_X = V_{DD} -$

$|V_{GS5}| - |V_{GS7}|$,限制了 V_{out} 最大值 $V_{DD} - |V_{GS5}| - |V_{GS7}| + |V_{TH6}|$,並「消耗」一個 PMOS 臨界電壓的振幅(第 5 章)。為解決此問題,可將 PMOS 負載修正為圖 9.21(b),讓 M_7 和 M_8 偏壓於三極管區的邊界。相似概念也可用於摺疊疊接運算放大器中。

圖 9.21(a) 的電路相對於圖 9.8(b) 的差動電路有兩個缺點。第一,該電路只提供一半的輸出電壓振幅,第二,該電路包含節點 X 的映射極點(第 5 章),因此限制了運用放大器的回授系統速度。因此較傾向使用差動組態,雖然要有一回授迴路來界定輸出共模位準(9.7 節)。

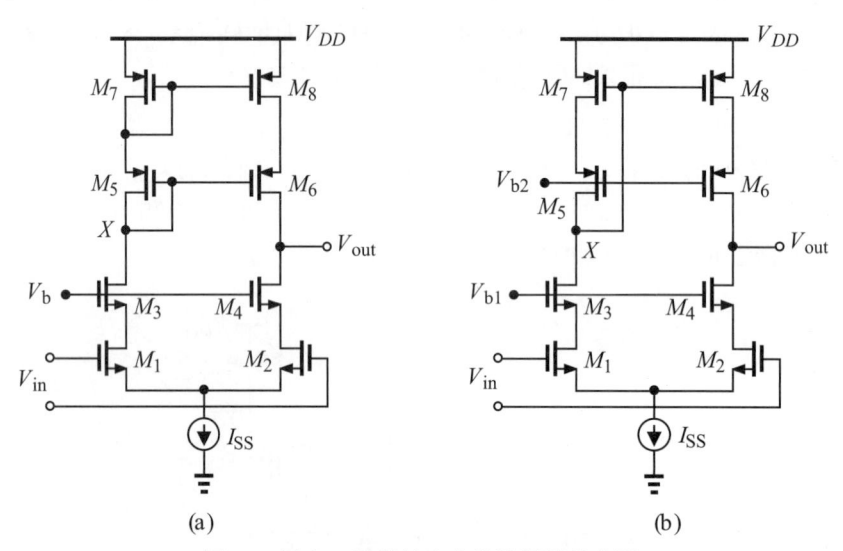

圖 9.21 具有一單端輸出之疊接運算放大器

9.3 雙級運算放大器

目前學到的運算放大器特性為「單級」,容許由輸入對產生小信號電流直接流經輸出阻抗。這些組態的增益則受限於輸入對轉導和輸出阻抗乘積。我們觀察到雖然這些電路的疊接效應會限制其輸出振幅,但也會增加其增益。

在一些應用中,由疊接運算放大器提供的增益和輸出振幅並不足夠。舉例來說,一個現代運算放大器必須在供應電壓低於 0.9 V 運作,而單端輸出振幅大至 0.8 V。在此狀況中,我們求助於**雙級**運算放大器,其第一級提供一高增益而第二級提供大振幅(圖 9.22)。相較於疊接運算放大器,雙級組態將增益和振幅需求分開。

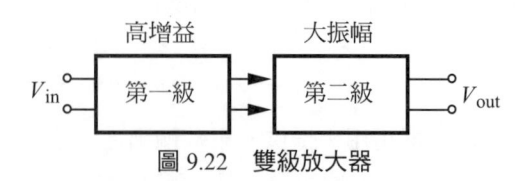

圖 9.22 雙級放大器

圖 9.22 中的每一級可包含前面所學到的許多放大器組態，但是第二級一般為簡單共源極組態，故容許最大輸出振幅。圖 9.23 顯示了一個範例，其中第一級和第二級之增益分別為 $g_{m1,2}(r_{O1,2} \| r_{O3,4})$ 和 $g_{m5,6}(r_{O5,6} \| r_{O7,8})$。整體增益因此可和疊接運算放大器相比，但在 V_{out1} 和 V_{out2} 的振幅等於最高可能值 $V_{DD} - |V_{OD5,6}| - V_{OD7,8}$。[4]

為了得到更高增益值，第一級可包含疊接元件，如圖 9.24 所示。在輸出級的增益為 10，節點 X 和 Y 的電壓振幅相當小，讓 M_1–M_8 的最佳化而得到較高增益。亦可將整體電壓表示成

$$A_v \approx \{g_{m1,2}[(g_{m3,4} + g_{mb3,4})r_{O3,4}r_{O1,2}] \| [(g_{m5,6} + g_{mb5,6})r_{O5,6}r_{O7,8}]\} \\ \times [g_{m9,10}(r_{O9,10} \| r_{O11,12})] \tag{9.18}$$

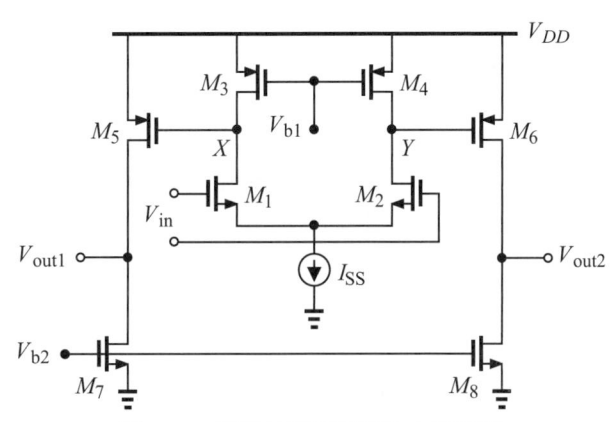

圖 9.23 簡單的雙級運算放大器組態

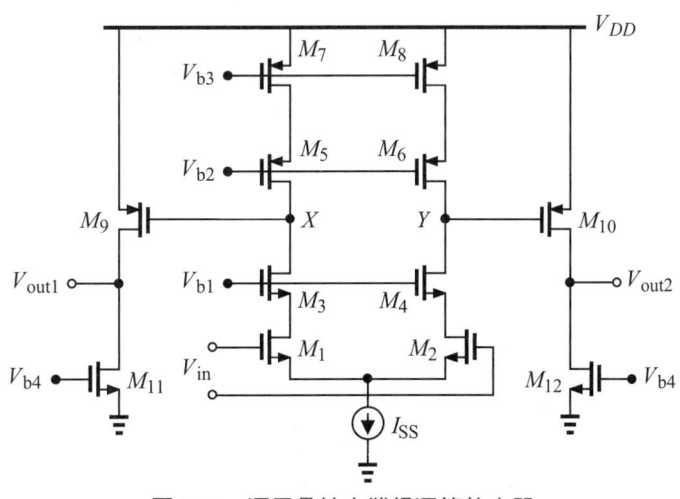

圖 9.24 運用疊接之雙級運算放大器

一個雙級放大器可提供一單端輸出。可利用兩個輸出級的差動電流轉換為一單端電

---

[4] 可以將 M_7 和 M_8 換成電阻得到更大的振幅，但可能會限制增益。

壓的方法。如圖 9.25 所示，此方法仍維持第一級的差動特性，僅使用電流鏡 M_7–M_8 來產生一單端輸出。

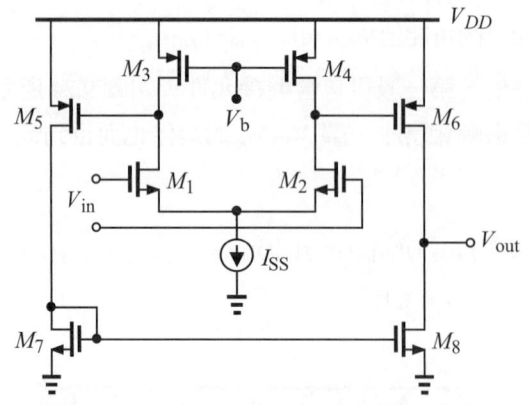

圖 9.25　具有單端輸出之雙級運算放大器

我們能否疊接更多級電路來得到更高的增益嗎？如第 10 章會提到的，每個增益級會導入開路轉移函數中至少一個極點，而為非常難在回授系統用中運算放大器並確保其穩定度。基於此原因，很少使用超過二級的運算放大器。

9.3.1 設計流程

雙級放大器的設計比較複雜，我們在此先以簡單的例子來討論，第 11 章會有更詳細的說明。

範例 9.10

設計一個圖 9.23 中的雙級放大器，V_{DD} = 1 V、P = 1 mW、一個差動振幅是 1 V_{pp}，增益是 100。使用範例 9.7 中相同的設計參數，但假設 V_{THN} = 0.3 V 和 V_{THP} = −0.35 V。

解　我們分配 960 μA 的偏壓電流給 M_1–M_8，留下 40 μA 來產生 V_{b1} 和 V_{b2}。接著將電流預算等分給第一級和第二級，亦即假設 I_{D1} = ··· = I_8 = 120 μA。

因為第二級可以提供 5~10 電壓增益，第一級輸出振幅不需要大。特別是假如第二級的增益為 5 且單端輸出振幅為 0.5 V_{pp}，在 X（或是 Y）點只需要 0.1 V_{pp}。M_1–M_4 驅動電壓及 I_{SS} 的選取因此比較寬鬆，亦即 $|V_{OD3}| + |V_{OD1}| + V_{ISS}$ = 1 V − 0.1 V = 0.9 V。但是我們必須考慮兩點：(1) 在第 7 章中，電流源 M_3 和 M_4 的雜訊可以藉由最大化其驅動電壓來降低雜訊，(2) 增益（雜訊）需求指出 M_1 和 M_2 需要有比較大的 g_m，無可避免地，需要低驅動電壓。事實上，後者通常能轉換到輸入元件於次臨界，產生一最大值 g_m 為 ξ = 1.5、$I_D/(\xi V_T) \approx$ (325 Ω)$^{-1}$。但我們在此範例忽略次臨界導通。

M_3 和 M_4 能有多大的驅動電壓？因為此例 $V_{DS3,4} = V_{GS5,6}$ 的上限可能受限於 M_5 和 M_6，而不是第一級。舉例來說，如果第二級的設計最後產生 $|V_{GS5,6}|$ = 400 mV，且如果 V_X（或

V_Y)可以增加 50 mV（對於 100 mV$_{pp}$ 振幅），M_3 和 M_4 則出現一最小值 $|V_{DS}|$ 為 350 mV。在設計第二級時，我們必須重新檢視這些分配。

對於單級輸出振幅 0.5 V$_{pp}$，我們可選取輸出 NMOS 和 PMOS 元件的驅動電壓為 200 mV 和 300 mV。使用 I_D = 120 μA，我們可以計算這些電晶體的 W/L 值。然而，這些分配會面臨到兩個問題：(1) M_5 和 M_6 大的驅動電壓也許會轉換成不夠低的 $g_m = 2I_D/(V_{GS} - V_{TH})$，(2) M_7 和 M_8 中的小驅動電壓會產生很大的雜訊電流。因為這些原因，我們會互換驅動電壓的分配，分配給 M_7 和 M_8 的電壓為 300 mV，M_5 和 M_6 則為 200 mV。這會造成後者的 W/L 較大，因此在 X 和 Y 點的電容較大。

我們從輸出級開始計算。當 $|I_D|$ = 120 μA 且運用上述驅動電壓，我們可以得到 $g_{m5,6} = 2|I_D|/(V_{GS} - V_{TH})| = (833\ \Omega)^{-1}$，$r_{O5,6} = 1/(\lambda|I_D|) = 42$ kΩ 及 $r_{O7,8} = 83$ kΩ（最小通道長度為 0.5 μm）。第二級因此可以提供的增益為 33，允許第一級更小的電壓振幅。得到的元件大小為 $(W/L)_{5,6}$ = 200 和 $(W/L)_{7,8}$ = 44。

回到圖 9.23 的第一級，我們注意到 $V_{DS3,4} = |V_{GS5,6}|$ = 550 mV。電晶體 M_3 和 M_4 因此有 500 mV 的驅動電壓（如果我們仍然假設 V_X 或 V_Y 可以從偏壓電壓提升 50 mV），但需要一個 500 mV + $|V_{THP}|$ = 850 mV 的 $|V_{GS}|$，且 V_{b1} = 150 mV。這樣低的 V_{b1} 可能會讓驅動 M_3 和 M_4 的電流鏡在設計上出現困難。因而選取 $|V_{GS3,4} - V_{THP}|$ = 400 mV，得到 $(W/L)_{3,4}$ = 50、$g_{m3,4}$ = 1/(1.7 kΩ) 和 $r_{O3,4}$ = 83 kΩ（當 L = 0.5 μm）。

輸入電晶體 M_1 和 M_2 有輸出阻抗 83 kΩ（L = 0.5 μm）且有 0.5 V 的驅動電壓。然而，驅動電壓 $g_{m1,2}/g_{m3,4} = |V_{GS3,4} - V_{THP}|/(V_{GS1,2} - V_{THN})$ = 4/5，代表 PMOS 元件產生相當的雜訊。因為此原因，M_1 和 M_2 的驅動電壓為 100 mV，則 $g_{m1,2}$ = 1/(420 Ω)、$W/L)_{1,2}$ = 400，而第一級的電壓增益是 $g_{m1,2}(r_{O1}||r_{O3})$ = 66。

此設計可以提供整體增益為 2,000，主要是因為低的偏壓電流及運用較老舊的製程。第 11 章會再解釋，奈米雙級放大器的增益會更低。

9.4 增益提升

9.4.1 基本概念

9.2 節中單級運算放大器的增益受到限制，和在高速下使用雙級放大器的困難產生新組態的廣泛研究。回想一下如伸縮和摺疊疊接組態的單級運算放大器旨在將輸出阻抗最大化，而得到一高電壓增益。**增益提升**（gain boosting）的概念即是在不多加疊接元件，而進一步增加輸出阻抗。為求簡化，在此我們先忽略基板效應，可以在最後再來考慮。

第一觀點

如圖 9.26(a)，假設電晶體前有一理想電壓放大器。

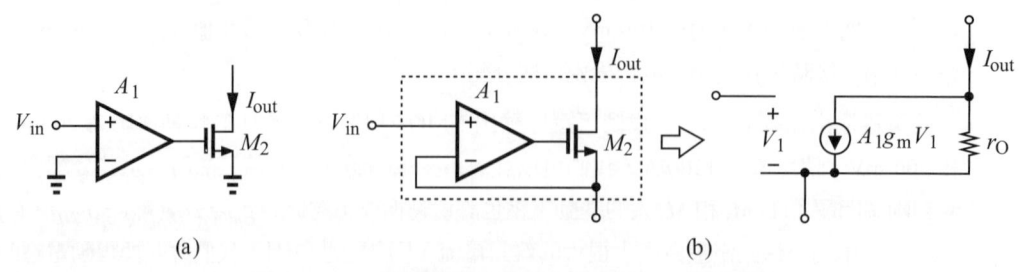

圖 9.26　(a) 電晶體前的電壓放大器及 (b) 等效電路

我們注意到整體電路有轉導 $A_1 g_m$ 及電壓增益 $-A_1 g_m r_O$（為什麼？）我們因此推測此架構可以視為一個具備轉導 $A_1 g_m$ 及輸出阻抗 r_O 的三端元件（「超級電晶體」）〔圖 9.26(b)〕。我們在此節忽略基板效應。

接著在類似的架構納入這個新元件，並檢視電路特性。我們從圖 9.27(a) 的衰減組態開始，並計算轉導（輸出短路到交流接地）。因為 R_S 上有 I_{out} 流過所以小信號閘極電壓是 $(V_{in} - R_S I_{out})A_1$，會產生閘極－源極電壓 $(V_{in} - R_S I_{out})A_1 - R_S I_{out}$，且 $I_{out} = g_m[(V_{in} - R_S I_{out})A_1 - R_S I_{out}]$。則

$$\frac{I_{out}}{V_{in}} = \frac{A_1 g_m}{1 + (A_1 + 1)g_m R_S} \tag{9.19}$$

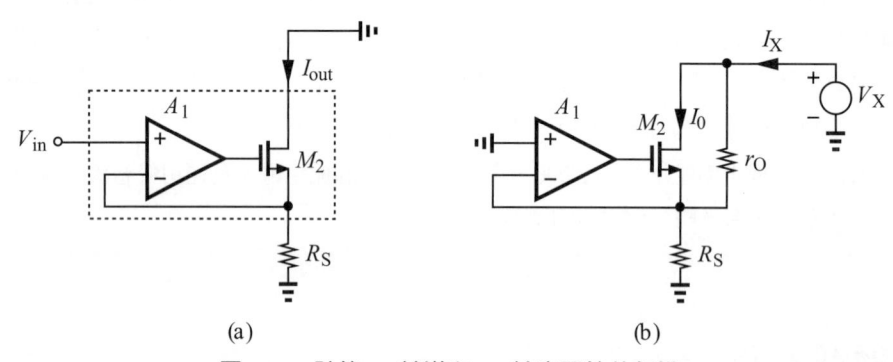

圖 9.27　計算 (a) 轉導和 (b) 輸出阻抗的架構

沒有 A_1，轉導會等於 $g_m/(1 + g_m R_S)$。有趣的是，等效轉導在分子增加 A_1 倍及在分母增加 $A_1 + 1$ 倍，則顯示圖 9.26(b) 的模型不太正確。但因為 $A_1 \gg 1$，模型誤差很低、是可接受的。

而衰減阻態的輸出阻抗又如何？從圖 9.27(b) 的設定來看，我們可以 $I_X R_S$ 來表示跨 R_S 的壓降，且以 $-A_1 I_X R_S$ 來表示 M_2 的閘極電壓。也就是說，$I_0 = (-A_1 V_X - V_X)g_m$。而且 r_0 帶一個電流等於 $(V_X - R_S I_X)/r_0$。我們可得到

$$I_X = (-A_1 R_S - R_S)g_m I_X + \frac{V_X - R_S I_X}{r_O} \tag{9.20}$$

以及

$$R_{out} = r_O + (A_1 + 1)g_m r_O R_S + R_S \tag{9.21}$$

不考慮 A_1，輸出阻抗等於 $r_O + g_m r_O R_S + R_S$。

(9.21) 是一明顯的結果，指出電路的輸出阻抗，如上述 M_2 的轉導一樣「倍增」。衰減組態仍保持相同電壓餘裕時，R_{out} 的增加是可以接受的。我們可以看到 M_2 汲極端的容許電壓振幅與此結構近似，也是一個簡單的衰減電晶體。

範例 9.11

求出圖 9.28(a) 中由 M_2 源極所視的阻抗，如果 $\gamma = 0$。

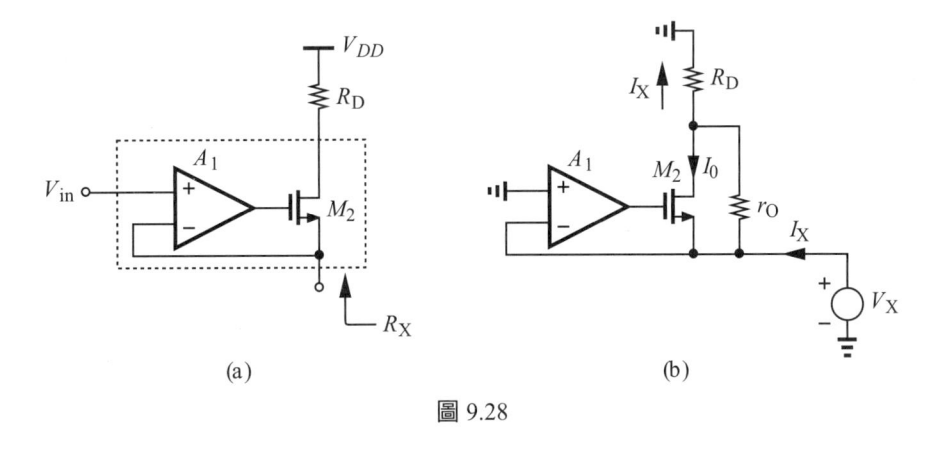

圖 9.28

解 如圖 9.28(b) 的設定，小信號閘極電壓等於 $-A_1 V_X$，且 $I_0 = (-A_1 V_X - V_X)g_m$。另外，$R_D$ 帶電流 I_X，在接地的汲極端中產生一電壓 $I_X R_D$。因為流經 r_O 的電流為 $(I_X R_D - V_X)/r_O$，源極點有

$$\frac{I_X R_D - V_X}{r_O} + (-A_1 V_X - V_X)g_m + I_X = 0 \tag{9.22}$$

且

$$R_X = \frac{R_D + r_O}{1 + (A_1 + 1)g_m r_O} \tag{9.23}$$

沒有了 A_1，電阻會等於 $(R_D + r_O)/(1 + g_m r_O)$，$M_2$ 轉導也增加 $A_1 + 1$ 倍。

總結來說，圖 9.26(b) 額外的輔助放大器會讓 M_2 的等效 g_m 增加 $A_1 + 1$ 倍，因此增加組態的輸出阻抗。我們假設 $A_v = -G_m R_{out}$，所以增益也倍增，但是該將輸入運用在哪？在一個簡單的疊接組態中，我們可以用一個電壓－電流轉換器來取代衰減電阻（圖 9.29），得到一個等於 $r_{O2} + (A_1 + 1)g_{m2} r_{O2} r_{O1} + r_{O1}$ 的輸出阻抗。短路轉導幾乎等於 g_{m1}，當 $R_D = 0$，從 M_2 源極所視的阻抗可由 (9.23) 得到小於 r_{O1} 的值 $r_{O2}/[1 + (A_1 + 1)g_{m2} r_{O2}] \approx [(A_1 + 1)g_{m2}]^{-1}$。則

$$|A_v| \approx g_{m1}[r_{O2} + (A_1 + 1)g_{m2}r_{O2}r_{O1} + r_{O1}] \qquad (9.24)$$

$$\approx g_{m1}g_{m2}r_{O1}r_{O2}(A_1 + 1) \qquad (9.25)$$

稍後會再解釋「增益提升」可用於疊接差動對及運算放大器。

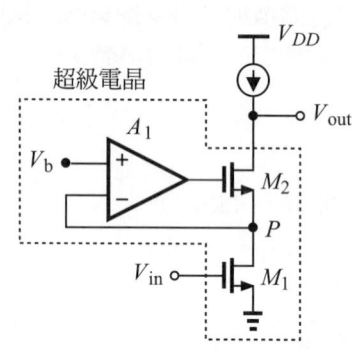

圖 9.29 基本增益提升組態

第二觀點

考慮如圖 9.30(a) 的衰減組態。我們想增加輸出阻抗，但不要更多疊接元件。回想第 3 章，如果汲極電壓改變 ΔV，則源極電壓改變 $\Delta V_S = R_S/[r_O + (1 + g_m r_O)R_S]$（$\gamma = 0$），會在 R_S 上產生電壓的改變，因此汲極電流也會改變。我們大約可看到 R_S 和 $g_m r_O R_S$ 間的分壓現象。

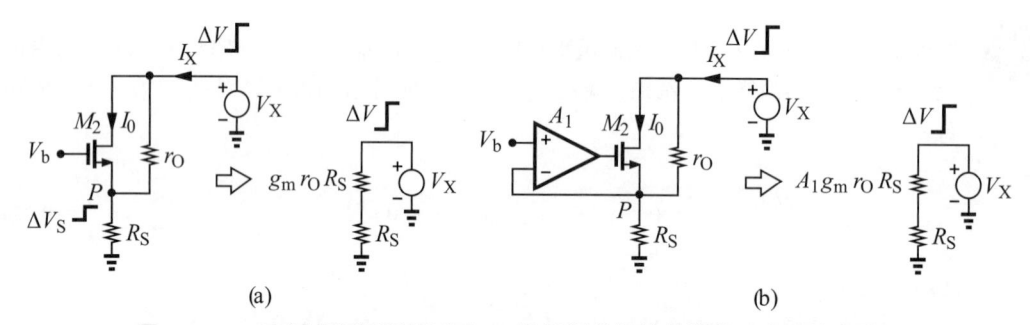

圖 9.30　(a) 衰減共源極組態以及 (b) 增益提升組態的響應以改變輸出電壓

現在可以進行一個重要的觀察。若兩個條件成立，則可抑制反映到 ΔV 的汲極電流變化此效應：(a)R_S 上跨壓維持固定，且 (b) 流經 R_S 的電流仍等於汲極電流。[5] 我們要如何讓 V_P 維持固定？我們可以藉由一個運算放大器且回傳誤差到電路中的一點，讓 V_P 和一個「參考」電壓進行比較，以確保 V_P 能「追蹤」參考電壓。圖 9.30(b) 是將誤差 $A_1(V_b - V_P)$ 輸入到 M_2 閘極，如果迴路增益很大，可以強制讓 V_P 等於 V_b。因此符合上述兩個條件。舉例來說，若汲極電壓上升，V_P 也會上升，但結果閘級電壓下降，減少被 M_2 抽取電流。如下所得，大致上可視此效應為 R_S 和 $A_1 g_m r_O R_S$ 的分壓。當 $A_1 \to \infty$，V_P 會「固定」在

---

[5] 一固定電壓源從 P 點接地讓前面條件成立，但後者無法成立。

V_b，且無論汲極電壓為何，汲極電流就等於 V_b/R_S。因為放大器 A_1 藉由檢查且整流輸出電流，我們稱此為**整流疊接**。

範例 9.12

圖 9.31 顯示了取決於輸出阻抗測試的整流疊接。求出小信號 V_P、V_G、I_0 和 I_{ro} 的值，假設 $(A_1 + 1)g_m r_O R_S$ 很大。

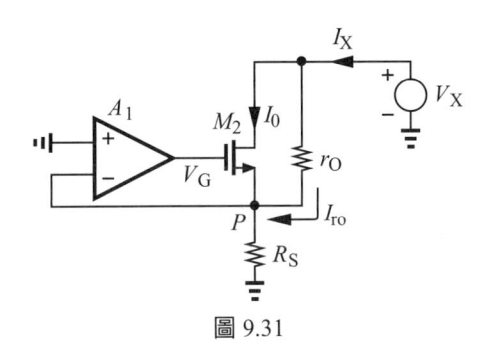

圖 9.31

解 從圖 9.27(b) 的分析可以知道

$$V_X = [r_O + (A_1 + 1)g_m r_O R_S + R_S]I_X \tag{9.26}$$

因此

$$V_P = I_X R_S \tag{9.27}$$

$$= \frac{R_S}{r_O + (A_1 + 1)g_m r_O R_S + R_S} V_X \tag{9.28}$$

如果 $(A_1 + 1)g_m r_O R_S$ 很大，則 $V_P \approx V_X/[(A_1 + 1)g_m r_O]$，意指相較於簡單的衰減電晶體，放大器可以抑制 R_S 跨壓的改變約 $A_1 + 1$ 倍。我們也可以得到

$$V_G = -A_1 V_P \tag{9.29}$$

$$= \frac{-A_1 R_S}{r_O + (A_1 + 1)g_m r_O R_S + R_S} V_X \tag{9.30}$$

小信號閘極－源極電壓等於 $V_G - V_P \approx -V_X/(g_m r_O)$，得到 $I_0 \approx -V_X/r_O$。再者，

$$I_{ro} = \frac{V_X - V_P}{r_O} \tag{9.31}$$

$$= \frac{r_O + (A_1 + 1)g_m r_O R_S}{r_O + (A_1 + 1)g_m r_O R_S + R_S} \frac{V_X}{r_O} \tag{9.32}$$

$$\approx \frac{V_X}{r_O} \tag{9.33}$$

很有趣的是，I_0 和 I_{ro} 幾乎相等且反向。也就是，放大器會調整閘極電壓，因而改變內部汲極電流 I_0，幾乎消除被 r_O 抽走的電流。我們則會說 M_2 的小信號電流流通過 r_O。

總結來說，上述的兩個觀點說明了兩個增益提升技術的主要原則：放大器提升疊接元件的 g_m，或放大器藉由檢查及固定源極電壓來整流輸出電流。

9.4.2 電路實現

本節會討論用於整流疊接輔助放大器的實現及將增益提升技術延伸至運算放大器。如圖 9.32(a)，A_1 是共源極組態的簡單實現。如果 I_1 是理想的，則 $|A_1| = g_{m3}r_{O3}$ 如三疊接而得到 $|V_{out}/V_{in}| \approx g_{m1}r_{O1}g_{m2}r_{O2}(g_{m3}r_{O3} + 1)$。但架構會限制輸出電壓振幅，因為 P 點的最小電壓取決於 V_{GS3} 而不是 M_1 的驅動電壓。注意到 V_{out} 必須比 $V_{GS3} + (V_{GS2} - V_{TH2})$ 高。

為避免餘裕限制，我們將 A_1 的設計當作一 PMOS 共源極組態〔圖 9.32(b)〕。運作及增益提升特性仍相同，但 V_P 可以和 M_1 的驅動電壓一樣低。不幸地，M_3 可能進入三極管區，因為 M_2 閘極電壓對 M_3 汲極來說可能太高。特別是，如果我們著重於 $V_P = V_{GS1} - V_{TH1}$，則 $V_G = V_{GS2} + V_{GS1} - V_{TH1}$，可以得到 M_3 汲極高於閘極一個 V_{GS2}。如果 $V_{GS2} > |V_{TH3}|$，M_3 會在三極管區。

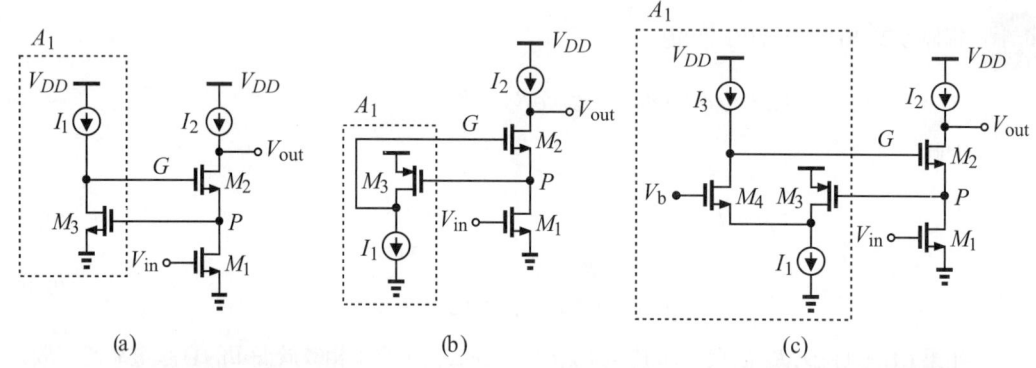

圖 9.32 增益提升放大器使用 (a) 一個 NMOS 共源極組態，(b) 一個 PMOS 共源極組態及 (c) 摺疊疊接組態

上述分析顯示我們必須要在回授網路插入額外一級，使其可以和接下來組態的偏壓電壓相容。我們在 M_3 和 M_2 的閘級間〔圖 9.32(c)〕插入一 NMOS 共閘級組態。各位可能會意識到 A_1 的架構是一個摺疊疊接，但我們也發現 M_4 提供其源極一個向上電壓往汲極偏移，讓 V_G 比 M_3 的汲極電壓還高。

範例 9.13

求出圖 9.32(c) 中，V_b 的容許範圍。

解 V_b 的最小值讓 I_1 位於三極管區的邊界，亦即 $V_{b,min} = V_{GS4} + V_{I1}$。而最大值將 M_4 偏壓於三極管區邊界，亦即 $V_{b,max} = V_{GS2} + V_P + V_{TH4}$。因此，$V_b$ 的範圍相當寬，不需要很精準。

如圖 9.33(a) 所示，現在我們將增益提升電路加至差動疊接組態。因為節點 X 和 Y 的

信號為差動信號，我們推測這兩個單端增益增加放大器 A_1 和 A_2 可由一個差動放大器取代〔圖 9.33(b)〕。利用圖 9.32(a) 的組態，我們呈現如圖 9.33(a) 所示的輔助差動放大器，但注意 M_1 的汲極最小位準為 $V_{OD3} + V_{GS5} + V_{ISS2}$，其中 V_{ISS2} 代表了 I_{SS2} 所需之跨壓。另一方面，在一簡單差動疊接組態中，最小值會再降低約一個臨界電壓。

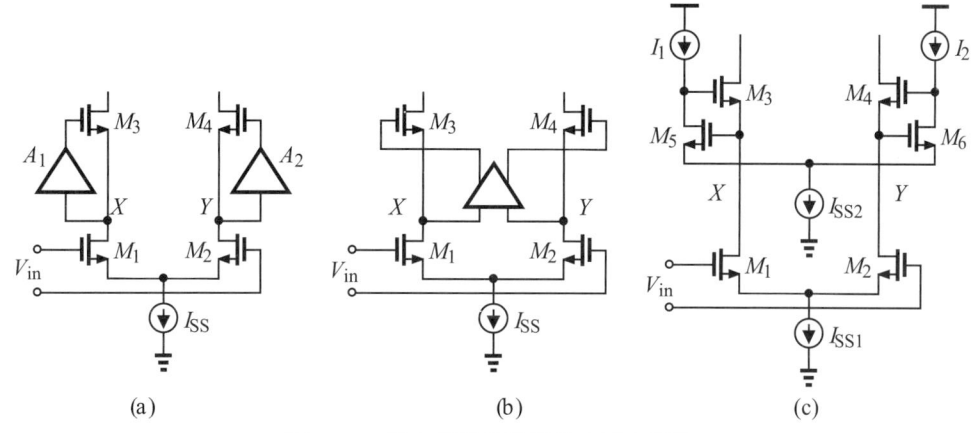

圖 9.33　提高差動疊接組態之輸出阻抗

圖 9.33(c) 的電壓振幅限制是因為增益提升放大器包含一個 NMOS 差動對。如果節點 X 和 Y 能被一 PMOS 對所量測，V_X 和 V_Y 的最小值不會受增益提升放大器限制。現在回想一下 9.2 節中使用一 PMOS 輸入對的摺疊疊接組態，其最小輸入共模位準可能為零。因此如圖 9.34 所示，我們將此組態用於增益提升放大器中。在此，V_X 和 V_Y 之最小容許位準為 $V_{OD1,2} + V_{ISS1}$。

範例 9.14

計算圖 9.34 中電路之輸出阻抗值。

解 使用半電路觀念並以電晶體取代理想電流源，可得到圖 9.35 的等效電路。從節點 X 至 P 之電壓增益大約等於 $g_{m5}R_{out1}$，其中 $R_{out1} \approx [g_{m7}r_{O7}(r_{O9}r_{O5})] \| (g_{m11}r_{O11}r_{O13})$。因此，$R_{out} \approx g_{m3}r_{O3}r_{O1}g_{m5}R_{out1}$。實際上，因為疊接組態之輸出阻抗被摺疊疊接組態提高，故整體輸出阻抗和「四次」疊接組態相似。

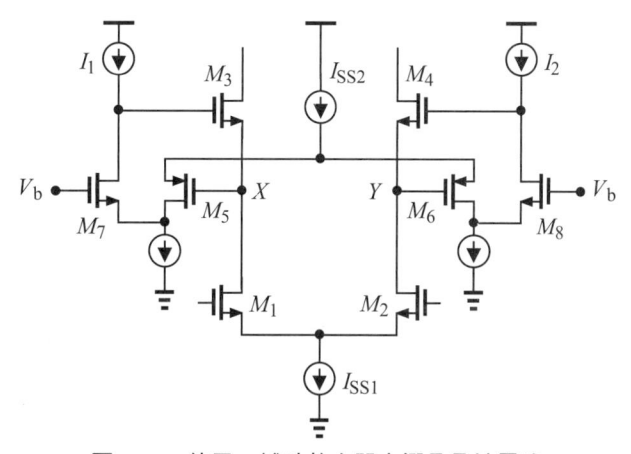

圖 9.34　使用一輔助放大器之摺疊疊接電路

圖 9.35

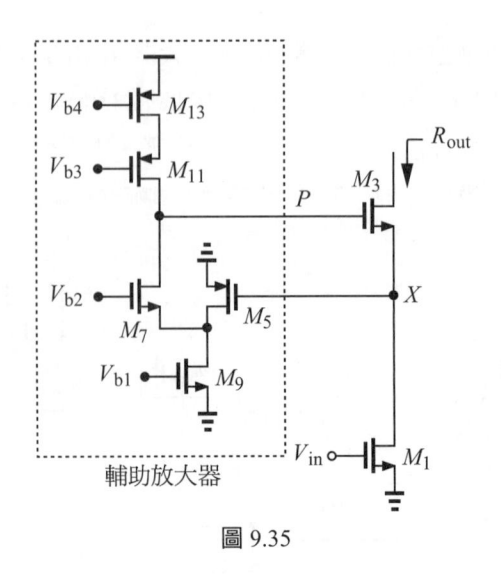

整流疊接組態可用於一疊接運算放大器的負載電流源。如圖 9.36(a) 所示，此組態可提高 PMOS 電流源的輸出阻抗，達到非常高的電壓增益。為了讓輸出端的最大振幅，放大器 A_2 須使用一個 NMOS 輸入差動對。相似概念可用於摺疊疊接運算放大器中〔圖 9.36(b)〕。

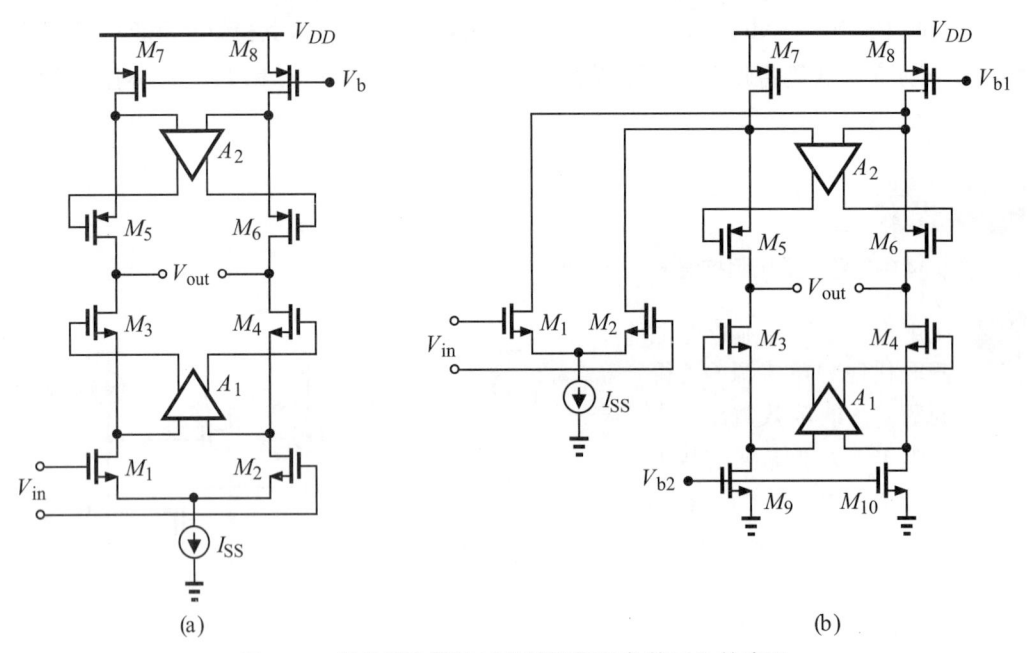

圖 9.36 增益提升電路於信號路徑和負載元件的應用

9.4.3 頻率響應

回想一下增益提升是利用不增加第二級或更多疊接元件的方式來提升增益。這意味

著圖 9.36 的運算放大器有單級的特性嗎？畢竟，增益提升放大器導入極點。相較於雙級運算放大器的整體信號會碰到每一級電路的極點，增益提升放大器大部分的信號直接流經疊接元件至輸出端。只有一小「誤差」會由放大器處理而「減緩」。

為了要分析整流疊接組態的頻率響應，我們簡化電路至如圖 9.37，其中輔助放大器包含一極點 ω_0、$A_1(s) = A_0/(1 + s/\omega_0)$ 及負載電容 C_L。我們想求 $V_{out}/V_{in} = -G_m Z_{out}$。要計算 $G_m(s)$（將輸出接地），我們注意範例 9.11，從 M_2 源極所視的阻抗等於 $r_{O2}/[1 + (A_1 + 1)g_{m2}r_{O2}]$，將 M_1 的汲極電流分流到此阻抗和 r_{O1}：

$$G_m(s) = g_{m1} \frac{r_{O1}}{r_{O1} + \dfrac{r_{O2}}{1 + (A_1 + 1)g_{m2}r_{O2}}} \tag{9.34}$$

$$= \frac{g_{m1}r_{O1}[1 + (A_1 + 1)g_{m2}r_{O2}]}{r_{O1} + (A_1 + 1)g_{m2}r_{O2}r_{O1} + r_{O2}} \tag{9.35}$$

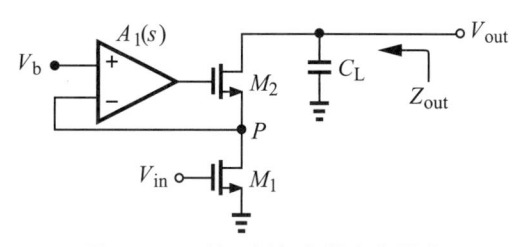

圖 9.37 用於分析頻率響應的電路

現在，我們用 C_L 和從 M_2 汲極所視的阻抗並聯計算 $Z_{out}(s)$。從 (9.21)，可以得到

$$Z_{out} = [r_{O1} + (A_1 + 1)g_{m2}r_{O2}r_{O1} + r_{O2}] \| \frac{1}{C_L s} \tag{9.36}$$

推得

$$\frac{V_{out}}{V_{in}}(s) = -G_m(s)Z_{out}(s) \tag{9.37}$$

$$= \frac{-g_{m1}r_{O1}[1 + (A_1 + 1)g_{m2}r_{O2}]}{(r_{O1} + r_{O2})C_L s + (A_1 + 1)g_{m2}r_{O2}r_{O1}C_L s + 1} \tag{9.38}$$

這裡假設 $A_1 \gg 1$，因此忽略一些項次，我們必須謹記 A_1 值在高頻會下降。將 A_1 置換成 $A_0/(1 + s/\omega_0)$ 得到

$$\frac{V_{out}}{V_{in}}(s) = \frac{-g_{m1}r_{O1}[(1 + g_{m2}r_{O2})\dfrac{s}{\omega_0} + (A_0 + 1)g_{m2}r_{O2} + 1]}{\dfrac{(r_{O1} + r_{O2})C_L}{\omega_0}[1 + g_{m2}(r_{O2}\|r_{O1})]s^2 + [(r_{O1} + r_{O2})C_L + (A_0 + 1)g_{m2}r_{O2}r_{O1}C_L + \dfrac{1}{\omega_0}]s + 1} \tag{9.39}$$

很有趣的是，如果我們已經假設 A_1 對 g_m 和 Z_{out} 計算太大，我們已經有一階轉移函數。該電路呈現左半平面的零點：

$$|\omega_z| \approx (A_0 + 1)\omega_0 \tag{9.40}$$

如果 $g_{m2}r_{O2} \gg 1$，會產生經過 A_1 的路徑，此零點約位於輔助放大器的單增益頻寬。

為了要估計極點頻率，我們假設一個大於其他極點且使用主極點近似（第 6 章）。主極點是將 (9.39) 分母中 s 的係數倒數。

$$|\omega_{p1}| = \frac{1}{[r_{O1} + (A_0 + 1)g_{m2}r_{O2}r_{O1} + r_{O2}]C_L + \frac{1}{\omega_0}} \tag{9.41}$$

$$\approx \frac{1}{A_0 g_{m2} r_{O2} r_{O1} C_L} \tag{9.42}$$

如果 A_1 是理想，在 (9.41) 分母的第一個時間常數和輸出極點有關，亦即：如果 $\omega_0 = \infty$。非主極點會等於 s 和 s^2 係數的比例。

$$|\omega_{p2}| = \frac{[r_{O1} + (A_0 + 1)g_{m2}r_{O2}r_{O1} + r_{O2}]C_L + \frac{1}{\omega_0}}{\frac{(r_{O1} + r_{O2})C_L}{\omega_0}[1 + g_{m2}(r_{O1}\|r_{O2})]} \tag{9.43}$$

$$\approx (A_0 + 1)\omega_0 + \frac{1}{g_{m2}r_{O2}r_{O1}C_L} \tag{9.44}$$

如果 $g_{m2}(r_{O1}\|r_{O2}) \gg 1$（不一定是一個好的近似，但只用來觀察趨勢）。我們看到第二個極點會大於原來疊接組態的單增益頻寬 $(g_{m2}r_{O2}r_{O1}C_L)^{-1}$。注意項次 $1/(g_{m2}r_{O2}r_{O1}C_L)$ 也代表沒有 A_1 電路下的輸出極點。

範例 9.15

主極點近似在此成立？

解 假設 $(A_0 + 1)g_{m2}r_{O2}r_{O1} \gg r_{O1}, r_{O2}$，我們求出 (9.44) 和 (9.41) 的比例

$$\frac{\omega_{p2}}{\omega_{p1}} \approx \left[(A_0 + 1)\omega_0 + \frac{1}{g_{m2}r_{O2}r_{O1}C_L}\right]\left[(A_0 + 1)g_{m2}r_{O2}r_{O1}C_L + \frac{1}{\omega_0}\right] \tag{9.45}$$

$$\approx (A_0 + 1)^2 g_{m2}r_{O2}r_{O1}C_L\omega_0 + 2(A_0 + 1) + \frac{1}{g_{m2}r_{O2}r_{O1}C_L\omega_0} \tag{9.46}$$

第二個項次大於一，讓近似成立。

圖 9.38 繪出在增益提升前，疊接架構的近似頻率響應。主要的關鍵在於增益提升

後，輔助放大器會在 −3−dB 頻寬外產生、頻率約 $A_0\omega_0$ 的第二個極點。

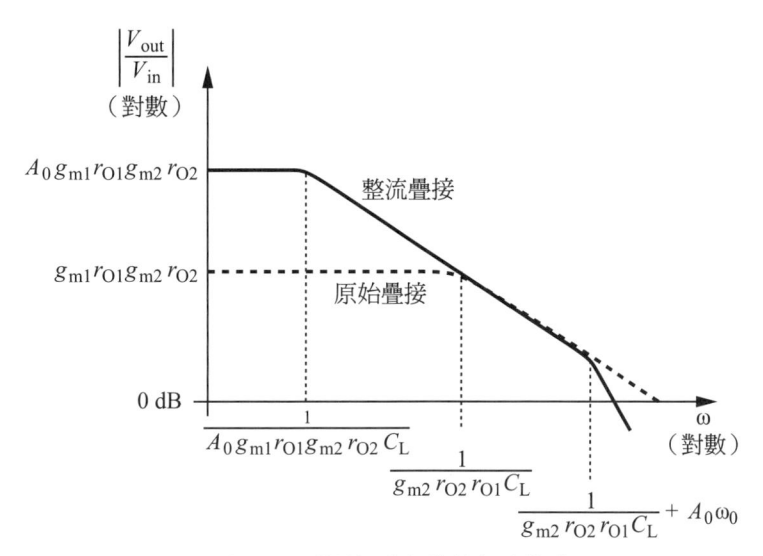

圖 9.38 增益提升組態的頻率響應

9.5 比較

本章對於運算放大器的討論介紹了四個基本組態：伸縮疊接組態、摺疊疊接組態、雙級運算放大器和增益提升組態。比較這些電路的不同效能以更瞭解其應用，是非常重要的。表 9.1 顯示了每個運算放大器的重要參數，第 10 章會討論到速度的差異。

表 9.1 不同運算放大器組態間的效能比較。

	增益	輸出振幅	速度	功率消耗	雜訊
伸縮組態	中	中	最高	低	低
摺疊疊接組態	中	中	高	中	中
雙級組態	高	最高	低	中	低
增益提升組態	高	中	中	高	中

9.6 輸出振幅計算

在目前的低電壓運算放大器設計中，證明輸出電壓振幅是重要的參數。我們已經在前面幾節看到如何假設一個必要輸出振幅及分配驅動電壓給電晶體。但我們要如何證明最後設計真正符合特定振幅？要回答這個問題，我們必須首先問：如果電路無法維持振幅，會發生什麼事？因為在奈米製程中，原先在飽和和三極管區間的界線開始消失，我們無法在極端輸出振幅上精確決定電晶體操作區間，我們需要一個更嚴謹的方法。

如果輸出電壓變大使電晶體進入三極管區，則電壓增益會下降。我們因此可用模擬來檢視輸出振幅增加時的增益。如圖 9.39(a)，在輸入加入一個弦波信號（或在不同模擬中，使用不同振幅的正弦波信號），觀察結果並計算當 V_{in} 和 V_{out} 增加時的 $|V_{out}/V_{in}|$。當振幅達到最大「容許」電壓 V_1 時，增益會開始下降。我們也許會選取 V_1 讓增益的值下降 10%（約 1 dB）。增益超過 V_1 時，會繼續下降而造成非線性。

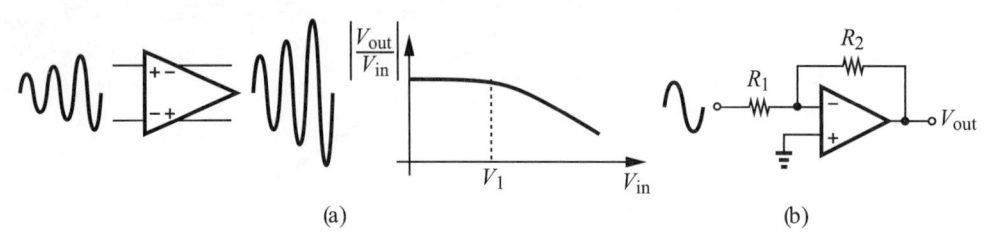

圖 9.39　(a) 增益對輸入振幅的模擬結果 (b) 回授放大器

各位可能會想知道增益下降多少是可以接受的。在某些應用，開路增益下降會嚴重造成閉路系統的增益誤差（第 13 章）。在其他應用中，我們會注意閉路電路的輸出失真。在此例中，我們將運算放大器放在閉路環境中，亦即圖 9.39(b) 的反向架構，將一個正弦波加進輸入，並量測模擬的輸出失真（諧波）程度。最大的輸出振幅可產生一個可接受的失真，可以此視為最大振幅。

9.7 共模回授

9.7.1 基本概念

前幾節已說明許多全差動電路比單端電路的優點。除了輸出振幅較大外，差動運算放大器避免了映射極點，因此達到較高閉路速度。然而高增益差動電路需要**共模回授**（commonmode feedback, CMFB）。

為了解共模回授的重要性，我們從簡單差動放大器開始討論〔圖 9.40(a)〕。在某些應用中，我們將輸入和輸出端短路〔圖 9.40(b)〕，提供一負差動回授。此情況的輸入和輸出共模位準相當明確，其值為 $V_{DD} - I_{SS}R_D/2$。

現在假設負載電阻被 PMOS 電流源取代，以增加差動電壓增益〔圖 9.41(a)〕。節點 X 和 Y 的共模位準值為何？因為每個輸入電晶體帶電流 $I_{SS}/2$，共模位準與 I_{D3} 和 I_{D4} 接近此數值和程度相關。實際上，如圖 9.41(b) 所示，界定 I_{SS} 和 $I_{D3,4}$ 的 PMOS 和 NMOS 電流鏡不匹配現象在 $I_{D3,4}$ 和 $I_{SS}/2$ 間產生一有限誤差。舉例來說，假設飽和區的 M_3 和 M_4 的汲極電流比 $I_{SS}/2$ 稍大，所以在節點 X 和 Y 為滿足克希荷夫電流定律，M_3 和 M_4 必須進入三極管區，使其汲極電流降至 $I_{SS}/2$。相反地，若 $I_{D3,4} < I_{SS}/2$，V_X 和 V_Y 必須降低，如此 M_5 進入三極管區，故只產生電流 $2I_{D3,4}$。

第 9 章 運算放大器　365

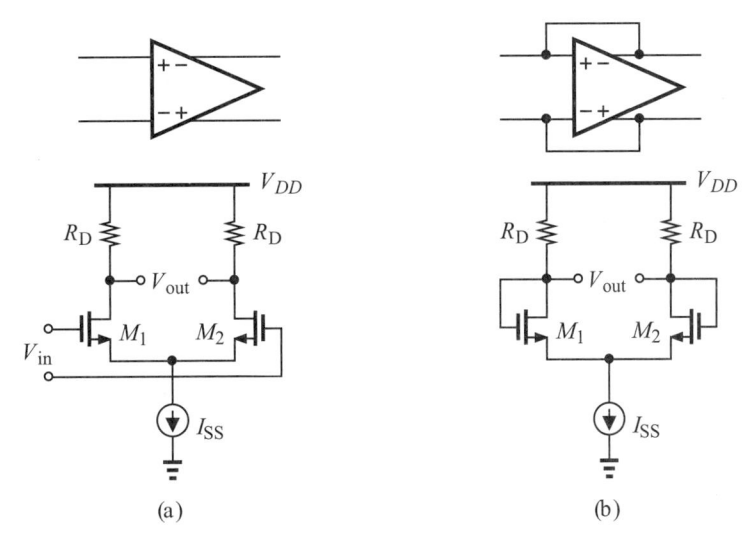

圖 9.40　(a) 簡單差動對；(b) 輸入端和輸出端短路的電路

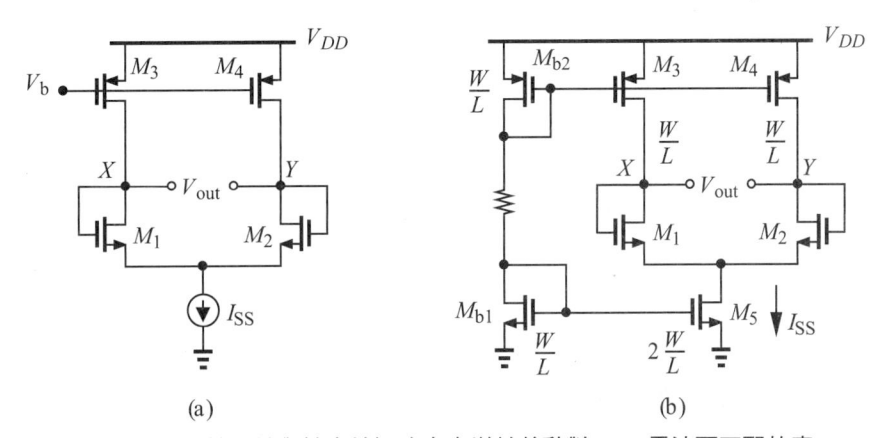

圖 9.41　(a) 輸入端與輸出端短路之高增益差動對；(b) 電流不匹配效應

上述困難基本上會因為在高增益放大器中而產生。我們想以一 p 型電流源〔如圖 9.41(b) 的 M_3 和 M_4〕來平衡一 n 型電流源。如圖 9.42，I_P 和 I_N 的差必須流經放大器的內在輸出阻抗，產生一輸出電壓變化 $(I_P - I_N)(R_P \| R_N)$。因為電流誤差與不匹配相關且 $R_P \| R_N$ 相當高，故電壓誤差也可能很大，因此讓 P 型或 N 型電流源進入三極管區。作為一般的法則，如果輸出共模位準不能用「目視」來判定且得利用元件特性來計算時，則其定義即不明確。此為圖 9.41 的例子，而非圖 9.40 的例子。我們強調差動回授並無法界定共模位準。

許多人會在此常會犯一個錯誤。首先，通常會假設差動回授會校正輸出共模位準。如圖 9.41(a) 中簡單電路，從點 X 和 Y 到輸入的差動回授無法禁止輸出共模位準跑到 V_{DD} 或是 G_{ND}。其次，會在模擬中調校 V_b，使 V_X 和 V_Y 位於 $V_{DD}/2$，然後認為電路不需要共模回授。

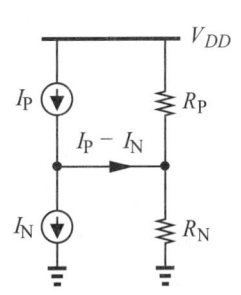

圖 9.42　高增益放大器之簡化模型

但我們知道上、下電流源的隨機不匹配會造成共模位準明顯下降或上升。這種不匹配在真實電路中一直都存在，若不使用共模回授會造成運算放大器無法運作。

範例 9.16

考慮範例 9.5 中伸縮運算放大器的設計，並使用偏壓電流鏡來重複圖 9.43。假設 M_9 相對於 M_{10} 有 1% 的電流不匹配，產生 I_{SS} = 2.97 mA 而不是 3 mA。假設其他電晶體完美匹配，說明會發生什麼事。

圖 9.43

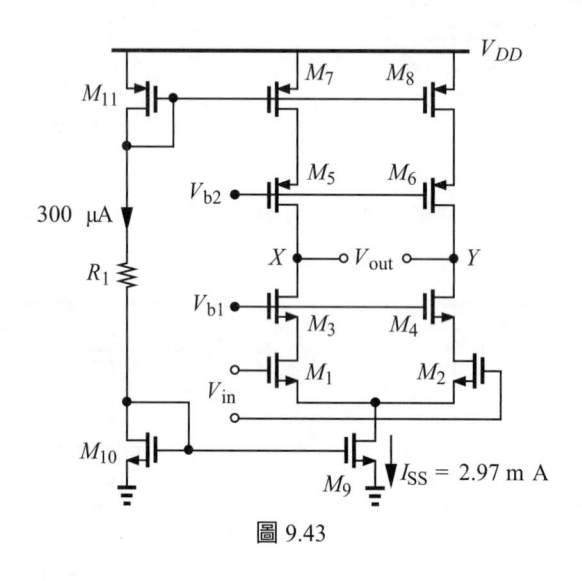

解 從範例 9.5，電路單端輸出阻抗等於 266 kΩ。因為 M_3 和 M_5（及 M_4 和 M_6）汲極電流的差異是 30 μA/2 = 15 μA，輸出電壓誤差會是 266 kΩ ×15 μA = 3.99 V。因為不能出現如此大誤差，V_X 和 V_Y 必須要上升，所以 M_5–M_6 和 M_7–M_8 會進入三極管區，產生 $I_{D7,8}$ = 1.485 mA。我們也應該提另一個因為不同汲極－源極電壓所產生，如圖 9.43 的簡單偏壓電路中的共模誤差，也就是介於 $I_{D7,8}$ 和 I_{D11} 間（也在 I_{D9} 和 I_{D10} 間）的決定性誤差。我們可以用第 5 章的電流鏡技術來減少此誤差。

前面的討論暗示了輸出共模位準在高增益放大器中，相當容易受到元件特性及不匹配的影響，且無法藉由差動回授來穩定。因此，必須加入一共模回授電路來量測兩個輸出的共模位準，且據此調整放大器的偏壓電流。依據第 8 章提過的回授系統概念，我們可以將共模回授分為三個功能：量測輸出共模位準、與參考值的比較，將誤差回傳至放大器偏壓電路中（如圖 9.44）。

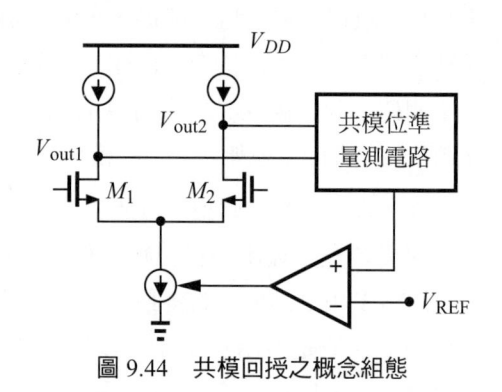

圖 9.44　共模回授之概念組態

9.7.2 共模量測技術

為量測共模輸出位準，我們回想一下 $V_{out,CM} = (V_{out1} + V_{out2})/2$，其中 V_{out1} 和 V_{out2} 為單端輸出。因此利用如圖 9.45 的電阻分壓器似乎是可行的，其中會產生 $V_{out,CM} = (R_1 V_{out2} + R_2 V_{out1})/(R_1 + R_2)$，並在 $R_1 = R_2$ 時為 $(V_{out1} + V_{out2})/2$。但執行的困難在於 R_1 和 R_2 必須比運算放大器的輸出阻抗大，以避免降低開路增益。舉例來說，在圖 9.33 的設計中，輸出阻抗為 266 kΩ，讓 R_1 和 R_2 值必為幾百萬歐姆。而如此大的電阻占去非常大的面積，更重要的是，基板會產生寄生電容。

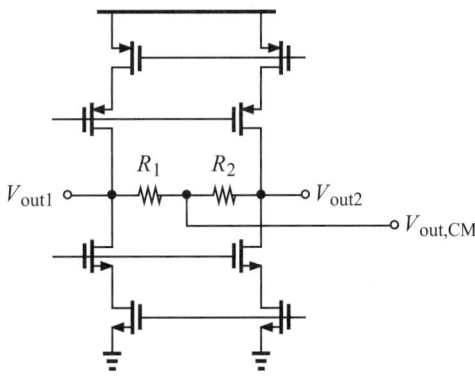

圖 9.45　利用電阻量測之共模回授組態

為消除其電阻負載，我們在每個輸出和其對應電阻間插入一源極隨偶器。如圖 9.46 所示，此方法產生了一共模位準，且實際上比輸出共模位準低 $V_{GS7,8}$，但此偏移可納入比較的考量。注意當一大差動振幅出現在輸出端，R_1 和 R_2 或 I_1 和 I_2 必須大到讓 M_7 或 M_8 匱乏。如圖 9.47 示意，如果 V_{out2} 比 V_{out1} 大很多時，則 I_1 必須降到 $I_X \approx (V_{out2} - V_{out1})/(R_1 + R_2)$ 和 I_{D7}。因此，如果 $R_1 + R_2$ 或 I_1 不夠大時，I_{D7} 會降至零且 $V_{out,CM}$ 不再等於真實輸出共模位準。

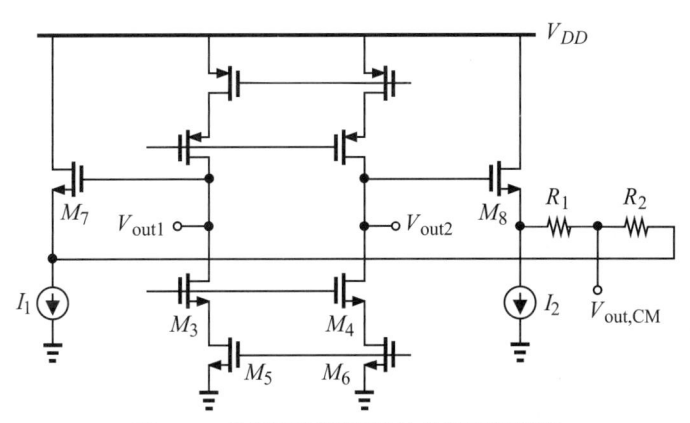

圖 9.46　使用源極隨耦器的共模回授電路

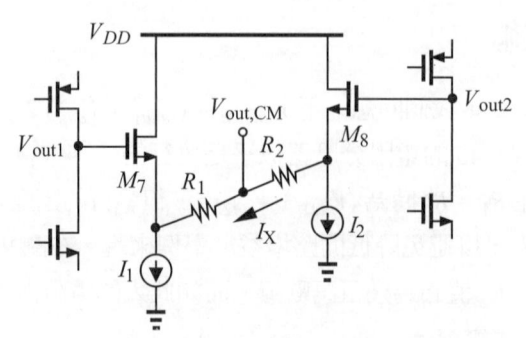

368 類比CMOS積體電路設計

圖 9.47 滿足大振幅情況下的源極隨耦器電流匱乏

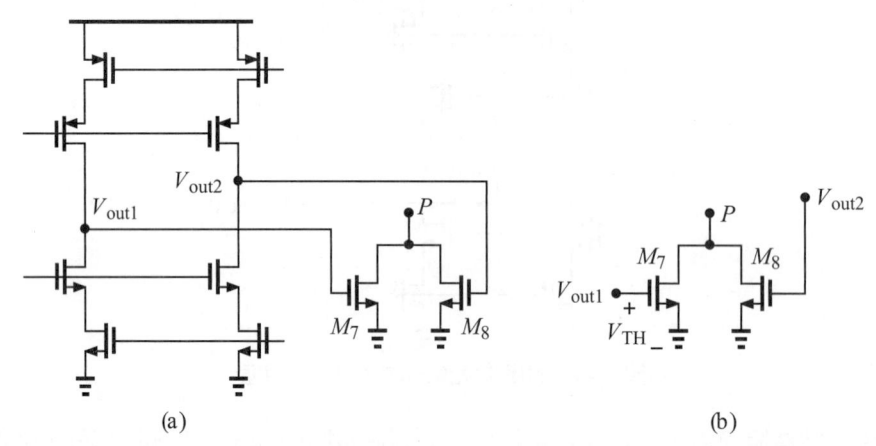

圖 9.48 利用 MOSFET 於深三極管區的共模量測，(b) 將 M_7 置於飽和區的邊界

圖 9.46 的量測方法仍會碰到一個嚴重的缺點：限制差動輸出振幅（即使 $R_{1,2}$ 和 $I_{1,2}$ 夠大）。為了解其原因，我們求出 V_{out1}（和 V_{out2}）之最小容許位準。注意如果沒有共模回授時，其值為 $V_{OD3} + V_{OD5}$。以源極隨偶器取代時，$V_{out1,min} = V_{GS7} + V_{I1}$，其中 V_n 代表 I_1 的最小跨壓。這大約等於兩個驅動電壓加上一個臨界電壓。因此，每個輸出端的振幅減少約 V_{TH}，對低電壓設計是非常大的數值。

回頭看一下圖 9.45，各位可能會好奇是否輸出共模位準可利用電容而非電阻量測而得，以避免降低運算放大器的低頻開路增益。在某些強況下這的確是有可能，我們也會在第 13 章討論。

另一種共模量測如圖 9.48(a) 所示。在此，相同的電晶體 M_7 和 M_8 位於深三極管區，而介於節點 P 和接地端產生一總電阻

$$R_{tot} = R_{on7} \| R_{on8} \tag{9.47}$$

$$= \frac{1}{\mu_n C_{ox} \frac{W}{L}(V_{out1} - V_{TH})} \left\| \frac{1}{\mu_n C_{ox} \frac{W}{L}(V_{out2} - V_{TH})} \right. \tag{9.48}$$

$$= \frac{1}{\mu_n C_{ox} \frac{W}{L}(V_{out2} + V_{out1} - 2V_{TH})} \tag{9.49}$$

其中 W/L 代表 M_7 和 M_8 的長寬比。(9.49) 是 R_{tot} 為 $V_{out2} + V_{out1}$ 的函數，但和 $V_{out2} - V_{out1}$ 無關。我們從圖 9.48(a) 中看到，如果輸出信號提高時，R_{tot} 會下降；如果出現差動變化，一個 R_{on} 會增加而另一個會減少。

圖 9.48(a) 的電路因為使用 M_7 和 M_8 而限制了輸出電壓振幅。在此似乎是指 $V_{out,min} = V_{TH7,8}$ 相當接近兩個區驅動電壓值，但 M_7 和 M_8 位於深三極管區的假設會產生難題。事實上，如果說 V_{out1} 從平衡共模位準下降一個臨界電壓值〔見圖 9.48(b)〕而 V_{out2} 則增加等值時，則 M_7 進入飽和區，因此顯示開啟電阻（on-resistance）的變化並未被 M_8 抵銷。

重要的是要留意，共模量測必須要產生一個和差動信號無關的量。接下來的範例會闡述這點。

範例 9.17

某學生模擬一個閉路運算放大器電路的步階響應〔亦即圖 9.48(a) 電路〕並觀察輸出振幅如圖 9.49。解釋為什麼 V_{out1} 和 V_{out2} 不會對稱改變。

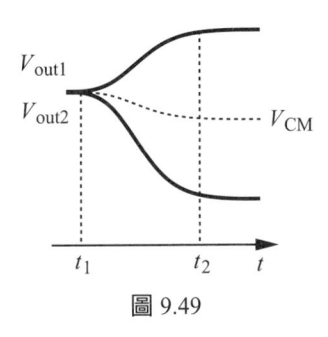

圖 9.49

解 如圖中的波形所示，輸出共模位準自 t_1 變動至 t_2，指出共模量測機制是非線性且在 t_1 和 t_2 時的共模位準是不同的。舉例來說，如果圖 9.48 中的 M_7 或 M_8 在 t_2 不會維持在深三極管區，則 (9.49) 不成立且 V_{CM} 會是差動信號的函數。

另一個共模量測方法如圖 9.50。在此，差動對將輸入與 V_{REF} 進行比較，於共模位準產生一定比例的電流 I_{CM}。為證明此點，我們分別讓 M_2 和 M_4 的小信號電流為 $(g_m/2)V_{out1}$ 和 $(g_m/2)V_{out2}$，得到結論是 $I_{CM} \propto V_{out1} + V_{out2}$。此電流可以在具備負回授的運算放大器之中複製到電流源，所以能讓 $V_{out,CM}$ 大約等於 V_{REF}。

前面的架構會遇到一些嚴重的問題。當 V_{out1} 和 V_{out2} 遇到大振幅時，因為差動對的非線性，I_{out} 不再與 $V_{out1} + V_{out2}$ 維持一定比例。事實上，如果可以將 I_{D1} 和 I_{D2} 表示為 $f(V_{out1} - V_{REF})$ 和 $f(V_{out2} - V_{REF})$，我們可以觀察到除非 $f()$ 是一個線性函數，否則 $I_{D1} + I_{D2}$ 與 V_{out1} 和 V_{out2} 各別的值會相依。結論就是，如果出現很大的差動輸出振幅，重建的共模位準不會保持固定。

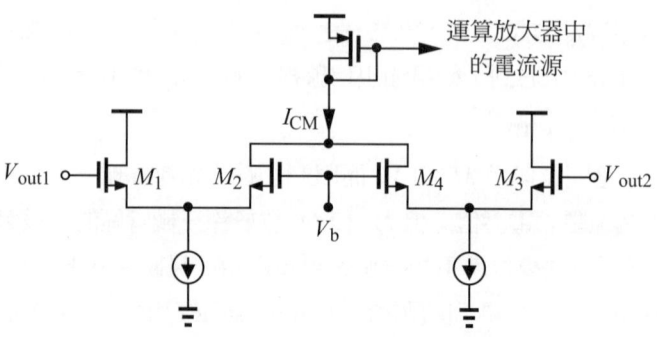

圖 9.50　高非線性的共模量測電路

9.7.3 共模回授技術

我們現在來瞭解以參考電壓和回傳至運算放大器的偏壓電路之誤差來比較所量測的共模位準。圖 9.51 電路使用一簡單放大器來量測 $V_{out,CM}$ 和參考電壓 V_{REF} 的差異，並利用負回授將結果應用於 NMOS 電流源。如果 V_{out1} 和 V_{out2} 都上升時，V_E 會增加 M_3-M_4 的汲極電流並減少輸出共模位準。換句話說，如果迴路增益值很大時，回授網路強制讓 V_{out1} 和 V_{out2} 的共模位準趨近於 V_{REF}。注意，回授網路同樣可用於 PMOS 電流源。回授可以控制一部分電流，讓穩定特性最佳化。舉例來說，可將 M_3 和 M_4 分解為兩個並聯元件，一個偏壓於固定電流源，而另一個則由誤差放大器驅動。

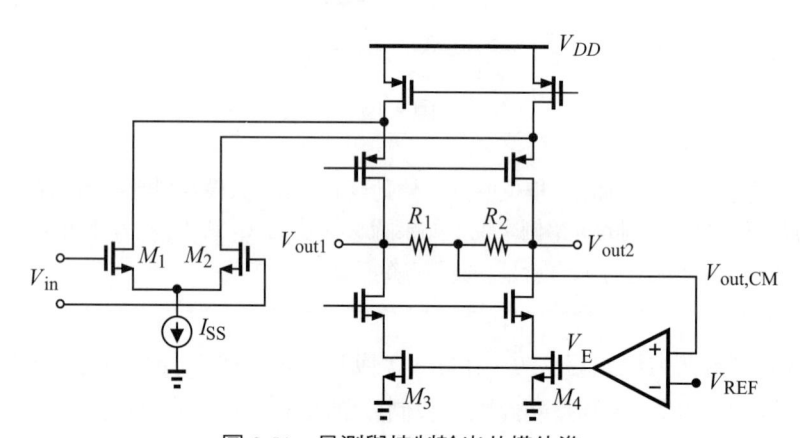

圖 9.51　量測與控制輸出共模位準

在一摺疊疊接運算放大器中，共模回授可以控制輸出差動對的尾電流。如圖 9.52 所示，如果 V_{out1} 和 V_{out2} 增加時，此方法可以增加尾電流，降低 M_5-M_6 的汲極電流並恢復其輸出共模位準。

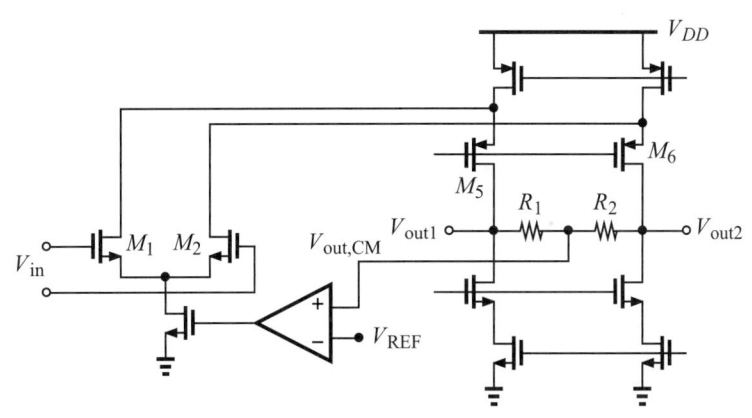

圖 9.52　控制輸出共模位準的替代方法

我們要如何利用圖 9.48 的量測組態來比較回授信號呢？在此，因為輸出共模電壓直接被轉換至一電阻或電流，故無法與參考電壓比較。圖 9.53 呈現一個利用此技巧的簡單回授組態，其中 $R_{on7} \| R_{on8}$ 調整 M_5 和 M_6 的偏壓電流。輸出共模位準設為 $R_{on7} \| R_{on8}$ 讓 I_{D5} 和 I_{D6} 可分別準確平衡 I_{D9} 和 I_{D10}。舉例來說，如果假設 V_{out1} 和 V_{out2} 上升，$R_{on7} \| R_{on8}$ 下降，M_5 和 M_6 的汲極電流增加，而將 V_{out1} 和 V_{out2} 拉低。假設 $I_{D9} = I_{D10} = I_D$，我們必須讓 $V_b - V_{GS5} = 2I_D(R_{on7} \| R_{on8})$，因此 $R_{on7} \| R_{on8} = (V_b - V_{GS5})/(2I_D)$。從 (9.49)，

$$\frac{1}{\mu_n C_{ox} \left(\dfrac{W}{L}\right)_{7,8} (V_{out2} + V_{out1} - 2V_{TH})} = \frac{V_b - V_{GS5}}{2I_D} \tag{9.50}$$

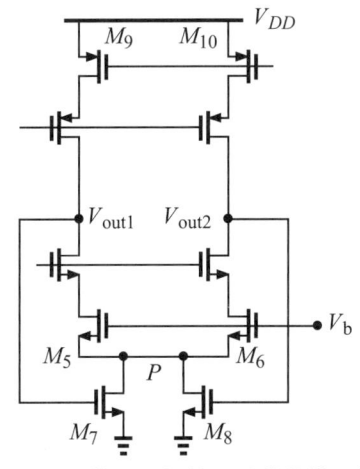

圖 9.53　使用三極管元件的共模回授

即

$$V_{out1} + V_{out2} = \frac{2I_D}{\mu_n C_{ox} \left(\dfrac{W}{L}\right)_{7,8}} \frac{1}{V_b - V_{GS5}} + 2V_{TH} \tag{9.51}$$

因此可得到共模位準，其中 $V_{GS5} = \sqrt{2I_D/[\mu_n C_{ox}(W/L)_5]} + V_{TH5}$。

圖 9.53 之共模回授會有幾個缺點。第一，輸出共模位準為一元件參數的函數。第二，$R_{on7} \| R_{on8}$ 之跨壓限制了輸出電壓振幅。第三，為了將此跨壓最小化，M_7 和 M_8 通常為寬元件，而讓輸出端有大電容。我們可將回授電路運用在輸出差動對的尾電流中消除第二點（圖 9.54），但其他兩個缺點仍會存在。

圖 9.54 中如何產生 V_b？我們注意到 $V_{out,CM}$ 對 V_b 敏感：如果 V_b 比預測值高，M_1 和 M_2 的尾電流會增加而輸出共模位準會降低。因為經過 M_7 和 M_8 的回授電路嘗試修正此誤差，故 $V_{out,cm}$ 的整體變化會和共模回授電路的迴路增益有關。範例 9.18 會討論此情況。

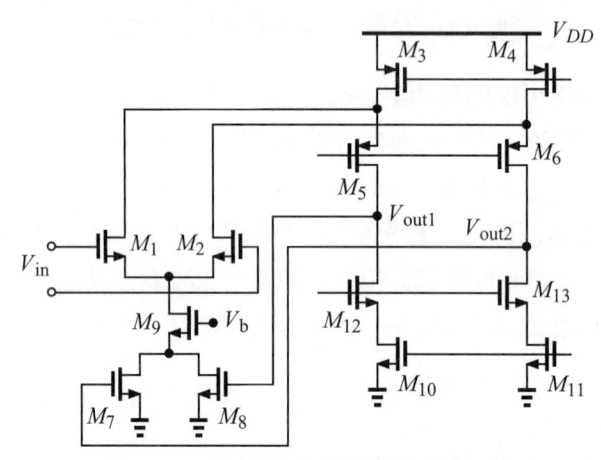

圖 9.54　控制輸出共模位準的替代方法

範例 9.18

求出圖 9.54 電路中 $V_{out,CM}$ 對 V_b 的靈敏度，亦即 $dV_{out,CM}/dV_b$。

解　將 V_{in} 設為零且將 M_7 和 M_8 的閘極開路，我們可以將電路簡化成如圖 9.55，注意必須在三極管區中計算 g_{m7} 和 g_{m8}，而 $g_{m7} = g_{m8} = \mu_n C_{ox}(W/L)_{7,8} V_{DS7,8}$，其中 $V_{DS7,8}$ 代表了 M_7 和 M_8 的汲極−源極偏壓值。因為 M_7 和 M_8 在深三極管區，故 $V_{DS7,8}$ 一般不會超過 100 mV。

在設計完備的電路中，迴路增益必須相當高。我們因此推測閉路增益約為 $1/\beta$，其中 β 代表回授因子。我們以第 8 章所學過的方式來表示：

$$\beta = \frac{V_2}{V_1}\Big|_{I_2=0} \tag{9.52}$$

$$= -(g_{m7} + g_{m8})(R_{on7} \| R_{on8}) \tag{9.53}$$

$$= -2\mu_n C_{ox}\left(\frac{W}{L}\right)_{7,8} V_{DS7,8} \cdot \frac{1}{2\mu_n C_{ox}(W/L)_{7,8}(V_{GS7,8} - V_{TH7,8})} \tag{9.54}$$

$$= -\frac{V_{DS7,8}}{V_{GS7,8} - V_{TH7,8}} \tag{9.55}$$

第 9 章 運算放大器 373

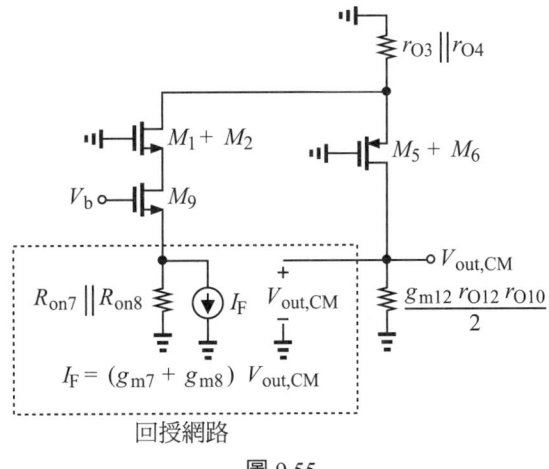

圖 9.55

其中 $V_{GS7,8}-V_{TH7,8}$ 是指 M_7 和 M_8 的驅動電壓。因此

$$\left|\frac{dV_{out,CM}}{dV_b}\right|_{closed} \approx \frac{V_{GS7,8}-V_{TH7,8}}{V_{DS7,8}} \tag{9.56}$$

這是一個重要的結果。因為 $V_{GS7,8}$（亦即輸出共模位準）一般接近 $V_{DD}/2$，故上式推論出必須將 $V_{GS7,8}$ 最大化，但會犧牲迴路增益。

現在我們來修正圖 9.54 的電路，降低輸出位準和元件參數的相關性，及對 V_b 的靈敏度。如圖 9.56(a) 所示，此概念利用一電流鏡定義 V_b 以 I_{D9}「追蹤」I_1 和 V_{REF} 值。為求簡化，假設 $(W/L)_{15} = (W/L)_9$ 和 $(W/L)_{16} = (W/L)_7 + (W/L)_8$。因此只有在 $I_{D9} = I_1$ 時，$V_{out,CM} = V_{REF}$。換句話說，如圖 9.52 所示，電路會產生和參考電壓相等的輸出共模位準，但其不需要電阻來量測 $V_{out,CM}$。整體的設計可簡化為圖 9.56(b)。

實際上，因為 $V_{DS15} \neq V_{DS9}$，通道長度調變效應導致了一誤差。圖 9.57 顯示了一個能抑制此誤差的修正電路。在此，電晶體 M_{17} 和 M_{18} 在 M_{15} 的汲極重新產生一電壓，其值等於 M_1 和 M_2 的源極電壓以確保 $V_{DS15} = V_{DS9}$。

為得到另一個共模回授組態，我們來看看圖 9.58(a) 的簡單差動對。在此，非常明確界定出輸出共模位準 $V_{DD}-|V_{GS3,4}|$，但其電壓增益相當低。為了增加增益，必須運用 PMOS 元件作為處理差動信號的電流源。我們修正如圖 9.58(b) 所示的電路，其中對 V_{out1} 和 V_{out2} 之差動變化來說，節點 P 為虛擬接地而可將其增益表示為 $g_{m1,2}(r_{O1,2}\|r_{O3,4}\|R_F)$。另一方面，對共模位準來說，$M_3$ 和 M_4 為二極體元件，此電路證明在低增益應用中非常有用。

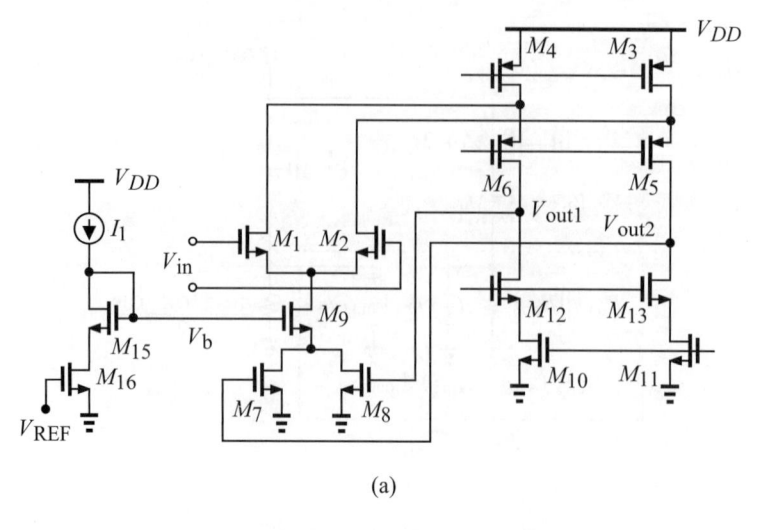

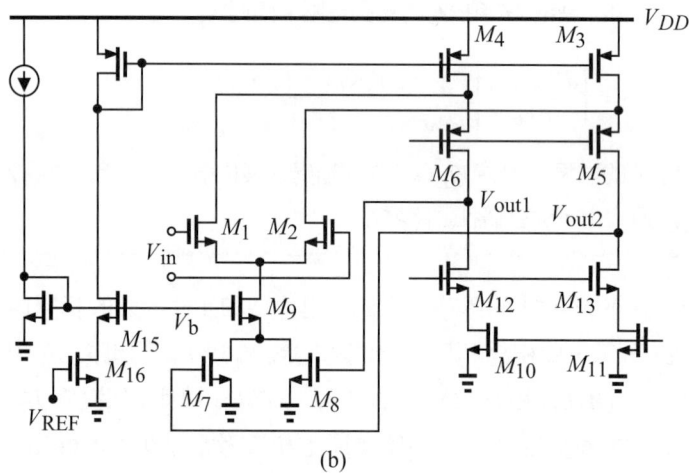

圖 9.56　修正共模回授以界定出更正確的輸出共模位準

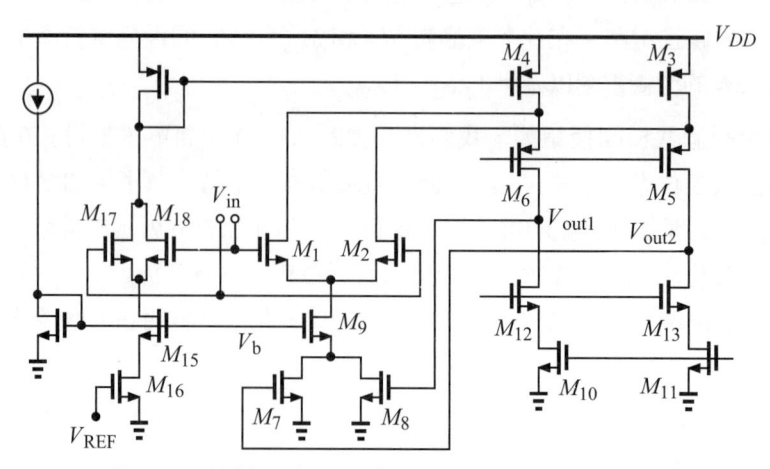

圖 9.57　抑制通道長度調變效應產生誤差的修正電路

第 9 章 運算放大器　　375

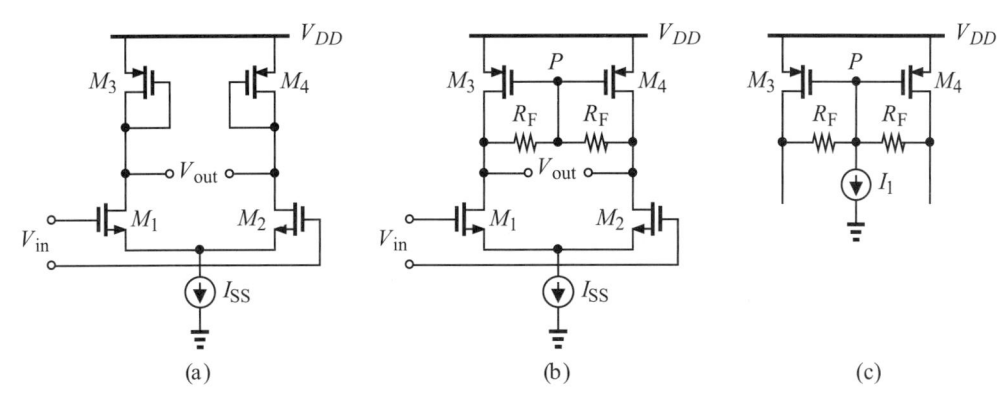

圖 9.58　(a) 負載二極體的差動對；(b) 負載電阻的共模回授；(c) 修正成適合在低電壓運作

範例 9.19

求出圖 9.58(b) 中最大可容許的輸出振幅。

解 如果選取 $V_{in,CM}$，讓 I_{SS} 於三極管區邊界運作，每個輸出會降至高於接地的兩個驅動電壓。輸出的最高可容許電壓等於輸出共模位準加上 $|V_{TH3,4}|$，亦即 $V_{DD}-|V_{GS3,4}| + |V_{TH3,4}| = V_{DD}-|V_{GS3,4}-V_{TH3,4}|$。

在某些應用，我們想將圖 9.58(b) 中電路於低電壓、小信號運作。此級強制會讓最小的 V_{DD} 為 $|V_{GS3,4}|$ 加上兩個驅動電壓。如圖 9.58(c) 所示，我們藉由從兩個電阻和 PMOS 元件抽取一個小電流來改變電路。在此，V_P 仍然等於 $V_{DD} - |V_{GS3,4}|$，但汲極電壓高於 V_P 的量為 $I_1R_F/2$。舉例來說，如果 $I_1R_F/2 = |V_{TH3,4}|$，則 PMOS 元件於飽和區邊界運作，讓最小的 V_{DD} 約為三個驅動電壓。

範例 9.20

某學生對於電壓餘裕的限制，建立了如圖 9.59(a) 的電路。其中尾電流源用兩個二極體元件取代，量測到輸出共模位準 $V_{out,CM}$。計算從輸入共模位準到輸出共模位準的小信號增益。

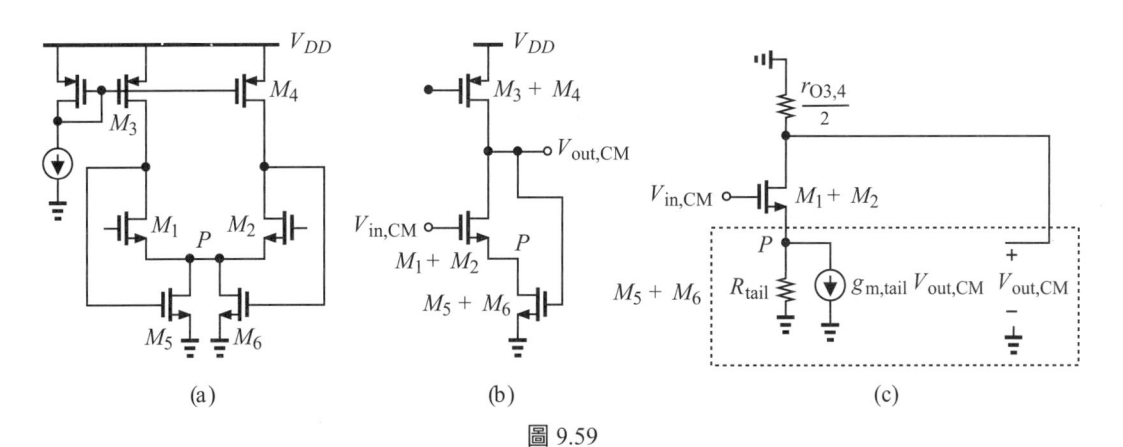

圖 9.59

解 如果電路是對稱，可以讓輸出點短路，得到圖 9.59(b) 的架構。[6] 要模擬複合電晶體 M_5 + M_6，我們可以定義轉導 $g_{m,tail} = g_{m5} + g_{m6} = 2\mu_n C_{ox}(W/L)_{5,6}V_P$，其中 V_P 是節點 P 的直流電壓。我們也近似其整體通道長度阻抗為 $R_{tail} = [2\mu_n C_{ox}(W/L)_{5,6}(V_{out,CM} - V_{TH5,6})]^{-1}$。這個電路因此可簡化為圖 9.59(c)。

為了簡化，假設 M_1 和 M_2 的 $\lambda = \gamma = 0$，我們將 $M_1 + M_2$ 抽取的小信號電流表示為 $-V_{out,CM}/(r_{O3,4}/2)$。這個電流轉換至閘極−源極電壓 $-V_{out}/(2g_{m1,2}r_{O3,4}/2) = -V_{out}/(g_{m1,2}r_{O3,4})$，可以在 P 點產生一電壓 $V_{in,CM} + V_{out}/(g_{m1,2}r_{O3,4})$，因此電流 $[V_{in,CM} + V_{out}/(g_{m1,2}r_{O3,4})]/R_{tail}$ 會流經 R_{tail}，因為此電流和 $g_{m,tail}V_{out,CM}$ 必須加至 $-V_{out,CM}/(r_{O3,4}/2)$，我們可以得到

$$\frac{V_{out,CM}}{V_{in,CM}} = -\frac{1}{\dfrac{2R_{tail}}{r_{O3,4}} + g_{m,tail}R_{tail} + (g_{m1,2}r_{O3,4})^{-1}} \tag{9.57}$$

很重要的是分母中所有三個項次總和少於 1（為什麼？），顯示了 $V_{out,CM}/V_{in,CM}$ 的增益大約為 1。也就是在輸入共模位準的誤差會直接傳到輸出，沒有衰減。並呈現共模拒斥比（CMRR）。各位可以假設 M_1 和 M_2 的 g_m 不匹配，自行計算第 4 章的 CMRR。

9.7.4 雙級放大器的共模回授

由於接近軌至軌的輸出振幅，雙級放大器在現今的設計中（相較於其他架構）能有較廣泛的應用。然而，這樣的運算放大器需要較複雜的共模回授。為了瞭解此問題，我們以圖 9.60(a) 中簡單的電路來思考三個不同的共模回授方法。

第一，假設量測到 V_{out1} 和 V_{out2} 的共模位準，並將結果用於控制 V_{b2}；亦即第二級加入共模回授電路，但第一級沒有〔圖 9.60(b)〕。此例沒有任何能控制 X 和 Y 點的機制。舉例來說，如果 I_{SS} 恰巧小於 M_3 和 M_4 欲抽取的電流加總，則 V_X 和 V_Y 會上升，將電晶體驅動進入三極管區，所以 $I_{D3} + I_{D4}$ 最終會變成 I_{SS}。此效應會降低 $|V_{GS5,6}|$，在 M_5–M_8 中產生一個可能低於設計值的電流。因此不會使用這個方法。

第二，仍舊量測到共模位準 V_{out1} 和 V_{out2}，但將結果回到第一級，亦即控制 I_{SS}〔圖 9.60(c)〕。假設，舉例來說，V_{out1} 和 V_{out2} 開始變高。誤差放大器 A_e 會減低 I_{SS}，讓 V_X 和 V_Y 上升，$|I_{D5}|$ 和 $|I_{D6}|$ 下降，V_{out1} 和 V_{out2} 變低。很有趣的是，M_5 和 M_6 會量測到 X 和 Y 點的共模位準，幫助全域迴路來控制這兩級的共模位準（如果 M_3 和 M_4 有尾電流，如一個正常的差動對，此特性會消失且共模回授迴路會失效）。

第二個方法用於某些設計中，會有一些致命的缺點。我們針對共模位準畫出等效電路（圖 9.61）。共模回授迴路有多少極點？我們在點 X 或 Y 算一個極點，一個在主要輸出，至少一個和誤差放大器相關。再者，因為 R_{CM} 也夠大不會負載到第二級，會和輸入

---
[6] 我們用 $M_j + M_{j+1}$ 來代表 M_j 和 M_{j+1} 的並聯。

電容 A_e 形成一個不可忽略的極點。因此，即使沒有將 M_1 和 M_2 的源級極點計算入內，共模回授迴路仍包含了三個或是四個極點。第 10 章會解釋到，這可能會讓迴路很難穩定。

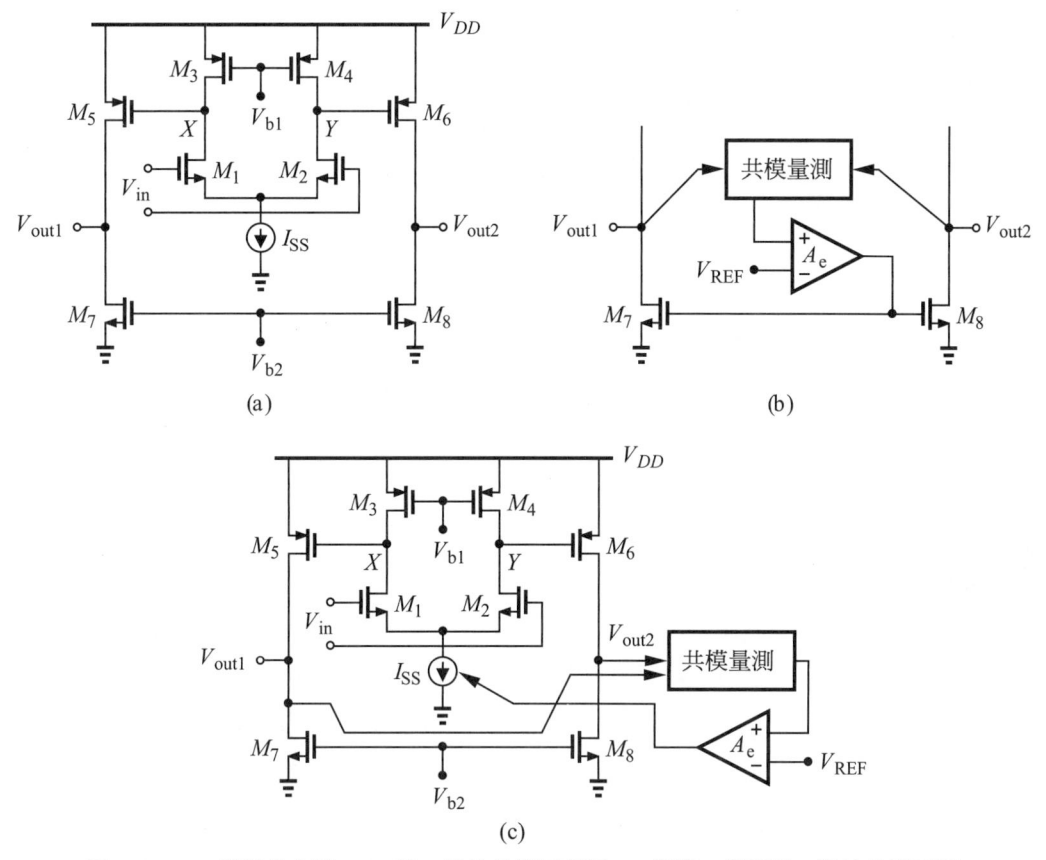

圖 9.60　(a) 雙級放大器，(b) 第二級的共模回授及 (c) 從第二級到第一級的共模回授

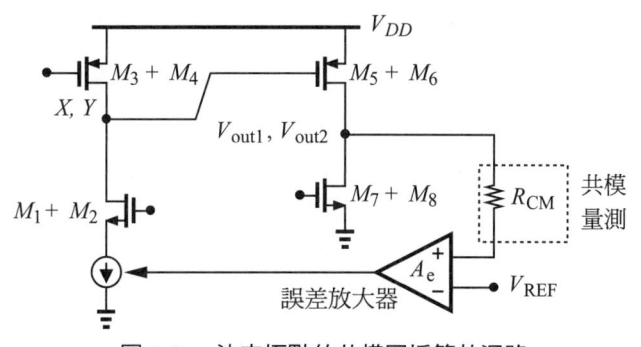

圖 9.61　決定極點的共模回授等效迴路

為避免穩定度的問題，我們針對第一級和第二級，用兩個分開的共模回授迴路。圖 9.62 呈現一個簡單的例子，這和圖 9.58(b) 類似。R_1 和 R_2 提供第一級共模回授，R_3 和 R_4 提供第二級。有趣的是，此架構中所有的汲極電流，都是從 I_{SS} 複製而來。假設電路對稱，我們可以知道 (1) 電阻 R_1 和 R_2 調整 $V_{GS3,4}$ 直到 $|I_{D3}| = |I_{D4}| = I_{SS}/2$；(2) 因為 $V_{GS3,4} =$

$V_{GS5,6}$，M_5 和 M_6 如同電流鏡般從 M_3 和 M_4 複製電流，且 (3) 電阻 R_3 和 R_4 調整 $V_{GS7,8}$ 直到 $I_{D7} = I_{D8} = |I_{D5}| = |I_{D6}|$。差動電壓增益等於 $g_{m1}(r_{O1}\|r_{O3}\|R_1)g_{m5}(r_{O5}\|r_{O7}\|R_3)$。

另一個用於雙級放大器的共模回授方法會在第 11 章討論。

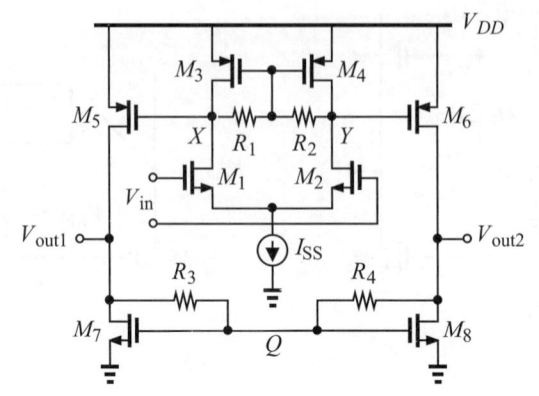

圖 9.62　環繞每一級的簡單共模回授迴路

範例 9.21

某學生根據已知功率預算的條件，設計出如圖 9.62 的簡單運算放大器，但呈現出輸出共模位準時都會小於 $V_{DD}/2$，因此讓輸出電壓受限制。解釋原因並找出解決方法。

解　輸出共模位準等於 $V_{G7,8}$（回想一下，R_3 和 R_4 在沒有信號時，不會抽取任何電流），因為選取夠寬的 M_7 和 M_8 得到小的驅動電壓 $V_{GS7,8}$ 只會略大於一個臨界電壓且遠小於 $V_{DD}/2$。

此問題可以透過從 Q 點抽取一個小電流來解決（圖 9.63）。現在，R_3 和 R_4 會有一個壓降 $R_3 I_Q/2$ ($= R_4 I_Q/2$)，產生和共模位準相同的向上的電壓平移。因此，可以透過選取 I_Q 來呈現一個約等於 $V_{DD}/2$ 的輸出共模位準。

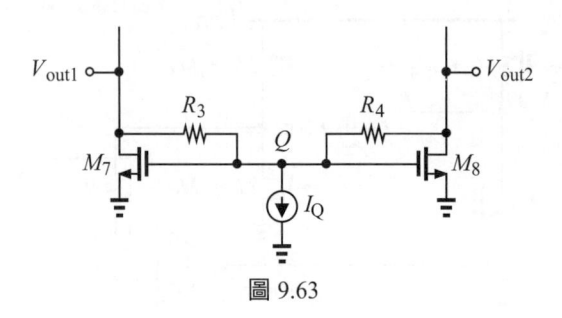

圖 9.63

如果第一級配合伸縮架構來達到高增益，則共模回授迴路可用圖 9.64 來實現。如果不太精準時，X 和 Y 點的共模量測能避免負載這些高阻抗點，因此保持高電壓增益。

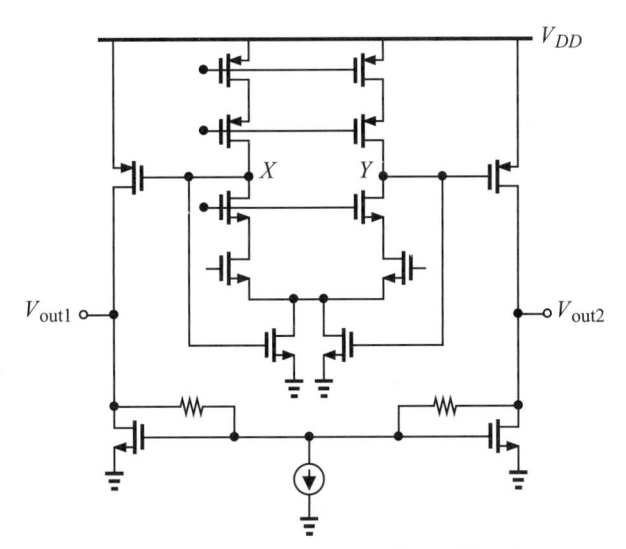

圖 9.64　環繞疊接以及輸出級的共模回授

9.8 輸入範圍限制

目前為止所學過的運算放大器電路已經可以達到一大差動輸出振幅。儘管差動輸入振幅通常比較小（等於開路增益值），在某些應用中共模位準可能必須在一大範圍變動。以圖 9.65 的簡單**單增益**緩衝器為例，其中輸入振幅幾乎等於輸出振幅。有趣的是，此情況的電壓振幅受輸入差動對的限制（而非輸出疊接分支）。特別是 $V_{in,min} \approx V_{out,min} = V_{GS1,2} + V_{ISS}$ 時，M_5–M_8 所提供的最小容許電壓會高出一個臨界電壓值。

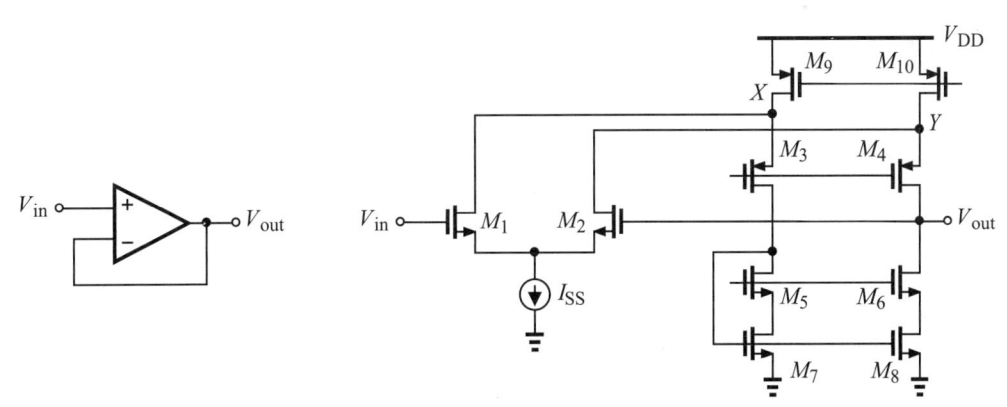

圖 9.65　單增益緩衝器

如果 V_{in} 降至上述最小值時，會發生何事呢？當 I_{SS} 進入三極管區時，MOS 電晶體會減少差動對的偏壓電流，因此會降低轉導值。我們假設如果可以恢復轉導值，就能克服此限制。

一個延伸輸入共模範圍的簡單方法是利用 NMOS 和 PMOS 差動對，讓其中一個

「不運作」，另一個「運作」。如圖 9.66 所示，此概念結合了兩個摺疊疊接運算放大器和 NMOS 及 PMOS 輸入差動對。對此，當輸入共模位準趨近接地端時，NMOS 差動對的轉導會下降，最後降至零。然而，PMOS 仍維持主動正常運作。相反地，如果輸入共模位準趨近 V_{DD} 時，M_{1P} 和 M_{2P} 開始關閉，但 M_1 和 M_2 適當地運作。

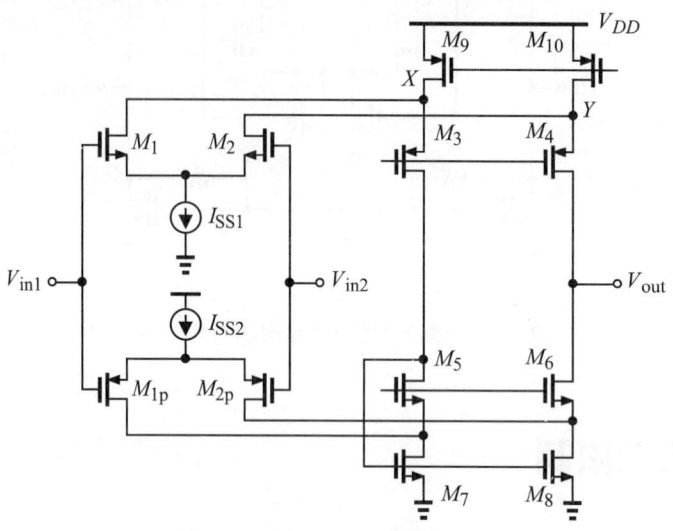

圖 9.66 輸入共模範圍的延伸

圖 9.66 電路的重點在於，輸入共模位準改變時，兩個差動對的整體轉導值之變化量。考慮每個差動對的運作，我們預期如圖 9.67 的特性。因此許多包括增益、速度和雜訊等電路特性都會改變。

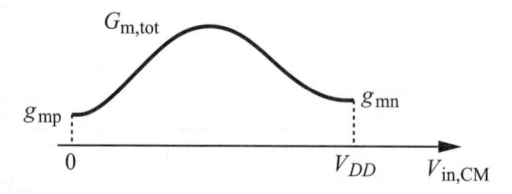

圖 9.67 在輸入共模位準下之等效轉導變化

9.9 迴轉率

使用於回授電路的運算放大器顯示了一個大信號特性，稱之為**迴轉**（slewing）。我們首先說明迴轉時會消失的線性系統。考慮圖 9.68 中的簡單 RC 電路，其中輸入為一理想步級電壓 V_0。因為 $V_0[1 - \exp(-t/\tau)]$、$\tau = RC$，我們得到

$$\frac{dV_{out}}{dt} = \frac{V_0}{\tau} \exp \frac{-t}{\tau} \tag{9.58}$$

也就是說，步級響應的斜率和最終輸出值成比例；如果我們輸入較大的步級信號，輸出信號會很快升高。這是線性系統的基本特性；如果輸入信號大小加倍而其他參數仍維持不變時，每一點的輸出信號位準會加倍，導致斜率也加倍。

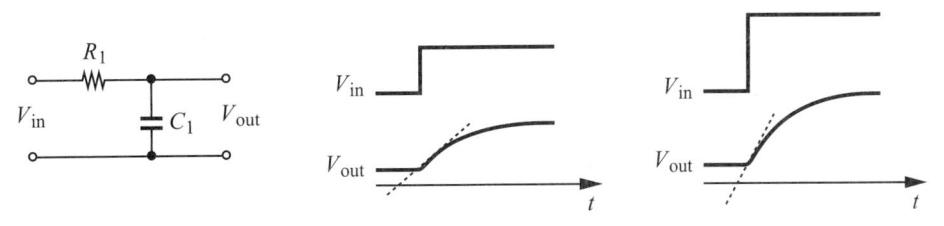

圖 9.68 一個線性電路對步級信號的響應

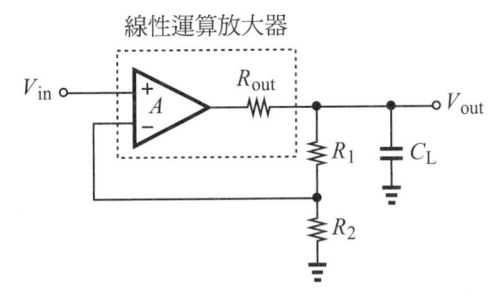

圖 9.69 一個線性運算放大器對步級信號的響應

將前面的觀察應用於線性回授系統中。如圖 9.69 所示，其中運算放大器假設為線性，在此我們可表示成

$$\left[\left(V_{in} - V_{out}\frac{R_2}{R_1+R_2}\right)A - V_{out}\right]\frac{1}{R_{out}} = \frac{V_{out}}{R_1+R_2} + V_{out}C_L s \tag{9.59}$$

假設 $R_1 + R_2 \gg R_{out}$，我們得到

$$\frac{V_{out}}{V_{in}}(s) \approx \frac{A}{\left(1+A\dfrac{R_2}{R_1+R_2}\right)\left[1+\dfrac{R_{out}C_L}{1+AR_2/(R_1+R_2)}s\right]} \tag{9.60}$$

一如預期，低頻增益和時間常數除以 $1 + AR_2/(R_1+R_2)$。步級響應為

$$V_{out} \approx V_0 \frac{A}{1+A\dfrac{R_2}{R_1+R_2}}\left[1 - \exp\frac{-t}{\dfrac{C_L R_{out}}{1+AR_2/(R_1+R_2)}}\right]u(t) \tag{9.61}$$

斜率將和最終值成比例。此種響應稱為**線性穩定**（linear settling）。

另一方面，使用一實際的運算放大器。當輸入大小增加時，電路的步級響應開始偏離 (9.61)。如圖 9.70 所示，小輸入信號的響應依循 (9.61)，但對大步級輸入信號來說，輸

出信號將顯示一具有固定斜率的線性斜坡。在此情況下，我們說運算放大器遇到了迴轉現象，且稱此斜率為**迴轉率**（slew rate）。

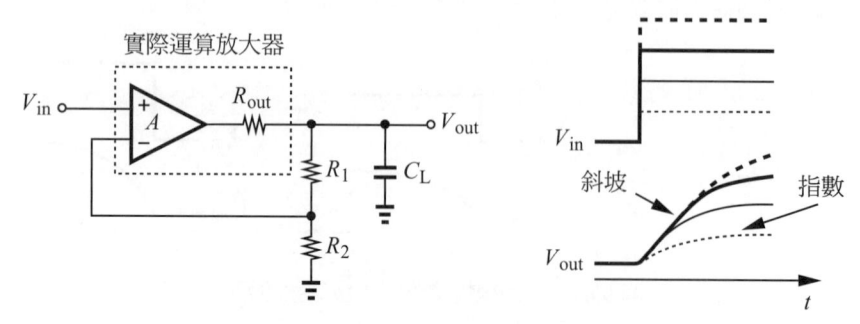

圖 9.70　在運算放大器中的迴轉現象

為瞭解迴轉的起因，我們將圖 9.70 的運算放大器以一簡單 CMOS 取代（圖 9.71）。為簡化之故，假設 $R_1 + R_2$ 相當大。我們首先用一小步級輸入信號來檢查電路。如果 V_{in} 改變 ΔV，則 I_{D1} 增加 $g_m \Delta V/2$ 且 I_{D2} 減少 $g_m \Delta V/2$。因為 M_3 和 M_4 的鏡像作用，使 $|I_{D4}|$ 增加 $g_m \Delta V/2$，故由運算放大器所提供的小信號電流為 $g_m \Delta V$。此電流開始對 C_L 充電，但當 V_{out} 增加時，V_x 亦會增加，故減少 V_{G1} 和 V_{G2} 間的差及運算放大器的輸出電流。所以 V_{out} 將依照 (9.61) 變化。

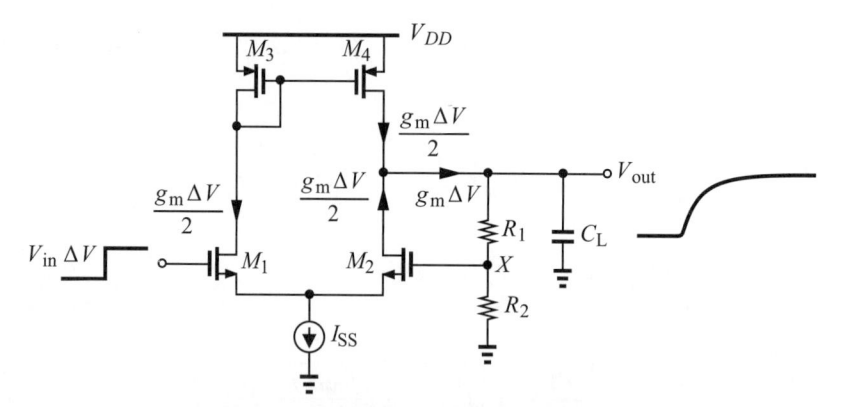

圖 9.71　簡單運算放大器之小信號運作

現在假設 ΔV 大到讓 M_1 吸走了全部的 I_{SS}，並關閉 M_2。可以再將此電路簡化為圖 9.72(a)，產生一線性輸出其斜率為 I_{SS}/C_L（如果可忽略不計 M_4 的通道長度調變效應和 $R_1 + R_2$ 所吸引的電流）。注意只要 M_2 維持關閉時，回授迴路會被打斷而電流充電電容 C_L 維持不變且和輸入位準無關。當 V_{out} 增加時，V_x 最後會趨近於 V_{in}，M_2 會開啟且電路會恢復至線性運作。

在圖 9.71 中，迴轉也會發生在輸入端的下降邊緣。如果輸入下降讓 M_1 關閉，則電路可簡化為圖 9.72(b) 所示，利用近似 I_{SS} 之電流將電容 C_L 放電。當 V_{out} 下降夠多時，在 V_x 和 V_{in} 間的差夠小而讓 M_1 開啟，因此產生線性特性。

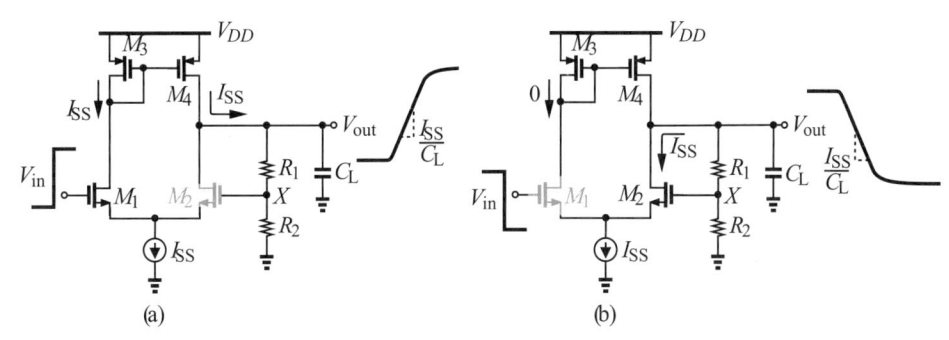

圖 9.72　(a) 低至高的轉換，(b) 高至低的轉換

前面的觀察解釋了為何迴轉為非線性現象，如果輸入信號大小加倍時，輸出信號並不會在所有點都加倍，因為該斜坡顯示了和輸入信號無關的斜率。

迴轉對處理大信號的高速電路來說是不理想的效應。雖然電路的小信號頻寬可能有快速的時域響應，大信號速度會受迴轉率所限制，因為在電路中對電容充、放電的電流非常小。此外，因為迴轉時的輸入－輸出關係為非線性，一迴轉放大器的輸出會嚴重失真。舉例來說，如果一電路為了放大一正弦信號 $V_0 \sin \omega_0 t$（在穩態下），其迴轉率必須超過 $V_0 \omega_0$。

範例 9.22

考慮圖 9.73(a) 所示的回授放大器，其中 C_1 和 C_2 決定了閉路增益（並未呈現 M_2 閘極的偏壓電路）。(a) 求出電路的小信號步級響應。(b) 計算正迴轉率和負迴轉率。

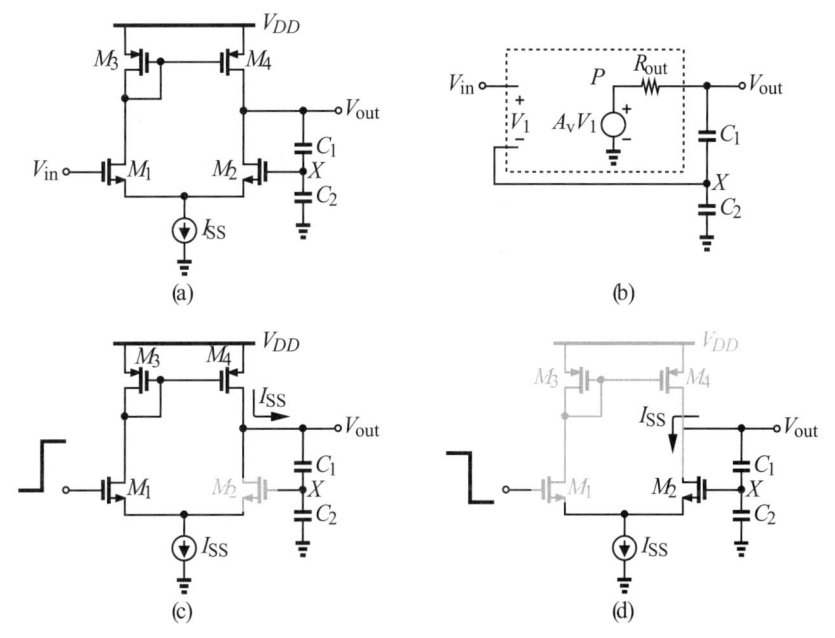

圖 9.73

解 (a) 建立如圖 9.73(b) 的放大器模型，其中 $A_v = g_{m1,2}(r_{O2}\|r_{O4})$ 和 $R_{out} = r_{O2}\|r_{O4}$，我們得到 $V_X = C_1 V_{out}/(C_1 + C_2)$，因此

$$V_P = \left(V_{in} - \frac{C_1}{C_1 + C_2} V_{out}\right) A_v \tag{9.62}$$

得到

$$\left[\left(V_{in} - \frac{C_1}{C_1 + C_2} V_{out}\right) A_v - V_{out}\right] \frac{1}{R_{out}} = V_{out} \frac{C_1 C_2}{C_1 + C_2} s \tag{9.63}$$

則

$$\frac{V_{out}}{V_{in}}(s) = \frac{A_v}{1 + A_v \dfrac{C_1}{C_1 + C_2} + \dfrac{C_1 C_2}{C_1 + C_2} R_{out} s} \tag{9.64}$$

$$= \frac{A_v / \left(1 + A_v \dfrac{C_1}{C_1 + C_2}\right)}{1 + \dfrac{C_1 C_2}{C_1 + C_2} R_{out} s / \left(1 + A_v \dfrac{C_1}{C_1 + C_2}\right)} \tag{9.65}$$

並顯示出電路的低頻增益和時間常數會減少 $1 + A_v C_1/(C_1 + C_2)$ 倍。對單增益步級信號之響應為

$$V_{out}(t) = \frac{A_v}{1 + A_v \dfrac{C_1}{C_1 + C_2}} V_0 \left(1 - \exp\frac{-t}{\tau}\right) u(t) \tag{9.66}$$

其中

$$\tau = \frac{C_1 C_2}{C_1 + C_2} R_{out} / \left(1 + A_v \frac{C_1}{C_1 + C_2}\right) \tag{9.67}$$

(b) 儘管 C_1 之初始跨壓為零，我們仍假設一大正向步級信號於圖 9.73(a) 中 M_1 的閘極，則 M_2 會如圖 9.73(c) 關閉。V_{out} 將依據 $V_{out}(t) = I_{SS}/[C_1 C_2/(C_1 + C_2)]t$ 的方式增加。同樣對負向步級信號來說，圖 9.73(d) 產生 $V_{out} = -I_{SS}/[C_1 C_2/(C_1 + C_2)]t$。

在另一個例子中，我們求出圖 9.74(a) 中伸縮運算放大器的迴轉率。當輸入一個大差動信號，M_1 和 M_2 會關閉讓電路簡化如圖 9.74(b)。因此，V_{out1} 和 V_{out2} 會出現一線性斜率為 $\pm I_{SS}/C_L$（當然，此電路常使用於閉路形式中）。

瞭解具有單端輸出的摺疊疊接運算放大器特性是非常有用的〔圖 9.75(a)〕。圖 9.75(a) 和 (b) 分別顯示輸入正向和負向步級電壓時的等效電路。在此，PMOS 電流源提供了一電流值 I_P，而對 C_L 充放電的電流為 I_{SS}，產生迴轉率為 I_{SS}/C_L。注意，如果 $I_P \geq I_{SS}$，迴轉率和 I_P 無關，實際上我們選擇 $I_P \approx I_{SS}$。

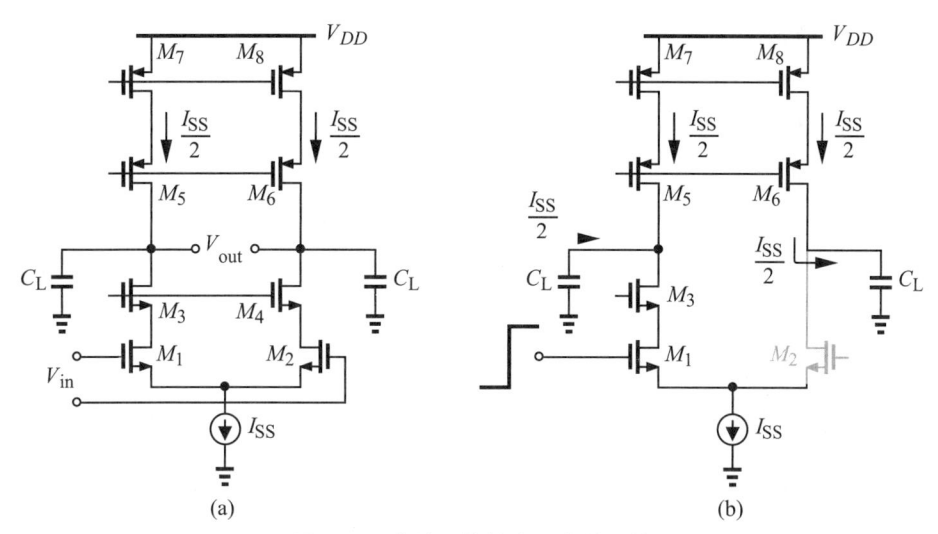

圖 9.74　伸縮運算放大器中的迴轉

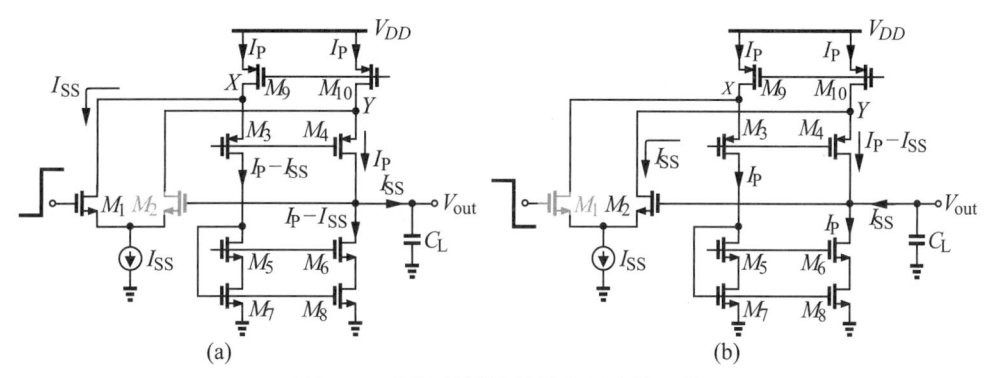

圖 9.75　摺疊疊接運算放大器中的迴轉

在圖 9.75(a)，如果 $I_{SS} > I_P$，則在迴轉時 M_3 會關閉且 V_x 會降至一低位準使得 M_1 和尾電流源進入三極管區。因此，在 M_2 開啟後電路要恢復平衡狀態時，V_x 必須要有很大的振幅，並減緩穩定現象，此現象顯示於圖 9.76。

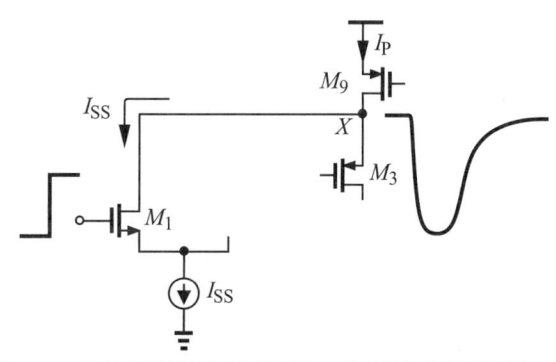

圖 9.76　因為迴轉後之驅動電壓回復所造成的長穩定時間

為解決此問題，可加入如圖 9.77(a) 的兩個**箝制電晶體**（clamp transistor）。也就是 I_{SS}

和 I_P 之差會流過 M_{11} 或 M_{12}，而 V_X 或 V_Y 只要下降的量就能開啟電晶體。圖 9.77(b) 顯示出一個更積極的方法，其中將 M_{11} 和 M_{12} 的節點強制連至 V_{DD}。因為 M_{11} 和 M_{12} 的平衡值通常高於 $V_{DD} - V_{THN}$，M_{11} 和 M_{12} 在小信號運作時通常為關閉。

增加迴轉率時會有什麼限制呢？圖 9.74 和 9.75 中，已知負載電容，必須增加 I_{SS}，且為了維持同樣的最大輸出振幅，必須等比放寬所有電晶體。所以，功率消和輸入電容都會增加。注意，如果元件電流和寬度同時增加時，每個電晶體的 $g_m r_O$ 及運算放大器的開路增益會維持不變。

運算放大器會如何離開迴轉區並進入線性穩定區？因為開啟其中一個電晶體的時機並不清楚，故在迴轉區和線性穩定區的分別並不明顯。下面的範例會呈現此概念。

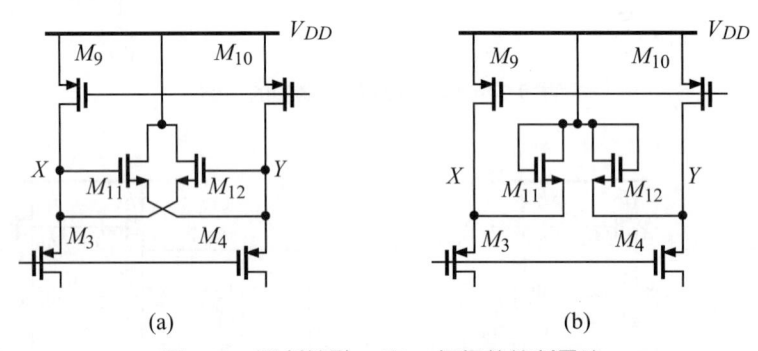

圖 9.77　限制節點 X 和 Y 振幅的箝制電路

範例 9.23

考慮圖 9.73(a) 中的電路位於迴轉區〔圖 9.73(c)〕。當 V_{out} 上升時，V_x 亦會增加，最後會開啟 M_2。當 I_{D2} 由零增加時，差動對會更線性。考慮 M_1 和 M_2 線性運作，如果其汲極電流差小於 αI_{SS}（亦即 $\alpha = 0.1$），求出電流進入線性穩定區要多久？假設輸入步級電壓大小為 V_0。

解　此電路直到 $|V_{in1} - V_{in2}|$ 的迴轉率為 $I_{SS}/[C_1 C_2/(C_1 + C_2)]$。我們可以利用第 4 章的方式表示：

$$\alpha I_{SS} = \frac{1}{2}\mu_n C_{ox}\frac{W}{L}(V_{in1} - V_{in2})\sqrt{\frac{4I_{SS}}{\mu_n C_{ox}\frac{W}{L}} - (V_{in1} - V_{in2})^2} \tag{9.68}$$

得到

$$\Delta V_G^4 - \Delta V_G^2 \frac{4I_{SS}}{\mu_n C_{ox}\frac{W}{L}} + \left(\frac{2\alpha I_{SS}}{\mu_n C_{ox}\frac{W}{L}}\right)^2 = 0 \tag{9.69}$$

其中 $\Delta V_G = V_{in1} - V_{in2}$。因此

$$\Delta V_G \approx \alpha \sqrt{\frac{I_{SS}}{\mu_n C_{ox} \frac{W}{L}}} \tag{9.70}$$

（回想一下 $\sqrt{I_{SS}/[\mu_n C_{ox}(W/L)]}$ 為差動對中每個電晶體的平衡驅動電壓。）此外，我們得知當 I_{D1} 和 I_{D2} 間的差異 αI_{SS} 很小時，小信號近似式為有效：$\alpha I_{SS} = g_m V_G$。因此，$\alpha I_{SS}/g_m \approx \alpha I_{SS}/\sqrt{\mu_n C_{ox}(W/L)I_{SS}}$。注意此為粗略計算，因為當 M_2 開啟時，對負載電容充電的電流不再固定不變。

因為對 M_2 而言，V_x 一定會增加至 $V_0 - \Delta V_G$ 並帶所需之電流，V_{out} 會增加 $(V_0 - V_G)(1 + C_2/C_1)$，且所需時間為

$$t = \frac{C_2}{I_{SS}} \left(V_0 - \alpha \sqrt{\frac{I_{SS}}{\mu_n C_{ox} \frac{W}{L}}} \right) \tag{9.71}$$

在上面的範例中，決定線性穩定區的 α 值與實際所需的線性特性有關。換句話說，1% 的非線性情況之 α 值會大於 0.1% 的非線性情況之 α 值。

雙級運算放大器的迴轉特性和之前所提的電路有些不同，我們將此留待第 10 章再行討論。

9.10 高迴轉率運算放大器

迴轉率方程式在各種運算放大器架構中呈現出，從已知電容來看，迴轉率的受限可以透過增加偏壓電流獲得改善，功率消耗也會增加。如果能在迴轉時自動增加用於電容充電的電流量，然後回到正常操作值，就能減少設計上的取捨。本節要討論運用此概念的運算放大器架構。

9.10.1 單級運算放大器

我們從一個簡單的共源極組態加上一個偏壓於 I_0 的電流源負載著手〔圖 9.78(a)〕。在沒有輸入信號的情況，$I_{D1} = I_0$，但如果 V_{in} 降低將 M_1 關閉，則 I_0 可流經 C_L，產生 I_0/C_L 的迴轉率。[7] 我們可以在暫態中，自動增加 M_2 的汲源電流量？為此目的，我們必須讓 V_b 改變，且根據 V_{in} 的跳動來改變。以圖 9.78(b) 為例，我們只要將 Vb 運用在兩個電晶體，就會出現向下跳動 V_{in} 且增加 $|I_{D2}|$。但此互補架構在第 3 章提過，會出現不好的電源電壓排斥。在此，我們找尋其他架構。

---

[7] 如果 V_{in} 往上跳，M_1 必須吸收 I_0 和從 C_L 流出的電流。

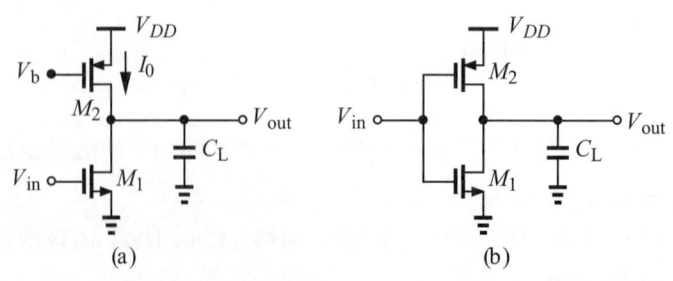

圖 9.78 (a) 一個簡單的共源極組態及 (b) 一個互補式共源極組態的迴轉率

如圖 9.79(a)，我們用電流鏡控制圖 9.78(a) 中的 M_2。試問 V_{in} 要怎麼控制 I_b？I_b 可以由其他共源元件獲得〔圖 9.79(b)〕？不行。當 V_{in} 在電路中往下跳動，I_b 會減少。因此，我們必須在這個路徑包含一個額外的相反信號來控制 I_b。或者我們可以考慮一個差動架構，其中輸入信號是 V_{in}^+，其反向信號是 V_{in}^-。如圖 9.79(c)，透過 V_{in}^- 去控制 M_2 的偏壓電流，透過 V_{in}^+ 控制 M_4 的偏壓電流。舉例來說，如果 V_{in}^+ 向下跳動，則 (1) M_5 從 M_8 抽取較少電流，降低 $|I_{D4}|$，(2) M_3 抽取較多電流，讓 M_2 替汲極電容放電，(3) M_6 從 M_7 抽取較多電流，增加 $|I_{D2}|$，與 (4) M_1 抽取較多電流，讓 M_2 替汲極電容充電。

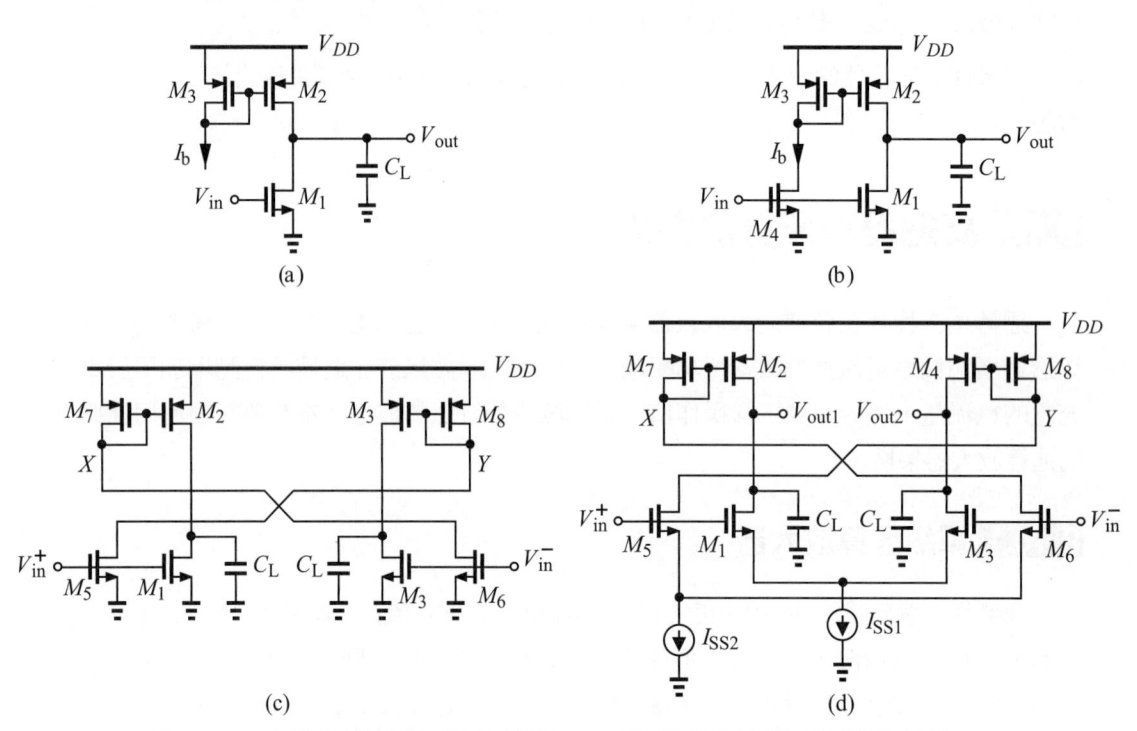

圖 9.79 (a) 有電流鏡偏壓的共源極組態，(b) 用不正確極性將信號注入電流鏡，(c) 用正確極性將信號注入電流鏡，(d) 額外的電流源

當圖 9.78(b) 和 9.79(c) 的電路將負載電流轉換成「主動」上推元件時，可將其稱為

「推－拉」組態，也稱為「AB 類」放大器。[8] 藉由迴轉率的暫時提升，這類電路可以減少在速度和平均電流設計上的取捨。

為了改善輸入共模排斥，我們可以加入尾電流源到 M_1 以及 M_3 並加入到 M_5 和 M_6〔圖 9.79(d)〕。我們現在想用大輸入步級來計算電路的迴轉率。如果 V_{in}^+ 向上提升，且 M_1 和 M_5 吸收了其相對的尾電流，則 M_2 會關閉且 V_{out} 會以 I_{SS1}/C_L 速率下降；當 M_3 關閉且 V_{out} 用 $I_{SS2}(W_4/W_8)/C_L$ 速率上升（如果 $L_4 = L_8$）。差動迴轉率因此等於 $[I_{SS1} + I_{SS2}(W_4/W_8)]/C_L$。另一方面，由於沒有「推拉」動作，迴轉率也會受限於 I_{SS1}/C_L。如果我們選擇讓 W_4/W_8 等於 5 且 I_{SS2} 等於 I_{SS1}，只要 2 倍功率消耗，S_R 會增加 6 倍。[9]

範例 9.24

計算 AB 類放大器的小信號電壓增益，如圖 9.79(d)。

解 除了主要路徑，電流鏡路徑也會產生增益，因為電流鏡動作放大 M_5 和 M_6 的汲極電流 W_4/W_8 倍。我們可以將此路徑的增益近似為 $(W_4/W_8)g_{m5}(r_{O3}\|r_{O4})$，並加到主要路徑中。

$$|A_v| \approx g_{m1}(r_{O3}\|r_{O4}) + (W_4/W_8)g_{m5}(r_{O3}\|r_{O4}) \tag{9.72}$$

$$\approx [g_{m1} + (W_4/W_8)g_{m5}](r_{O3}\|r_{O4}) \tag{9.73}$$

電流鏡路徑的轉導因此從 g_{m1} 變成 $g_{m1} + (W_4/W_8)g_{m5}$。

我們來求出上述電路的轉移函數並檢視映射極點效應。我們將輸入穿過電流鏡到輸出路徑的轉移函數以下列方式呈現：

$$H_{mirr}(s) = \frac{W_4}{W_8}g_{m5}(r_{O3}\|r_{O4})\frac{1}{1+\dfrac{s}{\omega_{p,X}}}\frac{1}{1+\dfrac{s}{\omega_{out}}} \tag{9.74}$$

其中 $\omega_{p,X} \approx g_{m8}/C_Y$ 以及 $\omega_{out} = [(r_{O3}\|r_{O4})C_L]^{-1}$。對於主要路徑，我們可得到

$$H_{main}(s) = g_{m1}(r_{O3}\|r_{O4})\frac{1}{1+\dfrac{s}{\omega_{out}}} \tag{9.75}$$

則

$$H_{tot}(s) = H_{main}(s) + H_{mirr}(s) \tag{9.76}$$

---

[8] 我們將固定偏壓電流架構稱為「A 類」放大器。
[9] 有人可能會說固定電流無法使用 AB 類放大器，但是我們目前先忽略此論點。

$$= \frac{r_{O3}\|r_{O4}}{1+\dfrac{s}{\omega_{out}}} \left[\frac{W_4}{W_8} \frac{g_{m5}}{1+\dfrac{s}{\omega_{p,X}}} + g_{m1} \right] \qquad (9.77)$$

$$= \frac{r_{O3}\|r_{O4}}{1+\dfrac{s}{\omega_{out}}} \cdot \frac{(W_4/W_8)g_{m5} + g_{m1} + g_{m1}s/\omega_{p,X}}{1+\dfrac{s}{\omega_{p,X}}} \qquad (9.78)$$

如同第 6 章的其他例子，額外出現的信號路徑會在轉移函數中產生零點。此零點頻率是

$$|\omega_z| = \left(\frac{W_4}{W_8} \frac{g_{m5}}{g_{m1}} + 1 \right) \omega_{p,X} \qquad (9.79)$$

不幸地，不可能讓 ω_z 等於 $\omega_{p,X}$，因為 $(W_4/W_8)(g_{m5}/g_{m1})$ 通常大約等於一或更大。而且事實上，$\omega_{out} < \omega_{p,X}$。

圖 9.79(d) 藉由增加 W_4/W_8 嘗試增加 SR，但我們必須注意，與映射點相關的極點頻率會下降。我們將極點近似為 g_{m8}/C_Y 並寫成 $g_{m8} = \sqrt{I_{SS2}\mu_n C_{ox}(W/L)_8}$，其中 $C_Y \approx 2(W_4 + W_8)LC_{ox} + C_{DB8} + C_{DB5}$，我們知道此映射頻率和 W_4 成反比。

9.10.2 雙級運算放大器

為達到高迴轉率，我們可以在雙級放大器的第二級使用「推拉」。為此目的，我們將圖 9.79(c) 中的架構視為第二級，且以差動對進行，可以得到圖 9.80 的架構。該電路可以提供一個電壓增益

$$|A_v| = g_{m9}(r_{O9}\|r_{O11})[g_{m1} + (W_4/W_8)g_{m5}](r_{O1}\|r_{O2}) \qquad (9.80)$$

但迴轉率呢？假設 V_{in1} 和 V_{in2} 間會有一大差動步階，整個 I_{SS} 會流過 P 點。如果這個點夠「彈性」，亦即此點的電容夠小，V_P 會快速上升，提供 M_1 和 M_5 大的驅動電壓，且在輸出端產生大迴轉率。換句話說，因為只有 M_9（或 M_{10}）開啟，V_P（或是 V_Q）才可接近 V_{DD} 電壓，提供的電流會比輸出級偏壓電流還。此特性和圖 9.79(d) 的電路特性相反，因為可供應的電流是尾電流的數倍，且無法進一步達到「提升需求」。

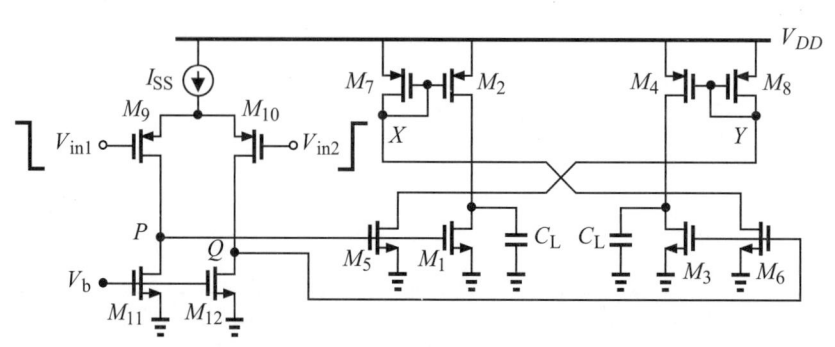

圖 9.80　兩級運算放大器，具有轉換增益

第 10 章會再回到雙級運算放大器,並分析在頻率補償時的迴轉率。

9.11 供應電源的排斥現象

運算放大器和其他類比電路一起使用時,通常會用有雜訊的線路作為供應電源,因此必須適當「排斥」雜訊。基於此原因,了解供應電源雜訊對運算放大器輸出的影響是很重要的。

我們來看看圖 9.81 的電路,並假設供應電壓緩慢變化。如果電路為完美對稱,$V_{out} = V_X$。因為二極體元件「箝制」節點 X 之電壓為 V_{DD},所以 V_X 和 V_{out} 會碰到和 V_{DD} 差不多的變化。換句話說,從 V_{DD} 至 V_{out} 的增益趨近於一。**供應電源排斥比**(power supply rejection ratio, PSRR)則可定義為,輸入到輸出端的增益除以供應電源至輸出端的增益值。在低頻時:

$$\text{PSRR} \approx g_{mN}(r_{OP} \| r_{ON}) \tag{9.81}$$

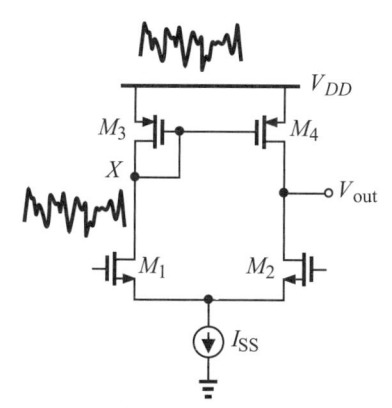

圖 9.81 主動電流鏡差動對的供應電源排斥

範例 9.25

計算圖 9.82(a) 回授電路中的低頻供應電源排斥比。

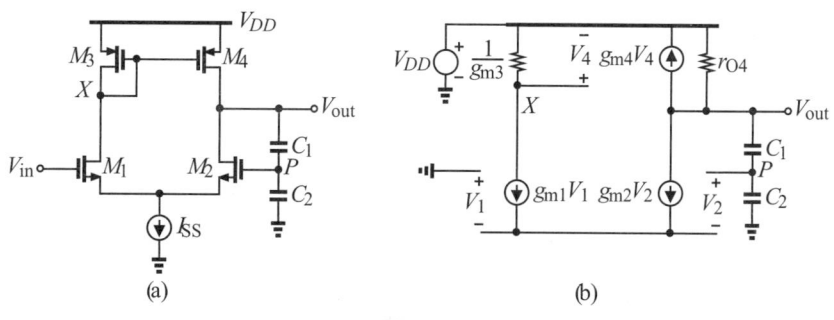

圖 9.82

解 從前面的分析中，我們可推測 V_{DD} 的變化 Δ_V 並不會在輸出端衰減。但我們應注意到如果 V_{out} 變化時，V_P 和 I_{D2} 亦會產生反方向變化。利用圖 9.82(b)，且為求簡化而忽略 M_1–M_3 的通道長度調變效應，我們能以下列方式表示：

$$V_{out}\frac{C_1}{C_1+C_2} - V_2 = -V_1 \tag{9.82}$$

且 $g_{m1}V_1 + g_{m2}V_2 = 0$。因此，如果電路對稱

$$V_2 = \frac{V_{out}}{2}\frac{C_1}{C_1+C_2} \tag{9.83}$$

我們也可以

$$-\frac{g_{m1}V_1}{g_{m3}}g_{m4} - \frac{V_{DD}-V_{out}}{r_{O4}} + g_{m2}V_2 = 0 \tag{9.84}$$

則

$$\frac{V_{out}}{V_{DD}} = \frac{1}{g_{m2}r_{O4}\dfrac{C_1}{C_1+C_2}+1} \tag{9.85}$$

因此

$$\text{PSRR} \approx (1+\frac{C_2}{C_1})(g_{m2}r_{O4}\frac{C_1}{C_1+C_2}+1) \tag{9.86}$$

$$\approx g_{m2}r_{O4} \tag{9.87}$$

(9.85) 的分母看似加上一迴路增益。這是真的嗎？我們將圖 9.82(a) 設定為零並視從 V_{DD} 到 V_{out} 路徑為一放大器〔圖 9.83(a)〕，去除 C_1 和 C_2。在此例中，增益 $\partial V_{out}/\partial V_{DD}$ 等於一。如圖 9.83(b)，我們使用電容分壓器量測到輸出 V_{out} 並且回傳這個結果到一些放大器的內部節點。我們期望曾亦可以下降至一加上和回授增益相關的迴路增益。事實上，如果忽略 M_1–M_3 的通道長度調變效應，這個迴路增益等於 $[C_1/(C_1+C_2)]g_{m2}r_{O4}$。因此我們知道回授系統可以將 $\partial V_{out}/\partial V_{DD}$ 和 $\partial V_{out}/\partial V_{in}$ 降低相同倍數，讓供應電源排斥比相對維持固定。

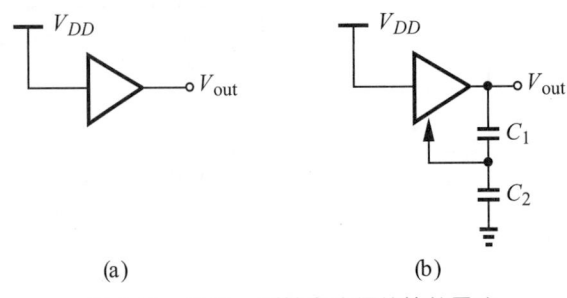

圖 9.83 從 V_{DD} 到輸出路徑的等效電路

9.12 運算放大器的雜訊

在低雜訊的應用中,運算放大器的輸入雜訊就很重要。現在我們將第 7 章中對差動放大器的雜訊分析延伸到更複雜的組態上。但我們似乎很難利用運算放大器的電晶體來判別出主要的雜訊源。一個簡單的檢查原則即是給予每個電晶體的閘極電壓小量變化,並預測輸出端的影響。

我們接著來看圖 9.84 中的伸縮運算放大器。疊接元件在相對低頻產生的雜訊可忽略,讓 M_1–M_2 和 M_7–M_8 為主要雜訊源。每單位頻寬的輸入雜訊電壓類似於圖 7.59(a) 為

$$\overline{V_n^2} = 4kT\left(2\frac{\gamma}{g_{m1,2}} + 2\frac{\gamma g_{m7,8}}{g_{m1,2}^2}\right) + 2\frac{K_N}{(WL)_{1,2}C_{ox}f} + 2\frac{K_P}{(WL)_{7,8}C_{ox}f}\frac{g_{m7,8}^2}{g_{m1,2}^2} \tag{9.88}$$

其中 K_N 和 K_P 是分別是指 NMOS 和 PMOS 元件中 1/f 雜訊的係數。

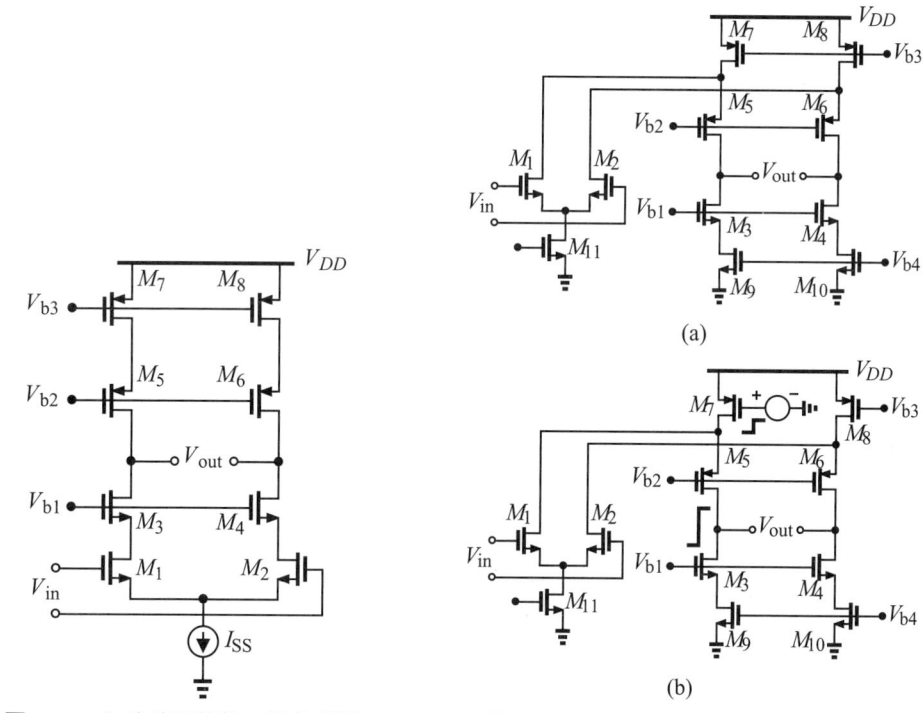

圖 9.84 在伸縮運算放大器的雜訊

圖 9.85 在摺疊疊接運算放大器的雜訊

再來討論圖 9.85(a) 中摺疊疊接運算放大器的雜訊特性,在此只考慮熱雜訊。同樣,疊接元件在低頻時的雜訊可忽略不計,使 M_1–M_2、M_7–M_8 和 M_9–M_{10} 為可能的雜訊來源 M_7–M_8 和 M_9–M_{10} 會產生雜訊嗎?利用簡單法則,我們給予 M_7 閘極電壓一個少量的變化 [圖 9.85(b)],注意輸出端明顯的改變。我們同樣也觀察 M_8–M_{10}。為求出輸入熱雜訊,首先考慮 M_7–M_8 和 M_9–M_{10} 對輸出端所產生的雜訊:

$$\overline{V_{n,out}^2}\Big|_{M7,8} = 2\left(4kT\frac{\gamma}{g_{m7,8}}g_{m7,8}^2 R_{out}^2\right) \tag{9.89}$$

其中 2 代表 M_7 和 M_8 的雜訊（互不相關）而 R_{out} 代表運算放大器的開路輸出電阻。同樣，

$$\overline{V_{n,out}^2}\Big|_{M9,10} = 2\left(4kT\frac{\gamma}{g_{m9,10}}g_{m9,10}^2 R_{out}^2\right) \tag{9.90}$$

將這些數值除以 $g_{m1,2}^2 R_{out}^2$ 並加上 M_1–M_2 的影響，我們得到總雜訊為：

$$\overline{V_{n,int}^2} = 8kT\left(\frac{\gamma}{g_{m1,2}} + \gamma\frac{g_{m7,8}}{g_{m1,2}^2} + \gamma\frac{g_{m9,10}}{g_{m1,2}^2}\right) \tag{9.91}$$

閃爍雜訊的效應可利用相似的方法求得（習題 9.15）。注意摺疊疊接組有可能比伸縮組態產生較大雜訊。在著重於閃爍雜訊的應用中，因為 PMOS 電晶體的閃爍雜訊通常比 NMOS 電晶體較小，所以我們會選用 PMOS 的輸入運算放大器。

如第 7 章的差動放大器，NMOS 和 PMOS 電流源所產生的雜訊和其轉導成正比。這造成輸出電壓振幅和輸入雜訊間的互相限制：已知電流值且 $g_m = 2I_D/(V_{GS}-V_{TH})$，如果將電流源的驅動電壓最小化以容許大振幅時，其轉導也會增加。

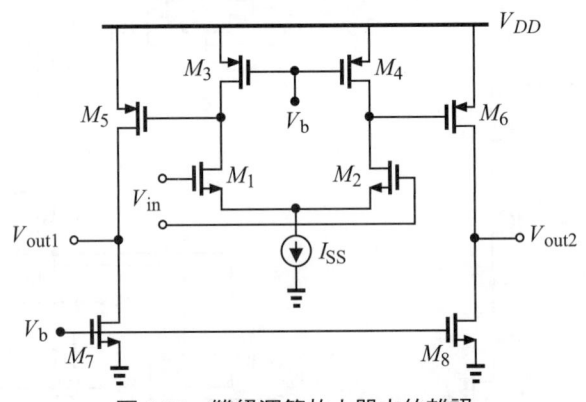

圖 9.86 雙級運算放大器中的雜訊

在另一個情況中，如圖 9.86 所示，我們計算雙級運算放大器的輸入相關熱雜訊。由第二級開始，我們注意到 M_5 和 M_7 的雜訊電流會流經 $r_{O5}\|r_{O7}$。將此輸出相關雜訊電壓除以總增益 $g_{m1}(r_{O1}\|r_{O3}) \times g_{m5}(r_{O5}\|r_{O7})$，並將功率加倍，得到 M_5–M_8 產生的輸入雜訊：

$$\overline{V_n^2}\Big|_{M5-8} = 2\times 4kT\gamma(g_{m5}+g_{m7})(r_{O5}\|r_{O7})^2 \frac{1}{g_{m1}^2(r_{O1}\|r_{O3})^2 g_{m5}^2(r_{O5}\|r_{O7})^2} \tag{9.92}$$

$$= 8kT\gamma \frac{g_{m5}+g_{m7}}{g_{m1}^2 g_{m5}^2 (r_{O1}\|r_{O3})^2} \tag{9.93}$$

由 M_1–M_4 產生的雜訊僅為

$$\overline{V_n^2}|_{M1-4} = 2 \times 4kT\gamma \frac{g_{m1} + g_{m3}}{g_{m1}^2} \tag{9.94}$$

則

$$\overline{V_{n,tot}^2} = 8kT\gamma \frac{1}{g_{m1}^2} \left[g_{m1} + g_{m3} + \frac{g_{m5} + g_{m7}}{g_{m5}^2 (r_{O1} \| r_{O3})^2} \right] \tag{9.95}$$

注意因為考慮主要輸入時，第二級的雜訊將除以第一級的增益，故通常可忽略不計。

範例 9.26

如圖 9.87 所示的簡單放大器。注意第一級負載二極體而非電流源。假設所有電晶體都位於飽和區且 $(W/L)_{1,2} = 50/0.6$、$(W/L)_{3,4} = 10/0.6$、$(W/L)_{5,6} = 20/0.6$ 及 $(W/L)_{7,8} = 56/0.6$，計算輸入相關雜訊電壓，如果 $\mu_n C_{ox} = 75\ \mu A/V^2$、$\mu_p C_{ox} = 30\ \mu A/V^2$ 和 $\gamma = 2/3$。

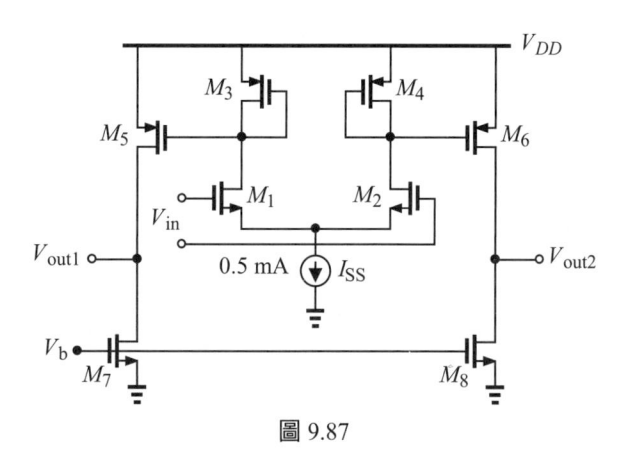

圖 9.87

解 我們先計算第一級的小信號增益

$$A_{v1} \approx \frac{g_{m1}}{g_{m3}} \tag{9.96}$$

$$= \sqrt{\frac{50 \times 75}{10 \times 30}} \tag{9.97}$$

$$\approx 3.54 \tag{9.98}$$

M_5 和 M_7 對 M_5 閘極產生的雜訊為 $4kT(2/3)(g_{m5} + g_{m7})/g_{m5}^2 = 2.87 \times 10^{-17}$ V²/Hz，相對於主要輸入信號時需除以 A_{v1}^2 得到：$\overline{V_n^2}|_{M5,7} = 2.29 \times 10^{-18}$ V²/Hz。電晶體 M_1 和 M_3 產生一輸入相關雜訊為 $\overline{V_n^2}|_{M1,3} = (8kT/3)(g_{m3} + g_{m1})/g_{m1}^2 = 1.10 \times 10^{-17}$ V²/Hz。因此，總輸入相關雜訊為

$$\overline{V_{n,in}^2} = 2(2.29 \times 10^{-18} + 1.10 \times 10^{-17}) \tag{9.99}$$

$$= 2.66 \times 10^{-17}\ V^2/Hz \tag{9.100}$$

其中 2 為電路中奇次與偶次項電晶體所產生雜訊。此數值對應於輸入雜訊電壓值為 $5.16\,\text{nV}/\sqrt{\text{Hz}}$。

雜訊－功率的設計取捨在第 7 章的運算放大器設計中也提及過。特別是元件及運算放大器中的偏壓電流能以線性調整，例如雜訊與功率消耗的取捨。舉例來說，如果圖 9.87 中將所有電晶體的寬度及 I_{SS} 減半，功率消耗也會減半；當 $\overline{V_{n,in}^2}$ 加倍時，電壓增益及振幅仍不變。這個簡單的調整可用於本章提過的所有運算放大器中。我們會第 11 章的奈米運算放大器設計中探討此準則。

習題

除非另外提到，下列習題使用表 2.1 的元件資料並在需要時，假設 $V_{DD} = 3\,\text{V}$。假設所有電晶體位於飽和區。

9.1 (a) 導出 MOSFET 於三極管區的轉導和輸出電阻。繪出這兩者及 $g_m r_O$ 為 V_{DS} 的關係圖於三極管區和飽和區。

(b) 考慮圖 9.6(b) 的放大器，$(W/L)_{1\text{-}4} = 50/0.5$，$I_{SS} = 1\,\text{mA}$ 而輸入共模為準為 $1.3\,\text{V}$，如果所有電晶體位於飽和區時，計算小信號增益和最大輸出振幅。

(c) 以 (b) 電路來看，假設我們讓每個 PMOS 元件進入三極管區 $50\,\text{mV}$，故可增加容許差動振幅為 $100\,\text{mV}$。在輸出振幅峰值的小信號增益為何？

9.2 圖 9.9 電路，假設 $(W/L)_{1\text{-}4} = 100/0.5$，$I_{SS} = 1\,\text{mA}$，$V_b = 1.4\,\text{V}$ 而 $\gamma = 0$。

(a) 如果 M_5–M_8 相同且長度為 $0.5\,\mu m$，計算讓 M_3 於飽和區運作之最小寬度。

(b) 計算最大輸出電壓振幅。

(c) 其開路增益為何？

(d) 計算輸入相關熱雜訊電壓。

9.3 依照以下需求，設計圖 9.15 之摺疊疊接電路：最大差動振幅 = $2.4\,\text{V}$，總功率消耗 = $6\,\text{mW}$。如果所有電晶體長度為 $0.5\,\mu m$，其整體電壓增壓值為何？其輸入共模位準可以低至零嗎？

9.4 圖 9.21(b) 運算放大器中，$(W/L)_{1\text{-}8} = 100/0.5$，$I_{SS} = 1\,\text{mA}$ 而 $V_{b1} = 1.7\,\text{V}$。假設 $\gamma = 0$。

(a) 最大容許輸入共模位準為何？

(b) V_X 為何？

(c) 如果 M_2 的閘極連至輸出端時，其最大容許輸出振幅為何？

(d) V_{b2} 的可接受範圍為何？

(e) 輸入相關熱雜訊為何？

9.5 依照以下需求，設計圖 9.21(b) 運算放大器：最大差動振幅 = $2.4\,\text{V}$，總功率消耗 = $6\,\text{mW}$（假設 M_2 的閘極不會與輸出端短路）。

9.6 如果圖 9.23 中，$(W/L)_{1-8} = 100/0.5$，$I_{SS} = 1$ mA。

(a) 能讓 $I_{D5} = I_{D6} = 1$ mA 之 M_3 和 M_4 的共模位準為何？這又如何限制最大輸入共模位準呢？

(b) 利用 (a) 的選擇，計算總電壓增益和最大輸出振幅。

9.7 依照以下需求，設計圖 9.23 的運算放大器：最大差動振幅 = 4 V，總功率消耗 = 6 mW，$I_{SS} = 0.5$ mA。

9.8 假設圖 9.24 得電路設計為 I_{SS} 等於 1 mA，I_{D9}–I_{D12} 為 0.5 mA 且 $(W/L)_{9-12} = 100/0.5$。

(a) 在節點 X 和 Y 所需之共模位準為何？

(b) 如果 I_{SS} 需要一最小電壓為 400 mV，選擇 M_1–M_8 之最小尺寸，讓節點 X 和 Y 的峰對峰振幅為 200 mV。

(c) 計算總電壓增益。

9.9 在圖 9.88 中，如果 I_1 和 I_2 利用 PMOS 元件來實現時，計算其輸入相關雜訊。

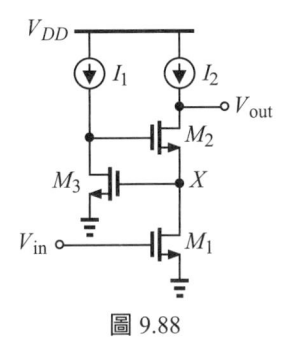

圖 9.88

9.10 假設圖 9.88 中，$I_1 = 100$ μA，$I_2 = 0.5$ mA 而 $(W/L)_{1-3} = 100/0.5$。假設我們以 $(W/L)_P = 50/0.5$ 的 PMOS 元件來實現 I_1 和 I_2。

(a) 計算 M_2 和 M_3 之閘極偏壓電壓。

(b) 求出其最大容許輸出電壓振幅。

(c) 計算總增益和輸入相關熱雜訊電壓。

9.11 在圖 9.53 之電路中，每個分支都偏壓於 0.5 mA 下，選擇 M_7 和 M_8 的尺寸讓輸入共模位準為 1.5 V 且 $V_P = 100$ mV。

9.12 考慮圖 9.51 的 CMFB 網路。其中量測 $V_{out,CM}$ 之放大器利用負載一主動電流鏡之差動對來完成。

(a) 此放大器的輸入對應該用 PMOS 還是 NMOS 元件呢？

(b) 計算 CMFB 網路的迴路增益。

9.13 根據圖 9.52 重做習題 9.12(b)。

9.14 圖 9.73(a) 電路假設 $(W/L)_{1-4} = 100/0.5$，$C_1 = C_2 = 0.5$ pF 且 $I_{SS} = 1$ mA。

(a) 計算電路之小信號時間常數。

(b) 輸入一 1 V 步級信號時〔圖 9.56(c)〕，將 I_{D2} 變為 0.1 I_{SS} 需要多久？

9.15 證明輔助放大器有可能降低輸出阻抗。考慮圖 9.89 電路,其中 M_2 的汲極電壓改變 ΔV,以量測出輸出阻抗。因為由 A_1 提供之回授讓 V_X 固定,流經 r_{O2} 之電流的變化量似乎遠大於原電流,推論 $R_{out} \approx r_{O2}$。解釋此論證中的缺陷。

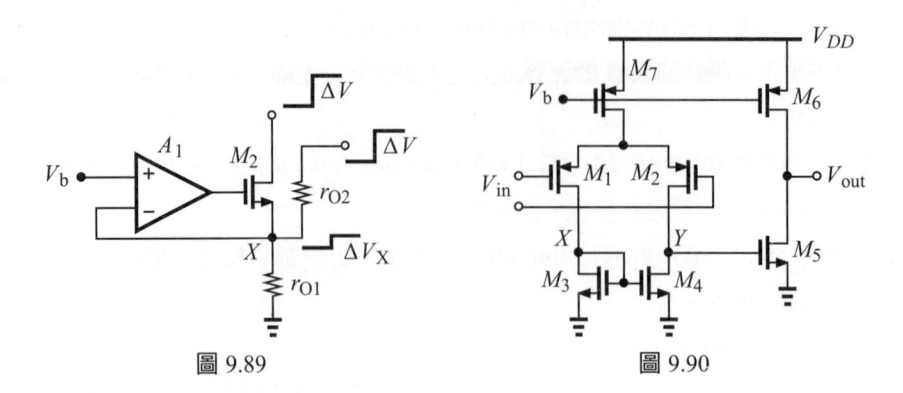

圖 9.89

圖 9.90

9.16 計算圖 9.73(a) 所示電路的 CMRR 值。

9.17 計算圖 9.85(a) 中所示運算放大器之輸入相關閃爍雜訊。

9.18 我們在此題利用圖 9.90 的組態來設計一雙級運算放大器。假設對所有元件其功率消耗為 6 mW,所需輸出振幅為 2.5 V 且 $L_{eff} = 0.5\ \mu m$。

(a) 在輸出級產生一 1 mA 之電流且讓 M_5 和 M_6 的驅動電壓近似,求出 $(W/L)_5$ 和 $(W/L)_6$。注意 M_5 的閘極-源極電容在信號路徑上,而 M_6 則不是。因此,M_6 會比 M_5 大。

(b) 計算輸出級的小信號增益。

(c) 維持流經 M_7 之 1 mA 電流,求出 M_3(和 M_4)的長寬比讓 $V_{GS3} = V_{GS5}$。如果 $V_{in} = 0$ 且 $V_X = V_Y$ 時,也保證 M_5 帶預期電流值。

(d) 計算 M_1 和 M_2 的長寬比讓運算放大器之總電壓增益為 500。

9.19 考慮圖 9.90 的運算放大器,假設第二級提供電壓增益為 20 而偏壓電流為 1 mA。

(a) 求出 $(W/L)_5$ 和 $(W/L)_6$ 使得 M_5 和 M_6 有相同的驅動電壓。

(b) 如果將 M_6 驅動進三極管區內 50 mV 時,此組態的小信號增益為何?

9.20 將習題 9.18(d) 中的運算放大器放入單增益回授中。假設 $|V_{GS7} - V_{TH7}| = 0.4$ V。

(a) 其容許輸入電壓範圍為何?

(b) 輸入電壓為何時,輸出電壓會與輸入電壓正好相同?

9.21 計算習題 9.18(d) 運算放大器的輸入相關雜訊。

9.22 利用 PMOS 的基板端點做為輸入端是可能的。以圖 9.91 的放大器為例。

(a) 計算電壓增益。

(b) 可接受輸入共模範圍為何?

(c) 小信號增益如何隨著輸入共模位準變化?

(d) 計算輸入相關熱雜訊電壓並與負載一 NMOS 電流源之 PMOS 差動對進行比較。

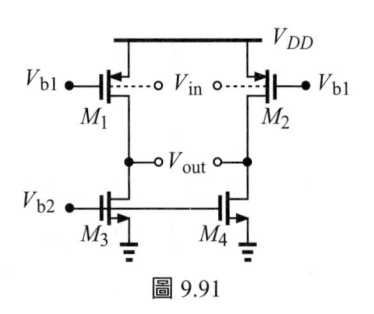

圖 9.91

9.23 主動電流鏡概念可運用於雙級運算放大器之輸出級。也就是說負載電流源為信號的函數。以圖 9.92 為例，M_1–M_4 為第一級而 M_5–M_6 為輸出級。電晶體 M_7 和 M_8 為一主動電流鏡，因為電流分別隨著節點 Y 和 X 的信號電壓變化。

(a) 計算運算放大器之差動電壓增益。

(b) 估算電路中三個最主要的極點。

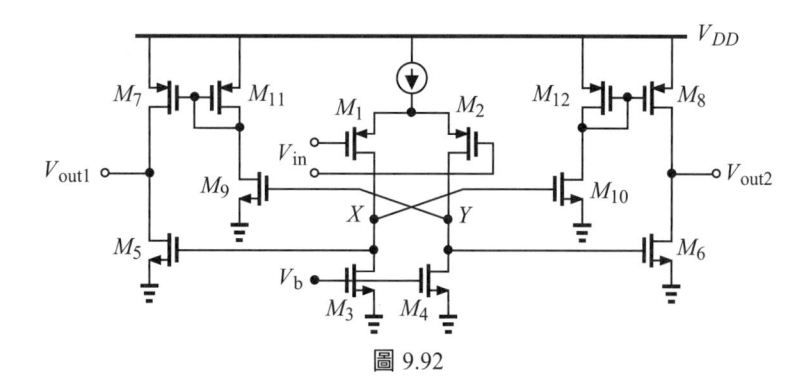

圖 9.92

9.24 圖 9.93 的電路運用一快速路徑（M'_1 和 M'_2）和慢速路徑平行。計算此電路之差動電壓增益。一般來說哪個電晶體限制了輸出振幅？

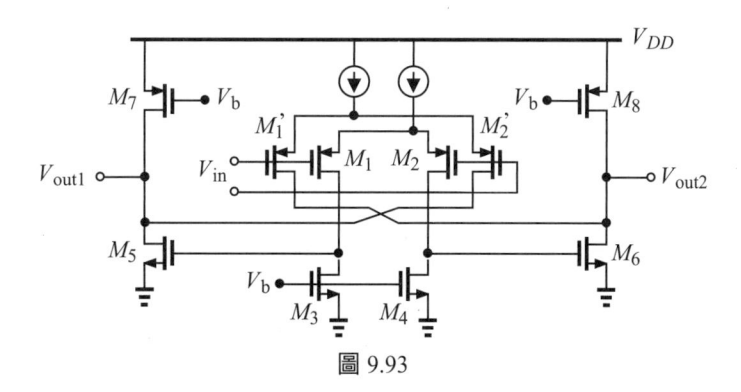

圖 9.93

9.25 計算圖 9.93 中運算放大器的輸入相關熱雜訊。

9.26 求出全差動摺疊疊接運算放大器的迴轉率。

9.27 如果 $I_{SS} > I_P$，計算圖 9.75 中電路的迴轉率。

第 10 章 穩定度與頻率補償

負回授廣泛應用於類比信號處理中。如第 8 章提到，負回授藉由抑制開路特性的變化來運作。然而，回授系統可能會遇到不穩定的問題，也就是會產生振盪。

本章處理線性回授系統的**穩定度**與**頻率補償**，讓我們瞭解到類比回授電路設計的問題。讓我們以穩定度的標準和**相位安全邊限**開始，學習頻率補償並引入不同的技巧以配合不同的運算放大器組態。我們也分析頻率補償對於雙級運算放大器之迴轉率的影響。

10.1 一般考量

我們來看圖 10.1(a) 的負回授系統。假設 β 為常數，閉路轉移函數可寫成

$$\frac{Y}{X}(s) = \frac{H(s)}{1 + \beta H(s)} \tag{10.1}$$

注意到如果 $\beta H(s = j\omega_1) = -1$，增益會趨近無限大，而電路會放大自己產生的雜訊直到開始振盪為止。換句話說，如果 $\beta H(j\omega_1) = -1$，則電路會在頻率 ω_1 下振盪。此情況可表示為

$$|\beta H(j\omega_1)| = 1 \tag{10.2}$$

$$\angle \beta H(j\omega_1) = -180° \tag{10.3}$$

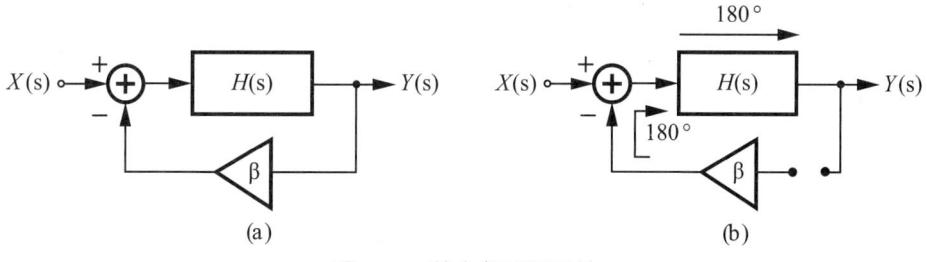

圖 10.1 基本負回授系統

並稱此為**巴克豪森條件**（Barkhausen's Criteria）。注意 (1) 上述各式只與迴路增益有關（更準確一點稱為「迴路傳輸」）[1] 與輸入和輸出所在位置無關，(2) 在頻率 ω_1 下，因為負回授本身產生了 180° 的相位偏移〔圖 10.1(b)〕，故迴路周圍的總相位偏移為 360°。對振盪來說，360° 的相位偏移是有其必要，因為回授信號必須同相加至原雜訊讓振盪增加。同樣，我們需要迴路增益等於或大於一來增加振盪強度。這些振盪條件會在第 15 章更進一步研究，通常可以透過開路系統找到迴路傳輸，來顯示閉路系統穩定度。

總而言之，負回授系統能在頻率 ω_1 下振盪，如果 (1) 在此頻率下迴路周圍的相位偏移讓回授變為正回授，且 (2) 迴路增益仍足夠讓信號增長。如圖 10.2(a) 所示，此情況可視為在相位偏移頻率達到 −180° 時的溢迴路增益；或同義在迴路增益頻率降至一時的溢相位。因此為避免不穩定，我們必須將總相位偏移最小化讓 $|\beta H| = 1$，而 $\angle \beta H$ 仍須大於 −180°〔圖 10.2(b)〕。本章假設 β 小於或等於一，且和頻率無關。

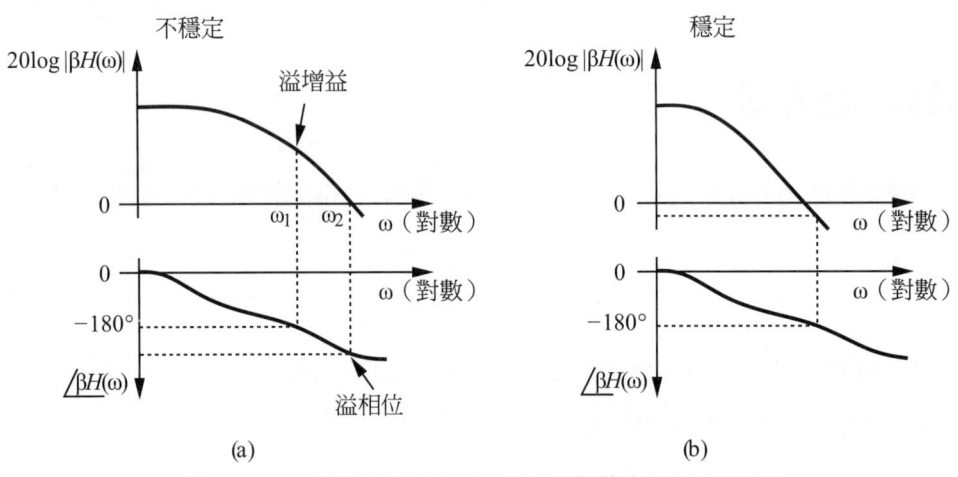

圖 10.2 (a) 不穩定系統和 (b) 穩定系統迴路增益之波德圖

迴路增益的大小和相位分別為一和 −180° 的所對應頻率，在穩定度中扮演著重要角色，且分別稱為**增益交錯點**（gain crossover point）和**相位交錯點**（phase crossover point）。在一個穩定系統中，增益交錯必須比相位交錯早發生。而為求簡化，我們以 GX 和 PX 分別表示增益交錯和相位交錯。值得注意的是增益交錯點頻率和迴路傳輸頻寬的單增益頻率相同。

範例 10.1

解釋如圖 10.2(a) 的系統，如果回授變弱，是否更穩定或更不穩定，亦即若 β 減少。

---

[1]「迴路增益」及「迴路傳輸」[$\beta H(s)$] 表示低頻值及迴路增益轉移函數，但我們會交互使用這兩個項次。

解 如圖 10.3，比較低的 β 會將 20 log $|\beta H(\omega)|$ 向下平移，且 GX 會向左平移。因為 $\angle \beta H(\omega)$ 不會改變，但系統會較穩定。此外，若運算放大器不使用回授，電路不會有震盪的傾向。因此，最差穩定度會在 $\beta = 1$，亦即單增益回授。因為此原因，我們通常分析 $\beta H = H$ 的大小和相位。

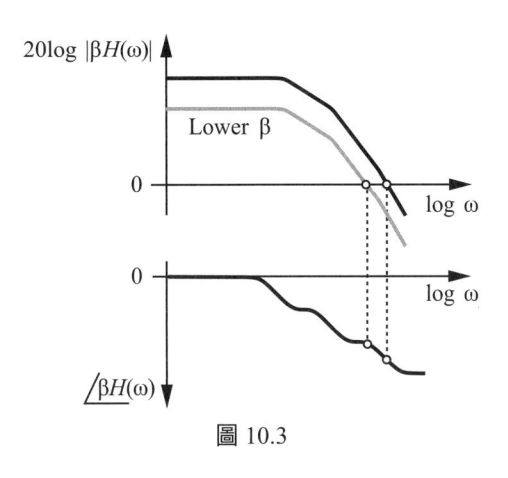

圖 10.3

我們在看特例之前，先檢視一些建立波德圖的基本規則。波德圖顯示了一個複數函數大小和相位的漸近線特性，乃是依據極點和零點大小而定。利用下列兩個規則：(1) 強度大小圖形的斜率在每個零點頻率時改變 +20 dB/dec，而在每個極點頻率時改變 -20 dB/dec。(2) 對一個極點（零點）頻率 ω_m 而言，相位大約在 $0.1\omega_m$ 時開始下降（上升），在 ω_m 時變化 $-45°(+45°)$，且在 $10\omega_m$ 時變化 $-90°(+90°)$。此處的關鍵在於相位會比大小更容易受到高頻極點和零點的影響。

在複數平面上繪出一閉路系統極點位置也有用。將每個極點頻率表示為 $s_p = j\omega_p + \sigma_p$ 且注意系統的脈衝響應包含 $\exp(j\omega_p + \sigma_p)t$ 項，我們觀察到如果 s_p 落在右半平面時，亦即如果 $\sigma_p > 0$，則系統可能會振盪，因為其時域響應顯示了指數成長特性〔圖 10.4(a)〕；甚至如果 $\sigma_p = 0$ 時，系統維持振盪〔圖 10.4(b)〕。反過來說，若極點位於左半平面，所有的時域指數項都會衰減至零〔圖 10.4(c)〕。[2] 實際上，我們繪出迴路增益變化時極點的位置，顯示出系統接近振盪的程度。此圖形稱為**根軌跡圖**（root locus）。

接著來看包含一單極點**前授放大器**之回授系統。假設 $H(s) = A_0/(1 + s/\omega_0)$，從 (10.1) 得到，

$$\frac{Y}{X}(s) = \frac{\dfrac{A_0}{1 + \beta A_0}}{1 + \dfrac{s}{\omega_0(1 + \beta A_0)}} \tag{10.4}$$

---

[2] 現在我們忽略零點所產生的效應。

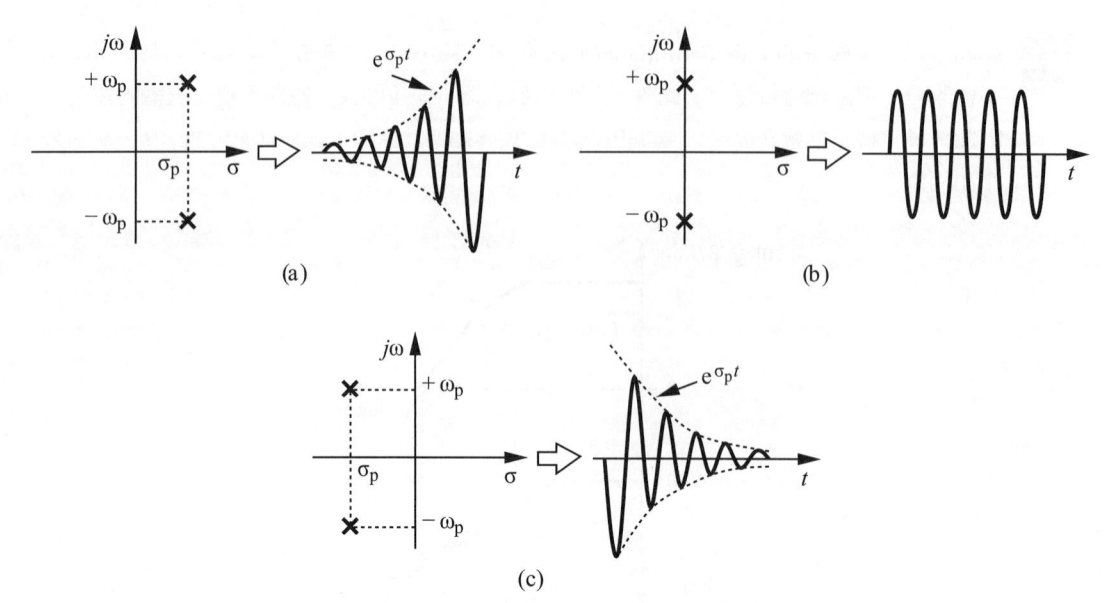

圖 10.4　系統的時域響應 vs 極點位置，(a) 強度大小增加造成的不穩定狀態；(b) 固定強度振盪造成的不穩定狀態；(c) 穩定狀態

為了分析其穩定度特性，我們繪出 $|\beta H(s = j\omega)|$ 和 $\angle \beta H(s = j\omega)$（圖 10.5）並觀察到單一極點無法產生相位偏移超過 90°，且系統在所有非負 β 值時為絕對穩定狀態。注意，$\angle \beta H$ 和 β 無關。

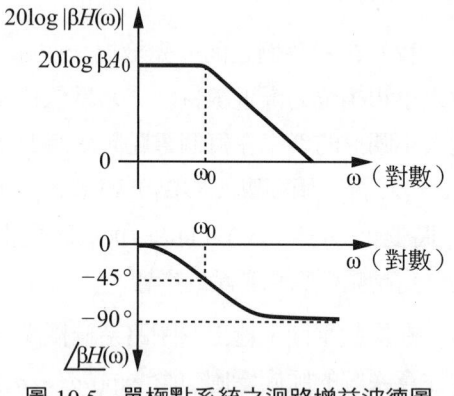

圖 10.5　單極點系統之迴路增益波德圖

範例 10.2

建立單極點系統的根軌跡圖。

解　(10.4) 暗示了閉路系統有一極點 $s_p = -\omega_0(1 + \beta A_0)$，亦即位於左半平面的實數極點，而當迴路增益增加時，此極點會遠離原點（圖 10.6）。

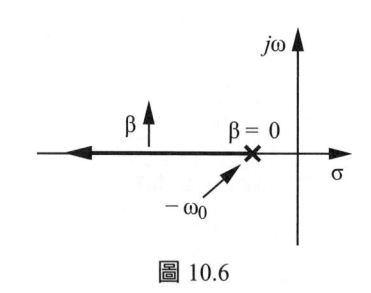

圖 10.6

10.2 多極點系統

第 9 章提到的運算放大器顯示出一般電路包含多個極點。舉例來說,在雙級運算放大器中,每個增益組態產生了一個「主要」極點。因此瞭解超過一個極點的核心放大器之回授系統是很重要的。

首先考慮雙極點系統。以穩定特性的考量來看,我們繪出 $|\beta H|$ 和 $\angle \beta H$ 對頻率的關係圖。如圖 10.7 所示,強度大小在 $\omega = \omega_{p1}$ 時開始以 20 dB/dec 斜率下降,而在 $\omega = \omega_{p2}$ 時以 40 dB/dec 下降。相位也會在 $\omega = 0.1\omega_{p1}$ 開始改變,在 $\omega = \omega_{p1}$ 時達到 $-45°$,而在 $\omega = 10\omega_{p1}$ 時達到 $-90°$,在 $\omega = 0.1\omega_{p2}$ 時開始改變(如果 $0.1\omega_{p2} > 10\omega_{p1}$),且在 $\omega = \omega_{p2}$ 時達到 $-135°$,最後會趨近 $-180°$。此系統為穩定狀態,因為 $|\beta H|$ 在 $\angle \beta H < -180°$ 的頻率會降至一以下。

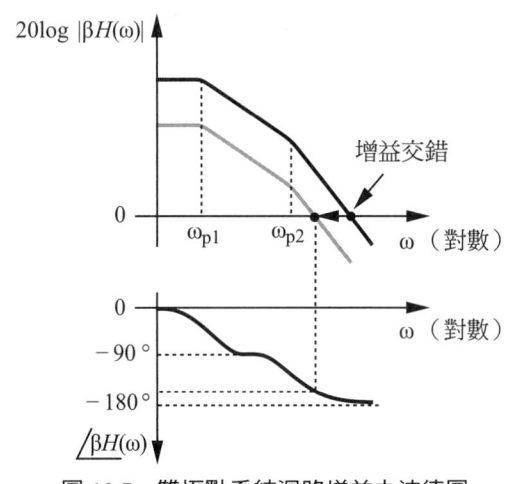

圖 10.7 雙極點系統迴路增益之波德圖

如果回授「較弱」時會發生何事呢?為降低回授量,我們降低 β 值而得到圖 10.7 中的灰色線條。關鍵在於當回授變弱時,增益交錯點將移往原點,而相位交錯點會維持不變,產生較為穩定的系統。在此所得到的穩定性即是犧牲較弱回授。

範例 10.3

建立雙極點系統的根軌跡圖。

解 將開路轉移函數寫成:

$$H(s) = \frac{A_0}{\left(1 + \dfrac{s}{\omega_{p1}}\right)\left(1 + \dfrac{s}{\omega_{p2}}\right)} \tag{10.5}$$

我們可以得到

$$\frac{Y}{X}(s) = \frac{A_0}{\left(1+\dfrac{s}{\omega_{p1}}\right)\left(1+\dfrac{s}{\omega_{p2}}\right) + \beta A_0} \tag{10.6}$$

$$= \frac{A_0 \omega_{p1} \omega_{p2}}{s^2 + (\omega_{p1} + \omega_{p2})s + (1+\beta A_0)\omega_{p1}\omega_{p2}} \tag{10.7}$$

因此，閉路極點為

$$s_{1,2} = \frac{-(\omega_{p1}+\omega_{p2}) \pm \sqrt{(\omega_{p1}+\omega_{p2})^2 - 4(1+\beta A_0)\omega_{p1}\omega_{p2}}}{2} \tag{10.8}$$

一如預期，當 $\beta = 0$，$s_{1,2} = -\omega_{p1}, -\omega_{p2}$。當 β 增加時，平方根項會降低，取其平方根為零得到

$$\beta_1 = \frac{1}{A_0}\frac{(\omega_{p1}-\omega_{p2})^2}{4\omega_{p1}\omega_{p2}} \tag{10.9}$$

如圖 10.8 所示，極點自 $-\omega_{p1}$ 和 $-\omega_{p2}$ 開始且互相靠近，當 $\beta = \beta_1$ 時會合為一點，而當 $\beta > \beta_1$ 時會變成複數。因為 $j\omega$ 沒有達到 $j\omega$ 軸，所以閉路系統不會不穩定。

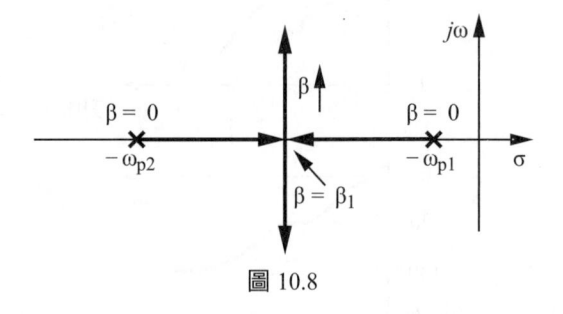

圖 10.8

前面的計算意指高階系統需要靠複雜的代數來建立根軌跡圖。基於此原因，而出現許多能讓簡化計算過程化的方法。

現在來看看三極點系統，如圖 10.9(a) 所示為迴路增益之強度與相位波德圖。第三個極點產生溢相位偏移，且可能移動相位交錯點到比增益交錯點還低之頻率，並導致振盪現象產生。

因為第三個極點也會以較大的速率來減少迴路增益的大小，各位可能會好奇為何增益交錯點並不如相位交錯點移動得快。如前面所提，相位約在十分之一的極點頻率開始變化，而強度則在極點頻率附近開始改變。基於這個原因，多餘的極點（和零點）對相位的影響遠大於對強度的影響。

在雙極點系統中，如果圖 10.9 的回授因子減少時，電路會更穩定，因為增益交錯點會靠近原點，而相位交錯點則維持固定。因為此原因，用於較高閉路增益的回授放大器之系統會比較穩定（為什麼？）。

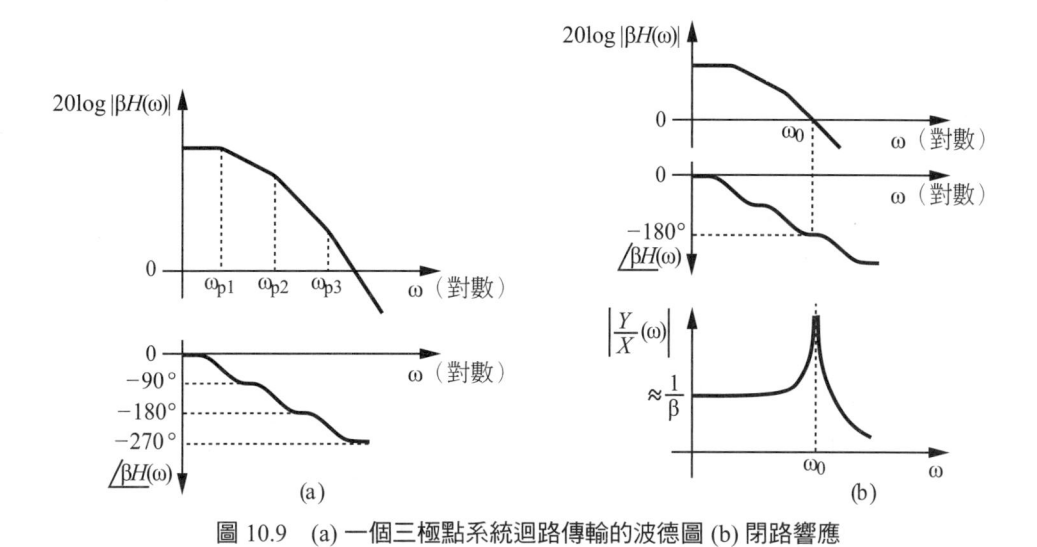

第 10 章　穩定度與頻率補償　407

圖 10.9　(a) 一個三極點系統迴路傳輸的波德圖 (b) 閉路響應

重點在於不要把 βH 圖和閉路頻率響應 Y/X 搞混。舉例來說，考慮一個迴路系統如圖 10.9(b)，其中增益和相位頻率的交錯點響應。閉路增益 $|Y/X|$ 在點 ω_0 有無限增益，預測在此頻率有震盪。

10.3 相位安全邊限

我們已知為確保穩定性，$|\beta H|$ 會在 $\angle \beta H$ 跨過 $-180°$ 前必須降至一。我們自然地會問：PX 和 GX 應該相距多遠？首先考慮一個「較不重要」的情況，如圖 10.10(a) 所示，其中 GX 比 PX 略低；舉例來說，GX 的相位為 $-175°$。在此情況下的閉路系統會如何回應呢？注意在 GX 時，$\beta H(j\omega_1) = 1 \times \exp(-j175°)$，我們得到

$$\frac{Y}{X}(j\omega_1) = \frac{H(j\omega_1)}{1 + \beta H(j\omega_1)} \tag{10.10}$$

$$= \frac{\frac{1}{\beta}\exp(-j175°)}{1 + \exp(-j175°)} \tag{10.11}$$

$$= \frac{1}{\beta} \cdot \frac{-0.9962 - j0.0872}{0.0038 - j0.0872} \tag{10.12}$$

因此

$$\left|\frac{Y}{X}(j\omega_1)\right| = \frac{1}{\beta} \cdot \frac{1}{0.0872} \tag{10.13}$$

$$\approx \frac{11.5}{\beta} \tag{10.14}$$

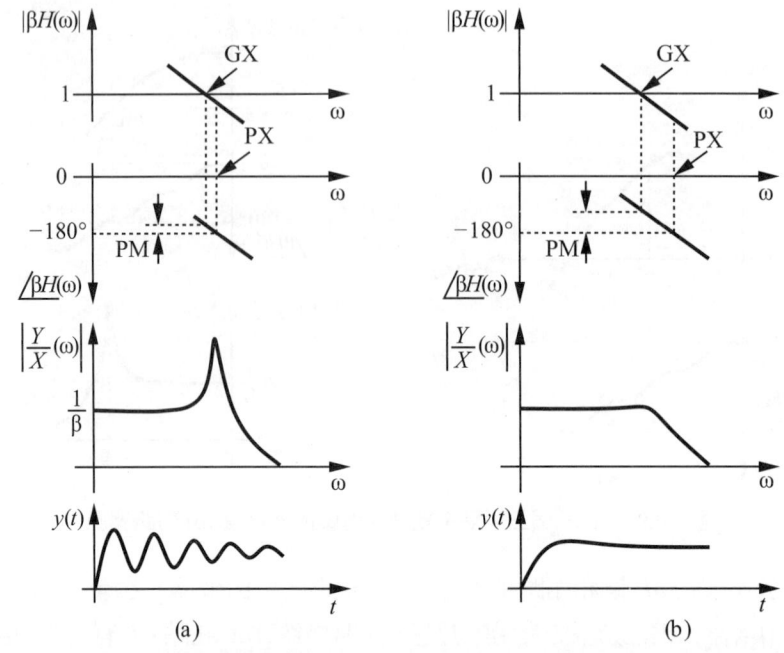

圖 10.10　閉路頻率和時間響應對於 (a) 在增益和相位交錯點間之小安全邊限和 (b) 之大安全邊限而言

因為在低頻時，$|Y/X| \approx 1/\beta$，閉路頻率響應在 $\omega = \omega_1$ 顯示了一峰值。換句話說，閉路系統接近振盪區且其步級響應顯示了一**欠阻尼**（underdamped）特性。這點也顯示出二次系統雖然在穩定狀態下，仍可能會碰到**阻尼振盪**（ringing）效應。

現在假設如圖 10.10(b) 所示，GX 比 PX 有較大的安全邊限，則我們預期在時域和頻域中有相當良好的閉路響應。因此，推論 GX 和 PX 的間隔越大（GX 仍比 PX 低）回授系統越穩定，這是可行的。從另一角度來看，在增益交錯頻率的 βH 相位可用來度量穩定度：$|\angle \beta H|$ 越小，系統越穩定。

上述觀察讓我們瞭解**相位安全邊限**（phase margin, PM）的概念，定義為 PM = 180° + $\angle \beta H(\omega = \omega_1)$，其中 ω_1 為增益交錯頻率。

範例 10.4

一個雙極點系統為 $|\beta H(\omega_{p2})| = 1$ 且 $|\omega_{p1}| \ll |\omega_{p2}|$（圖 10.11），其相位安全邊限為何？

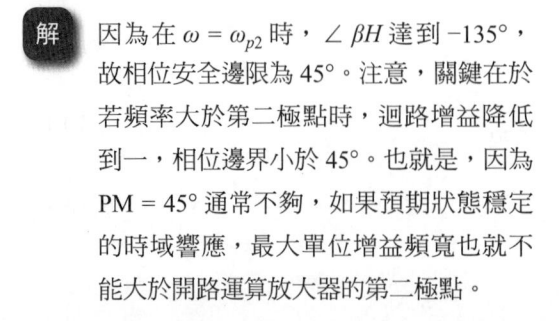

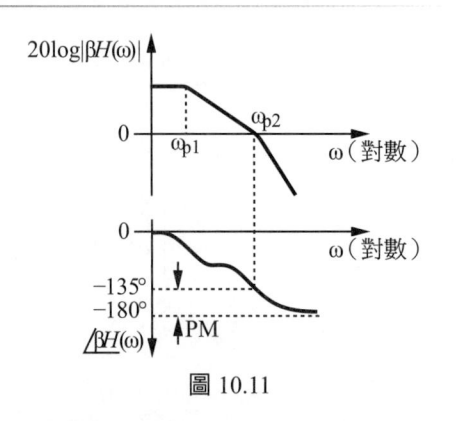

解　因為在 $\omega = \omega_{p2}$ 時，$\angle \beta H$ 達到 −135°，故相位安全邊限為 45°。注意，關鍵在於若頻率大於第二極點時，迴路增益降低到一，相位邊界小於 45°。也就是，因為 PM = 45° 通常不夠，如果預期狀態穩定的時域響應，最大單位增益頻寬也就不能大於開路運算放大器的第二極點。

圖 10.11

上述範例指出要大於 45° 的相位響應，增益和頻率的交錯點必須在第一和第二極點間（不存在零點）。也就是，單位增益頻寬不能大於第二極點頻率。

相位安全邊限多少比較恰當？利用閉路對於不同相位安全邊限來檢查頻率響應是很有用的。對 $PM = 45°$ 而言，增益交錯頻率 $\angle \beta H(\omega_1) = -135°$ 且 $|\beta H(\omega_1)| = 1$（圖 10.12），產生

$$\frac{Y}{X} = \frac{H(j\omega_1)}{1 + 1 \times \exp(-j135°)} \tag{10.15}$$

$$= \frac{H(j\omega_1)}{0.29 - 0.71j} \tag{10.16}$$

則

$$\left|\frac{Y}{X}\right| = \frac{1}{\beta} \cdot \frac{1}{|0.29 - 0.71j|} \tag{10.17}$$

$$\approx \frac{1.3}{\beta}. \tag{10.18}$$

因此，回授系統的頻率響應在 $\omega = \omega_1$ 時會增加 30% 峰值。

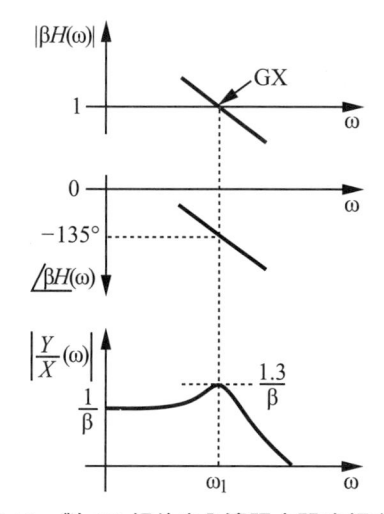

圖 10.12　對 45° 相位安全邊限之閉路頻率響應

因為 $PM = 60°$，$Y(j\omega_1)/X(j\omega_1) = 1/\beta$ 呈現可忽略的頻率峰值。一般這意味著回授系統的步級響應顯示很輕微的阻尼振盪效應，很快能達到穩定狀態。對較大的相位安全邊限而言，系統會較穩定而時間響應則會變慢（圖 10.13）。因此，一般認為 $PM = 60°$ 是最佳值。

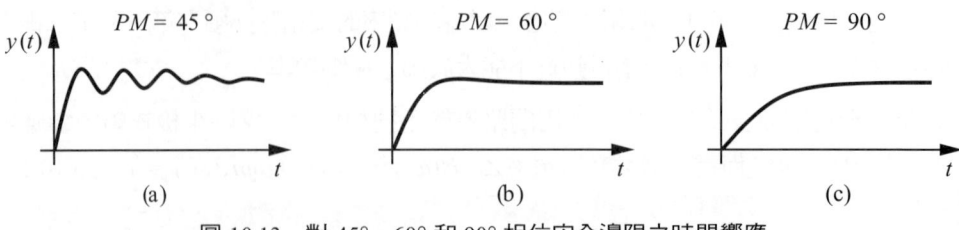

圖 10.13　對 45°、60° 和 90° 相位安全邊限之時間響應

相位安全邊限的概念適合用於處理小信號的電路設計中。實際上，回授放大器的大信號步級響應並不會遵循圖 10.13。這不只是因為迴轉現象所造成而已，還有放大器偏壓電壓和電流的大偏移產生非線性現象所造成。這樣的偏移事實上讓極點和零點頻率在暫態下變化，產生了一個複雜的時間響應。因此，在大信號應用中，閉路系統的時域模擬證明比開路放大器的小信號交流計算更適當且有用。

以合理相位安全邊限但安定特性差的回授電路，如圖 10.14 所示的單增益放大器，其中所有電晶體之長寬比為 50 μm/0.6 μm。適當選擇元件大小、偏壓電流和電容值，SPICE 產生約 65° 的相位安全邊限和單增益頻率 150 MHz。然而，大信號步級響應會碰到明顯的阻尼振盪效應。

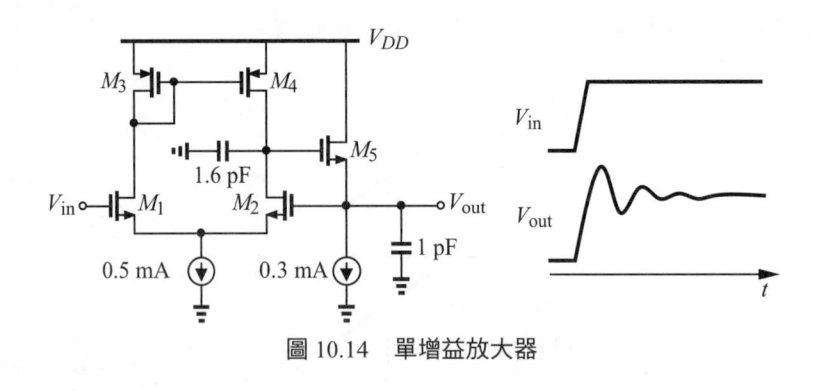

圖 10.14　單增益放大器

10.4 基本頻率補償

典型運算放大器電路包含了許多極點。舉例來說，在一個摺疊疊接組態中，摺疊節點和輸出節點都會產生極點。基於此理由，通常必須**補償**（compensate）運算放大器，也就是必須修正其開路轉移函數，讓閉路電路在穩定狀態且有良好的時間響應特性。

需要頻率補償是因為 |βH| 在 ∠ βH 達到 −180° 前不會降至一。然後假設穩定度可藉由下列兩個方法完成：(1) 將總相位偏移最小化，因此可將相位交錯點向外推〔圖 10.15(a)〕；或 (2) 減少增益，將相位交錯點向內推〔圖 0.15(b)〕。第一個方法需要利用適當設計，來試著將信號路徑上的極點數目最小化。因為每增加一級便會增加至少一個極點，這意味著必須將電路的級數最小化，而這會產生低電壓增益和／或有限輸出振幅（第 9 章）。另一方面，第兩個方法保持低頻增益值和輸出振幅，但因為迫使增益在較低

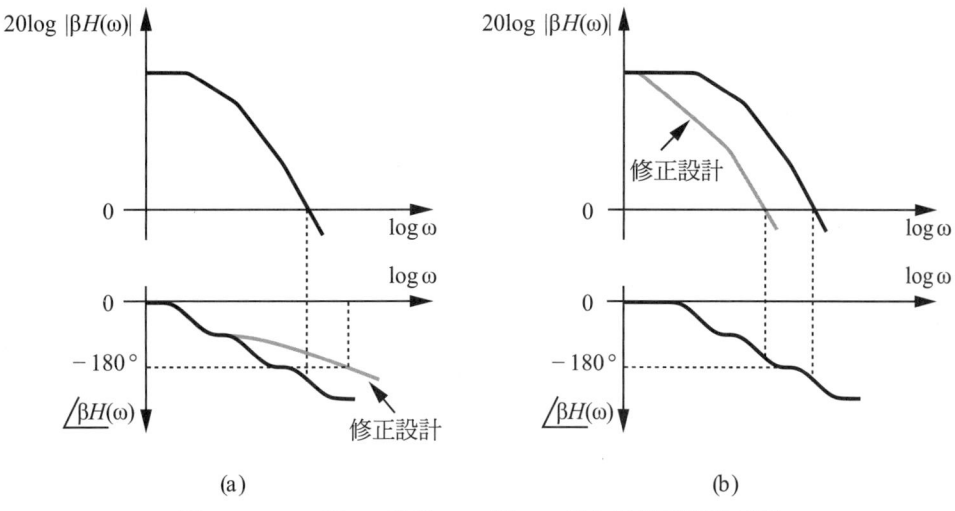

圖 10.15　(a) 將 PX 推出；(b) 將 GX 推入以得到頻率補償

頻時下降，頻寬會減少。

實際上，我們首先試著設計一個運算放大器來將極點數目最小化，並符合其他要求。因為結果電路的相位可能安全邊限不足，我們會補償運算放大器，亦即修正設計將增益交錯點往原點移動。舉例來說，一閉路增益為 4，如果迴路增益大於 3，則有些情況會轉換成 β ≈ 0.25。[3] 換句話說，如果閉路增益一直很高，我們不需要補償 β = 1 的電路。

接著將上述程序應用於不同的運算放大器組態中，我們以圖 10.16 的**伸縮疊接運算放大器**開始，其中 PMOS 電流源將差動信號轉換為單端信號。我們確認在信號路徑上的極點數目：路徑 1 包含 M_3 源極的高頻極點，節點 A 的映射節點和 M_7 源極的高頻極點；而路徑 2 包含 M_4 源極的高頻極點。這兩個路徑在輸出端共用一個極點。

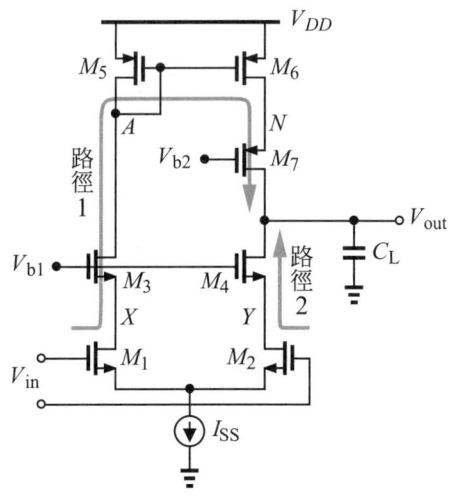

圖 10.16　單端輸出伸縮運算放大器

---

3 但在「電容切換」電路，閉路增益在不同模式下會改變（第13章）。

估算極點的相對位置是有用的，因為運算放大器的輸出電阻比電路中其他節點所視的小信號電阻還大，我們預設一適當的負載電容，輸出極點 $\omega_{p,out}$ 會最接近原點。$\omega_{p,out}$ 稱為**主要極點**（dominant pole），通常設在開路的 3 dB 增益值。

我們也推測第一個**次要極點**（nondominant pole），亦即在主要極點後最接近原點的極點，是由節點 A 所產生。這是因為在此節點的總電容約等於 $C_{GS5} + C_{GS6} + C_{DB5} + 2C_{GD6} + C_{DB3} + C_{GD3}$，一般來說比節點 X、Y 和 N 的電容大，且 M_5 的小信號電阻約為 $1/g_{m5}$，也相當大。

哪個極點會產生下一個次要極點？N 或 X（和 Y）？回想一下第 9 章所提到的，為得到低驅動電壓和合理的電壓餘裕，在運算放大器的 PMOS 元件一般比 NMOS 電晶體還寬。比較 M_4 和 M_7 並忽略基板效應，我們注意到因為 $g_m = 2I_D/|V_{GS}-V_{TH}|$，如果兩個電晶體有相同驅動電壓，其轉導值亦會相同。然而，從平方律特性來看，我們得到 $W_4/W_7 = \mu_p/\mu_n$，在目前方法中此值約為 1/2 ~ 1/3。因此，在節點 N 和 X（或 Y）看到三個大約等於接地的小信號電阻，但節點 N 接受到的電容較大，故假設節點 N 產生下一個次要極點是可行的。圖 10.17 顯示此結果，分別以 C_A、C_N 和 C_X 代表節點 A、N 和 X 的電容。在節點 X 和 Y 的極點幾乎相等，且在路徑 1 和路徑 2 的轉移函數中對應項可因式分解，因此只算作一個極點而非兩個。

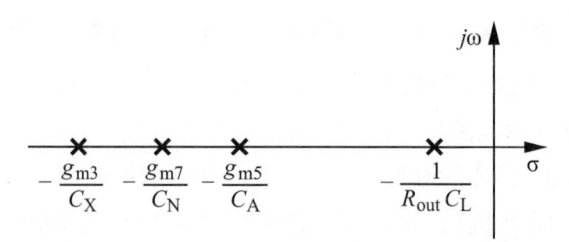

圖 10.17　圖 10.16 運算放大器中的極點位置

利用大約估算的極點位置，我們可以建立 βH 的強度和相位圖，且以 $\beta = 1$ 作為最差情況。如圖 10.18 所示，此特性指出映射極點常限制相位安全邊限，因為出現在頻率的相位作用比次要極點還低。

回想一下第 6 章，使用主動電流鏡的差動對顯示了一個兩倍極點頻率的零點。圖 10.16 的電路也有這樣的零點。位於 $2\omega_{p,A}$ 的零點會對強度和相位特性有些許影響，此分析留給各位自行練習。

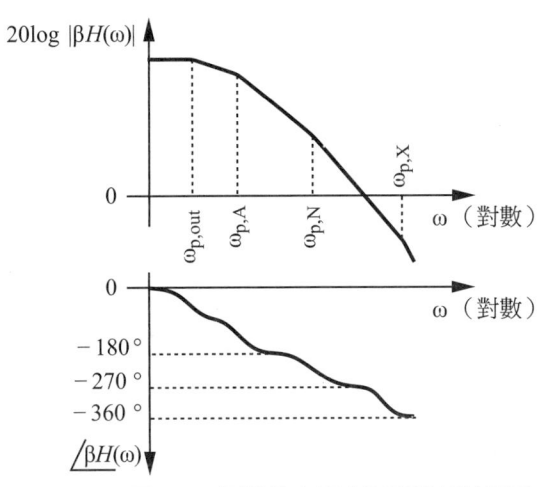

第 10 章　穩定度與頻率補償　413

圖 10.18　圖 10.16 運算放大器中迴路增益波德圖

補償程序

我們該如何補償伸縮串疊運算放大器？回想一下最終目標是要保證迴路增益在相位交錯點頻率遠小於一。假設非主極點的數量和位置，因此相位圖在較高頻率（大於 $10\omega_{p,out}$ 的頻率）仍固定。我們從圖 10.19 著手，其中有負相位邊界。我們必須強制讓迴路增益下降到增益交錯點往原點移動。為達此目的，我們藉由增加負載電容，降低主極點頻率 ω_{p1}。關鍵在於主極點相位的作用與其鄰近增益或相位接近 90°，和極點位置無關。如圖 10.19 所示，將主極點移向原點會影響增益圖，但對相位圖影響不大。如果 ω_{p1} 夠低，相位達到一個可接受的值，但會犧牲頻寬。

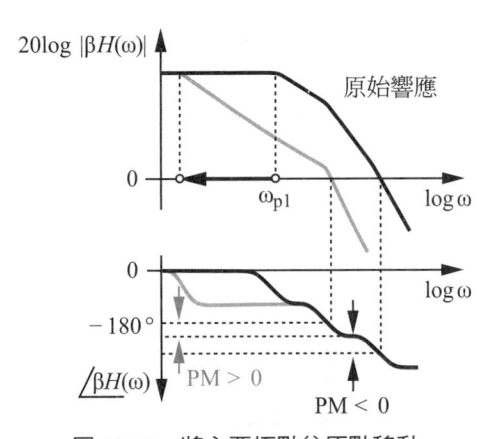

圖 10.19　將主要極點往原點移動

為瞭解主要極點必須要移動多少且得到重要結論，我們假設 (1) 圖 10.16 中第兩個次要極點 ($\omega_{p,N}$) 遠高於映射極點，讓 $\omega = \omega_{p,A}$ 的相位偏移為 −135°，且 (2) 45° 相位安全邊限（通常不夠）是必須的。為補償電路，我們從 ∠$\beta H(\omega)$ = −180° + PM = −135° 開始，並確認相關增益交錯點頻率，在這個例子中是 $\omega_{p,A}$（圖 10.20）。因為主極點在頻率 $\omega_{p,A}$ 會以

20 dB/dec 的斜率掉至一，我們從斜率 $\omega_{p,A}$ 往原點劃一條直線，可以得到新主極點 $\omega'_{p,out}$ 的大小，因此負載點並須增加一個倍數 $\omega_{p,out}/\omega'_{p,out}$。

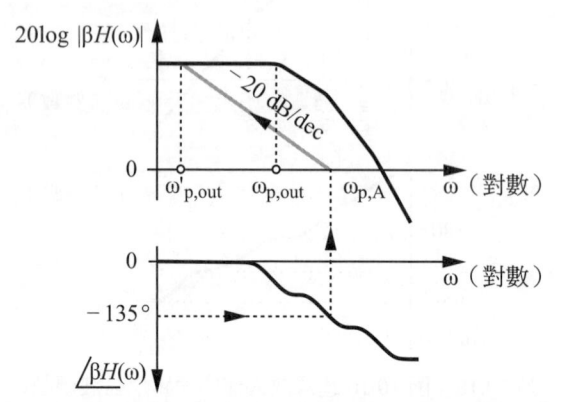

圖 10.20 在 45° 相位安全邊限下將主要極點往原點移動

從新的強度圖形中，我們發現補償運算放大器的單增益頻寬等於第一個次要極點的頻率值（當然其相位安全邊限為 45°）。這是一個基本結果，指出為了在回授系統中達到寬頻需求而使用多極運算放大器，第一個次要極點必須越遠越好。基於此原因，就能證明映射極點是我們不樂見的情況。

我們應該注意到雖然 $\omega_{p,out} = (R_{out}C_L)^{-1}$，增加 R_{out} 並不會補償運算放大器。如圖 10.21 所示，較高的 R_{out} 會產生較大的增益，且只會影響其低頻特性。而將次要極點往原點移動並不會改善相位安全邊限（為什麼？）。

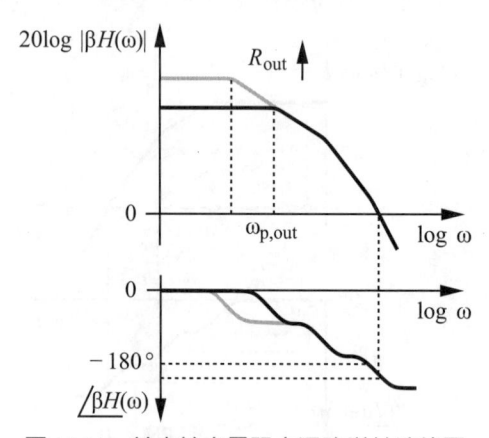

圖 10.21 較高輸出電阻之迴路增益波德圖

總結來說，頻率補償將開路放大器的主極點移到夠低的值，讓單增益頻寬低於相位交錯點頻率。補償頻寬也不能超過第一個次極點頻率，因為通常要達於 45° 的相位邊界。

範例 10.5

一用於單增益回授且補償過的放大器有 60° 的相位邊界。如果將電路的回授係數 β 選取為小於 1〔圖 10.22(a)〕，其補償可以放鬆多少倍數？

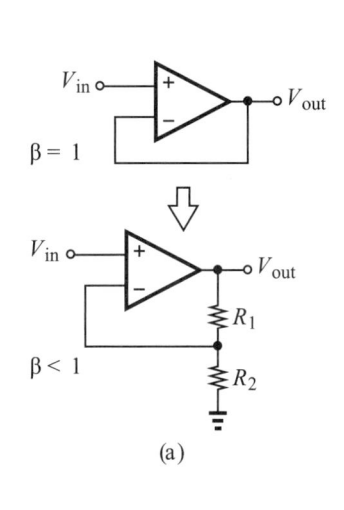

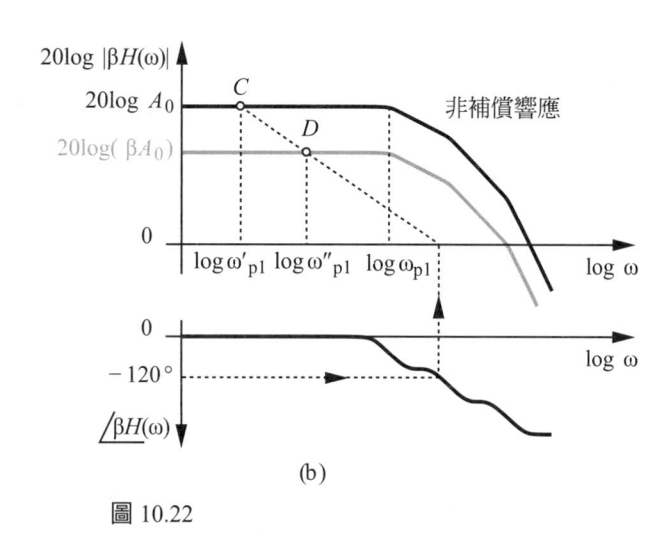

圖 10.22

解 如圖 10.22(b)，原始的補償確認頻率是在 ∠βH = −120°，使用 20 dB/dec 的斜率，從該頻率往垂直軸畫一條直線，因此將主極點從 ω_{p1} 移至 ω'_{p1}。使用回授係數 β，應將沒有補償的增益響位移 −20 log β，而要有 ω''_{p1} 的主極點。為得到此值，我們讓直線 CD 的斜率等於 20 dB/dec：

$$\frac{-20 \log \beta}{\log \omega''_{p1} - \log \omega'_{p1}} = 20 \tag{10.19}$$

因此 $\omega''_{p1} = \omega'_{p1}/\beta$。也就是，可減少補償電容接近 1/β 倍。這當然不是代表新電路能比較快達到穩態，較弱的回授轉換成相對比例小的頻寬延伸。事實上，原始的運算放大器可以將閉路 −3-dB 頻寬表示為 $(1 + A_0) \omega'_{p1} \approx A_0 \omega'_{p1}$，而新補償的運算放大器則為 $(1 + \beta A_0) \omega''_{p1} \approx \beta A_0 \omega''_{p1} \approx A_0 \omega'_{p1}$，其結論為閉路速度大概相同。

我們會在習題 10.23 討論一個相關的問題：如果有單增益回授的運算放大器補償到 PM = 60°，而回授係數減少到 β < 1，相位會增加多少嗎？

現在考慮圖 10.23 所示全差動伸縮疊接組態，除了要達到許多差動有用的特性外，此組態避免映射極點，故顯示了較大頻寬情況下的穩定度。事實上，我們確認每個輸出節點的主要極點和節點 X（或 Y）所產生的唯一次要極點。這意指全差動伸縮疊接電路相當穩定，且不需要補償。

但圖 10.23 中節點 N（或 K）的極點呢？考慮圖 10.24(a) 其中一個 PMOS 疊接組態，我們認為在節點 N 的電容 $C_N = C_{GS5} + C_{SB5} + C_{GD7} + C_{DB7}$，和 M_7 的輸出阻抗在高頻時分路，因此會消除疊接組態的輸出阻抗。為量化此效應，先求圖 10.24(a) 的 Z_{out}：

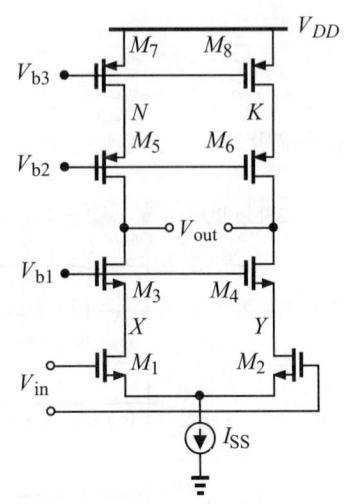

圖 10.23　全差動伸縮運算放大器

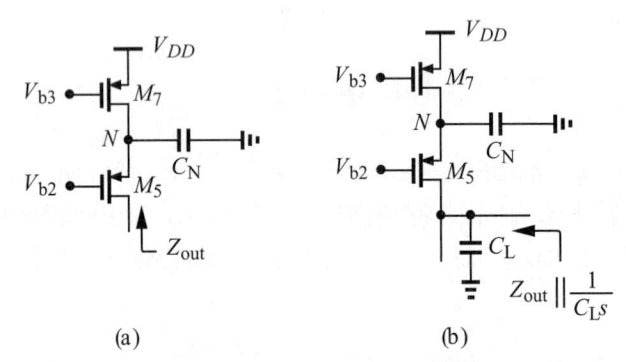

圖 10.24　疊接電流源內在節點之元件電容的效應

$$Z_{out} = (1 + g_{m5}r_{O5})Z_N + r_{O5} \tag{10.20}$$

其中忽略基板效應且 $Z_N = r_{O7}\|(C_N s)^{-1}$。假設第一項大於第二項時，我們得到

$$Z_{out} \approx (1 + g_{m5}r_{O5})\frac{r_{O7}}{r_{O7}C_N s + 1} \tag{10.21}$$

現在如圖 10.24(b) 所示，我們把輸出負載電容納入考慮：

$$Z_{out} \| \frac{1}{C_L s} = \frac{(1 + g_{m5}r_{O5})\dfrac{r_{O7}}{r_{O7}C_N s + 1} \cdot \dfrac{1}{C_L s}}{(1 + g_{m5}r_{O5})\dfrac{r_{O7}}{r_{O7}C_N s + 1} + \dfrac{1}{C_L s}} \tag{10.22}$$

$$= \frac{(1 + g_{m5}r_{O5})r_{O7}}{[(1 + g_{m5}r_{O5})r_{O7}C_L + r_{O7}C_N]s + 1} \tag{10.23}$$

因此將 Z_{out} 和負載電容並聯仍包含了單一極點，其對應的時間常數為 $(1 + g_{m5}r_{O5})r_{O7}C_L +$

$r_{O7}C_N$。注意 $(1 + g_{m5}r_{O5})r_{O7}C_L$ 是因為疊接組態的低頻輸出電阻所產生。換句話說，整體時間常數等於「輸出」時間常數加上 $r_{O7}C_N$。此計算的關鍵在於 PMOS 疊接組態（節點 n）的極點和輸出極點合一，因此不會產生多餘極點，僅稍微降低了主要極點。基於此理由，我們大概可說信號「看不見」疊接電流源中的極點。[4]

比較圖 10.16 和 10.23 的電路顯示出全差動組態都避免映射極點和節點 N 的極點。利用 (10.23) 的近似，圖 10.23 的電路僅包含了一個位於極高頻的次要極點，此乃 NMOS 電晶體的高轉導所產生。這是全差動疊接運算放大器的一個很重要的優點。

到目前為止我們看到次要極點會產生不穩定，故需要頻率補償。我們有可能在轉移函數中藉由導入零點來抵消一個或多個極點嗎？舉例來說，依照圖 6.41 的分析，我們推測如果一低增益但快速的路徑和主放大器並聯時，會產生一個能置於第一個次要極點上方的零點。然而，以零點抵消極點如有不匹配，會在閉路電路中的步級響應產生較長的穩定時間。此效應會於習題 10.19 中提到。

10.5 雙級運算放大器的補償

第 9 章提過的運算放大器認為，如果必須要將輸出電壓振幅最大化，雙級組態是不可或缺的元件。因此，此運算放大器的穩定度和補償會是我們關注的重點。

考慮圖 10.25 的電路，我們確認三個極點：一個在節點 X（或 Y），一個在節點 E（或 F）而第三個在節點 A（或 B）。從前面的討論得知，在節點 X 的極點之頻率相當高，但是另外兩個極點呢？因為自節點 E 所視的小信號電阻相當高，甚至 M_3、M_5 和 M_9 的電容產生相當接近原點的極點。在節點 A 小信號電阻較低，但是 C_L 值可能非常高，因此我們說此電路有兩個主要極點。

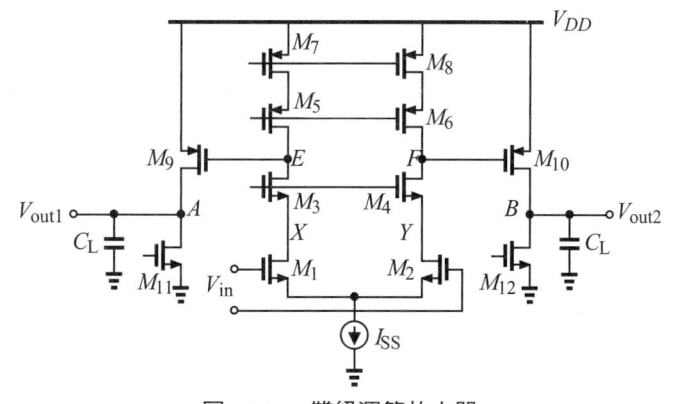

圖 10.25 雙級運算放大器

---

[4] 如果 (10.20) 的第二項包含在隨後的推導中，在整體輸出阻抗中會出現幾乎相等的極點和零點。雖然如此，對於 $g_m r_O \gg 1$ 且 $C_L > C_N$ 而言，可忽略其產生的影響。

從以上觀察，我們建立出如圖 10.26 所示的強度和相位圖形。在此假設 $\omega_{p,E}$ 為較主要極點，但 $\omega_{p,E}$ 和 $\omega_{p,A}$ 的相對位置和設計及負載電容有關。注意，因為節點 E 和 A 的極點相當接近原點，其相位在低於第三個極點趨近 $-180°$。換句話說，在第三個極點產生相位偏移前，相位安全邊限可能相當接近零。

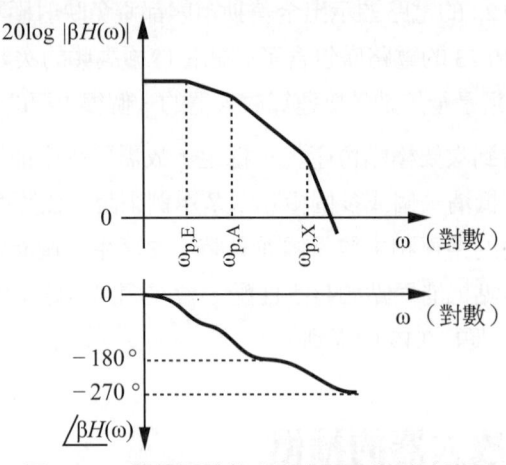

圖 10.26　雙級運算放大器之迴路增益波德圖

我們接著來看雙級運算放大器的頻率補償。在圖 10.26 中，其中一個主要極點必須往原點方向移動，使其增益交錯點低於相位交錯點。但回想一下 10.4 節中補償後的單增益頻寬不能超過開路系統的第二個極點頻率 PM > 45°。因此，如果要減少圖 10.26 中 $\omega_{p,E}$ 的大小，可用頻寬約為 $\omega_{p,A}$ 的低數值。此外，對於非常小的主要極點會需要一個非常大的補償電容。

幸好圖 10.25 的電路中可用一個較有效率的補償方法。我們注意到圖 10.27(a)，第一級展現了一高輸出阻抗 R_{out1} 而第二級則提供了小增益 A_{v2}，因此提供了適合米勒電容放大的環境。如圖 10.27(b) 所示，此概念是在節點 E 產生一大電容為 $(1 + A_{v2})C_C$，將對應極點推至 $R_{out1}^{-1}[C_E + (1 + A_{v2})C_C]^{-1}$，其中 C_E 代表在 C_C 前所加入節點 E 的電容。所以一低頻極點可利用一小電容來完成，也節省晶片面積。此方法稱為**米勒補償**（Miller compensation）。

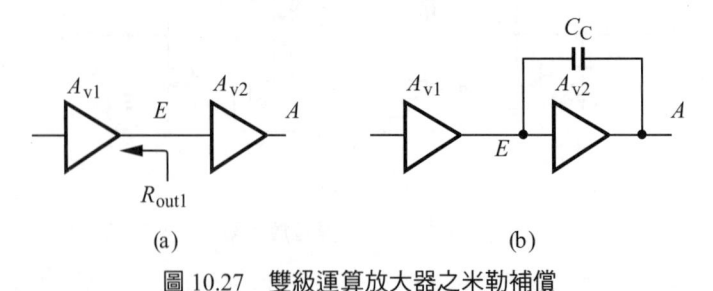

圖 10.27　雙級運算放大器之米勒補償

除了降低所需電容以外，米勒補償有個重要特性，即讓輸出極點遠離原點。如圖

10.28 所示，此效應稱為**極點分離**（pole splitting）。為瞭解其基本原則，我們將圖 10.25 的輸出組態簡化為圖 10.29，其中 R_S 為第一級輸出電阻且 $R_L = r_{O9} \| r_{O11}$。

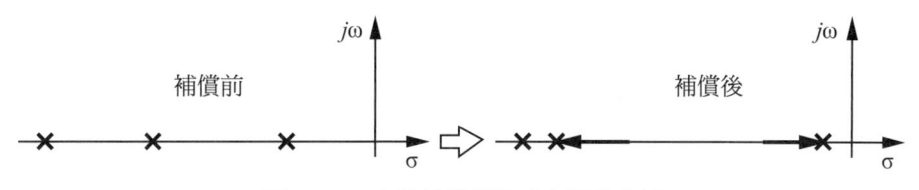

圖 10.28 米勒補償所造成之極點分離

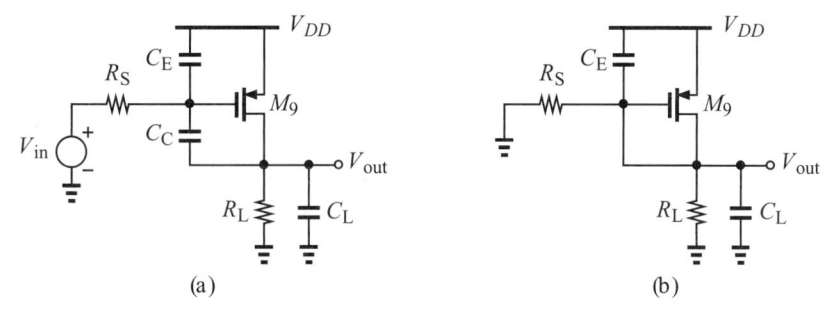

圖 10.29 (a) 雙級放大器的簡化電路及 (b) 高頻的一個簡易模型

從第 6 章的分析中，我們注意到此電路包含兩個極點：

$$\omega'_{p1} \approx \frac{1}{R_S[(1+g_{m9}R_L)(C_C+C_{GD9})+C_E]+R_L(C_C+C_{GD9}+C_L)} \tag{10.24}$$

$$\omega'_{p2} \approx \frac{R_S[(1+g_{m9}R_L)(C_C+C_{GD9})+C_E]+R_L(C_C+C_{GD9}+C_L)}{R_S R_L[(C_C+C_{GD9})C_E+(C_C+C_{GD9})C_L+C_E C_L]} \tag{10.25}$$

(10.24) 與 (10.25) 根據 $|\omega'_{p1}| \ll |\omega'_{p2}|$ 的假設。但在補償前，ω_{p1} 和 ω_{p2} 的強度大小級相同。對 $C_C = 0$ 和相當大的 C_L 來說，我們可將輸出極點的強度大小近似為 $\omega_{p2} \approx 1/(R_L C_L)$。

為比較 ω'_{p2} 在補償前後的強度大小，我們來考慮一般情況：$C_C + C_{GD9} \gg C_E$，並將 (10.25) 簡化為 $\omega_{p2} \approx g_{m9}/(C_E + C_L)$。注意，一般為 $C_E \ll C_L$，我們推論米勒補償會增加輸出極點的強度大小約 $g_{m9} R_L$ 倍的大數值。直覺來說，這是因為在高頻時，C_C 提供了在 M_9 閘極和汲極間的低阻抗，使得 C_L 所視的電阻由 R_L 減少為 $R_S\|\|R_L \approx$〔圖 10.29(b)〕。從另一個觀點來看，藉由感測輸出電壓，C_C 在第二級提供回授；結果，輸出阻抗會下降且第二個極點會往高頻移動。[5]

簡而言之，米勒補償效應將級與級間的極點推往原點而輸出極點推離原點，讓連接補償電容從一節點至接地端更大的頻寬。實際上，對於適當相位安全邊限的補償電容選擇需要一些迭代運算。接下來的範例會給予一個大致的估算。

---

[5] 電容會回傳一個電流到第二級，因此會同時降低輸入阻抗。

範例 10.6

一個如圖 10.25 的雙級放大器使用了米勒補償達到 45° 的相位邊界，估算補償電容的大小。

解 頻率補償以後，主極點向下移動到 $(g_{m9}R_LC_CR_S)^{-1}$，其中 R_S 代表第一級的輸出阻抗，且第二極點會向上移動到 g_{m9}/C_L。對於一個 45° 的相位邊界，迴路增益必須在第二個極點降至一。當低頻回率增益是 $\beta g_{m1}R_S g_{m9}R_L$，我們考慮補償後的圖 10.30（線性軸）並寫下

$$|\beta H(\omega)| \approx \frac{\beta g_{m1}R_S g_{m9}R_L}{\sqrt{1 + \omega^2/\omega_{p1}'^2}} \tag{10.26}$$

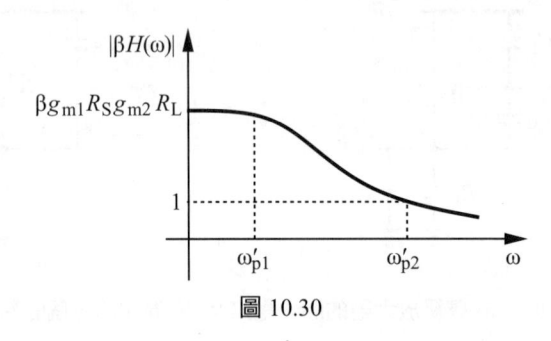

圖 10.30

其中忽略 ω'_{p2} 對於增益的效應，在 $\omega = \omega'_{p2}$，在平方根中的第二項會是主要項次且

$$\frac{\beta g_{m1}R_S g_{m9}R_L}{\omega'_{p2}/\omega'_{p1}} = 1 \tag{10.27}$$

將極點頻率替代且假設 $\beta = 1$，我們可以得到

$$C_C = \frac{g_{m1}}{g_{m9}}C_L \tag{10.28}$$

注意 g_{m1} 和 g_{m9} 是雙級的轉導，各位可以自行證明如果包含 ω'_{p2} 的效應，則 $C_C = [g_{m1}/(\sqrt{2}g_{m9})]C_L$ 當然，C_C 通常必須大於這個值，可以得到一個比較大的相位邊界，但是這個估算可以當作此設計的一個合理起始點。

結果假設 $\beta = 1$；事實上，大部分運算放大器具有閉路增益等於 2 或是更高的架構，因此需要比較小的 C_C。

到目前為止，我們忽略轉移函數的零點效應。雖然在疊接組態中，零點距離原點非常遠，在使用米勒補償的雙級運算放大器中，零點則在原點附近出現。回想一下第六章，圖 10.29 的電路有一個在右半平面 $\omega_z = g_{m9}/(C_C + C_{GD9})$ 的零點，這是因為 $C_C + C_{GD9}$ 形成了一從輸入至輸出之「前授」信號路徑，而此零點的效應為何？轉移函數的分子為 $(1 - s/\omega_z)$，產生一相位為 $-\tan^{-1}(\omega/\omega_z)$；因為 ω_z 為正，故此相位為負。換句話說，類似於左半平面的極點，在右半平面的零點會產生相位偏移，因此將相位交錯點推向原點。此外，從波德近似圖來看，零點會減緩強度的下降，因此將增益交錯點推離原點，所以穩定度會變得很差。

為更瞭解上述討論，我們建立一個三次系統的波德圖，其包含了一個主要極點 ω_{p1}，兩個次要極點 ω_{p2} 和 ω_{p3}，和一右半平面零點 ω_z。對一般雙級運算放大器來說，$|\omega_{p1}| < |\omega_z| < |\omega_{p2}|$。如圖 10.31 所示，零點會產生一個大相位偏移，且避免增益下降太多。

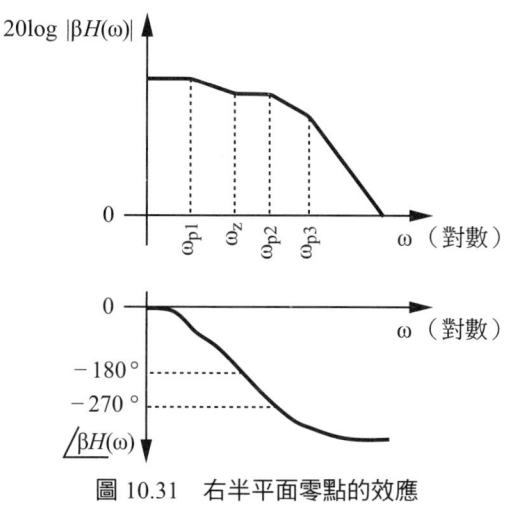

圖 10.31 右半平面零點的效應

範例 10.7

注意圖 10.29(a) 中的米勒補償產生 $\omega_{p2} \approx g_{m9}/C_L$ 及 $\omega_z \approx g_{m9}/C_C$。某學生決定選 $C_C = C_L$，透過零點來消去第二個極點，解釋會發生什麼事。

解 回想一下零點是位於右半平面且極點位於左半平面，可以將補償迴路傳輸表示為

$$\beta H(s) = \frac{\beta A_0 (1 - \dfrac{s}{\omega_z})}{(1 + \dfrac{s}{\omega_{p1}})(1 + \dfrac{s}{\omega_{p2}})} \tag{10.29}$$

我們認知到零點無法和極點消去且仍然影響 (βH) 和 $\angle \beta H$。

雙級 CMOS 運算放大器中由 $g_m/(C_C + C_{GD})$ 產生的右半平面零點，是個嚴重問題。因為 g_m 相當小且選擇夠大的 C_C 來適當置放主要極點，但也有許多消除或移動零點的技巧。如圖 10.32 所示，將一電阻與補償電容串聯以修正零點頻率。輸出組態顯示了三個極點，但對適度值 R_z，第三個極點位於高頻，而前兩個極點接近由 $R_z = 0$ 所計算出的數值。此外，可證明零點頻率為（習題 10.8）

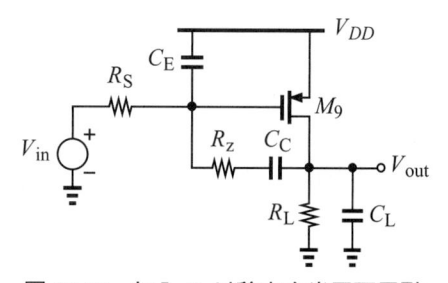

圖 10.32 加入 R_z 以移走右半平面零點

$$\omega_z \approx \frac{1}{C_C \left(g_{m9}^{-1} - R_z\right)} \tag{10.30}$$

因此，如果 $R_z \geq$，則 $\omega_z \leq 0$。儘管 $R_z =$ 似乎是很自然的選擇，實際上我們仍將零點推往左半平面以消除第一個次要極點。這會發生在如果

$$\frac{1}{C_C \left(g_{m9}^{-1} - R_z\right)} = \frac{-g_{m9}}{C_L + C_E} \tag{10.31}$$

也就是

$$R_z = \frac{C_L + C_E + C_C}{g_{m9} C_C} \tag{10.32}$$

$$\approx \frac{C_L + C_C}{g_{m9} C_C} \tag{10.33}$$

因為 C_E 一般來說遠小於 $C_L + C_C$。

將次要極點消除的可能性讓此方法更有吸引力，但實際上必須考慮兩個重要缺點。首先，很難確保 (10.33) 的關係，尤其是如果 C_L 未知或為變數時。極點和零點的不匹配會導致「成對極點」（習題 10.19）。如第 13 章會提到的，從交換電容電路中的運算放大器所視的負載電容可能會在不同時間內變化。必須產生對應於 R_z 的變化且將其設計複雜化。第二個缺點和 R_z 的實際執行相關。一般來說，MOS 電晶體位於三極管區（圖 10.33），當輸出電壓透過 C_C 耦合至節點 X 時，R_z 會改變很多，所以大信號穩定響應會變差。

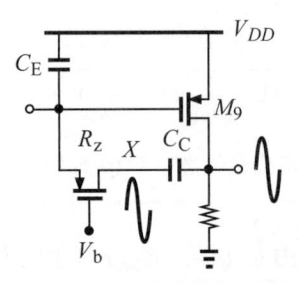

圖 10.33　大輸出振幅對 R_z 的影響

圖 10.33 中產生 V_b 的方式並不直接，因為 R_z 必須維持 $(1 + C_L/C_C)$，儘管製程和溫度會變化。一個常見方法如圖 10.34 所示，其中將二極體元件 M_{13} 和 M_{14} 串聯。如果選定和 I_{D9} 相關的 I_1 讓 $V_{GS13} = V_{GS9}$，則 $V_{GS15} = V_{GS14}$。因為 $g_{m14} = \mu_p C_{ox}(W/L)_{14}(V_{GS14} - V_{TH14})$ 且 $R_{on15} = [\mu_p C_{ox}(W/L)_{15}(V_{GS15} - V_{TH15})]^{-1}$，能得到 $R_{on15} = (W/L)_{14}(W/L)_{15}$。當極點零點抵消現象發生時，

$$g_{m14}^{-1} \frac{(W/L)_{14}}{(W/L)_{15}} = g_{m9}^{-1} \left(1 + \frac{C_L}{C_C}\right) \tag{10.34}$$

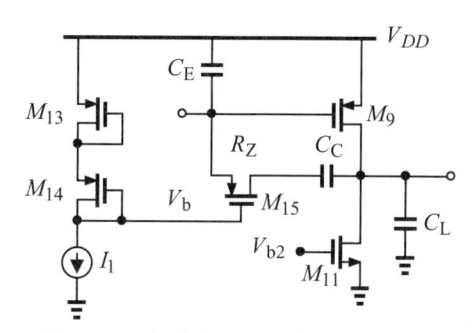

圖 10.34 在適當溫度和製程下產生 V_b

因此

$$(W/L)_{15} = \sqrt{(W/L)_{14}(W/L)_9}\sqrt{\frac{I_{D9}}{I_{D14}}}\frac{C_C}{C_C+C_L} \tag{10.35}$$

若 C_L 為常數，(10.35) 可成立且有相當準確度，因為僅包含這些數值比。

另一個確保 (10.33) 的方法是用一簡單電阻 R_z 且對於和 R_z 相當匹配的電阻定義為 g_{m9}。如圖 10.35 所示，此方法利用 M_{b1}-M_{b4} 和 R_S 產生 I_b（另見第 12 章）。因此，$g_{m9} \propto \sqrt{I_{D9}} \propto \sqrt{I_{D11}} \propto R_S^{-1}$。適當的 R_z 和 R_S 比值確保隨溫度和製程變化的 (10.33) 為有效。

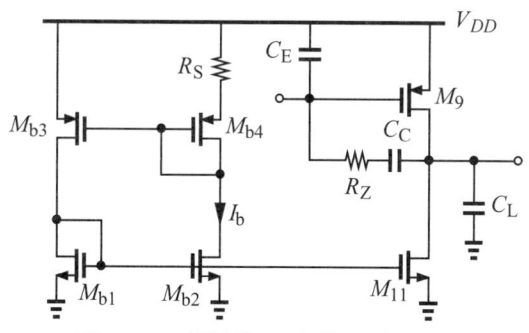

圖 10.35 相對於 R_S 定義 g_{m9} 的方法

上述兩個方法最主要缺點為假設所有電晶體符合了平方律特性。短通道 MOSFET 可能會嚴重偏離平方律，所以在上述計算中會產生誤差。特別是電晶體 M_9 一般為短通道元件，因為出現在信號路徑上且其原速度非常重要。

讓雙級運算放大器比「單級」放大器差的原因是其對負載電容的敏感度。因為米勒補償在第一級的輸出產生了一個主要極點，而出現在第二級較高的負載電容將第二個極點推往原點，使其相位安全邊限變差。相反地，在單級運算放大器中，較高的負載電容讓主要極點接近原點以改善相位安全邊限（儘管會造成回授系統的過阻尼更嚴重）。如圖 10.36 所示為使用一單級或雙級運算放大器之單增益回授放大器的步級響應，如果由雙級運算放大器所視之負載電容增加時，其響應將接近振盪特性。

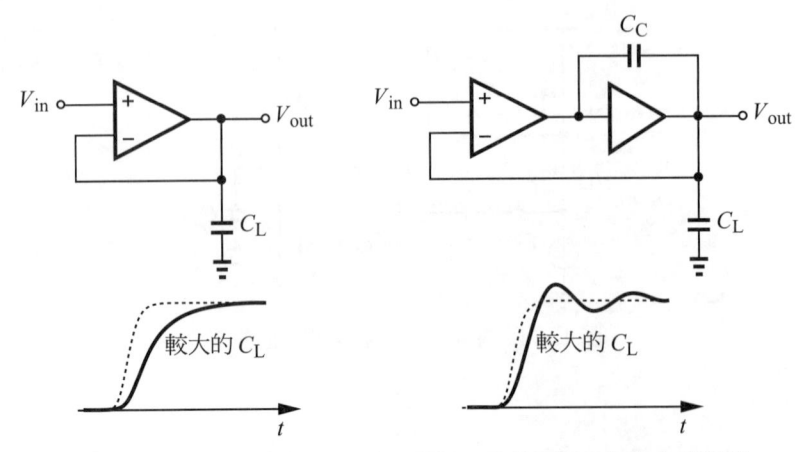

圖 10.36　增加負載電容對單級和雙級運算放大器步級響應的影響

10.6 雙級運算放大器的迴轉現象

瞭解雙級運算放大器的迴轉特性是有用的。在我們深入說明前，先看一下圖 10.37(a)，其中 I_{in} 是 $I_{SS}u(t)$ 所得的電流步階且 C_F 有零初始條件。如果 A 很大，節點 X 為虛接地且 C_F 上的跨壓大概等於 V_{out}。因此可以得到一固定電流 I_{SS}，C_{FF} 產生一個輸出電壓：

$$V_{out}(t) \approx \frac{I_{SS}}{C_F}t \tag{10.36}$$

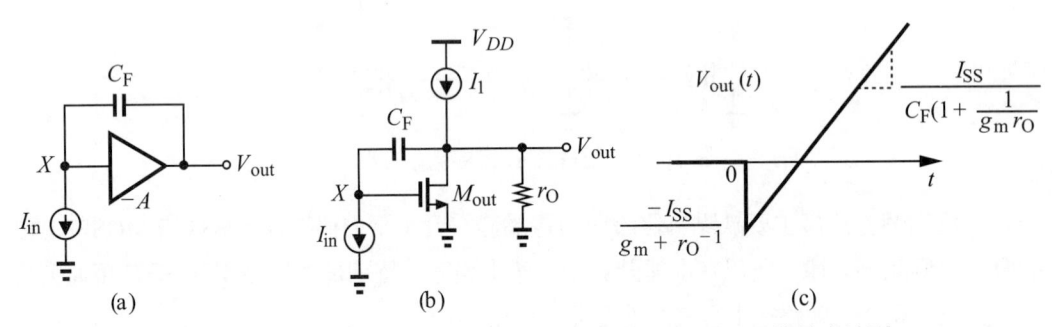

圖 10.37　(a) 迴轉率的簡化電路，迴轉期間的 (b)(a) 和 (c) 的輸出波型

我們現在來看圖 10.37(b)[6]，並以 $V_{out}/r_O + g_m V_X + I_{in} = I_1$ 和 $C_F d(V_{out} - V_X)/dt = I_{in}$ 來表示。將前者得到的 V_X 代入後者，可得到

$$C_F\left(1 + \frac{1}{g_m r_O}\right)\frac{dV_{out}}{dt} = I_{in} - \frac{C_F}{g_m}\frac{dI_{in}}{dt} \tag{10.37}$$

---

6 沒有顯示 M_{out} 的偏壓網路。

我們將右半邊的兩個項次作為輸入並使用疊加原理,可得到

$$V_{out}(t) = \frac{I_{SS}}{C_F(1+\frac{1}{g_m r_O})}tu(t) - \frac{I_{SS}}{g_m+\frac{1}{r_O}}u(t) \tag{10.38}$$

(此電壓當然是加成在偏壓電壓上面。) 如圖 10.37(c),V_{out} 起始時跳至 $-I_{SS}/(g_m + r_O^{-1})$ 且透過一個等於 $I_{SS}/[C_F(1 + g_m^{-1}r_O^{-1})]$ 的斜率上升。很有趣的是 (1) 在 $t = 0^+$ 時,C_F 是短路,讓 I_{in} 流過 $(1/g_m)\|r_O$ 且產生一個在輸出向下的步階;(2) 上升的斜率呈現一等效電容值 $C_F(1 + g_m^{-1}r_O^{-1})$,顯示 C_F 在輸出的米勒效應;(3)(10.38) 和 I_1 無關,因為此電流可視為 M_{out} 的偏壓電流。我們估算輸出電壓為 $V_{out}(t) \approx (I_{SS}/C_F)tu(t)$。

我們回來看雙級放大器且假設在圖 10.38(a),V_{in} 在 $t = 0$ 時,有個很大的正步階,關閉 M_2、M_4 和 M_3。此電路可以簡化成 10.38(b),若忽略 X 點的寄生電容,會呈現讓固定電流 I_{SS} 替 C_C 充電。我們知道輸出級的增益讓 X 點為一個虛接地,可以 $V_{out}(t) \approx (I_{SS}t/C_C)$ $u(t)$ 來表示。因此,正迴轉率[7]等於 I_{SS}/C_C。注意在迴轉期間,M_5 必須提供 I_{SS} 和 I_1 兩個電流。若 M_5 不夠讓 $I_{SS} + I_1$ 位於飽和區,則 V_X 會明顯下降,可以會驅動 M_1 進入三極管區。

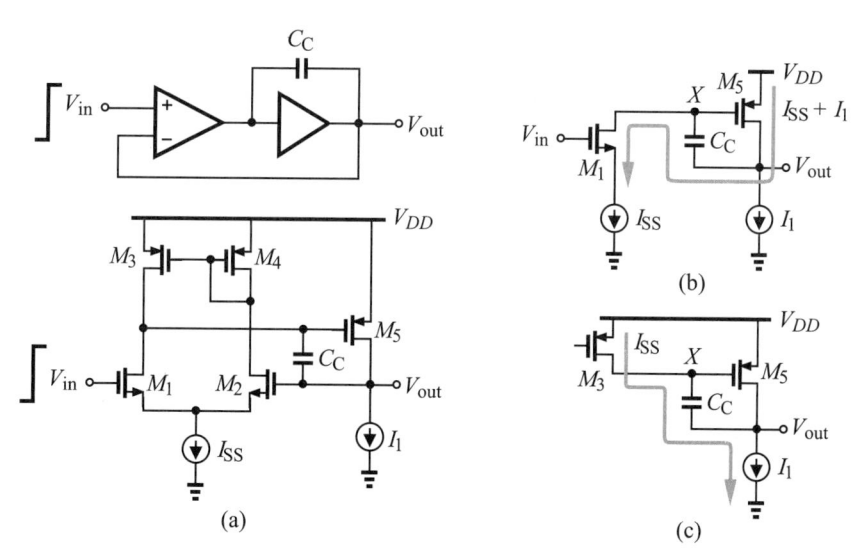

圖 10.38 (a) 簡單雙級運算放大器;(b) 在正迴轉期間的簡化電路;(c) 在負迴轉期間的簡化電路

對負迴轉率而言,我們將電路簡化為圖 10.38(c) 所示。在此 I_1 必須支撐 I_{SS} 和 I_{D5}。舉例來說,如果 $I_1 = I_{SS}$,則 V_X 會增加讓 M_5 關閉。如果 $I_1 < I_{SS}$,則 M_3 會進入三極管區且迴轉率為 I_{D3}/C_C。

---

[7] 此處的正迴轉率是指運算放大器的輸出波形斜率。

範例 10.8

運算放大器通常驅動一個重負載電容。如果圖 10.37(b) 中電路有負載電容 C_L，重複迴轉率分析。為求簡便，忽略通道長度調變效應。

解 我們考慮兩個狀況：I_{in} 流入或流出 X 點，當 $\lambda = 0$，從 V_X 點到 V_{out} 的穩態增益是無限大，強制讓 X 點為虛接地節點。在第一個例子中〔圖 10.39(a)〕，$I_{in} = I_{SS}u(t)$ 流經 C_F，在元件上產生一個上升電壓。既然 V_X 是常數，在 C_F 右端點的電壓 V_{out}，會以 I_{SS}/C_F 速率下降。這也意指 C_L 會以同樣的速率放電，需要由電晶體抽取三個電流：$I_1 \cdot I_{SS}$ 和 $C_L dV_{out}/dt = (C_L/C_F)I_{SS}$。因此，只有 M_{out} 維持在飽和區，輸出迴轉率大約等於 I_{SS}/C_F。

接著考慮第二個例子〔圖 10.39(b)〕，如果 X 點是虛接地。V_{out} 必須以 I_{SS}/C_F 的斜率上升，且 C_L 必須也會接收到一個電流 $C_L dV_{out}/dt = (C_L/C_F)I_{SS}$。我們觀察到，如果 $I_1 > I_{SS}(C_L/C_F) + I_{SS}$，則 M_{out} 會保持開啟，V_X 微小的變動且輸出迴轉率等於 I_{SS}/C_F。另一方面，如果 $I_1 < (1 + C_L/C_F)I_{SS}$，$M_{out}$ 會關閉，I_1 和 I_{SS} 間的電壓會對 C_L 充電〔圖 10.39(c)〕，且迴轉率為一個較低值 $(I_1 - I_{SS})/C_L$。

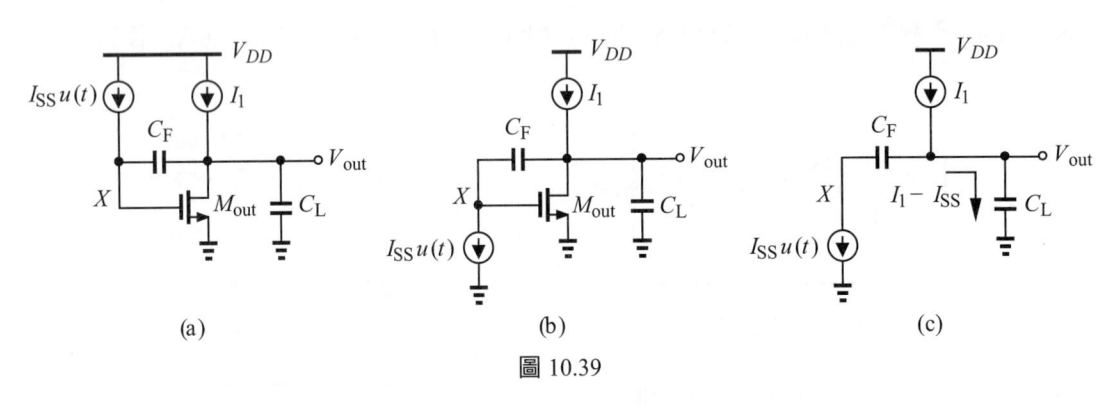

圖 10.39

雙級 AB 類運算放大器

第 9 章的雙級 AB 類運算放大器可以納入米勒補償。回想一下，在信號路徑的電流鏡產生一個額外極點，衰減相位邊界。因為此原因，雙級 AB 類運算放大器通常比 A 類運算放大器慢。

我們想計算雙級 AB 類運算放大器迴轉率。我們重繪圖 10.39(b) 電路成運算放大器架構（圖 10.40）。在此例子中，迴轉率等於 $(I_1 - I_{SS})/C_L$，如果 M_{out} 關閉，但由於 AB 類運作，I_1 本身可以非常大。電流鏡可產生 $I_1 = (W_{p1}/W_{p2})\alpha I_{in}$ 且迴轉率 $[\alpha(W_{p1}/W_{p2})-1]I_{SS}/C_L$。

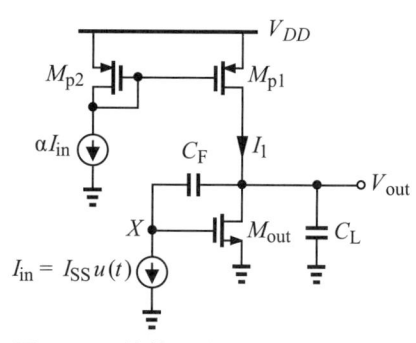

圖 10.40　簡化過的 AB 類運算放大器

10.7 其他補償方法

補償雙級 CMOS 運算放大器之所以有困難，是因為補償電容形成的前授路徑所造成〔圖 10.41(a)〕。如果 C_C 可將電流由輸出節點導至節點 X，而無法在相反方向導通電流時，則零點會移到至非常高的頻率。如圖 10.41(b) 所示，這可利用插入一個和電容串聯的源極隨耦器來實現。因為 M_2 的閘極－源極電容遠比 C_C 小，我們預期右半平面零點會在高頻出現。假設對源極隨耦器而言 $\gamma = \lambda = 0$，並忽略元件電容，且將電路簡化為圖 10.42 所示，我們能以 $-g_{m1}V_1 = V_{out}(+ C_L s)$ 表示且因此

$$V_1 = \frac{-V_{out}}{g_{m1}R_L}(1 + R_L C_L s) \tag{10.39}$$

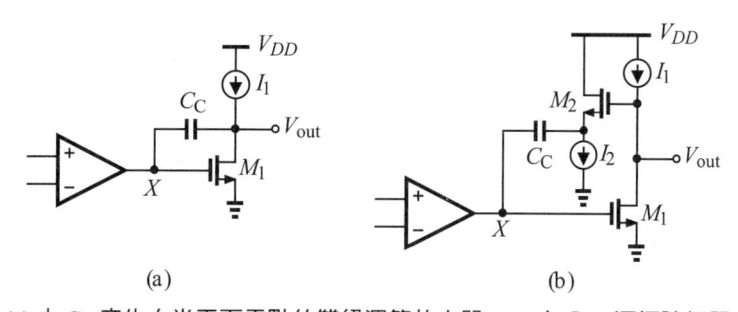

圖 10.41　(a) 由 C_C 產生右半平面零點的雙級運算放大器；(b) 加入一源極隨耦器以移走零點

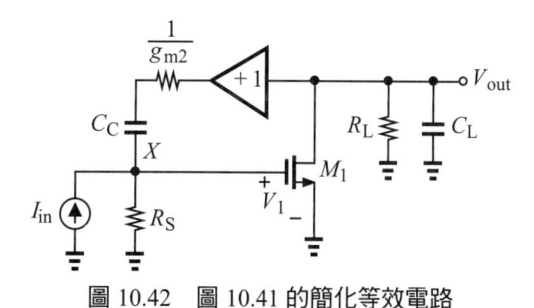

圖 10.42　圖 10.41 的簡化等效電路

且

$$\frac{V_{out} - V_1}{\dfrac{1}{g_{m2}} + \dfrac{1}{C_C s}} + I_{in} = \frac{V_1}{R_S} \tag{10.40}$$

將 V_1 代入 (10.39) 可產生

$$\frac{V_{out}}{I_{in}} = \frac{-g_{m1}R_L R_S(g_{m2} + C_C s)}{R_L C_L C_C(1 + g_{m2}R_S)s^2 + [(1 + g_{m1}g_{m2}R_L R_S)C_C + g_{m2}R_L C_L]s + g_{m2}} \tag{10.41}$$

因此，電路包含了一左半平面的零點，且可適當選定以消除其中一極點。此零點也可由圖 6.18 中推導出。

我們也計算這兩個極點的大小，並假設兩者相隔很遠。因為一般來說，$1 + g_{m2}R_S \gg 1$ 且 $(1 + g_{m1}g_{m2}R_L R_S)C_C \gg g_{m2}R_L C_L$，我們得到

$$\omega_{p1} \approx \frac{g_{m2}}{g_{m1}g_{m2}R_L R_S C_C} \tag{10.42}$$

$$\approx \frac{1}{g_{m1}R_L R_S C_C} \tag{10.43}$$

且

$$\omega_{p2} \approx \frac{g_{m1}g_{m2}R_L R_S C_C}{R_L C_L C_C g_{m2} R_S} \tag{10.44}$$

$$\approx \frac{g_{m1}}{C_L} \tag{10.45}$$

因此，新的 ω_{p1} 和 ω_{p2} 與簡單米勒近似法的值相似。舉例來說，輸出極點將由 $(R_L C_L)^{-1}$ 移至 g_{m1}/C_L。

圖 10.41(b) 電路的主要問題為源極隨耦器限制輸出電壓的下限為 $V_{GS2} + V_{I2}$，其中 V_{I2} 為 I_2 所需的跨壓。基於此理由，使用補償電容來隔離主動回授組態的直流位準和輸出位準是較為理想的。此組態如圖 10.43 所示，其中 C_C 和共閘極組態 M_2 轉換輸出電壓振幅為電流，將結果回傳至 M_1 之閘極。如果 V_1 改變 ΔV 而 V_{out} 改變 $A_v \Delta V$ 時，流經電容的電流約為 $A_v \Delta V C_C s$，因為 $1/g_{m2}$ 可以相當小。因此，M_1 閘極的電壓變化 ΔV 會讓電流變化 $A_v \Delta V C_C s$，產生一電容放大因子為 A_v。

假設對共閘極組態而言 $\lambda = \gamma = 0$，我們重繪圖 10.43 電路於圖 10.44，可得到：

$$V_{out} + \frac{g_{m2}V_2}{C_C s} = -V_2 \tag{10.46}$$

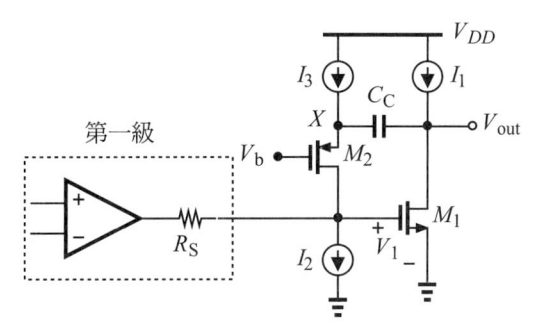

圖 10.43　使用共閘極組態之補償技巧

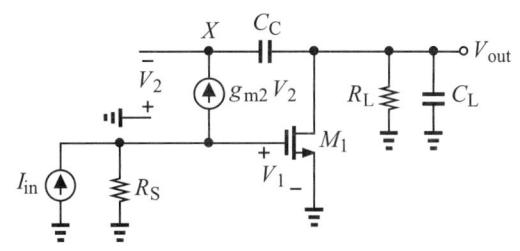

圖 10.44　圖 10.43 之簡化等效電路

因此

$$V_2 = -V_{out}\frac{C_C s}{C_C s + g_{m2}} \tag{10.47}$$

同樣

$$g_{m1}V_1 + V_{out}\left(\frac{1}{R_L} + C_L s\right) = g_{m2}V_2 \tag{10.48}$$

且 $I_{in} = V_1/R_S + g_{m2}V_2$。解完這些式子後，可得到

$$\frac{V_{out}}{I_{in}} = \frac{-g_{m1}R_S R_L(g_{m2} + C_C s)}{R_L C_L C_C s^2 + [(1+g_{m1}R_S)g_{m2}R_L C_C + C_C + g_{m2}R_L C_L]s + g_{m2}} \tag{10.49}$$

如圖 10.41(b) 電路，此組態包含了一左半平面的零點。使用相似的近似式，可計算極點為

$$\omega_{p1} \approx \frac{1}{g_{m1}R_L R_S C_C} \tag{10.50}$$

$$\omega_{p2} \approx \frac{g_{m2}R_S g_{m1}}{C_L} \tag{10.51}$$

有趣的是，第二個極點的大小提升許多——相對於圖 10.41 電路增加 $g_{m2}R_S$ 倍。這是因為在非常高頻時，包含圖 10.43 中 M_2 和 R_S 的回授迴路會讓輸出電阻降低同倍數。當然，如果考慮 M_1 閘極的電容，極點分離不會那麼明顯。雖然如此，此技巧仍可提供雙級運算放大器的高頻寬。

圖 10.43 的運算放大器產生重要的迴轉問題。對於輸出端的正迴轉而言，圖 10.45(a) 簡化電路呈現 M_2 和 I_1 須支援 I_{SS}，而 $I_1 \geq I_{SS} + I_{D1}$。若 I_1 變小，則 V_p 下降將 M_1 關閉，如果 $I_1 < I_{SS}$，M_0 和其尾電流源必須進入三極管區，產生一迴轉率為 I_1/C_C。

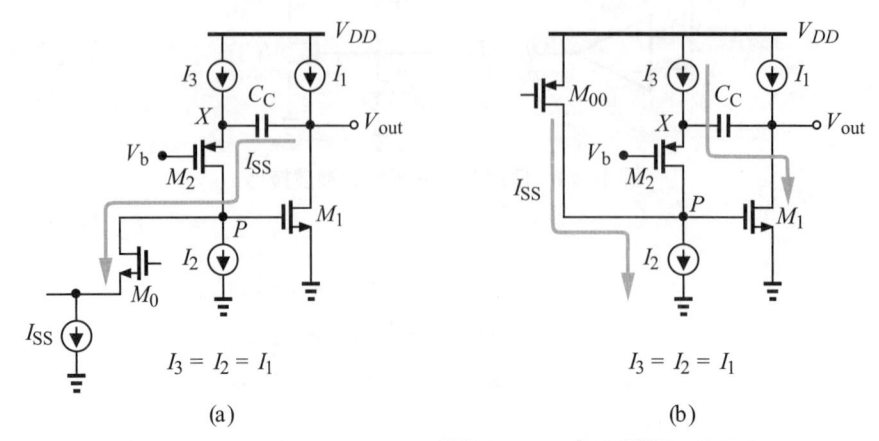

圖 10.45　圖 10.43 在 (a) 正迴轉期間和 (b) 負迴轉期間的電路

對負迴轉而言，I_2 必須支援 I_{SS} 和 I_{D2}〔圖 10.45(b)〕。當 I_{SS} 流入節點 P 時，V_P 會上升並增加 I_{D1}。因此，M_1 吸收由 I_3 產生且經過 C_C 的電流，並將 M_2 關閉且阻止 V_P 增加。因此我們認為節點 P 為一虛接地節點。這意思是說，對於大小相同的正負迴轉率而言，I_3（和 I_2）須比 I_{SS} 大，而增加功率消耗。

使用疊接組態作為其第一級的運算放大器可納入圖 10.43 中不同的技巧。如圖 10.46(a) 所示，此方法將一補償電容置於疊接元件的源極和輸出節點間。利用圖 10.46(b) 簡化模型和圖 6.18 的方法，各位可自行證明零點出現於 $(g_{m4}R_{eq})/(g_{m9}C_C)$，還比 g_{m9}/C_C 大得多。如果忽略其他電容，則可證明若 C_C 連接至 M_9 的閘極而非 M_4 的源極，主要極點位於約 $(R_{eq}g_{m9}R_L/C_C)^{-1}$。同理，第一個次要極點為 $g_{m4}g_{m9}R_{eq}/C_L$，此效應和 (10.51) 相似。實際上，可能不能忽略節點 X 的電容，因為由此節點所視的電阻相當高。關於迴轉率的分析留待各位自行練習（也可將插入一電阻與每個 C_C 串聯）。

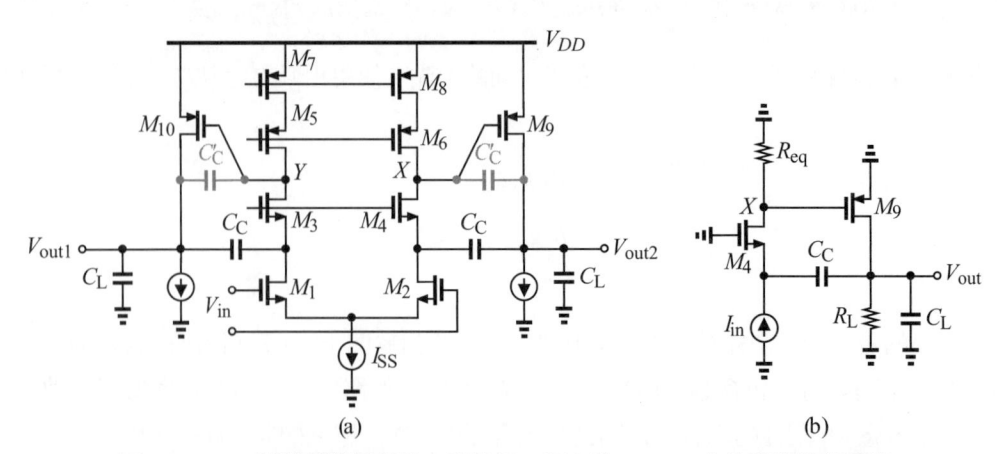

圖 10.46　(a) 補償雙級運算放大器的另一個方法；(b)(a) 中的簡化等效電路

我們有可能結合兩種補償方法，因為如圖 10.46(a) 所示，C_C 和 C'_C 提供較大的設計彈性。

習題

除非另外提到，下列習題使用表 2.1 的元件資料並在需要時，假設 V_{DD} = 3 V。假設所有電晶體位於飽和區。

10.1 一個具有正向增益 A_0 的放大器，且其位於單增益回授迴路的兩個極點為 10 MHz 和 500 MHz 之放大器。計算相位安全邊限為 60° 時的 A_0 值。

10.2 一個具有正向增益 A_0 的放大器其兩個極點都位於 ω_p。計算 60° 相位安全邊限的最大 A_0 值，其閉路增益分別為 (a)1；(b)4。

10.3 一個放大器其正向增益為 A_0 = 1000，且其兩個極點為 ω_{p1} 和 ω_{p2}。當 ω_{p1} = 1 MHz，計算單增益回授迴路的相位安全邊限，如果 (a)ω_{p2} = 2ω_{p1}；(b)ω_{p2} = 4ω_{p1}。

10.4 一個單增益閉路放大器在增益交錯點附近顯示了 50% 的頻率峰值，其相位安全邊限為何？

10.5 考慮圖 10.47 的轉阻放大器，其中 R_D=1 kΩ，R_F = 10 kΩ，g_{m1} = g_{m2} = 1/(100 Ω)，C_A = C_X = C_Y = 100 fF。忽略其他電容並假設 λ = γ = 0，計算電路的相位安全邊限（提示：在節點 X 打斷迴路）。

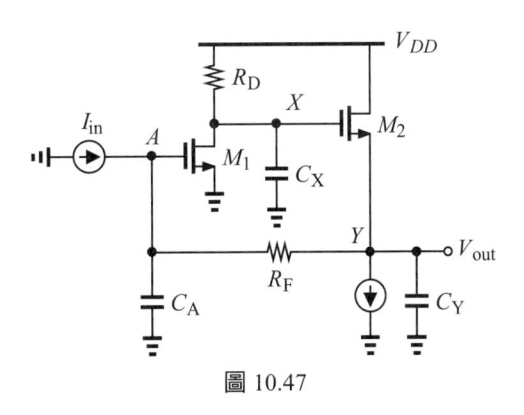

圖 10.47

10.6 習題 10.5 中，如果 R_D 增加為 2 kΩ 時，其相位安全邊限為何？

10.7 若習題 10.5 中放大器所需的相位安全邊限為 45° 時，在其他另外兩個電容保持固定不變時，(a)C_Y；(b)C_A；(c)C_X 的最大值為何？

10.8 證明圖 10.32 的電路零點為 (10.32)，利用圖 6.18 的方法。

10.9 考慮圖 10.48 的放大器，其中 $(W/L)_{1-4}$ = 50/0.5 且 I_{SS} = I_1 = 0.5 mA。

(a) 將小信號電阻和接地電容相乘來估計節點 X 和 Y 的極點。假設 C_X = C_Y = 0.5 pF，對於單增益回授而言，其相位安全邊限為何？

(b) 如果 C_X = 0.5 pF，對單增益回授能產生 60° 相位安全邊限的最大容許 C_Y 值為何？

圖 10.48

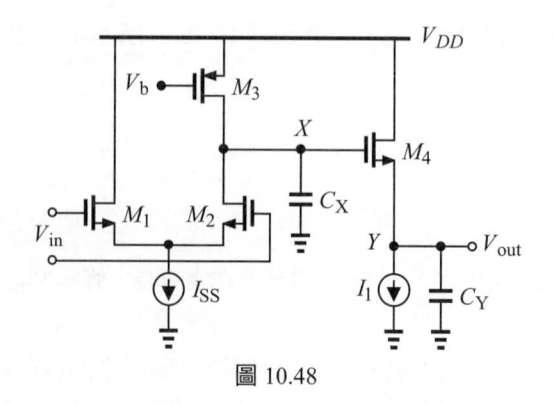

10.10 估算習題 10.9(b) 中運算放大器在 (a) 和 (b) 情況中的迴轉率。

10.11 圖 10.49 的雙級運算放大器中，除了 $M_{5,6}$ 以外，$W/L = 60/0.5$，$I_{SS} = 0.25$ mA；且每個輸出分支偏壓於 1mA。

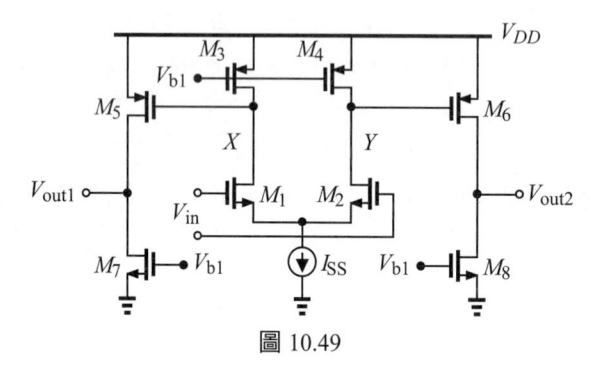

圖 10.49

(a) 求出節點 X 和 Y 之共模位準。

(b) 計算最大輸出電壓振幅。

(c) 如果每個輸出端皆負載 1 pF 電容，利用米勒放大效應在相位安全邊限 60° 的單增益回授中，補償運算放大器。計算補償後的極點和零點位置。

(d) 計算必須和補償電容串聯、讓零點位於次要極點上方的電阻值。

(e) 求出其迴轉率。

10.12 習題 10.11(e) 中，極點零點抵消電阻可利用圖 10.34 的 PMOS 元件來實現。如果 $I_1 = 100\ \mu A$，計算 M_{13}–M_{15} 的尺寸大小。

10.13 計算圖 10.49 所示運算放大器中輸入相關熱雜訊電壓。

10.14 圖 10.50 描述了一使用電壓－電流回授的轉阻放大器。注意回授因子可能因為 M_3 而超過一。假設 I_1–I_3 為理想電流源，$I_1 = I_2 = 1$ mA，$I_3 = 10\ \mu A$，$(W/L)_{1,2} = 50/0.5$ 且 $(W/L)_3 = 5/0.5$。

(a) 在 M_3 閘極打斷迴路，估算開路轉移函數的極點。

(b) 如果在 M_1 閘極和汲極間增加一電容 C_C 以補償電路時，使其相位安全邊限達到 60° 之 C_C 值為何？並求出補償後的極點。

(c) 計算必須和 C_C 串聯讓輸出級的零點位於第一個次要極點上的電阻值？

10.15 重複習題 10.14，如果輸出節點負載 0.5 pF 電容時。

10.16 假設在圖 10.50 電路中，輸入一大負電流讓 M_1 暫時關閉，其輸出端迴轉率為何？

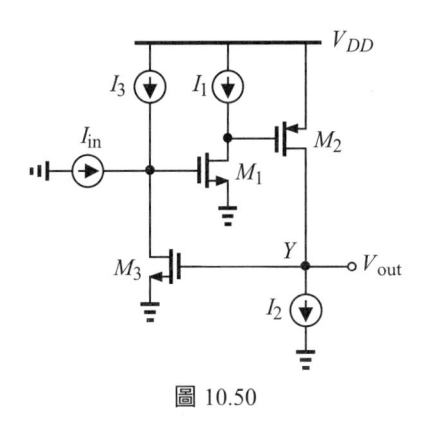

圖 10.50

10.17 解釋為何在圖 10.50 電路中，其補償電容不該置於 M_2 或 M_3 的閘極和汲極之間。

10.18 求出圖 10.50 和習題 10.14(c) 電路的輸入相關雜訊電流。

10.19 在雙級運算放大器中利用一零點消除極點，產生了「成對」(doublet) 的問題。如果極點和零點不完全一致，就會出現成對。出現成對現象的回授電路步級響應也是該關注的部份。假設雙級運算放大器的開路轉移函數可表示為

$$H_{open}(s) = \frac{A_0\left(1 + \dfrac{s}{\omega_z}\right)}{\left(1 + \dfrac{s}{\omega_{p1}}\right)\left(1 + \dfrac{s}{\omega_{p2}}\right)} \tag{10.52}$$

理想上，$\omega_z = \omega_{p2}$ 且回授電路顯示了一次特性，亦即其步級響應包含單一時間常數且無突出 (overshoot)。

(a) 證明單增益回授迴路的傳移函數為

$$H_{closed}(s) = \frac{A_0\left(1 + \dfrac{s}{\omega_z}\right)}{\dfrac{s^2}{\omega_{p1}\omega_{p2}} + \left(\dfrac{1}{\omega_{p1}} + \dfrac{1}{\omega_{p2}} + \dfrac{A_0}{\omega_z}\right)s + A_0 + 1} \tag{10.53}$$

(b) 求出 $H_{closed}(s)$ 的兩個極點，假設間隔非常寬。

(c) 假設 $\omega_z \approx \omega_{p2}$，且 $\omega_{p2} \ll (1 + A_0)\omega_{p1}$，將 $H_{closed}(s)$ 表示為

$$H_{closed}(s) = \frac{A\left(1 + \dfrac{s}{\omega_z}\right)}{\left(1 + \dfrac{s}{\omega_{pA}}\right)\left(1 + \dfrac{s}{\omega_{pB}}\right)} \tag{10.54}$$

並求出閉路放大器之小信號步級響應。

(d) 證明步級響應包含了一指數項 $(1 - \omega_z/\omega_{p2})\exp(-\omega_{p2}t)$。此重要結果，指出如果零點並未完全消除極點時，步級響應會顯現出一指數項，其強度與 $1 - \omega_z/\omega_{p2}$（與 ω_z 和 ω_{p2} 之間不匹配相關）和 $1/\omega_z$ 的時間常數成比例。

10.20 使用習題 10.11 結果並求出其放大器步級響應在 (a) 完美極點零點抵消作用時；(b) 極點和零點間有 10% 不匹配時。

10.21 有可能藉由增加第二條路徑，來提高摺疊式疊接運算放大器的電壓增益。如圖 10.51 中灰色部分，輸入信號也可經過一個有電流源負載（I_1 和 I_2）的差動對，並驅動原有運算放大器的電流源。當然，點 X 和 Y 有一個相當大的阻抗，因此會產生一個極點且讓相位邊界明顯衰減。

(a) 忽略 I_1 和 I_2 的通道長度調變效應，求出運算放大器低頻的增益。

(b) 考慮 X、Y、P、Q 和輸出點的電容，計算整體的轉移函數。零點是否有可能去除其中一個極點？

圖 10.51

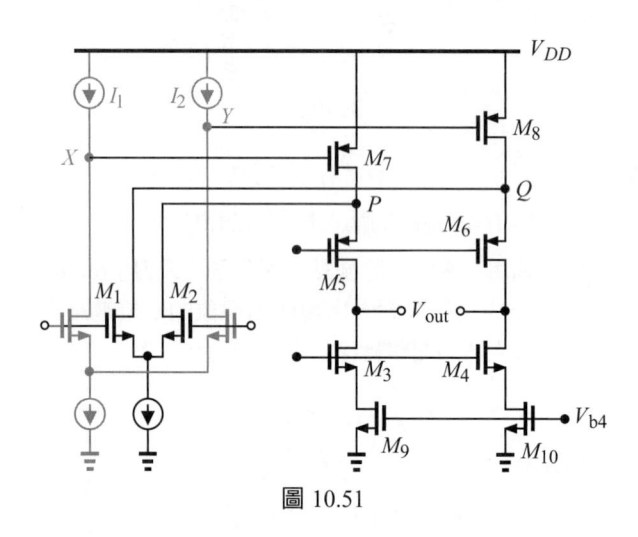

10.22 考慮圖 10.37(b) 的電路並假設 $I_{in} = I_{SS}u(t)$。且假設一個負載電容 C_L 從汲極接到地，寫出在輸出點的克希荷夫電流定律，並推算出用 V_{out} 表示的差分式。使用拉普拉斯轉換且使用部分分式，證明

$$V_{out}(t) = \frac{I_{SS}}{C_F}tu(t) - \frac{I_{SS}}{g_m}\left(1 + \frac{C_L}{C_F}\right)u(t) - \frac{I_{SS}}{g_m}\left(1 + \frac{C_L}{C_F}\right)\exp\frac{-t}{\tau}u(t) \quad (10.55)$$

其中 $\tau = C_L/g_m$，繪出以這三項次為時間函數，並求出 $V_{out}(t)$ 達到最小值的時間點。此結果指出輸出最初會下降並且假設會呈現上升的狀況。

10.23 一使用 $\beta = 1$ 的雙級運算放大器，補償到 60° 的相位邊界。如果將 β 減少到 $\beta_1 < 1$，求出新的相位邊界值。

第 11 章 奈米設計研究

前幾章已帶領各位領略了現今的類比電路領域,並說明重要概念及有用的架構。我們不時在電路設計上下功夫,但這都屬於小規模的工作。本章會透過兩個完整電路設計,來了解類比設計者完成設計時得需付出的心力。此設計的規格為使用 40 奈米 CMOS 製程,供應電壓為 1 伏特。各位在開始本章前,可以先複習第 9 章的運算放大器設計。

我們會先大略看一下奈米元件的非理想性和了解一些設計者所需要知道的電晶體參數,然後開始探究運算放大器的設計,透過模擬來優化放大器的效能。最後,我們會討論高速、高精準的放大器設計,並透過各種方法來達成低功率消耗。

11.1 電晶體設計考量

第 2 章中 MOSFET 的基本操作,包含了一些二階效應。在之前討論中包含了大信號模型(包含了三極管區的二次等式以及飽和區的平方律),而出現以下兩項必要的情形 (1) 當電晶體因為輸入或輸出信號而出現大電壓(或電流)改變時,此時電晶體是違反小信號模型,或 (2) 當電晶體須偏壓,需要計算某些端點電壓來得到特定電流值。在類比設計中,上述的例子前者偶爾會發生,後者則總是會遇到。

奈米 MOSFET 的大信號特性明顯偏移了之前建立的「長通道」模型。當製程精進,如 MOS 的大小微縮,除第 2 章提到的幾個非理想效應,還會產生其他效應,因而改變了電流/電壓關係特性。舉例來說,圖 11.1 繪出了一 NFET 中 I_D-V_{DS} 真實的特徵曲線,使用 W/L = 5 μm/40 nm 且 $V_{TH} \approx 300$ mV(使用 BSIM4 模型)相對於「最適」長通道平方律近似。我們觀察到這兩個模型明顯的差異。因此即使我們不太關注電路大信號分析,仍會遇到使用平方律計算偏壓的問題。

本節會先考慮一些會讓長通道模型不準的「短通道」效應。值得注意的是,第 2 章的 MOS 小信號模型仍適用於短通道元件,而本書會繼續使用小信號模型來進行類比電路的初步分析。但必須要修正 g_m 和 r_O 參數和偏壓間的關係。

圖 11.1 中顯示了 40 奈米製程中,因為嚴重的通道長度調變效應,而難以區分元件位於三極管區還是飽和區。但我們仍可連結出每條曲線的「膝點」(轉折點)作為三極管區和飽和區的大略分界。圖 11.2 針對 V_{GS} 變化範圍繪出特徵曲線,V_{GS}-V_{TH} = 50 mV, 100 mV, ..., 350 mV。我們看到膝點小於 0.2 V(在此,使用 W = 5 μm 且 $V_{TH} \approx 200$ mV)。

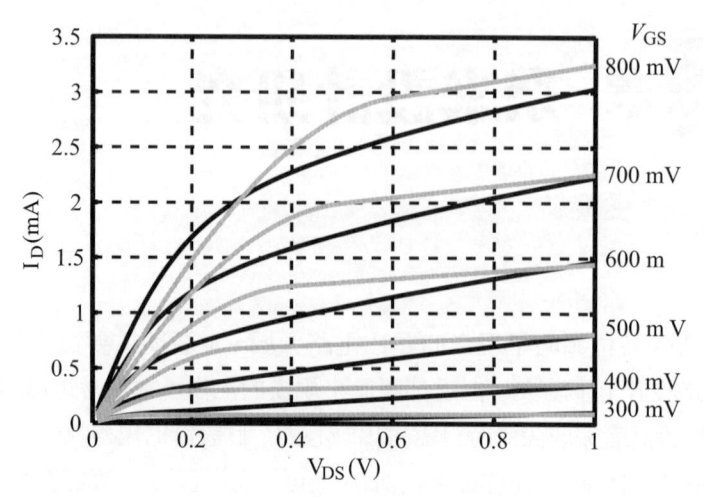

圖 11.1 使用 5 μm/40 nm 的元件電流－電壓曲線（黑線），使用最適平方律的元件（灰線）（V_{GS} 從 300 mV 增加到 800 mV，以每 100 mV 為間隔）

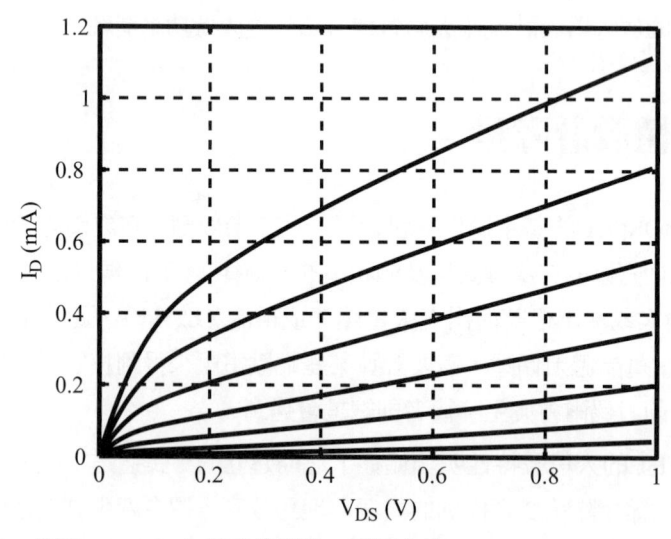

圖 11.2 使用 5 μm/40 nm 的元件電流－電壓曲線，$V_{GS} - V_{TH}$ = 50, ... , 350 mV

11.2 深次微米效應

在各種短通道效應中，其中兩種效應在此階段特別重要。這兩種都和通道中載子的移動率有關，我們以經假設載子速率等於 $v = \mu E$，其中 E 代表電場。我們在此重新檢視此假設。

速率飽和

在 MOSFET 中，當 V_{DS} 和延著源極－汲極方向的電場增加時，v（速率）不會隨之線性增加（圖 11.3）。

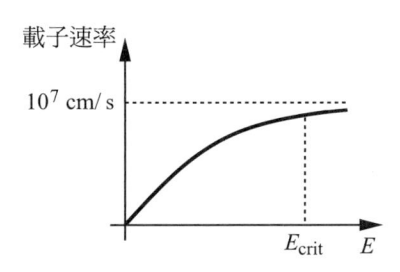

圖 11.3 在高電場中速率飽和

此現象稱為載子「速率飽和」或是移動率（速率對電場的斜率）下降。在 MOSFET 中的通道長度變小時，此效應會更明顯，當 1 μm 變成 40 nm（大概相差 25 倍），源極－汲極間可容許壓差從 5 V 變成 1 V。如圖 11.3，切面電場會超過 E_{crit}（≈ 1 V/μm）。

我們在處理速率飽和的模型會先考慮極端狀況，假設載子達到飽和速率 v_{sat}，載子從源極出發，因為 $I = Q_d \cdot v$，其中 Q_d 是電荷密度（單位長度）且已知 $WC_{ox}(V_{GS} - V_{TH})$，可以得到，

$$I_D = WC_{ox}(V_{GS} - V_{TH})v_{sat} \tag{11.1}$$

極端的飽和速率產生了三次與平方律特性不同的偏離。首先，元件電流是和驅動電壓成線性比例且和通道長度無關。[1] 第二，電流在 $V_{DS} < V_{GS} - V_{TH}$ 時就達到飽和區間（圖11.4），如圖 11.2 所示，膝點發生在相對於驅動電壓（~350 mV）小的 V_{DS}。第三，一個完全速度飽和 MOSFET 的轉導如下：

$$g_m = \frac{\partial I_D}{\partial V_{GS}}\Big|_{V_{DSconst}} \tag{11.2}$$

$$= WC_{ox}v_{sat} \tag{11.3}$$

對 I_D 和 V_{GS} 為一相對常數值。以圖 11.2 為例，V_{GS} 從 250 mV 到 300 mV，I_D 的改變量是幾乎和 V_{GS} 從 300 mV 到 350 mV 區間相同。

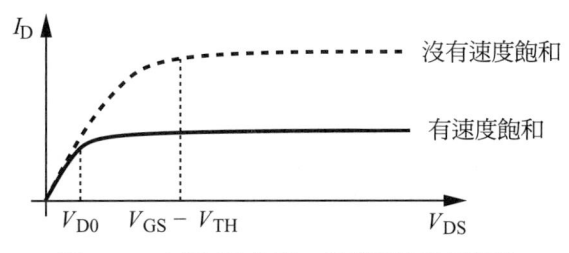

圖 11.4 由於速率飽和，汲極電流提早飽和

---

[1] 只要 L 夠小且 V_{DS} 夠大，就會造成速率飽和。

垂直電場造成的移動率下降

通道中電荷載子的移動率會隨著閘極－源極電壓和垂直電場上升而下降（圖 11.5）。

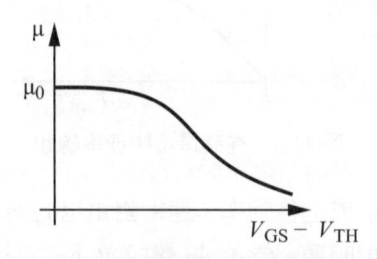

圖 11.5 因為垂直電場，移動率下降

移動率下降對於元件轉導有什麼影響呢？我們直觀地預期 g_m 可能不會和驅動電壓成線性關係 $g_m = \mu C_{ox}(W/L)(V_{GS} - V_{TH})$。圖 11.6 顯示所使用 5 μm/40 nm NFET 的特性。

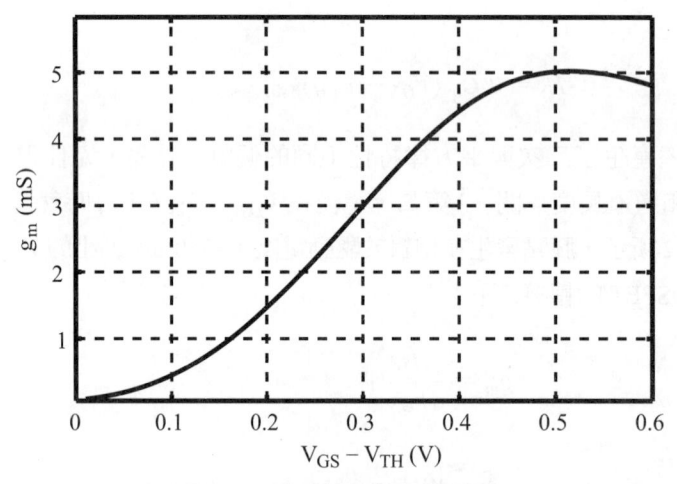

圖 11.6 驅動電壓對轉導作圖

範例 11.1

估算圖 11.5 中的移動率

$$\mu = \frac{\mu_0}{1 + \theta(V_{GS} - V_{TH})} \tag{11.4}$$

其中 θ 是一個對於 (電壓)$^{-1}$ 的正比因子，求出因為移動率衰減 MOSFET 的轉導。

解 可以列出算式如下

$$I_D = \frac{1}{2} \frac{\mu_0 C_{ox}}{1 + \theta(V_{GS} - V_{TH})} \frac{W}{L} (V_{GS} - V_{TH})^2 \tag{11.5}$$

因此

$$g_m = \mu_0 C_{ox} \frac{W}{L} \frac{(\theta/2)(V_{GS} - V_{TH})^2 + V_{GS} - V_{TH}}{[1 + \theta(V_{GS} - V_{TH})]^2} \tag{11.6}$$

一如預期，因為 $\theta(V_{GS} - V_{TH}) \ll 1$，可以得到 $g_m \approx \mu_0 C_{ox}(W/L)(V_{GS} - V_{TH})$。在其他極端的狀況，如果 $(V_{GS}-V_{TH}) \gg 2/\theta$，則 g_m 趨近於一常數值：$g_m \approx (1/2)\mu_0 C_{ox}(W/L)/\theta$。

一般來說，必須考慮了剖面和垂直電場（V_{DS} 和 V_{GS} 所造成的電場），移動率會下降。無論如何，上述簡單的結果適用於大部分我們已學到的類比設計。

11.3 轉導的調整

元件轉導在每個類比電路中都會出現。假設電晶體在飽和區運作但並無法提供足夠的轉導值。第 2 章中提過的轉導 g_m 等式

$$g_m = \mu_n C_{ox} \frac{W}{L}(V_{GS} - V_{TH}) \tag{11.7}$$

$$= \sqrt{2\mu_n C_{ox} \frac{W}{L} I_D} \tag{11.8}$$

$$= \frac{2I_D}{V_{GS} - V_{TH}} \tag{11.9}$$

調整三個參數 W/L、$V_{GS} - V_{TH}$ 或 I_D，就能調整 g_m。我們來看此情況：假設使用一長通道元件，也因此 $I_D \approx (1/2)\mu_n C_{ox}(W/L)(V_{GS} - V_{TH})^2$。也就是說 $V_{GS} - V_{TH} \approx \sqrt{2I_D/(\mu_n C_{ox} W/L)}$。在此情況下，我們維持其中一個參數為常數，然後改變其他兩個參數。

從 11.7，我們維持 $V_{GS} - V_{TH}$ 然後增加 W/L。如此 g_m 和 I_D 都會隨著 W/L 線性調整（為什麼？）〔圖 11.7(a)〕，功率消耗也是如此。此外，我們能增加 $V_{GS} - V_{TH}$ 但讓 W/L 為常數〔圖 11.7(b)〕，所以所需的汲極電流更大。在前一個例子中，元件電容會增加，而後者 $V_{DS,min}$ 會上升。本章會交替使用 $V_{DS,min}$、$V_{D,sat}$ 和 $V_{GS}-V_{TH}$。

由 (11.8)，我們可以保持 I_D 不變並增加 W/L〔圖 11.7(c)〕，如此一來，$V_{GS} - V_{TH}$ 會變低（為什麼？），因為次臨界區，所以 g_m 並不會變得無窮大。如果我們保持 W/L 不變但增加 I_D〔圖 11.7(d)〕，如此 $V_{GS}-V_{TH}$ 和 $V_{DS,min}$ 一定會上升。

由 (11.9)，我們可以讓 $V_{GS}-V_{TH}$ 為定值然後增加 I_D〔圖 11.7(e)〕。這需要增加 W/L。或者，我們可以降低 $V_{GS} - V_{TH}$ 來維持 I_D 值〔圖 11.7(f)〕，也就是說 W/L 必須要增加。對於 $V_{GS}-V_{TH} \approx 0$，元件會進入次臨界區且 $g_m \approx I_D/(\xi V_T)$。在此兩例中，元件電容都會上升。

接著考慮上述六種與奈米元件相關的情況。我們注意到圖 11.7 仍維持定性，但 g_m 和驅動電壓等式更為複雜。圖 11.7(a) 的例子特別有趣且實用，我們接著在下列範例中更進一步說明。

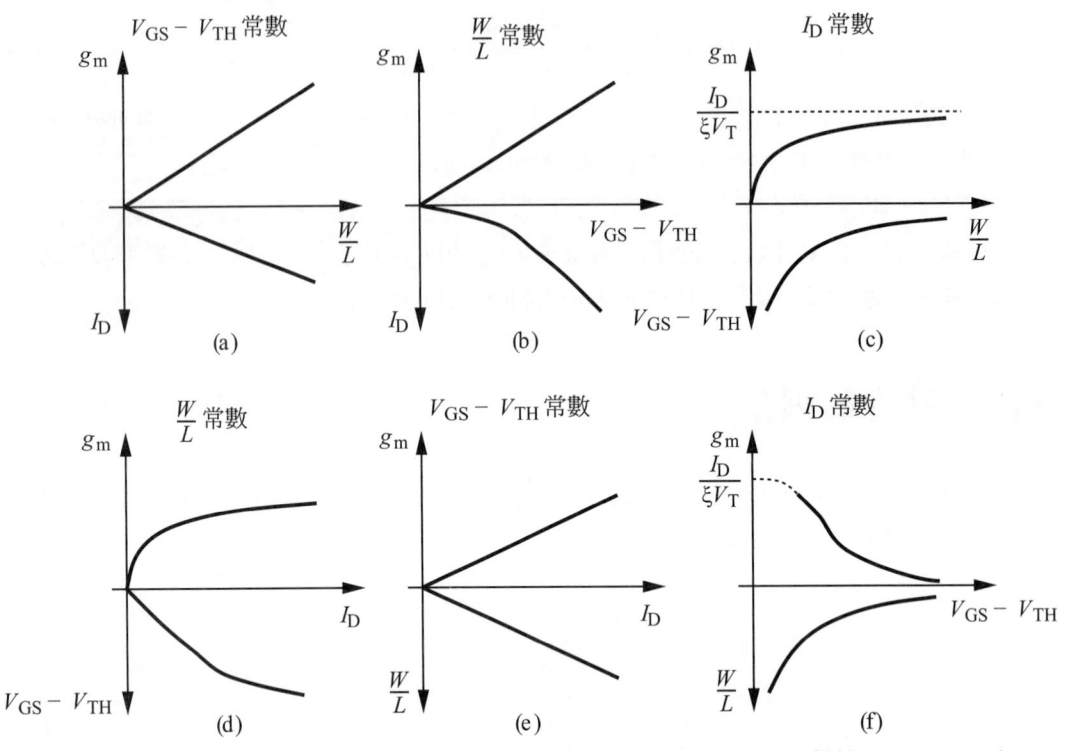

圖 11.7　(a) g_m 和 I_D 對於 W/L，(b) g_m 和 I_D 對於 $V_{GS}-V_{TH}$，(c) g_m 和 $V_{GS}-V_{TH}$ 對於 W/L，(d) g_m 和 $V_{GS}-VT_H$ 對於 I_D，(e) g_m 和 W/L 對於 I_D 及 (f) g_m 和 W/L 對於 $V_{GS}-V_{TH}$ 的相關性

範例 11.2

如圖 11.7(a) 所示，無論電晶體特性，藉由調整 W/L 來線性調整 g_m 和 I_D 都成立（為什麼？）

解　舉例來說，考慮兩個相同的電晶體並聯（圖 11.8），其中每個都有轉導值 g_m。如果 V_{GS} 增加 ΔV 值，每個元件的汲極電流也會增加 $g_m \Delta V$，因此組合元件電流會改變 $2g_m \Delta V$。也就是說並聯組合產生 $2g_m$ 轉導。結論就是，如果增加電晶體的寬度和汲極電流一個倍數 K (>1)，等效上就是將 K 個電晶體並聯來增加 K 倍的 g_m。這樣的調整能保持元件「電流密度」(I_D/W) 不變。注意在此偏壓下，驅動電壓保持不變且 g_m/I_D 值也不變，後者特性證明是有用的。

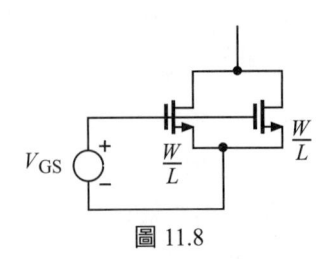

圖 11.8

如圖 11.7 中的 6 種情況，實際上哪一種更為通用？因為現今類比電路必須要在較低電壓（大約 1 V）下運作，我們通常會將 $V_{GS}-V_{TH}$ 限制在幾百毫伏。因此要得到一定轉導值，我們首先必須持續增加寬度到顯著增加 g_m 的程度〔圖 11.7(c)〕。所以當 g_m 達到一個常數值（在次臨界區），寬度不再是決定性因子，而讓增加汲極電流成為單獨增加 g_m 的參數〔圖 11.7(d)〕。但增加 I_D 時，$V_{GS}-V_{TH}$ 可能會超過指定值，因而迫使我們必須訴諸圖 11.7(e) 的狀況〔和圖 11.7(a) 相同〕。這些試誤法看似雜亂無章，但別絕望！本節就是要建立一種有條理的電晶體設計方法。我們先從以下這個重要範例開始。

範例 11.3

一長寬比 $(W/L)_{REF}$ 的電晶體呈現如圖 11.9(a) 的 g_m-I_D 特徵曲線圖。

(I) 假設電晶體一開始的偏壓電流 $I_D = I_{D1}$，如果寬度變成兩倍但保持 $V_{GS}-V_{TH}$ 不變，電晶體的轉導和汲極電流會發生什麼變化？(II) 重複 (I) 若用一較大驅動電壓。(III) 如果我們想在偏壓電流 I_{DX} 得到一轉導 g_{mx}，要如何調整電晶體？

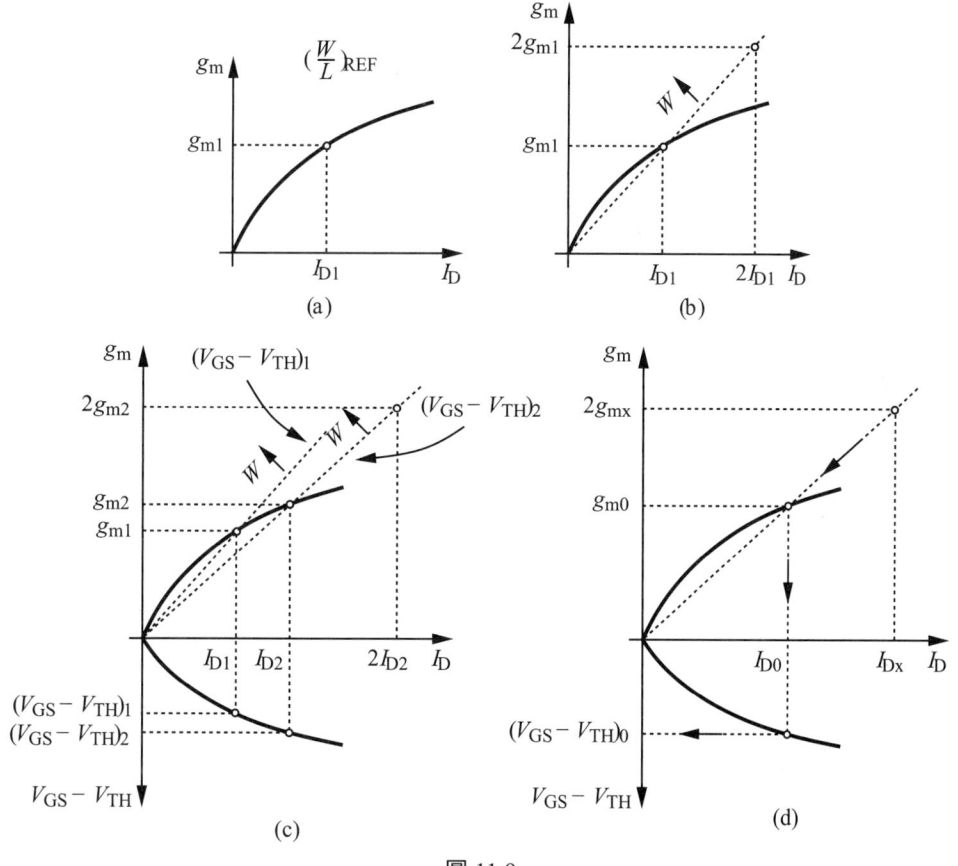

圖 11.9

解 (I) 保持 $V_{GS}-V_{TH}$ 為常數，將寬度倍增，如此轉導和電流都會倍增（範例 11.2）。因為 g_m/I_D 是常數，要在 g_m-I_D 平面得到此點，我們畫出一條經過原點和 (I_D, g_{m1}) 的直線，接

著連到點 $(2I_D, 2g_{m1})$〔圖 11.9(b)〕。因此，若驅動電壓維持定值，透過調整 W 而得到的所有 (I_D, g_m) 組合，都會落於這條線上。

(II) 若我們一開始用一較大驅動電壓 $(V_{GS} - V_{TH})_2$，那 (I_D, g_m) 點可能落於其他點 (I_{D2}, g_{m2})〔圖 11.9(c)〕。我們再畫一次通過原點和 (I_{D2}, g_{m2}) 的直線，然後連到點 $(2I_{D2}, 2g_{m2})$。因此，每條在 g_m-I_D 平面上的此類型直線，代表透過調整已知驅動電壓 W 能得到的 (I_D, g_m) 點。

(III) 畫一條通過原點和點 (I_{DX}, g_{mx}) 的直線〔圖 11.9(d)〕。g_m 圖和直線的交點可以得到一個具有適當驅動電壓 $(V_{GS} - V_{TH})_0$ 的「參考」點及可以接受的 (I_{D0}, g_{m0}) 組合。如果 W 上升一個因子 g_{mx}/g_{m0} $(= I_{DX}/I_{D0})$，且驅動電壓保持 $(V_{GS} - V_{TH})_0$，就能得到所需轉導和電流。

11.4 電晶體設計

各位可能會注意到，目前電路中的電晶體特性可能取決於多個參數。本節假設電晶體在飽和區運作，致力於兩種偏壓值 I_D 及 $V_{GS} - V_{TH}$ $(= V_{DS,min})$，一個小信號參數 g_m，及一實體參數 W/L。典型的電晶體計問題會先設定前三個參數中的兩個，然後求出另外兩個參數（表 11.1）。我們想建立一個有系統的方法來計算奈米元件中兩個參數。這邊雖然未列出輸出阻抗 r_O，但其在許多電路中扮演了重要角色。11.4.5 節中會將此參數納入討論。

表 11.1　電晶體設計中三種不同的狀況

	狀況一	狀況二	狀況三
已知	I_D、$V_{DS,min}$	g_m、I_D	g_m、$V_{DS,min}$
待決定參數	W/L、g_m	W/L、$V_{DS,min}$	W/L、I_D
修改設計	G_m 不夠；加大 I_D 和 W/L	$V_{DS,min}$ 太大；加大 W/L	I_D 太大；加大 W/L；降低 $V_{GS\text{-}VTH}$

各位可能意識到表 11.1 中的設計問題可能「限制太多」，例如已知兩個參數無可避免會讓其他兩個參數連帶受限——即使最後結果可能不一定是預期的。舉例來說，已知 I_D 和 $V_{DS,min}$ 能直接求得 g_m，但 g_m 可能不符合特定電路需求。在此例中，我們必須依表中最後一列來修正設計。雖然我們接下來會詳細闡述，但先初步解釋一下。狀況一因為 g_m 不足，會需要較高的 I_D（可能會超出功率預算）和較大的 W/L（滿足特定的 $V_{DS,min}$）。狀況二的已知 I_D 和 g_m 可能會產生一很大的 $V_{DS,min}$ 值，因此要增加 W/L。狀況三所需的 I_D 可能會過大，所以要更大的 W/L 和較小的驅動電壓。[2]

---

[2] 在狀況一與狀況二中，只有在元件不進入次臨界區時，增加 W/L 能放寬 g_m-I_D 的取捨。

11.4.1 已知 I_D 和 $V_{DS,min}$ 的設計

類比電路中常見的狀況：我們在電路的某特定電晶體中，選定一偏壓電流（或許是根據功率預算）及一最小 V_{DS}（或許根據電壓餘裕，如供應電源限制及所需擺幅）。[3] 我們想求出元件的大小和轉導，但因為平方律等式很不準確。當然，藉由電晶體模型，我們能模擬該元件來得到此值，但我們想找到一種更有系統且較不費勁的方法。我們的方法可分為以下三步驟。我們以 I_D = 0.5 mA 和 $V_{DS,min}$ = 200 mV 為例。

步驟一 選取一個「參考」電晶體，其寬度 W_{REF} 和長度等於最小容許值 L_{min}（例如 L_{min} = 40 nm）。選取 W_{REF} = 5 μm 為例。

步驟二 使用一精準元件模型和電路模擬器，針對參考電晶體不同的 $V_{GS} - V_{TH}$，畫出 I_D-V_{DS} 曲線圖。在典型類比電路中，V_{GS}-V_{TH} 範圍介於 50 mV 到 600 mV 之間。我們以 50 mV 為步階，建立電晶體的特徵曲線。[4] 圖 11.10 顯示使用 W_{REF}/L_{min} = 5 μm/40 nm 的結果（在此為求清楚，只標示 V_{GS}-V_{TH} = 50 mV 至 350 mV 的值）。

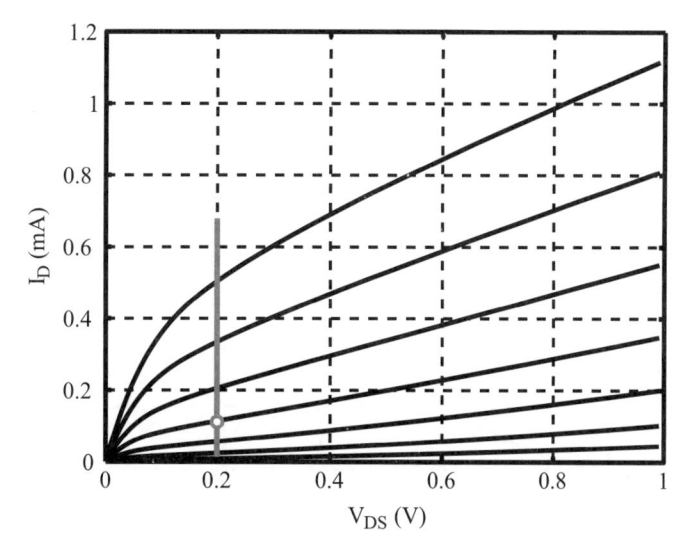

圖 11.10　當 V_{GS}-V_{TH} = 50 mV … 350 mV 且步階等於 50 mV 時，參考元件的汲極電流

步驟三 我們以 I_D = 0.5 mA 及 $V_{DS,min}$ = 200 mV 為例，在 V_{DS} = 200 mV（圖 11.10），畫出一條垂直線，並找出其和圖中曲線的交點。哪個交點是我們要選取的？若元件遵循平方律，我們會選取 V_{GS}-V_{TH} = $V_{DS,min}$ = 200 mV。但在 V_{GS}-V_{TH} = 350 mV 和 V_{DS} = 200 mV 時，短通道元件可能仍然處於飽和區，所以狀況就較複雜，但我們先使用 V_{GS}-V_{TH} = 200 mV。

步驟四 對於參考電晶體來說，上述步驟已得到一個滿足 V_{DS} 需求的操作點。汲極

---

3 我們假設已知供應電壓。
4 本書只處理普通反轉和強反轉的狀況，也是類比電路中常見的狀況。

電流 $I_{D,REF}$ 可能並不會接近此例所需值 0.5 mA。我們該怎麼辦？我們現在必須調整電晶體的寬度，而電晶體的汲極電流就會跟著改變。因為圖 11.10，$I_{D,REF} \approx 100 \ \mu A$，我們可以選取電晶體寬度 $(500 \ \mu A/100 \ \mu A) \times W_{REF} = 5W_{REF} = 25 \ \mu m$。

稍早參考電晶體的轉導是多少呢？我們知道從圖 11.10 中，當 $V_{GS} - V_{TH}$ 從 200 mV 增加到 250 mV 時，I_D 會改變 100 μA。因此 $g_m \approx 100 \ \mu A/50 \ mV = 2 \ mS$。因為驅動電壓的改變並非和起始值 200 mV 一樣小，我們也許要求出一個更精準的 g_m 值。為此目的，我們回頭來看參考電晶體。我們透過模擬來設定 $V_{DS} = 200 \ mV$，畫出轉導值。以一個符合平方律的元件來看，此圖應該是一條直線 $g_m = \mu_n C_{ox}(W_{REF}/L_{min})(V_{GS} - V_{TH})$，但因為短通道效應，$g_m$ 最終會飽和。如圖 11.11 所示，結果顯示當 $V_{GS} - V_{TH} = 200 \ mV$ 時，$g_m = 1.5 \ mS$。如果寬度和汲極電流都放大 5 倍，g_m 也會上升同倍數（範例 11.2），達到 7.5 mS。如表 11.1 所示，如果轉導不夠，必須增加 W/L。

在使用參考元件得到 I_D 與 g_m，我們能調整來求得電路中電晶體的寬度設計和轉導值，主要關鍵在於只需要進行一次 I_D 和 g_m 模擬（在已知的通道長度下），但適用於大部分的電路設計。

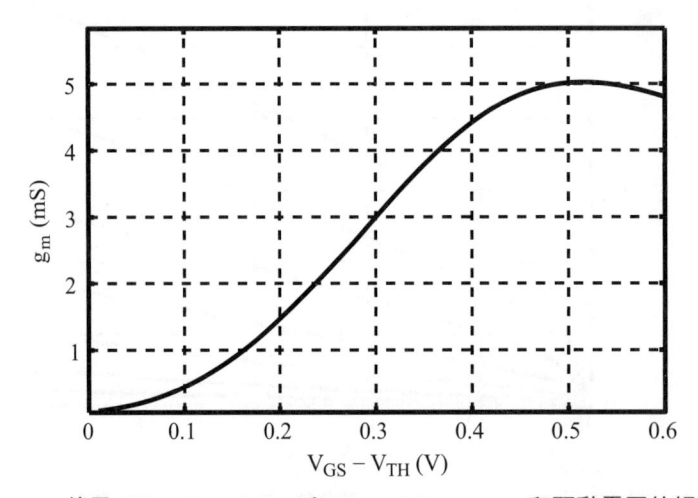

圖 11.11　使用 $W/L = 5 \ \mu m/40 \ nm$ 和 $V_{DS} = 200 \ mV$，g_m 和驅動電壓的相依性

圖 11.10 是否能選取較大的驅動電壓？假設我們選取 $V_{GS} - V_{TH} = 250 \ mV$，從圖 11.11 可得到參考電晶體的 $I_D = 200 \ \mu A$ 和轉導值約為 2.3 mS。如果將寬度調整為 12.5 μm，帶 500 μA，電晶體能產生 $2.5 \times 2.3 \ mS = 5.75 \ mS$ 的轉導。這和上一例比起來，此轉導值較低（7.5 mS）。這是因為 $g_m = 2I_D/(V_{GS} - V_{TH})$ 在飽和區。我們要得到更大的轉導時，通常會選 $V_{GS} - V_{TH} \approx V_{DS,min}$，即使這樣會讓電晶體寬度比較大。

範例 11.4

如圖 11.12 電路所示，功率預算為 1 mW 且峰對峰輸出電壓擺幅為 0.8 V。假設 M_1 的 $L = 40$ nm，計算所需寬度。電晶體能否提供 $1/(50 \ \Omega)$ 的轉導？

圖 11.12

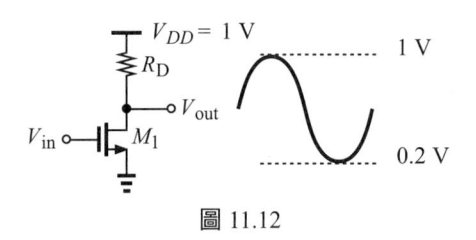

解 供應電壓 $V_{DD} = 1$ V 時，根據功率預算能得到偏壓電流最大 1 mA。為了讓電路達到 0.8 輸出電壓擺幅，M_1 必須要在 V_{DS} 下降至 0.2 V 時，仍在飽和區。我們回來看圖 11.10 的 I_D-V_{DS} 特徵曲線，回想一下 $V_{DS} = V_{GS} - V_{TH} = 200$ mV 時 $I_{D,REF} = 100$ μA。我們必須調整 W_{REF} 約 1 mA/0.1 mA 倍，得到 $W/L = 50$ μm/40 nm。轉導也會放大等倍數，達到 15 mS=1/(67 Ω)。注意，這些結果與 R_D 值無關。

結論是，如果只透過符合範例中的 I_D 和 V_{DS} 規格來設計電晶體，電晶體轉導並不會達到 1/(50 Ω)。

除了 I_D、V_{GS}-V_{TH} 和 g_m，電晶體的輸出阻抗在許多類比電路中也是重要的。在短通道元件無法以 1/(λI_D) 來表示 r_O。r_O 值可透過圖 11.2 中 I_D 曲線的斜率來估測，但為求簡便與準確，我們透過模擬來畫出參考電晶體 r_O 對 I_D 的作圖（圖 11.13）。

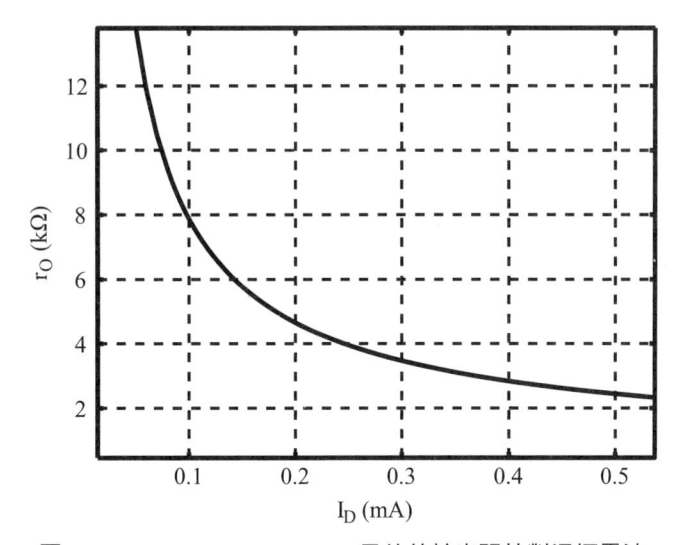

圖 11.13　5-μm/40-nm NMOS 元件的輸出阻抗對汲極電流

範例 11.5

求出範例 11.4 中 M_1 的輸出阻抗。

解 範例 11.4 的參考電晶體的偏壓電流 100 μA，輸出阻抗為 8 kΩ。因為電晶體的寬度和汲極電流都放大了 10 倍，所以輸出阻抗也會等倍縮小成 800 Ω。

11.4.2 已知 g_m 和 I_D 的設計

在許多類比電路當中，電晶體必須消耗最小功率，同時提供足夠的轉導。因此我們從已知轉導 g_{m1}，和汲極電流上限開始，找尋可能的 W/L 和 $V_{GS}-V_{TH}$ 值。本節假設 g_m = 10 mS 且 I_{D1} = 1mA。當然，首先就是要確認可否在 $I_D \leq I_{D1}$ 時就達到所需的 g_{m1} 值，最大的 g_m 值會發生在次臨界區（若 W/L 很大）且 $I_D/(\xi V_T)$，其中 $\xi \approx 1.5$（第 2 章）。舉例來說，如果 I_D = 1 mA，g_m 在室溫下不可能超過 26 mS。

因為在此例中，$g_{m1} < I_{D1}/(\xi V_T)$，我們能繼續電晶體的設計。各位可以先仔細看範例 11.3。

步驟 1 透過模擬，我們畫出參考電晶體 g_m 和 I_D 的關係圖，例如：W_{REF}/L_{min} = 5 μm/40 nm（圖 11.14）。

步驟 2 找出點 g_m-I_D 圖上的 (I_{D1}, g_{m1}) 點，畫出一條通過此點和原點得直線，得到交叉點 ($I_{D,REF}, g_{m,REF}$) = (240 μA, 2.4 mS) 和相對應的驅動電壓。

步驟 3 將 W_{REF} 乘上 $g_{m1}/g_{m,REF}$ = 4.2，在保持相同的驅動電壓下（範例 11.3），沿此直線接到 (I_{D1}, g_{m1})，就完成了電晶體設計。

上述步驟產生兩個問題。首先，穿過原點和點 (I_{D1}, g_{m1}) 的直線，是否真的會和 g_m-I_D 圖有交點？如果我們考慮在強反轉區且符合平方律元件，可得到 $g_m = \sqrt{2\mu_n C_{ox}(W/L)I_D}$ 在原點斜率無窮大，確認交點。換句話說，在次臨界區區間，$g_m \propto I_D$（圖 11.15）表示灰色區間中的 (I_D, g_m) 是不可能達到的。

第二個問題是，如果 $(V_{GS}-V_{TH})_{REF}$ 非常大？如表格 11.1，我們必須要增加 W，但是要加到多大？假設如圖 11.16，驅動電壓 $(V_{GS} - V_{TH})_2 < (V_{GS} - V_{TH})_{REF}$ 為預期目標。在 g_m-I_D 平面上，找出相對應的 I_{D2} 和轉導 g_{m2}。我們然後畫出一條通過原點和點 (I_{D2}, g_{m2}) 的直線，持續至 $I_D = I_{D1}$，將 W_{REF} 乘上 I_{D1}/I_{D2}。最後的寬度在汲原電壓 I_{D1} 會有 $(V_{GS} - V_{TH})_2$ 的驅動電壓且提供至少 g_{m1} 的轉導。此新轉導值 g'_{m1} 無可避免地會比較大，因為寬度放大倍數已超過 $g_{m1}/g_{m,REF}$（$= I_{D1}/I_{D,REF}$）。

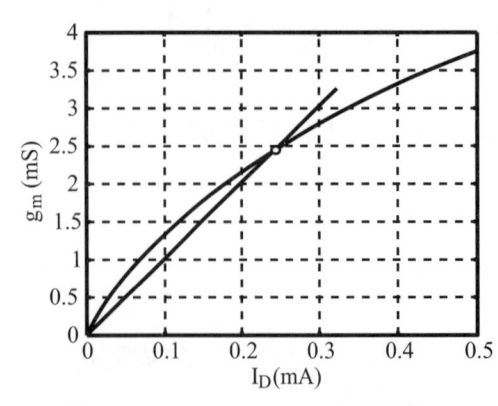

圖 11.14　W/L = 5 μm/40 nm 的轉導 I_D

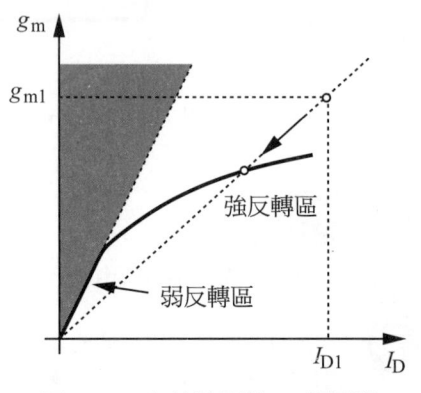

圖 11.15　無法達到的 g_m 值區間

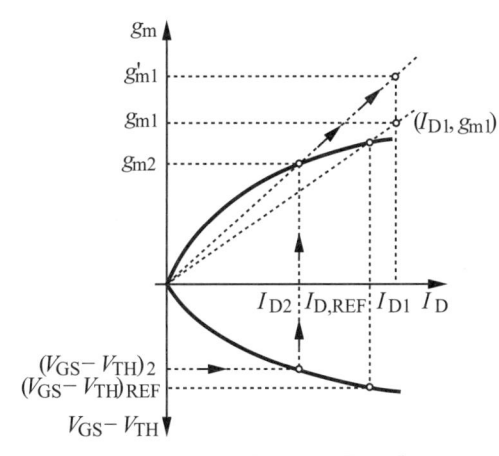

图 11.16　低驅動電壓改變電晶體設計

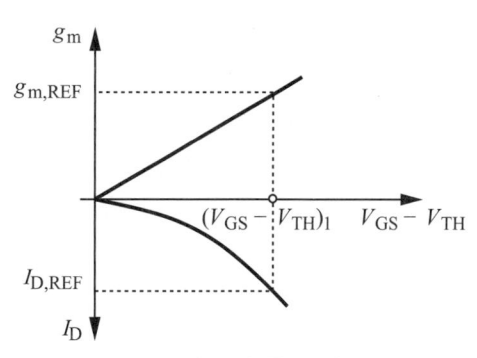

圖 11.17　已知驅動電壓計算 $g_{m,REF}$

11.4.3 已知 g_m 和 $V_{DS,min}$ 的設計

在某些設計中，轉導是取決於一些效能需求（電壓增益、雜訊等）及電壓餘裕的最小 V_{DS}——在沒有特定的 I_D 規格前提下。當然，每個電路都會面臨一些功率預算及偏壓電流上限。

在 $V_{DS,min}$ 取得 g_{m1} 轉導的設計流程如下：

步驟 1　我們用模擬來畫出 $V_{GS} - V_{TH}$ 的函數 g_{m1}，求得參考電晶體（圖 11.17）。現在，我們選取 $(V_{GS} - V_{TH})_1 = V_{DS,min}$ 且得到相對應的轉導 $g_{m,REF}$。在此例中，將 I_D 畫在相同的平面，然後找出 $(V_{GS} - V_{TH})_1$ 點的 $I_{D,REF}$ 是有幫助的。

步驟 2　要達到所需的轉導 g_{m1}，將電晶體寬度乘上 $g_{m1}/g_{m,REF}$ 倍。注意 I_D 也會乘上同倍數。

這兩個步驟就可以完成設計，但是如果得到的 I_D 很大怎麼辦？我們可以回想 11.4.2 節中的狀況二，針對 g_m 和 I_D 重新設計。現在此元件較寬且轉導較小。

我們在本章所看到的設計過程，已說明驅動電壓（或 $V_{D,sat}$）在元件設計中是不可或缺的。這是因為在現今低供應電壓的設計中，已經讓餘裕的問題更嚴峻。

11.4.4 已知 g_m 的設計

我們的方法是假設特定汲極電流和驅動電壓，也必須確定其他元件參數。因為功率消耗和餘裕在今日類比設計中相當重要，所以此假設在大多例子中是成立的。然而，若假設某設計只指定轉導值，我們想計算其餘參數，我們要如何選取電晶體汲極電流，驅動電壓和電晶體大小？

有兩個可能的情況。(1) 選定一 W/L 值然後提高 I_D 直到我們得到預期的轉導 g_{m1} 為止。此例需要 I_D，所以功率消耗也許很大。更重要的是，驅動電壓可能變得非常大，造成電壓擺幅的餘裕相當小。(2) 選取合理的 I_D（或許根據功率預算）及增加 W/L 來得到 g_{m1}。

在此狀況中，我們可能不一定能達到 g_{m1}，增加 W/L（因此 V_{GS} 下降）會讓電晶體進入次臨界區，其中 g_m 不可能超過 $I_D/(\xi V_T)$。這表示所選取的電流不夠，例如我們應該快速透過 $I_D/(\xi V_T)$ 來確認既有電流預算的轉導上限。

上述情況指出，當只有 g_{m1} 為已知時，要有系統的方法來選取電晶體參數。為達此目的，回頭來看一下參考電晶體的概念，並使用模擬針來建立圖形。如圖 11.18 所示，g_m 和 $V_{GS}-V_{TH}$ 是 I_D 的函數。[5] 我們一開始先選取一合理的 $V_{GS}-V_{TH}$，如 200 mV，對應到 $I_{D,REF}$ 和 $g_{m,REF}$。現在我們將電晶體寬度和汲極電流調整 $g_{m1}/g_{m,REF}$ 倍。

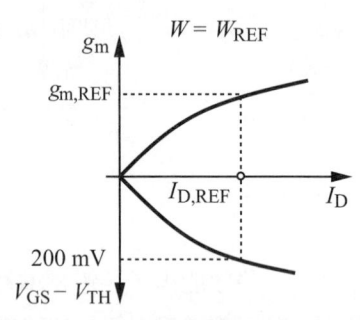

圖 11.18 將驅動電壓對應到 $g_{m,REF}$

如果上述方法產生一個很大的 I_D 會怎樣？我們可以選取一個較小的驅動電壓，如 150 mV 並重複之前的步驟。

11.4.5 選取通道長度

如果所選取的 I_D、$V_{GS}-V_{TH}$ 和 g_m 並無法產生夠大的 r_O，我們必須增加電晶體長度。當然，為保持相同汲極電流、驅動電壓和 g_m，也必須等倍放大寬度。然而，同時調整通道長度和寬度並不是那麼直接，因為布局長度從 L_{min} 調整到如 $2L_{min}$，等效長度從 $L_{min} - 2L_D$ 變成 $2L_{min} - 2L_D$，增加倍數小於 2。因為此原因，我們必須透過模擬建立例如 60 nm、80 nm 和 100 nm（布局通道長度）來呈現 I_D-V_{DS}、g_m 和 r_o 特性。

11.5 運算放大器設計範例

本節想透過第 9 章中的 40 nm 製程運算放大器設計範例，並將規格設定如下：

- 差動輸出電壓 = 1 V_{pp}
- 功率消耗 = 2 mW
- 電壓增益 = 500
- 供應電源 = 1 V

---

5 在此，V_{DS} 是一個常數且大約等於 $V_{DD}/2$，在奈米製程當中，不同的 V_{DS} 值會一定程度改變特性。

0.5 V 的單端輸出擺幅足夠小，讓伸縮或是摺疊串疊運算放大器是合理的選擇。我們在決定選擇是否使用雙級運算放大器前，先探討這些架構的可行性。

首先需要一些與電晶體大小相關的資訊。除非受到電流、轉導、$V_{D,sat}$、輸出阻抗或其他需求影響，我們想從最小容許寬度和長度開始。有趣的是，本節討論的設計中，所有電晶體寬度都比最小值還大。為求簡便，我們或許將布局寬度和長度調整成同倍數，即使 W/L 並不會保持一個定值。

11.5.1 伸縮運算放大器

伸縮運算放大器是否符合上述規格？本節要探討這個可能性。或許這行不通的，但我們能從中學到設計上的取捨。考慮如圖 11.19 的電路，其中總供應電流為 2 mA，讓 I_{REF1} 為 50 μA，I_{REF2} 為 50 μA，及每個差動對的支流為 0.95 mA。我們必須設定電晶體的汲極－源極電壓來讓單端峰對峰輸出振幅可達 0.5 V；例如，必須將剩餘的 0.5 V 跨壓給 M_9、$M_{1,2}$、$M_{3,4}$、$M_{5,6}$ 和 $M_{7,8}$。假定給每個電晶體的 V_{DS} 是 100 mV——即使 PMOS 元件的移動率可能較小。已知偏壓電流和驅動電壓，我們可以透過檢視電晶體的 I/V 特性來求出 W/L。

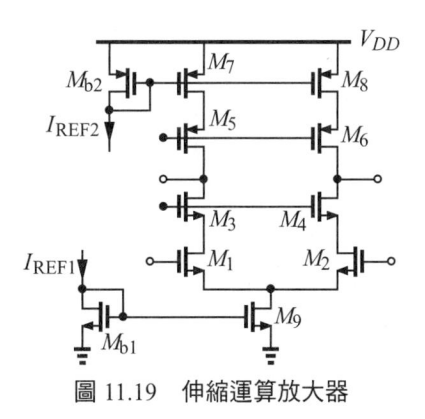

圖 11.19 伸縮運算放大器

在更深入探討之前，我們必須暫時以所需電壓增益，來思考設計的可行性。我們進行以下三種觀察 (1) 針對 L=40nm，NMOS 元件的內在增益 $g_m r_O$ 約為 7 到 10，PMOS 元件的內在增益則大約為 5 到 7，(2) 在使用合理的元件大小下，PFET 的 $g_m r_O$ 很難超過 10（除非使用較長的長通道長度，但速度會下降），及 (3) 如果假定 g_m 是 $2I_D/(V_{GS} - V_{TH})$ = 2 × 0.95 mA/100 mV = 19 mS，我們由 $g_m r_O \approx 10$ 大約可估算 $r_O \approx 530$ Ω。

接著將上述值運用至圖 11.19 的伸縮架構中。如果 $g_{m1,2} \approx$ 19 mS，增益 $G_m R_{out}$ 可達到 500，運算放大器輸出阻抗必須超過 26 kΩ 等於 $(g_{m5,6}r_{O5,6})r_{O7,8}$，也顯示設計的限制。然而，從觀察 (3) 的 $g_{m3,4}r_{O3,4} \approx 10$ 和 $r_{O7,8} \approx 530$ Ω，可得到 $(g_{m3,4}r_{O3,4})r_{O1,2} \approx 5.3$ kΩ；就算是 PMOS 元件的 λ = 0，僅能得到大約 100 的電壓增益。因為這 5 倍差而讓伸縮運算放大器不適用於增益 500 的設計。

出自於好奇心，我們仍然持續此設計，看能達到什麼樣的規格。為達此目的，我們

透過模擬，使用 L = 40 nm 和 80 nm 以建立 NMOS 和 PMOS 的 I/V 特徵曲線，可預期最小通道長度會得到相當低的阻抗 r_O 和增益 $g_m r_O$。模擬參數也必須確保元件要維持在飽和區 $|V_{DS}| \geq$ 100 mV。已知奈米製程中，無法清楚界定臨界電壓和驅動電壓，我們必須在模擬中調整 V_{GS} 來確保於飽和區中運作。

結果繪於圖 11.20(a)，使用 V_{GS} = 300 mV 和 $(W/L)_N$ = 5 μm/40 nm 及 10 μm/80 nm，圖 11.20(b) 則使用 V_{GS} = −400 mV 和 $(W/L)_P$ = 5 μm/40 nm 和 5 μm/80 nm。[6] 我們應該說明一下。首先，因為很難清楚區分三極管區和飽和區，特別是 PFET。事實上，40 nm PMOS 元件的特性很像一個電阻，且當 $|V_{DS}|$ 接近 400 mV 時，[7] 輸出阻抗呈現衰減的特性。對於其他三個特性，我們能大略確認一個斜率明顯下降的「膝」點，設計閘極−源極電壓使此膝點於此點 $|V_{DS}|$ = 100 mV。

其次，在 V_{DS} = 100 mV 時，10 μm/80 nm 的 NMOS 電晶體提供了一個 22.8 kΩ 的輸出阻抗，及 16 μA 的汲極電流。如果使用相同電壓將電流增加到 950 μA 電流，而電晶體只有 385 Ω 的輸出電阻！同樣 5 μm/80 nm 的 PMOS 電晶體在 V_{DS} = −100mV 有 18.45 kΩ 的 r_O 和 I_D =15 μA 的電流，因此如果將電流增加到 950 μA，提供 r_O = 290 Ω。雖然這麼低的 r_O 是無法接受，但是我們仍繼續探討此設計。

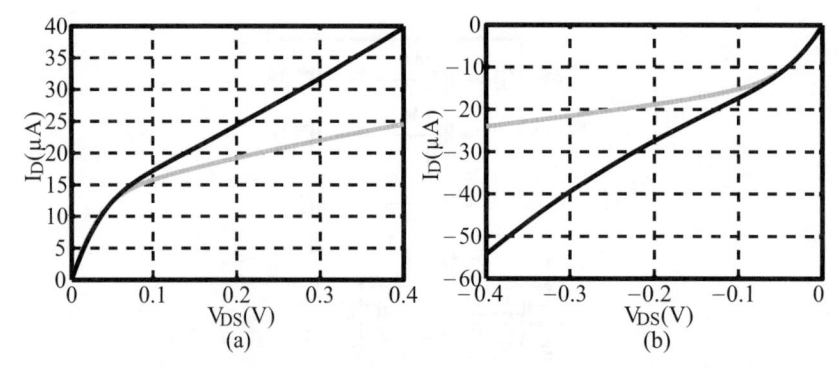

圖 11.20 (a) V_{GS} = 300 mV 和 W/L = 5 μm/40 nm（黑線）或 10 μm/80 nm（灰線）的 NMOS 元件，及 (b) V_{GS} = −400 mV 和 W/L = 5 μm/40 nm（黑線）或 5 μm/80 nm（灰線）的 PMOS 元件之 I_D-V_{DS} 特徵曲線

現在我們調整 NMOS 和 PMOS 元件寬度，達到 950 μA 的汲極電流，$V_{GS,N}$ = 300 mV、$V_{GS,P}$ = −400 mV 及 $|V_{DS}|$ = 100 mV。設計結果如圖 11.21 所示。[8] 以一般原則來看，我們選擇信號路徑上最小通道長度的元件，最大化其速度（或至少已知 g_m 下，最小化其電容）。在 40 nm 製程下使用這麼大的寬度來達到 950 μA 的汲極電流是令人驚訝的，無可避免這樣的設計會將 $|V_{DS}|$ 限制在 100 mV。

---

6 PMOS 的寬度在此並未調整來顯示當長度 L 加倍時，電流 I_D 的變化是小的。這是會發生的，因為當 L 從最小值增加時，V_{TH} 也會增加。

7 輸出阻抗的下降是因為汲極誘發障礙降低。

8 M_5 和 M_6 的基板都被接到相對應的源極來避免基板效應，雖非必要，這樣的安排可以降低 $|V_{GS5,6}|$，提供更多設計上的彈性空間。

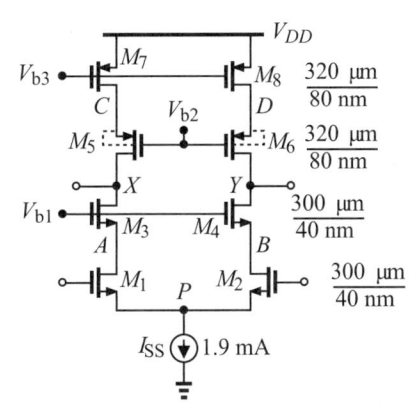

圖 11.21　伸縮運算放大器的初步設計

偏壓選擇暫時方法如下：(a) 輸入共模電壓 $V_{CM,in}$ 等於 100 mV 的尾電流源跨壓加上 $V_{GS1,2}$（約等於 300 mV），(b) V_{b1} 等於 $V_{D1,2}$（約 200 mV）加上 $V_{GS3,4}$（等於 300 mV），(c) V_{b2} 等於 $V_{DD}-|V_{DS7,8}|-|V_{GS5,6}|$，及 (d) V_{b3} 等於 $V_{DD}-|V_{GS7,8}|$。一旦使用這些設計參數，各位可能會面臨很低或是很高的輸出共模電壓。這是因為沒有共模回授的緣故，因此 $|I_{D7,8}|$ 會偏移 1.9 mA/2。目前我們藉由微調 V_{b3} 來避免這個問題。

藉由對差動輸入電壓 V_{in} 的直流掃描模擬，檢視圖 11.21 的各點電壓來確保電晶體「正常」。如圖 11.22 是 M_1 和 M_2 的汲極電壓約位於區間中為 220 mV。同樣，M_7 和 M_8 的汲極電壓接近目標值。

接著，我們以 V_x 和 V_y 來看圖 11.22 中的輸出特性。在接近 $V_{in} = 0$ 條件時，每條單端輸出的斜率大約為 15，產生差動放大增益 30，遠低於目標。此設計是否能提供 0.5 V 的單端峰對峰擺幅？我們注意到當個別輸出接近 0.7 V 時，特徵曲線變成非線性。實際上，輸出電壓附近的差動增益斜率約為 6.4。

範例 11.6

圖 11.22 中特徵曲線的斜率，預測由輸入到點 A 和 B 的差動增益為 3。解釋為什麼疊接點的增益這麼高。

解 回想一下第 3 章，從疊接元件源極所視的阻抗約等於由汲極所視的阻抗除以 $g_m r_O$，因為 $g_m r_O$ 很低，由點 A 和 B 所視的阻抗遠高於 $1/g_{m3,4}$，所以產生高增益。

接著藉由增加 $(W/L)_{3,4}$ 為 600 μm/80 nm 來提高增益。如圖 11.23，特徵曲線顯示增益約為 54，但仍受限於輸出擺幅。

偏壓電路

圖 11.21 的運算放大器得靠適當選擇 I_{SS}、V_{b1}、V_{b2} 和 V_{b3}。我們因此必須設計一個電路來產生這些偏壓值。我們了解 I_{SS} 和 V_{b3} 須透過電流鏡的方式建立（為什麼？）及 V_{b2} 須透過低壓串疊偏壓產生。偏壓電壓 V_{b1} 需要以不同的方式產生。

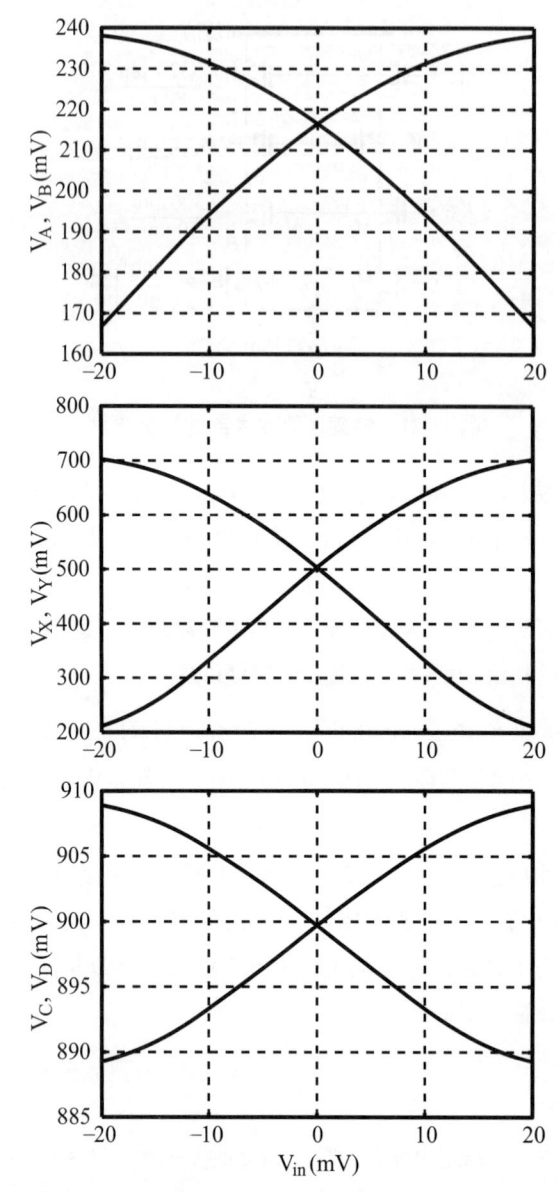

圖 11.22　輸出電晶體汲極 (V_A, V_B)，輸出點 (V_X, V_Y) 和 PMOS 電流源的汲極 (V_C, V_D) 之電壓特性

我們以 I_{SS} = 1.9 mA 開始，選擇通道長度 40 nm 及透過圖 11.20 調整寬度為 600 μm 讓 V_{DS} = 100 mV。如圖 11.24(a)，使用一參考預算電流 25 μA，將 W_{11} 縮小 1.9 mA/25 μA 倍成 W_{12}。因為 M_{11} 的 V_{DS} 等於 100 mV，所以要在 M_{12} 的汲極端串聯一電阻 R_1 並選取適當電阻值，使跨壓為 $V_{DS12} = V_{GS12} - V_{R1}$ = 100 mV。

上述偏壓設計仍對 M_1 和 M_2 感測的共模電壓很敏感，因為 $V_{DS11} = V_{CM,in} - V_{GS1,2}$，其中 $V_{DS12} = V_{GS1,2} - V_{R1}$。換句話說，我們必須確保 M_{12} 的汲極電壓追蹤 $V_{CM,in}$。圖 11.24(b) 電路能達成此要求，其中 R_1 能由 V_{in1} 和 V_{in2} 驅動的差動對取代。我們透過適當調整寬度，現在得到 $V_{GS13,14} = V_{GS1,2}$ 和 $V_{DS12} = V_{DS11}$。

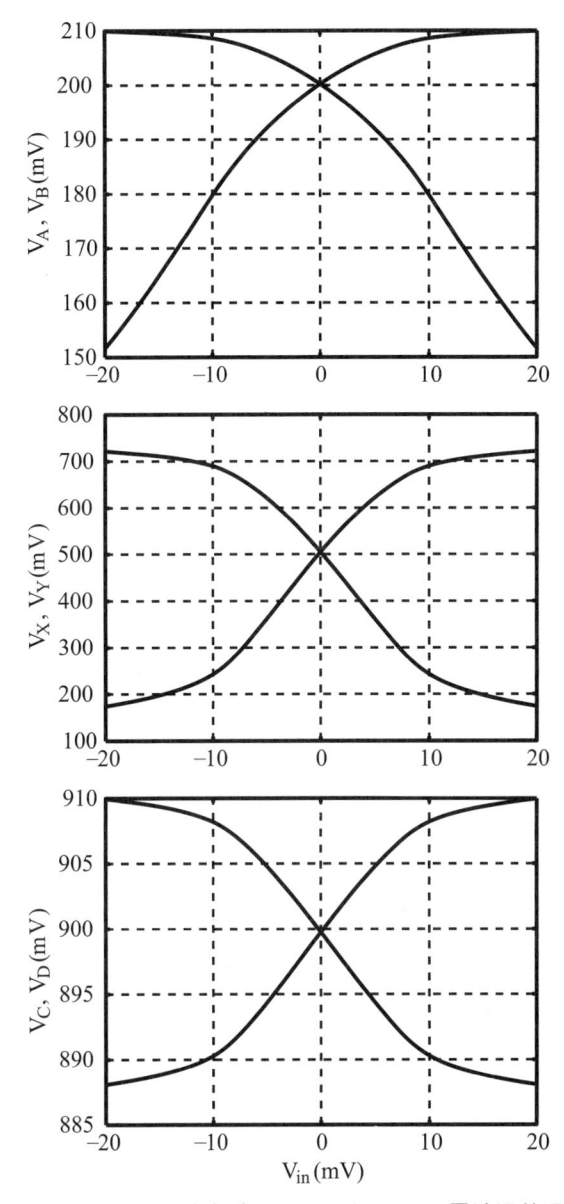

圖 11.23 輸出電晶體的汲極 (V_A, V_B)、輸出點 (V_X, V_Y) 和 PMOS 電流源的汲極 (V_C, V_D) 之電壓特性

接著來處理圖 11.21 中 V_{b1} 的產生。電壓必須等於 $V_{GS3,4} + V_{DS1,2} + V_P$，其中 $V_{DS1,2}$ = 100 mV。因為 V_{b1} 高於 V_P 大約 $V_{GS3,4} + V_{DS1,2}$，我們推測二極體連接元件和汲極-源極電壓串聯後，加入 V_P 能產生 V_{b1}。如圖 11.25 所示，必須分別將 V_{GS15} 和 $V_{GS3,4}$ 匹配，V_{DS16} 和 $V_{DS1,2}$ 匹配。偏壓電流 I_b 必須要小於 I_{SS}，才不至於影響功率預算。我們選取 I_b = 15 μA 和 $(W/L)_{15,16}$ 等於 10 μm/80 nm。[9] 重點在於觀察 V_{b1} 如何追蹤 $V_{CM,in}$；若 $V_{CM,in}$ 上升，V_P 也會上升，然後 V_{b1} 會讓 $V_{DS1,2}$ 為定值。也就是說，M_{15} 和 M_{16} 像是位準偏移器。如果 V_{b1} 為常數，$V_{CM,in}$ 的上升無可避免會讓 $V_{DS1,2}$ 和增益下降。

---

9 因為 V_{GS16} > 300 mV，此設計選取 V_{DS16} < $V_{DS1,2}$（為什麼？），因此需要在模擬中進行一些調整。

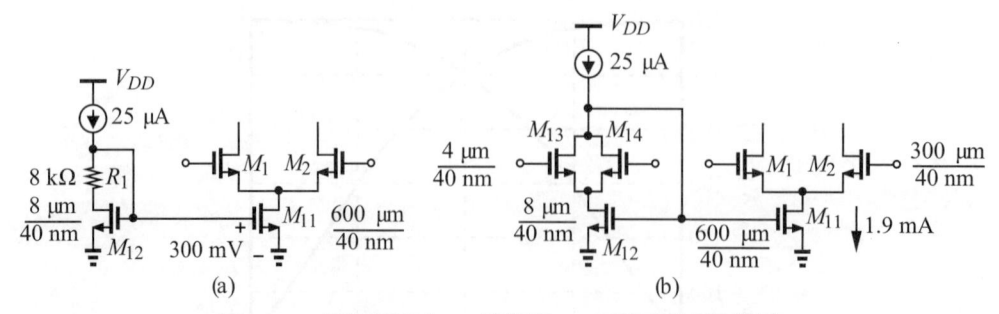

圖 11.24　尾電流源之 (a) 簡單和 (b) 更精確的偏壓電路

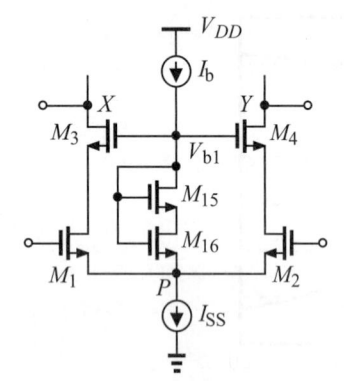

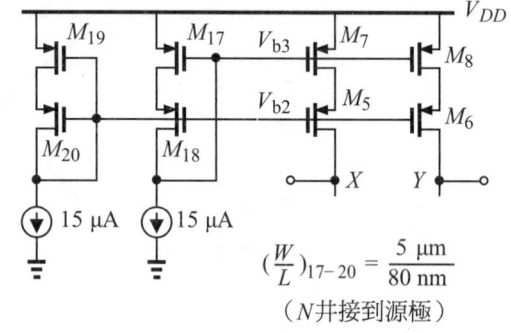

圖 11.25　疊接閘極偏壓的產生方式

圖 11.26　疊接 PMOS 電流源偏壓的產生方式

為了要產生 V_{b3} 和 V_{b2}，我們建立一個如圖 11.26 中的低電壓串疊偏壓網路。在此，電晶體 M_{17} 和 M_{18} 是從 $M_{7,8}$ 和 $M_{5,6}$ 調整變小，如此能確保 $V_{DS17} = V_{DS7,8}$。為了讓 $V_{b2} = V_{DD}-|V_{DS7,8}|-|V_{GS5,6}|$，我們再次使用二極體元件 M_{20} 來與 M_{19} 產生的 V_{DS} 電壓串聯。

我們應該強調低電壓設計中，非常小的電壓邊界會讓電路的設計對偏壓電流和主電路間的不匹配很敏感。例如，V_{GS18} 和 $V_{GS5,6}$ 間的不匹配只會讓 $M_{7,8}$ 的 $|V_{DS}|$ 較少，迫使這兩個電流源低於「膝點」。雖然我們仍能從帶差參考電壓複製到一些理想電流源（第 12 章）。

共模回授

由於上述運算放大器設計中有各種的不匹配，圖 11.21 中的 PMOS 電流並不一定等於 $I_{SS}/2$，迫使輸出的共模電壓推向 V_{DD} 或接地，因此需要共模回授（CMFB）。我們必須感測共模輸出位準 V_{CM}，並將結果回授到 NMOS 或 PMOS 電流源。

回想一下第 9 章，共模位準可以感測到電阻、三極管區電晶體或源極隨耦器。高輸出阻抗的運算放大器需要很大的電阻，[10] 加上電壓空間有限、準確的共模位準，所以排除三極管電晶體。唯一解是源極隨耦器，但卻無法在很大的輸出擺幅中量測共模電壓。如

---

10 除了可能占據可觀的空間，使用大電阻也會降低共模迴路的穩定度，稍後的範例會提到。

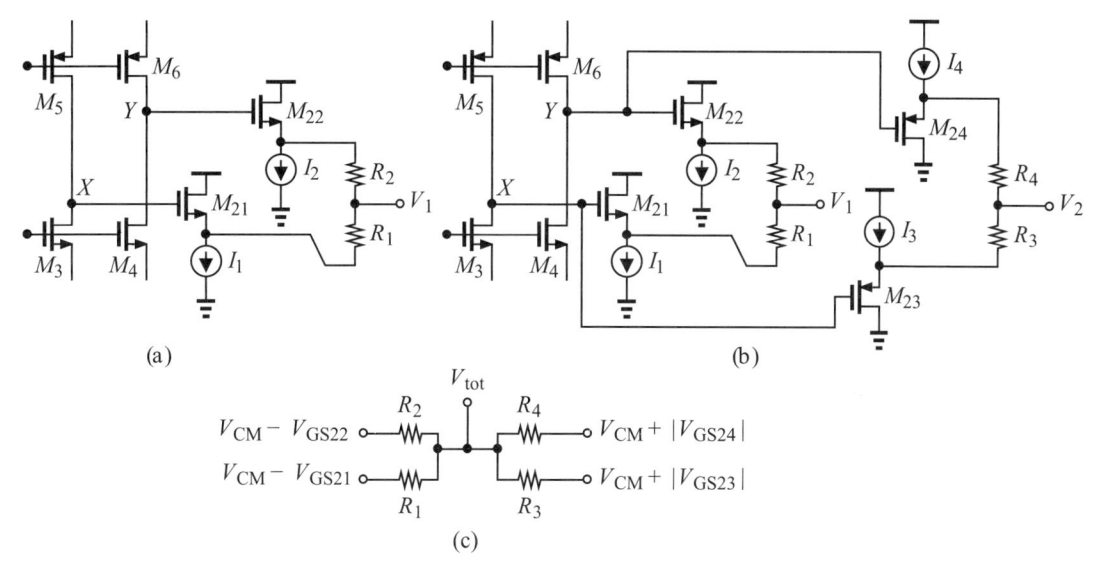

圖 11.27 (a) 使用 NMOS 源極隨耦器的共模重建架構，(b) 使用互補式源極隨耦器的共模重建架構，及 (C) 結合電阻網路

圖 11.27(a)，如果 V_X（或 V_Y）下降（關係到差動信號），最終讓 I_1（或 I_2）進入截止區間，關閉源極隨耦器。但這是否能用以 PMOS 源極隨耦器來彌補 NMOS？考慮圖 11.27(b)，其中 PMOS 隨耦器 M_{23} 和 M_{24} 也感測到輸出共模電壓，並分別驅動 R_3 和 R_4。我們知道 V_1 會比 V_{CM} 低 $V_{GS21,22}$，V_2 會比 V_{CM} 高 $|V_{GS23,24}|$：

$$V_1 = V_{CM} - V_{GS21,22} \tag{11.10}$$

$$V_2 = V_{CM} + |V_{GS23,24}| \tag{11.11}$$

我們因此推測 V_1 和 V_2 的線性結合能移除 V_{GS}，產生一個與 V_{CM} 等比例的值。也就是如果

$$\alpha V_1 + \beta V_2 = (\alpha + \beta)V_{CM} - \alpha V_{GS21,22} + \beta |V_{GS23,24}| \tag{11.12}$$

然後我們選擇 $\alpha V_{GS21,22} = \beta |V_{GS23,24}|$，能得到 $\alpha V_1 + \beta V_2 = (\alpha + \beta)V_{CM}$。我們也選擇 $\alpha + \beta = 1$，如此重建值就會等於運算放大器輸出的共模電壓。

加權因子 α 和 β 如圖 11.27(b) 可透過 R_1–R_4 來實現。事實上，如果 V_1 和 V_2 短路，可以產生 V_1 和 V_2 的加權總和。藉由圖 11.27(c) 等效電路，各位可得知

$$V_{tot} = V_{CM} + \frac{R_N |V_{GS23,24}| - R_P V_{GS21,22}}{R_N + R_P} \tag{11.13}$$

其中 $R_N = R_1 = R_2$ 和 $R_P = R_3 = R_4$。因此我們選擇 $R_N/R_P = V_{GS21,22}/|V_{GS23,24}|$。

為了評估上述想法的可行性，我們先透過直流掃描模擬和檢視 V_{tot} 特性。選擇偏壓電流 10 μA（略超過功率預算），所有源極隨耦器的大小則選取 $W/L = 10$ μm/40 nm，且 $R_N =$

$R_P = 20\,\text{k}\Omega$。10-μA 的偏壓電流源以電晶體（$W/L = 10\,\mu\text{m}/40\,\text{nm}$）方式實現，以確保電路模擬的真實性為 V_X 和 V_Y 接近 V_{DD} 或接地。[11] 圖 11.28 繪出直流掃描的輸出，即實際共模電壓定義為 $(V_X + V_Y)/2$，和相對重建的電壓 V_{tot}。我們注意到 V_{tot} 緊緊跟隨 V_X 和 V_Y 的共模電壓。

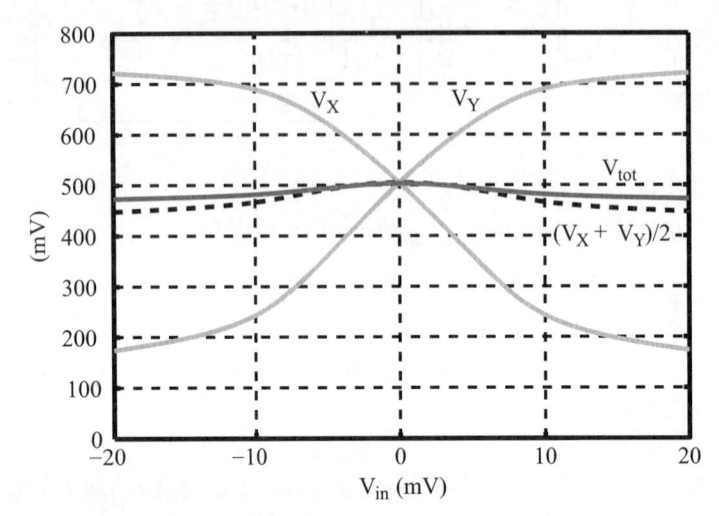

圖 11.28　一串疊運算放大器實際的共模位準 $(V_X + V_Y)/2$ 及重建共模位準（V_{tot}）對輸入差動電壓

接下來的測試接上共模回授電路：我們比較 V_{tot} 和參考電壓、放大誤差，然後將回授結果去調整 I_{SS}。為達此目的，我們將五電晶體運算放大器當作誤差放大器，每個電晶體大小為 $W/L = 5\,\mu\text{m}/80\,\text{nm}$，尾電流為 20 μA，電壓增益 10。放大器的輸出控制一部分主電流源 I_1 的電流（圖 11.29）。舉例來說，如果預期運算放大器中 PMOS 電流源間約會有 20% 的不匹配，我們會選取 $I_1 \approx 0.2 I_{SS}$。圖 11.29 繪出電路架構，其中運算放大器的輸入和輸出的連接線是依據建立負回授路徑設計。

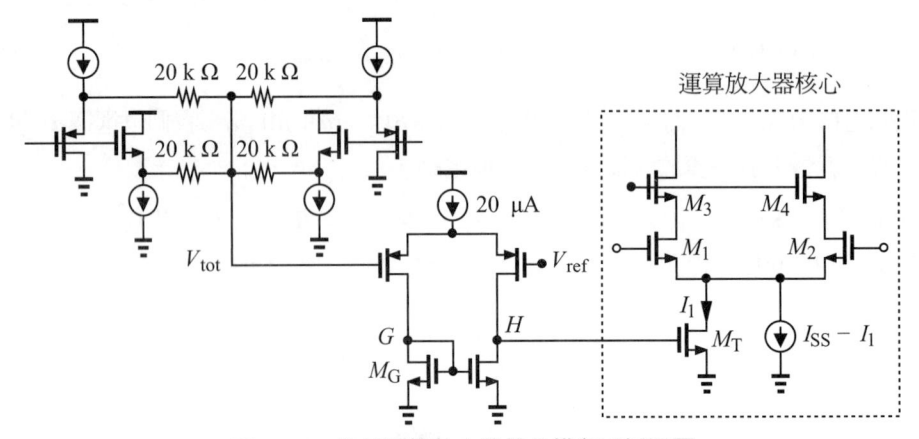

圖 11.29　伸縮運算放大器的共模負回授迴圈

---

11 理想電流源可能會使得源極電壓超過供應電源。

範例 11.7

解釋圖 11.29 中的運算放大器，為什麼使用 PMOS（而非 NMOS）的輸入元件。

解 這個選擇是基於兩個考量。首先，這些電晶體必須在感測共模位準，同時保留足夠 V_{DS} 給尾電流源。此例 $V_{tot} \approx V_{DD}/2$，並沒有特別偏好用 NMOS 或 PMOS 元件。第二，運算放大器的輸出應該要有一個能與 M_T 所需直流位準相容的固定直流值。因為 $V_H = V_G$（在不考慮不匹配的前提下），且因為 V_G 等於二極體 NMOS 電晶體的閘極－源極電壓，我們期望 M_T 能複製 M_G 的偏壓電流（倍數複製）。

圖 11.30 顯示了使用 $V_{ref} = 0.5\ V$ 的閉路直流掃描結果。

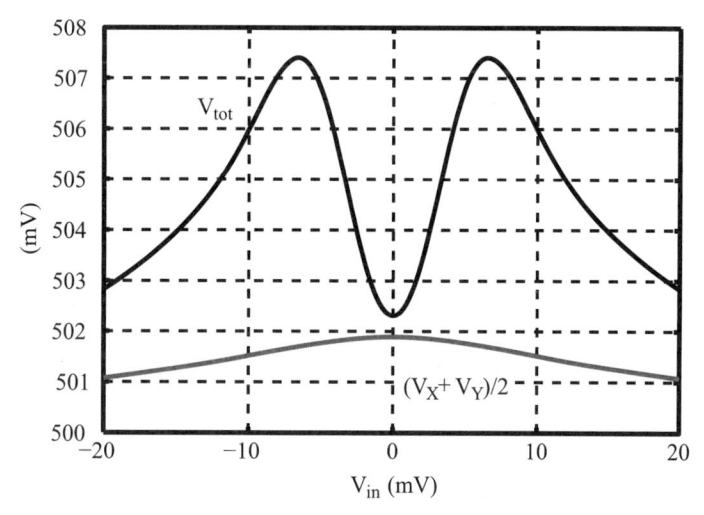

圖 11.30　伸縮運算放大器作為輸出差動電壓，描繪出實際共模閉路特性 $(V_X + V_Y)/2$，和重建後的共模位準 V_{tot}

透過回授的好處，當 V_X 和 V_Y 達到很高或很低值時，共模變異量大幅減少。接著，我們在 PMOS 電流源（圖 11.21 中的 M_7 和 M_8）加入 10% 的不匹配量，且 $I_{SS}/2 = 950\ \mu A$，並重複直流掃描。圖 11.31 繪出變異，指出共模回授電路（CMFB）可以透過調整 I_1 壓抑不匹配。

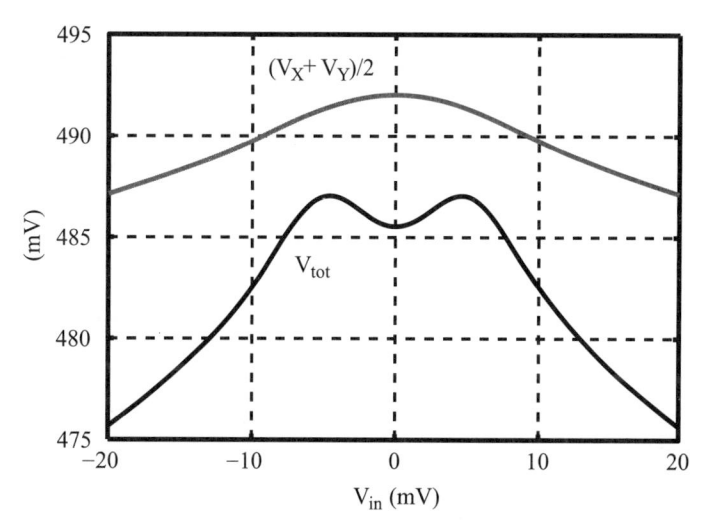

圖 11.31　伸縮運算放大器在 PMOS 電流源間加入不匹配，實際共模閉路特形 $(V_X + V_Y)/2$，和重建後的共模位準 V_{tot}

共模回授穩定度

我們必須探討共模迴路的穩定度,這個需要將整個運算放大器放在預計實現的回授系統內,並在輸入加入差動脈衝信號,然後檢視輸出的差動以及共模特性。圖 11.32(a) 顯示了一個使用閉路增益為 2 的回授架構,以及圖 11.32(b) 繪出了一個更詳細的圖,標示了共模回授迴圈。[12]

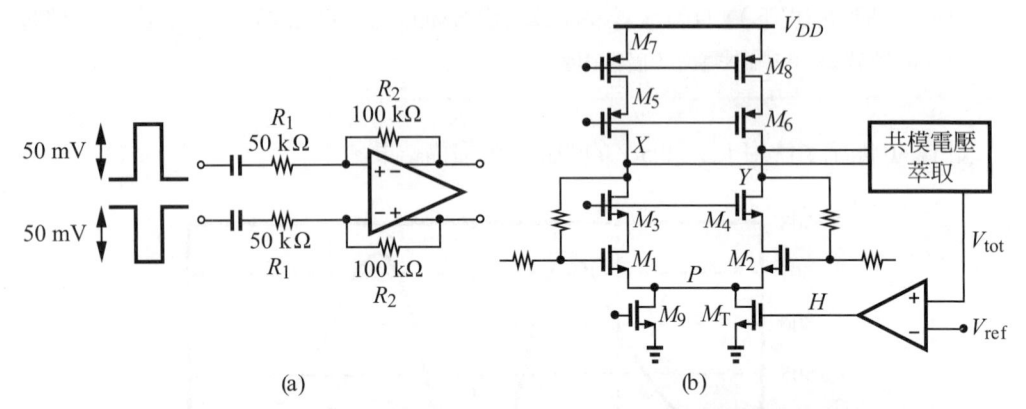

圖 11.32　(a) 閉路放大器的時域模擬及 (b) 詳細的共模回授迴圈架構

圖 11.33 根據輸入步階信號,繪出了輸出波形,顯示了共模不穩定,由圖 11.32(b) 可以觀察到,共模迴路在誤差放大器包含了一個在輸入端的極點,一個在 H 的極點,一個在 P 的極點,一個在 NMOS 源極的極點,一個在主要輸出端的極點,所以此迴路需要補償電路。

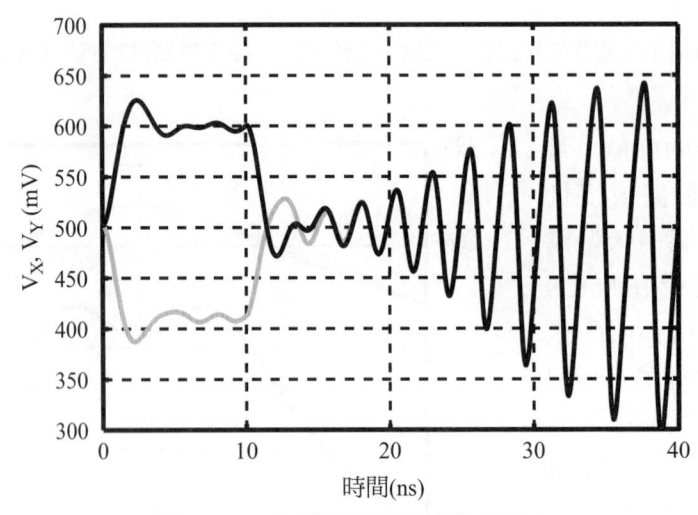

圖 11.33　時域模擬顯示了共模不穩定

---

[12] 因為伸縮運算放大器不易讓輸入和輸出共模位準相同,兩個 1 μA 的固定電流源(未顯示)加到運算放大器的輸入和接地間,將共模位準向下平移 100 mV。

範例 11.8

我們想知道共模迴路的頻率響應並獲得相位安全邊界。當共模迴圈遭破壞時，是否應該有差動回授？換句話說，在圖 11.34(a) 的兩個架構中，是否可用來決定共模迴路的傳輸？

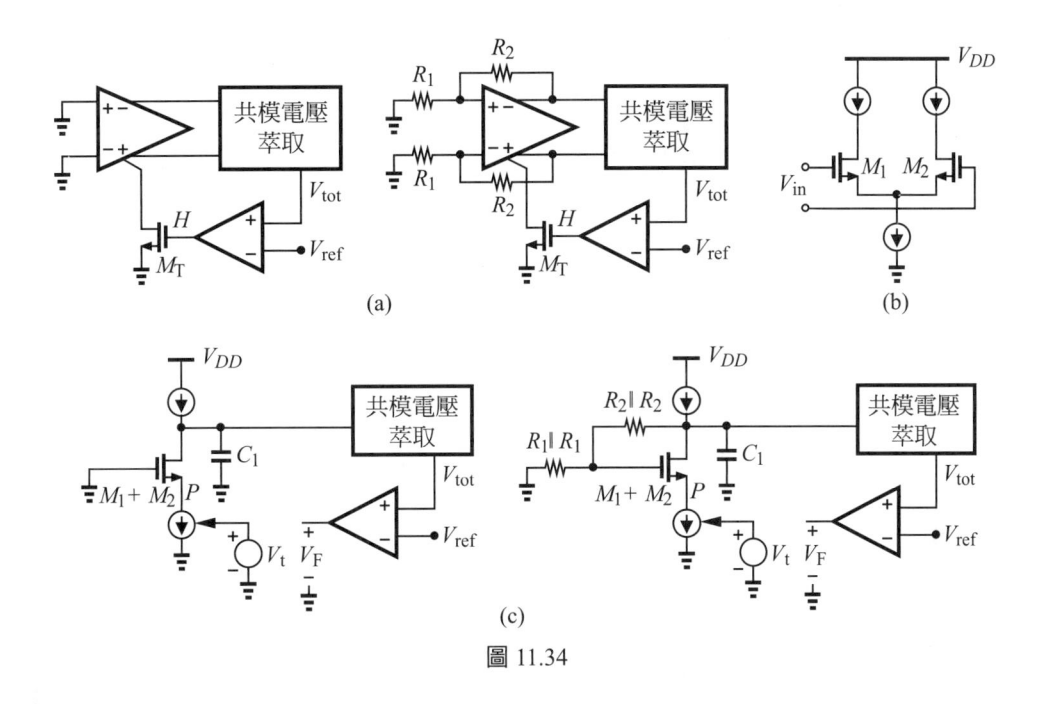

圖 11.34

解 共模回授必須在出現差動回授時仍運作正常。這是因為真實的應用環境中，出現差動回授時，共模回授必須穩定。舉例來說，考慮圖 11.34(b) 中的運算放大器。針對共模分析，差動對可合併成單端分析，如圖 11.34(c) 產生兩種可能的版本，分別是當差動回授路徑經消失或存在，計算 $-V_F/V_t$ 時，在這兩個例子當中，所得到的共模迴圈傳輸並不一定相同。舉例來說，如果考慮在汲極端的電容 C_1，在這兩個版本中此點所產生的極點並不相同。因此，我們分析共模穩定度時，必須保有差動回授路徑。

接著打斷圖 11.32(b) 中 H 點的共模迴圈，如圖 11.35。在此，誤差放大器驅動一個和 M_T 相同的虛擬元件 M_d，如此可看到 M_T 的負載效應。圖 11.36(a) 為 $-V_F/V_t$ 的大小和相位相對於頻率，顯示單增益頻率的相位是 $-190°$。我們找一個方便的點做為補償。不幸地，圖 11.29 的誤差放大器並未提供從 V_{tot} 到 H 的反向信號，因此無法使用米勒補償。

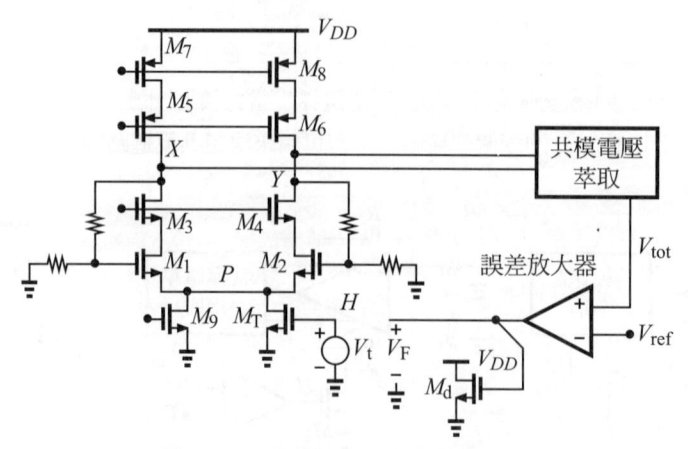

圖 11.35　共模回授迴圈傳輸的量測

我們是否可以藉由在高阻抗點 X 和 Y 間加入接地電容來做共模迴路的補償？答案是肯定的，但此方法也會影響差動信號的頻率響應。此外，我們在誤差放大器的輸出加入接地電容 3 pF，得到如圖 11.36(b) 的頻率響應及約 50° 的相位安全邊界。圖 11.37(a) 的閉路脈衝響應顯示共模回授迴圈已適當補償且共模位準震盪的現象會收斂變小。

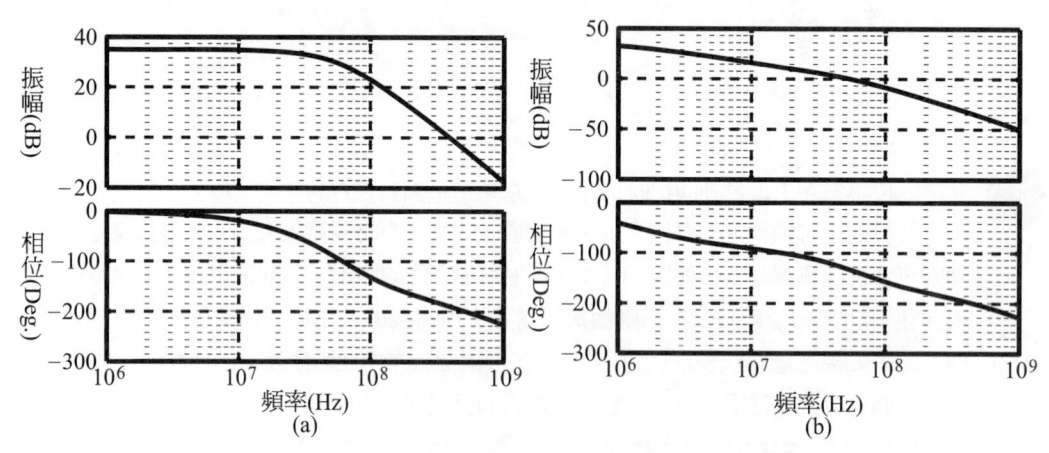

圖 11.36　(a) 補償前 (b) 補償後的共模回授迴圈傳輸

差動補償

為什麼圖 11.37(a) 中的 V_X 和 V_Y 有差動信號震盪現象？這是因為圖 11.32(a) 中的回授網路中的大電阻形成一個極點，且運算放大器的輸入電容位於低頻，降低（差動回授的）相位安全邊界。為補償差動信號路徑，我們將運算放大器的輸出和輸入之間連接兩個 7 fF 電容（和回授電阻並聯），如此可以建立米勒乘積。如圖 11.37(b)，現在的時域響應動作正常。而極點零點對消會出現在習題 11.14。

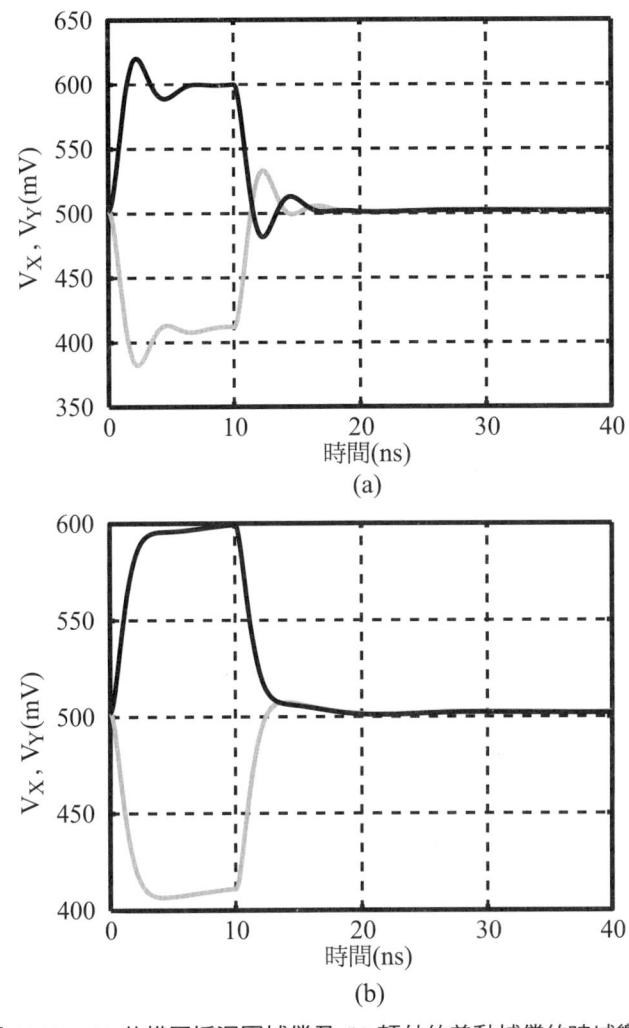

圖 11.37 (a) 共模回授迴圈補償及 (b) 額外的差動補償的時域響應

範例 11.9

解釋為什麼運算放大器驅動一大負載電容 C_L 時，需要改變設計。

解 負載電容減少了點 X（和點 Y）的信號大小，增加差動信號路徑的相位安全邊界（第 10 章），但減少共模迴圈的相位安全邊界。因為此原因，必須增加連接到誤差放大器輸出的電容，或點 X 和點 Y 的極點必須要同時變成共模迴路的主極點。

設計結論

本節嘗試設計一個電壓增益 500 和差動輸出擺動為 1 V_{pp} 的伸縮運算放大器。但在供應電壓 1 V 的情況下，兩個規格都無法達到。不過為了達到最終設計，我們建立了相關步驟。特別針對以下一般原則來處理：

1. 根據所需振幅和功率消耗，分配給各電晶體不同的 V_{DS} 和 I_D。
2. 根據容許 V_{DS} 和預期電流量，分類並調整 MOSFET 尺寸。
3. 快速估算可達到的電壓增益。
4. 使用直流掃描來瞭解偏壓條件和非線性度。
5. 使用電流鏡和低電壓串疊架構來設計偏壓電路。
6. 共模回授設計和補償。
7. 使用閉路時域分析來瞭解共模和差動路徑的穩定度。

接下來會看到這些原則提供了一個有系統的運算放大器設計方法。

運算放大器的下一個自然選擇是折疊疊加架構。然而，大致上在此也使用伸縮串疊的增益計算方式，預測到此架構仍很難達到電壓增益 500。因為此原因，我們不使用折疊式串疊架構。

11.5.2 雙級運算放大器

相對高的電壓增益及 1 V_{pp} 擺幅對雙級運算放大器都是可行的架構。我們注意到電壓增益 500 表示在第一級必須使用串疊架構，正好可以用前一節（圖 11.21）的伸縮架構。但有兩點要謹記在心：首先，之前的設計超出了功率預算，這會讓第二級沒有任何的功率預算。其次，第一級約需要 50 的增益，第二級的增益約為 10。因此，第一級輸出點單端之峰對峰擺幅能縮小到 50 mV，能讓串疊架構的 V_{DS} 更大，電晶體有更強健的操作點。

我們首先必須分配兩極的功率預算，分別需要符合速度或雜訊規格。我們在此將功率平均分配，在完成一次流程後，能更進一步優化設計。偏壓網路使用大約 100 μA 電流，第一級和第二級的每個電流路徑分配約 1.9 mA/4 = 475 μA 的電流。

第一級設計

伸縮–串疊必須完成單端 50 mV_{pp} 擺幅，讓其餘電晶體 V_{DS} 的總和可以達到 0.95 V。以相同的安全邊界，我們選擇 $V_{DS,N}$ = 150 mV 及 $V_{DS,P}$ = 200 mV，並以參考電晶體（W/L = 5 μm/40 nm 和 10 μm/80 nm）來模擬，尋找可以接受的「膝點」。圖 11.38 為 $V_{GS,N}$ = 350 mV 和 $V_{GS,P}$ = −450 mV，該源極電流比在 11.5.1 節的大。值得注意的是，當速度飽和時，膝電壓並不會增加 50 mV。使用 L = 40 nm 或是 L = 80 nm，就必須調整信號路徑上的 NMOS 電晶體寬度約 450 μA/50 μA 倍。同樣，必須調整 PMOS 元件寬度約 450 μA/90μA 倍，並使用 L = 80 nm，我們也使用 W = (900 μA/50 μA) × 10 μm 及 L = 80 nm 來當尾電流源的大小。這比起之上一節使用的串疊元件還窄。圖 11.39(a) 是第一級設計，而圖 11.39(b) 模擬結果顯示增益大約 50。此級的偏壓電流和 11.5.1 節中的結果相似。

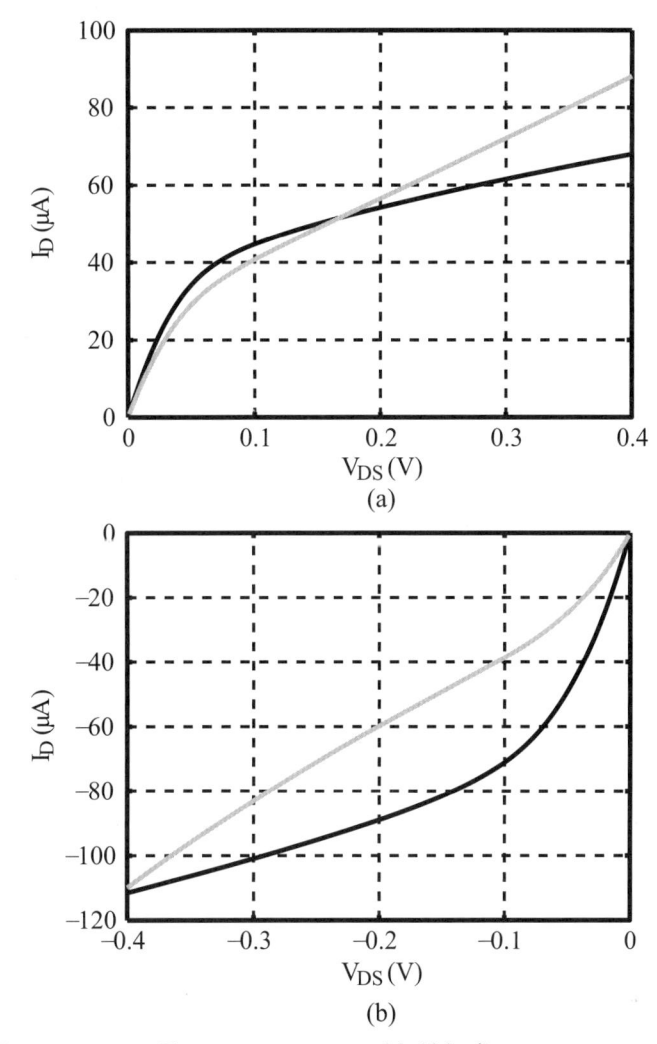

圖 11.38　(a) 使用 V_{GS} = 350 mV 及 W/L = 5 μm/40 nm（灰線）或 W/L =10 μm/80 nm（黑線）的 NMOS 元件，(b) V_{GS} = −450 mV 及 W/L = 5 μm/40 nm（灰線）或 10 μm/80 nm（黑線）的 I_D–V_{DS} 的特徵曲線

範例 11.10

如圖 11.39(a)，藉由模擬來求得由點 X 所視的小信號電阻。某學生將輸入信號設定為 0，在這個點和接地間加入一個交流電流源，並量測兩點跨壓。解釋為何此測試方法會高估阻抗。

解　在 X 點的電壓會產生一個流經 r_{O3} 至 M_1 汲極端的電流，然後經 r_{O1} 到 M_2 源極端。換句話說，M_1 因為 M_2 而衰減，而高估 X 點的阻抗。為了避免此錯誤，在測試頻率內，需要於 M_1 的源極和接地間加入一大電容。此外，我們能在 X 和 Y 間加入一個交流電流源來量測等效電阻，然後將阻抗除二。

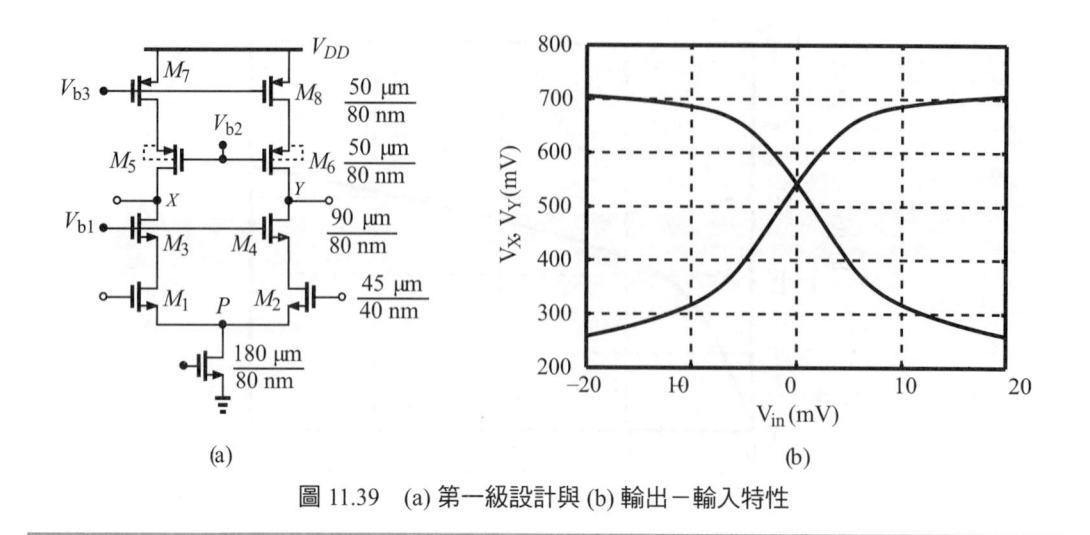

圖 11.39　(a) 第一級設計與 (b) 輸出－輸入特性

第二級設計

第二級需要提供 10 的電壓增益，這代表 NMOS 和 PMOS 元件的通道長度必須要大於 40 nm。我們是否要用 NFET 或 PFET 當作第二級的輸入呢？因為增益的需求，有可能會因為 NFET 較高的 $g_m r_O$ 而要用此元件，但我們需要更清楚檢視狀況。切記，第一級的輸出共模位準大約是 0.55 V，接著假設一 W/L = 10 μm/80 nm 的電晶體，並求出 $g_m r_O$，如果電晶體是 NFET，且 V_{GS} ≈ 0.55 V，或是 PFET 且 $|V_{GS}|$ ≈ 0.45 V。透過模擬能知道在 V_{DS} = 0.5 V，I_D = 900 μA 時，能得到 $(g_m r_O)_N$ = 12.8 和 r_{ON} = 1.86 kΩ；而在 $|V_{DS}|$ = 0.5 V 和 $|I_D|$ = 110 μA 時，能得到 $(g_m r_O)_P$ = 17.5 和 r_{OP} = 9.75 kΩ。因此選擇 PFET 並調整其寬度為 (450 μA/110 μA) × 10 μm ≈ 41 μm 來乘載偏壓電流。W/L = 41 μm/80 nm 時，此元件的輸出阻抗為 2.38 kΩ。PFET 的汲極則與 NMOS 的電流源相接。

NMOS 電流源的輸出阻抗必須不能讓第二級的增益 $|A_{v2}|$ 降低，亦即低於 10。表示成 $|A_{v2}| = g_{mP}(r_{OP}\|r_{ON}) \geq 10$，可得到 I_D = 475 μA 時，$r_{ON} \geq 1.33 r_{OP}$ = 3.0 kΩ。如果上述使用 10 μm/80 nm 的 NFET，當 I_D = 900 μA 時有 r_O = 1.86 kΩ，將其縮小 2 倍，可產生 r_{ON} = 3.72 kΩ，就很接近設計目標。

圖 11.40(a) 是目前的運算放大器，而圖 11.40(b) 為輸入－輸出特徵曲線圖。為了求出運算放大器能處理的最大輸出擺幅，我們在圖 11.40(c) 繪出差動特徵曲線的斜率。注意如果增益不能低於 500 的話，差動輸出不能超過 450 mV。為解決此問題，我們將輸出電晶體的長和寬加倍，提升增益，達到如圖 11.41 所示的結果。目前為止，在最小增益 500 時，單端擺幅能達到 530 mV。當然，增益變異（非線性）是一樣的，而讓此設計用在一些應用中會有些難度。

共模回授

第 9 章所提過的雙級運算放大器,通常兩級都需要共模回授。第一級會使用圖 11.29 的共模回授架構,因此我們著重在第二級的共模回授。

第二級共模回授也可用圖 11.29 的方法,並控制 NMOS 的電流源。但因為雙級放大器的輸出阻抗較低,所以能用電阻直接感測共模位準來簡化設計。

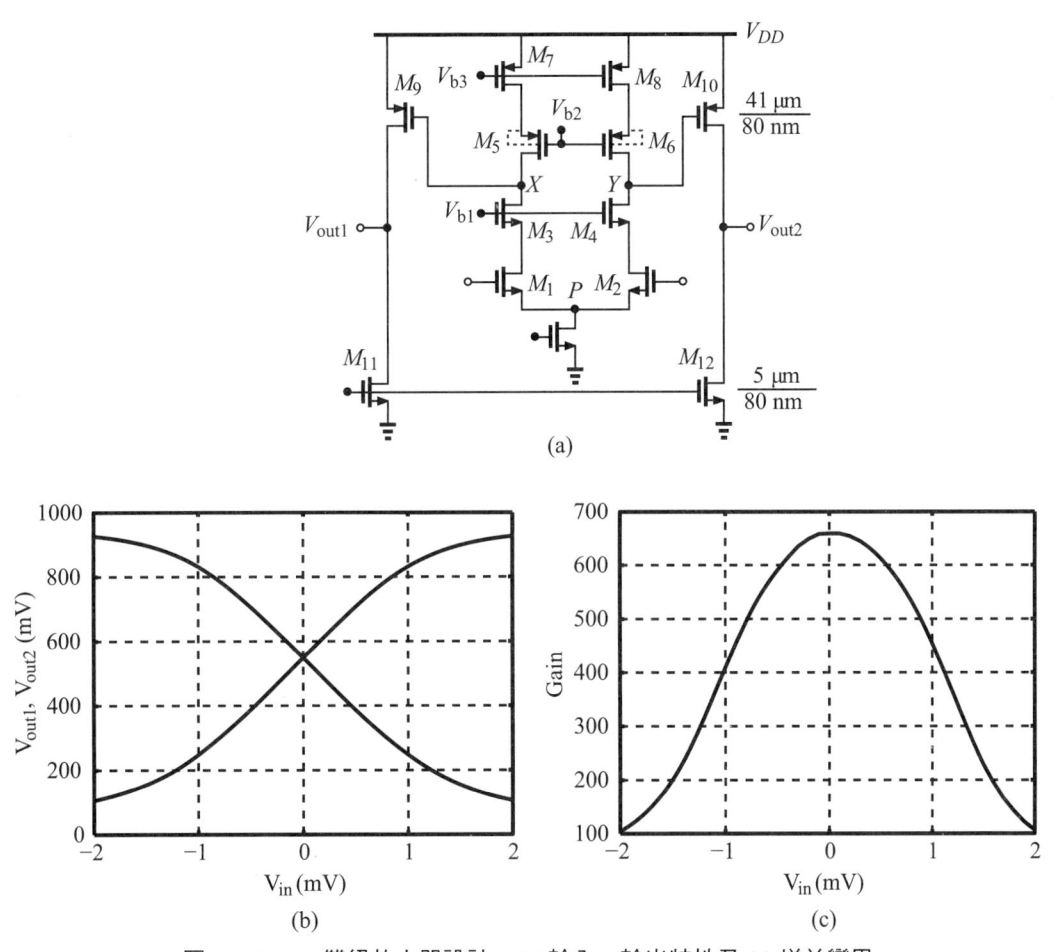

圖 11.40　(a) 雙級放大器設計,(b) 輸入－輸出特性及 (c) 增益變異

考慮圖 11.42(a) 的架構,其中 R_1 和 R_2(≈ 30 kΩ)在 G 點重建共模位準,將結果送到 M_{11} 和 M_{12} 的閘極。在平衡狀態,電阻上不會有電流,建立一個等於 $V_{GS11,12}$ 的輸出共模電壓。在製程、電壓、溫度(PVT)變異下,大概會有 50 mV 的電壓變異,在此設計是可容許的值。注意此共模回授迴圈是穩定的。

如果 $V_{GS11,12}$ 未逼近共模位準呢?如圖 11.42(b),如果我們在點 G 注入 I_B,會將輸出共模位準平移 $I_B R_1/2$($= I_B R_2/2$)。舉例來說,平移 100 mV 需要 (100 mV/30 kΩ) × 2 = 6.7 μA 的電流。正電流 I_B 向下平移共模位準,反之亦然。

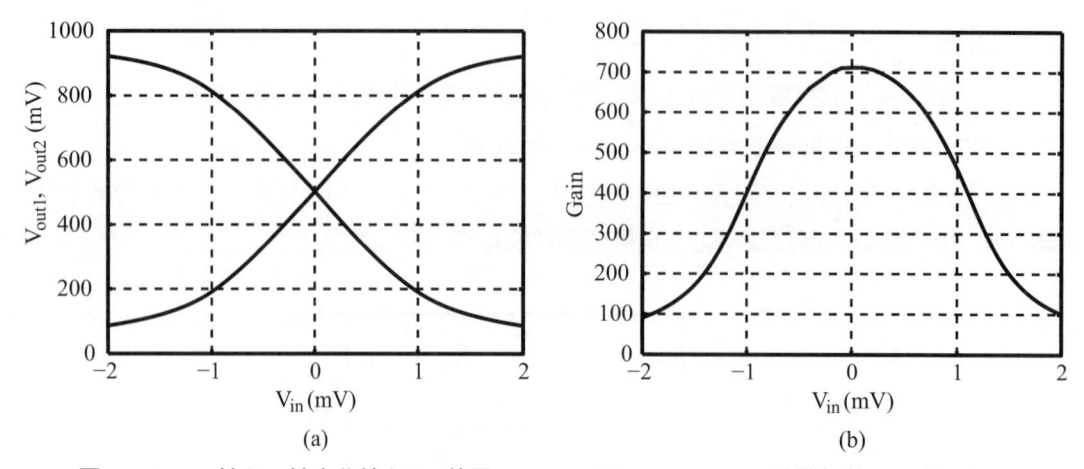

圖 11.41　(a) 輸入－輸出曲線和 (b) 使用 $(W/L)_{11,12} = 10\ \mu m/0.16\ \mu m$ 的雙級放大器增益變異

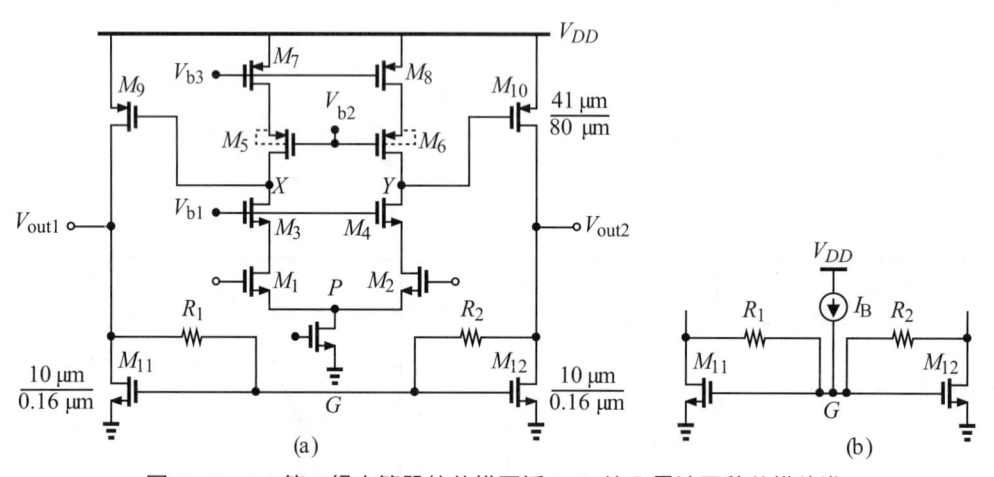

圖 11.42　(a) 第二級中簡單的共模回授；(b) 注入電流平移共模位準

頻率補償

上述雙級放大器包含了幾個極點，大部分需要頻率補償。回想一下第 10 章，雙級放大器的第一個非主極點通常是在輸出點，因此與負載電容 C_L 相關。

穩定度分析必須要假設 C_L 值，此值通常取決於運算放大器的應用情境。在此範例中，我們選用 1 pF 當作單端負載電容，得到輸出極點頻率大約 90 MHz。我們從開路運算放大器開始，切記回授網路也許要納入效應，最終要調整設計。

圖 11.43 呈現開路（差動）增益和相位響應，顯示低頻增益為 57 dB（≈ 700），單增益頻率是 3.2 GHz，相位安全邊界大概 −8°，頻寬似乎相當好，但我們也發現在 240 MHz 時相位達到 −120°。換句話說，若以 60° 相位安全邊界來補償，單增益頻寬會掉大概 13 倍！

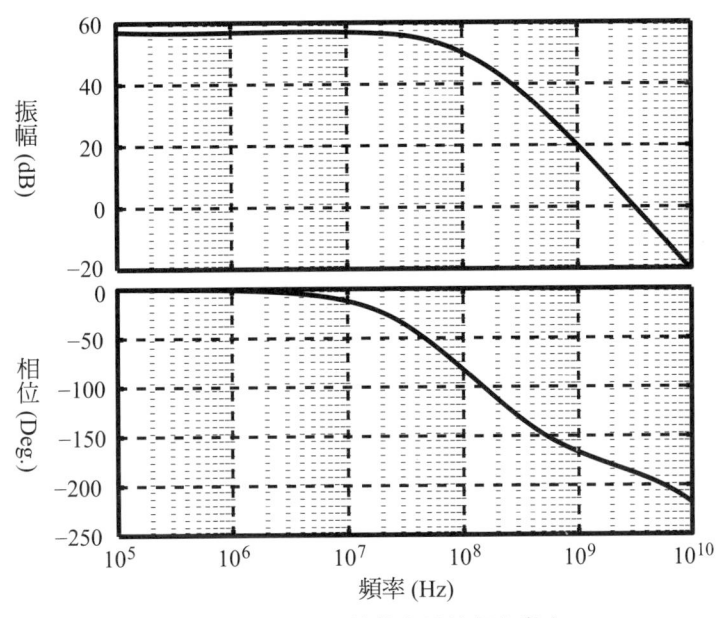

圖 11.43　開路運算放大器的頻率響應

範例 11.11

上述結果相當奇特：輸出極點位於大約 90 MHz，表示在此頻率的相位大概 −135°，但是實際在這個頻率的相位大約 −85°，解釋此原因。

解　我們無法說上述設計的相位在第二個極點可達到 −135°，因為極點並沒有相隔很遠。事實上，圖 11.42 中位於 X 點的極點約 95 MHz。在 X 點的極點和輸出極點大約會在 90 MHz 產生相位位移 $-tan^{-1}(90/95) -tan^{-1}(90/90) \approx -88°$。

由於這個兩極點，我們可以將 240 MHz 的相位位移表示成 $-tan^{-1}(240 \text{ MHz}/95 \text{ MHz}) - tan^{-1}(240 \text{ MHz}/90 \text{ MHz}) = -138°$。為什麼此結果和模擬結果 −120° 不同？這是因為輸出 PMOS 電晶體的閘極−汲極電容產生了極點分離，讓輸出極點超過 90 MHz 且讓 X 點的極點小於 95 MHz。

為了要補償運算放大器，我們從圖 11.43 中 240 MHz 與 0 dB 點向 y 軸畫一條斜率為 −20 dB/dec 的直線，和這條線的交點大約在 240 MHz/700 = 344 kHz（為什麼？），可以得到主極點的預期頻率值。

要將哪一點設計成主極點：X 點或輸出點？我們比較傾向前者，因為兩個原因，由於米勒乘積的補償電容較小且極點分離。如果主極點是在輸出，這兩者好處中沒有一個會成立。

因為由 X 點所視的輸出阻抗是 8 kΩ，輸出級的電壓增益是 12，我們選擇米勒補償電容等於 C_C 等於 4.5 pF，來建立一個 344 kHz 的極點。圖 11.44 顯示了開路頻率響應，確定主極點現位於 340 kHz。不幸地，通過 350 MHz 的增益只有 18° 的相位安全邊界，因

為 C_C 會引入零點，$\omega_z = g_{m10}/C_C$，低於 250 MHz。一如第 10 章，我們可以加入一個和 C_C 串聯的 R_z 將零點移到第二極點 ω_{p2} 的位置。第二極點可以從圖 11.44 粗估頻率在 $\angle H$ 達 $-135°$ 時，等於 185 MHz。我們根據 $(\omega_{p2}C_C)^{-1} = 190\ \Omega$ 選取 R_z，觀察到圖 11.45(a) 的響應。因為極點零點對消，相位安全邊界提升到 96°。

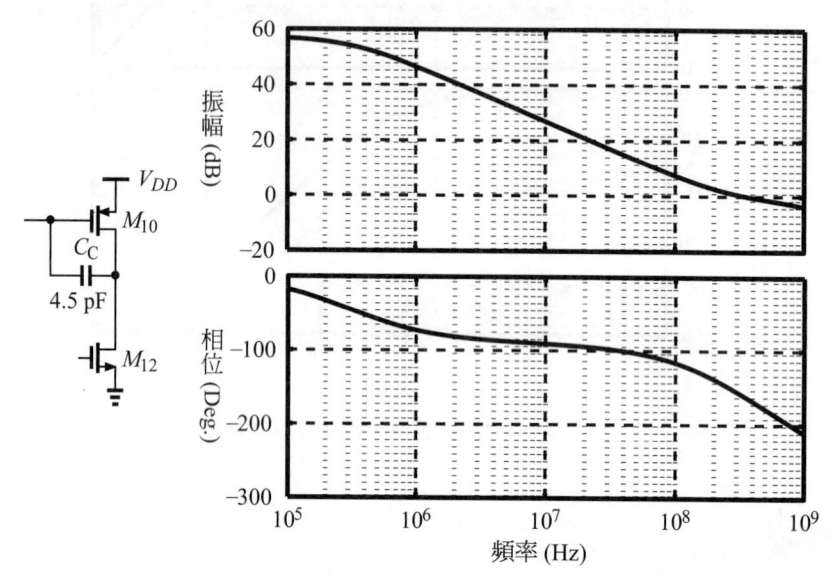

圖 11.44　使用 $C_C = 4.5$ pF 的補償電容之運算放大器之開路頻率響應

如圖 11.45(a) 顯示的相位安全邊界能讓補償補償電容變小且單增益也變大。透過幾次反覆調整，我們選取 $C_C = 0.8$ pF 和 $R_z = 450\ \Omega$，達到圖 11.45(b) 的響應。運算放大器明顯能達到 1.9 GHz 的單增益及 65° 的相位安全邊界。

閉路特性

我們現在可以將運算放大器重新配置成閉路運算放大器，且設計增益為 2 及負載電容 1 pF〔圖 11.46(a)〕。小信號時域響應如圖 11.46(b)，呈現明顯的震盪現象。為什麼 65° 的相位安全邊界還會出現震盪的現象？這是因為用於回授網路的大阻抗所致。我們將單端等效電路繪出如圖 11.47(a) 來計算信號在迴路的傳輸，觀察到由運算放大器輸入端而形成的開路極點約為 $[2\pi(100\ k\Omega\|50\ k\Omega)C_{in}]^{-1} \approx 95$ MHz。

為改善閉路穩定度，我們將圖 11.47(a) 中的 R_1 和 R_2 降至 25 kΩ 和 50 kΩ。在開路增益明顯下降前，但此方法只能讓輸出極點加倍。此外，我們將補償電容的串聯電阻從 450 Ω 增加為 1500 Ω，達到如圖 11.47(b) 的響應。此電路現在更快達到穩態。

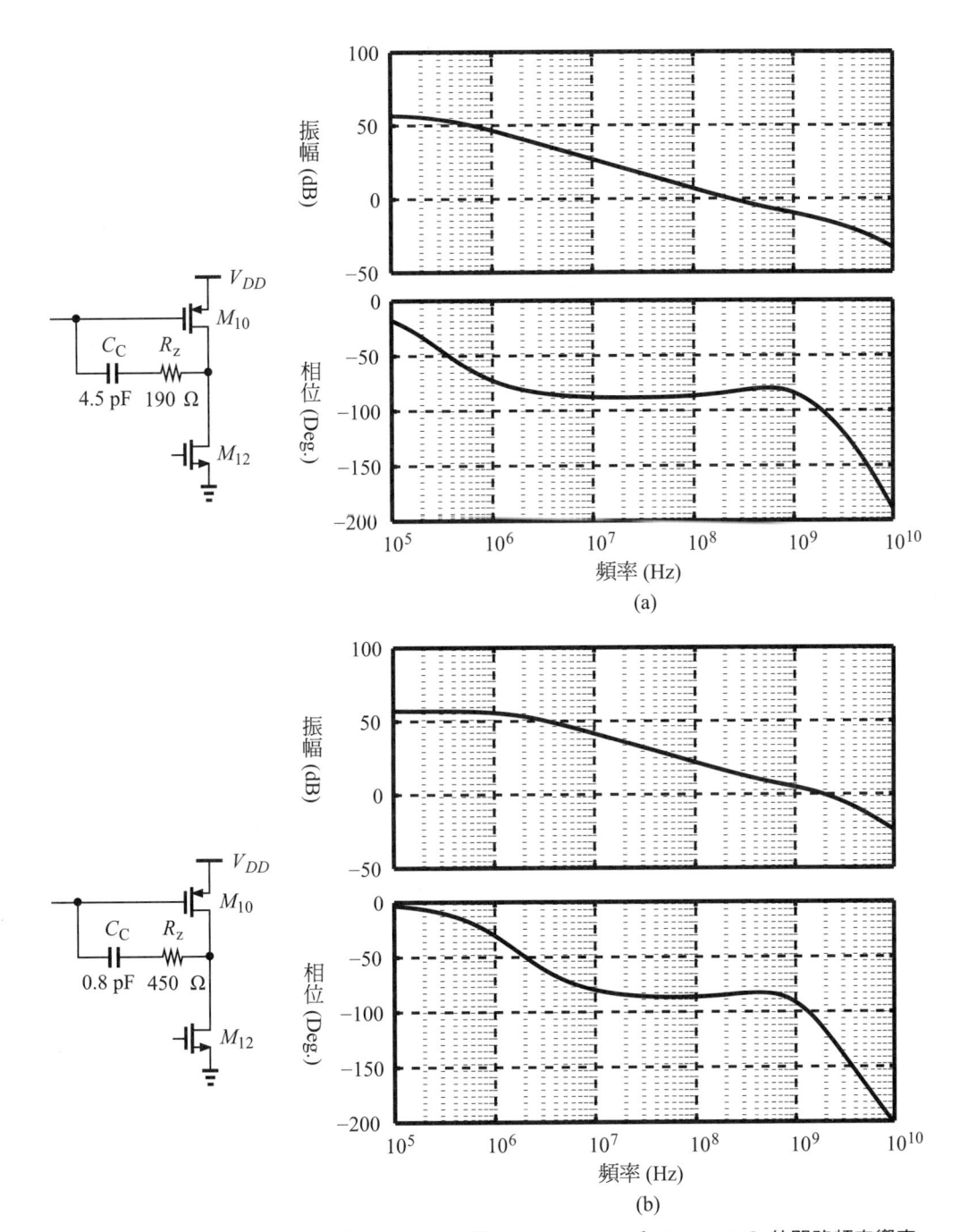

圖 11.45　以 (a) $C_C = 4.5$ pF 和 $R_Z = 190$ Ω，及 (b) $C_C = 0.8$ pF 和 $R_Z = 450$ Ω 的開路頻率響應

我們可歸納出兩個結論：首先，運算放大器在使用單增益回授時已補償。然而，圖 11.46 的回授為 50 kΩ/150 kΩ = 1/3。因此，能以減少補償電容來將相位安全邊界調整成 60°。其次，此設計假設「典型 NMO、典型 PMOS」（TT）製程角落，溫度 27°C，供應電壓 1 V。實際上，我們必須考慮其他製程角落（如 SS 或 FF），及不同溫度範圍（如 0°C 到 75°C），供應電壓變異（如大約 ±5%）。為了要在這些條件下符合這些規格，在增益、擺幅、功率消耗上的設計必須要更保守。

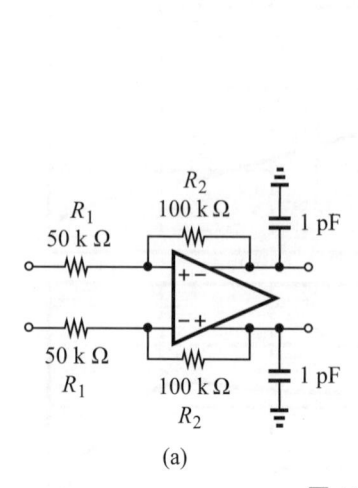

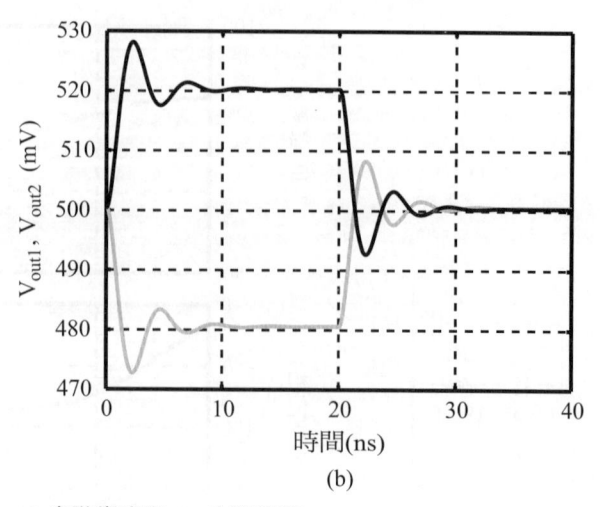

圖 11.46　(a) 步階響應與 (b) 步階響應

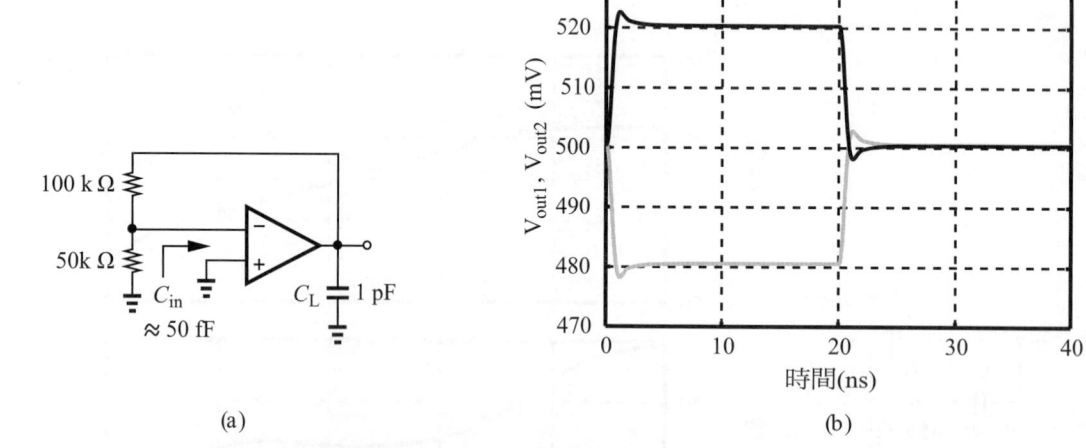

圖 11.47　(a) 閉路放大器的等效電路 (b) 使用 R_z = 1500 Ω 的步階響應

11.6 高速放大器

有些應用需要運算放大器能很快速達到穩態和精準的增益。舉例來說，「管線」類比數位轉換器架構中的放大器，只能容與很小的增益誤差。此節根據下列規格，來設計一個差動放大器

- 電壓增益等於 4。
- 增益誤差 ≤ 1%。
- 差動輸出擺幅 1 V_{pp}。
- 負載電容 1 pF。

- 步階響應的穩定時間在 5 nS 內達到 0.5% 精準度。
- 供應電源 $V_{DD} = 1\text{ V}$。

如圖 11.48 所示，穩態的時間 t_s 即輸出達到最終值的 0.5% 內。我們的目標是最小化電路的功率消耗。

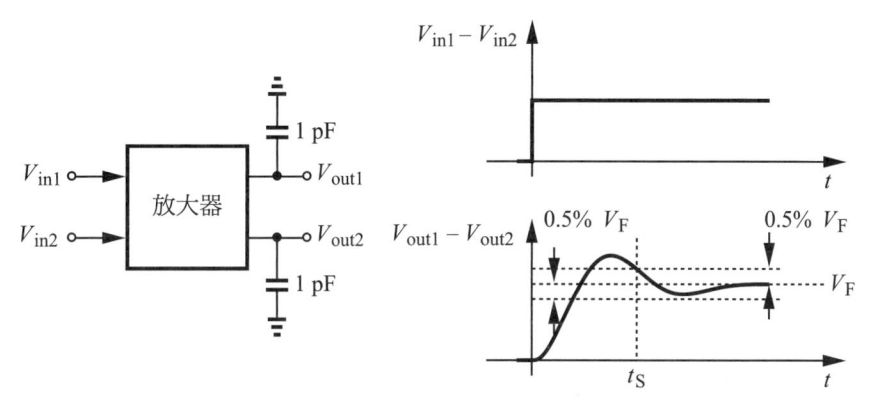

圖 11.48 穩態時間的定義

11.6.1 一般考量

精準度問題

在眾多的放大器架構中，要從哪種架構開始呢？在此情況，規格會局限了我們的選擇。最大容許誤差 1%，表示要使用閉路架構，增益能透過兩個被動元件之比值來定義，且可以不受製程、電壓、溫度（PVT）的影響。我們因此必須設計一開路增益夠高的運算放大器，能讓閉路增益誤差小於 1%。除了所需輸出擺幅 1 V_{pp} 之外，這還需要雙級運算放大器。

回授參數如圖 11.49，其中閉路增益如下

$$\frac{V_{out}}{V_{in}} = -\frac{R_2}{R_1} \frac{1}{1+(1+\frac{R_2}{R_1})\frac{1}{A_0}} \tag{11.14}$$

$$\approx -\frac{R_2}{R_1}\left[1-\left(1+\frac{R_2}{R_1}\right)\frac{1}{A_0}\right] \tag{11.15}$$

我們選擇 $R_2/R_1 = 4$ 且保證增益誤差小於 1%：

$$\left(1+\frac{R_2}{R_1}\right)\frac{1}{A_0} \leq 0.01 \tag{11.16}$$

因此可以得到 $A_0 \geq 500$。此計算忽略運算放大器的回授網路負載。

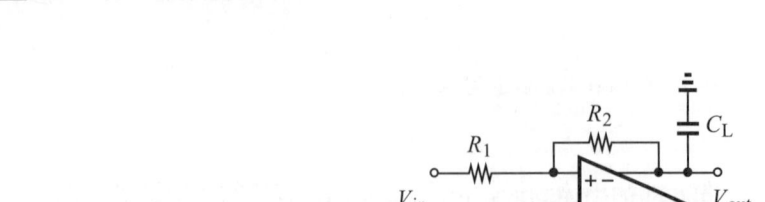

圖 11.49　使用電阻回授的閉路放大器

範例 11.12

以開路運算放大器的特徵，求出閉路的輸出阻抗和上述架構的頻寬。

解 為計算迴路增益，先畫出如圖 11.50 的等效半電路，加入測試信號 V_t。我們觀察到回授網路 V_{out} 及回授到輸入的量 $\beta = [R_1/(R_1 + R_2)]V_{out}$。迴路增益因此等於 $\beta A_0 = A_0 R_1/(R_1 + R_2) \approx A_0/5 \approx 100$，表示輸出阻抗因為回授網路而減少 100 倍。頻寬也以同倍數增加提升。

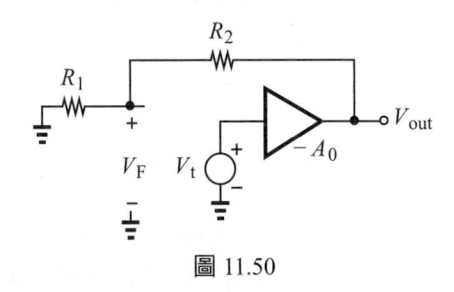

圖 11.50

使用電阻回授網路會遇到一個困難，一如 11.5.2 節提過的，如果 R_1 和 R_2 夠大，不會影響運算放大器的開路增益，但與輸入電容形成一個極點與衰退相位安全邊界。我們因此考慮使用電容性回授網路，將電路重新配置如圖 11.51(a)。閉路增益大概近似為 C_1/C_2，更精準如（13 章）：

$$\frac{V_{out}}{V_{in}} \approx -\frac{C_1}{C_2}\left(1 - \frac{C_1 + C_2 + C_{in}}{C_2}\frac{1}{A_0}\right) \tag{11.17}$$

其中 C_{in} 代表運算放大器的（單端）輸入電容。圖 11.51(b) 繪出單端架構來計算迴路傳輸，我們觀察到 C_1 和 C_2 並沒有產生額外極點，因為 $(C_1+C_{in})C_2/(C_1+C_{in}+C_2)$ 和 C_L 並聯（如第 13 章，電容也可用於取樣和離散操作）。

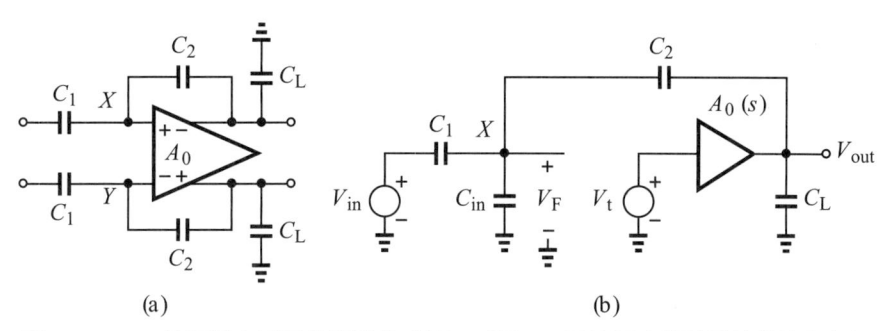

圖 11.51　(a) 使用電容回授的閉路放大器，以及 (b) 用於迴路增益計算的簡化架構

範例 11.13

使用電容性「耦合」通常存在一個高通響應。圖 11.51(a) 是否也存在此現象？

解　不存在，既然沒有電阻路徑到 X 和 Y 點上，在這些點上的時間常數是無限大（如果忽略漏電流），能將頻率響應拓展到接近 $f = 0$。各位可以用一個簡單的電容分壓器之頻率響應來驗證此特性。

如圖 11.51(a) 電路不會提供運算放大器輸入偏壓，例如沒有定義點 X 和 Y 的直流位準並，可假設為任何值（若存在閘極漏電流，這些點充電到 V_{DD} 或放電至接地）。如圖 11.52，一個簡單的解決方式就是加入兩個回授電阻，這樣輸入和輸出的直流位準就會相同。但因為 X 點和 Y 點的有限時間常數會導致高通響應；如果 $A_0 = \infty$，則

$$\frac{V_{out}}{V_{in}}(s) = -\frac{R_F \| \dfrac{1}{C_2 s}}{\dfrac{1}{C_1 s}} \tag{11.18}$$

$$= -\frac{R_F C_1 s}{R_F C_2 s + 1} \tag{11.19}$$

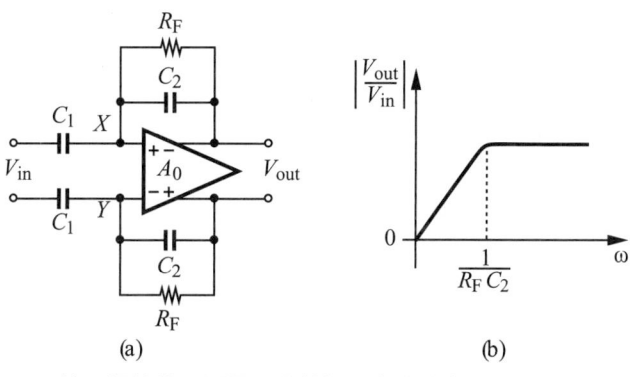

圖 11.52　使用額外的回授電阻定義輸入直流位準和相對應的轉移函數

轉折頻率 $1/(2\pi R_F C_2)$ 必須小於最小輸入信號頻率，而此條件並非在每個應用中都是可行的。一如第 13 章會提到的，R_F 可以用一開關替換，但我們在此假設 $R_F C_2$ 的值夠大。換句話說，在所關注的頻率中，我們假設電路簡化成圖 11.51(a) 架構。

(11.17) 指出電容回授放大器的增益誤差也與 C_{in} 有關。舉例來說如果 $C_{in} \approx (C_1 + C_2)/5$，則 A_0 必須比 (11.16) 所得到的結果高 20%。我們能選取 $C_1 + C_2 \gg C_{in}$，但會讓達到穩態時間變長。

速度問題

放大器必須在 5 ns 中達到 0.5% 精準度。首先假設一線性一階電路，其步階響應表示如下：

$$V_{out}(t) = V_0 \left(1 - \exp\frac{-t}{\tau}\right) u(t) \tag{11.20}$$

V_{out} 達到 $0.995 V_0$ 所需要的時間 $t_s = -\tau ln 0.005 = 5.3\tau$；即 τ 必須不大於 0.94 ns。因此，閉路放大器必須至少達到 $1/(2\pi \times 0.94ns) \approx 170$ MHz 的 $-3\text{-}dB$ 頻寬。

圖 11.51(a) 運算放大器為相依電流 $G_m V_{in}$ 和輸出阻抗 R_{out} 的模型，則閉路時間常數如下（第 13 章）

$$\tau = \frac{C_L(C_1 + C_{in}) + C_L C_2 + C_2(C_1 + C_{in})}{G_m C_2} \tag{11.21}$$

其中假設 $G_m R_{out}$ 大於 1，能改寫如下

$$\tau = \left(\frac{C_1 + C_2 + C_{in}}{C_2}\right) \frac{C_L + \dfrac{C_2(C_{in} + C_1)}{C_2 + C_{in} + C_1}}{G_m} \tag{11.22}$$

可以看到運算放大器為 C_2 和 $C_1 + C_{in}$ 串聯然後和 C_L 並聯，其 G_m 能降低回授因子 $C_2/(C_1 + C_2 + C_{in})$（圖 11.53）（見 13 章）。

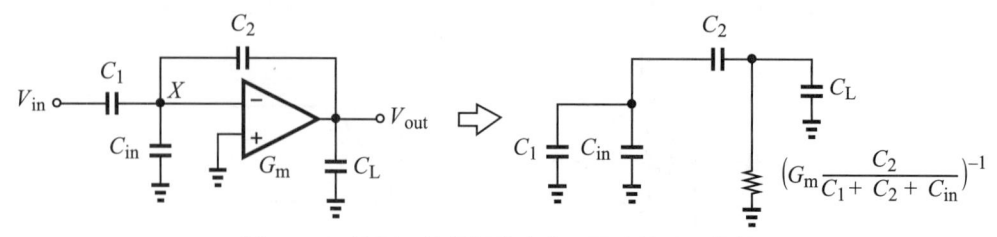

圖 11.53 使用一等效網路來表示閉路的時間常數

雙級放大器並不適用於上述模型，因為內部點（第一級輸出）必定會影響時域響應。接著藉由考慮一個頻率補償過的雙級放大器來改進近似計算。回想一下如果迴路增益在第二個極點 ω_{p2} 下降至 1，單增益回授的相位安全邊界大約為 45°。

我們要如何針對閉路增益 4（而不是 1）來補償運算放大器？在此情況，$|\beta H|$（而非 $|H|$）必須在 ω_{p2} 降至 0 dB（電路因為單增益回授而沒有補償）。如圖 11.54(a)，從頻率 $\omega = \omega_{p2}$ 畫一條斜率 −20 dB/decade 的斜線，找到和 $|\beta H|$ 圖的交點。我們計算受補償主極點 ω_{p1} 的位置。介於 ω_{p1} 和 ω_{p2}，我們能將補償過的 $\beta H(s)$ 近似為 $\beta A_0/(1 + s/\omega'_{p1})$；於 ω_{p2}：$|\beta A_0/(1 + j\omega_{p2}/\omega'_{p1})|=1$，將其大小設為 1。則結果為

$$\omega'_{p1} \approx \sqrt{\frac{\omega_{p2}^2}{\beta^2 A_0^2 - 1}} \tag{11.23}$$

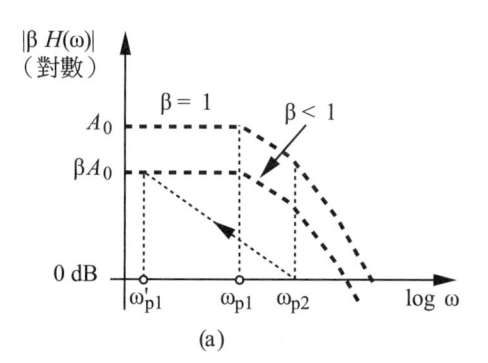

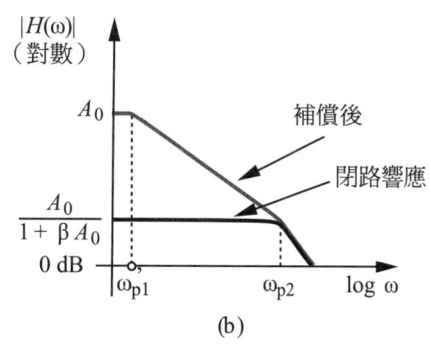

圖 11.54　(a) 針對閉路增益 βA_0 的頻率補償及 (b) 所得閉路響應

和

$$\omega'_{p1} \approx \frac{\omega_{p2}}{\beta A_0} \tag{11.24}$$

一如預期，如果 β 增加，ω'_{p1} 必須較低（例如回授強度增加）。

範例 11.14

補償 $\beta = 1/5$ 及 PM = 45° 的運算放大器，繪出運算放大器的開路頻率響應 H。

解　我們在對數刻度上，可藉由將 $|\beta H|$ 向上平移 $-20\log \beta$ 得到 H。如圖 11.55，H 在 ω'_{p1} 開始下降，然後約在頻率為 ω_{p2} 時達到 $1/\beta$ 的值。

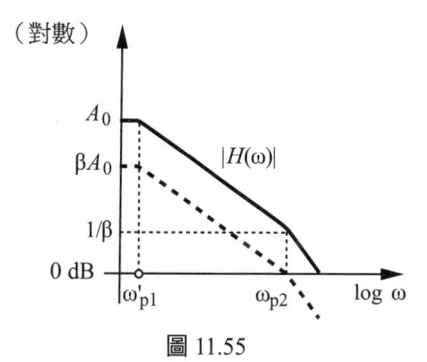

圖 11.55

我們選擇 ω'_{p1} 建立閉路頻率響應。為此目的，我們首先針對 $\beta = 1$ 且在補償過後，繪出迴路傳輸的增益響應 $|\beta H|$〔圖 11.54(b)〕。閉路響應在低頻為 $A_0/(1 + \beta A_0)$ 且在頻率 $\omega \approx \omega_{p2}$ 開始下降。從另一個觀點，既然在頻率 ω'_{p1} 的開路和閉路增益比值大約等於 βA_0，且開路增益以 20 dB/decade 的斜率下降（正比於 ω），兩個響應交於 $\omega \approx \beta A_0 \omega'_{p1} \approx \omega_{p2}$。因此我們選擇頻寬為 $2\pi(170\ \text{MHz})/125 = 2\pi(1.36\ \text{MHz})$。

結論是，閉路增益和達到穩態需要的速度能對應到主極點 1.36 MHz 和次極點 170 MHz 的設計。開路增益在低頻時從 500 降至次極點的增益 4。這些值假設 45° 的相位安全邊界，且最後必定會修正。

11.6.2 運算放大器設計

根據之前的計算，我們尋找一個開路增益 500、主極點 1.36 MHz、次極點 170 MHz 和差動輸出擺幅 1 V_{pp} 的雙級放大器。我們回頭看 11.5.2 節的原型，看看是否符合我們的需求。大部分的規格是和在此所需的運算放大器規格相同，但因為補償可能讓回授放寬約 1/5 倍，主極點不需要 344 kHz 這麼低，如 (11.24) 所示，如果回授參數從 1 降到 β，則主級點頻率增加約 $1/\beta$ 倍，因此我們希望得到如圖 11.45(a) 的響應，補償電容可以從 4.5 pF 降到 0.9 pF，主極點頻率可以從 340 kHz 增至 1.7 MHz。用來產生零點，消除次極點的前饋電阻，R_2 必須要提升同倍，達到 950 Ω。

如 11.5.2 節，零點極點對消能產生一較大的相位安全邊界，能讓 C_C 從 4.5 pF 降至 0.8 pF。但在現行設計中，回授網路電容也負載輸出級，下降次極點 ω_{p2}。因為未將此效應列入考量，我們目前為止還是避免降低 C_C，來繼續瞭解閉路特性。

11.6.3 閉路小信號表現

圖 11.56 顯示了整個運算放大器及其閉路架構。針對一設計增益 4，我們選用 $C_1 = 1$ pF 及 $C_2 = 0.25$ pF。以 $C_{in} \approx 50$ fF，(11.17) 預測若 $A_0 > 520$，則誤差增益會小於 1%。此增益雖然略大於運算放大器在最大擺幅時（圖 11.41），但稍後會處理此問題。為瞭解時域響應，R_F 必須夠大到不會在關注的時間刻度中，讓輸出明顯「下降」。特別在達到穩態時間為 5 ns，我們選用 $R_F C_2 > 10\ \mu\text{s}$，這樣能限制電容漏電低於 1%；例如選用 $R_F = 40\ \text{M}\Omega$（此相當大的值意指使用交換電容的較可行）。

接著透過輸入一小步階信號到上述電路，來檢視輸出特形。透過差動輸入步階 25 mV，我們預期輸出值約為 99 mV（有 1% 的增益誤差）。圖 11.57(a) 是差動輸出波形，圖 11.57(b) 則是放大後的最終接近穩態。我們看到最終值等於 98.82 mV，這是因為開路增益不夠。

我們要如何增加增益？如果我們如圖 11.56，將第一級輸入電晶體的長度增加（寬度也增加），則 C_{in} 也會增加，抵消 (11.17) 中的 A_0。反之，我們將串疊的 NMOS 電晶體的寬度和長度（布局）增加，得到如圖 11.58 的結果。現在可以達到小於 1% 的增益誤差。

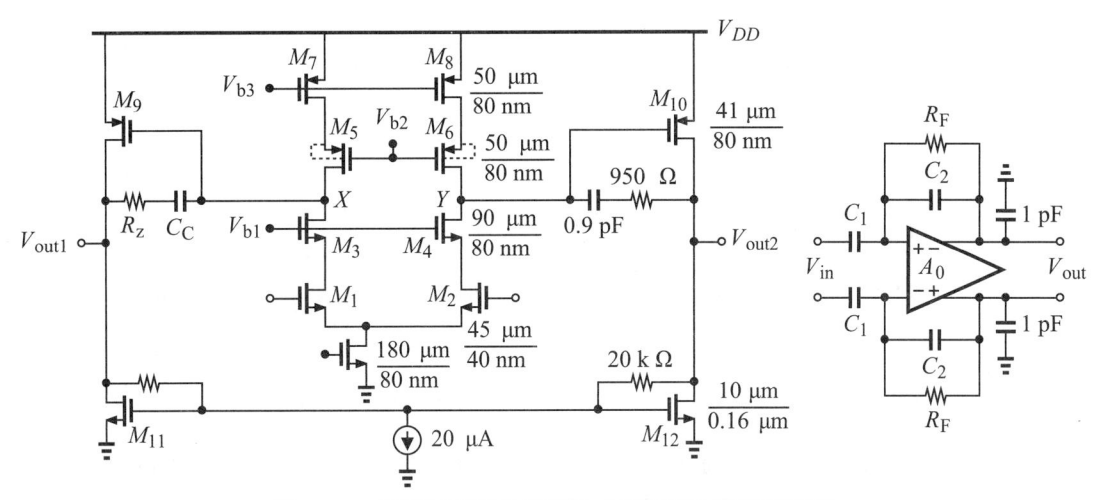

圖 11.56　整體補償過的雙級放大器架構和其閉路環境

範例 11.15

是否可能藉由增加第一級 PMOS 元件長度來增加增益？

解　為提供比 NMOS 更大的阻抗，PMOS 串疊架構在第一級對增益的影響比較小。NMOS 串疊元件可以直接決定電壓增益（為什麼？）。

接著將注意力放在放大器達到穩態的特性上。如果輸出可以在 $t = \infty$ 達到 99.1 mV，我們要如何界定達到 1% 精準度的穩態時間？我們必須求 V_{out} = 99.1 mV $\pm$ 0.01 $\times$ 99.1 mV $\approx$ 99.1 mV $\pm$ 1 mV 的時間。從圖 11.58(b) 波形，我們可以知道 $t_s \approx$ 5.8 ns。

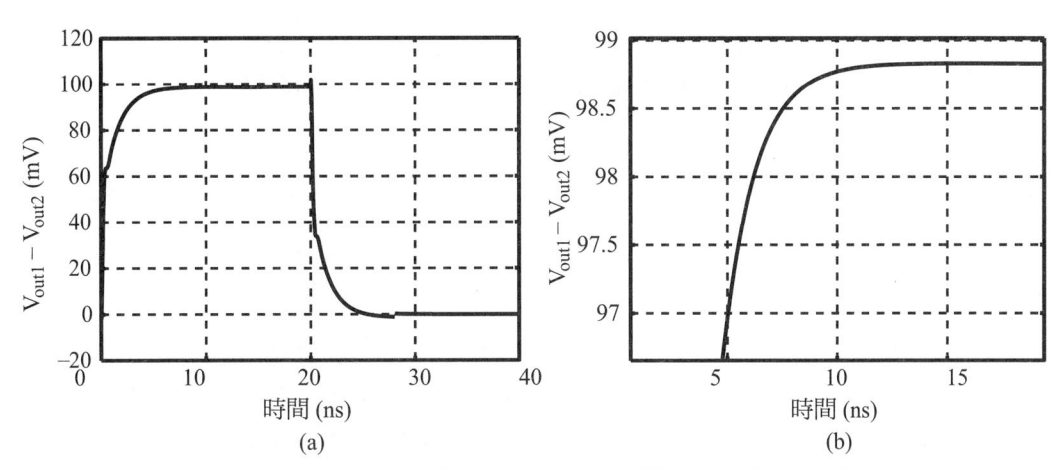

圖 11.57　(a) 閉路步階響應及 (b) 放大觀察達到 1% 精準度的穩態

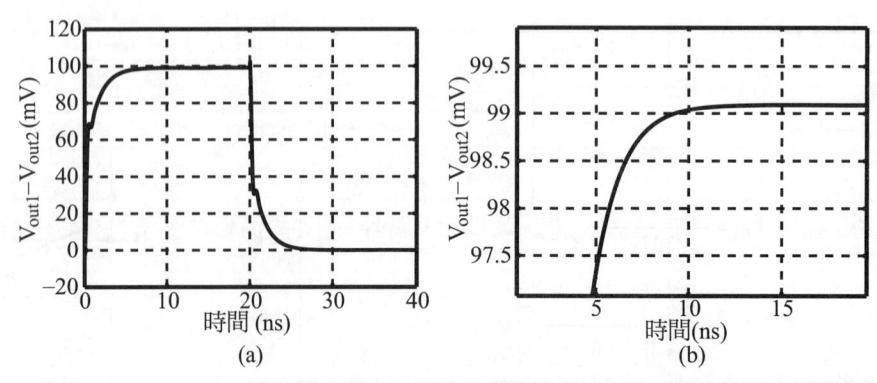

圖 11.58　使用 $(W/L)_{3,4} = 180\,\mu m/0.16\,\mu m$ 的 (a) 閉路步階響應及 (b) 放大觀察達到 1% 精準度的穩態

為改善放大器速度，我們從圖 11.58(a) 可以知道電路「被過度補償」，例如輸出明顯過阻尼。因此我們回到 C_C 和 R_z 的選取，更積極調整這兩個值，耐心找出設計空間並檢視輸出特性的趨勢。在 $C_C = 0.3$ pF 和 $R_z = 700$ 時，我們觀察到圖 11.59 中達到穩態。達到穩態的時間下降到 800 ps，以有相當顯著的改善。在此情況，已減少 R_z，因此將零點推至更高的頻率。

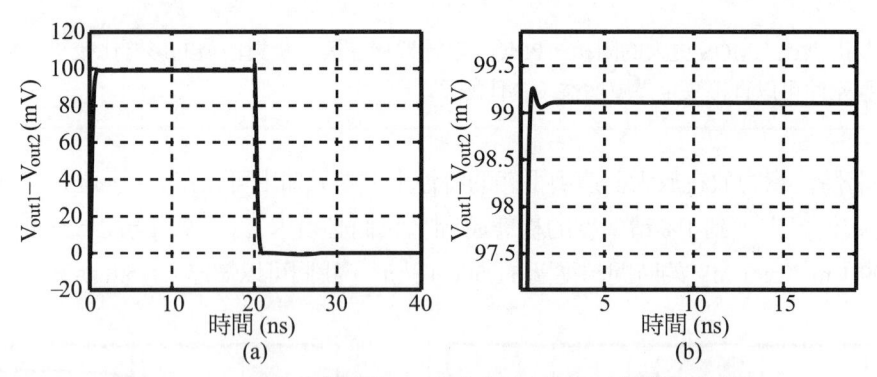

圖 11.59　(a) 閉路步階響應 (b) 放大觀察達到 1% 精準度的穩態

11.6.4 運算放大器調整

如果達到穩態的時間小於所需要的值，我們可以犧牲一點達到穩態的時間換取較低的功率消耗？一如第 9 章，更直接的方式就是「線性調整」。

我們從圖 11.60(a) 的響應開始設計，並將所有電晶體的寬度和偏壓電流縮小 α 倍，如此能減少同倍功率消耗，但保持相同電壓增益和餘裕。但如何選取 C_C 和 R_z？我們進行以下四種觀察：(1) 將負載電容固定，輸出極點將（補償前）縮小 α 倍〔圖 11.60(b)〕，因為第二級的輸出阻抗增加了 α 倍。(2) 為保持相位安全邊界，主極點必須縮小同倍數〔圖 11.60(c)〕。(3) 因為要將第一級的輸出阻抗放大 α，所以 C_C 維持原來的值。(4) 將 R_z 所產生的零點放在頻率 ω_{p2}/α，則 R_z 需要放大 α 倍（為什麼？）。

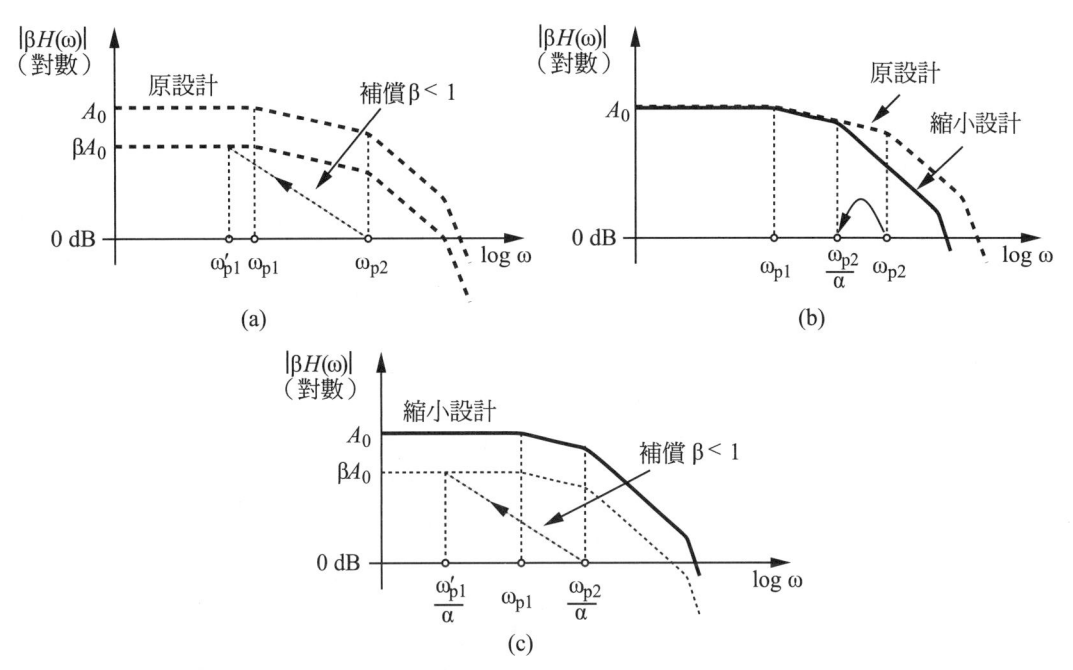

圖 11.60 (a) 原始運算放大器響應和頻率補償，(b) 調整運算放大器響應，及 (c) 補償調整過的運算放大器

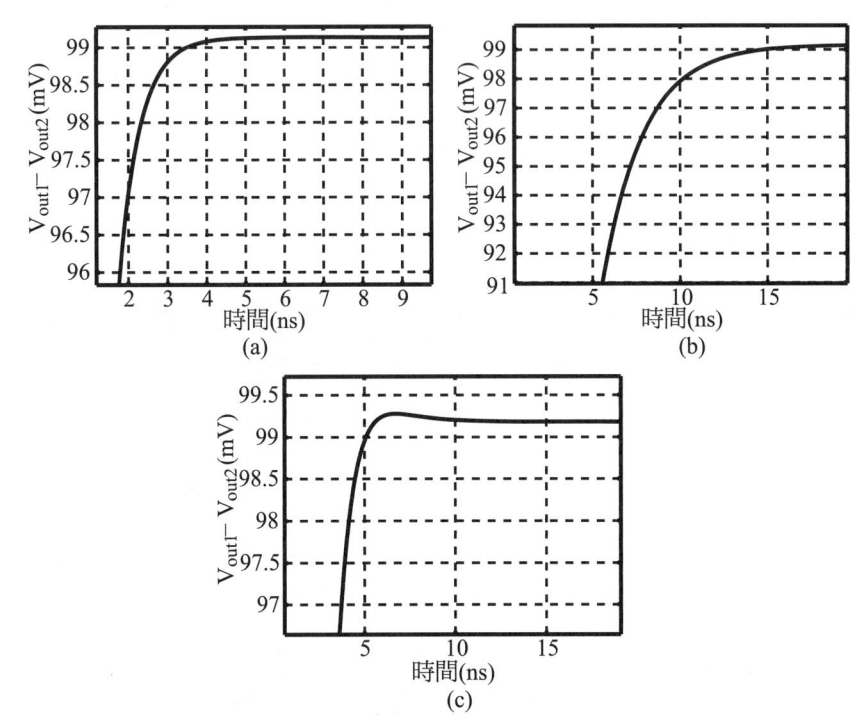

圖 11.61 (a) 縮小 2 倍的運算放大器之步階響應，(b) 縮小 8 倍的運算放大器之步階響應，(c) 使用 $C_C = 0.15$ pF 和 $R_z = 9$ kΩ

接著嘗試 $\alpha = 2$ 且檢視結果。圖 11.61(a) 繪出輸出波形，顯示與之前相同的結果，及 $t_s \approx 2.5$ ns 的過阻尼響應。我們可以嘗試再縮小 4 倍（使用 $\alpha = 8$）。我們可以從圖 11.61(b) 觀察到重度過阻尼響應。現在，我們手動調整 C_C 和 R_z 優化速度。$C_C = 0.15$ pF 和 $R_z = 9$ kΩ 時，步階響應如圖 11.61(c) 所示，大約是 $t_s \approx 4.5$ ns。

相當明顯，隨 C_C 與 R_z 的線性調整減少約 8 倍的功率（電晶體面積）。這種調整方法能進行最小化重新設計，因為不用調整電路增益及擺幅的值。當然，這類調整導致達到穩態的時間較長且跟多的噪訊（及偏移）。圖 11.62 呈現調整過後的運算放大器設計。[13]

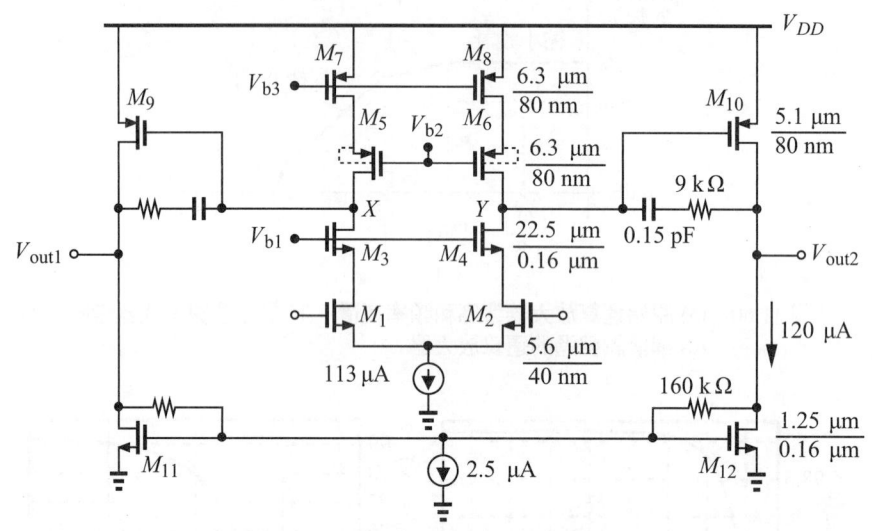

圖 11.62　調整過後的運算放大器設計

11.6.5 大信號特性

運算放大器極限測試是大信號輸出 ($1V_{pp,diff}$)。在此條件下，當某些電晶體小於 V_{DS} 時，開路增益可能會下降，也許會出現速度受限於迴轉率的情況。在之前的模擬，差動輸出從 0 跳至某值，然後歸零。但對於大信號測試，V_{out} 須在 -0.5 V 到 $+0.5$ V 間擺動，這可以藉由設定運算放大器輸入的初始差動條件（如 $t = 0$ 時 $V_{out} = -0.5$ V）來完成大信號測試。結果如圖 11.63 所示。

我們進行兩個觀察：首先，在 V_{out} 從 $t \approx 20$ ns 到 $t \approx 40$ ns 的所有變化等於 987.4 mV，大約小於容許值 1% 增益誤差 2.6 mV。其次，最終值達到 1% 穩態約為 6 ns。

我們先處理增益不足的問題。在此設計條件下，量測每一級增益，藉由將輸出擺幅除以輸入擺幅可以獲得增益值（電壓須達到穩態）。我們得到第一級增益為 $A_v = 39.5$，第二級增益為 10.2（小信號操作下，第一級和第二級增益會分別等於 46.3 和 11.2）。開路

---

[13] 實際上不用精準到 113 μA 電流和 5.1 μm 寬度，只要將值分別四捨五入成 115 μA 和 5 μm。

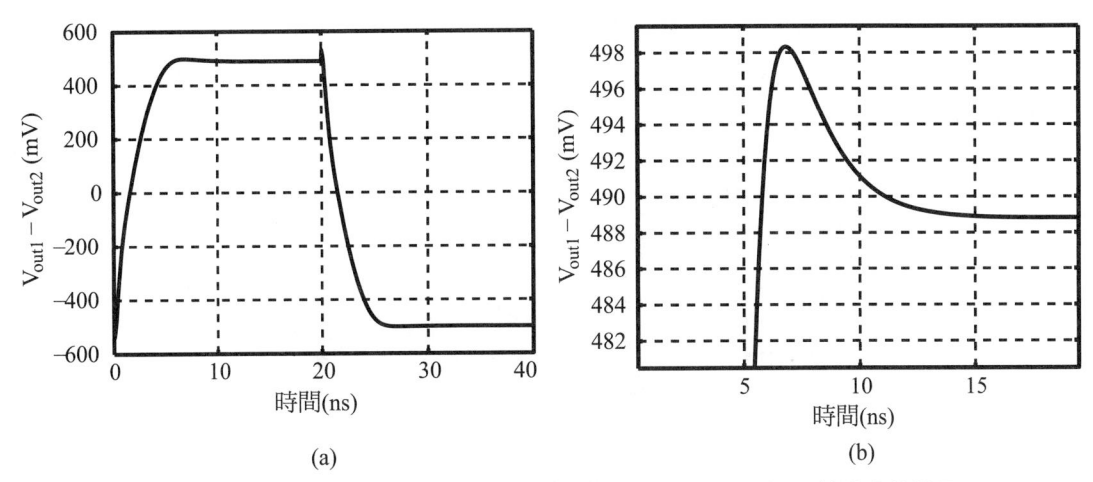

圖 11.63 (a) 閉路放大器的大信號響應 (b) 放大觀察 (a) 達到 1% 精準度的結果

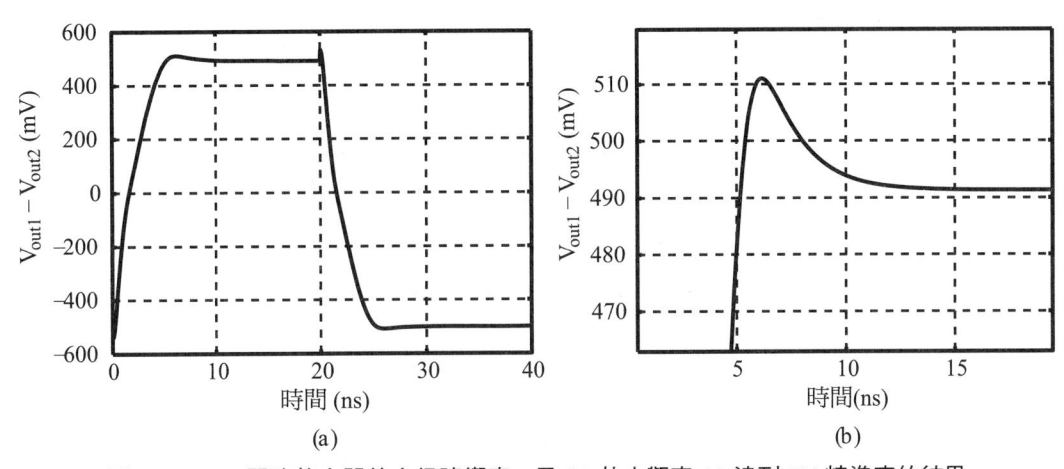

圖 11.64 (a) 閉路放大器的大信號響應，及 (b) 放大觀察 (a) 達到 1% 精準度的結果

增益從 518 降至 403。為提升增益，將第一級的 NMOS 串疊電晶體的 W 和 L 加倍（W/L = 45 μm/0.32 μm），第二級 NMOS 電流源加倍，達到圖 11.64 的輸出。現在增益誤差小於 1%，但達到穩態的時間變較長，因為串疊 NMOS 電晶體所造成的極點明顯降低相位安全邊界。

範例 11.16

估算圖 11.64 中的極點頻率。

解 使用 $C_{ox} \approx 15$ fF/μm^2，串疊 NMOS 電晶體的閘極－源級電容是 (2/3)(45 μm × 0.32 μm) × 15 fF/$\mu m^2 \approx 144$ fF（此為粗略估算，因為等效長度會小於 0.32 μm，且忽略重疊電容）。我們加入了源極／汲極電容及輸入電晶體的閘極－汲極電容，得到約 200 fF。為估算串疊電晶體的轉導，我們假設電晶體在弱反轉區間，計算 $g_m \approx I_D/(\xi V_T) \approx 56.5 \mu A/(1.5 \times 26mV)$ = 1/(690 Ω)。極點頻率大約為 1.15 GHz，在開路單增益頻率會產生明顯的相位位移。

為解決穩態的問題，我們考慮使用串疊補償（第 10 章）。事實上，我們可以結合兩種方法，且以反覆計算來達到圖 11.65(a) 的設計。如圖 11.65(b) 所示，小於 5 ns。[14] 功率消耗 370 μW 能達此效能。

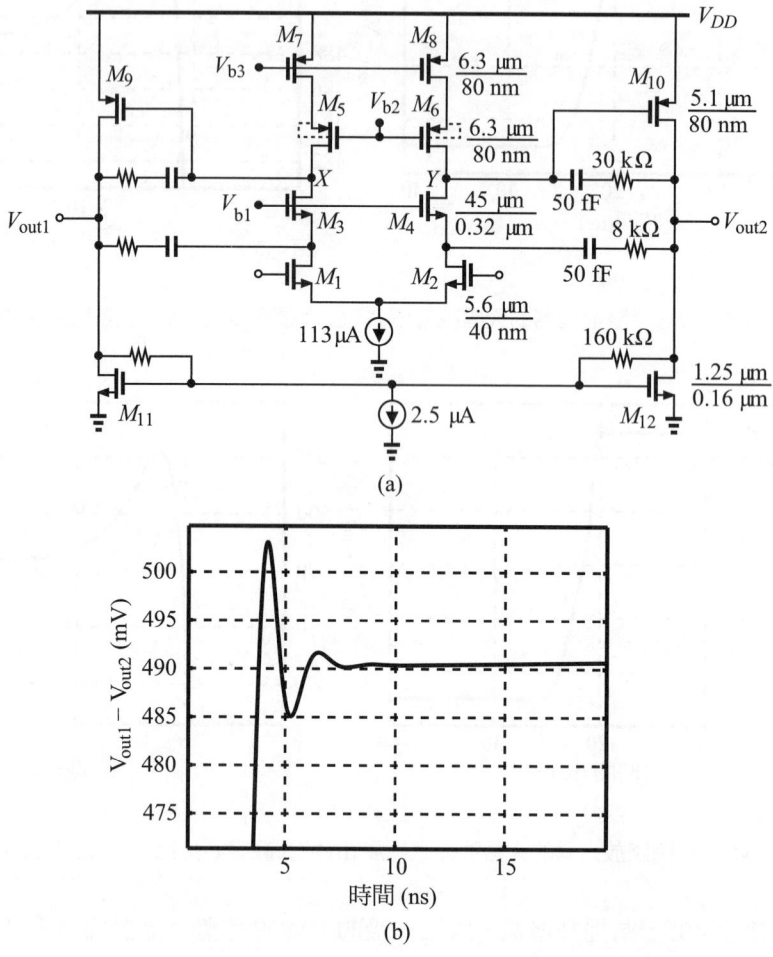

圖 11.65　(a) 最終運算放大器的設計，及 (b) 放大觀察大訊號步階響應

11.7 結論

本章為呈現類比設計者的思考過程。我們看到在處理設計是以有條理的方式進行，假設一任意功率預算，首先為達到電壓擺幅和增益需求（目前最困難的問題）。在有合理的設計下，我們透過線性調整大小，積極降低功率，但切記有些參數無法線性調整（如負載電容），而會讓速度、雜訊和偏移電壓效能變差。我們從一個條件理想的類比設計中，示範三個步驟。(1) 我們仔細觀察電路的特性且瞭解造成非預期現象的原因。(2) 我

---

[14] 此例達到最終值 1% 內的精準度等於 490 mV ± 1 V/100，因為整體擺幅是 −0.5 V 到 +0.5 V。

們只調整與根本原因相關的電路參數，而不盲目調整任意元件。(3) 我們持續探索各種可能的電路技術及新想法，有時會走進死胡同但大多能改善規格。各位可以瞭解我們如何「手動」優化電路，而不是靠自動程式在模擬器中尋找優化的結果。高效能類比設計得要靠人類的智慧。

習題

11.1 考慮如圖 11.2 的特性，使用 V_{DS} = 0.2 V 到 1 V 的斜率，針對 $V_{GS} - V_{TH}$ = 350 mV 估算一 λ 值〔提示：將通過 V_{DS1} 和 V_{DS2} 的兩個電流比表示為 $(1+\lambda V_{DS1})/(1+\lambda V_{DS2})$〕使用 $V_{GS}-V_{TH}$ = 200 mV、250 mV 和 300 mV 重複計算結果。你會觀察到什麼趨勢？

11.2 解釋為什麼圖 11.6 中當 $V_{GS} - V_{TH}$ 超過 0.5 V 時，g_m 會下降。

11.3 假定電晶體有一轉導值 $g_m = \beta(V_{GS} - V_{TH})^2$。

(a) 將 I_D 表示成一個 $V_{GS} - V_{TH}$ 的函數。

(b) 求出其他 g_m 的表現式。

11.4 針對上述問題中電晶體特性，畫出圖 11.7。

11.5 我們想用 I_D = 0.25 mA 來偏壓一個 L = 40 nm 的電晶體。參考圖 11.13，決定哪一個例子能產生較大的輸出阻抗，W = 5 μm 或 W = 10 μm。

11.6 解釋圖 11.15 中無達到的區間發生了什麼事，如果 ξ 值從 1.5 下降到 1.0。假設強反轉區的特性沒有改變。

11.7 藉由使用一電壓源和其閘極串聯，建立圖 11.21 中 M_6 的熱雜訊模型，求當其達到 Y 點時的增益。使用衰退共源級公式，比較此結果和 M_8 產生的熱雜訊。

11.8 考慮圖 11.24(b)，M_{13} 和 M_{14} 能維持在飽和區內，達到多高的共模位準？超過此點後，I_{D11}/I_{D12} 會增加還是減少？

11.9 假設一閉路放大器的步階響應中有一阻尼振盪的頻率 f_1〔如圖 11.46(b)〕。這是否提供任何與開路電路相位響應相關的資訊嗎？

11.10 一雙級運算放大器包含一輸出點的非主極點 ω_{p2}，頻率補償後的相位安全邊界為 45°，假設主極點遠比 ω_{p2} 為低。則 $|\beta H|$ 的大小在 ω_{p2} 頻率會掉到 1。

(a) 如果輸出點的負載電容加倍，估算相位安全邊界會降低多少？

(b) 補償電路要如何調整才可以保證相位安全邊界為 45°？

11.11 估計圖 11.57 中閉路的時間常數，此時間常數是否和開路的主極點頻率 1.7 MHz 一致。

11.12 如圖 11.60，假設將運算放大器放大 α 倍。如果負載電容是常數，電路的頻寬會改善多少？

11.13 將圖 11.51(a) 中的運算放大器用一個 $G_m V_{XY}$ 的壓控電流源和 R_{out} 的輸出阻抗表示，計算閉路轉移函數的零點（提示：輸出電壓在零點頻率時，會等於零）。

11.14 考慮如圖 11.47(a) 的狀況。假設我們放一個電容 C_F 和回授電阻並聯，證明 C_F 能在迴路傳輸中導入一零點，並計算此零點的值，能與 C_{in} 產生的極點相抵銷。

第12章 帶差參考電路

類比電路廣泛使用電壓和電流參考電路。這樣的參考電路顯示了與供應電源和製程參數相關性低，但與溫度有明確相關的直流數值。舉例而言，一差動對的偏壓電流必須依據參考電路產生，因為會影響電路的電壓增益和雜訊。同樣，在A/D和D/A轉換器中，需要參考電路來界定輸入和輸出全部的範圍。

本章會處理CMOS技術中參考產生器的設計，並著重於牢靠的「帶差」技術。首先，我們來看和供應電源無關的偏壓及啟動電路的問題。再來說明與溫度無關的參考電路，並檢查偏移電壓的問題。最後，我們來看常數 G_m 偏壓並瞭解帶差參考電路的範例。

12.1 一般考量

如上所述，產生參考電路的目的在於建立與供應電源和製程無關，但與溫度有明確關聯的直流電壓或電流。在大部分的應用中所需的溫度相關假設了三種形式：(1) **絕對溫度比**（proportional to absolute temperature, PTAT）；(2) 常數 G_m 的特性，亦即特定電晶體的轉導值維持固定；(3) 和溫度無關。我們可以將此工作分為兩個設計問題：與供應電源無關的偏壓及溫度變化的定義。

除了供應電源、製程和溫度的變化，參考電路還有其他很重要的參數。我們在本節會談及包括輸出阻抗、輸出雜訊及功率損耗等問題。

12.2 與供應電源無關之偏壓

前幾章使用偏壓電流和電流鏡已暗指有「黃金」參考電流。如圖 12.1(a) 所示，假如 I_{REF} 不隨 V_{DD} 而改變、且可忽略 M_2 和 M_3 通道長度調變時，則 I_{D2} 和 I_{D3} 與供應電壓無關。此問題會變成：我們如何產生 I_{REF} 呢？

作為近似電流源，我們將一電阻由 V_{DD} 連接至和 M_1 之閘極〔圖 12.1(b)〕；然而，此電路的輸出電流對 V_{DD} 相當敏感：

$$\Delta I_{out} = \frac{\Delta V_{DD}}{R_1 + 1/g_{m1}} \cdot \frac{(W/L)_2}{(W/L)_1} \tag{12.1}$$

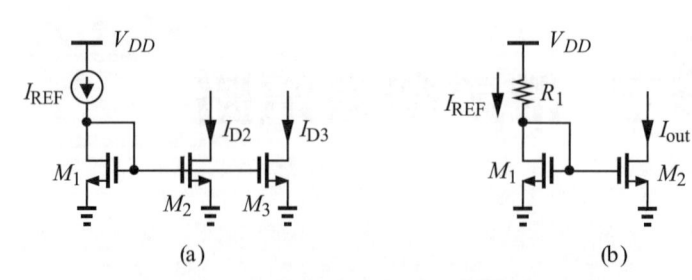

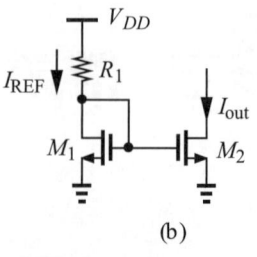

圖 12.1　使用 (a) 理想電流源；(b) 電阻的電流鏡偏壓

為求一較不受影響的解，我們假設電路必須自行偏壓；亦即，I_{REF} 必須由 I_{out} 推導出。圖 12.2 呈現此方法，其中 M_3 和 M_4 複製了 I_{out}，故界定出 I_{REF}。此概念在於，如果最後 I_{out} 和 V_{DD} 無關時，I_{REF} 可以是 I_{out} 的複製。本質上，I_{out} 會讓 I_{REF} 啟動。隨著此處所選定之尺寸，如果通道長度調變可忽略時，我們得 $I_{out} = KI_{REF}$。注意，因為每個二極體元件將從電流源饋入，故 I_{out} 與 I_{REF} 相對和 V_{DD} 無關。

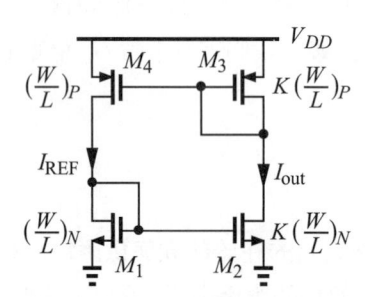

圖 12.2　建立獨立供應電源流的簡單電路

因為圖 12.2 的 I_{out} 和 I_{REF} 顯示了和 V_{DD} 的低相關性，其大小取決於其他參數。我們如何計算這些電流呢？有趣的是，如果 M_1–M_4 在飽和區內運作且 $\lambda \approx 0$，則電路只由 $I_{out} = KI_{REF}$ 控制，故能支撐所有電流位準！舉例來說，如果我們一開始強制 I_{REF} 為 10 μA，則 I_{out} 為 $K \times 10$ μA 會「環繞」迴路，在左右分支持續維持電流位準。

為明確界定電流，我們對電路加入另一限制，如圖 12.3(a) 所示。在此，雖然 PMOS 元件的大小相同而為 $I_{out} = I_{REF}$，但電阻 R_S 減少了 M_2 的電流。可以 $V_{GS1} = V_{GS2} + I_{D2}R_S$ 表示，或

$$\sqrt{\frac{2I_{out}}{\mu_n C_{ox}(W/L)_N}} + V_{TH1} = \sqrt{\frac{2I_{out}}{\mu_n C_{ox} K(W/L)_N}} + V_{TH2} + I_{out}R_S \tag{12.2}$$

忽略基板效應，我們得到

$$\sqrt{\frac{2I_{out}}{\mu_n C_{ox}(W/L)_N}} \left(1 - \frac{1}{\sqrt{K}}\right) = I_{out}R_S \tag{12.3}$$

第 12 章　帶差參考電路　487

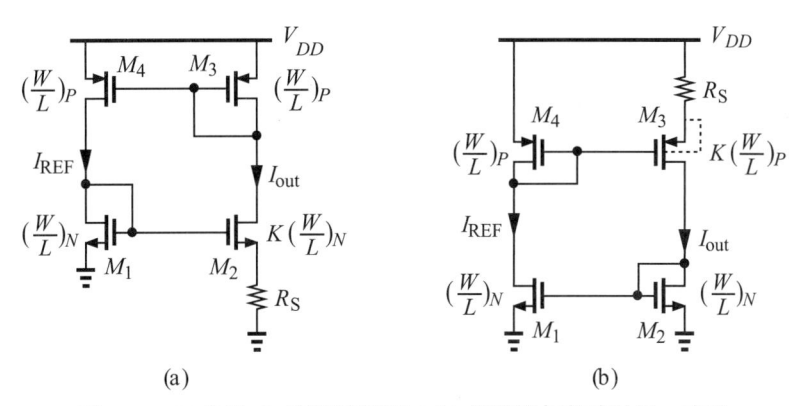

圖 12.3　(a) 加入 R_S 來界定電流；(b) 抵消基板效應的另一方法

因此

$$I_{out} = \frac{2}{\mu_n C_{ox}(W/L)_N} \cdot \frac{1}{R_S^2}\left(1 - \sqrt{\frac{1}{K}}\right)^2 \tag{12.4}$$

一如預期，電流和供應電壓無關（但仍為製程與溫度的函數）。

假設 $V_{TH1} = V_{TH2}$ 在前面的計算中產生了一些誤差，因為 M_1 和 M_2 的源極電壓不同。如圖 12.3(b) 所示，一簡單解決方法是將電阻置於 M_3 源極，並將其源極和每個 PMOS 電晶體之基板相接以抵消基板效應。另一個解決方法將在習題 12.1 中描述。

如果可忽略通道長度調變效應時，圖 12.3 顯示一個低供應電壓相關性。基於此原因，此電路中所有電晶體能使用相當長的通道。

範例 12.1

假設在圖 12.3(a) 中 $\lambda \neq 0$，當供應電壓改變 ΔV_{DD} 時，計算 I_{out} 之變化為何？

解　將電路簡化為圖 12.4 所示的電路，其中 $R_1 = r_{O1}\|(1/g_{m1})$ 且 $R_3 = r_{O3}\|(1/g_{m3})$，我們計算由 V_{DD} 至 I_{out} 的「增益」。M_4 的小信號閘極－源極電壓為 $-I_{out}R_3$ 且流經 r_{O4} 之電流為 $(V_{DD}-V_X)/r_{O4}$。因此，

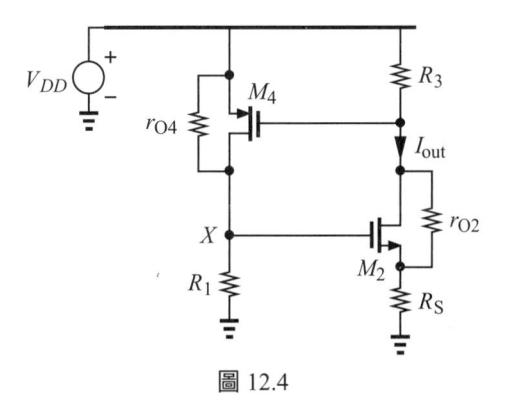

圖 12.4

$$\frac{V_{DD}-V_X}{r_{O4}} + I_{out}R_3 g_{m4} = \frac{V_X}{R_1} \tag{12.5}$$

如果我們以 $G_{m2} = I_{out}/V_X$ 來表示 M_2 的等效轉導和 R_S 時，則

$$\frac{I_{out}}{V_{DD}} = \frac{1}{r_{O4}} \left[\frac{1}{G_{m2}(r_{O4}\|R_1)} - g_{m4}R_3 \right]^{-1} \tag{12.6}$$

注意從第 3 章中得知

$$G_{m2} = \frac{g_{m2}r_{O2}}{R_S + r_{O2} + (g_{m2}+g_{mb2})R_S r_{O2}} \tag{12.7}$$

但如果 $r_{O4} = \infty$，靈敏度會消失。

在某些應用中，(12.6) 的靈敏度會過大。同樣由於不同電容路徑，電路的供應電源靈敏度會在高頻增加。基於此原因，主要供壓電壓通常會由較不靈敏的局部電壓產生。我們在 12.8 節再回來討論。

在與供應電源無關的偏壓中會出現「退化」（degenerate）點。舉例來說，在圖 12.3(a) 之電路中，當供應電源開啟時，如果所有電晶體電流為零，則會無限期關閉。因為迴路可在兩分支中提供零電流。(12.4) 無法預測此情況，因為我們在 (12.3) 中對兩邊同時除以 $\sqrt{I_{out}}$，即默默地假設 $I_{out} \neq 0$。換句話說，電路可以達到兩個不同運作情況的其中一個。

我們將上述情況稱為**啟動**（start-up），也就是可在供應電源開啟時，加入一個驅動電路離開退化偏壓點的機制來解決。如圖 12.5 所示的簡單例子，其中二極體元件 M_5 提供了一藉由啟動作用從 V_{DD} 經過 M_3 和 M_1 至接地端的信號路徑。因此，M_3 和 M_1 且 M_2 和 M_4 不會維持關閉狀態。當然，此方式只有在 $V_{TH1} + V_{TH5} + |V_{TH3}| < V_{DD}$ 且 $V_{GS1} + V_{TH5} + |V_{GS3}| > V_{DD}$ 時有用，後者確保在「啟動」後 M_5 維持關閉狀態。另一個啟動電路會在習題 12.2 中分析。

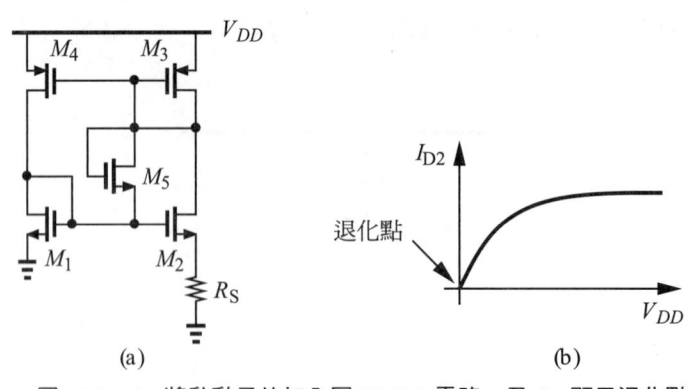

圖 12.5　(a) 將啟動元件加入圖 12.3(a) 電路，及 (b) 顯示退化點

電路啟動的問題一般來說需要仔細分析和模擬。供應電壓在直流掃瞄模擬中，必須由零開始線性成長（使得寄生電容不會產生錯誤的啟動），在暫態模擬及對每個供應電壓所檢視的電路特性分析也一樣。在複雜組態中可能會超過一個退化點。

12.3 與溫度無關的參考電路

與溫度低相關的參考電壓和電流在許多類比電路中非常重要。注意因為大部分的製程參數隨溫度變化，如果參考電路與溫度無關時，則通常也和製程無關。

我們如何產生不隨溫度變動的數量呢？假設如果兩個方向相反**溫度係數**（temperature coefficient, TC）利用適當權重相加時，結果溫度係數 TC 則為零。以兩個隨溫度變動相反方向的電壓 V_1 和 V_2 為例，我們選擇 α_1 和 α_2 讓 $\alpha_1 \partial V_1/\partial T + \alpha_2 \partial V_2/\partial T = 0$，得到一參考電壓為 $V_{REF} = \alpha_1 V_1 + \alpha_2 V_2$，其 TC 值為零。

我們必須找出分別為正、負 TC 兩個電壓。以半導體技術中的元件參數來看，雙載子電晶體特性是最能重複生產且有正負 TC 的明確界定值。甚至雖然許多參考電路中已將 MOS 元件參數納入考慮，雙極性運作仍為參考電路的核心。

12.3.1 負 TC 電壓

雙載子電晶體的基極－射極電壓，或 pn 接面二極體的正向電壓顯示了一個負 TC。首先以容易取得的數量來得到 TC 的表示式。

對一雙極性元件而言，我們可以 $I_C = I_S \exp(V_{BE}/V_T)$ 來表示，其中 $V_T = kT/q$，飽和電流 I_S 和 $\mu k T n_i^2$ 成比例，其中 μ 代表了次要載子的移動率；而 n_i 表示矽晶的內在次要載子濃度。這些量與溫度的相關性可為 $\mu \propto \mu_0 T^m$，其中 $m \approx -3/2$ 且 $n_i^2 \propto T^3 \exp[-E_g/(kT)]$，其中 $E_g \approx 1.12$ eV 為矽的能帶差。因此

$$I_S = bT^{4+m} \exp \frac{-E_g}{kT} \tag{12.8}$$

其中 b 為比例因子。寫出 $V_{BE} = V_T \ln(I_C/I_S)$，我們可以計算基極－射極電壓之 TC 值，將 V_{BE} 對 T 取微分，我們必須知道 I_C 的特性為溫度的函數。為簡化分析，我們現在假設 I_C 維持為常數，因此，

$$\frac{\partial V_{BE}}{\partial T} = \frac{\partial V_T}{\partial T} \ln \frac{I_C}{I_S} - \frac{V_T}{I_S} \frac{\partial I_S}{\partial T} \tag{12.9}$$

從 (12.8)，我們得到

$$\frac{\partial I_S}{\partial T} = b(4+m)T^{3+m} \exp \frac{-E_g}{kT} + bT^{4+m} \left(\exp \frac{-E_g}{kT} \right) \left(\frac{E_g}{kT^2} \right) \tag{12.10}$$

因此，

$$\frac{V_T}{I_S} \frac{\partial I_S}{\partial T} = (4+m) \frac{V_T}{T} + \frac{E_g}{kT^2} V_T \tag{12.11}$$

利用 (12.9) 和 (12.11)，我們可以寫出

$$\frac{\partial V_{BE}}{\partial T} = \frac{V_T}{T} \ln \frac{I_C}{I_S} - (4+m)\frac{V_T}{T} - \frac{E_g}{kT^2} V_T \tag{12.12}$$

$$= \frac{V_{BE} - (4+m)V_T - E_g/q}{T} \tag{12.13}$$

(12.13) 表示在一溫度 T 時的基極—射極電壓的溫度係數值，顯示了和 V_{BE} 本身大小的相關性。當 $V_{BE} \approx 750$ mV 且 $T = 300$ K 時，$\partial V_{BE}/\partial T \approx -1.5$ mV/K。

在舊的雙極技術中，其中 I_C/I_S 相對較小（因為電晶體較大），在室溫下 $V_{BE} \approx 700$ mV 與 $\partial V_{BE}/\partial T \approx -1.9$ mV/K。現代雙載子電晶體通常在較高電流密度下運作，即 $V_{BE} \approx 800$ mV。因此 $T = 300$ K 時，$\partial V_{BE}/\partial T \approx -1.5$ mV/K。

我們從 (12.13) 中注意到 V_{BE} 本身的溫度係數和溫度相關，如果一正 TC 顯示了一固定溫度係數時，將會在固定參考電路生成中產生誤差。

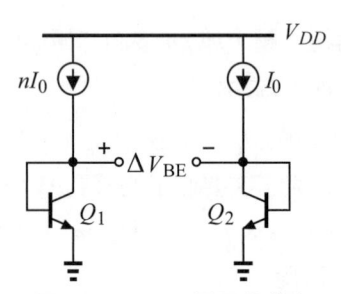

圖 12.6　PTAT 電壓的產生

12.3.2 正 TC 電壓

我們在 1964 年時已知如果兩個雙載子電晶體於不同電流密度下操作，[1] 其基極—射極電壓差和絕對溫度成正比。舉例來說，如圖 12.6 所示，假如兩個相同電晶體 ($I_{S1} = I_{S2}$) 分別偏壓於集極電流為 nI_0 和 I_0，並忽略其基極電流，則

$$\Delta V_{BE} = V_{BE1} - V_{BE2} \tag{12.14}$$

$$= V_T \ln \frac{nI_0}{I_{S1}} - V_T \ln \frac{I_0}{I_{S2}} \tag{12.15}$$

$$= V_T \ln n \tag{12.16}$$

因此，V_{BE} 的差異顯示了一個正溫度係數：

$$\frac{\partial \Delta V_{BE}}{\partial T} = \frac{k}{q} \ln n \tag{12.17}$$

---

[1] 電流密度定義為集極電流 IC，和飽和電流 IS。

有趣的是，此 TC 值和溫度或集極電流特性無關。[2]

範例 12.2

要選取為多少 n 才能產生 +1.5 mV/K 的溫度係數，以抵消在 $T = 300$ K 時的基極－射極電壓的溫度係數？

解 我們選取 n 為 $(k/q)\ln n = 1.5$ mV/K。因為 $k/q = V_T/T = 0.087$ mV/K，我們可以得到 $\ln n \approx 17.2$ 且有 $n = 2.95 \times 10^7$！我們必須改變電路來避免兩個電流間的巨大差異。

範例 12.3

計算圖 12.7 電路的 ΔV_{BE}，其中 Q_2 是 m 個單位並聯的結果，每個單位都等於 Q_1。

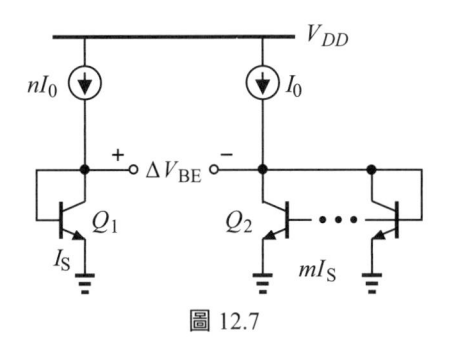

圖 12.7

解 忽略基極電流，我們可以寫出

$$\Delta V_{BE} = V_T \ln \frac{nI_0}{I_S} - V_T \ln \frac{I_0}{mI_S} \tag{12.18}$$

$$= V_T \ln(nm) \tag{12.19}$$

此溫度係數是 $(k/q) \ln (nm)$。在此電路中，兩個電晶體的電流密度差一個 nm 係數。

12.3.3 帶差參考電路

利用上述求得之正、負 TC 電壓，我們可以發展溫度係數為零的參考電路。我們寫成 $V_{REF} = \alpha_1 V_{BE} + \alpha_2(V_T \ln n)$，其中 $V_T \ln n$ 為兩個操作於不同電流密度下之雙載子電晶體的基極－射極電壓差。我們如何選擇 α_1 和 α_2 呢？因為在室溫時，$\partial V_{BE}/\partial T \approx -1.5$ mV/K 而 $\partial V_T/\partial T \approx +0.087$ mV/K，我們可設定 $\alpha_1 = 1$ 而選擇 $\alpha_2 \ln n$ 使得 $(\alpha_2 \ln n)(0.087$ mV/K$) = 1.5$ mV/K。那就是說，$\alpha_2 \ln n \approx 17.2$，對零 TC 來說：

---

[2] 雙載子電晶體的非理想特性在此 TC 中產生了與溫度微小的相關性。

$$V_{REF} \approx V_{BE} + 17.2 V_T \qquad (12.20)$$

$$\approx 1.25 \text{ V} \qquad (12.21)$$

我們設計一電路將 V_{BE} 增加至 $17.2\ V_T$。首先，考慮圖 12.8 的電路，其中可忽略不計基極電流，電晶體 Q_2 由 n 個單位電晶體平行組成而 Q_1 為單位電晶體。假設我們強制 V_{O1} 和 V_{O2} 相同，則 $V_{BE1} = RI + V_{BE2}$，且 $RI = V_{BE1} - V_{BE2} = V_T \ln n$。因此，$V_{O2} = V_{BE2} + V_T \ln n$，則如果 $\ln n \approx 17.2$ 時，V_{O2} 可作為與溫度無關的參考電路（儘管 V_{O1} 和 V_{O2} 保持相同）。

圖 12.8 的電路需要修正三處而比較實用。首先，必須加入一機制確保 $V_{O1} = V_{O2}$；其次，因為 $\ln n = 17.2$ 會產生一很大 n 值，則必須適當放大 $RI = V_T \ln n$ 項。再者，強制將 V_{O2} 等於 V_{O1} 無法與溫度無關，因為 $V_{O2} \approx V_{BE1} \approx 800$ mV。而若與溫度無關聯，我們應該得到 $V_{O2} = V_{BE2} + 17.2 V_T \approx 1.25$ V。如圖 12.9 所示為滿足上述修正電路。在此，放大器 A_1 量測 V_X 和 V_Y，驅動 R_1 和 R_2（$R_1 = R_2$）的上端點讓 X 和 Y 處理的電壓值大約相等。參考電壓可在放大器（而不是在節點 Y）的輸出端得到。依據圖 12.8 的分析，我們得到 $V_{BE1} - V_{BE2} = V_T \ln n$，得到一經過右分支的電流為 $V_T \ln n / R_3$ 且輸出電壓為

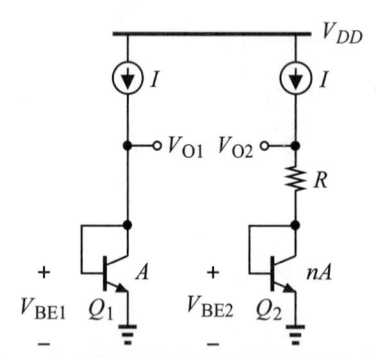

圖 12.8　與溫度無關之電壓的概念生成圖 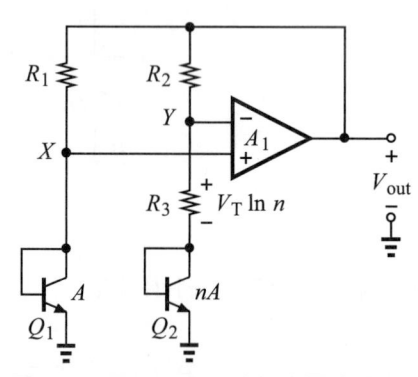　　圖 12.9　圖 12.8 所示之觀念電路的實現

$$V_{out} = V_{BE2} + \frac{V_T \ln n}{R_3}(R_3 + R_2) \qquad (12.22)$$

$$= V_{BE2} + (V_T \ln n)\left(1 + \frac{R_2}{R_3}\right) \qquad (12.23)$$

對零 TC 而言，我們必須得到 $(1 + R_2/R_3)\ln n \approx 17.2$。舉例來說，我們可以選擇 $n = 31$ 而 $R_2/R_3 = 4$，注意此結果和電阻之 TC 無關。

瞭解上述所述用來解圖 12.9 架構，是相當有用的：我們不會嘗試讓 $V_Y (\approx V_{BE1})$ 與溫度無關，而會將 R_3 上的溫度正比跨壓放大 $1 + R_2/R_3$ 倍並將結果加到 V_{BE2} 上。

範例 12.4

圖 12.9 的 R_1 和 R_2 等於且維持等壓，其中各別有電流 $(V_T \ln n)/R_3$。因此

$$V_{out} = V_{BE1} + (V_T \ln n)\frac{R_1}{R_3} \tag{12.24}$$

但第二項次不等於 $17.2V_T$，若我們已選取 $(V_T \ln n)(1 + R_2/R_3) = 17.2V_T$。解釋此差異。

解 (12.23) 和 (12.24) 的第一項次不同，我們將 $V_{BE1} = V_{BE2} + V_T \ln n$ 代入 (12.13)：

$$\frac{\partial V_{BE1}}{\partial T} = \frac{V_{BE2} + V_T \ln n - (4+m)V_T - E_g/q}{T} \tag{12.25}$$

$$= \frac{\partial V_{BE2}}{\partial T} + \frac{k}{q} \ln n \tag{12.26}$$

因此

$$\frac{\partial V_{out}}{\partial T} = \frac{\partial V_{BE1}}{\partial T} + \left(\frac{k}{q} \ln n\right)\frac{R_1}{R_3} \tag{12.27}$$

$$= \frac{\partial V_{BE2}}{\partial T} + \left(\frac{k}{q} \ln n\right)\left(1 + \frac{R_1}{R_3}\right) \tag{12.28}$$

和 (12.23) 一致。

圖 12.9 的電路產生了許多設計問題，我們接著來考慮以下情況。

集極電流變化

圖 12.9 電路和我們先前假設互相衝突：Q_1 和 Q_2 的集極電流 $(V_T \ln n)/R_3$，與 T 成比例，其中對常數電流來說導出 $\partial V_{BE}/\partial T \approx -1.5$ mV/K。如果集極電流為 PTAT 時，V_{BE} 的溫度係數會如何？作為一次迭代解答，讓我們假設 $I_{C1} = I_{C2} \approx (V_T \ln n)/R_3$，回頭看 (12.9) 並將 $\partial I_C/\partial T$ 包含進來，我們得到

$$\frac{\partial V_{BE}}{\partial T} = \frac{\partial V_T}{\partial T} \ln \frac{I_C}{I_S} + V_T \left(\frac{1}{I_C}\frac{\partial I_C}{\partial T} - \frac{1}{I_S}\frac{\partial I_S}{\partial T}\right) \tag{12.29}$$

因為 $\partial I_C/\partial T \approx (V_T \ln n)/(R_3 T) = I_C/T$，我們可寫成

$$\frac{\partial V_{BE}}{\partial T} = \frac{\partial V_T}{\partial T} \ln \frac{I_C}{I_S} + \frac{V_T}{T} - \frac{V_T}{I_S}\frac{\partial I_S}{\partial T} \tag{12.30}$$

(12.13) 可修正為

$$\frac{\partial V_{BE}}{\partial T} = \frac{V_{BE} - (3+m)V_T - E_g/q}{T} \tag{12.31}$$

顯示出 TC 比 -1.5 mV/K 略小，實際上，預測溫度係數需要正確的模擬才能求得。

與 CMOS 技術的相容性

要推算與溫度無關的電壓得仰賴同時具備正、負 TC 值之雙極性元件的指數特性。我們必須在 CMOS 技術中尋找有上述特性的結構。

在 n 型井製程中，可產生如圖 12.10 的 pnp 電晶體。n 型井中之一 p^+ 區域（the 與 PFET 的 S/D 區相同）作為射極，而 n 型井本身作為基極。p 型基板作為集極且須連接到最小之供應電壓（通常接地）。圖 12.9 的電路可重繪於圖 12.11 中。

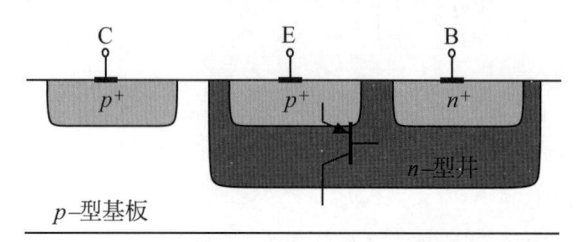

圖 12.10　在 CMOS 技術中實現一 pnp 雙載子電晶體

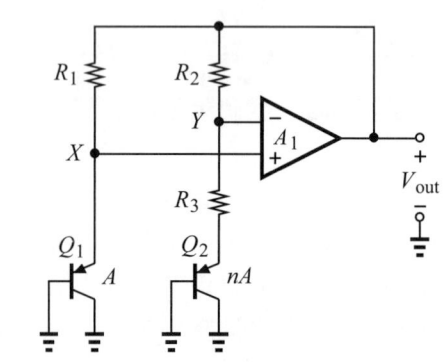

圖 12.11　在圖 12.9 之電路中加入 pnp 電晶體

運算放大器偏移和輸出阻抗

第 14 章會提到，因為非對稱性，運算放大器會遇到輸入「偏移」的問題，亦即運算放大器的輸出電壓不為零，縱使輸入設定為零時。圖 12.9 中運算放大器的輸入偏移電壓在輸出電壓中產生誤差，圖 12.12 包含了此誤差，可將此效應表示為 $V_{BE1} - V_{OS} = V_{BE2} - R_3 I_{C2}$（如果 A_1 很大時）且 $V_{out} = V_{BE2} + (R_3 + R_2)I_{C2}$。因此，

$$V_{out} = V_{BE2} + (R_3 + R_2)\frac{V_{BE1} - V_{BE2} - V_{OS}}{R_3} \tag{12.32}$$

$$= V_{BE2} + \left(1 + \frac{R_2}{R_3}\right)(V_T \ln n - V_{OS}) \tag{12.33}$$

其中我們已假設 $I_{C2} \approx I_{C1}$，儘管有偏移電壓時。在此關鍵為將 V_{OS} 放大 $1 + R_2/R_3$ 倍，使 V_{out} 產生誤差。更重要的是（另見第 14 章），V_{OS} 本身隨溫度變化，故會增加輸出電壓的溫度係數。

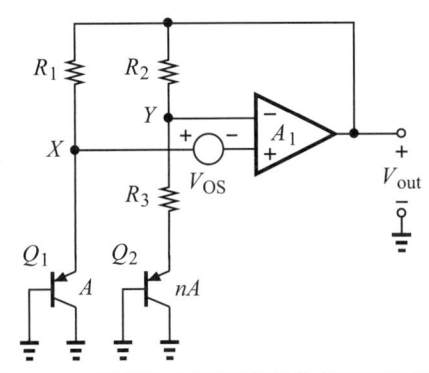

圖 12.12　運算放大器偏移對參考電壓的影響

範例 12.5

假設一理想放大器，求出從圖 12.12 中 V_{OS} 到 V_{out} 的小信號增益。

解 在沒有放大器偏移時，兩個二極雙載子電晶體會帶相同的偏壓電流，呈現一轉導 g_m，用等於 $1/g_m$ 的小信號電阻置換 Q_1 和 Q_2 且 $V_X - V_{OS} \approx V_Y$，我們可以寫出下列小信號方程式：

$$\frac{1/g_m}{1/g_m + R_1} V_{out} - V_{OS} = \frac{1/g_m + R_3}{1/g_m + R_3 + R_2} V_{out} \tag{12.34}$$

因為 $R_1 = R_2$，

$$\frac{V_{out}}{V_{OS}} = -\left[1 + \frac{1}{g_m R_2} + \frac{(1/g_m + R_2)^2}{R_2 R_3}\right] \tag{12.35}$$

如果 $g_m R_2 \gg 1$，則 $V_{out}/V_{OS} \approx -(1 + R_2/R_3)$，和之前得到的結果相同（總之，如果 $1/g_m \approx 0$，V_{OS} 看到一個增益等於 $1 + R_2/R_3$ 的非反向放大器）。

為什麼 (12.35) 並沒有完全和 (12.33) 中的 $-V_{OS}(1 + R_2/R_3)$ 的部分相同？回頭看一下 (12.33)，雖然有偏移電壓，但 (12.33) 假設 $I_{C1} \approx I_{C2}$ 所得到，因為 $V_X - V_{OS} = V_Y$。我們能得到 $I_{C1} R_1 - V_{OS} = I_{C2} R_2$，因此 $I_{C1} = I_{C2} + V_{OS}/R_2$。我們回來看 (12.32) 並寫下

$$V_{BE1} - V_{BE2} - V_{OS} = V_T \ln \frac{I_{C1}}{I_{S1}} - V_T \ln \frac{I_{C2}}{I_{S2}} - V_{OS} \tag{12.36}$$

$$= V_T \ln n - V_T \ln \frac{I_{C1}}{I_{C2}} - V_{OS} \tag{12.37}$$

$$= V_T \ln n - V_T \ln \left(1 + \frac{V_{OS}}{R_2 I_{C2}}\right) - V_{OS} \tag{12.38}$$

$$\approx V_T \ln n - V_T \frac{V_{OS}}{R_2 I_{C2}} - V_{OS} \tag{12.39}$$

$$\approx V_T \ln n - \left(1 + \frac{1}{g_m R_2}\right) V_{OS} \tag{12.40}$$

輸出偏移作用因此會等於 $-[1 + 1/(g_m R_2)](1 + R_2/R_3) V_{OS}$，和 (12.35) 大約相同。

有許多方法能降低 V_{OS} 的效應。首先，仔細選擇組態並在運算放大器中使用大元件能將偏移最小化。第二，如圖 12.7 所示，Q_1 和 Q_2 的集極電流比為 m 倍，而讓 $\Delta V_{BE} = V_T \ln(mn)$。第三，每個分支須使用兩個串連的 pn 接面來加倍 ΔV_{BE}。圖 12.13 顯示利用後兩個方法的情況。在此，R_1 和 R_2 比為 m 倍，讓 $I_1 \approx m\, I_2$。忽略基極電流並假設 A_1 很大，我們寫成 $V_{BE1} + V_{BE2} - V_{OS} = V_{BE3} + V_{BE4} + R_3 I_2$ 且 $V_{out} = V_{BE3} + V_{BE4} + (R_3 + R_2)I_2$。則

$$V_{out} = V_{BE3} + V_{BE4} + (R_3 + R_2)\frac{2V_T \ln(mn) - V_{OS}}{R_3} \tag{12.41}$$

$$= 2V_{BE} + \left(1 + \frac{R_2}{R_3}\right)[2V_T \ln(mn) - V_{OS}] \tag{12.42}$$

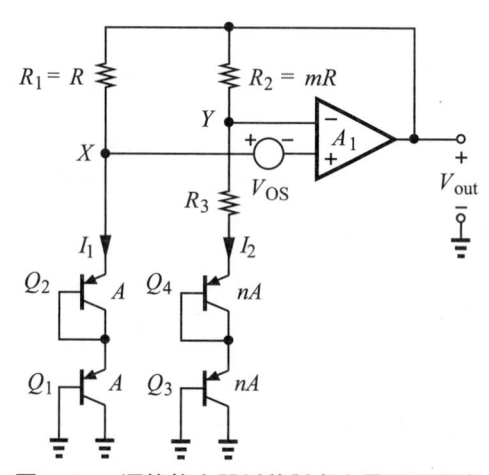

圖 12.13　運算放大器偏移對參考電壓的影響

因此，藉由增加中括號內第一項，會降低偏移效應。然而，問題在於運算放大器在低供應電壓下很難產生 $V_{out} \approx 2 \times 1.25V = 2.5V$。

如上所討論的電路，運算放大器驅導兩個分支電阻且因此一定會出現一低輸出阻抗。幸運地，我們有辦法透過下列的簡單修正方式來避免此問題。

圖 12.13 的電路無法在標準 CMOS 製程中實現，因為 Q_2 和 Q_4 的集極並未接地。為利用圖 12.10 中的雙極性結構，我們修正如圖 12.14(a) 中二極體的串聯組合，將其中一二極體轉換為射極隨耦器。然而，我們必須確認二個電晶體的偏壓電流隨溫度變化的特性一樣。因此，我們以 PMOS 電流源偏壓電晶體而非電阻〔圖 12.14(b)〕。整體電路如圖 12.15 所示，其中運算放大器調整 PMOS 元件的閘極電壓讓 V_X 等於 V_Y。有趣的是，運算放大器在此電路中並無電阻負載，但 PMOS 元件的通道長度調變效應和不匹配現象在輸出端產生了誤差（見習題 12.3）。

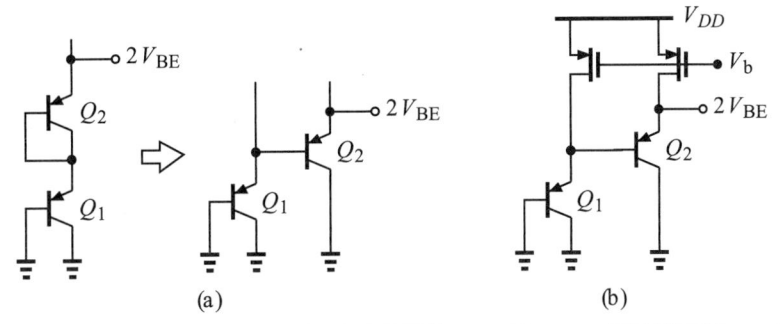

圖 12.14　(a) 串聯二極體轉換為一集極接地的組態；(b) 以 PMOS 電流源偏壓 (a) 中的電路

在圖 12.15 電路中有一個重要問題為，pnp 電晶體「本身」的低電流增益。因為 Q_2 和 Q_4 的基極電流在 Q_1 和 Q_3 的射極電流中產生誤差，因而也許需要一種抵消基極電流的方法（習題 12.5）。

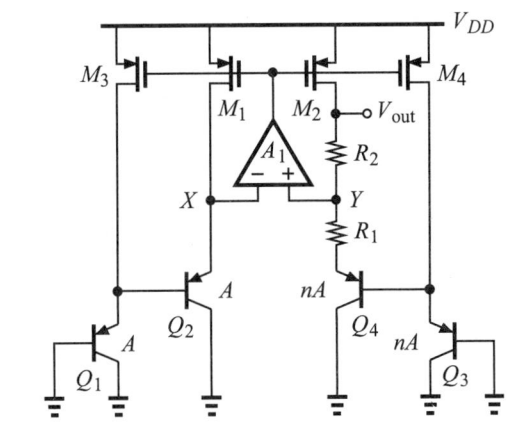

圖 12.15　利用二個串聯基極-射極電壓之參考電路產生器

回授極性

圖 12.9 電路中的運算放大器產生的回授信號會回傳至其輸入端，負回授因子為

$$\beta_N = \frac{1/g_{m2} + R_3}{1/g_{m2} + R_3 + R_2} \tag{12.43}$$

而正回授因子為

$$\beta_P = \frac{1/g_{m1}}{1/g_{m1} + R_1} \tag{12.44}$$

為確保整體回授為負，β_P 必須要小於 β_N 兩倍左右，讓負載大電容之電路的暫態響應仍維持良好的特性。

帶差參考電壓

根據 (12.20) 所產生的電壓稱為**帶差參考電壓**（bandgap reference）。為瞭解此用語的來源，我們將輸出電壓寫成

$$V_{REF} = V_{BE} + V_T \ln n \tag{12.45}$$

因此，

$$\frac{\partial V_{REF}}{\partial T} = \frac{\partial V_{BE}}{\partial T} + \frac{V_T}{T} \ln n \tag{12.46}$$

將此設定為零且由 (12.13) 中取代 $\partial V_{BE}/\partial T$，我們得到

$$\frac{V_{BE} - (4 + m)V_T - E_g/q}{T} = -\frac{V_T}{T} \ln n \tag{12.47}$$

如果 $V_T \ln n$ 可由此式求得並插入 (12.45) 中，我們得到

$$V_{REF} = \frac{E_g}{q} + (4 + m)V_T \tag{12.48}$$

因此，參考電壓顯示了由基本數值所得的零 TC：矽的能帶差 E_g/q，溫度指數的移動率 m，和熱電壓 V_T。在此使用「帶差」是因為當 $T \to 0$、$V_{REF} \to E_g/q$。

範例 12.6

直接證明當 $T \to 0$、$V_{BE} \to E_g/q$，可以得到 $V_{REF} = V_{BE} + V_T \ln n \to E_g/q$。

解 從 (12.8)，我們可以得到

$$V_{BE} = V_T \ln \frac{I_C}{I_S} \tag{12.49}$$

$$= V_T \left[\ln I_C - \ln b - (4 + m) \ln T + \frac{E_g}{kT} \right] \tag{12.50}$$

因此，$V_{BE} \to E_g/q$，如果 $T \to 0$ 且 I_C 是常數。

供應電源相關性和啟動

圖 12.9 電路中的輸出電壓和供應電壓相關性極低，只要運算放大器之開路迴路增益夠高時。此電路可能需要一個啟動（start-up）機制，因為如果 V_X 和 V_Y 都等於零時，運算放大器的輸入差動對可能會關閉。當供應一電壓時，可加入類似於圖 12.5 的啟動以確保運算放大器為開啟。

因為運算放大器的排斥特性,電路對於供應電源的排斥一般來說在高頻時會退化,通常受限於**供應電源整流**(supply regulation)。我們會在 12.8 節討論一範例。

曲率校正

如果繪出一溫度函數,帶差電壓會顯示出一有限的**曲率**(curvature),亦即其 TC 值在一溫度下為零而在其他溫度為正或負值(圖 12.16)。當基極-射極電壓、集極電流和偏移電壓變化時,曲率會增加。

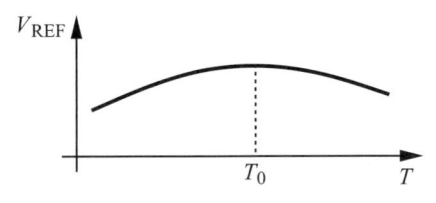

圖 12.16 帶差電壓與溫度相關性的曲率

已經有許多曲率校正技巧來抑制在雙極性帶差電路中 V_{REF} 的變化,但較少用於 CMOS 中。這是因為大偏移和製程變化之故,帶差參考電路顯示了一些不同的零 TC 溫度(圖 12.17),而很難可靠地校正曲率。

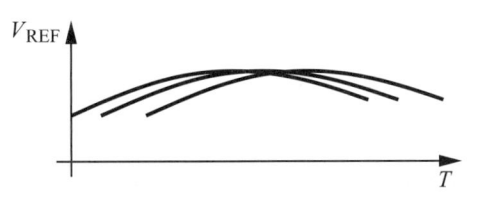

圖 12.17 對不同範例而言零 TC 溫度的變化

12.4 PTAT 電流生成

在帶差電路的分析中,我們注意到雙載子電晶體的偏壓電流事實上和絕對溫度成比例。在許多應用中,PTAT 電流可利用圖 12.18 所示的組態產生。另外,我們可以結合圖 12.12 中和供應電源無關的偏壓與雙載子電晶體,得到圖 12.19 的電路。[3] 為求簡化,假設 M_1-M_2 和 M_3-M_4 為相同的差動對,我們注意到因為 $I_{D1} = I_{D2}$,電路必須確保 $V_X = V_Y$。因此,$I_{D1} = I_{D2} = (V_T \ln n)/R_1$,產生和 I_{D5} 一樣的特性。實際上,由於電晶體間的不匹配現象,且更重要的是因為 R_1 的溫度係數,讓 I_{D5} 的變化偏離理想等式。以低電壓操作來說,比較適合用圖 12.18 的架構。

---

[3] 圖 12.18 和圖 12.19 的電路顯示了不同供應電源排斥現象。仔細設計運算放大器,前者可達到較高的排斥效果。

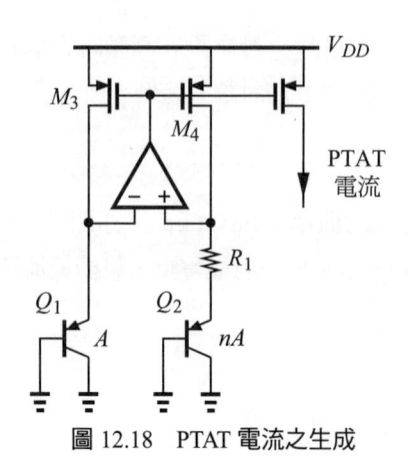

圖 12.18　PTAT 電流之生成

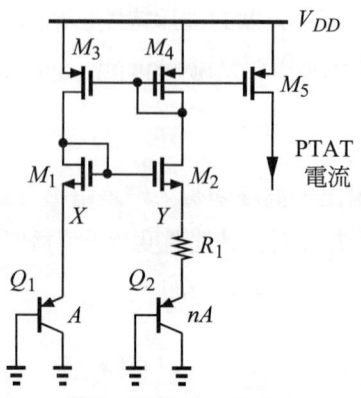

圖 12.19　利用一簡單放大器產生 PTAT 電流

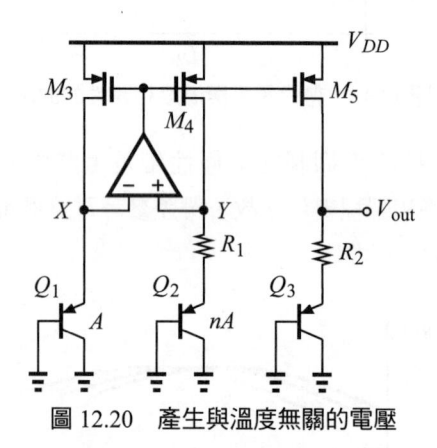

圖 12.20　產生與溫度無關的電壓

我們能輕易將圖 12.18 的電路修正為如圖 12.20 供應一帶差參考電壓，即利用加入一 PTAT 電壓 $I_{D5}R_2$ 至基極－射極電壓，因此輸出電壓為

$$V_{REF} = |V_{BE3}| + \frac{R_2}{R_1} V_T \ln n \tag{12.51}$$

其中假設所有 PMOS 電晶體相同。注意 V_{BE3} 的值和 Q_3 的大小為 (12.51) 的二項和產生一零 TC 的任意值。實際上，PMOS 元件的不匹配在 V_{out} 產生誤差。

12.5 常數 Gm 偏壓

MOSFET 的轉導在類比電路扮演一重要角色，決定雜訊、小信號增益和速度等效能參數。基於此原因，通常偏壓電晶體讓其轉導和溫度、製程及供應電壓無關是較為理想的。

一個用來定義轉導的簡單電路為圖 12.3 中與供應電源無關的偏壓組態。回想一下該偏壓電流為

$$I_{out} = \frac{2}{\mu_n C_{ox}(W/L)_N} \frac{1}{R_S^2} \left(1 - \frac{1}{\sqrt{K}}\right)^2 \tag{12.52}$$

因此 M_1 的轉導為

$$g_{m1} = \sqrt{2\mu_n C_{ox} \left(\frac{W}{L}\right)_N I_{D1}} \tag{12.53}$$

$$= \frac{2}{R_S}\left(1 - \frac{1}{\sqrt{K}}\right) \tag{12.54}$$

此數值與供應電壓和 MOS 元件參數無關。

實際上，(12.40) 的 R_S 值隨著溫度和製程變動。如果已知電阻的溫度係數，帶差和 PTAT 參考電壓生成技巧可利用來抵消溫度相關性。然而，因為製程引起的變化會限制定義 g_{m1} 的精確度。

在一個時脈頻率可使用的系統中，可以用一交換電容式等效電路取代圖 12.3 的電阻 R_S（第 13 章）來讓精確度較高。如圖 12.21 所示，此概念乃是在 M_2 的源極和接地端之間建立一平均電阻為 $(C_S f_{CK})^{-1}$，其中 f_{CK} 代表了時脈頻率。開關至接地端加入電容 C_B 和高頻元件並聯。因為電容的絕對值一般來說需要較嚴格控制，且因為電容的 TC 比電阻的小，此方法提供了較容易複製的偏壓電流和轉導。

圖 12.21 的交換電容方法同樣可運用於其他電路。以圖 12.22 為例，我們可建立一個相對高精確度之電壓－電流轉換器。

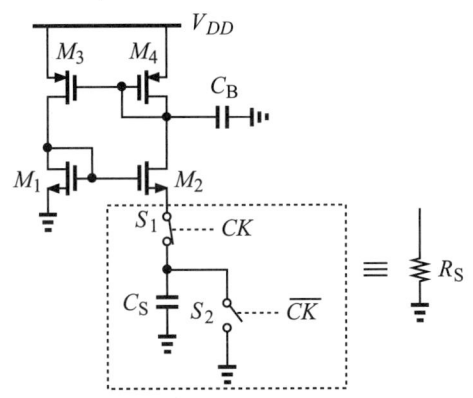

圖 12.21　利用交換電容式電阻以達到常數 G_m 偏壓

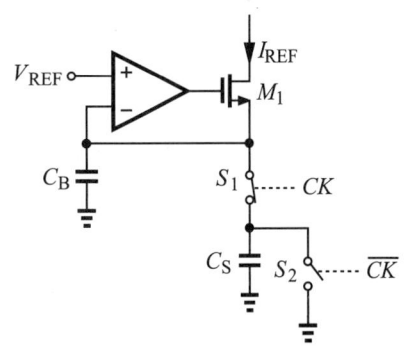

圖 12.22　利用交換電容式電阻以達到電壓－電流轉換

12.6 速度和雜訊問題

即使參考電壓產生器為低頻電路，仍會影響其所饋電的速度。此外，不同的建構方塊可能會經由參考線路而遇到「干擾問題」。之所為會出現這些問題是因為參考電壓產生器的有限輸出阻抗，尤其若包含運算放大器時。舉例來說，圖 12.23 的組態假設節點 N 的電壓嚴重受 M_5 所饋電的影響。對於 V_N 的快速變化而言，運算放大器不能讓 V_P 維持常數，且 M_5 和 M_6 的偏壓電流會遇到很大的暫態變化。同樣，如果運算放大器碰到一慢速響應時，節點 P 的暫態週期可能會很長。基於此原因，許多在參考產生器中的應用都需要高速的運算放大器。

在參考電路消耗功率必須要很小的系統中，使用高速運算放大器可能不實際。另外，關鍵節點（如圖 12.23 中的節點 P）可能藉由一大電容 C_B 而旁路接地來抑制外界干擾效應。此方法牽涉到兩個問題：第一，運算放大器的穩定度不可因加入電容而衰減，故需要具有單級特性的運算放大器（第 10 章）。第二，因為 C_B 一般來說會減緩運算放大器的暫態響應，其值必須遠大於將干擾耦合至節點 P 的電容值。如圖 12.24 所示，如果 C_B 不夠大時，則 V_P 會變化且需要長時間才會回復至原數值，故可能影響被參考產生器偏壓的電路穩態速度。換句話說，這取決於環境，也許讓節點 P 反應快從暫態中快速回復可能是較為理想的。一般來說，如圖 12.25 所示，必須在輸出端加入一干擾且觀察其穩定特性來分析電路響應。

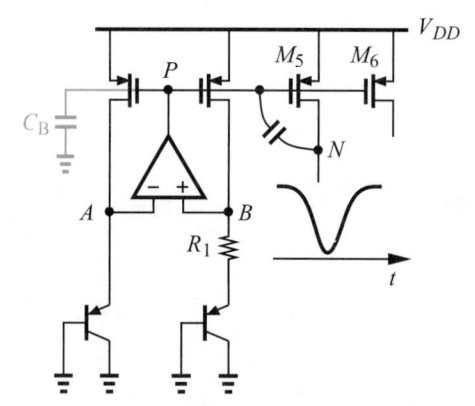

圖 12.23　電路的暫態對參考電壓和電流的影響

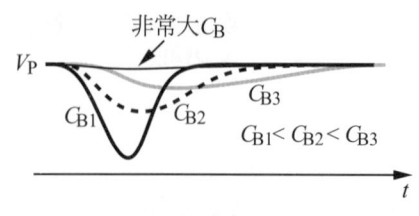

圖 12.24　增加旁路電容對參考產生器響應的影響

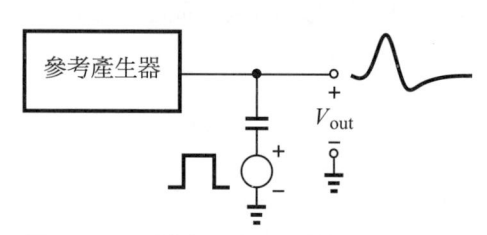

圖 12.25　測試參考產生器暫態響應的機制

範例 12.7

求圖 12.23 所示之帶差參考電路的小信號輸出阻抗並檢查其隨著頻率變化的特性。

解 圖 12.26 顯示其等效電路，並以一單極點轉移函數 $A(s) = A_0/(1 + s/\omega_0)$ 和輸出電阻 R_{out} 建立開路迴路運算放大器之模型，以及以電阻 $1/g_{mN}$ 建立每個雙載子電晶體的模型。如果 M_1 和 M_2 相同，其轉導皆為 g_{mP}，則其汲極電流為 $g_{mP}V_X$，在運算放大器之輸入端產生一差動電壓為

$$V_{AB} = -g_{mP}V_X \frac{1}{g_{mN}} + g_{mP}V_X\left(\frac{1}{g_{mN}} + R_1\right) \tag{12.55}$$

$$= g_{mP}V_X R_1 \tag{12.56}$$

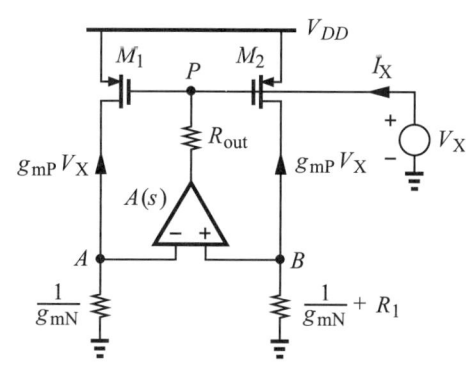

圖 12.26　計算參考產生器輸出阻抗之電路

流經 R_{out} 的電流為

$$I_X = \frac{V_X + g_{mP}V_X R_1 A(s)}{R_{out}} \tag{12.57}$$

產生

$$\frac{V_X}{I_X} = \frac{R_{out}}{1 + g_{mP}R_1 A(s)} \tag{12.58}$$

$$= \frac{R_{out}}{1 + g_{mP}R_1 \dfrac{A_0}{1 + s/\omega_0}} \tag{12.59}$$

$$= \frac{R_{out}}{1 + g_{mP}R_1 A_0} \cdot \frac{1 + \dfrac{s}{\omega_0}}{1 + \dfrac{s}{(1 + g_{mP}R_1 A_0)\omega_0}} \tag{12.60}$$

因此，輸出阻抗顯示位於 ω_0 的零點和位於 $(1 + g_{mP}R_1 A_0)\omega_0$ 的極點，其大小如圖 12.27 所示。注意對 $\omega < \omega_0$ 而言，$|Z_{out}|$ 相當低，但當頻率接近極點頻率時會上升至一很高的值。事實上，設定 $\omega = (1 + g_{mP}R_1 A_0)\omega_0$ 並假設 $g_{mP}R_1 A_0 \gg 1$，我們得到

$$|Z_{out}| = \frac{R_{out}}{1 + g_{mP}R_1A_0} \left| \frac{1 + j(1 + g_{mP}R_1A_0)}{1 + j} \right| \qquad (12.61)$$

$$= \frac{R_{out}}{\sqrt{2}} \qquad (12.62)$$

只比開路迴路值低 30%。

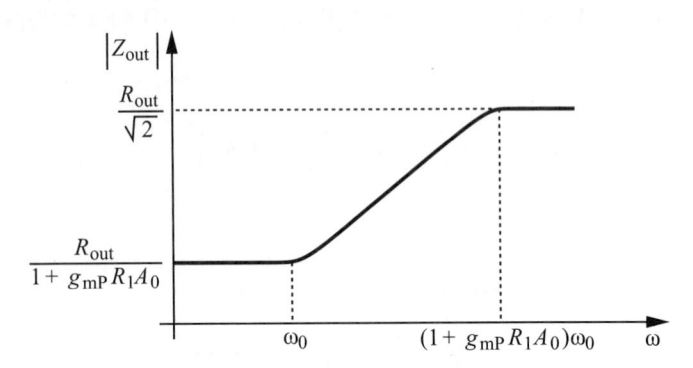

圖 12.27 參考產生器輸出阻抗變化與頻率之關係圖

參考產生器的輸出雜訊可能會相當程度地影響低雜訊電路的效能。圖 12.28 顯示共源極組態的負載電流被一帶差電路乘上 N 因子所驅動。因此，將 M_1（或 M_2）的雜訊電流放大如 M_3 同倍數。注意 M_1–M_3 也是因為運算放大器 A_1 所以有雜訊。

如另一範例，若使用一個高精準度類比數位轉換器來比較帶差電壓和類比輸入信號（圖 12.29），則在參考電壓中的雜訊會直接加入輸入當中。

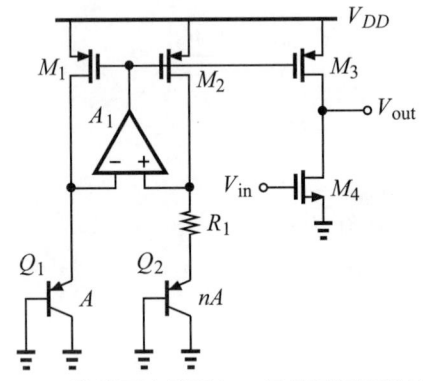

圖 12.28 帶差電路雜訊在一個共源極組態的效應

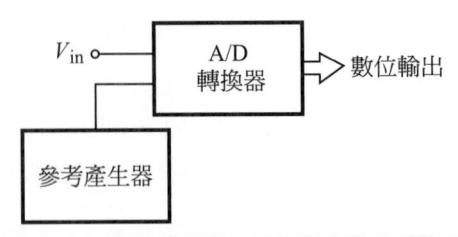

圖 12.29 使用參考產生器的類比數位轉換器

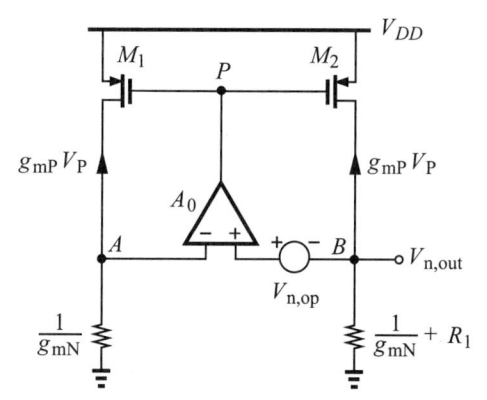

圖 12.30 計算參考產生器中雜訊的電路

以圖 12.30 為例，計算該電路中的輸出雜訊電壓，僅將運算放大器輸入相關雜訊 $V_{n,op}$ 納入考慮。因為 M_1 和 M_2 的小信號汲極電流等於 $V_{n,out}/(R_1 + g_{mN}^{-1})$，我們可以得到 $V_P = -g_{mP}^{-1}V_{n,out}/(R_1 + g_{mN}^{-1})$，在運算放大器的輸入得到一個差動電壓 $-g_{mP}^{-1}A_0^{-1}V_{n,out}/(R_1 + g_{mN}^{-1})$。從點 A，我們可以寫出

$$\frac{V_{n,out}}{R_1 + g_{mN}^{-1}} \cdot \frac{1}{g_{mN}} - \frac{V_{n,out}}{g_{mP}A_0(R_1 + g_{mN}^{-1})} = V_{n,op} + V_{n,out} \tag{12.63}$$

因此

$$V_{n,out}\left[\frac{1}{R_1 + g_{mN}^{-1}}\left(\frac{1}{g_{mN}} - \frac{1}{g_{mP}A_0}\right) - 1\right] = V_{n,op} \tag{12.64}$$

通常 $g_{mP}A_0 \gg g_{mN} \gg R_1^{-1}$，

$$|V_{n,out}| \approx V_{n,op} \tag{12.65}$$

而運算放大器的雜訊會直接顯示在輸出。注意，即使在輸出加一個很大的電容接地可能也無法抑制 1/f 的元件雜訊，也是低雜訊應用中的難題。而電路中其他元件所產生的雜訊留待習題 12.6 來練習。

12.7 低電壓帶差參考

(12.20) 所表示的帶差參考電壓大約等於 1.25V，無法用於現今低電源電壓應用。最根本的限制是我們必須加上 $17.2V_T$ 到 V_{BE} 中，來達到一個零溫度係數。

有可能將兩個有正、負溫度係數的電流相加，然後將結果轉成一零溫度係數的任意電壓（圖 12.31）嗎？回想一下圖 12.18，我們可以產生一個 PTAT 電流為 $V_T \ln n/R$。我們也假想另一個從 V_{BE}/R 得到的電流當作一負溫度係數，但是我們要如何透過最小的電路複雜度產生此電流呢？

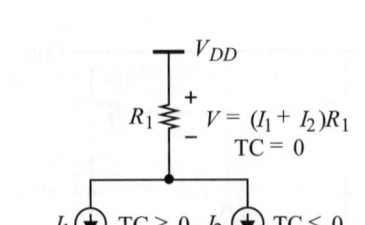

圖 12.31 將兩個具相反溫度係數的電流相加，來得到零溫度係數

讓我們回到圖 12.18 中的電路，假設 M_3 和 M_4 相同，注意 $|I_{D4}| = V_T \ln n/R_1$ 是一 PTAT 電流。如圖 12.32(a)，我們將一個電阻和 Q_2 並聯。我們知道 R_1 帶有一個等於 $|V_{BE2}|/R_2$ 的額外電流，亦即負溫度係數的電流。但不幸地，因為 $I_{C1} \neq I_{C2}$，而破壞了 PTAT 的特性。幸好，可以用簡單的方法來解決此問題：如圖 12.32(b) 所示，我們將 R_2 從 Y 點接地並放置另一個電阻和 Q_1 並聯。此架構能其用於低電壓運作，但需要最小的 $V_{DD} = V_{BE1} + |V_{DS3}|$。

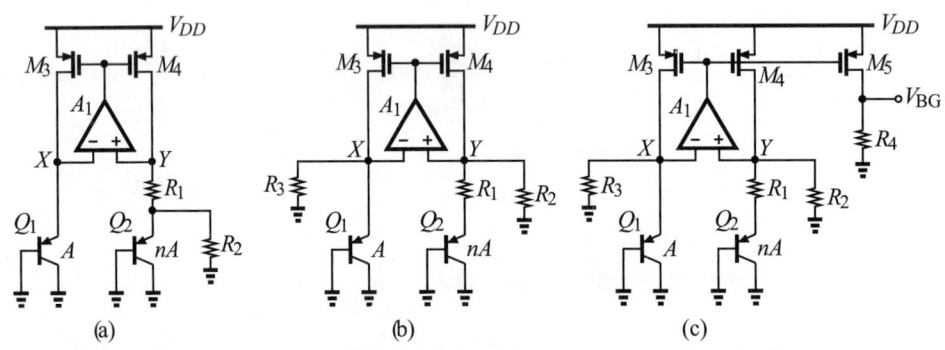

圖 12.32 (a) 嘗試讓 M_4 的汲極電流與溫度無關，(b) 改變電路達到零溫度係數，且 (c) 產生有零溫度係數的任意小電壓

要分析此電路，我們可以看到 $V_X \approx V_Y \approx |V_{BE1}|$ 且 $I_{D3} = I_{D4}$。因此

$$I_{C1} + \frac{|V_{BE1}|}{R_3} = I_{C2} + \frac{|V_{BE1}|}{R_2} \tag{12.66}$$

其中如果 $R_2 = R_3$ 可以得到 $I_{C1} = I_{C2}$。我們仍然可得 $|V_{BE1}| = |V_{BE2}| + I_{C2}R_1$ 且 $I_{C2} = V_T \ln n/R_1$。此電流和流經 R_2 的電流 $|V_{BE1}|/R_2$，組成 $|I_{D4}|$：

$$|I_{D4}| = \frac{V_T \ln n}{R_1} + \frac{|V_{BE1}|}{R_2} \tag{12.67}$$

$$= \frac{1}{R_2}\left(|V_{BE1}| + \frac{R_2}{R_1} V_T \ln n\right) \tag{12.68}$$

選取 $(R_2/R_1)V_T \ln n$ 約略等於 $17.2 V_T$，得到一零溫度係數電流 I_{D4}。可以將此電流複製且流經一電阻產生一零溫度係數電壓〔圖 12.32(c)〕：

$$V_{BG} = \frac{R_4}{R_2}\left(|V_{BE1}| + \frac{R_2}{R_1}V_T \ln n\right) \tag{12.69}$$

（如果 M_5 和 M_4 相同）。我們可以選取 $(R_2/R_1)\ln n \approx 17.2$，可看到 V_{BG} 有零溫度係數且其值也許會低於一般值 1.25 V。

範例 12.8

如果圖 12.32(c) 的運算放大器有一個輸入相關偏移電壓 V_{OS}，求出 V_{BG}。

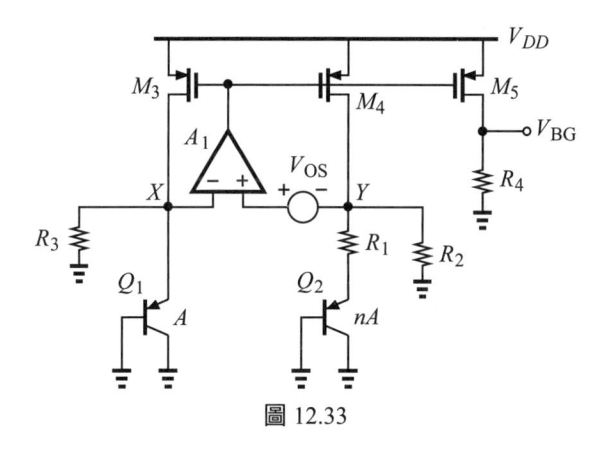

圖 12.33

解 如圖 12.33，我們有 $V_X \approx V_Y + V_{OS} \approx |V_{BE1}|$ 及

$$I_{C1} + \frac{|V_{BE1}|}{R_3} = I_{C2} + \frac{|V_{BE1}| - V_{OS}}{R_2} \tag{12.70}$$

意指如果 $R_2 = R_3$ 則 $I_{C1} = I_{C2} - V_{OS}/R_2$。因為 $|V_{BE1}| = |V_{BE2}| + R_1 I_{C2} + V_{OS}$，可得到 $I_{C2} = (V_T \ln n - V_{OS})/R_1$，此電流及流經 R_2 的電流，$(|V_{BE1}|-V_{OS})/R_2$，加入 $|I_{D4}|$：

$$|I_{D4}| = \frac{V_T \ln n - V_{OS}}{R_1} + \frac{|V_{BE1}| - V_{OS}}{R_2} \tag{12.71}$$

則

$$V_{BG} = \frac{R_4}{R_2}\left(|V_{BE1}| + \frac{R_2}{R_1}V_T \ln n\right) - \frac{R_4}{R_1 \| R_2}V_{OS} \tag{12.72}$$

這表示運算放大器偏移電壓被放大 $R_4/(R_1\|R_2)$ 倍。此外，我們可以寫出

$$V_{BG} = \frac{R_4}{R_2}\left[|V_{BE1}| + \frac{R_2}{R_1}V_T \ln n - \left(1 + \frac{R_2}{R_1}\right)V_{OS}\right] \tag{12.73}$$

最後可藉由將 n 最大化而讓 V_{OS} 最小化。

這對估計圖 12.32(c) 中電路可運作的最低電源電壓有幫助。使用大雙載子電晶體及小偏壓電流，亦即 10 μA，基極－射極電壓能低到 0.7 V。同樣地，寬 PMOS 元件可容許一

個約 50 mV 的 $|V_{DS}|$。電路因此能於 0.75 V 運作。此例中的 R_4 是一大電阻，例如 50 kΩ，會產生明顯雜訊，因此得要在輸出端加入一旁路電容。如果將 PMOS 汲極電流複製來產生大電流，例如 0.5 mA，則其雜訊也會同時被放大至同倍數。此雜訊包含了熱雜訊及因為 PMOS 元件的閃爍雜訊，與運算放大器雜訊。習題 12.24 會分析電路雜訊特性，但我們從範例 12.8 可看到運算放大器輸入雜訊被放大 $R_4/(R_1 \| R_2)$ 倍。

圖 12.32(c) 的運算放大器可以用五電晶體 OTA 來實現。如圖 12.34(a)，OTA 設計能以下列方法：(1) 選取大電晶體讓閃爍雜訊和偏移電壓最小化。(2) M_a 和 M_b 的閘極－源極電壓加上 I_{SS} 所需緩衝空間不超過 $|V_{BE1}|$。(3) 選擇夠長的電晶體來產生合理的迴路增益，亦即 5 到 10。

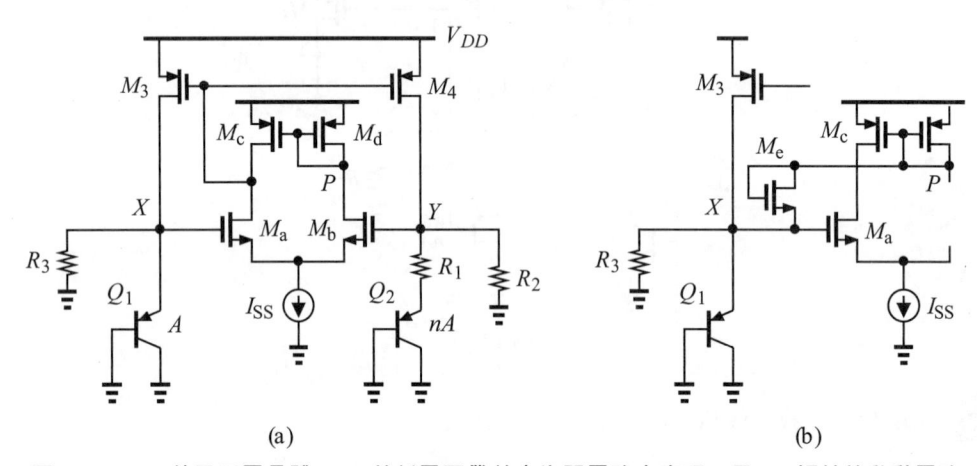

圖 12.34　(a) 使用五電晶體 OTA 的低電壓帶差產生器電路之實現，及 (b) 額外的啟動電路

上述架構要有一個啟動機制。否則，電路會從 $V_X = V_Y = 0$ 狀態開始，M_a 和 M_b 仍然關閉，且 M_3 和 M_4 也是關閉。因為，$V_{DD} < 1$ V，P 點和 X 點的電壓差開始時為正但最後為負（為什麼？），我們可以將二極體連接的 NMOS 電晶體與這兩點接在一起，來保證啟動〔圖 12.34(b)〕。此外，NMOS 元件能連接於 X 和 V_{DD}。

另一個低電壓帶差電路能從圖 12.20 架構中，將一個電晶體從輸出點連接至接地。如圖 12.35，電路容許一些 I_{D5} 流經 R_3。

$$|I_{D5}| = \frac{V_{out}}{R_3} + \frac{V_{out} - |V_{BE3}|}{R_2} \tag{12.74}$$

如果 PMOS 元件是相同的，$|I_{D5}| = V_T \ln n / R_1$，可以產生

$$V_{out} = \frac{R_3}{R_2 + R_3}\left(|V_{BE3}| + \frac{R_2}{R_1} V_T \ln n\right) \tag{12.75}$$

標準帶差電壓因此縮小了 $R_3/(R_2 + R_3)$ 倍，各位能試著自行計算運算放大器偏移電壓在輸出點的效應，並與 (12.72) 比較。

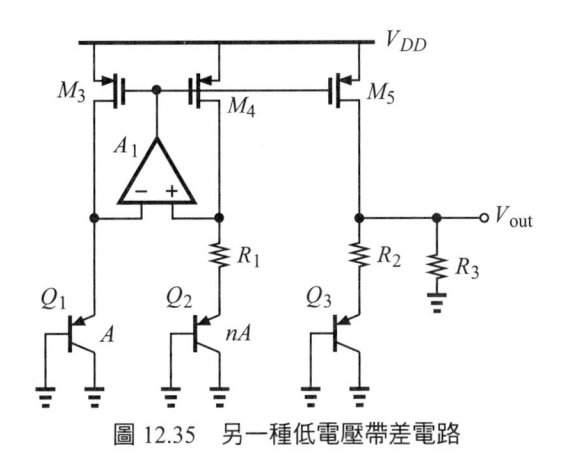

圖 12.35　另一種低電壓帶差電路

我們有可能加入另一個偏壓電流到前述電路中來提供曲線校正，但通常需要修正，因為電路中各種不匹配常常會隨機讓零溫度係數位移。

12.8 案例研究

本節要來看看高精確類比系統設計的帶差參考電路。參考產生器包含圖 12.19 的組態，和各分支的二個串聯基極－射極電壓，如此才能減少 MOSFET 不匹配的效應。簡化電路如圖 12.36 所示，其中 PMOS 電流鏡能確保 Q_1–Q_4 的集極電流皆相同。在需要一高電源電壓時，此設計則凸顯其實際應用的重要性。

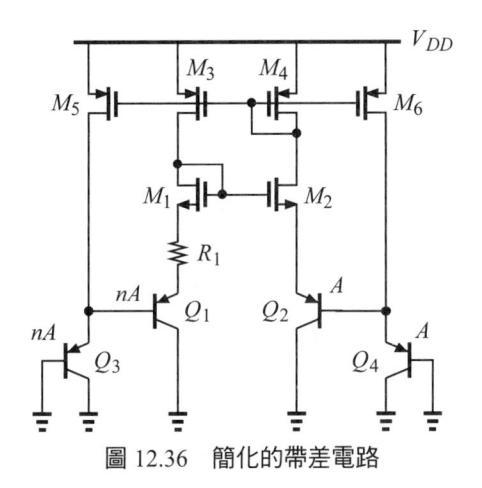

圖 12.36　簡化的帶差電路

圖 12.36 中 MOS 元件的通道長度調變效應會產生明顯的電源相依性。為解決此問題，每個路徑都會使用 NMOS 和 PMOS 串疊架構。圖 12.37(a) 呈現第 5 章提過的低電壓串疊電流鏡範例。為抵消 V_{b1} 和 V_{b2} 的需求，圖 12.37(b) 的設計實際上使用了「自偏壓」串疊，其中 R_2 和 R_3 維持適合電壓而讓所有 MOSFET 能維持在飽和區。此串疊架構會在習題 12.7 分析。

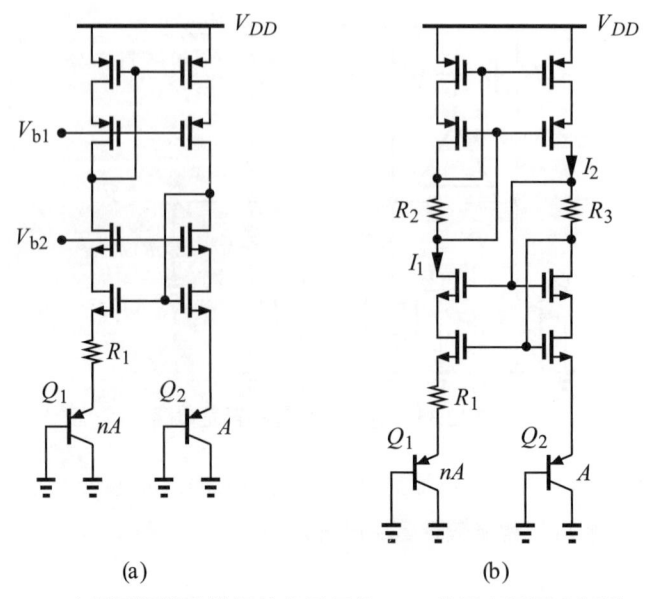

圖 12.37 (a) 改善電源排斥的額外串疊元件；(b) 使用自偏壓來抵消 V_{b1} 和 V_{b2}

圖 12.38 產生浮動參考電壓

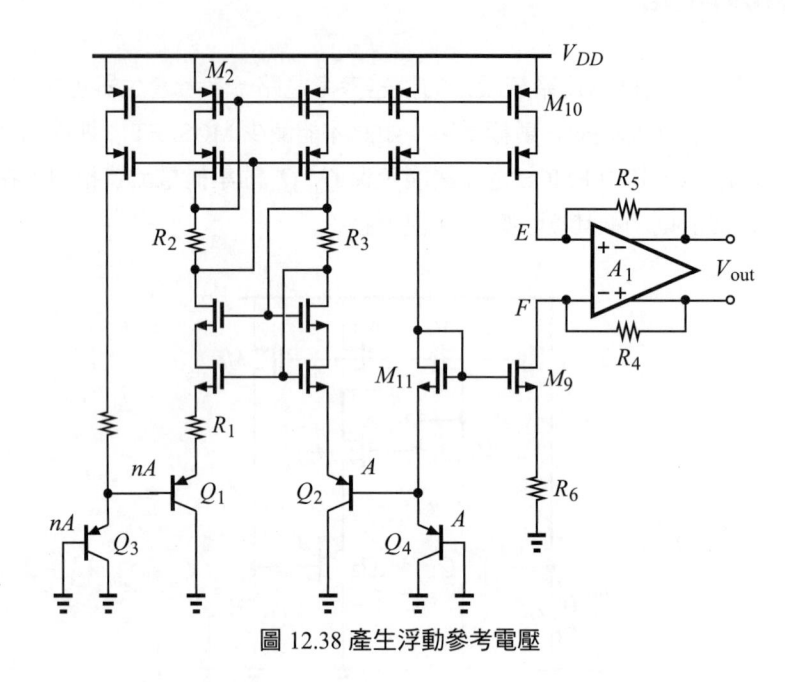

圖 12.38 呈現修正產生浮動參考電壓的帶差電路，其中 M_9 和 M_{10} 汲極電流分別流經 R_4 和 R_5。注意，M_{11} 設定 M_9 汲極電壓為 $V_{BE4} + V_{GS11}$，如果 M_9 和 M_{11} 相同時，建立 R_6 之跨壓為 V_{BE4}。因此，$I_{D9} = V_{BE4}/R_6$，會產生 $V_{R4} = V_{BE4}(R_4/R_6)$。同樣，若 M_{10} 和 M_2 相同時，則 $|I_{D10}| = 2(V_T \ln n)/R_1$ 且 $V_{R5} = 2(V_T \ln n)(R_5/R_1)$。因為運算放大器確保 $V_E \approx V_F$，我們可得到

$$V_{out} = \frac{R_4}{R_6} V_{BE4} + 2\frac{R_5}{R_1} V_T \ln n \tag{12.76}$$

適當選擇電阻和 n 的比例提供了零溫度係數。

為增強供應電壓排斥效應，此設計限制了運算放大器及核心的供應電壓。如圖 12.39 所示，此概念是產生一局部供應電壓 V_{DDL}，也就是以參考電壓 V_{R1} 和 R_{r1} 和 R_{r2} 的比例來界定，且與總供應電壓相關性極低。但 V_{R1} 本身如何產生呢？為了將 V_{R1} 與供應電壓的相關性最小化，如圖 12.40 將此電壓建於核心中。事實上，選定適當 R_M 讓 V_{R1} 為一帶差參考電壓。

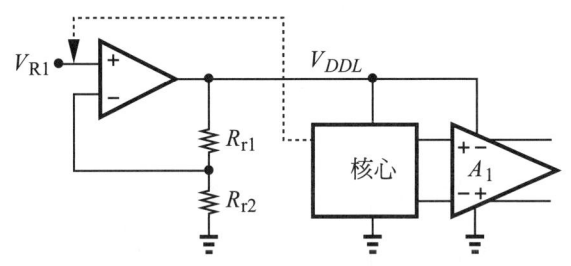

圖 12.39 限制運算放大器及核心的供應電壓來改善供應排斥效應

圖 12.41 呈現整體電路，我們為求簡化而省略一些細節。同時也使用啟動電路，以 5 V 供應電壓運作，參考產生器產生一輸出電壓 2.00 V，並消耗 2.2 mW。供應排斥在低頻時為 94 dB，而在 100 kHz 時降至 58 dB。

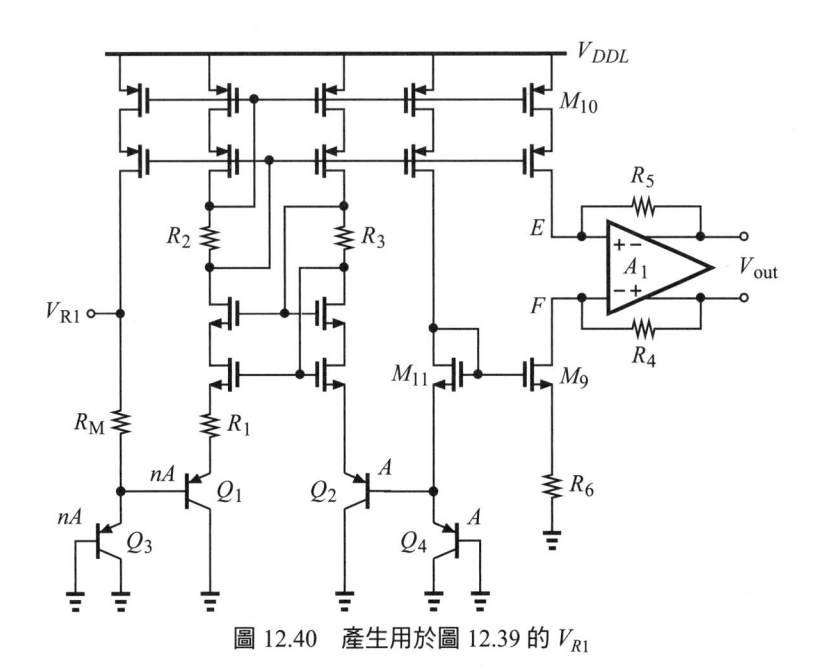

圖 12.40 產生用於圖 12.39 的 V_{R1}

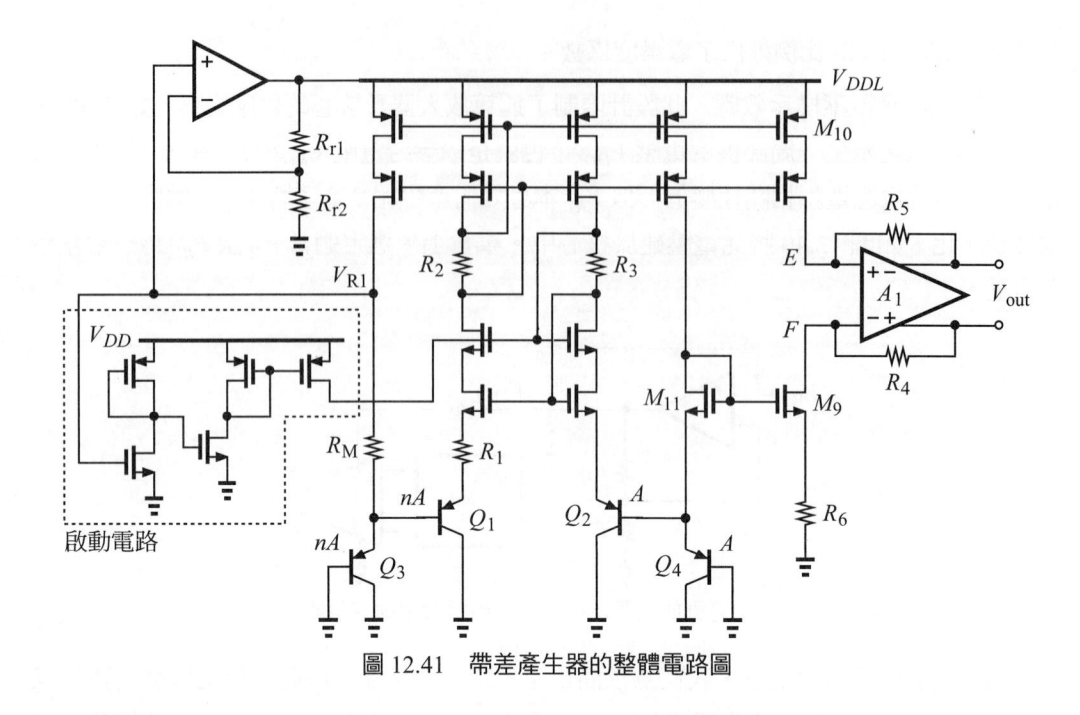

512 類比CMOS積體電路設計

圖 12.41 帶差產生器的整體電路圖

習題

除非另外提到，下列習題使用表 2.1 的元件資料並在需要時假設 $V_{DD} = 3$ V。

12.1 導出圖 12.42 中 I_{out} 的表示式。

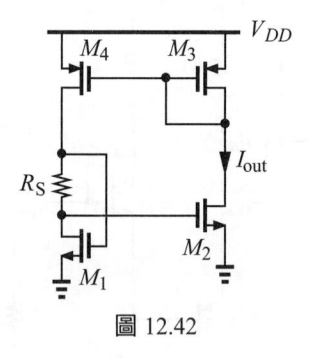

圖 12.42

12.2 解釋圖 12.43 的啟動電路如何運作。導出在電路開啟後確保 $V_X < V_{TH}$ 的關係。

12.3 考慮圖 12.15 之電路。

(a) 如果 M_1 和 M_2 有通道長度調變效應，輸出電壓的誤差為何？

(b) 針對 M_3 和 M_4，重新計算 (a)。

(c) 如果 M_1 和 M_2 其臨界電壓不匹配為 ΔV，亦即 $V_{TH1} = V_{TH}$ 且 $V_{TH2} = V_{TH} + \Delta V$，其輸出電壓的誤差為何？

(d) 針對 M_3 和 M_4，重新計算 (c)。

圖 12.43　　　　圖 12.44

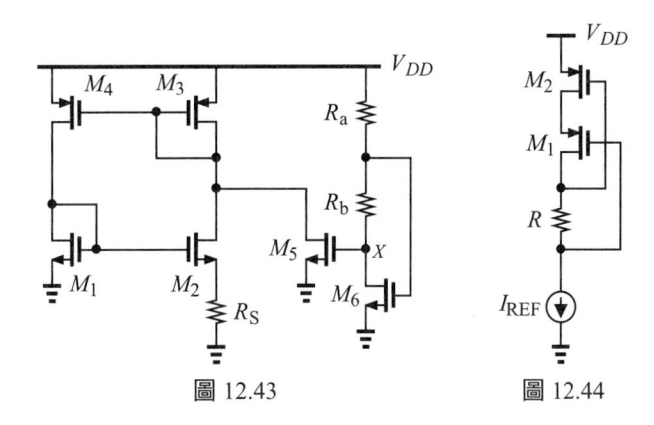

12.4 如果圖 12.15 的運算放大器 A_1 之開路迴路增益不夠大，則 $|V_X-V_Y|$ 超過 V_e，其中 V_e 為最大容許誤差。以 V_e 來計算 A_1 的最小值，來滿足 $|V_X-V_Y| < V_e$。

12.5 圖 12.15 的電路假設 Q_2 和 Q_4 有一有限電流增益 β，計算輸出電壓的誤差。

12.6 計算圖 12.30 所示的電路中，因為 M_1 和 M_2 的熱雜訊和閃爍雜訊所產生的輸出雜訊電壓值。

12.7 考慮圖 12.44 所示的自我偏壓疊接電路，求出 RI_{REF} 的最大和最小值讓 M_1 和 M_2 維持在飽和區。

12.8 圖 12.3(a) 的電路在無啟動電路時有時會開啟。找出在 V_{DD} 轉換耦合至內在節點且提供啟動電流的電容路徑。

12.9 繪出 V_{BE}〔(12.13)〕溫度係數和溫度之關係圖。也許需要反覆計算。

12.10 求出 (12.13) 對於溫度的係數，並繪出其結果與溫度 T 之關係圖。此數值顯示了電壓的曲率。

12.11 假設圖 12.9 的放大器有一輸出電阻 R_{out}，計算 V_{out} 的誤差。

12.12 圖 12.9 的電路為 $R_3 = 1\ k\Omega$ 且流經電流為 50 μA。計算 $R_1 = R_2$ 且 n 為零 TC 的值。

12.13 在圖 12.15 之電路中，Q_1 和 Q_2 偏壓於 100 μA 而 Q_3 和 Q_4 偏壓於 50 μA。如果 $R_1 = 1\ k\Omega$，計算 R_2 和 $(W/L)_{1-4}$ 讓電路於 $V_{DD} = 3\ V$ 下運作。在此可使用哪一種運算放大器組態呢？

12.14 因為矽的能帶差顯示了一個小溫度係數，(12.48) 推導出 $\partial V_{REF}/\partial T \propto (4+m)k/q$ 為一相當大的值，我們導出 V_{REF} 使其 TC 為零。解釋此推論中的瑕疵。

12.15 負載電阻的差動對為其電壓增益為 $g_m R_D$，且室溫之 TC 為零。如果考慮移動率的溫度相關性，求尾電流所需的溫度特性，設計一個和此特性近似的電路。

12.16 習題 12.15 假設尾電流為常數，但負載電阻顯示了一個有限的 TC。在室溫下電阻溫度係數為何，才能抵消移動率的變化？

12.17 要如何選擇圖 12.32(b) 的電路中 R_1–R_3，才能讓負回授迴路比正回授迴路更穩固？

12.18 圖 12.34(a) 中的五電晶體 OTA 是否需要額外的供應電壓限制？

12.19 圖 12.45 顯示了一個「單接面」（single-junction）帶差設計。在此，開關 S_1 和 S_2 由互補式時脈驅動。

(a) 當 S_1 開啟而 S_2 關閉時，V_{out} 為何？

(b) 當 S_1 關閉而 S_2 開啟時，V_{out} 的變化為何？

(c) 當 S_1 關閉時，如何選定 I_1、I_2、C_1 和 C_2 以產生零 TC。

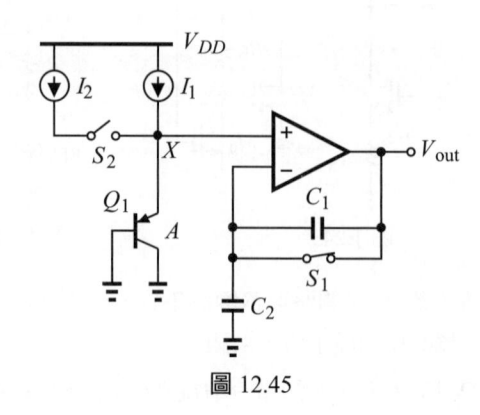

圖 12.45

12.20 假設圖 12.45 的 I_2/I_1 偏移其名義值的誤差為 ϵ，當 S_1 關閉時，計算 V_{out}。

12.21 圖 12.20 的電路為 $(W/L)_{1-4} = 50/0.5$, $I_{D1} = I_{D2} = 50\,\mu A$, $R_1 = 1\,k\Omega$ 且 $R_2 = 2\,k\Omega$。假設 $\lambda = \gamma = 0$，且 Q_3 和 Q_1 相同。

(a) 求出 n 和 $(W/L)_5$，讓 V_{out} 在室溫下的 TC 為零。

(b) 忽略 Q_1–Q_3 的雜訊分佈，計算輸出熱雜訊。

12.22 考慮圖 12.21 的電路，假設 $K = 4$、$f_{CK} = 50$ MHz，功率預算為 1 mW。求 M_1–M_4 之長寬比和 C_S 的值，而讓 $g_{m1} = 1/(500\,\Omega)$。

12.23 假設圖 12.32(c) 的 $(W/L)_3 = K(W/L)_4$，要如何選取 R_2 和 R_3？

12.24 求取圖 12.32(c) 中電路的輸出雜訊。

12.25 如果將 R_S 和 M_1 的源極串聯，分析圖 12.3(a) 中電路。

第 13 章 交換電容式電路

我們在前面章對於放大器的介紹僅處理連續輸入信號,並觀察其輸出信號亦為連續的情況。我們稱此為「連續時間」(continuous-time)電路的放大器,在聲音、視訊和高速類比系統有廣泛的應用。然而在許多情況下,我們可能會在週期瞬間量測輸入信號,而忽略其他時間的信號值,則此電路會處理每個「採樣」(sample),在每個週期結尾產生一有效的輸出值。此電路則稱為「離散時間」(discrete-time)或「採樣資料」(sampled-data)系統。

本章要來看「交換電容式」(switched-capacitor, SC)電路的離散時間系統,目的在於更深入濾波器(filter)、比較器(comparator)、ADC 和 DAC 基礎等主題。我們大部分的討論著重於交換電容式放大器,但也可用於其他離散時間電路中。我們以 SC 電路的一般觀察開始,說明採樣開關和其速度與精確度的問題;再來分析交換電容式放大器,考慮單增益、非反相和加倍組態;最後,檢視交換電容式積分器。

13.1 一般考量

為瞭解採樣資料電路的動機,首先讓考慮圖 13.1(a) 所示的簡單連續時間放大器,其中 V_{out}/V_{in} 理想上等於 $-R_2/R_1$。利用廣泛使用的雙載子運算放大器,如果以 CMOS 製程來製作此電路會有困難。回想一下為了得到一高電壓增益,故將 CMOS 運算放大器之開迴路輸出電阻最大化,一般而言趨近幾十萬歐姆。因此我們會懷疑 R_2 會嚴重降低開路增益,讓電路的精確度變差。事實上,藉由圖 13.1(b) 的簡單等效電路幫助,我們可以寫出

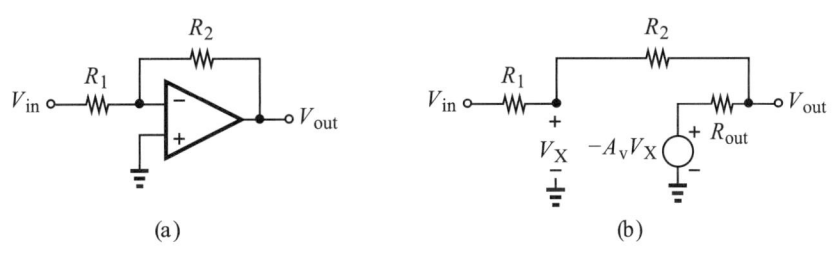

圖 13.1　(a) 連續時間回授放大器;(b)(a) 之等效電路

$$-A_v \left(\frac{V_{out} - V_{in}}{R_1 + R_2} R_1 + V_{in} \right) - R_{out} \frac{V_{out} - V_{in}}{R_1 + R_2} = V_{out} \qquad (13.1)$$

因此

$$\frac{V_{out}}{V_{in}} = -\frac{R_2}{R_1} \cdot \frac{A_v - \dfrac{R_{out}}{R_2}}{1 + \dfrac{R_{out}}{R_1} + A_v + \dfrac{R_2}{R_1}} \tag{13.2}$$

(13.2) 意指比較 $R_{out} = 0$ 的情況時，閉路增益會在分子和分母產生不準確的效應。同樣，放大器的輸出電阻近似為 R_1，不僅會產生熱雜訊且造成前級電路的負載。

範例 13.1

使用第 8 章的回授技巧，計算圖 13.1(a) 之電路的閉路增益並與 (13.2) 比較。

解 利用範例 8.16 之方法，各位可證明出

$$\frac{V_{out}}{V_{in}} = \frac{-R_2 A_v}{R_2^2 + R_1 R_{out} + R_2 R_{out} + (1 + A_v) R_1 R_2} \tag{13.3}$$

$$= -\frac{R_2}{R_1} \cdot \frac{A_v}{\dfrac{R_2}{R_1} + \dfrac{R_{out}}{R_2} + \dfrac{R_{out}}{R_1} + 1 + A_v} \tag{13.4}$$

如果 $R_{out}/R_2 \ll A_v$ 時，這兩結果會近似相等，此情況需要確保可忽略不計經過 R_2 傳輸。

在圖 13.1(a) 的電路中，閉路增益取決於 R_2 和 R_1 的比例。為避免減少運算放大器的開路增益，我們假設電阻可以電容取代〔圖 13.2(a)〕。理想上，電路的增益等於 C_2 阻抗除以 C_1 的阻抗並乘上 -1，亦即 $-C_1/C_2$。

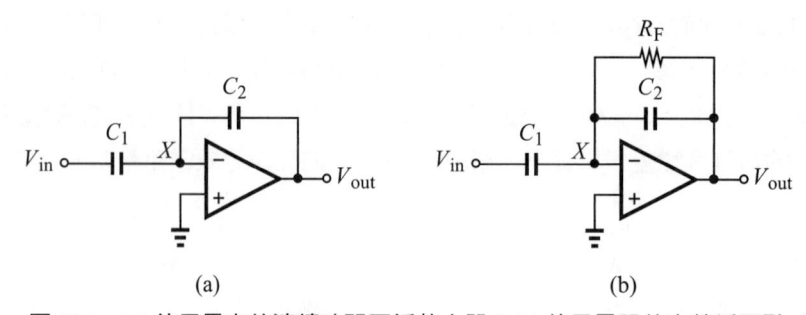

圖 13.2　(a) 使用電容的連續時間回授放大器；(b) 使用電阻的定義偏壓點

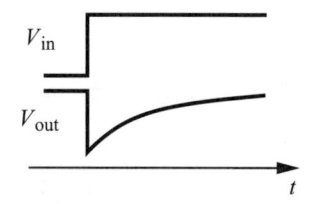

圖 13.3　圖 13.2(b) 放大器之步級響應

但節點 X 的偏壓電壓呢？[1] 我們能加入如圖 13.2(b) 的大回授電阻來提供直流回授，而可忽略不計影響放大器在所關注的頻率中的交流特性。如果電路僅量測到高頻信號時，這樣的組態的確是可行的。但舉例來說，假設電路是為了要放大步級電壓信號時。如圖 13.3 所示，其響應包含了由 C_1、C_2 和運算放大器的電路之初始放大作用產生的步級變化，並且會跟著因為經過 R_F 的 C_2 電荷損失。從另一個觀點來看，電路可能不適合放大寬頻帶信號，因為顯示了一個高通轉移函數。事實上，轉移函數為

$$\frac{V_{out}}{V_{in}}(s) \approx - \frac{R_F \dfrac{1}{C_2 s}}{R_F + \dfrac{1}{C_2 s}} \div \frac{1}{C_1 s} \tag{13.5}$$

$$= - \frac{R_F C_1 s}{R_F C_2 s + 1} \tag{13.6}$$

只有當 $\omega \gg (R_F C_2)^{-1}$ 時，$V_{out}/V_{in} \approx -C_1/C_2$。

上述的困難可利用增加 $R_F C_2$ 來解決，但許多應用中，這兩個元件所需的值變得非常地大而無法使用。因此在使用電容式回授網路時，必須尋找別的能建立偏壓的方法。

有可能使用一個開關來置換圖 13.2(b) 中 R_F。如圖 13.4，將 S_2 打開，把運算放大器放在單一增益迴路中，為適當選取運算放大器輸入共模位準，並強制讓 V_X 等於 V_B。在開關關閉時，點 X 仍保持此電壓適當運作。當然，當 S_2 打開，電路不會放大 V_{in}。

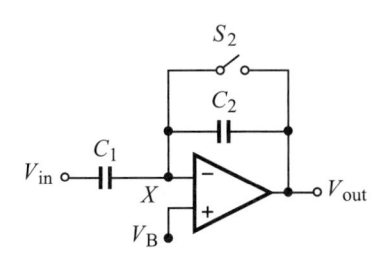

圖 13.4　使用回授開關定義直流輸入位準

現在考慮圖 13.5 的交換電容式電路，其中三個開關控制運作過程：S_1 和 S_3 分別連結 C_1 的左板至 V_{in} 和接地端，而 S_2 提供了單增益回授。我們首先假設運算放大器的開路增益非常大，然後瞭解此電路的兩階段模式。首先，S_1 和 S_2 開啟而 S_3 關閉，會產生圖 13.6(a) 的等效電路。對於一高增益運算放大器而言，$V_B = V_{out} \approx 0$，因此 C_1 的跨壓近似為 V_{in}。我們說 C_1 取樣輸入信號。再來，在 $t = t_0$ 時，S_1 和 S_2 關閉而 S_3 開啟時，會將節點 A 拉至接地電位。因為 V_A 由 V_{in0} 變至 0，輸出電壓須由零變至 $V_{in0} C_1/C_2$。

---

[1] 偏壓電壓是依此點的初始條件而得到的，所以有些模稜兩可。

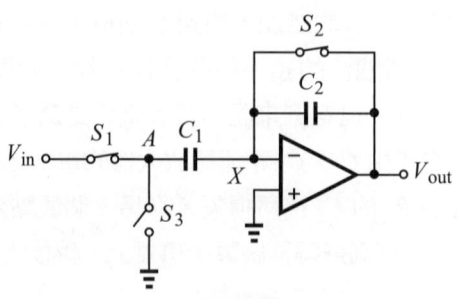

518 類比CMOS積體電路設計

圖 13.5　交換電容式放大器

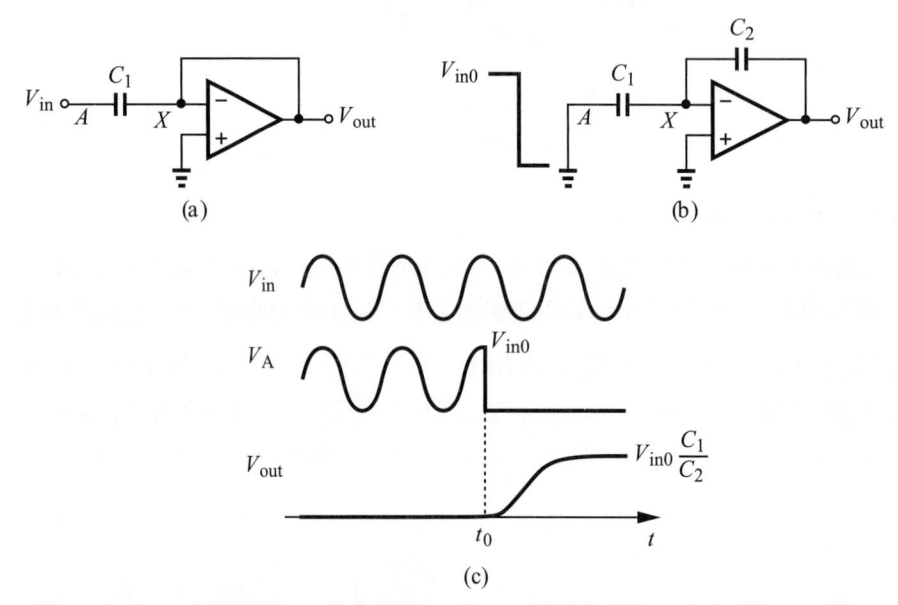

圖 13.6　在 (a) 採樣模態 (b) 放大模態和 (c) 此兩模態輸出輸入波形的圖 13.5 電路

輸出電壓變化可藉由檢查電荷的轉移來計算。注意，t_0 之前儲存於 C_1 上的電荷等於 $V_{in0}C_1$。在 $t = t_0$ 之後，經過 C_2 的負回授驅動運算放大器之輸入差動電壓，因此 C_1 之跨壓為零（圖 13.7）。在 $t = t_0$ 時儲存於 C_1 的電荷須轉移至 C_2，產生輸出電壓為 $V_{in0}C_1/C_2$。因此，電路將 V_{in0} 放大 C_1/C_2 倍。

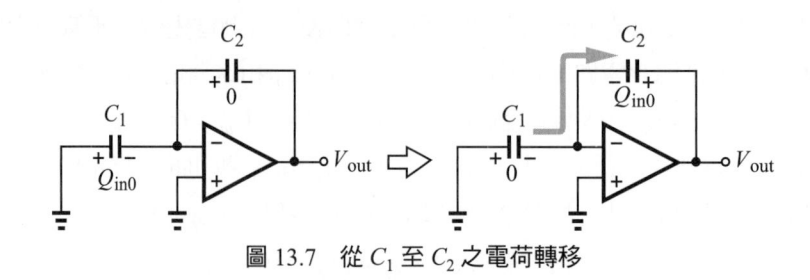

圖 13.7　從 C_1 至 C_2 之電荷轉移

圖 13.5 電路的許多特性與連續時間組態有所區別。首先，電路在輸入信號「採樣」上要一些時間，將輸出信號設為零，所以在此時間內並未提供放大效應。第二，在 $t > t_0$

且於採樣後，電路將忽略輸入電壓 V_{in}，並放大採樣電壓。第三，電路組態從一模式至另一模式會產生很大的變化，如圖 13.6(a) 和 (b) 而顧慮到其穩定性。注意 S_2 必須要定期打開來補償因為對 X 點緩慢放電的漏電流。此電流是由 S_2 本身引起，且是運算放大器的閘極漏電。

圖 13.5 的放大器比圖 13.1 好的優點為何？除了採樣容量外，我們注意到圖 13.6 的波形中，在 V_{out} 穩定後，流經 C_2 的電流會趨近於零。那就是說，如果輸出電壓提供足夠的穩定時間，回授電容不會減少放大器的開路增益。另一方面在圖 13.1 中，R_2 會連續負載放大器。

圖 13.5 的交換電容式放大器適合在 CMOS 中製作，且比其他製程更容易。這是因為離散時間運作需要開關來進行採樣，同時也需要一高輸入阻抗來量測未耗損的儲存值。舉例來說，如果圖 13.5 的運算放大器使用雙載子電晶體作為輸入時，在放大相位〔圖 13.6(b)〕中從反轉輸入引出的基極電流在輸出電壓中產生誤差。簡單開關和高輸入阻抗的存在讓 CMOS 製程為採樣資料應用中最主要的選擇。

前面的討論可導出圖 13.8 的交換電容式放大器概念。在最簡單的情況中，會在採樣和放大這兩種模式中運作。因此，除了類比輸入 V_{in} 外，電路需要時脈來界定這兩個模式。

我們依據這兩個模式來進一步瞭解 SC 放大器。首先，我們分析不同的採樣技巧；第二，我們考慮 SC 放大器組態。

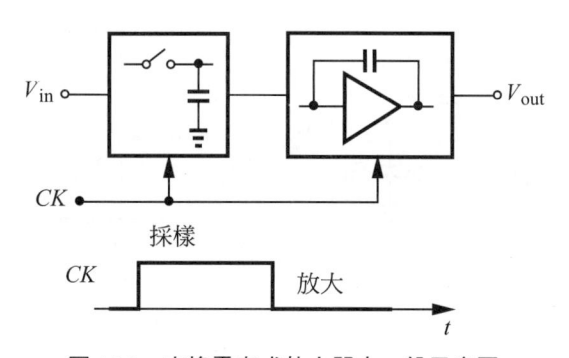

圖 13.8　交換電容式放大器之一般示意圖

13.2 採樣開關

13.2.1 以 MOSFET 作為開關

一個簡單採樣電路由開關和電容所組成〔圖 13.9(a)〕。一 MOS 電晶體可作為開關〔圖 13.9(b)〕，因為 (a) 能在無電流時開啟。

為瞭解圖 13.9(b) 的電路如何對輸入信號進行採樣，首先考慮圖 13.10 的簡單情況，

其中閘極的控制開關 CK 在 $t = t_0$ 時會變高。在圖 13.10(a) 中,我們假設 $V_{in} = 0$,且電容有一初始電壓為 V_{DD}。因此在 $t = t_0$ 時,M_1 量測到閘極−源極電壓為 V_{DD},而其汲極電壓也為 V_{DD}。因此電晶體在飽和區運作,從電容引出一電流為 $I_{D1} = (\mu_n C_{ox}/2)(W/L)(V_{DD}-V_{TH})^2$。當 V_{out} 下降時,在 $V_{out} = V_{DD}-V_{TH}$ 時會驅使 M_1 進入三極管區。元件持續對 C_H 進行放電直到 V_{out} 趨近為零時。我們注意到因為 $V_{out} \ll 2(V_{DD}-V_{TH})$,所以可將電晶體視為電阻 $R_{on} = [\mu_n C_{ox}(W/L)(V_{DD}-V_{TH})]^{-1}$。

現在考慮圖 13.10(b) 的情況,其中 $V_{in} = +1$ V,$V_{out}(t = t_0) = 0$ V 且 V_{DD}=3 V。在此,連接至 C_H 之 M_1 端點可作為源極,且電晶體隨 V_{GS}=+3 V 開啟,但 V_{DS}= +1 V。因此,M_1 於三極管區運作,對 C_H 充電直到 V_{out} 趨近於 +1 V。當 $V_{out} \approx +1$ V 時,M_1 呈現開啟電阻為 $R_{on} = [\mu_n C_{ox}(W/L)(V_{DD}-V_{in}-V_{TH})]^{-1}$。

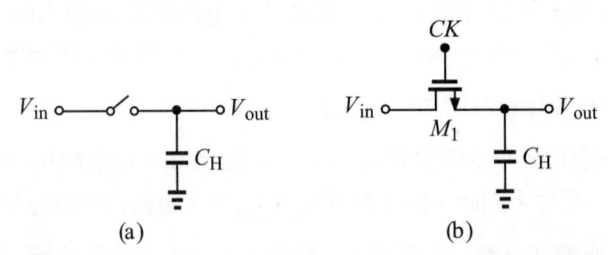

圖 13.9　(a) 簡單採樣電路;(b) 利用 MOS 元件組成開關

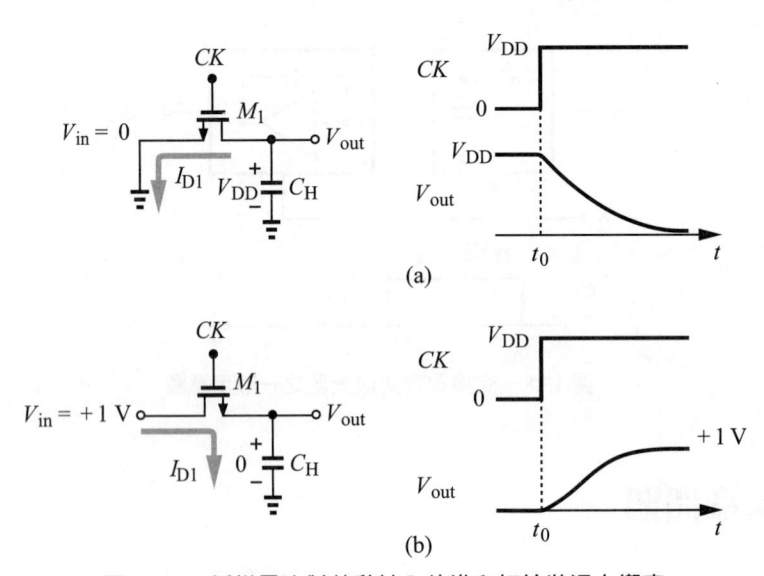

圖 13.10　採樣電路對差動輸入位準和初始狀況之響應

現在考慮圖 13.10(b) 的情況,其中 $V_{in} = +1$ V,$V_{out}(t = t_0) = 0$ V 且 $V_{DD} = 3$ V。在此,連接至 C_H 之 M_1 端點可作為源極,且電晶體隨 V_{GS} =+3 V 開啟,但 V_{DS} =+1 V。因此,M_1 於三極管區運作,對 C_H 充電直到 V_{out} 趨近於 +1 V。當 $V_{out} \approx +1$ V 時,M_1 呈現開啟電阻為 $R_{on} = [\mu_n C_{ox}(W/L)(V_{DD}-V_{in}-V_{TH})]^{-1}$。

上述觀察顯示兩個重點：第一，一個 MOS 開關僅需交換源極和汲極端的角色，即可引導電流往任意方向。第二，如圖 13.11 所示，當開關開啟時，V_{out} 會遵循 V_{in}，而開關關閉時，V_{out} 維持不變。因此，電路在 CK 高時會「追蹤」信號，而當 CK 變低時，電路則會「凍結」跨越 C_H 的 V_{in} 瞬間值。

範例 13.2

計算圖 13.10(a) 電路中，V_{out} 為時間的函數。假設 $\lambda = 0$。

解 在 V_{out} 降至比 $V_{DD}-V_{TH}$ 還低之前，M_1 為飽和且我們得到：

$$V_{out}(t) = V_{DD} - \frac{I_{D1}t}{C_H} \tag{13.7}$$

$$= V_{DD} - \frac{1}{2}\mu_n C_{ox}\frac{W}{L}(V_{DD} - V_{TH})^2 \frac{t}{C_H} \tag{13.8}$$

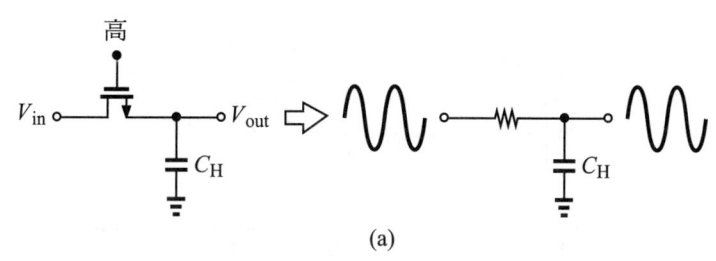

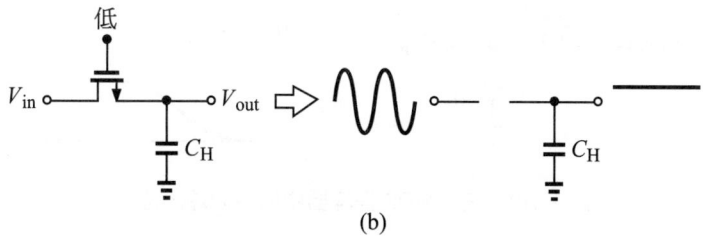

圖 13.11 採樣電路之追蹤和維持能力

在經過 t_1 之後

$$t_1 = \frac{2V_{TH}C_H}{\mu_n C_{ox}\dfrac{W}{L}(V_{DD} - V_{TH})^2} \tag{13.9}$$

M_1 進入三極管區，產生一時間相關電流。因此可寫成：

$$C_H \frac{dV_{out}}{dt} = -I_{D1} \tag{13.10}$$

$$= -\frac{1}{2}\mu_n C_{ox}\frac{W}{L}\left[2(V_{DD} - V_{TH})V_{out} - V_{out}^2\right] \quad t > t_1 \tag{13.11}$$

重新整理 (13.11)，我們可以得到

$$\frac{dV_{out}}{[2(V_{DD}-V_{TH})-V_{out}]V_{out}} = -\frac{1}{2}\mu_n \frac{C_{ox}}{C_H}\frac{W}{L}dt \tag{13.12}$$

若以部分分式表示為

$$\left[\frac{1}{V_{out}} + \frac{1}{2(V_{DD}-V_{TH})-V_{out}}\right]\frac{dV_{out}}{V_{DD}-V_{TH}} = -\mu_n \frac{C_{ox}}{C_H}\frac{W}{L}dt \tag{13.13}$$

因此，

$$\ln V_{out} - \ln[2(V_{DD}-V_{TH})-V_{out}] = -(V_{DD}-V_{TH})\mu_n \frac{C_{ox}}{C_H}\frac{W}{L}(t-t_1) \tag{13.14}$$

也就是

$$\ln \frac{V_{out}}{2(V_{DD}-V_{TH})-V_{out}} = -(V_{DD}-V_{TH})\mu_n \frac{C_{ox}}{C_H}\frac{W}{L}(t-t_1) \tag{13.15}$$

對兩邊取指數並解出 V_{out}，我們得到

$$V_{out} = \frac{2(V_{DD}-V_{TH})\exp\left[-(V_{DD}-V_{TH})\mu_n \frac{C_{ox}}{C_H}\cdot\frac{W}{L}(t-t_1)\right]}{1+\exp\left[-(V_{DD}-V_{TH})\mu_n \frac{C_{ox}}{C_H}\cdot\frac{W}{L}(t-t_1)\right]} \tag{13.16}$$

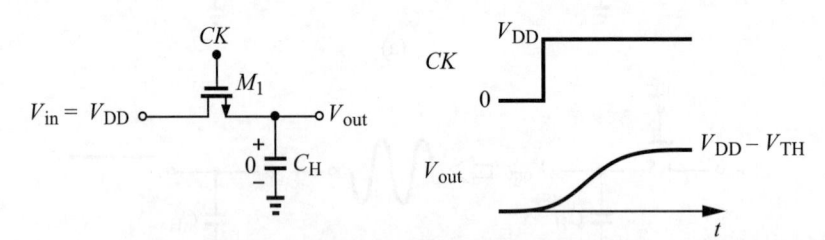

圖 13.12 在 NMOS 採樣器中的最大輸出位準

圖 13.10(b) 電路假設 $V_{in} = +1$ V（圖 13.12）。現在我們假設 $V_{in}=V_{DD}$，V_{out} 會如何隨時間變化？因為 M_1 閘極和汲極電位相同，電晶體會因此飽和，且我們得到

$$C_H \frac{dV_{out}}{dt} = I_{D1} \tag{13.17}$$

$$= \frac{1}{2}\mu_n C_{ox}\frac{W}{L}(V_{DD}-V_{out}-V_{TH})^2 \tag{13.18}$$

其中可忽略不計通道長度調變效應，並顯示了

$$\frac{dV_{out}}{(V_{DD}-V_{out}-V_{TH})^2} = \frac{1}{2}\mu_n \frac{C_{ox}}{C_H}\frac{W}{L}dt \tag{13.19}$$

因此

$$\left.\frac{1}{V_{DD}-V_{out}-V_{TH}}\right|_0^{Vout} = \left.\frac{1}{2}\mu_n\frac{C_{ox}}{C_H}\frac{W}{L}t\right|_0^t \qquad (13.20)$$

其中忽略基板效應且將 $V_{out}(t=0)$ 假設為零。因此，

$$V_{out} = V_{DD} - V_{TH} - \frac{1}{\frac{1}{2}\mu_n\frac{C_{ox}}{C_H}\frac{W}{L}t + \frac{1}{V_{DD}-V_{TH}}} \qquad (13.21)$$

(13.21) 意指了 $t \to \infty$ 時，$V_{out} \to V_{DD}-V_{TH}$。這是因為當 V_{out} 趨近 $V_{DD}-V_{TH}$ 時，M_1 的驅動電壓會消失，對 C_H 充電的電流因而減少為可忽略的數值。當然，即時 $V_{out} = V_{DD}-V_{TH}$，電晶體會導通一些次臨界電流，且在足夠時間下，最後會讓 V_{out} 為 V_{DD}。雖然第 3 章提過，對一般運作速度而言，假設 V_{out} 不會超過 $V_{DD}-V_{TH}$ 是很合理的。

前面的分析顯示了 MOS 開關的一個嚴重限制：如果輸入信號位準接近 V_{DD} 時，則 NMOS 開關提供的輸出不能追蹤輸入信號。從另一個觀點來看，當輸入和輸出電壓趨近 $V_{DD}-V_{TH}$ 時，開關的開啟電阻會大幅增加。接下來我們可能會問：能如實通過開關而抵達輸出的最大輸入位準為何？在圖 13.12 中，當 $V_{out} \approx V_{in}$ 時，電晶體必須於深三極管區運作，且 V_{in} 上限為 $V_{DD}-V_{TH}$。接著會說明到，V_{in} 必須比此數值還小。

範例 13.3

在圖 13.13 之電路中，計算 M_1 之最小和最大開啟電阻。假設 $\mu_n C_{ox} = 50\ \mu\text{A/V}^2$，$W/L = 10/1$，$V_{TH} = 0.7\ \text{V}$，$V_{DD} = 3\ \text{V}$ 且 $\gamma = 0$。

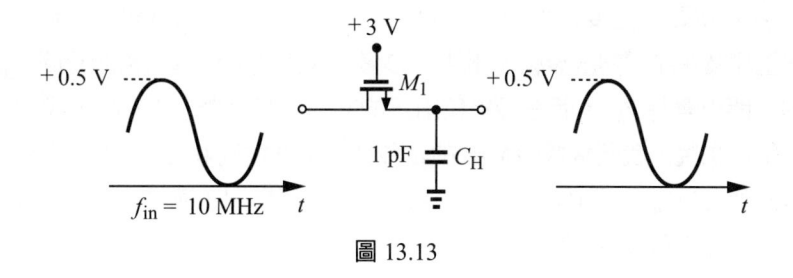

圖 13.13

解 我們注意到在穩態時 M_1 維持在三極管區，因為閘極電壓比 V_{in} 和 V_{out} 高於 V_{TH} 值。如果 $f_{in} = 10\ \text{MHz}$，我們預測了 V_{out} 將會追蹤 V_{in}，因為 M_1 和 C_H 之開啟電阻產生之相位偏移可忽略不計。假設 $V_{out} \approx V_{in}$ 我們不必分辨源極和汲極端，得到

$$R_{on1} = \frac{1}{\mu_n C_{ox}\frac{W}{L}(V_{DD}-V_{in}-V_{TH})} \qquad (13.22)$$

因此，$R_{on1,max} \approx 1.11 \text{ k}\Omega$ 且 $R_{on1,min} \approx 870 \text{ }\Omega$。相反地，如果最大輸入位準提高至 1.5 V 時則 $R_{on1,max} = 2.5 \text{ k}\Omega$。

有時會將於深三極管區運作的 MOS 元件稱為「零偏移」(zero-offset) 開關，以強調在圖 13.9(b) 的簡單採樣電路輸入和輸出電壓間並無直流偏移出現。[2] 從圖 13.10 例子中很明顯能看出，輸出與輸入電壓最終會相等。零偏移特性在類比信號的精確採樣中是非常重要的特性。

至今我們僅考慮 NMOS 開關。各位可證明上述原則可同樣適用於 PMOS 元件。特別在圖 13.14 中，如果其閘極接地且其汲極端量測輸入電壓為 $|V_{THP}|$ 或更少，一個 PMOS 電晶體無法如一零偏移開關操作。換句話說，當輸入和輸出位準降至比接地端還高 $|V_{THP}|$ 時，元件的開啟電阻會迅速增加。

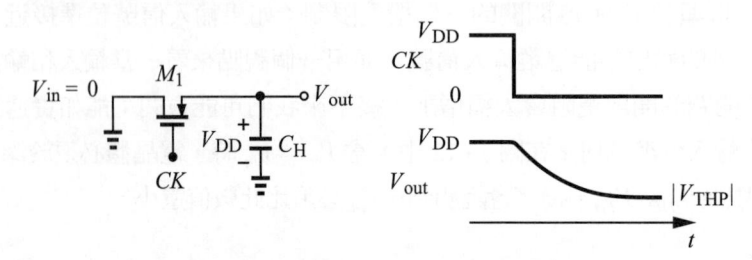

圖 13.14　使用 PMOS 開關之採樣器

13.2.2 速度考量

圖 13.9 採樣電路的速度是如何取決的呢？我們首先須定義速度。如圖 13.15 所示，簡單的速度量測為在開關開啟後輸出電壓從零變至最大輸入位準所需的時間。因為 V_{out} 需要無限大的時間來變為 V_{in0}，而在最終值附近的某一「誤差帶」ΔV 時，我們考慮其穩定輸出狀態。舉例來說，我們會假設輸出在 t_S 秒後輸出會達到 0.1% 的正確度穩定，意思是說在圖 13.15 中 $\Delta V/V_{in0} = 0.1\%$。因此，速度需求必須搭配正確度需求。注意在 $t = t_S$ 之後，我們會認為源極和汲極電壓大約相等。

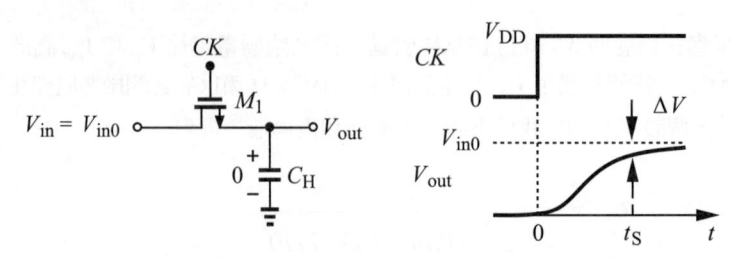

圖 13.15　採樣電路中的速度定義

---

2 我們假設在取樣器之後的電路不會抽取直流電流。

從圖 13.15 的電路來看，我們猜測採樣速度取決於兩個因素：開關的開啟電阻和採樣電容值。因此，為達到高速度，必須使用大長寬比和小電容值元件。但如圖 13.13 所示，開啟電阻和輸入位準相關，對大部分正輸入而言會產生較大的時間常數（在 NMOS 開關的情況中）。從 (13.22) 中，我們繪出開關的開啟電阻和輸入位準的關係圖〔圖 13.16(a)〕，注意當 V_{in} 趨近 $V_{DD}-V_{TH}$ 時會突然上升。舉例來說，如果我們限制 R_{on} 的變化範圍為 4 至 1 時，最大輸入位準為

$$\frac{1}{\mu_n C_{ox} \frac{W}{L}(V_{DD} - V_{in,max} - V_{TH})} = \frac{4}{\mu_n C_{ox} \frac{W}{L}(V_{DD} - V_{TH})} \tag{13.23}$$

也就是

$$V_{in,max} = \frac{3}{4}(V_{DD} - V_{TH}) \tag{13.24}$$

此數值最後會落在 $V_{DD}/2$ 的附近，並轉換為嚴重的振幅限制。注意元件臨界電壓直接限制電壓振幅。[3]

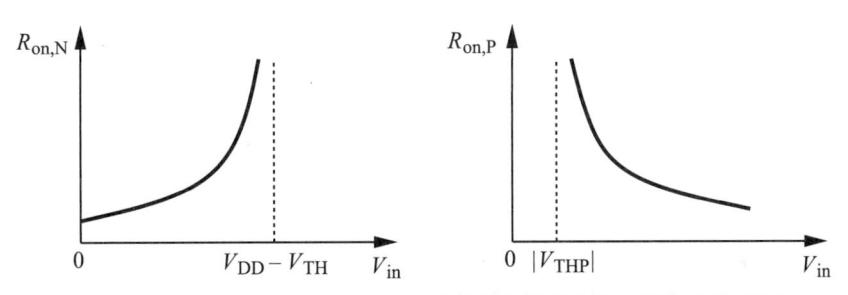

圖 13.16　(a)NMOS 和 (b)PMOS 元件的開啟電阻和輸入電壓之關係圖

為了讓採樣電路能容納較大電壓，我們首先觀察一 PMOS 開關，其開啟電阻會隨輸入電壓增加而減少〔圖 13.16(b)〕。故可以用「互補式」開關來讓桿對尾（rail-to-tail）振幅。如圖 13.17(a) 所示，此結合需要互補式時脈，產生等效電阻為：

$$R_{on,eq} = R_{on,N} \| R_{on,P}$$
$$= \frac{1}{\mu_n C_{ox}(W/L)_N(V_{DD} - V_{in} - V_{THN})} \| \frac{1}{\mu_p C_{ox}(W/L)_P(V_{in} - |V_{THP}|)}$$

則為

$$R_{on,eq} = \frac{1}{\mu_n C_{ox}(W/L)_N(V_{DD} - V_{THN}) - [\mu_n C_{ox}(W/L)_N - \mu_p C_{ox}(W/L)_P]V_{in} - \mu_p C_{ox}(W/L)_P|V_{THP}|}$$

---

[3] 相反地，串疊組態的輸出擺幅是被驅動電壓而不是臨界電壓所限制。

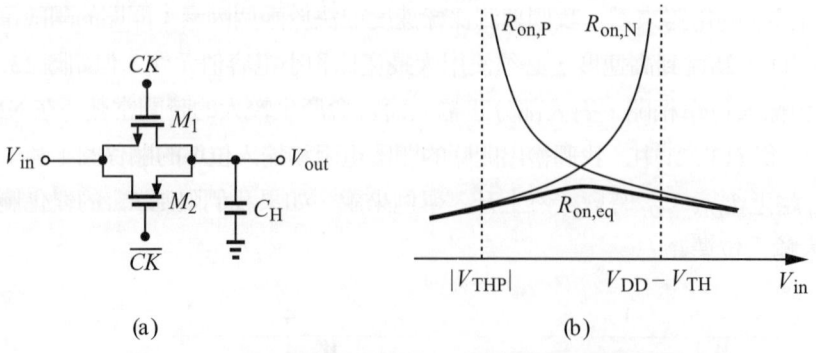

圖 13.17　(a) 互補式開關；(b) 互補式開關的開啟電阻

有趣的是，如果 $\mu_n C_{ox}(W/L)_N = \mu_p C_{ox}(W/L)_P$，則 $R_{on,eq}$ 和輸入位準無關。[4] 圖 13.17(b) 繪出一般情況下 $R_{on,eq}$ 的特性，對應於每個單一開關顯示較少的變化。第 14 章會討論到量化開關的非線性效應。

對高速輸入信號而言，圖 13.17(a) 的 NMOS 和 PMOS 同時關閉以避免模稜兩可的採樣值很重要。舉例來說，如果 NMOS 元件比 PMOS 元件早關閉 Δt 秒，則輸出電壓通常會追蹤剩餘 Δt 秒之輸入，但其輸入相關時間常數較大（圖 13.18）。此效應在採樣值中產生失真現象。對於適當的精確度而言，圖 13.19 的簡單電路則藉由複製透過 G_2 開關反轉器 I_1 的延遲，來提供互補式時脈。

13.2.3 精確度考量

前面對於 MOS 開關的討論指出較大的 W/L 或較小的採樣電容會導致速度較高。本節要證明這些增加速度的方法會讓採樣信號的精確度變差。

MOS 電晶體運作的三種機制在開關關閉時產生誤差，以下將分別討論這三個效應。

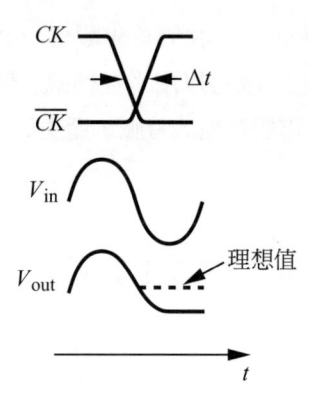

圖 13.18　如果互補式開關並未同時開啟時會產生失真現象

---

[4] 實際上，V_{THN} 和 V_{THP} 將藉由基板效應隨 V_{in} 變化，但在此我們忽略此變化。

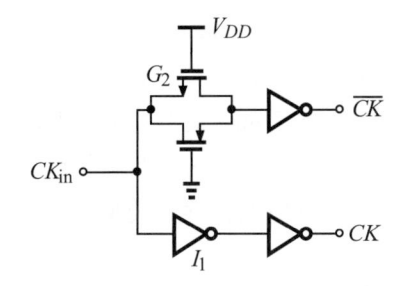

圖 13.19　產生互補式時脈的簡單電路

通道電荷注入

考慮圖 13.20 的採樣電路且回憶對於一 MOSFET 開啟時必須在氧化層－矽層界面存在一通道。假設 $V_{in} \approx V_{out}$，我們使用第 2 章的推導式來表示反轉層的總電荷量為

$$Q_{ch} = WLC_{ox}(V_{DD} - V_{in} - V_{TH}) \tag{13.25}$$

其中 L 代表等效通道長度。當開關關閉時，Q_{ch} 會經過源極和汲極流出，我們將此現象稱為**通道電荷注入**（channel charge injection）。

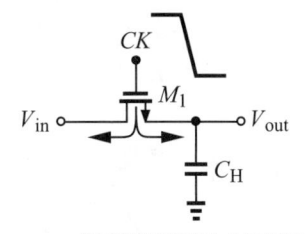

圖 13.20　當開關關閉時之電荷注入

輸入源將注入圖 13.20 左邊的電荷吸收，且不會產生誤差。另一方面，注入右邊的電荷沉積在 C_H 上，而電容中的電壓會產生誤差。舉例來說，如果將 Q_{ch} 的一半注入 C_H 時，結果誤差為

$$\Delta V = \frac{WLC_{ox}(V_{DD} - V_{in} - V_{TH})}{2C_H} \tag{13.26}$$

如圖 13.21 所示，NMOS 開關的誤差會如同負**位降**（pedestal）出現於輸出端。注意此誤差直接和 WLC_{ox} 成正比且和 C_H 成反比。

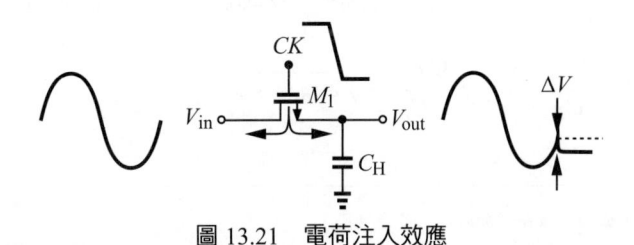

圖 13.21　電荷注入效應

在此產生一個重要的問題:我們為何假設 (13.26) 中剛好一半的通道電荷注入 C_H 呢?實際上,經由源極和汲極端離開的電荷比例為帶有許多參數的複雜函數,如由每個端點所視相對於接地的阻抗和時脈的轉移時間。此效應尚未有能以上述參數的表示方式,來預測電荷分離的經驗法則。此外,許多情況,如時脈轉移時間等參數相當難控制。同樣地,大部分電路模擬程式無法正確建立電荷注入模型。在最糟的情況下,我們能假定全部通道電荷注入採樣電容中。

電荷注入會如何影響精確性呢?假設所有電荷沉積於電容上,我們將採樣輸出電壓表示成

$$V_{out} \approx V_{in} - \frac{WLC_{ox}(V_{DD} - V_{in} - V_{TH})}{C_H} \tag{13.27}$$

其中忽略輸入和輸出的相位差。因此,

$$V_{out} = V_{in}\left(1 + \frac{WLC_{ox}}{C_H}\right) - \frac{WLC_{ox}}{C_H}(V_{DD} - V_{TH}) \tag{13.28}$$

推論出輸出會藉由兩個效應偏離理想值:一個不為一的增益 $1 + WLC_{ox}/C_H$,[5] 和一常數偏壓電壓為 $-WLC_{ox}(V_{DD}-V_{TH})/C_H$(圖 13.22)。換句話說,因為已假設通道電荷為輸入電壓的線性函數,電路僅會顯示增益誤差和直流偏移。

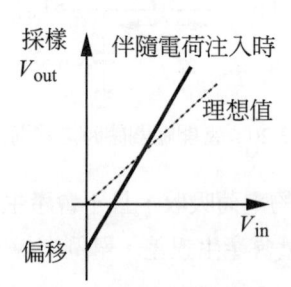

圖 13.22 在電荷注入現象出現之採樣電路的輸入/輸出特性

在前面的討論中,我們嚴謹地假設 V_{TH} 為常數。但對 NMOS 開關而言(在 n 型井技術中),必須考慮基板效應。[6] 因為 $V_{TH} = V_{TH0} + \gamma(\sqrt{2\varphi_B + V_{SB}} - \sqrt{2\varphi_B})$ 且 $V_{BS} \approx -V_{in}$,我們會得到

$$V_{out} = V_{in} - \frac{WLC_{ox}}{C_H}\left(V_{DD} - V_{in} - V_{TH0} - \gamma\sqrt{2\varphi_B + V_{in}} + \gamma\sqrt{2\varphi_B}\right), \tag{13.29}$$

$$= V_{in}\left(1 + \frac{WLC_{ox}}{C_H}\right) + \gamma\frac{WLC_{ox}}{C_H}\sqrt{2\varphi_B + V_{in}}$$

---

[5] 電壓增益比一大,因為當輸入位準增加時,位降會變小。
[6] 甚至對 PMOS 開關而言,n 型井連結至最大供應電壓,因為開關的源極和汲極在採樣時可能會互調。

$$-\frac{WLC_{ox}}{C_H}\left(V_{DD} - V_{TH0} + \gamma\sqrt{2\varphi_B}\right) \tag{13.30}$$

則 V_{TH} 對於 V_{in} 的非線性相關性，會在輸入／輸出特性中產生非線性現象。

總而言之，電荷注入在 MOS 採樣電路中產生三種誤差：增益誤差、直流偏移和非線性現象。許多應用能容許前兩者或進行修正，但對後者卻不可行。

考慮由電荷注入現象所產生的速度－精確度之交互限制是很有意義的。以簡單時間常數 τ 和因為電荷注入而產生的準確誤差 ΔV 來表示速度，我們將品質因子定義為 $F = (\tau\Delta V)^{-1}$。可以下列方式表示

$$\tau = R_{on}C_H \tag{13.31}$$

$$= \frac{1}{\mu_n C_{ox}(W/L)(V_{DD} - V_{in} - V_{TH})}C_H \tag{13.32}$$

且

$$\Delta V = \frac{WLC_{ox}}{C_H}(V_{DD} - V_{in} - V_{TH}) \tag{13.33}$$

我們得到

$$F = \frac{\mu_n}{L^2} \tag{13.34}$$

因此，如僅計算其一次效應，此交互限制和開關寬度及採樣電容無關。

時脈饋入

除了通道電荷注入現象，MOS 開關藉由其閘極－汲極或閘極－源極重疊電容來耦合時脈轉換至採樣電容中。如圖 13.23 所示，此效應在採樣輸出電壓中產生誤差，假設重疊電容為常數，我們將此誤差表示為

$$\Delta V = V_{CK}\frac{WC_{ov}}{WC_{ov} + C_H} \tag{13.35}$$

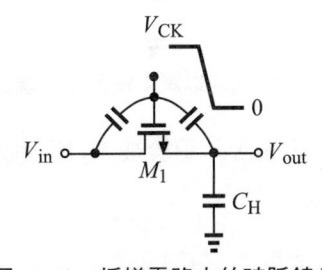

圖 13.23　採樣電路中的時脈饋入

其中 C_{ov} 為每單位寬度的重疊電容。誤差 ΔV 和輸入位準無關,顯示其本身在輸入／輸出特性中為常數。跟電荷注入效應一樣,時脈饋入同樣導致速度和精確度間的交互限制。

kT/C 雜訊

回想一下範例 7.3 的電阻對一電容充電,讓總均方根雜訊電壓增加為 $\sqrt{kT/C}$。如圖 13.24 所示,會在採樣電路中發生相似的效應。開關的開啟電阻在輸出端產生熱雜訊,當開關關閉時,此雜訊隨輸入電壓的瞬間值儲存於電容上。我們可證明此情況的採樣雜訊均方根電壓仍大約為 $\sqrt{kT/C}$。

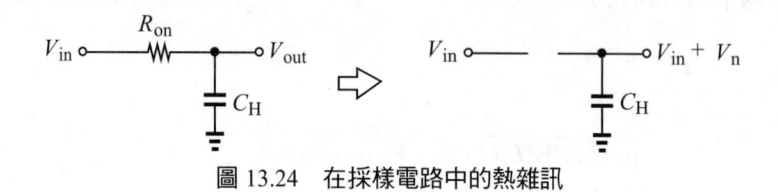

圖 13.24 在採樣電路中的熱雜訊

kT/C 雜訊的問題限制了許多高精確性應用的效能。為了達到低雜訊,採樣電容必須夠大以負載電路並減緩其速度。

13.2.4 電荷注入抵消

電荷注入和輸入位準的相關性及 (13.34) 表示的交互限制,而需要找尋能得到較高 F 來抵消電荷注入效應的方法。我們在此考慮一些方法。

為完成第一個方法,我們假設由主電晶體注入的電荷可藉由第二個電晶體移走。如圖 13.25 所示,將一個被 CK 驅動的「傀儡」開關 M_2 加入電路,在 M_1 關閉後且 M_2 開啟前,沉積於 C_H 上的通道電荷被後者吸收而產生一通道。注意 M_2 的源極和汲極都連接到輸出節點。

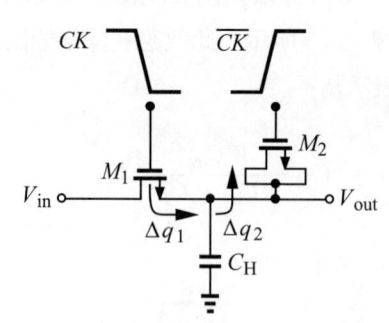

圖 13.25 加入模仿元件以減少電荷注入現象和時脈饋入

我們如何確保被 M_1 注入的電荷 Δq_1 等於被 M_2 所吸收之電荷 Δq_2 呢?假設 M_1 通道電荷的一半被注入 C_H,也就是說

$$\Delta q_1 = \frac{W_1 L_1 C_{ox}}{2}(V_{CK} - V_{in} - V_{TH1}) \tag{13.36}$$

因為 $\Delta q_2 = W_2 L_2 C_{ox}(V_{CK} - V_{in} - V_{TH2})$,如果我們選擇 $W_2 = 0.5W_1$ 且 $L_2 = L_1$,則 $\Delta q_2 = \Delta q_1$。不幸的是,將源極和汲極間電荷平分的假設通常為無效,使此方法較不具吸引力。

有趣的是,選擇 $W_2 = 0.5W_1$ 且 $L_2 = L_1$,會因此抑制時脈饋入效應。如圖 13.26 所示,V_{out} 的總電荷為零,因為

$$-V_{CK}\frac{W_1 C_{ov}}{W_1 C_{ov} + C_H + 2W_2 C_{ov}} + V_{CK}\frac{2W_2 C_{ov}}{W_1 C_{ov} + C_H + 2W_2 C_{ov}} = 0 \tag{13.37}$$

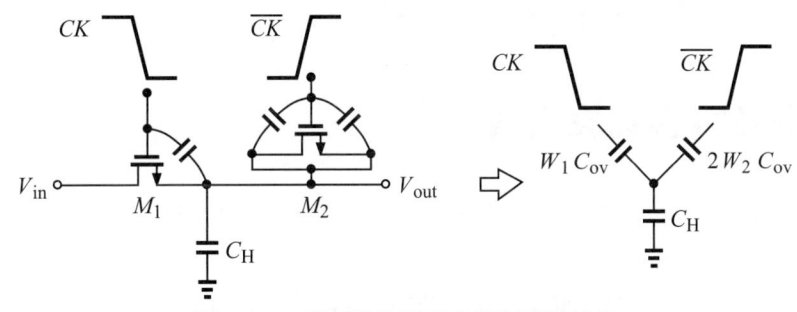

圖 13.26 利用模仿開關來抑制時脈饋入

另一個降低電荷注入效應的方法則利用 PMOS 和 NMOS 元件,讓兩者所注入的反向電荷封包會互相抵消(圖 13.27)。因為 Δq_1 將 Δq_2 抵消,一定會得到 $W_1 L_1 C_{ox}(V_{CK} - V_{in} - V_{THN}) = W_2 L_2 C_{ox}(V_{in} - |V_{THP}|)$。因此,此抵消作用只會發生在某輸入位準下。即使對時脈饋入而言,電路並未提供完整的抵消作用,因為 NFET 的閘極-汲極重疊電容不等於 PFET 值。

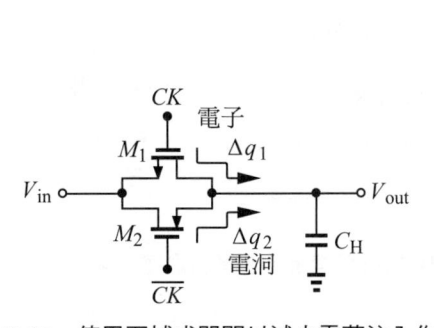

圖 13.27 使用互補式開關以減少電荷注入作用   圖 13.28 差動採樣電路

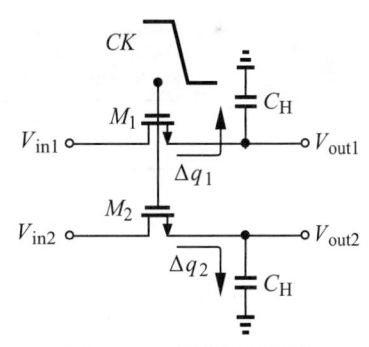

我們瞭解差動電路優點後,能推論出電荷注入的問題可能藉由差動來解決。如圖 13.28 所示,我們猜測電荷注入現象如同共模擾動。但 $\Delta q_1 = WLC_{ox}(V_{CK} - V_{in1} - V_{TH1})$ 且 $\Delta q_2 = WLC_{ox}(V_{CK} - V_{in2} - V_{TH2})$,我們發覺只有 $V_{in1} = V_{in2}$,則 $\Delta q_1 = \Delta q_2$。換言之,所有的錯誤沒被差動信號所抑制。雖然如此,此方法同時排出固定偏移且降低了非線性成份。我們可藉由下列方式來理解

$$\Delta q_1 - \Delta q_2 = WLC_{ox}[(V_{in2} - V_{in1}) + (V_{TH2} - V_{TH1})] \tag{13.38}$$

$$= WLC_{ox}\left[V_{in2} - V_{in1} + \gamma\left(\sqrt{2\varphi_F + V_{in2}} - \sqrt{2\varphi_F + V_{in1}}\right)\right] \tag{13.39}$$

因為對 $V_{in1}=V_{in2}$ 且 $\Delta q_1 - \Delta q_2 = 0$，其特性不會顯示偏移。同樣地，基板效應的非線性特性會出現在 (13.39) 之平方根項，導致僅有奇次項失真（第 14 章）。

電荷注入的問題持續限制採樣資料系統中的速度－精確度問題。雖然已經介紹許多抵消方法，但是每一個都會有所限制取捨。其中**底板採樣**（bottom-plate sampling）被廣泛使用在交換電容式電路中，後續會介紹此方法的特性。

13.3 交換電容式放大器

如 13.1 節所提過的與圖 13.5 的電路，以電容回授網路來實現 CMOS 回授放大器比電阻元件來得容易。在檢視了採樣技巧後，現在我們已經準備好來看許多交換電容式放大器，我們的目標是了解其基本原則和在設計每個電路時會遇到的速度－精確度問題。

在研究 SC 放大器之前，簡短檢視 CMOS 製程中實體電容的製作是很有用的。如圖 13.29(a) 的簡單電容結構，其中「上板」及「底板」是用金屬層來製作。用此結構的重要關鍵在於每塊板和基板間的寄生電容。特別是底板會遇到連接至 C_p 下方區域的接面電容，一般來說約為氧化電容的 5% 至 10%。基於此原因，我們通常用圖 13.29(b) 來建立電容模型。

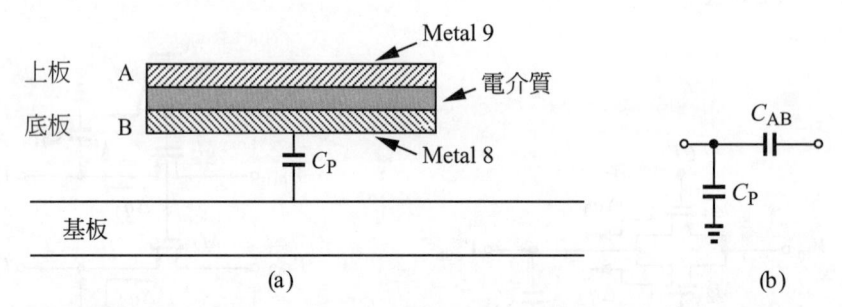

圖 13.29　(a) 單石電容（monolithic capacitor）結構；(b) 包含連接至基板之寄生電容的 (a) 電路模型

13.3.1 單增益採樣器／緩衝器

雖然對於離散時間應用來說，單增益放大器在回授網路中可以不使用電容或電阻來實現〔圖 13.30(a)〕，但仍要採樣電路。因此我們可能以圖 13.30(b) 的電路作為採樣器／緩衝器。然而，由 S_1 注入至 C_H 的輸入相關電荷在此限制了正確性。

現在考慮圖 13.31(a) 的組態，其中三個開關控制了採樣和放大模態。在採樣模態中，S_1 和 S_2 為開啟而 S_3 為關閉，產生如圖 13.31(b) 的組態。因此 $V_{out} = V_X \approx 0$ 且 C_H 的跨壓會

跟隨著 V_{in}。在 $t = t_0$ 且 $V_{in} = V_0$ 時，S_1 和 S_2 關閉而 S_3 為開啟，讓電容置於運算放大器周圍且驅動電路進入放大模態〔圖 13.31(c)〕。因為運算放大器的高增益需要節點 X 為虛接地，且因為電容上的電荷必須守恆，V_{out} 會增加約至為 V_0。因此該電壓會被「凍結」且由後級電路所處理。

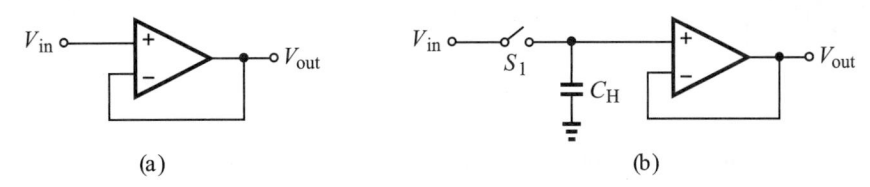

圖 13.30　(a) 單增益緩衝器；(b) 在採樣電路後加入一單增益緩衝器

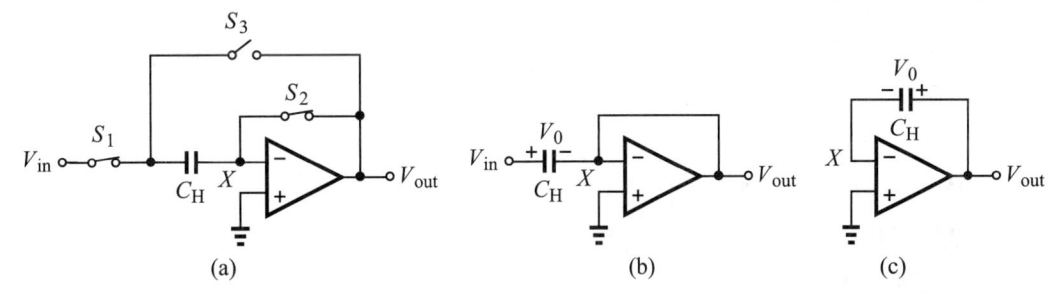

圖 13.31　(a) 單增益採樣器；(b) 在採樣模態之 (a) 電路；(c) 在放大模態之 (a) 電路

加入適當時脈，圖 13.31(a) 的電路可大大地減輕通道電荷注入的問題。如圖 13.32 以「慢動作」顯示從採樣模態至放大模態的過程中，S_2 會比 S_1 稍微早一點關閉。我們來仔細檢視 S_2 和 S_1 注入電荷的影響。當 S_2 關閉時，會注入一電荷封包 Δq_2 於 C_H，並產生誤差 $\Delta q_2 / C_H$。然而，此變化和輸入位準無關，因為節點 X 為虛接地。舉例來說，如果 S_2 以 NMOS 實現時，其閘極電壓為 V_{CK}，則 $\Delta q_2 = WLC_{ox}(V_{CK} - V_{TH} - V_X)$。

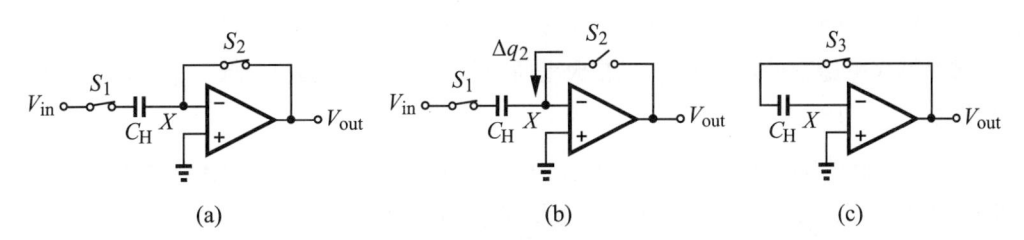

圖 13.32　(a) 單增益採樣器；(b) 在採樣模態之 (a) 電路；(c) 在放大模態之 (a) 電路

Δq_2 的固定大小意指 S_2 的通道電荷僅在輸入／輸出特性中產生了一偏移（而不是增益誤差或非線性）。如同接下來要說明的，此偏移可利用差動運作輕易移除，但被 S_1 注入 C_H 的電荷呢？我們先將 V_{in} 設為零，且假設 S_1 注入一電荷封包 Δq_1 至節點 P（在 S_2 已關閉後）〔圖 13.33(a)〕。如果將節點 X 連接至接地端（包含運算放大器的輸入電容）的電容為零時，V_P 和 V_X 會變為無限大。為簡化此分析，我們假設總電容等於從節點 X 至接地端的 C_X〔圖 13.33(b)〕，且會看到此電容值不會影響結果。在圖 13.33(b) 中，C_H 和 C_X 攜帶

電荷為 Δq_1。現在如圖 13.33(c) 所示，我們將 C_H 置於運算放大器周圍以尋求得到最後的輸出電壓。

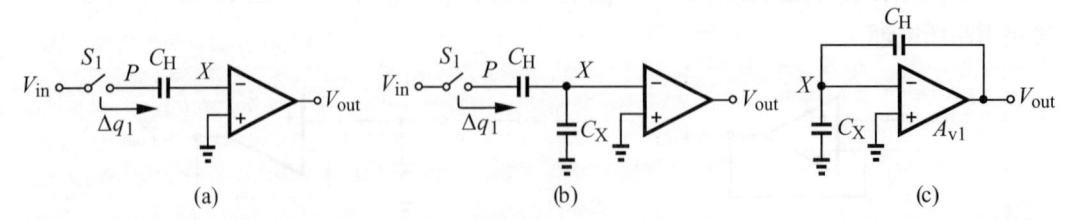

圖 13.33 被 S_1 注入電荷的效應，(a) 輸入電容為零；(b) 有限輸入電容；(c) 電路轉換至放大模態時

為計算輸出電壓，我們必須進行一重要的觀察：節點 X 的總電荷在 S_2 關閉後不能改變，因為沒有任何路徑可提供電子流入或流出此節點。因此，如果在 S_1 關閉前 C_H 右板和 C_X 上板的總電荷為零時，必須在 S_1 注入電荷後增至零，因為沒有電阻性路徑連接至節點 X。同樣結果在 C_H 置於運算放大器後也成立。

現在考慮圖 13.33(c) 之電路，假設節點 X 之總電荷為零。我們能以 $C_X V_X - (V_{out} - V_X)C_H = 0$ 且 $V_X = -V_{out}/A_{v1}$ 來表示。因此，$-(C_X + C_H)V_{out}/A_{v1} - V_{out}C_H = 0$，也就是說 $V_{out} = 0$。注意，此結果和 Δq_1、電容值或運算放大器增益無關，故顯示了如果 S_2 先關閉的話，由 S_1 注入的電荷不會產生誤差。

總而言之，在圖 13.31(a) 中，在 S_2 關閉後，節點 X 會「浮動」(float)，且不論電路其他節點的轉換仍能維持固定總電荷。所以在回授組態形成以後，輸出電壓不會受 S_1 的電荷注入影響。從另一個觀點來看，節點 X 在 S_2 關閉時為虛接地，其凍結跨在 C_H 瞬間輸入位準並在 C_H 左板產生一電荷為 $V_0 C_H$。在回授穩定之後，節點 X 再度為虛接地，迫使 C_H 仍帶 $V_0 C_H$ 電荷，故讓輸出電壓大約為 V_0。

由 S_1 注入電荷的效應可從另一個觀點來看。假設在圖 13.33(c) 中，輸出電壓為一正有限值。然後，因為 $V_X = V_{out}/(-A_{v1})$，V_X 必須為負有限值，並需要在 C_X 的上板有負電荷。為了讓節點 X 的總電荷為零，C_H 之左板電荷須為正且其右板為負，讓 $V_{out} \leq 0$，因此唯一有效解為 $V_{out} = 0$。

圖 13.31(a) 的第三個開關 S_3 也值得注意。為了開啟 S_3，必須在氧化層界面建立一反轉層。所需通道電荷是由 C_H 或自運算放大器而來嗎？我們注意前面的分析中指出，回授電路穩定後，C_H 的電荷為 $V_0 C_H$，並不受 S_3 影響。此開關的通道電荷完全由運算放大器提供，故不會產生誤差。

從我們對於圖 13.31(a) 的瞭解，能推論出在適當時機時，由 S_1 和 S_3 注入的電荷並不重要，且 S_2 的通道電荷產生一固定偏移電壓。圖 13.34 顯示了一簡單時脈邊緣的實現，以確保 S_2 關閉後，S_1 也會關閉。

透過重置開關注入電荷的與輸入無關特性，可藉由差動運作來產生完全抵消。如圖 13.35 所示，此方法運用了一差動運算放大器和兩個採樣電容，而讓由 S_2 和 S'_2 注入的電

荷在節點 X 和 Y 造成共模擾動。這和圖 13.28 的差動電路特性相反,其中輸入相關電荷注入仍會導致非線性現象。實際上 S_2 和 S'_2 顯示了一有限電荷注入不匹配現象,此問題可藉由增加另一個在 S_2 和 S'_2 稍後(比 S_1 和 S'_1 稍早)關閉的開關 S_{eq} 來解決,因此會讓節點 X 和 Y 的電荷相等。

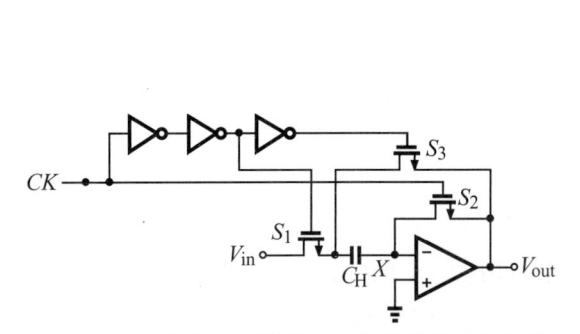

圖 13.34 在單增益採樣器中產生適當的時脈邊緣　　圖 13.35 單增益採樣器之差動實現

精確度考量

圖 13.31(a) 的電路如同一單增益緩衝器運作於放大模態,產生一輸出電壓約為電容儲存的跨壓。在此增益有多接近一呢?一般情況,我們假設運算放大器的有限輸入電容 C_{in} 且當電路由採樣模態至放大模態時(圖 13.36),計算輸出電壓。由於運算放大器的有限增益,在放大模態中 $V_X \neq 0$,在 C_{in} 上產生一電荷為 $C_{in}V_X$。節點 X 的電荷守恆需要 C_H 的電荷 $C_{in}V_X$ 增加至 $C_H V_0 + C_{in}V_X$,[7] 則 C_H 的跨壓為 $(C_H V_0 + C_{in}V_X)/C_H$。因此 $V_{out} - (C_H V_0 + C_{in}V_X)/C_H = V_X$ 且 $V_X = -V_{out}/A_{v1}$。因此,

$$V_{out} = \frac{V_0}{1 + \dfrac{1}{A_{v1}}\left(\dfrac{C_{in}}{C_H} + 1\right)} \tag{13.40}$$

$$\approx V_0\left[1 - \frac{1}{A_{v1}}\left(\frac{C_{in}}{C_H} + 1\right)\right] \tag{13.41}$$

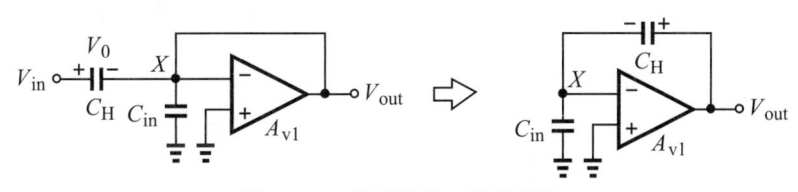

圖 13.36 準確計算之等效電路

---

[7] C_H 上之電荷會增加,因為正電荷從 C_H 的左板轉移至 C_{in} 的上板,導致 C_H 的跨壓增加。

一如預期，如果 $C_{in}/C_H \ll 1$，則 $V_{out} \approx V_0/(1 + A_{v1}^{-1})$。但一般來說，電路會遇到增益誤差約為 $-(C_{in}/C_H + 1)/A_{v1}$，推論出若速度並不重要時，必須將輸入電容最小化。回想一下第 9 章，我們為了增加 A_{v1}，我們可能選擇較大寬度的輸入電晶體，但因此犧牲較大輸入電容。最佳的元件尺寸必須產生最小的增益誤差而非最大 A_{v1}。

範例 13.4

圖 13.36 電路中的 $C_{in} = 0.5$ pF 且 $C_H = 2$ pF。要確保增益誤差為 0.1% 的最小運算放大器增益為何？

解 因為 $C_{in}/C_H = 0.25$，我們得到 $A_{v1,min} = 1000 \times 1.25 = 1250$。

速度考量

我們首先檢查採樣模態中的電路〔圖 13.37(a)〕，此相位的時間常數為何？假設 C_H 串聯的總電阻由 R_{on1} 和節點 X 與接地端間的電阻 R_X。使用圖 13.37(b) 的簡單運算放大器模型，其中 R_0 代表了運算放大器的開迴路輸出阻抗，我們得到

$$(I_X - G_m V_X)R_0 + I_X R_{on2} = V_X \tag{13.42}$$

也就是

$$R_X = \frac{R_0 + R_{on2}}{1 + G_m R_0} \tag{13.43}$$

因為一般來說，$R_{on2} \ll R_0$ 且 $G_m R_0 \gg 1$，我們得到 $R_X \approx 1/G_m$。舉例來說，在運用差動至單端轉換的伸縮式運算放大器中，G_m 等於每個輸入電晶體的轉導值。

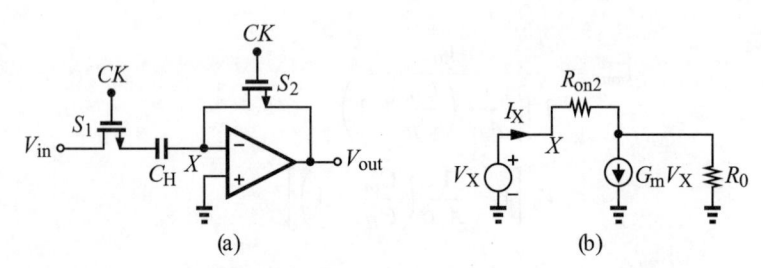

圖 13.37 (a) 在採樣模態之單增益採樣器；(b)(a) 的等效電路

在採樣模態中的時間常數為

$$\tau_{sam} = \left(R_{on1} + \frac{1}{G_m}\right)C_H \tag{13.44}$$

τ_{sam} 的大小必須夠小而讓圖 13.15 的測試電路能穩定至必要的精確度。

現在考慮電路進入放大模態的情況。如圖 13.38 的運算放大器輸入電容和負載電容，電路必須以 $V_{out} \approx 0$ 開始且最後產生 $V_{out} \approx V_0$。如果 C_{in} 相當小時，我們可以假設 C_L 和 C_H

之跨壓不會立即改變，故得知如果 $V_{out} \approx 0$ 且 $V_{CH} \approx V_0$ 時，放大模態開始時 $V_X = -V_0$。換句話說，由運算放大器所量測出的輸入差一開始會跳至一個很大數值，可能會讓運算放大器迴轉。但先假定運算放大器可用一個線性模型來建立且求出輸出響應。

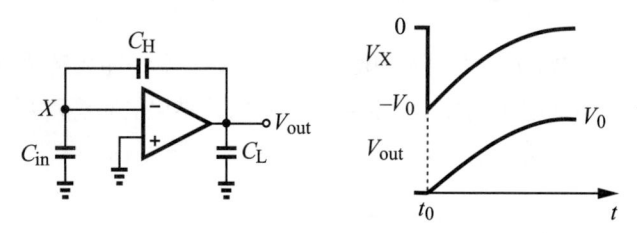

圖 13.38　單增益採樣器在放大模態之時間響應

為簡化此分析，我們以一明確串聯電壓源 V_S 來表示 C_H 的電荷，在 $t = t_0$ 時電壓為零變為 V_0，而 C_H 本身並無攜帶電荷（圖 13.39）。目的是要求得轉移函數 $V_{out}(s)/V_S(s)$ 和步級響應。我們得到

$$V_{out}\left(\frac{1}{R_0} + C_L s\right) + G_m V_X = (V_S + V_X - V_{out})C_H s \tag{13.45}$$

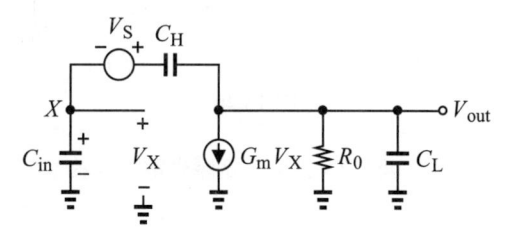

圖 13.39　單增益電路於放大模態之等效電路

同樣，因為流經 C_{in} 的電流為 $V_X C_{in} s$，

$$V_X \frac{C_{in} s}{C_H s} + V_X + V_S = V_{out} \tag{13.46}$$

由 (13.46) 計算 V_X 代入 (13.45) 中，我們得到轉移函數為：

$$\frac{V_{out}}{V_S}(s) = R_0 \frac{(G_m + C_{in} s)C_H}{R_0(C_L C_{in} + C_{in} C_H + C_H C_L)s + G_m R_0 C_H + C_H + C_{in}} \tag{13.47}$$

注意當 $s = 0$ 時，(13.47) 會簡化為和 (13.40) 相似的形式。因為一般來說，$G_m R_0 C_H \gg C_H, C_{in}$，我們能將 (13.47) 簡化為

$$\frac{V_{out}}{V_S}(s) = \frac{(G_m + C_{in} s)C_H}{(C_L C_{in} + C_{in} C_H + C_H C_L)s + G_m C_H} \tag{13.48}$$

因此，可以時間常數來表示其響應

$$\tau_{amp} = \frac{C_L C_{in} + C_{in} C_H + C_H C_L}{G_m C_H} \qquad (13.49)$$

$$= \frac{1}{G_m}\left[C_{in} + \left(1 + \frac{C_{in}}{C_H}\right)C_L\right] \qquad (13.50)$$

此時間常數和運算放大器的輸出電阻無關。這是因為較高 R_0 產生較大的迴路增益，最後會產生一固定的閉迴路速度。稍後會提到另一個針對此結果的有趣解釋（圖 13.52）。

範例 13.5

考慮一特殊例子 $C_L = 0$ 和 $C_{in} = 0$，並直觀解釋這個結果。

解 如果 $C_L = 0$，則 $\tau = C_{in}/G_m$。如果 $C_L = 0$〔圖 13.40(a)〕，因為由 C_{in} 所視的等效阻抗等於 $1/G_m$，所以這會發生。

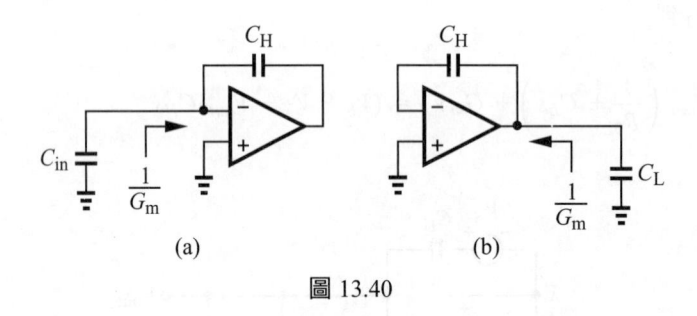

圖 13.40

如果 $C_{in} = 0$，則 $\tau = C_L/G_m$，因為 C_L 遇到一個驅動電阻等於 $1/G_m$〔圖 13.40(b)〕。

現在我們來討論電路的迴轉特性，並以伸縮式運算放大器為例。當電路進入放大模態時，在其反轉輸入端會遇到一個大步級信號（圖 13.38）。如圖 13.41 所示，運算放大器輸入對的尾電流會被導入其中一邊，且其電鏡流在輸出端對電容充電。因為 M_2 在迴轉為關閉，可忽略不計 C_{in} 且迴轉率大約為 I_{SS}/C_L。迴轉現象會持續到 V_X 接近 M_1 的閘極電壓時超越此點後，此穩定過程的時間常數則可由 (13.50) 求得。

前面的分析顯示了運算放大器的輸入電容讓單增益採樣器／緩衝器的速度和精確度變差。基於此原因，圖 13.31 中 C_H 的底板通常被輸入信號或運算放大器的輸出信號驅動，且上板連接至節點 X（圖 13.42）讓節點 X 至接地端所視的寄生電容最小化。此方法即為「底板採樣」。藉由輸入或輸出來驅動底板，也避免基板雜訊注入節點 X 中。

比較圖 13.30(b) 和 13.31(a) 的採樣電路效能很有用。圖 13.30(b) 中的採樣時間常數較小，因為僅和開關的開啟電阻有關。更重要的是，圖 13.30(b) 在開關關閉後的放大作用幾乎瞬間發生，而圖 13.31 則要一有限穩定時間。然而，單增益採樣器的關鍵優勢為與輸入無關的電荷注入現象。

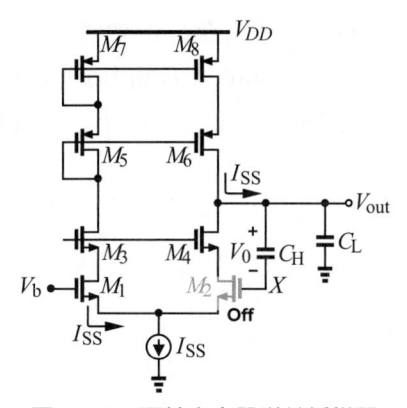

圖 13.41　迴轉中之單增益採樣器 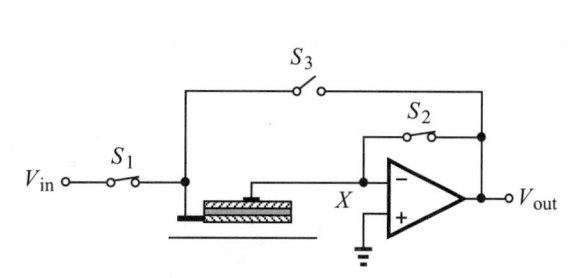　　　　　　圖 13.42　電容連接至單增益採樣器

13.3.2 非反向放大器

本節要來重新檢視圖 13.5 的放大器，並討論其速度和精確度特性。我們將其重繪於圖 13.43(a) 中，放大器如下方式運作。在採樣模態中，S_1 和 S_2 為開啟而 S_3 為關閉，在節點 X 處產生一虛接地並讓 C_1 跨壓隨輸入電壓變化〔圖 13.43(b)〕。在採樣模態的尾聲，S_2 會先關閉，注入一固定電荷 Δq_2 至節點 X。然後 S_1 關閉而 S_3 開啟〔圖 13.43(c)〕。因為 V_P 由 V_{in0} 變至零，輸出電壓由零變化至約 $V_{in0}(C_1/C_2)$，提供一電壓增益為 C_1/C_2。我們稱此電路為**非反相放大器**（noninverting amplifier），因為最後的輸出和 V_{in0} 的極性相同且增益超過一。

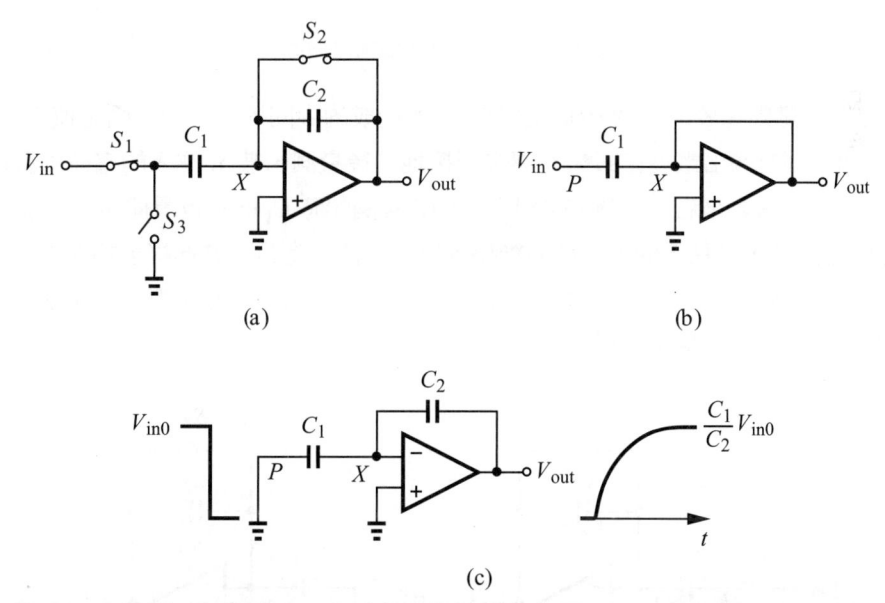

圖 13.43　(a) 非反相放大器；(b) 位於採樣模態之 (a) 電路；(c) 電路轉換至放大狀態

利用圖 13.31(a) 的單增益電路，非反相放大器藉由適當時脈運作避免輸入相關電荷注入，也就是在 S_1 關閉前先關閉 S_2（圖 13.44）。在 S_2 關閉後，節點 X 的總電荷仍維持固定，

讓電路對 S_1 的電荷注入或 S_3 的電荷「吸收」並不靈敏。首先仔細來看 S_1 的效應。如圖 13.45 所示，被 S_1 注入之電荷 Δq_1 改變節點 P 電壓約為 $\Delta V_P = \Delta q_1/C_1$，且輸出電壓改變了 $-\Delta q_1/C_2$。然而，在 S_3 開啟後，V_P 會降至零。因此 V_P 的總變化為 $0-V_{in0}=-V_{in0}$，在輸出端產生整體變化為 $-V_{in0}(-C_1/C_2) = V_{in0}C_1/C_2$。

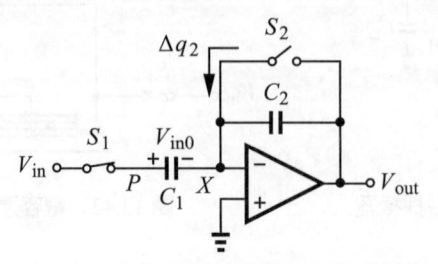

圖 13.44　非反相放大器轉換至放大模態

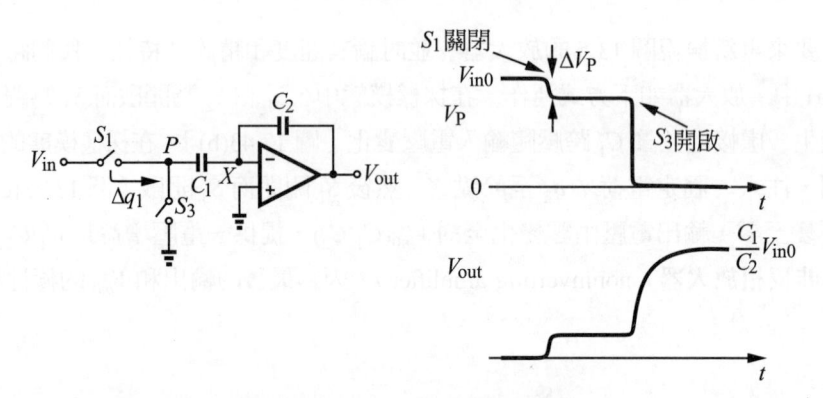

圖 13.45　被 S_1 注入電荷之效應

此處的關鍵點在於 V_P，然後加上由於 S_1 所造成的中間擾動，由一固定值 V_0 變成另一固定值 0。因為輸出電壓在節點 P 連接至接地端後量測，被 S_1 注入的電荷不會影響最終輸出。從另一觀點來看，如圖 13.46 所示，在 S_2 關閉時 C_1 的右板電荷約為 $-V_{in0}C_1$；同樣，在 S_2 關閉後，節點 X 的總電荷須維持固定。因此，當節點 P 連接至接地端且電路穩定時，C_1 的跨壓和其電荷趨近於零，且電荷 $-V_{in0}C_1$ 須位於 C_2 的左板。換句話說，不管節點的中間擾動為何，輸出電壓大約等於 $V_{in0}C_1/C_2$。

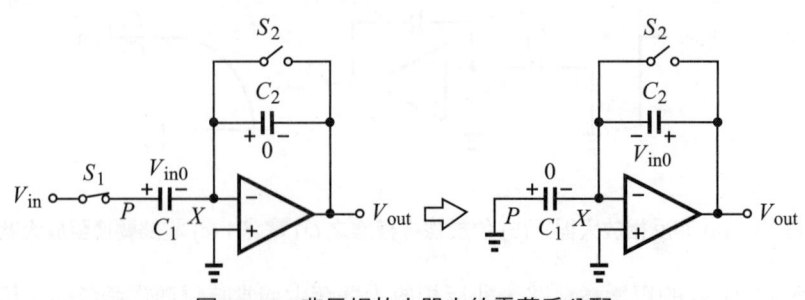

圖 13.46　非反相放大器中的電荷重分配

前面的討論指出對最後輸出並無影響的兩個現象。首先，從 S_2 關閉到 S_1 關閉之間，輸入電壓會劇烈變化（圖 13.47）但卻未有誤差。換句話說，採樣瞬間由 S_2 的關閉來定義。第二，當 S_3 開啟時，需要一些通道電荷，但因為 V_P 的最終值為零，故此電荷並不重要。因為節點 X 的總電荷守恆且將 V_P 最後設定為一定值（零），這些效應不會產生誤差。為強調 V_P 一開始和最後都取決於一固定電壓，我們假定節點 P 被「驅動」或由一低阻抗節點切換至另一低阻抗節點。此處的低阻抗有別於電荷不守恆的節點 P 和電荷守恆的「浮動」節點 X。

總而言之，在圖 13.43(a) 的適當時脈確保節點 X 僅被 S_2 的電荷注入干擾，讓 V_{out} 的最終值與 S_1 和 S_3 所造成的誤差無關。而由 S_2 所產生的固定偏移可藉由差動運作來抑制（圖 13.48）。

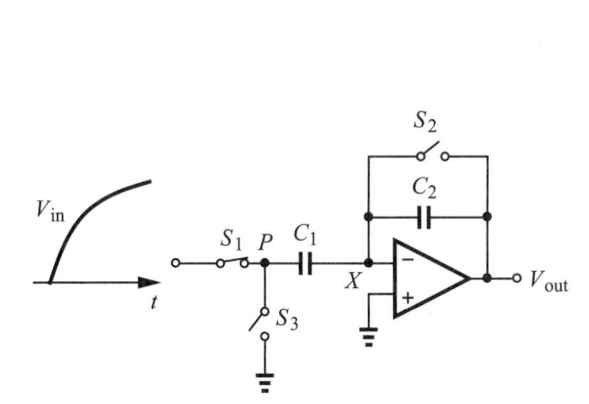

圖 13.47 在 S_2 關閉後輸入改變的影響

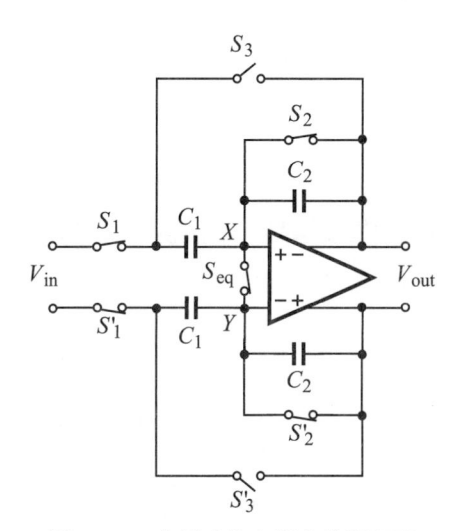

圖 13.48 非反向放大器之差動實現

範例 13.6

假設圖 13.48 的差動電路，不使用等化開關且 S_2 和 S'_2 的臨界電壓不匹配為 10 mV。如果 $C_1 = 1$ pF、$C_2 = 0.5$ pF、$V_{TH} = 0.6$ V，且所有電晶體的 $WLC_{ox} = 50$ fF，計算輸出端的直流偏移，並假設 S_2 和 S'_2 的通道電荷分別被注入節點 X 和 Y。

解 簡化電路如圖 13.49 所示，我們得到 $V_{out} \approx \Delta q/C_2$，其中 $\Delta q = WLC_{ox}\Delta V_{TH}$。注意 C_1 不會在結果中出現，因為 X 為虛接地，也就是說可忽略不計 C_1 的跨壓變化。因此，注入電荷主要位於 C_2 的左板，產生一輸出誤差電壓為 $\Delta V_{out} = WLC_{ox}\Delta V_{TH}/C_2 = 1$ mV。

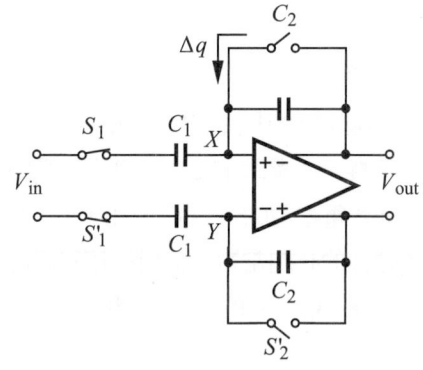

圖 13.49

精確度考量

如前述,圖 13.43(a) 的電路提供了一理想增益 C_1/C_2。現在我們計算真實增益,如果運算放大器的有限開路增益為 A_{v1}。如圖 13.50 所示的運算放大器之輸入電容,電路將輸入電壓放大,因此

$$(V_{out} - V_X)C_2 s = V_X C_{in} s + (V_X - V_{in})C_1 s \tag{13.51}$$

因為 $V_{out} = -A_{v1}V_X$,我們得到

$$\left| \frac{V_{out}}{V_{in}} \right| = \frac{C_1}{C_2 + \dfrac{C_2 + C_1 + C_{in}}{A_{v1}}} \tag{13.52}$$

對於大 A_{v1} 來說,

$$\left| \frac{V_{out}}{V_{in}} \right| \approx \frac{C_1}{C_2} \left(1 - \frac{C_2 + C_1 + C_{in}}{C_2} \cdot \frac{1}{A_{v1}} \right) \tag{13.53}$$

意指放大器遇到一增益誤差為 $(C_2 + C_1 + C_{in})/(C_2 A_{v1})$。注意增益誤差會隨理想增益 C_1/C_2 而增加。

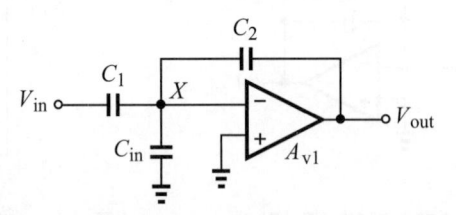

圖 13.50　在放大過程中非反相放大器之等效電路

比較 (13.41) 和 (13.53),我們注意到當 $C_H = C_2$ 且當理想增益為一時,非反相放大器呈現比單增益採樣器大的增益誤差,這是因為前者的回授因子等於 $C_2/(C_1 + C_{in} + C_2)$ 和後者為 $C_H/(C_H + C_{in})$。舉例來說,如 C_{in} 可忽略不計時,單增益採樣器的增益誤差為非反相放大器的一半。

速度考量

圖 13.50 中較小的回授因子呈現出放大器的時間響應可能比單增益採樣還慢,這的確是事實。考慮圖 13.51(a) 的等效電路,因為在此電路和圖 13.39 的唯一差別為節點 X 連接至理想電壓源的電容 C_1,如果 C_{in} 以 $C_{in} + C_1$ 取代,我們預期 (13.50) 同樣地能求得此放大器類似的時間常數。但對於較嚴謹的分析而言,我們利用圖 13.51(b) 的戴維尼等效電路來取代圖 13.51(a) 的 V_{in}、C_1 和 C_{in},其中 $\alpha = C_1/(C_1 + C_{in})$ 且 $C_{eq} = C_1 + C_{in}$,且注意

$$V_X = (\alpha V_{in} - V_{out})\frac{C_{eq}}{C_{eq} + C_2} + V_{out} \tag{13.54}$$

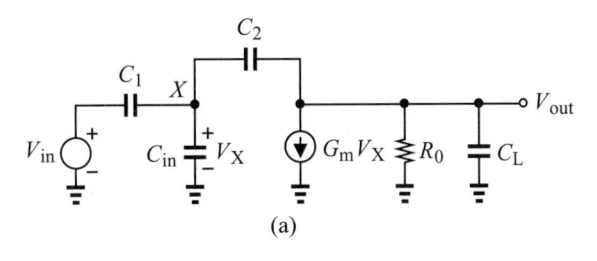

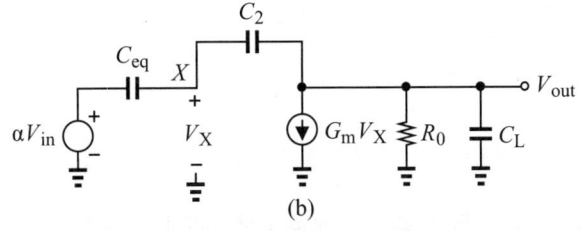

圖 13.51　(a) 在放大模態之非反相放大器的等效電路；
(b) 以戴維尼等效電路取代 V_{in}、C_1 和 C_{in} 之 (a) 的等效電路

因此

$$\left[(\alpha V_{in} - V_{out})\frac{C_{eq}}{C_{eq} + C_2} + V_{out}\right] G_m + V_{out}\left(\frac{1}{R_0} + C_L s\right) = (\alpha V_{in} - V_{out})\frac{C_{eq}C_2}{C_{eq} + C_2}s \tag{13.55}$$

且因此

$$\frac{V_{out}}{V_{in}}(s) = \frac{-C_{eq}\dfrac{C_1}{C_1 + C_{in}}(G_m - C_2 s)R_0}{C_2 G_m R_0 + C_{eq} + C_2 + R_0[C_L(C_{eq} + C_2) + C_{eq}C_2]s} \tag{13.56}$$

注意對於 $s = 0$ 而言，(13.56) 簡化為 (13.52)。對於大 $G_m R_0$ 來說，我們簡化 (13.56) 為

$$\frac{V_{out}}{V_{in}}(s) \approx \frac{-C_{eq}\dfrac{C_1}{C_1 + C_{in}}(G_m - C_2 s)R_0}{R_0(C_L C_{eq} + C_L C_2 + C_{eq}C_2)s + G_m R_0 C_2} \tag{13.57}$$

得到一時間常數為

$$\tau_{amp} = \frac{C_L C_{eq} + C_L C_2 + C_{eq} C_2}{G_m C_2} \tag{13.58}$$

和圖 13.38 的時間函數相同，如果 C_{in} 以 $C_{in} + C_1$ 來取代。注意 τ_{amp} 對於理想增益值 C_1/C_2 的直接相關性。

可以將此改以下列方式呈現

$$\tau = \frac{C_1 + C_2 + C_{in}}{C_2} \cdot \frac{C_L + \dfrac{C_2(C_{in} + C_1)}{C_2 + C_{in} + C_1}}{G_m} \tag{13.59}$$

可以得到有趣的觀察：等效電容 $C_L + C_2(C_{in} + C_1)/(C_2 + C_{in} + C_1)$，及等效電阻 $(C_1 + C_2 + C_{in})/(G_m C_2)$（圖 13.52）可求得時間常數。我們可以說運算放大器遇到一 C_2 和 $C_1 + C_{in}$ 串聯並和 C_L 並聯的等效電容，且其 G_m 因而減少回授因子 $C_2/(C_1 + C_2 + C_{in})$。

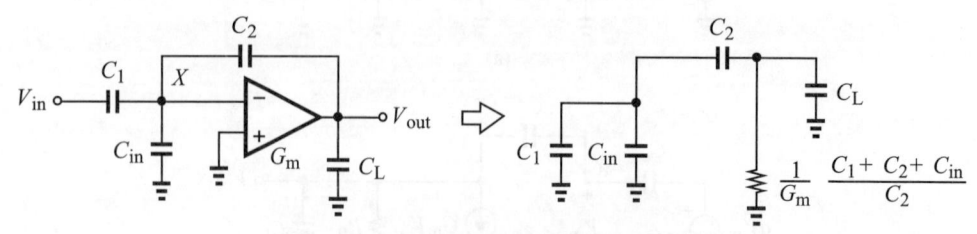

圖 13.52　展示暫態時間常數的等效電路

檢查特殊情況 $C_L = 0$ 的放大器時間常數是有用的。(13.58) 產生和回授電容無關的 $\tau_{amp} = (C_1 + C_{in})/G_m$。這是因為雖然較大的 C_2 會在輸出端產生較重的負載，也能提供較大的回授因子。

各位可能會好奇為何 (13.56) 會對「非反相」放大器的電路產生一負增益。此式僅意味著如果將 C_1 左板降低時，輸出會增加，這和原始電路的運作並未衝突（圖 13.43），其中 V_P 的變化為 $-V_{in}$。

13.3.3 精確的兩倍電路

圖 13.43(a) 的電路可在相當高閉路增益下運作，但會遇到由於低回授因子所產生之速度和精確度變差的現象。本節要來看能提供理想增益為二，且能達到較高速度和較低增益誤差的組態。如圖 13.53(a) 所示，放大器使用兩個相同的電容 $C_1 = C_2 = C$。在採樣模態中，電路如圖 13.53(b) 在節點 X 建立一虛接地並讓 C_1 和 C_2 的跨壓跟隨 V_{in}。在轉換至放大模態中，S_3 會先關閉，C_1 置於運算放大器周圍且 C_2 的左板切換至接地端〔圖 13.53(c)〕。因為在 S_3 關閉時，C_1 和 C_2 的總電荷為 $2V_{in0}C$（如果可忽略由 S_3 注入的電荷），且因為 C_2 的跨壓在放大模態時趨近於零，跨越 C_1 的最終電壓和輸出電壓約為 $2V_{in0}$。這也可從圖 13.54 所示的慢動作中看出。

各位可自型證明由 S_1 和 S_2 注入的電荷和由 S_4 和 S_5 吸收的電荷並不重要，而由 S_3 注入的電荷會產生一固定偏移。此偏移可藉由差動運作來抑制。

兩倍電路的速度和精確度可分別由 (13.58) 和 (13.53) 來表示，但此電路的優點在於閉路增益會有較高回授因子。但注意在採樣模態中兩倍電路的輸入電容較高。

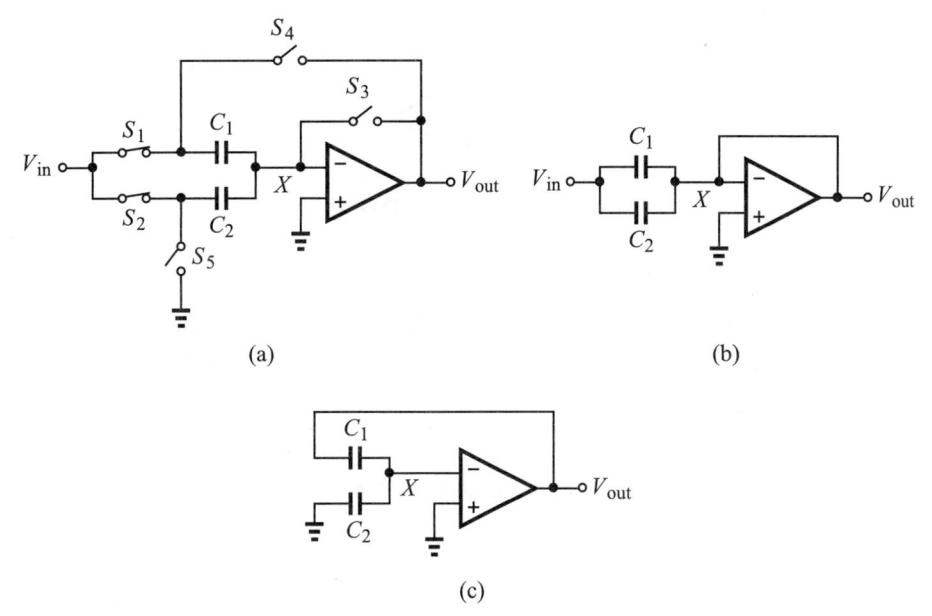

圖 13.53　(a) 兩倍電路；(b) 位於採樣模態之 (a) 電路；(c) 位於放大模態之 (a) 電路

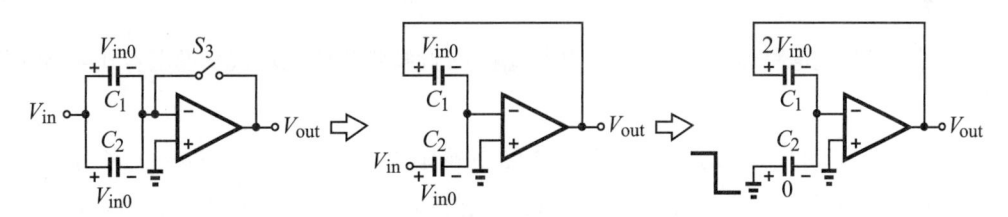

圖 13.54　兩倍電路轉換至放大模態之慢動作

13.4 交換電容式積分器

積分器用於許多類比系統中，包含濾波器和過度採樣的類比－數位轉換器。圖 13.55 繪出一連續時間積分器，其輸出可以下列方式表示

$$V_{out} = -\frac{1}{RC_F} \int V_{in} dt \tag{13.60}$$

如果運算放大器增益非常大時。對於採樣資料系統而言，我們必須設計一個離散時間的相對電路。

在來看 SC 積分器之前，先來看一個有趣的特性。考慮一連接兩節點的電阻〔圖 13.56(a)〕帶一電流為 $(V_A - V_B)/R$。此電阻每秒從節點 A 取走一部分電荷至節點 B。我們是否能夠用電容產生相同效能嗎？假設在圖 13.56(b) 的電路中，電容 C_S 以一頻率 f_{CK} 在節點 A 和 B 間輪流切換。從 A 流至 B 的平均電流為一時脈間隔中移動的電荷：

图 13.55　連續時間積分器

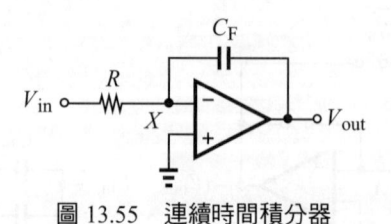

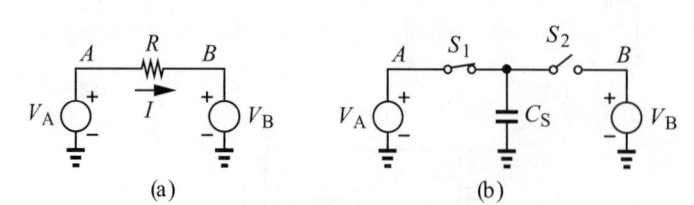

圖 13.56　(a) 連續時間和 (b) 離散時間電阻

$$\overline{I_{AB}} = \frac{C_S(V_A - V_B)}{f_{CK}^{-1}} \tag{13.61}$$

$$= C_S f_{CK}(V_A - V_B) \tag{13.62}$$

因此我們可以將此電路視為 $(C_S f_{CK})^{-1}$ 的「電阻」，此特性也成為現代交換電容式電路的基礎。

我們以離散時間等效元件來取代圖 13.55 的電阻 R，而得到圖 13.57(a) 的積分器。注意到每個時脈週期中，當 S_1 開啟時，C_1 吸收電荷為 $C_1 V_{in}$；當 S_2 開啟時（節點 X 為虛接地），則在 C_2 上沉積電荷。舉例來說，如果 V_{in} 為常數，輸出電壓在每一時脈循環改變 $V_{in} C_1 / C_2$〔圖 13.57(b)〕。以直線來近似此階梯狀波型，我們注意到電路此時的特性像一個積分器。

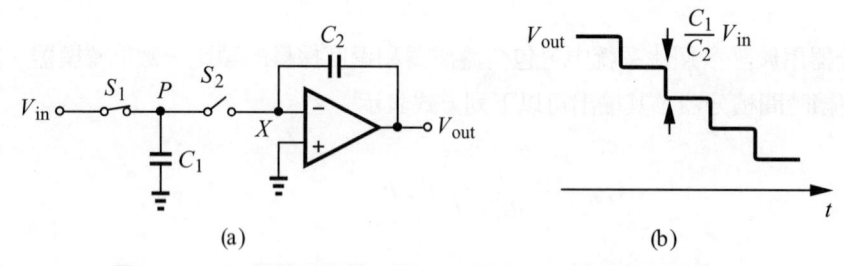

圖 13.57　(a) 離散時間積分器；(b) 輸入固定電壓之電路響應

在每一時脈循環後，可將圖 13.57(a) 中 V_{out} 的最終值以下列方式表示

$$V_{out}(kT_{CK}) = V_{out}[(k-1)T_{CK}] - V_{in}[(k-1)T_{CK}] \cdot \frac{C_1}{C_2} \tag{13.63}$$

其中假設運算放大器的增益很大。注意當電荷從 C_1 轉移至 C_2 的小信號穩定時間常數可由 (13.50) 求出。

第 13 章 交換電容式電路　　547

圖 13.57(a) 的積分器會有兩大缺點。第一，S_1 的輸入相關電荷注入在 C_1 上儲存的電荷和輸出電壓產生非線性現象。第二，因為當 C_1 切換至 X 時，自 S_1 和 S_2 的源極／汲極接面於節點 P 所產生的非線性電容導致一個非線性電荷－電壓轉換。這可藉由圖 13.58 看出，其中儲存在總接面電容 C_j 的電荷不為 $V_{in0}C_j$，但等於

$$q_{cj} = \int_0^{Vin0} C_j dV \tag{13.64}$$

因為 C_j 為電壓的函數 q_{cj} 顯示對 V_{in0} 的非線性關係，因此在電荷轉移至積分電容後，會在輸出端產生一非線性元件。

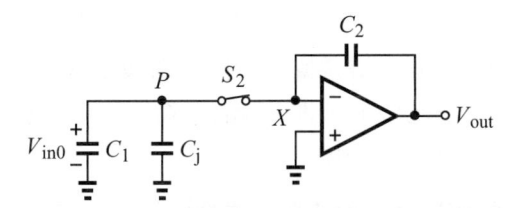

圖 13.58　在 SC 積分器中接面電容非線性的效應

圖 13.59(a) 為一個能解決上述兩個問題的積分器組態。我們來看此電路在採樣和放大模態的運作。如圖 13.59(b) 所示，在採樣模態中，S_1 和 S_3 為開啟而 S_2 和 S_4 為關閉，而讓 C_1 的跨壓跟隨 V_{in}，而運算放大器和 C_2 則維持先前的值。在轉換至積分模態中，S_3 會先關閉並注入一固定電荷至 C_1，再來 S_1 會關閉且 S_2 和 S_4 會接著開啟〔圖 13.59(c)〕。儲存於 C_1 的電荷會經由虛接地節點轉移至 C_2。

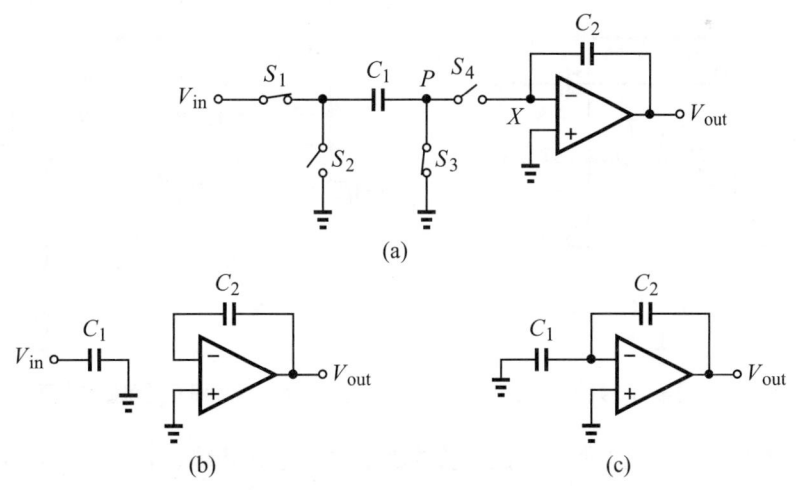

圖 13.59　(a) 不受寄生電容影響的積分器；(b) 位於採樣模態的 (a) 電路；
　　　　　(c) 位於積分模態的 (a) 電路

因為 S_3 會先關閉，故此僅產生可由差動運作抑制的固定偏移。此外，因為 C_1 的左板被「驅動」（13.3.2 節），S_1 和 S_2 的電荷注入或吸收不會產生誤差。同樣地，因為節點 X 為虛接地端，被 S_4 注入或吸收的電荷為常數且和 V_{in} 無關。

那 S_3 和 S_4 的非線性接面電容如何呢？我們觀察跨越此電容的電壓由採樣模態中的零附近變為積分模態中的虛接地。因為跨越此非線性電容的電壓改變很少，故可忽略不計所產生的非線性。

13.5 交換電容式共模回授

第9章的共模回授即認為，藉由電阻來量測輸出共模位準大大降低電路的差動電壓增益。我們也觀察到使用 MOSFET 作為源極隨耦器或可變電阻的量測方法會產生一限制範圍。交換電容式 CMFB 網路提供另一個避開這些難題的方法（但必須將電路定期更新。）

在交換電容式共模回授中，由電容（而非電阻）量測輸出。圖 13.60 呈現一個簡單的例子，其中相等的電容 C_1 和 C_2 在節點 X 跟隨每個輸出電壓的平均變化。因此，如果 V_{out1} 和 V_{out2} 遇到了一個正共模變化時，則 V_X 和 I_{D5} 會增加，並讓 V_{out1} 和 V_{out2} 降低。輸出共模位準等於 V_{GS2} 加上 C_1 和 C_2 的跨壓。

如何定義 C_1 和 C_2 的跨壓？一般來說，當放大器在採樣（或重置）模態，且如圖 13.61 所示。在共模位準的定義過程中，放大器差動輸入為零且開關 S_1 為開啟。電晶體 M_6 和 M_7 如同一個線性量測電路運作，因為其閘極電壓名義上相等。因此，電路會穩定且其輸出共模位準等於 $V_{GS6,7} + V_{GS5}$。在此模態結束前，S_1 關閉且讓 C_1 和 C_2 的跨壓為 $V_{GS6,7}$。在放大模態中，因為 S_1 為關閉，M_6 和 M_7 可能會遇到非線性特性但並不會對主電路的效能產生影響。

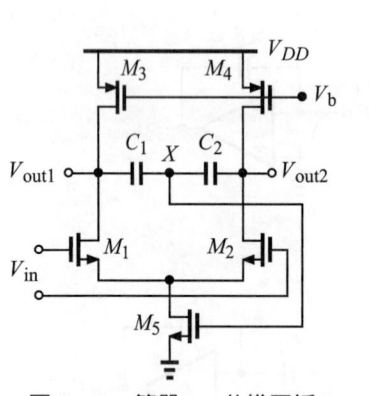

圖 13.60　簡單 SC 共模回授 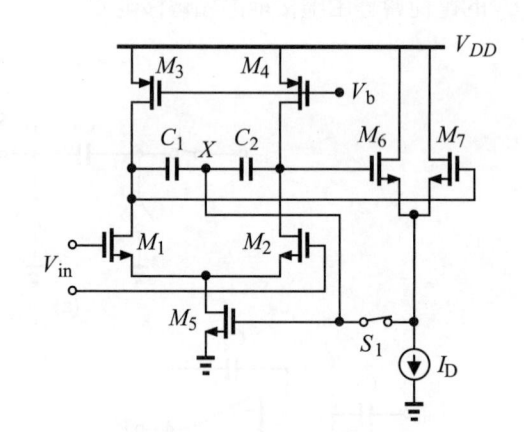　　　圖 13.61　C_1 和 C_2 跨壓的定義

輸出共模位準必須比上例更正確定義的應用中，可使用圖 13.62 的組態。此處在重置模態中，將 C_1 和 C_2 其中之一的板切換至 V_{CM}，而另一個連接至 M_6 的閘極。每個電容維持一電壓為 $V_{CM} - V_{GS6}$。在放大模態中，S_2 和 S_3 為開啟且其他開關為關閉，產生一輸出共模位準為 $V_{CM} - V_{GS6} + V_{GS5}$。如果適當地將 I_{D3} 和 I_{D4} 從 I_{REF} 複製，則 $V_{GS6} = V_{GS5}$，此值就會等於 V_{CM}。

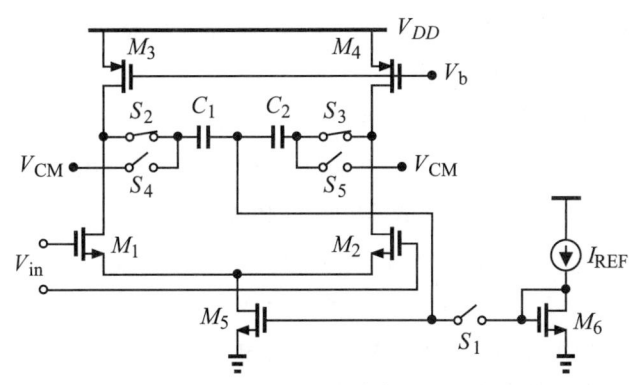

圖 13.62　定義輸出共模位準的另一個組態

隨著大輸出振幅，CMFB 迴圈的速度事實上可能會影響差動輸出的穩定特性。基於此原因，圖13.61和13.62的部分差動對之尾電流可由一固定電流源提供，讓 M_5 僅需微調。

習題

除非特別提到，在下列問題中，使用表 2.1 所示之元件資料並在需要時，假設 $V_{DD} = 3$ V。我們也假設所有電晶體位於飽和區中。

13.1 圖 13.2(b) 之電路為 $C_1 = 2$ pF 且 $C_2 = 0.5$ pF。

(a) 假設 $R_F = \infty$，但運算放大器之輸出電阻為 R_{out}，導出轉移函數 $V_{out}(s)/V_{in}(s)$。

(b) 如果運算放大器為理想，求出 R_F 之最小值以確保在輸入頻率為 1 MHz 時之最小增益誤差為 1%。

13.2 假設圖 13.6(a) 中，運算放大器以一轉導 G_m 和輸出電阻 R_{out} 來表示。

(a) 求出此模態之轉移函數 V_{out}/V_{in}。

(b) 繪出節點 B 之波形如果 V_{in} 為一 100 MHz 正弦波，其峰值為 1 V，且 $C_1 = 1$ pF、$G_m = 1/(100\ \Omega)$ 且 $R_{out} = 20$ kΩ。

13.3 在圖 13.6(b) 中，節點 A 事實上經由一開關連接至接地端（圖 13.5）。如果開關產生一串聯電阻 R_{on} 且運算放大器為理想時，計算此模態之電路的時間常數。當電路進入放大模態且 V_{out} 趨近於最終值時，在開關之消耗之總能量為何？

13.4 圖 13.10(a) 電路設計為數 $(W/L)_1 = 20/0.5$ 且 $C_H = 1$ pF。

(a) 使用 (13.9) 和 (13.16)，計算 V_{out} 降至 +1 mV 所需的時間。

(b) 以線性電阻 $[\mu_n C_{ox}(W/L)_1(V_{DD} - V_{TH})]^{-1}$ 來近似 M_1，計算 V_{out} 降至 +1 mV 所需之時間並與 (a) 之結果比較。

13.5 圖 13.12 之電路不能用一單一時間常數來表示，因為對 C_H（如果 $\gamma = 0$ 時為 $1/g_{m1}$）充電之電阻隨著輸出位準變化。假設 $(W/L)_1 = 20/0.5$ 且 $C_H = 1$ pF。

(a) 使用 (13.21)，計算 V_{out} 達到 2.1 V 所需之時間。

(b) 繪出 M_1 和時間的關係圖。

13.6 在圖 13.9(b) 之電路中，$(W/L)_1 = 20/0.5$ 且 $C_H = 1$ pF，假設 $\lambda = \gamma = 0$ 且 $V_{in} = V_0\sin\omega_{in}t + V_m$，其中 $\omega_{in} = 2\pi \times (100 \text{ MHz})$。

(a) 計算 R_{on1} 和從輸入端至輸出端的相位偏移，如果 $V_0 = V_m = 10$ mV。

(b) 如果 $V_0 = 10$ mV 但是 $V_m = 1$ V 時，重做 (a)，相位偏移的變化會導致失真現象。

13.7 描述一個有效率的 SPICE 模擬，能繪出圖 13.17 中電路的 $R_{on,eq}$ 之圖形。

13.8 圖 13.17 之採樣網路設計為數 $(W/L)_1 = 20/0.5$，$(W/L)_2 = 60/0.5$ 且 $C_H = 1$ pF。如果 $V_{in} = 0$ 且 V_{out} 之初始值為 +3 V 時，計算 V_{out} 降至 +1 mV 所需之時間。

13.9 在圖 13.20 之電路中，$(W/L)_1 = 20/0.5$ 且 $C_H = 1$ pF。計算在輸出端由電荷注入產生之最大誤差。並且與時脈饋入所產生之誤差比較。

13.10 圖 13.63 之電路當 CK 為高時對 C_1 之輸入採樣；當 CK 為低時連接 C_1 和 C_2。假設 $(W/L)_1 = (W/L)_2$ 且 $C_1 = C_2$。

圖 13.63

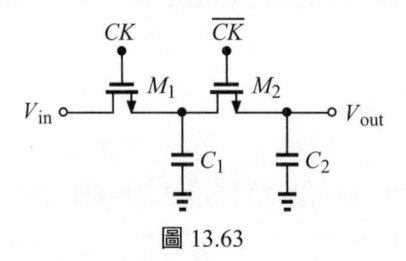

(a) 如果 C_1 和 C_2 之初始電壓為零且 $V_{in} = 2$ V，繪出在幾個時脈循環中 V_{out} 和時間的關係圖，忽略電荷注入和時脈饋入效應。

(b) 由 M_1 和 M_2 之電荷注入和時脈饋入現象所產生最大 V_{out} 誤差為何？假設 M_2 之通道電荷平均分配於 C_1 和 C_2 間。

(c) 求出在 M_2 關閉之後輸出端的採樣 kT/C 雜訊。

13.11 對 $V_{in} = V_0\sin\omega_0 t + V_0$ 而言，其中 $V_0 = 0.5$ V 且 $\omega_0 = 2\pi \times (10 \text{ MHz})$。繪出圖 13.30(b) 和 13.31(a) 中電路之輸出波形。假設時脈頻率為 50 MHz。

13.12 在圖 13.47 中，S_1 在 S_2 之後 Δt 秒關閉而 S_3 在 S_1 關閉後 Δt 秒後開啟，繪出輸出波形，並考慮 S_1–S_3 之電荷注入何時脈饋入現象。假設所有開關為 NMOS 元件。

13.13 圖 13.50 的電路為 $C_1 = 2$ pF，$C_{in} = 0.2$ pF 且 $A_v = 1000$。電路能提供之增益誤差為 1% 之最大理想增益 C_1/C_2 為何？

13.14 在習題 13.13 中，如果 $G_m = 1/(100\ \Omega)$ 且電路必須在放大模態中得到一時間常數為 2 ns 時，最大理想增益為何？假設 $C_{in} = 0.2$ pF 並計算 C_1 和 C_2。

13.15 圖 13.57 之積分器設計為 $C_1 = C_2 = 1$ pF 且時脈頻率為 100 MHz。忽略電荷注入和時脈饋入現象，如果輸入一峰值為 0.5 V 之 10 MHz 正弦波時，繪出其輸出波形。並以一電阻來近似 C_1、S_1 和 S_2。

13.16 考慮圖 13.64 所示之交換電容式放大器，其中共模回授並未顯示。假設 $(W/L)_{1-4} = 50/0.5$、$I_{SS} = 1$ mA、$C_1 = C_2 = 2$ pF、$C_3 = C_4 = 0.5$ pF 且輸出位準為 1.5 V。忽略電晶體電容。

圖 13.64

圖 13.65

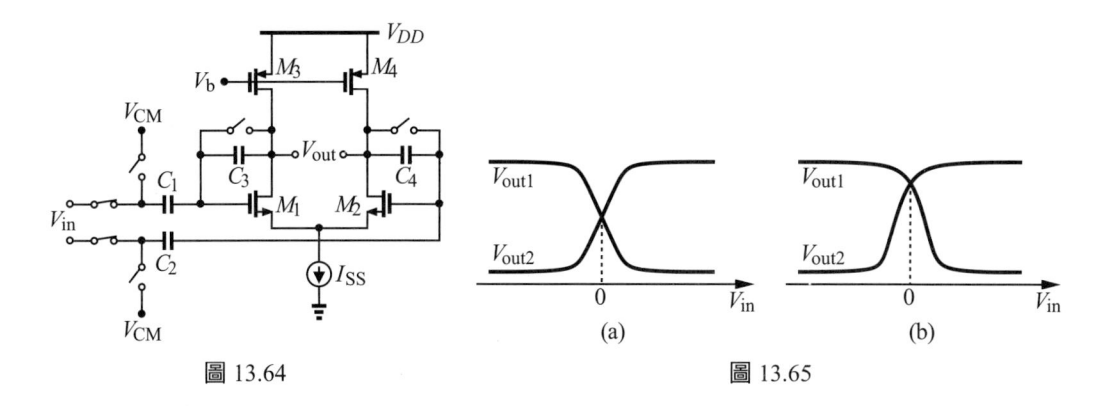

(a) 在放大模態之最大可允許之輸出電壓振幅為何？

(b) 求出放大器之增益誤差。

(c) 在放大模態中之小信號時間常數為何？

13.17 如果 M_1 和 M_2 之閘極－源極電容不可忽略時，重做習題 13.16(c)。

13.18 一個使用良好共模回授網路之差動電路顯示其開迴路輸入－輸出特性於圖 13.65(a) 中。然而，在某些電路中，其特性將如圖 13.65(b) 所示。說明此效應是如何發生的。

13.19 在圖 13.61 之共模回授網路中，假設對所有電晶體而言，$W/L = 50/0.5$，$I_{D5} = 1$ mA 且 $I_{D6,7} = 50$ μA。決定輸入共模位準之允許的範圍。

13.20 如果 $(W/L)_{6,7} = 10/0.5$，重做習題 13.19。

13.21 假設在圖 13.61 之共模回授網路中，S_1 注入一電荷 Δq 至 M_5 的閘極，此誤差如何變化 M_5 的閘極電壓和輸出共模位準？

13.22 圖 13.66 的電路中，每個運算放大器以諾頓等效電路及 G_m 和 R_{out} 來表示。兩個運算放大器之輸出電流在節點 Y 相加（此處所示之電路位於放大模態）。注意主放大器和附屬放大器相同且誤差放大器量測節點 X 的電壓變化並注入一等比電流至節點 Y。誤差放大器之輸出阻抗比 R_{out} 大。假設 $G_m R_{out} \gg 1$。

(a) 計算圖 13.66 電路之增益誤差。

(b) 如果消去附屬和誤差放大器，重做 (a) 並比較其結果。

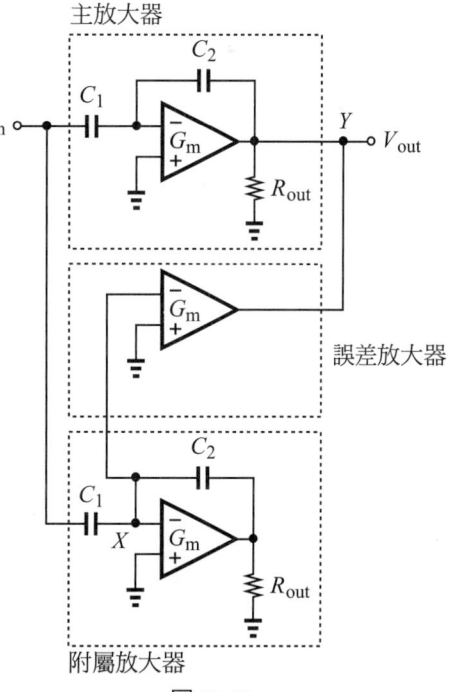

圖 13.66

第 14 章 非線性和不匹配現象

第 6 章和第 7 章已經介紹過兩種非理想型態：頻率響應和雜訊，其限制了類比電路的效能。本章會討論另外兩個已證實對高精確度類比設計非常重要，且其效能參數相互限制的特性：非線性（nonlinearity）及不匹配現象（mismatch）。

我們首先定義如何量化非線性特性；接著再來看差動電路及回授系統中的非線性現象，並檢視許多線性化技巧；然後處理差動電路中不匹配及直流偏移的問題；最後，考慮一些偏移抵消的技巧並說明偏移抵消對隨機雜訊的影響。

14.1 非線性特性

14.1.1 一般考量

我們在單級和差動放大器的大信號分析中看到，電路通常會顯示一非線性輸入／輸出特性。如圖 14.1 所示，當輸入振幅增加時，此特性會偏離一直線。圖 14.2 呈現兩個例子。在一共源極組態或差動對中，當輸入位準增加時，輸出變化會非常非線性。換句話說，對於小輸入振幅而言，輸出為輸入的合理複製，但對大振幅而言，輸出會出現「飽和」的位準。

我們可以將電路的非線性特性視為斜率的變化，且小信號增益會隨著輸入位準變化。如圖 14.3 所示，此觀察意味著在輸入端的增量改變導致了輸出端不同的增量變化，並且和輸入直流位準有關。

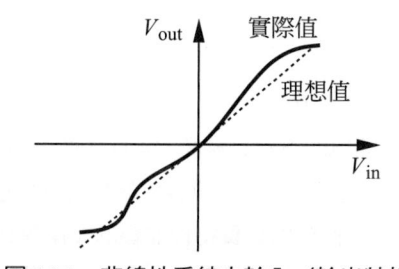

圖 14.1　非線性系統之輸入／輸出特性

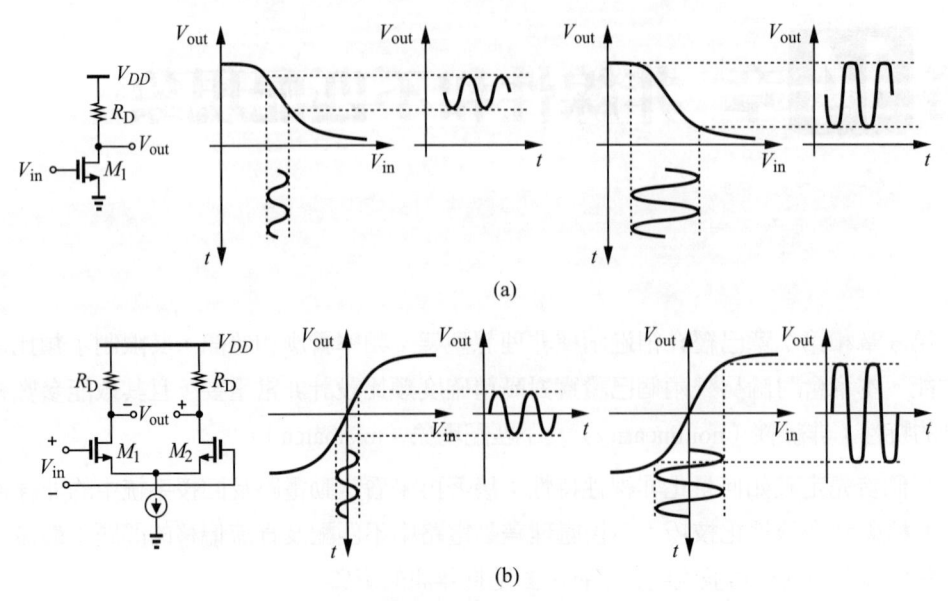

圖 14.2　(a) 在共源極組態和 (b) 差動對的失真現象

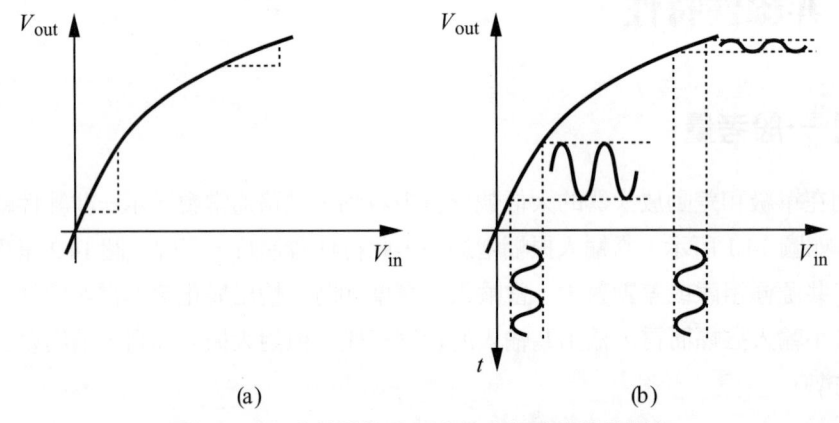

圖 14.3　在非線性放大器中的小信號增益的變化

在許多類比電路中，精確性需求一定得由相對小的非線性來達成，此特性讓我們有可能利用泰勒展開式在關注範圍中來近似輸入／輸出特性：

$$y(t) = \alpha_1 x(t) + \alpha_2 x^2(t) + \alpha_3 x^3(t) + \cdots \tag{14.1}$$

對於小的 x 而言，$y(t) \approx \alpha_1 x$，指出 α_1 為 $x \approx 0$ 附近的小信號增益。

如何量化非線性呢？一個簡單的方法是確認 (14.1) 中的 $\alpha_1, \alpha_2 \cdots$。另一個實際上證明有用的方法是具體呈現偏離理想特性（也就是直線）的最大偏離量。如圖 14.4 所示，對於電壓運作範圍而言 $[0, V_{in,max}]$，我們經由真實特性曲線的頭尾點通過一條直線來得到最大偏離 ΔV，並將對最大輸出振幅 $V_{out,max}$ 的結果進行正規化。舉例來說，我們假定輸入範圍 1 V，一放大器顯示 1% 非線性（$\Delta V/V_{out,max} = 0.01$）。

第 14 章 非線性和不匹配現象

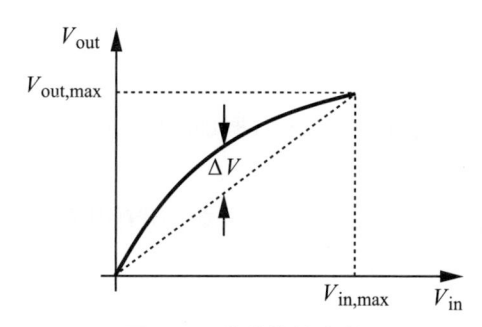

圖 14.4 非線性的定義

範例 14.1

差動放大器之輸入／輸出特性曲線被近似為 $y(t) = \alpha_1 x(t) + \alpha_3 x^3(t)$。計算最大非線性，如果輸入範圍從 $x = -x_{max}$ 至 $x = +x_{max}$。

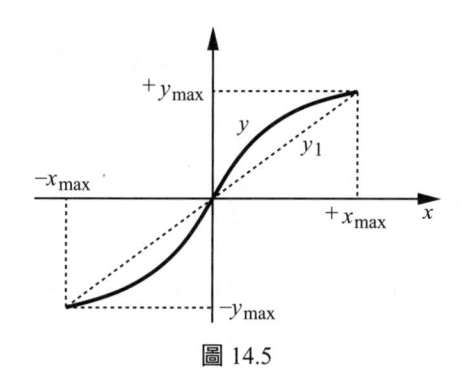

圖 14.5

解 如圖 14.5 所示，我們可以表示一通過頭尾點的直線為

$$y_1 = \frac{\alpha_1 x_{max} + \alpha_3 x_{max}^3}{x_{max}} x \tag{14.2}$$

$$= (\alpha_1 + \alpha_3 x_{max}^2) x \tag{14.3}$$

在 y 和 y_1 之間的差等於

$$\Delta y = y - y_1 \tag{14.4}$$

$$= \alpha_1 x + \alpha_3 x^3 - (\alpha_1 + \alpha_3 x_{max}^2) x \tag{14.5}$$

將 Δy 相對於 x 的導函數設為零，我們得到 $x = x_{max}/\sqrt{3}$ 且最大偏離為 $2\alpha_3 x_{max}^3 / \sqrt{3}$。將非線性對最大輸出做正規化之後可得

$$\frac{\Delta y}{y_{max}} = \frac{2\alpha_3 x_{max}^3}{3\sqrt{3} \times 2(\alpha_1 x_{max} + \alpha_3 x_{max}^3)} \tag{14.6}$$

注意包括分母中的 2，因為最大峰對峰輸出振幅為 $2(\alpha_1 x_{max} + \alpha_3 x_{max}^3)$。對於小的非線性來說，相對於 $\alpha_1 x_{max}$ 我們可以忽略 $\alpha_3 x_{max}^3$，得到

$$\frac{\Delta y}{y_{max}} \approx \frac{\alpha_3}{3\sqrt{3}\alpha_1} x_{max}^2 \tag{14.7}$$

注意在此範例中,相對非線性和最大輸入振幅的平方成比例。

電路的非線性也可藉由輸入一正弦波信號並測量輸出的諧波成分來表示,特別是如果在 (14.1) 中,$x(t) = A\cos\omega t$,則

$$y(t) = \alpha_1 A \cos\omega t + \alpha_2 A^2 \cos^2\omega t + \alpha_3 \cos^3\omega t + \cdots \tag{14.8}$$

$$= \alpha_1 A \cos\omega t + \frac{\alpha_2 A^2}{2}[1 + \cos(2\omega t)] + \frac{\alpha_3 A^3}{4}[3\cos\omega t + \cos(3\omega t)] + \cdots. \tag{14.9}$$

我們觀察到高次項會產生較高的諧波成分,特別是偶次項和奇次項會分別產生偶次諧波和奇次諧波。注意 n 次諧波的大小約和輸入大小的 n 次功率成比例。此效應稱為**諧波失真**(harmonic distortion),且通常藉由將所有諧波的功率加總來量化(除了基頻成分外),並將基頻成分功率的結果正規化,並稱為**總諧波失真**(total harmonic distortion, THD)。對於三次非線性而言:

$$\text{THD} = \frac{(\alpha_2 A^2/2)^2 + (\alpha_3 A^3/4)^2}{(\alpha_1 A + 3\alpha_3 A^3/4)^2} \tag{14.10}$$

諧波失真在大部分信號處理應用中是不理想的成分,包含視聽系統中。如光碟播放器需要 0.01%(−80 dB)之 THD,而視訊產品則要 0.1%(−60 dB)。

14.1.2 差動電路之非線性現象

差動電路呈現**奇次對稱**(odd-symmetric)輸入/輸出特性,也就是 $f(-x) = -f(x)$。當 (14.1) 的泰勒展開式為奇函數時,所有的偶次項 α_{2j} 必須為零:

$$y(t) = \alpha_1 x(t) + \alpha_3 x^3(t) + \alpha_5 x^5(t) + \cdots \tag{14.11}$$

指出被差動信號驅動的差動電路不會產生偶次諧波。這是差動運作的另一個非常重要的特性。

為瞭解由差動運作而得到的非線性縮減,我們考慮圖 14.6 中的兩個放大器,每個都能提供一小信號增益為

$$|A_v| \approx g_m R_D \tag{14.12}$$

$$= \mu_n C_{ox} \frac{W}{L}(V_{GS} - V_{TH}) R_D \tag{14.13}$$

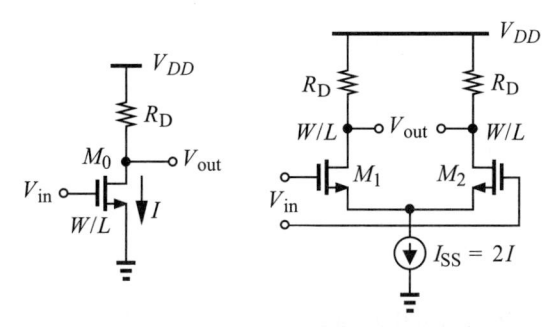

圖 14.6 提供相同電壓增益的單端和差動放大器

假設一信號 $V_m \cos \omega t$ 輸入電路中，為求簡化，僅檢查汲極電流，並將共源極組態表示為：

$$\begin{aligned} I_{D0} &= \frac{1}{2}\mu_n C_{ox}\frac{W}{L}(V_{GS} - V_{TH} + V_m \cos\omega t)^2 \\ &= \frac{1}{2}\mu_n C_{ox}\frac{W}{L}(V_{GS} - V_{TH})^2 + \mu_n C_{ox}\frac{W}{L}(V_{GS} - V_{TH})V_m \cos\omega t \\ &\quad + \frac{1}{2}\mu_n C_{ox}\frac{W}{L}V_m^2 \cos^2\omega t \\ &= I + \mu_n C_{ox}\frac{W}{L}(V_{GS} - V_{TH})V_m \cos\omega t + \frac{1}{4}\mu_n C_{ox}\frac{W}{L}V_m^2[1 + \cos(2\omega t)] \end{aligned} \tag{14.14}$$

因此，二次諧波的大小 A_{HD2} 對基頻成分 A_F 正規化為

$$\frac{A_{HD2}}{A_F} = \frac{V_m}{4(V_{GS} - V_{TH})} \tag{14.15}$$

另一方面，對於圖 14.6 的 M_1 和 M_2，我們可以從第 4 章中得到：

$$I_{D1} - I_{D2} = \frac{1}{2}\mu_n C_{ox}\frac{W}{L}V_{in}\sqrt{\frac{4I_{SS}}{\mu_n C_{ox}\dfrac{W}{L}} - V_{in}^2} \tag{14.16}$$

$$= \frac{1}{2}\mu_n C_{ox}\frac{W}{L}V_{in}\sqrt{4(V_{GS} - V_{TH})^2 - V_{in}^2} \tag{14.17}$$

如果 $|V_{in}| \ll V_{GS} - V_{TH}$，則

$$I_{D1} - I_{D2} = \mu_n C_{ox}\frac{W}{L}V_{in}(V_{GS} - V_{TH})\sqrt{1 - \frac{V_{in}^2}{4(V_{GS} - V_{TH})^2}} \tag{14.18}$$

$$\approx \mu_n C_{ox}\frac{W}{L}V_{in}(V_{GS} - V_{TH})\left[1 - \frac{V_{in}^2}{8(V_{GS} - V_{TH})^2}\right] \tag{14.19}$$

$$= \mu_n C_{ox} \frac{W}{L}(V_{GS} - V_{TH}) \left[V_m \cos\omega t - \frac{V_m^3 \cos^3\omega t}{8(V_{GS} - V_{TH})^2}\right] \quad (14.20)$$

因為 $\cos^3\omega t = [3\cos\omega t + \cos(3\omega t)]/4$，我們得到

$$I_{D1} - I_{D2} = g_m\left[V_m - \frac{3V_m^3}{32(V_{GS} - V_{TH})^2}\right]\cos\omega t - g_m\frac{V_m^3 \cos(3\omega t)}{32(V_{GS} - V_{TH})^2} \quad (14.21)$$

如果 $V_m \gg 3V_m^3/[8(V_{GS} - V_{TH})^2]$，我們得到

$$\frac{A_{HD3}}{A_F} \approx \frac{V_m^2}{32(V_{GS} - V_{TH})^2} \quad (14.22)$$

(14.15) 和 (14.22) 的比較指出，在提供同樣的電壓增益和輸出振幅下，差動電路比單端電路顯示出較少的失真現象。舉例來說，如果 $V_m = 0.2(V_{GS} - V_{TH})$，(14.15) 和 (14.22) 的失真為分別為 5% 和 0.125%。

雖然能降低失真，差動對消耗的功率為共源極組態的兩倍，因為 $I_{SS} = 2I$。然而關鍵在於，如果 M_0 的偏壓電流提高至 $2I$ 時，(14.15) 預估失真僅會減少 $\sqrt{2}$ 倍（W/L 維持固定下）。

14.1.3 負回授對非線性的影響

第 8 章提到負回授讓閉路增益和運算放大器的開路增益相對無關。因為我們可以將非線性視為小信號增益隨輸入位準的變化，預期負回授同樣會抑制此變化，而在閉迴路系統中產生較高的線性特性。

回授系統中的非線性分析是相當複雜的。在此我們以一個簡單且「輕度」（mildly）非線性系統來更深入瞭解。原因是如果經由適當的設計，回授放大器僅顯示微幅失真，故適合此型態的分析。

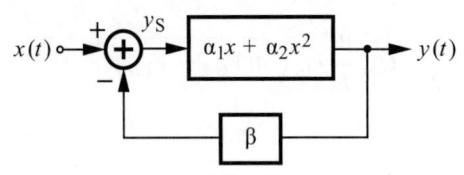

圖 14.7 使用非線性前授放大器的回授系統

假設圖 14.7 系統的核心放大器有一輸入－輸出特性為 $y \approx \alpha_1 x + \alpha_2 x^2$。我們輸入一弦波信號 $x(t) = V_m \cos\omega t$，並假設輸出信號包含基頻和二次諧波成分，因此能近似為 $y \approx a\cos\omega t + b\cos 2\omega t$。[1] 我們目的為求出 a 和 b，可將減法器的輸出表示成

---

[1] 注意，忽略不計通過此系統的高次諧波和相位偏移。

$$y_S = x(t) - \beta y(t) \tag{14.23}$$
$$= V_m \cos \omega t - \beta(a \cos \omega t + b \cos 2\omega t) \tag{14.24}$$
$$= (V_m - \beta a) \cos \omega t - \beta b \cos 2\omega t \tag{14.25}$$

此信號會遇到前授放大器的非線性,並產生一輸出信號為:

$$y(t) = \alpha_1[(V_m - \beta) \cos \omega t - \beta b \cos 2\omega t]$$
$$+ \alpha_2[(V_m - \beta a) \cos \omega t - \beta b \cos 2\omega t]^2 \tag{14.26}$$
$$= [\alpha_1(V_m - \beta a) - \alpha_2(V_m - \beta a)\beta b] \cos \omega t$$
$$+ \left[-\alpha_1 \beta b + \frac{\alpha_2(V_m - \beta a)^2}{2} \right] \cos 2\omega t + \cdots \tag{14.27}$$

(14.27) 中 $\cos \omega t$ 和 $\cos 2\omega t$ 的係數須分別等於 a 和 b:

$$a = (\alpha_1 - \alpha_2 \beta b)(V_m - \beta a) \tag{14.28}$$
$$b = -\alpha_1 \beta b + \frac{\alpha_2(V_m - \beta a)^2}{2} \tag{14.29}$$

非線性現象很小的假設意指 α_2 和 b 也很小,讓 $a \approx \alpha_1(V_m - \beta a)$,因此

$$a = \frac{\alpha_1}{1 + \beta \alpha_1} V_m \tag{14.30}$$

一如預期,因為 $\beta \alpha_1$ 為迴路增益。為計算 b,我們寫出

$$V_m - \beta a \approx \frac{a}{\alpha_1} \tag{14.31}$$

因此可以將 (14.29) 表示為

$$b = -\alpha_1 \beta b + \frac{1}{2}\alpha_2 \left(\frac{a}{\alpha_1} \right)^2 \tag{14.32}$$

那就是說,

$$b(1 + \alpha_1 \beta) = \frac{\alpha_2}{2}\left(\frac{a}{\alpha_1}\right)^2 \tag{14.33}$$
$$= \frac{\alpha_2}{2\alpha_1^2} \frac{\alpha_1^2}{(1 + \beta \alpha_1)^2} V_m^2 \tag{14.34}$$

則

$$b = \frac{\alpha_2 V_m^2}{2} \frac{1}{(1+\beta\alpha_1)^3} \quad (14.35)$$

以一個有意義的比較來說,我們將二次諧波的大小對基頻成分正規化可得:

$$\frac{b}{a} = \frac{\alpha_2 V_m}{2} \frac{1}{\alpha_1} \frac{1}{(1+\beta\alpha_1)^2} \quad (14.36)$$

另一方面,若沒有回授時,此比例會等於 $(\alpha_2 V_m^2/2)/\alpha_1 V_m = \alpha_2 V_m/(2\alpha_1)$。因此,二次諧波的相對大小減少了 $(1+\beta\alpha_1)^2$ 倍。因此負回授能減少相關的二次諧波項 $(1+\beta\alpha_1)^2$ 倍及減少增益 $1+\beta\alpha_1$ 倍。

如第 8 章所述,使用有限增益前授放大器的回授電路會產生增益誤差。對於前授增益 A_0 和回授因子 β 來說,相對增益誤差大約為 $1/(\beta A_0)$,如果前授放大器顯示出非線性現象時,有可能導出整體回授電路的增益誤差和非線性間的關係。如圖 14.8 所示,我們繪出兩條直線,一條代表理想特性(斜率為 $1/\beta$)而另一條通過真實特性的頭尾點。我們注意到利用此圖形,非線性 Δy_2 一定比增益誤差 Δy_1 小。這只有在當 x 由零增至 x_{max} 時,如果小信號增益單調下降才會為真,且大部分的類比電路為一般特性。因此,確保 $\Delta y_2 < \epsilon$ 的充分條件即藉由選擇高開路增益放大器來確保 $\Delta y_1 < \epsilon$。

通常會將上述情況應用於類比設計中,因為預測開路增益要比非線性容易得多。當然,此簡化過程中犧牲較悲觀的放大器增益選擇。而當短通道元件限制可達到電壓增益值時,此問題會更嚴重。

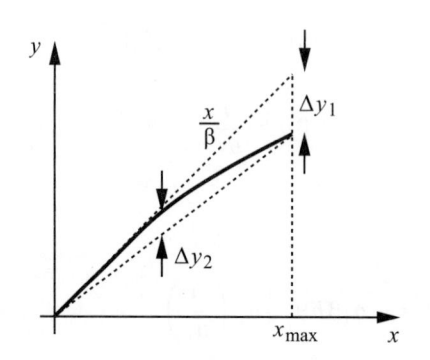

圖 14.8 回授系統中的增益誤差和非線性

14.1.4 電容非線性

在交換電容式電路中,電容的電壓相關性可能會產生嚴重的失真。雖然對於線性電容而言,我們得到 $Q = CV$;對於電壓相關電容來說,我們必須以 $dQ = C\, dV$ 表示,因此維持電壓 V_1 的電容總電荷為

$$Q(V_1) = \int_0^{V_1} C\, dV \quad (14.37)$$

這代表電荷會和電壓的「過去記錄」而不是只和即時的電壓值有關。換句話說，即使 C 值是用其上的跨壓 V_1 所求得，我們也不能用 $Q(V_1) = CV_1$ 來表示電荷。為瞭解電容的非線性，我們將電容值表示成 $C = C_0(1 + \alpha_1 V + \alpha_2 V^2 + \cdots)$。

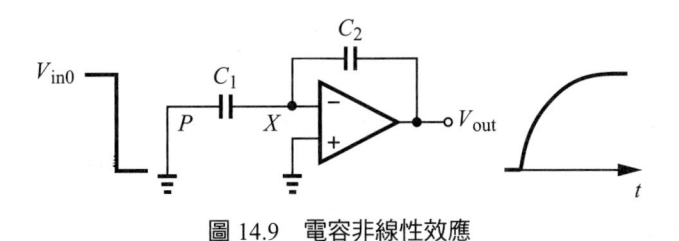

圖 14.9　電容非線性效應

考慮圖 13.43(a) 的非反轉放大器，並重繪於圖 14.9。在放大模態的開始時，C_1 的電壓為 V_{in0} 而 C_2 則為零。假設 $C_1 \approx MC_0(1 + \alpha_1 V)$，其中 M 為理想的閉路增益 ($C_1 = MC_2$)，我們得到跨越 C_1 的電荷為

$$Q_1 = \int_0^{V_{in0}} C_1 \, dV \tag{14.38}$$

$$= \int_0^{V_{in0}} MC_0(1 + \alpha_1 V) \, dV \tag{14.39}$$

$$= MC_0 V_{in0} + MC_0 \frac{\alpha_1}{2} V^2 \tag{14.40}$$

同樣，如果 $C_2 \approx C_0(1 + \alpha_1 V)$，則此電容的電荷在放大模態的結尾時為

$$Q_2 = \int_0^{V_{out}} C_2 \, dV \tag{14.41}$$

$$= C_0 V_{out} + C_0 \frac{\alpha_1}{2} V_{out}^2 \tag{14.42}$$

讓 Q_1 和 Q_2 相等並解出 V_{out}，我們得到

$$V_{out} = \frac{1}{\alpha_1} \left(-1 + \sqrt{1 + M\alpha_1^2 V_{in0}^2 + 2M\alpha_1 V_{in0}} \right) \tag{14.43}$$

平方根中的最後兩項通常遠小於一，且因為 $\epsilon \ll 1$，$\sqrt{1 + \epsilon} \approx 1 + \epsilon/2 - \epsilon^2/8$，我們可以下列方式表示

$$V_{out} \approx MV_{in0} + (1 - M)\frac{M\alpha_1}{2} V_{in0}^2 \tag{14.44}$$

上式第二項代表了電容的電壓相關性所產生的非線性。

14.1.5 取樣電路的非線性

回想一下第 13 章中，MOS 開關的開啟電阻在取樣電路中會隨輸入和輸出位準改變。舉例來說，圖 14.10(a) 的 NMOS 開關存在一個隨 V_{in} 和 V_{out} 增加的上升電阻。同樣，圖 14.10(a) 的互補式架構顯示 V_{in} 和 V_{out} 從 0 到 V_{DD} 時會有顯著改變的等效阻抗。不同於第 13 章的單向特性，由於在通道中的垂直電場，對於移動率的相依性，R_{on} 在此會達到一個峰值。我們想檢視在輸出觀察到因為此效應所造成的諧波失真。

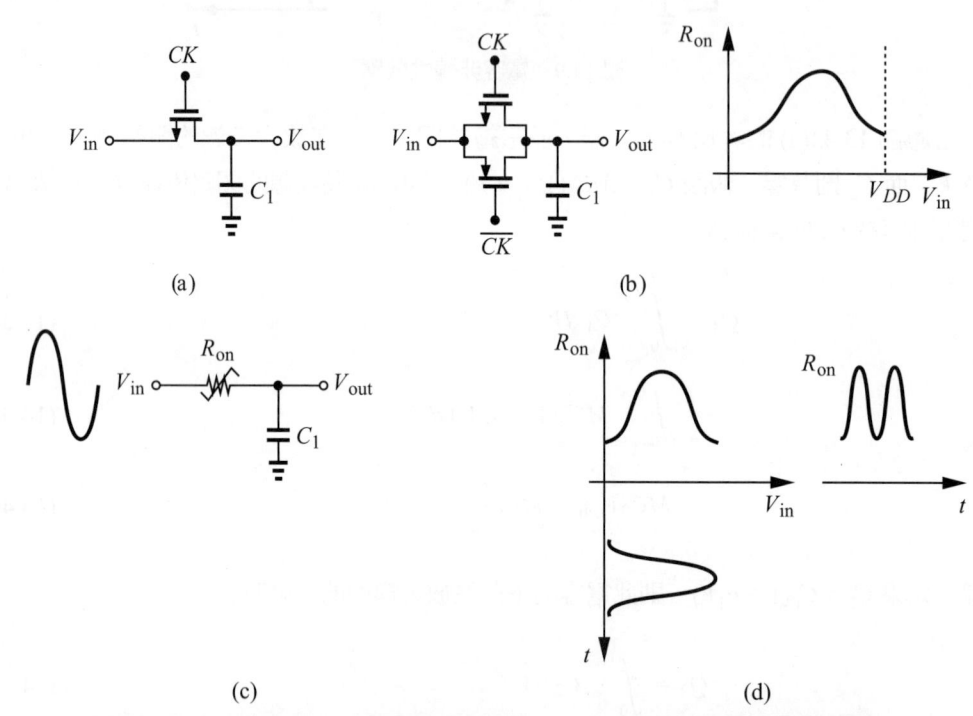

圖 14.10 (a) 使用 NMOS 開關的取樣電路，(b) 適用互補式元件的取樣電路，(c) 非線性電阻表示開關開啟時的阻抗，及 (d) 時域特性

我們在圖 14.10(c) 輸入加入一個大的正弦波 $V_{in} = V_0 \cos \omega_0 t + V_0$，其中 $V_0 = V_{DD}/2$，並且在輸出尋找諧波項。我們要如何分析電路？R_{on} 與 V_{in} 或 V_{out} 的非線性相依顯示出一個難題。讓我們先假設電阻是線性的並將輸出以下列方式表示

$$V_{out}(t) = \frac{V_0}{\sqrt{R_{on}^2 C_1^2 \omega_0^2 + 1}} \cos[\omega_0 t - \tan^{-1}(R_{on} C_1 \omega_0)] + V_0 \tag{14.45}$$

事實上，頻寬必須夠大來忽略信號的衰減，亦即 $R_{on} C_1 \omega_0 \ll 1$，可以得到

$$V_{out}(t) \approx V_0 \cos(\omega_0 t - R_{on} C_1 \omega_0) + V_0 \tag{14.46}$$

如果將 R_{on} 適當表示，我們現在假設此表示式對於非線性電路也成立。很有趣的是，R_{on} 也就是從輸入到輸出的相位移，隨 V_{in} 及 V_{out} 上下變動而改變，因此會造成失真。

以一個關鍵的觀察來簡化我們的分析，當一周期性輸入 R_{on} 也會產生周期性變化，因此可以用一個傅立葉級數表示

$$R_{on}(t) = R_0 + R_1 \cos \omega_0 t + R_2 \cos(2\omega_0 t) + \cdots \tag{14.47}$$

若我們假設圖 14.10(b) 中，R_{on} 具備大致對稱的特性，我們觀察到如圖 14.10(d) 的時域特性，其中 R_{on} 改變的頻率等於輸入頻率的兩倍。此特例的 $R_1 \approx 0$，但我們持續探討一般例子，將 (14.46) 中 R_{on} 取代，可以得到

$$V_{out}(t) \approx V_0 \cos[\omega_0 t - R_0 C_1 \omega_0 - R_1 C_1 \omega_0 \cos \omega_0 t - R_2 C_1 \omega_0 \cos(2\omega_0 t) - \cdots] + V_0 \tag{14.48}$$

如果餘弦項次在此論述中有遠小於 1 弧度的振幅，

$$V_{out}(t) \approx V_0 \cos(\omega_0 t - R_0 C_1 \omega_0) +$$
$$[R_1 C_1 \omega_0 \cos \omega_0 t + R_2 C_1 \omega_0 \cos(2\omega_0 t) + \cdots] V_0 \sin(\omega_0 t - R_0 C_1 \omega_0) + V_0$$

我們觀察到 $\cos \omega_0 t \sin(\omega_0 t - R_0 C_1 \omega_0)$、$\cos(2\omega_0 t) \sin(\omega_0 t - R_0 C_1 \omega_0)$ 的乘積會產生高階頻率項次。舉例來說，第一個兩項相乘分別會產生二階項和三階項，且分別有 $V_0 R_1 C_1 \omega_0/2$ 和 $V_0 R_2 C_1 \omega_0/2$ 的峰值振幅。如果我們只有這兩個高階項，則

$$\text{THD} = \frac{R_1^2 + R_2^2}{4} C_1^2 \omega_0^2 \tag{14.49}$$

在差動的取樣開關中，會壓抑偶次項。

14.1.6 線性技巧

雖然放大器使用了「整體」回授（如第 13 章中的交換電容式組態）可達到高線性特性，但回授電路的穩定度及達到穩態的時間會限制在高速應用中的使用。基於此原因，已發展出許多方法能讓放大器線性化且和速度交互限制較少。

線性化基本原則為減少電路增益對輸入位準的相關性，這意味讓電晶體偏壓電流和增益相對無關。

最簡單的線性化方法為利用線性電阻的**源極退化**。如圖 14.11 所示的共源極組態且由前幾節的觀察中顯示，退化會減少電晶體閘極和源極間的信號振幅，故讓輸入／輸出特性更加線性。從另一觀點來看，我們能將組態的整體轉導表示成

$$G_m = \frac{g_m}{1 + g_m R_S} \tag{14.50}$$

當 $g_m R_S$ 趨近於 $1/R_S$ 時，會與輸入無關。

注意線性化的程度和 $g_m R_S$ 有關而非單獨與 R_S 有關。當 G_m 維持固定時，電壓增益 $G_m R_D$ 和輸入相對無關且將放大器線性化。

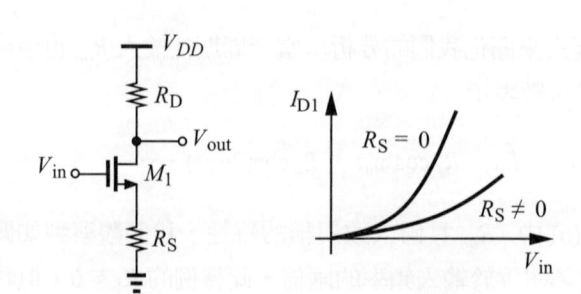

圖 14.11　負載—電阻退化的共源極組態

範例 14.2

一偏壓於電流 I_1 的共源極組態遇到一個讓汲極電流從 $0.75\,I_1$ 變為 $1.25\,I_1$ 的輸入電壓振幅。計算小信號電壓增益的變化，當 (a) 無退化時；(b) 當 $g_m R_S = 2$ 時，其中 g_m 代表 $I_D = I_1$ 的轉導。

解　假設平方律特性，我們得到 $g_m \propto \sqrt{I_D}$。在沒有退化的情況下：

$$\frac{g_{m,high}}{g_{m,low}} = \sqrt{\frac{1.25}{0.75}} \tag{14.51}$$

當 $g_m R_S = 2$ 時，

$$\frac{G_{m,high}}{G_{m,low}} = \frac{\dfrac{\sqrt{1.25}\,g_m}{1+\sqrt{1.25}\,g_m R_S}}{\dfrac{\sqrt{0.75}\,g_m}{1+\sqrt{0.75}\,g_m R_S}} \tag{14.52}$$

$$= \sqrt{\frac{1.25}{0.75}} \cdot \frac{1+2\sqrt{0.75}}{1+2\sqrt{1.25}} \tag{14.53}$$

$$= 0.84\sqrt{\frac{1.25}{0.75}} \tag{14.54}$$

因此，退化會減少小信號增益約 16%。

電阻退化顯示了線性、雜訊、功率消耗和增益間的交互限制。以大輸入電壓振幅而言（如 $0.5\,V_{pp}$），如果非線性要低於 1%，共源極組態中也可能很難達到電壓增益 2。

一差動對也許會如圖 14.12(a) 和 (b) 退化。在圖 14.12(a) 中如果需要高度退化時，I_{SS} 流經退化電阻因為消耗電壓餘裕為 $I_{SS}R_S/2$，而成為重要議題。另一方面，圖 14.12(b) 的電路和此前述問題無關，但會遇到稍高的雜訊（和偏移電壓），因為兩個尾電流源產生了差動誤差。各位可自行證明若每個電流源的輸出雜訊電流為 $\overline{I_n^2}$，則圖 14.12(b) 電路的輸入相關雜訊電壓要比圖 14.12(a) 還高 $2\overline{I_n^2}R_S^2$。

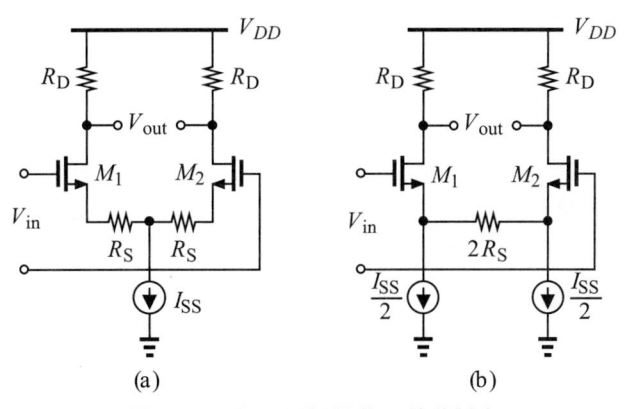

圖 14.12　加入源極退化至差動對中

如圖 14.13 所示，電阻可以深三極管區運作的 MOSFET 取代。但對於大輸入振幅而言，M_3 可能不會維持於深三極管區中，因此其開啟電阻會產生很大的變化。此外，V_b 必須追蹤輸入共模位準，如此才能正確界定 R_{on3}。

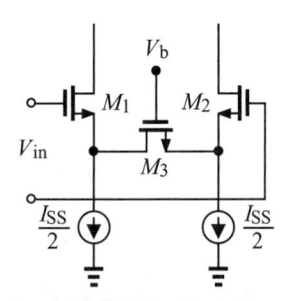

圖 14.13　藉由於深三極管區運作的 MOSFET 來退化的差動對

對於上述想法，我們有一個如圖 14.14 可行的變形架構。在此，如果 $V_{in}=0$ 時，M_3 和 M_4 位於深三極管區。當 M_1 的閘極電壓比 M_2 的閘極電壓大時，電晶體 M_3 仍位於三極管區，因為 $V_{D3}=V_{G3}-V_{GS1}$，而 M_4 最後會進入飽和區，因為其汲極電壓增加且閘極和源極電壓下降。因此，即使其中一退化元件進入飽和區時，電路仍會維持相當線性。對於最寬的線性區域設計而言，可推論出 $(W/L)_{1,2} \approx 7(W/L)_{3,4}$。

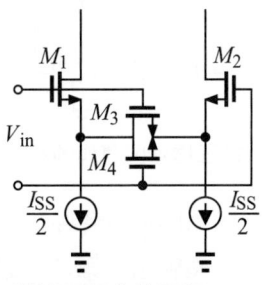

圖 14.14　藉由於深三極管區運作的兩個 MOSFET 來退化之差動對

範例 14.3

使用圖 4.19 的電壓位移機制,設計出另一種線性化技術。

解 從範例 4.6,我們知道電晶體寬度間的不匹配會將特性曲線平移。我們在這兩個差動對中建立一個負平移及一個正平移(大小相等)〔圖 14.15(a)〕,觀察到將其 G_m 圖以大小相等極性相反平移。我們現在只要將相關的汲極端短路來加入輸出電流,如圖 14.15(b)。G_m 圖也加入(為什麼?),來產生一個在 V_{in1}-V_{in2} 區間內,保持相對常數的結果,可以表示一個更線性的電路。兩者間的寬度比 2 僅能用來闡述該技術,但若要優化線性度則可能需要修正。

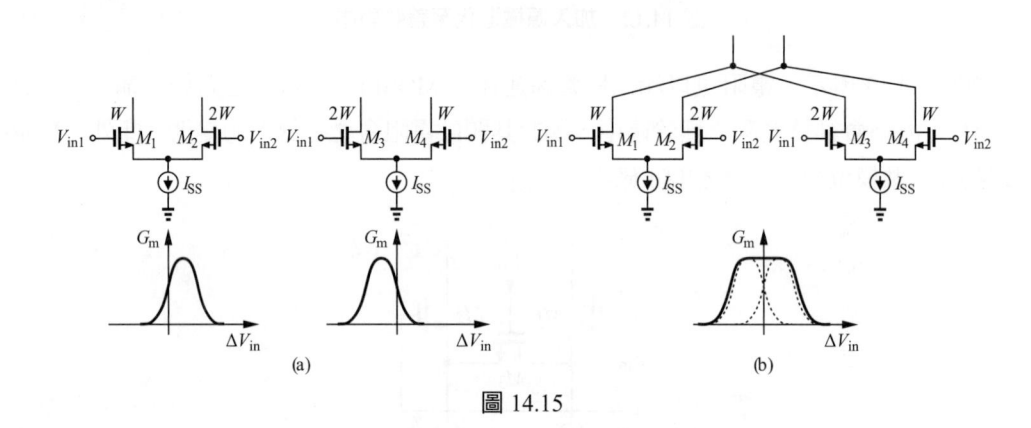

圖 14.15

避免使用電阻的線性化技巧是根據於三極管區運作的 MOSFET 來提供一線性 I_D/V_{GS} 特性,如果其汲極−源極電壓維持固定:$I_D = (1/2)\mu C_{ox}(W/L)V_{in}[2(V_{GS} - V_{TH})V_{DS} - V_{DS}^2]$。如圖 14.16 所示,運用放大器 A_1 和 A_2 及疊接元件 M_3 和 M_4 的方法迫使 V_X 和 V_Y 在不同的輸入位準時等於 V_b。

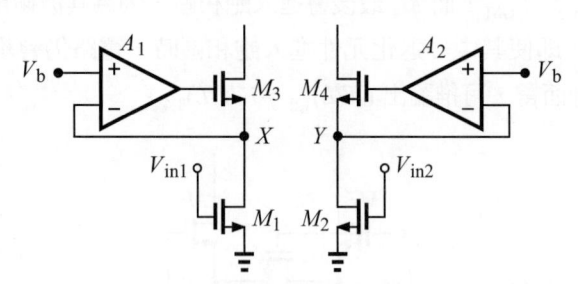

圖 14.16 使用於三極管區運作的輸入元件之差動對

此電路會有許多缺點。第一,M_1 和 M_2 的轉導 $\mu_n C_{ox}(W/L)V_{DS}$ 相對很小,因為 V_{DS} 必須夠小才能確保輸入電晶體維持於三極管區。第二,必須嚴格控制輸入共模位準且須追蹤 V_b 以定義 I_{D1} 和 I_{D2};第三,M_3、M_4 和兩個附屬放大器會對輸出端產生大雜訊。

另一個將電壓放大器線性化的方法為「後修正法」(post-correction)。如圖 14.17 所示,此觀念是將放大器視為電壓−電流(V/I)轉換器接著一個電流−電壓(I/V)轉換

器。如果將 V/I 轉換器當作 $I_{out} = f(V_{in})$、而 I/V 轉換器為 $V_{out} = f^{-1}(I_{in})$ 時，則 V_{out} 為 V_{in} 的線性函數。那就是第二級組態修正了第一級組態所產生的非線性。回想一下第 4 章中的例子，如圖 14.18(a) 所示，我們得到

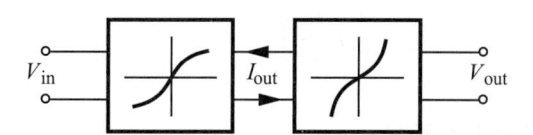

圖 14.17　視為兩個非線性組態疊加的電壓放大器

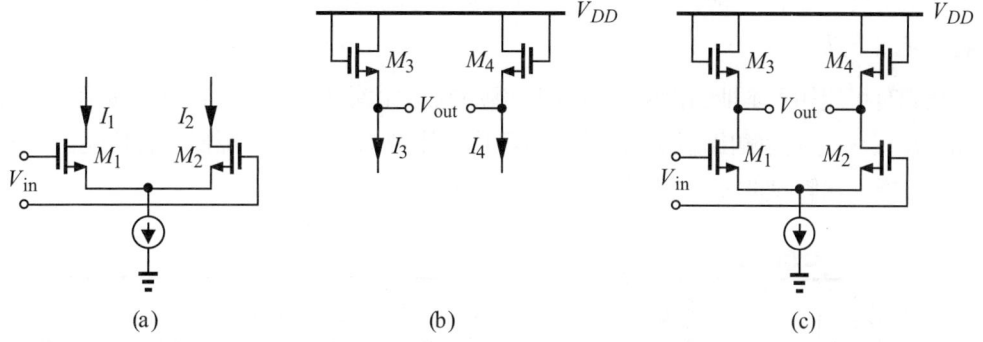

圖 14.18　(a) 有非線性 I/V 特性的差動對；(b) 負載具有非線性 I/V 特性的二極體元件；(c) 具有線性輸入／輸出特性的電路

$$V_{in1} - V_{in2} = V_{GS1} - V_{GS2} \tag{14.55}$$

$$= \sqrt{\frac{2I_{D1}}{\mu_n C_{ox}\left(\frac{W}{L}\right)_{1,2}}} - \sqrt{\frac{2I_{D2}}{\mu_n C_{ox}\left(\frac{W}{L}\right)_{1,2}}} \tag{14.56}$$

我們也注意到對圖 14.18(b) 的電路而言

$$V_{out} = V_{GS3} - V_{GS4} \tag{14.57}$$

$$= \sqrt{\frac{2I_3}{\mu_n C_{ox}\left(\frac{W}{L}\right)_{3,4}}} - \sqrt{\frac{2I_4}{\mu_n C_{ox}\left(\frac{W}{L}\right)_{3,4}}} \tag{14.58}$$

其中忽略通道長度調變和基板效應不計。則如圖 14.18(c) 電路所示，

$$V_{out} = \sqrt{\frac{2I_{D1}}{\mu_n C_{ox}\left(\frac{W}{L}\right)_{3,4}}} - \sqrt{\frac{2I_{D2}}{\mu_n C_{ox}\left(\frac{W}{L}\right)_{3,4}}} \tag{14.59}$$

$$= \frac{1}{\sqrt{\left(\frac{W}{L}\right)_{3,4}}}(V_{in1} - V_{in2})\, sqrt\left(\frac{W}{L}\right)_{1,2} \tag{14.60}$$

因此，如第 4 章所推導的結果，電壓增益為

$$A_v = \sqrt{\frac{\left(\frac{W}{L}\right)_{1,2}}{\left(\frac{W}{L}\right)_{3,4}}} \tag{14.61}$$

此增益值和電晶體的偏壓電流無關。

實際上，短通道元件的基板效應和其他非線性現象會在電路中產生非線性現象。此外，當差動輸入位準增加時會驅動 M_1 和 M_2 進入次臨界區，(14.56) 和 (14.58) 不再成立且增益會突然下降。

我們有可能加入本地回授來增加退化差動的線性化效果。如圖 14.19(a) 所示，即藉由 M_3 和 M_4 感測差動對輸出電壓，回傳一個等比電流到 M_1 和 M_2 的源極。各位能自行證明此為負回授。我們假設電路為對稱且 $I_1 = \cdots = I_4$。

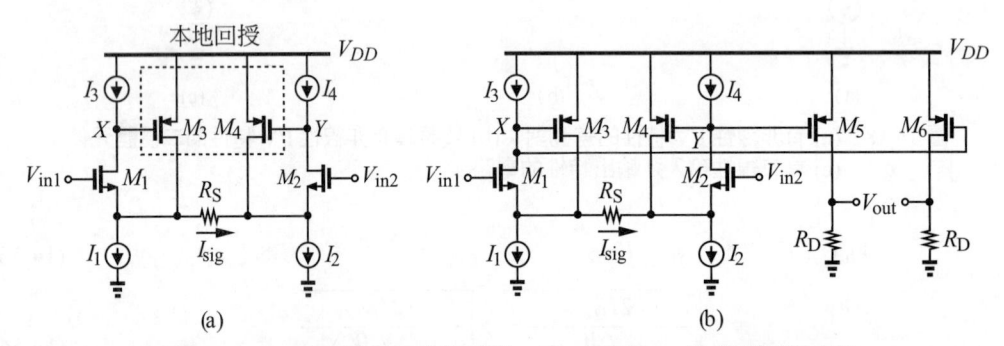

圖 14.19 (a) 有本地回授的差動對，且 (b) 使用 (a) 當作電壓放大器

如果忽略通道長度調變效應和基板效應，我們觀察到，無論輸入信號為何，$I_{D1} = I_3$ 和 $I_{D2} = I_4$。因此，當 $V_{in} = V_{in1} - V_{in2}$ 改變，輸入電晶體保持固定 V_{GS}。再者，因為 $I_1 = I_3 = I_{D1}$ 且 $I_2 = I_4 = I_{D2}$，流經 R_S 的電流必須由 M_3 和 M_4 提供。我們用 I_{sig} 代表此電流，可得到

$$V_{in} = V_{GS1} + I_{sig}R_S - V_{GS2} \tag{14.62}$$

$$= I_{sig}R_S \tag{14.63}$$

有趣的是 M_3 和 M_4 產生的電流被線性化並與 V_{in} 成正比，因為從汲極回授到源極會確保一固定 V_{GS}。注意，$V_X - V_Y$ 並沒有出現此現象。

各位可能會好奇這個架構的輸出在哪！如圖 14.19(b)，我們複製 PMOS 電流到 M_5 和 M_6 並且讓結果流經（線性）電流。因為 I_{D3} 和 I_{D4} 相等且反向，其會遵循 (14.63)

$$V_{out} = \frac{2R_D}{R_S}V_{in} \tag{14.64}$$

其中假設 PMOS 元件一致。不包含 R_D 的電路如同線性電壓電流轉換器（「轉導」）運作。

上述架構呈現了兩個議題。首先，大量的電晶體元件在信號路徑上會產生顯著的雜訊。除了 M_1–M_4，頂端和底端電流源也會產生差動雜訊。其次，因為 r_O 和 V_{DS} 在短通道元件中相依性，輸出級會產生一些非線性。

14.2 不匹配

前幾章對於放大器的討論大部分假定電路為完美對稱，也就是電路的兩端都顯示了相同特性和偏壓電流。但實際上，理想上相同的元件會遇到因為製程步驟中每個步驟的不確定性所產生的有限不匹配現象。舉例來說，如圖 14.20 所示，即使兩電晶體佈局相同，MOSFET 的閘極尺寸仍會遇到隨機、微小的變化而讓兩電晶體等效長度與寬度間的不匹配。同樣，MOS 元件顯示了臨界電壓不匹配，因為從 (2.1) 中，V_{TH} 為通道和閘極的摻雜濃度函數，且濃度在不同元件中會隨機變化。

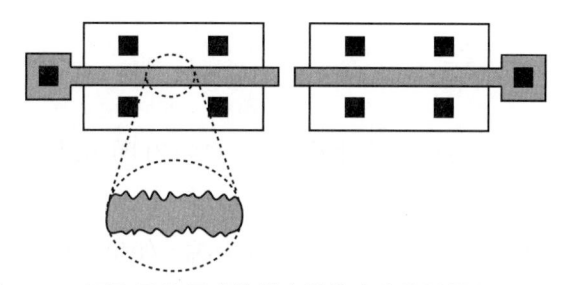

圖 14.20　因為元件尺寸的微小變化產生的隨機不匹配現象

要瞭解不匹配有兩個步驟：(1) 確認並制定會導致元件間不匹配的機制；(2) 分析元件不匹配對於電路效能的影響。不幸的是，第一個步驟相當複雜且與製程技術與佈局非常相關，故通常需要真實量測以得到不匹配程度。舉例來說，在電容間可達到的不匹配現象一般來說為 0.1%，但此數值無法藉由任何基本數值來求得。因此我們僅考慮一些基本趨勢和直覺結果。

(a) ΔL_1　　(b) ΔL_2

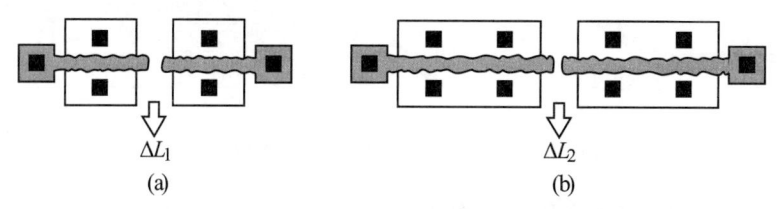

圖 14.21　由於寬度的增加所造成的長度不匹配

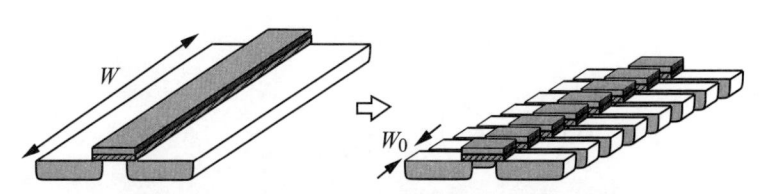

圖 14.22　將寬 MOSFET 視為窄元件的平行組合

我們將位於飽和區的 MOSFET 特性表示為 $I_D = (1/2)\mu C_{ox}(W/L)(V_{GS} - V_{TH})^2$，我們觀察到在 μ、C_{ox}、W、L 和 V_{TH} 間的不匹配會導致兩個理想相同電晶體的汲極電流（已知 V_{GS}）或閘極－源極電壓（已知汲極電流）間的不匹配。直覺來看，我們預期當 W 和 L 增加時，其相對不匹配 $\Delta W/W$ 和 $\Delta L/L$ 會分別減少，也就是說元件較大時不匹配較小。更重要的是當電晶體面積 WL 增加時，所有不匹配會減少。舉例來說，增加 W 會減少 $\Delta W/W$ 和 $\Delta L/L$，這是因為當 WL 增加時，隨機變化會遇到較大的「平均」作用，因此會讓強度減弱。如圖 14.21 所示，$\Delta L_2 < \Delta L_1$，因為如果將元件視為許多小的平行電晶體（圖 14.22），且每個寬度為 W_0，則可將等效長度表示為 $L_{eq} \approx (L_1 + L_2 + \cdots + L_n)/n$。因此整體變化為

$$\Delta L_{eq} \approx \left(\Delta L_1^2 + \Delta L_2^2 + \cdots + \Delta L_n^2\right)^{1/2}/n \tag{14.65}$$

$$= \frac{\left(n\Delta L_0^2\right)^{1/2}}{n} \tag{14.66}$$

$$= \frac{\Delta L_0}{\sqrt{n}} \tag{14.67}$$

其中 ΔL_0 為寬度 W_0 電晶體的長度統計變化值。(14.67) 顯示已知 W_0，當 n 增加時，L_{eq} 的變化會減少。

上述結果可延伸至其他的元件參數。舉例來說，如果元件面積增加時，我們假設 μC_{ox} 和 V_{TH} 會產生較少的不匹配。如圖 14.23 所示，因為可以將大電晶體細分為小單位電晶體的串聯和並聯結合，其尺寸為 W_0 和 L_0 且顯示 $(\mu C_{ox})_i$ 和 V_{THj} 特性。因為已知 W_0 和 L_0，當單位電晶體數量增加時，μC_{ox} 和 V_{TH} 會遇到更大的平均效應，讓兩個大電晶體間的不匹配較小。

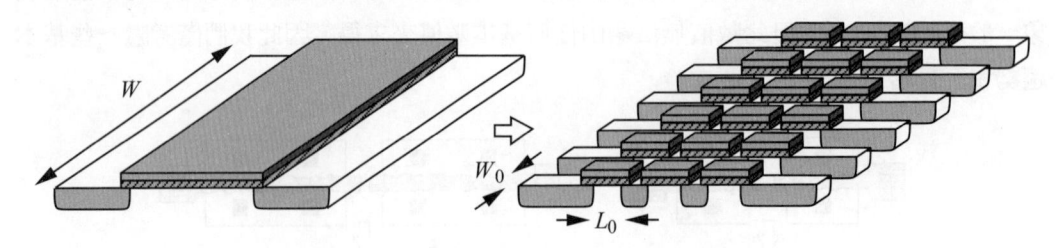

圖 14.23 視為小元件結合的大 MOSFET

前述的定量觀察已有數學及實驗證明，故在此不再贅述而以下列方式表示

$$\Delta V_{TH} = \frac{A_{VTH}}{\sqrt{WL}} \tag{14.68}$$

$$\Delta\left(\mu C_{OX}\frac{W}{L}\right) = \frac{A_K}{\sqrt{WL}} \tag{14.69}$$

其中 A_{VTH} 和 A_K 為比例因子。

範例 14.4

目前有一長度 40 nm 的差動對，我們以 40-nm 製程來看，如果 $A_{VTH} = 4$ mV·μm，使用多小的元件寬度能確保 $\Delta V_{TH} \leq 2$ mV？

解 我們能以下列方式表示

$$W = \frac{A_{VTH}^2}{L \Delta V_{TH}^2} \tag{14.70}$$

$$= 100 \ \mu m \tag{14.71}$$

我們觀察到，要在奈米製程中得到低的偏移電壓，得需要很大的 W/L。

因為通道電容與 WLC_{ox} 成正比，我們注意到 ΔV_{TH} 及通道電容之間的取捨。

14.2.1 不匹配效應

現在，我們來看元件不匹配對電路效能的影響。不匹配會導致三種重要現象：直流偏移、有限偶次項失真和較低的共模排斥現象。最後一項已在第 4 章中討論過。

直流偏移

考慮圖 14.24(a) 所示的差動對，當 $V_{in} = 0$ 且在完美對稱下，$V_{out} = 0$，但不匹配時，$V_{out} \neq 0$。我們假定電路的直流「偏移值」為 V_{in} 設定為零時所觀察到的 V_{out} 值。實際上，將輸入相關偏移電壓定義為強制讓輸出電壓為零的輸入位準〔圖 14.24(b)〕較有意義。注意 $|V_{OS,in}| = |V_{OS,out}|/A_v$。和隨機雜訊一樣，隨機偏移的極性並不重要。

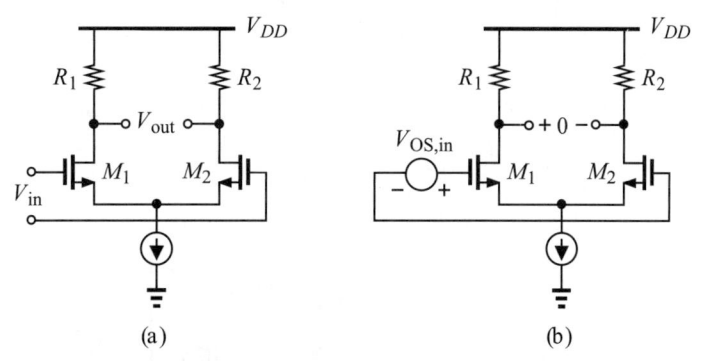

圖 14.24 (a) 在輸出端量測偏移的差動對；(b) 在 (a) 輸入端加入一偏移信號

偏移會如何限制效能呢？假設圖 14.24 的差動對將一小輸入電壓放大。然後，如圖 14.25 所示，輸出信號包含信號和偏移的放大成分。在直接耦合放大器的疊接組態中，直流偏移可能會有太多的增益而驅動後級組態進入非線性運作。

圖 14.25 放大器中偏移的影響

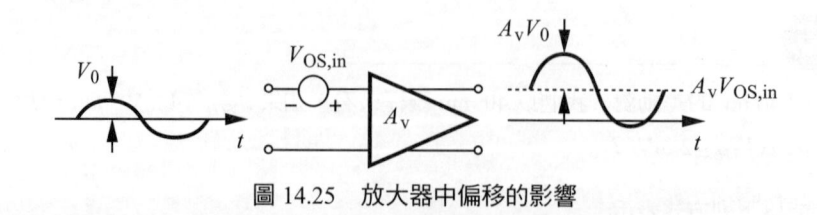

一個對偏移的更重要影響為信號量測精確度。舉例來說，如果能用一個放大器來決定輸入信號是否大於或小於參考電壓 V_{REF} 時（圖 14.26），則輸入相關偏移會確實限制量測到的最小下限值 $V_{in}-V_{REF}$。

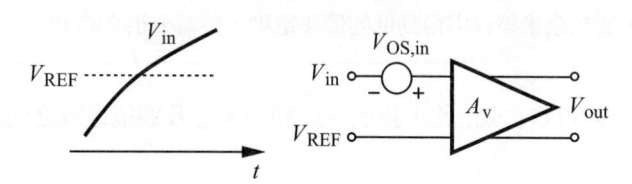

圖 14.26 因為偏移所造成的放大器準確度限制

現在來計算差動對的偏移電壓，假設輸入電晶體和負載電阻都有不匹配現象。如圖 14.24(b) 所示，我們要找出讓 $V_{out} = 0$ 的值 $V_{OS,in}$。我們可將元件的不匹配加入得到 $V_{TH1} = V_{TH}$，$V_{TH2} = V_{TH} + \Delta V_{TH}$；$(W/L)_1 = W/L$，$(W/L)_2 = W/L + \Delta(W/L)$；$R_1 = R_D$，$R_2 = R_D + \Delta R$。為求簡化，$\lambda = \gamma = 0$ 且忽略不計 $\mu_n C_{ox}$ 的不匹配。當 $V_{out} = 0$ 時，我們一定會得到 $I_{D1}R_1 = I_{D2}R_2$，歸納出 I_{D1} 不可能等於 I_{D2}。因此，我們假設 $I_{D1} = I_D$，$I_{D2} = I_D + \Delta I_D$。

因為 $V_{OS,in} = V_{GS1} - V_{GS2}$，我們得到

$$V_{OS,in} = \sqrt{\frac{2I_{D1}}{\mu_n C_{ox}\left(\frac{W}{L}\right)_1}} + V_{TH1} - \sqrt{\frac{2I_{D2}}{\mu_n C_{ox}\left(\frac{W}{L}\right)_2}} - V_{TH2} \tag{14.72}$$

$$= \sqrt{\frac{2}{\mu_n C_{ox}}}\left[\sqrt{\frac{I_D}{\frac{W}{L}}} - \sqrt{\frac{I_D + \Delta I_D}{\frac{W}{L} + \Delta\left(\frac{W}{L}\right)}}\right] - \Delta V_{TH} \tag{14.73}$$

$$= \sqrt{\frac{2}{\mu_n C_{ox}}}\sqrt{\frac{I_D}{W/L}}\left[1 - \sqrt{\frac{1 + \frac{\Delta I_D}{I_D}}{1 + \Delta\left(\frac{W}{L}\right)\Big/\left(\frac{W}{L}\right)}}\right] - \Delta V_{TH} \tag{14.74}$$

假設 $\Delta I_D/I_D$ 和 $\Delta(W/L)/(W/L) \ll 1$，且注意對 $\epsilon \ll 1$ 來說，我們可以 $\sqrt{1+\epsilon} \approx 1 + \epsilon/2$ 和 $(\sqrt{1+\epsilon})^{-1} \approx 1 - \epsilon/2$ 來表示，將 (14.74) 簡化為

$$V_{OS,in} = \sqrt{\frac{2I_D}{\mu_n C_{ox}\left(\frac{W}{L}\right)}} \left\{ 1 - \left(1 + \frac{\Delta I_D}{2I_D}\right)\left[1 - \frac{\Delta(W/L)}{2(W/L)}\right]\right\} - \Delta V_{TH} \qquad (14.75)$$

$$= \sqrt{\frac{2I_D}{\mu_n C_{ox}\left(\frac{W}{L}\right)}} \left[\frac{-\Delta I_D}{2I_D} + \frac{\Delta(W/L)}{2(W/L)}\right] - \Delta V_{TH} \qquad (14.76)$$

其中兩個小數值的乘積可忽略。回想一下 $I_{D1}R_1 = I_{D2}R_2$ 和 $I_D R_D = (I_D + \Delta I_D)(R_D + \Delta R_D) \approx I_D R_D + R_D \Delta I_D + I_D \Delta R_D$，因此 $\Delta I_D / I_D \approx -R_D / \Delta R_D$，且

$$V_{OS,in} = \frac{1}{2}\sqrt{\frac{2I_D}{\mu_n C_{ox}\left(\frac{W}{L}\right)}} \left[\frac{\Delta R_D}{R_D} + \frac{\Delta(W/L)}{(W/L)}\right] - \Delta V_{TH} \qquad (14.77)$$

我們也確認平方根中的數值約等於每個電晶體的平衡驅動電壓 $V_{GS}-V_{TH}$，且

$$V_{OS,in} = \frac{V_{GS} - V_{TH}}{2}\left[\frac{\Delta R_D}{R_D} + \frac{\Delta(W/L)}{(W/L)}\right] - \Delta V_{TH} \qquad (14.78)$$

(14.78) 為一重要結果，顯示 $V_{OS,in}$ 對元件不匹配和偏壓情況的相關性。我們注意到 (1) 負載電阻和電晶體大小不匹配作用會隨著平衡驅動電壓而增加；(2) 臨界電壓不匹配直接和輸入相關。因此藉由降低尾電流或增加電晶體寬度讓 $V_{GS}-V_{TH}$ 最小化是較為理想的。實際上，因為不匹配為統計上不相關的變數，我們將 (14.78) 表示為 [2]

$$V_{OS,in}^2 = \left(\frac{V_{GS} - V_{TH}}{2}\right)^2 \left\{\left(\frac{\Delta R_D}{R_D}\right)^2 + \left[\frac{\Delta(W/L)}{(W/L)}\right]^2\right\} + \Delta V_{TH}^2 \qquad (14.79)$$

其中平方項代表標準差。

為了更瞭解偏移效應，讓我們建立偏移和雜訊間的類比。如果差動對的兩個輸入短路時，輸出電壓會顯示有限的雜訊，也就是隨時間變化的電壓值。因此我們能假定差動對的偏移電壓和極低頻雜訊成分相似，變化相當緩慢而在量測中為常數。由以上觀察，可將此偏移視為雜訊源，並利用第 7 章的分析方法。為達到此目的，我們以 (14.79) 的電壓源和其中一個電晶體的閘極串聯來表示兩個名義上相等的電晶體偏移。

---

[2] 一如前述，ΔV_{TH} 的確和 W 相關，可將此效應視為加入一交錯相關項。在此，為求簡化而忽略了此效應。

範例 14.5

計算圖 14.27(a) 所示電路的輸入相關偏移電壓。假設所有電晶體於飽和區中運作。

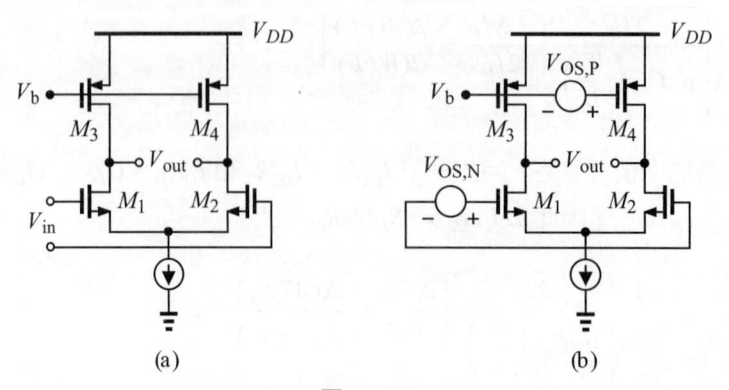

圖 14.27

解 如圖 14.27(b) 所示，我們插入 NMOS 和 PMOS 對的偏移。為得到 $I_{D1} = I_{D2}$ 和 $I_{D3} = I_{D4}$，從 (14.78) 中可得到

$$V_{OS,N} = \frac{(V_{GS} - V_{TH})_N}{2} \left[\frac{\Delta(W/L)}{W/L}\right]_N + \Delta V_{TH,N} \tag{14.80}$$

$$V_{OS,P} = \frac{|V_{GS} - V_{TH}|_P}{2} \left[\frac{\Delta(W/L)}{W/L}\right]_P + \Delta V_{TH,P} \tag{14.81}$$

從第 7 章的雜訊分析中得知和主輸入相關時，$V_{OS,P}$ 被一增益 $g_{mP}(r_{ON}\|r_{OP})$ 放大且除以 $g_{mN}(r_{ON}\|r_{OP})$，所以

$$V_{OS,in} = \left\{\frac{|V_{GS} - V_{TH}|_P}{2}\left[\frac{\Delta(W/L)}{W/L}\right]_P + \Delta V_{TH,P}\right\}\frac{g_{mP}}{g_{mN}}$$

$$+ \frac{(V_{GS} - V_{TH})_N}{2}\left[\frac{\Delta(W/L)}{W/L}\right]_N + \Delta V_{TH,N} \tag{14.82}$$

實際上，我們將這幾項的「功率」相加，如 (14.79) 所示。注意 PMOS 偏移的作用與雜訊一樣和 g_{mP}/g_{mN} 成比例。

如果我們知道電流源的偏移特性，前面的例子會更容易瞭解。考慮圖 14.28 中名義相等的電流源 M_1 和 M_2。忽略通道長度調變效應，我們藉由計算整體差動來求 I_{D1} 和 I_{D2} 間的整體不匹配。回想一下微積分中，如果 $y = f(x_1, x_2, \cdots)$，則整體微分為

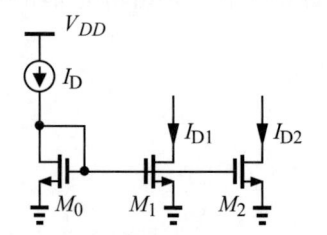

圖 14.28 兩個電流源間的不匹配

$$\Delta y = \frac{\partial f}{\partial x_1}\Delta x_1 + \frac{\partial f}{\partial x_2}\Delta x_2 + \cdots \qquad (14.83)$$

(14.83) 僅代表每個不匹配成分 Δx_j 產生整體不匹配時，會以對應的靈敏度 $\partial f/\partial x_j$ 來權重。因為 $I_D = (1/2)\mu_n C_{ox}(W/L)(V_{GS} - V_{TH})^2$，我們得到

$$\Delta I_D = \frac{\partial I_D}{\partial (W/L)}\Delta\left(\frac{W}{L}\right) + \frac{\partial I_D}{\partial (V_{GS} - V_{TH})}\Delta(V_{GS} - V_{TH}) \qquad (14.84)$$

其中忽略不計 $\mu_n C_{ox}$ 的不匹配，則

$$\Delta I_D = \frac{1}{2}\mu_n C_{ox}(V_{GS} - V_{TH})^2 \Delta\left(\frac{W}{L}\right) - \mu_n C_{ox}\frac{W}{L}(V_{GS} - V_{TH})\Delta V_{TH} \qquad (14.85)$$

不像輸入相關偏移電壓，電流不匹配通常將平均值正規化，來進行有意義的比較：

$$\frac{\Delta I_D}{I_D} = \frac{\Delta(W/L)}{W/L} - 2\frac{\Delta V_{TH}}{V_{GS} - V_{TH}} \qquad (14.86)$$

此結果歸納出為了將電流不匹配最小化，必須將驅動電壓最大化，此趨勢和 (14.78) 相反。這是因為當 $V_{GS}-V_{TH}$ 增加時，臨界電壓不匹配對元件電流影響較小。

偏移電壓和電流不匹配對於驅動電壓的相關性和第 7 章所的對應雜訊相似。對於已知電流而言，因為 $g_m = 2I_D/(V_{GS}-V_{TH})$，當驅動電壓增加時，差動對的輸入雜訊電壓亦會增加。同樣地，電流源的輸出雜訊電流與 g_m 和 $V_{GS}-V_{TH}$ 成比例。

偶次項失真

14.1 節中對非線性的討論暗示由於奇次對稱，差動電路避免偶次項失真（even-order distortion）的現象。然而實際上，不匹配讓對稱性變差，因此產生有限偶次非線性現象。

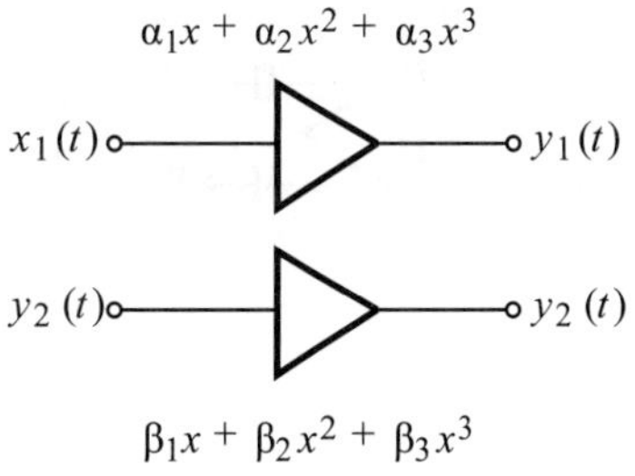

出現不匹配而產生的偶次項失真分析一般來說相當複雜，通常需要透過模擬。在此我們考慮一簡單狀況。假設在差動電路中的兩個信號路徑以 $y_1 \approx \alpha_1 x_1 + \alpha_2 + \alpha_3$ 和 $y_2 \approx \beta_1 x_2 + \beta_2 + \beta_3$ 來表示（圖 14.29）。差動輸出為

圖 14.29　二階失真的不匹配影響

$$y_1 - y_2 = (\alpha_1 x_1 - \beta_2 x_2) + (\alpha_2 x_1^2 - \beta_2 x_2^2) + (\alpha_3 x_1^3 - \beta_3 x_2^3) \qquad (14.87)$$

而當 $x_1 = -x_2$ 時會簡化為

$$y_1 - y_2 = (\alpha_1 + \beta_1)x_1 + (\alpha_2 - \beta_2)x_1^2 + (\alpha_3 + \beta_3)x_1^3 \qquad (14.88)$$

如果 $x_1(t) = \cos\omega t$，則二次諧波的大小為 $(\alpha_2-\beta_2)A^2/2$，也就是和輸入／輸出特性的二次係數間的不匹配成比例。

我們也應該提一下，因為信號在高頻時，會遇到相當大的相位偏移，偶次項失真可能會因為相位的不匹配而產生。這會在習題 14.1 中討論。

在高功率消耗電路中，晶片的熱梯度產生了不對稱。舉例來說，如果差動對的一個電晶體比另一個電晶體還接近高功率輸出組態時，則兩個電晶體的臨界電壓和移動率會產生不匹配現象。

14.2.2 偏移抵消

如上所述，MOSFET 的臨界電壓不匹配和通道電容互相限制。舉例來說，1 mV 的臨界電壓不匹配對 0.6-μm 製程的每個電晶體會轉換為 300 fF 的通道電容。如果許多差動對並聯在一起時（如在 A/D 轉換器中），輸入電容會變得非常大，嚴重降低速度和/或前級組態中所需的高功率消耗。另一個困難在於機械應力在電路封裝後，可能會增加偏移電壓。基於此原因，許多高精確性系統需要抵消此偏移。偏移抵消（offset cancellation）也能大大減少放大器之 1/f 雜訊。

我們為了瞭解偏移抵消原則，首先考慮圖 14.30(a) 電路，其中一個具有輸入相關偏移電壓 V_{OS} 的差動放大器後面接著兩個串聯電容。現在假設如圖 14.30(b) 中，輸入端互相短路以讓放大器輸出為 $V_{out} = A_v V_{OS}$。此外，假設在這段時間內，節點 X 和 Y 也互相短路，我們注意到當所有節點電壓穩定且 $A_v V_{OS}$ 儲存於 C_1 和 C_2 上時，一個零差動輸入會讓 V_X 等於 V_Y。因此，在 S_1 和 S_2 關閉後，由 C_1 和 C_2 組成的電路會展現零偏移電壓，並且只放大差動輸入電壓的變化。實際上，必須將輸入和輸出短路至一共模電壓〔圖 14.30(c)〕。

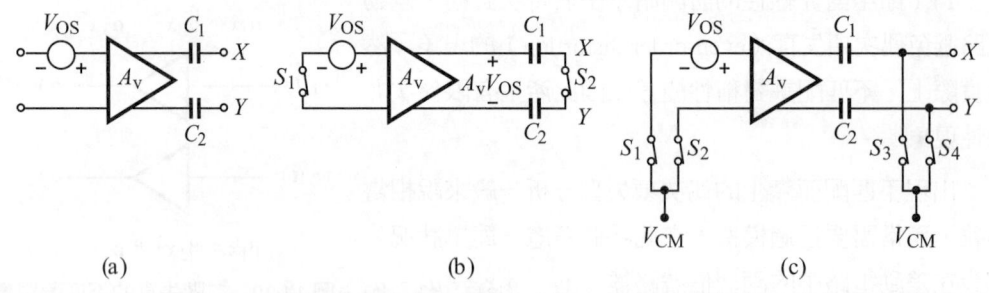

圖 14.30 (a) 在輸出端負載一電容耦合的簡單放大器；(b) 將 (a) 電路的輸入和輸出端短路；(c) 在偏移抵消過程中適當設定共模位準

總而言之，這種偏移抵消方法藉由設定差動輸入為零且將結果儲存於和輸出串聯之電容上來「量測」偏移。因此電路需要專用的偏移抵消時間，真實輸入在此時間內為關閉。圖 14.31 繪出其最終組態，其中 CK 代表了偏移抵消控制，並稱此為**輸出偏移儲存**（output offset storage）。如果 S_3-S_4 並無電荷注入的不匹配現象時，會將整體偏移減少為零。然而，注意如果 A_v 很大時，$A_v V_{OS}$ 可能會讓放大器輸出「飽和」。基於此原因，選定的 A_v 一般來說小於 10。

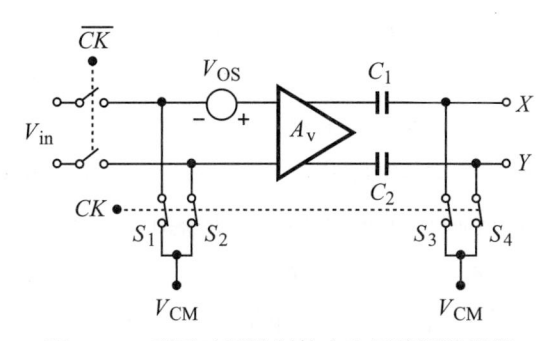

圖 14.31 利用時脈控制放大和偏移抵消模態

在需要一高電壓增益的應用中，可用圖 14.32(a) 的組態。此方法稱為**輸入偏移儲存**（input offset storage），在輸入端包含了兩個串聯電容並在偏移抵消時於單增益負回授迴路中放置一放大器。因此，從圖 14.32(b) 中得知，$V_{out} = V_{XY}$ 且 $(V_{out} - V_{OS})(-A_v) = V_{out}$。也就是說，

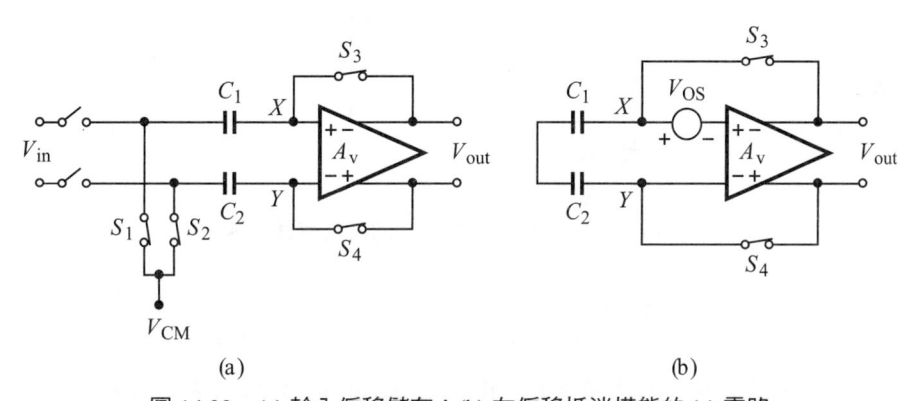

圖 14.32 (a) 輸入偏移儲存；(b) 在偏移抵消模態的 (a) 電路

$$V_{out} = \frac{A_v}{1 + A_v} V_{OS} \tag{14.89}$$

$$\approx V_{OS} \tag{14.90}$$

實際上，電路會在節點 X 和 Y 上再生放大器偏移，並將結果儲存於 C_1 和 C_2 上。注意對零差動輸入來說，差動輸出等於 V_{OS}。因此，如果 S_3 和 S_4 完美匹配時（放大器的輸入電容遠小於 C_1 和 C_2），整體電路的輸入相關偏移電壓（在 S_3 和 S_4 關閉後）等於 V_{OS}/A_v。然而實際上，當 S_3 和 S_4 關閉時，如果 A_v 非常大，其電荷注入不匹配現象可能會繞放大器飽和。

輸入和輸出儲存技巧的缺點在於會在信號路徑上產上電容，這在運算放大器和回授系統中是個特別嚴重的問題。電容的底板寄生現象可能會減少電路的極點大小，因此會讓相位安全邊限變差。甚至在開路迴路放大器中，此寄生現象可能會限制穩定速度，並且讓速度－功率間的交互限制更嚴重。

為解決上述問題，雖然在使用「附屬」放大器的情況下，偏移抵消能將信號路徑和偏移儲存電容隔離。考慮圖 14.33 所示的組態，其中 A_{aux} 放大了儲存於 C_1 和 C_2 的差動電壓 V_1 並減去由 A_1 輸出所產生的結果。我們注意到如果 $V_{OS1}A_1 = V_1 A_{aux}$，$V_{in} = 0$，$V_{out} = 0$ 時，則電路不會產生偏移。此處關鍵在於 C_1 和 C_2 不會出現在信號路徑中。

如何產生圖 14.33 的 V_1 呢？可藉由圖 14.34 來實現。在此，加入第二級組態 A_2 且其輸出在偏移抵消過程中由 A_{aux} 來量測。為瞭解其運作過程，假設一開始只有 S_1 和 S_2 開啟，讓 $V_{out} = V_{OS1}A_1 A_2$。現在，假設 S_3 和 S_4 開啟，將 A_2 和 A_{aux} 置於負回授迴路中。各位可自行證明 V_{out} 下降的比例約等於迴路增益：$V_{OS1}A_1 A_2/(A_2 A_{aux}) = V_{OS1}A_1/A_{aux}$。儲存於 C_1 和 C_2 的值確實為圖 14.33 所需的 V_1，因為 $(V_{OS1}A_1/A_{aux})A_{aux} = V_{OS1}A_1$。

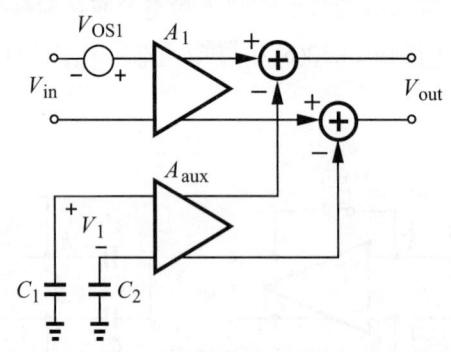

圖 14.33 加入附屬組態以消除放大器之偏移

圖 14.34 的組態會出現兩個缺點。第一，在信號路徑中的兩個電壓增益組態在高速運算放大器可能並不理想；第二，加入 A_1 和 A_2 輸出電壓相當困難。基於此原因，我們通常利用圖 14.35(a) 來實現，其中每個 G_m 組態為差動對且 R 組態代表了轉阻放大器。如圖 14.35(b) 所示，G_{m1} 和 R 事實上可能組成了單級運算放大器，而 G_{m2} 會在低阻抗節點 X 和 Y 加入一偏移修正電流。

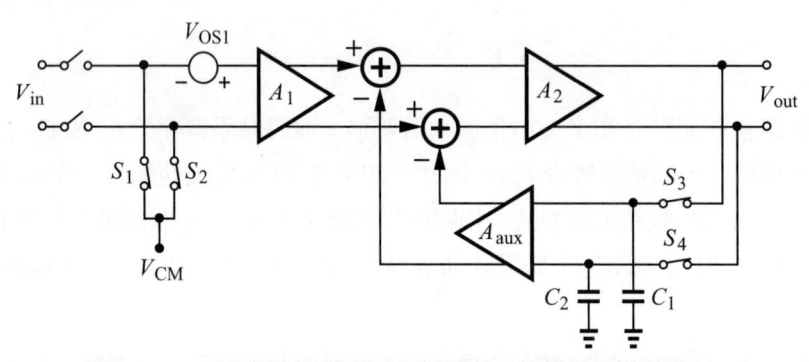

圖 14.34 在偏移抵消過程中將附屬放大器置於回授迴路中

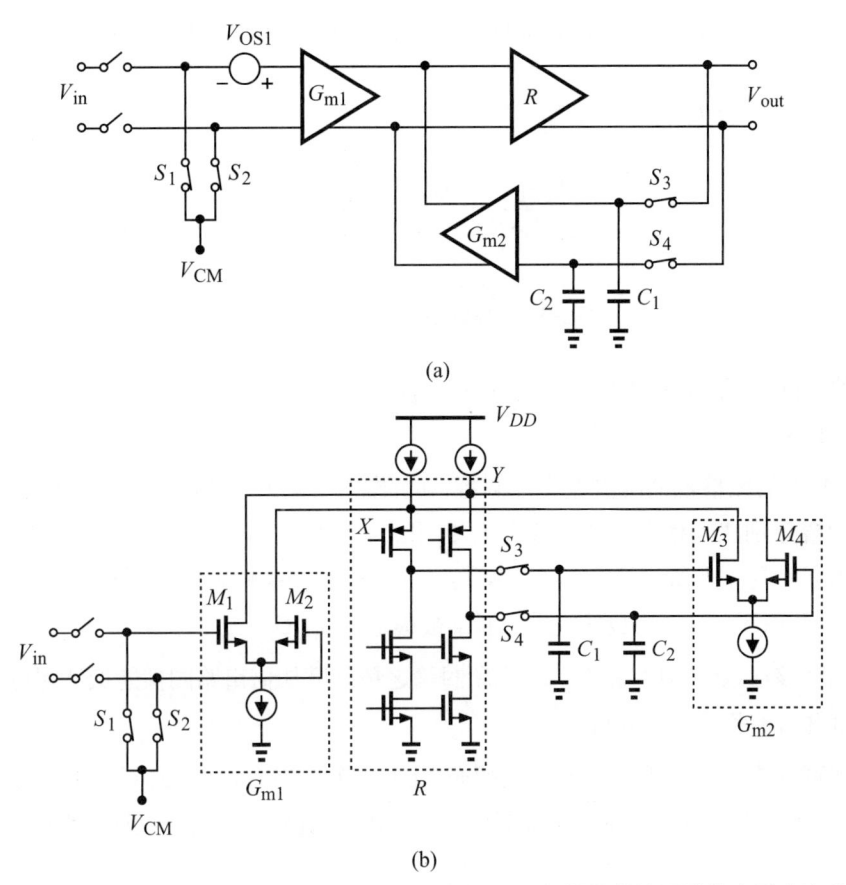

第 14 章 非線性和不匹配現象 **579**

圖 14.35 (a) 使用 G_m 和 R 組態的圖 14.34 電路；(b) 在摺疊疊接運算放大器中實現

現在讓我們詳細檢查圖 14.35(a) 的偏移抵消作用，將 G_{m2} 的偏移電壓考慮進來。如圖 14.36 所示，我們可以寫出：

$$[G_{m1}V_{OS1} - G_{m2}(V_{out} - V_{OS2})]R = V_{out} \tag{14.91}$$

因此，

$$V_{out} = \frac{G_{m1}RV_{OS1} + G_{m2}RV_{OS2}}{1 + G_{m2}R} \tag{14.92}$$

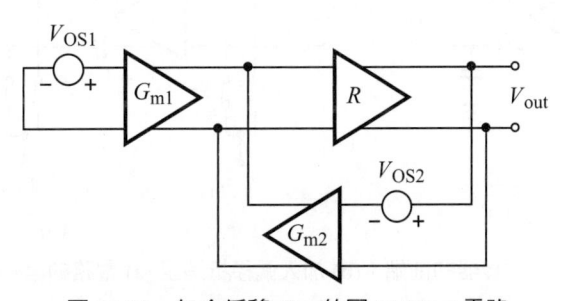

圖 14.36 包含偏移 G_{m2} 的圖 14.35(a) 電路

此電壓在 S_3 和 S_4 關閉後儲存於 C_1 和 C_2 中。和主輸入相關的偏移電壓因此為

$$V_{OS,tot} = \frac{V_{out}}{G_{m1}R} \tag{14.93}$$

$$= \frac{V_{OS1}}{1+G_{m2}R} + \frac{G_{m2}}{G_{m1}} \frac{V_{OS2}}{1+G_{m2}R} \tag{14.94}$$

$$\approx \frac{V_{OS1}}{G_{m2}R} + \frac{V_{OS2}}{G_{m1}R} \tag{14.95}$$

其中我們已假定 $G_{m2}R \gg 1$，如果 $G_{m2}R$ 和 $G_{m1}R$ 很大時，如圖 14.35(b) 的運算放大器，則 $V_{OS,tot}$ 非常小。

圖 14.35 的偏移抵消確實產生一個警告的訊息，因為回授迴路被開啟，S_3 和 S_4 關閉之後可能會分別注入稍微不同的電荷於 C_1 和 C_2，產生一個未修正的誤差電壓。各位可自行證明一差動注入所引發的誤差電壓為 ΔV 時，則結果輸入相關偏移電壓為 $(G_{m2}/G_{m1})\Delta V$。基於此原因，G_{m2} 的數量級大小通常被選定為 $0.1\, G_{m1}$。

我們應該注意到單增益和第 13 章所討論之精確度加倍電路同樣能抵消運算放大器之偏移。這就留給各位自行證明。[3]

要注意此處的偏移抵消需要定期補充，因為開關的接面和次臨界漏電流最後會讓儲存於電容的修正跨壓變差。在一般的設計中，偏移必須至少以幾千赫茲來補充。

14.2.3 藉由抵消偏移來減少雜訊

回想一下前幾節中，將差動放大器的偏移視為一低頻之雜訊成分。我們因此預期週期性偏移抵消很有可能減少電路的（低頻）雜訊。

考慮用在採樣系統前端的簡單差動放大器〔圖 14.37(a)〕。如果信號頻譜由零至幾百萬赫茲時，A_1 的雜訊直接影響了 V_{in}，這更證明了 A_1 的 $1/f$ 雜訊是有問題的，因為一般來說 $1/f$ 雜訊轉折頻率約為 500 kHz 至 1 MHz。

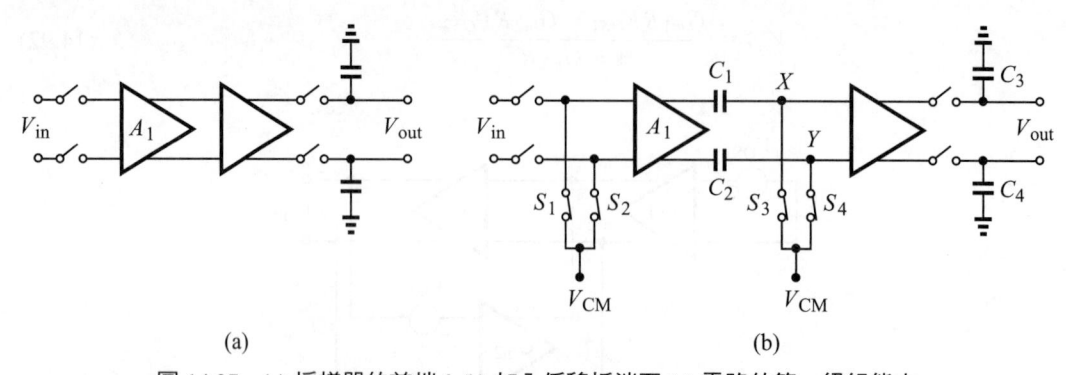

圖 14.37　(a) 採樣器的前端；(b) 加入偏移抵消至 (a) 電路的第一級組態中

3　如圖 13.35所示，加入一等化開關於電路中，則運算放大器偏移可能不會被移走。

現在假設放大器在每個採樣運作前會經過偏移抵消的機制〔圖 14.37(b)〕。那就是說如圖 14.38 所示，輸入被關掉；A_1 的偏移儲存於 C_1 和 C_2 上；輸入被開啟且被 A_1 和 A_2 放大後儲存於 C_3 和 C_4；最後採樣開關被關閉。而 A_1 的雜訊如何影響最後的輸出呢？以 $\Delta t = t_2 - t_1$ 來表示從偏移抵消作用的結尾至採樣動作的結尾，我們回想在 $t = t_1$ 時，$V_{XY} = 0$。因此，從 t_1 至 t_2 時，只有 A_1 的高頻雜訊成分，其數量級大於 $1/\Delta t$，會大大地改變 V_{XY}。換句話說，偏移抵消作用會抑制雜訊頻率低於 $1/\Delta t$。

為了更深入了解此觀念，讓我們考慮一數值的例子，假設 $\Delta t = 10$ ns，我們檢查兩個雜訊成分，一個在 1 MHz 而另一個在 10 MHz，並且以正弦波近似（圖 14.39）。對於一正弦波振幅為 A 且頻率為 f 的情況，最大迴轉率為 $2\pi f A$ 且在 Δt 秒的最大變化為 $2\pi f A \Delta t$。將此數值對振幅正規化後，我們得到 1 MHz 和 10 MHz 成分的變化分別為 $\Delta V_1/A = 6.3\%$ 和 $\Delta V_2/A = 63\%$。因此可歸納出，如果僅在偏移抵消作用結束後 10 ns 進行採樣時，低於幾百萬赫茲的雜訊頻率並沒有足夠時間變化。

圖 14.38　採樣器中的運作過程

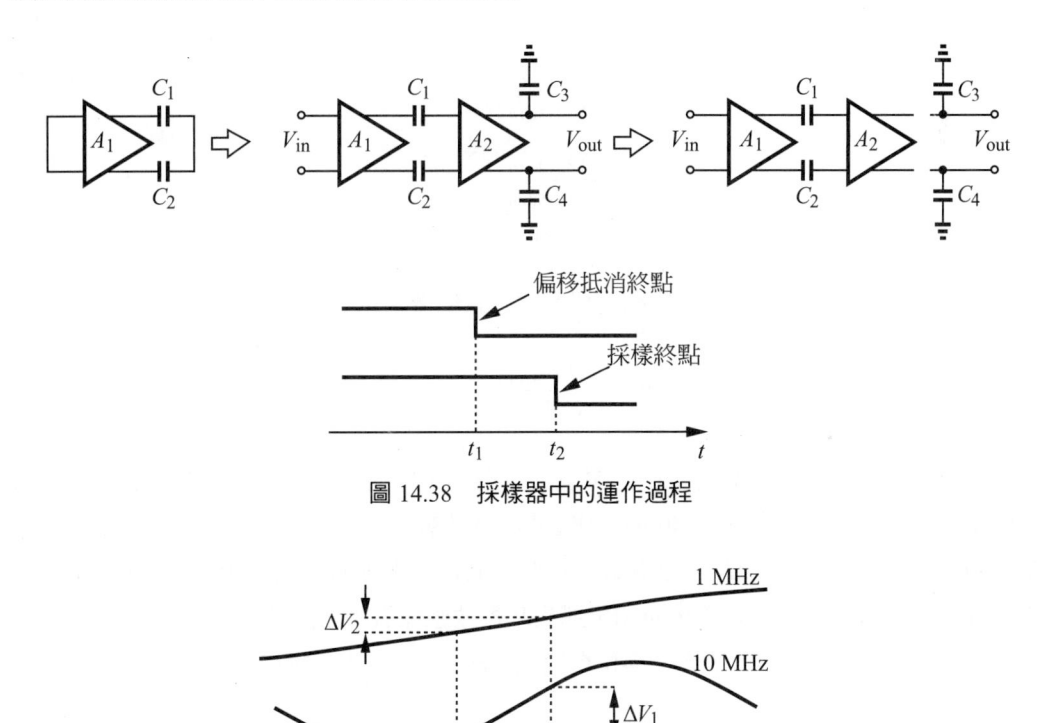

圖 14.39　1 MHz 和 10 MHz 雜訊成分在 10 ns 時間間隔中的變化

偏移抵消作用一開始是用於**電荷耦合元件**（charge-coupled device, CCD）中，我們將前面的特性稱為**相關加倍採樣**（correlated double sampling, CDS），因為這和兩個在時間上緊密間隔的連續採樣動作有關（將第一個偏移儲存），且不讓（低頻）雜訊成分劇烈變化。CDS 廣泛應用在抑制 MOS 電路之 $1/f$ 雜訊，但會導致寬頻雜訊的鋸齒化（aliasing）現象。

14.2.4 CMRR 的另一個定義

回想一下第 4 章中，共模排斥為差動輸出變化除以輸入共模位準變化來表示，且將 CMRR 定義為差動增益除以共模排斥值。我們也注意到在全差動電路中，電流源的有限輸出阻抗和非對稱性限制了共模排斥。

現在考慮量測一輸入共模變化 $\Delta V_{in,CM}$ 的差動電路。如果差動輸出電壓變化 ΔV_{out}，而差動輸入電壓為零，我們可以說電路輸出偏移電壓變化 ΔV_{out}。換句話說，可將共模排斥視為輸出偏移的變化除以輸入共模位準的變化。我們利用第 4 章的符號來表示

$$A_{CM-DM} = \frac{\Delta V_{OS,out}}{\Delta V_{CM,in}} \tag{14.96}$$

因為 $CMRR = A_{DM}/A_{CM-DM}$，我們得到

$$CMRR = \frac{A_{DM}}{\dfrac{\Delta V_{OS,out}}{\Delta V_{CM,in}}} \tag{14.97}$$

$$= \frac{\Delta V_{CM,in}}{\dfrac{\Delta V_{OS,out}}{A_{DM}}} \tag{14.98}$$

注意 $\Delta V_{OS,out}/A_{DM}$ 事實上為輸入相關偏移電壓，我們得到

$$CMRR = \frac{\Delta V_{CM,in}}{\Delta V_{OS,in}} \tag{14.99}$$

上述結果在分析電路的特性中已證實非常有用。舉例來說，假設在運算放大器輸入端使用一 PMOS 差動對，圖 14.40 哪一種組態會產生較高的 CMRR 呢？在圖 14.40(a) 中，基板效應被消除且 M_1 和 M_2 的臨界電壓和輸入共模位準無關。另一方面，在圖 14.40(b) 中，M_1 和 M_2 會產生基板效應，而如果遇到基板效應係數不匹配時，V_{TH1} 和 V_{TH2} 的差也就是輸入偏移電壓，會隨著輸入共模位準變化，讓共模排斥現象變差。

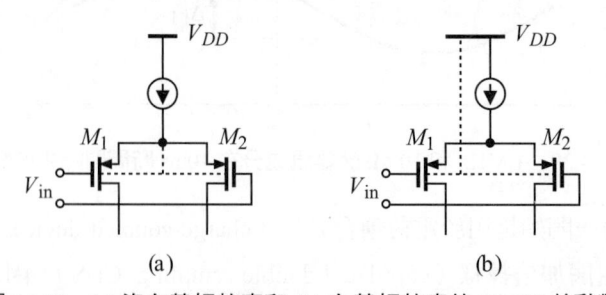

圖 14.40　(a) 沒有基板效應和 (b) 有基板效應的 PMOS 差動對

習題

除非特別提到，下列問題使用表 2.1 所示之元件資料並在需要時假設 $V_{DD} = 3$ V。我們也假設所有電晶體位於飽和區中。

14.1 將放大器之輸入－輸出特性近似為 $y(t) = \alpha_1 x(t) + \alpha_2 x^2(t)$，其範圍 $x = [0, x_{max}]$。

(a) 最大非線性為何？

(b) 當 $x(t) = (x_{max}\cos\omega t + x_{max})/2$ 時，THD 為何？

14.2 圖 14.6 電路的 $W/L = 20/0.5$ 且 $I = 0.5$ mA，如果輸入信號峰值為 100 mV 時，計算每個電路的諧波失真。如果我們加倍 W/L 或 I 時，結果會如何改變？

14.3 繪出圖 14.6(a) 電路中 THD 和輸入相關熱雜訊和 (a)W/L，(b)I 的關係圖。確認雜訊、線性和功率消耗間的交互關係。

14.4 圖 14.6 中的兩個效應會導致非線性和電壓增益間的交互限制，描述這兩個效應。

14.5 圖 14.6(a) 的電路為 $W/L = 50/0.5$，$I = 1$ mA 且 $R_D = 2$ kΩ。電路放置於與圖 14.7 相似的回授迴路中，且 $\beta = 0.2$ 並量測一輸入正弦波的峰值為 10 mV，計算輸出端之 THD。

14.6 假設圖 14.16 中，A_1 和 A_2 有一輸入相關雜訊電壓 V_n。忽略其他雜訊來源，計算整體電路的輸入相關雜訊電壓。

14.7 (14.36) 推論出如果開路增益 α_1 在其他參數維持固定時增加，則諧波失真會突然下降。當 $W/L = 200/0.5$ 時，重做習題 14.5 來得到較高的開路增益並解釋此結果。

14.8 (14.36) 推論出如果 $\beta\alpha_1 \gg 1$ 時，則 $b/a\ \beta^{-2}$，以 $\beta = 0.4$ 重做習題 14.5。

14.9 假設圖 14.7 中的非線性前授放大器以 $y(t) = \alpha_1 x(t) + \alpha_3 x^3(t)$ 表示，計算整體系統輸出端的三次諧波大小。

14.10 第 2 章提過，運作於次臨界區的 MOS 元件呈現指數特性：$I_D = I_0 \exp[V_{GS}/(\zeta V_T)]$。假設圖 14.6 的電路都於次臨界區中運作，如果輸入信號遠小於 ζV_T 時，導出諧波大小。對於差動對而言，先證明 $I_{D1} - I_{D2}\ \tanh[V_{in}/(2\zeta V_T)]$，然後再寫出雙曲線正切函數之泰勒展開式。

14.11 MOSFET 之移動率事實上為閘極－源極電壓的函數且為 $\mu = \mu_0/[1 + \theta(V_{GS} - V_{TH})]$，其中 θ 為一經驗因子。假設 $\theta(V_{GS} - V_{TH}) \ll 1$ 且利用 $(1 + \epsilon)^{-1} \approx 1 - \epsilon$，當 $\epsilon \ll 1$ 時。計算圖 14.6(a) 電路之三次諧波。

14.12 差動對的輸入元件其等效長度為 $0.5\ \mu m$。

(a) 假設 $\Delta V_{TH} = 0.1 t_{ox}/\sqrt{WL}$ 且忽略其他不匹配，求出 $V_{OS} \leq 5$ mV 之電晶體最小寬度。

(b) 如果尾電流為 1 mA，使得 THD 為 1% 之最大輸入振幅為何？

14.13 如果可允許輸入偏移為 2 mV 時，重做習題 14.12 並比較其結果。

14.14 求圖 14.28 中 M_1 和 M_2 的大小，讓 $I_{D1} \approx I_{D2} = 0.5$ mA，$\Delta I_D/I_D = 2\%$ 且 $V_{GS} - V_{TH} = 0.5$ V。假設 $\Delta V_{TH} = 0.1 t_{ox}/\sqrt{WL}$ 並忽略其他不匹配。

14.15 源極退化可改善電流源間的不匹配現象，如果電阻不匹配很小時。證明在圖 14.41 的電路中

$$\frac{\Delta I_D}{I_D} = \frac{1}{1+g_m R_S}\left[\frac{\Delta(\mu_n C_{ox})}{\mu_n C_{ox}} + \frac{\Delta(W/L)}{(W/L)} - \frac{2\Delta V_{TH}}{V_{GS}-V_{TH}} - g_m \Delta R_S\right] \qquad (14.100)$$

其中 ΔR_S 代表 R_{S1} 和 R_{S2} 間的不匹配。注意對大幅減少的 $\Delta I/I_D$ 而言，R_S 必須大於 $1/g_m$。

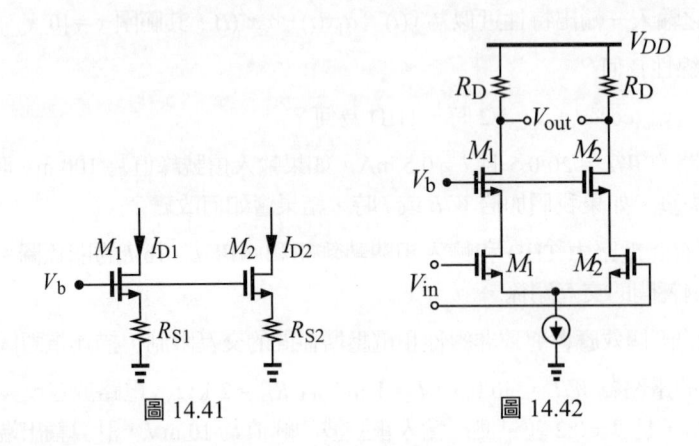

圖 14.41

圖 14.42

14.16 圖 14.29 電路假設 $\alpha_j = \beta_j$ 但 $x_1(t) = A\cos\omega t$ 且 $x_2(t) = A\cos(\omega t + \theta)$，其中 θ 代表了的相位不匹配。計算輸出信號之二次諧波大小。

14.17 圖 14.42 電路中因為 M_3 和 M_4 遇到 ΔV_{TH} 的不匹配，否則電路為對稱。假設 $\lambda \neq 0$ 但 $\gamma = 0$，計算輸入相關偏移電壓。當 $R_D \to \infty$ 時會發生何事？

14.18 圖 14.32 電路中，放大器的輸入電容（節點 X 和 Y 間）為 C_{in}。計算偏移補償後的輸入偏移電壓。

14.19 圖 14.32 電路為輸入偏移電壓為 1 mV。如果放大器輸入差動對的電晶體寬度加倍時，整體輸入偏移電壓為何（忽略放大器之輸入電容）？

14.20 說明為何圖 14.27 電路會產生輸入偏移和輸出電壓振幅間的交互限制呢（對於已知尾電流而言）。

第 15 章 振盪器

振盪器是許多電子系統中的重要元件。從微處理器的時脈產生至行動電話的載波合成，都需要非常不同的振盪器組態和效能參數。以 CMOS 製程設計的穩固且高效能振盪器持續造成相關難題。如第 16 章會提到的，我們通常會將振盪器嵌入鎖相系統中。

本章會討論 CMOS 振盪器的分析和設計，更明確來說就是電壓控制振盪器（voltage-controlled oscillator, VCO）。我們先討論回授系統中振盪現象，並藉由變化振盪頻率來介紹環形振盪器（ring oscillator）和 LC 振盪器。然後我們描述將被使用於第 16 章中 PLL 分析之 VCO 之數學模型。

15.1　一般考量

一個簡單振盪器產生一週期性輸出信號，通常為電壓形式。當電路並無輸入信號時，能無限期維持輸出信號。如何讓電路振盪呢？回想一下第 10 章中的負回授系統可能會振盪，也就是說振盪器為設計不良的回授放大器！[1] 接著來考慮圖 15.1 的單增益負回授電路，其中

$$\frac{V_{out}}{V_{in}}(s) = \frac{H(s)}{1 + H(s)} \tag{15.1}$$

如第 10 章所提，如果放大器本身在高頻時遇到相位偏移讓整體回授變正時，則會產生振盪現象。更正確地說，如果 $s = j\omega_0$，$H(j\omega_0) = -1$，則閉路增益在頻率 ω_0 時會趨近於無限大。在此情況下，電路會無限期地放大頻率 ω_0 的雜訊成分。事實上，如圖 15.2 所示的觀念，ω_0 的雜訊成分遇到總增益為一且相位偏移為 180°，並回傳至減法器作為負的輸入信號複製。藉由減法作用，輸入和回授信號產生了較大的差。因此，電路持續再生（regenerate），讓 ω_0 充分成長。

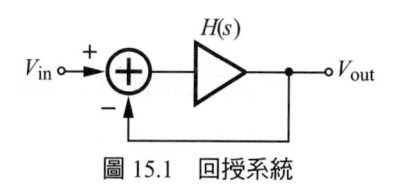

圖 15.1　回授系統

---

[1] 這就是說，「在高頻世界中，放大器會產生振盪而振盪器不會。」

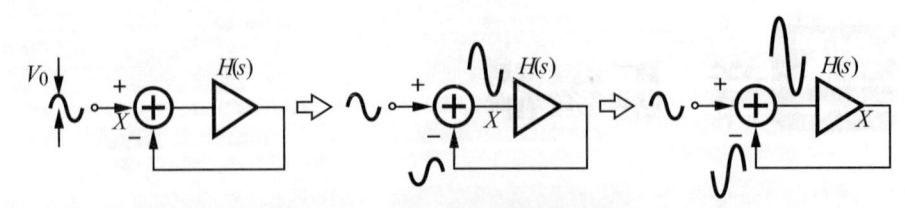

圖 15.2　振盪系統隨時間的進展

若要讓振盪產生，增益須為一或大於一。藉由環繞於迴路許多圈的信號，且在圖 15.2 的減法器輸出大小上以幾何級數序列（如果 ∠$H(j\omega_0)$ = 180°）表示：

$$V_X = V_0 + |H(j\omega_0)|V_0 + |H(j\omega_0)|^2 V_0 + |H(j\omega_0)|^3 V_0 + \cdots \quad (15.2)$$

如果 $|H(j\omega_0)| > 1$，上述的和會發散，而如果 $|H(j\omega_0)| < 1$ 時，則

$$V_X = \frac{V_0}{1 - |H(j\omega_0)|} < \infty \quad (15.3)$$

總而言之，如果一負回授電路有一迴路增益能滿足下列兩個條件：

$$|H(j\omega_0)| \geq 1 \quad (15.4)$$

$$\angle H(j\omega_0) = 180° \quad (15.5)$$

則電路會在 ω_0 振盪。我們稱此為**巴克豪森條件**，這些條件雖為必需但並不充分。[2] 為了在溫度和製程變化下能確保振盪出現，我們一般選擇迴路增益至少為所需值的二或三倍。

我們也許能將第二個巴克豪森條件，表示為 ∠$H(j\omega)$ = 180° 或總相位偏移為 360°。這應該不會令人困擾：如果系統有低頻負回授時，就已經在環繞迴路的信號中產生 180° 的相位偏移（如圖 15.1 的減法器），且 ∠$H(j\omega)$ = 180° 代表額外的頻率相關相位偏移，如圖 15.2 所示，確保回授信號增強了原始信號。因此，圖 15.3 的三種情況和第二個條件相等。圖 15.3(a) 的系統顯示頻率相關相位偏移為 180°（以箭頭表示）和 180° 之直流相位偏移。圖 15.3(b) 和 (c) 間的差異為前者的開路放大器包含適當極性的足夠組態來提供 ω_0 的相位偏移為 360°，而後者並無相位差產生。本章稍後會在範例中討論這些組態。

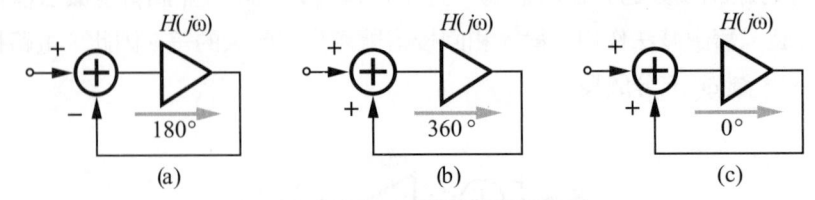

圖 15.3　振盪回授系統的不同觀點

---

[2] 我們只知道，如果增益的交點頻率小於相位的交點頻率，則系統穩定。

現今製程中的 CMOS 振盪器一般都以「環形振盪器」或「LC 振盪器」來呈現。接下來幾個小節會討論這兩種振盪器。

15.2 環形振盪器

環形振盪器包含一迴路中的許多增益組態。為得到真實的電路，我們嘗試以單級回授電路產生振盪。

範例 15.1

說明為何位於單增益迴路中的單一共源極組態無法產生振盪。

解 圖 15.4 可看出開路電路僅包含一個極點，因此提供最大頻率相關相位偏移為 90°（在無限大頻率時）。因為共源極組態顯示由閘極至源極的信號反轉所產生的直流相位偏移為 180°，最大整體相位偏移為 270°。因此，迴路將無法維持振盪的成長。

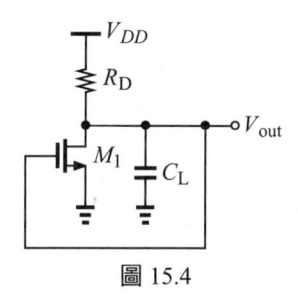

圖 15.4

上述範例顯示出如果電路包含了多個組態和多極點時可能會產生振盪現象。的確，這樣的組態在第 10 章中被認為是不理想的，因為會讓運算放大器的相位安全邊限不夠。因此，我們猜測若將圖 15.4 的電路修正為圖 15.5，則會在信號路徑上出現兩個重要的極點，讓頻率相關相位偏移趨近於 180°。不幸的是，由於經過每個共源極組態的信號反轉，此電路在頻率零附近顯示了正回授現象，所以僅產生**箝制**（latch up）而非振盪現象。也就是說，如果 V_E 增加時，V_F 會下降，因此將 M_1 關閉且讓 V_E 繼續增加。這可能會持續至 V_E 接近 V_{DD}，且 V_F 幾乎降至零附近，此狀態會無限期地維持下去。

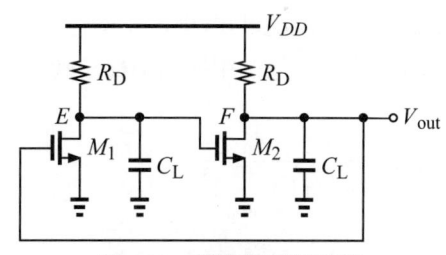

圖 15.5 雙極點回授系統

為了更瞭解振盪出現的條件，我們假設一理想反轉組態（在所有頻率下相位偏移為零）插入於圖 15.5 之迴路中，在頻率零附近提供負回授且消除了箝制的的問題（圖 15.6）。此電路會振盪嗎？我們注意到迴路包含了兩個極點：一個在 E 而另一個在 F。因此頻率相關相位偏移可達 180°，但頻率為無限大。因為迴路增益在非常高頻時會消失，我們觀察到電路無法在同樣的頻率（圖 15.7）下滿足巴克豪森條件，故不會產生振盪。

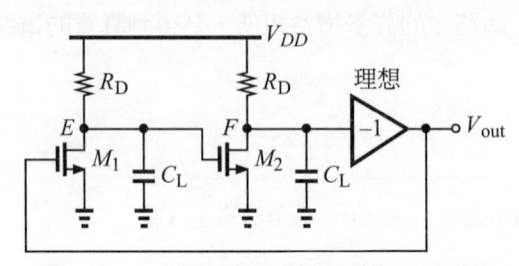

圖 15.6　加入額外信號反轉的雙極回授系統

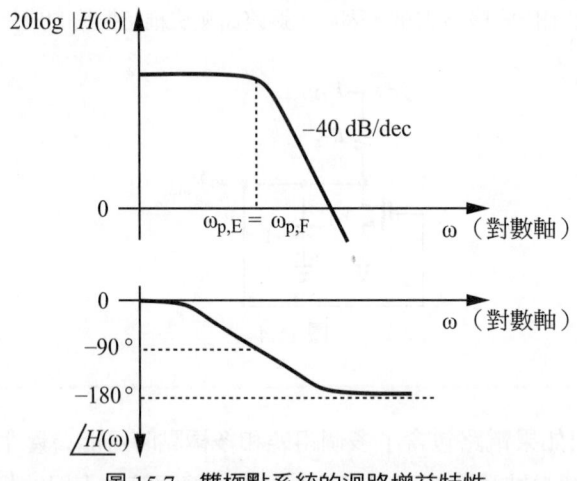

圖 15.7　雙極點系統的迴路增益特性

上述討論指出對於環繞迴路而言需要較大相位偏移，推論出振盪的可能性，如果圖 15.6 的第三個反轉組態包含了一大相位的極點。我們會得到圖 15.8 的組態。如果三個組態都相同時，環繞迴路的總相位偏移 φ 在 $\omega = \omega_{p,E}$（$=\omega_{p,F}=\omega_{p,G}$）為 $-135°$ 且在 $\omega = \infty$ 時為 $-270°$。因此 φ 在 $\omega < \infty$ 時會等於 $-180°$，其中迴路增益仍可能大於或等於一。如果迴路增益夠大時，電路的確會產生振盪，且是環形振盪器的例子。

計算圖 15.8 對產生振盪所需每個組態的最小電壓增益，非常有用。忽略閘極－汲極重疊電容效應並以 $-A_0/(1 + s/\omega_0)$ 來代表每個組態的轉移函數，我們得到迴路增益為：

$$H(s) = -\frac{A_0^3}{\left(1 + \dfrac{s}{\omega_0}\right)^3} \tag{15.6}$$

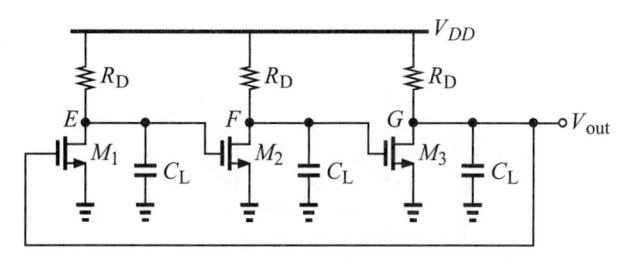

圖 15.8 三級環形振盪器

電路只有在頻率相關相位偏移為 180° 時振盪，也就是每級電路產生 60°。振盪發生頻率為

$$\tan^{-1} \frac{\omega_{osc}}{\omega_0} = 60° \tag{15.7}$$

且因此

$$\omega_{osc} = \sqrt{3}\omega_0 \tag{15.8}$$

每級電路的最小電壓增益必須讓 ω_{osc} 的迴路增益大小等於一：

$$\frac{A_0^3}{\left[\sqrt{1 + \left(\frac{\omega_{osc}}{\omega_0}\right)^2}\right]^3} = 1 \tag{15.9}$$

則 (15.8) 和 (15.9) 為

$$A_0 = 2 \tag{15.10}$$

總而言之，一個三級環形振盪器需要每級電路的低頻增益為 2，且在頻率 $\sqrt{3}\omega_0$ 時產生振盪，其中 ω_0 為每級電路的 3 dB 頻寬。

接著來檢查圖 15.8 的振盪器的三個節點的波形。因為每級電路產生和低頻信號反轉一樣的頻率相關相位偏移為 60°，每個節點的波形和其相鄰節點的相位差為 240°（或 120°）（圖 15.9）。能產生多相位是環形振盪器非常有用的特性。

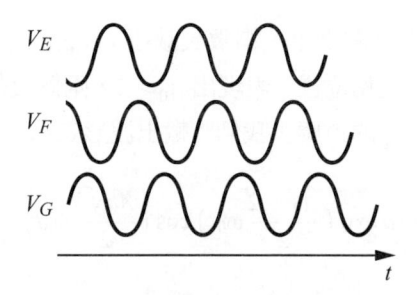

圖 15.9　三級環形振盪器的波形

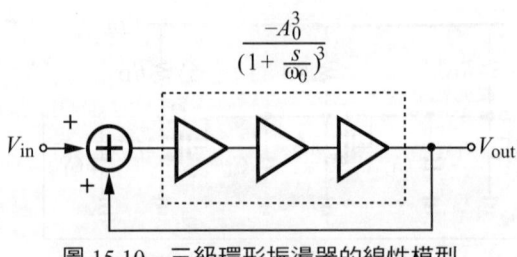

圖 15.10　三級環形振盪器的線性模型

大小的限制

在此會產生一個很自然的問題：如果圖 15.8 的三級環形振盪器中，$A_0 \neq 2$ 時會發生何事呢？我們從巴克豪森條件得知：如果 $A_0 < 2$，電路不會振盪，但 $A_0 > 2$ 時會如何呢？為回答此問題，首先以線性回授系統建立如圖 15.10 所示的振盪器模型。注意回授為正（也就是將 V_{out} 加入 V_{in}），因為 (15.6) 的 $H(s)$ 已包含了由信號路徑中的三個反轉所產生的負極性。閉路轉移函數為：

$$\frac{V_{out}(s)}{V_{in}(s)} = \frac{\dfrac{-A_0^3}{(1+s/\omega_0)^3}}{1 + \dfrac{A_0^3}{(1+s/\omega_0)^3}} \tag{15.11}$$

$$= \frac{-A_0^3}{(1+s/\omega_0)^3 + A_0^3} \tag{15.12}$$

可將 (15.12) 的分母展開為

$$\left(1+\frac{s}{\omega_0}\right)^3 + A_0^3 = \left(1+\frac{s}{\omega_0}+A_0\right)\left[\left(1+\frac{s}{\omega_0}\right)^2 - \left(1+\frac{s}{\omega_0}\right)A_0 + A_0^2\right] \tag{15.13}$$

因此，閉路系統顯示了三個極點：

$$s_1 = (-A_0 - 1)\omega_0 \tag{15.14}$$

$$s_{2,3} = \left[\frac{A_0(1 \pm j\sqrt{3})}{2} - 1\right]\omega_0 \tag{15.15}$$

因為 A_0 本身為正，第一個極點產生一指數衰減項：$\exp[(-A_0-1)\omega_0 t]$，在穩態時可忽略。圖 15.11 顯示不同 A_0 值的極點位置，表現出 $A_0 > 2$，兩個複數極點顯示一個正實部且產生增加的正弦波。如果忽略 s_1 的效應，我們將輸出波形表示為

$$V_{out}(t) = a\exp\left(\frac{A_0-2}{2}\omega_0 t\right)\cos\left(\frac{A_0\sqrt{3}}{2}\omega_0 t\right) \tag{15.16}$$

因此，如果 $A_0 > 2$，指數封包會成長至無限大。

實際上,當振盪振幅增加時,在信號路徑的組態會遇到非線性且最後會「飽和」,故限制了最大振幅。我們也許能假定極點在右半平面開始且最後會移至虛數軸停止成長。如果小信號迴路增益大於一時,電路必須要有足夠的時間在飽和區讓「平均」迴路增益仍等於一。[3]

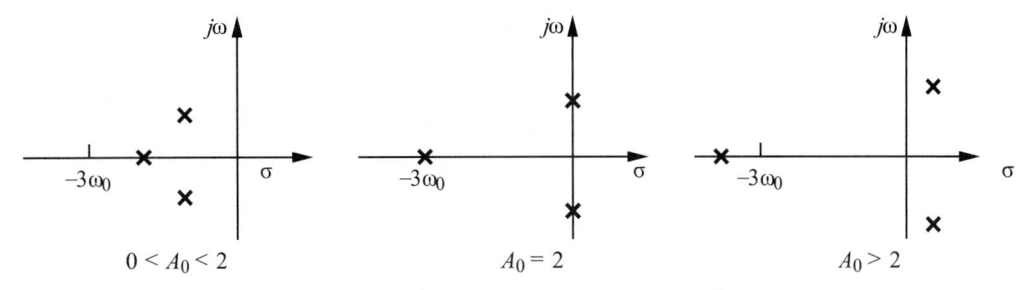

圖 15.11 三級環形振盪器對於不同增益值的極點位置

範例 15.2

如圖 15.12 所示為圖 15.8 振盪器的差動實現。每級電路的最大電壓振幅為何?

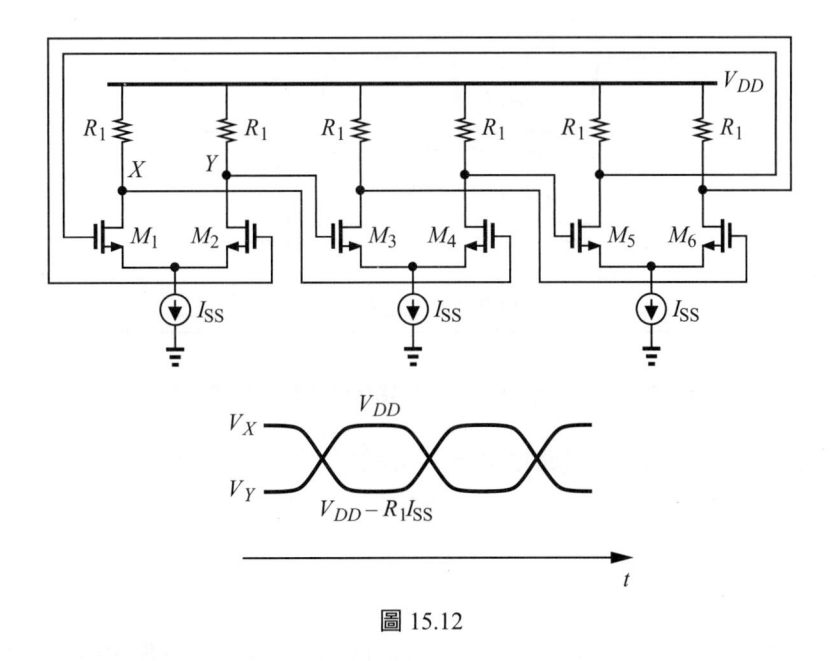

圖 15.12

解 如果每級電路增益比 2 大,則振幅會成長到每個差動對完全切換,也就是直到 I_{SS} 在每半個週期中完全導入其中一邊。所以每個節點的振幅為 $I_{SS}R_1$。從圖 15.12 的波形來看,我們也觀察到每級電路只有部分週期位於高增益區中(如 $|V_X - V_Y|$ 很小時)。

---

[3] 此陳述雖然很直覺但並不嚴謹,轉移函數、極點和迴路增益的觀念很難運用於非線性電路中。

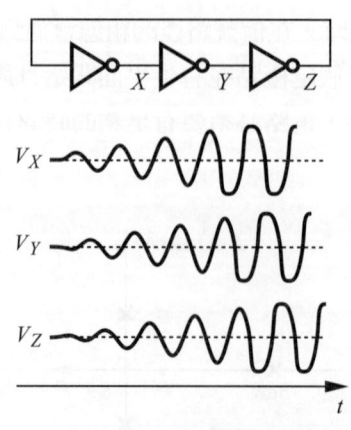

圖 15.13　使用 CMOS 反轉器的環形振盪器

製作如圖 15.13 簡單電路所示不需電阻的環形振盪器。假設電路在每個節點的初始電壓等於反轉器的觸發點 V_{trip} 開始運作。[4] 隨著元件中相同的組態且無雜訊出現時，電路會無限期地維持於該狀態中，[5] 但雜訊成分會干擾每個節點電壓，產生一個成長的波形。信號最後會達到桿對桿（rail-to-rail）振幅。

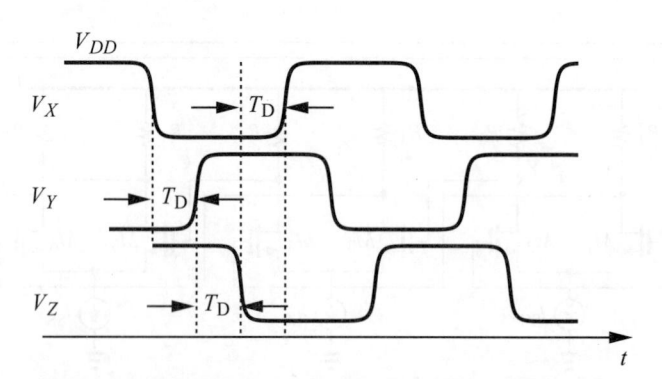

圖 15.14　當一節點由 V_{DD} 初始化時的環形振盪器波形

現在讓我們假設圖 15.13 電路以 $V_X = V_{DD}$ 開始（圖 15.14）。在此情況下，$V_Y = 0$ 且 $V_Z = V_{DD}$。因此，當電路啟動時，V_X 開始下降至零（因為第一個反轉器量測到一高輸入信號），在一反轉器延遲 T_D 後，迫使 V_Y 增加至 V_{DD}，且在另一個延遲後 V_Z 會降至零。因此電路會在連續節點電壓間隨 T_D 延遲而產生振盪，其週期為 $6T_D$。

上述小信號和大信號分析產生了一個有趣的問題。雖然小信號振盪頻率為 $A_0\sqrt{3}\omega_0/2$〔從 (15.16) 得知〕，而大信號值為 $1/(6T_D)$。此兩值相等嗎？不一定，畢竟 ω_0 取決於小信號輸出電阻和每個反轉器在觸發點附近的電容，而 T_D 由大信號、非線性電流驅動和每個組態的電容所產生。換句話說，當電路在所有反轉器位於觸發點時啟動，會在頻率

---

[4] 反轉器的觸發點為導致相同輸出電壓的輸入電壓值。
[5] 這的確是 SPICE 預測電路特性的方法。為了在 SPICE 開始振盪，其中一個節點必須在不同電壓值下被初始化。

$\sqrt{3}A_0\omega_0/2$ 開始振盪,但是振幅會成長且電路會呈非線性,頻率也會偏移至 $1/(6T_D)$(為一較低數值)。

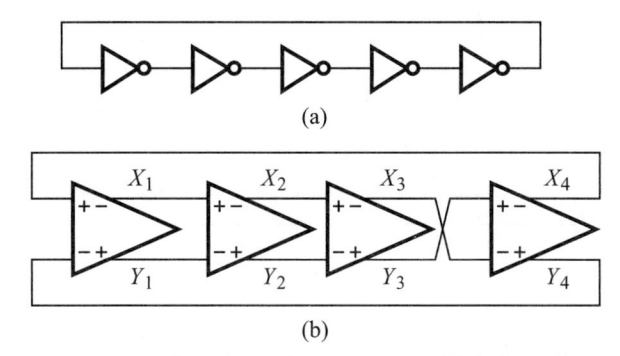

圖 15.15　(a) 五級單端環形振盪器;(b) 四級差動環形振盪器

使用超過三級組態的環形振盪器是可行的。迴路中的反轉數目必須為奇數,如此電路才不會產生箝制現象。舉例來說,如圖 15.15(a) 所示,環形振盪器可使用五個反轉器,提供頻率為 $1/(10T_D)$。另一方面,差動組態可藉由配置一個無法反轉的組態,來使用偶數組態。如圖 15.15(b) 所示,此彈性顯示另一個差動電路比單端電路的優點。

範例 15.3

圖 15.15(b) 的四級振盪器中,每級組態所需的最小電壓增益為何?此電路提供多少信號相位呢?

解 使用與圖 15.8 相似的符號,我們得到

$$H(s) = -\frac{A_0^4}{\left(1 + \dfrac{s}{\omega_0}\right)^4} \tag{15.17}$$

若電路要產生振盪,每級電路必須產生一頻率相關相位偏移為 180°/4 = 45°。此時頻率為 $\tan^{-1}\omega_{osc}/\omega_0 = 45°$,因此 $\omega_{osc} = \omega_0$。可將最小電壓增益導出為

$$\frac{A_0}{\sqrt{1 + \left(\dfrac{\omega_{osc}}{\omega_0}\right)^2}} = 1 \tag{15.18}$$

那就是說 $A_0 = \sqrt{2}$。一如預期,此數值比三級環形振盪器還小。

利用每級 45° 相位偏移,振盪器提供了四個相位及其互補組態。如圖 15.16 所示。

環形振盪器的組態數目取決於許多需求,包含速度、功率消耗、雜訊免疫力等。在大部分的應用中,三至五個組態提供了最佳效能(對差動組態來說)。

圖 15.16

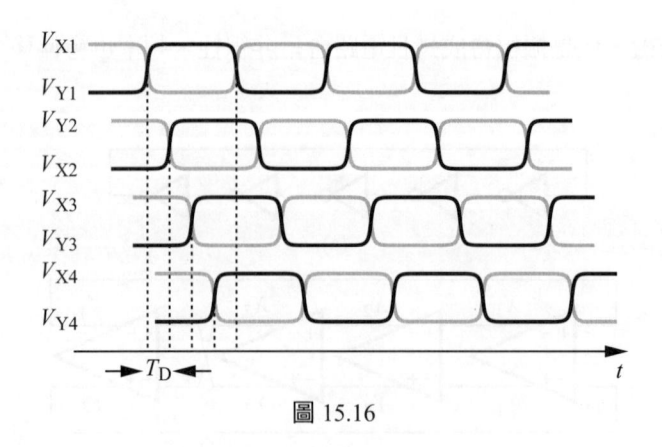

範例 15.4

求出有電阻負載差動對的環形振盪器之最大電壓振幅和最小供應電壓（如圖 15.12），如果沒有電晶體必須進入三極管區時。假設每級電路都完全切換。

解 圖 15.17 顯示了兩個疊接組態。如果每級電路都完全切換時，則每個汲極電壓如 V_X 或 V_Y，會在 V_{DD} 和 $V_{DD}-I_{SS}R_P$ 間變化。因此，當 M_1 完全開啟時，其閘極和汲極電壓分別等於 V_{DD} 和 $V_{DD}-I_{SS}R_P$。當此電晶體維持於飽和區時，我們得到 $I_{SS}R_P \le V_{TH}$，也就是在每個汲極的峰對峰振幅不可超過 V_{TH}。

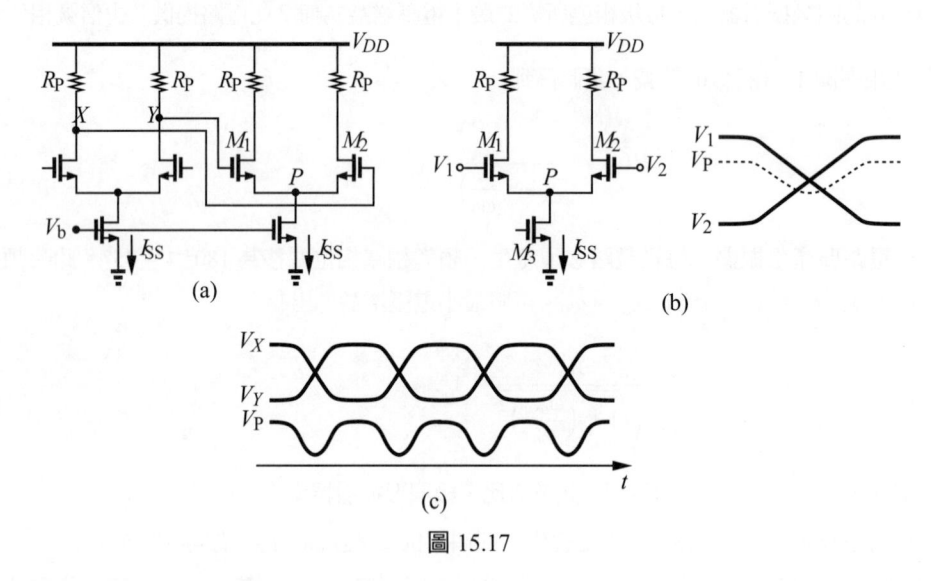

圖 15.17

如何求出最小供應電壓呢？如果將 V_{DD} 降低時，在每個差動對之共源極節點電壓會下降，如圖 15.17(a) 的 V_P，且最後會驅使尾電晶體進入三極管區。因此我們必須計算最差情況的 V_P 值，注意 V_P 的確會隨時間變化，因為當輸入差變大時，M_1 和 M_2 所帶的電流不同。

現在考慮圖 15.17(b) 的獨立電路，假設輸入在 V_{DD} 和 $V_{DD}-I_{SS}R_P$ 之間變化，V_P 會如何變化呢？當 M_1 的閘極電壓 V_1 等於 V_{DD} 且 M_1 帶所有 I_{SS} 時，

$$V_P = V_{DD} - \sqrt{\frac{2I_{SS}}{\mu_n C_{ox}(W/L)_{1,2}}} - V_{TH} \tag{15.19}$$

當 V_1 下降且 V_2 增加時，V_P 也會下降，因為只要 M_2 為關閉，M_1 會如同一源極隨耦器般運作。當 V_1 和 V_2 的差達 $\sqrt{2}$ $(V_{GS,eq}-V_{TH})$ 時，其中 $V_{GS,eq}$ 代表每個電晶體的平衡驅動電壓，M_2 會開啟。為計算此點後的 V_P，我們注意到 $I_{D1} + I_{D2} = I_{SS}$，$V_{GS1} = V_1-V_P$ 且 $V_{GS2} = V_2 -V_P$。因此，

$$\frac{1}{2}\mu_n C_{ox}\left(\frac{W}{L}\right)_{1,2}(V_1 - V_P - V_{TH})^2 + \frac{1}{2}\mu_n C_{ox}\left(\frac{W}{L}\right)_{1,2}(V_2 - V_P - V_{TH})^2 = I_{SS} \tag{15.20}$$

將二次項展開並重新整理結果，我們得到

$$2V_P^2 - 2(V_1 - V_{TH} + V_2 - V_{TH})V_P + (V_1 - V_{TH})^2 + (V_2 - V_{TH})^2 - \frac{2I_{SS}}{\mu_n C_{ox}(W/L)_{1,2}} = 0 \tag{15.21}$$

則

$$V_P = \frac{1}{2}\left[V_1 + V_2 - 2V_{TH} \pm \sqrt{-(V_1 - V_2)^2 + \frac{4I_{SS}}{\mu_n C_{ox}(W/L)_{1,2}}}\right] \tag{15.22}$$

若 V_1 和 V_2 差動變化時，能以 $V_1 = V_{CM} + \Delta V$ 且 $V_2 = V_{CM} - \Delta V$ 來表示，其中 $V_{CM} = V_{DD}-I_{SS}R_P/2$，使得

$$V_P = V_{CM} - V_{TH} \pm \frac{1}{2}\sqrt{-(2\Delta V)^2 + \frac{4I_{SS}}{\mu_n C_{ox}(W/L)_{1,2}}} \tag{15.23}$$

此式顯示將節點 P 視為小信號運作中的虛擬接地端的理由：如果 $|\Delta V|$ 比最大驅動電壓還小時，則 V_P 則相對不變。因為平方根項在 $\Delta V = 0$ 達到一最大值（平衡狀態），

$$V_{P,min} = V_{CM} - V_{TH} - \sqrt{\frac{I_{SS}}{\mu_n C_{ox}(W/L)_{1,2}}} \tag{15.24}$$

一如預期，(15.24) 最後一項表示每個電晶體在平衡時的驅動電壓（其中 $I_{D1} = I_{D2} = I_{SS}/2$）。圖 15.17(c) 顯示振盪器中典型的波形。注意 V_P 是在兩倍振盪頻率時改變，此特性有時會用於**頻率加倍器**中。

為求出最小供應電壓，可以 $V_{P,min} \geq V_{ISS}$ 表示，其中 V_{ISS} 代表 I_{SS} 所需的最小跨壓。因此，

$$V_{DD} - \frac{R_P I_{SS}}{2} - V_{TH} - \sqrt{\frac{I_{SS}}{\mu_n C_{ox}(W/L)_{1,2}}} \geq V_{ISS} \tag{15.25}$$

且

$$V_{DD} \geq V_{ISS} + V_{TH} + \sqrt{\frac{I_{SS}}{\mu_n C_{ox}(W/L)_{1,2}}} + \frac{R_P I_{SS}}{2} \tag{15.26}$$

右邊的項次為：被電流源消耗的電壓餘裕、一個臨界電壓、平衡驅動電壓和每個節點一半的振幅。

在缺少高品質電阻的 CMOS 製程中，則必須修正圖 15.17(c)。雖然於深三極管區運作的 PMOS 電晶體可作為負載〔圖 15.18(a)〕，必須將閘極電壓設定，才得以正確定義開啟電阻。此外，可用負載二極體〔圖 15.18(b)〕，但必須犧牲餘裕中的一個臨界電壓值。圖 15.18(c) 顯示一個較為有效率的負載，其中將 NMOS 源極隨耦器插入每個 PMOS 電晶體的汲極和閘極間。在節點 X 和 Y 量測到的輸出信號，M_3 和 M_4 僅消耗了一電壓餘裕為 $|V_{DS3,4}|$。如果 $V_{GS5} \approx V_{TH3}$ 則 M_3 於三極管區邊緣運作而負載的小信號電阻大約等於 $1/g_{m3}$（假設 $\lambda = \gamma = 0$）（習題 15.4）。

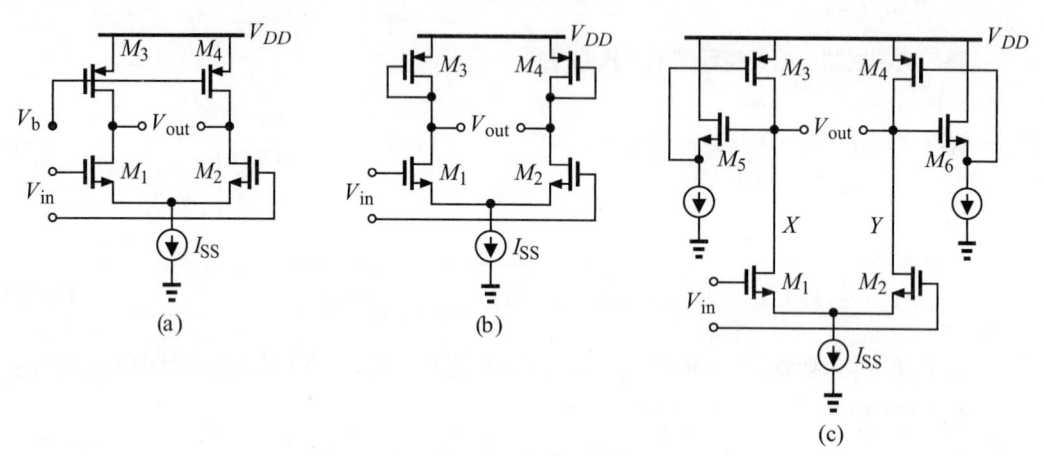

圖 15.18　使用 PMOS 負載的差動組態

圖 15.18(c) 的負載顯示另一個有趣的特性。因為 M_3 的閘極－源極電容被源極隨耦器驅動，和負載相關的時間常數比二極體電晶體還小。同樣地，隨耦器的有限輸出電阻可能讓負載產生電感特性（習題 15.5）。

15.3 LC 振盪器

單石電感在過去十年中已逐漸出現在於雙載子和 CMOS 製程中，而可能用被動共振電路來設計振盪器。在深入瞭解此類振盪器前，檢視 RLC 電路的基本特性是很有意義的。

15.3.1 基本概念

如圖 15.19(a) 所示，一個和電容 C_1 並聯的電感 L_1 在頻率 $\omega_{res} = 1/\sqrt{L_1 C_1}$ 下共振。在此頻率時，電感的阻抗值 $jL_1\omega_{res}$ 和電容阻抗值 $1/(jC_1\omega_{res})$ 相等但反向，因此產生一個無限大的阻抗。此電路有一無限大品質因子 Q。實際上，電感（和電容）會產生電阻成分。舉例來說，用於電感的金屬導線串聯電阻如圖 15.19(b) 所示。我們將電感 Q 定義為 $L_1\omega/R_S$。對此電路來說，各位可自行證明等效阻抗為

$$Z_{eq}(s) = \frac{R_S + L_1 s}{1 + L_1 C_1 s^2 + R_S C_1 s} \tag{15.27}$$

且因此,

$$|Z_{eq}(s = j\omega)|^2 = \frac{R_S^2 + L_1^2 \omega^2}{(1 - L_1 C_1 \omega^2)^2 + R_S^2 C_1^2 \omega^2} \tag{15.28}$$

也就是說阻抗不會在任何 $s = j\omega$ 下趨近無限大。我們假定此電路有一有限的 Q。(15.28) 的 Z_{eq} 振幅在頻率 $\omega = 1/\sqrt{L_1 C_1}$ 附近會達到峰值,但真實共振頻率和 R_S 有關。

圖 15.19(b) 電路可轉換為更適合分析和設計的等效組態。為達到此目的,首先我們考慮圖 15.20(a) 所示的串聯結合。對一窄頻率範圍而言,有可能將電路轉換為圖 15.20(b) 的並聯組態。

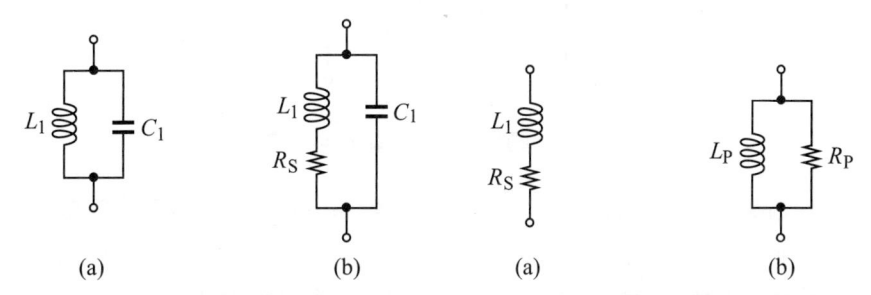

圖 15.19　(a) 理想和 (b) 實際 LC 電路　　圖 15.20　串聯結合轉換為並聯結合

當兩個阻抗相等時,

$$L_1 s + R_S = \frac{R_P L_P s}{R_P + L_P s} \tag{15.29}$$

僅考慮穩態響應時,我們假設 $s = j\omega$ 且 (15.29) 重寫為

$$(L_1 R_P + L_P R_S) j\omega + R_S R_P - L_1 L_P \omega^2 = R_P L_P j\omega \tag{15.30}$$

此關係必須對所有的 ω(在窄範圍中)都成立,使得

$$L_1 R_P + L_P R_S = R_P L_P \tag{15.31}$$

$$R_S R_P - L_1 L_P \omega^2 = 0 \tag{15.32}$$

從後者計算 R_P 且代入前者,我們得到

$$L_P = L_1 \left(1 + \frac{R_S^2}{L_1^2 \omega^2}\right) \tag{15.33}$$

回想一下 $L_1 \omega / R_S = Q$,一般來說對單石電感而言大於 3。因此,

$$L_P \approx L_1 \tag{15.34}$$

且

$$R_P \approx \frac{L_1^2\omega^2}{R_S} \tag{15.35}$$

$$\approx Q^2 R_S \tag{15.36}$$

換句話說，並聯網路有同樣的電抗但電阻為串聯電阻的 Q^2 倍。這對一次 RC 電路同樣有效，如果我們將串聯結合的 Q 定義為 $1/(C\omega)/R_S$。

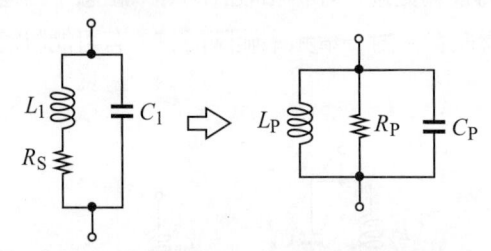

圖 15.21　轉換為三個並聯元件之電路

上述改變讓圖 15.21 的轉換，其中 $C_P = C_1$。當 ω 遠離共振頻率時，等效電路就不成立了。我們從並聯結合而知道在頻率$\omega_1 = 1/\sqrt{L_P C_P}$時，電路會簡化為一電阻，也就是電壓和電流的相位差為零。繪出此電路阻抗的振幅大小和頻率之關係圖〔圖 15.22(a)〕，我們注意到當 $\omega < \omega_1$ 時展現了電感特性，和 $\omega > \omega_1$ 時則顯示電容特性。然後我們猜測阻抗相位在 $\omega < \omega_1$ 時為正，$\omega > \omega_1$ 時為負〔圖 15.22(b)〕。此觀察已證實對於瞭解 LC 振盪器非常有用（為何我們預期相位偏移在極低頻時趨近 +90° 而在極高頻時趨近 -90° 呢？）。

我們考慮圖 15.23(a) 的**調諧組態**（tuned stage），其中 LC 以負載運作。在共振時，$jL_P\omega = 1/(jC_P\omega)$ 且電壓增益為 $-g_{m1}R_P$（注意電路增益在頻率接近零時非常小）。如果輸出連接輸入〔圖 14.23(b)〕時此電路會振盪嗎？在共振時，迴路的總相位偏移等於 180°（而非 360°）。同樣從圖 15.22(b) 中，電路的頻率相關相位偏移絕不會達到 180°。因此，電路並不會振盪。

在修正電路的振盪特性前，我們看到圖 15.23(a) 增益組態的另一個有趣特性，這與電阻負載的共源極組態有所區別。如圖 15.24 所示，假設組態偏壓於一汲極電流 I_1。如果 L_P 的串聯電阻很小，V_{out} 的直流位準會接近 V_{DD}。如果在共振頻率下輸入一小正弦電壓時，V_{out} 會如何變化呢？我們預期 V_{out} 為一反轉正弦信號，其平均值接近 V_{DD}，因為電感無法維持大的直流壓降。換句話說，如果 V_{out} 的平均值偏離 V_{DD} 很多，則電感串聯電阻須帶大於 I_1 的平均電流。因此，峰值輸出位準事實上超過供應電壓，此為 LC 負載重要且有用的特性。例如在適當設計下，輸出峰對峰振幅可能大於 V_{DD}。

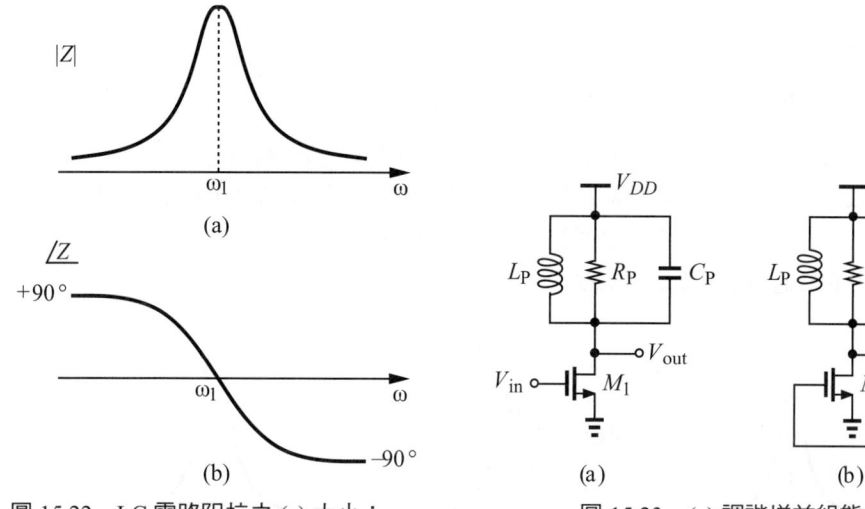

圖 15.22　LC 電路阻抗之 (a) 大小；
(b) 相位和頻率的關係圖

圖 15.23　(a) 調諧增益組態；
(b) 在回授中的 (a) 組態

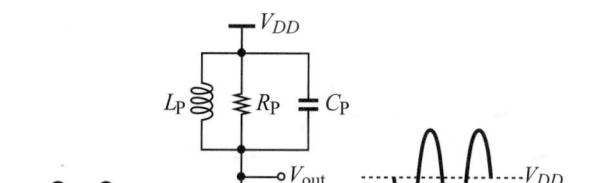

圖 15.24　調諧組態中的輸出信號位準

我們現在來看兩種 LC 振盪器。

15.3.2 交錯耦合振盪器

假設我們將圖 15.23(a) 之兩個組態疊加起來，如圖 15.25 所示。儘管和圖 15.5 相似，此組態不會箝制，因為低頻增益非常小。此外在共振時，迴路的總相位偏移為零，因為每個組態產生的頻率相關相位偏移值為零。也就是說，如果 $g_{m1}R_P g_{m2}R_P \geq 1$，則迴路會產生振盪。注意 V_X 和 V_Y 為差動波形。（為什麼？）

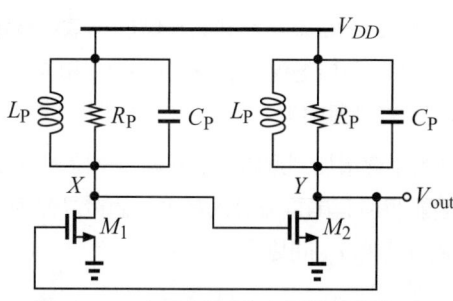

圖 15.25　在回授迴路之兩個調諧組態

範例 15.5

繪出圖 15.25 所示電路的開路增益和相位。忽略電晶體電容。

解 轉移函數的大小有一與圖 15.22(a) 相似的形狀，但因為是源於兩個組態的乘積，故其上升和下降較快。低頻時的總相位即為每個共源極組態的信號反轉加上 90° 相位偏移。相似的特性會發生在高頻時。我們將增益和相位圖繪於圖 15.26 中。從這些圖中，各位可自行證明此電路在其他頻率下不會產生振盪。

圖 15.26　圖 15.25 所示電路的迴路增益特性

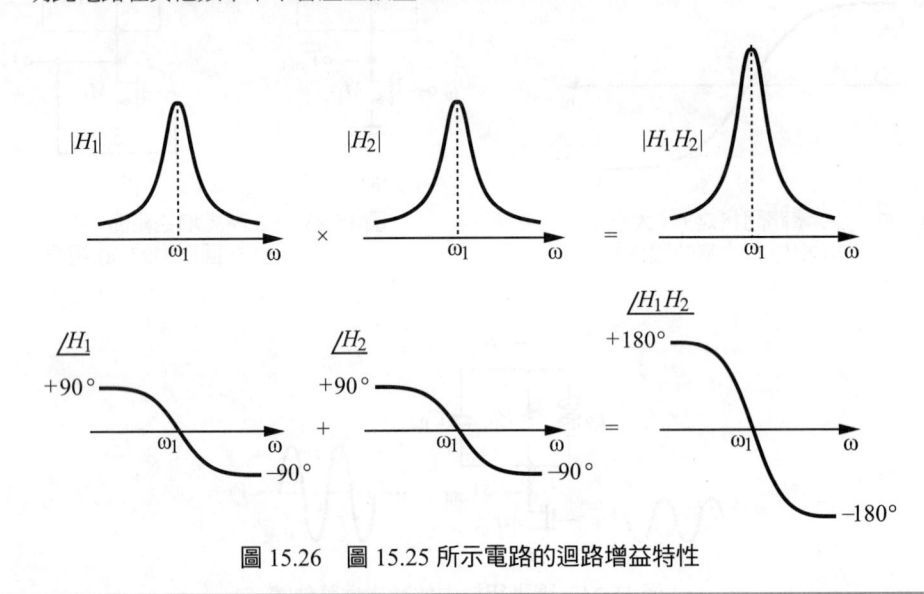

圖 15.25 的電路為許多 LC 振盪器的核心，且有時如圖 15.27(a) 或 (b) 所示。然而，M_1 和 M_2 的汲極電流和輸出振幅和供應電壓極度相關。因為節點 X 和 Y 的波形為差動信號，圖 15.27(b) 推論能將 M_1 和 M_2 轉換為圖 15.27(c) 所示的差動對，其中可以將總偏壓電流定為 I_{SS}。

範例 15.6

以圖 15.27(c) 的電路，繪出振盪開始時 V_X 和 V_Y 及 I_{D1} 和 I_{D2} 的波形。

解 如果電路在 V_X 和 V_Y 間的差為零開始時，則 $V_X = V_Y \approx V_{DD}$。兩個電晶體平均共享尾電流源。如果 $(g_{m1,2}R_P)^2 \geq 1$，其中 R_P 為電路在共振時的等效並聯電阻，則共振頻率的雜訊成分會持續被 M_1 和 M_2 放大，讓振盪現象繼續成長。M_1 和 M_2 的汲極電流會跟著 $V_X - V_Y$ 的瞬間值來變化（如同在一差動對中）。

如圖 15.28 所示，振盪大小會增加到迴路增益在峰值下降。事實上，如果 $g_{m1,2}R_P$ 夠大，$V_X - V_Y$ 間的差會達到一個能將所有尾電流導入其中一個電晶體而讓另一個關閉的位準。因此在穩態下，I_{D1} 和 I_{D2} 將在零和 I_{SS} 間變化。

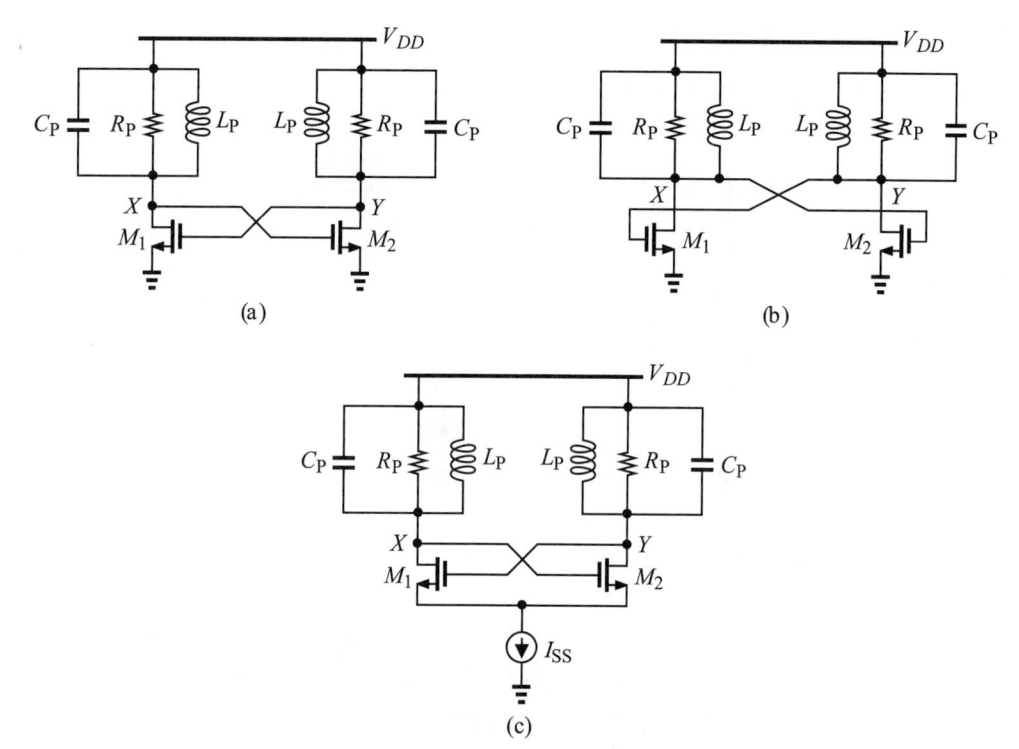

圖 15.27 (a) 重繪圖 15.25 所示的振盪器；(b) 電路的另一種表示；
(c) 加入尾電流源以降低供應電壓的靈敏度

圖 15.28

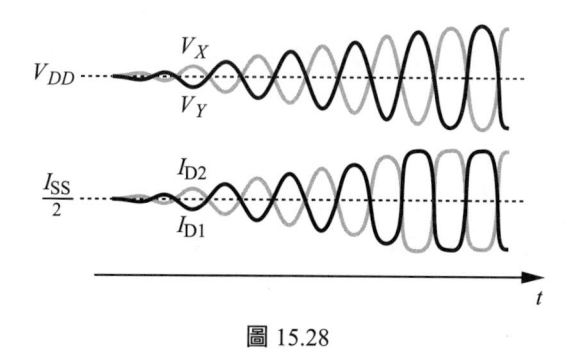

  圖 15.27(c) 的振盪器以全差動形式建立。但電路的供應電壓靈敏度甚至在完美的對稱下仍不為零。這是因為 M_1 和 M_2 的汲極接面電容隨供應電壓變化。這我們在範例 15.9 時再回到這個問題。

15.3.3 考畢茲振盪器

  LC 振盪器也許僅能在信號路徑上用一個電晶體來完成。我們再來看圖 15.23(a) 的增益組態且回想一下無法將汲極電壓加至閘極，因為共振時的整體相位偏移為 180° 而非 360°。同樣，共閘極組態中，從源極至汲極的相位差為零。然後我們猜測如果如圖

15.29(a) 所示，汲極電壓會回傳至源極而非閘極時，電路可能會產生振盪現象。耦合必須使用電容以避免 M_1 偏壓點的擾動。

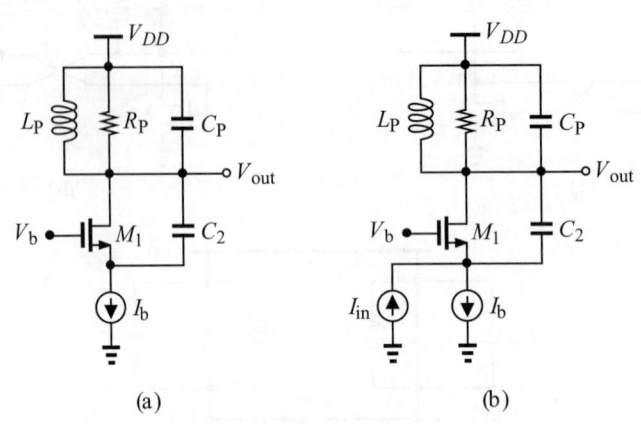

圖 15.29　(a) 從汲極至源極加入回授的調諧組態；(b) 加入輸入電流來計算閉路增益

不幸的是，由於迴路增益不足，圖 15.29(a) 的電路不會振盪。為證明這一點，我們求助於圖 15.1，其中將振盪器視為有無限大閉路增益的回授系統。輸入一電流如圖 15.29(b) 所示，且忽略電晶體的寄生電容，我們得到閉路增益為：

$$\frac{V_{out}}{I_{in}} = L_P s \left\| \frac{1}{C_P s} \right\| R_P \tag{15.37}$$

因為 M_1 和 C_2 直接將輸入電流導入振盪電路中。因為閉路增益在任何頻率下不等於無限大，故電路無法振盪。

範例 15.7

各位可能會好奇，為何輸入至回授系統是一電流源加入電晶體的源極而非電壓源加入其閘極呢？利用後面的情況來進行分析。

解　從圖 15.30 中，我們注意到隨 V_{in} 的有限變化，I_b 的變化仍然為零，如果偏壓電流為理想時。因此，如果可忽略 M_1 的源極－基板接面電容時，振盪電流的變化為零，讓 $V_{out}/V_{in} = 0$。有趣的是，V_X 隨 V_{in} 變化但 M_1 產生一個流經 C_2 小信號電流的抵消。各位可證明 $V_X/V_{in} = g_m/(g_m + C_2 s)$。

上述例子顯示了兩個重點：第一，為了讓一電路振盪，可以在不同的節點加入刺激信號（那就是在迴路中元件雜訊皆可使電路振盪[6]）。第二，在圖 15.30 中，V_{out}/V_{in} 為零，因為在 M_1 源極和接地端連接之阻抗為無限大。然後我們在此節點和接地端加入一電容如

---

[6] 這是因為一線性（可觀察）系統的自然頻率和刺激信號位置無關。當然，必須選定此類型的刺激信號（電壓或電流）並設定為零，電流會回傳至原始組態中。例如，圖 15.30 中以一電流驅動 M_1 閘極，改變電路的自然頻率。

圖 15.31(a) 所示，以尋找振盪發生的條件。注意和 L_P 並聯之電容已被移走。原因將在後面說明。

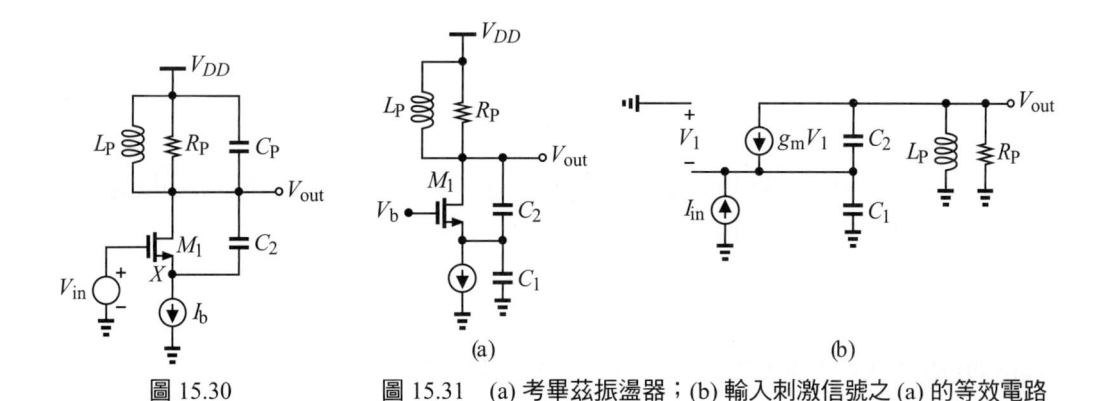

圖 15.30

圖 15.31 (a) 考畢茲振盪器；(b) 輸入刺激信號之 (a) 的等效電路

以單一電壓相關電流近似 M_1，我們可建立圖 15.31(b) 的等效電路。因為流經 L_P 和 R_P 並聯結合的電流為 $V_{out}/(L_P s) + V_{out}/R_P$，流經 C_1 的總電流為 $I_{in} - V_{out}/(L_P s) - V_{out}/R_P$，產生

$$V_1 = -\left(I_{in} - \frac{V_{out}}{L_P s} - \frac{V_{out}}{R_P}\right)\frac{1}{C_1 s} \tag{15.38}$$

將流經 C_2 的電流以 $(V_{out} + V_1)C_2 s$ 表示，我們把輸出節點的電流加總：

$$-g_m\left(I_{in} - \frac{V_{out}}{L_P s} - \frac{V_{out}}{R_P}\right)\frac{1}{C_1 s} + \left[V_{out} - \left(I_{in} - \frac{V_{out}}{L_P s} - \frac{V_{out}}{R_P}\right)\frac{1}{C_1 s}\right]C_2 s + \frac{V_{out}}{L_P s} + \frac{V_{out}}{R_P} = 0 \tag{15.39}$$

則

$$\frac{V_{out}}{I_{in}} = \frac{R_P L_P s(g_m + C_2 s)}{R_P C_1 C_2 L_P s^3 + (C_1 + C_2)L_P s^2 + [g_m L_P + R_P(C_1 + C_2)]s + g_m R_P} \tag{15.40}$$

特別注意，若 $C_1 = 0$，(15.40) 會一如預期地簡化為 $(L_P s \| R_P)$。如果在任何 s 虛部 $s_R = j\omega_R$，閉路轉移函數趨近無限大時，電路會產生振盪。因此，分母的實部和虛部須在此頻率下降至零：

$$-R_P C_1 C_2 L_P \omega_R^3 + [g_m L_P + R_P(C_1 + C_2)]\omega_R = 0 \tag{15.41}$$

$$-(C_1 + C_2)L_P \omega_R^2 + g_m R_P = 0 \tag{15.42}$$

因為一般值 $g_m L_P \ll R_P(C_1 + C_2)$，(15.41) 產生：

$$\omega_R^2 = \frac{1}{L_P \dfrac{C_1 C_2}{C_1 + C_2}} \tag{15.43}$$

且 (15.42) 產生

$$g_m R_P = \frac{(C_1 + C_2)^2}{C_1 C_2} \quad (15.44)$$

$$= \frac{C_1}{C_2}\left(1 + \frac{C_2}{C_1}\right)^2 \quad (15.45)$$

確認 $g_m R_P$ 是從 M_1 源極至輸出的電壓增益（如果 $g_{mb} = 0$），我們求出所需最小增益的 C_1/C_2 比值。各位可自行證明最小值發生在 $C_1/C_2 = 1$，得需要

$$g_m R_P \geq 4 \quad (15.46)$$

(15.46) 顯示出考畢茲振盪器相對於圖 15.27(c) 交錯耦合組態的重大缺點。前者在共振時需要至少大於 4 的電壓增益，而後者僅需大於一。如果電感遇到一低 Q 且 R_P 很小時，會出現一個 CMOS 製程中普遍的關鍵問題。所以，交錯耦合組態較為常用。

前面的分析忽略和電感並聯出現的電容。如習題 15.10 中會提到，若將此電容 C_P 加入等效電路，(15.43) 則會修正為：

$$\omega_R^2 = \frac{1}{L_P\left(C_P + \dfrac{C_1 C_2}{C_1 + C_2}\right)} \quad (15.47)$$

而 (15.46) 仍不變。因此，C_P 僅和 C_1 和 C_2 的串聯組合相並聯。

15.3.4 單埠振盪器

至今我們對於振盪器的討論是依據回授系統。「負電阻」觀念是另一個深入瞭解振盪現象的角度。為瞭解此觀念，我們首先考慮由電流脈衝刺激的簡單振盪電路〔圖15.32(a)〕。此電路對應於一衰減振盪特性，因為每個週期中，一些在電容和電感轉換的能量會在電阻以熱的形式損失。現在假設一電阻 $-R_P$ 和 R_P 並聯且重複試驗〔圖 15.32(b)〕。因為 $R_P \parallel (-R_P) = \infty$，電路會無限期振盪。因此，如果顯示一負電阻的單埠電路和振盪電路並聯時〔圖 15.32(c)〕，此結合電路可能會發生振盪。我們可將此組態稱為單埠振盪器 (one-port oscillator)。

而電路如何提供負電阻呢？回想一下回授對電路的輸入和輸出阻抗放大或縮小，其縮放因子為一加上迴路增益。因此，如果呈現充分的負迴路增益時（也就是達到充分的正回授），即可產生負電阻。以一個簡單例子來看，我們在源極隨耦器周圍加入一正回授，隨耦器並不會產生信號反轉，而回授網路也不會。如圖 15.33(a) 所示，我們用一共閘極組態來實現回授並加入電流源 I_b 以提供 M_2 的偏壓電流。[7]

---

[7] 也可以視此電路為一個使用源級隨偶器提供回授路徑的共閘極組態。

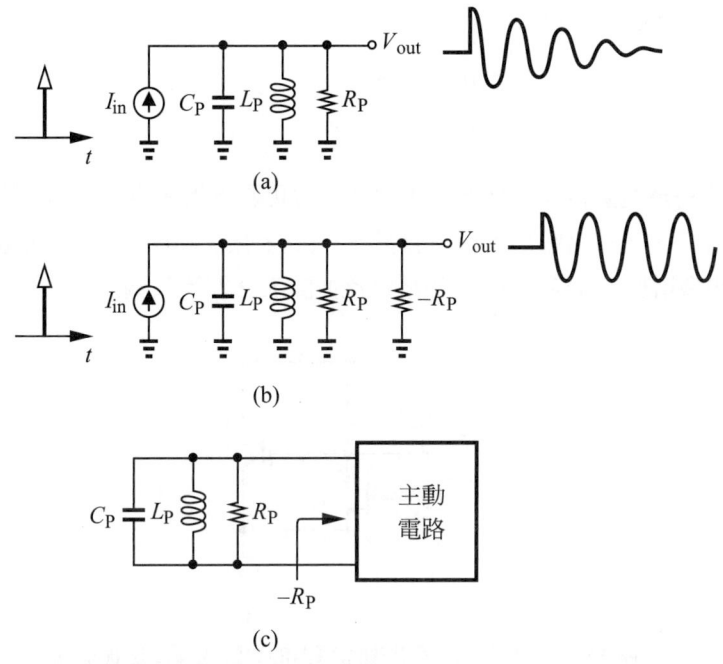

圖 15.32 (a) 振盪電路的衰減脈衝響應；(b) 加入負電阻來抵消 R_P 的損失；(c) 使用主動電路來提供負電阻

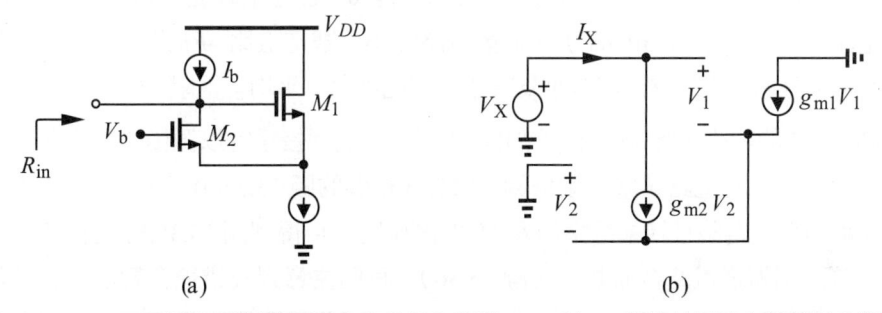

圖 15.33 (a) 正回授的源極隨耦器產生負輸入阻抗；(b) 以 (a) 的等效電路來計算輸入阻抗

從圖 15.33(b) 的等效電路中（其中忽略通道長度調變和基板效應），我們得到

$$I_X = g_{m2}V_2 = -g_{m1}V_1 \tag{15.48}$$

且

$$V_X = V_1 - V_2 \tag{15.49}$$

$$= -\frac{I_X}{g_{m1}} - \frac{I_X}{g_{m2}} \tag{15.50}$$

因此

$$\frac{V_X}{I_X} = -\left(\frac{1}{g_{m1}} + \frac{1}{g_{m2}}\right) \tag{15.51}$$

且如果 $g_{m1} = g_{m2} = g_m$ 時，則

$$\frac{V_X}{I_X} = \frac{-2}{g_m} \tag{15.52}$$

如果我們把負電阻當成一個增量數值時，會更為直觀。也就是負電阻呈現出，如果輸入電壓增加時，被電路吸引的電流會減少。如圖 15.33(a) 中，若輸入電壓增加時，M_1 的源極電壓也會增加，故減少 M_2 的汲極電流並讓部分 I_b 流入輸入端。

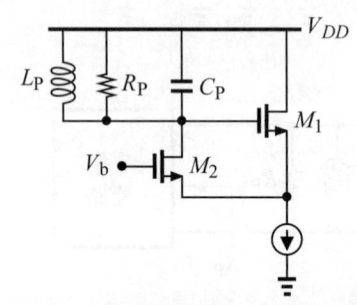

圖 15.34 使用正回授源極隨耦器的負輸入電壓之振盪器

在有負電阻可用的情況下，我們可以建立圖 15.34 的振盪器。在此 R_P 代表了振盪電路的等效並聯電阻，因為產生的振盪為 $R_P - 2/g_m \geq 0$。注意電感提供 M_2 的偏壓電流，故不需要電流源。如果被 M_1 和 M_2 引入振盪電路的小信號電阻比 $-R_P$ 還小時，則電路遇到大振幅而讓部分週期中的電晶體幾乎為關閉，因此產生「平均」電阻 $-R_P$。

圖 15.34 的電路和圖 15.29(a) 的組態相似，但其回授電容以源極隨耦器取代。更有趣的是，我們可以將電路重繪一個與圖 15.27(c) 相似的圖 15.35(a)。事實上，如果 M_1 的汲極電流流經振盪電路且結果電壓加入 M_2 的閘極時，可得到圖 15.35(b) 之組態。忽略偏壓路徑並將兩個振盪電路合而為一（圖 15.36），我們注意到交錯耦合對必須在節點 X 和 Y 間提供一負電阻 $-R_P$ 以產生振盪。各位可自行證明此電阻等於 $-2/g_m$ 且必須滿足 $R_P \geq 1/g_m$。因此，可將此電路視為一回授系統或與損失振盪電路並聯的負電阻。此組態也稱為「負 G_m 振盪器」。

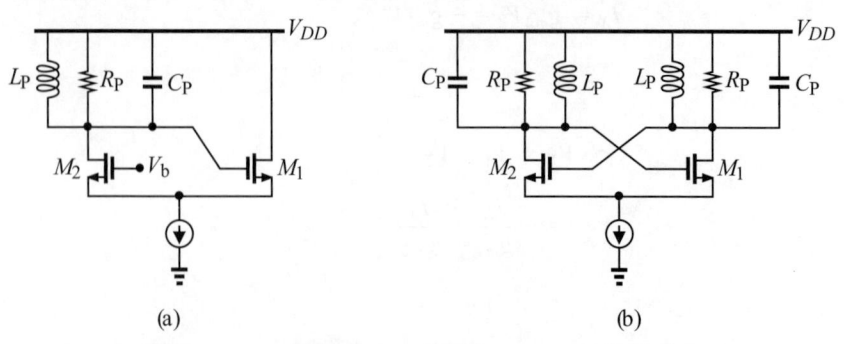

圖 15.35 (a) 重繪圖 15.34 的組態；(b)(a) 的差動形式

第 15 章 振盪器　607

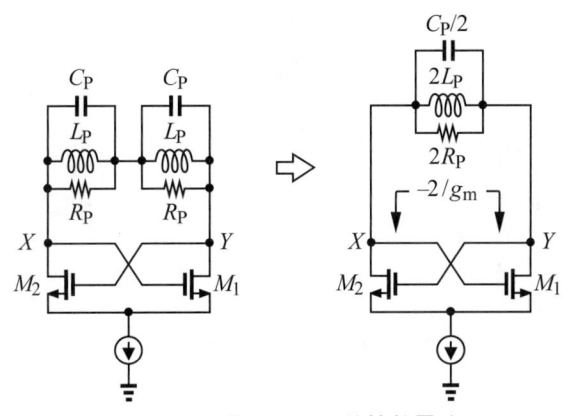

圖 15.36　圖 14.35(b) 的等效電路

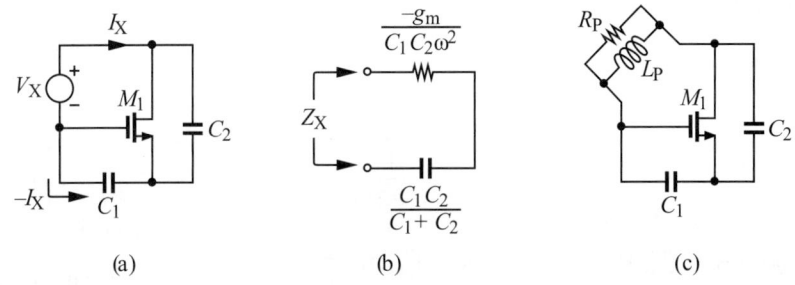

圖 15.37　(a) 提供負電阻的電路組態；(b)(a) 的等效電路；(c) 使用 (a) 的振盪器

考慮另一個產生負電阻的方法，如圖 15.37(a) 的組態，其中沒有節點接地，且通道長度調變、基板效應和電晶體電容可忽略。因為 M_1 的汲極電流等於 $(-I_X/C_1s)g_m$，我們得到

$$V_X = \left(I_X - \frac{-I_X}{C_1 s}g_m\right)\frac{1}{C_2 s} + \frac{I_X}{C_1 s} \tag{15.53}$$

因此

$$\frac{V_X}{I_X} = \frac{g_m}{C_1 C_2 s^2} + \frac{1}{C_2 s} + \frac{1}{C_1 s} \tag{15.54}$$

當 $s = j\omega$ 時，此阻抗是由一負電阻 $-g_m/(C_1 C_2 \omega^2)$ 與 C_1 和 C_2 間串聯電路所串聯而成〔圖 15.37(b)〕。因此，如圖 15.37(c) 所示，如果電感置於 M_1 閘極和汲極間，電路可能會產生振盪現象。在電路的三個節點中，一個可以為交流接地，產生圖 15.38 的三個不同組態。圖 15.38(a) 的電路事實上是依據源極隨耦器，其輸入阻抗可在第 6 章求得並包含一個負實部。圖 15.38(b) 的組態為一個考畢茲振盪器。

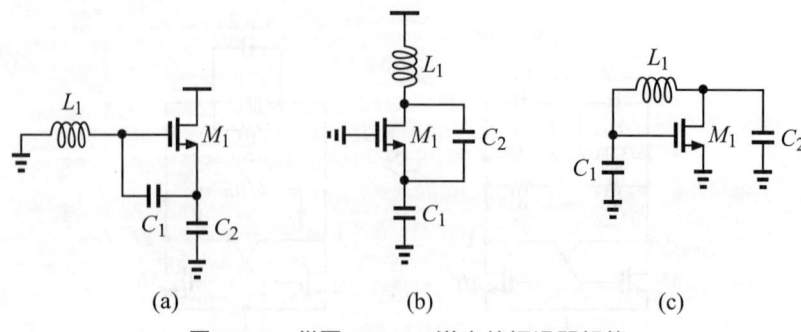

圖 15.38　從圖 15.37(c) 導出的振盪器組態

範例 15.8

使用適當的偏壓電路並重繪 15.38。

解　電路重繪於圖 15.39。

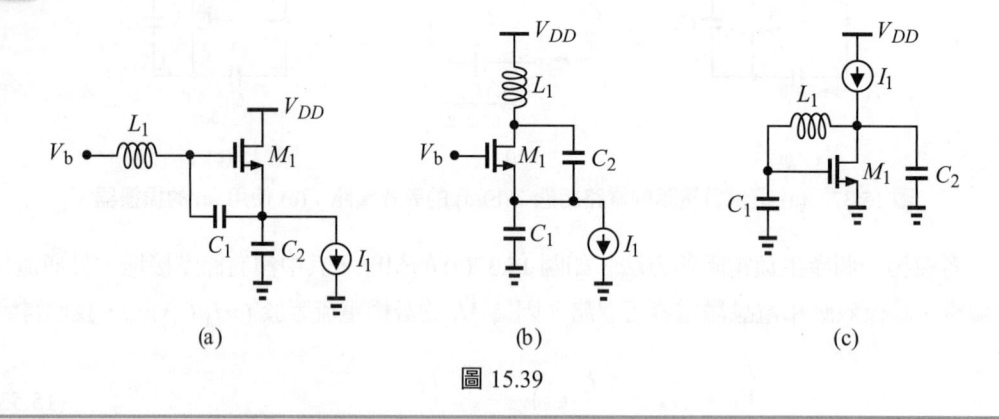

圖 15.39

15.4 電壓控制振盪器

大部分的應用都需要「可調整」的振盪器，也就是其輸出頻率為一控制輸入的函數，通常為電壓。而理想的電壓控制振盪器是一個電路，其輸出頻率為一個控制電壓的線性函數（圖 15.40）：

$$\omega_{out} = \omega_0 + K_{VCO}V_{cont} \tag{15.55}$$

在此 ω_0 代表對應於 $V_{cont} = 0$ 之交點且 K_{VCO} 代表電路「增益」或「靈敏度」（以 rad/s/V 來表示）。[8] 可達到的範圍 $\omega_2 - \omega_1$ 稱為**調諧範圍**（tuning range）。

---

8 更熟悉的單位是 Hz/V，但必須要注意鎖相迴路中 K_{VCO} 的維度。

第 15 章 振盪器 609

圖 15.40 VCO 的定義

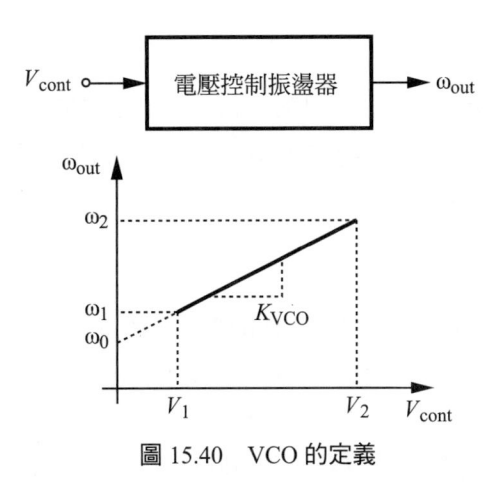

範例 15.9

在圖 15.27(c) 的負 G_m 振盪器中，假設 $C_P = 0$，僅考慮 M_1 和 M_2 汲極接面電容 C_{DB}，並說明為何可將 V_{DD} 視為控制電壓。計算 VCO 的增益。

解 因為 C_{DB} 隨著汲極－基板電壓變化，如果 V_{DD} 改變時，振盪電路的共振頻率也會變化。注意 C_{DB} 的平均跨壓近似為 V_{DD}，我們寫成

$$C_{DB} = \frac{C_{DB0}}{\left(1 + \dfrac{V_{DD}}{\varphi_B}\right)^m} \tag{15.56}$$

且

$$K_{VCO} = \frac{\partial \omega_{out}}{\partial V_{DD}} \tag{15.57}$$

$$= \frac{\partial \omega_{out}}{\partial C_{DB}} \cdot \frac{\partial C_{DB}}{\partial V_{DD}} \tag{15.58}$$

當 $\omega_{out} = 1/\sqrt{L_P C_{DB}}$，我們得到

$$K_{VCO} = \frac{-1}{2\sqrt{L_P C_{DB}} C_{DB}} \cdot \frac{-m C_{DB}}{\varphi_B \left(1 + \dfrac{V_{DD}}{\varphi_B}\right)} \tag{15.59}$$

$$= \frac{m}{2\varphi_B \left(1 + \dfrac{V_{DD}}{\varphi_B}\right)} \cdot \omega_{out} \tag{15.60}$$

注意 ω_{out} 和 V_{cont} 間為非線性關係，因為 K_{VCO} 隨 V_{DD} 和 ω_{out} 變化。

我們在修正前幾節對可調諧的振盪器前，先概述 VCO 的重要效能參數。

中心頻率

中心頻率（也就是圖 15.40 的中間範圍值）取決於 VCO 所使用的環境。舉例來說，在微處理器的時脈產生網路中，VCO 可能需要以時脈頻率或兩倍頻率來運作。現今 CMOS 的 VCO 中心頻率可高達數百 GHz

調諧範圍

所需調諧範圍可由兩個參數來界定：(1) 隨製程和溫度變化的 VCO 中心頻率和 (2) 應用所需頻率範圍。某些 CMOS 振盪器的中心頻率在極端製程和溫度範圍內可能會產生兩倍以上的變化，因此要有夠寬的（$\geq 2\times$）調諧範圍來確保能將 VCO 輸出頻率驅動至所需的值。同樣地，一些應用包括必須改變一至兩個數量級的時脈頻率，此頻率和運作模態有關，通常都需要寬調諧範圍。

一個針對 VCO 設計的重要考量為，由於控制線上的雜訊而產生輸出相位和頻率的變化。對於一已知雜訊大小而言，在輸出頻率的雜訊和 K_{VCO} 成比例，因為 $\omega_{out} = \omega_0 + K_{VCO}V_{cont}$。因此為了將 V_{cont} 中雜訊的效應最小化，必須將 VCO 增益最小化，此限制直接和所需調諧範圍衝突。事實上，如圖 15.40 所示，如果 V_{cont} 的可容許範圍從 V_1 至 V_2 時（例如從 0 至 V_{DD}），則調諧範圍至少必須介於 ω_1 至 ω_2 間，則 K_{VCO} 須滿足下列要求：

$$K_{VCO} \geq \frac{\omega_2 - \omega_1}{V_2 - V_1} \tag{15.61}$$

注意對一已知調諧範圍而言，當供應電壓減少時，K_{VCO} 會增加，讓振盪器對於控制線上的雜訊更靈敏。

調諧線性特性

如 (15.60) 所示的範例，VCO 的調諧特性展現非線性特性，也就是其增益 K_{VCO} 並非為常數。這在第 16 章中會解釋，此非線性會讓鎖相迴路的安定特性變差。基於此原因，將調諧範圍中 K_{VCO} 的變化最小化則較為理想。

真實振盪特性一般在中頻範圍展現了高增益，而在頻率的兩側則顯示了低增益（圖 15.41）。和線性特性相比（灰線），真實特性顯示出其最大增益比 (15.61) 預測的還大，這意指對一已知調諧範圍而言，非線性不可避免在某些特性的靈敏度較高。

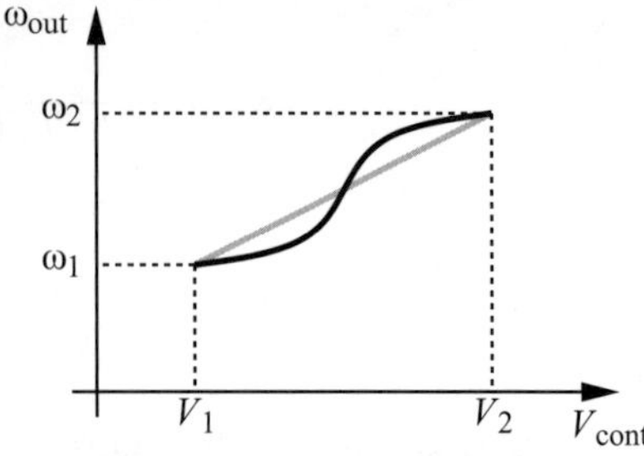

圖 15.41　VCO 之非線性特性

輸出振幅

得到一個大輸出振盪振幅是很理想的，因此讓波形對雜訊較不靈敏。振幅和功率消耗、供應電壓，甚至和調諧範圍有關（見 15.4.2 節）。同樣地，在調諧範圍的振幅變化為一不理想效應。

功率消耗

和其他類比電路一樣,振盪器會遇到速度、功率消耗和雜訊間的交互限制。一般的振盪器消耗了 1 至 10 mW 的功率。

供應電壓和共模排斥

振盪對雜訊相當靈敏,尤其是如以單端形式呈現時。如範例 15.9 所示,甚至是差動振盪器都會展現供應電壓靈敏度。設計一個抗高雜訊振盪器就成了一個困難的挑戰。

輸出信號純度

即使有固定控制電壓,VCO 的輸出波形並非呈現完美週期性。振盪器中的元件電子雜訊和供應雜訊導致輸出相位和頻率雜訊。這些效應因為**抖動**(jitter)和**相位雜訊**(phase noise)而量化且取決於每個應用的需求。

15.4.1 環形振盪器中的調諧

回想一下 15.2 節中,N 級環形振盪器的振盪頻率 f_{osc} 等於 $(2NT_D)^{-1}$,其中 T_D 代表每級電路的大信號延遲。因此為了改變頻率,可以調整 T_D。

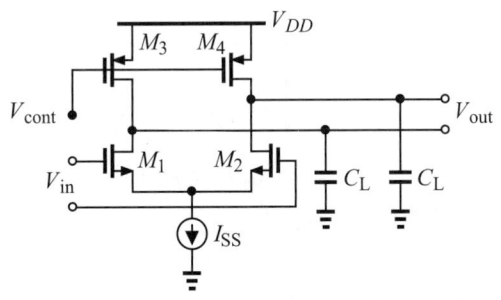

圖 15.42 具有不同輸出時間常數的差動對

考慮圖 15.42 之差動對為一環形振盪器之一個組態以作為一個簡單的例子。在此 M_3 和 M_4 運作於三極管區,每一個如同被 V_{cont} 控制之可變電阻。當 V_{cont} 變大時,M_3 和 M_4 之開啟電阻增加,因此提高了輸出之時間常數 τ_1,並降低了 f_{osc}。如果 M_3 和 M_4 維持於深三極管區中,

$$\tau_1 = R_{on3,4} C_L \tag{15.62}$$

$$= \frac{C_L}{\mu_p C_{ox} \left(\frac{W}{L}\right)_{3,4} (V_{DD} - V_{cont} - |V_{THP}|)} \tag{15.63}$$

上式的 C_L 代表由每個輸出端所視接地的電容(包含了後級電路的輸入電容)。電路的延遲大約正比於 τ_1,讓

$$f_{osc} \propto \frac{1}{T_D} \tag{15.64}$$

$$\propto \frac{\mu_p C_{ox} \left(\frac{W}{L}\right)_{3,4} (V_{DD} - V_{cont} - |V_{THP}|)}{C_L} \tag{15.65}$$

有趣的是，f_{osc} 和 V_{cont} 成線性比例。

範例 15.10

已知圖 15.42 中元件大小和偏壓電流，求 V_{cont} 的最大容許值，若 M_3 和 M_4 進入飽和區時會發生何事？

解 假設 M_3 和 M_4 維持在深三極管區，如果 $|V_{DS3,4}| \leq 0.2 \times 2|V_{GS3,4} - V_{THP}|$。如果在環形振盪器中每級電路完全切換，則 M_3 和 M_4 的最大汲極電流為 I_{SS}。為滿足上述條件，我們必須得到 $I_{SS}R_{on3,4} \leq 0.4(V_{DD}-V_{cont}-|V_{THP}|)$，且

$$\frac{I_{SS}}{\mu_p C_{ox} \left(\frac{W}{L}\right)_{3,4} (V_{DD} - V_{cont} - |V_{THP}|)} \leq 0.4(V_{DD} - V_{cont} - |V_{THP}|) \tag{15.66}$$

則

$$V_{cont} \leq V_{DD} - |V_{THP}| - \sqrt{\frac{I_{SS}}{0.4\mu_p C_{ox} \left(\frac{W}{L}\right)_{3,4}}} \tag{15.67}$$

如果 V_{cont} 超過了此位準很大時，M_3 和 M_4 最後會進入飽和區。每級電路都需要共模回授來產生於明確定義共模位準附近的輸出振幅。

圖 15.42 的差動對會遇到一個重大的缺點：電路的輸出振幅在調諧範圍中會劇烈變化，隨著完全切換，每級電路提供了差動輸出振幅為 $2I_{SS}R_{on3,4}$。因此，一個二對一的調諧範圍將使得振幅產生兩倍的變化。

為了將振幅變化最小化，尾電流能由 V_{cont} 調整，使得 V_{cont} 變大時，I_{SS} 會減少。然而電路需要一個維持 $I_{SS}R_{on3,4}$ 相當固定的方法。為達此目的，來看一下圖 15.43(a) 的電路，其中 M_5 於深三極管區中運作且放大器 A_1 加入負回授於 M_5 之閘極。如果迴路增益夠大時，A_1 的差動輸入電壓必須很小，讓 $V_P \approx V_{REF}$ 且 $|V_{DS5}| \approx V_{DD} - V_{REF}$。因此，回授確保一個相當固定的汲極－源極電壓，甚至在 I_1 改變時。事實上，當 I_1 減少時，A_1 會提高 M_5 之閘極電壓讓 $R_{on5}I_1 \approx V_{DD} - V_{REF}$。

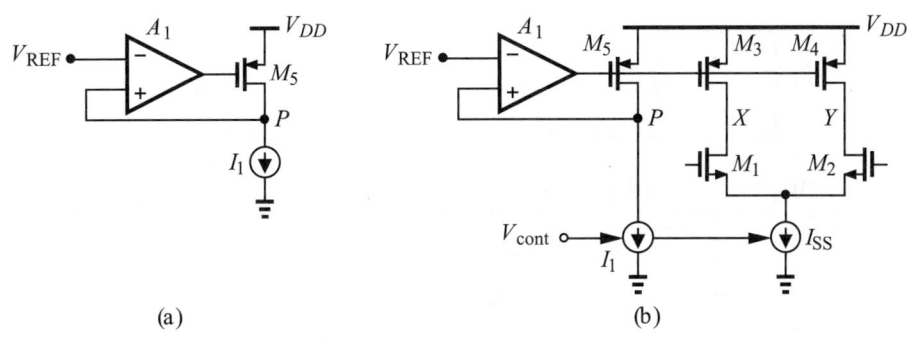

圖 15.43　(a) 定義 V_P 的簡單電路；(b) 複製偏壓以定義環形振盪器的電壓振幅

我們可以將圖 15.43(a) 的組態視為環形振盪器組態的**複製電路**，因此可定義振盪振幅。如圖 15.43(b) 所示，此觀念為將 M_3 和 M_4 的開啟電阻以「伺服」給 M_5 的開啟電阻且藉由同時調整 I_1 和 I_{SS} 來改變頻率。如果 M_3 和 M_4 等於 M_5 且 I_{SS} 等於 I_1 時，當 M_1 和 M_2 將尾電流導入其中一邊或另一邊時，V_X 和 V_Y 從 V_{DD} 變至 $V_{DD} - V_{REF}$。因此如果製程和溫度變化減少了 I_1 和 I_{SS} 時，則 A_1 增加了 M_3-M_5 的開啟電阻，迫使 V_P、V_X 和 V_Y（當 M_1 和 M_2 完全開啟時）等於 V_{REF}。

圖 15.43(b) 中運算放大器 A_1 的頻寬有時也很重要。如果 V_{cont} 花很長時間來改變 ω_{out}，則使用 VCO 的 PLL 的穩定速度會嚴重變差（第 16 章）。

範例 15.11

對於圖 15.43(b) 組態的 VCO 而言，振盪頻率和 I_{SS} 的關聯為何？

解　注意 $R_{on3,4} I_{SS} \approx V_{DD} - V_{REF}$，我們得到 $R_{on3,4} \approx (V_{DD} - V_{REF})/I_{SS}$，且因此

$$f_{osc} \propto \frac{1}{R_{on3,4} C_L} \tag{15.68}$$

$$\propto \frac{I_{SS}}{(V_{DD} - V_{REF}) C_L} \tag{15.69}$$

因此，兩者呈現相對線性。

正回授產生之延遲變化

為得到另一個調諧技巧，回想一下圖 15.36 中顯示負電阻 $-2/g_m$ 的交錯耦合電晶體，此電阻可由偏壓電流來控制。一負電阻 $-R_N$ 和一正電阻 $+R_P$ 並聯產生一等效電阻為 $+R_N R_P/(R_N - R_P)$，如果 $|-R_N| > |+R_P|$ 時，此電阻為正。這也可用於環形振盪器的每級電路，如圖 15.44(a) 所示。在此，差動對的負載由電阻 R_1 和 $R_2 (R_1 = R_2 = R_P)$ 及交錯耦合對 M_3-M_4 組成。當 I_1 增加時，小信號差動電阻 $-2/g_{m3,4}$ 會比較不負，且從圖 15.44(b) 的半電路中得知，等效電阻 $R_P \| (-1/g_{m3,4}) = R_P/(1 - g_{m3,4} R_P)$ 增加，會降低振盪頻率。

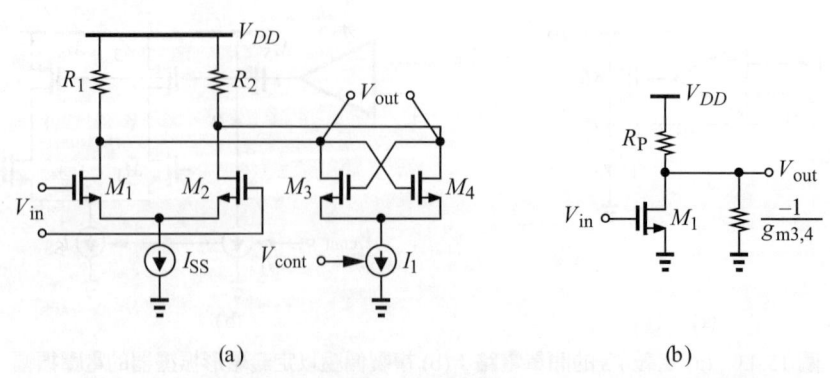

圖 15.44 (a) 負載—可變負電阻的差動組態；(b)(a) 的等效半電路

圖 15.44(a) 中電路有個重要關鍵在於，當 I_1 變化時，被 M_3 和 M_4 導入 R_1 和 R_2 之電流也會變化。因此，輸出電壓振幅在調諧範圍中不會固定不變。為了將此效應最小化，I_{SS} 可在反方向來變化使得被導入在 R_1 和 R_2 間之總電流維持固定。換句話說，差動地改變 I_1 和 I_{SS} 是較為理想的，儘管它們的總和保持固定，此特性是由差動對所提供。如圖 15.45 所示，利用一差動對 M_5–M_6 來將 I_T 導入 M_1–M_2 或 M_3–M_4，讓 $I_{SS} + I_1 = I_T$。因為 I_T 必須流經 R_1 和 R_2，如果 M_1–M_4 在每個振盪週期遇到完全切換時，則 I_T 被導入 R_1（經由 M_1 和 M_3）半個週期而在另一半週期中被導入 R_2（經過 M_2 和 M_4），讓差動振幅為 $2R_PI_T$。

在圖 15.45 的電路中，我們可以將 V_{cont1} 和 V_{cont2} 視為差動控制線，如果變化量相同但方向相反時。此組態能讓控制輸入比 V_{cont} 為單端控制時更不受雜訊影響。現在注意當 V_{cont1} 減少而 V_{cont2} 增加時，交錯耦合對顯示了較大的轉導，因此增加了輸出節點的時間常數。但是如果所有 I_T 被 M_6 導入 M_3 和 M_4 時會發生何事呢？因為 M_1 和 M_2 並無帶電流，組態增益會降至零，故不會產生振盪現象。為避免此效應，一個小的固定電流源 I_H 可從節點 P 連接至接地端，因此確保 M_1 和 M_2 一直保持開啟。在一般情況下，此環形振盪器提供了二對一調諧範圍及合理的線性。

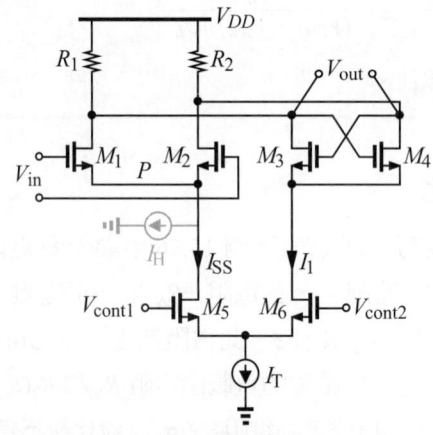

圖 15.45 使用差動對將電流導入 M_1–M_2 和 M_3–M_4。

範例 15.12

當圖 15.45 的 I_T 全部被導入交錯耦合對時,計算 I_H 之最小值以確保低頻增益為 2。

解 電路的小信號電壓增益為 $g_{m1,2}R_P/(1-g_{m3,4}R_P)$。假設為平方律元件,我們得到

$$\sqrt{\mu_n C_{ox}\left(\frac{W}{L}\right)_{1,2} I_H} \frac{R_P}{1 - \sqrt{\mu_n C_{ox}\left(\frac{W}{L}\right)_{3,4} I_T} R_P} \geq 2 \tag{15.70}$$

那就是說

$$I_H \geq \frac{4\left[1 - \sqrt{\mu_n C_{ox}\left(\frac{W}{L}\right)_{3,4} I_T} R_P\right]^2}{\mu_n C_{ox}\left(\frac{W}{L}\right)_{1,2} R_P^2} \tag{15.71}$$

圖 15.45 電路差動對 M_5–M_6 的一個重大缺點為消耗額外的電壓餘裕。如圖 15.46 所示,M_5 維持於飽和區時,V_P 必須比 V_N 高出許多。當 $V_{cont1} = V_{cont2}$ 時,M_5 的最小容許汲極－源極電壓等於其平衡驅動電壓,意指和範例 15.4 比較後,供應電壓必須此電壓值還高。注意如果讓 V_{cont1} 或 V_{cont2} 比此平衡值高出 V_{TH} 的情況下變化時,則 M_5 或 M_6 會進入三極管區。

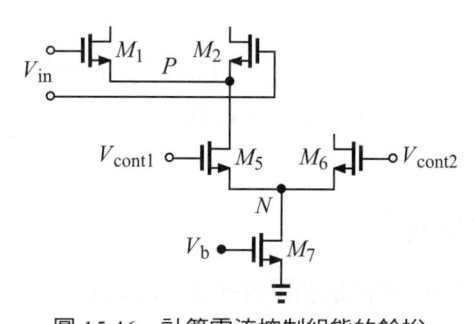

圖 15.46　計算電流控制組態的餘裕

之前的觀察顯示電壓餘裕和 VCO 靈敏度間的交互限制。為了在已知頻率範圍中將靈敏度最小化,必須將 M_5–M_6 的轉導最小化(就是為了控制全部尾電流,差動對一定要有一個大 V_{cont1}-V_{cont2} 值)。然而,對一已知尾電流 $g_m = 2I_D/(V_{GS} - V_{TH})$,指出了對於 M_5–M_6 而言需要大平衡驅動電壓,和所需之最小供應電壓的較高對應值。

我們應該注意 M_5–M_6 對不必在完全飽和區中。如果汲極電壓夠低到驅動三個電晶體進入三極管區，則差動對的等效轉導會降低，得要較大的 V_{cont1}–V_{cont2} 來控制尾電流。事實上，此現象會轉換為較低的 VCO 靈敏度。實際上，需要在關注的範圍中仔細模擬以確保 VCO 維持線性。[9]

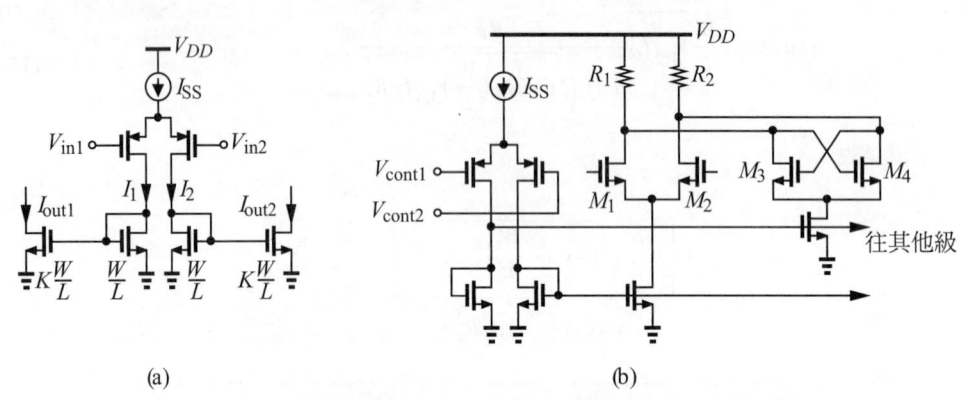

圖 15.47　(a) 電流摺疊組態；(b) 電流摺疊應用至電流控制中

在低供應電壓時，避免圖 15.45 的 M_5–M_6 消耗電壓餘裕是可取的做法。此問題可藉由**電流摺疊**（current folding）來解決。如圖 15.47(a) 所示，假設一差動對驅動兩電流鏡來產生 I_{out1} 和 I_{out2}。因為 $I_1 + I_2 = I_{SS}$，$I_{out1} = KI_1$ 且 $I_{out2} = KI_2$，我們得到 $I_{out1} + I_{out2} = KI_{SS}$。因此，當 V_{in1}–V_{in2} 從相當負值開始變到相當正值時，I_{out1} 從 KI_{SS} 變到零而 I_{out2} 從零到 KI_{SS}，雖然總和維持固定（此特性與差動對相似）。

現在我們利用圖 15.47(a) 的組態於圖 15.44(a) 的增益組態中。如圖 15.47(b) 所示，結果電路會從一低供應電壓下運作。然而，在控制路徑的元件產生相當程度的雜訊，會調變振盪頻率。

以內插法來表示延遲變化

另一個調諧環形振盪器的方法是利用**內插法**（interpolation）。如圖 15.48(a) 所示，每個組態由一快速路徑和慢速路徑所組成，而將輸出相加且將增益由 V_{cont} 以反方向調整。在一極端的控制電壓下，只有將快速路徑開啟而關閉慢速路徑，才能產生最大振盪頻率〔圖 15.48(b)〕。相反地，在另一個極端的控制電壓時，只有慢速路徑開啟而快速路徑關閉，而提供最小振盪頻率〔圖 15.48(c)〕。如果 V_{cont} 介於這兩個極端時，每個路徑都被部分開啟而總延遲為兩個延遲的權重和。

---

[9] 如果 M_5 和 M_6 都在三極管區中且 $V_{cont1} \neq V_{cont2}$，則供應電壓變化影響了兩個電晶體間的電流，並在振盪頻率中產生雜訊。

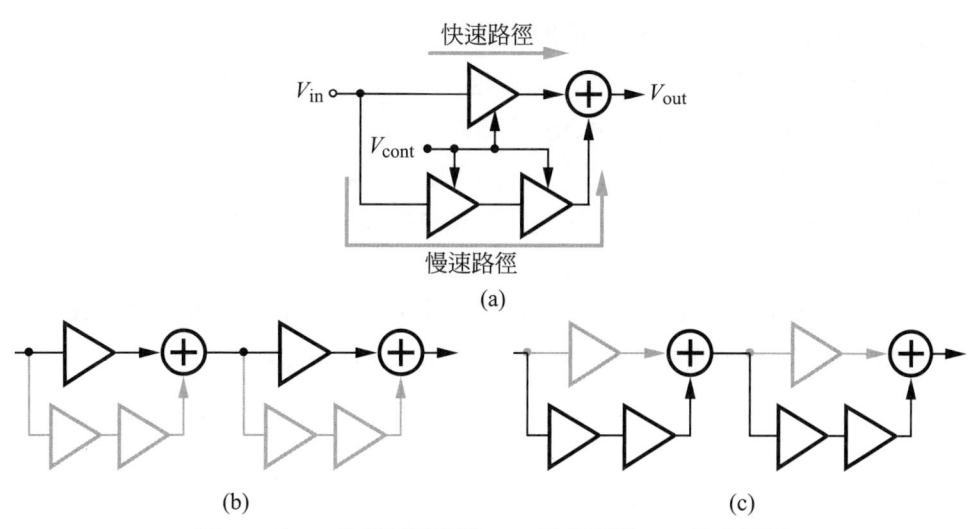

圖 15.48　(a) 內插延遲組態；(b) 最小延遲；(c) 最大延遲

為了更加瞭解內插法，我們以電晶體層次來實現圖 15.48(a) 的組態。每級電路可僅以增益被其尾電流控制的差動對來實現。但如何將兩個輸出相加呢？因為在差動對的兩個電晶體提供輸出電流，故輸出可在電流軌域中相加。如圖 15.49(a) 所示，將兩對電路的輸出短路即可執行電流動作，例如對小信號而言，$I_{out}= g_{m1,2}V_{in1}+g_{m3,4}V_{in2}$。因此整體內插組態如圖 15.49(b) 所示，其中 V_{cont}^+ 和 V_{cont}^- 代表相反方向變化的電壓（當一路徑開啟時，另一個會關閉）。M_1–M_2 和 M_3–M_4 的輸出電流在節點 X 和 Y 中相加並流經 R_1 和 R_2 以產生 V_{out}。

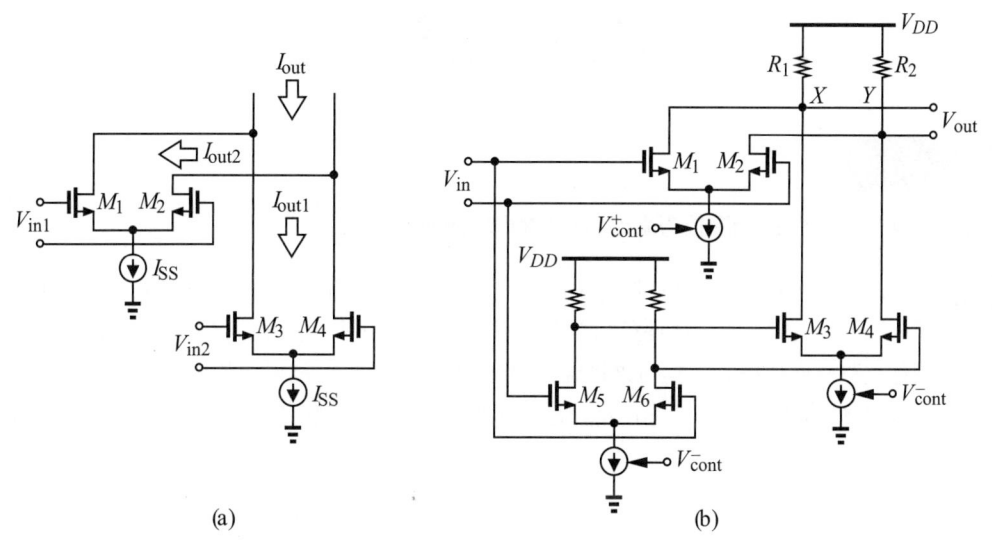

圖 15.49　(a) 兩個差動對的電流相加；(b) 內插延遲組態

在圖 15.49(b) 電路中，每級電路的增益因尾電流而改變以達到內插，但維持固定電壓振幅較為理想。我們也確認差動對 M_5–M_6 的增益不需變動，因為即使只有 M_3–M_4 的增益降為零，慢路徑會完全關閉。然後我們猜測如果 M_1–M_2 和 M_3–M_4 的尾電流在相反方向變化而讓總和維持固定時，我們在兩個路徑和固定輸出振幅間達到內插。如圖 15.50 所示，結果電路運用差動對 M_7–M_8 以控制 M_1–M_2 和 M_3–M_4 間的 I_{SS}。如果 V_{cont} 的值相當負時，M_8 為關閉且只有快速路徑會放大輸入信號。因此，如果 V_{cont} 的值相當正時，M_7 為關閉且只有慢速路徑有用。因為此情況的慢速路徑比快速路徑多過一個組態，故 VCO 能達到二對一的調諧範圍。當運作於低供應電壓時，控制對 M_7–M_8 能以圖 15.47(a) 的電流摺疊組態取代。

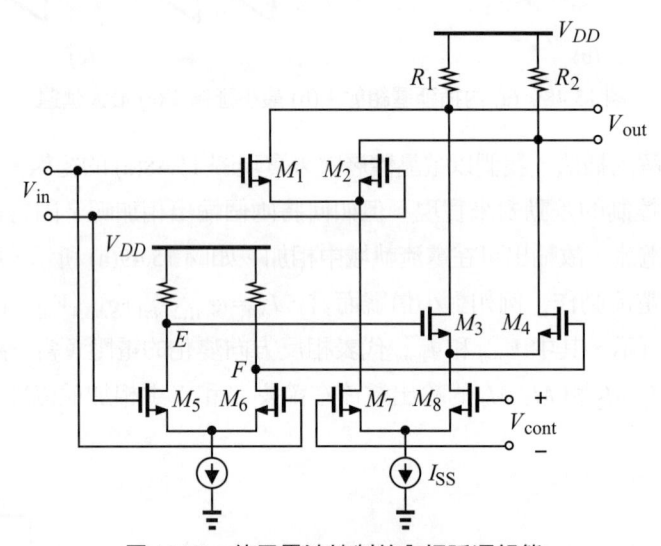

圖 15.50 使用電流控制的內插延遲組態

範例 15.13

結合圖 15.45 和 15.50 的調諧技巧來得到較寬的調諧範圍。

解 我們以圖 15.50 的內插組態開始且加入一交錯耦合對至輸出節點〔圖 15.51(a)〕。然而，為了得到固定電壓振幅，流經負載電阻之總電流必須維持固定。這可藉以圖 15.47(a) 之電流摺疊電路來取代控制差動對來實現。如圖 15.51(b) 所示，結果組態導入電流至 M_1–M_2 以加速電路，而導入 M_3–M_4 和 M_{10}–M_{11} 來減緩電路。選定尾電流源尺寸讓 $I_{SS1} = I_{SS2} + I_{SS3}$。

圖 15.51

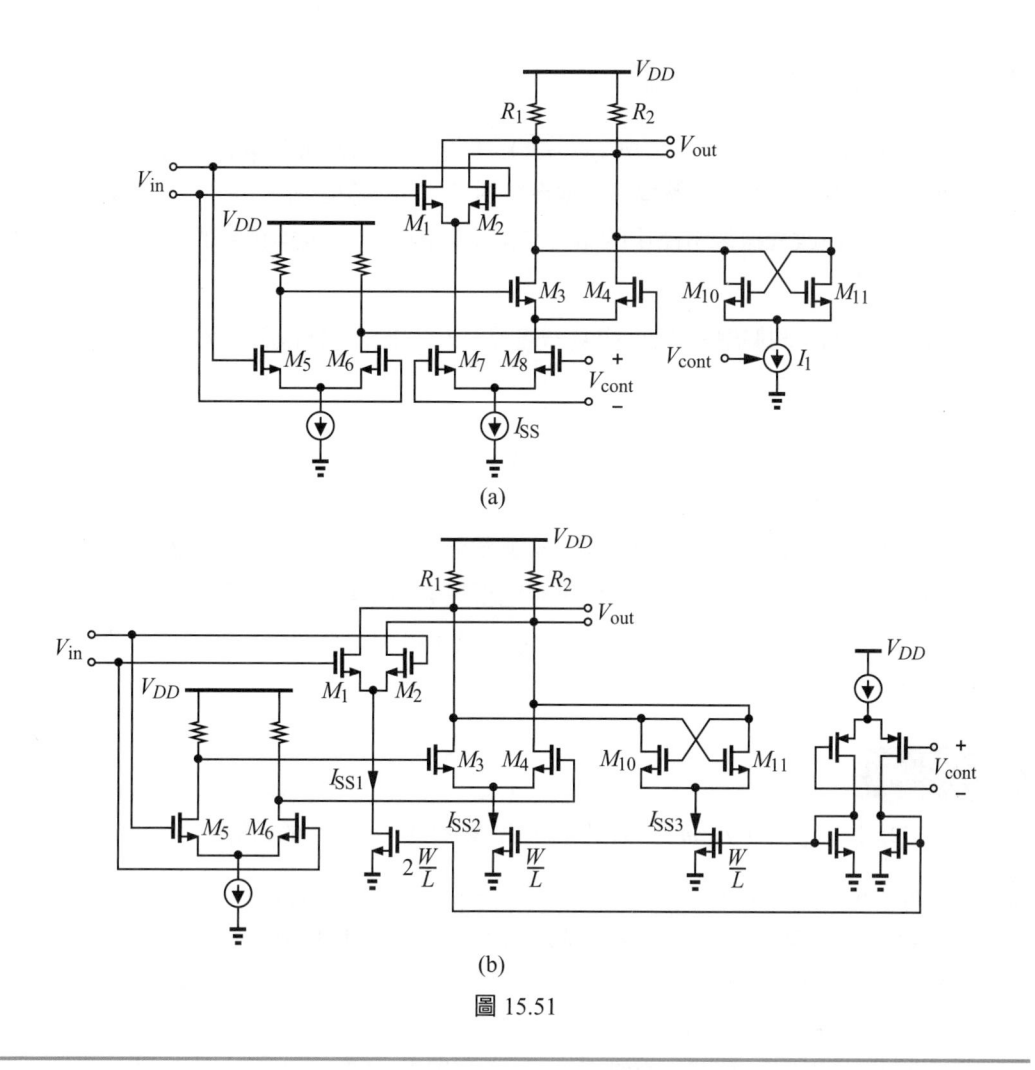

寬範圍調諧

除了圖 15.43(b) 的電路外，至今所討論的環形振盪器調諧技巧所得到的調諧範圍皆不超過三對一。在頻率必須變化幾個數量級的應用中，可用圖 15.52 的組態。以輸入來驅動，額外 PMOS 電晶體 M_5 和 M_6 將每個輸出節點電壓拉至 V_{DD}，甚至在 I_{SS} 的變化很大時產生一個相當固定的輸出振幅。此環形振盪器振盪頻率的變化超過四個數量級，而其振幅變化不超過兩倍。

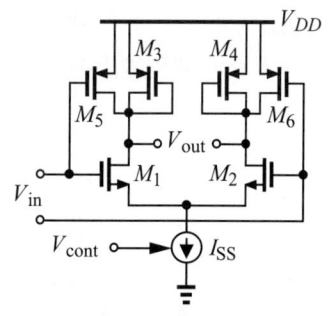

圖 15.52 寬調諧範圍的差動組態

15.4.2 LC 振盪器中的調諧

LC 組態的振盪頻率為 $f_{osc} = 1/(2\pi\sqrt{LC})$，顯示出只有電感和電容值的變化用來調諧頻率，而如偏壓電流和電晶體轉導等其他參數對 f_{osc} 的影響可忽略不計。因為我們很難改變單石電感值，僅改變振盪電路中的電容來調諧振盪器。與電壓相關的電容稱為**變容器**（varactor）。[10]

我們可將一個反向偏壓 pn 接面視為一變容器。電壓相關性以下列方式表示

$$C_{var} = \frac{C_0}{(1+\frac{V_R}{\varphi_B})^m} \qquad (15.72)$$

其中 C_0 為零偏壓值，V_R 為反向偏壓電壓，φ_B 為接面的內建電位，而 m 為 0.3 至 0.4 的值。[11] (15.72) 顯示 LC 振盪器的重大缺點：低供應電壓讓 V_R 的範圍相當受限，因而 C_{var} 的範圍很小，故 f_{osc} 的範圍也跟著變小。我們也注意到為了將調諧範圍最大化，必須最小化振盪電路中的固定電容。

範例 15.14

假設在 (15.72) 中，$\varphi_B = 0.7$ V、$m = 0.35$ 且 V_R 從零變為 2 V。可達到的調諧範圍為何？

解 對 $V_R = 0$，$C_j = C_0$，則 $f_{osc,min} = 1/(2\pi\sqrt{LC_0})$。對 $V_R = 2$ V，$C_j \approx 0.62\ C_0$，則 $f_{osc,max} = 1/(2\pi\sqrt{L \times 0.62C_0})$，因此調諧範圍大約為 27%。接著會解釋到電感和電晶體的寄生電容因為不能藉由控制電壓而改變，而會更加限制此範圍。

現在加入一變容器二極體至交錯耦合 LC 振盪器中（圖 15.53）。為避免對 D_1 和 D_2 明顯順偏壓，V_{cont} 不可超過 V_X 或 V_Y 幾百毫伏特。因此，如果每個節點的峰值振幅為 A，則 $0 < V_{cont} < V_{DD} - A + 300$ mV，其中假設順偏壓 300 mV 產生了一個可忽略的電流。有趣的是，電路會遇到輸出振幅和調諧間的交互限制，並出現在大部分的 LC 振盪器中。

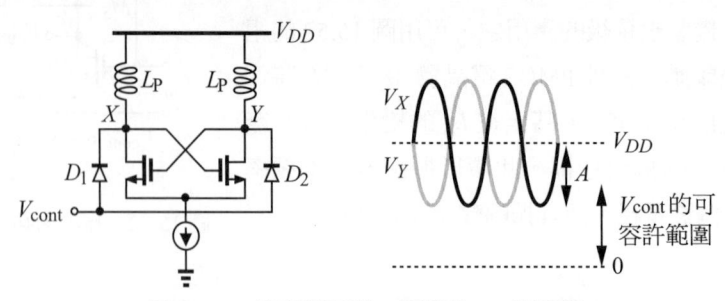

圖 15.53 使用變容器二極體的 LC 振盪器

---

10 也可以用「varicap」來表示。
11 注意劇烈變化接面 $m = 0.5$，但 CMOS 製程中的 pn 接面變化並不劇烈。

注意，因為節點 X 和 Y 的振幅一般都很大（例如在每個節點為 1 V_{pp}），D_1 和 D_2 的電容會隨時間變化。雖然如此，電容「平均」值仍為 V_{cont} 的函數，以提供調諧範圍。

如何在 CMOS 製程中實現變容器二極體呢？如圖 15.54 所示為兩種 pn 接面，圖 15.54(a) 的陽極不可避免必須接地，而圖 15.54(b) 的兩個端點都為浮動狀態。對於圖 15.53 之電路來說，只有浮動二極體可用。為增加接面電容，我們要擴大 p^+ 和 n^+ 區域（和 n 型井）。

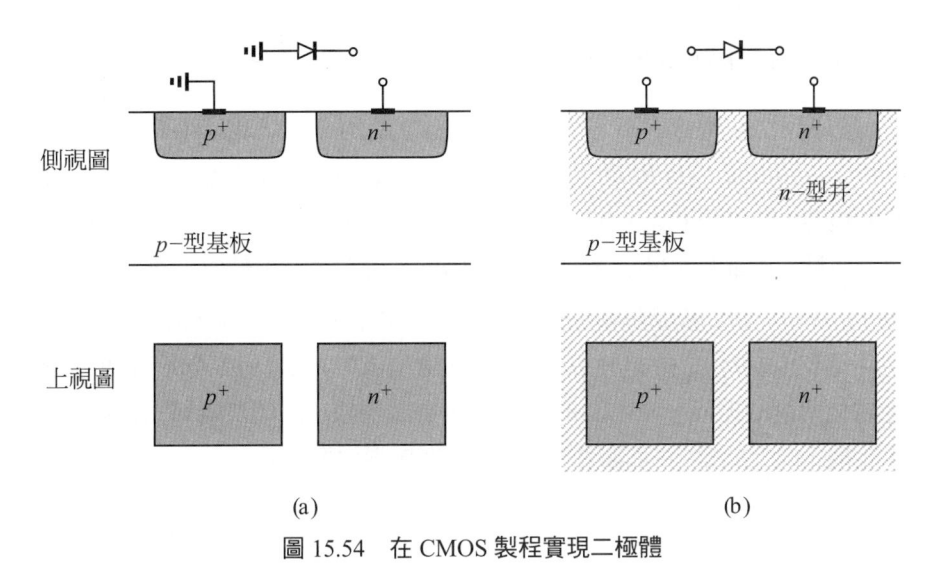

圖 15.54　在 CMOS 製程實現二極體

利用較仔細檢查，圖 15.54(b) 的結構會遇到一些缺點。第一，n 型井材料有高電阻，產生一個和反向偏壓二極體串聯的電阻並降低電容的品質因子。第二，n 型井顯示了一個連接至基板的大電容，對振盪電路產生一固定電容並限制調諧範圍。因此二極體如圖 15.55 所示，其中 C_n 代表在 n 型井和基板間（電壓相關）的電容。[12]

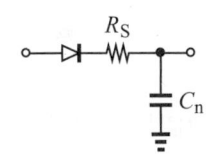

圖 15.55　圖 15.54(b) 所示變容器的電路模型

為減少圖 15.54(b) 所示結構的串聯電阻，p^+ 區可以一個 n^+ 環繞而讓流經接面電容的取代電流在四個方向中都看到一低電阻〔圖 15.56(a)〕。因為一個單一最小尺寸的 p^+ 區有一個小電容，可以將許多單位平行放置〔圖 15.56(b)〕。然而，n 型井必須容納全部元件，故呈現出一個連接至基板的大電容。

---

12 在電路模擬中，C_n 被一個適當接面電容的二極體取代。

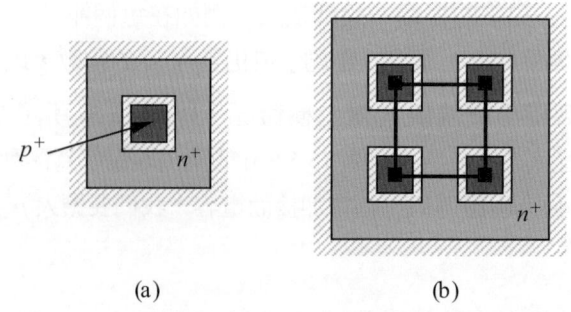

圖 15.56 (a) 以 n^+ 環圍繞 p^+ 區來減低串聯電阻；(b) 許多平行的二極體

現在檢查圖 15.53 電路中不想要的電容是有幫助的，也就是元件不會受到 V_{cont} 而改變。我們找出三個電容：(1) 和 D_1 和 D_2 相關在 n 型井和基板間的電容；(2) 電晶體產生至每個節點的電容，也就是 C_{GD}、$2C_{GD}$（米勒效應產生 2 倍）[13] 和 C_{DB}；(3) 電感本身的寄生電容。單石電感一般都為大尺寸（$S \approx 100\text{--}200\,\mu m$）的金屬螺旋結構（圖 15.57）。

在圖 15.53 中，將二極體陽極連接至節點 X 和 Y 是適當的，因此消除由振盪電路所產生的 n 型井電容。如圖 15.58 是一個允許此修正的組態。在此，PMOS 元件的交錯耦合對提供接地電位附近的振幅。使用 PMOS 元件也會出現較小的閃爍雜訊這個優點，這是因為雜訊可能被「向上調變」，而讓閃爍雜訊出現在振盪頻率附近。

圖 15.57　螺旋電感結構

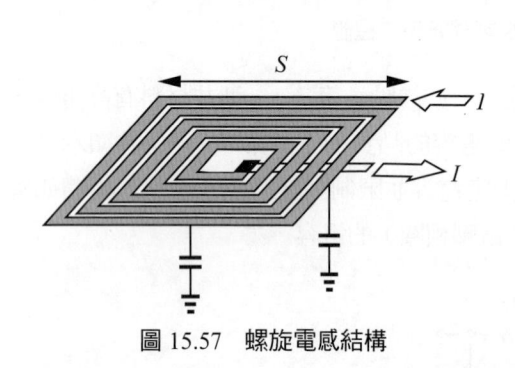

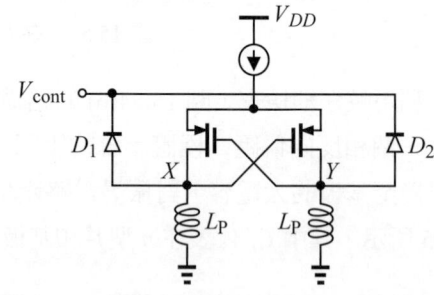

圖 15.58　使用 PMOS 元件的負 G_m 振盪器以消除振盪電路之 n 型井電容

在現今 LC VCO 設計中，我們會使用 MOS 變容器。回想一下第 2 章，MOSFET 的閘極通道電容會隨閘極－源極電壓改變〔圖 15.59(a)〕。然而，VCO 設計中的非單調相依性並非是大家樂見的（為什麼？）。為了解決此問題，可以將一個 NMOS 電晶體置於 n 型井中，形成一個「累積模式」變容器〔圖 15.59(b)〕。源極、汲極和 n 型井透過歐姆接觸連接在一起而成為一個端點，而閘極是另一端點。這個架構的電容如圖 15.59(c)，會隨著 V_{GS} 單調性改變。

MOS 變容器對於 pn 介面重要的優勢為，前者不會有順偏壓且能容許正負電壓。關於 LC VCO 的設計也有許多各種有趣的概念和問題。

---

[13] 如果閘極和汲極電壓變化相等但方向相反時，不論小信號增益為何，米勒放大倍數為2。

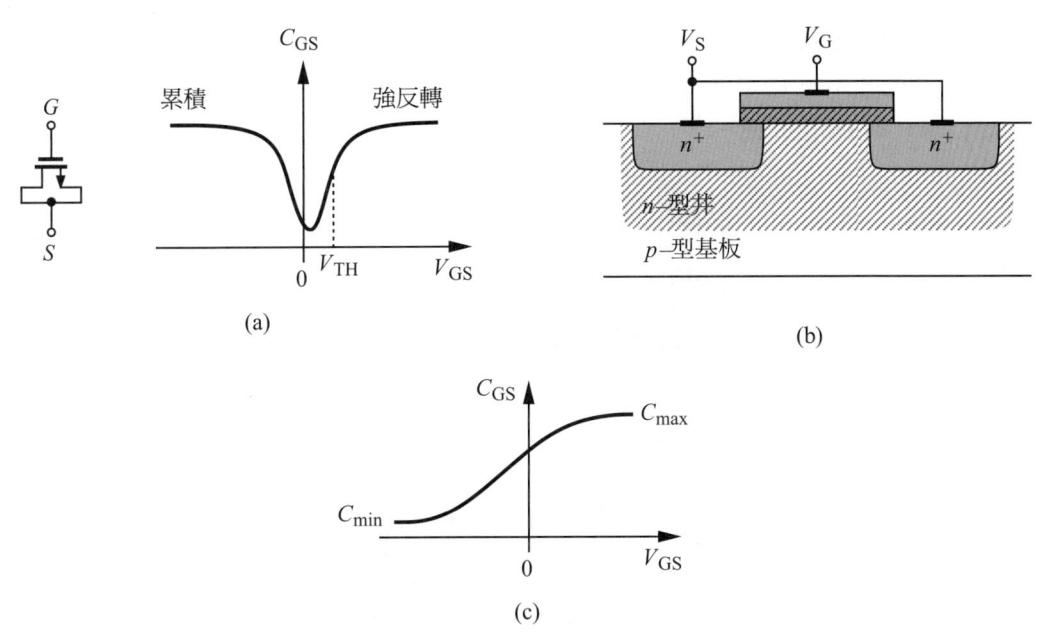

圖 15.59　(a)MOS 閘極電容的電壓相依性，(b)MOS 變容器在 n 型井中形成 NFET，且 (c) 所形成的電容

15.5 VCO 的數學模型

(15.55) 所定義的電壓控制振盪器具體說明控制電壓和輸出頻率之間的關係。其關係並「無記憶性」（memoryless），因為 V_{cont} 的變化立即導致 ω_{out} 的變化，但如何將 VCO 的輸出信號以時間函數來表示呢？為回答此問題，必須複習相位和頻率的觀念。

考慮波形 $V_0(t) = V_m\sin\omega_0 t$，正弦波的幅角稱為信號的「總相位」。在此範例中，相位隨著時間線性變化，顯示了一斜率為 ω_0。注意如圖 15.60 所示，每次 $\omega_0 t$ 跨越 π 的整數倍時，$V_0(t)$ 會跨越零。

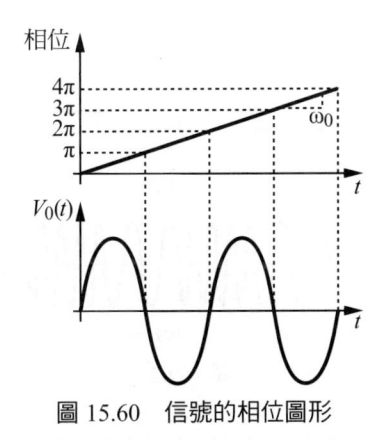

圖 15.60　信號的相位圖形

現在考慮兩個波形 $V_1(t) = V_m\sin[\varphi_1(t)]$ 和 $V_2(t) = V_m\sin[\varphi_2(t)]$，其中 $\varphi_1(t) = \omega_1 t$, $\varphi_2(t) = \omega_2 t$ 且 $\omega_1 < \omega_2$。如圖 15.61 所示，$\varphi_2(t)$ 比 $\varphi_1(t)$ 還快跨越 π 整數倍，讓 $V_2(t)$ 的變化較快。我們說 $V_2(t)$ 累積相位較快。

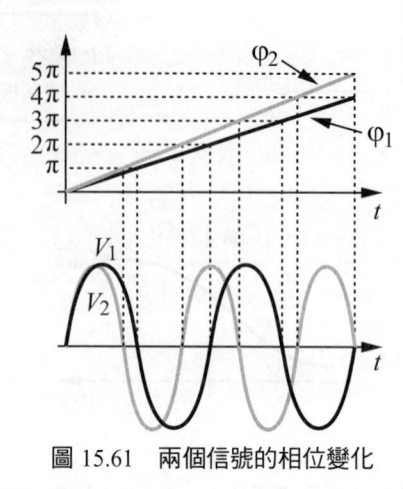

圖 15.61　兩個信號的相位變化

以上討論顯示了波形的相位變化越快，其頻率越高，表現出能將頻率[14]定義為相位對於時間的導數：

$$\omega = \frac{d\varphi}{dt} \tag{15.73}$$

範例 15.15

圖 15.62(a) 顯示有固定振幅之正弦波的相位為時間的函數。繪出時域中的波形。

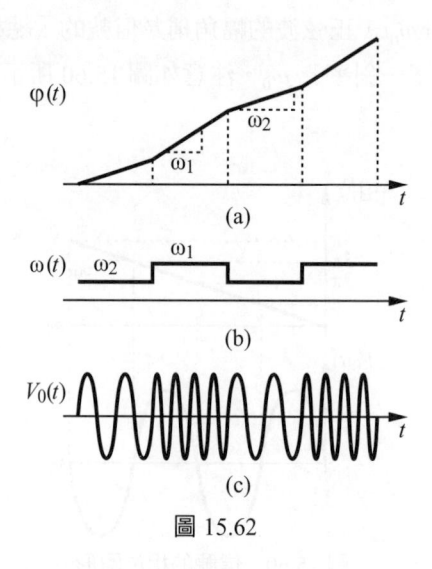

圖 15.62

---

[14] 我們稱 $\omega = 2\pi f$ 為「弧度頻率」（radian frequency）（以 rad/s 來表示）以與 f（以 Hz 來表示）區別，本書都稱為頻率，較常使用 ω 以避免使用 2π。

解 取 $\varphi(t)$ 對時間的導數,我們得到圖 15.62(b) 的特性。頻率因此會在 ω_1 和 ω_2 間週期性地觸發,產生圖 15.62(c) 的波形(此為二元頻率調變的簡單例子,稱為**頻率鍵移**〔frequency shift keying〕且用於無線呼叫器和許多通訊系統中)。

(15.73) 指出如果波形頻率為時間的函數時,則相位可計算為

$$\varphi = \int \omega dt + \varphi_0 \tag{15.74}$$

尤其對 VCO 而言,$\omega_{out} = \omega_0 + K_{VCO}V_{cont}$,我們得到

$$V_{out}(t) = V_m \cos\left(\int \omega_{out} dt + \varphi_0\right) \tag{15.75}$$

$$= V_m \cos\left(\omega_0 t + K_{VCO}\int V_{cont} dt + \varphi_0\right) \tag{15.76}$$

(15.76) 在 VCO 和 PLL 的分析中非常重要。[15] 初始相位 φ_0 通常並不重要且被假設為零。

範例 15.16

VCO 的控制線量測到一方波在 V_1 和 V_2 間觸發且週期為 T_m,繪出頻率、相位和輸出波形與時間的關係圖。

解 因為 $\omega_{out} = \omega_0 + K_{VCO}V_{cont}$,輸出頻率會在 $\omega_1 = \omega_0 + K_{VCO}V_1$ 和 $\omega_2 = \omega_0 + K_{VCO}V_2$ 之間觸發(圖 15.63)。相位則為此結果對時間的積分,在一半的輸入週期中以斜率為 ω_1 隨時間線性增加,而在另一半則為 ω_2。VCO 的輸出波形和圖 15.62 相似。因此,VCO 可作為頻率調變器。

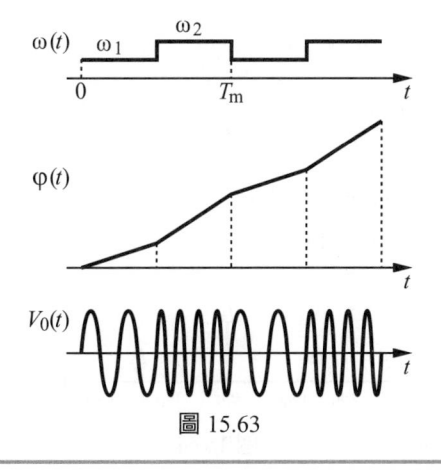

圖 15.63

---

[15] 注意如果為非線性,K_{VCO} 並不能移到積分式之外。

我們會在第 16 章提到，如果將 VCO 置於鎖相迴路中，則只該關注 (15.76) 總相位的第二項。就稱 $K_{VCO} \int V_{cont}\, dt$ 這一項為**溢相位** φ_{ex}。事實上，在 PLL 的分析中，我們將 VCO 視為一個系統，其輸入和輸出分別為控制電壓和溢相位：

$$\varphi_{ex} = K_{VCO} \int V_{cont}\, dt \tag{15.77}$$

也就是 VCO 當作理想積分器來運作，提供了一轉移函數為：

$$\frac{\Phi_{ex}}{V_{cont}}(s) = \frac{K_{VCO}}{s} \tag{15.78}$$

範例 15.17

一 VCO 量測到一小正弦控制電壓 $V_{cont} = V_m \cos \omega_m t$，求出輸出波形和其頻譜。

解 可將輸出表示為

$$V_{out}(t) = V_0 \cos\left(\omega_0 t + K_{VCO} \int V_{cont}\, dt\right) \tag{15.79}$$

$$= V_0 \cos\left(\omega_0 t + K_{VCO} \frac{V_m}{\omega_m} \sin \omega_m t\right) \tag{15.80}$$

$$= V_0 \cos \omega_0 t \cos\left(K_{VCO} \frac{V_m}{\omega_m} \sin \omega_m t\right) \tag{15.81}$$

$$- V_0 \sin \omega_0 t \sin\left(K_{VCO} \frac{V_m}{\omega_m} \sin \omega_m t\right)$$

如果 V_m 夠小、讓 $K_{VCO} V_m / \omega_m \ll 1$ rad 時，則

$$V_{out}(t) \approx V_0 \cos \omega_0 t - V_0 (\sin \omega_0 t)\left(K_{VCO} \frac{V_m}{\omega_m} \sin \omega_m t\right) \tag{15.82}$$

$$= V_0 \cos \omega_0 t - \frac{K_{VCO} V_m V_0}{2\omega_m}[\cos(\omega_0 - \omega_m)t - \cos(\omega_0 + \omega_m)t] \tag{15.83}$$

因此輸出由三個頻率為 ω_0、$\omega_0 - \omega_m$ 和 $\omega_0 + \omega_m$ 的正弦波組成。圖 15.64 為頻譜，而 $\omega_0 \pm \omega_m$ 的成分可稱為**邊帶**（sideband）。

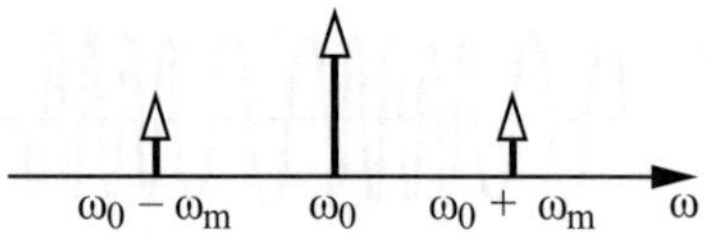

圖 15.64

上述例子顯示了控制電壓隨時間的變化會在輸出端產生不想要的成分。的確，當 VCO 於穩態運作時，控制電壓必須只能有非常小的變化。[16] 此問題會在第 16 章中討論。

一個表示信號相位的常見錯誤為常見形式 $V_m\cos\omega_0 t$。在此，相位等於時間和頻率的乘積，產生了一個在所有情況下皆成立的表示式。我們可能歸納出因為 VCO 輸出頻率為 $\omega_0 + K_{VCO}V_{cont}$，可以將輸出波形寫成 $V_m\cos[(\omega_0 + K_{VCO}V_{cont})t]$。為瞭解為何這是錯誤的，我們來計算頻率為相位的導數：

$$\omega = \frac{d}{dt}[(\omega_0 + K_{VCO}V_{cont})t] \tag{15.84}$$

$$= K_{VCO}\frac{dV_{cont}}{dt}t + \omega_0 + K_{VCO}V_{cont} \tag{15.85}$$

此式第一項是多餘的，且只有在 $dV_{cont}/dt = 0$ 時才會消失。因此在一般情況下，不能將相位寫成時間和頻率的乘積。

本節對於 VCO 的討論已假定正弦輸出波形。實際上，和振盪器的速度及種類有關，輸出可能包含很多諧波成分，甚至會趨近於方波。在此情況下該如何修正 (15.76) 呢？我們預期 $V_{out}(t)$ 能以傅利葉級數來表示：

$$V_{out}(t) = V_1\cos(\omega_0 t + \varphi_1) + V_2\cos(2\omega_0 t + \varphi_2) + \cdots \tag{15.86}$$

我們也注意到如果方波的基頻變化 Δf 時，其二次諧波的頻率變化 $2\Delta f$。因此，如果 V_{cont} 變化 ΔV 時，則基頻的頻率變化 $K_{VCO}\Delta V$，二次諧波的頻率變化 $2K_{VCO}\Delta V$。也就是說

$$V_{out}(t) = V_1\cos(\omega_0 t + K_{VCO}\int V_{cont}dt + \theta_1) + V_2\cos(2\omega_0 t + 2K_{VCO}\int V_{cont}dt + \theta_2) + \cdots \tag{15.87}$$

其中 $\theta_1, \theta_2\cdots$ 為傅利葉級數中每個諧波必要的固定相位。

(15.87) 推論出可將振盪器輸出的諧波納入考量。基於此原因，雖然我們可能會繪出方波而非正弦波，我們通常限制在一次諧波的計算。

習題

除非特別提到，下列問題使用表 2.1 之元件資料並在需要時假設 $V_{DD} = 3$ V，我們也假設所有電晶體位於飽和區中。

15.1 對圖 15.6 之電路而言，決定開路轉移函數並計算相位範圍。假設 $g_{m1} = g_{m2} = g_m$ 並忽略其他電容。

---

[16] 除了當 VCO 量測一信號來執行頻率變調的情況外。

15.2 在圖 15.8 之電路中，假設 $g_{m1} = g_{m2} = g_{m3} = (200\ \Omega)^{-1}$。

(a) 確保振盪的最小 R_D 值為何？

(b) 求出振盪頻率為 1GHz 且低頻總迴路增益為 16 時的 C_L 值。

15.3 對於圖 15.12 的電路而言，求出 I_{SS} 的最小值以確保振盪產生（提示：如果電路在振盪邊緣時，振幅相當小）。

15.4 證明圖 15.18(c) 中混合負載的小信號電阻大約等於 $1/g_{m3}$。

15.5 僅包含圖 15.18(c) 中 M_3 的閘極－源極電容，說明在何種情況下混合負載（由 M_3 所見汲極）的阻抗變為電感性。

15.6 如果圖 15.25 中每個電感顯示了一個串聯電阻 R_S 時，R_S 必須多低以確保低頻迴路增益小於一（為避免箝制的必要情況）？

15.7 說明為何圖 15.28 的 V_X 和 V_Y 波形比 I_{D1} 和 I_{D2} 更接近正弦波（諧波較小）。

15.8 求出圖 15.47(c) 中確保振盪的最小 I_{SS} 值。計算能確保 M_1 和 M_2 不會進入三極管區的最大 I_{SS} 值。

15.9 加入一電流刺激信號至 M_1 的汲極，重做習題 15.7。

15.10 證明如果電容 C_P 和圖 15.31(a) 的 L_P 並聯時，則會產生 (15.47)。

15.11 分析圖 15.31(a) 的考畢茲振盪器，且其振盪條件可藉由加入一電流刺激信號至其源極來導出。加入一電壓刺激信號至 M_1 的閘極，重新分析此電路。

15.12 重新對圖 15.38(a) 和 (c) 之組態進行考畢茲振盪器分析，求振盪條件和振盪頻率。

15.13 圖 15.45 之組態被設計為 $I_T = 1$ mA 且 $(W/L)_{1,2} = 50/0.5$，假設 $I_H \ll I_1$。

(a) 求出最小的 $R_1 = R_2 = R$ 值以確保三級環形組態產生振盪。

(b) 決定 $(W/L)_{3,4}$ 使得 $g_{m3,4}R = 0.5$，當 M_3 和 M_4 攜帶 $I_T/2$ 時。

(c) 計算確保振盪產生之最小 I_H 值。

(d) 如果 V_{cont1} 和 V_{cont2} 的共模位準為 1.5 V，計算 $(W/L)_{5,6}$ 讓 $V_{cont1} = V_{cont2}$ 時，I_T 能維持 0.5 V。

15.14 重做範例 15.14，如果電路中的每個電感產生一固定電容為 C_1 時。

15.15 圖 15.53 的 VCO 在 1 GHz 下運作。

(a) 如果 $L_P = 5$ nH 且由節點 X（和 Y）所視的總（固定）寄生電容為 500 fF，求出 D_1 和 D_2 可加入電路的最大電容值。

(b) 如果尾電流為 1 mA 且每個在 1 GHz 的電感 Q 為 4 時，計算輸出電壓振幅。

第 16 章 鎖相迴路

鎖相觀念在 1930 年代出現後,快速廣泛運用於電子和通訊領域中。雖然基本鎖相迴路從那時幾乎沒有改變,但在不同製程和應用中仍持續挑戰設計者。以微處理器中作為時脈產生器的「鎖相迴路」(phase-locked loop, PLL)和用於行動電話中的頻率合成器非常相似,但真實電路設計卻是相當不同。

本章處理 PLL 的分析和設計,尤其著重於在 VLSI 製程上。要徹底理解 PLL 得要花一整本書的篇幅來討論,但本章目的在於能為各位建立更深入討論的基礎。我們以簡單 PLL 架構開始,來看看鎖相現象且分析 PLL 在時域和頻域中的特性。然後我們著重於鎖定獲取(lock acquistion)的問題並描述電荷幫浦 PLL(charge-pump PLL, CPPLL)與其非理想特性。最後檢視 PLL 的抖動現象(jitter)和延遲鎖定迴路(delay-locked loop, DLL)並呈現一些 PLL 的應用。

16.1 簡單 PLL

PLL 為比較輸出相位和輸入相位的回授系統,並藉由**相位比較器**(phase comparator)或**相位檢測器**(phase detector, PD)來進行比較。因此,嚴謹定義相位檢測器是有用的。

16.1.1 相位檢測器

一個相位檢測器為一平均輸出電壓 $\overline{V_{out}}$ 與其兩個輸入端之間相位差 $\Delta\varphi$ 成線性比例的電路(圖 16.1)。在理想情況下,$\overline{V_{out}}$ 和 $\Delta\varphi$ 之間的關係為線性,在 $\Delta\varphi = 0$ 時會跨越零。此直線的斜率 K_{PD} 稱為 PD 的增益,且以 V/rad 來表示。

圖 16.1 相位檢測器的定義

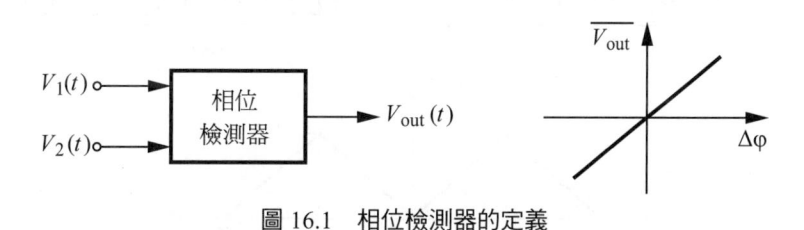

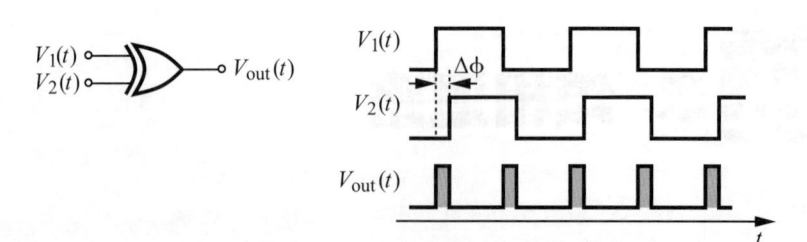

圖 16.2 XOR 閘作為相位檢測器

如圖 16.2 所示 XOR 閘的相位檢測器，當輸入的相位差改變時，輸出脈衝的寬度也會改變，因此提供了和 $\Delta \varphi$ 成比例的直流位準。雖然 XOR 電路在上升和下降邊緣產生誤差脈衝，其他種類的 PD 可能僅以正或負轉換來反應。

範例 16.1

如果圖 16.2 中 XOR 的輸出振幅為 V_0 伏特，作為相位檢測器的電路增益為何？繪出 PD 的輸入－輸出特性圖。

解 如果相位差由零增加至 $\Delta \varphi$ 弧度時，在每個脈衝下的面積增加 $V_0 \cdot \Delta \varphi$。因為每個週期包含了兩個脈衝，平均值會升高 $2[V_0 \cdot \Delta \varphi/(2\pi)]$，產生一增益為 V_0/π。注意，增益和輸入頻率無關。

為建立輸入－輸出特性圖，我們檢查電路對於不同輸入相位差的響應。如圖 16.3 所示，平均輸出電壓在 $\Delta \varphi = \pi/2$ 時增加至 $[V_0/\pi] \times \pi/2 = V_0/2$，而在 $\Delta \varphi = \pi$ 時為 V_0。對 $\Delta \varphi > \pi$ 而言，平均值開始下降，在 $\Delta \varphi = 3\pi/2$ 降至 $V_0/2$，而在 $\Delta \varphi = 2\pi$ 時為零。因此，此特性圖為週期性，顯示負增益和正增益。

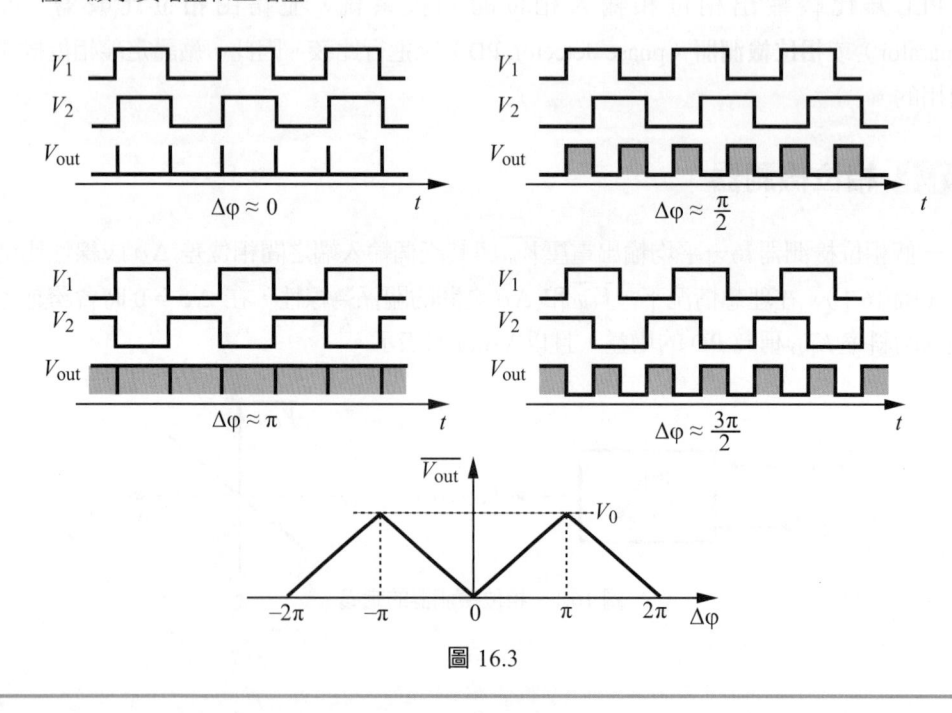

圖 16.3

16.1.2 基本 PLL 組態

為得到鎖相的觀念，我們來看將 VCO 的輸出相位和參考時脈相位對準的問題（各位可自行複習前一章的 VCO 數學模型）。如圖 16.4(a) 所示，V_{out} 上升邊緣相對於 V_{CK}「偏移」了 Δt 秒，而我們想消除此誤差。假設 VCO 有單一控制輸入 V_{cont}，我們注意到為了改變相位，我們必須改變頻率且讓積分式 $\varphi = \int (\omega_0 + K_{VCO} V_{cont})\, dt$ 成立。舉例來說，假設在圖 16.4(b) 中，VCO 頻率在 $t = t_1$ 時增加至一較高值，而電路會較快累積相位，並逐漸減少相位誤差。在 $t = t_2$ 時，相位誤差會降至零且如果 V_{cont} 回到其原始值時，V_{VCO} 和 V_{CK} 仍維持校準。有趣的是，校準可藉由將 VCO 頻率在某一時段中降低而實現（見習題 16.2）。因此，相位校準可僅利用一個（暫時）頻率變化來完成。

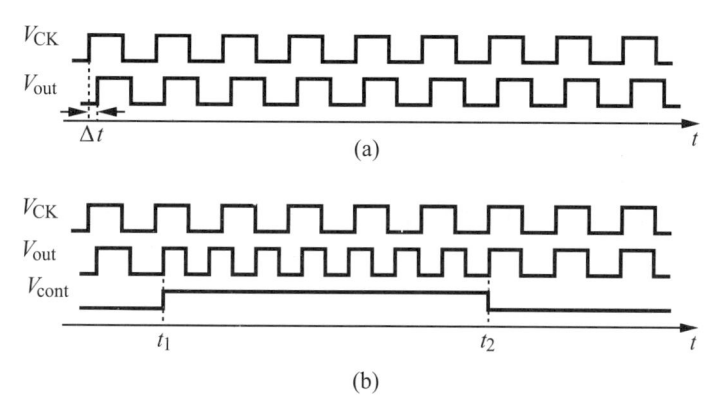

圖 16.4　(a) 兩個具有偏移效應的波形；(b) 改變 VCO 頻率以消除偏移

前面的實驗推論了 VCO 的輸出相位是能參考相位校準，如果 (1) VCO 頻率立刻變化；(2) 使用比較兩個相位的方法，也就是用相位檢測器來決定何時校準 VCO 和參考信號。我們將校準 VCO 的輸出相位和參考相位稱為**鎖相**（phase locking）。

從上述觀察來看，我們猜測 PLL 僅由一個 PD 和 VCO 在回授迴路中組成〔圖 16.5(a)〕。PD 比較 V_{out} 和 V_{in} 的相位，產生一個會改變 VCO 頻率的誤差，直到相位校準為止，也就是迴路被鎖定時。然而，必須修正此組態，因為 (1) 如圖 16.2 所示，PD 輸出 V_{PD} 由一直流成分（想要）和高頻成分（不想要）所組成，且 (2) 如第 15 章所提，振盪器的控制電壓必須在穩態中維持固定，也就是必須過濾 PD 輸出。因此我們於 PD 和 VCO 間插入一**低通濾波器**（low-pass filter, LPF）〔圖 16.5(b)〕，抑制 PD 輸出的高頻成分且在振盪器中產生了直流位準。這形成了基本的 PLL 組態，現在假定 LPF 在低頻時增益為一（例如在一次 RC 電路中）。

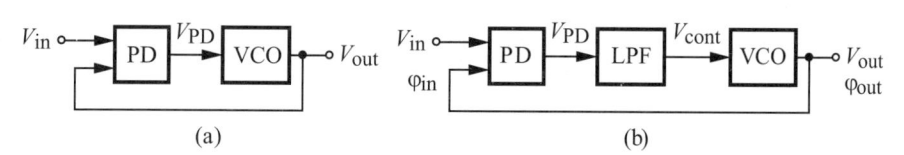

圖 16.5　(a) 比較輸入和輸出相位的回授迴路；(b) 簡單 PLL

切記住圖 16.5(b) 的回授迴路只比較輸入和輸出相位。不像前幾章的回授組態，PLL 一般來說不需要知道回授運作時的電壓和電流值。如果迴路增益夠大時，輸入相位 φ_{in} 和輸出相位 φ_{out} 之間的差在穩態時會非常小，以提供相位校準。

在接下來的 PLL 分析中，我們必須仔細地定義鎖相條件。如果圖 16.5(b) 迴路被鎖定時，我們假設 $\varphi_{out} - \varphi_{in}$ 為常數且相當小。因此如果 $\varphi_{out} - \varphi_{in}$ 不隨時間變化時，我們將迴路定義為鎖定。此定義一個重要的推論為

$$\frac{d\varphi_{out}}{dt} - \frac{d\varphi_{in}}{dt} = 0 \tag{16.1}$$

因此

$$\omega_{out} = \omega_{in} \tag{16.2}$$

這是 PLL 的特性，後面會再詳細討論。

總之在鎖定狀態時，PLL 產生一個相對於輸入的小相位誤差之輸出，但其頻率相同。各位可能想知道為何要使用 PLL。短導線似乎能更有效率地執行相同的功能！我們會在 16.5 節中回答此問題。

範例 16.2

在 CMOS 製程中實現一簡單 PLL。

解 圖 16.6 顯示了使用 XOR 閘組態作為相位檢測器。VCO 為一負 G_m 的 LC 振盪器，其頻率由變容器二極體來調諧。

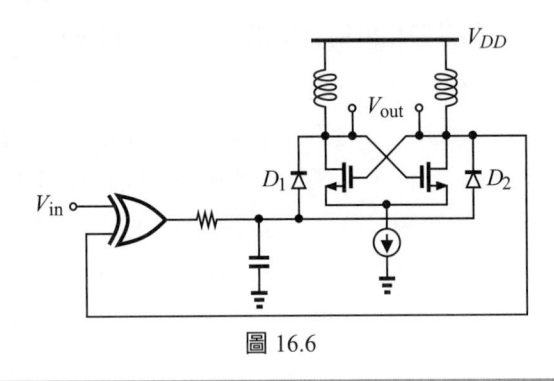

圖 16.6

在鎖定狀態之 PLL 波形

為了更加熟悉 PLL 的特性，我們以最簡單的情況開始：電路被鎖定且我們想檢查迴路中每個點的波形。如圖 16.7(a) 所示，V_{in} 和 V_{out} 顯示了一個小相位差但其頻率相同。因

此 PD 產生與輸入和輸出間偏移一樣寬的脈衝，[1] 且低通濾波器會取出 V_{PD} 的直流成分，並將此結果加入 VCO 中。我們假設 LPF 在低頻時增益為一。我們將 V_{LPF} 的小脈衝稱為**擾動**（ripple）。

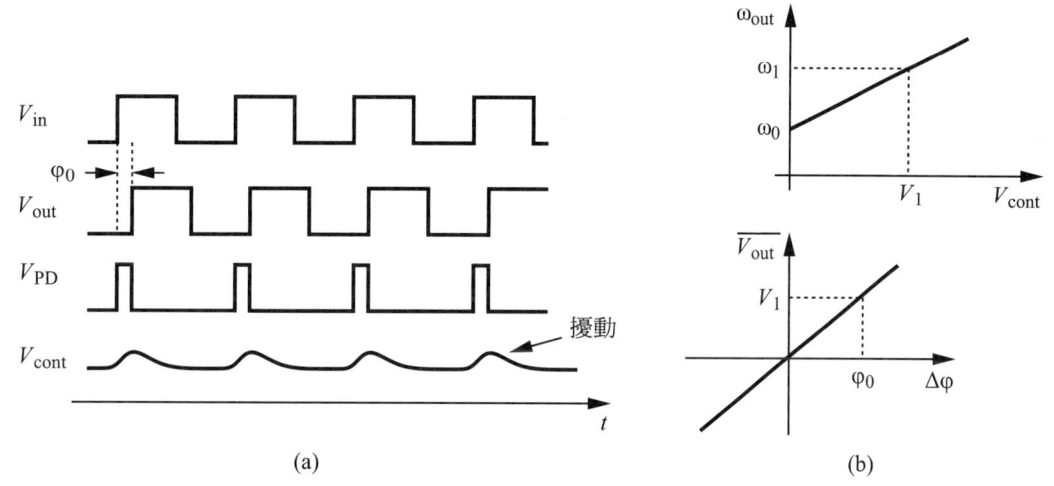

圖 16.7　(a) 在鎖定狀態下的 PLL 波形；(b) 相位誤差的計算

圖 16.7(a) 波形中，有兩個量仍未知：φ_0 和 V_{cont} 的直流位準。為求出這些值，我們建立 VCO 和 PD 特性圖〔圖 16.7(b)〕。如果輸入和輸出頻率等於 ω_1，則所需振盪器控制電壓是唯一且等於 V_1。此電壓必須由相位檢測器產生，並需要由 PD 特性求出相位誤差。更明確地說，因為 $\omega_{out} = \omega_0 + K_{VCO}V_{cont}$ 且 $\overline{V_{PD}} = K_{PD}\Delta\varphi$，我們可以寫成

$$V_1 = \frac{\omega_1 - \omega_0}{K_{VCO}} \tag{16.3}$$

且

$$\varphi_0 = \frac{V_1}{K_{PD}} \tag{16.4}$$

$$= \frac{\omega_1 - \omega_0}{K_{PD}K_{VCO}} \tag{16.5}$$

(16.5) 顯示了兩個重點：(1) 當 PLL 的輸入頻率改變時，相位誤差也會變化；(2) 為了將相位誤差最小化，必須將 $K_{PD}K_{VCO}$ 最大化。

範例 16.3

一個 PLL 使用如圖 16.8 特性的 VCO 和 PD，解釋在鎖定狀態下，當輸入頻率改變時會發生何事？

1　在此範例中，PD 僅在上升轉換時產生脈衝。

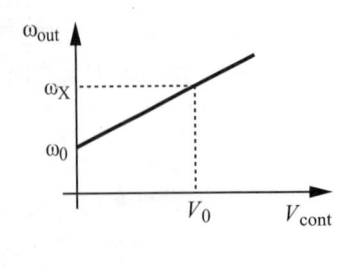

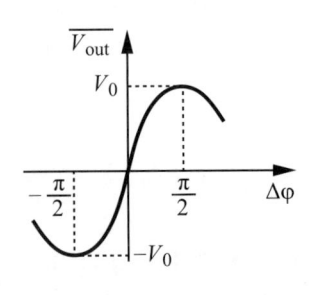

圖 16.8

解 PD 特性在原點附近相當線性，但顯示一小信號增益為零，如果相位差為 ± π/2，此時平均輸出為 ± V_0。現在假設輸入頻率從 ω_0 開始增加，需要較大的控制電壓。如果頻率夠高 (= ω_x) 讓 $V_{cont} = V_0$ 時，則 PD 須在其特性圖的峰值上運作。然而，PD 增益在此會降至零且回授迴路不再成立。因此，如果輸入頻率達到 ω_X，電路則無法被鎖定。

利用到目前為止對 PLL 的基本認識，現在回來看 (16.2)。鎖定狀態中 PLL 的輸入頻率和輸出頻率相等是一個重要的特性，此特性可由兩個觀察看出。第一，在許多應用中，甚至都可能無法接受一個非常小的（決定性）頻率誤差。舉例來說，如果一資料流由時脈系統同步處理時，在資料速率和時脈頻率之間微小的差異導致**漂移**（drift）並產生誤差（圖 16.9）。第二，如果 PLL 比較輸入和輸出頻率而非相位時，此等式不存在。如圖 16.10(a) 所示，使用**頻率檢測器**（frequency detector, FD）的迴路會遇到由於不匹配和非理想現象所造成 ω_{in} 和 ω_{out} 間的有限差異。這可藉由和圖 16.10(b) 單增益回授電路的相似性來了解。即使運算放大器的開路增益為無限大時，輸入相關偏移電壓會產生 V_{in} 和 V_{out} 間的有限誤差。

鎖定狀態中的小瞬變現象

現在來分析 PLL 在鎖定狀態對於輸入端的小相位或**頻率瞬變**（transient）之響應。

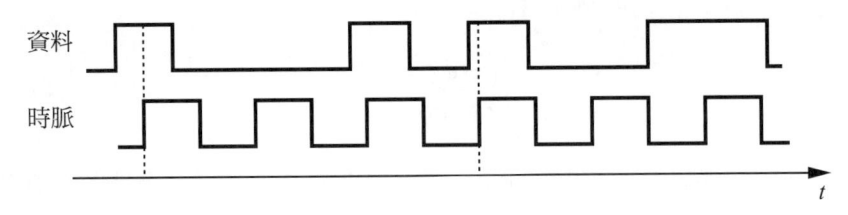

圖 16.9 在小頻率誤差下，相對於時脈之資料漂移

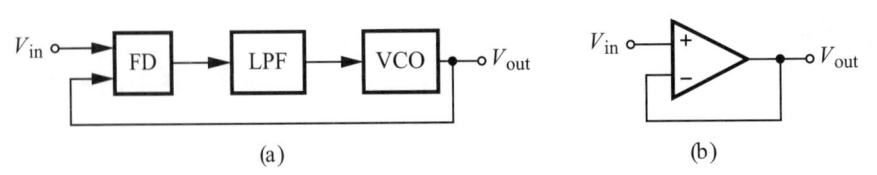

圖 16.10 (a) 頻率鎖定迴路；(b) 單增益回授放大器

考慮鎖定狀態的 PLL，並假定輸入和輸出波形可以下列方式表示

$$V_{in}(t) = V_A \cos \omega_1 t \tag{16.6}$$

$$V_{out}(t) = V_B \cos(\omega_1 t + \varphi_0) \tag{16.7}$$

其中忽略較高諧波且 φ_0 為靜態相位誤差。如圖 16.11 所示，假設在 $t = t_1$ 時輸入遇到相位步級信號 φ_1，也就是 $\varphi_{in} = \omega_1 t + \varphi_1 u(t - t_1)$。[2] 相位步階在 v_{in} 中本身為上升訊號邊緣，且會偵測到週期性的領先（或落後）。另外，我們可以說相位步階會導致在 t_1 前一個比較短的（或是比較長的）週期 t_1，因為 LPF 的輸出無法立即改變，VCO 最初在 ω_1 時開始振盪，在輸入和輸出間成長的相位差會在 PD 的輸出產生寬脈衝，強制讓 V_{LPF} 逐漸升高。所以 VCO 頻率開始變化，並試著將相位誤差最小化。注意，瞬變中迴路並未被鎖定，因為相位誤差隨時間變化。

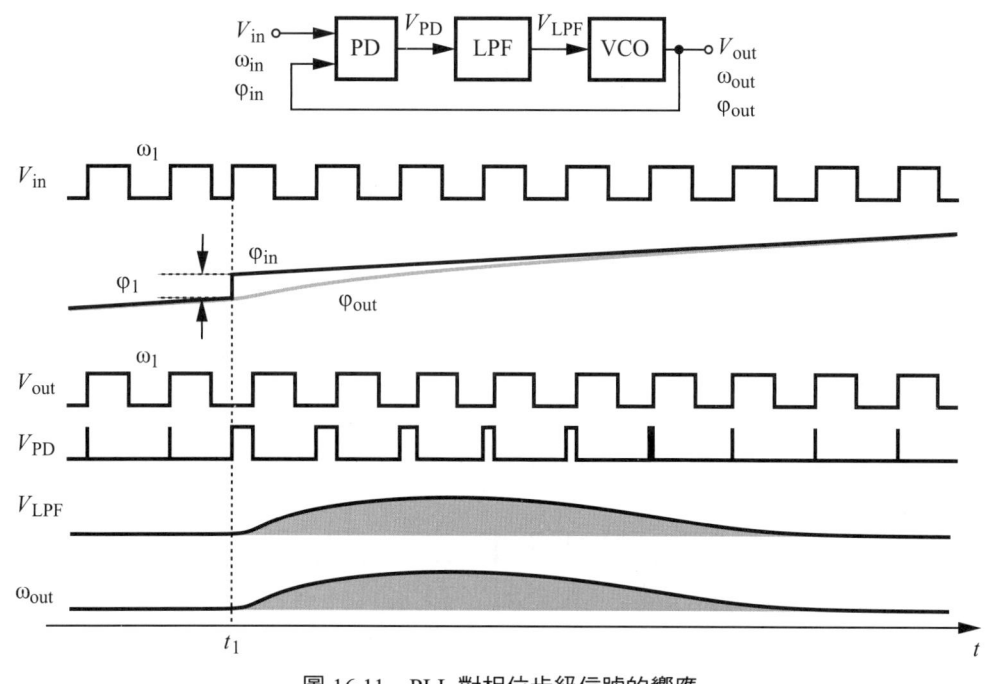

圖 16.11　PLL 對相位步級信號的響應

在 VCO 頻率開始變化後會發生何事呢？若迴路回復鎖定時，ω_{out} 最後必須回至 ω_1，故 V_{LPF} 和 $\varphi_{out} - \varphi_{in}$ 也得回復至原始值。因為 φ_{in} 改變 φ_1，VCO 頻率的變化讓在 ω_{out} 下的面積提供在 φ_{out} 中 φ_1 的溢相位為：

$$\int_{t1}^{\infty} \omega_{out} dt = \varphi_1 \tag{16.8}$$

---

2 在此例中，$_{in}$ 和 $_{out}$ 分別代表輸入和輸出的總相位。

因此,當迴路穩定時,輸出變為

$$V_{out}(t) = V_B \cos[\omega_1 t + \varphi_0 + \varphi_1 u(t - t_1)] \tag{16.9}$$

因此如圖 16.11 所示,φ_{out} 逐漸「跟上」φ_{in}。

觀察以下兩個重點:(1) 在迴路回復至鎖定時,所有參數(除總輸入和輸出相位外)回到原始值。也就是說 $\varphi_{in} - \varphi_{out}$、$V_{LPF}$ 和 VCO 頻率維持不變(也是預期的結果),因為這三個參數為一對一關係且輸入頻率維持不變。(2)? 振盪器的控制電壓在 PLL 的分析中可作為適當的測試點。雖然很難量測圖 16.11 相位和頻率的時間變化,而在模擬和量測中可輕易觀測到 V_{cont} $(= V_{LPF})$。

各位可能想知道是否輸入相位步級信號一定會產生圖 16.11 的響應。舉例來說,對 V_{LPF} 而言穩定至其最終值前有可能振盪嗎?此現象的確有可能且會在 16.1.3 節中量化。

現在來檢查 PLL 在 $t = t_1$ 時,對於一小輸入頻率步級信號 $\Delta\omega$ 的響應(圖 16.12)。利用相位步級信號的例子,VCO 一開始會在 ω_1 時振盪。因此,PD 會產生逐漸變寬的脈衝,且 V_{LPF} 會隨時間增加。當 ω_{out} 趨近 $\omega_1 + \Delta\omega$ 時,由 PD 所產生的脈衝寬度會減少,最後會穩定至能產生直流成分 $(\omega_1 + \Delta\omega - \omega_0)/K_{VCO}$ 的值。相對於相位步級信號,PLL 對於頻率步級信號的響應讓控制電壓和相位誤差產生一固定變化。如果輸入頻率變化緩慢時,ω_{out} 僅能「追蹤」ω_{in}。

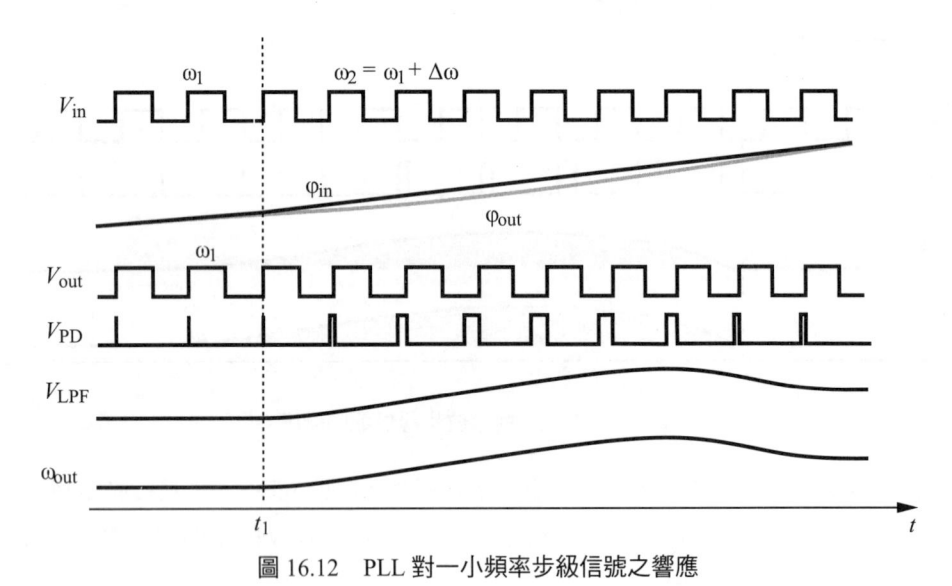

圖 16.12　PLL 對一小頻率步級信號之響應

正確的 PLL 穩定特性和不同的迴路參數有關,且會在 16.1.3 節中看到。但為了進行一個重要的觀察,我們來考慮圖 16.13 的相位步級響應,其中 V_{cont} 在穩定至最終值前會產生振盪。考慮 $t = t_2$ 時的迴路狀態,輸出頻率等於其最終值(因為 V_{cont} 等於其最終值),但迴路會維持於暫態,因為相位誤差偏離所需的值。同樣在 $t = t_3$ 時,相位誤差等於其最終值但輸出頻率不會。換句話說,若迴路要穩定時,相位和頻率必須穩定至適當的數值。

圖 16.13　相位步級響應的例子

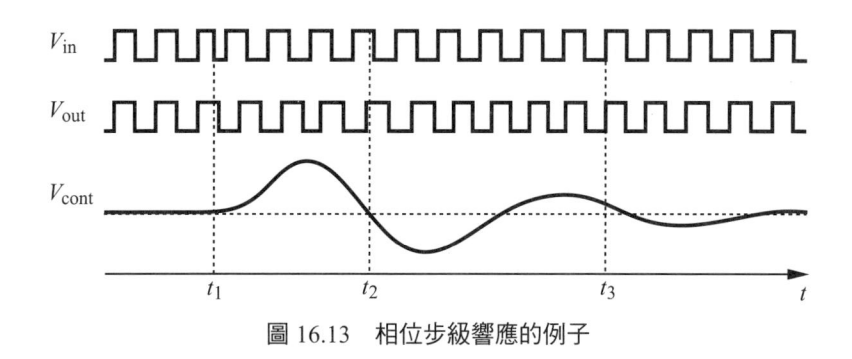

範例 16.4

考慮圖 16.14 的 PLL，其中將一外加電壓 V_{ex} 加入低通濾波器的輸出。[3] (a) 求出相位誤差和 V_{LPF}，如果迴路被鎖定且 $V_{ex} = V_1$；(b) 假設 V_{ex} 在 $t = t_1$ 時由 V_1 步級增加至 V_2，迴路將如何反應呢？

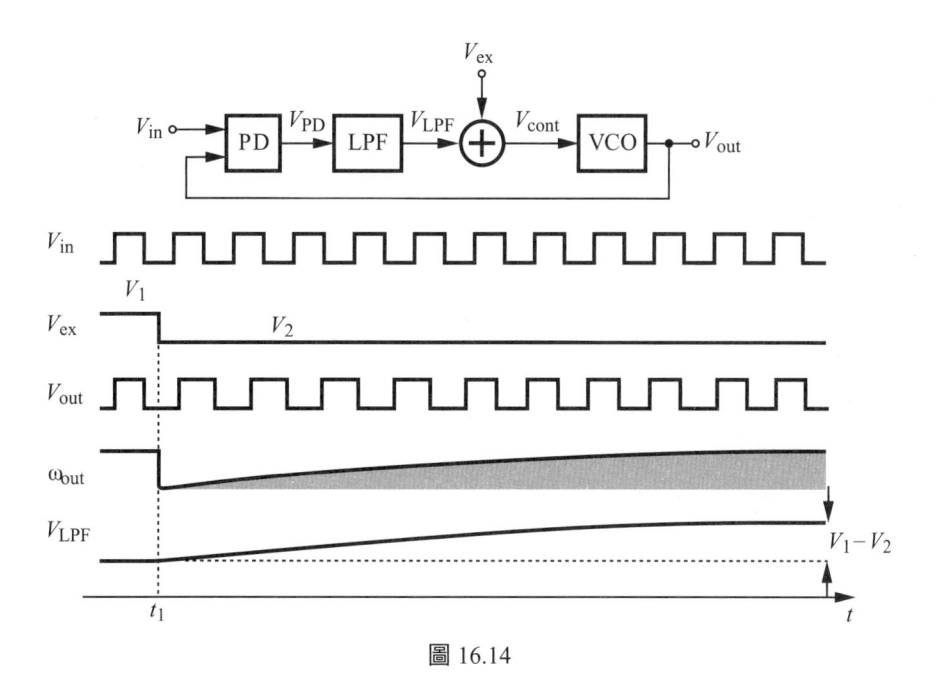

圖 16.14

解　(a) 如果迴路被鎖定時，$\omega_{out} = \omega_{in}$ 且 $V_{cont} = (\omega_{in} - \omega_0)/K_{VCO}$，因此
$V_{LPF} = (\omega_{in} - \omega_0)/K_{VCO} - V_1$ 且 $\Delta\varphi = V_{LPF}/K_{PD} = (\omega_{in} - \omega_0)/(K_{PD}K_{VCO}) - V_1/K_{PD}$。

(b) 當 V_{ex} 由 V_1 增至 V_2 時，V_{cont} 立即由 $(\omega_{in} - \omega_0)/K_{VCO}$ 變為 $(\omega_{in} - \omega_0)/K_{VCO} + (V_2 - V_1)$，VCO 頻率變為 $\omega_{in} - K_{VCO}(V_1 - V_2)$。因為 V_{LPF} 不能立即變化，PD 開始產生逐漸變寬的脈衝，讓 V_{LPF} 提升且增加 ω_{out}。當迴路回復鎖定時，ω_{out} 會等於 ω_{in} 且 $V_{LPF} = (\omega_{in} - \omega_0)/$

---

[3] 此組態可用於無線通訊中頻率調變的例子中。

$K_{VCO}-V_2$，相位誤差也變為 $(\omega_{in}-\omega_0)/(K_{PD}K_{VCO})-V_2/K_{PD}$。注意在暫態時 ω_{out} 下的面積等於輸出相位的變化且相位誤差的變化為：

$$\int_{t1}^{\infty} \omega_{out} dt = \frac{V_1 - V_2}{K_{PD}} \tag{16.10}$$

目前我們歸納出鎖相迴路為「動態」（dynamic）系統，也就是說響應和輸入及輸出的過去值相關。這是可預期的，因為低通濾波器和 VCO 會在迴路轉移函數中產生極點（也有可能是零點）。此外，我們注意到只要輸入和輸出維持完美週期性時（也就是 $\varphi_{in} = \omega_{in}t$ 和 $\varphi_{out} = \omega_{in}t + \varphi_0$），迴路會於穩態運作且不會有暫態現象。因此，PLL 僅對輸入或輸出的**溢相位**（excess phase）變化回應。以圖 16.11 為例，$\varphi_{in} = \omega_1 t + \varphi_1 u(t - t_1)$；而圖 16.12 則為 $\varphi_{in} = \omega_1 t + \Delta \omega \cdot t u(t - t_1)$。

16.1.3 簡單 PLL 的動態現象

利用前幾節中對 PLL 的定性分析，我們現在可以更嚴謹來看待暫態特性。假設迴路初始時為鎖定狀態，我們將 PLL 視為一回授系統，但確認此分析中輸出值須為 VCO 的（額外）相位，因為**誤差放大器**（error amplifier）僅能比較相位。我們的目的在於求出開路及閉路系統的轉移函數 $\Phi_{out}(s)/\Phi_{in}(s)$，且隨後瞭解其時域響應。注意，藉由 PD 單位從相位變化至電壓，與藉由 VCO 由電壓變為相位之大小變化。

$\Phi_{out}(s)/\Phi_{in}(s)$ 代表著什麼呢？用大家比較熟悉的轉移函數來瞭解，是有用的。可以將一個轉移函數為 $V_{out}(s)/V_{in}(s) = 1/(1 + s/\omega_0)$ 的電路視為一低通濾波器，因為如果 V_{in} 變化很快時，V_{out} 不能完全複製輸入的變化。同樣，$\Phi_{out}(s)/\Phi_{in}(s)$ 顯示輸出相位如何複製輸入相位，如果後者變化很慢或很快。

為觀察溢相位隨時間的變化，來看一下圖 16.15 的波形。圖 16.15(a) 的週期變化較慢而圖 16.15(b) 變化較快。因此，$y_2(t)$ 比 $y_1(t)$ 產生了較快的相位變化。

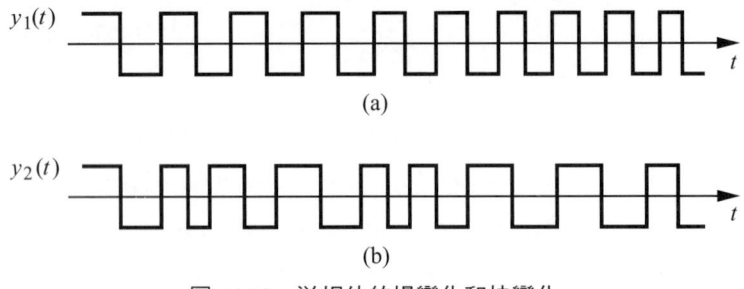

圖 16.15　溢相位的慢變化和快變化

接著來建立 PLL 的線性模型，為求簡化，假設一個一次低通濾波器。PD 輸出包含直流成分 $K_{PD}(\varphi_{out}-\varphi_{in})$ 及高頻成分。因為高頻成分受 LPF 抑制，我們僅用輸出被 K_{PD}「放大」的減法器來建立 PD 的模型。如圖 16.16 所示，整體 PLL 模型由相位減法器；LPF 轉移函

數 $1/(1 + s/\omega_{LPF})$，其中 ω_{LPF} 代表了 -3 dB 頻寬；VCO 為轉移函數 K_{VCO}/s。在此，Φ_{in} 和 Φ_{out} 分別代表了輸入和輸出波形的溢相位。例如，總輸入相位遇到一步級變化 $\varphi_1 u(t)$ 時，則 $\Phi_{in}(s) = \varphi_1/s$。

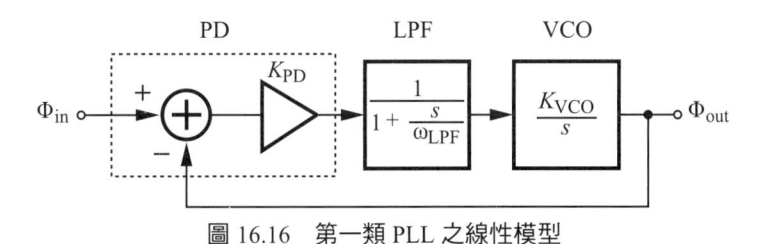

圖 16.16　第一類 PLL 之線性模型

開路轉移函數為

$$H(s)|_{\text{open}} = \frac{\Phi_{out}}{\Phi_{in}}(s)|_{\text{open}} \tag{16.11}$$

$$= K_{PD} \cdot \frac{1}{1 + \dfrac{s}{\omega_{LPF}}} \cdot \frac{K_{VCO}}{s} \tag{16.12}$$

顯示了一個在 $s = -\omega_{LPF}$ 的極點且另一個在 $s = 0$。注意，因為單增益回授因子，迴路增益等於 $H(s)|_{\text{open}}$。因為迴路增益包含一個在原點的極點，此系統稱為「第一類」(type I)。

我們在計算閉迴路轉移函數前，來進行一個重要的觀察。如果 s 非常小時，迴路增益為何？也就是說如果輸入溢相位變化非常慢時。由於在原點的極點，當 s 趨近零時，迴路增益會趨近無限大，此頻率和第 8 章和第 10 章中的回授電路相反。因此，當 s 趨近零時，鎖相迴路（在閉迴路、鎖定狀態下）確保 φ_{out} 的變化恰好等於 φ_{in} 的變化。此結果能看出兩個 PLL 有趣的特性。第一，如果輸入溢相位變化很慢時，輸出溢相位會「追蹤」輸入溢相位（畢竟，φ_{out} 被「鎖定」為 φ_{in}）。第二，如果在 φ_{in} 的暫態已衰減時（對應於 $s \to 0$ 的另一種狀況），則 φ_{out} 的變化恰好等於 φ_{in} 的變化。圖 16.11 的例子為真實的情況。

我們可將 (16.12) 以閉迴路轉移函數表示：

$$H(s)|_{\text{closed}} = \frac{K_{PD}K_{VCO}}{\dfrac{s^2}{\omega_{LPF}} + s + K_{PD}K_{VCO}} \tag{16.13}$$

為求簡化，此後我們僅以 $H(s)$ 或 Φ_{out}/Φ_{in} 來表示 $H(s)|_{closed}$。一如預期，若 $s \to 0$，$H(s) \to 0$，因為迴路增益為無限大。

為深入分析 $H(s)$，我們導出一個能更直覺瞭解該系統的關係式。回想一下第 15 章，波形的瞬間頻率等於相位對時間的導函數：$\omega = d\varphi/dt$。因為頻率和相位利用一線性運算子有關，(16.13) 的轉移函數加入輸入和輸出頻率的變化中：

$$\frac{\omega_{out}}{\omega_{in}}(s) = \frac{K_{PD}K_{VCO}}{\dfrac{s^2}{\omega_{LPF}} + s + K_{PD}K_{VCO}} \tag{16.14}$$

舉例來說，此結果預測如果 ω_{in} 變化非常慢時（$s \to 0$），ω_{out} 會只追蹤 ω_{in}，此結果也為預期，因為迴路被假設為鎖定狀態。(16.14) 也指出如果 ω_{in} 變化很劇烈，但此系統有足夠時間來穩定時 ($s \to 0$)，ω_{out} 的變化等於 ω_{in} 的變化（如圖 16.12 之範例）。

上述觀察支援了兩個分析的方向。第一，一些閉路系統的暫態響應以頻率變化型態來看可能比相位型態簡單；第二，因為 ω_{out} 的變化須隨 V_{cont} 變化，我們得到

$$H(s) = K_{VCO} \cdot \frac{V_{cont}}{\omega_{in}}(s) \tag{16.15}$$

也就是，觀察 V_{cont} 對 ω_{in} 變化的響應的確產生閉路系統的響應。

(16.13) 的二次轉移函數推論出第一類系統的步級響應可能會出現過阻尼（overdamped）、適阻尼（critically damped）或欠阻尼（underdamped）。為導出每種情況的條件，我們用控制理論中熟悉的形式以 $s^2 + 2\zeta\omega_n s +$ 來表示，其中 ζ 為**阻尼係數**（damping ratio）而 ω_n 為**自然頻率**（natural frequency）。也就是，

$$H(s) = \frac{\omega_n^2}{s^2 + 2\zeta\omega_n s + \omega_n^2} \tag{16.16}$$

其中

$$\omega_n = \sqrt{\omega_{LPF}K_{PD}K_{VCO}} \tag{16.17}$$

$$\zeta = \frac{1}{2}\sqrt{\frac{\omega_{LPF}}{K_{PD}K_{VCO}}} \tag{16.18}$$

閉路系統的兩個極點為

$$s_{1,2} = -\zeta\omega_n \pm \sqrt{(\zeta^2 - 1)\omega_n^2} \tag{16.19}$$

$$= (-\zeta \pm \sqrt{\zeta^2 - 1})\omega_n \tag{16.20}$$

因此如果 $\zeta > 1$，兩個極點都為實數，系統為過阻尼且暫態響應包含了兩個指數項，其時間常數為 $1/s_1$ 和 $1/s_2$。另一方面，如果 $\zeta < 1$，極點為複數且輸入頻率步級信號 $\omega_{in} = \Delta\omega u(t)$ 的響應為

$$\omega_{out}(t) = \left\{1 - e^{-\zeta\omega_n t}[\cos(\omega_n\sqrt{1-\zeta^2}\,t) + \frac{\zeta}{\sqrt{1-\zeta^2}}\sin(\omega_n\sqrt{1-\zeta^2}\,t)]\right\}\Delta\omega u(t) \tag{16.21}$$

$$= [1 - \frac{1}{\sqrt{1-\zeta^2}}e^{-\zeta\omega_n t}\sin(\omega_n\sqrt{1-\zeta^2}\,t + \theta)]\Delta\omega u(t) \tag{16.22}$$

其中 ω_{out} 代表了輸出頻率的變化且 $\theta = \sin^{-1}\sqrt{1-\zeta^2}$。因此，如圖 16.17 所示，步級響應包含了一正弦成分頻率為 $\omega_n\sqrt{1-\zeta^2}$，但此頻率會隨著時間常數 $(\zeta\omega_n)^{-1}$ 衰減。注意，如果將相位步級信號加至輸入端且觀察輸出相位時，此系統顯示了相同的響應。

PLL 的穩定速度（settling-speed）在許多應用中非常重要。(16.22) 指出指數衰減取決於輸出信號多快能趨近其最終值，暗示須將 $\zeta\omega_n$ 最大化。對於第一類 PLL 而言，(16.17) 和 (16.18) 產生

$$\zeta\omega_n = \frac{1}{2}\omega_{LPF} \tag{16.23}$$

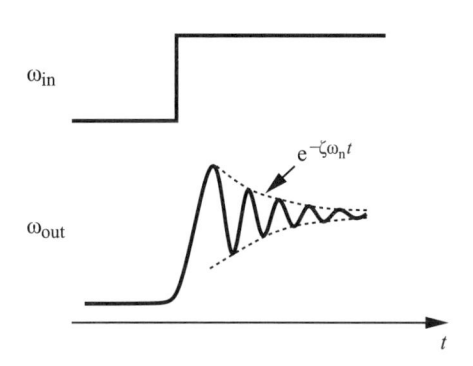

圖 16.17 PLL 對頻率步級信號的欠阻尼響應

此結果顯示在穩定速度和 VCO 控制線上擾動間的嚴重交互限制：ω_{LPF} 越低，則 PD 所產生高頻成分的抑制也越大，但穩定時間常數則越長。

範例 16.5

某行動電話用 900-MHz 鎖相迴路來產生載波頻率，若 $\omega_{LPF} = 2\pi \times (20 \text{ kHz})$ 且輸出頻率由 901 MHz 改為 901.2 MHz 時，PLL 輸出頻率要多久才能穩定至最終值 100 Hz 之內？

解 因為步級信號大小為 200 kHz，我們得到

$$[1 - e^{-\zeta\omega_n t_s}\sin(\omega_n\sqrt{1-\zeta^2}t_s + \theta)] \times 200 \text{ kHz} = 200 \text{ kHz} - 100 \text{ Hz} \tag{16.24}$$

因此

$$e^{-\zeta\omega_n t_s}\sin(\omega_n\sqrt{1-\zeta^2}t_s + \theta) = \frac{100 \text{ Hz}}{200 \text{ kHz}} \tag{16.25}$$

在最差情況下，正弦波等於一且

$$e^{-\zeta\omega_n t_s} = 0.0005 \tag{16.26}$$

也就是說

$$t_s = \frac{7.6}{\zeta\omega_n} \tag{16.27}$$

$$= \frac{15.2}{\omega_{LPF}} \tag{16.28}$$

$$= 0.12 \text{ ms} \tag{16.29}$$

除了乘積 $\zeta\omega_n$ 外，ζ 值本身也很重要。如圖 16.18 所示，對於不同的 ζ 和固定的 ω_n 來說，當 $\zeta < 0.5$ 時，步級響應呈現嚴重的振盪現象。以迴路參數的製程和溫度變化來看，通常選擇比 $\sqrt{2}/2$ 或 1 大的 ζ，以避免額外振盪產生。[4]

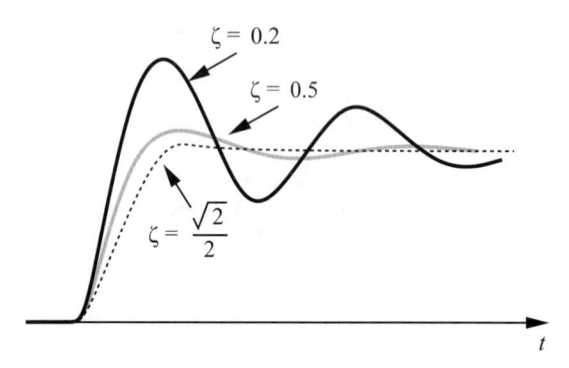

圖 16.18　在不同 ζ 值之二次系統的欠阻尼響應

ζ 的選擇也同樣產生了其他的交互限制。第一，(16.18) 暗示將 ω_{LPF} 減少來將控制線的擾動最小化時，穩定性會變差；第二，(16.5) 和 (16.18) 指出相位誤差和 ζ 和 $K_{PD}K_{VCO}$ 成反比；不可避免會降低了相位誤差而讓系統較不穩定。總之，第一類 PLL 遇到了穩定速度、控制電壓的擾動（也就是輸出信號的品質）、相位誤差和穩定性之間的交互限制。

PLL 的穩定特性也可以圖形來分析，讓各位更深入了解。回想一下第 10 章中，迴路增益的強度和相位波德圖能容易得到相位安全邊限。而以 (16.12) 來建立波德圖，如圖 16.19 所示迴路增益在 $\omega = 0$ 時從無限大開始下降，在 $\omega < \omega_{LPF}$ 時以 20 dB/dec 速率下降，而在 $\omega > \omega_{LPF}$ 時以 40 dB/dec 速率下降。相位從 $-90°$ 開始而逐漸趨近於 $-180°$。

如果選定一個較高的 $K_{PD}K_{VCO}$ 來將 $\varphi_{out} - \varphi_{in}$ 最小化時，會發生什麼事呢？因為圖 16.19 的整體增益圖會上移，故增益交錯點會往右移，因此讓相位安全邊限變差。這和 ζ 與 $K_{PD}K_{VCO}$ 的相關性一致。

目前可知，$K_{PD}K_{VCO}$ 影響許多 PLL 的重要參數。有時將這些數值稱為迴路增益（即使並非是無單位的數值），因為 $\Delta\varphi = (\omega_{out} - \omega_0)/(K_{PD}K_{VCO})$ 和回授系統的誤差方程式相似。

---

[4] 低 ζ 也可在轉移函數中產生峰值。因此，有些應用中的 ζ 需要介在 5~10 之間的值。

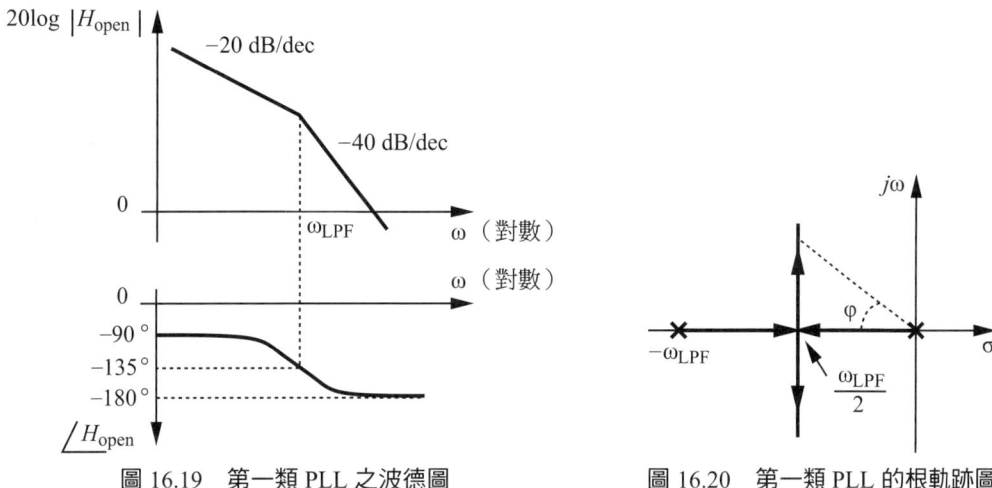

圖 16.19　第一類 PLL 之波德圖　　　圖 16.20　第一類 PLL 的根軌跡圖

第一類 PLLs 的穩定特性也可藉由參數 $K_{PD}K_{VCO}$ 變化時，其極點在複數平面之根軌跡圖來分析（圖 16.20）。當 $K_{PD}K_{VCO} = 0$ 時，迴路為開啟，$\zeta = \infty$，且兩個極點為 $s_1 = -\omega_{LPF}$ 和 $s_2 = 0$。當 $K_{PD}K_{VCO}$ 增加時（也就是回授變強時），ζ 會下降，而兩個極點 $s_{1,2} = (-\zeta \pm \sqrt{\zeta^2 - 1})\omega_n$ 會在實數軸上互相接近。當 $\zeta = 1$ 時（也就是 $K_{PD}K_{VCO} = \omega_{LPF}/4$），$s_1 = s_2 = -\zeta\omega_n = -\omega_{LPF}/2$。當 $K_{PD}K_{VCO}$ 進一步增加時，兩個極點會為複數，而實部為 $-\zeta\omega_n = -\omega_{LPF}/2$，且和 jw 軸平行移動。

我們從圖 16.20 中確認了當 s_1 和 s_2 遠離實數軸時，系統會較不穩定。事實上，各位可自行證明 $\cos\varphi = \zeta$（見習題 16.8），歸納出當 φ 趨近 90° 時，ζ 會降至零。

另一個顯示了 PLL 安定特性的轉移函數為圖 16.16 中相位減法器之輸出誤差的轉移函數。假設 $H_e(s) = (\varphi_{in} - \varphi_{out})/\varphi_{in}$，此轉移函數可藉由讓 $\varphi_{out}/\varphi_{in} = H(s)$ 且由 (16.13) 中得到

$$H_e(s) = 1 - H(s) \tag{16.30}$$

$$= \frac{s^2 + 2\zeta\omega_n s}{s^2 + 2\zeta\omega_n s + \omega_n} \tag{16.31}$$

一如預期，若 $s \to 0$，則 $H_e(s) \to 0$，因為當輸入變化非常慢或暫態穩定時，輸出會追蹤輸入信號。

範例 16.6

假設第一類 PLL 在 $t = 0$ 時遇到了頻率步級信號為 $\Delta\omega$ 時，計算相位誤差的變化值。

解　頻率步級信號的拉氏轉換等於 $\Delta\omega/s$，因為 $H_e(s)$ 聯繫了相位誤差和輸入相位，可以 $\Phi_{in}(s) = (\Delta\omega/s)/s = \Delta\omega/s^2$ 表示。因此相位誤差的拉氏轉換為

$$\Phi_e(s) = H_e(s) \cdot \frac{\Delta\omega}{s^2} \tag{16.32}$$

$$= \frac{s^2 + 2\zeta\omega_n s}{s^2 + 2\zeta\omega_n s + \omega_n^2} \cdot \frac{\Delta\omega}{s^2} \tag{16.33}$$

從最終值定理來看，

$$\varphi_e(t = \infty) = \lim_{s \to 0} s\Phi_e(s) \tag{16.34}$$

$$= \frac{2\zeta}{\omega_n}\Delta\omega \tag{16.35}$$

$$= \frac{\Delta\omega}{K_{PD}K_{VCO}} \tag{16.36}$$

和 (16.5) 符合

16.2 電荷幫浦 PLL

雖然第一類 PLL 已廣泛用於非積體電路中，但不利於在高效能積體電路中的使用。除了 ζ、ω_{LPF} 和相位誤差間的交互限制外，第一類 PLL 會遇到另一個重大的缺點：有限的 **獲取範圍**（acquisition range）。

16.2.1 達到鎖定的問題

假設當一個 PLL 電路開啟時，其振盪器運作頻率遠離輸入頻率，也就是迴路沒被鎖定。在何種情況下迴路會「獲取」（acquire）鎖定呢？迴路由未鎖定狀態至鎖定狀態的轉換為非常非線性的現象，因為相位檢測器量測到不相等的頻率。雖然第一類 PLL 中鎖定獲取的問題已有廣泛研究，但我們並不以「獲取範圍」[5] 為 ω_{LPF} 的數量級，也就是說迴路僅在 ω_{in} 和 ω_{out} 間的差小於 ω_{LPF} 時才會鎖定。[6]

鎖定獲取的問題會進一步讓第一類 PLL 間有更多交互限制。如果減少 ω_{LPF} 來抑制控制電壓上的擾動時，獲取範圍會減少。注意，即使輸入頻率有一個精確控制電壓時，通常需要一寬範圍，因為 VCO 中心頻率可能會隨製程和溫度變化。在目前大部分的應用中，我們至今提過的 PLL 獲取範圍都不適當。

---

[5] 獲取範圍、跟蹤範圍（tracking range）、鎖定範圍（lock range）、捕捉範圍（capture range）和拉進範圍（pull-in range）通常用來描述PLL在輸入或VCO頻率變化時的特性。對我們來說，獲取範圍、捕捉範圍和拉進範圍都相同。跟蹤範圍是指一個鎖定的PLL能跟蹤輸入信號的輸入頻率範圍。利用頻率檢測，獲取範圍會等於跟蹤範圍（對週期信號而言）。

[6] 此為很粗略的估計。實際上，獲取範圍可能是好幾倍寬或好幾倍窄，這也假定VCO調諧範圍不夠大到能限制獲取範圍。

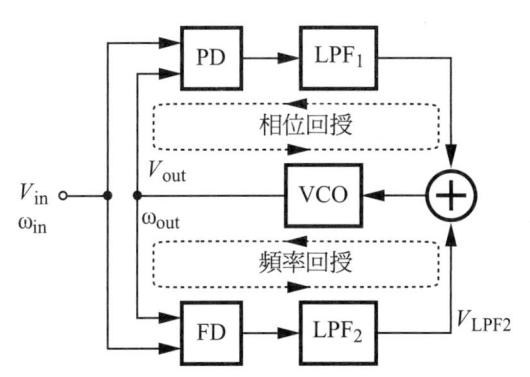

圖 16.21 加入頻率檢測以增加獲取範圍

為補救獲取的問題，現今 PLL 除了相位檢測器外還使用頻率檢測器，我們稱為**輔助獲取**（aided acquisition）並如圖 16.21 所示。此觀念是藉由頻率檢測器來比較 ω_{in} 和 ω_{out}，產生一個和 ω_{in}-ω_{out} 成比例的 V_{LPF2}，並將結果加至在負回授迴路的 VCO。在開始時，FD 驅動 ω_{out} 為 ω_{in}，而 PD 輸出維持「不動」。當 $|\omega_{out} - \omega_{in}|$ 夠小時，鎖相迴路會接手，並獲取鎖定。這樣的組態會讓獲取範圍增至 VCO 的調諧範圍。[7]

16.2.2 相位／頻率偵測器

對週期性信號而言，有可能藉由設置一個能同時測量相位和頻率差的電路來整合圖 16.21 的兩個迴路。我們稱此為**相位／頻率檢測器**（phase/frequency detector, PFD）且如圖 16.22 所示，電路使用序列邏輯電路來產生三種狀態並在兩個輸入信號的上升（或下降）邊緣產生反應。若一開始 $Q_A = Q_B = 0$，則在 A 上的上升轉換產生 $Q_A = 1$、$Q_B = 0$。電路維持在此狀態中直到 B 變高，此時 Q_A 歸零。換句話說，如果 A 信號的上升邊緣緊接著 B 信號的上升邊緣，則 QA 會上升且回到低電位。此特性和 B 輸入相似。

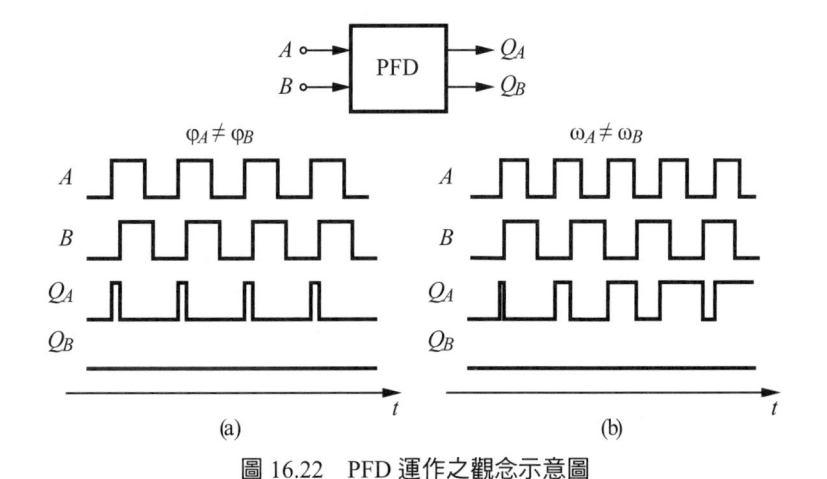

圖 16.22 PFD 運作之觀念示意圖

---

7 如果輸入不是週期性時，此也許不為真。

圖 16.22(a) 中的兩個輸入信號有相同頻率，但 A 領先 B。輸出 Q_A 持續產生寬度和 $\varphi_A - \varphi_B$ 成比例的脈衝，而 Q_B 維持在零。圖 16.22(b)A 的頻率比 B 高，且 Q_A 會產生脈衝而 Q_B 不會。基於對稱，如果 A 落後 B 或其頻率比 B 低時，Q_B 會產生脈衝而 Q_A 不會。因此 Q_A 和 Q_B 的直流部分呈現 $\varphi_A - \varphi_B$ 或 $\omega_A - \omega_B$。輸出 Q_A 和 Q_B 分別為「UP」和「DOWN」脈衝。

範例 16.7

說明主從式（master-slave）D 型觸發器（flipflop）是否能作為相位檢測器或頻率檢測器。假設觸發器提供了差動輸出。

解 如圖 16.23(a) 所示，我們首先輸入相同頻率但有限相位差的信號，假設輸出在時脈輸入的上升邊緣改變。如果 A 領先 B，則 V_{out} 會無限期維持於邏輯 1 狀態，因為觸發器持續對 A 的高階信號採樣。反之，若 A 落後 B 時，則 V_{out} 維持在低狀態。如圖 16.23(b) 所示，電路的輸入－輸出特性在 $\Delta\varphi = 0, \pm\pi, \cdots$ 顯示非常高的增益，且在其他 $\Delta\varphi$ 時為零。有時會將 D 型觸發器稱為「正反」相位檢測器，以強調當 $\Delta\varphi$ 從略低於零變化至略高於零時，V_{out} 之平均值從 $-V_1$ 跳至 $+V_1$。

現在假設 A 和 B 的頻率不同，如果觸發器作為頻率檢測器時，則 V_{out} 的平均值在 $\omega_A > \omega_B$ 和 $\omega_A < \omega_B$ 時顯示出不同的極性。然而如圖 16.23(c) 所示，平均值在兩個情況下均為零。

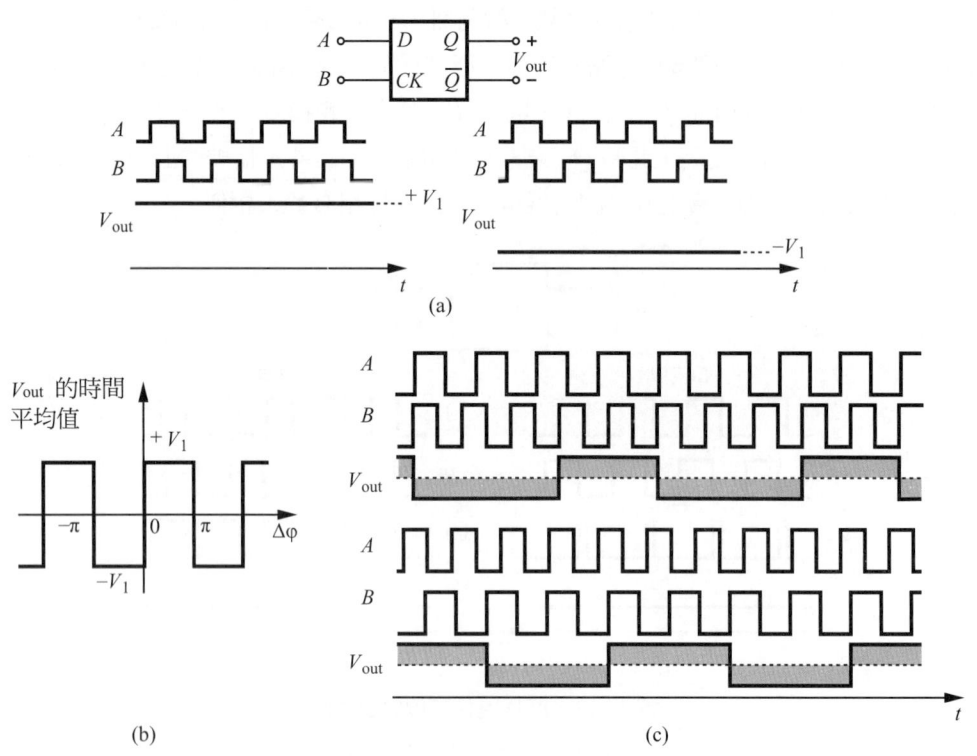

圖 16.23 (a)D 型觸發器為相位檢測器；(b) 輸入／輸出特性圖；
(c)D 型觸發器對輸入頻率不同時的反應

圖 16.22 的電路可以許多形式來表示。圖 16.24(a) 顯示由兩個邊緣觸發的可重置 D 型觸發器所組成的簡單電路，其 D 輸入為邏輯 1 狀態。而將輸入 A 和 B 作為觸發器的時脈。如果 $Q_A = Q_B = 0$ 且 A 變高時，Q_A 會增加；如果隨後 B 增加，Q_B 會變高且 AND 閘會重置兩個觸發器。換句話說，Q_A 和 Q_B 短時間內同時為高，但其平均值的差仍正確表示輸入相位或頻率間的差。每個觸發器可如圖 16.24(b) 的方式呈現，其中兩個 RS 閂鎖（latch）為交錯耦合，閂鎖 1 和閂鎖 2 分別對 CK 和重置信號的上升邊緣回應。

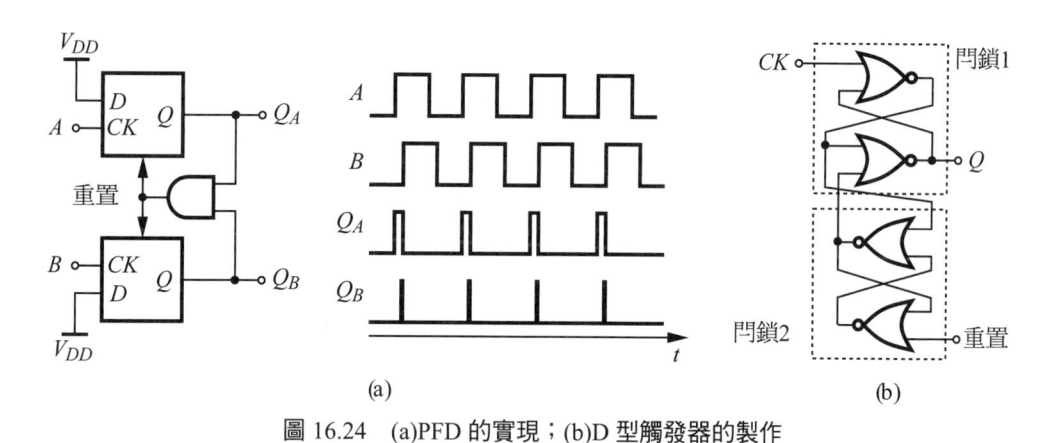

圖 16.24　(a)PFD 的實現；(b)D 型觸發器的製作

範例 16.8

求出圖 16.24(a) 中 Q_B 波形的最窄重置脈衝的寬度。

解　圖 16.25(a) 顯示在閘極層次的整體 PFD。如果電路以 $A = 1$，$Q_A = 1$ 和 $Q_B = 0$ 時開始，B 上升邊緣迫使 $\overline{Q_B}$ 變低且在一個閘極延遲後，Q_B 會變高。如圖 16.25(b) 所示，此轉換會行進至「重置端」、$\overline{E}$、$\overline{F}$、E、F，最終到 Q_A 和 Q_B。因此 Q_B 的脈衝寬大約等於 10 個閘極延遲。[8]

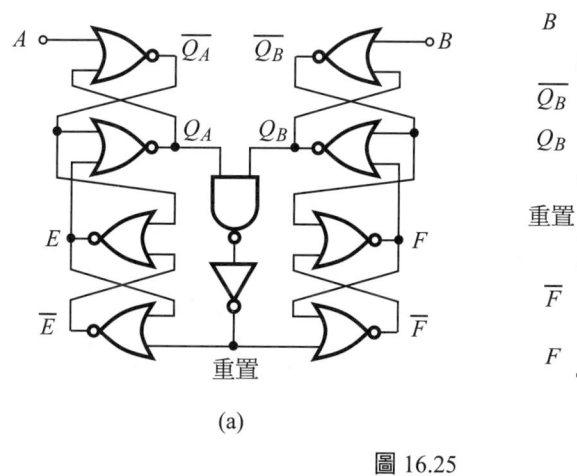

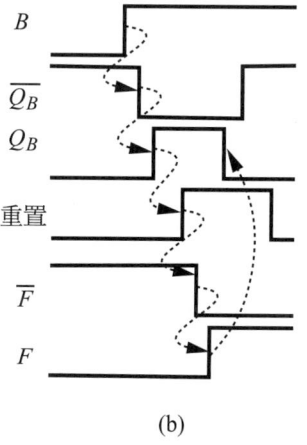

圖 16.25

---

[8] 此為粗略估算，因為 NAND 閘、轉換器和 NOR 閘有不同的延遲和扇出（fanout）。

繪出上述 PFD 的輸入－輸出特性圖是有用的。定義輸出為當 $\omega_A = \omega_B$ 時 Q_A 和 Q_B 平均值的差，並忽略窄重置脈衝的效應，我們發現當 $|\Delta\varphi|$ 改變時，輸出會呈對稱改變（圖16.26）。對於 $\Delta\varphi= \pm 360°$ 而言，V_{out} 會達到極值，緊接著改變極性。我們可將特性曲線的斜率視為增益。

如何在鎖相迴路中使用圖 16.24(a) 的 PFD 呢？因為在 Q_A 和 Q_B 平均值之間的差是我們關注的重點，這兩個輸出能以低通濾波且量測出差動（圖 16.27）。用這種架構的的 PLL 一定會鎖定，但因為有限「迴路增益」$K_{PFD}K_{VCO}$，PLL 會有一個有限相位誤差。

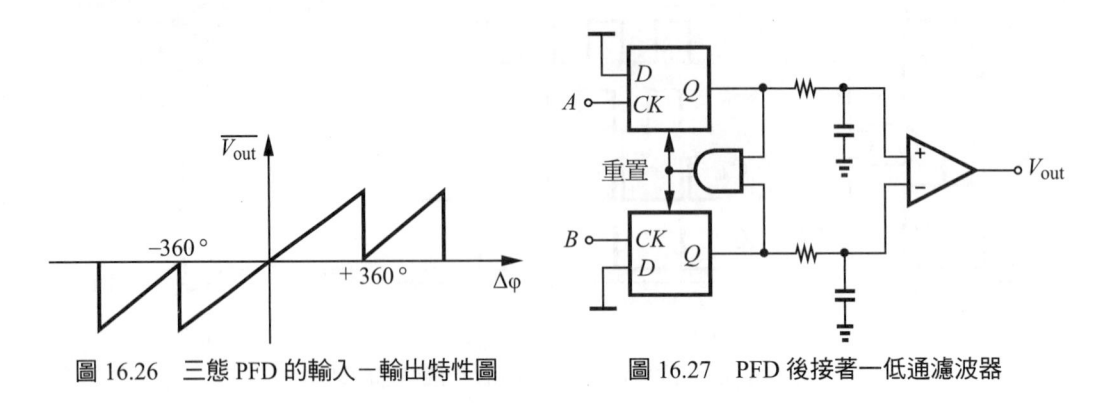

圖 16.26　三態 PFD 的輸入－輸出特性圖　　圖 16.27　PFD 後接著一低通濾波器

16.2.3　電荷幫浦

為了要避免第一類 PLL 中的有限相位誤差，我們想將迴路增益提高為無限大。或許使用一個積分器。第一步是在迴路濾波器和 PFD 間插入**電荷幫浦**（charge pump, CP）。電荷幫浦由兩個推動電荷進入或離開路濾波器（根據兩個邏輯輸入）的交換電流源所組成。圖 16.28 顯示了一個由 PFD 驅動的電荷幫浦、且驅動一電容。此電路有三個狀態，如果 $Q_A = Q_B = 0$，則 S_1 和 S_2 為關閉，且 V_{out} 維持固定。如果 Q_A 為高而 Q_B 為低，則 I_1 對 C_P 充電。相之，如果 Q_A 為低而 Q_B 為高，則 I_2 對 C_P 放電。因此，舉例來說，如果 A 領先 B 時，則 Q_B 會持續產生脈衝而 V_{out} 則會穩定增加。我們將 UP 和 DOWN 電流的 I_1 和 I_2 名義上相等。

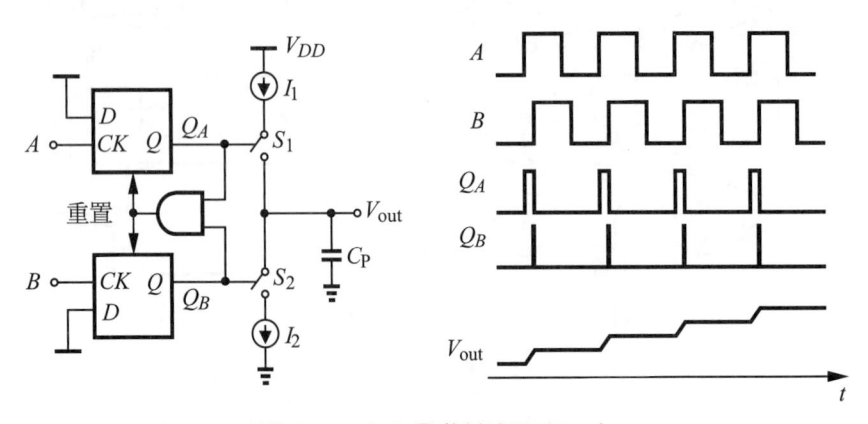

圖 16.28　加入電荷幫浦至 PFD 中

範例 16.9

圖 16.28 中 Q_B 波形的窄脈衝效應為何？

解 因為 Q_A 和 Q_B 在有限時間內同時為高（從範例 16.8 中可知大約為 5 個閘極延遲），電荷幫浦供應至 C_P 的電流會受影響。事實上，如果 $I_1 = I_2$，流經 S_1 的電流僅在窄重置脈衝期間流經 S_2，故不會產生對 C_P 充電的電流。如圖 16.29 所示，V_{out} 在 Q_B 變高後仍維持固定不變。

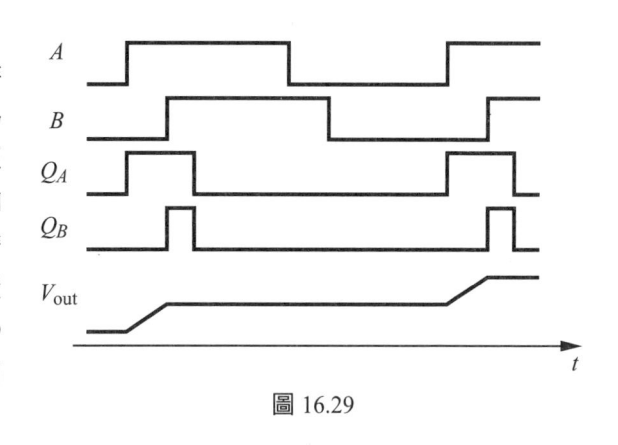

圖 16.29

如圖 16.28 呈現出 PFD/CP/LPF 一個有趣的特性。如果 A 領先 B 一個有限值時，Q_A 會持續產生脈衝，讓電荷幫浦注入 I_1 至 C_P 且迫使 V_{out} 穩定增加。換句話說，對於一個有限輸入誤差而言，輸出最後會變為 $+\infty$ 或 $-\infty$，也就是電路的「增益」為無限大。在此串聯組態，PFD 將輸入相位誤差轉成一個在 QA 或是 QB 上的突波寬度，電荷幫浦將此突波轉成電荷，以及透過電容累積這個電荷。

16.2.4 基本電荷幫浦 PLL

現在我們來建立一個使用圖 16.28 電路的 PLL，並將圖 16.30 稱為電荷幫浦 PLL 的電路，量測了輸入和輸出的轉換，並檢測了相位和頻率差，且因此啟動了電荷幫浦。當迴路開啟時，ω_{out} 可能會遠離 ω_{in}，而 PFD 和電荷幫浦改變控制電壓讓 ω_{out} 接近 ω_{in}。當輸入和輸出頻率夠接近時，PFD 為

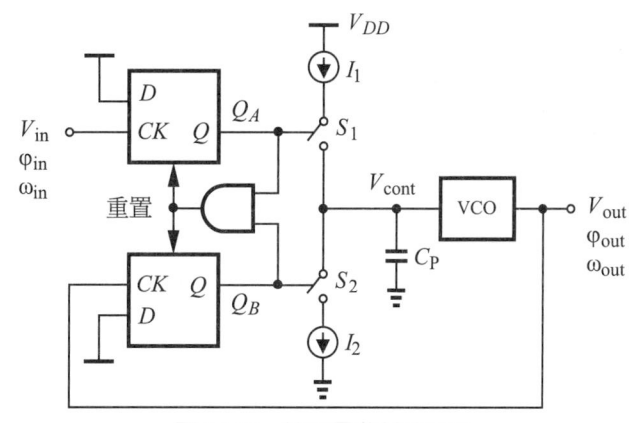

圖 16.30 簡單電荷幫浦 PLL

一相位檢測器，執行相位鎖定。當相位差降至零且電荷幫浦並無運作時，迴路會鎖定。

如上所述，PFD/CP/LPF 結合電路的增益為無限大，也就是在 φ_{in} 和 φ_{out} 間的（決定性）非零差導致 C_P 上無限期產生電荷。在電荷幫浦 PLL 中此特性的結果為何？當圖 16.30 的迴路被鎖定時，V_{cont} 為有限。因此輸入相位誤差必須恰好為零。[9] 這和第一類 PLL 的特性相反，其相位誤差為有限且為輸出頻率的函數。

---

[9] 如 16.3.1 節，不匹配仍會產生一個有限的相位誤差。

為更深入瞭解圖 16.30 中 PLL 的運作，可以忽略 Q_A 和 Q_B 上的窄重置脈衝，並假定在 $\varphi_{out} - \varphi_{in}$ 降至零後，PFD 會讓 $Q_A = Q_B = 0$。因此電荷幫浦不會啟動且 C_P 仍維持一固定控制電壓。這是否意味著不再需要 PFD 和 CP 嗎？如果 V_{cont} 維持固定很長一段時間，VCO 頻率和相位開始漂移。尤其是 VCO 的雜訊源在導致振盪頻率隨機變化，進而產生一個大相位累積的誤差。然後 PFD 會檢測相位差，產生一個能藉由電荷幫浦和濾波器來調整 VCO 頻率於 Q_A 和 Q_B 上的修正脈衝（corrective pulse）。這是為何我們在稍早陳述 PLL 僅以波形的溢相位回應。我們也注意到，因為在圖 16.30 中的每個週期比較相位，VCO 相位和頻率無法劇烈偏移。

CPPLL 的動態特性

為量化電荷幫浦 PLL 的特性，我們必須發展 PFD 結合電路、電荷幫浦和低通濾波器之線性模型，因此得到其轉移函數。我們會發現兩個問題：(1) 圖 16.28 的 PFD/CP/LPF 結合電路是否為線性系統嗎？(2) 若為線性系統，該如何計算其轉移函數呢？

為回答第一個問題，我們測試系統的線性特性。舉例來說，如圖 16.31(a) 所示，我們將輸入相位差加倍且觀察是否 V_{out} 也加倍。有趣的是，V_{out} 平坦的部分會加倍而非直線部分。畢竟對 C_P 充電或放電的電流維持固定，產生一個固定線性斜率——此效應和運算放大器迴轉效應相似。因此，嚴格來說此系統並非線性。為了克服此難體，我們以一直線來近似輸出波形〔圖 16.31(b)〕，在 V_{out} 和 $\Delta\varphi$ 間產生一線性關係。就某種意義來說，我們以一連續時間模型來近似一離散時間系統。

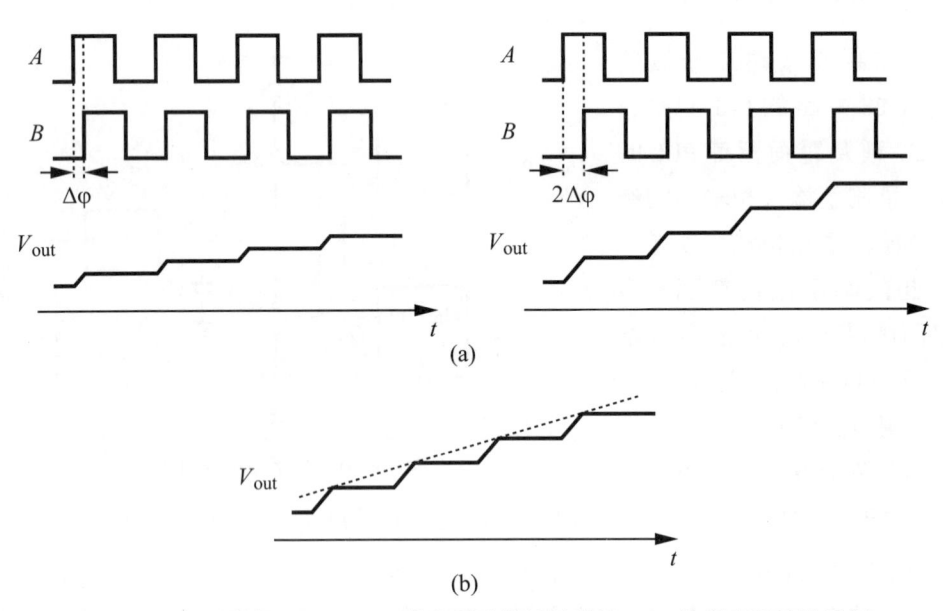

圖 16.31　(a) 測試 PFD/CP/LPF 結合電路的線性特性；(b) 此響應的線性近似

為回答第二個問題，我們回想一下轉移函數為脈衝響應的拉氏轉換，這讓我們需要加入一相位差脈衝並在時域中計算 V_{out}。因為很難具體呈現一相位差脈衝，我們加入一相位差步級信號，得到 V_{out} 並將結果對時間微分。

接著假定輸入週期為 T_{in} 且電荷幫浦提供電流 $\pm I_P$ 至電容。如圖 16.32 所示，我們以零相位差開始且在 $t = 0$ 時，延後 φ_0 再增加 B 的相位，也就是 $\Delta\varphi = \varphi_0 u(t)$。所以 Q_A 或 Q_B 持續產生寬為 $\varphi_0 T_{in}/(2\pi)$ 秒的脈衝，且讓每週期的輸出電壓增加 $(I_P/C_P)\varphi_0 T_{in}/(2\pi)$。[10] 以一直線近似 V_{out}，其斜率為 $(I_P/C_P)\varphi_0/(2\pi)$，且可以下方式表示

$$V_{out}(t) = \frac{I_P}{2\pi C_P} t \cdot \varphi_0 u(t) \tag{16.37}$$

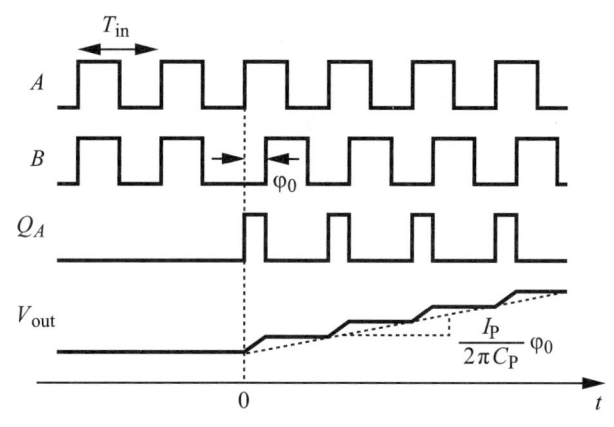

圖 16.32　PFD/CP/LPF 結合電路的步級響應

脈衝響應為

$$h(t) = \frac{I_P}{2\pi C_P} u(t) \tag{16.38}$$

產生轉移函數為

$$\frac{V_{out}}{\Delta\phi}(s) = \frac{I_P}{2\pi C_P} \cdot \frac{1}{s} \tag{16.39}$$

因此，PFD/CP/LPF 結合電路包含在原點的極點，此結果和第一類 PLL 的 PD/LPF 電路不同。與 K_{VCO}/s 類比，我們稱 $I_P/(2\pi C_P)$ 為 PFD 的「增益」且以 K_{PFD} 來表示。

範例 16.10

假設圖 16.28 電路的輸出為被電荷幫浦注入電容的電流，求出從 $\Delta\varphi$ 至此電流 I_{out} 的轉移函數。

解　因為 $V_{out}(s) = I_{out}/(C_P s)$，我們得到

$$\frac{I_{out}}{\Delta\phi}(s) = \frac{I_P}{2\pi} \tag{16.40}$$

---

[10] 忽略出現在其他輸出的窄重置脈衝效應。

現在我們來建立電荷幫浦 PLL 的線性模型。如圖 16.33 所示，此模型產生了一個開路轉移函數為

$$\frac{\Phi_{out}}{\Phi_{in}}(s)\Big|_{\text{open}} = \frac{I_P}{2\pi C_P} \frac{K_{VCO}}{s^2} \tag{16.41}$$

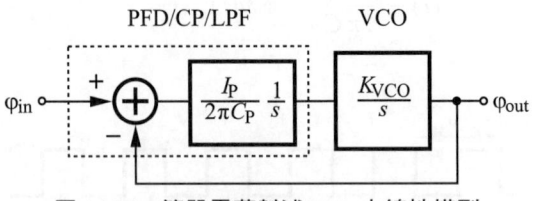

圖 16.33 簡單電荷幫浦 PLL 之線性模型

因為迴路增益有兩個在原點的極點，將此組態稱為「第二類」PLL。為求簡化，我們以 $H(s)$ 來表示閉迴路轉移函數為

$$H(s) = \frac{\dfrac{I_P K_{VCO}}{2\pi C_P}}{s^2 + \dfrac{I_P K_{VCO}}{2\pi C_P}} \tag{16.42}$$

此結果讓人擔憂的，因為閉路系統包含了兩個虛數極點 $s_{1,2} = \pm j\sqrt{I_P K_{VCO}/(2\pi C_P)}$，故並不穩定。此不穩定性是因為迴路增益有兩個在原點的極點（亦即兩個理想積分器）。如圖 16.34(a) 所示，每個積分器都產生了一固定相位偏移為 90°，允許系統在增益交錯頻率時振盪。

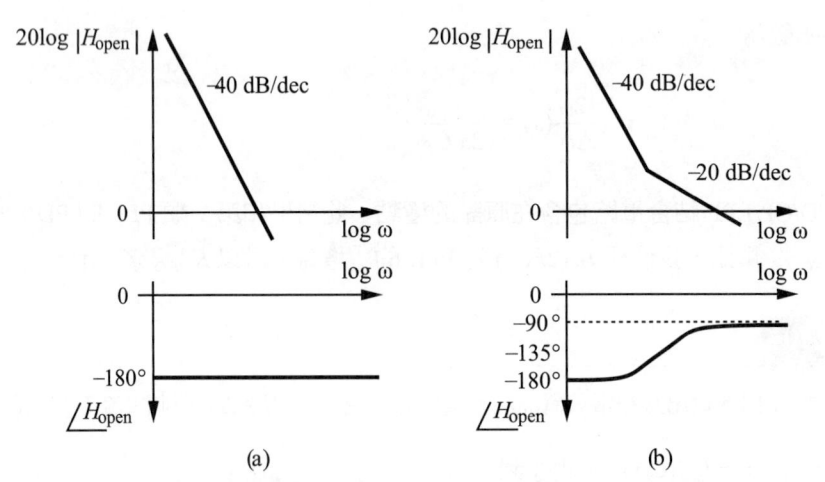

圖 16.34 (a) 簡單電荷幫浦 PLL 的迴路增益特性；(b) 加入零點

為了讓系統穩定，我們必須修正相位特性，讓相位偏移在增益交錯時小於 180°。如圖 16.34(b) 所示，這可在迴路增益中加入一個零點來完成，亦即加入一個和迴路濾波電容

串聯的電阻（圖 16.35）。使用範例 16.10 的結果，各位可自行證明（習題 16.11）PFD/CP/LPF 現在有一個轉移函數為

$$\frac{V_{out}}{\Delta\phi}(s) = \frac{I_P}{2\pi}\left(R_P + \frac{1}{C_P s}\right) \tag{16.43}$$

則 PLL 開路轉移函數為

$$\frac{\Phi_{out}}{\Phi_{in}}(s)\bigg|_{\text{open}} = \frac{I_P}{2\pi}\left(R_P + \frac{1}{C_P s}\right)\frac{K_{VCO}}{s} \tag{16.44}$$

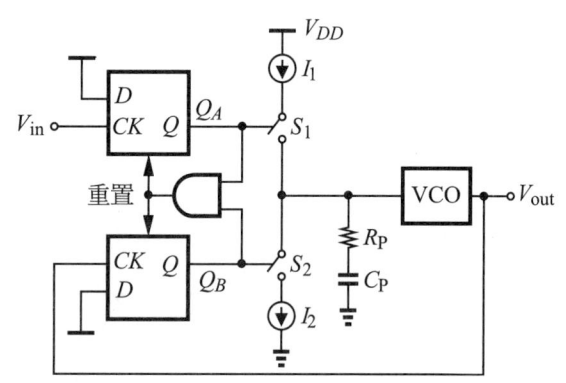

圖 16.35 在電荷幫浦 PLL 中加入零點

因此

$$H(s) = \frac{\dfrac{I_P K_{VCO}}{2\pi C_P}(R_P C_P s + 1)}{s^2 + \dfrac{I_P}{2\pi}K_{VCO}R_P s + \dfrac{I_P}{2\pi C_P}K_{VCO}} \tag{16.45}$$

閉路系統包含了一個零點 $s_z = -1/(R_P I_P)$。使用和第一類 PLL 相同的符號，我們得到

$$\omega_n = \sqrt{\frac{I_P K_{VCO}}{2\pi C_P}} \tag{16.46}$$

$$\zeta = \frac{R_P}{2}\sqrt{\frac{I_P C_P K_{VCO}}{2\pi}} \tag{16.47}$$

一如預期，如果 $R_P = 0$，則 $\zeta = 0$。有複數極點，衰減時間常數為 $1/(\zeta\omega_n) = 4\pi/(R_P I_P K_{VCO})$。

穩定性問題

第二類 PLL 的穩定特性和第一類相當不同。我們以迴路增益的波德圖開始〔即 (16.44)〕。如圖 16.36 所示，這些圖顯示如果 $I_P K_{VCO}$ 減少時，增益交錯頻率會移往原點，讓相位安全邊限變差。(16.47) 所預期的趨勢和 (16.18) 及圖 16.19 所顯示的相反。

我們也可能在複數平面上建立閉路系統的根軌跡圖。對於 $I_P K_{VCO} = 0$ 而言（如 $I_P = 0$），則迴路為開啟且兩個極點都位於原點。對 $I_P K_{VCO} > 0$ 而言，我們得到 $s_{1,2} = -\zeta\omega_n \pm \omega_n\sqrt{\zeta^2 - 1}$，且因為 $\zeta \varphi \sqrt{I_P K_{VCO}}$，如果 $I_P V_{VCO}$ 很小時，極點為複數。各位可自行證明（習題 16.14）當 $I_P V_{VCO}$ 增加時，s_1 和 s_2 在一個中心點為 $\sigma = -1/(R_P C_P)$，半徑為 $1/(R_P C_P)$ 的圓上移動（圖 16.37）。極點會在 $\zeta = 1$ 回到實數軸，並為 $-2/(R_P C_P)$。對 $\zeta > 1$ 而言，極點維持為實數，一個趨近於 $-1/(R_P C_P)$ 而另一個在 $I_P K_{VCO} \to +\infty$ 時會趨近 $-\infty$。因為對複數 s_1 和 s_2 而言，$\zeta = \cos\varphi$，我們觀察到當 $I_P K_{VCO}$ 超過零時，系統會較穩定。

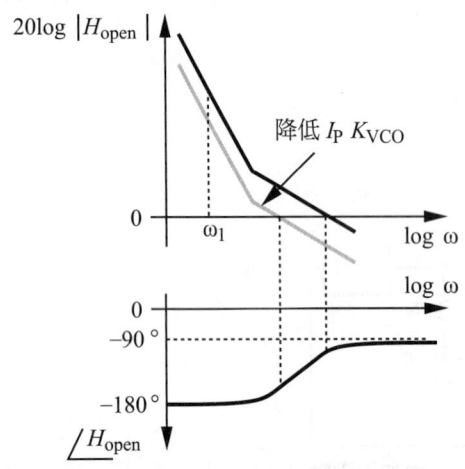

圖 16.36　當 $I_P K_{VCO}$ 減少時，電荷幫浦 PLL 的穩定性會變差

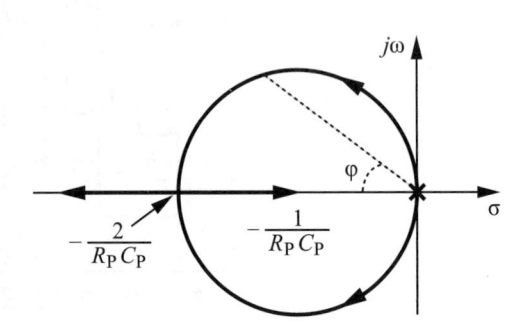

圖 16.37　第二類 PLL 之根軌跡圖

範例 16.11

某學生考慮如圖 16.36 的波德圖，及觀察在 ω_1，迴路增益超過 1 和相位移是 $-180°$。該學生因此推論 PLL 在此頻率會振盪！解釋此說法的缺陷。

解　相位移事實上是略小於 $-180°$，除非 $\omega_1 = 0$。我們可以使用一個包含兩個積分器、且零點不會振盪的系統。

圖 16.35 的補償式第二類 PLL 會遇到一個嚴重的缺點。因為電荷幫浦驅動 R_P 和 C_P 的串聯結合，每一次電流被注入迴路濾波器時，控制電壓會產生一個大跳動。甚至在鎖定狀況下，I_1 和 I_2 之間的不匹配、電荷注入及 S_1 和 S_2 的時脈饋入會在 V_{cont} 中產生電壓跳動，此擾動會嚴重影響 VCO，並破壞其輸出相位。為紓緩此問題，我們通常加入第二個電容和 R_P 及 C_P 並聯（圖 16.38），以抑制初始步級信號。現在迴路濾波器為二次元件，產生了一個三次 PLL 並造成穩定性的問題。雖然如此，如果 C_2 大約為 C_P 之 1/5 至 1/10 時，閉迴路時間和頻率響應相對仍維持不變。

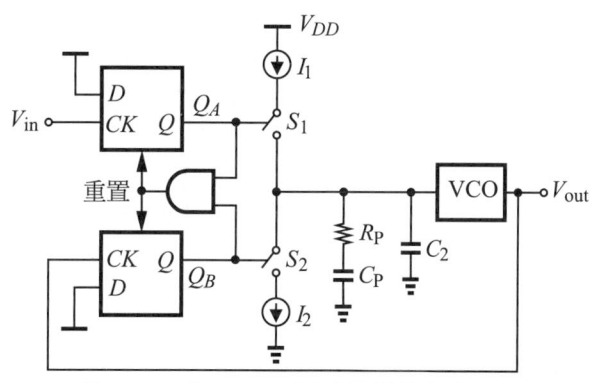

圖 16.38 加入 C_2 以減少控制線上的擾動

(16.47) 暗示當 R_P 增加時，迴路會更穩定。實際上，當 R_P 變得非常大時，穩定性會再度變差。此效應無法由前面的推導來預測，因為我們已利用一連續時間迴路來近似離散時間系統。

16.3 PLL 的非理想效應

16.3.1 PFD/CP 非理想特性

PFD/CP 電路中許多的非完美狀況，導致控制電壓上的大擾動，甚至在鎖定迴路時。如前所述，此擾動對 VCO 頻率調變，產生一個並非為週期性的波形。本節將討論這些非理想特性。

圖 16.24(a)PFD 的組態在 Q_A 和 Q_B 上同時產生窄脈衝，甚至當輸入相位差為零時。如圖 16.39 所示，如果 A 和 B 同步上升時，Q_A 和 Q_B 也會上升，故啟動「重置」。也就是說，即使 PLL 被鎖定時，Q_A 和 Q_B 會同時開啟電荷幫浦一段時間 $T_P \approx 10T_D$，其中 T_D 代表閘極延遲（見範例 16.8）。

而在 Q_A 和 Q_B 上重置脈衝的結果為何？為瞭解為何預期出現這些脈衝，我們假定 PFD 在輸入相位差為零時並不會產生脈衝〔圖 16.40(a)〕。此 PFD 對小相位誤差要如何回應呢？如圖 16.40(b) 所示，電路會在 Q_A 或 Q_B 上產生非常窄的脈衝。然而，因為由這些節點所視的電容所產生的有限上升時間和下降時間，脈衝會無法在足夠時間內到達高邏輯位準，故將無法開啟電荷幫浦開關。換句話說，若輸入相位差 $\Delta\varphi$ 降至一定值 φ_0 以下時，則 PFD/CP/LPF 結合電路的輸出電壓不再是 $\Delta\varphi$ 的函數。因為如圖 16.41 所示，對於 $|\Delta\varphi| < \varphi_0$ 而言，電荷幫浦不會注入電流，(16.41) 暗示迴路增益降至零且輸出相位並未鎖定。我們會說 PFD/CP 電路在 $\Delta\varphi = 0$ 附近遇到了一個無效區（dead zone）為 $\pm\varphi_0$。

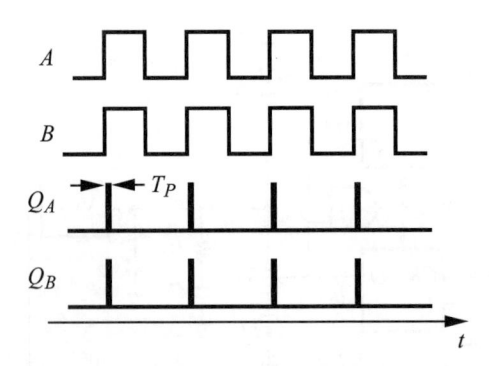

圖 16.39　PFD 產生相同的脈衝且相位差為零

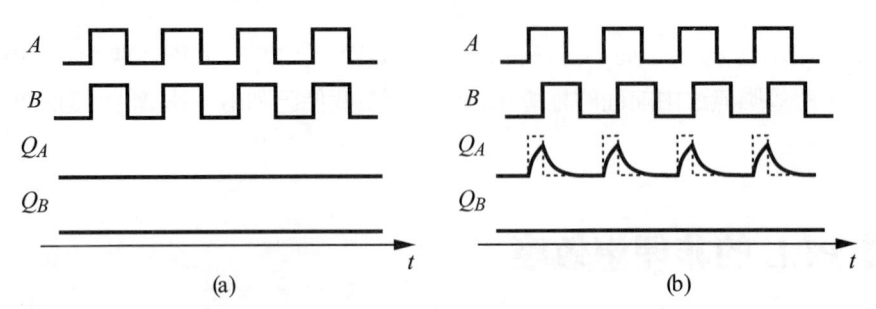

圖 16.40　(a) 零輸入相位差時的假想 PD 輸出波形；(b) 小輸入相位差的輸出波形

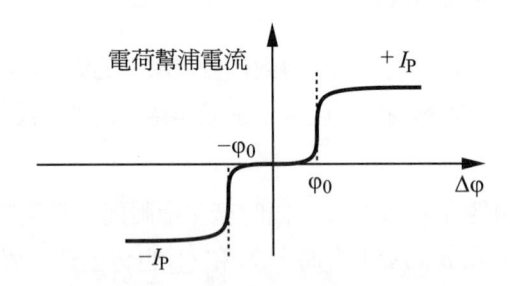

圖 16.41　於電荷幫浦電流的無效區

　　無效區是非常不理想，因為讓 VCO 和 φ_0 相對於輸入一樣多的隨機相位誤差，而並未接收修正回授。因此，如圖 16.42 所示，VCO 輸出的零交錯點會產生大的隨機變化，我們將此效應稱為**抖動**（jitter）。

　　有趣的是，在 Q_A 和 Q_B 上相同的脈衝可能會消除無效區。這是因為對 $\Delta\varphi = 0$ 來說，若脈衝夠寬時，一定會開啟電荷幫浦。因此，如圖 16.43 所示，相位差中非常小的增量會導致在電荷幫浦所產生的淨電流等比例增加。換句話說，如果 T_P 夠長讓 Q_A 和 Q_B 達到一有效邏輯位準時，且會開啟電荷幫浦中的開關，無效區則會消失。

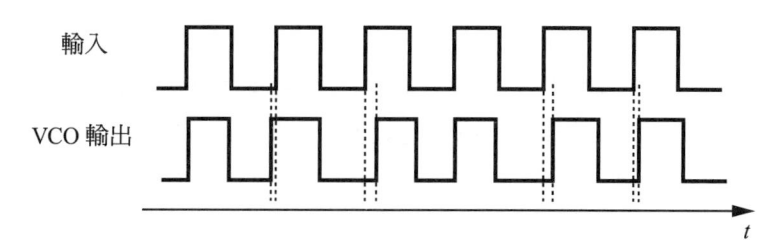

圖 16.42　由無效區所產生的抖動

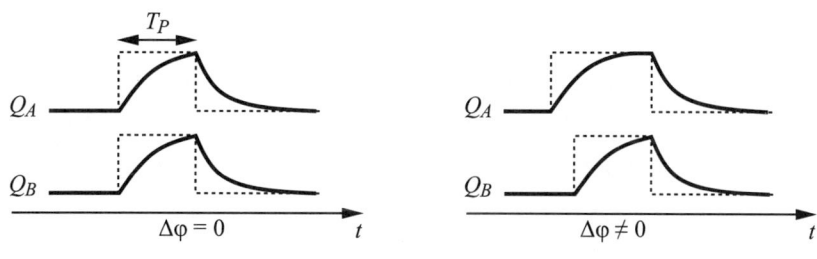

圖 16.43　真實 PD 對一小輸入相位差的響應

儘管消除無效區，在 Q_A 和 Q_B 的重置脈衝會產生其他困難。首先利用 MOS 電晶體來完成電荷幫浦〔圖 16.44(a)〕。在此，M_1 和 M_2 為一電流源且 M_3 和 M_4 為開關。當輸出 Q_A 被反轉而變高時，M_4 會開啟。

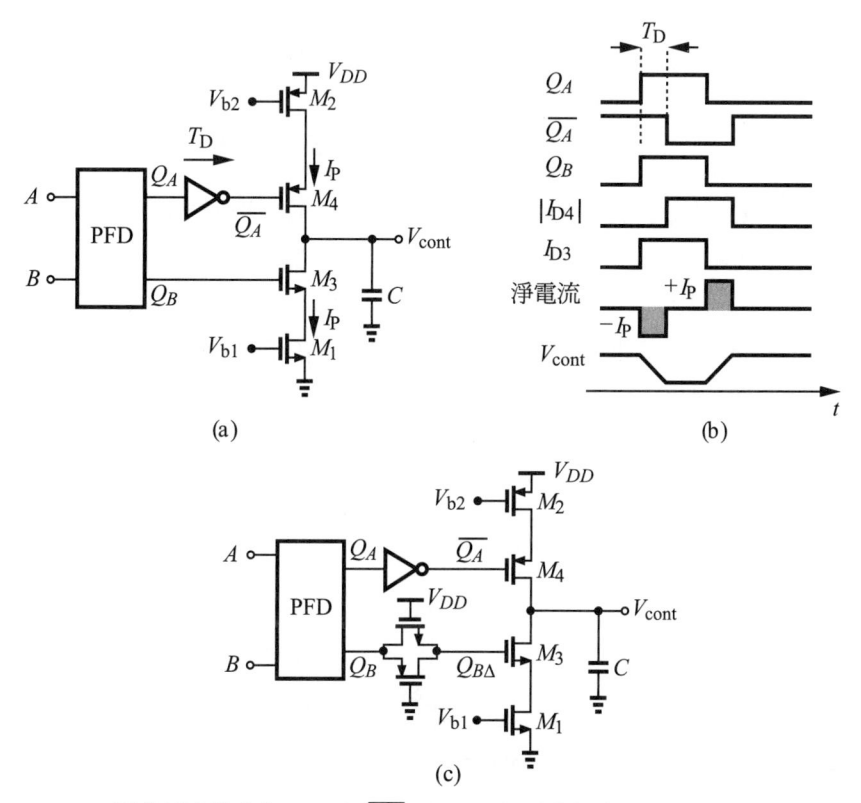

圖 16.44　(a) 電荷幫浦的實作；(b) 在 $\overline{Q_A}$ 和 Q_B 間的偏移效應；(c) 利用通行間抑制偏移

圖 16.44(a) 電路的第一個問題是因為 $\overline{Q_A}$ 和 Q_B 間的延遲差開啟其開關所產生。如圖 16.44(b) 所示,即使迴路被鎖定,被電荷幫浦注入迴路濾波器的淨電流會跳至 $+I_P$ 和 $-I_P$,而會週期性地干擾振盪控制電壓。為抑制此效應,可在 Q_B 和 M_3 閘極中間插入一互補式通行閘(pass gate)使其延遲相等〔圖 16.44(c)〕。

圖 16.44(c) 中 CP 的第二個問題和 M_1 及 M_2 汲極電流間的不匹配有關。如圖 16.45(a) 所示,即使 UP 和 DOWN 脈衝為完美校準時,電荷幫浦產生的淨電流不為零,並在每個相位比較時,讓 V_{cont} 改變一固定增量,PLL 要如何回應此誤差呢?若迴路要維持鎖定狀態,控制電壓平均值必須維持不變。因此 PLL 在輸入和輸出間產生了一相位誤差,使得 CP 在每個週期注入的淨電流為零〔圖 16.45(b)〕。電流不匹配和相位誤差間的關係能在習題 16.12 中求出。注意下列幾個重點:(1) 控制電壓仍會遇到一週期性擾動;(2) 由於短通道 MOSFET 的低輸出阻抗,電流不匹配會隨輸出電壓變化(也隨 VCO 頻率變化);(3) M_3 和 M_4 間的時脈饋入和電荷注入不匹配會增加相位誤差和擾動。

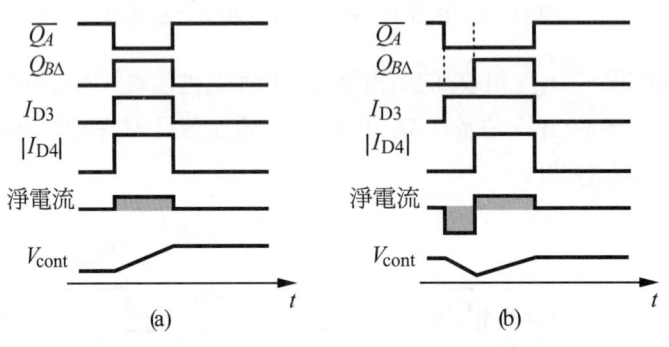

圖 16.45　UP 和 DOWN 電流不匹配的效應

圖 16.44(c) 電路的第三個問題源自由電流源汲極所視的有限電容。如圖 16.46(a) 所示,假設 S_1 和 S_2 關閉,讓 M_1 對 X 放電至接地端且 M_2 對 Y 充電至 V_D。在下一個相位比較時,S_1 和 S_2 同時開啟,V_X 會增加而 V_Y 會下降且 $V_X \approx V_Y \approx V_{cont}$,如果可忽略 S_1 和 S_2 的跨壓時〔圖16.46(b)〕。如果相位差為零且 $I_{D1} = |I_{D2}|$,在開關開啟後 V_{cont} 會維持不變嗎?即使 $C_X = C_Y$,V_X 的變化不等於 V_Y 的變化。舉例來說,如果 V_{cont} 非常高時,V_X 會變化很大而 V_Y 僅產生很小的變化。兩個變化間的差必須由 C_P 來補充,產生 V_{cont} 的跳動。

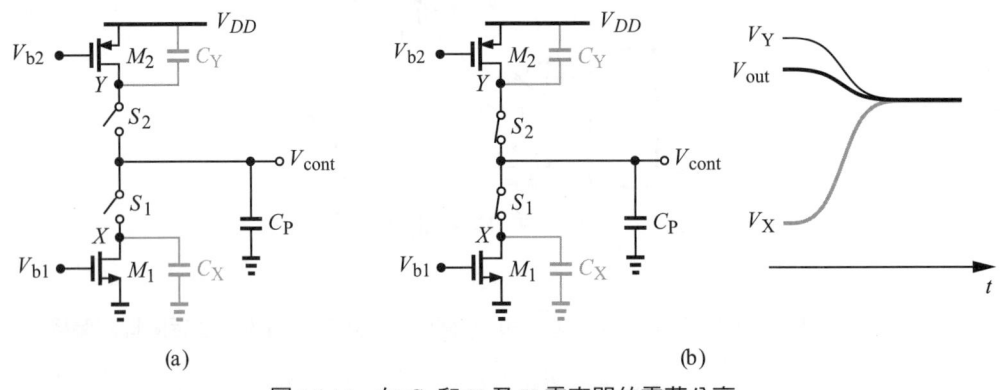

圖 16.46　在 C_P 和 X 及 Y 電容間的電荷分享

上述的電荷分享現象可由「靴帶式電路」抑制。如圖 16.47 所示，即是讓 V_X 和 V_Y 在相位比較完成後「固定」V_{cont}。當 S_1 和 S_2 關閉後，S_3 和 S_4 開啟讓單增益放大器維持節點 X 和 Y 電壓為 V_{cont}。注意，放大器不必提供此電流，因為 $I_1 \approx I_2$。在下一個相位比較時，S_1 和 S_2 開啟，S_3 和 S_4 關閉且 V_X 和 V_Y 的初始值皆為 V_{cont}。因此，在 C_P 與 X 和 Y 電容間不會產生電荷分享。

圖 16.47　以靴帶式電路將 X 和 Y 的電荷分享最小化

16.3.2　PLL 的抖動

鎖相迴路對抖動的反應在大部分應用中非常重要。首先來看抖動的觀念與其變化速率。

如圖 16.48 所示，一個嚴謹的週期波形 $x_1(t)$ 包含時間中平均分佈的零交錯點。現在來看近似週期性的波形 $x_2(t)$，其週期會產生一個小的變化，其零交錯點會偏離理想點。我們會說後者波形碰到了抖動。[11] 我們繪出兩波形的總相位 φ_{tot} 和溢相位 φ_{ex}，觀察到抖動本身為溢相位相對於時間的變化。事實上，我們忽略高次諧波，可以成 $x_1(t) = A \cos \omega t$ 及 $x_2(t) = A \cos[\omega t + \varphi_n(t)]$ 來表示，其中 $\varphi_n(t)$ 表示週期的變化。[12]

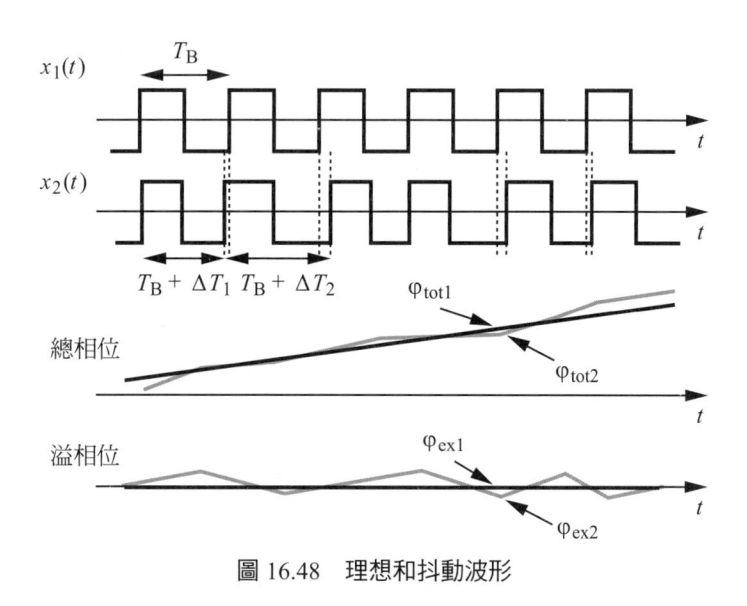

圖 16.48　理想和抖動波形

抖動變化的速度也很重要。接著來看圖 16.49 的兩個抖動波形，第一個信號 $y_1(t)$ 遇到了**慢抖動**（slow jitter），因為其瞬間頻率從一個週期緩慢變至下一個週期。第二個信號 $y_2(t)$ 遇到**快抖動**（fast jitter），變化的速度可明顯從兩個波形的溢位圖形看出。

---

11 抖動能以數學的定義來量化。
12 數值 $\varphi_n(t)$（一般稱為其頻譜）被稱為相位雜訊，本書假定抖動只以 $\varphi_n(t)$ 來表示。

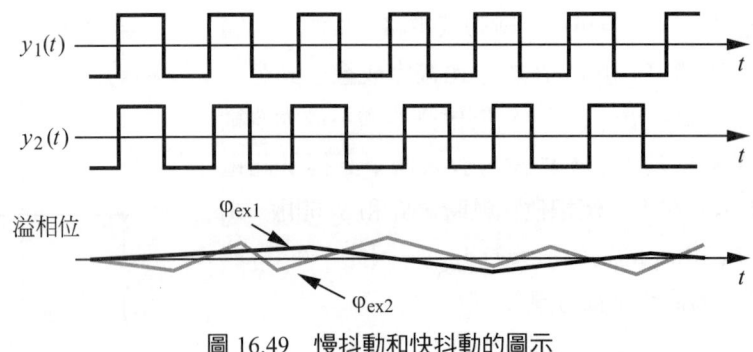

圖 16.49 慢抖動和快抖動的圖示

在鎖相迴路中的兩個抖動現象非常重要：(a) 輸入會顯示抖動且 (b)VCO 會產生抖動。我們來看每個情況，假設輸入和輸出波形表示為 $x_{in}(t) = A\cos[\omega t + \varphi_{in}(t)]$ 和 $x_{out}(t) = A\cos[\omega t + \varphi_{out}(t)]$。

第一類和第二類 PLL 的轉移函數有低通特性，我們可以推論出如果 $\varphi_{in}(t)$ 迅速變化時，則 φ_{out} 不會完全跟蹤其變化。換句話說，在輸入的慢抖動傳播至輸出端並不會衰減但快抖動會。我們可以說 PLL 對 $\varphi_{in}(t)$ 進行低通濾波。

現在假設輸入為嚴謹週期性波形但 VCO 會遇到抖動。我們將抖動視為隨機相位變化，並建立圖 16.50 之模型，其中將輸入溢相位設定為零（也就是 $x_{in}(t) = A\cos\omega t$），且加入一隨機成分 Φ_{VCO} 至 VCO 的輸出以表示其抖動。各位可行證明，對第二類 PLL 來說，由 Φ_{VCO} 至 Φ_{out} 的轉移函數為

$$\frac{\Phi_{out}}{\Phi_{VCO}}(s) = \frac{s^2}{s^2 + 2\zeta\omega_n s + \omega_n^2} \tag{16.48}$$

有趣的是，此現象有高通特性，指出由 VCO 產生慢抖動成分被抑制但快抖動成分並不會。這可藉由圖 16.50 看到：如果 $\varphi_{VCO}(t)$ 緩慢變化時（如隨溫度偏移的振盪週期），則和 $\varphi_{in} = 0$ 比較（也就是完美週期信號）會產生一個經過 LPF 緩慢變化的誤差，且調整 VCO 頻率，故會抵消 φ_{VCO} 的變化。另一方面，如果 φ_{VCO} 變化迅速時（如高頻雜訊對振盪週期的調變現象），則由相位檢測器產生的誤差會嚴重被迴路中的極點衰損，故無法修正此變化。

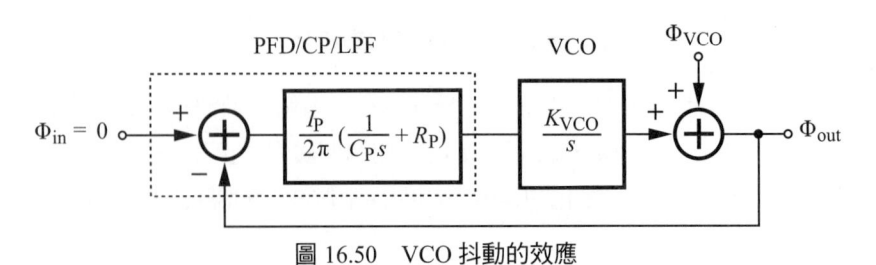

圖 16.50 VCO 抖動的效應

圖 16.51 顯示 PLL 對輸入抖動和 VCO 抖動回應。這和應用及環境有關，可能有一個或兩個來源為顯著重要，故需要選擇最佳的迴路頻寬。

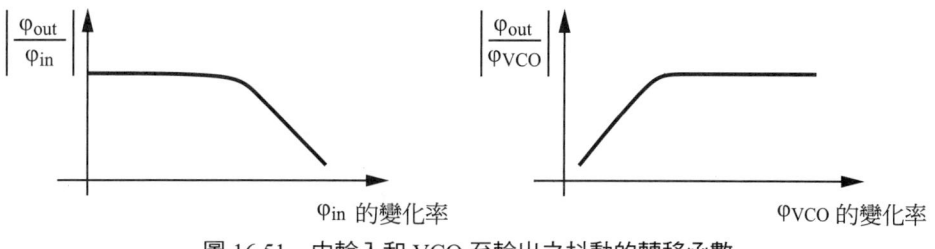

圖 16.51　由輸入和 VCO 至輸出之抖動的轉移函數

16.4 延遲鎖定迴路

過去十年較普及的 PLL 變形為**延遲鎖定迴路**（delay-locked loop）。我們為瞭解此觀念，用一個範例來討論。假設某應用需要四個時脈相位，其連續邊緣間隔為 $\Delta T = 1$ ns〔圖 16.52(a)〕。而該如何產生這些相位呢？我們可以用一個雙級差動環形振盪器[13] 來產生四個相位，但我們如何確保 $\Delta T = 1$ ns 而不管製程及溫度變化呢？這需要鎖定環形振盪器至 250-MHz 的參考電路，讓輸出週期為 4 ns〔圖 16.52(b)〕。

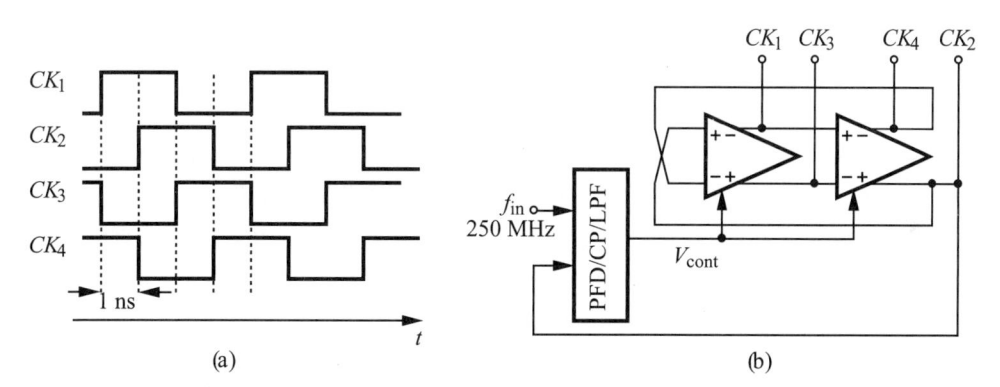

圖 16.52　(a) 邊緣對邊緣為 1 ns 的時脈相位；(b) 使用鎖相環形振盪器已產生時脈相位

另一個產生圖 16.52(a) 時脈相位的方法是加入輸入時脈至疊接組態的四個延遲組態中。如圖 16.53(a) 所示，此方法仍無法產生一明確定義的邊緣間隔，因為每個組態的延遲會隨製程和溫度變化。現在來看圖 16.53(b) 的電路，其中可以相位檢測器量測出 CK_{in} 和 CK_4 間的相位差，且產生一個等比的平均電壓 V_{cont}，組態的延遲利用負回授來調整。對於大迴路增益而言，CK_{in} 和 CK_4 的相位差很小，也就是說四個組態延遲了時脈幾乎一個週期，因此建立了精確的邊緣間隔。[14] 我們將此組態稱為「延遲鎖定迴路」來強調其使用

---

[13] 如第15章，簡單雙級CMOS環形振盪器可能不會振盪，此範例僅為示意用。
[14] 經過四個組態的總延遲可能等於兩個或更多的週期，稍後會再討論。

電壓控制延遲線（voltage-controlled delay line, VCDL）而非 VCO。實際上，我們在 PD 和 LPF 之間插入一個電荷幫浦能達到無限大的迴路增益。每個延遲組態可能都是依據第 15 章所的環形振盪器組態。

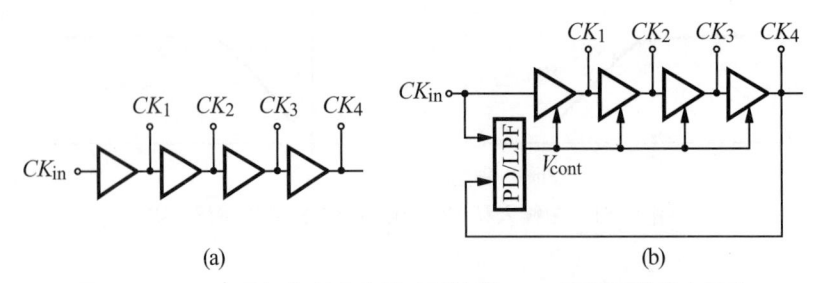

圖 16.53 (a) 延遲組態所產生的時脈邊緣；(b) 簡單延遲鎖定迴路

各位可能會想知道 DLL 比 PLL 有哪些優勢？首先，延遲線一般比振盪器較不受雜訊影響，因為波形被破壞的零交錯點在延遲線的尾端會消失，而在振盪器中會循環，故會碰到更多的破壞。第二，圖 16.53(b) 的 VCDL 中，一個控制電壓的改變會立即改變延遲；也就是說，轉移函數 $\Phi_{out}(s)/V_{cont}(s)$ 等於 VCDL 的增益 K_{VCDL}。因此，圖 16.53(b) 的回授系統和 LPF 有同樣的順序，而其穩定性限制比 PLL 更鬆。

範例 16.12

以定量方式來解釋圖 16.54 中 DLL 的轉移函數是哪一種形式。

解 假設輸入呈現一個緩慢的相位變化，而相位誤差會透過 PD/CP/LPF 組合出現一個高增益，且會將線路的延遲調整成最小化誤差。也就是，ϕ_{out} 會追蹤 ϕ_{in}，且增益大約等於 1。現在，假設輸入呈現一個很快的相位變化。回授因此增益會較小，對延遲線路上提供一個較小的校正；亦即 V_{cont} 仍保持相對的常數。結果，輸入相位的改變會直接傳遞到輸入，產生一個大約等於一的增益。我們能歸納出 DLL 呈現一個全通響應，但對適度快的相位改變，可能會有下降或上升的響應。

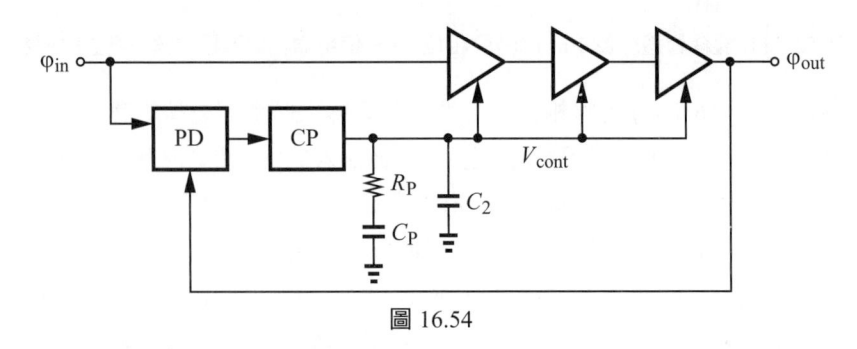

圖 16.54

DLL 主要的缺點在於無法產生可變動的輸出頻率。我們在 16.5.1 節討論到 PLL 頻率合成的能力時，此問題會較清楚。DLL 可能會遇到鎖定延遲的模稜兩可現象，也就是如

果圖 16.53(b) 四個組態的總延遲可能會介於低於 T_{in} 與高於 $2T_{in}$ 間變化，則迴路可能會鎖定在 CK_{in} 至 CK_4 的延遲等於 T_{in} 或 $2T_{in}$。如果 DLL 必須提供精確間隔時脈邊緣時，就能證實模稜兩可現象是不利的，因為邊緣對邊緣延遲可能會穩定至 $2T_{in}/4$ 而非 $T_{in}/4$。在此情況，必須加入額外電路以避免此模稜兩可現象。同樣，每一級的延遲組態和其負載電容間的不匹配會在邊緣間隔中產生誤差，故需要大元件和謹慎設計。

16.5 應用

自相位鎖定出現後九十年，仍持續在電子、通訊及儀器中找到新應用，包含記憶體、微處理器、硬碟電子學、射頻、無線收發器和光纖接收器。

各位可回想一下 16.1.2 節提到，PLL 並未比短導線好，因為兩者都確保了輸入和輸出間的小相位差。本節列出了一些能顯示相位鎖定多樣化的例子。

16.5.1 頻率放大和合成

頻率放大

我們能將一個 PLL 修正，使其放大輸入頻率 M 倍。為呈現此概念，我們用電壓放大來比較。如圖 16.55(a) 所示，一回授系統放大輸入電壓 M 倍，如果將輸出電壓除以 M 倍時（也就是 $R_2/(R_1 + R_2) = 1/M$），其結果會與輸入比較。因此如圖 16.55(b) 所示，如果將 PLL 的輸出頻率除以 M 倍且加至相位檢測器時，我們得到 $f_{out} = Mf_{in}$。從另一個觀點來看，因為 $f_D = f_{out}/M$ 且 f_D 和 f_{in} 在鎖定狀態必須相等，PLL 會對 f_{in} 放大 M 倍。「$\div M$ 電路」可透過「每 M 個輸入脈衝會產生一個輸出脈衝」的計數器來實現。

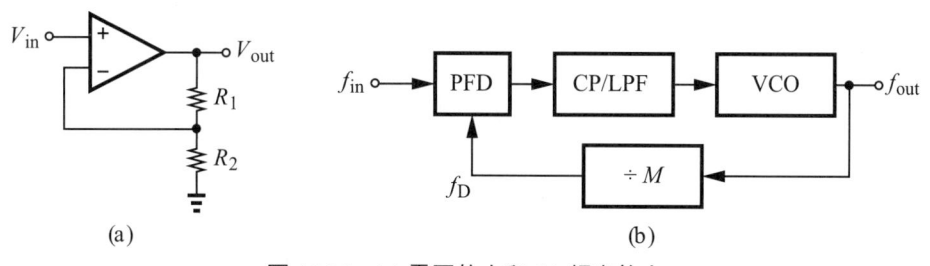

圖 16.55　(a) 電壓放大和 (b) 頻率放大

如同圖 16.55(a) 的分壓，圖 16.55(b) 中迴路的回授分壓器會改變系統特性。使用 (16.44)，我們可以將 (16.45) 重寫為

$$H(s) = \frac{\frac{I_P}{2\pi}\left(R_P + \frac{1}{C_P s}\right)\frac{K_{VCO}}{s}}{1 + \frac{1}{M}\frac{I_P}{2\pi}\left(R_P + \frac{1}{C_P s}\right)\frac{K_{VCO}}{s}} \tag{16.49}$$

$$= \frac{\dfrac{I_P K_{VCO}}{2\pi C_P}(R_P C_P s + 1)}{s^2 + \dfrac{I_P}{2\pi}\dfrac{K_{VCO}}{M}R_P s + \dfrac{I_P}{2\pi C_P}\dfrac{K_{VCO}}{M}} \qquad (16.50)$$

注意當 $s \to 0$ 時，$H(s) \to M$，也就是輸入的相位或頻率改變會導致對應輸出值產生 M 倍的改變。我們比較 (16.45) 和 (16.50) 的分母，觀察到在迴路中的分頻顯示其本身 K_{VCO} 除以 M。換句話說，從閉路系統的極點來分析，我們可以假設振盪器和分壓器形成了一個 VCO 且其等效增益為 K_{VCO}/M。這當然是預期的情況，因為對圖 16.56 的 VCO／分壓器疊接組態而言，我們得到

$$\omega_{out} = \frac{\omega_0 + K_{VCO}V_{cont}}{M} \qquad (16.51)$$

$$= \frac{\omega_0}{M} + \frac{K_{VCO}}{M}V_{cont} \qquad (16.52)$$

因此，此結合電路無法與截止頻率為 ω_0/M 及增益為 K_{VCO}/M 的 VCO 區分。

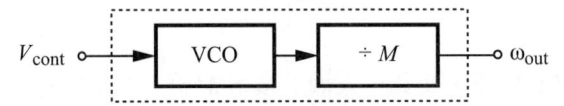

圖 16.56　VCO／分壓器結合電路對於單一 VCO 的等效特性

我們將前面推論出 (16.46) 和 (16.47)，以下列方式分別重新表示

$$\omega_n = \sqrt{\frac{I_P}{2\pi C_P}\frac{K_{VCO}}{M}} \qquad (16.53)$$

$$\zeta = \frac{R_P}{2}\sqrt{\frac{I_P C_P}{2\pi}\frac{K_{VCO}}{M}} \qquad (16.54)$$

同樣，可以將衰減時間常數修正為 $(\zeta\omega_n)^{-1} = 4\pi M/(R_P I_P K_{VCO})$。而在第二類 PLL 迴路中插入一分壓器會讓穩定性和穩定速度變差，故需要等比增加電荷幫浦電流。

圖 16.55(b) 的頻率加倍電路顯示兩個有趣的特性。第一，不像圖 16.55(a) 的電壓放大器，PLL 提供了一個放大因子恰好為 M，此特性是由於鎖項所造成。第二，輸出頻率可藉由除法因子 M 改變，對合成頻率非常有用。注意 DLL 無法進行此類的合成。

頻率合成

有些系統的週期波形頻率 (a) 必須非常正確（如誤差小於 10 ppm）和 (b) 能在精細步級變化中改變（如介於 900 MHz 至 925 MHz 的 30 kHz 步級變化）。一般在無線收發器中會碰到此需求，故需要利用 PLL 來符合其頻率放大的需求。

圖 16.57 顯示鎖相頻率合成器的架構，通道控制輸入為能定義 M 值的數位字元，因

為 $f_{out} = Mf_{REF}$，f_{out} 和 f_{REF} 的相對正確性相同。基於此原因，f_{REF} 可由一穩定且低雜訊的晶體振盪器所推導出。注意，如果 M 每次變化時，f_{out} 會步級變化至 f_{REF}。

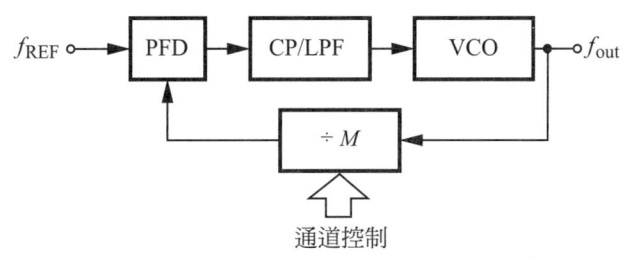

圖 16.57　頻率合成器

雖然已經出現十億赫茲（gigahertz）輸出頻率的 CMOS 頻率合成器，但雜訊、邊帶、穩定速度、頻率範圍和功率消耗等問題仍然是合成器設計人員的挑戰。

16.5.2　偏移減少

最早在數位系統中使用相位鎖定是為了減少偏移（skew）。假設一資料和時脈線的同步進入一個大數位晶片（如圖 16.58）。因為時脈一般會驅動大量電晶體和長連接元件，故一開始會先加至大緩衝器。因此分佈於晶片上的時脈可能會遇到相對於資料的嚴重偏移 ΔT，因為減少晶載運作的時脈預算，故為一不理想的效應。

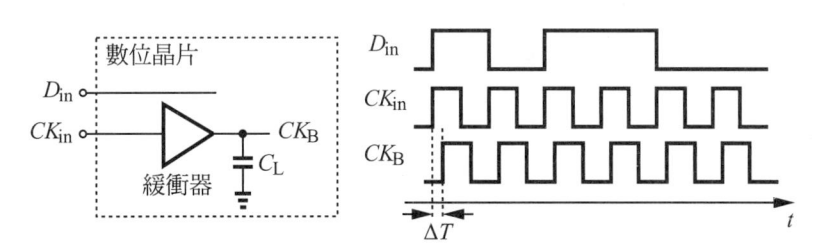

圖 16.58　在資料和緩衝時脈間的偏移

現在來看圖 16.59 的電路，其中將 CK_{in} 加至一個晶載 PLL 並把緩衝器置於迴路中。因為 PLL 確保 CK_{in} 和 CK_B 之間名義為零的相位差，故會將偏移消除。從另一個觀點來看，由緩衝器所產生的固定相位偏移會除以回授系統的無限迴路增益。注意 VCO 輸出 V_{VCO} 可能無法和 CK_{in} 校準，但這不重要，因為我們不會用 V_{VCO}。

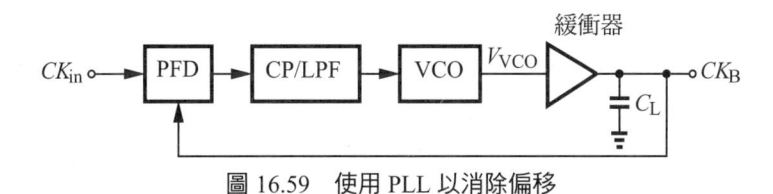

圖 16.59　使用 PLL 以消除偏移

範例 16.13

建立圖 16.59 中迴路的電壓軌域圖。

解 緩衝器會在由 VCO 所出現的信號中產生一固定的相位偏移。電壓軌域圖將如圖 16.60 的組態所示，我們得到

$$(V_{in} - V_{out})A + V_M = V_{out} \tag{16.55}$$

因此

$$V_{out} = \frac{AV_{in} + V_M}{1 + A} \tag{16.56}$$

當 $A \to \infty$，$V_{out} \to V_{in}$。

圖 16.60

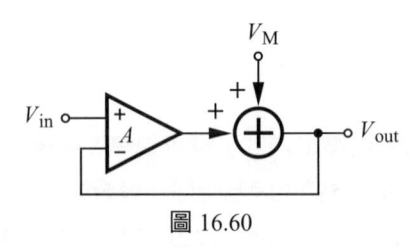

我們應該注意到偏移可藉由延遲鎖定迴路來抑制。事實上，如果不需要頻率放大時，DLL 是較理想的，因為較不受雜訊影響。

16.5.3 抖動減少

回想一下 16.3.2 節，PLL 抑制輸入端的快抖動成分。舉例來說，如果將一個 1 GHz 抖動信號加入頻寬為 10 MHz 的 PLL 時，則變化超過 10 MHz 的輸入抖動成分會衰減。就某種意義來看，鎖相迴路為一窄頻的濾波器，其中心頻率為 1 GHz 且總頻寬為 20 MHz。這是 PLL 的另一個重要且有用的特性。

許多應用必須處理抖動波形。隨機二元信號會產生抖動，因為 (a) 晶片和封裝的交互擾動；(b) 封裝寄生電容；(c) 元件的額外電子雜訊等。一般會將這樣的波形低雜訊時脈重新「對齊」以減少抖動。如圖 16.61(a) 所示，也就是用一個由時脈驅動的 D 型觸發器來對每個位元的中點採樣，然而在許多應用中，時脈可能無法獨立獲取。舉例來說，一條光纖僅帶隨機資料流，在接收端並未提供分離的時脈波形。因此我們可以將圖 16.61(a) 修正為圖 16.61(b)，其中一個**時脈回復電路**（clock recovery circuit, CRC）從資料中產生時脈，利用相當窄頻寬的相位鎖定，CRC 會將回復時脈上的輸入抖動效應最小化。

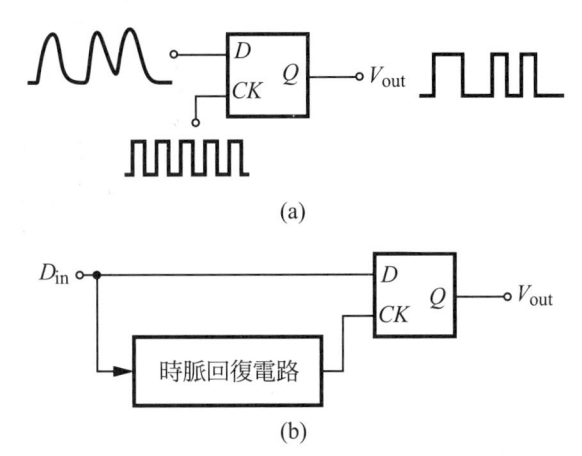

圖 16.61　(a) 利用一個被低雜訊時脈驅動的 D 型觸發器重新啟動資料；
　　　　(b) 使用相位鎖定時脈回復電路來產生時脈

習題

除非特別提到，下列問題使用表 2.1 的元件資料並在需要時假設 $V_{DD} = 3$ V，我們也假設所有電晶體位於飽和區中。

16.1　吉伯特細胞電路（第 4 章）為一個大輸入振幅之 XOR 閘，或為一個小輸入振幅的類比乘法器。證明類比放大器可用來檢測兩個正弦波之相位差。此相位檢測器之輸入−輸出特性是否為線性呢？

16.2　重繪圖 16.4(b) 的波形，如果 VCO 頻率在 $t = t_1$ 時降低。如果在 V_{CK} 和 V_{VCO} 間的相位誤差在 $t = t_1$ 時且 f_{VCO} 由 f_H 降至 f_L 前等於 0，求出對於相位校準足夠的 $t_2 - t_1$ 最小值。

16.3　解釋為何在圖 16.5(b) 的低通濾波器不能以高通濾波器來取代。

16.4　若 $K_{PD}K_{VCO}$ 很大時，使用 XOR 閘為相位檢測器的 PLL 在 $\varphi_{in} - \varphi_{out} \approx 90°$ 時鎖定，解釋其原因。

16.5　使用圖 16.3 的特性，解釋為何在 PLL 中的回授極性（不做頻率檢測）並不重要（提示：證明不論初始相位差在正斜率區或負斜率區下降，迴路都會鎖定。）。

16.6　假設圖 16.14 中為一次 LPF，決定 Φ_{out}/Φ_{ex}，其中 Φ_{out} 代表了 V_{out} 之溢相位。

16.7　一個使用第一類 PLL 之 VCO 呈顯非線性的輸入−輸出特性，也就是 K_{VCO} 在調諧範圍內變化。如果阻尼係數必須維持 1 至 1.5 間，K_{VCO} 中可容許變化為何？

16.8　證明圖 16.20 的根軌跡圖中，$\cos\theta = \zeta$。

16.9　一個第一類 PLL 使用 $K_{VCO} = 100$ MHz/V 的 VCO，$K_{PD} = 1$ V/rad 的 PD，和 $\omega_{LPF} = 2\pi(1$ MHz$)$ 的 LPF，求出 PLL 的步級響應。

16.10　解釋為何在圖 16.35 的電荷幫浦 PLL 中，VCO 的控制電壓無法連接至 C_P 的上板。

16.11　證明圖 16.35 中 PFD/CP/LPF 的轉移函數為 (16.43)。

16.12　如圖 16.45 所示，在 UP 和 DOWN 電流間的不匹配會轉換為 CPPLL 輸入的相位偏移。利用圖 16.45 中波形，以電流不匹配來表示相位偏移。

16.13 我們以一個 VCO 來看，得到 $\omega_{out} = \omega_0 + K_{VCO}V_{cont}$，控制線會碰到一個小的正弦擾動，$V_{cont} = V_m cos\omega_m t$。如果 VCO 後面接著一個 $\div M$ 電路，求出分壓器的輸出頻譜。考慮兩個情況：$\omega_0/M > \omega_m$ 和 $\omega_0/M < \omega_m$。

16.14 證明如圖 16.37 所示第二類 PLL 的根軌跡圖。

16.15 求出圖 16.14 電路的轉移函數 Φ_{out}/Φ_{ex}，如果將 PLL 修正為圖 16.35 的架構。

16.16 當一個使用 PFD 的電荷幫浦 PLL 被開啟時，VCO 頻率可能會遠離輸入頻率。解釋為何在 PFD 為一頻率檢測器時，PLL 轉移函數的次數會減少一。

專有名詞索引

pn 介面（pn junction）7

二畫
二階效應（second-order effect）21

三畫
三極管區（triode region）14

不匹配（mismatch）129, 171

不連接（dangling）242

巴克豪森條件（Barkhausen's Criteria）402, 586

四畫
井（well）9

反閘極效應（backgate effect）21

互補金屬氧化物半導體（complimentary MOS, CMOS）4

白色頻譜（white spectrum）231

白色雜訊（white noise）231

中央極限定理（central limit theorem）233

欠阻尼（underdamped）408

內插法（interpolation）616

五畫
功率放大器（power amplifier, PA）47

功率預算（power budget）342

功率頻譜密度（power spectral density, PSD）229

平衡狀態（equilibrium）111

半電路（half circuit）121

可變增益放大器（variable-gain amplifier, VGA）136

主要極點（dominant pole）412

六畫
吉伯特細胞電路（Gilbert cell）107, 136-138

自然頻率（natural frequency）640

曲率（curvature）499

次要極點（nondominant pole）412

次臨界傳導（subthreshold conduction）7, 26

共源極（common-source, CS）49

共源極組態（common-drain stage）72

共閘極（common-gate, CG）80

共模（common mode, CM）107, 111

共模回授（common-mode feedback, CMFB）343, 364

共模排斥比（common-mode rejection ratio, CMRR）132

米勒近似（Miller's approximation）189

米勒效應（Miller effect）186

米勒補償（Miller compensation）418

回授（feedback）283

回授因子（feedback factor）284

七畫

汲極（drain, D）7

低通濾波器（low-pass filter, LPF）631

低雜訊放大器（low-noise amplifier, LNA）47

克希荷夫電流定律（Kirchhoff's current law, KCL）54

抖動（jitter）657

快抖動（fast jitter）660

伸縮（telescopic）339

伸縮疊接（telescopic cascode）88

伸縮疊接運算放大器（telescopic-cascode op amplifier）345, 411

尾電流源（tail current source）129

位降（pedestal）527

位準偏移器（level shifter）201

均方根（root mean-square, rms）229

角頻（corner frequency）244

串聯回授（series feedback）294

八畫

絕對溫度比（proportional to absolute temperature, PTAT）485

底板採樣（bottom-plate sampling）532

奇次對稱（odd-symmetric）556

非反相放大器（noninverting amplifier）539

長寬比（aspect ratio）14

金屬氧化物半導體（metal oxide semiconductor, MOS）4

金屬氧化物半導體場效應電晶體（metal-oxide-silicon field-effect transistor, MOSFET）5

空乏區（depletion region）11

阻尼係數（damping ratio）640

阻尼振盪（ringing）408

波茲曼常數（Boltzmann constant）236

並聯回授（shunt feedback）294

供應電源排斥比（power supply rejection ratio, PSRR）391

供應電源整流（supply regulation）499

延遲鎖定迴路（delay-locked loop）661

九畫

穿透效應（punchthrough）28

映射極點（mirror pole）215

信號雜訊比（signal-to-noise ratio, SNR）234

前授（feedforward）283

前授放大器（forward amplifier）284, 403

相位／頻率檢測器（phase/ frequency detector, PFD）645

相位比較器（phase comparator）629

相位交錯點（phase crossover point）402

相位安全邊限（phase margin, PM）401, 408

相位檢測器（phase detector, PD）629

相位雜訊（phase noise）611

相加節點（summing node）293

相關加倍採樣（correlated double sampling, CDS）582

十畫

弱反轉（weak inversion）26
差動對（differential pair）110
閃爍雜訊（flicker noise）227, 242, 262
迴路增益（loop gain）285
迴轉（slewing）380
迴轉率（slew rate）382
根軌跡圖（root locus）403
時脈回復電路（clock recovery circuit, CRC）667

十一畫

通道長度調變（channel-length modulation）7, 23
通道電荷注入（channel charge injection）527
啟動（start-up）488
移動率（mobility）7
側擴散（side-diffuse）8
基板（substrate）8
基板效應（body effect）7, 21
累積區（accumulation region）39
排斥（reject）107
寄生電容（parasitic capacitance）17, 130
偏移（offset）338
偏壓（biasing）173
帶差參考電壓（bandgap reference）498
帶通濾波器（bandpass filter）229
閉路（close-loop）283
混合模型（hybrid model）312

十二畫

惡化（corruption）168, 285
單增益（unity-gain）335, 379
單增益頻寬（unity-gain bandwidth）218
集總電阻（lumped resistor）240
等效熱雜訊電阻（equivalent thermal noise resistance）247
開路（open-loop）283
虛接地（virtual ground）284

十三畫

過驅電壓（overdrive voltage）14
閘極（gate, G）7
源極（source, S）7
源極退化（source degeneration）563
源極隨偶器（source follower）72
飽和區（saturation region）16
電荷耦合元件（charge-coupled device, CCD）582
電荷幫浦（charge pump, CP）648
電流鏡（current mirror）145
電流摺疊（current folding）616
電壓控制延遲線（voltage-controlled delay line, VCDL）662
溫度係數（temperature coefficient, TC）489
運算放大器（operational amplifier）333
運算轉導放大器（operational transconductance amplifier, OTA）158
極點（pole）191
極點分離（pole splitting）419
節點（node）191

靴帶化（bootstrapping）203
補償（compensate）410
溢相位（excess phase）626, 638

十四畫

慢抖動（slow jitter）659
漂移（drift）634
輔助獲取（aided acquisition）645
誤差放大器（error amplifier）638
摻雜（doping）7
摺疊（folded）31
摺疊點（folding point）347
摺疊疊接（folded cascode）97, 333
箝制（latch up）587
箝制電晶體（clamp transistor）385

十五畫

複製電路（replica circuit）613
調諧組態（tuned stage）598
調諧範圍（tuning range）608
餘裕（headroom）18
窮人疊接（poor man's cascode）94
緩衝器（buffer）201
增益交錯點（gain crossover point）402
增益提升（gain boosting）353
增益頻寬乘積（gain-bandwidth product, GBW）218
增益鈍化（gain desensitization）285
熱雜訊（thermal noise）227, 236
線性微縮（linear scaling）273
線性穩定（linear settling）381

十六畫

諾頓等效電路（Norton equivalent）71
諧波失真（harmonic distortion）556
頻率內容（frequency content）229
頻率加倍器（frequency doubler）595
頻率檢測器（frequency detector, FD）634
頻率補償（frequency compensation）401, 410
頻率鍵移（frequency shift keying）625
頻率瞬變（transient）634
頻譜（spectrum）229
機率密度函數（probability density function, PDF）232
輸入偏移儲存（input offset storage）577
輸出振幅（output swing）338
輸出相關雜訊（output-referred noise）246
輸出偏移儲存（output offset storage）576
輸入相關雜訊（input-referred noise）246
整流疊接（regulated cascode）357, 360

十七畫

獲取範圍（acquisition range）644
總諧波失真（total harmonic distortion, THD）556

十八畫

鎖相（phase locking）631
擾動（ripple）633
轉導（transconductance）19
轉移函數（transfer function）191
雙級（two-stage）343, 350
雙載子電晶體（bipolar transistor）5

雙絞線（twisted pair）109

雜訊頻寬（noise bandwidth）274

十九畫

類比數位轉換器（analog-to-digital converter, ADC）1

穩定度（stability）309, 338-339, 401

邊帶（sideband）626, 665

二十畫

饋通路徑（feedthrough path）198

饋通值（feedthrough）325

二十二畫

疊接（cascode）47, 87-88

二十三畫

變容器（varactor）620-623